T.A. BROWN

GENOMES 4

유전체 분자생물학

이동희 · 하영미
권혁빈 · 정인실 옮김

GENOMES 4 T. A. Brown
All Rights Reserved
Authorized translation from English language edition published by Garland Science, part of Taylor & Francis Group LLC.

이 책의 판권 소유자인 Taylor & Francis Group LLC.와의 계약에 따라 도서출판 월드사이언스가 국내 번역 출판권을 소유하고 있습니다.

Korean Edition Copyright ⓒ 2018 published by Wolrd Science Co., Ltd.

GENOMES 4 –유전체 분자생물학–

인　　쇄 | 2018년 8월 10일
발　　행 | 2018년 8월 20일

저　　자 | T. A. Brown
공 역 자 | 이동희 · 하영미 · 권혁빈 · 정인실

발 행 인 | 박선진
발 행 처 | (주)도서출판 월드사이언스

주　　소 | 서울특별시 서초구 도구로 115 월드빌딩 1층
등록일자 | 1988년 2월 12일
등록번호 | 제 16-1601호

대표전화 | (02) 581-5811~3
팩　　스 | (02) 521-6418
E-mail | worldscience@hanmail.net
U R L | http://www.worldscience.co.kr

정　　가 | **36,000원**
I S B N | 978-89-5881-276-0

* 이 책의 저작권은 월드사이언스에 있으며, 무단 전제, 복제는 저작권법에 저촉됩니다.

이 도서의 국립중앙도서관 출판시도서목록(CIP)은 서지정보유통지원시스템 홈페이지(http://seoji.nl.go.kr)와 국가자료공동목록시스템(http://www.nl.go.kr/kolisnet)에서 이용하실 수 있습니다. (CIP제어번호 : CIP2018022573)

저자 머리말

10년 전에 이 책의 전판이 나온 이후에 유전체에 대한 우리의 지식은 엄청나게 늘었다. 2007년을 되돌아보면 이때는 차세대염기서열분석법(next-generation sequencing)은 유아기에 해당하였고, 전사체 분석과 단백질체 분석의 대용량 분석이 막 이용되기 시작하였다. 최근 10여 년간의 이들 방법의 활용으로 유전체의 염기서열이 파악되고 주석을 달게 된 생물종의 수가 기하급수적으로 늘었고, 한 종 내에서도 여러 경우의 유전체가 파악되었다. 새로운 염기서열 정보가 풍부해지면서 박테리아 유전체학에는 크나큰 충격이 되어, 범-유전체의 개념이 도입되고, 종간의 광범위한 수평적 유전자 이동이 알려지게 되었다. 진핵생물의 유전체에 대해서도 역시 큰 변화를 주어, 많은 유전체의 유전자 사이 지역에서 전사되어 생성이 되는 많은 수의 긴 RNA를 포함한 새로운 비암호화 RNA도 알려지게 되었다.

*Genomes 4*는 유전체 염기서열 분석과 주석 달기, 유전체의 단면, 유전체 발현, 유전체 복제와 진화의 네 부분으로 나누어, 전체적으로 이전 판과 같은 구조를 유지하였다. 소규모 변경이 많이 있으나 책의 장 순서는 달라지지 않았다. 하지만 전반에 걸쳐 완전히 최신의 것으로 수정하였으며, 많은 장이 상당한 정도로 다시 써졌다. 특히 전사체학과 단질체학의 발달이 *Genomes 4*에서는 단지 개별 유전자들의 발현을 들여다보는 정도가 아니고, 유전체 수준에서의 전사와 번역과정을 기술할 수 있는 정도까지 도달하게 되었다. 이는 1999년에 *Genomes 1*을 저술할 때의 저자의 목표이었지만 당시로써는 가용한 정보가 유전체 발현 보다는 단지 전통적인 유전자 수준에서 이 핵심적인 장들을 기술할 수밖에 없었다. 아직 여전히 특정 유전체의 전체적 발현을 기술할 수 있을 만큼은 되지 않지만 이 목표에 가까워지고 있으며, *Genomes 4*에서는 최소한 여러 면에서 유전체 발현의 연합적 특성이 독자들에게 전달될 수 있을 것이다.

*Genomes 4*는 오랜 기간에 걸쳐 준비되었는데, 이 책에 대한 열성과 마감 시간이 임박했을 때에도 점잖게 알려주었던 Garland Science의 Liz Owen에게 감사한다. 이 책의 제작을 담당한 Garland의 David Borrowdale와 Georgina Lucas에게, 멋진 그림을 만들어준 Matthew MClements에게도 감사한다. 저번 판과 마찬가지로 나의 처 Keri의 노움이 없었다면 이 책이 완성되지 않았을 것이다. 초판에서 얘기한 "만약 이 책이 유용하다고 생각이 들면 당신은 나에게가 아니라 나의 처 Keri에게 감사해야 한다. 왜냐하면 이런 책이 쓰여져야 한다고 확신을 준 사람은 그녀이므로"("If you find this book useful then you should thank Keri, not me, because she is the one who ensured that it was written")라 한 것은 이 개정판에서도 여전히 사실이다.

독자에게

이 4판은 독자가 가능한 사용하기 편하게 하려고 노력하였다. 따라서 독자에게 도움이 되고 또한 효과적인 강의와 학습 보조를 위해 다양하게 이 책을 구성하였다.

이 책의 구성

*Genomes 4*는 4부로 구성되어 있다.

1부 – 유전체 연구 여기에서는 독자에게 유전체, 전사체, 단백질체를 소개하는 장으로 시작하였다. 이어진 2장에서는 유전체학 시대 이전에 개개의 유전자를 연구하기 위해 사용되었던 클로닝과 PCR에 중점을 둔 방법을 다루었다. 3장에서는 여전히 많은 유전체 프로젝트에서 중요한 유전적 물리적 지도 작성에 사용되는 방법을, 4장에서는 사용되는 DNA 서열결정법과 얻어진 서열을 맞춰서 초벌을 만들고 유전체 서열을 완성하는 전략은 다루었다. 이어진 2개의 장에서는 유전체 염기서열 분석을 다루었는데, 5장에서는 유전체 서열에서 유전자와 그외 특성을 찾아내어 유전체에 주석을 다는 방법을, 그리고 6장에서는 발견한 유전자의 기능을 분석하는 방법에 대해 다루었다.

2부 – 유전체 주석 달기 여기에서는 지구상에서 발견되는 다양한 유형의 유전체를 개관하고자 하였다. 7장에서는 여러 연구에서의 중요성뿐만 아니라 염기 서열이 알려진 생물 중에 가장 잘 연구된 사람 유전체를 중심으로 진핵생물의 핵유전체를 다루고 있다. 8장은 원핵생물과 그 기원이 원핵생물인 진핵생물의 세포소기관의 유전체를 다루고 있다. 9장은 바이러스 유전체와 이동성 유전인자를 다루고 있다. 이들을 한꺼번에 다루는 것은 일부 이동성 유전인자가 바이러스 유전체와 연관되어 있기 때문이다.

3부 – 유전체의 발현 여기서는 유전체에 담겨져 있는 생물학적 정보가 그 유전체가 들어 있는 세포에서 어떻게 쓰여지는지에 대해 다룬다. 10장에서는 DNA가 염색질 구조로 포장되는 것이 유전체 부분에 따른 발현에 어떤 영향을 주는지에 대한 중요한 주제에 대해 다룬다. 11장에서는 특정 시간에 활성화된 유전체 부분의 발현에 작용하는 DNA-결합 단백질의 중심적 역할에 대해 설명한다. 12장은 전사체에 대한 내용이며, 전사체에 대해 어떻게 연구하는지, 전사체 구성, 세포에서 전사체가 어떻게 합성되고 유지되는지에 대해 다룬다. 13장에서는 단백질체학과 단백질체에 대상으로 동일한 내용을 다룬다. 그리고 14장은 세포외적 신호에 대응하고, 분화와 발생 과정에서 일어나는 생화학적 변화를 유도하는 일을 유전체가 세포와 생물체 수준에서 어떻게 효과를 만들어내는지를 다루면서 3부를 마감한다.

4부 – 유전체는 어떻게 복제하고 진화하는가? 여기서는 DNA 복제와 돌연변이 재조합을 유전체의 점진적 진화와 연결하고자 하였다. 15~17장은 복제, 돌연변이, 수선과 재조합을 일으키는 분자적 과정을 설명하고 있다. 그리고 18장은 이러한 과정들에 의해 진화적 시간 동안 유전체의 구조와 유전적 내용이 어떻게 형성되었는지에 대해 다루었다. 18장은 연구와 생명공학에 있어서 분자계통 유전체학와 집단 유전체학이 어떻게 이용되는지를 보여주는 몇 가지 경우를 다루면서 끝을 맺는다.

학습지원

단답형 문제는 50~500 단어 정도의 답을 필요로 한다. 각 장의 전반에 걸쳐 비교적 단도직입적 문제로써, 대부분 경우에 책의 해당 부분에서 답을 찾아 채점을 해볼 수 있다. 학습자들은 이 문제들을 각 장을 체계적으로 학습하는 데 이용할 수도 있고, 또는 특정 주제에 대해 답할 수 있는가를 점검하기 위해 일부분을 선택하여 풀어 볼 수도 있다. 이 문제들은 closed-book 시험에도 사용할 수 있다.

심화 문제는 보다 자세한 답을 필요로 한다. 이 문제들은 특색이나 난이도가 다양해서, 쉬운 경우는 단지 문헌 조사 정도를 필요로 하며, 이 문제를 통해 학습자의 이해를 *Genomes 4*를 약간 넘어서게 되도록 하는 데 목표가 있다. 어떤 문제들은 학습자가 이 책의 내용을 이해한 것을 바탕으로 주제에 대해 살펴본 것을 첨가하여 답해야 한다. 이 문제들을 통해 어느 정도의 사고와 인식을 유도하고자 하는 바람으로 만들어진 문제이다. 몇 문제들은 난이도가 높다. 여기에는 뚜렷한 답이 없는 경우도 포함한다. 이 문제들은 토론과 추론을 하도록 하여, 각 학습자들의 지식을 늘리고 스스로의 의견을 위해 치밀하게 사고하도록 유도하기 위함이다. 이 문제들을 학습자 개인별로 시도를 해볼 수도 있고, 또는 그룹 토론의 출발점으로 이용할 수도 있다.

Further Reading 각 장의 끝에 위치한 참고문헌은 저자가 보기에 가장 유용하다고 판단한 추가적인 내용을 담고 있는 연구논문, 리뷰, 그리고 책들이다. 4판의 참고문헌은 학생들이 깊은 내용의 논술이나 특정 주제의 논문을 저술하면서 더 많은 정보를 얻을 얻고자 할 때 사용될 수 있도록 고려하였다. 참고문헌에 포함된 연구논문들은 이 책을 읽는 독자가 이해할만한 수준의 내용이라 생각한 것들만 엄선했다. 접근하기 쉬운 리뷰에도 무게를 두었다. 이러한 일반적 문헌들의 강점 중 하나는 특성 연구에 대한 배경 및 타당성을 제공하는 것이다. 또한 독자가 어떤 것을 더 알고자하는지 결정을 돕기 위해 대부분의 참고문헌은 각 장의 정보 구성을 반영하는 여러 개의 절로 나누어져 있으며, 일부의 경우에는 각 항목의 두드러진 특성을 요약하는 몇 마디를 덧붙이기도 했다. 여러 경우에서 그 장에서 다루어진 수재와 연관성이 있는 데이터베이스나 다른 온라인 자료에 대한 URL 역시 포함시켰다.

용어설명 여기에서는 문장 내용에서 굵은 글자로 된 모든 용어와 독자가 참고문헌에 있는 책이나 논문을 읽으면서 마주치게 되는 많은 용어들을 정의하였다. 따라서 독자가 유전체 연구와 관련이 있는 기술적 용어를 스스로 재확인할 때에 용어설명이 빠르고 편리한 수단이 될 것이며, 많은 학생들이 시험 직전에 겪게 되는 불확실한 시기에 특정 정의에 대한 이해를 명확히 하여 확신을 가지는 데 도움이 되도록 하였다.

강의자료

이 책의 그림은 www.garlandscience.cpm에서 powerpoint와 JPEG의 두 가지 편리한 형식으로 제공된다. 이 그림은 컴퓨터 화면에 맞도록 되어 있다. 그림은 그림 번호, 그림 이름, 또는 책에서의 그림설명에서의 핵심어로 검색하여 찾아 볼 수 있다. 각 장의 끝부분에 있는 심화문제를 푸는 데 필요한 도움말 자료도 포함되어 있다.

감사의 말

*Genomes 4*의 저자와 출판사는 이 개정판을 만드는 과정에서 도움을 주신 아래 reviewer분들에게 깊이 감사한다.

David Baillie, Simon Fraser University; Linda Bonen, University of Ottawa; Hugh Cam, Boston College; Yuri Dubrova, University of Leicester; Bart Eggen, University of Groningen; Robert Fowler, San José State University; Sidney Fu, George Washington University; Adrian Hall, Sheffield Hallam University; Lee Hwei Huih, Universiti Tunku Abdul Rahman; Glyn Jenkins, Aberystwyth University; Julian M. Ketley, University of Leicester; Torsten Kristensen, University of Aarhus; Gerhard May, University of Dundee; Mike McPherson, University of Leeds; Isidoro Metón, Universitat de Barcelona; Gary Ogden, St. Mary's University; Paul Overvoorde, Macalester College; John Rafferty, University of Sheffield; Andrew Read, University of Manchester; Joaquin Canizares Sales, Universitat Politècnica de València; Michael Schweizer, Heriot-Watt University; Eric Spana, Duke University; David Studholme, Exeter University; John Taylor, University of Newcastle; Gavin Thomas, University of York; Matthew Upton, Plymouth University; Guido van den Ackerveken, Utrecht University; Vassie Ware, Lehigh University; Wei Zhang, Illinois Institute of Technology.

번역에 붙여

유전체학 또는 유전체의 분자생물학은 지난 25여 년 동안에 눈부신 발전을 이룩하였으며, 이제 현대생물학의 가장 근본적인 분야가 되었다. 우리나라의 대학에서 유전체학 또는 유전체의 분자생물학의 강의가 시작된지도 수년이 되었다. 그러나 이 분야의 전반적인 내용을 망라한 우리말로 엮어진 교재가 드물었기에 학생들이 공부하는 데 적지 않은 어려움이 있었으리라 생각된다.

Brown 교수(영국의 맨체스터 대학교)가 저술한 이 책은 원래 1999년에 제1판이 출판되었고, 그 후 2002년에 새로운 결과를 보충하여 제2판을 출판하였으며, 2007년에 제3판이 출판되었다가, 2018년에 오랜 기간 기다렸던 제4판이 출판이 되어 이를 우리말로 옮겼다. Brown 교수는 유전체학과 생분자 고고학 분야의 저명한 학자이며, 'Gene cloning and DNA analysis: an introduction', 'Essential molecular biology', 'Genetics' 등의 저자이기도 하다.

이 책의 범주를 최근 30여 년간의 전공 분야로 정의하면 분자생물학 분야이다. 그러나 전통적인 분자생물학의 교재가 유전자 수준에서 분자 수준의 생명 현상을 다루었다면, 이 책은 유전체학의 성과를 바탕으로 유전체 수준에서 논의를 다루었으며, 이러한 점이 이 책의 최대 강점이라고 생각한다.

역자들은 이 책이 유전체학을 핵심 내용으로 한 분자생물학 교재로서 현대 분자생물학을 이해하고자 하는 모든 학생들에게 아주 훌륭한 교과서로 이용될 수 있다는 것을 의심치 않으며, 이 역서가 학생들의 공부에 한층 더 도움이 될 것을 바라마지 않는다. 또한 이 책은 생물학 분야의 학생뿐만 아니라 급속히 발전하고 있는 이 분야의 최근 연구 결과에 관심을 가지는 학자들에게도 도움이 될 것으로 믿는다.

끝으로 원고의 정리와 교정에 있어서 여러 가지로 도움을 아끼지 않은 역자 연구진에 감사하며, 아울러 이 책의 출판에 많은 노력을 기울여 주신 월드사이언스의 박선진 회장님, 정창기 실장님 이하 출판부 직원들에게도 심심한 사의를 표하는 바이다.

2018년 7월

역자 이동희, 하영미, 권혁빈, 정인실 씀

역자 소개

역자명	소속학교명	E-mail
이동희	이화여자대학교 생명과학과 교수	lee@ewha.ac.kr
하영미	前) 가천대학교 과학영재교육원 교수	ymhalee@hanmail.net
권혁빈	선문대학교 제약생명공학과 교수	hbkwon@sunmoon.ac.kr
정인실	한서대학교 바이오식품의과학과 교수	ijoung@hanseo.ac.kr

주요 차례

차례

PART I

유전체 연구

CHAPTER

1

유전체, 전사체 및 단백질체

우리가 알고 있듯이, 생명이란 우리와 함께 지구를 공유하는 수많은 생물의 **유전체(genome)**에 의해 특성이 부여된다. 개개의 생물들은 그 생물의 살아있는 부분을 만들고 유지하는 데 필요한 **생물정보**를 포함하고 있는 유전체를 가진다. 사람과 모든 다른 세포 생명 형태의 유전체를 포함하는, 대부분의 유전체는 **DNA**로 이루어져 있으나 몇몇 바이러스는 **RNA** 유전체를 가진다. DNA와 RNA는 뉴클레오티드라고 불리는 단위체의 사슬로 이루어진 중합체 분자이다. 각 DNA 분자는 서로 꼬여 **이중나선(double helix)**을 형성하는 두 **폴리뉴클레오티드**로 이루어져 있다. 이중나선의 두 가닥은 인접한 뉴클레오티드들을 **염기쌍(base pair)**이라고 불리는 구조로 연결시키는 화학적 결합에 의해 결합되어 있다.

모든 다세포 생물의 전형적인 유전체인 사람 유전체는 두 부분으로 이루어져 있다(그림 1.1).

- **핵 유전체(nuclear genome)**는 24개의 선형 분자에 나뉘어져 있는 약 32억 3천 5백만 개의 DNA 뉴클레오티드로 이루어져 있는데, 가장 짧은 것은 4천 8백만 뉴클레오티드이며 가장 긴 것이 2억 5천만 뉴클레오티드 길이로, 24분자 각각은 다른 **염색체**에 포함되어 있다. 이들 24개의 염색체는 22개의 **상염색체(autosome)**와 X와 Y 등 2개의 성염색체로 이루어져 있다. 모두 약 45,500개의 **유전자**가 사람 핵 유전체에 존재한다.
- **미토콘드리아 유전체(mitochondrial genome)**는 16,569개의 뉴클레오티드로 이루어진 원형 DNA 분자로, 최대 10개의 사본이 에너지를 발생시키는 세포 기관인 미토콘드리아에 존재한다. 사람 미토콘드리아 유전체는 단지 37개의 유전자만을 포함하고 있다.

사람 성인의 몸에 존재하는 약 10^{13}개의 세포 각각은 자신의 핵 유전체 사본을 가지며, 단지 적혈구와 같이 완전히 분화된 상태에서는 **핵**이 없는 일부 세포 형태에서는 예외이다. 거의 대부분의 세포는 **이배체(diploid)**이며, 따라서 각기 2개 사본의 상염색체와 2개의 성염색체(여자는 XX, 남자는 XY) 등 모두 46개의 염색체를 가진다. 이

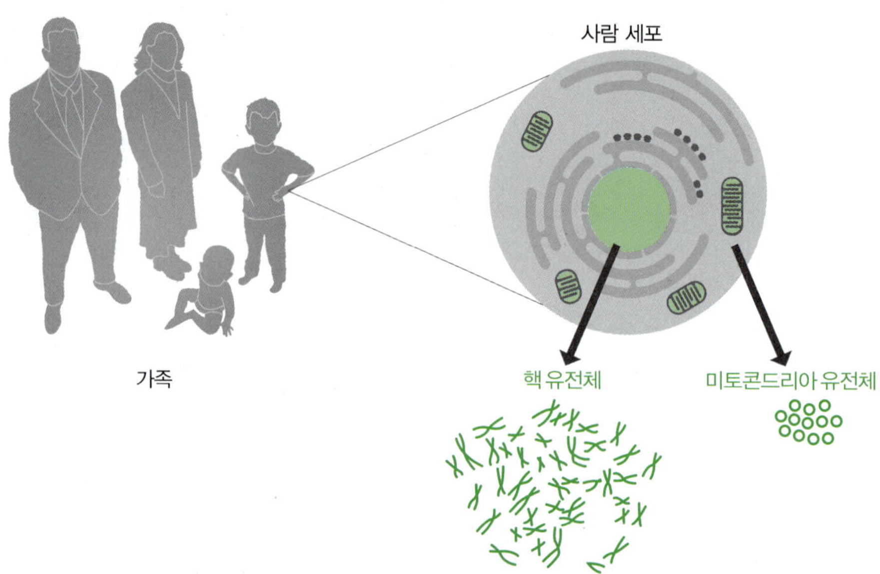

그림 1.1 **인간 유전체의 핵과 미토콘드리아 구성 성분.**

들은 각 상염색체 하나씩과 하나의 성염색체로 이루어져 있어서, 단지 23개의 염색체를 가지는 **반수체(haploid)**인 **성세포(sex cell)** 혹은 **배우자(gamete)**와는 달리 **체세포(somatic cell)**라고 불린다. 각 세포는 또한 여러 사본의 미토콘드리아 유전체를 가지는데, 간이나 심장 조직과 같은 체세포에는 약 2,000~7,000개의 사본이, 여성의 **난모세포**에는 100,000개 이상의 사본이 존재한다.

유전체는 생물정보의 저장고이지만 그 자체만으로는 정보를 세포로 방출하지는 못한다. 유전체에 담겨 있는 생물 정보의 이용은, **유전체 발현(genome expression**, 그림 1.2)이라고 불리는 일련의 복잡한 생화학 반응에 참여하는 효소와 다른 단백질의 통합된 활동을 필요로 한다. 유전체 발현의 최초 생성물은 **전사체(transcriptome)**인데, 이것은 특정 시간에 세포에서 활성을 가지는 유전자로부터 유래된 RNA 분자의 집합이다. 전사체는 각 유전자가 RNA 분자로 복사되는 **전사(transcription)**라고 불리는 과정에 의해 생성된다. 유전체 발현의 두 번째 생성물은 세포내 단백질의 집합체인 **단백질체(proteome)**인데, 이것이 세포가 수행할 수 있는 생화학 반응의 본질을 결정한다. 단백질체를 구성하는 단백질은 전사체에 존재하는 일부 RNA 분자의 **번역(translation)**에 의해 합성된다.

이 책은 유전체와 유전체 발현에 관한 것이다. 유전체가 어떻게 연구되고(I부), 구성되며(II부), 어떻게 기능을 수행하고(III부), 또한 복제하고 진화하는지(IV부)를 다룬다. 비교적 최근까지 이 책을 쓰는 것이 가능하지 않았다. 1950년대 이래 분자 생물학자들은 개개의 유전자나 소그룹의 유전자를 연구하였으며, 이 연구들로부터 유전자가 어떻게 작용하는지에 관한 많은 지식을 축적하였다. 그러다 지난 수년 동안에 전체 유전체의 조사를 가능하게 하는 기술들이 개발되었다. 개개의 유전자들은 아직도 집중적으로 연구되고 있지만, 각 유전자에 대한 정보는 총괄적인 유전체의 맥락 안에서 지금 해석되고 있다. 이러한 새롭고 광범위한 중요성은 단지 유전체뿐만 아니라 모든 생화학 및 세포생물학에도 적용된다. 개개의 생화학 경로나 세포내 과정을 개별적으로 이해하기에는 더 이상 충분하지 않다. 지금 이러한 도전은 **시스템 생물학(system biology)**에 의해 제공된다. 시스템 생물학은 이러한 경로와 과정을 살아있는 세포와 생물의 전반적인 기능 수행을 설명하는 네트워크로 연결시키려는 시도를 한다.

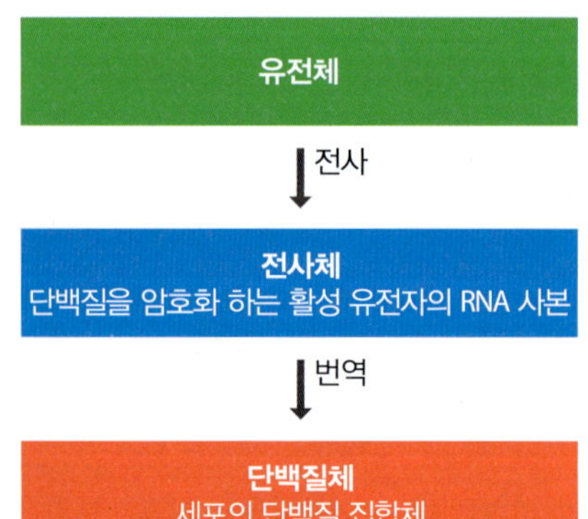

그림 1.2 **유전체의 발현.** 유전체는 전사체를 지정하고 전사체는 단백질체를 지정한다.

이 책은 유전체에 관한 우리의 지식을 살펴보게 하고 또한 이 흥미로운 연구 분야가 어떻게 생물계에 관한 우리의 이해에 기초가 되는지를 보여 준다. 그러나 우리는 먼저 유전체와 유전체의 발현에 관여하는 3가지 유형의 생물 분자(DNA, RNA 및 단백질)의 중요한 특성을 다시 한 번 살펴봄으로써 분자 생물학의 기본 원리에 주목하여야 한다.

1.1 DNA

DNA는 1869년 독일의 튜빙겐에서 일하고 있던 스위스의 생화학자인 미셔(J. Miescher)에 의해 발견되었다. 미셔가 사람의 백혈구로부터 분리한 최초의 추출물은 DNA와 염색체 단백질을 포함하는 정제되지 않은 혼합물이었다. 그러나 그는 이듬해 스위스의 바젤(지금은 그의 이름을 딴 연구소가 위치하고 있다)로 가서 연어 정자로부터 순수한 **핵산(nucleic acid)**을 분리하였다. 미셔는 화학적 검사에 의해 DNA는 산이며 인이 풍부하다는 것을 보여주었다. 그는 또한 각 DNA 분자는 매우 길다고 제안하였는데, 이러한 사실은 생물물리학적 기술이 DNA에 적용된 1930년대에 들어와서야 길이가 매우 긴 중합체 사슬이라는 것이 완전하게 알려지게 되었다.

유전자는 DNA로 이루어져 있다

유전자가 DNA로 이루어져 있다는 사실은, 오늘날에는 매우 잘 알려져 있기에, 발견 후 처음 75년 동안 DNA의 진정한 역할에 대해 관심을 두지 않았다는 사실을 인정하기 매우 어려울 수 있다. 1903년에 서튼(W. Sutton)은 일찍이 유전자의 유전 양식은 세포 분열동안 염색체의 행동과 일치한다는 사실을 깨달았고, 이러한 관찰이 유전자는 염색체 상에 존재한다는 **염색체 설(chromosome theory)**로 이르게 하였다. 오직 한 종류의 생화학 물질에만 특이적으로 결합하는 염료의 염색을 이용한 세포의 **세포화학적(cytochemistry)** 조사로 염색체는 대략 동일한 양의 DNA와 단백질로 이루어져 있다는 것을 알 수 있었다. 당시의 생물학자들은 수십억 개의 서로 다른 유전자가 존재하여야 하며 따라서 유전물질은 많은 다른 형태를 이룰 수 있어야 한다고 인식하고 있었다. 그러나 20세기 초반에는 모든 DNA 분자가 동일하다고 생각되어졌기 때문에 이러한 요구 조건은 DNA에 의해 만족되어질 수 없는 것처럼 여겨졌다. 반면, 단백질은 화학적으로 서로 다른 20 종류의 아미노산 단량체의 조합에 의해 구성된 매우 다양한 중합체 분자임이 명확하게 알려졌다(1.3절). 유전자는 DNA가 아니라 단지 단백질로 이루어져야만 했다.

DNA 구조의 이해에 대한 오류는 오랫동안 지속되었으나, 1930년대 후반에 들어와서 단백질과 마찬가지로 DNA도 굉장한 다양성을 가지고 있음을 받아들이게 되었다. 단백질이 유전물질이라는 생각이 초기에 매우 강하게 남아 있었으나, 결국 다음의 두 중요한 실험 결과에 의해 뒤집히게 되었다.

- 에이버리, 맥리오드와 맥카티(O. Avery, C. MacLeod, M. McCarty)는 DNA가 **형질전환 본질(transforming principle)**의 활성 성분이라는 것을 보여주었다. 이 형질전환의 본질이란, 무해한 비병원성의 폐렴쌍구균(*Streptococcus pneumoniae*) 균주와 섞은 다음, 이 균주를 생쥐에 주입하였을 때 폐렴을 일으키는 병원성 형태로 전환시키는 박테리아 세포 추출물을 일컫는다(그림 1.3A). 1944년에 이 실험의 결과가 발표되었을 때, 단지 일부의 미생물학자들만이 형질전환은 세포 추출물로부터의 살아있는 박테리아로 유전자의 전달을 수반한다는 것을 인정하였을 뿐이었다. 그러나 한번 이러한 관점이 받아들여지기만 하면 에이버리 실험의 진정한 의미는 명확해진다: 박테리아 유전자는 DNA로 이루어져 있다.
- 허쉬와 체이스(A. Hershey, M. Chase)는 **방사능 표지법(radiolabeling)**을 이용하여, 박테리아가 **박테리오파지(bacteriophage**, 또한 **파지**라고도 불린다. 바이러스의 일종)로 감염되었을 때 세포 안으로 들어가는 박테리오파지의 중요 성분이

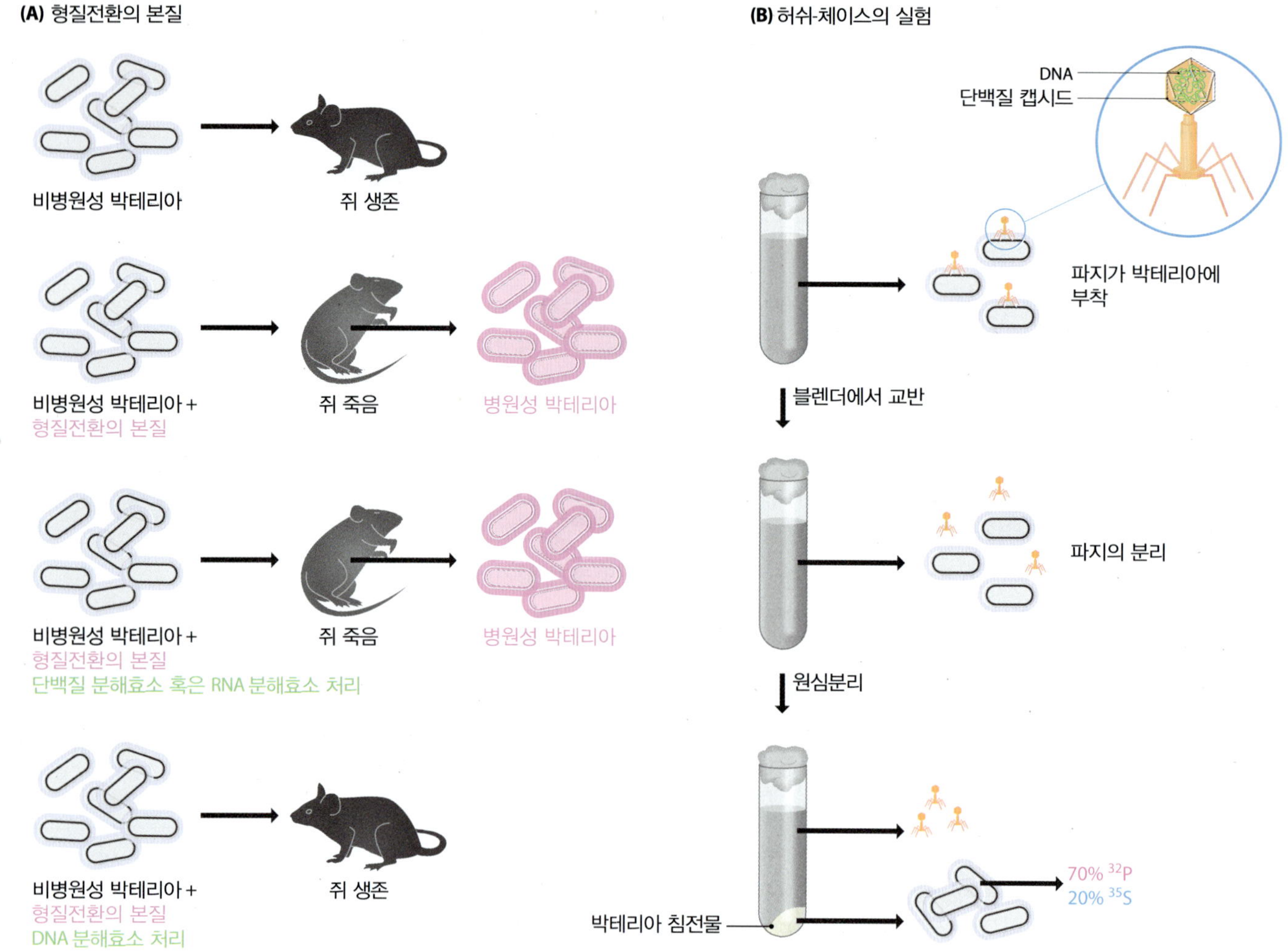

그림 1.3 **유전자가 DNA로 이루어져 있다는 것을 시사하는 두 실험.** (A) 에이버리와 동료들은 형질전환 본질이 DNA로 이루어져 있다는 것을 보여주었다. 맨 위의 두 실험은 쥐에 비병원성 폐렴쌍구균(*Streptococcus pneumoniae*)을, 병원성의 폐렴쌍구균 균주로부터 획득한 세포 추출물인 형질전환 본질과 함께 혹은 단독으로 주입하였을 때 어떻게 되는지를 보여준다. 형질전환 본질이 존재할 경우, 형질전환 본질에 존재하는 유전자가 비병원성 박테리아를 병원성 형태로 전환시켜 쥐는 죽게 되며, 이어 이들 병원성 박테리아는 죽은 쥐의 폐에서 발견된다. 아래의 두 실험은 단백질 분해효소 혹은 리보핵산 가수분해효소의 처리는 형질전환 본질에 아무런 영향을 미치지 못하지만, 디옥시리보핵산 가수분해효소에 의해 이 형질전환 본질이 불활성되는 것을 보여준다. (B) 허쉬-체이스 실험은 T2 박테리오파지를 사용하였다. T2 파지는 몸통에 붙어있는 단백질 캡시드 안에 들어있는 DNA 분자와 박테리오파지가 박테리아 표면에 부착하게 하여 세포 안으로 유전자를 주입할 수 있게 하는 다리로 구성된다. 박테리오파지의 DNA는 ^{32}P로, 단백질은 ^{35}S로 표지되었다. 감염시킨 후 수 분 후 박테리아 배양균을 흔들어 빈 파지 입자가 세포 표면으로부터 떨어지게 하였다. 배양균을 원심분리하여 박테리아와 파지 유전자를 시험관 밑바닥에 침전물로 수집하고, 보다 더 가벼운 파지 입자는 상층액에 남도록 하였다. 허쉬와 체이스는 박테리아 침전물이 대부분 ^{32}P로 표지된 파지 성분(DNA)과 단지 20%의 ^{35}S로 표지된 물질(파지 단백질)을 포함하고 있음을 발견하였다. 두 번째 실험에서 허쉬와 체이스는 감염주기 마지막에 생성된 새로운 파지는 1% 미만의 부모 파지 단백질을 포함하고 있음을 보여주었다. 박테리오파지 감염주기에 관한 보다 자세한 사항은 그림 2.27를 참조하라.

DNA임을 보여주었다(그림 1.3B). 감염 주기 동안 감염시키는 박테리오파지의 유전자가 새로운 파지를 직접 합성하는 데 이용되고, 이 합성은 박테리아 내부에서 일어난다는 사실이 알려졌기 때문에, 이들의 실험은 매우 중요한 관찰 결과였다. 세포 내부로 들어가는 것이 단지 감염시키는 박테리오파지의 DNA라면 이들 박테리오파지의 유전자는 DNA로 이루어져 있어야 한다.

비록 이들 두 실험은 유전자는 DNA로 구성되어 있다는 중요한 결과를 제공하지만, 그 당시 생물학자들은 이러한 사실을 쉽게 받아들이지 못했다. 두 실험 모두 회의론자들에게 여전히 단백질이 유전물질일 수 있다는 여지를 남기는 한계가 있었다. 예를 들면, 에이버리와 동료들이 형질전환 본질을 불활성시키기 위하여 사용한 **디옥시리보핵산 가수분해 효소(deoxyribonuclease)**의 특이성에 대한 의문이 있었다. 만약 효소가 약간의 오염된 **단백질분해효소(protease)**를 포함하고 있어 단백질을 분해시킬 수 있었다면 형질전환 본질이 DNA라는 증거가 설득력을 잃게 된다. 허쉬와 체이스가 그들의 결과를 발표할 때 강조하였듯이, 박테리오파지 실험의 어느 것도 결정적이지 않다: "우리의 실험은 T2 파지를 유전적인 부분과 비유전적인 부분으로 분리하는 것이 가능하다는 것을 명확히 보여준다...... 그러나 유전적 부분의 화학적 동정은 몇몇 의문이 해결될 때까지 기다려야만 한다......" 되돌아보면 이 들 두 실험은 그 결과가 우리에게 말해준 것 때문이 아니라 생물학자들에게 DNA가 유전물질일 수 있으며 따라서 연구할 가치가 있다는 경각심을 불러일으킨 계기가 되었기에 중요하다. 이러한 사실이 왓슨과 크릭에게 DNA를 연구하도록 영향을 미쳤으며, 나중에 공부하게 되겠지만 그들이 이중나선(double helix) 구조를 발견하게 되고, 그 결과 유전자가 어떻게 복제하는지에 대한 난해한 문제를 풀므로써, 과학계가 유전자는 DNA로 구성되어 있다는 사실을 확실하게 납득하게 되는 계기가 되었다.

DNA는 뉴클레오티드의 중합체이다

왓슨과 크릭이라는 이름은 DNA와 매우 밀접하게 관련되어 있기에, 그들이 공동연구를 시작한 1951년 10월에 이미 DNA 중합체의 상세한 구조가 알려져 있었다는 사실을 쉽게 잊어버린다. 그들의 공헌은 DNA 구조 그 자체를 결정한 것이 아니라, 살아있는 세포 내에서 두 DNA 사슬이 서로 꼬여 이중나선을 형성한다는 사실을 보여준 것이다. 그러므로 먼저 왓슨과 크릭이 그들의 연구를 시작하기 전 무엇을 알고 있었는지를 조사할 필요가 있다.

DNA는 선형이며 가지가 없는 중합체로서, 화학적으로 서로 다른 4종류의 뉴클레오티드 단량체의 단위체가 수백, 수천 혹은 심지어 수백만 개의 길이로 서로 연결되어 있다. DNA 중합체에 있는 각 뉴클레오티드는 세 가지 구성성분으로 이루어져 있다(그림 1.4).

- **2′-디옥시리보오스(2′-deoxyribose)**: 5개의 탄소 원자로 구성된 당인 **5탄당(pentose)**. 이 5개의 탄소는 1′(1 프라임이라고 읽는다), 2′ 등으로 번호가 매겨진다. 2′-디옥시리보오스라는 이름은 이 특정 당이 리보오스의 유도체임을 나타내는데, 이것은 리보오스의 2′ 탄소에 부착된 수산기(–OH)가 수소(–H)로 대체된 것이다.
- **질소 염기(nitorgeous base)**: **사이토신**, **타이민**(하나의 고리로 된 **피리미딘**), 아데닌 혹은 구아닌(이중 고리로 된 **퓨린**). 염기는 피리미딘의 경우에는 1번 질소에, 퓨린의 경우에는 9번 질소에 당의 1′ 탄소와 **β-*N*-글리코시드 결합(β-*N*-glycosidic bond)**으로 부착되어 있다.
- **인산기(phosphate group)**: 당의 5번 탄소에 부착된 하나, 둘 혹은 3개의 연결된 인산 단위체로 구성. 인산은 α, β 그리고 γ로 표시되며, 당에 직접 부착된 인산이 α-인산이다.

당과 염기로만 이루어진 분자를 **뉴클레오사이드(nucleoside)**라고 부르며, 여기에 인산이 첨가되어 뉴클레오티드가 된다. 비록 세포에는 하나, 둘 혹은 3개의 인산기를 가지는 뉴클레오티드가 존재하지만 오직 뉴클레오사이드 삼인산만이 DNA 합성의 기질로 이용된다. DNA 분자를 형성하는 이 네 가지 뉴클레오티드의 완전한 화학 명칭은 다음과 같다.

그림 1.4 뉴클레오티드의 구조. (A) DNA에 존재하는 뉴클레오티드의 종류인 디옥시뉴클레오티드의 일반적인 구조. (B) 디옥시뉴클레오티드에 존재하는 4종류의 염기.

(A) 뉴클레오티드

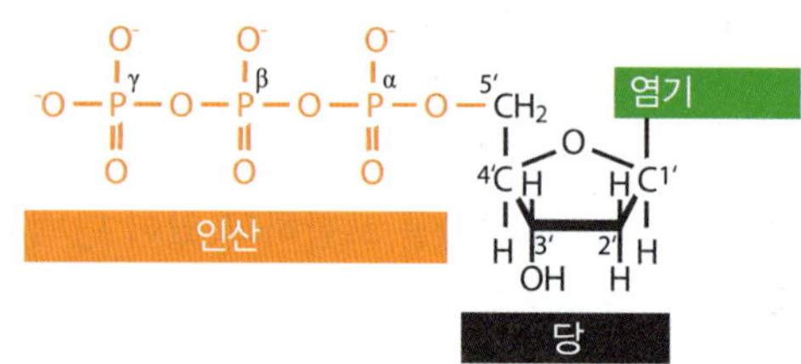

(B) DNA의 4염기

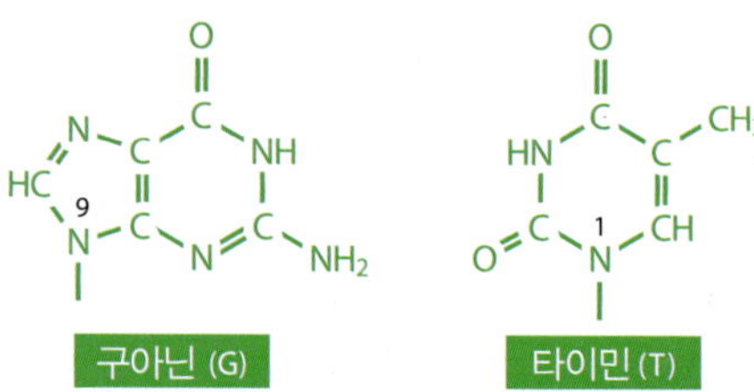

- 2′-디옥시아데노신 5′-삼인산
- 2′-디옥시사이티딘 5′-삼인산
- 2′-디옥시구아노신 5′-삼인산
- 2′-디옥시타이미딘 5′-삼인산

이들 네 가지 뉴클레오티드의 약어는 각각 dATP, dCTP, dGTP와 dTTP이며, DNA 염기 서열을 언급할 때는 각각 A, C, G와 T이다.

폴리뉴클레오티드에는 개개의 뉴클레오티드가 그들의 5′-탄소와 3′-탄소 사이에서 **인산디에스테르 결합(phosphodiester bond)**에 의해 연결된다(그림 1.5). 이러한 연결 구조로부터 중합반응(그림 1.6)은 한 뉴클레오티드의 바깥쪽 두 인산(β- 및 γ-인산)을 제거하고, 두 번째 뉴클레오티드의 3′-탄소에 부착된 수산기를 치환한다는 것을 알 수 있다. 폴리뉴클레오티드의 두 말단은 화학적으로 서로 다르다는 것에 주의한다. 즉, 한 말단은 5′-탄소에 부착된 반응하지 않은 삼인산기를 가지며(**5′** 혹은 **5′-P 말단**), 다른 하나는 3′-탄소에 부착된 반응하지 않은 수산기를 가진다(**3′** 혹은 **3′-OH 말단**). 이러한 사실은 폴리뉴클레오티드가 화학적인 방향성을 가진다는 것을 의미하며, 5′→ 3′(그림 1.5에서 아래 방향) 혹은 3′→ 5′(그림 1.5에서 위 방향)으로 표시된다. 인산디에스테르 결합의 방향성이 가지는 중요성은 5′→ 3′ 방향으로 DNA 중합체를 신장시키는 화학 반응은 3′→ 5′ 방향으로 신장시키는 그것과는 다르다는 것이다. 자연에 존재하는 모든 **DNA 중합효소(DNA polymerase)**는 오직 5′→ 3′ 방향의 DNA 합성만을 수행할 수 있는데, 이러한 사실은 이중가닥 DNA가 복제되는 과정에 복잡성을 상당히 증가시킨다(15.3절).

그림 1.5 인산디에스테르 결합 구조를 보여주는 짧은 DNA 폴리뉴클레오티드. 폴리뉴클레오티드의 양쪽 말단에 화학적인 차이가 있음을 주목하라.

1950년 이전의 많은 종류의 증거가 세포의 DNA 분자는 둘 혹은 그 이상의 폴리뉴클레오티드가 어떤 방식으로 서로 조립되어 구성되어 있다는 것을 보여주었다. 이 결합의 본질을 밝히는 것이 유전자가 어떻게 작용하는지를 알 수 있게 한다는 가능성이 왓슨과 크릭에게 구조를 밝히는 노력을 하도록 자극하였다. 왓슨이 그의 저서 이중나선에서 밝힌 바에 따르면, 그들의 연구는 DNA의 3중 나선 구조를 처음으로 제안한 유명한 미국의 생화학자인 폴링(L. Pauling)과의 필사적인 경쟁이었다. 지

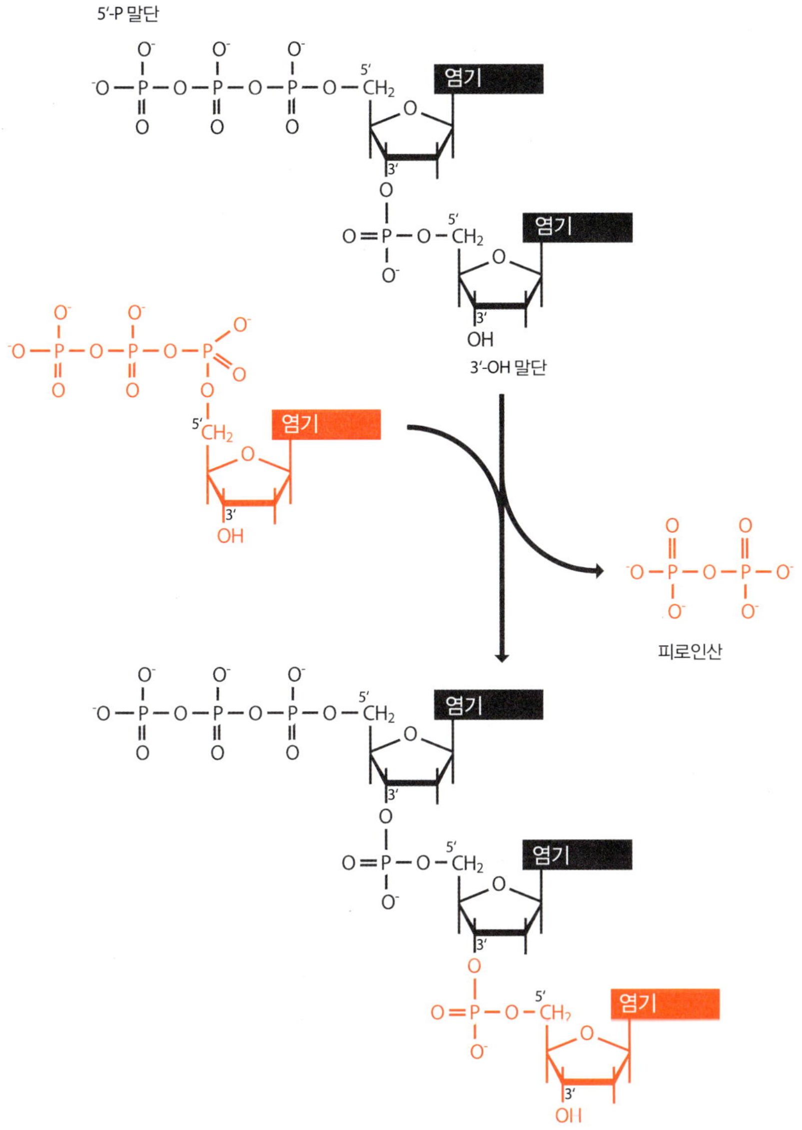

그림 1.6 DNA 폴리뉴클레오티드를 합성하는 중합 반응. 합성은 폴리뉴클레오티드의 말단에 있는 3′ 탄소에 새로운 뉴클레오티드가 더해지면서 5′→3′ 방향으로 일어난다. 뉴클레오티드의 β-와 γ-인산은 피로인산 분자로 제거된다.

금으로서는 어디까지가 사실이고 허구인지 구별하기가 쉽지 않다. 특히 **X-선 회절 연구(x-ray diffraction study)**로 이중나선 구조를 밝히는 데 많은 실험자료로 제공하였으며, 또한 이중나선 구조 결론에 거의 근접하였던 프랭클린(R. Franklin) 경우가 그러하다. 한 가지 명확한 사실은, 1953년 3월 7일 토요일에 왓슨과 크릭에 의해 발견된 이중나선은 20세기 생물학의 가장 중요한 발전이었다는 것이다.

이중나선의 발견은 최초의 다학문 간 생명과학 연구 프로젝트의 하나로 볼 수 있다. 왓슨과 크릭은 이중나선 구조를 추론하는 데 네 가지 종류의 정보를 사용하였다.

- 각종 생물물리학적 자료는 DNA 구조의 핵심적인 특징을 추론하는 데 사용되었다. DNA 섬유의 물의 양은 섬유에서 DNA의 밀도를 추정할 수 있기 때문에 특히 중요하다. 나선의 가닥 수와 뉴클레오티드 사이의 간격은 섬유 밀도와 밀접한 관련이 있다. 폴링의 3중 나선 모델은 DNA 분자가 실제보다 더 빽빽하게 존재한다고 시사하는 부정확한 밀도 측정에 근거하였다.
- **X-선 회절 양상(X-ray diffraction pattern**; 11.1절)의 대부분은 프랭클린에 의해 만들어졌으며 DNA 구조가 나선임을 밝혔다(그림 1.7).
- 뉴욕에 있는 컬럼비아 대학교의 샤가프(E. Chargaff)에 의해 발견된 **염기 비율**

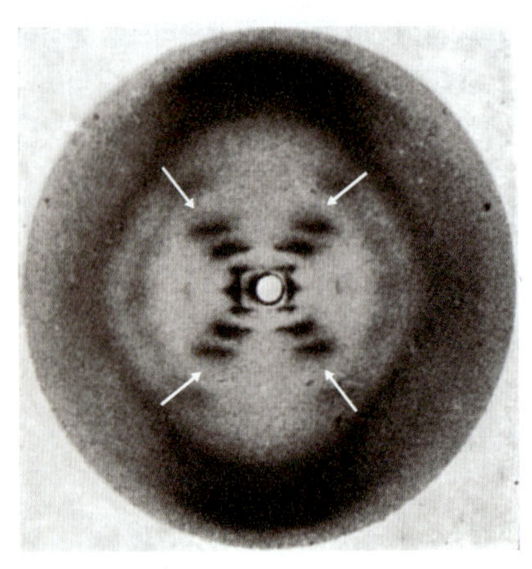

그림 1.7 **DNA 섬유로부터 얻은 X-선 회절 양상을 보여주는 프랭클린의 사진** 51. X자 모양은 DNA가 나선 구조임을 말해주며, 위, 아래 및 X자 모양의 양 옆의 다이아몬드 모양 내부에 존재하는 음영의 정도는 당-인산 골격이 나선의 바깥쪽에 있음을 말해준다(그림 1.9 참조). X자 모양에서 팔을 이루는 흐릿한 여러 점무늬의 위치는 직경, 염기쌍의 높이, 한 회전의 높이와 같은 분자의 크기를 계산할 수 있게 한다(표 1.1). 화살표로 표시된 것과 같이 X자 모양에서 팔에서 보이지 않는 점무늬는 두 폴리뉴클레오티드의 상대적인 위치를 알려준다. 이러한 보이지 않는 점무늬는 왓슨과 크릭으로 하여금 나선의 바깥 표면에 깊이가 다른 2개의 홈의 존재를 인지할 수 있게 하였다(그림 1.9 참조) (Franklin R & Gosling RG 1953, *nature* 171:740-741에서 인용. Macmillan Publishers Ltd의 허락을 득함.)

(**base ratio**)은 나선에서 폴리뉴클레오티드 사이의 쌍 형성을 추론하게 하였다. 샤가프는 다양한 생물의 DNA 시료를 가지고 일련의 크로마토그라피 연구를 수행하여, 비록 생물에 따라 값은 다르지만, 아데닌의 양은 항상 타이민의 양과 같고 구아닌의 양은 사이토신의 양과 같다는 것을 밝혔다(그림 1.8). 이러한 염기 비율이 이중나선 구조의 발견의 중요 관건인 염기쌍 형성(base-pairing) 규칙으로 이르게 하였다.

- 왓슨과 크릭 자신들이 수행한 유일한 중요 기술인 가능한 DNA 구조의 축척 모형의 제작은 여러 원자들의 상대적인 위치를 검사해 볼 수 있게 하여, 결합을 형성하는 염기쌍이 아주 멀리 떨어져 있지 않고, 또한 다른 원자들은 서로 간섭되지 않도록 아주 가까이 위치하고 있지 않음을 알아내게 하였다.

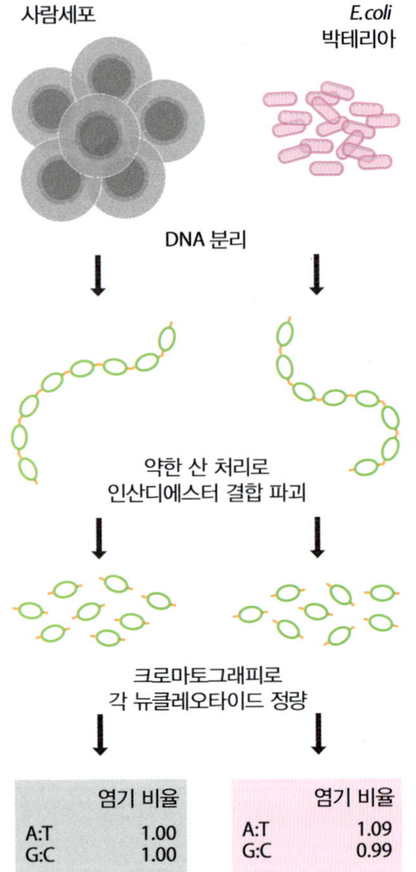

그림 1.8 **샤가프에 의해 수행된 염기 비율 실험.** 여러 생물로부터 DNA를 추출하고 인산디에스테르 결합을 분해하기 위해서 산을 처리하여 개개의 뉴클레오티드를 방출하였다. 그런 다음 각 뉴클레오티드를 크로마토그래피로 정량하였다. 자료는 샤가프가 얻은 실제 결과의 일부를 보여준다. 이것은 실험 오차 범위 내에서 아데닌의 양은 타이민의 양과 같으며, 구아닌의 양은 사이토신의 양과 같다는 것을 나타낸다.

이중나선은 염기쌍 형성과 염기 중첩에 의해 안정화된다

이중나선은 오른쪽 방향으로서 이것을 나선형 계단으로 가정하고 당신이 위로 올라간다면 계단 바깥쪽의 손잡이는 당신의 오른편에 위치할 것이다. 두 가닥은 서로 반대 방향으로 진행한다(그림 1.9A). 나선은 두 가지의 화학적 상호작용에 의하여 안정화된다.

- 두 가닥 사이의 **염기쌍 형성**(**base pairing**)은 한 가닥에 위치한 아데닌과 다른 가닥에 존재하는 타이민, 혹은 사이토신과 구아닌 사이의 **수소 결합**(**hydrogen bond**)의 형성을 포함한다(그림 1.9B). 수소 결합은 산소나 질소와 같은 전기 음성 원자와 두 번째 전기 음성 원자에 붙어있는 수소 원자 사이의 약한 **정전기 인력**(**electrostatic interaction**)이다. 수소 결합은 공유 결합보다 더 길며, 전형적인 결합에너지가 25°C에서 1몰당 8~29 kJ로 한 쌍의 탄소원자 사이의 공유결합 348 kJ에 비해 훨씬 약하다. 수소 결합은 DNA 이중나선뿐만 아니라 단백질의 2차 구조를 안정화시키는 역할도 한다. A와 T 및 G와 C 이 두 염기쌍 조합은 샤가프에 의해 발견된 염기 비율을 설명해 준다. 한편으로는 뉴클레오티드 염기의 기하학적 배열과 수소 결합에 참여하는 원자의 상대적 위치 때문에, 또 한편으로는 염기쌍은 퓨린과 피리미딘 사이에서 일어나야만 한다(퓨린-퓨린 쌍은 나선에 적합하기에는 너무 크며, 피리미딘-피리미딘 쌍은 너무 작다)는 이유 때문에 이러한 염기쌍의 형성만이 가능하다.
- **염기 중첩**(**base stacking**)은 인접 염기쌍 사이의 인력을 포함하며, 염기쌍 형성에 의해 두 가닥이 서로 결합한 이중나선에 안정성을 부여한다. 염기 중첩은 퓨린과 피리미딘 구조의 이중결합과 연관된 p 전자가 관련된다고 여겨지게 때문에 때로는 **π-π 상호작용**이라고 불린다. 그러나 이러한 가설은 지금은 의문시되고 염기 중첩에 한 종류의 정전기적인 인력이 작용할 가능성이 제기되고 있다.

염기쌍 형성과 염기 중첩은 두 폴리뉴클레오티드를 결합시키는 데 중요하지만, 염기쌍 형성은 그것이 가지는 생물학적 의미로 인해 보다 더 중요하다. A는 오직 T, 그

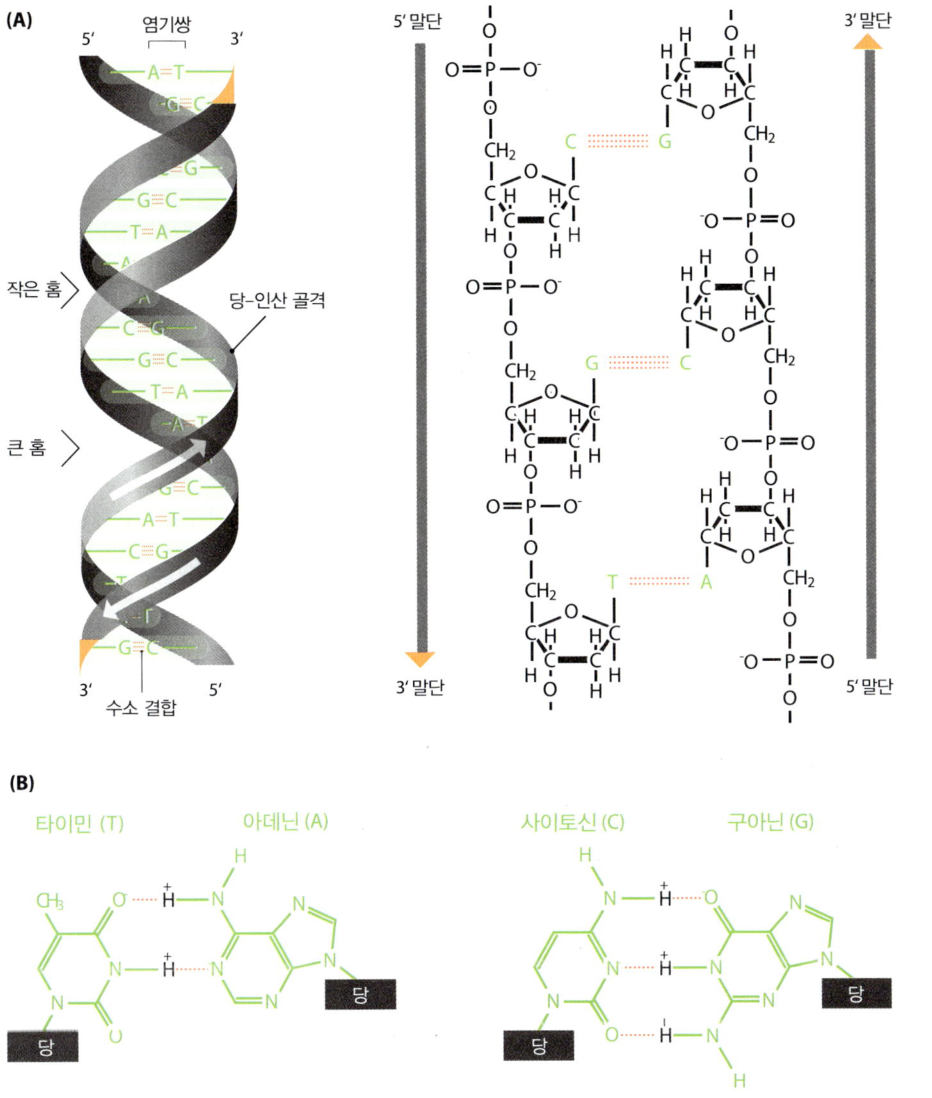

그림 1.9 **DNA의 이중나선 구조.** (A) 이중나선의 2 가지 표현. 왼쪽은 각 폴리뉴클레오티드의 당-인산 골격을 회색 리본으로, 그리고 염기쌍을 녹색으로 나타낸 구조이다. 오른쪽은 3 염기쌍의 화학적 구조를 나타낸다. (B) A는 T와, G는 C와 염기쌍을 형성한다. 염기는 수소결합이 점선으로 표시된 윤곽선으로 나타내었다. G-C 염기쌍은 3개, A-T는 2개의 수소 결합을 가짐을 주목하라.

리고 G는 C와 염기쌍을 형성할 수 있다는 제한은 이미 존재하는 가닥의 염기 서열을 이용하여 새로운 가닥의 서열을 지령하는 간단한 수단을 통하여 **DNA 복제** 결과 완벽한 부모 분자의 사본이 생긴다는 것을 의미한다. 이것이 **주형-의존성 DNA 합성(template-dependent DNA synthesis)**이며, 모든 세포 DNA 중합효소에 의하여 이용되는 시스템이다(12.1절). 그러므로 염기쌍 형성은 DNA 분자가 매우 간단하며 명확한 방법에 의해 복제될 수 있게 하므로, 왓슨과 크릭에 의해 이중나선 구조가 발표되자마자 모든 생물학자들은 유전자는 실제로 DNA로 이루어져 있다는 확신을 갖게 되었다.

이중나선은 구조적 유연성을 가진다

왓슨과 크릭에 의해 설명된 이중나선(그림 1.9A)을 **B형 DNA**라고 부른다. B형 DNA의 특징은 나선 직경 2.37 nm, 한 염기쌍의 높이 0.34 nm, 한 회전 거리(즉, 나선의 한 회전)는 3.4 nm로, 이것은 한 회전당 10개의 염기쌍이 있다는 것과 일치한다. 살아있는 세포 내의 DNA는 주로 B형으로 생각되나, 유전체 DNA 분자는 구조상 완전히 동일하지 않다는 것이 지금은 명백하다. 이것은 주로 나선에 있는 각 뉴클레오티드가 약간 다른 분자 형태를 취할 수 있는 유연성을 가지기 때문이다. 이러한 다른 구조를 형성하기 위해서는 뉴클레오티드에 존재하는 원자의 상대적인 위치가 약간 변해야만 한다. 많은

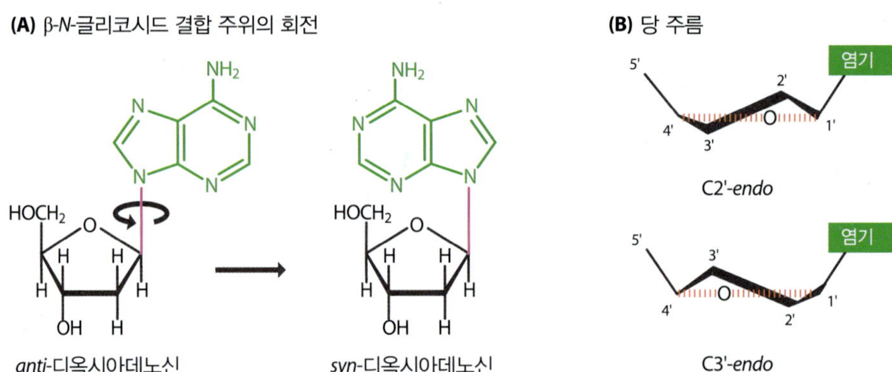

그림 1.10 이중나선의 구조를 변형시킬 수 있는 뉴클레오티드의 구조 변화. (A) *anti*- 및 *syn*-디옥시아데닌의 구조. 이 두 구조는 뉴클레오사이드의 당에 대한 염기의 방향에서 차이가 난다. β-*N*-글리코시드 결합 주위의 회전은 한 형태를 다른 형태로 전환시킨다. 나머지 3개의 뉴클레오티드 또한 *anti*- 및 *syn*-구조를 가진다. (B) C2′-*endo*- 및 C3′-*endo* 구조에서 당 탄소의 위치를 보여주는 당 주름(suga pucker).

가능성이 있지만 가장 중요한 구조 변화는 다음과 같다:

- β-*N*-글리코시드 결합 주위의 회전은 당에 대한 염기의 방향을 변화시키는데, anti-와 syn-구조라 불리는 두 가지 구조를 가능하게 한다(그림 1.10A). 염기 회전은 두 폴리뉴클레오티드의 위치 결정에 영향을 미친다.
- **당주름(sugar pucker)**은 당의 3차원 구조를 말한다. 뉴클레오티드의 리보오스 성분은 평면 구조를 가지지 않는다. 옆면에서 보았을 때 하나 또는 2개의 탄소 원자가 당의 평면보다 위에 있거나 또는 아래에 존재한다(그림 1.10B). C2′-**엔도**(*endo*) 구조에서는 2′-탄소는 평면의 위에 존재하고, 3′-탄소는 약간 아래쪽에 위치한다. C3′-**엔도**(*endo*) 구조에서는 3′-탄소는 평면의 위에 존재하고, 2′-탄소는 아래쪽에 위치한다. 3′-탄소가 인접한 뉴클레오티드와 인산디에스테르 결합을 하기 때문에 2개의 당 주름 구조는 당-골격 뼈대의 구조에 서로 다른 영향을 미친다.

β-*N*-글리코시드 결합 주위의 회전과 당주름으로부터 기인한 구조 변화는 나선의 전체적인 구조에 중요한 변화를 유발한다. 1950년대 이래 이중나선의 구조 변화는 DNA 분자를 포함하는 섬유가 다른 상대 습도에 노출되었을 때 일어난다는 것을 인지하고 있었다. 예를 들어, **A형**이라고 불리는 이중나선의 변형된 형태는 2.55 nm의 직경에 한 염기쌍의 높이는 0.29 nm이고 한 회전 거리는 3.2 nm로, 이것은 한 회전당 11 염기쌍이 있다는 것과 일치한다(표 1.1). B-형 DNA와 마찬가지로 A-형 DNA는 오른쪽 나선이며 염기는 당에 대해서 anti-구조로 존재한다. 당 주름에서 큰 차이가 존재한다. B형에서 당은 C2′-**엔도**(*endo*) 구조인 반면에 A형에서는 C3′-**엔도** 구조이다. 이중나선의 다른 오른쪽 나선 변형으로는 B′-, C-, C′-, C″, D-, E- 및 T-DNA가 있다.

표 1.1 여러 다른 형태의 DNA 이중나선의 특징

특징	A-DNA	B-DNA	Z-DNA
나선의 형태	오른쪽 나선	오른쪽 나선	왼쪽 나선
나선 직경(nm)	2.55	2.37	1.84
염기쌍 사이의 거리(nm)	0.23	0.34	0.38
한 회전 거리(nm)	2.5	3.4	4.6
한 회전당 염기쌍 수	11	10	12
염기 구조	*anti*	*anti*	혼합
당주름	C′-*endo*	C2′-*endo*	혼합

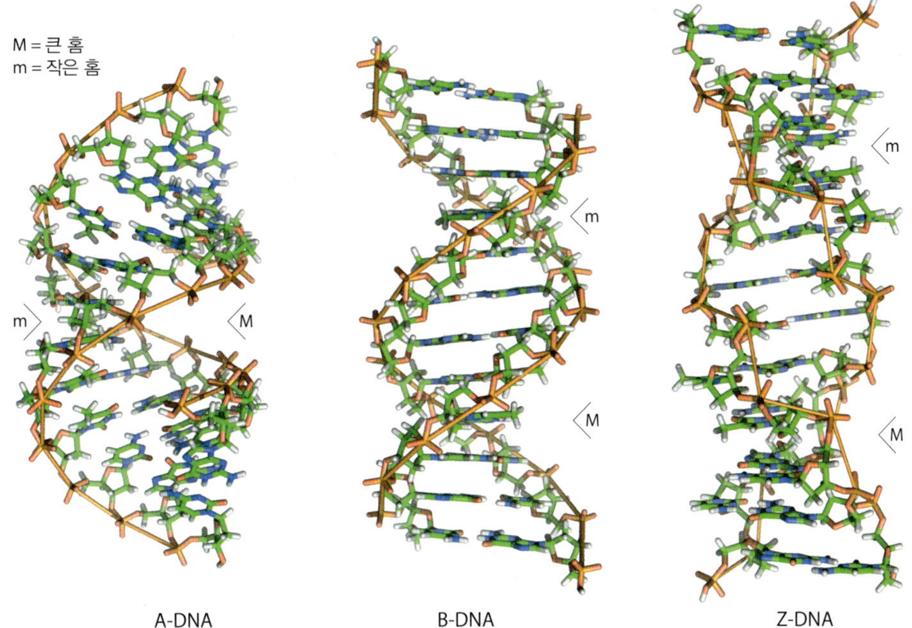

그림 1.11 **B형, A형 및 Z형의 이중나선.** 각 분자의 큰 홈과 작은 홈은 각각 M과 m으로 나타냈다.

보다 극적인 구조 변형이 가능한데, 당-인산 뼈대가 지그재그 구조를 하고 있는 왼쪽 나선인 **Z-형 DNA**를 형성할 수 있다. Z-형 DNA는 한 회전당 12개의 염기쌍을 가지고 직경이 단지 1.84 nm로 보다 더 꼬인 구조이다(표 1.1). GC 모티프 반복(즉, 가닥의 서열이 .....GCGCGCGC....인 경우)을 포함하는 이중나선 부위에서 생긴다고 알려져 있다. 이 부위에서 각 G 뉴클레오티드는 syn- 및 C3′-*endo*-구조를, 각 C는 anti- 및 C2′-*endo*-구조를 가진다.

여러 형태의 이중나선은 구조 그 자체로는 그들 사이의 가장 중요한 차이가 무엇인지 알기 어렵다. 이것은 직경과 한 회전 거리가 아니라, 나선의 내부가 구조 표면으로부터 접근이 얼마나 용이한가 하는 정도와 관련이 있다. 그림 1.9A에서 보듯이, B형 DNA는 완전히 매끄러운 표면을 가지지 않는다. 대신 나선의 길이를 따라 두 홈이 나선형으로 존재한다. 이 홈 중 하나는 비교적 넓고 깊으며 **큰 홈(major groove)**이라 불린다. 다른 하나는 좁고 덜 깊으며 **작은 홈(minor groove)**이라 불린다. A-DNA 역시 두 가지 홈을 가지지만(그림 1.11), 이러한 형태에서는 B-DNA에 비해 큰 홈은 더 깊으며 작은 홈은 더 얕고 넓다. Z-DNA는 한 홈은 거의 존재하지 않으나 다른 홈은 매우 좁고 깊다. 각 형태의 DNA에서 최소한 한 홈의 내부 표면의 일부는 뉴클레오티드에 부착된 염기의 화학적 작용기에 의해 형성된다. 제11장에서는 유전체 내부에 포함된 생물정보의 발현이 이중나선에 결합하여 그 안에 포함된 유전자의 활동을 조절하는 DNA 결합 단백질에 의해 조절됨을 살펴볼 것이다. 각 DNA 결합 단백질은 기능을 수행하기 위하여 그것이 활동을 조절하는 유전자에 가까운 특정한 위치에 결합하여야 한다. 이것은 상당한 정도의 정확도로 일어나게 되는데, 단백질이 홈 안으로 접근하여, 그 곳에서 염기쌍이 깨지지 않고 나선구조를 열지 않은 상태로 DNA 염기 서열이 읽히게 된다. 이것은 예를 들어, B-DNA 내의 특정 뉴클레오티드 서열을 인식할 수 있는 DNA 결합 단백질이, 만약 DNA의 구조가 변형되면 필연적으로 더 이상 그 염기 서열을 인식하지 못할 수 있다고 추론할 수 있다.

11.3절에서 살펴보겠지만, DNA 분자에 생기는 구조적 변화는 뉴클레오티드 서열에 의해 초래되는 다른 구조적 다형성과 함께, 유전체와 그것에 결합하는 DNA 결합 단백질의 상호작용의 특이성을 결정하는 데 중요할 수 있다.

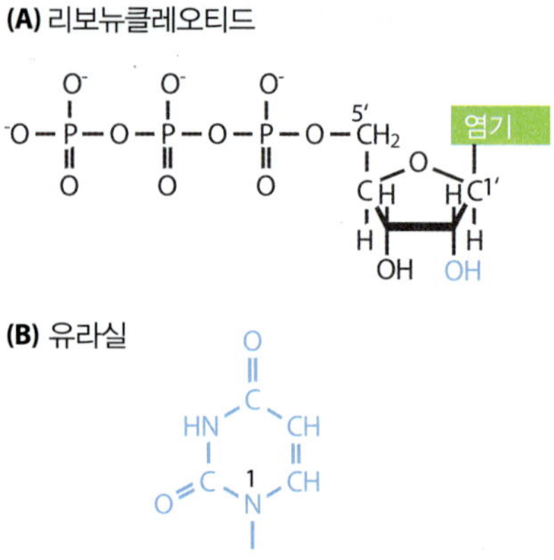

(A) 리보뉴클레오티드

(B) 유라실

그림 1.12 **RNA와 DNA의 화학적 차이.** (A) RNA는 2′-디옥시리보오스 대신 리보오스를 당으로 가지는 리보뉴클레오티드를 포함한다. 차이점은 수소원자 대신 수산기가 2′-탄소에 부착되어 있다. (B) RNA는 타이민 대신 유라실이라는 피리미딘을 포함한다.

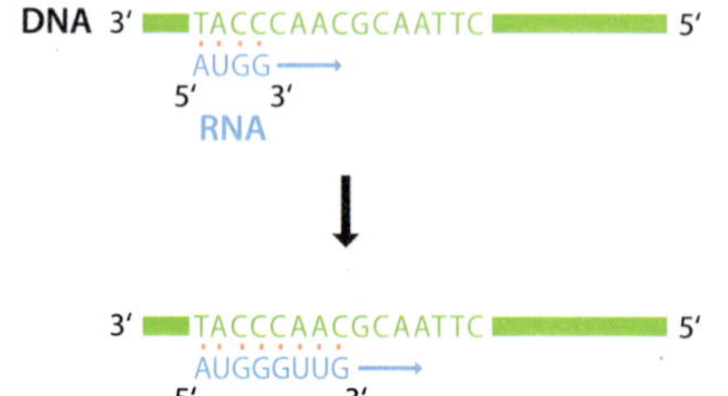

그림 1.13 **주형-의존성 RNA 합성.** RNA 전사물은 DNA를 3′→5′ 방향으로 읽으며 5′→3′ 방향으로 합성되는데, 전사물의 서열은 DNA 주형과의 염기쌍 형성에 의해 결정된다.

1.2 RNA와 전사체

유전체 발현의 최초 생성물은 전사체인데(그림 1.2 참조), 이것은 특정 시간에 세포에서 활성을 가지는 유전자로부터 유래된 RNA 분자의 집합이다. 전사체의 RNA 분자는 전사(transcription)라고 불리는 과정에 의해 합성된다. 이 절에서 RNA 분자의 구조를 살펴본 후 살아있는 세포에 존재하는 여러 종류의 RNA 분자에 대해 자세히 알아본다.

RNA는 두 번째 유형의 폴리뉴클레오티드이다

RNA는 DNA와 유사한 폴리뉴클레오티드이나 두 가지의 화학적 차이를 보인다(그림 1.12). 첫째, RNA에 존재하는 당은 **리보오스(ribose)**이며, 둘째, RNA는 타이민 대신 **유라실(uracil)**을 포함한다. 그러므로 RNA 합성에 사용되는 네 가지 뉴클레오티드는 다음과 같다:

- 아데노신 5′-삼인산
- 사이티딘 5′-삼인산
- 구아노신 5′-삼인산
- 유리딘 5′-삼인산

이들 뉴클레오티드는 각각 ATP, CTP, GTP와 UTP 또는 A, C, G와 U로 줄여 쓴다.

DNA와 마찬가지로 RNA 폴리뉴클레오티드는 3′-5′ 인산디에스테르 결합을 가지고 있으나, 이들 인산디에스테르 결합은 당의 2′ 위치에 위치한 수산기의 간접적 효과 때문에 DNA의 그것에 비해 덜 안정적이다. RNA 분자는 좀처럼 수천 뉴클레오티드 길이를 넘지 않으며, 비록 분자 내 염기쌍은 많이 형성되지만(예로써, 그림 5.6 참조), 대부분은 **이중가닥**이기보다는 **단일가닥**이다.

DNA의 RNA로의 전사에 관여하는 효소를 **DNA-의존성 RNA 중합효소(DNA-dependent RNA polymerase)**라고 부른다. 이 명칭은 그들이 촉매하는 효소반응, 즉 리보뉴클레오티드로부터 RNA 중합반응은 DNA 의존적 방법으로 일어난다는 것을 가리키며, 이것은 DNA 주형의 뉴클레오티드 서열이 합성되는 RNA의 뉴클레오티드 서열을 지령한다는 것을 의미한다(그림 1.13). 몇몇 바이러스 유전체의 복제와 발현과 관련된 **RNA-의존성 RNA 중합효소(RNA-dependent RNA polymerase)**와 명칭이 혼동되지 않는 경우에는 이 효소를 그냥 **RNA 중합효소(RNA polymerase)**라고 간략히 쓰기도 한다. 주형 의존성 RNA 합성의 화학적 원리는 그림 1.6의 DNA 합성에서 보여준 것과 동일하다. 리보뉴클레오티드가 신장되는 RNA **전사물**(transcript)의 3′-말단에 차례로 더해진다. 더해지는 각 뉴클레오티드는, A는 T 혹은 U, 그리고 G는 C와 염기쌍을 형성하는 염기쌍 형성 규칙에 의해 결정된다. 각 뉴클레오티드가 더해지는 동안 DNA 중합에서와 마찬가지로 들어오는 뉴클레오티드로부터 β-와 γ-인산이 제거되고, 사슬 말단에 위치한 뉴클레오티드의 3′-탄소로부터 수산기가 제거된다.

세포 내 RNA

전형적인 박테리아는 전체 무게의 약 6%에 해당하는 0.05~0.10 pg의 RNA를 포함한다. 이 보다 훨씬 큰 포유동물의 세포는 모두 합쳐 20~30 pg의 RNA를 포함하지만, 이는 세포의 약 1% 정도만을 차지하는 양이다.

세포의 RNA 내용을 이해하는 가장 좋은 방법은 기능에 따라 그 종류를 나누는 것이다. 이 분류에는 여러 방법이 있으며, 그림 1.14에 가장 유용한 분류 중의 하나를 보여주고 있다. 일차적인 구분은 **암호화 RNA(coding RNA)**와 **비암호화 RNA(noncoding**

RNA)로 나누는 것이다. 암호화 RNA는 전사체를 포함하는데, 단백질을 암호화하는 유전자의 전사체로서 유전체 발현의 두 번째 단계에서 단백질로 번역되는 **전령 RNA(messenger RNA, mRNA)** 한 종류로만 이루어진다. mRNA가 전체 RNA의 4% 이상을 차지하는 경우는 거의 없으며, 합성 후 분해되므로 수명이 짧다. 박테리아 mRNA의 반감기는 수 분을 넘지 않으며, 진핵생물의 대부분의 mRNA는 합성 후 수 시간 안에 분해된다. 이렇게 빠른 회전율은 전사체의 조성이 고정되어 있지 않고, 각 mRNA의 합성률을 변화시킴으로써 빠르게 재구성된다는 것을 의미한다.

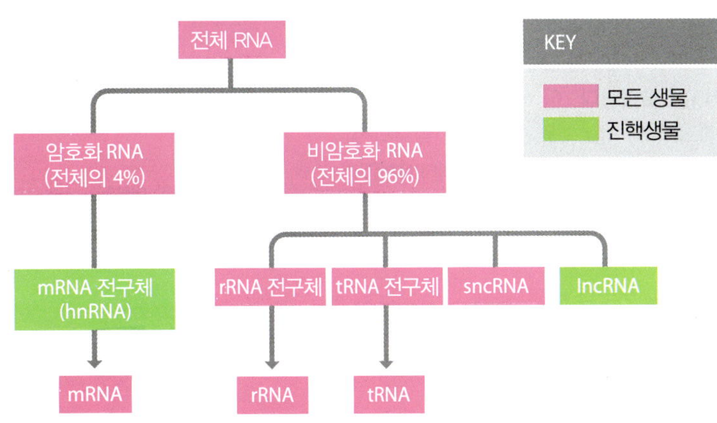

그림 1.14 **세포 내 RNA.** 이 분류는 모든 생물에 존재하는 RNA의 종류와 진핵세포에서만 발견되는 RNA 종류를 보여준다. RNA 전구체를 포함하였다.

두 번째 유형의 RNA는 단백질로 번역되지 않는 비암호화 RNA이다. 이 RNA는 세포 내에서 또한 필수적인 역할을 하므로 이것을 강조하는 의미로 **기능성 RNA(functional RNA)**라고도 한다. 비암호화 RNA에는 여러 다양한 종류가 있으며, 중요한 두 종류는 다음과 같다.

- **리보솜 RNA(rRNA)**는 모든 생물에 존재하며 보통 세포에 가장 많은 RNA로서, 활발하게 분열 중인 박테리아에서 전체 RNA의 80%를 차지한다. 이들 분자는 단백질 합성이 일어나는 구조인 리보솜의 구성성분이다(13.3절).
- **운반 RNA(tRNA)**는 작은 분자이며 이 역시 단백질 합성에 관여하는데, rRNA와 마찬가지로 모든 생물에 존재한다. tRNA의 기능은 아미노산을 리보솜으로 운반하며, 번역되는 mRNA의 뉴클레오티드 서열에 의해 지정되는 아미노산이 순서대로 연결되게 한다(13.3절).

이들이 가장 중요한 두 종류의 비암호화 RNA이다. 하지만 원핵세포 및 진핵세포에서는 특별한 기능을 수행하는 다른 여러 형태의 비암호화 RNA가 존재한다. 진핵세포에서 이러한 RNA는 보통 길이가 200 뉴클레오티드 이하인 **짧은 비암호화 RNA(short noncoding RNA, sncRNA)**와 200 뉴클레오티드 이상인 **긴 비암호화 RNA(long noncoding RNA, lncRNA)** 두 종류로 구분한다. 이들 다양한 형태의 비암호화 RNA의 역할은 제12장에서 살펴볼 것이다.

많은 RNA는 전구체 분자로 합성된다

세포는 위에서 언급된 성숙한 RNA뿐만 아니라 전구체 분자도 포함한다. 특히 진핵생물에 많은 RNA는 처음에는 **RNA 전구체(pre-RNA)**로 합성되며 기능성 분자로 되기 위해서는 가공되어야 한다.

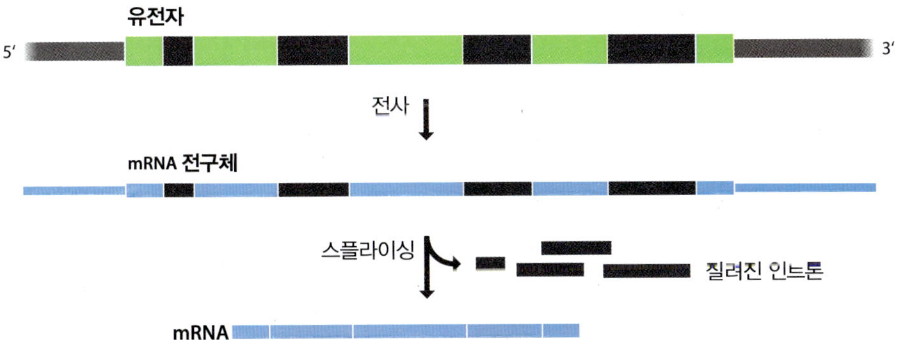

그림 1.15 **진핵생물 mRNA 전구체의 스플라이싱.** 인트론은 mRNA 전구체로부터 잘려나가고 엑손은 서로 연결되어 기능을 가지는 mRNA를 형성한다.

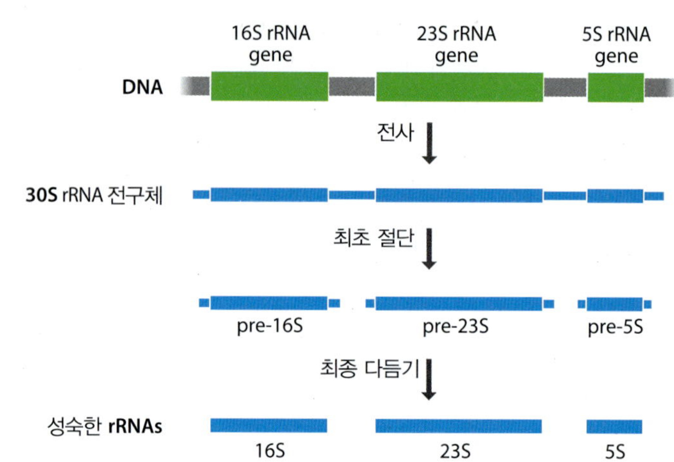

그림 1.16 박테리아 rRNA 전구체의 가공. 박테리아 rRNA 전구체는 각 한 사본의 세 rRNA를 포함한다. 이 rRNA들이 리보솜 단백질과 함께 리보솜을 형성한다. 일련의 절단 및 다듬기 반응에 의해 전구체 RNA로부터 성숙한 rRNA가 형성된다.

이 가공에서 가장 중요한 것은 **스플라이싱(splicing)**이다. 몇몇 진핵생물 유전자는 전사는 되지만 RNA 전구체로부터 잘려 나가는 내부 부위를 가진다(그림 1.15). 이들 잘려 나가는 부위를 스플라이싱 후 연결되어 성숙한 RNA로 되는 **엑손(exon)**과는 달리 **인트론(intron)**이라고 부른다. 인트론은 일부 rRNA 및 tRNA에도 존재하지만 특히 단백질 암호화 유전자에서 일반적이다. 그러므로 mRNA 전구체의 스플라이싱은 전사체의 단백질 암호화 성분을 합성에 이르게 하는 과정의 중요 부분이다(12.4절). 스플라이싱은 핵에서 일어나며, 스플라이싱이 일어나지 않은 mRNA 전구체는 **이질성 핵 RNA(hnRNA)**라고 불리는 핵 RNA 부분을 형성한다.

스플라이싱은 RNA 전구체의 가공 과정 동안 일어나는 유일한 절단 과정(cutting event)이 아니다. 많은 rRNA와 tRNA는 처음에 두 분자 이상의 사본을 포함하는 전구체로 합성된다. **rRNA 전구체(pre-rRNA)**와 **tRNA 전구체(pre-tRNA)**는 성숙한 RNA를 생산하기 위해서는 반드시 여러 부분으로 잘려져야 한다(그림 1.16). 이러한 종류의 가공은 원핵생물과 진핵생물 모두에서 일어난다.

다른 가공 과정은 RNA 분자의 말단에서 일어나는 변화이다. **말단 변형(end modification)**은 진핵생물 mRNA의 합성 도중에 일어나며, 대부분은 5′-말단에 부착된 **캡(cap)**이라고 불리는 구조와 3′-말단에 부착된 폴리(A) 꼬리(poly(A) tail)를 포함한다.

그림 1.17 진핵생물 mRNA의 5′-말단 및 3′-말단의 변형. (A) mRNA의 5′-말단에 존재하는 캡 구조. **유형 0 캡**은 5′-5 삼중 인산결합에 의해 mRNA 전구체의 첫 번째 뉴클레오티드에 변형된 뉴클레오티드 7-메틸구아노신이 연결된 형태이다. 표시된 위치에서의 추가적인 메틸기의 결합은 **유형 1** 및 **유형 2 캡** 구조를 유발한다. (B) mRNA 3′-말단의 폴리아데닐화. 폴리(A) 꼬리는 DNA 서열에 이에 해당하는 부위가 없기 때문에 유전자가 전사될 때 RNA 중합효소에 의해 합성되지 않는다. 대신 폴리(A) 꼬리는 전사 후에 폴리(A) 중합효소에 의해 더해진다.

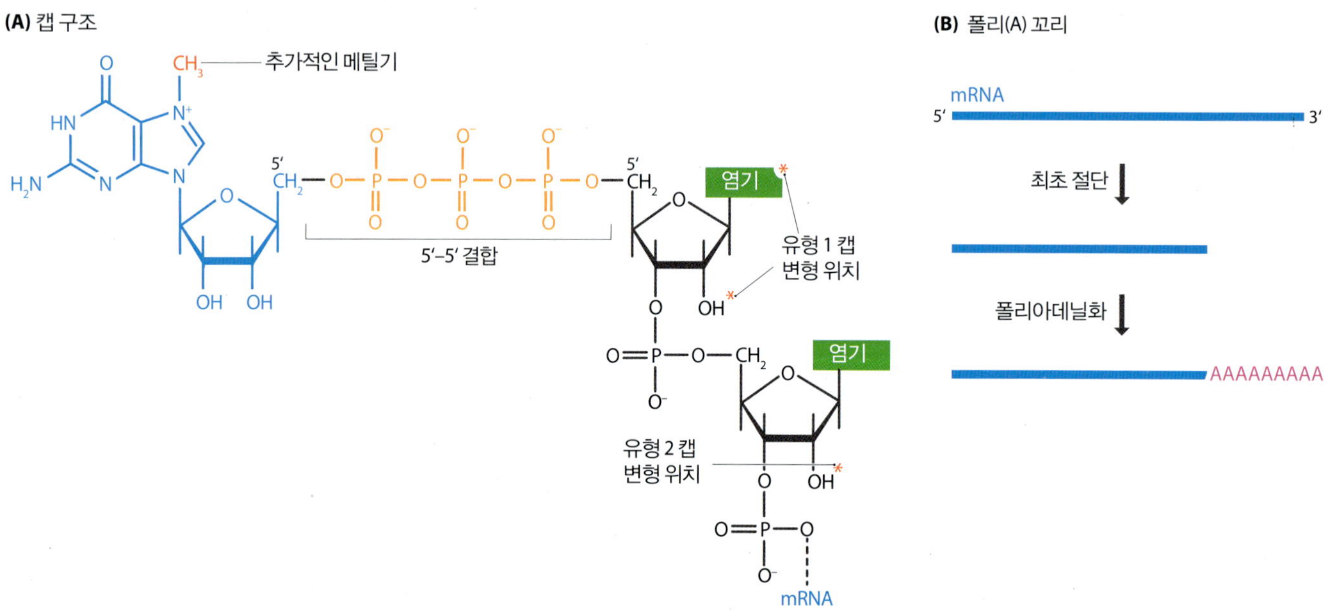

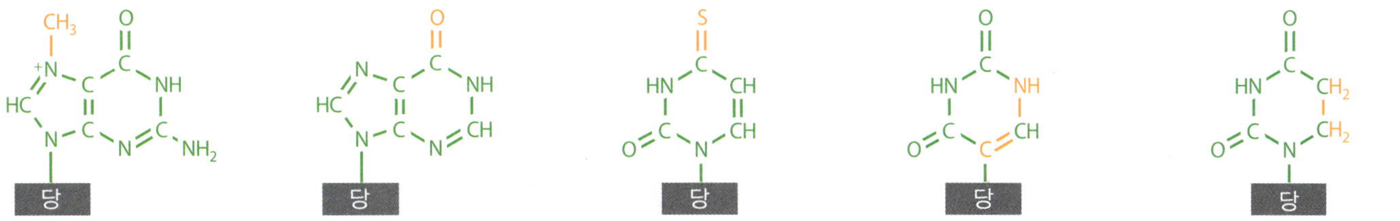

그림 1.18 rRNA 및 tRNA 분자에 존재하는 화학적으로 변형된 염기의 예. 이들 변형된 염기와 표준 염기와의 차이점은 주황색으로 나타냈다.

캡 구조는 특이한 삼중 인산 결합에 의해 mRNA 전구체의 첫 번째 뉴클레오티드에 부착된 7-메틸구아노신이라고 불리는 변형된 뉴클레오티드로 이루어진다(그림 1.17A). mRNA 전구체의 첫 번째 및 두 번째 뉴클레오티드 또한 메틸기의 첨가에 의해 변형되기도 한다. 캡 구조는 mRNA가 단백질 번역으로의 시작을 돕는다. 폴리(A) 꼬리는 mRNA의 3′-말단에 존재하는 250개 까지의 아데닌 뉴클레오티드 서열이다. mRNA 전구체는 3′-말단 가까이에서 절단되고 이 절단된 새로운 말단에 **폴리(A) 중합효소**라고 불리는 **주형 비의존성 RNA 중합효소(template independent RNA polymerase)**에 의해 아데닌이 첨가된다(그림 1.17B). **폴리아데닐화(polyadenylation)**의 기능은 완전하게 알려지지 않았지만, 만약 폴리(A) 꼬리가 존재하지 않거나 정상보다 짧으면 mRNA는 분해된다고 알려져 있다.

가공의 마지막 형태는 **화학적 변형(chemical modification)**이다. 모든 생물의 rRNA와 tRNA의 일부 염기는 메틸화, 탈아미노화(-NH_2기의 제거) 및/또는 티오(thio) 치환(산소를 황으로 치환)에 의해 변형되며, 일부 염기는 특정 작용기의 위치를 변화시키거나 또는 이중결합을 단일결합으로 전환시키는 내부 재배열을 겪는다(그림 1.18). 이러한 많은 변형이 왜 일어나는지는 알려지지 않았지만 몇몇 경우에는 그 기능이 알려졌다. tRNA에서 일부 변형된 염기는 아미노산을 3′-말단에 부착시키는 효소에 의해 인지된다. 이러 반응은 단백질 합성 동안 tRNA가 수행하는 역할에 핵심적이다. 올바른 아미노산이 그에 맞는 tRNA에 부착되어야 하며 tRNA 내에서의 변형은 이것을 확실하게 하는 특이성을 제공하는 것으로 생각된다.

일부 진핵생물의 mRNA 또한 화학적 변형을 겪는다. **RNA 편집(RNA editing)**이라고 불리는 이 과정은 흔하지는 않지만 mRNA의 정보를 변화시켜 그 결과로 생긴 단백질의 구조를 바꿀 수 있기 때문에 중요하다. RNA 편집의 유명한 예는 사람의 아포지질단백질 B(apolipoprotein B)를 암호화하는 mRNA에서 일어나는 것이다. 이 단백질에는 두 가지 형태가 있다. 장세포에서 합성되는 아포지질단백질 B48보다는 크기가 두 배나 크며 간에서 합성되는 아포지질단백질 B100이다. 두 단백질 모두 지질을 체내로 수송하는 데 관여하지만 정확한 역할은 다르다. B48은 유미입자(chylomicron)라고 불리는 수송 구조의 일부를 형성하고, B100은 다른 단백질과 함께 초저밀도 지질단백질(very low density lipoprotein)이라고 불리는 복합체를 형성한다. 이 두 형태의 아포지질단백질 모두 동일한 유전자에 의해 암호화된다. 하지만 장세포에서는 14,000 뉴클레오티드 길이의 mRNA에서 6,666번째 위치에 존재하는 사이토신이 탈아미노화에 의해 편집된다. 이러한 변화는 아포지질단백질 B100을 암호화하는 mRNA를 아포지질단백질 B48을 암호화하는 mRNA로 전환시키기에 충분하다(그림 1.19).

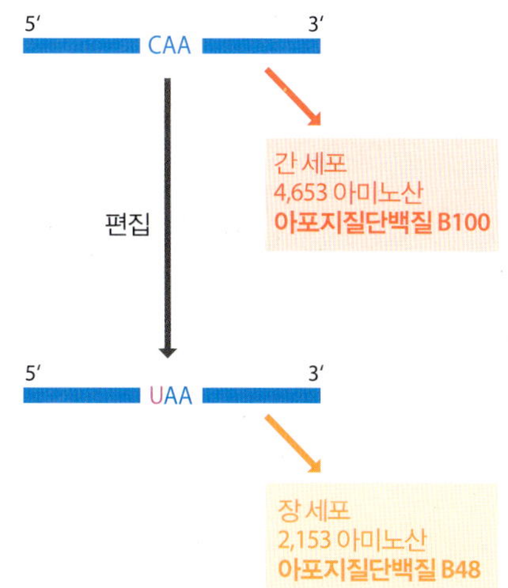

그림 1.19 사람 아포지질단백질 B mRNA의 편집. mRNA 6,666 위치에 있는 C의 탈아미노화는 이 뉴클레오티드를 U로 변형시켜 종결 코돈이 생성되게 한다. 그러므로 짧아진 형태의 아포지질단백질 B는 장세포에서 합성된다.

서로 다른 전사체의 정의가 존재한다

현재 대부분의 생물학자들은 전사체를 한 세포 내에 존재하는 모든 RNA의 집합으로 정의하지만, 1997년에 처음 도입된 이 용어는 처음에 mRNA 성분만을 언급하는 데 사용되었다. mRNA는 전체 세포 RNA의 4% 미만을 차지하지만 유전체 발현의 다음 단계에 사용되는 암호화 RNA를 포함하고 있기 때문에 가장 중요한 부분이다. 심지어 박테리아나 효모와 같이 단순한 생물일지라도 다른 많은 단백질 암호화 유전자는 어떤 시점에서도 매우 활동적이다. 그러므로 한 세포에 존재하는 mRNA 부분은 다른 유전자의, 수천은 아니더라고, 수백 개의 사본을 포함하는 복합체이다. 한 세포가 만들 수 있는 단백질 세트를 지정함으로써 mRNA는 그 세포의 생화학적 특성을 결정한다. 많은 초창기의 전사체 연구는 전반적인 **유전자 발현(gene expression)** 양상과 이 양상이, 예를 들어 한 세포가 암세포로 될 때, 어떻게 변하는지를 이해하기 위해서 한 세포 내의 모든 또는 가능한 많은, mRNA를 확인하는 데 목적이 있었다.

한 세포에 존재하는 모든 RNA를 포함하는 넓은 의미의 전사체 정의는, 한 세포의 생화학적 특성을 나타내게 하는 데 있어 비암호화 RNA가 중요한 역할을 한다는 우리의 이해를 반영한다. 특별히 **miRNA**라고 불리는 sncRNA 진핵생물에서 더 이상의 산물이 필요 없는 mRNA를 분해함으로서 유전자 발현을 조절한다(12.3절). 사람 세포는 약 1,000개의 miRNA를 생성할 수 있으며, 각각은 하나의 mRNA 또는 작은 mRNA 무리에 특이적이다. 특정 세포에서 어떤 miRNA가 합성되며, 질병이 있는 세포에서는 miRNA의 합성 양상이 어떻게 변하는지가 miRNA의 중요한 연구 과제이다. 따라서 mRNA에만 초점을 맞추면 전사체의 다른 부분이 유전체에 포함되어 있는 생물정보의 발현을 매개하는 중요한 역할을 놓치게 되기 때문에 전사체의 정의를 한 세포 내에 존재하는 모든 RNA를 포함하는 것으로 확대하는 것이 의미있어 보인다.

1.3 단백질과 단백질체

유전체 발현의 두 번째 생성물은 세포내 단백질의 집합체인 단백질체(proteome)인데(그림 1.2 참조), 이것은 세포가 수행할 수 있는 생화학 반응의 본질을 지정한다. 단백질체를 구성하는 단백질은 전사체의 mRNA 요소의 번역(translation)에 의해 합성된다.

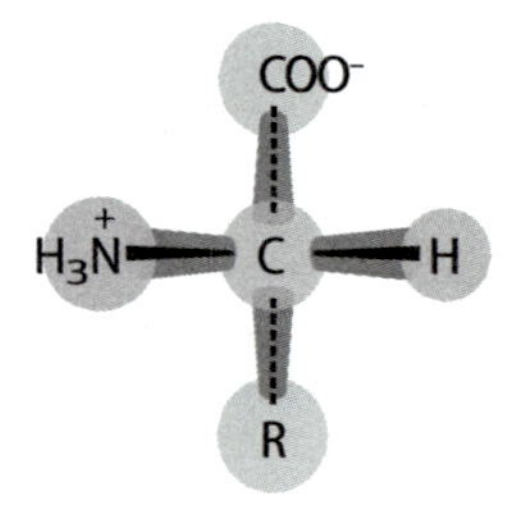

그림 1.20 **아미노산의 일반적인 구조.** 모든 아미노산은 수소원자에 부착된 중심 α-탄소, 카르복시기기, 아미노기와 R 그룹으로 이루어진 동일한 일반적인 구조를 가진다. R 그룹은 각 아미노산 마다 다르다(그림 1.24 참조).

단백질 구조에는 4가지 계층적 단계가 있다

DNA 분자와 마찬가지로 단백질은 선형이며 가지가 없는 중합체이다. 단백질을 구성하는 단량체의 기본 단위를 **아미노산(amino acid,** 그림 1.20)이라고 부르며, 결과의 중합체인 **폴리펩티드(polypeptide)**는 대체로 2,000 단위 이하의 길이를 가진다.

일반적으로 단백질은 4개의 다른 단계의 구조를 가지는 것으로 알려져 있다. 이것은 단계별로 단백질이 형성되는 계층적 단계이며, 구조의 각 단계는 바로 아래 단계에 의존한다.

• 단백질의 **1차 구조(primary structure)**는 아미노산이 폴리펩티드로 연결되면

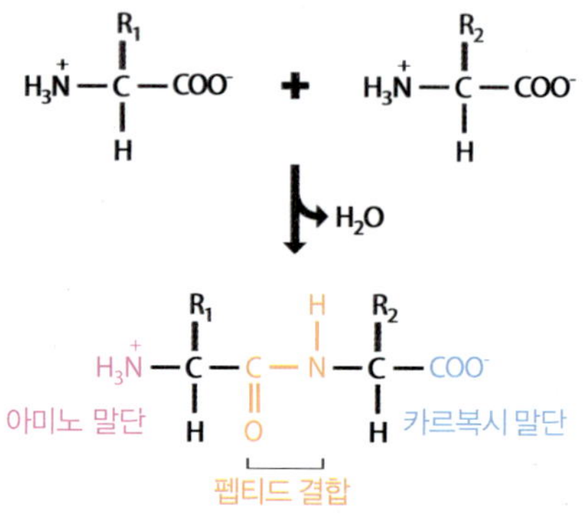

R₁ / $H_3\overset{+}{N}$—C—COO⁻ / H + R₂ / $H_3\overset{+}{N}$—C—COO⁻ / H

→ H_2O

$H_3\overset{+}{N}$—C(R₁)(H)—C(=O)—N(H)—C(R₂)(H)—COO⁻

아미노 말단 카르복시 말단 펩티드 결합

그림 1.21 **폴리펩티드에서 아미노산은 펩티드 결합으로 연결된다.** 그림은 두 아미노산이 펩티드 결합에 의해 연결되는 화학 반응을 보여준다. 이 반응은 물 분자가 제거되므로 응축반응이라고 불린다.

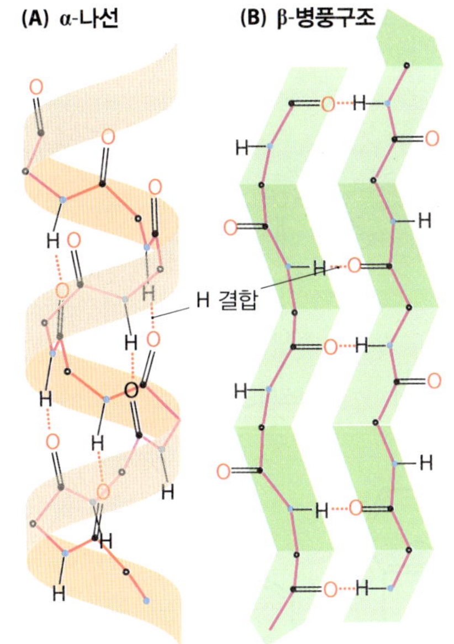

그림 1.22 **단백질에서 발견되는 중요한 두 가지 2차 구조: (A) α-나선과 (B) β-병풍구조.** 폴리펩티드 사슬은 윤곽선으로 나타내었다. R 그룹은 명료함을 위하여 생략하였다. 각 구조는 다른 펩티드 결합의 C=O와 N-H기 사이의 수소 결합에 의해 안정화된다. 그림에 나타낸 β-병풍구조는 두 사슬이 서로 반대방향으로 향하는 역평행 구조이다. 평행 β-병풍구조 역시 존재한다.

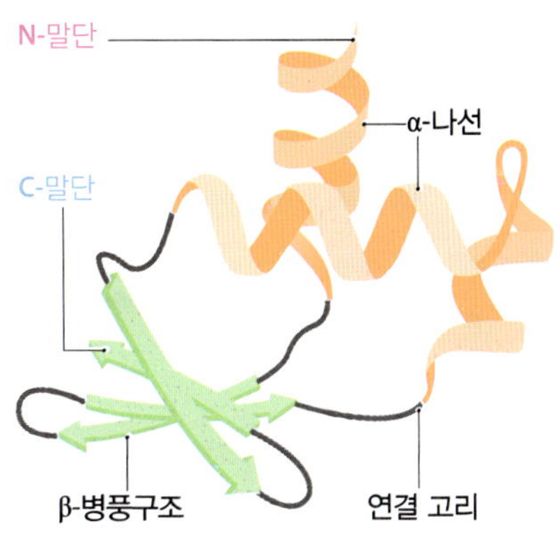

그림 1.23 **단백질의 3차 구조.** 이 가상의 단백질 구조는 코일로 나타낸 3개의 α-나선, 화살표로 표시된 4 가닥의 β-병풍구조로 이루어져 있다.

서 형성된다. 아미노산은 한 아미노산의 카르복시기와 두 번째 아미노산의 아미노기 사이의 응축반응에 의해 형성되는 **펩티드 결합(peptide bond)**에 의해 연결된다(그림 1.21). 폴리뉴클레오티드에서와 같이 폴리펩티드의 두 말단이 화학적으로 다르다는 것에 유의하라: 하나는 자유 아미노기를 가지며 **아미노 말단**(**NH_2-** 혹은 **N-말단**이라고도 함)이라고 하고, 다른 하나는 자유 카르복시기를 가지며 **카르복시 말단**(**COOH-** 혹은 **C-말단**이라고도 함)이라고 한다. 그러므로 폴리펩티드의 방향은 N → C(그림 1.21에서 왼쪽으로부터 오른쪽) 혹은 C → N (그림 1.21에서 오른쪽으로부터 왼쪽)으로 표시된다.

- **2차 구조(secondary structure)**는 폴리펩티드가 형성할 수 있는 다른 구조를 언급한다. 2차 구조의 중요한 2가지 형태는 **α-나선(α-helix)**과 **β-병풍구조(β-sheet)**이다(그림 1.22). 이 구조는 폴리펩티드에 존재하는 다른 아미노산 사이에서 형성되는 수소 결합에 의해 주로 안정화된다. 대부분의 폴리펩티드는 분지를 따라 순차적인 일련의 2차 구조로 접힐 수 있는 충분한 길이를 가진다.
- **3차 구조(tertiary structure)**는 폴리펩티드의 2차 구조가 3차원 배열로 접힌 결과로서 생긴다(그림 1.23). 3차 구조는 주로 각 아미노산 사이의 수소 결합, 전하를 띤 아미노산 R 그룹 사이의 **정전기적 상호작용**, **비극성**(물을 싫어하는) 곁사슬을 가지는 아미노산이 단백질의 내부에 파묻힘으로써 물로부터 보호하게 하는 소수성 힘에 의해 안정화된다. 또한 폴리펩티드의 여러 곳에 위치한 시스테인 아미노산 사이의 **이황화 결합(disulfide bond)**이라고 하는 공유 결합이 있다.
- **4차 구조(quarternary structure)**는 각각 3차 구조로 접혀진 둘 혹은 그 이상의 폴리펩티드가 다중 소단위 단백질로 연합한 것이다. 모든 단백질이 4차 구조를 형성하지 않는다는 것을 유의하라. 하지만 유전체 발현과 관련된 몇몇 단백질을 포함하여 복잡한 기능을 가지는 많은 단백질은 4차 구조를 형성한다. 일부 4차 구조는 다른 폴리펩티드 사이의 이황화 결합에 의해 서로 연결되어 구성성분으로 쉽게 부서지지 않는 안정한 다중 소단위 단백질이 되도록 하기도 한다. 다른 4차 구조는 수소 결합과 소수성 상호작용에 의해 안정화되어 있는 보다 느슨한 연합의 소단위로 구성되어 있어, 세포의 기능적 요구에 따라서 구성된 폴리펩티드로 복귀하거나 혹은 소단위의 구성을 쉽게 바꿀 수 있게 한다.

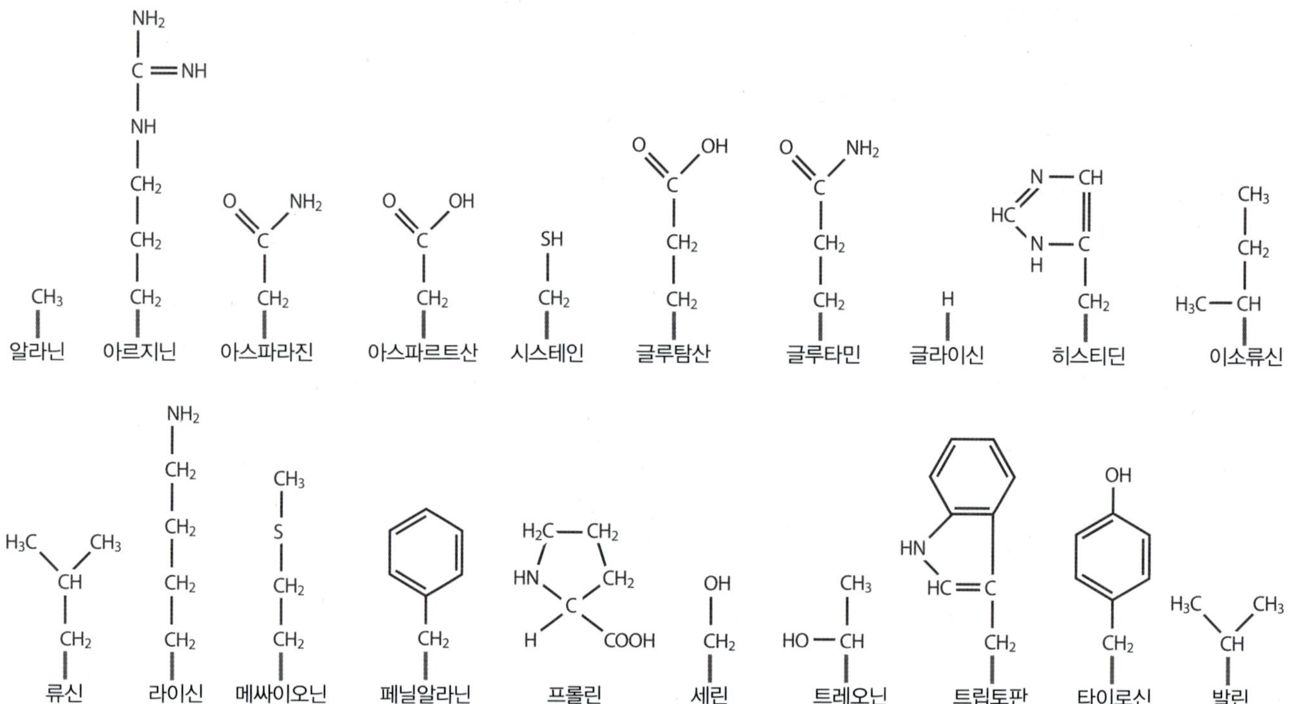

그림 1.24 아미노산 R 그룹의 구조. 이들 20개의 아미노산은 전통적으로 유전 암호에 의해 지정되는 것으로 알려진 것들이다. 프롤린은 R 그룹만이 아니라 전체적인 구조를 나타냈음을 주목하라. 그 이유는 프롤린에서 R 그룹은 α-탄소뿐만 아니라 이 탄소에 결합한 아미노기하고도 결합을 하는 드문 구조를 하고 있기 때문이다.

표 1.2 아미노산 약어

아미노산	약어	
	3 글자	1글자
알라닌	Ala	A
아르지닌	Arg	R
아스파라진	Asn	N
아스파르트산	Asp	D
시스테인	Cys	C
글루탐산	Glu	E
글루타민	Gln	Q
글라이신	Gly	G
히스티딘	His	H
이소류신	Ile	I
류신	Leu	L
라이신	Lys	K
메싸이오닌	Met	M
페닐알라닌	Phe	F
프롤린	Pro	P
세린	Ser	S
트레오닌	Thr	T
트립토판	Trp	W
타이로신	Tyr	Y
발린	Val	V

아미노산의 다양성이 단백질 다양성의 기초가 된다

단백질을 구성하는 아미노산 자체가 화학적으로 다양하기 때문에 단백질은 기능적으로 다양하다. 그러므로 다른 서열의 아미노산은 화학적 활성도가 다른 조합으로 되는데, 이들 조합은 결과적으로 생기는 단백질의 전반적인 구조뿐만 아니라 단백질의 화학적 특성을 결정하는 구조 표면의 활성기의 위치도 결정하게 된다.

아미노산 다양성은 R 그룹에 의해서 비롯되는데, 이는 각 아미노산마다 다르며 구조에서 매우 차이가 난다. 단백질은 20가지의 아미노산으로 만들어진다(그림 1.24, 표 1.2). 몇몇 아미노산은 수소원자(글리신)나 메틸기(알라닌)와 같이 작고 비교적 간단한 구조의 R 그룹을 가진다. 다른 R 그룹은 크고 복잡한 방향족 곁사슬을 가진다(페닐알라닌, 트립토판, 타이로신). 대부분의 아미노산은 pH7.4(대부분의 세포나 조직의 생리학적 pH)에서는 극성을 띠지 않으나 아스파르트산과 글루탐산 등 두 가지 아미노산은 음전하를 띠며, 아르지닌, 히스티딘과 라이신 세 가지 아미노산은 양 전하를 띤다. 일부 아미노산은 **극성(polar)**이며(예를 들어 글라이신, 세린과 트레오닌), 다른 것은 비극성이다(예를 들어 알라닌, 류신과 발린).

그림 1.24에서 보여주는 20개 아미노산은 유전 암호에 의해 지정되는 것으로 알려진 것들이다. 따라서 이들은 mRNA 분자가 단백질로 번역될 때 서로 연결되는 아미노산이다. 그러나 이들 20개 아미노산 그 자체로는 단백질의 화학적 다양성을 제한하지 않는다. 심지어 다음과 같은 두 가지 이유에 의해 다양성은 더 커진다.

- 최소한 2개의 추가적인 아미노산, 셀레노시스테인과 피로라이신(그림 1.25)은 유전 암호의 변형된 해석에 의해 단백질 합성 동안 폴리펩티드 사슬에 삽입될 수 있다.

• 단백질 다듬기 과정 동안 몇몇 아미노산은 아세틸화나 인산화에 의한 새로운 화학 작용기의 첨가 또는 당 단위로 구성된 큰 곁사슬의 부착에 의해 변형된다(13.4절).

그러므로 단백질은 막대한 화학적 다양성을 가지게 되며, 이것의 일부는 유전체에 의해 직접 지정되고 나머지는 단백질 가공 과정에서 비롯된다.

전사체와 단백질체의 연결

단백질체는 특정 시간에 하나의 세포 내에 존재하는 모든 단백질로 구성된다. 예를 들어 간세포와 같은 전형적인 포유동물 세포는 10,000~20,000 종류의 서로 다른 단백질을 포함하고 있는 것으로 생각되는데, 이는 모두 합쳐 약 8×10^9 분자이며, 약 0.5 ng의 단백질로 전체 세포 무게의 18~20%에 해당한다. 각 단백질의 사본수는 매우 다양한데, 드문 경우에는 세포당 20,000 분자보다 적으며 많은 경우에는 1억 분자 이상 존재한다. 세포당 50,000 분자보다 더 많이 존재하는 단백질은 비교적 풍부하다고 하며, 평균적인 포유동물 세포에는 약 2,000 종류의 단백질이 여기에 속한다. 다른 형태의 포유동물 세포의 단백질체를 조사해 보면 이들 풍부한 단백질 사이에서는 거의 차이가 없음을 볼 수 있는데, 이것은 이들 대부분이 세포에서 일어나는 일반적인 생화학 활동을 수행하는 **상시발현(housekeeping)** 단백질임을 시사한다. 비록 적혈구에만 존재하는 막대한 양의 헤모글로빈과 같은 예외가 있지만 세포에 특정 기능을 부여하는 단백질은 일반적으로 매우 드문 경우에 속한다.

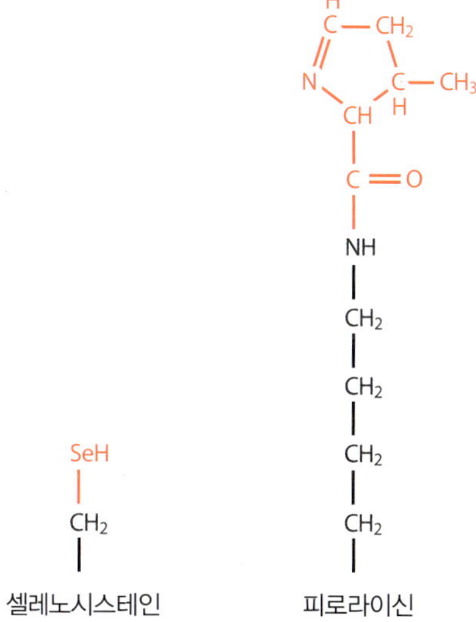

그림 1.25 **셀레노시스테인과 피로라이신의 구조.** 빨간색으로 표시된 부분은 각각 셀레노시스테인과 시스테인과의 차이점, 그리고 차이점과 피로라이신과 라이신의 차이점을 보여준다.

단백질체는 전사체의 mRNA 요소의 번역에 의해 합성된다. 1950년대 초반, DNA의 이중나선 구조가 발견된 직후 몇 명의 **분자생물학자**들이 규칙적 방식으로 아미노산을 mRNA에 부착시킬 수 있는 방법을 고안하고자 시도하였으나, 어떤 방법에서도 최소한 몇 개의 결합이 물리화학적 법칙으로 가능한 것보다 더 짧거나 길어야만 하였으므로 이러한 착상은 조용히 사라졌다. 1957년, 마침내 크릭(F. Crick)이 mRNA와 합성되는 폴리펩티드 사이에 다리를 형성하는 어댑터 분자의 존재를 예언함으로써 이러한 혼란을 종식시켰다. 곧이어서 tRNA가 바로 이 어댑터 분자라는 것이 알려졌다. 일단 이러한 사실이 확립된 후 단백질이 합성되는 구조인 리보솜에 관심이 쏠리게 되었다. 점차적으로 mRNA가 폴리펩티드로 번역되는 상세한 메커니즘에 대한 이해가 확립되었다(13.3절).

1950년대에 분자생물학자들에게 관심을 끈 단백질 합성의 또 다른 국면은 **정보 문제(informational problem)**였다. 이것은 전사체와 단백질체 사이를 연결하는 두 번째로 중요한 성분으로, mRNA 뉴클레오티드 서열이 단백질의 아미노산 서열로 어떻게 번역되는지를 지령하는 **유전 암호(genetic code)**이다. 1950년대에 단백질에서 발견되는 모든 20개 아미노산을 설명하기 위해서는 3염기 유전 암호(각 암호 혹은 코돈은 3개의 뉴클레오티드로 구성된다)가 필요로 하다는 것을 인지하고 있었다. 두 글자 암호는 20개의 모든 아미노산을 설명하기에는 충분하지 않은 단지 $4^2=16$개의 코돈만을 가질 수 있는 반면에, 세 글자 암호는 $4^3=64$개의 코돈을 제공할 수 있게 된다. 유전 암호는, 서열을 알고 있는 합성된 mRNA를 **무세포 단백질합성계(cell-free protein-synthesizing system)**에서 번역하여 나온 폴리펩티드의 분석하거나 분리된 리보솜을 이용하여 어떤 아미노산이 어떤 RNA 서열과 결합하고 있는지를 알아내는 방법에 의해, 1960년대에 밝혀졌다. 이 연구가 완성되었을 때, 동일한 아미노산을 지정하는 암호를 하나의 그룹으로 해서 64개의 코돈을 그룹으로 나눌 수 있었다(그림 1.26). 오직 트립토판과 메싸이오닌만이 각각 하나의 코돈만을 가지며, 다른 모든 아미노산은 둘, 셋, 넷 혹은 여섯

그림 1.26 **유전 암호.** 코돈은 mRNA에서 5′ → 3′ 방향으로 읽힌다. 아미노산은 표준 세 글자 약어로 나타내었다.

코돈	아미노산	코돈	아미노산	코돈	아미노산	코돈	아미노산
UUU	Phe	UCU	Ser	UAU	Tyr	UGU	Cys
UUC		UCC		UAC		UGC	
UUA	Leu	UCA		UAA	종결	UGA	종결
UUG		UCG		UAG		UGG	Trp
CUU	Leu	CCU	Pro	CAU	His	CGU	Arg
CUC		CCC		CAC		CGC	
CUA		CCA		CAA	Gln	CGA	
CUG		CCG		CAG		CGG	
AUU	Ile	ACU	Thr	AAU	Asn	AGU	Ser
AUC		ACC		AAC		AGC	
AUA		ACA		AAA	Lys	AGA	Arg
AUG	Met	ACG		AAG		AGG	
GUU	Val	GCU	Ala	GAU	Asp	GGU	Gly
GUC		GCC		GAC		GGC	
GUA		GCA		GAA	Glu	GGA	
GUG		GCG		GAG		GGG	

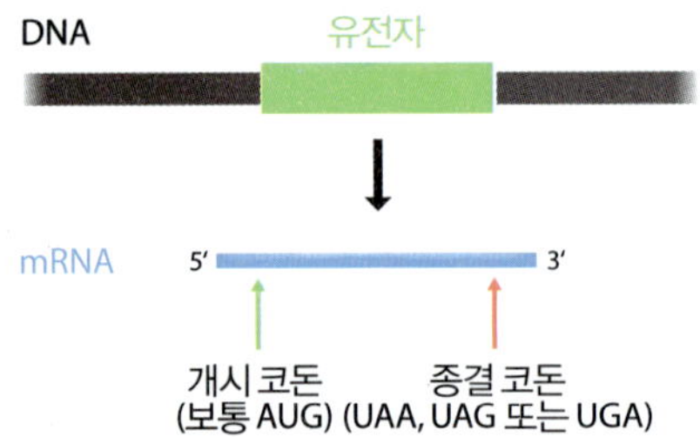

그림 1.27 **mRNA에서 개시 및 종결 코돈의 위치.**

개의 코돈에 의해 지정된다. 이러한 유전 암호의 특성을 **중첩성(degeneracy)**이라고 부른다. 유전 암호는 또한 mRNA의 어느 염기 서열에서 번역을 시작하고 끝낼지를 지시하는 4개의 **종결 혹은 개시 코돈(punctuation codon)**을 가진다(그림 1.27). **개시 코돈(initiation codon)**은 보통 5′-AUG-3′이며, 또한 메싸이오닌을 지정한다(따라서 새로이 합성된 폴리뉴클레오티드는 메싸이오닌으로 시작한다). 하지만 몇몇 박테리아 mRNA에서는 5′-GUG-3′과 5′-UUG-3′이 개시 코돈으로 시용되기도 한다. 3개의 **종결 코돈(termination codon)**은 5′-UAG-3′, 5′-UAA-3′과 5′-UGA-3′이다.

유전 암호는 보편적이지 않다

처음에는 유전 암호가 모든 생물에서 동일해야 한다고 생각하였다. 이러한 생각이 확립된 후에는 단 하나의 어떠한 코돈이라도 새로운 정보를 가지게 되면 단백질의 아미노산 서열에 대해 광범위하게 영향을 미치기 때문에 유전 암호가 변한다는 것을 생각할 수 없었다. 이와 같은 논리가 상당히 그럴듯 해 보이기 때문에 실제로 유전 암호가 보편적이지 않다는 것은 놀라운 일이었다. 그림 1.26에 보여준 암호는 대다수의 생물에 존재하는 대부분의 유전자에 적용되지만, 예외가 광범위하게 존재한다. 특히 미토콘드리아는 종종 비표준 유전 암호를 사용한다(표 1.3A). 이것은 1979년 영국 캠브리지의 생어 그룹(F. Sanger)에 의해 최초로 발견되었다. 그들은 사람의 몇몇 미토콘드리아 mRNA에서 종결 코돈인 UGA가 단백질 합성이 종결될 것이라고 예상하지 않은 mRNA의 내부에 위치하고 있음을 발견하였다. 이들 mRNA에 의해 만들어진 단백질의 아미노산 서열의 비교로 5′-UGA-3′이 사람 미토콘드리아에서는 트립토판 코돈임을 알아내었는데, 이것은 이러한 미토콘드리아 시스템에 존재하는 4가지의 암호 변이 중의 하나이다. 다른 생물에 존재하는 미토콘드리아 유전자 역시 암호 변이를 보이는데, 최소한 이들 중 하나는(식물 미토콘드리아에서는 5′-CGG-3′를 트립토판 암호로 사용한다) 아마도 번역이 시작되기 전에 RNA 편집에 의해 교정된다.

비표준 유전 암호는 하등 진핵생물의 핵 유전체에서도 알려졌다. 종종 이러한 변이는 단지 작은 그룹의 생물에만 제한되어 일어나는데, 흔히 종결 코돈의 재지정을 포함한다(표 1.3B). 유전 암호의 변이는 원핵생물에서는 흔하지 않으나, 몇몇 예가 마이코

표 1.3 표준 유전 암호 변이의 예

생물	코돈	예상하는 암호	실제 암호
(A) 미토콘드리아 유전체			
포유동물	UGA	종결	트립토판
	AGA, AGG	아르지닌	종결
	AUA	이소류신	메싸이오닌
초파리	UGA	종결	트립토판
	AGA	아르지닌	세린
	AUA	이소류신	메싸이오닌
효모(*S. cerevisiae*)	UGA	종결	트립토판
	CUN	류신	트레오닌
	AUA	이소류신	메싸이오닌
균류	UGA	종결	트립토판
옥수수	CGG	아르지닌	트립토판
(B) 핵 및 원핵생물 유전체			
몇몇 원생생물	UAA, UAG	종결	글루타민
Candida cylindracea	CUG	류신	세린
Micrococcus sp.	AGA	아르지닌	종결
	AUA	이소류신	종결
Euplotes sp.	UGA	종결	시스테인
Mycoplasma sp.	UGA	종결	트립토판
	CGG	아르기닌	종결
(C) 문맥-의존적 코돈 재지정			
다양한 경우	UGA	종결	셀레노시스테인
고세균	UAG	종결	피로라이신

약어: N, 4 뉴클레오티드 중 하나.

플라즈마(*Mycoplasma*)와 미구균(*Micrococcus*)에서 알려졌다. 보다 중요한 암호 변이의 유형은 합성되는 단백질이 셀레노시스테인이나 혹은 피로라이신을 포함할 경우에 생기는 **문맥-의존적 코돈 재지정(context-dependent codon reassignment)**이다. 피로라이신을 포함하는 단백질은 드문데, 아마도 **고세균(Archaea**, 제8장)에만 존재할 것이다. 하지만 셀레노단백질은 많은 생물에 광범위하게 존재하며, 사람 및 다른 포유류 세포를 산화적 손상으로부터 보호하는 글루타티온 과산화효소가 한 예이다. 셀레노시스테인은 5′-UGA-3′에 의해, 피로라이신은 5′-UGA-3′에 의해 암호화된다. 이들 코돈은 관련된 생물에서는 종결 코돈으로도 쓰이기 때문에 두 가지 의미를 갖게 된다(표 1.3C). 셀레노시스테인을 지정하는 5′-UGA-3′ 코돈은 mRNA에 **줄기-고리(stem loop)** 구조가 존재하기 때문에 진정한 종결 코돈과는 구분되는데, 이 구조에서 고리(loop)는 mRNA가 자체적으로 굽어져서 형성되며, 짧은 부분의 염기쌍 형성을 통해 stem이 생성된다(그림 1.28). 줄기-고리가 원핵생물에서는 셀레노시스테인 코돈의 바로 **하단부**에 위치하고, 진핵생물에서는 **3′ 비번역 부위**(즉, 종결 코돈 이후의 mRNA 부분)에 위치한다. 셀레노시스테인 코돈의 인식은 stem-loop 구조와 이들 mRNA 번역과 관련된 특별한 단백질 사이의 상호작용을 필요로 한다. 아마도 유사한 시스템이 피로라이신을 지정하는 데 작동된다.

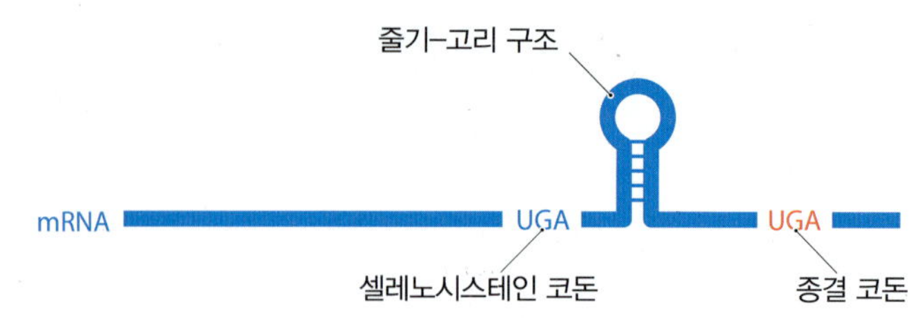

그림 1.28 5′-UGA-3′ 코돈의 문맥-의존적 코돈 재지정. 셀레노시스테인을 암호화하는 5′-UGA-3′ 코돈은 줄기-고리 구조에 의해 구별된다. 이 구조는 그림에서 나타낸 바와 같이 원핵생물에서 코돈의 바로 하단부에 존재하거나 진핵생물 mRNA에서 3′ 비번역 부위에 존재한다.

단백질체와 세포 생화학의 연결

유전체에 의해 암호화되는 생물정보는, 단백질의 접힌 구조와 표면에 존재하는 화학적 작용기의 공간적 배열에 의해 생물적 특성이 결정되는 단백질에서 최종적인 발현에 이른다. 유전체는 여러 유형의 단백질을 만듦으로써 포괄적인 생물적 특성이 생명 근원의 기초를 형성하는 단백질체를 합성하고 유지할 수 있게 된다. 단백질체가 이러한 역할을 수행할 수 있는 이유는 매우 다양한 단백질 구조가 형성될 수 있고, 이러한 다양성이 단백질로 하여금 다양한 생물적 기능을 수행할 수 있게 하기 때문이다. 이러한 기능은 다음과 같은 것을 포함한다.

- 생화학적 촉매 작용은 효소라고 불리는 특별한 유형의 단백질 기능이다. 세포에 에너지를 공급하는 중심 물질대사 경로는, 핵산, 단백질, 탄수화물과 지질의 합성과 같은 생합성 과정에서처럼 효소에 의해서 촉매된다. 생화학적 촉매 작용은 또한 RNA 중합효소와 같은 효소의 활동을 통하여 유전체의 발현을 수행한다.
- 세포 수준에서는 세포 골격을 구성하는 단백질에 의해 결정되는데, 이러한 구조 역시 몇몇 세포외 단백질의 주요 기능이다. 뼈와 힘줄의 주요 구성성분인 콜라겐이 이러한 예이다.
- 운동은 수축성 단백질에 의해 일어나는데, 세포골격 섬유인 액틴과 마이오신이 가장 잘 알려진 예이다.
- 몸체 주위의 물질 수송은 중요한 단백질 활동이다. 예를 들면, 헤모글로빈은 혈액에서 산소를 수송하고 혈청 알부민은 지방산을 수송한다.
- 세포 과정의 조절은 유전체에 결합하여 개별 유전자나 유전자 무리의 발현 수준에 영향을 미치는 **전사인자(transcription factor)**와 같은 단백질에 의해 매개된다(12.2절). 세포의 활동은 세포외 호르몬과 사이토카인에 의해 조절되고 조율되는데, 이러한 물질의 많은 것들이 단백질이다. 일례로, 혈당 수준을 조절하는 호르몬인 인슐린과 사이토카인의 한 종류로 세포 분열과 분화를 조절하는 인터류킨이 있다.
- 몸체와 각 세포의 보호는 항체와 혈액 응고 반응에 관여하는 단백질과 같은 일련의 단백질의 기능이다.
- 간에서 철분 저장 역할을 하는 페리틴과 휴면 중인 밀의 종자에서 아미노산을 저장하는 글리아딘과 같은 저장 기능도 단백질에 의해 수행된다.

이러한 단백질의 다양한 기능은 유전체에 포함된 청사진을 생명의 필수적인 특징으로 전환시키는 능력을 가진 단백질체를 제공해 준다.

요약

- 유전체는 지구 상의 모든 생물에 존재하는 생물정보를 저장한다.
- 대부분의 유전체는 DNA로 이루어져 있으나, 몇몇 바이러스에서는 예외로 RNA를 유전체로

갖는다.

- 유전체 발현은 유전체에 담겨진 정보를 세포로 방출하는 과정이다.
- 유전체 발현의 첫 번째 생성물은 특정 시간에 세포에 의해 필요한 생물정보를 제공하는 단백질을 암호화하는 유전자로부터 유래된 RNA 분자의 집합인 전사체이다.
- 유전체 발현의 두 번째 생성물은 세포가 수행할 수 있는 생화학 반응의 본질을 지정하는 세포내 단백질의 집합체인 단백질체이다.
- 유전자가 DNA로 이루어져 있음을 보여주는 실험 증거는 1945년과 1952년 사이에 처음 나왔지만, 생물학자들에게 DNA가 실제로 유전물질임을 확신시킨 것은 1953년 왓슨과 크릭에 의한 이중나선 구조의 발견이었다.
- DNA 폴리뉴클레오티드는 화학적으로 다른 4가지 뉴클레오티드의 수많은 사본으로 이루어진 가지가 없는 중합체이다.
- 이중나선에서는 두 폴리뉴클레오티드가 서로 꼬여 있으며, 뉴클레오티드 염기는 분자의 안쪽에 위치한다.
- 폴리뉴클레오티드는 염기 사이의 수소 결합에 의해 연결되어 있는데, 항상 A는 T 그리고 G는 C 하고만 염기쌍을 형성한다.
- RNA 역시 폴리뉴클레오티드이지만 각 뉴클레오티드는 DNA의 그것과 비교하여 다른 구조를 가지며, RNA는 보통 단일가닥이다.
- 하나의 세포는 단백질 암호화 유전자의 전사물인 mRNA와 다양한 종류의 비암호화 RNA를 포함한다.
- 많은 RNA는 처음 전구체 분자로 합성된 후 절단과 연결 반응 및 화학적 변형 과정을 거쳐 성숙한 형태로 된다.
- 단백질 역시 아미노산이 펩티드 결합으로 연결된 가지가 없는 중합체이다.
- 아미노산 서열이 단백질의 1차 구조이다. 2, 3, 4차와 같은 상위 단계의 구조는 1차 구조가 3차원 구조로 접히고, 각각의 폴리펩티드가 다중 단백질 구조로 연합됨으로써 형성된다.
- 단백질은 각 아미노산이 서로 다른 화학적 특성을 가지며, 이것이 여러 방법으로 조합된 결과 다양한 화학적 특징을 가진 단백질이 형성되기 때문에 단백질은 기능적으로 다양하다.
- 단백질은 3개의 염기가 특정 아미노산을 지정하는 유전 암호의 규칙에 의해 mRNA의 번역을 통하여 합성된다.
- 유전 암호는 보편적이지 않다. 미토콘드리아나 하등 진핵생물에서는 변이가 존재하고, 일부 코돈은 한 유전자 내에서 2개의 서로 다른 의미를 가지기도 한다.

단답형 문제

1. DNA의 발견, DNA가 유전물질임을 발견, DNA 구조의 발견과 첫 번째 유전체의 특성의 연대표를 작성하라.
2. 어떤 두 종류의 화학적 상호작용이 이중나선을 안정화시키는가?
3. A와 T, 그리고 G와 C 사이의 특정 염기쌍 형성이 왜 DNA 복제의 충실도의 근거가 되는가?
4. RNA와 DNA 사이의 중요한 두 가지 화학적 차이점은 무엇인가?
5. 비암호화 RNA는 왜 기능성 RNA로 불리는가?

6. RNA 분자가 가공되는 여러 방법을 설명하라.
7. 세포가 전사체를 가지지 않을 수 있는가? 본인 답변의 의미를 설명하라.
8. 수소 결합, 정전기 상호작용과 소수성 힘이 어떻게 단백질의 2, 3, 4차 구조에 중요한 역할을 하는가?
9. 모든 단백질은 단지 20개의 아미노산으로 합성됨에도 불구하고 어떻게 아주 다양한 구조를 가질 수 있는가?
10. 20개의 아미노산 외에 단백질은 2가지 요인에 의해 부가적인 화학적 다양성을 가진다. 이 두 가지 요인은 무엇이며, 그들의 중요성은 무엇인가?
11. 5′-UGA-3′ 코돈이 어떻게 종결 코돈과 변형된 아미노산인 셀레노시스테인 코돈 모두로 작용할 수 있는가?
12. 유전체가 세포의 생물적 활동을 어떻게 지시하는가?

사고형 문제

1. 본서의 6쪽에서는 1953년 3월 7일 왓슨과 크릭이 DNA의 이중나선 구조를 발견한 것을 기술하고 있다. 이 기술의 정당성을 증명하라.
2. 모든 사람들이 왜 이중나선이 DNA의 올바른 구조임을 즉각적으로 받아 들였는지 토의하라.
3. 1960년대에 어떤 실험으로 유전 암호를 밝혔는가?
4. 폴리펩티드는 매우 다양한 구조를 형성할 수 있는 반면에 폴리뉴클레오티드는 왜 그럴 수 없는지 이유를 논의하라.
5. 전사체와 단백질체는 각각 유전체 발현의 중간물과 최종 생성물로 보인다. 유전체 발현의 이해를 돕기 위해 이 용어의 강점과 한계를 평가하라.

Further Reading

Books and articles on the discovery of the double helix and other important landmarks in the study of DNA

Brock, T.D. (1990) The Emergence of Bacterial Genetics. Cold Spring Harbor Laboratory Press, New York. *A detailed history that puts into context the work on the transforming principle and the Hershey-Chase experiment.*

Judson, H.F. (1996) The Eighth Day of Creation: Makers of the Revolution in Biology. Cold Spring Harbor Laboratory Press, New York. *A highly readable account of the development of molecular biology up to the 1990s.*

Kay, L.E. (1997) The Molecular Vision of Life. Oxford University Press, Oxford. *Contains a particularly informative explanation of why genes were once thought to be made of protein.*

Lander, E.S. and Weinberg, R.A. (2000) Genomics: journey to the center of biology. *Science* 287:1777-1782. *A brief description of genetics and molecular biology from Mendel to the human genome sequence.*

Maddox, B. (2003) Rosalind Franklin: The Dark Lady of DNA. HarperCollins, London.

McCarty, M. (1986) The Transforming Principle: Discovering that Genes are Made of DNA. Norton, London.

Olby, R. (2003) The Path to the Double Helix. Dover Publications, Mineola, New York. *A scholarly account of the research that led to the discovery of the double helix.*

Watson, J.D. (1968) The Double Helix. Atheneum, London. *The most important discovery of twentieth-century biology, written as a soap opera.*

Research papers and reviews describing important aspects of DNA, RNA, or proteins

Altona, C. and Sundaralingam, M. (1972) Conformational analysis of the sugar ring in nucleosides and nucleotides: a new description using the concept of pseudorotation. *J. Am. Chem. Soc.* 94:8205–8212. *Information on sugar pucker.*

Eisenberg, D. (2003) The discovery of the α-helix and β-sheet, the principal structural features of proteins. *Proc. Natl Acad. Sci.*

USA 100:11207–11210.

Pauling, L. and Corey, R.B. (1951) The pleated sheet, a new layer configuration of polypeptide chains. *Proc. Natl Acad. Sci. USA* 37:251–256. *The first description of the β-sheet.*

Pauling, L., Corey, R.B. and Branson, H.R. (1951) The structure of proteins: two hydrogen-bonded helical configurations of the polypeptide chain. *Proc. Natl Acad. Sci. USA* 37:205–211. *The first description of the α-helix.*

Rich, A. and Zhang, S. (2003) Z-DNA: the long road to biological function. *Nat. Rev. Genet.* 4:566–572.

Watson, J.D. and Crick, F.H.C. (1953) Molecular structure of nucleic acids: a structure for deoxyribose nucleic acid. *Nature* 171:737–738. *The scientific report of the discovery of the double-helix structure of DNA.*

Yakovchuk, P., Protozanova, E. and Frank-Kamenetskii, M.D. (2006) Base-stacking and base-pairing contributions into thermal stability of the DNA double helix. *Nucleic Acids Res.* 34:564–574.

DNA 연구

CHAPTER **2**

실제적으로 유전체와 유전체 발현에 관하여 우리가 알고 있는 모든 것은 과학적 연구에 의해서 발견되었다: 이론적인 연구는 이 분야나 혹은 분자 및 세포생물학의 다른 분야에서 거의 역할을 수행하지 못하였다. 유전체에 관한 지식이 어떻게 얻어졌는지 잘 알지 못하더라도, 그것에 관한 지식을 배우는 것이 가능하다. 하지만 유전체를 진정으로 이해하기 위해서는 그것을 연구하는 데 사용되어진 기술이나 과학적 방법을 상세히 알아야 한다. 다음 5개의 장은 이러한 연구 방법을 다룬다. 먼저, 우리는 DNA 분자를 연구하는 데 사용되는 중합효소 연쇄반응과 DNA 클로닝을 중심으로 한 기술을 살펴본다. 이러한 기술은 이 단계에서 아주 많은 정보를 얻을 수 있게 함으로써, 유전자와 같은 짧은 DNA 절편을 연구하는 데 아주 효과적이다. 제3장은 유전체의 지도를 작성하기 위하여 개발된 방법을 다루고 제4장에서는 염기 서열을 결정하는 방법과 이러한 방법에 의해 생성된 짧은 서열을 개체의 염색체와 전 유전체를 이루는 엄청나게 긴 서열로 조립하는 방법을 언급한다. 마지막으로, 제5장과 제6장에서는 유전체 서열에서 유전자의 위치를 알아내는 방법과 이 유전자들의 기능을 밝히는 방법에 대해 살펴볼 것이다. 이 장들을 읽으면서 여러분은 각 유전체의 구조와 기능을 이해하는 것이 중요한 작업이며, 현재 새로운 기술과 접근법으로 거의 매주 새롭고 예상치 못한 유전체의 측면을 밝히는 연구가 아주 흥미로운 발견의 단계에 있다는 것을 인식하기 시작할 것이다.

DNA 분자를 연구하기 위해 분자생물학자들이 사용하는 기술의 도구는 1970년과 1980년대에 구비되었다. 그 이전에 개별 유전자를 연구하는 유일한 방법은 19세기 중반 멘델(G. Mendel)로부터 비롯된 방법을 사용한 고전 **유전학(genetics)**을 통한 것이었다. DNA를 연구하기 위한 보다 직접적인 방법의 개발은, 1970년대 초반 시험관에서 DNA 분자를 조작할 수 있는 효소를 분자생물학자들에게 제공한 생화학 연구에서의 진전에 의해 활기를 띠게 되었다. 이러한 효소는 살아있는 세포에서 자연적으로 발견되며, 제15~17장에서 다루게 될 DNA 복제, 수선과 재조합과 같은 과정에 관련된다. 이러한 효소의 기능을 알아보기 위하여 많은 효소가 분리되었고 그들이 촉매하는 반응이 연구되었다. 그런 다음 분자생물학자들은, DNA 분자의 사본을 만들고 DNA 분자를 더 짧은 단편으로 자르며, 자연 상태에서는 존재하지 않는 조합으로 다시 연결시키는 것과 같은 DNA 분자를 미리 계산된 방법으로 조작하기 위한 도구로 순수한 효소를 사용하게 되었다(**그림 2.1**). 이러한 조작이 자연적으로 존재하는 염색체와 플라스미드 조각으로부터 새로운 **재조합 DNA 분자(recombinant**

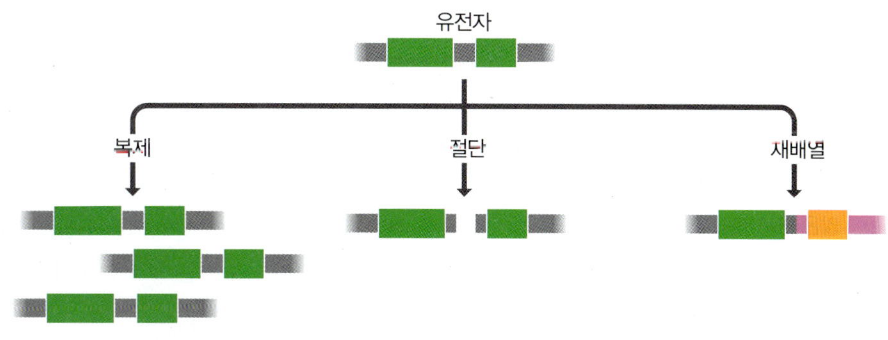

그림 2.1 DNA 분자를 이용하여 수행될 수 있는 조작의 예.

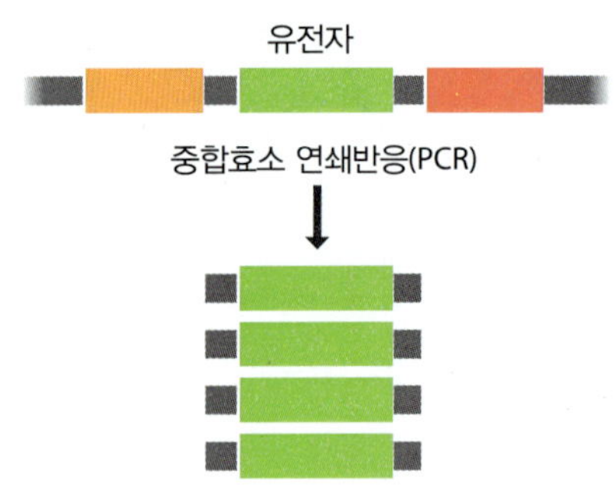

그림 2.2 **PCR은 DNA 분자의 특정 단편을 복제하는 데 사용된다.** 이 예에서 하나의 유전자가 복제된다.

DNA molecule)를 제작하는 **재조합 DNA 기술(recombinant DNA technology)**의 기초가 된다.

재조합 DNA 기술은 **중합효소 연쇄반응(polymerase chain reaction, PCR)**의 발전으로 이르게 하였다. PCR은 아주 단순한 기술로서, 이것이 하는 것은 단지 DNA 분자의 짧은 절편을 반복적으로 복제하는 것이지만(그림 2.2), 많은 생명과학 분야, 특히 유전체 연구에서는 매우 중요한 것으로 자리매김하였다. PCR은 2.2절에서 상세히 다룬다. 재조합 DNA 기술은 짧은 DNA 단편을 플라스미드나 바이러스 염색체에 삽입시켜 박테리아 숙주나 혹은 진핵생물 숙주에서 복제시키는 **DNA 클로닝(DNA cloning)** 혹은 **유전자 클로닝(gene cloning)**의 근간을 이룬다(그림 2.3). 우리는 유전자 클로닝이 어떻게 수행되며, 이 기술이 왜 유전체 연구에 중요한지 2.3절에서 상세히 살펴볼 것이다.

2.1 DNA 조작에 필요한 효소

재조합 DNA 기술은 1970년대와 1980년대에 대두된 유전자 발현에 관한 지식에 빠른 진전을 가져오게 한 중요한 요인 중의 하나였다. 재조합 DNA 기술의 기초는 시험관 내에서 DNA 분자를 조작할 수 있다는 것이다. 이것은 또한, 활성이 알려져 있고 조절이 가능하므로 조작하려는 DNA 분자에 특정 변화를 야기할 수 있는 효소를 분리할 수 있는 데 의존한다. 분자생물학에 유용한 효소는 크게 4 종류로 나뉜다.

- **DNA 중합효소(DNA polymerase)**는 이미 존재하고 있는 DNA 혹은 RNA 주형에 **상보적인(complementary)** 새로운 폴리뉴클레오티드를 합성하는 효소이다(그림 2.4A).
- **핵산분해효소(nuclease)**는 뉴클레오티드를 연결하는 인산디에스테르 결합을 파괴함으로써 DNA 분자를 분해한다(그림 2.4B).
- **연결효소(ligase)**는 서로 다른 두 분자의 말단에 위치하거나 혹은 동일한 분자의 양 말단에 위치한 뉴클레오티드 사이에 인산디에스테르 결합을 합성함으로써 DNA 분자를 연결시킨다(그림 2.4C).
- **말단 변형 효소(end-modification enzyme)**는 DNA 분자의 말단을 변형시키는 효소이다(그림 2.4D).

위에서 언급한 각 효소가 DNA 분자를 어떻게 특이적으로 변화시키는지 살펴봄으로써 재조합 DNA 기술을 알아보고자 한다.

주형-의존성 DNA 중합효소의 작용 방식

DNA를 연구하는 데 사용되는 많은 기술은 이미 존재하고 있는 DNA나 RNA 분자 일부나 혹은 전부의 DNA 사본을 합성하는 데 의존한다. 이것은 PCR(2.2절), **DNA 염기 서열 결정**(4.1절 및 4.2절)과 분자생물학 연구에 중요한 많은 과정에 필수적인 조건이다. DNA를 합성하는 효소를 **DNA 중합효소(DNA polymerase)**라 하며, 그 중에서 이미 존재하고 있는 DNA나 RNA 분자를 합성하는 것을 **주형-의존성 DNA 중합효소(template-dependent DNA polymerase)**라고 한다. 주형-의존성 DNA 중합효소는 염기쌍 형성 규칙을 통하여 복제되는 DNA나 RNA 분자의 뉴클레오티드 서열에 의해 염기 서열이 결정되는 새로운 DNA 폴리뉴클레오티드를 만든다(그림 2.5). 새로운 뉴클

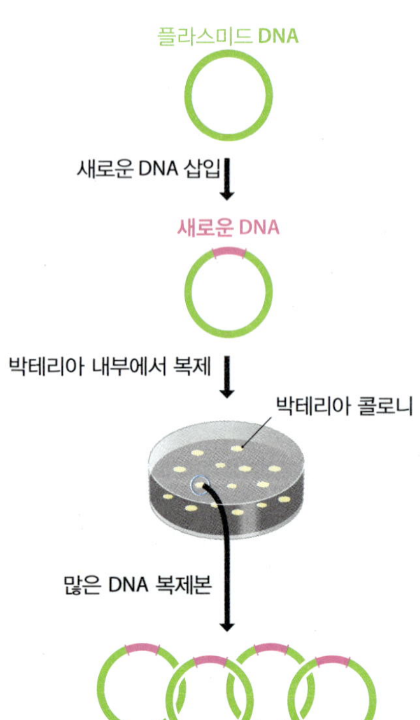

그림 2.3 **DNA 클로닝.** 이 예에서 클로닝되는 DNA 절편이 플라스미드 벡터에 삽입된 후 박테리아 숙주 내에서 복제된다.

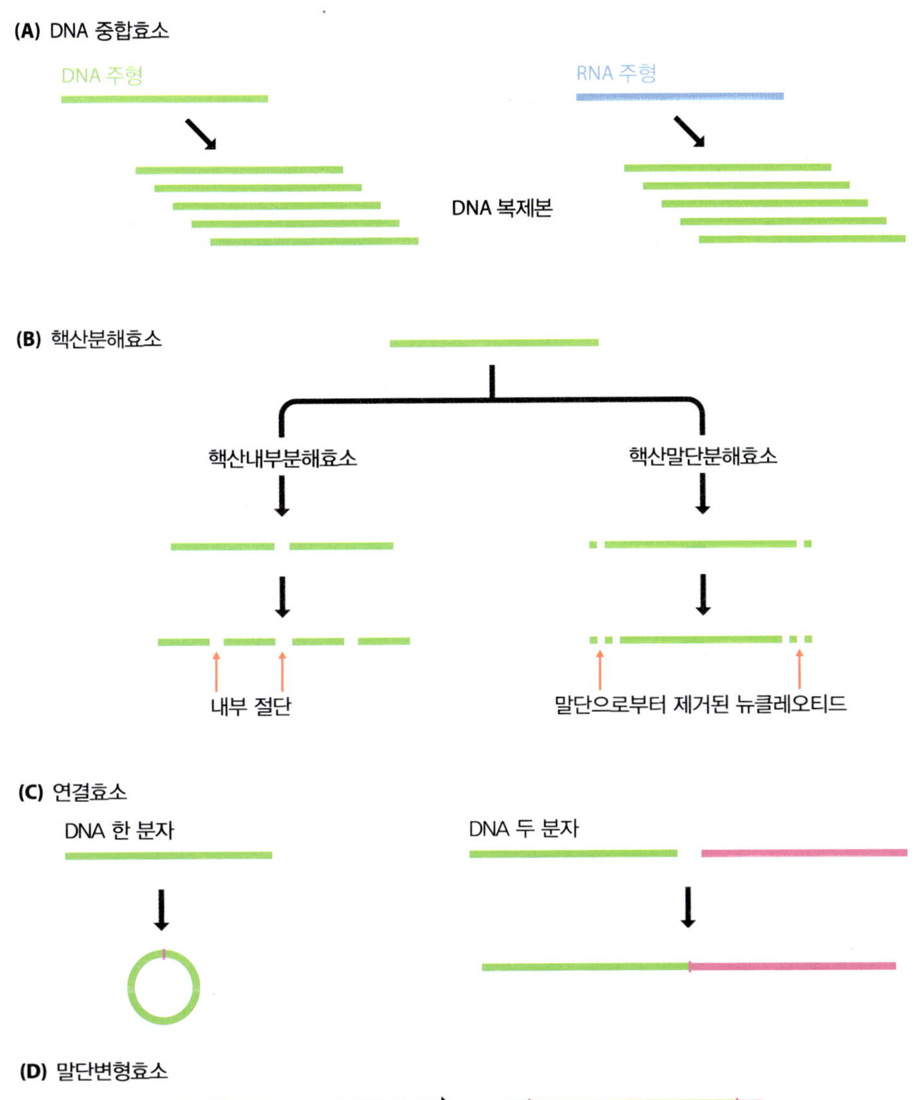

그림 2.4 **DNA 중합효소(A), 핵산분해 효소(B), 연결효소(C) 및 말단변형효소(D)의 활동.** (A) DNA-의존성 DNA 중합효소의 작용은 왼쪽에, 그리고 RNA-의존성 DNA 중합효소의 작용은 오른쪽에 보여준다. (B) 핵산내부분해효소와 핵산말단분해효소의 작용을 보여준다. (C) 연결효소의 작용. 녹색의 DNA 분자는 그 자신이 연결되거나(왼쪽) 다른 분자와 연결된다(오른쪽). (D) 말단 디옥시뉴클레오티드 전달효소의 작용. 이 효소는 이중가닥 DNA 분자의 말단에 뉴클레오티드를 첨가한다.

레오티드는 항상 5′ → 3′ 방향으로 합성된다. 다른 방향으로 DNA를 합성하는 자연 상태의 DNA 중합효소는 알려지지 않았다.

주형-의존성 DNA 합성의 중요한 특징은 DNA 중합효소는 완전히 단일 가닥인 분자를 주형으로 사용할 수 없다는 것이다. DNA 합성을 개시하기 위해서는 효소가 새로운 뉴클레오티드를 부착할 수 있는 3′-말단을 제공해주는 짧은 이중가닥 부분이 있어야만 한다(그림 2.6A). 이러한 요구는 제15장에서 언급되는 세포의 유전체가 복제될 때 부딪치게 된다. 시험관에서, DNA 합성의 **프라이머(primer)**로 작용하는 약 20 뉴클레오티드 길이의 짧은 인공의 **올리고뉴클레오티드(oligonucleotide)**가 주형에 부착함에 의해

그림 2.5 **DNA-의존성 DNA 중합효소의 작용.** 새로운 뉴클레오티드가 신장되는 폴리뉴클레오티드의 3′-말단에 더해진다. 이 새로운 폴리뉴클레오티드의 염기 서열은 주형 DNA의 서열에 의해 결정된다. 그림 1.13의 전사 과정(DNA-의존성 RNA 합성)과 비교하라.

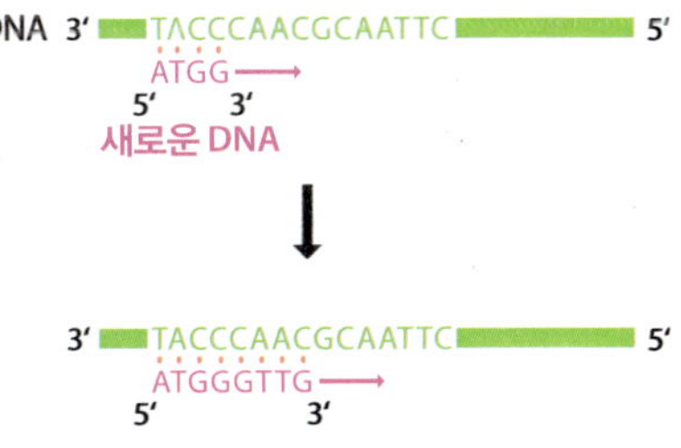

그림 2.6 **DNA-의존성 DNA 합성에서 프라이머의 역할.** (A) DNA 중합효소는 새로운 폴리뉴클레오티드의 합성을 시작하기 위해서는 프라이머를 필요로 한다. (B) 이 올리고뉴클레오티드의 서열이 주형에 부착하는 위치를 결정하므로 주형에서 복제되는 부분을 지정한다. 시험관에서 새로운 DNA를 합성하기 위하여 DNA 중합효소가 사용되는 경우 프라이머는 보통 화학 합성에 의해 만들어진 짧은 올리고뉴클레오티드이다.

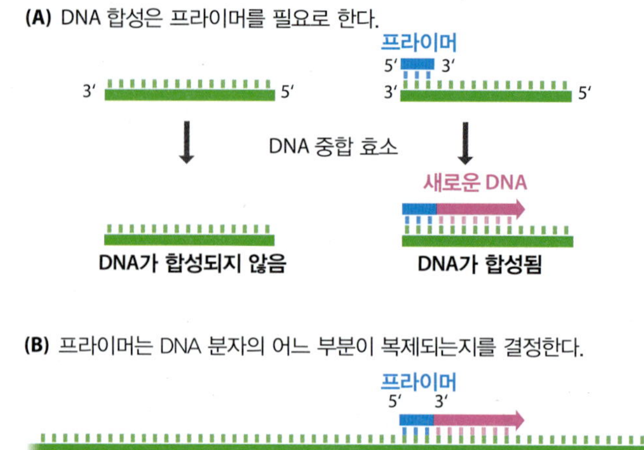

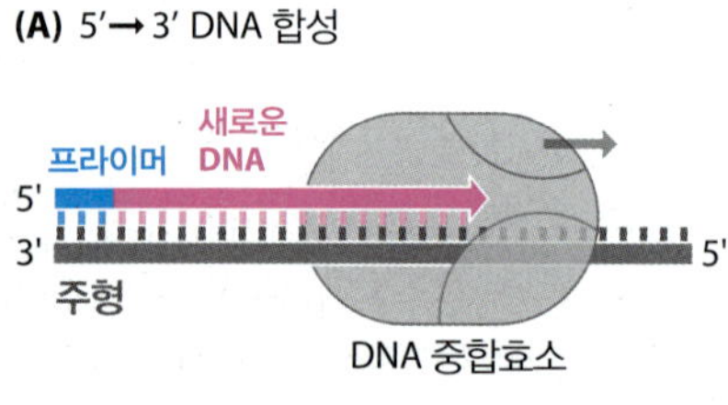

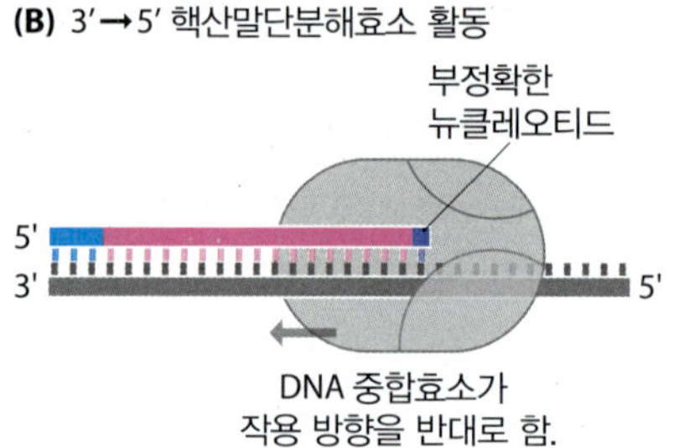

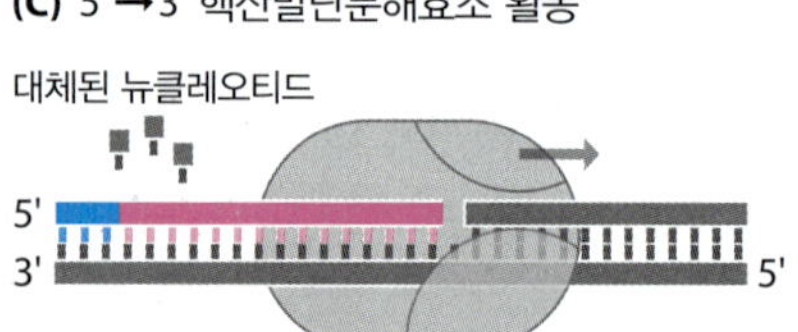

그림 2.7 **DNA 합성과 DNA 중합효소의 핵산말단분해효소 작용.** (A) 5′ → 3′ DNA 합성 기능은 중합효소가 합성 중인 가닥의 3′-말단에 뉴클레오티드를 첨가할 수 있게 한다. (B) 3′ → 5′ 핵산분해효소 기능은 중합효소가 합성 중인 가닥의 3′-말단으로부터 하나 또는 그 이상의 뉴클레오티드를 제거할 수 있게 한다. (C) 5′ → 3′ 핵산분해효소 기능은 중합효소가 이미 주형가닥과 결합한 폴리뉴클레오티드의 5′-말단으로부터 하나 또는 그 이상의 뉴클레오티드를 제거할 수 있게 한다.

DNA 복제 반응이 개시된다. 얼핏 보기에 프라이머의 필요성은 재조합 DNA 기술에서 DNA 중합효소를 사용함에 있어 불필요하게 복잡한 것처럼 보이지만 그렇지는 않다. 프라이머가 주형에 **부착(annealing)**하는 것은 상보적인 염기쌍에 의존하기 때문에, 주형 내에서 DNA의 복제가 개시되는 위치는 적절한 염기 서열을 가지는 프라이머를 합성함으로써 지정될 수 있다(그림 2.6B). 훨씬 더 긴 주형 분자의 짧은 특정 단편이 복제될 수 있으므로 만약 프라이머가 존재하지 않을 경우 일어나는 무작위적인 복제에 비하면 훨씬 더 유용하다. 2.2절의 PCR을 다룰 때 우리는 프라이머 부착의 중요성을 충분히 인식할 수 있을 것이다.

주형-의존성 DNA 중합효소의 두 번째 특징은 많은 효소가 DNA 합성뿐만이 아니라 분해도 하는 등 여러 기능을 가지고 있다는 것이다. 이것은 DNA 중합효소가 유전체 복제 동안 세포 내에서 활동하는 방식을 반영한다(15.3절). DNA 중합효소는 5′→ 3′ DNA 합성 능력뿐만이 아니라 다음과 같은 핵산말단분해효소의 기능 중 하나 두 가지 모두를 가진다(그림 2.7).

- **3′→ 5′ 핵산말단분해효소(3′→ 5′ exonuclease)** 활동은 효소가 막 합성된 가닥의 3′-말단으로부터 뉴클레오티드를 제거할 수 있게 한다. 이것은 중합효소가 잘못 삽입된 뉴클레오티드를 제거하여 오류를 바로잡을 수 있게 하기 때문에 **교정판독(proofreading)** 활동이라고 한다.
- **5′→ 3′ 핵산말단분해효소(5′→ 3′ exonuclease)** 활동은 보다 드문데, 유전체 복제 중합효소가 복제하는 주형가닥에 이미 부착되어 있는 폴리뉴클레오티드의 일부를 제거해야 하는 필요성이 요구되는 일부 DNA 중합효소가 이 기능을 가진다.

연구에 사용되는 DNA 중합효소의 종류

분자생물학 연구에 사용되는 몇몇 주형-의존성 DNA 중합효소(표 2.1)는 대장균(*Escherichia coli*) 유전체의 복제에 핵심 역할을 하는 *E. coli* DNA 중합효소 I의 변형이다(15.3절). 때때로 발견자의 이름을 따서 **콘버그 중합효소(Kornberg polymerase)**라고 불리는 이 효소는 3′→ 5′ 및 5′→ 3′ 핵산말단분해효소 기능을 모두 가지므로 DNA 조작에 사용하기에는 한계가 있다. 이 효소는 **DNA 표지(DNA labelling)**라고 불리는 방사성 또는 형광 뉴클레오티드를 포함하는 DNA 분자를 합성하는 데 이용된다.

두 핵산말단분해효소의 기능 중, 대부분 DNA 중합효소의 5′→ 3′ 기능이 시험관에서 DNA를 조작할 때 문제를 일으킨다. 이것은 이 기능을 가지는 효소가 막 합성된 폴리뉴클레오티드의 5′-말단으로부터 뉴클레오티드를 제거할 수 능력이 있기 때문이다

표 2.1 분자생물학 연구에 사용되는 주형-의존성 DNA 중합효소의 특성

중합효소	설명	주요 용도	참조
DNA 중합효소 I	변형되지 않은 *E. coli* 효소	DNA 표지	2.1절
클리나우 중합효소	*E. coli* 중합효소 I의 변형	DNA 표지, 사슬 종결 DNA 염기 서열 결정	2.1절 및 4.1절
Taq 중합효소	*Thermus aquaticus* DNA 중합효소 1	PCR	2.2절
역전사 효소	RNA-의존성 DNA 중합효소, 다양한 레트로바이러스로부터 얻는다.	cDNA 합성	3.6절 및 5.3절

(그림 2.8). 하지만 일반적으로 중합 기능이 분해 기능보다 더 활동적이기 때문에 폴리뉴클레오티드가 완전히 분해되지는 않는다. 어찌되었든 새로운 폴리뉴클레오티드의 5′-말단이 짧아진다면 일부 기술들은 작용하지 않을 것이다. 특히, DNA 염기 서열 결정은 반응을 시작하는 데 사용되어 프라이머에 의해 표시된, 모두 정확히 같은 5′-말단 서열을 가지는, 새로운 폴리뉴클레오티드 합성에 기초한다. 만약 5′-말단에 어떠한 차이가 생긴다면 정확한 DNA 서열을 결정하는 것은 불가능하게 된다. 이러한 문제로 인해 1970년대 말 DNA 염기 서열 결정법이 처음 소개되었을 때 **클리나우 중합효소(Klenow poly-merase)**라고 불리는 콘버그 효소의 변형된 형태가 사용되었다. 클리나우 중합효소는 자연 상태의 *E. coli* 중합효소 I를 단백질 분해효소를 이용하여 2개의 절편으로 절단해서 처음에 사용하였다. 이 두 절편 중 하나는 중합효소와 3′ → 5′ 핵산말단분해효소 기능을 보유하고 있었으나, 원래 가지고 있던 5′ → 3′ 핵산말단분해효소 기능은 결여되었다. 지금 이 효소는 중합효소 유전자가 조작되어 원하는 기능을 갖는 효소가 만들어지도록 한 *E. coli* 세포로부터 분리된다.

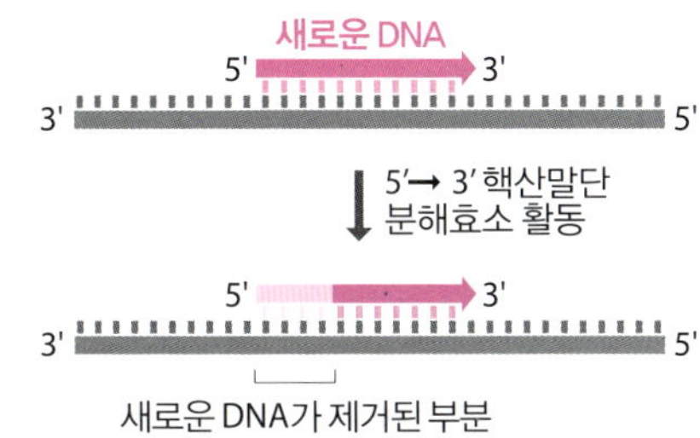

그림 2.8 DNA 중합효소의 5′→3′ 핵산말단 분해효소의 기능은 막 합성된 폴리뉴클레오티드의 5′-말단을 분해시킬 수 있다.

E. coli DNA 중합효소 I은 보통 사람과 같은 포유동물 내장의 박테리아의 자연적인 환경 온도인 37°C의 적정 반응 온도를 가진다. 콘버그 혹은 클리나우 중합효소를 사용한 시험관 내 반응을 37°C에서 일어나게 하며, 단백질을 **변성(denaturation)**시켜 효소 활성의 파괴를 유발하는 75°C 혹은 그 이상의 온도로 올림으로써 반응을 종결시킨다. 이런 방법은 대부분의 분자생물학 기술에 잘 들어맞으나, 2.2절에서 다루겠지만 PCR은 37°C보다 훨씬 높은 온도에서 작용할 수 있는 **열안정성 DNA 중합효소(thermostable DNA ploymerase)**를 필요로 한다. 이러한 효소는 95°C나 되는 온천에 서식하므로 DNA 중합효소 I의 적정 활성 온도가 75~80°C인 *Thermus aquaticus*와 같은 박테리아로부터 얻을 수 있다. 단백질 안정성에 대한 생화학적 근거는 아직 완전히 알려지지 않았지만, 고온에서 단백질 변성을 줄이는 구조적인 특성이 그 중심에 있는 것으로 보여진다.

또 다른 형태의 DNA 중합효소가 분자생물학 연구에 중요하다. 이것은 **RNA-의존성 DNA 중합효소(RNA-dependent DNA polymerase)**인 **역전사 효소(reverse transcriptase)**로서, DNA보다는 RNA를 주형으로 하여 DNA를 합성한다. 역전사 효소는 숙주에 감염된 후 DNA로 복제되는 RNA 유전체를 가지는 바이러스인 후천성면역결핍증(AIDS)을 유발하는 사람 면역 결핍 바이러스를 포함한 레트로바이러스의 복제 주기(9.1절)와 관련되어 있다. 시험관에서 역전사 효소는 mRNA 분자로부터 DNA 복사본을 만드는 데 사용된다. 이러한 복사본을 **상보적 DNA(cDNA)**라고 부른다. 이들의 합성은 몇몇 종류의 유전자 클로닝과 특정 mRNA를 지정하는 유전체 한 부분의 지도를 작성하는 데 이용되는 기술에 있어서 중요하다(5.3절).

표 2.2 분자생물학 연구에 사용되는 중요한 핵산분해효소의 특성

중합효소	설명	주요 용도	참조
제한 핵산내부분해효소	염기 서열-특이-DNA 핵산내부분해효소	많은 연구에 이용	2.1절
S1 핵산분해효소	*Aspergillus oryzae* 곰팡이로부터 분리한 단일가닥 및 RNA 특이 핵산내부분해효소	전사물 지도 작성	5.2절
디옥시 리보 핵산분해효소	*E. coli*로부터 분리한 이중가닥 특이 핵산내부분해효소	핵산분해효소 족적 분석법	7.1절

제한효소는 DNA 분자를 특정 위치에서 절단한다

다양한 종류의 핵산분해효소가 재조합 DNA기술에 응용된다(표 2.2). 일부 핵산분해효소는 넓은 범위의 활성을 가지나, 대부분은 DNA나 RNA 분자의 말단으로부터 뉴클레오티드를 제거하는 **핵산말단분해효소(exonuclease)**이거나 내부의 인산디에스테르 결합을 파괴하는 **핵산내부분해효소(endonuclease)**이다. 일부 핵산분해효소는 DNA에만 혹은 RNA에만 작용하며, 또 어떤 것은 오직 이중가닥 DNA에만 혹은 단일가닥 DNA에만 작용하기도 하고, 또 다른 어떤 것은 이 모든 것에 작용하기도 한다. 우리는 뒷장에서 이러한 핵산분해효소의 다양한 예를 살펴볼 것이다. 여기에서는 재조합 DNA 기술의 모든 분야에서 중심 역할을 하는 핵산내부분해효소인 **제한 핵산내부분해효소(restriction endonuclease**, 제한효소)만을 자세히 다루도록 한다.

제한효소는 특정 염기 서열에서 DNA 분자와 결합하여 그 부분이나 근처의 이중가닥을 절단하는 효소이다. 염기 서열 특이성 때문에 DNA 분자 내에서 절단 위치를 예측할 수 있으므로, DNA의 염기 서열을 알고 있다면 큰 분자에서 특정 부위가 절단될 수 있도록 한다. 이러한 특성은 알려진 염기 서열의 DNA 절편을 필요로 하는 유전자 클로닝과 모든 다른 재조합 DNA 기술의 기초가 된다.

제한효소에는 3가지 유형이 있다. I형과 III형에서는, 이들 효소에 의해 인식되는 DNA 분자의 특정 염기 서열과 비교하여 절단되는 위치는 엄격하게 조절되지 않는다. 그러므로 이러한 효소들이 절단한 절편의 염기 서열을 정확히 알 수 없으므로 유용하게 쓰이지 않는다. II형 효소는 인식 서열 내부나 혹은 바로 근처의 항상 동일한 염기 서열을 절단하므로 이러한 단점을 극복한다(그림 2.9). 예를 들면, *E. coli*로부터 분리된 *Eco*RI이라고 불리는 II형 효소는 오직 6개의 뉴클레오티드인 5′-GAATTC-3′에서만 절단한다. 그러므로 II형 효소에 의한 DNA 절단은, 목표 DNA 분자의 염기 서열을 안다면 서열을 예측할 수 있는 절편을 항상 만들게 된다. 4,000개 이상의 II형 효소가 분리되었으며, 600개 이상은 실험실에서 사용할 수 있다. 많은 효소는 6자리의 뉴클레오티드를 목표 자리로 하지만, 다른 것은 더 길거나 짧은 서열을 인식하기도 한다(표 2.3). 또한 어떤 효소는, 관련된 절단 위치 무리의 어느 부위나 절단하는 중복된 인식 서열을 가지기도 한다. 예를 들어, *Hin*fI(*Haemophilus influenzae*로부터 분리)은 5′-GANTC-3′를 인식한다. 여기에서 N은 4개의 뉴클레오티드 중 어떠한 것에 해당하므로 이 효소는 5′-GAATC-3′, 5′-GATTC-3′, 5′-GAGTC-3′와 5′-GACTC-3′를 절단한다. 대부분의 효소는 인식 부위 내부를 절단하는데, *Bsr*BI과 같은 일부 효소는 인식 부위 바깥에 존재하는 특정 서열을 절단한다.

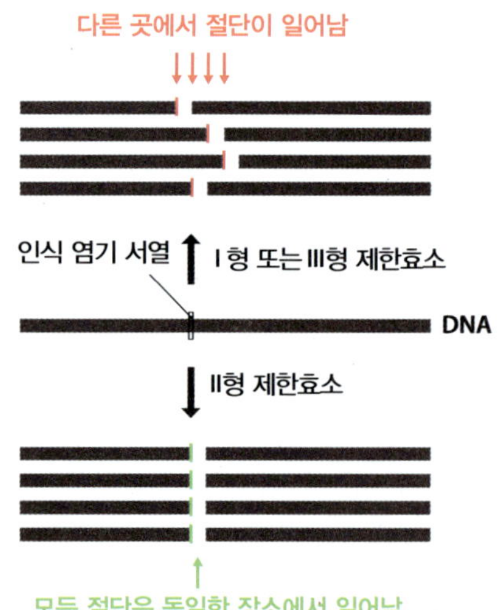

그림 2.9 **제한효소에 의한 절단.** 그림의 위 부분에서 DNA는 I형이나 III형 제한효소에 의해 절단된다. 절단은 인식 부위와는 약간 다른 위치에서 일어나므로 절단된 절편은 서로 다른 길이를 가진다. 그림의 아래 부분은 II형 효소가 사용된다. 각 분자는 정확히 동일한 위치에서 절단되므로 동일한 크기의 절편이 생성된다.

제한효소는 두 가지 다른 방법으로 DNA를 절단한다. 많은 효소는 **비점착성 말단(blunt end = flush end)**을 형성지만 다른 효소는 두 가닥을 보통 두 가지 또는 네 가

표 2.3 제한 핵산내부분해효소의 몇몇 예

효소	인식 염기 서열	말단 유형	말단 염기 서열
*Alu*I	5′-AGCT-3′ 3′-TCGA-5′	비점착성	5′-AG CT-3′ 3′-TC GA-5′
*Sau*3AI	5′-GATC-3′ 3′-CTAG-5′	점착성, 5′ 돌출	5′- GATC-3′ 3′-CTAG -5′
*Hin*fI	5′-GANTC-3′ 3′-CTNAG-5′	점착성, 5′ 돌출	5′-G ANTC-3′ 3′-CTNA G-5′
*Bam*HI	5′-GGATCC-3′ 3′-CCTAGG-5′	점착성, 5′ 돌출	5′-G GATCC-3′ 3′-CCTAG G-5′
*Bsr*BI	5′-CCGCTC-3′ 3′-GGCGAG-5′	비점착성	5′- NNNCCGCT-3′ 3′- NNNGGCGA-5′
*Eco*RI	5′-GAATTC-3′ 3′-CTTAAG-5′	점착성, 5′ 돌출	5′-G AATTC-3′ 3′-CTTAA G-5′
*Pst*I	5′-CTGCAG-3′ 3′-GACGTC-5′	점착성, 3′ 돌출	5′-CTGCA G-3′ 3′-G ACGTC-5′
*Not*I	5′-GCGGCCGC-3′ 3′-CGCCGGCG-5′	점착성, 5′ 돌출	5′-GC GGCCGC-3′ 3′-CGCCGG CG-5′
*Bgl*I	5′-GCCNNNNNGGC-3′ 3′-CGGNNNNNCCG-5′	점착성, 3′ 돌출	5′-GCCNNNN NG-3′ 3′-CGGN NNNNC-5′

약어: N, 뉴클레오티드 중 하나
모두는 아니지만 대부분의 인식 서열은 회문성이다. 5′→3′ 방향으로 읽으면 양쪽 가닥 모두에서 동일하다.

지 뉴클레오티드 떨어진 서로 다른 위치에서 절단하므로 잘려진 DNA 절편의 각 말단은 짧은 단일 가닥 돌출부를 가진다. 이들은 서로 간의 염기쌍 형성에 의해 DNA 분자가 서로 붙을 수 있으므로 **점착성 말단(sticky end = cohesive end)**이라고 부른다(그림 2.10A). 일부 점착성 말단을 형성하는 제한효소는 5′ 돌출부를 만들며(예를 들면, *Sau*3AI, *Hin*fI), 어떤 효소는 3′ 돌출부를 만든다(예를 들면, *Pst*I)(그림 2.10B). 재조합 DNA 기술에서 특히 중요한 특성의 하나는 다른 인식 부위를 가지는 일부 제한효소의 쌍이 동일한 점착성 말단을 형성하기도 한다는 점이다. 예를 들어, 비록 *Sau*3AI는 4자리의 뉴클레오티드를 인식하는 반면에 *Bam*HI은 6자리의 뉴클레오티드를 인식함에도, *Sau*3AI과 *Bam*HI은 둘 다 5′-GATC-3′ 점착성 말단을 형성한다(그림 2.10C).

전기영동은 제한효소 절단의 결과 분석에 이용된다

긴 DNA 분자를 제한효소로 처리하면 작은 절편들이 생성된다. 이들 절편의 크기는 어떻게 측정할 수 있을까? 그 해답은 **젤 전기영동(gel electrophoresis)**이다. 젤 전기영동은 DNA를 크기에 따라 분리하는 표준 방법이다. DNA 절편의 크기 분석에 많이 응용되며, 또한 RNA 분자를 분리하는 데에도 사용될 수 있다.

전기영동(electrophoresis)은 전기장에서 전하를 띤 분자의 이동이다. 즉, 음전하를 띤 분자는 양극 방향으로 이동하며, 양전하를 띤 분자는 음극 방향으로 이동한다. 이 기술은 원래 수용액 속에서 수행되었는데, 이 방법에서 이동의 속도에 영향을 미치는 주요 요인은 분자의 모양과 전하이다. 이것은 특히 DNA 분자를 분리하는 데는 유용하지 않는데, 그 이유는 대부분의 DNA 분자는 동일한 선형 모양이며, 비록 DNA 분자

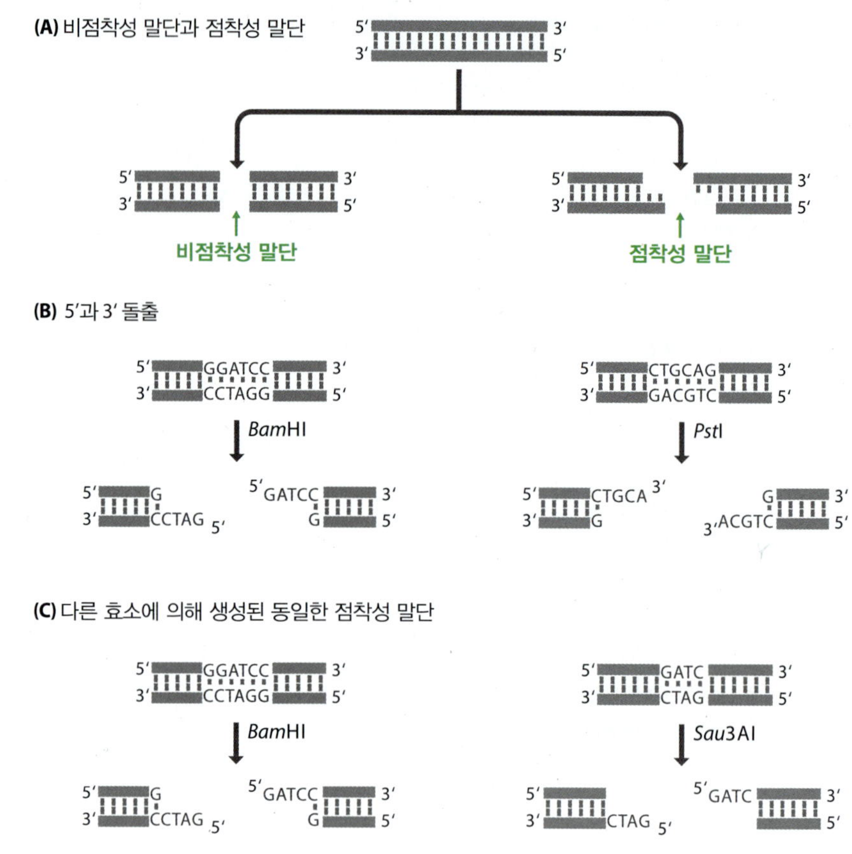

그림 2.10 다른 제한효소에 의한 DNA 절단 결과. (A) 점착성 말단과 비점착성 말단. (B) 다른 유형의 점착성 말단: *Bam*HI에 의해 5′ 돌출부가, *Pst*I에 의해 3′ 돌출부가 생성된다. (C) 두 종류의 제한효소에 의해 절단된 동일한 점착성 말단: 5′-GATC-3′ 서열을 가지는 5′ 돌출부는 모두 *Bam*HI(5′-GGATTC-3′ 서열을 인식)과 *Sau*3A1(5′-GATC-3′ 서열을 인식)에 의해 생성된다.

의 전하는 그것의 길이에 의존하지만 길이에 따른 전하의 차이가 DNA 분자를 효과적으로 분리할 만큼 충분하게 크지 않기 때문이다(그림 2.11A). 이러한 상황은 전기영동을 젤에서 수행할 때는 달라지는데, 그 이유는 여기서는 분자의 모양과 전하는 덜 중요하고, 단지 DNA 분자의 길이가 이동 속도에 중요한 결정요인으로 작용하기 때문이다. 이렇게 되는 이유는 젤이 DNA 분자가 양극으로 도달하기 위해 통과해야 하는 작은 구멍의 망상조직이기 때문이다. 작은 분자일수록 큰 분자에 비해 구멍에 의한 방해가 적어서 젤을 더 빨리 통과한다. 그러므로 길이가 다른 분자는 젤에서 밴드를 형성한다(그림 2.11B).

분자생물학에는 두 종류의 젤이 사용되는데, 하나는 여기에서 언급되는 **아가로오스(agarose) 젤**이고 다른 하나는 주로 DNA 염기 서열 결정(4.1절)에 사용되는 **폴리아크릴아미드(polyacrylamide) 젤**이다. 아가로오스는 직경이 100 nm~300 nm 범위의 구

그림 2.11 전기영동에 의한 서로 다른 길이를 가지는 DNA 분자의 분리. (A) 용액 내에서 수행되는 표준 전기영동은 서로 다른 크기의 DNA 절편을 분리하지 못한다. (B) 젤을 통한 전기영동은 이러한 분리를 가능하게 한다.

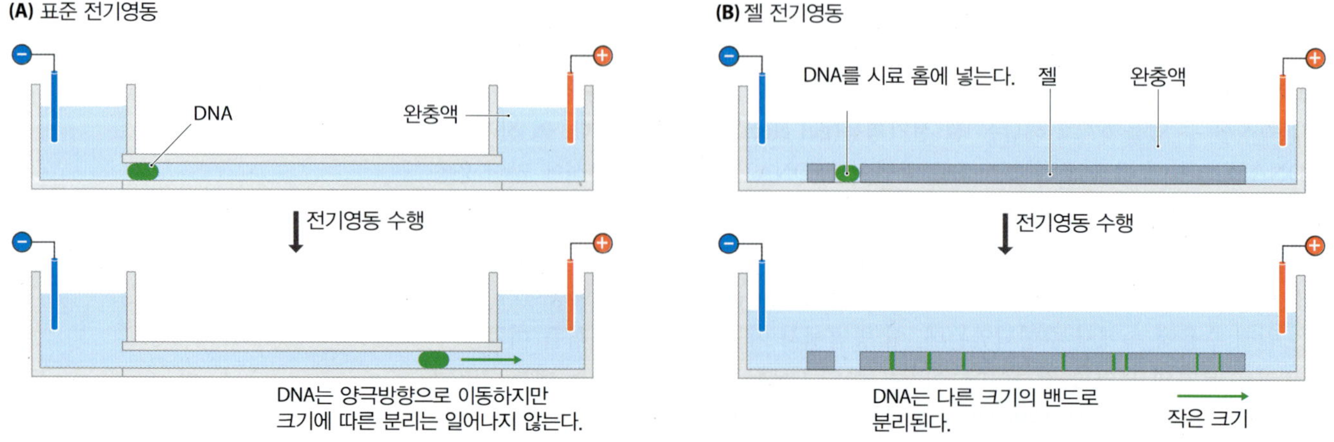

멍을 가지는 젤을 형성하는 다당류이며, 이 구멍의 크기는 젤에서 아가로오스 농도에 의해 좌우된다. 그러므로 젤의 농도는 분리되는 DNA 절편의 범위를 결정한다. 분리 범위는 또한 부착된 황산염과 피루브산 음이온의 양에 따라 측정되는 아가로오스의 **전기삼투(electroendosmosis, EEO)** 값에 의해 영향을 받는다. EEO가 클수록 DNA와 같이 음전하를 띤 분자의 이동 속도는 느려진다.

아가로오스 젤은 적당한 양의 아가로오스 가루를 완충용액에 섞은 다음 가열하여 아가로오스를 녹인 후, 투명한 아크릴로 된 틀에 부어서 만든다. 시료 홈을 만들기 위해서 젤에 콤(comb)을 꽂는다. 이제 젤은 준비되었고, 완충액에 담근 상태에서 전기영동을 수행할 수 있게 된다. 전기영동의 진행 상태를 알아보기 위해서 알려진 이동 속도를 가지는 하나 혹은 2개의 염료를 DNA 시료에 첨가한 후 시료 홈에 넣는다. DNA 밴드는 DNA 염기쌍 사이에 삽입되며 자외선으로 활성화되면 형광을 내는 물질인 **에티디움 브로마이드** 용액에 젤을 담가 관찰할 수 있다(그림 2.12). 불행히도 에티디움 브로마이드가 강력한 돌연변이 유발원이므로 이 과정은 위험하다. 지금은 DNA를 녹색이나 빨간색 또는 파란색으로 염색할 수 있는 비돌연변이 유발원 염색물질이 연구실에서 사용되고 있다. 에티디움 브로마이드는 최소 10 ng의 DNA를 포함하고 있는 밴드를 검출할 수 있는 반면, 가장 민감한 염색물질은 1 ng 보다도 더 적은 양의 DNA를 포함하고 있는 밴드를 검출할 수 있다.

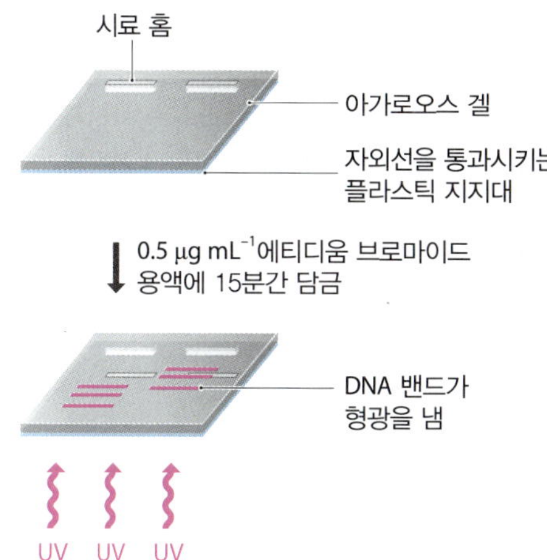

그림 2.12 아가로오스 젤에서 DNA 밴드는 에티디움 브로마이드로 염색하여 관찰할 수 있다.

젤에서 아가로오스의 농도에 따라 100 염기쌍(bp)~50 **kilobase pair(kb)** 길이의 단편이 전기영동 후 뚜렷한 밴드로 관찰된다(그림 2.13). 예를 들면, 비교적 큰 구멍을 가지는 0.5 cm 두께의 0.5% 아가로오스 젤은 1~30 kb 길이의 분자를 분리하는 데 사용되는데, 이 젤은 10 kb 분자와 12 kb DNA 분자를 구별할 수 있다. 0.3% 젤은 이보다 더 긴 50 kb까지의 DNA를, 5% 젤은 100~500 bp 길이의 DNA를 분리하는 데 사용될 수 있다.

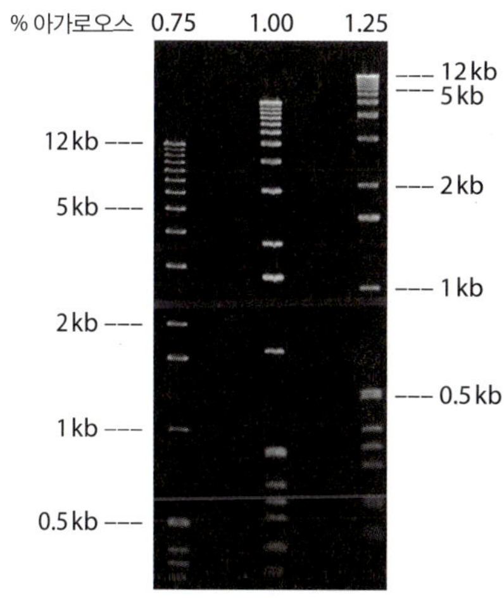

그림 2.13 분리될 수 있는 단편 크기의 범위는 젤의 아가로오스 농도에 의해 좌우된다. 3가지 다른 아가로오스 농도를 가진 젤에서 전기영동을 수행하였다. 레인(lane)의 왼쪽과 오른쪽의 표지는 밴드의 크기를 나타낸다. (BioWhittaker Molecular Application의 제공.)

관심있는 DNA 절편은 서던 혼성화에 의해 확인될 수 있다

제한효소로 절단된 DNA가 비교적 작고 20개 보다 적은 절편으로 생성된다면, 보통 각 절편이 젤에서 구분되는 벤드로 보이는 것이 가능하게 아가로오스 농도를 선택할 수 있다. 만약 절단하려는 DNA가 길어서 제한효소 절단 후에 많은 절편이 생긴다면 젤의 아가로오스 농도가 무엇이든지 간에 모든 길이의 절편이 모두 함께 붙기 때문에 DNA 밴드는 퍼져서 나타날 것이다. 이것은 보통 유전체 DNA를 제한효소로 절단하였을 때 나타나는 결과이다.

만약 절단하는 DNA의 염기 서열을 알고 있으면, 특정 제한효소에 의해 절단되는 절편의 크기를 예상할 수 있다. 원하는 절편의 밴드를 (예를 들어, 특정 유전자를 포함하고 있는) 젤에서 잘라내어 DNA를 분리할 수 있다. 비록 크기를 알지 못한다 하더라도, 관심 있는 유전자나 혹은 다른 DNA 단편을 포함하고 있는 절편을 **서던 혼성화(Southern hybridization)**라고 하는 기술에 의해 확인할 수 있다. 이 기술의 유일한 필요조건은 원하는 유전자 또는 DNA 절편의 최소한 일부 서열을 알거나 예상할 수 있어야 한다는 점이다. 이 과정의 첫 번째 단계는 제한 절편을 아가로오스 젤로부터 니트로셀룰로오스 또는 나일론 막으로 옮기는 것이다. 이것은 젤 위에 막을 올려놓고 완충액을 스며들게 하여 젤에서 DNA를 이동시켜 막에 결합하게 함으로써 이루어진다(그림 2.14A). 이 과정으로 DNA 밴드는 막 표면의 동일한 상대적 위치에 고정된다.

다음 단계는 탐색하고자 하는 표적 DNA와 상보적인 염기 서열을 가지는 표지된 DNA 분자인 혼성화 탐침(hybridization probe)을 준비하는 것이다. 탐침은 **방사성 표지자(radioactive marker)**이다. 뉴클레오티드의 인산 원자 하나를 ^{32}P나 ^{33}P로 대체하

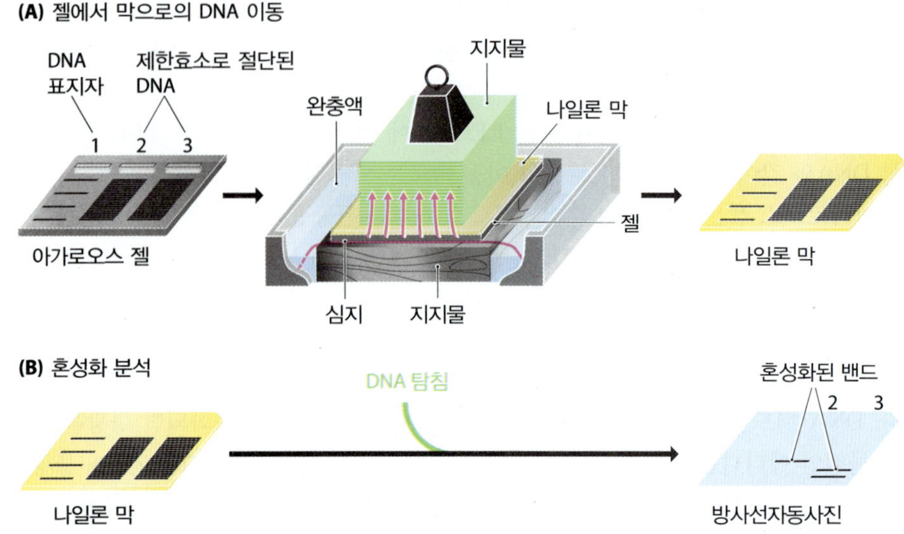

그림 2.14 **서던 혼성화.** (A) 젤에서 막으로 DNA 이동. (B) 막은 방사능으로 표지된 DNA 분자와 혼성화된다. 결과의 방사선자동사진에서 하나의 혼성화된 밴드가 2번 레인(lane)에서, 2개의 밴드가 3번 레인에서 보여진다.

거나, 인산기의 산소 원자 하나를 ^{35}S로 또는 하나 이상의 수소 원자를 ^{3}H로 치환시킨 뉴클레오티드를 합성한다. 방사성 뉴클레오티드는 여전히 DNA 중합효소의 기질로서 작용함으로써 DNA 중합효소에 의한 가닥-합성 반응에 의해 DNA 분자로 통합된다. 방사성의 건강 유해성과 방사성으로 오염된 조직의 처리 문제를 피하기 위해 화학 발광을 내는 **형광표지자(fluorescent marker)**나 화학발광을 하는 물질을 대체제로 사용한다.

탐침은 관심 있는 유전자의 부분과 일치하는 염기 서열을 가지는 합성된 올리고뉴클레오티드일 수 있다. 탐침과 표적 DNA는 상보적이어서 서로 염기쌍을 형성 또는 혼성화할 수 있기 때문에, 막 위에 존재하는 **혼성화(hybridize)**된 탐침의 위치는 탐침에 부착되어 있는 표지로부터 나오는 신호를 감지함으로써 확인할 수 있다. 혼성화를 수행하기 위하여 막은 표지된 탐침과 약간의 완충액이 들어있는 유리병에 넣은 후, 탐침이 표적 DNA와 혼성화할 수 있는 충분한 기회를 가지도록 몇 시간 동안 천천히 회전시킨다. 그런 다음, 혼성화되지 않은 탐침을 제거하기 위해 막을 씻은 후 표지로부터 나오는 신호를 감지한다. 그림 2.14B에서 보여주는 예에서 탐침은 방사능으로 표지되고 신호는 X-선 감광 필름에 노출시켜(**방사선자동사진법, autoradiography**) 감지한다. 방사선자동사진에서 나타나는 밴드는 탐침과 혼성화한 제한 절편에 해당하므로, 우리가 찾고자 하는 유전자를 포함하고 있는 것이다. 만약 형광표지자를 사용하면 형광단의 방출 스펙트럼에 민감한 필름으로 표지를 감지한다. **화학발광 표지자(chemiluminescent marker)**도 같은 방법으로 감지할 수 있으나 신호가 표지로부터 직접적으로 나오지 않기 때문에 화학물질을 포함하는 표지된 분자에 의해 감지되는 단점이 있다. 가장 일반적으로 사용되는 방법은 염기성 인산가수분해효소로 DNA를 표지하는 것이다. 이것은 탈인산화시켜 화학발광을 내게 하는 효소인 디옥세탄(dioxetane)을 처리함으로써 감지된다. 또한 이 3가지 표지—방사성, 형광 및 화학발광—모두 필름 노출에 의한 지연 없이 막 상의 즉각적인 이미지와 표지의 위치를 보여주는 디지털 스캐너에 의해 탐지될 수 있다.

DNA 연결효소는 DNA 절편을 연결한다

제한효소의 처리에 의해 생긴 DNA 절편은 DNA 연결효소(DNA ligase)에 의해 다시 연결되거나 혹은 새로운 DNA 분자에 부착시킬 수 있다. 이 반응은 에너지를 필요로 하는데, 사용하는 연결효소의 종류에 따라서 ATP나 니코틴아미드 아데닌 디뉴클레오티드(NAD)를 반응 혼합물에 첨가함으로써 얻을 수 있다.

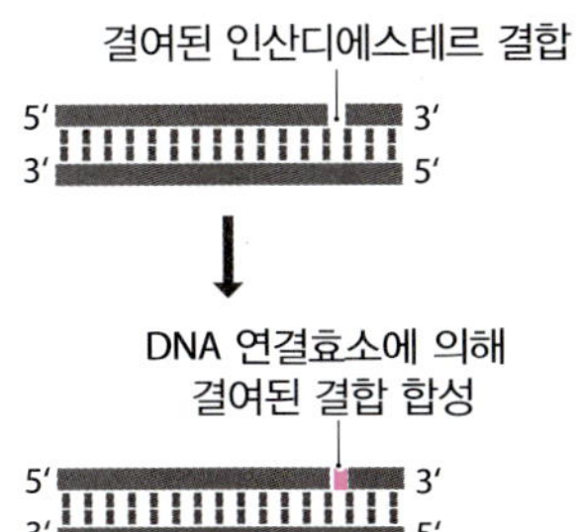

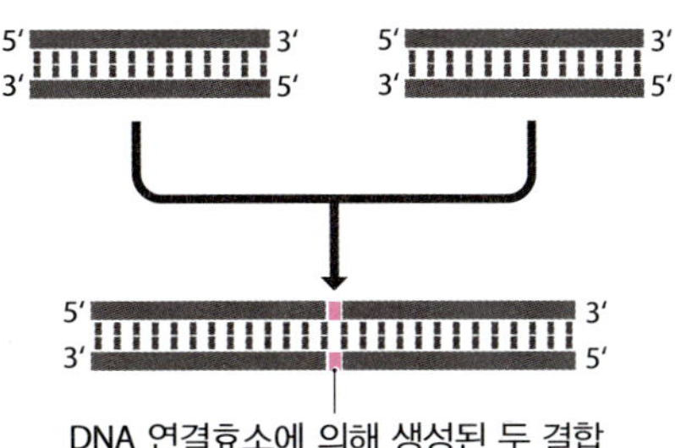

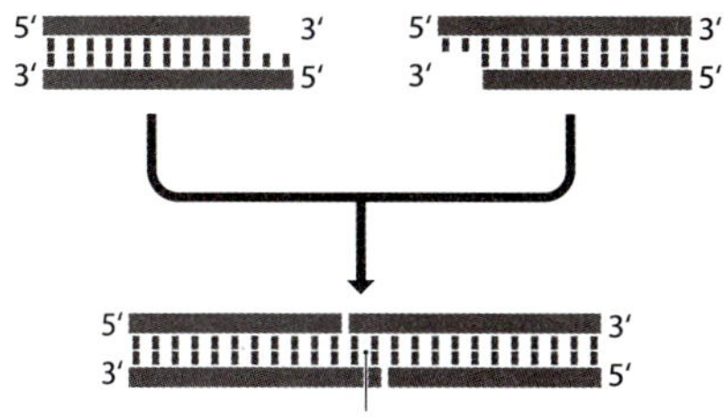

그림 2.15 **DNA 연결효소(ligase)에 의한 DNA 분자의 연결.** (A) 세포에서 DNA 연결효소는 이중 가닥 DNA 분자의 한 가닥에서 없어진 인산디에스테르 결합을 형성한다. (B) 두 DNA 분자를 시험관에서 연결시키기 위해서 DNA 연결효소는 각 가닥에 하나씩 2개의 인산디에스테르 결합을 형성하여야 한다. (C) 시험관 내에서의 연결 반응에서 두 분자가 점착성 말단을 가지고 있는 경우에는 두 말단 사이의 일시적인 염기쌍 형성이 두 분자를 서로 붙잡음으로 해서 DNA 연결효소가 부착하여 새로운 인산디에스테르 결합을 형성할 기회를 증가시키기 때문에 연결 반응은 매우 효율적으로 일어나게 된다.

가장 널리 사용되는 DNA 연결효소는 T4 박테리오파지로 감염된 *E. coli* 세포로부터 얻는다. 이 효소는 파지 DNA의 복제에 관여하는데, T4 유전체에 의해 암호화된다. 이것의 기능은 이중가닥 분자의 한 폴리뉴클레오티드에 존재하는 연결되지 않은 뉴클레오티드 사이에 인산디에스테르 결합을 형성하는 것이다(그림 2.15A). 2개의 제한 절편을 서로 연결하기 위하여 연결효소는 각 가닥에 하나씩 2개의 인산디에스테르 결합을 형성하여야 한다(그림 2.15B). 비록 이것이 이 효소가 할 수 있는 기능일지라도, 연결효소는 연결하려는 말단을 끌어다가 서로 붙일 수는 없기 때문에, 연결하려는 두 말단이 우연적으로 충분히 가까워야지만 연결 반응이 일어날 수 있다. 만약 두 분자가 상보적인 점착성 말단을 가진다면, 이 말단은 연결 혼합물에서의 무작위적 확산에 의해 서로 붙게 되어, 두 돌출부 사이에서 일시적인 염기쌍이 형성될 수 있다. 이러한 염기쌍은 특별히 안정적이지는 않으나 연결효소가 그 부분에 부착하여 말단을 서로 붙이기 위한 인산디에스테르 결합을 형성하는 데 충분한 시간 동안 지속될 수 있다(그림 2.15C). 만약 분자가 비점착성 말단이라면, 아주 일시적이라도 서로 염기쌍을 형성할 수 없기 때문에 연결 반응은, 비록 DNA 농도가 높고 말단이 비교적 가까이 근접하여 있는 경우라도 매우 비효율적이 된다.

점착성 말단 연결의 높은 효율성은 비점착성 말단을 점착성 말단으로 변환시키는 방법을 개발하도록 하였다. 한 가지 방법은 **연결자(linker)** 혹은 **어댑터(adaptor)**라고 불리는 짧은 이중가닥 분자를 비점착성 말단에 부착시키는 것이다. 연결자와 어댑터는 약간 다른 방법으로 작용하지만, 둘 다 제한효소의 인식 서열을 포함하고 있어 적절한 제한효소 처리로 점착성 말단을 생성시킬 수 있다(그림 2.16). 점착성 말단을 생성시키는 또 다른 방법은 비점착성 말단의 3′-말단에 하나씩 뉴클레오티드를 부착시키는 **동형중합체 꼬리 붙이기(homopolymer tailing)** 방법이다(그림 2.17). 이러한 작용을 하는 효소를 **말단 디옥시뉴클레오티드 전달효소(terminal deoxynucleotidyl transferase)**라 하며, 다음 절에서 다룬다. 만약 반응 혼합물이 DNA와 효소, 그리고 4가지 뉴클레오티드 중 단 하나만을 포함하고 있다면, 만들어지는 새로운 단일 가닥 DNA는 완전히 그 하나의 뉴클레오티드로만 이루어지게 된다. 예를 들어, 이것은 반응 혼합물에 dGTP 대신 dCTP를 첨가하여 같은 방법으로 생성된 폴리(C) 꼬리를 가지는 분자와 염기쌍을 형성할 수 있는 폴리(G) 꼬리일 수 있다.

말단-변형 효소

송아지 가슴샘 조직에서 얻는 **말단 디옥시뉴클레오티드 전달효소(terminal deoxynucleotidyl transferase**, 그림 2.17 참조)가 말단 변형 효소의 한 예이다. 이 효소는 새로이 들어오는 뉴클레오티드와 이미 존재하고 있는 DNA나 RNA 가닥 사이에서 염기쌍의 형성 없이 새로운 DNA 폴리뉴클레오티드를 합성하므로 사실상 주형-비의존성

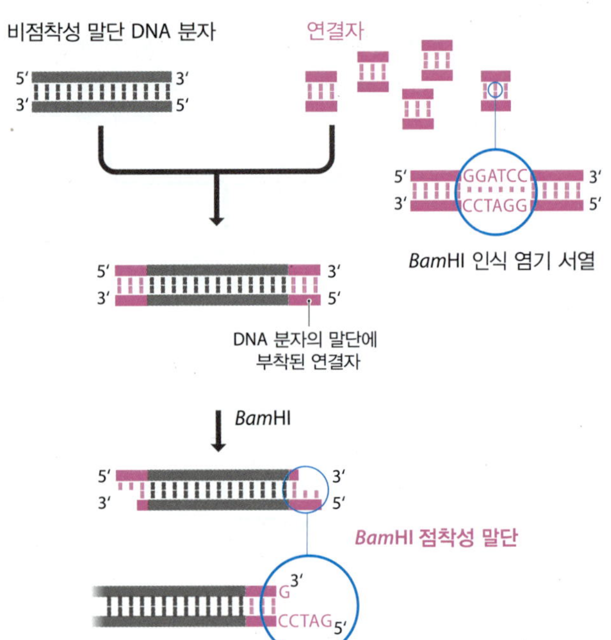

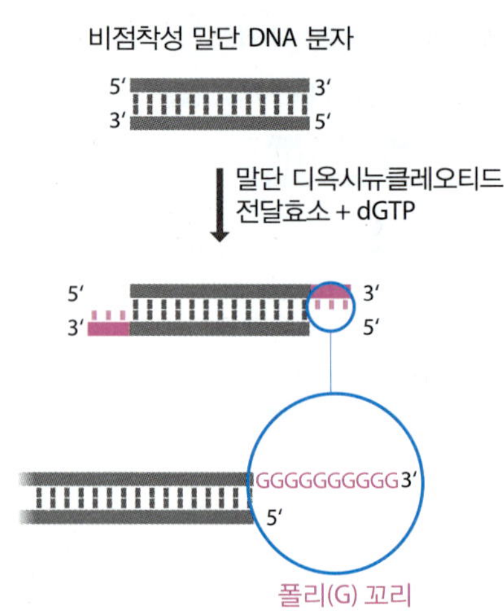

그림 2.17 동형접합체 꼬리 붙이기. (A) 이 예에서, 폴리(G) 꼬리가 비점착성 DNA 분자의 양 끝에 생성된다. 다른 뉴클레오티드로 구성된 꼬리가 반응 혼합물에 적절한 기질을 첨가시킴으로써 생성된다.

그림 2.16 연결자는 비점착성 말단 분자에 점착성 말단을 생성시키기 위하여 사용된다. (A) 이 예에서, 각 연결자는 *Bam*HI 제한효소의 인식 서열을 포함하고 있다. DNA 연결효소가 연결자를 비점착성 분자의 말단에 부착시키는데, 이 반응은 연결자가 고농도로 존재하기 때문에 비교적 효율적이다. 그런 다음 제한효소가 연결자를 절단하여 점착성 말단을 생성시킨다. 연결 반응 동안 연결자가 서로 연결되어 일련의 연결자(**연쇄체**, concatamer)가 비점착성 분자의 양 말단에 부착될 수 있음을 주목하라. 제한효소를 처리하면 이러한 연결자 연쇄체는 여러 절편으로 절단되지만, 가장 안쪽의 연결자는 DNA 분자에 부착되어 있는 상태로 된다. 어댑터는 연결자와 유사하지만, 각각의 한쪽 끝에는 점착성 말단을 갖고 다른 쪽 끝에는 비점착성 말단을 갖는다. 그러므로 비점착성 말단 DNA는 단순히 어댑터를 부착시킴으로써 제한 절단 과정의 필요 없이 점착성 말단을 가지게 된다.

DNA 중합효소(template-independent DNA polymerase)이다. 재조합 DNA 기술에서 이 효소의 주요 기능은 위에서 언급한 동형접합체 꼬리 붙이기이다.

2개의 다른 말단-변형효소 역시 지주 사용된다. 이것은 서로 상보적으로 작용하는 **염기성 탈인산화효소(alkaline phosphatase)**와 **T4 폴리뉴클레오티드 인산화효소(T4 polynucleotide kinase)**이다. 염기성 탈인산화효소는 *E. coli*, 송아지 내장 조직 및 북극새우를 포함하여 다양한 출처로부터 얻을 수 있다. 이 효소는 DNA 분자의 5′-말단으로부터 인산기를 제거하므로, 분자 간에 서로 연결되는 것을 방지한다. 5′-인산을 가지는 두 말단은 서로 연결될 수 있고, 또한 인산화된 말단은 탈인산화된 말단과 서로 연결될 수 있지만, 5′-인산을 가지지 않은 말단 간에는 서로 연결될 수 없다. 그러므로 염기성 탈인산화효소의 적절한 사용은 DNA 연결효소의 활동을 미리 정해진 방향으로 이끌 수 있으므로 원하는 연결 생성물을 얻을 수 있다. T4 박테리오파지로 감염된 *E. coli* 세포로부터 얻는 T4 폴리뉴클레오티드 인산화효소는 염기성 탈인산화효소와는 반대로, 5′-말단에 인산을 첨가하는 기능을 한다. 염기성 탈인산화효소와 마찬가지로 이 효소는 복잡한 연결 실험 과정에 사용되지만, 주로 DNA 분자의 **말단 표지**에 사용된다.

2.2 중합효소 연쇄반응(PCR)

유사한 결과를 보이는 방법이 1971년에 제안되었지만, PCR의 발명은 1983년 초 어느 날 저녁 캘리포니아의 태평양 해안도로로 차를 몰고 가다가 어떻게 이 위대한 발견의 순간을 경험하였는지를 언급한 멀리스(K. Mullis)에게 돌아간다. 그의 생각은 DNA 분자에서 특정 부분만을 선택적으로 복사하는 매우 단순한 기술인 것이었다. 이 기술은 매우 단순해서 학생들은 때때로 이 기술이 왜 현대 생물학에서 그렇게 중요하게 되었는지 처음에는 인정하기 어려워 한다. 우리는 이 기술 자체를 먼저 살펴본 후 이 기술의 수많은 응용의 일부를 살펴볼 것이다.

PCR의 수행

PCR은 DNA 분자에서 선택된 부분을 반복하여 생성한다(그림 2.2 참조). PCR 반응은 분리된 *T. aquaticus*의 열 안정성 DNA 중합효소(2.1절)에 의해서 수행된다. 열 안정성

효소가 왜 필요한지에 대한 이유는 PCR 과정에서 일어나는 사건을 보다 자세히 살펴보면 명확해질 것이다.

PCR 실험을 수행하기 위해서 표적 DNA는 *Taq* DNA 중합효소, 한 쌍의 올리고뉴클레오티드 프라이머 및 뉴클레오티드(dNTP)와 혼합된다. PCR은 매우 민감하며, 단 하나의 분자로부터 작용할 수 있으므로 표적 DNA의 양은 매우 적을 수 있다. *Taq* 중합효소에 의해 수행되는 DNA 합성 반응을 시작하기 위해서는 프라이머를 필요로 한다(그림 2.6 참조). 프라이머는 복제되는 표적 DNA 절편의 양 옆에 부착하여야 한다. 이것은 적절한 염기 서열을 가지는 프라이머를 합성할 수 있는 이들 부착 자리의 염기 서열을 알고 있어야 한다는 것을 의미한다.

반응은 혼합물을 94°C로 가열함으로써 시작한다. 이 온도에서는 이중나선의 두 폴리뉴클레오티드를 결합시키고 있는 수소 결합이 파괴되므로 표적 DNA는 단일 가닥으로 변성된다(그림 2.18). 그런 다음 온도를 50~60°C로 낮춰서 표적 DNA의 단일 가닥이 서로 결합하게 하지만, 또한 프라이머가 그들의 어닐링 위치에 결합하게 된다. 이제 DNA 합성이 시작될 수 있으므로 *Taq* 중합효소의 최적 온도인 72°C로 온도를 올린다. 이러한 PCR의 첫 단계에서 표적 DNA의 각 가닥으로부터 긴 생성물이 합성된다. 이들 폴리뉴클레오티드는 동일한 5′-말단을 가지지만, 3′-말단은 DNA 합성이 우연하게 종결되는 위치를 나타내기 때문에 일정하지 않게 된다.

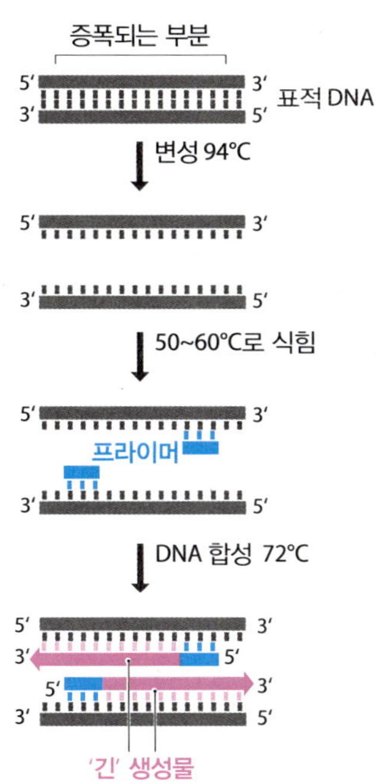

그림 2.18 **PCR의 첫 단계.**

변성-프라이머 결합-합성의 주기를 반복하게 되면 긴 생성물은 새로운 DNA 합성의 주형으로 작용하여, 3번째 주기에서 5′과 3′-말단이 프라이머 결합 위치에 의해 정해진 짧은 생성물을 생산하게 된다(그림 2.19). 계속되는 주기에서 짧은 생성물의 수는 PCR 반응 성분의 하나가 고갈될 때까지 한 주기당 2배씩 증가하게 되어 기하급수적으로 축적된다. 이것은 30주기 후에는 각 시작 분자로부터 1억 3천만 개 이상의 짧은 생성물이 생산된다는 것을 의미한다. 실제로 이것은 몇 ng 혹은 그 이하의 표적 DNA로부터 수 μg의 PCR 생성물이 생성되는 것과 동등하다.

생성물 생산 속도는 PCR 중간에 측정될 수 있다

종종 PCR은 그 결과가 결정되기 전에 반응이 끝난다. 보통 30~40회의 정해진 주기가 끝나면 반응은 정지되고 생성물은 아가로오스 젤 전기영동으로 분석되는데, 만약 PCR이 예상대로 잘 작용하였고 표적 DNA로부터 단일 조각이 증폭되었다면 한 개의 밴드로 나타날 것이다(그림 2.20). 또 다

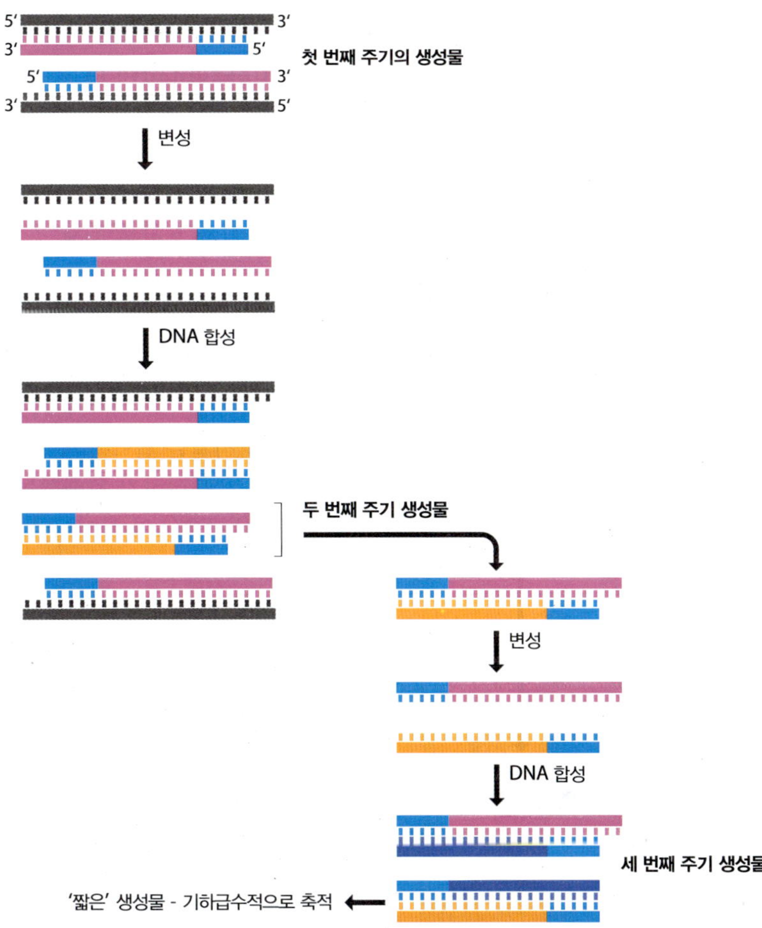

그림 2.19 **PCR에서 짧은 생성물의 합성.** 그림의 제일 위 부분에 나타낸 첫 주기 생성물로부터, 두 번째의 변성-프라이머 부착-합성주기에 의해 4개의 생성물이 만들어지는데, 이 중 둘은 첫 주기 생성물과 동일하며, 다른 둘은 완전히 새로운 DNA이다. 세 번째 주기 동안 후자의 DNA는 짧은 생성물을 생산하며 이어지는 주기에서 기하급수적으로 축적된다.

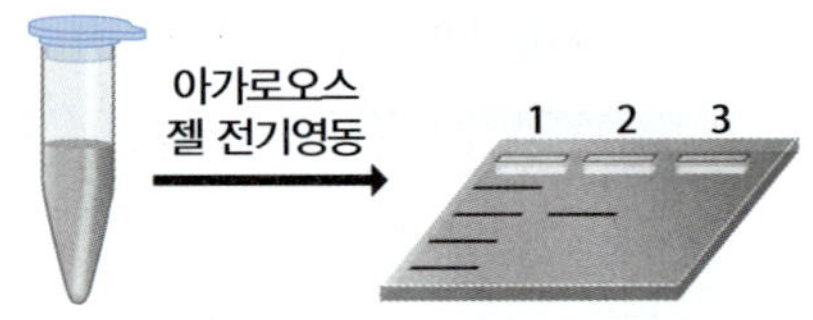

그림 2.20 **아가로오스 젤 전기영동에 의한 PCR 결과의 분석.** PCR은 미니 원심분리기 튜브에서 수행되었다. PCR 시료는 아가로오스 젤의 2번째 레인에 넣었다. 레인 1은 DNA 크기 마커를 포함하며, 레인 3은 다른 사람에 의해 수행된 PCR 시료를 포함한다. 전기영동 후 젤은 에티디움 브로마이드로 염색된다. 레인 2는 PCR이 성공적이라는 것을 보여주는 예상하는 크기의 단일 밴드를 포함한다. 레인 3에는 밴드가 보이지 않는데, 이것은 PCR이 작용하지 않았음을 보여준다.

른 방법으로는 4.1절에 언급된 기술을 사용하여 생성물의 염기 서열을 결정할 수 있다.

또한 PCR 반응이 진행함에 따라 얼마나 많은 양의 산물이 합성되는지를 실시간으로 측정할 수 있다. 이러한 PCR 방법을 **실시간-PCR(real-time PCR)**이라고 부르는데, 2가지 서로 다른 방법으로 수행할 수 있다. 가장 간단한 방법은 PCR 혼합물 속의 이중가닥 DNA와 결합하였을 때 형광을 내는 염색물질을 사용하는 것이다. PCR 혼합물로부터의 점진적인 형광신호의 증가는 생성물이 합성되는 속도를 나타낸다. 이 방법의 단점은 특정 시간에 존재하는 PCR 속의 모든 이중가닥 DNA의 양을 측정하기 때문에 실제의 생성물을 과대 측정할 수 있다는 점이다. 이것은 프라이머가 때때로 여러 비특이적 방법으로 프라이머끼리 결합하여 이중가닥 DNA의 양을 증가시킬 수 있기 때문이다.

실시간 PCR의 두 번째 방법은 PCR 생성물과 혼성화되었을 때 형광신호를 내는 **리포터 탐침(reporter probe)**이라고 불리는 짧은 올리고뉴클레오티드를 사용하는 것이다. 탐침은 오직 PCR 생성물하고만 혼성화하기 때문에 프라이머-프라이머 결합에 의해 유발되는 문제를 피할 수 있다. 여러 방법이 개발되었는데, 그 중 한 방법은 형광 염색물질과 이 염색물질에 근접하면 형광신호를 소광(quench)시키는 화합물로 이루어진 한 쌍의 표지(label)를 사용하는 것이다. 이러한 소광작용은 **형광공명에너지 전이(Förster resonance energy transfer, FRET)**이라고 불리는 과정에 의해 일어난다. 염색물질에서 리포터 탐침은 한쪽 끝에 부착되어 있고 소광화합물은 다른 쪽 끝에 부착되어 있다. 정상적으로는 탐침의 양 말단이 염기쌍을 이루게 하여 염색물질을 소광자 바로 옆에 위치시킴으로써 형광신호를 억제하도록 설계하였기 때문에 형광이 발생하지 않는다(그림 2.21). 탐침과 PCR 산물과의 혼성화는 이 염기쌍을 파괴시켜 소광자가 염색물질로부터 떨어지게 만들어 형광신호가 발생하도록 한다.

이 두 방법 모두 PCR 시작 시점에 존재하는 표적 DNA의 양을 측장할 수 있는 **정량적 PCR(quantitative PCR)**의 기초로 이용된다. 정량적 PCR은 검사 PCR(test PCR) 동안 생성되는 생성물의 속도를 시작 시점에서의 DNA 양을 알고 있는 대조구 PCR (control PCR)과 비교한다. 비교는 형광신호의 양이 이미 정해 놓은 문턱값(threshold)에 도달하는 PCR 단계를 확인함으로써 이루어진다(그림 2.22). 문턱값에 더 빠르게 도달할수록 시작 혼합물 속에 존재하는 표적 DNA의 양은 더 많아진다.

PCR의 수많은 다양한 응용을 가진다

현대 연구에서 PCR은 왜 그렇게 중요한가? 먼저 PCR의 한계를 살펴보기로 하자. 정확한 위치에 결합하는 프라이머를 합성하기 위해서는 증폭시키고자 하는 DNA의 경계 지역의 염기 서열을 알아야만 한다. 이것은 이전에 전혀 연구된 바가 없는 유전자나 유전체의 일부를 분리하기 위해서는 PCR이 사용될 수 없다는 것을 의미한다. 두 번째 제한은 증폭되는 DNA의 길이이다. 5 kb까지의 길이는 큰 어려움 없이 증폭될 수 있고, 보다 더 긴 40 kb까지의 증폭도 표준 기술의 변형을 사용하면 가능하다. 그러나 40 kb보다도 더 긴 절편은 PCR로 얻을 수 없다.

이제 PCR의 장점을 살펴보자. 이중 가장 중요한 것은 유전체의 단일 절편을 나타내는 생성물을 얻을 수 있다는 것이다. 그러므로 PCR은 사람 DNA 시료로부터 지중해성

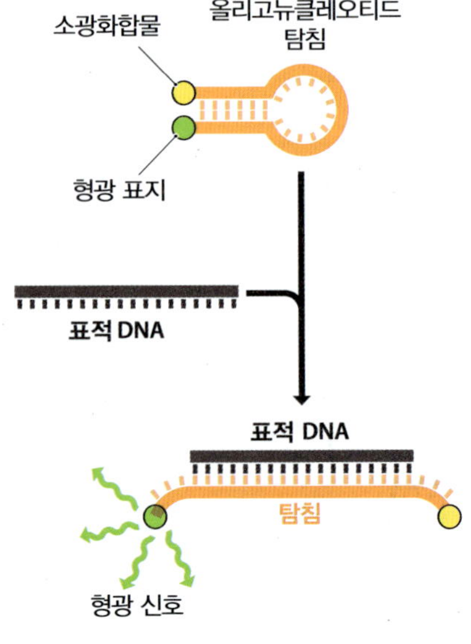

그림 2.21 **표적 DNA에 리포터 탐침의 혼성화.** 올리고뉴클레오티드 리포터 탐침은 2개의 말단 표지를 가진다. 하나는 형광 염료이고 다른 하나는 소광화합물이다. 올리고뉴클레오티드의 두 말단은 서로 염기쌍을 형성하여 형광 신호가 억제(소광)되도록 한다. 탐침이 표적 DNA에 결합하면 분자의 말단은 서로 분리되어 형광 염료가 신호를 발산할 수 있게 한다.

빈혈과 낭성 섬유증과 같은 유전병과 관련된 돌연변이를 탐색하는 데 이용된다. 또한 범죄 현장에서 용의자를 찾아내고 친자 확인을 위한 유전체 서열의 자연적인 변이의 유형을 찾는 **유전자 검사(genetic profiling)**의 기초가 된다(7.4절).

PCR의 두 번째 중요한 특징은 아주 적은 양의 DNA로 작용할 수 있는 능력이다. 이것은 머리카락, 혈흔, 여러 법의학 시료와 고고학적 유적에 보존된 뼈나 다른 유물에 존재하는 미량의 DNA로부터 염기 서열을 획득하는 데 PCR이 사용될 수 있다는 것을 의미한다. 보존된 뼈로부터 DNA를 증폭시키는 PCR 기술은 멸종된 종인 네안데르탈인의 유전체 서열을 알 수 있게 하였다(4.4절). 임상 진단에서 PCR은 바이러스가 질병을 유발하는 데 필요한 단계에 도달하기 훨씬 전에 바이러스 DNA의 존재를 검출할 수 있다. 이것은 암이 형성되기 전에 치료를 시작할 수 있다는 것을 의미하기 때문에 특히 바이러스 유도성 암의 초기 확인에 있어서 중요하다.

이상은 단지 PCR 응용의 일부이다. 지금 이 기술은 분자생물학자들의 연구 도구의 주요 요소이며, 이 책의 나머지 장을 공부함에 따라 더 많은 예를 발견하게 될 것이다.

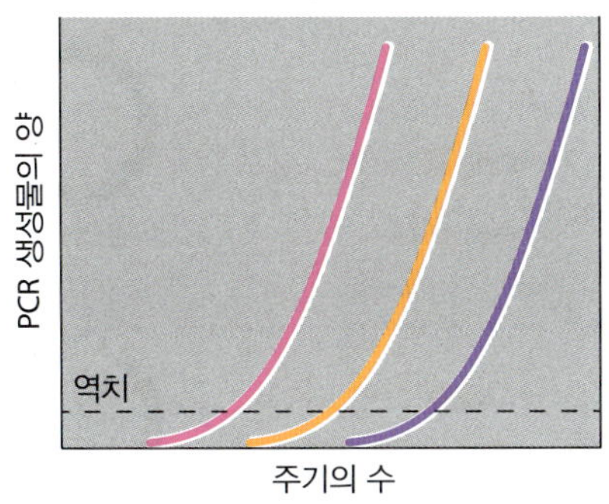

그림 2.22 **실시간 PCR에 의한 시작 DNA의 정량.** 그래프는 시작 DNA의 양이 각각 다른 세 PCR 동안의 생성물 합성을 보여준다. PCR 동안 생성물은 지수적으로 축적되므로 한 특정 주기에 존재하는 양은 시작 DNA의 양에 비례한다. 그러므로 분홍색 곡선은 시작 DNA의 양이 가장 많은 것이며 파란색 곡선이 가장 적은 것이다. 이 세 PCR에서 시작 DNA의 양을 알고 있다면 검사(test) PCR에 존재하는 DNA의 양을 대조구와 비교하여 알 수 있을 것이다. 실제로 이 비교는 생성물 합성이 그래프에서 수평의 점선으로 나타낸 역치 이상으로 올라가는 주기를 확인함으로써 이루어진다.

2.3 DNA 클로닝

DNA 클로닝은 재조합 DNA 혁명의 초창기에 개발된 중요한 새로운 연구 도구 중의 첫 번째였다. DNA 클로닝은 제한효소와 연결효소를 사용하여 DNA 분자를 조작하는 능력을 확장시킨 것이다. 우리는 먼저 DNA 클로닝이 왜 유전체학 연구의 중심 기술인지를 살펴본 후 이 기술이 어떻게 수행되는지 알아본다.

유전자 클로닝은 왜 중요한가?

한 동물 유전자가 5′-GATC-3′ 점착성 말단을 형성하는 제한효소인 *Bam*HI으로 절단된 하나의 제한 절편으로 획득되었다고 가정해 보자(그림 2.23). 또한 박테리아 안에서 복제할 수 있는 작은 원형의 DNA인 플라스미드(plasmid)를 *E. coli*에서 분리하여 *Bam*HI으로 플라스미드 한 곳을 절단하였다고 가정해 보자. 이제 원형의 플라스미드는 다시 한 번 5′-GATC-3′ 점착성 말단을 가지는 선형 분자로 바뀌게 된다. 이 두 DNA 분자를 함께 섞어 DNA 연결효소를 첨가하면, 원래의 *Bam*HI 자리에 동물 유전자가 삽입된 원형 플라스미드 등 다양한 재조합 연결 생성물이 얻어질 것이다. 이 재조합 플라스미드를 이제 *E. coli*로 다시 도입하면, 삽입된 유전자는 복제 능력을 그대로 가지게 되므로, 플라스미드와 삽입된 유전자는 함께 복제되고 그 사본은 세포 분열을 통하여 딸 박테리아로 전달된다. 그러므로 이 플라스미드는 삽입된 유전자를 숙주세포 내에서 증식시키도록 복제 능력을 제공하는 **클로닝 벡터(cloning vector)**로 작용한다. 더 많은 횟수의 플라스미드 복제와 세포 분열 결과 많은 동물 유전자 사본을 포함하는 재조합 *E. coli* 박테리아의 콜로니가 생기게 된다. 그림 2.23에서 보여지는 것처럼 이러한 일련의 단계가 DNA 혹은 유전자 클로닝이라고 하는 과정을 이룬다.

1970년대 초반 DNA 클로닝이 처음 창안되었을 때 이전에는 상상도 할 수 없었던 실험을 가능하게 하여 분자생물학에 일대 변혁을 일으켰다. 이러한 이유는 클로닝은 하나 이상의 큰 DNA 분자를 제한효소로 절단하였을 때 생성되는 수많은 모든 다른 절편들로부터 분리된 하나의 순수한 DNA 절편을 제공할 수 있기 때문이다. 제한효소 처리에 의해 생성된 각 절편은 서로 다른 플라스미드에 삽입하여 동일한 무리의 재조합 플라스미드를 생성할 수 있다(그림 2.24). 일반적으로 오직 하나의 재조합 분자가 하나의 숙주세포로 전달되므로, 최종적으로 생성된 클론 세트는 많은 다른 재조합 분자를 포함하게 되지만, 각 **클론(clone)**은 단지 한 유전자의 다중 복사본만을 포함한다. 최종 결과

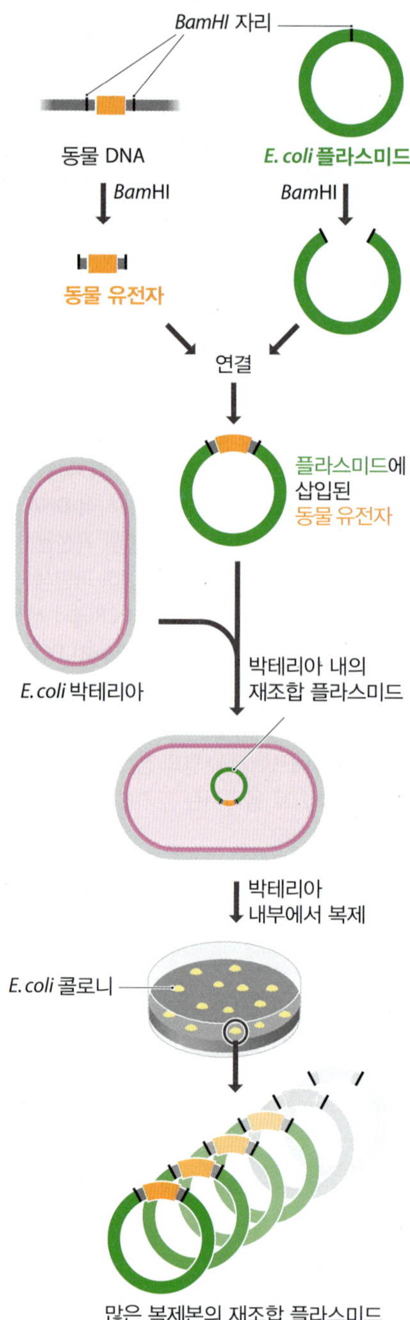

그림 2.23 **유전자 클로닝의 개요.**

물은 삽입된 DNA 절편이 시작 DNA의 다른 부분들로 유래한 **클론 라이브러리(clone library)**이다. 만약 충분한 클론이 확보되면 유전체의 모든 부분이 라이브러리에 포함되도록 하는 것이 가능하다.

클론 라이브러리는 두 가지 이유에서 중요하다. 첫째, 라이브러리에서 하나의 유전자를 포함하고 있는 클론을 분리하는 것이 가능하므로 이 유전자를 분리하여 상세하게 연구할 수 있다. 둘째, 클론 라이브러리는 여러 다른 클론에 포함된 개별 절편의 염기 서열을 결정함으로써 전체적인 유전체의 서열을 점차적으로 알 수 있기 때문에 종종 유전체 염기 서열 사업의 시작점이 된다(4.3절).

가장 단순한 클로닝 벡터는 *E. coli* 플라스미드에 근거한 것이다.

각 플라스미드는 정상적으로 박테리아 염색체를 복제시키는 DNA 중합효소와 다른 단백질에 의해 인식되는 **복제 원점(origin of replication)**을 가지므로 박테리아 숙주 내에서 효율적으로 복제한다. 또한 숙주 세포의 복제 장치는 플라스미드와 그 안에 삽입된 어떤 새로운 유전자를 함께 증식시킨다. 그러므로 박테리아 플라스미드에 근거한 클로닝 벡터는 제작이 용이하며 비교적 사용하기 쉽다.

가장 많이 사용되는 벡터 중의 하나는 1980년대 초반에 처음 소개된 일련의 벡터 중의 한 종류인 pUC8이다. pUC 시리즈는 원래 *E. coli*에 자연적으로 존재하는 R1, R6.5와 pMB1 등 3종류의 플라스미드로부터 제한 절편을 연결시켜 제작된 초창기의 벡터인

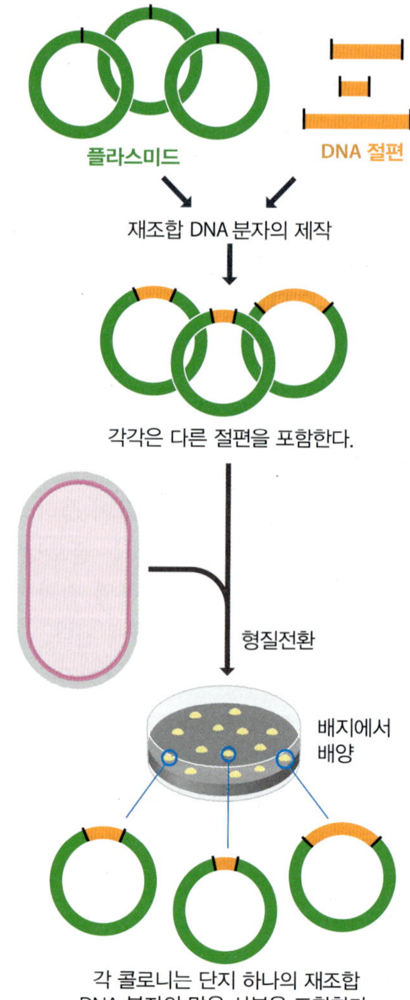

그림 2.24 **클로닝된 절편 라이브러리의 제작.** 이 예에서 단지 3개의 다른 절편만이 클로닝되었다. 실제로 전체의 유전체를 포함하는 수천 개의 절편으로 이루어진 라이브러리가 일상적으로 제작된다.

pBR322로부터 유래되었다. pUC8은 단지 2.7 kb의 작은 플라스미드이다. 이 플라스미드는 복제 원점 외에 2개의 유전자를 가지고 있다(그림 2.25).

- 앰피실린 저항 유전자. pUC8 플라스미드를 포함하고 있는 박테리아는 이 유전자 때문에 β-락타메이스라고 하는 효소를 합성할 수 있어, 세포에게 항생제의 생장 억제 효과에 대한 저항성을 부여한다. 이것은 앰피실린을 함유하는 한천 배지에 박테리아를 평판 배양함으로써 pUC8 플라스미드를 포함하고 있는 세포를 그렇지 않은 세포로부터 구별할 수 있다는 것을 의미한다. 정상적인 *E. coli* 세포는 앰피실린에 민감하여 이 항생제가 존재하면 생장할 수 없다. 따라서 앰피실린 저항성은 pUC8의 **선별 표지자(selectable marker)**이다.
- β-갈락토오스 분해효소(β-갈락토시데이스)의 일부를 암호화하는 *lacZ′* 유전자. β-갈락토오스 분해효소는 젖산을 포도당과 갈락토오스로 분해하는 과정에 관련된 일련의 효소 중의 하나이다. 이것은 정상적으로 *E. coli*의 염색체에 위치하는 *lacZ* 유전자에 의해 암호화된다. 일부 *E. coli* 균주는 β-갈락토오스 분해효소의 α-펩티드를 암호화하는 *lacZ′*이라고 불리는 부분이 결여된 변형된 *lacZ* 유전자를 가진다. 이 돌연변이체는 이 유전자의 없어진 *lacZ′* 부분을 가지고 있는 pUC18과 같은 플라스미드를 보유할 때에만 비로소 완전한 효소를 합성할 수 있게 된다.

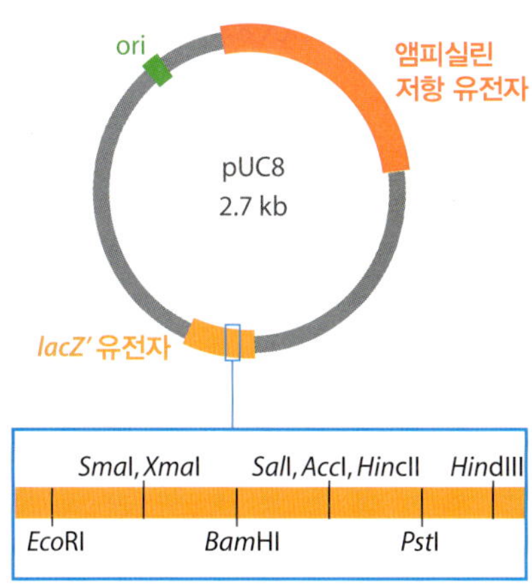

그림 2.25 pUC8. 지도는 앰피실린 저항 유전자, *lacZ′* 유전자, 복제 원점(ori)의 위치와 *lacZ′* 유전자 내부의 제한효소 자리를 보여준다. 이들은 플라스미드의 다른 부위에는 존재하지 않는 유일한 제한효소 자리이다.

재조합 플라스미드를 만들기 위해 그림 2.23에서 나타낸 조작과 같이 pUC8으로 수행하는 클로닝 실험은 분리된 DNA가 담긴 시험관 안에서 이루어진다. 순수한 pUC8 DNA는 박테리아 세포 추출물로부터 매우 쉽게 얻어질 수 있으며, 조작한 다음에는 노출된(naked) DNA가 박테리아 세포에 의해 끌어들여지는 과정인 **형질전환(transformation)**에 의해 *E. coli*로 재도입될 수 있다. 이것은 박테리아 유전자가 DNA로 구성되어 있다는 것을 보여준 에이버리와 그 동료들의 실험에서 연구된 시스템이다(1.1절). 형질전환은 *E. coli*를 비롯한 많은 박테리아에서 특별히 효율적인 과정이 아니지만, DNA를 첨가하기 전에 세포를 염화 칼슘용액으로 현탁시킨 후 DNA와 세포의 혼합물을 42°C에 잠깐 배양하면 DNA의 흡수율은 상당히 향상된다. 이렇게 향상시킬지라도 세포의 극히 일부만이 플라스미드를 흡수한다. 이것이 앰피실린 저항 표지자가 왜 매우 중요한지의 이유이다. 즉, 이것은 형질전환되지 않은 많은 수의 배경 세포로부터 적은 수의 **형질전환체(trnasformant)**를 선별할 수 있게 한다.

그림 2.25에 보인 pUC8의 지도는 lacZ′ 유전자가 다수의 유일한 제한효소 자리를 가지고 있음을 보여준다. 새로운 DNA를 이 자리 중 하나에 삽입시키면 그 유전자의 **삽입 비활성화(insertional inactivation)**가 일어나므로 β-갈락토오스 분해효소의 기능이 상실된다. 이것이 새로운 유전자를 포함하고 있지 않은 비재조합 플라스미드로부터 삽입된 DNA를 포함하는 **재조합 플라스미드(recombinant plasmid)**를 선별하는 열쇠이다. 그림 2.23과 2.24에서 보여준 것과 같이, 새로운 DNA의 삽입 없이 다시 원형화된 플라스미드를 비롯한 다양한 연결 생성물이 존재하기 때문에 재조합체를 확인하는 것은 중요하다. 실제로 β-갈락토시데이스의 존재를 탐지하는 것은 매우 쉽다. 젖당이 포도당과 갈락토오스로 분해되는 것을 분석하기 보다는, 세포에서 기능을 가지는 β-갈락토오스 분해효소 분자의 존재는, 효소를 푸른색 생성물로 변환시키는 X-gal(5-브로모-4-클로로-3-인돌-β-D-갈락토피라노사이드)이라고 불리는 화합물에 의한 조직화학적 검사에 의해 알 수 있다. 만약 이소프로필티오갈락토사이드(IPTG)와 같은 효소의 유도인자와 더불어 X-gal을 앰피실린과 함께 한천배지에 첨가하면, β-갈락토오스 분해효소를 합성하는 세포인 비형질전환 콜로니는 푸른색을 띠게 되는 반면에, *lacZ′* 유전자가 파괴되어 β-갈락토시데이스를 생성하지 못하는 재조합체는 흰색을 띠게 된다(그림 2.26). 이

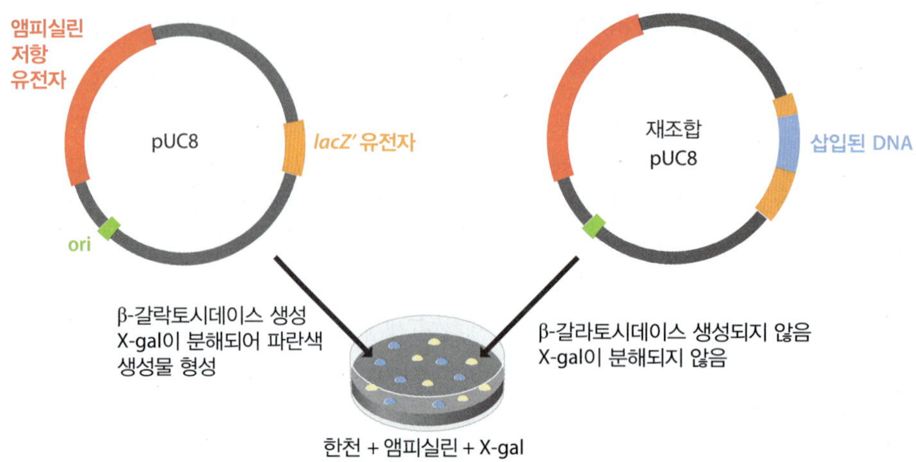

그림 2.26 **재조합 pUC8의 선별.**

시스템을 **젖당 선별(Lac selection)**이라고 부른다.

박테리오파지 또한 클로닝 벡터로 사용될 수 있다

E. coli 박테리오파지는 재조합 DNA 혁명의 초기에 이미 클로닝 벡터로 개발되었다. 다른 유형의 벡터를 탐색하려는 주된 이유는 pUC8과 같은 플라스미드 벡터는 약 10 kb 이상의 큰 DNA 절편을 수용할 수 없기 때문이었다. 큰 삽입 절편은 플라스미드 복제 시스템과의 간섭이나 재배열에 의해 재조합 DNA 분자가 숙주 세포로부터 손실되는 경향이 있다. 큰 DNA 절편을 수용할 수 있는 벡터를 개발하기 위한 최초의 시도는 박테리오파지 λ에 집중되었다.

박테리오파지가 복제하기 위해서는 박테리아 세포로 들어간 후 박테리아의 효소를 이용하여 파지 유전자에 들어 있는 정보를 발현시켜, 박테리아가 새로운 파지를 합성하게 한다. 일단 복제가 완성되면 새로운 파지는 박테리아를 떠나고, 이때 보통 박테리아는 죽게 되며, 새로운 세포를 감염시키기 위해 이동한다(그림 2.27A). 이 과정은 박테리아의 용해를 수반하므로 **용균성 감염 주기(lytic infection cycle)**라고 한다. 용균 주기뿐만 아니라 박테리오파지 λ는 다른 많은 종류의 박테리오파지와는 달리 **용원성 감염 주기(lysogenic infection cycle)**를 따를 수도 있는데, 이 과정 동안 λ 유전체는 박테리아 염색체 내부로 삽입되어 여러 세대 동안 비활동적으로 남아 있게 되며, 매번 세포가 분열할 때 마다 숙주 염색체와 더불어 복제하게 된다(그림 2.27B).

λ 유전체의 크기는 48.5 kb이며, 이 중 15 kb 정도는 파지 DNA가 *E. coli* 염색체 내부로 삽입될 때에만 필요한 유전자인 비필수적 부분이다(그림 2.28A). 따라서 파지가 박테리아를 감염시킨 후 용균주기에 의해 새로운 λ 입자를 직접 합성하는 능력을 손상시키지 않으면서도 이 부분은 제거될 수 있다. 두 가지 유형의 벡터가 개발되었다(그림 2.28B).

- **삽입 벡터(insertion vector)**는 비필수적 부분의 일부 혹은 전부가 제거되어 있으며, 일부 자리에 하나만 존재하는 제한효소 자리를 삽입하였다.
- **치환 벡터(replacement vector)**는 양 옆 부분에 한 쌍의 제한효소 자리를 가지고 있는 **채움 조각(stuffer fragment)** 내에 비필수적 부분이 포함되어 있으며, 이 채움 조각은 클로닝하려는 DNA가 벡터로 연결될 때 치환된다.

λ 유전체는 선형이지만, 이 분자의 양 말단은 상보적인 염기 서열을 가지기 때문에 서로 염기쌍을 형성할 수 있는 ***cos* 자리(*cos* site)**라고 하는 12개의 뉴클레오티드로 이루어진 단일 가닥 돌출부를 가진다. 그러므로 λ 클로닝 벡터는 원형분자의 형태로 얻

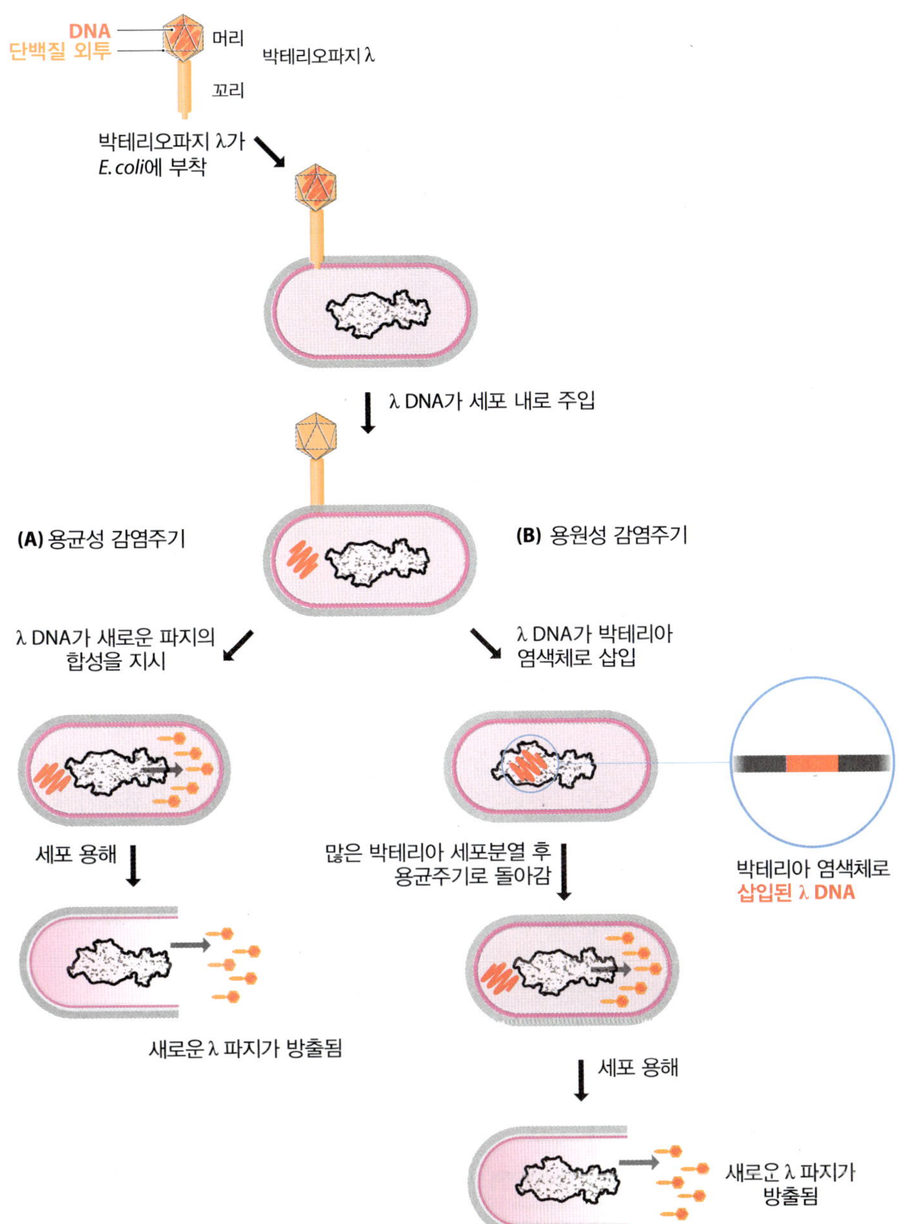

그림 2.27 **박테리오파지 λ의 용균성 및 용원성 감염 주기.** (A) 용균성 주기에서 새로운 파지가 감염 직후 생성된다. (B) 용원성 주기 동안 파지 유전체는 박테리아 염색체 속으로 삽입되어, 그 곳에서 여러 세대 동안 활동하지 않은 채 있게 된다.

을 수 있고, 따라서 시험관 내에서 플라스미드와 같은 방법으로 조작될 수 있으며, 노출된 파지 DNA의 흡수를 의미하는 **형질감염(transfection)**에 의해 *E. coli*로 재도입될 수 있다. 이것 대신 **생체외 포장(*in vitro* packaging)**이라고 하는 보다 효과적인 도입 방법이 사용될 수 있다. 이 과정은 제한효소의 절단으로 양 말단에 *cos* 자리를 가지게 되는 왼팔과 오른팔 등 두 분자로 절단된 선형의 클로닝 벡터로 시작된다. 그런 다음 그림 2.29에 보인 것처럼 왼팔-새로운 DNA-오른팔의 순서로 서로 다른 DNA가 연결된 연쇄체를 만들기 위해, 주의 깊게 측정된 양의 각 팔과 클로닝되는 DNA의 연결 작용이 수행된다. 그런 다음 연쇄체는 λ 파지 입자를 만드는 데 필요한 모든 단백질을 포함하고 있는 생체외 포장 혼합물에 첨가된다. 이 단백질들은 자발적으로 파지 입자를 형성하고, 길이가 37 kb에서 52 kb 사이이며 *cos* 자리를 가지는 어떠한 DNA 조각도 파지 입자 내에 포함시키게 될 것이다. 그러므로 이 포장 혼합물은 연쇄체로부터 37~52 kb 크기의 왼팔-새로운 DNA-오른팔 조합을 잘라내어 λ 파지를 형성한다. 그런 다음 파지를 *E. coli*와 혼합하여 자연적인 감염 과정으로 새로운 DNA를 포함한 벡터를 박테리

그림 2.28 박테리오파지 λ에 기초한 클로닝 벡터. (A) λ 유전체에는 유전자가 기능적인 그룹으로 배열되어 있다. 예를 들어, '단백질 외투'로 표시된 부분은 파지 캡시드의 성분이거나 혹은 캡시드 조립에 필요한 단백질을 암호화하는 유전자로 이루어져 있고, 세포 용해 부분은 용균성 감염 주기 마지막에 박테리아의 용해에 관여하는 유전자로 이루어져 있다. 파지가 용균성 주기를 수행하는 능력을 손상시키지 않는 범위에서 제거될 수 있는 유전체의 부분은 녹색으로 표시되었다. (B) λ 삽입 벡터와 λ 치환 벡터의 차이점.

(A) λ 유전체는 비필수 DNA를 포함한다.

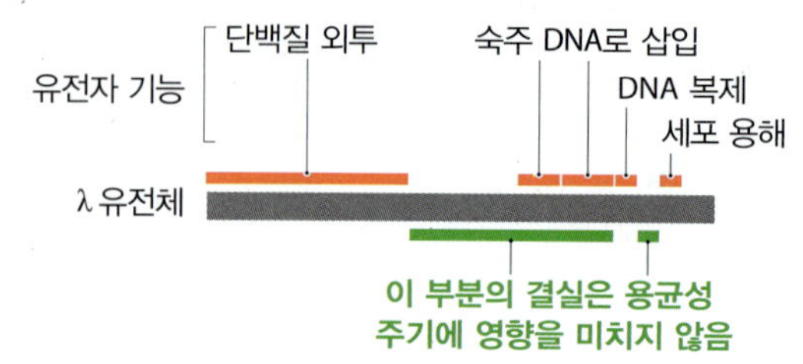

(B) 삽입 및 치환벡터

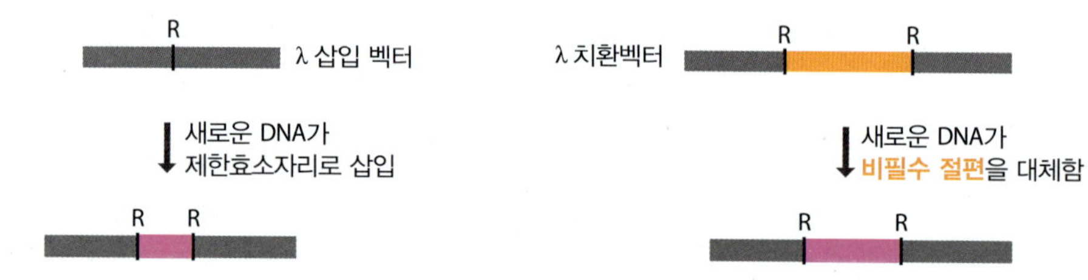

아로 도입하게 된다.

감염 후 한천 평판배지에 세포를 도말한다. 이 목적은 개개의 콜로니를 얻는 데 있는 것이 아니라, 한천 배지의 전 표면을 통하여 평평한 박테리아 층을 얻는 데 있다. 포장된 파지 클로닝 벡터로 감염된 박테리아는, 벡터의 팔에 존재하는 λ 유전자가 용균주기에 의한 DNA의 복제와 새로운 파지의 합성을 지시하므로 약 20분 안에 죽는다. 이들 새로운 파지 각각은 클로닝된 DNA를 포함하는 벡터 자신의 복사본을 포함한다. 박테리아의 죽음과 용해는 파지를 부근의 배지로 방출하고, 그곳에서 파지는 새로운 세포를

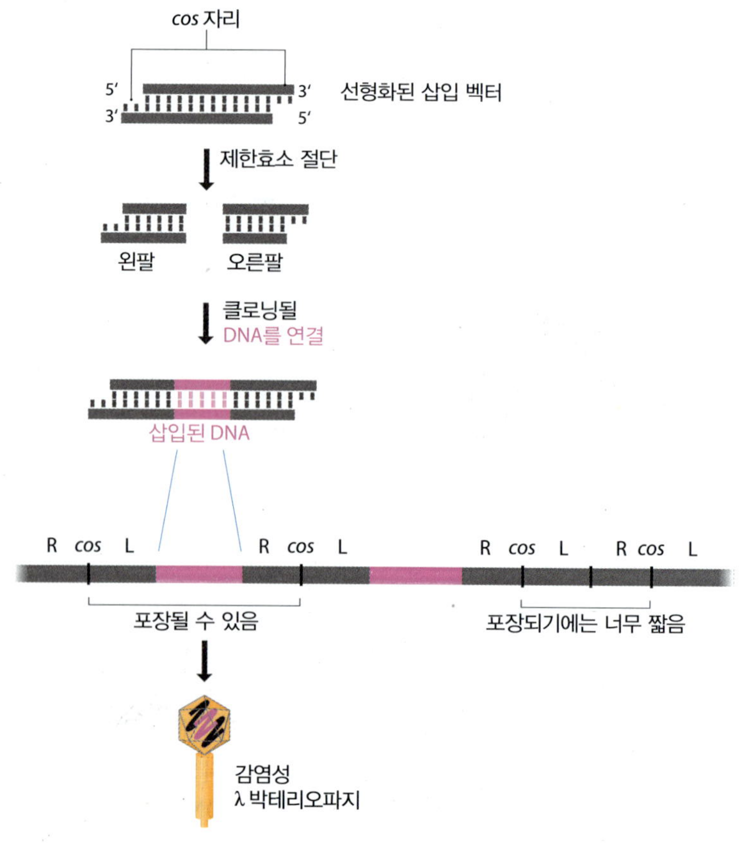

그림 2.29 λ 삽입 벡터를 이용한 클로닝. 선형의 벡터가 그림의 맨 윗부분에 보인다. 적절한 제한효소의 처리는 왼팔과 오른팔을 형성하는데, 각 팔은 한쪽은 비점착성 말단, 다른 쪽은 12개의 뉴클레오티드 돌출부로 된 *cos* 자리를 가지는 말단을 가진다. 클로닝되는 DNA는 비점착성 말단이어서 연결 과정 동안 두 팔 사이에 삽입된다. 또한 이들 두 팔은 *cos* 자리를 통해 서로 연결되어 연쇄체를 형성한다. 연쇄체의 어떤 부분은 왼팔-새로운 DNA-오른팔을 형성하며, 길이가 37~52 kb 정도로 되는 조합은 생체외 포장 혼합물에 의해 캡시드로 둘러싸이게 된다. 이 예에서 새로운 DNA 없이 왼팔이 직접 오른팔과 연결된 연쇄체 부분은 너무 짧아서 포장될 수 없다.

감염시켜 또 다른 파지 복제와 용해를 시작한다. 그 결과 한천 평판배지에 자라는 박테리아 세포층(bacterial lawn)에 보이는 **용균반(plaque, 플라크)**이라고 하는 투명한 지역이 생긴다(그림 2.30). 일부 벡터는, 새로운 DNA의 삽입이 없는 두 팔의 연결은 파지가 포장되기에 너무 짧은 분자가 생기게 되므로, 모든 플라크가 재조합 파지로 이루어져 있다. 다른 벡터는 비재조합 벡터로부터 재조합 벡터를 구별하는 것이 필요하다. 앞에서 플라스미드 벡터 pUC8에서 언급된 β-갈락토시데이스 시스템(그림 2.26 참조)을 포함한 많은 방법이 사용된다. 또한 β-갈락토시데이스 시스템은 클로닝하는 DNA가 삽입되는 부위인 *lacZ* 유전자 단편을 가지는 λ 벡터에도 적용될 수 있다.

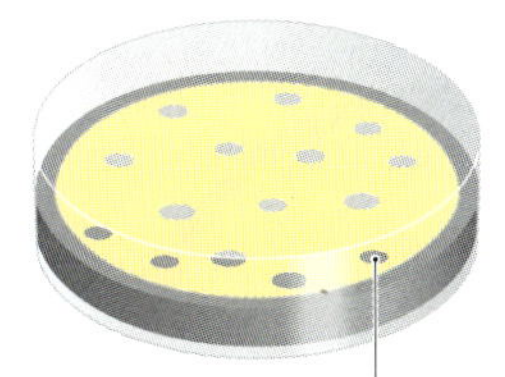

그림 2.30 박테리오파지 감염은 박테리아 세포층에서 용균반으로 관찰된다.

긴 DNA 절편을 위한 벡터

λ 파지 입자는 52 kb 크기의 DNA까지만 수용할 수 있으므로, 만약 파지 유전체 중 15 kb가 제거되면 18 kb 크기까지의 새로운 DNA를 클로닝할 수 있다. 이러한 한계는 플라스미드 벡터보다는 높지만 완전한 유전체의 크기에 비하면 아직도 매우 낮다. 이러한 비교는 매우 중요한데, 클론 라이브러리(clone library)는 종종 유전체의 염기 서열을 결정하는 데 목적을 둔 연구의 시작점이기 때문이다(4.3절). 만약 사람 DNA에 λ 벡터가 사용된다면, 라이브러리에 유전체의 어떤 부분이라도 존재할 확률이 95%로 되기 위해서는 50만 개 이상의 클론을 필요로 하게 된다(표 2.4). 특별히 자동화된 기술을 사용한다면 50만 개의 클론으로 이루어진 라이브러리를 만드는 것은 가능하지만 이렇게 거대한 라이브러리는 전혀 실용적이지 못하다. 18 kb보다 더 큰 DNA 절편을 삽입할 수 있는 벡터를 사용하여 클론의 수를 줄이는 것이 훨씬 낫다. 이것을 해결하기 위한 목적으로 지난 25년 동안 클로닝 기술에서 많은 발전이 이루어져 왔다.

한 가지 방법이 λ *cos* 자리를 가지는 특별한 형태의 플라스미드인 **코스미드(cosmid)**를 이용하는 것이다(그림 2.31). *cos* 자리에서 연결된 코스미드 분자의 연쇄체는, *cos* 자리가 DNA를 파지 입자로 포장하는 단백질에 의해 λ 유전체로 인식되기 위해서 필요한 DNA 분자의 유일한 염기 서열이기 때문에, 생체외 포장의 기질로 작용한다. 코스미드 DNA를 포함하는 입자는 실제의 λ 파지만큼 감염력을 가지지만, 한 번 세포 안으로 들어가면 코스미드는 새로운 파지의 합성을 지시하지 못하고 대신 플라스미드로 복제한다. 그러므로 재조합 DNA는 용균반 대신 콜로니의 형태로 얻어진다. 다른 종류의 λ 벡터와 마찬가지로 클로닝되는 DNA 크기의 상한은 λ 파지 입자 내의 이용할 수 있는 공간에 의해 정해진다. 코스미드의 크기는 8 kb보다 적으므로 λ 파지의 포장 한계에 이르기 전인 44 kb까지의 새로운 DNA가 삽입될 수 있다. 이것은 사람 유전체 라이브러

표 2.4 여러 종류의 클로닝 벡터로 만들어진 사람 유전체 라이브러리의 크기

		클론의 수*	
벡터의 종류	삽입 크기 (kb)	P = 95%	P = 99%
λ 치환 벡터	18	532,500	820,000
코스미드, 포스미드	40	240,000	370,000
P1	100	96,000	150,000
BAC, PAC	300	32,000	50,000

*다음 공식에 의해 계산됨

$$N = \frac{\ln(1-P)}{\ln\left(1-\frac{a}{b}\right)}$$

N은 필요한 클론의 수, P는 유전체의 특정 부분이 라이브러리에 존재할 확률, a는 벡터에 삽입된 DNA의 평균 크기이며, b는 유전체의 크기이다.

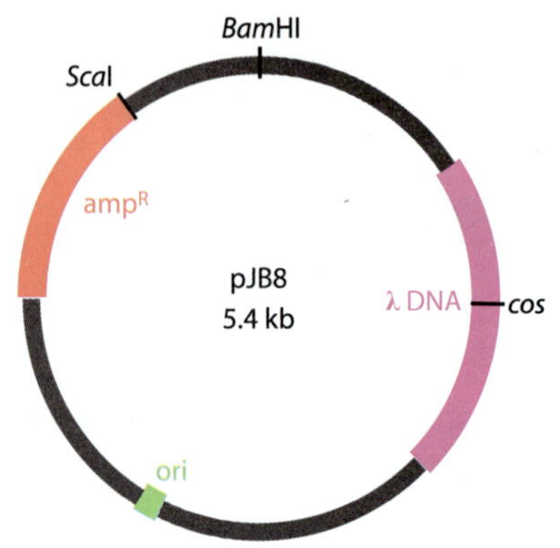

그림 2.31 **전형적인 코스미드.** pJB8은 5.4 kb의 크기로 앰피실린 저항 유전자(*amp*^{R}), cos 자리를 포함하는 λ DNA 부분과 *E. coli* 복제 원점을 가진다.

리의 크기를 λ 라이브러리에 비해 향상된 약 25만 개의 클론으로 줄여 주기는 하지만 여전히 다루기에는 너무 많은 클론 수를 가진다.

클론 라이브러리의 크기를 보다 더 줄이기 위해 매우 큰 수용 능력을 가지는 다른 종류의 벡터가 개발되었다. 이 중 가장 중요한 벡터에는 다음과 같은 것들이 있다.

- **박테리아 인공 염색체(bacterial artificial chromosome, BAC)**는 자연적으로 존재하는 *E. coli* F 플라스미드에 기초한다. 초기 클로닝 벡터를 제작하는 데 이용된 플라스미드와는 달리 **F 플라스미드**는 비교적 크며, 이에 기초한 벡터는 큰 크기의 DNA를 수용하는 능력을 가지고 있다. BAC은 Lac 선별에 의해 재조합체를 확인하도록 설계되었으므로(그림 2.26 참조) 사용이 간편하다. 300 kb 이상의 DNA 절편을 클로닝할 수 있으며 삽입체는 매우 안정적이다. BAC은 사람 유전체 사업(4.4절)에 광범위하게 사용되었고, 현재 큰 DNA 단편을 클로닝하는 데 가장 널리 사용되는 벡터이다.
- **박테리오파지 P1 벡터(bacteriophage P1 vector)**는 λ 벡터와 매우 유사한 것으로, 자연 상태의 파지 유전체 일부가 제거된 형태에 기초하였으며, 이 벡터의 수용 능력은 제거된 부분의 크기와 파지 입자 내의 공간에 의해 결정된다. P1은 λ 벡터에 비해 훨씬 큰 110 kb나 되는 DNA를 캡시드에 포장할 수 있는 이점을 가지므로, λ에 근거한 벡터에 비해 큰 수용 능력을 가진다. 코스미드 형태의 P1 벡터가 개발되어 75~100 kb 크기의 DNA를 클로닝하는 데 이용된다.
- **P1 유래 인공 염색체(P1-derived artificial chromosome**, PAC)는 P1 벡터와 BAC의 특징을 합친 것으로, 300 kb의 수용 능력을 가진다.
- **포스미드(fosmid)**는 F 플라스미드의 복제 원점과 λ cos 자리를 포함한다. 사용방법이나 수용 능력 면에서 코스미드와 비슷하나 *E. coli* 내에서 적은 사본수를 가지므로 불안정성 문제를 덜 갖게 된다.

여러 종류의 클로닝 벡터로 만들어진 사람 유전체 라이브러리의 크기를 표 2.4에 나타내었다.

DNA는 *E. coli* 이외의 생물에서 클로닝될 수 있다

클로닝은 단지 염기 서열 결정과 다른 종류의 분석을 위해 DNA를 생성하는 수단만은 아니다. 이것은 또한 알려지지 않은 유전자의 기능을 확인하고 이들의 발현 양상과 그 발현이 조절되는 방법을 연구하는 데 사용되는 중심 기술이다. 연구 범위를 좀 더 확장시키면 숙주 생물의 생물적 특성을 변형시키기 위한 유전공학 실험의 수행, 전통적인 분리 방법으로 동물 조직에서 분리할 수 있는 것보다 더 많은 양으로 새로운 숙주 세포로부터 획득할 수 있도록 의약품과 같은 중요한 동물 단백질을 합성하는 수단을 제공한다. 이러한 다양한 응용은 종종 유전자가 *E. coli* 이외의 다른 생물에 클로닝되어야 함을 필요로 하게 된다.

플라스미드나 파지에 기초한 클로닝 벡터는 대부분 바실러스(*Bacillus*), 스트렙토마이세스(*Streptomyces*)와 슈도모나스(*Pseudomonas*)와 같이 잘 연구된 박테리아 종류를 위해 개발되었으며, *E. coli*에서와 똑같은 방법으로 사용된다. 플라스미드 벡터는 효모와 균류에서도 사용될 수 있다. 이들 중 일부는 많은 효모(*Saccharomyces cerevisiae*) 균주에 존재하는 플라스미드인 **2 μm 플라스미드**의 복제 원점을 가지고 있지만, 다른 플라스미드 벡터는 단지 *E. coli* 복제 원점을 가진다. 그 한 예가 *E. coli* 플라스미드 벡터로 *URA3*이라고 불리는 효모 유전자를 포함하고 있는 효모 벡터인 YIp3이다(그림

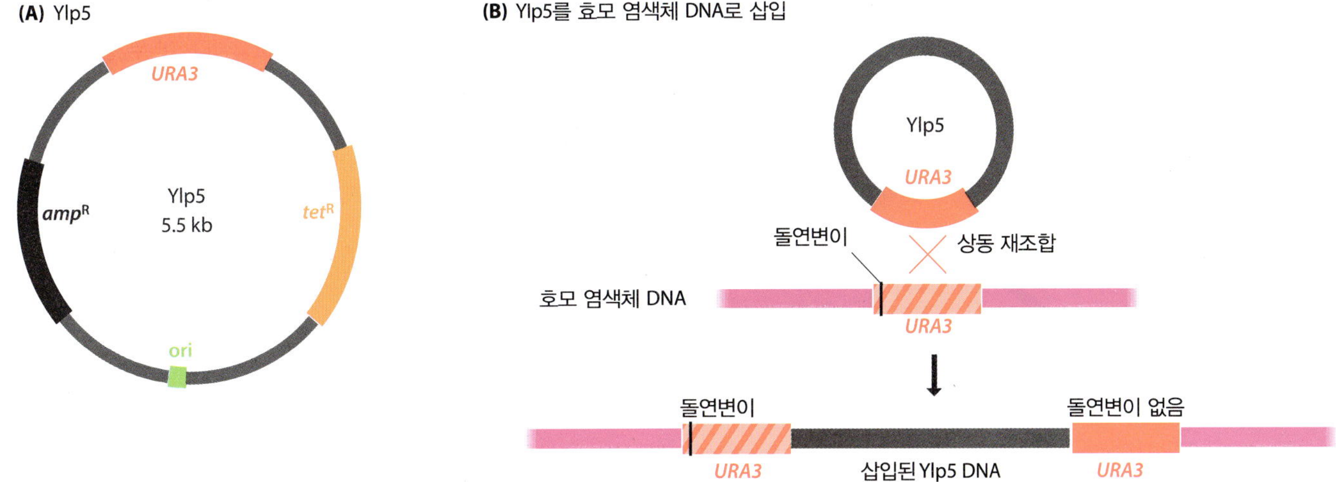

그림 2.32 **YIp을 이용한 클로닝.** (A) 전형적인 효모 삽입성 플라스미드인 YIp5. 플라스미드는 앰피실린 저항 유전자(*amp*R), 테트라사이클린 저항 유전자(*tet*R), 효모 유전자 *URA3*(유라실 생합성에 필요한 효소를 암호화하는 유전자), *E. coli* 복제 원점(ori)를 포함한다. *E. coli* 복제 원점인 ori가 존재한다는 것은 재조합 YIp5 분자가 효모 세포로 전달되기 전에 *E. coli*에서 제작될 수 있다는 것을 의미한다. (B) YIp5는 효모 세포에서 작용할 수 있는 복제 원점이 없다. 그러나 만약 플라스미드와 염색체의 *URA3* 유전자 사이의 상동 재조합에 의해 효모 염색체에 삽입된다면 생존할 수 있다. 염색체 유전자는 *URA3* 유전자에 약간의 돌연변이가 있어 기능을 수행하지 못하기 때문에 숙주 세포는 $ura3^-$이며 생장하기 위해서는 유리실을 필요로 한다. 플라스미드 DNA가 통합되면 한 쌍의 *URA3* 유전자 중 하나는 돌연변이이지만 다른 하나는 정상이다. 그러므로 재조합 세포는 $ura3^+$가 되기 때문에 유라실을 포함하지 않은 최소 배지에 도말함으로써 선별될 수 있다.

2.32A). *E. coli* 복제 원점이 존재한다는 것은 YIp3가 *E. coli*나 효모 모두를 숙주로 사용할 수 있는 **셔틀 벡터(shuttle vector)**를 의미한다. 효모에서의 클로닝은 비교적 비효율적인 과정이며 많은 수의 클론을 생산하기 어렵기 때문에, 이것은 아주 유용한 특징이 된다. 만약 한 실험에서 원하는 재조합체를 클론 혼합체로부터 확인할 필요성이 있다면, 옳은 것을 찾기 위한 충분한 재조합체를 얻지 못할 수 있다. 이런 문제를 피하게 위하여 재조합 DNA 분자의 제작과 원하는 재조합체의 선별은 *E. coli*를 숙주로 하여 수행한다. 원하는 클론이 확인되면 재조합 YIp5 분자는 분리된 후, 보통 세포벽을 효소로 제거한 효모 세포인 **원형질체(protoplast)**를 DNA와 혼합함에 의해 효모에 전달된다. 복제 원점이 없이 벡터는 효모 세포 내에서 독자적으로 증식할 수 없지만, 만약 벡터가 염색체에 존재하는 URA3 유전자와 벡터에 존재하는 URA3 유전자 사이의 **상동 재조합(homologous recombination**, 17.1절)에 의해 효모 염색체로 삽입된다면 생존할 수 있다(그림 2.32B). 실제로 "YIp"는 효모 삽입성 플라스미드(yeast integrative plasmid)를 의미한다. 한 번 삽입되면, 외부 DNA가 삽입된 YIp은 숙주 염색체와 함께 복제한다.

염색체 DNA로의 삽입은 동물과 식물을 이용하는 많은 클로닝 시스템의 한 특징이며, 사람 유전체에서 발견된 미지의 유전자의 기능을 결정하는 데 이용되는 **유전자 제거 생쥐(knockout mouse)**를 만드는 기초가 된다(6.2절). 벡터는 YIp5에 상당하는 동물 벡터이다. 유사한 벡터가 식물에서의 유전자 클로닝을 위하여 개발되었다. **생물탄환(biolistic)**이라고 불리는 과정인 DNA로 입혀진 미세발사체의 발사로 인해 박테리아 플라스미드는 식물의 배(embryo) 속으로 도입될 수 있다. 플라스미드 DNA가 식물 염색체로 삽입되고 배가 생장한 결과로서 식물의 대부분 혹은 모든 세포는 클로닝된 DNA를 포함하게 된다. 콜리모바이러스와 제미니바이러스의 유전체에 기초한 식물 벡터로 일부 성공을 거두었으나, 가장 흥미 있는 식물 클로닝 벡터의 종류는 토양 미생물인 아그로박테리아(*Agrobacterium tumefaciens*)에서 발견되는 큰 박테리아 플라스미드인 **Ti 플라스미드(Ti plasmid)**로부터 유래된 것이다. **T-DNA**라고 불리는 Ti 플라스미드의 한 부분은 박테리아가 식물 줄기를 감염시킬 때 식물 염색체로 삽입되어 근두암종병을 일으킨다. T-DNA는 식물 세포 내에서 발현되어 질병의 특징인 여러 가지 생리적 변화를 유발하는 다수의 유전자를 포함하고 있다. pBIN19와 같은 벡터(그림 2.33)는 이러한 자연적인 유전공학 시스템을 이용하여 설계되었다. 재조합 벡터는 아그로박테리아 세포로 도입되고, 이것은 식물 세포나 캘러스 조직을 감염시키며 이것이 성숙하여 형질전환 식물체로 재생된다(그림 2.34)

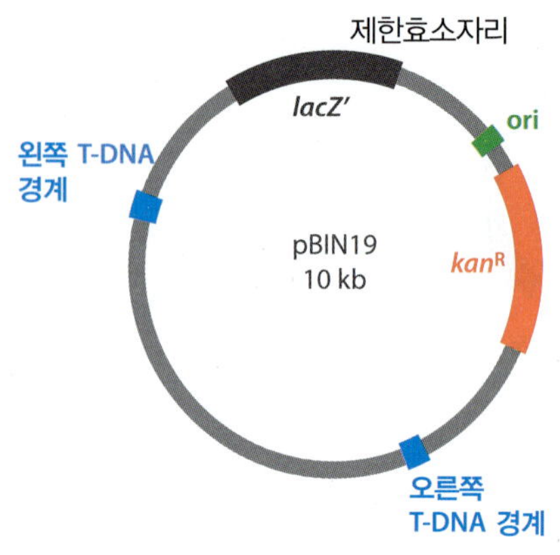

그림 2.33 식물 클로닝 벡터인 pBIN19. (A) pBIN19는 *lacZ′* 유전자, 카나마이신 저항 유전자(*kanR*), *E. coli* 복제 원점(ori)와 Ti 플라스미드 T-DNA 지역의 두 경계 서열을 포함한다. 이 두 경계 서열은 식물 염색체 DNA와 재조합을 일으켜, 경계 사이에 있는 DNA 절편을 식물 DNA 속으로 삽입한다. pBIN19에서 경계 서열의 방향성은 *lacZ′* 안의 제한효소 자리에 연결된 어떠한 새로운 DNA 뿐만이 아니라 *lacZ′*과 kan^R 유전자도 식물 DNA로 전달된다는 것을 의미한다. pBIN19는 재조합 분자가 아그로박테리아에 도입된 다음 다시 그곳으로부터 식물체로 전달되기 전 *lacZ′* 선발 시스템을 이용하여 *E. coli*에서 제작되는 또 다른 종류의 셔틀 벡터임을 주목하라. 재조합 분자는 *lacZ′* 선발 시스템을 이용하여 *E. coli*에서 제작된 후 *A. tumefaciens*를 거쳐 식물에 도입되었다.

요약

- 재조합 DNA 기술에 사용되는 4가지 중요한 효소의 종류는 DNA 중합효소, 핵산분해효소, 연결효소, 말단 변형효소이다.
- DNA 중합효소는 새로운 폴리뉴클레오티드를 합성하며, DNA 염기 서열 결정 및 PCR에 사용된다.
- 가장 중요한 핵산분해효소는 특정 뉴클레오티드에서 이중가닥 DNA 분자를 절단하는 제한 핵산내부분해효소(제한효소)이다. 따라서 이 효소는 DNA 분자를 예상되는 절편으로 절단하며, 절단된 절편은 아가로오스 젤 전기영동에 의해 확인될 수 있다.
- 연결효소는 분자를 서로 연결하며, 말단 변형효소는 DNA 분자 표지와 같은 다양한 반응을 수행한다.
- PCR은 DNA의 특정한 부분을 반복적으로 복제한다. 하지만 이 DNA 절편의 최소한 부분적인 염기 서열은 알고 있어야 한다.
- 단 하나의 표적 분자로 시작해서 PCR의 30주기 동안 1억 3천만 개의 복제본이 만들어질 수 있다.
- 실시간 PCR과 양적 PCR은 PCR 동안 생성되는 생산물의 양을 실시간으로 측정할 수 있게 한다.

그림 2.34 *A. tumefaciens* 재조합체에 의한 식물 세포의 형질전환. 세포를 형질전환시킨 다음 재조합된 식물 세포를 카나마이신이 포함된 한천 배지에서 선발하여, 완전한 식물체로 재생시켰다.

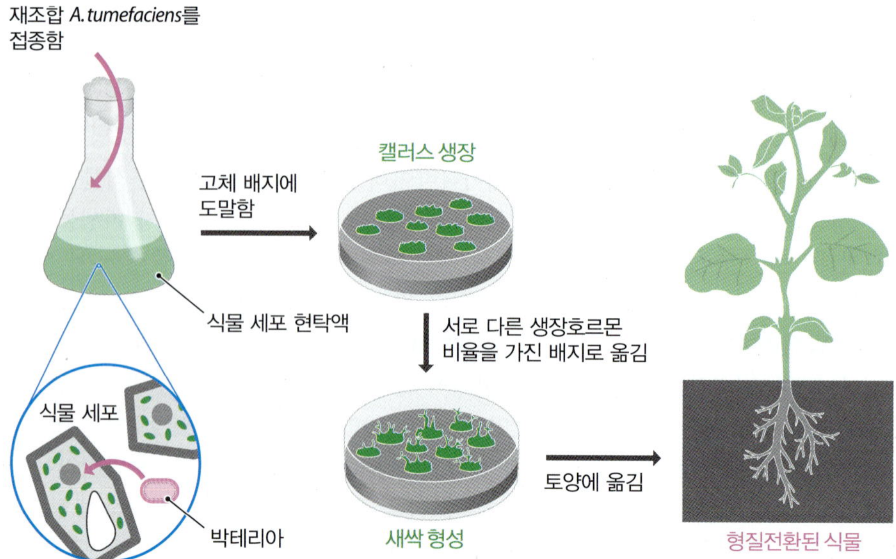

- DNA 클로닝은 유전자나 DNA 분자 절편의 순수한 시료를 얻는 수단이다.
- 많은 종류의 클로닝벡터가 *E. coli*를 숙주로 사용하도록 개발되었으며, 이 중 가장 간단한 것이 *lacZ'* 유전자와 같은 표지자를 가지는 작은 플라스미드에 기초한 것이다.
- 박테리오파지 λ 또한 44 kb 길이까지의 DNA를 클로닝하는 데 사용되는 코스미드라고 불리는 플라스미드-파지 혼합체를 포함한 일련의 *E. coli* 클로닝 벡터의 기초로 이용되고 있다.
- 박테리아 인공 염색체와 같은 다른 종류의 벡터는 보다 더 큰 300 kb 길이까지의 DNA를 클로닝하는 데 사용된다.
- *E. coli* 이외의 다른 생물 역시 DNA 클로닝을 위한 숙주로 사용될 수 있다. 여러 종류의 벡터가 효모(*S. cerevisiae*)에서 작용할 수 있도록 개발되었으며, 동물과 식물에서 DNA를 클로닝할 수 있는 특별한 기술도 개발되었다.

단답형 문제

1. 관심을 가지는 하나의 유전자를 포함하는 DNA 절편을 PCR(A) 또는 유전자 클로닝(B)를 통해 어떻게 획득하는지 설명하라.
2. 수천 개의 제한효소 절편을 포함하고 있는 유전체 DNA의 절편들 중에서 원하는 유전자를 포함하고 있는 하나의 제한효소 절편을 어떻게 확인할 수 있는가?
3. 비점착성 말단 DNA 분자의 연결 효율을 증가시키는 유용하고 빠른 방법을 설명하라.
4. 반응의 최초 몇 주기 동안 생성된 최초 PCR 산물은 왜 길고 다양한 크기를 가지며, 최종 PCR 산물은 모두 짧고 동일한 크기를 가지는가?
5. 프라이머가 PCR의 특이성을 어떻게 결정하는가?
6. PCR 중간에 생성물의 형성 속도를 어떻게 측정할 수 있는지 설명하라.
7. 플라스미드는 클로닝 벡터로 왜 흔히 사용되는지 설명하라.
8. 재조합 클로닝 벡터를 확인하는 데 있어 항생제 저항성과 Lac 선발이 사용되는 방법을 구분하라.
9. 박테리오파지 λ가 클로닝 벡터로 이용될 수 있도록 하는 특성을 들어보라.
10. λ 삽입 벡터와 λ 치환 벡터의 중요한 차이점을 요약하라.
11. 큰 DNA 삽입체를 수용할 수 있는 벡터가 왜 클론 라이브러리 제작에 유용한가?
12. 효모(*S. cerevisiae*), (B) 동물 및 (C) 식물이 이용되는 클로닝 시스템의 중요한 특징을 언급하라.

사고형 문제

1. 염기 서열을 결정하는 방법 이외에, DNA 분자에서 제한효소 자리의 위치를 어떻게 알 수 있는가?
2. 20, 25 및 30 PCR 주기 후에 존재하는 짧은 생성물과 긴 생성물의 수를 계산하라.
3. DNA가 pUC8에 클로닝되면 재조합 박테리아(삽입된 DNA 절편을 가지는 원형의 pUC18 분자를 포함하는)는 앰피실린과 젖당 유도체인 X-gal을 포함하는 한천 배지에 도말하여 확인할 수 있다. pBR322라고 불리는 보다 오래된 형태의 클로닝 벡터 역시 앰피실린 저항 유전자를 가지나 *LacZ'* 유전자는 가지고 있지 않다. 대신 pBR322에 테트라사이클린 저항

성을 부여하는 유전자 사이에 외부 DNA를 삽입하였다. 재조합 pBR322 플라스미드를 포함한 박테리아와 새로운 DNA의 삽입 없이 원형화된 플라스미드를 포함하는 박테리아를 구분하는 데 필요한 방법을 설명하라.

4. 이상적인 클로닝 벡터의 특징은 무엇인가? 기존의 클로닝 벡터는 이러한 요구에 어느 정도 부합하는가?

5. 최초의 유전자 클로닝 실험이 1970년대 초반에 실시된 직후 많은 과학자들은 이러한 종류의 연구는 일시적으로 중지되어야 한다고 논쟁하였다. 이러한 과학자들이 가졌던 걱정의 근거는 무엇이며, 이 걱정이 어느 정도 지지를 받았는가?

Further Reading

Textbooks and practical guides on the methods used to study DNA

Brown, T.A. (2016) Gene Cloning and DNA Analysis: An Introduction, 7th ed. Wiley-Blackwell, Chichester.

Brown, T.A. (ed.) (2000) Essential Molecular Biology: A Practical Approach, Vol. 1 and 2, 2nd ed. Oxford University Press, Oxford. *Includes detailed protocols for DNA cloning and PCR.*

Dale, J.W. and Park. S.F. (2010) Molecular Genetics of Bacteria, 5th ed. Wiley-Blackwell, Chichester. *Provides a detailed description of plasmids and bacteriophages.*

Enzymes for DNA manipulation

Brown, T.A. (1998) Molecular Biology Labfax. Volume I: Recombinant DNA, 2nd ed. Academic Press, London. *Contains details of all types of enzymes used to manipulate DNA and RNA.*

Pingoud, A., Fuxreiter, M., Pingoud, V. and Wende, W. (2005) Type II restriction endonucleases: structure and mechanism. *Cell. Mol. Life Sci.* 62:685–707.

Smith, H.O. and Wilcox, K.W. (1970) A restriction enzyme from *Hemophilus influenzae*: I. general properties. *J. Mol. Biol.* 51:379–391. *One of the first full descriptions of a restriction endonuclease.*

PCR

Higuchi, R., Dollinger, G., Walsh, P.S. and Griffith, R. (1992) Simultaneous amplification and detection of specific DNA sequences. *Biotechnology* 10:413–417. *The first description of real-time PCR.*

Mullis, K.B. (1990) The unusual origin of the polymerase chain reaction. *Sci. Am.* 262 (4):56–65.

Rychlik, W., Spencer, W.J. and Rhoads, R.E. (1990) Optimization of the annealing temperature for DNA amplification *in vitro*. *Nucleic Acids Res.* 18:6409–6412.

Saiki, R.K., Gelfand, D.H., Stoffel, S., et al. (1988) Primer-directed enzymatic amplification of DNA with a thermostable DNA polymerase. *Science* 239:487–491.

VanGuilder, H.D., Vrana, K.E. and Freeman, W.M. (2008) Twenty-five years of quantitative PCR for gene expression analysis. *Biotechniques* 44:619–626.

DNA cloning in bacteria

Frischauf, A.-M., Lehrach, H., Poustka, A. and Murray, N. (1983) Lambda replacement vectors carrying polylinker sequences. *J. Mol. Biol.* 170:827–842.

Hohn, B. and Murray, K. (1977) Packaging recombinant DNA molecules into bacteriophage particles *in vitro*. *Proc. Natl Acad. Sci. USA* 74:3259–3263.

High–capacity cloning vectors

Ioannou, P.A., Amemiya, C.T., Garnes, J., et al. (1994) A new bacteriophage P1-derived vector for the propagation of large human DNA fragments. *Nat. Genet.* 6:84–89. *PACs.*

Kim, U.-J., Shizuya, H., de Jong, P.J., et al. (1992) Stable propagation of cosmid sized human DNA inserts in an F factor based vector. *Nucleic Acids Res.* 20:1083–1085. *Fosmids.*

Shizuya, H., Birren, B., Kim, U.-J., et al. (1992) Cloning and stable maintenance of 300-kilobase-pair fragments of human DNA in *Escherichia coli* using an F-factor-based vector. *Proc. Natl Acad. Sci. USA* 89:8794–8797. *The first description of a BAC.*

Sternberg, N. (1990) Bacteriophage P1 cloning system for the isolation, amplification, and recovery of DNA fragments as large as 100 kilobase pairs. *Proc. Natl Acad. Sci. USA* 87:103–107. *Bacteriophage P1 vectors.*

Cloning in plants and animals

Bevan, M. (1984) Binary *Agrobacterium* vectors for plant transformation. *Nucleic Acids Res.* 12:8711–8721.

Colosimo, A., Goncz, K.K., Holmes, A.R., et al. (2000) Transfer and expression of foreign genes in mammalian cells. *Biotechniques* 29:314–324.

Hansen, G. and Wright, M.S. (1999) Recent advances in the transformation of plants. *Trends Plant Sci.* 4:226–231.

Kost, T.A. and Condreay, J.P. (2002) Recombinant baculoviruses as mammalian cell gene-delivery vectors. *Trends Biotechnol.*

20:173–180.

Lee, L.-Y. and Gelvin, S.B. (2008) T-DNA binary vectors and systems. *Plant Physiol.* 146:325–332.

Păcurar, D.I., Thordal-Christensen, H., Păcurer, M.L., et al. (2011) *Agrobacterium tumefaciens*: from crown gall tumors to genetic transformation. *Physiol. Mol. Plant Pathol.* 76:76–81.

Online resources

Addgene. https://www.addgene.org/vector-database/ *A database of cloning vectors.*

REBASE. http://rebase.neb.com/rebase/rebase.html *A comprehensive list of all the known restriction endonucleases and their recognition sequences.*

유전체 지도 작성

CHAPTER
3

이 장에서는 **유전체 지도(genome map)**를 작성하는 여러 가지 방법에 대해 살펴본다. 다른 종류의 지도와 마찬가지로 유전체 지도는 관심을 가지는 특징의 위치와 그 외 여러 중요한 표지를 나타낸다. 유전체 지도에서 이러한 특징과 표지는 유전자 및 독특한 DNA 서열이다. 유전자 및 다른 DNA 표지의 위치를 찾기 위한 다양한 기법이 사용되지만 관례상 유전체 지도 작성 방법은 다음과 같은 상호보완적인 두 가지 접근법으로 나누어진다.

- **연관 분석**(**linkage analysis**)이라고도 불리는 **유전적 지도 작성**(**genetic mapping**, 3.2~3.4절)은 계획된 교배 실험 또는 사람의 경우 가족력(**가계도**)의 분석을 포함한 유전적 기법의 사용에 기초한다.
- **물리적 지도 작성**(**physical mapping**, 3.5절 및 3.6절)은 유전자를 비롯한 염기 서열의 특징을 보여주는 지도를 작성하기 위하여 DNA 분자를 직접 조사하는 분자생물학 기법을 사용한다.

3.1 유전체 지도가 왜 중요한가?

유전체 연구의 초창기에는 상세한 지도를 얻는 것이 유전체의 올바른 서열을 조립하는 데 필수적인 선행조건이라고 믿었다. 이렇게 생각한 이유는 DNA 염기 서열 결정법이 중요한 한계점 하나를 가지기 때문이다. 즉, 가장 정교하고 최근에 개발된 기법만이 한 번의 실험에서 약 750 bp 정도의 염기 서열을 획득할 수 있다는 사실이다. 이는 긴 DNA 분자의 염기 서열은 일련의 짧은 염기 서열로부터 조립되어야 한다는 것을 의미한다. 이것은 DNA 분자를 작은 절편으로 나눈 후 각 절편의 염기 서열을 결정하고 컴퓨터를 이용하여 중첩되는 부위를 찾아 전체 염기 서열을 결정함으로써 이루어진다(그림 3.1). 이러한 **샷건 방법(shotgun method)**은 유전체의 염기 서열을 결정하는 데 사용되는 표준 방법이지만, 두 가지 문제점을 가진다.

첫째, 큰 유전체의 경우 연결된 전체 유전체의 DNA 서열을 얻을 수 있을 만큼 충분한 수의 짧은 서열을 얻기가 가능하지 않을 수도 있다는 사실이다. 대신 유전체 서열이 간극에 의해 분리된 많은 짧은 절편으로 이루어져 유전체의 일부만을 나타내게 될 가능성이 있다(그림 3.2). 만약 이러한 절편들이 연결되지 않는다면 전체의 유전체 서열을 조립하기 위해 이들 절편을 어떻게 적절하게 위치시킬 수 있겠는가? 이에 대한 해답은 이들 절편으로부터 유전체 지도상에 위치한 특징(표지)를 확인하는 것이다. 이 절편을 지도상에 올바르게 위치시킴으로써, 서열이 여전히 일부 간극을 포함하고 있을지라도, 올바른 유전체 서열을 획득할 수 있다.

샷건 방법의 두 번째 문제점은 유전체의 **반복 DNA(repetitive DNA)** 서열을 포함하는 유전체 부위를 분석하고자 할 때 오류가 발생하게 된다는 것이다. 반복 서열은 유전

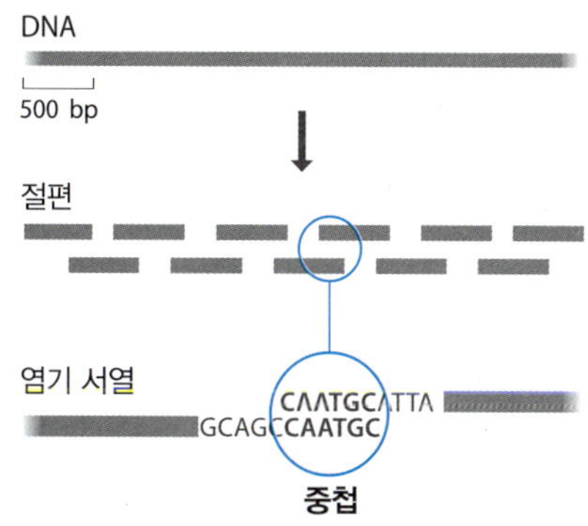

그림 3.1 염기 서열 조립의 샷건 방법. DNA 분자는 작은 절편으로 분리된 후, 각 절편의 염기 서열이 결정된다. 전체 염기 서열은 각 절편의 염기 서열에서 중첩되는 부분을 찾아서 조립한다.

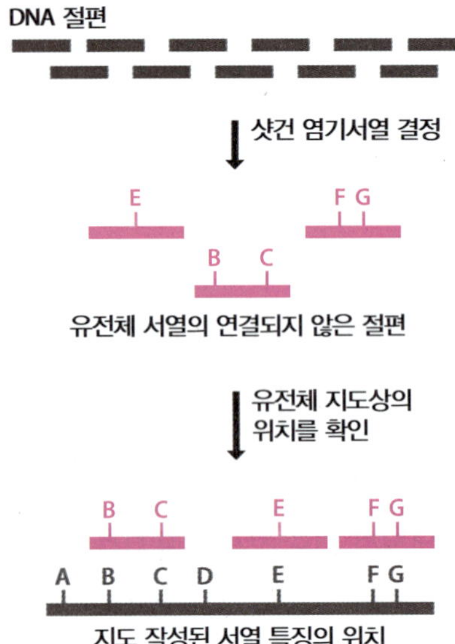

그림 3.2 **염기 서열 조립을 위한 유전체 지도의 사용.** 유전체는 작은 DNA 절편으로 절단된 후 샷건 방식으로 염기 서열이 결정된다. 서열이 조립된 후 일련의 연결되지 않은 유전체 절편이 얻어진다. 이 절편들은 유전체 상에서 위치가 알려진 유전자 및 다른 서열 특징(A, B 및 C 등)을 포함한다. 따라서 지도는 유전체 서열에서 절편의 위치를 확인하는 데 사용될 수 있다.

체 내에서 2~3군데 반복되어 있는 수 kb의 길이를 가지는 서열이다. 반복 DNA를 포함하는 유전체가 절편으로 나누어지게 되면, 많은 조각이 동일한 서열을 가지는 부분을 포함하게 된다. 이러한 염기 서열들은 서로 서로 이웃으로 조립되기 매우 쉬우므로, 반복되는 부위의 일부가 생략되기도 하고 또한 동일하거나 혹은 다른 염색체에서 아주 떨어진 두 조각이 서로 연결되기도 한다(그림 3.3A). 유전체 지도는 이러한 유형의 오류를 다시 한 번 피할 수 있게 한다. 만약 반복 부위의 어느 쪽에 있든지 특징(표지)이 유전체 지도에 일치하게 되면 그 부위의 서열은 올바르게 조립될 수 있다. 만약 서열과 지도가 일치하지 않는다면 오류가 생기게 되므로 조립은 다시 수행되어야 한다(그림 3.3B).

지난 수년 동안 염기 서열 결정기술은 매우 강력해져서 하나의 유전체로부터 매우 많은 수의 짧은 서열이 생성되도록 할 수 있게 되었다. 따라서 최종 서열에 많은 간극이 포함될 가능성은 낮아졌다. 동시에 이러한 짧은 서열을 연결된 긴 절편으로 조립할 수 있는 컴퓨터 알고리즘은 보다 더 정교해졌다. 가장 최근에 개발된 알고리즘은 서열 조립이 반복 DNA가 포함된 부위에 도달하게 되었는지를 인식하여 이 주위의 서열이 올바르지 않게 조립되지 않도록 할 수 있다(4.3절). 따라서 유전적 지도는 덜 중요하게 되었다. 크기가 비교적 작고 반복 DNA가 거의 없는 원핵생물의 유전체는 지도를 참조할 필요 없이 염기 서열을 결정할 수 있으며 점점 더 많은 수의 진핵생물의 유전체 사업도 지도 없이 이루어지고 있다. 그러나 지도가 유전체 염기 서열 결정을 돕는 데 완전히 불필요한 것은 아니다. 오늘날 가장 중요한 시도 중 하나는 중요한 작물의 유전체 염기 서열을 결정하는 것이다. 많은 작물 종들은 상당한 반복 DNA가 포함된 큰 유전체를 가진다. 식품과 바이오 연료로 사용되는 식물성 기름의 원료인 해바라기(*Helianthus annuus*)가 한 예이다. 해바라기의 유전체는 사람의 유전체보다 약간 더 크지만(사람의 32억 3,500만 bp에 비해 *H. annuus*는 36억 bp이다), 사람 유전체의 44%에 비해 해바라기는 유전체의 약 80%가 반복 DNA로 이루어져 있다. 보리 역시 유전체의 약 80%가 반복 DNA이며, 유전체의 크기는 51억 bp로 훨씬 더 크다. 심지어 더 큰 도전은 A, B 및 D라고 불리는 3 유전체를 가지는 **6배체(hexaploid)**인 빵 밀이다. 각 유전체는 보리와 비슷한 정도의 반복 DNA를 가지는 약 55억 bp의 크기이다(빵 밀 전체로는 165억 bp

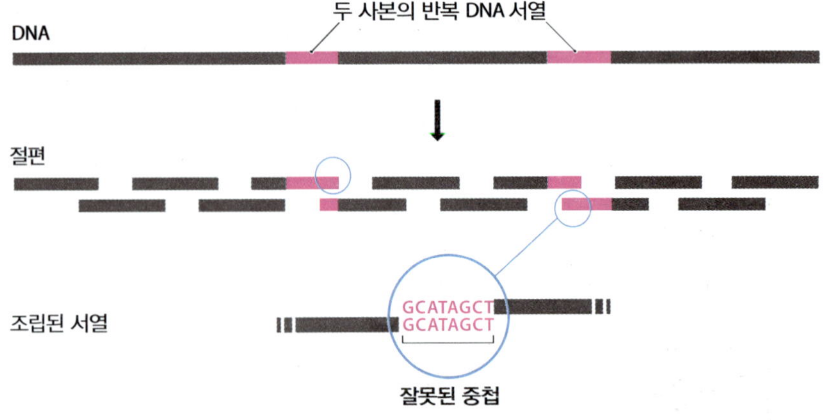

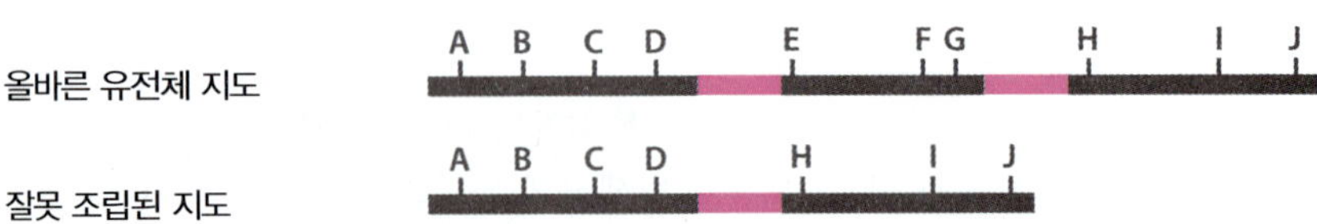

그림 3.3 **반복 DNA에 의해 유발된 가능한 서열 조립의 오류.** (A) DNA 분자가 두 사본의 직렬 반복을 포함하고 있다. 염기 서열을 조사해보면 두 절편은 중첩되게 보인다. 하지만 한 절편은 한 반복의 왼쪽 부분을 포함하고, 다른 절편은 두 번째 반복의 오른쪽 부분을 포함한다. 이 경우 만약 오류가 바로잡아지지 않는다면 두 반복 사이의 DNA 절편은 전체 염기 서열에서 생략되게 된다. 만약 두 반복이 서로 다른 염색체 상에 존재한다면 이들 염색체의 염기 서열이 잘못 연결될 수도 있다. (B) 서열 조립의 오류는 조립된 서열에서 지도 작성된 특징(A, B 및 C 등)들의 상대적인 위치가 유전체 지도에서 이들 특징들의 올바른 위치와 맞지 않기 때문에 알 수 있다.

이다). 이들과 그 외 여러 다른 중요한 작물의 유전체 사업은 아직도 진행 중이며, 유전체의 복잡성으로 말미암아 서열 조립을 위한 종합적인 지도가 필수적이다. 이것은 매우 중요한 연구 분야이다. 작물의 모든 분야의 생물학을 이해하는 것은 앞으로 수십 년간 세계적인 기아 사태를 해결하는 데 필수적이다.

유전체 지도는 단순히 염기 서열 결정을 돕는 것만이 아니다

지도는 유전체 서열을 조립하는 데 조력자로서 그 관련성이 점차 줄어들고 있지만, 유전체학 연구의 다른 면에서의 가치는 줄어들지 않고 있다. 유전체의 뉴클레오티드 서열을 완성하는 것 자체가 끝이 아니라는 것을 인식하는 것이 중요하다. 실제로 모든 유전체는 단순히 A, G, C와 T가 나열된 것이며, 이 문자의 순서를 알아내는 것은 유전체가 생물정보의 저장소로 어떻게 작용하는지 그리고 어떻게 이 정보가 연구하고자 하는 생물종의 특성을 지정하는 데 사용되는지에 관해 우리에게 많은 것을 말해주지 않는다. 제5장과 제6장에서 살펴보겠지만, 유전체 서열을 이해하는 첫 번째 단계는 포함된 유전자를 확인하고 가능한 한 많은 유전자의 기능을 밝히는 것이다. 기능을 밝히는 데 사용되는 많은 방법은 한 유전자를 동정한 후 이 유전자가 무엇을 하는지 그 기능을 묻는 것이다. 이와 반대의 과정으로 특정 기능으로 시작하여 이 기능을 담당하는 유전자가 무엇인지 알아내는 것도 똑같이 중요하다. 6.4절에서 다루겠지만, 처음 사용하는 접근법이 이미 지도상에서 그 위치가 알려진 다른 유전자나 서열 특징에 대해 찾고자 하는 유전자의 상대적 위치를 포함하고 있기 때문에, 유전체 지도는 이 두 번째 질문에 답하기 위해 필수적이다. 이러한 과정은 낭성섬유증이나 유방암과 같은 사람 질병과 관련된 유전자를 찾는 데 핵심적이었고 지금도 여전히 핵심적으로 사용된다. 비슷한 방법이, 직접적으로는 질병을 유발하지는 않지만 그 질병에 대한 상이한 정도의 감수성을 제공하는, 유전체에 걸쳐 퍼져 있는 유전자의 무리를 찾는 데 사용된다. 하나 더 진전된 방법이 유전체의 부위들로서 각 부위는 가축의 경우에서 고기의 생산성이나, 작물의 경우에서 해충 저항성과 같이 변이 형질을 조절하는 여러 유전자를 포함하는 **양적형질 유전좌(quatitative trait loci, QTL)**를 확인하는 데 사용된다.

또한 유전체 지도에 의해 제공된 상업적으로 중요한 작물의 형질을 조절하는 유전자 및 QTL의 위치 정보는 향상된 농업적 특성을 가지는 새로운 품종의 개발에 목적을 둔 교배 프로그램에 이용된다. 이러한 교배 프로그램은 전형적으로 유전 과정의 무작위성으로 인해 정확한 생물학적 특성을 알 수 없는 수천 개의 어린 식물을 발생시킨다. 어린 식물은 두 부모 개체의 가장 우수한 형질을 합친 특성을 가져 잠재적으로 중요한 새로운 품종이 될 수 있거나 또는 두 부모의 가장 효용성이 적은 특징을 가짐으로써 상업적 가치를 가지지 못할 수도 있다. 작물 육종가에게 가장 흥미로운 형질들, 예를 들어 종자나 과실의 수확량은 식물 생활사의 후반부에 나타나므로 어린식물을 성숙한 식물로 기른 다음에야 평가할 수 있기 때문에 많은 시간과 재배 면적을 필요로 한다. 18.4절에서 **표지자 이용 선발(marker-assisted selection)**이라고 불리는 방법은 DNA 탐색을 통해 유용한 형질을 가지는 어린식물을 확인할 수 있으므로 필요성이 적은 어린식물을 조기에 선발하여 제거할 수 있다. 표지자 이용 선발은 유전체 지도가 있어야지만 가능하다. 만약 지도가 있다면 보리와 밀과 같은 작물의 경우처럼 완전한 유전체 서열을 알지 못하더라도 이러한 선발이 성공적으로 가능하다.

3.2 유전적 지도 작성의 표지자

모든 지도 종류에서처럼 유전적 지도는 독특한 특징의 위치를 보여주어야 한다. 지리적 지도에서 이들 표지자(marker)는 강, 도로나 건물과 같은 인식할 수 있는 풍경 요소이다. 우리는 유전적 풍경에서는 무엇을 표지자로 사용할 수 있는가?

유전자는 최초로 사용된 표지자이다

20세기 초반에 최초로 작성된 초파리와 같은 생물의 유전적 지도는 유전자를 **유전적 표지자(genetic marker)**로 사용하였다. 유전 분석에 사용되기 위해서, 유전자는 최소한 두 가지 형태, 즉 **대립유전자(allele)**로 존재하여야 한다. 이 대립유전자 각각은 멘델에 의해 최초로 연구된 완두 식물의 큰 줄기와 작은 줄기의 예에서처럼 다른 **표현형(phenotype)**을 지정한다. 처음에는 연구하고자 하는 유전자는 시각적 관찰에 의해 구별되는 표현형을 지정하는 유전자뿐이었다. 예를 들어, 최초의 초파리 유전적 지도는, 몸 색, 눈 색, 날개 모양 등과 같이, 맨눈이나 혹은 저배율의 현미경으로 초파리를 관찰하였을 때에 쉽게 알 수 있는 표현형을 나타내는 유전자 위치를 나타내었다. 이러한 접근 방법은 초기 시절에는 문제가 되지 않았지만, 유전학자들은 곧 유전현상을 연구하는 데 사용하기 용이한 가시적 표현형이 그리 많지 않으며, 그나마 많은 경우 단일 표현형이 하나 이상의 유전자에 의해서 영향을 받을 수 있기 때문에 복잡하다는 것을 깨닫게 되었다. 예를 들어, 1922년까지 50개 이상의 유전자를 4개의 초파리 염색체 상의 지도에 표시되었으나, 이들 중 9개가 눈의 색깔과 관련된 하나의 표현형에 관련된 것이었다. 초파리 유전학자들은 나중의 연구에서 붉은색, 연붉은색, 주황색, 심홍색, 담홍색, 주홍색, 암갈색, 분홍색, 진홍색, 자홍색, 자주색 혹은 갈색 눈을 가진 초파리를 구별하여 연구하였다. 유전적 지도를 보다 더 종합적인 것으로 만들기 위해서는 눈으로 보는 것보다 더 뚜렷하며 덜 복잡한 형질을 찾는 것이 필요하였다.

이에 대한 해답은 표현형을 구별하기 위해 생화학을 사용하는 것이었다. 이것은 두 종류의 생물, 즉 미생물과 사람에 있어 특히 중요한 것이 되었다. 박테리아나 효모 같은 미생물은 눈에 보이는 표현형이 거의 없으므로, 이 생물들의 지도 작성은 표 3.1에 나열된 것과 같은 생화학적 표현형에 의존하여야 한다. 사람의 경우에는 눈에 보이는 형질을 사용하는 것이 가능하나 1920년대 이래로 사람 유전 변이의 연구는 혈액형에 의해 알 수 있는 생화학적 표현형에 주로 의존하고 있다. 이러한 표현형은 ABO 혈액형과 같은 표준 혈액형뿐만 아니라 사람 백혈구 항체(HLA 시스템)와 같은 혈장 단백질과 면역학적 단백질의 변이체도 포함한다. 이들 표지자의 가장 큰 장점은 관련된 많은 유전자가 **복대립유전자(multiple allele)**를 가진다는 것이다. 예를 들면, *HLA-DRB1*이라고 불리는 유전자는 적어도 1,800개의 대립유전자를 가지며, *HLA-B*는 4,200개 이상을 가진다. 이것은 사람의 유전적 지도 작성이 수행되는 방법 때문에 의미가 있다(3.4절). 사람 유전자의 유전에 관련된 자료는, 초파리나 쥐와 같은 실험 생물에서처럼 계획된 교배 실험을 세우기보다는, 유전학자의 편리성을 위해서가 아닌 개인적인 이유에

표 3.1 효모(*S. cerevisiae*)의 유전 분석에 사용되는 대표적인 생화학 표지자

표지자	표현형	표지자를 가지고 있는 세포를 확인하는 방법
ADE2	아데닌 요구성	배지에 아데닌이 포함된 경우에만 생장
CAN1	카나바닌 저항성	카나바닌이 존재하여도 생장
CUP1	구리 저항성	구리가 존재하여도 생장
CYH1	사이클로헥시미드 저항성	사이클로헥시미드가 존재하여도 생장
LEU2	류신 요구성	배지에 류신이 포함된 경우에만 생장
SUC2	수크로오스 발효 능력	수크로오스가 유일한 탄수화물인 배지에서도 생장
URA3	유라실 요구성	배지에 유라실이 포함된 경우에만 생장

의해 결혼이 이루어진 가족 구성원에서 나타나는 표현형을 조사함으로써 수집할 수 있다. 만약 가족의 모든 구성원이 연구하고자 하는 유전자에 대해 동일한 대립유전자를 가지고 있다면, 쓸만한 정보를 얻을 수 없다. 그러므로 유전적 지도 작성 목적을 위해서는, 서로 다른 대립유전자를 가진 부모가 있는 가족을 찾는 것이 필요하다. 이것은 특히 연구하고자 하는 유전자가 2개의 대립유전자를 가진 경우보다는 1,800개를 가진 경우에 더욱 더 그렇게 된다.

RFLP 및 SSLP는 DNA 표지자의 예이다

유전자는 매우 유용한 표지자이긴 하지만 결코 이상적인 것은 아니다. 하나의 문제점은, 특히 척추동물이나 꽃피는 식물과 같은 큰 유전체를 가지는 경우, 완전히 유전자에 기초한 지도는 상세하지 않다는 것이다. 이것은 모든 유전자의 지도가 작성되는 경우에도 마찬가지인데, 왜냐하면 대부분의 진핵생물 유전체에서 유전자는 큰 간격을 두고 넓게 분포해 있기 때문이다. 이 문제를 더욱 나쁘게 만드는 것은 많은 유전자는 쉽게 구분될 수 있는 대립유전자의 형태로 존재하지 않는다는 사실이다. 그러므로 유전자 지도(gene amp)는 아주 종합적인 것은 아니다. 따라서 다른 종류의 표지자를 필요로 한다.

유전자가 아닌 지도 특징을 **DNA 표지자(DNA marker)**라고 부른다. 유전자 표지자와 마찬가지로, DNA 표지자도 최소한 두 대립인자를 가져야만 유용하게 쓰인다. DNA 표지자의 두 가지 예는 **제한효소 절편 길이 다형성(restriction fragment length polymorphism, RFLP)**와 **단순 염기 서열 길이 다형성(simple sequence length polymorphism, SSLP)**이라고 불리는 서열이다.

RFLP는 최초 유형의 DNA 표지자이다. 제한효소가 특정 인식 부위에서 DNA 분자를 절단한다는 것을 상기하라(2.1절). 이러한 염기 서열 특이성은, DNA 분자를 제한효소로 처리하면 항상 동일한 절편을 생성한다는 것을 의미한다. 이것은 유전체 DNA 분자의 경우 항상 그러한 것은 아닌데 몇몇 제한효소 자리는 2개의 대립인자로 존재하는 다형성을 가지기 때문이다. 즉, 한 대립인자는 제한효소 자리의 염기 서열이 정상이어서 특정 제한효소로 절단될 수 있지만, 다른 대립인자는 여기에 변형이 일어나 절단되지 않는다. 이러한 염기 서열 변형의 결과는 제한효소 처리 후에도 두 인접한 제한효소 절편이 서로 연결되어 있게 되므로, 길이의 다형성을 제공하게 된다(**그림 3.4**). 이것이 RFLP이며, 유전적 지도상에서 이 위치는 유전자가 표지자로 사용되었을 때와 마찬가지로 대립인자의 유전을 추적함으로써 알 수 있다. 포유류의 유전체에는 10^5개의 RFLP가 존재한다고 생각된다.

작은 DNA 분자에서 RFLP의 두 대립인자는 단순히 적절한 제한효소로 절단한 후 생긴 절편의 크기를 아가로오스 젤에서 확인함으로써 구별될 수 있다. 유전체 DNA의 RFLP 판별은 쉽지 않다. 6개의 염기 서열을 인식하는 *Eco*RI 효소의 경우 매 4^6 = 4,096 bp마다 대략 한 번 정도 절단하기 때문에 사람 DNA의 경우에서는 거의 800,000개의 절편이 생기게 된다. 아가로오스 젤 전기영동에 의한 분리 후 이 800,000개의 DNA 절편은 뚜렷한 띠를 보이지 않고 퍼져서 나타나게 된다. 그러므로 다형성 제한효소 자리를 포함하는 탐침을 사용한 서던 혼성화는 RFLP와 관련된 절편을 눈으로 확인할 수 있게 한다(**그림 3.5A**). RFLP 분석은 PCR이 발명된 이후 매우 수월하게 된 수많은 방법 중의 한 예이다. PCR을 사용함으로써 유전체 DNA를 제한효소로 절단할 필요 없이 RFLP 분석이 가능해졌다. 대신 PCR에 사용되는 프라이머는 다형성 자리의 양 측면에 결합하도록 고안되므로, 증폭된 절편에 제한효소를 처리하여 RFLP를 분석한다(**그림 3.5B**). 다중 PCR(multiple PCR)이 다중 홈판 위에서 쉽게 수행되기 때문에 96개의 시료가 한

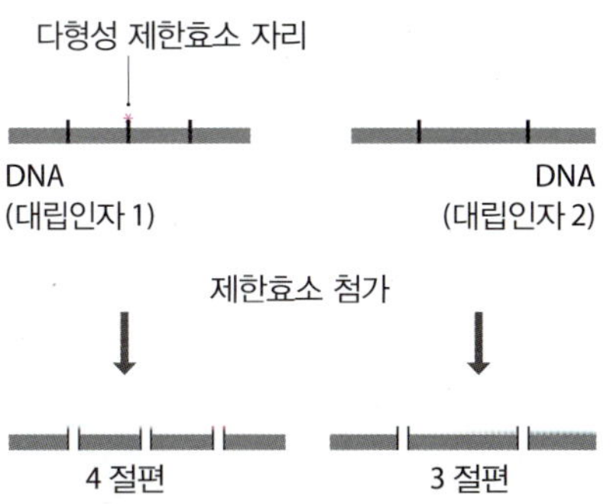

그림 3.4 제한효소 절편 길이 다형성(RFLP). 왼쪽의 DNA 분자는 오른쪽 분자에는 존재하지 않는 다형성 제한효소 자리를 가진다(*로 표시). 한 분자는 4개의 절편으로 절단된 반면 다른 것은 3개의 절편으로 절단되기 때문에 제한효소 처리 후 RFLP는 나타난다.

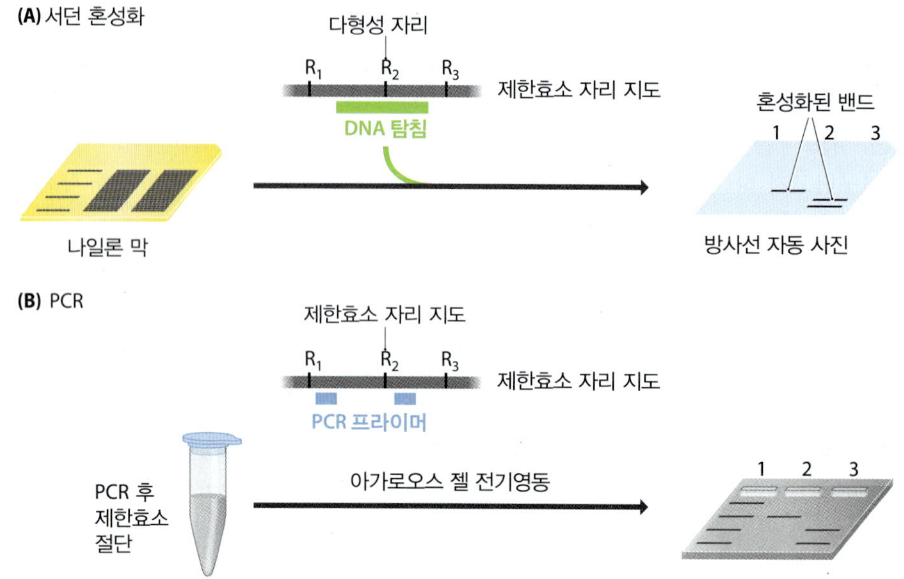

그림 3.5 **RFLP의 유형을 판별하는 두 가지 방법.** RFLP는 서던 혼성화에 의해 유형을 확인할 수 있다. DNA를 적절한 제한효소로 절단하고 아가로오스 젤에서 분리한다. 제한효소 절편을 젤로부터 나일론 막으로 이동시키고 다형성 제한효소 부위를 포함하는 DNA 조각으로 혼성화한다. 만약 이 제한효소 자리가 존재하지 않는다면 하나의 제한효소 절편이 검출된다(레인 2); 만약 이 제한효소 자리가 존재한다면 2개의 제한효소 절편이 검출된다(레인 3). (B) RFLP는 또한 다형성 자리의 양 측면에 결합하도록 설계된 프라이머를 이용한 PCR로 확인할 수 있다. PCR 후 증폭된 생성물에 제한효소를 처리한 후 아가로오스 젤 전기영동으로 분석한다. 만약 이 제한효소 자리가 없다면 하나의 밴드가 젤에 나타난다(레인 2); 만약 이 자리가 존재하면 2개의 밴드가 나타난다(레인 3).

번의 PCR에 의해 분석될 수 있다.

SSLP는 RFLP와는 상당히 다르다. SSLP는 반복 단위의 수가 서로 다른 대립인자의 길이의 변이를 나타내는 반복 염기 서열의 배열이다(그림 3.6A). RFLP와는 달리, SSLP는 각각 다양한 길이 변이를 가질 수 있으므로 복대립인자성일 수 있다. 다음과 같이 두 종류의 SSLP가 있다.

- **가변수 직렬반복(variable number of tandem repeat, VNTR)**이라고도 알려진 미소부수체(minisatellite). 반복 단위는 25 bp 길이까지이다.
- **미세부수체(microsatellite)** 혹은 **단순 직렬반복(simple tandem repeat)**. 반복 단위는 더 짧아서 보통 13 bp 이하이다.

미세부수체는 두 가지 이유로 인해 미소부수체보다 DNA 표지자로 더 많이 사용된다. 첫째, 미소부수체는 유전체에 걸쳐 고르게 퍼져 있지 않고 염색체 말단의 텔로미어 부근에서 더 많이 발견된다. 지리적 용어로 생각해보면 이것은 섬의 중심부를 찾기 위해 등대 지도를 사용하려는 것과 같다. 그러나 미세부수체는 전-유전체에 걸쳐 더 고르게 퍼져 있다. 두 번째, 길이 다형성을 정하는 가장 빠른 방법은 PCR에 의한 것이다. 그러나 PCR에 의한 결정은 길이가 300 bp 이하인 염기 서열에서 더 빠르고 더 정확하다. 대부분의 미소부수체 대립인자는 반복 단위가 비교적 크고 많은 것이 단일 배열로 되어 있는 경향이 있기 때문에 이것보다 길다. 따라서 이들의 다형성을 결정하기 위해서는 수 kb 길이의 PCR 산물이 요구된다. DNA 표지자로 사용되는 미세부수체는 일반적으로 10~30개의 6 bp 길이를 넘지 않는 반복으로 이루어져 있으므로 PCR로 분

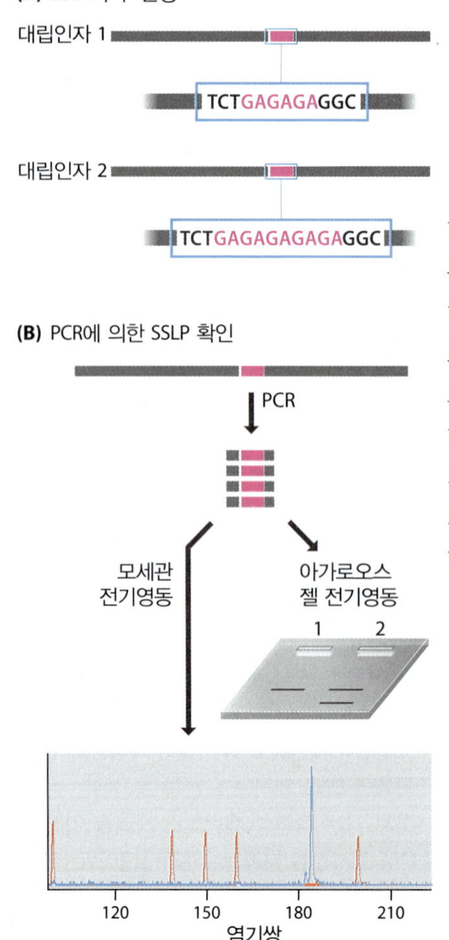

그림 3.6 **SSLP와 다형성 확인 방법.** (A) SSLP의 두 대립인자. 이 특별한 예는 미세부수체라고도 불리는 짧은 직렬 반복(STR)이다. 대립인자 1에서 GA 모티프는 3번 반복되며, 대립인자 2에서는 5번 반복된다. (B) PCR에 의한 STR 다형성 결정. STR과 주변 염기 서열의 일부가 증폭되고, 그 생성물의 크기가 아가로오스 젤 전기영동이나 모세관 전기영동에 의해 결정된다. 아가로오스 젤에서 레인 1은 PCR 산물을 포함하고, 레인 2는 두 대립인자의 PCR 후 밴드의 크기를 보여주는 DNA 표지자를 포함한다. 레인 1의 밴드는 두 DNA 표지자 중 큰 것과 동일한 크기로서, 이것은 이 DNA가 대립인자 2를 포함하고 있다는 것을 보여준다. 모세관 전기영동의 결과를 파란색의 정점의 위치가 PCR 산물의 크기를 가리키는 전기영동도로 나타내었다. 전기영동도는 크기 표지자(빨간색 정점)를 대조하여 자동으로 크기가 조절되므로, PCR 산물의 정확한 크기를 계산할 수 있다.

석하기가 훨씬 수월하다. 사람 유전체에는 2~6 bp의 반복 단위를 가진 미세부수체가 2.86×10^6개 존재한다.

PCR로 조사해 보면, STR에 존재하는 대립인자는 PCR 산물의 정확한 길이에 의해 알 수 있다(그림 3.6B). 길이 변이는 아가로오스 젤 전기영동에 의해 확인될 수 있다. 하지만 보통의 전기영동은 자동화하기가 어려운 성가신 과정이어서 현대 유전체 연구에서 요구되는 대규모 분석에는 적당치 않다. 대신 STR은 보통 폴리아크릴아마이드 젤의 **모세관 전기영동(capillary electrophoresis)**에 의해 확인한다. 폴리아크릴아마이드 젤은 아가로오스 젤에 비해 구멍 크기가 작으므로 더 높은 정확도로 여러 다른 크기의 분자를 분리할 수 있다. 대부분의 모세관 전기영동 시스템은 형광 검출을 이용하기 때문에, PCR을 수행하기 전에 한 가지 또는 두 가지 프라이머 모두에 형광 표지를 부착한다. PCR 후 생성물을 모세관 시스템에 얹혀서 전기영동하고 형광 검출기로 형광신호를 추적한다. 검출기에 부착된 컴퓨터는 PCR 산물의 통과 시간을 크기 표지자의 해당 데이터와 관련시킴으로써 생성물의 정확한 길이를 확인할 수 있다.

단일 염기 다형성(SNP)은 가장 유용한 형태의 DNA 표지자이다

RFLP와 SSLP는 일부 유형의 유전체 연구에서는 우용하지만 가장 최근의 유전적 지도 작성 사업은 다른 유형의 DNA 표지자를 사용하는데, 바로 **단일 염기 다형성(single nucleotide polymorphism, SNP)**이다. SNP는 일부 개체가 한 뉴클레오티드를 갖고(예를 들면, G), 다른 개체가 다른 뉴클레오티드(예를 들면, C)를 가지는 유전체의 한 위치이다(그림 3.7). 모든 유전체에는 매우 많은 수의 SNP가 존재하며(사람 유전체에는 약 천만 개 이상이 존재), 이들 중 일부는 또한 RFLP를 생성하지만, 많은 경우에서는 그들이 위치한 염기 서열이 그 어떤 제한효소에 의해서 인식되지 않기 때문에 그렇지 못하다.

4종류의 뉴클레오티드 중 어느 것이든 유전체의 한 위치에 존재할 수 있기 때문에, 각 SNP는 4개의 대립인자를 가질 수 있다고 생각할 수 있다. 이론적으로는 이것이 가능하지만 실제로는 대부분의 SNP는 단지 두 가지 변형으로만 존재한다. 이것은 각 SNP가 한 뉴클레오티드를 다른 것으로 전환시키는 유전체의 **점 돌연변이(point mutation**, 제16장)에 의해 생기기 때문이다. 만약 돌연변이가 한 개체의 생식세포에서 생긴다면, 하나 혹은 그 이상의 자손은 돌연변이를 물려 받게 되어 여러 세대 후에는 결국 SNP가 그 집단에서 성립되게 된다. 하지만 원래의 염기 서열과 돌연변이된 염기 서열 등 단 2개의 대립인자만이 있게 된다. 세 번째 대립인자가 생기려면 유전체의 동일한 장소에서 또 다른 개체에 새로운 돌연변이가 일어나야만 하고, 이 개체와 그 자손이 새로운 대립인자가 확립되는 방향으로 번식하여야 한다. 이러한 일은 불가능하지는 않더라도 일어나기는 어렵다. 결과적으로 대부분의 SNP는 이중대립인자성(biallelic)이다. 이것은 단점일 수도 있지만 각 유전체에 막대한 수의 SNP(대부분의 진핵생물에는 매 1,000 bp마다 최소 하나 정도)가 존재하므로 단점이 상쇄되고도 남는다. 그러므로 SNP는 매우 상세한 유전체 지도를 작성할 수 있게 한다.

유전체에서의 SNP의 빈도는 특정 형질을 지정하는 유전자 또는 QTL을 확인하는 연구뿐만 아니라(6.4절) 표지자 이용 선발을 돕기 위해 지도를 사용하는 작물 육종 프로그램에서 이들 표지자가 매우 중요하다는 것을 의미한다. 이러한 응용은 개별 SNP뿐만 아니라 많은 세트의 SNP를 빠르게 분석하는 방법을 개발하도록 하였다. 이들 중 몇몇 방법은 **올리고뉴클레오티드 혼성화 분석(oligonucleotide hybridization analysis)**에 기초한다. 올리고뉴클레오티드는 보통 50 뉴클레오티드 길이 이하의 짧은 단일 가닥 DNA 분자로 시험관에서 합성된다. 만약 조건이 맞고 또한 올리고뉴클레오티드가 다

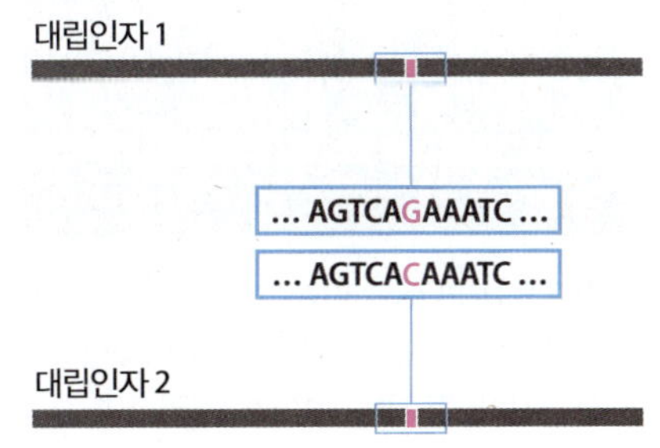

그림 3.7 **단일 염기 다형성(SNP).**

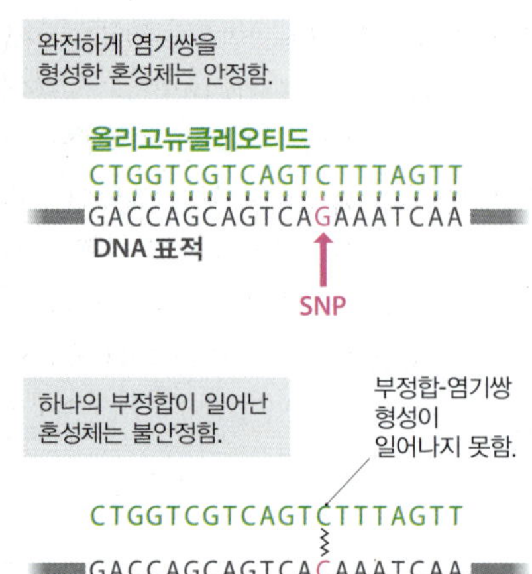

그림 3.8 올리고뉴클레오티드 혼성화 분석에 의한 SNP 확인 방법의 원리. 높은 긴축 혼성화 조건에서는 올리고뉴클레오티드가 표적 DNA와 완전한 염기쌍 구조를 형성할 수 있어야만 안정된 혼성체가 생긴다. 만약 한 군데의 부정합이 존재한다면, 혼성체는 형성되지 않는다. 이러한 수준의 긴축에 이르기 위해서는 혼성화시키는 온도가 올리고뉴클레오티드의 **변성온도(T_m)**의 바로 아래여야 한다. T_m 보다 높은 온도에서는 심지어 완전하게 염기쌍을 이룬 혼성체도 불안정하게 된다. T_m 보다 5℃ 이하의 온도에서 부정합 혼성체는 안정할 수 있다. 그림에서 나타낸 올리고뉴클레오티드의 T_m은 58℃이다. T_m은 섭씨로 T_m = (4 × G와 C 뉴클레오티드의 수) + (2 × A와 T 뉴클레오티드의 수)의 식에 의해서 계산된다. 이 공식은 대략 15~30 뉴클레오티드 길이의 올리고뉴클레오티드의 T_m 계산에 적용된다.

른 분자와 완전한 염기쌍 구조를 형성할 수 있을 경우에, 이 올리고뉴클레오티드는 다른 DNA 분자와 혼성화한다. 만약 올리고뉴클레오티드가 염기쌍을 형성할 수 없는 한 군데의 부정합이 존재한다면 혼성화는 일어나지 않을 것이다(그림 3.8). 그러므로 올리고뉴클레오티드 혼성화는 SNP의 두 대립인자를 구별할 수 있다. 이러한 올리고뉴클레오티드 혼성화에 기초한 다음과 같은 다양한 탐색 기법이 고안되었다.

- **DNA 칩(DNA chip)** 기술은 서로 다른 많은 올리고뉴클레오티드를 고밀도로 집적한 2 cm^2 혹은 그 보다 작은 유리나 실리콘 판을 사용한다. 검사하려는 DNA를 형광표지자로 표지한 후 칩의 표면에 가해준다. 칩을 형광현미경으로 조사하여 혼성화를 검출한다. 형광 신호가 방출되는 위치는 어떤 올리고뉴클레오티드가 검사 DNA와 혼성화하였는지를 알려준다(그림 3.9). 혼성화는 올리고뉴클레오티드와 상보적인 검사 DNA 서열과 완전하게 일치해야만 어떤 SNP의 대립인자가 존재하는지를 알려 줄 수 있다. 칩 위에 약 300,000 올리고뉴클레오티드/cm^2 밀도로 집적이 가능하므로, 만약 칩이 각 SNP의 두 대립인자 올리고뉴클레오티드를 포함하고 있다면, 2 cm^2 칩은 한 번의 실험으로 300,000 SNP의 유형을 확인할 수 있다.
- **용액 혼성화 기법(solution hybridization technique)**은 혼성화하지 않은 단일 가닥 DNA와 올리고뉴클레오티드가 검사 DNA와 혼성화한 결과로 생긴 이중가닥 생성물을 구별하는 검출 방법을 이용하여, 서로 다른 올리고뉴클레오티드를 포함하고 있는 미세정량판(microtiter tray)의 홈에서 수행된다. 가장 많이 이용되는 검출 시스템은 염료 소광(dye quencing)을 이용하는 것으로써, 이것은 2.2절에서 실시간 PCR 동안 생성물의 합성을 추적하기 위해 보고자 탐침이 사용되는 원리로 다룬 바 있다(그림 2.21 참조). SNP 분석에 있어 형광 염료는 한 올리고뉴클레오티드의 한쪽 말단에 부착되어 있고 소광 화합물은 다른 쪽 말단에 부착되어 있다. 올리고뉴클레오티드와 검사 DNA 사이의 혼성화는 형광 신호의 발생에 의해 표시된다. 이런 맥락으로 사용될 때 염료 소광 기술은 때때로 **분자 신호등(molecular beacon)**라고 불린다.

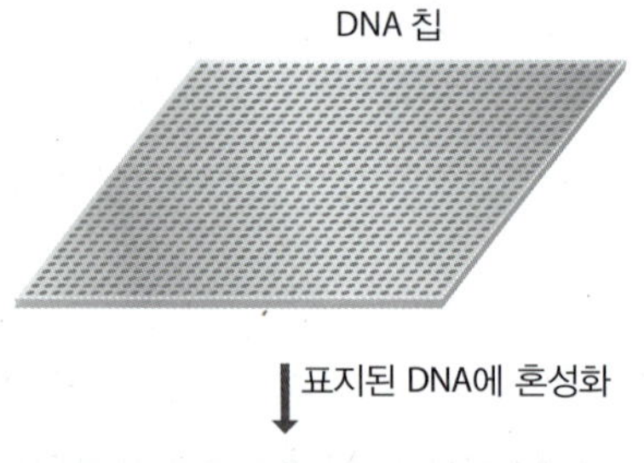

그림 3.9 DNA 칩을 이용한 SNP 확인. 올리고뉴클레오티드를 칩의 표면에 미세배열로 고정시킨다. 표지된 DNA를 처리하여 혼성화가 일어난 위치를 레이저 스캐너나 공초점 형광현미경으로 결정한다.

또 다른 다형성 분석 방법은 SNP를 가지는 부정합이 5′ 또는 3′의 제일 말단에서 일어난 올리고뉴클레오티드를 이용하는 것이다. 적절한 조건하에서 이런 종류의 올리고뉴클레오티드는 염기쌍이 형성되지 않는 짧은 꼬리를 가지는 부정합 주형 DNA와 혼성화할 것이다(그림 3.10A). 이러한 특징은 두 가지 방법으로 이용된다.

- **올리고뉴클레오티드 연결 분석(oligonucleotide ligation assay, OLA)**은 서로 인접하여 결합하는 2개의 올리고뉴클레오티드를 이용하는데, 이 두 올리고뉴클레오티드 중 하나의 3′-말단이 정확히 SNP에 위치한다. 만약 SNP의 한 형태가 주형 DNA에 존재한다면 이 올리고뉴클레오티드는 완전한 염기쌍 구조를 형성할 것

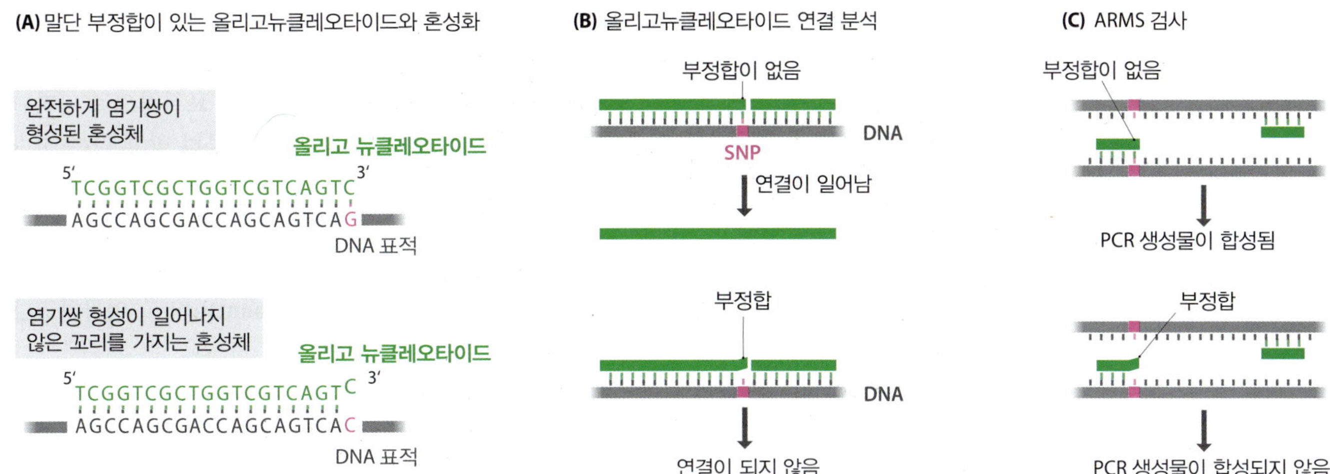

그림 3.10 SNP 확인 방법. (A) 적당한 조건하에서 SNP를 가지는 부정합이 5′ 또는 3′의 제일 말단에서 일어난 올리고뉴클레오티드는 염기쌍이 형성되지 않는 짧은 꼬리를 가지는 부정합 주형 DNA와 혼성화할 것이다. (B) 올리고뉴클레오티드 연결 분석에 의한 SNP 확인. (C) ARMS 검사.

이다. 그렇게 되면, 이 올리고뉴클레오티드는 그것의 짝과 연결된다(그림 3.10B). 만약 조사되는 DNA가 SNP의 다른 대립인자를 포함하고 있다면, 검사 올리고뉴클레오티드의 3′ 뉴클레오티드는 주형에 결합하지 않을 것이며 따라서 연결도 일어나지 않는다. 그러므로 대립인자는 연결 생성물이 합성되었는지에 따라 유형이 결정된다. 만약 하나의 SNP만을 분석한다면 연결 산물의 형성은, STR 분석에서 언급된 것처럼, 반응 후 혼합물을 모세관 전기영동으로 확인할 수 있다.

- **증폭 저항 돌연변이 시스템(amplification refractory mutation system**, ARMS 검사)에서 검사 올리고뉴클레오티드는 한 쌍의 PCR 프라이머 중 하나이다. 만약 검사 프라이머의 3′-말단이 SNP에 결합한다면 *Taq* 중합효소에 의해 신장될 수 있으므로 PCR이 일어난다. 그러나 만약 SNP의 다른 형태가 존재하여 결합하지 않는다면, PCR 산물은 생성되지 않는다(그림 3.10C).

3.3 유전적 지도 작성의 원리

유전적 지도를 작성할 수 있는 일련의 표지자에 대해 알아 보았기에, 이제 우리는 지도 작성 기법 그 자체를 살펴볼 수 있다. 이들 기법은 모두 **유전적 연관(genetic linkage)**에 기초한다. 유전적 연관은 또한 19세기 중반 멘델에 의해 이루어진 유전학에서의 독창적인 발견으로부터 비롯된다.

유전의 원리와 연관의 발견

유전적 지도 작성은 1865년 멘델에 의해 처음 언급된 유전의 원리에 기초한다. 완두를 이용한 교배 실험 결과로부터 멘델은 각 완두 식물체는 각 유전자의 두 대립유전자를 가지지만 한 가지의 표현형만 나타낸다고 결론지었다. 이것은 만약 식물체가 동일

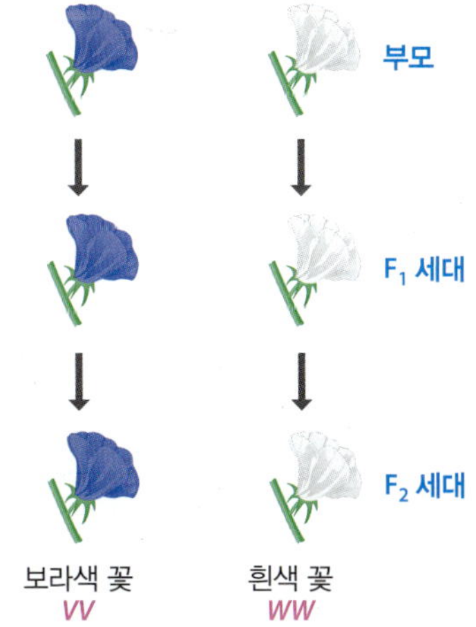

그림 3.11 동형접합성과 이형접합성. 멘델은 완두를 가지고 7쌍의 비교되는 형질을 연구하였다. 이 형질 중의 하나가 여기에서 보이는 바와 같이 보라색과 흰색 꽃이었다. (A) 순계 식물은 항상 부모와 같은 색의 꽃을 생산한다. 이 식물체는 동형접합체이고, 각각은 동일한 대립유전자 쌍을 가지는데, 여기에서는 보라색 꽃을 *VV*로 흰색 꽃을 *WW*로 표시되었다. (B) 두 순계 식물체가 교배되었을 때 F_1 세대에서는 오직 한 가지의 표현형만 볼 수 있다. 멘델은 F_1 식물의 **유전자형(genotype)**이 *VW*이므로, *V*는 우성 대립유전자이고 W는 열성 대립유전자라고 추론하였다.

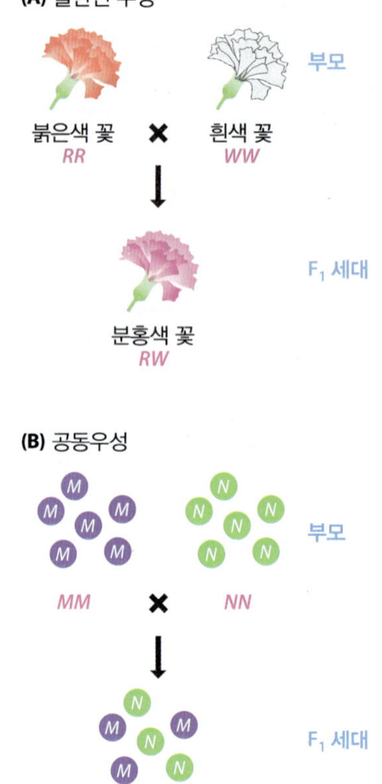

그림 3.12 **멘델이 접하지 않았던 두 종류의 대립유전자 상호작용.** (A) 카네이션 꽃 색의 불완전 우성과 (B) *M*과 *N* 혈액형 대립유전자의 공동우성.

한 두 대립유전자를 가지고 적절한 표현형을 나타내는, 특정 형질에 대해 순계 혹은 **동형접합체(homozygote)**라면 이해하기가 쉽다(그림 3.11A). 그러나 멘델은 다른 표현형을 가지는 두 순계 식물을 교배하면 모든 자손(F_1 세대)이 동일한 표현형으로 나타난다는 것을 보였다. 이들 F_1 식물은, 한 대립유전자는 모계로부터 물려 받고 다른 하나는 부계로부터 물려 받아서 각 표현형당 하나씩 2개의 서로 다른 대립유전자를 가지는 이형접합체이어야 한다. 멘델은 이러한 이형접합 조건에서 한 대립유전자가 다른 대립유전자의 효과를 우선한다고 가정하였다. 따라서 그는 F_1 식물에서 발현되는 표현형은 두 번째의 **열성(recessive)** 표현형에 대하여 **우성(dominant)**이라고 언급하였다(그림 3.11B).

멘델의 이형접합체의 경우에 대한 해석은 그가 연구한 대립유전자 쌍에서는 정확히 들어맞지만, 지금의 우리는 이런 단순한 우성-열성 규칙이 그가 접해보지 못한 상황에 의해 복잡해질 수 있다는 것을 안다. 이는 다음을 포함한다.

- 이형접합형이 두 동형접합형의 중간 표현형을 나타내는 **불완전 우성(incomplete dominance)**. 카네이션과 같은 (완두는 아님) 식물의 꽃 색이 한 예이다. 붉은색 카네이션이 흰색 카네이션과 교배될 경우 F_1 이형접합체는 붉은색도 흰색도 아닌 분홍색을 나타낸다(그림 3.12A).
- 이형접합형이 동형접합형 표현형 모두를 나타내는 **공동우성(codominance)**. 사람 혈액형은 공동우성의 몇 가지 예를 보여준다. 예를 들어, MN식 혈액형에서 두 동형접합형은 M과 N으로서, 이들 개체는 각각 오직 M이나 N 당단백질만을 합성한다. 그러나 이형접합체는 두 종류의 당단백질 모두를 합성하므로 MN으로 나타낸다(그림 3.12B).

멘델은 우성과 열성을 발견한 것뿐만 아니라, 2개의 유전법칙을 수립할 수 있도록 한 또 다른 실험을 수행하였다. 제1법칙은 **대립유전자가 무작위로 분리**(*allele segregation randomly*)됨을 말한다. 달리 말해서, 만약 부모의 대립유전자가 *A*와 *a*라면, F_1 세대의 개체가 *A*를 물려 받을 확률이나 *a*를 물려 받을 확률은 똑같다. 제2법칙은 **대립유전자 쌍은 독립적으로 분리**(*pairs of alleles segregate independently*)되므로 유전자 *A*의 대립유전자의 유전은 유전자 *B*의 대립유전자의 유전과는 독립적이다. 이들 법칙 때문에 유전 교배의 결과는 예측 가능하다(그림 3.13).

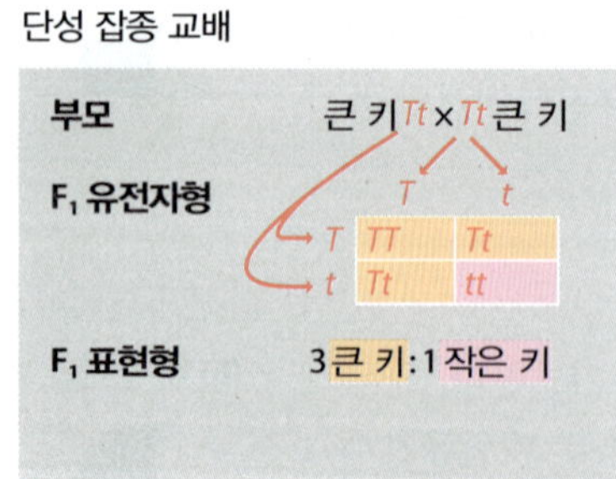

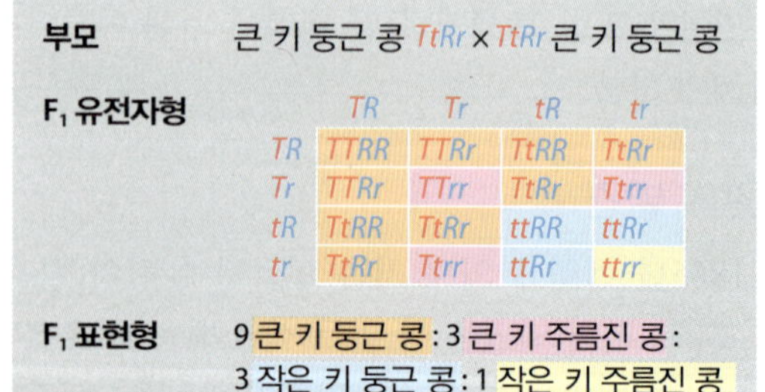

그림 3.13 **멘델의 법칙은 유전 교배의 결과를 예측 가능하게 한다.** 예상되는 결과를 보여주는 두 교배를 나타낸다. **단성 잡종 교배(monohybrid cross)**에서는 단지 한 유전자의 대립유전자를 관찰한다. 이 경우 대립유전자 *T*는 큰 완두 식물체를, *t*는 작은 완두 식물체를 나타낸다. *T*는 우성이고, *t*는 열성이다. 네모 격자는 대립유전자는 무작위로 분리한다는 멘델의 제1법칙에 근거한 F_1 세대의 예측된 유전자형과 표현형을 보여준다. 이 교배를 수행하였을 때, 멘델은 787개의 큰 완두 식물과 277개의 작은 식물을 2.84 : 1의 비율로 얻었다. **양성 잡종 교배(dihybrid cross)**에서는 두 유전자의 대립유전자를 관찰한다. 두 번째 유전자는 콩의 모양을 결정하며, *R*(둥근 콩, 우성 대립유전자)과 *r*(주름진 콩, 열성 대립유전자) 대립유전자를 가진다. 그림에 나타낸 유전자형과 표현형은 멘델의 제1법칙과 대립유전자 쌍은 독립적으로 분리한다는 제2법칙에 의해 예측된 것이다.

멘델의 실험이 1900년에 재발견되었을 때, 그의 제2법칙은 곧 유전자가 염색체 상에 존재한다는 것이 확립되었고, 모든 생물체는 염색체보다 더 많은 유전자를 가진다는 것을 파악하였기 때문에 초기 유전학자들을 혼란스럽게 만들었다. 염색체는 완전한 단위로 유전되므로, 일부 유전자 쌍의 대립유전자는 동일한 염색체 위에 존재하기 때문에 함께 유전될 것이라고 추론하였다(그림 3.14). 이것이 유전자 연관의 원리이며, 비록 결과는 예상했던 것과 완전히 일치하지는 않았지만 곧 바로 옳다는 것이 증명되었다. 많은 쌍의 유전자 사이에서 예상되었던 완전 연관은 나타나지 않았다. 많은 쌍의 유전자가 다른 염색체 상에 존재하였을 때 예상되는 것처럼 독립적으로 유전되거나 혹은 연관되어 있음을 보인다 하더라도 이는 단지 **부분 연관(partial linkage)**이었다. 즉, 때로는 함께 유전되고 때로는 독립적으로 유전되었다(그림 3.15). 이론과 관찰 사이의 이러한 모순의 해결은 유전적 지도 작성 기법 발전의 중요한 걸음이었다.

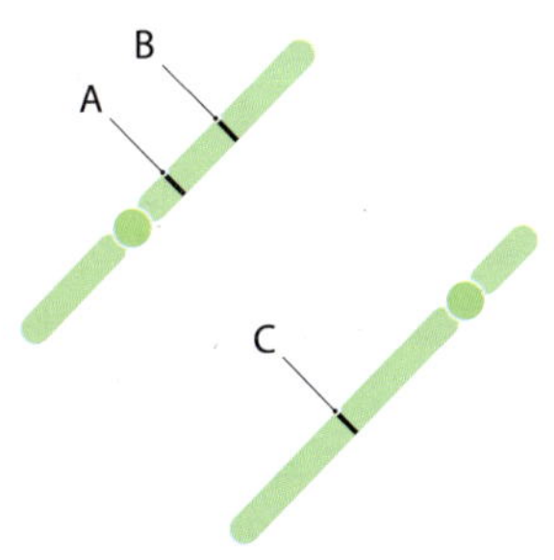

그림 3.14 **동일한 염색체 상의 유전자는 연관을 보인다.** 유전자 A와 B는 동일한 염색체 상에 있으므로 함께 유전된다. 그러므로 멘델의 제2법칙은 A와 B의 유전에는 적용되지 않아야 한다. 유전자 C는 다른 염색체 상에 존재하므로 제2법칙은 A와 C 혹은 B와 C의 유전에는 적용된다. 멘델은 연구한 7개의 유전자가 각각 다른 염색체 상 또는 동일한 염색체 상에서 멀리 떨어져 존재하였기 때문에 연관을 발견하지 못했다.

부분 연관은 감수분열 동안 염색체의 행동으로 설명되어진다

세포의 핵이 분열할 때 염색체의 행동과 부분 연관 사이의 개념적 도약을 만든 모건(T. Morgan)에 의해 중요한 돌파구가 열렸다. 19세기 후반 세포학자들은 **유사분열(mitosis)**과 **감수분열(meiosis)**로 두 종류의 핵분열을 구분하였다. 유사분열은 체세포의 2배체 핵이 분열하여 모두 2배체인 두 딸 핵을 생성하는 것으로서, 더 일반적인 과정이다(그림 3.16). 사람의 일생 동안 요구되는 모든 세포를 생성하기 위해서는 약 10^{17}번의 유사분열이 필요하다. 유사분열이 시작하기 이전에 핵 내의 각 염색체는 복제되지만, 결과의 딸 염색체는 즉시 서로서로 분리되지 않는다. 우선 그들은 동원체에서 서

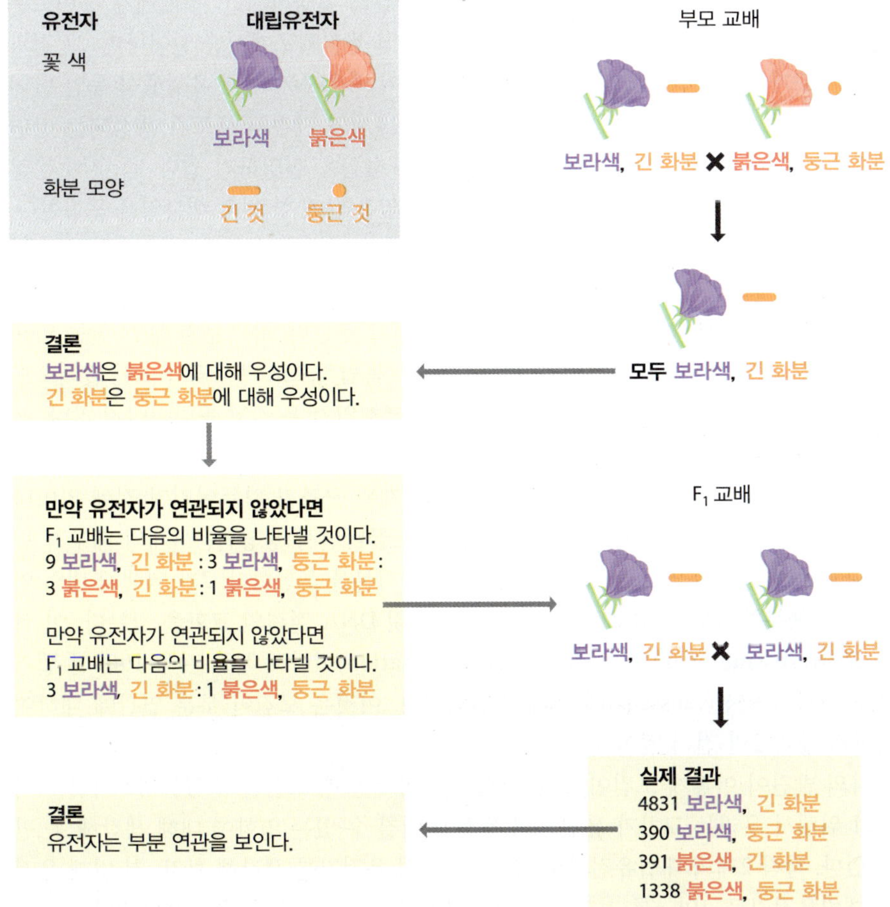

그림 3.15 **부분 연관.** 부분 연관은 20세기 초에 발견되었다. 여기에서 나타낸 교배는 1905년 스위트피를 가지고 베이트슨(Bateson), 손더스(Saunders)와 퍼넷(Punnett)이 수행한 실험이다. 부모 교배는 모든 F_1 시물이 동일한 표현형을 가지는, 따라서 우성 대립유전자는 보라색 꽃과 긴 화분립임을 나타내는, 전형적인 양성잡종 교배(그림 3.13 참조)의 결과를 보인다. F_1 교배는, 자손이 9 : 3 : 3 : 1의 비율(유전자가 다른 염색체 상에 존재할 때 예상되는)도 3 : 1의 비율(유전자가 완전히 연관되었을 때 예상되는)도 아닌 예상치 못한 결과를 보인다. 이러한 예상치 못한 비율이 부분 연관의 특징이다.

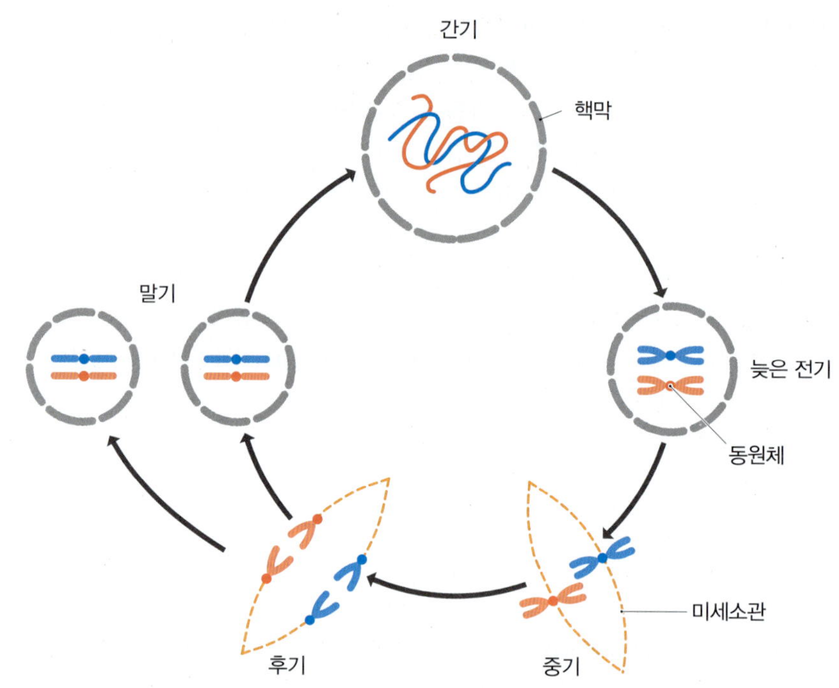

그림 3.16 유사분열. 간기(핵분열 사이의 시기) 동안, 염색체는 늘어진 형태로 존재한다(7.1절). 유사분열이 시작하면서 염색체는 응축되고 전기 후반에 현미경으로 관찰되는 구조를 형성한다. 각 염색체는 이미 DNA 복제를 거쳤지만 두 딸 염색체는 동원체에 의해 서로 연결되어 있다. 중기 동안 핵막은 분해되고(대부분의 진핵생물에서), 염색체는 세포의 중앙에 나열된다. 이제 미세소관이 딸 염색체를 세포의 양쪽 말단으로 끌어당긴다. 핵막이 말기에 각 딸 염색체 주변에 다시 형성된다. 그 결과 부모 핵은 2개의 동일한 딸핵을 생성한다. 편의를 위해서 한 쌍의 상동 염색체만으로, 하나는 붉은색으로 다른 하나는 파란색으로 나타내었다.

로 부착된 채로 남는다. 딸세포는 염색체가 새로운 두 핵으로 나눠지는 유사분열 후반기까지는 분리되지 않는다. 새로운 각 핵이 완전한 염색체 세트를 받는다는 것은 굉장히 중요하며, 대부분의 유사분열의 복잡성은 이러한 결말의 성취에 최대 목적을 가지는 것으로 보인다.

유사분열은 핵분열 동안 일어나는 기본적인 사건을 설명하지만, 우리에게 흥미로운 것은 감수분열의 독특한 특징이다. 감수분열은 오직 생식세포에서만 일어나며, 그 결과 이배체 세포가 4개의 반수체 배우자를 생성한다. 이 배우자는 후에 유성생식 동안 반대 성의 배우자와 융합하게 된다. 감수분열 결과로서 4개의 반수체 세포가 생성되는 반면 유사분열에서는 2개의 이배체 세포를 생성한다는 사실은 설명하기 쉽다. 즉, 감수분열은 연이은 두 번의 핵분열을 포함하는 반면 유사분열은 단지 한 번의 핵분열을 포함한다. 이것은 중요한 차이점이지만, 유사분열과 감수분열의 결정적인 차이점은 보다 더 미묘하다. 이배체 세포에서 각 염색체는 두 사본을 갖는다는 것을 기억하라(제1장). 우리는 이것을 **상동 염색체(homologous chromosome)**라고 부른다. 유사분열 동안 상동 염색체는 서로 분리되어 있어 상동 염색체 쌍 중 각각은 독립적으로 복제되고 또한 딸핵으로 나눠서 들어간다. 그러나 감수분열에서는 상동 염색체의 쌍은 결코 독립적이지 않다. 전기 I 동안 각 염색체는 그들의 상동 염색체와 정렬하여 **2가 염색체(bivalent)**를 형성한다(그림 3.17). 이것은 각 염색체가 복제된 후 그 복제된 구조가 나누어지기 전에 일어나므로 사실 2가 염색체는, 이들 각각이 감수분열이 끝나면서 생성되는 4개의 배우자 중의 하나로 들어가는 운명을 가지는, 4개의 염색체 사본을 포함한다. 2가 염색체 내의 염색체 팔(**염색분체, chromatid**)은 물리적인 절단 및 DNA 절편의 교환을 겪는다. 이 과정을 **교차(crossing-over)** 또는 **재조합(recombination)**이라고 부르는데, 1909년 벨기에 세포학자인 얀센(Janssens)에 의해 발견되었다. 이것은 모건이 부분 연관에 대하여 생각하기 불과 2년 전의 일이다.

교차의 발견이 어떻게 모건이 부분 연관을 설명하는 데 도움을 주었을까? 이것을 이해하기 위해서 우리는 교차가 유전자의 유전에 미칠 수 있는 영향에 대해 생각해 볼 필요가 있다. 각각 2개의 대립유전자로 가지는 2개의 유전자를 생각해 보자. 첫 번째 유전자는 대립유전자로 *A*와 *a*를 가지는 유전자 *A*라고 하고, 두 번째 유전자는 *B*와 *b*를 대

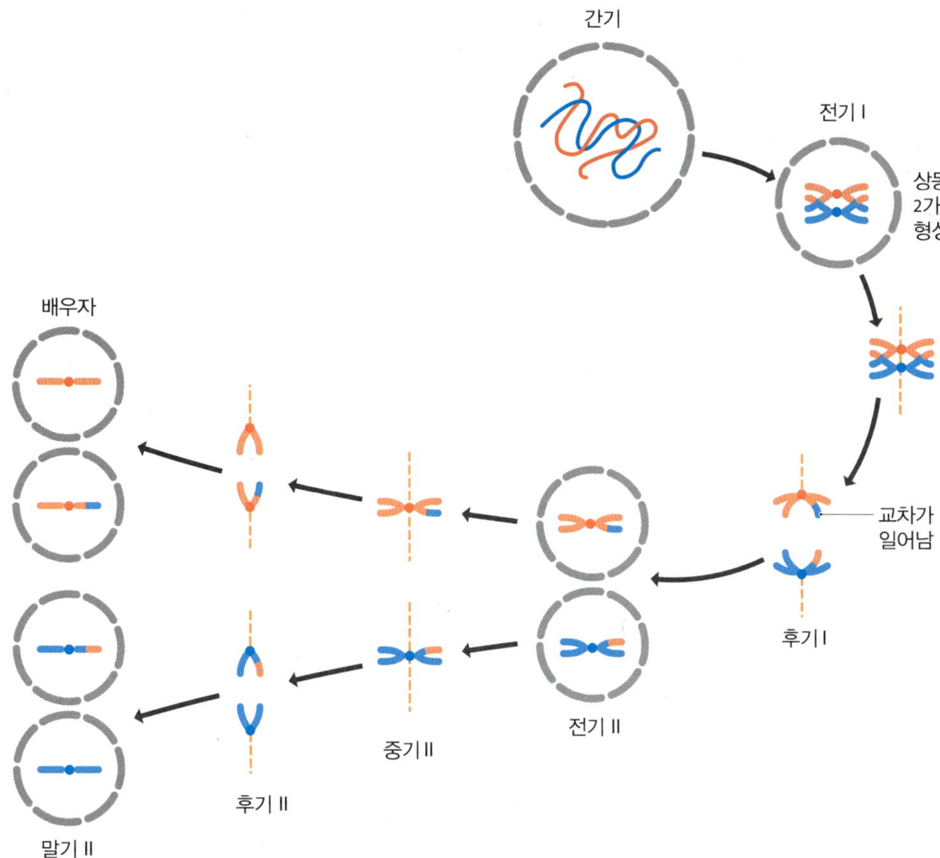

그림 3.17 감수분열. 한 쌍의 상동 염색체가 관련된 감수분열을 보여준다. 이 중 한 염색체는 붉은색으로 다른 하나는 파란색으로 표시되었다. 감수분열이 시작되면 염색체는 응축되며 각 상동 염색체는 정렬하여 2가 염색체를 형성한다. 2가 염색체에서는 염색체 팔의 절단과 DNA의 교환을 포함하는 교차가 일어난다. 그런 다음 감수분열은 체세포분열에서와 같은 핵분열을 두 번 진행하는데, 첫 번째 핵분열에 의해 우선 2개의 핵을 생성하며, 이때 각 염색체의 두 사본은 동원체에서 아직도 서로 부착되어 있다. 두 번째의 핵분열에 의해 최종적으로 각 염색체 사본 하나만을 가지는 4개의 핵을 생성한다. 그러므로 감수분열의 최종 생성물인 배우자는 반수체이다.

립유전자로 가지는 유전자 *B*라 하자. 또한, 이 두 유전자가 모건이 연구한 초파리 종류인 노랑초파리의 2번 염색체 상에 위치하고 있다고 가정하자. 이제 우리는 첫 번째의 2번 염색체에는 대립유전자 *A*와 *B*가, 두 번째의 2번 염색체에는 대립유전자 *a*와 *b*를 가지는 이배체 핵의 감수분열을 따라가 보기로 한다. 이 상황은 **그림 3.18**에서 설명된다. 2개의 가설을 고려해 보자.

- 유전자 *A*와 *B* 사이에 교차가 일어나지 않는다. 이 경우 생성되는 배우자 중 둘은 *A*와 *B*를 가지는 염색체를 포함할 것이고, 다른 둘은 *a*와 *b*를 가지는 염색체를 포함할 것이다. 다시 말해서 두 배우자는 *AB* 유전자형을 가지고, 다른 둘은 *ab* 유전자형을 가진다.
- 유전자 *A*와 *B* 사이에 교차가 일어난다. 이것은 유전자 *B*를 포함하는 DNA 조각이 상동 염색체 사이에서 교환이 일어나게 한다. 그 결과 각 배우자는 서로 다른 유전자형을 가진다: *AB* 하나, *aB* 하나, *AB* 하나 및 *ab* 하나.

이제 100개의 동일한 세포의 감수분열 결과로서 무엇이 일어날지를 생각해보자. 만약 교차가 일어나지 않는다면, 생성되는 배우자는 다음과 같은 유전자형을 가지게 될 것이다: 200 *AB*와 200 *ab*. 이것은 유전자 *A*와 *B*가 감수분열 동안 하나의 단위로 행동하는 완전 연관이다. 그러나 만약 일부 핵에서 유전자 *A*와 *B* 사이에 교차가 일어난다면, 대립유전자 쌍은 하나의 단위로 유전되지는 않을 것이다. 100번의 감수분열 동안 교차가 40번 일어난다고 가정하자. 다음과 같은 배우자가 생성될 것이다: 160 *AB*, 160 *ab*, 40 *Ab* 및 40 *aB*. 연관은 완전하지 않고 단지 부분적이다. **부모 유전자형(parental genotype)**(*AB*, *ab*)의 배우자뿐만 아니라 재조합(recombinant) 유전자형(*Ab*, *aB*)을 가지는 배우자가 생성된다.

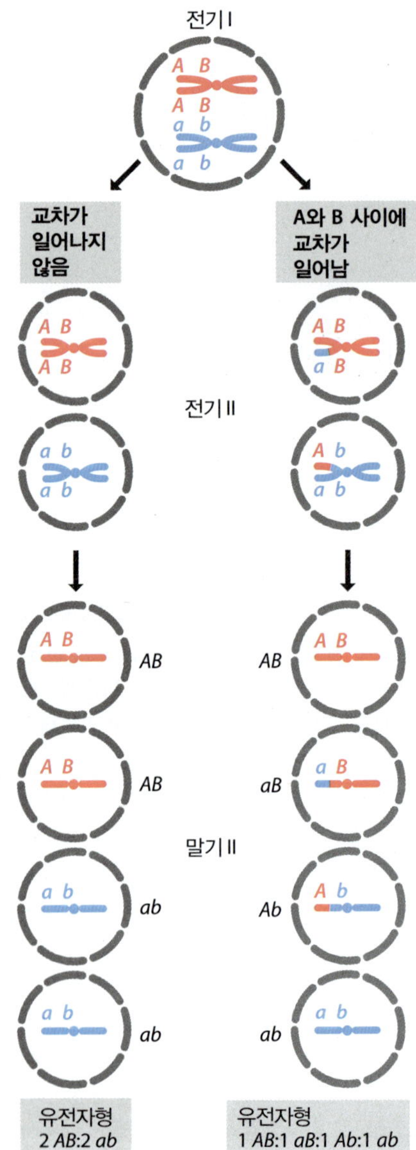

그림 3.18 **연관된 유전자에서 교차의 영향.** 그림은 하나는 붉은색으로 다른 하나는 파란색으로 표시된 한 쌍의 상동 염색체를 보여준다. *A*와 *B*는 *A*, *a*, *B*, *b*를 대립유전자로 가지는 서로 연관된 유전자이다. 왼쪽은 *A*와 *B* 사이에서 교차가 일어나지 않은 감수분열이다. 생성된 배우자 중 둘은 *AB* 유전자형을 가지며, 다른 둘은 *ab* 유전자형을 가진다. 오른쪽은 *A*와 *B* 사이에서 교차가 일어난 감수분열이다. 4개의 배우자는 가능한 유전자형 모두를 보여준다 — *AB*, *aB*, *Ab*와 *ab*.

부분 연관부터 유전적 지도 작성까지

부분 연관이 어떻게 설명되는지를 감수분열의 교차를 통해서 이해한 후, 모건은 염색체 상의 유전자의 상대적인 위치를 결정하는 방법을 고안할 수 있게 되었다. 사실 가장 중요한 작업은 모건 그 자신이 아니라 그의 실험실 학부생이었던 스터티번트(A. Sturtevant)에 의해서 이루어졌다. 스터티번트는 교차는 무작위적인 사건이므로 한 쌍의 나열된 염색분체를 따라 어떤 장소에서든 교차가 일어날 기회는 동일하다고 가정하였다. 만약 이러한 가정이 옳다면 매우 가까이 위치한 두 유전자는 멀리 떨어져 있는 유전자들 비해 더 낮은 빈도로 교차에 의해 분리될 것이다. 더구나 교차에 의해 연관이 깨질 확률은 염색체 상에서 두 유전자가 얼마나 떨어져 있는가에 직접적으로 비례한다. 그러므로 **재조합 빈도(recombination frequency)**는 두 유전자 사이의 거리 측정이다. 다른 쌍의 유전자에 대한 재조합 빈도를 안다면 염색체 상에서 그들의 상대적인 위치 지도를 작성할 수 있다.

스터티번트가 제작한 최초의 지도는 초파리 1번 염색체 상에 4개 유전자의 위치를 보여주었다(그림 3.19). 모건 연구팀은 그 후 가능한 많은 유전자의 지도를 작성하려고 노력한 결과 1915년까지 85개 유전자의 위치를 결정하였다. 이들 유전자는 초파리 핵에 존재하는 4쌍의 염색체와 일치하는 4개의 **연관군(linkage group)**으로 나누어진다. 유전자 사이의 거리는 **지도 단위(map unit)**로 나타낸다. 1 지도 단위는 두 유전자가 1%의 빈도로 재조합할 수 있는 거리이다. 이러한 표시법에 따라 흰색 눈의 유전자와 노란색 몸체 유전자 사이의 거리는 1.3%의 재조합 빈도를 보여 1.3 지도 단위가 된다(그림 3.19 참조). 보다 최근에는 지도 단위 대신 **센티모건(centiMorgan, cM)**으로 대체하여 사용한다. 모건에 의해 처음으로 지도 작성되었던 85개의 유전자는 유전 교배 결과 얻어진 초파리를 관찰함으로써 눈 색이나 날개 또는 몸의 모양과 같은 표현형을 지정한다는 것을 알게 되었다. 이러한 기법은 생화학 검사에 의해 분류되는 유전자와, PCR 및 몇몇 다른 형태의 DNA 분석 기법에 의해 확인되는 RFLP, SSLP 및 SNP의 대립유전자와 같은 DNA 표지자와 동등하게 효율적이다(3.2절). 그러므로 연관 분석은 다음 절에서 보듯이 많은 다른 종류의 생물에 사용될 수 있고, 그 결과로 획득된 지도는 많은 다른 종류의 표지자의 위치를 보여줄 수 있다.

그림 3.19 **재조합 빈도로부터 유전자 지도의 작성.** 이 예는 스터티번트가 초파리를 가지고 수행한 원 실험 결과이다. 4개 유전자 모두 초파리의 X-염색체 상에 존재한다. 유전자 사이의 재조합 빈도는 추론된 지도 위치와 함께 나타내었다.

유전자	표현형
m	작은 날개
v	주홍색 눈
w	흰색 눈
y	노란색 몸

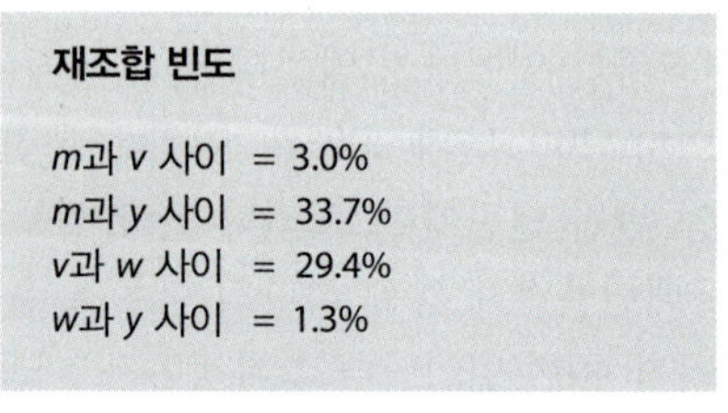

앞으로 더 나아가기 전에 연관 분석의 기본 원리와 관련하여 우리가 고려해야 할 마지막 쟁점이 하나 있다. 스터티번트의 교차의 무작위성에 관한 가정은 완전하게 옳지는 않은 것으로 드러났다. 유전적 지도와 물리적 지도 및 DNA 염기 서열 결정에서 밝혀진 실제 DNA 분자 상에서 유전자의 위치의 비교는 **재조합 빈발지역(recombination hotspot)**이라고 불리는 염색체 상의 일부 지역은 다른 것과 비교해 교차가 더 빈번하게 일어난다. 이것은 유전적 지도 거리가 반드시 두 표지자 사이의 물리적 거리를 나타내는 것은 아니라는 것을 의미한다(그림 3.26 참조). 또한 하나의 염색분체가 동시에 하나 이상의 교차에 참여할 수 있다는 것을 알지만, 이들 교차가 어느 정도로 가까운 거리에서 함께 교차가 일어날 수 있는지에 대한 한계 때문에 지도 작성 과정에서 더 부정확하게 된다. 그럼에도 불구하고 연관 분석(linkage analysis)은 보통 유전자의 순서를 바르게 추론할 수 있게 하며, 거리 예측은 유전체 염기 서열 결정 사업 및 표지 이용 선발과 같은 기법 사용의 뼈대로써 가치를 가지는 유전적 지도를 작성하는 데 충분할 만큼 정확하다. 따라서 연관 분석이 여러 다른 종류의 생물에서 어떻게 수행되는지 살펴보기로 한다.

3.4 다양한 종류의 생물에서의 연관 분석

연관 분석이 실제로 어떻게 수행되는지를 보기 위해서는 다음과 같은 아주 다른 3가지 상황을 고려할 필요가 있다.

- 계획적 교배 실험을 수행할 수 있는 초파리나 쥐와 같은 생물의 연관 분석
- 계획적 교배 실험을 수행할 수 없으나 대신 가계도를 이용할 수 있는 사람의 연관 분석
- 감수분열을 겪지 않는 박테리아의 연관 분석

계획된 교배 실험이 가능한 경우의 연관 분석

첫 번째 종류의 연관 분석은 모건과 그의 동료들에 의해 개발된 방법에 해당하는 현대적 방법이다. 이 방법은 알고 있는 유전자형을 가진 부모사이에서 실험 교배된 사손의 분석에 기초하며, 이것은, 최소한 이론적으로, 모든 진핵생물에 적용할 수 있다. 윤리적 문제로 인해 사람에게는 이 방법을 적용할 수 없으며, 한 세대의 길이와 신생아로부터 성인이 될 때까지의 시간과 같은 실제적인 문제는 일부 동물과 식물에 이 방법을 효율적으로 사용할 수 없게 한다.

그림 3.18로 돌아가서 유전적 지도 작성의 열쇠는 감수분열 결과로서 생성되는 배우자의 유전자형을 결정할 수 있는 것이라는 것을 알았다. 몇몇 상황에서 이것은 배우자를 직접 조사함으로써 가능하다. 예를 들어, 효모를 포함한 미생물 진핵생물에 의해 생성된 배우자는 반수체 세포의 콜로니로 자랄 수 있는데, 이것의 유전자형을 생화학적 검사 및 DNA 표지자 분석으로 결정할 수 있다. 배우자의 직접적인 유전자형 결정은, DNA 표지자가 사용된다면, 각 정자의 DNA로 PCR을 수행하지만 불행히도 정자 유전자형 결정은 인내를 필요로 하는 작업이다. 그러므로 고등 진핵생물에서 일상적인 연관 분석은 배우자를 직접 조사함으로써가 아니라, 각 부모로부터 생산된 두 배우자의 융합으로 생성되는 이배체 자손의 유전자형을 결정함으로써 수행된다. 다시 말하면 유전적 교배가 수행된다.

유전적 교배의 복잡성은, 결과로 생기는 이배체 자손은 하나의 감수분열에 의한 것이 아니라 두 감수분열(각 부모당 하나)에 의한 생성물이라는 것이며, 대부분의 생물에서 교차는 암 배우자와 수 배우자의 생성 동안 똑같이 일어난다는 것이다. 어쨌든 우리는

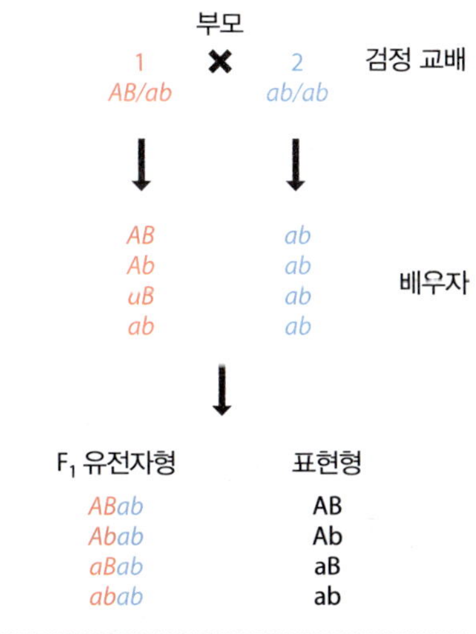

그림 3.20 **우성과 열성을 나타내는 대립유전자 사이의 검정 교배.** A와 B는 대립유전자 *A*, *a*, *B*와 *b*를 가지는 표지자이다. 교배 결과로 생산된 자손은 표현형을 조사하여 계산한다. 이중-동형접합체 부모(부모 2)는 모두 열성 대립유전자 *a*와 *b*를 가지기 때문에 자손의 표현형에 기여하지 못한다. 그러므로 F_1 세대에서 각 개체의 표현형은 그 개체를 생산하는 부모 1 배우자의 유전자형과 동일하다.

이배체 자손의 유전자형으로부터 이들 두 감수분열 각각에서 일어난 교차를 알아낼 수 있다. 이것은 교배가 주의 깊게 설계되어야 함을 의미한다. 보통 방법은 **검정 교배(test cross)**를 이용하는 것이다. 이것은 그림 3.20에 설명되어 있는데, 여기에서는 이미 우리가 다루었던 초파리의 2번 염색체 상에 존재하는 유전자 *A*(대립유전자 *A*와 *a*)와 유전자 *B*(대립유전자 *B*와 *b*) 두 유전자의 지도를 작성하기 위해 검정 교배를 설계하였다. 검정 교배의 중요한 특징은 양 부모의 유전자형이다.

- 부모 중 하나는 **이중 이형접합체(double heterozygote)**이다. 이것은 4개의 대립유전자가 전부 이 부모에 존재한다는 것을 의미한다. 즉, 유전자형은 *AB*/*ab*이다. 이 표시는 한 쌍의 상동 염색체는 대립유전자 *A*와 *B*를 가지고, 다른 것은 *a*와 *b*를 가진다는 것을 나타낸다. 이중 이형접합체는 *AB*/*AB* × *ab*/*ab*와 같이 두 순계의 교배에 의해 얻을 수 있다.
- 부모 중 두 번째는 순계의 **이중 동형접합체(double homozygote)**이다. 이 부모에서 2번 염색체의 상동 사본은 동일하다. 그림 3.20의 예에서 보듯이 염색체 복제은 모두 대립유전자 *a*와 *b*를 가지므로 이 부모의 표현형은 *ab*/*ab*이다.

이중 이형접합체는 그림 3.18에서 감수분열을 살펴본 세포와 동일한 유전자형을 가진다. 그러므로 우리의 목적은 이 부모에 의해 생산된 배우자의 유전자형을 추론하고 **재조합체(recombinant)**의 비율을 계산하는 것이다. 두 번째 부모(이중 동형접합체)에 의해 생산된 모든 배우자는 그들이 부모형이든 재조합형이든 상관없이 *ab* 유전자형을 갖게 될 것이다. 대립유전자 *a*와 *b*는 모두 열성이기 때문에, 실제로 이 부모에서의 감수분열은 자손의 표현형을 조사하여도 보이지 않는다. 그림 3.20에서 나타낸 바와 같이, 이것은 이배체 자손의 표현형은 이중 이형접합체 부모로부터 생산된 배우자의 유전자형으로 정확히 바꿀 수 있다는 것을 의미한다. 그러므로 검정 교배는 단일 감수분열을 직접 조사할 수 있게 하므로 두 표지자의 재조합 빈도와 지도 거리를 계산할 수 있게 한다.

이러한 종류의 연관 분석 능력은 단일 교배에서 3개 이상의 표지자를 사용하면 증가한다. 이것은 재조합 빈도를 보다 빨리 산출할 뿐만 아니라 데이터의 단순한 조사로 염색체 상의 표지자의 상대적인 순서를 결정할 수 있게 한다. 이는 3개 중 바깥쪽 두 표지자로부터 가운데 표지자를 탈연관시키기 위해서는 두 번의 재조합 사건이 요구되는 반면, 바깥쪽 두 표지자의 어느 것도 단 한 번의 재조합에 의하여 탈 연관될 수 있기 때문이다(그림 3.21). 이중 재조합은 단일 재조합에 비해 일어날 확률이 적으므로 가운데 표지자의 탈연관은 비교적 낮은 빈도로 일어날 것이다. 3점 교배 전형적인 데이터가 표 3.2에 있다. 삼중 이형접합체(*ABC*/*abc*)와 삼중 동형접합체(*abc*/*abc*) 사이에 검정 교배를 수행하였다. 가장 높은 빈도의 자손은, A, B와 C 표지자를 포함한 부위에서 재조합이 일어나지 않은 것이므로, 두 부모 유전자형 중 하나를 가진 것이다. 다른 두 종류의 자손의 빈도는 비교적 높다(이 실험에서는 51과 63). 이들은 모두 한 번의 재조합에 의해 생성된 것으로 추정된다. 그들 유전자형의 조사는, 이들 두 종류 중 첫 번째에서 표

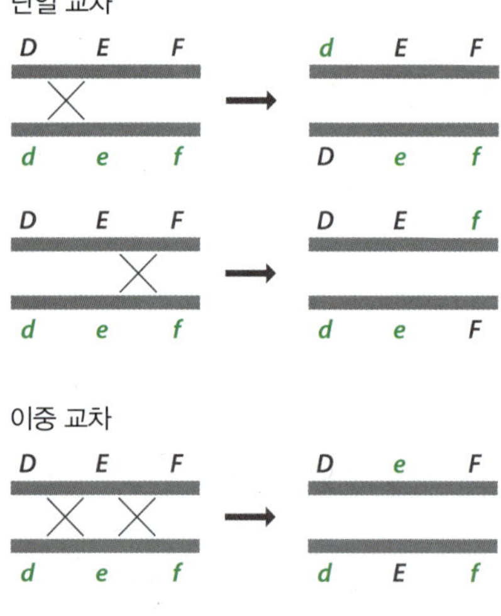

그림 3.21 양성 잡종 교배 동안 교차의 영향. 바깥쪽 두 표지자 중 어떤 것도 단일 재조합에 의하여 탈연관될 수 있다. 그러나 바깥쪽 두 표지자로부터 가운데 표지자가 탈연관되기 위해서는 두 번의 재조합이 필요하다.

표 3.2 3점 검정 교배의 전형적인 데이터.

자손의 유전자형	자손의 수	추론되는 재조합 사건
ABC/*abc*, *abc*/*abc*	987	없음(부모형 유전자형)
aBC/abc, Abc/abc	51	한 번, A와 B/C 사이
AbC/abc, aBc/abc	63	한 번, B와 A/C 사이
ABc/abc, abC/abc	2	두 번, C와 A 사이에 한 번, C와 B 사이에 한 번

지자 A가 B와 C로부터 탈연관되었고, 두 번째 종류에서는 표지자 B가 A와 C로부터 탈연관된 것을 보여준다. 이것은 A와 B가 바깥쪽 표지자라는 것을 의미한다. 이것은 표지자 C가 A와 B로부터 탈연관된 자손의 수에 의해서 확인된다. 오직 2개의 자손만 있는데, 이것은 이 유전자형을 생산하기 위해서는 이중 재조합이 필요하다는 것을 보여준다. 따라서 표지자 C는 A와 B 사이에 위치한다.

하나 더 고려할 점이 있다. 그림 3.20과 표 3.2에서와 같이, 만약 우성과 열성을 가진 대립유전자를 가지는 유전자를 검정 교배로 조사하려면, 이중 혹은 삼중 동형접합체 부모는 열성 표현형의 대립유전자를 가져야 한다. 다른 한편으로 만약 공동 우성 표지자가 사용된다면 이중 동형접합체 부모는 동형 대립유전자의 어떠한 조합도 가질 수 있다(예를 들면, *AB/AB, Ab/ab, aB/aB* 혹은 *ab/ab*). 이러한 종류의 검정 교배의 예인 그림 3.22는 이것의 이유를 보여준다. PCR에 의해 확인되는 DNA 표지자는 무엇이 실제로 공동 우성인지를 나타낸다. 따라서 그림 3.22는 연관 분석을 DNA 표지자로 수행할 때의 전형적인 개요를 보여준다.

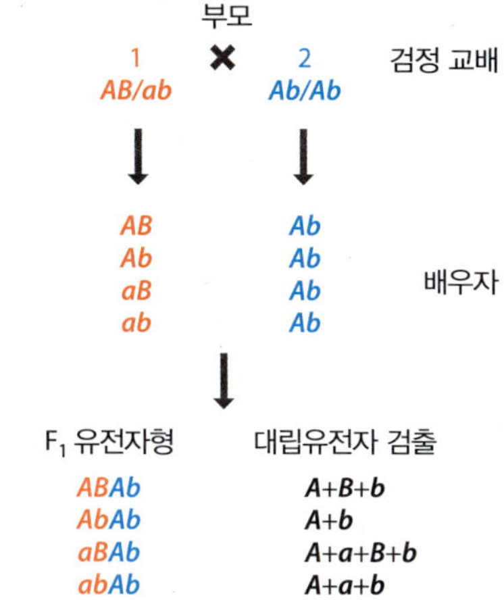

그림 3.22 공동 우성을 나타내는 대립유전자 사이의 검정 교배. A와 B는 대립유전자 쌍이 공동 우성인 표지자이다. 이 특별한 예에서 이중(double) 동형접합체 부모는 *Ab/Ab*의 유전자형을 가진다. 각 F_1 개체에 존재하는 대립유전자는 PCR 등에 의해 직접적으로 알 수 있다. 이들 대립유전자 조합은 각 개체를 생산하는 부모 1 배우자의 유전자형을 추론할 수 있게 한다.

사람 가계도 분석에 의한 유전자 지도 작성

사람은 물론 부모의 유전자형을 미리 선택할 수도 없고 특별히 지도 작성의 목적으로 교배를 설계할 수도 없다. 대신 재조합 빈도를 계산하기 위한 데이터는 존재하는 가족의 연속된 세대 구성원의 유전자형을 조사함으로써 얻을 수 있다. 이것을 **가계도 분석(pedigree analysis)**이라고 부른다. 종종 단지 제한된 데이터만 가능하며, 사람의 결혼은 사용하기 편리한 검정 교배로 되는 경우는 거의 없기 때문에 이 데이터의 해석은 종종 어려우며, 개체가 사망하거나 협조를 꺼려하기 때문에 보통 하나 혹은 그 이상의 가족 구성원의 유전자형을 얻을 수 없다.

이 문제는 그림 3.23에서 보여진다. 이 예에서 우리는 두 부모와 여섯 자녀를 가진 가족에 존재하는 유전병을 연구하고 있다. 유전병은 종종 사람의 유전자 표지자로 사용된다. 즉, 유전병의 상태가 한 대립유전자로, 건강한 상태가 두 번째 대립유전자로서 사용된다. 그림 3.23A의 가계도는 모친과 그녀의 네 자식이 이 질병을 앓고 있는 것을 보여준다. 우리는 외할머니 또한 이 질병을 앓았음을 가계도로부터 알 수 있으며, 외조부모는 모두 사망하였다. 사망의 표시인 사선으로 표시하여 우리는 이들을 모두 가계도에 포함시킬 수 있지만, 유전자형에 관한 더 이상의 정보는 얻을 수 없다. 우리는 이 질병 유전자가 미세부수체와 같은 염색체 상에 존재한다는 것을 알고 있다. *M*이라고 불리는 이 유전자는 M_1, M_2, M_3, M_4 4개의 대립유전자를 가지고서 생존하는 가족 구성원에 존재한다. 우리의 목적은 미세부수체와 관련하여 이 질병 유전자의 위치 지도를 작성하는 데 있다.

질병 유전자와 미세부수체 M 사이의 재조합 빈도를 정하기 위해서, 우리는 자식 중 몇 명이 재조합형인지를 알아야 한다. 6명의 자식 유전자형을 살펴보면, 1, 3, 4번 자식은 질병 대립유전자와 미세부수체 M_1 대립유전자를 가지고 있다는 것을 알 수 있다. 2번과 5번의 자식은 정상 대립유전자와 M_2를 가지고 있다. 그러므로 우리는 2개의 가정을 할 수 있다. 한 가설은 모친에 있는 관련된 상동 염색체의 두 사본이 질병-M_1과 정상-M_2 유전자형을 가지므로 1~5번 자식은 부모 유전자형을 갖고, 6번 자식은 유일한 재조합형을 가지는 것이다(그림 3.23B). 이것은 질병 유전자와 미세부수체가 비교적 가까이 연관되어 있고 이들 사이의 교차는 자주 일어난다는 것을 말해준다. 다른 가설은 모친의 염색체는 정상-M_1과 질병-M_2 유전자형을 가지는 것이다. 이는 1~5번 자식은 재조합형이고 6번 자식은 부모형이라는 것을 의미한다. 이것은 유전자와 부수체는 염

그림 3.23 **사람 가계도 분석의 예.** (A) 이 가계도는 생존하는 두 부모와 6명의 자녀를 가지며, 가족 기록으로부터 외조부모의 정보를 얻을 수 있는, 가족의 유전병의 유전 양상을 보여준다. 질병 대립유전자(속이 찬 기호)는 정상 대립유전자(속이 빈 기호)에 대하여 우성이다. 생존하는 가족 구성원에서 미세부수체(M_1, M_2 등)에 해당하는 대립유전자의 종류를 확인하여, 질병 유전자와 미세부수체 M 사이의 연관의 정도를 결정하는 것이 분석 목적이다. (B) 가계도는 두 가지 방향으로 해석될 수 있다. 가설 1은 낮은 재조합 빈도를 제안하며, 이 질병 유전자는 미세부수체 M과 강하게 연관되어 있다. 가설 2는 질병 유전자와 미세부수체가 훨씬 덜 가까이 연관되어 있음을 제안한다. (C)에서는 이 문제가 외조모가 다시 나타나는 것에 의해 해결된다. 그녀의 미세부수체 유전자형은 오직 가설 1과 일치한다.

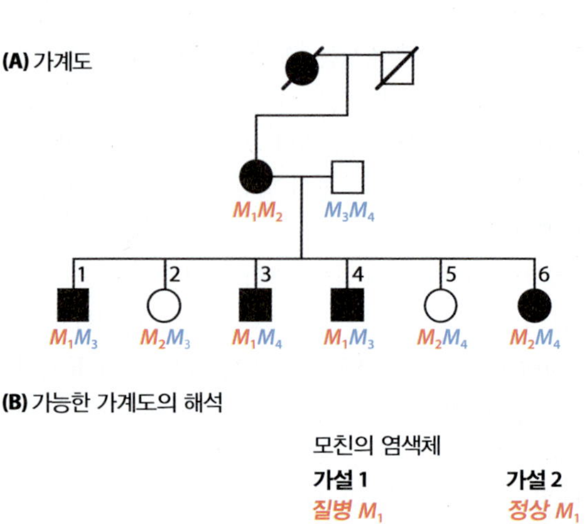

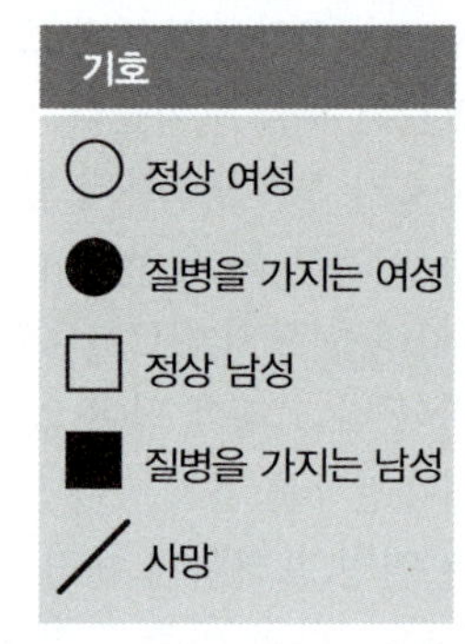

(B) 가능한 가계도의 해석

모친의 염색체

		가설 1 질병 M_1 / 정상 M_2	가설 2 정상 M_1 / 질병 M_2
자식 1	질병 M_1	부모형	재조합형
자식 2	정상 M_2	부모형	재조합형
자식 3	질병 M_1	부모형	재조합형
자식 4	질병 M_1	부모형	재조합형
자식 5	정상 M_2	부모형	재조합형
자식 6	질병 M_2	재조합형	부모형
	재조합 빈도	1/6 = 16.7%	5/6 = 83.3%

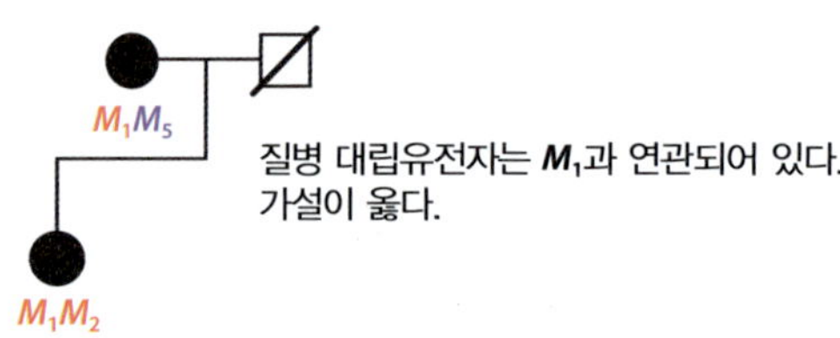

색체 상에서 비교적 멀리 떨어져 있음을 의미한다. 따라서 이 데이터는 실망스럽게도 모호하여 어떤 가설이 옳은지 결정할 수 없다.

그림 3.23의 가계도가 내포한 문제점에 대한 가장 만족스러운 해결책은 조모의 유전자형을 아는 것이다. 이것이 연속극 상의 한 가족이고, 조모는 실제로는 사망하지 않았다고 가정하자. 놀랍게도 조모는 시청률 하락 방지를 위해 시간에 맞춰 다시 나타난다. 그녀의 미세부수체 M의 유전자형은 M_1M_5로 밝혀졌다(그림 3.23C). 이것은 모친에 의해 유전된 염색체는 질병-M_1 유전자형을 가진다는 것을 말해준다. 그러므로 우리는 가설 1이 옳으며 단지 6번 자식만이 재조합체라는 것을 확실하게 결론지을 수 있다.

중요한 개체의 부활은, 비록 슬라이드나 신생아의 혈액 시료를 포함하는 거스리(Guthrie) 카드와 같은 오래된 병리 표본으로부터 DNA를 얻을 수 있지만, 보통 실제의 유전학자들이 선택할 수 있는 것은 아니다. 불완전한 가계도는 **lod 값(lod score)**이라고 불리는 측정에 의해 통계적으로 분석된다. Lod 값은 유전자가 연관되어 있을 가능성의 로그 값(logarithm of odds)을 의미하며, 두 표지자가 동일한 염색체 상에 존재하는지, 다시 말해서 두 유전자가 연관되어 있는지 아닌지를 결정하는 데 주로 사용된다. 로드값이 3 또는 그 이상인 경우는 1,000 : 1의 확률을 의미하며 일어날 수 있는 최소값으로 생각한다. 만약 lod 분석이 연관을 확인하면, 가계도 분석으로부터 얻어진 데이터를 유발한 실제 빈도를 알기 위해서 각각의 재조합 빈도의 범위에 대한 추가적인 로드

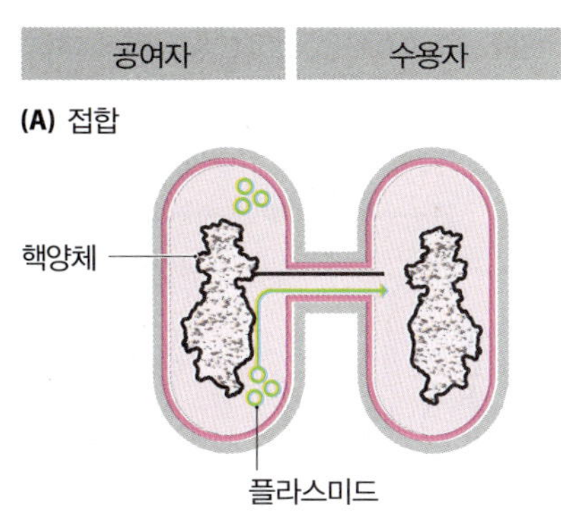

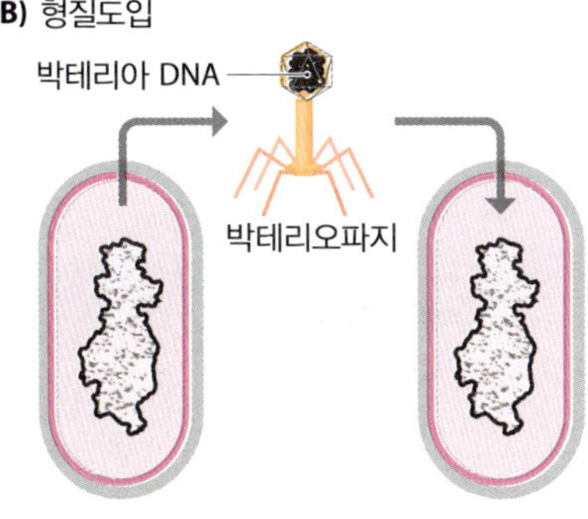

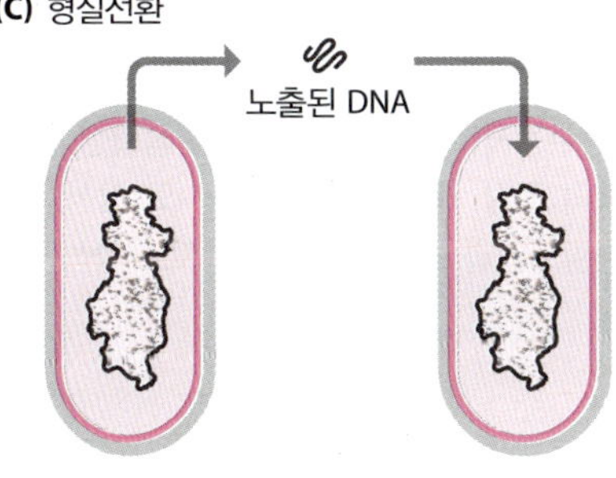

그림 3.24 **박테리아 사이에서 DNA를 전달하는 3가지 방법.** (A) 접합 결과 염색체 혹은 플라스미드 DNA가 공여자 박테리아로부터 수용자로 전달된다. 접합은 두 박테리아 사이의 물리적 접촉을 필요로 하며 **선모(pilus)**라고 하는 작은 관을 통하여 전달이 일어나는 것으로 생각된다. (B) 형질도입은 박테리오파지를 통한 공여자 세포의 작은 DNA 절편의 전달이다. (C) 형질전환은 형질도입과 유사하지만, '노출된' DNA가 전달된다. (B)와 (C)의 사건은 종종 공여자 세포의 죽음을 수반한다. 형질도입 (B)에서는 박테리오파지가 공여자 세포로부터 나올 때 박테리아는 죽는다. 형질전환 (C)에서 공여자 세포로부터 DNA의 방출은 보통 자연적인 원인으로 세포가 죽은 결과이다.

값을 계산할 수 있다. 이상적으로, 가용한 데이터는 둘 이상의 가계도에서 비롯되어야 신뢰도를 높일 수 있다. 많은 수의 자식이 있는 가족의 분석은 덜 모호하며, 그림 3.23에서 본 바와 같이 최소한 3세대 구성원의 유전자형을 결정할 수 있는 것이 중요하다. 이런 이유로 인해 파리에 있는 사람다형성연구센터(CEPH)에 의해 운영되는 것과 같은 가족 은행이 설립되었다. CEPH 수집물은, 4명의 조부모 모두 뿐만 아니라 최소 8명의 2세대 자식이 있는 가족 구성원 각각의 배양 세포주를 포함한다. 이 수집물은 연구 결과에서 얻어지는 데이터를 중앙 CEPH 데이터베이스에 제출하는 것을 동의하는 모든 연구자들이 DNA 표지자 지도 작성을 하는 데 사용될 수 있다.

박테리아의 유전적 지도 작성

우리가 고려해야 할 마지막 종류의 지도 작성 방법은 박테리아에서 사용되는 방법이다. 박테리아의 유전적 지도 작성 기술을 개발하는 데 있어 유전학자들이 당면하는 중요한 어려움은 이들 생물이 정상적으로는 반수체이어서 감수분열을 하지 않는다는 것이다. 그러므로 박테리아 DNA의 상동 부분 사이에서 교차를 유도하기 위한 다른 방법을 고안하여야 하였다. 이의 해결 방안은 한 박테리아로부터 다른 박테리아로 DNA 조각을 전달하는 세 가지의 자연적인 방법을 이용하는 것이었다(그림 3.24).

- **접합(conjugation)**에서 두 박테리아는 물리적으로 접촉하고, 한 박테리아(공여자)는 DNA를 두 번째 박테리아(수용자)로 전달한다. 전달되는 DNA는 공여자 세포 염색체의 일부이거나 전부일 수도 있으며 또한 플라스미드에 삽입된 1 Mb (또는 1 × 10^6bp) 길이까지의 염색체 DNA 절편일 수 있다. 후자의 경우를 **에피솜 전달(episome transfer)**이라고 한다.
- **형질도입(transduction)**은 박테리오파지를 이용하여 50 kb 정도까지의 작은 DNA 절편을 공여자로부터 수용자로 전달한다.
- **형질전환(transformation)**에서 수용자 세포는 공여자 세포로부터 방출된 50 kb를 넘지 않는 DNA 절편을 주변으로부터 흡수한다.

생화학적 형질을 가지는 우성 혹은 **야생형(wild-type**, 예를 들면 트립토판 합성 능력)과 상보적인 특징을 가지는 열성 표현형(예를 들면, 트립토판 합성 능력의 부재)과 같은 생화학 표지자는 종종 사용된다. DNA 전달은 보통 야생형 대립유전자를 가지는 공여자 균주와 열성 대립유전자를 가지는 수용자 사이에서 일어난다. 수용자 균주로의 유전자 전달은 특정 유전자에 연구 중인 유전자에 의해 생기는 생화학 기능의 획득을 조사함으로써 확인된다. 이를 그림 3.25A에 나타내었는데, 여기에서 트립토판 합성 유전자가 야생형 박테리아(trp^+ 유전자형)로부터 이 유전자의 기능이 결핍된 수용자(trp^-)로 전달되는 것을 볼 수 있다. 수용자를 트립토판 영양요구주(auxotroph)라고 부른다[이 말은 야생형에게는 요구되지 않은 영양물질(이 경우는 트립토판)이 공급되어야만 생존할 수 있는 돌연변이 박테리아 균주를 언급할 때 사용된다]. 전달 후에 전달된 유

(A) 공여자와 수용자 박테리아 사이의 DNA 전달

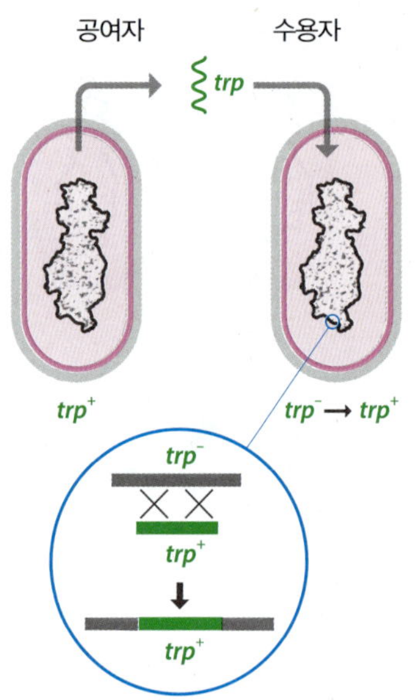

(B) 접합 동안 표지자의 순차적 전달

공여자 수용자

CB A

A+B+C+ A−B−C−

전달 시간 (분)

0 15 30 45

A− → A+

B− → B+

C− → C+

지도

A B C

0 8 20 30

(C) 형질도입과 형질전환 중 가까이 연관된 표지자의 공동 전달

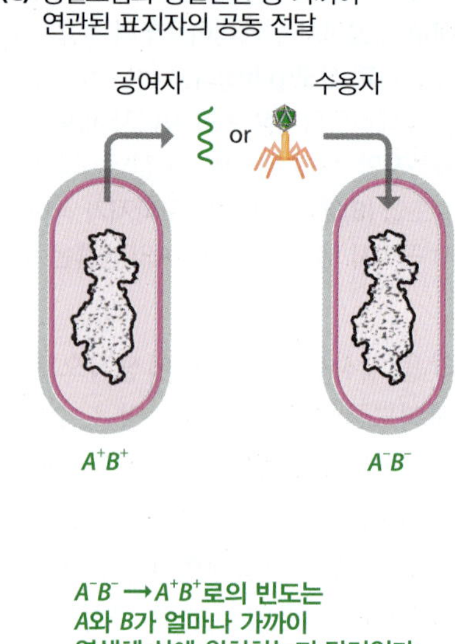

그림 3.25 박테리아에서 유전자 지도 작성의 원리. (A) 야생형 박테리아(*trp*+ 유전자형)로부터 기능성 트립토판 유전자가 결핍된 수용자(*trp*−)로의 트립토판 생합성 유전자의 전달. (B) 접합에 의한 지도 작성. (C) 형질도입과 형질전환에 의한 지도 작성.

전자가 수용자 세포의 염색체로 삽입되어 수용자를 *trp*−로부터 *trp*+로 전환시키기 위해서는 두 군데의 교차를 필요로 한다.

지도 작성 과정의 상세한 과정은 사용되는 유전자 전달 방법에 따라 다르다. 접합 동안 DNA는, 관을 따라 줄이 끌어 당겨지는 것과 동일한 방법으로 공여자로부터 수용자에게로 전달된다. 그러므로 DNA 분자 상의 표지자의 상대적 위치는 수용자 세포에 표지자가 나타나는 시간을 결정함으로써 알 수 있다. **그림 3.25B**에 보인 예에서 표지자 A, B와 C는 각각 접합 시작 후 8, 20, 30분 후에 전달된다. 대장균 전체 염색체가 전달되는 데는 약 100분 정도 걸린다. 이와 반대로 형질도입과 형질전환을 이용한 지도 작성은 전달되는 DNA 절편이 50 kb 이하로 짧으므로 비교적 가까이 붙어 있는 유전자의 지도를 작성할 수 있게 한다. 따라서 두 유전자가 함께 전달되는 확률은 그들이 박테리아 염색체 상에 얼마나 가까이 위치하는가에 달려있다(**그림 3.25C**).

연관 분석의 한계점

앞에서 살펴보았듯이, 연관 분석에 필요한 데이터는 감수분열 동안 표지자의 유전과 박테리아와 같은 비감수분열 종 사이의 DNA 전달을 지배하는 자연적인 생물적 과정을 실험적으로 이용하여 얻어진다. 불가능하지는 않더라도 데이터의 질을 향상시키기 위하여 이런 과정들을 변형시키는 것은 매우 어렵다. 예를 들어, 감수분열은 복잡한 세포 경로이며(그림 3.17 참조), 유전학자들이 유전적 지도의 정확성과 정밀도를 높이기 위해 특정 생물에서 이 경로를 변형시킬 수는 없다. 이것은 연관 분석으로 작성된 지도의 사용이 한계점을 가진다는 것을 의미한다. 다음은 가장 중요한 두 가지 한계점이다.

- 유전적 지도의 분해능은 계산된 교차의 수에 의존한다. 이것은 미생물에 있어서는 큰 문제가 되지 않는데, 그 이유는 많은 수의 교차를 얻을 수 있고, 이것을 연구하여 표지자가 단지 몇 kb 떨어진 매우 상세한 유전적 지도를 작성할 수 있기 때문이다. 예를 들어, 1990년에 대장균 유전체 사업이 시작되었을 때, 최신의 대장균 유전적 지도는 평균 3.3 kb당 하나씩 모두 1,400개 이상의 표지자를 포함하고 있었다. 이것은 유전체 서열을 올바르게 조립할 만큼 충분히 세밀한 것이다.

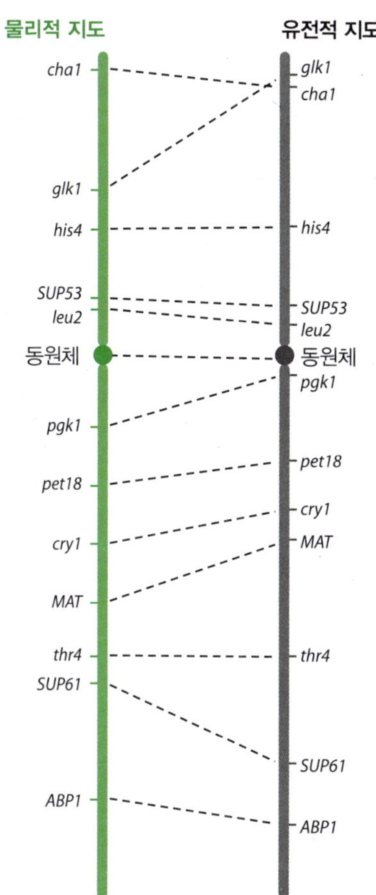

그림 3.26 **효모(*S. cerevisiae*) III번 염색체의 유전자 지도와 물리적 지도의 비교.** 이 비교는 유전자 지도와 염기 서열 결정에 의한 작성된 물리적 지도가 일치하지 않음을 보여준다. 위 두 표지자(*glk1*과 *cha1*)의 순서가 유전자 지도에서는 다르며, 또한 다른 표지자 쌍의 상대적인 위치에서도 차이가 있다는 것을 주목하라.

유사하게, 효모(*S. cerevisiae*) 유전체 사업도 세밀한 유전적 지도(평균 10 kb당 하나씩 약 1,150개의 유전자 표지자)의 도움을 받았다. 사람이나 대부분의 다른 진핵생물에 있어서의 문제점은 단순히 많은 수의 자손을 얻는 것이 가능하지 않기 때문에, 상대적으로 감수분열을 연구하기 어렵고 연관 분석의 해상력이 제한된다. 이것은 수십 kb 떨어진 유전자들이 유전자 지도상에서는 동일한 위치에 나타날 수 있다는 것을 의미한다.

- 유전적 지도는 제한된 정확도를 가진다. 교차는 염색체를 따라 무작위로 일어난다는 스터티번트의 가정을 평가하면서 3.3절에서 우리는 이 점을 간단히 언급하였다. 이러한 가정은 단지 부분적으로 옳은데, 그 이유는 재조합 빈발 지역의 존재는 교차가 어떤 지점에서는 다른 지점에 비해 더 잘 일어나는 경향이 있다는 것을 의미하기 때문이다. 이것이 유전적 지도의 정확도에 영향을 미칠 수 있다는 것은, 유전적 지도와 DNA 염기 서열 결정에 의해 알려진 표지자의 실제 위치의 직접적인 비교가 최초로 이루어지게 한 1992년 효모(*S. cerevisiae*) III번 염색체의 완전한 염기 서열이 발표되었을 때 드러났다(그림 3.26). 심지어 한 쌍의 유전자 순서가 유전자 분석에 의해 틀리게 결정되는 등 많은 불일치가 있었다. 효모는 집중적인 유전적 지도 작성이 이루어진 두 진핵생물(두 번째는 초파리) 중 하나임을 기억하라. 만약 효모의 유전적 지도가 정확하지 않다면, 상세한 분석이 덜 이루어진 생물의 유전적 지도는 얼마나 정확하겠는가?

이러한 한계점으로 인해 보다 정확하게 위치한 표지자의 밀도가 더 높은 지도를 작성하려는 목표로 표지자를 염색체에 위치시키는 다른 방법들이 개발되었다. 이러한 방법들은 연관 분석을 사용하지 않으므로 전통적인 유전적 기법에 기초하지 않는다. 이러한 대체적인 방법을 물리적 지도 작성이라고 부르며, 이어지는 두 절에서 다룬다.

3.5 DNA 분자의 직접적인 조사에 의한 물리적 지도 작성

수많은 물리적 지도 작성 기술이 개발되었으며, 표지자의 위치를 확인하는 방법에 따라 두 부류로 나눈다.

- 직접적으로 DNA 분자 또는 염색체를 조사하는 방법
- 온전한 DNA 분자 내에서 위치를 알거나 또는 추론할 수 있는 DNA 절편에 표지자를 위치시키는 방법

가장 단순한 직접적인 조사 방법은 DNA 분자 상에 위치한 제한효소의 자리를 알아내는 방법이다. 이 방법을 **제한지도 작성(restriction mapping)**이라고 한다.

전통적인 제한지도 작성은 단지 작은 DNA 분자에만 적용할 수 있다

DNA 표지자로 RFLP를 이용한 유전적 지도 작성은 유전체 내의 다형성 제한효소 자리의 위치를 결정할 수 있으나(3.2절), 다형성을 보이는 제한효소 자리는 거의 없으므로 이 방법에 의해 많은 자리가 지도로 작성될 수 없다(그림 3.27). 비다형성 제한효소 자리의 위치를 결정하기 위하여, 다른 방법을 사용하여 유전체 지도에서 표지자의 밀도를

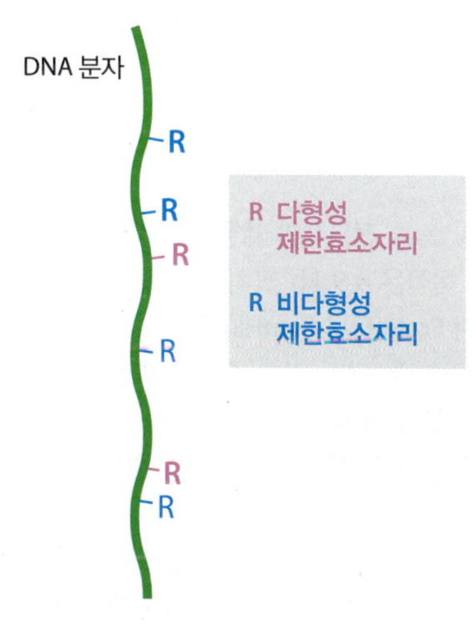

그림 3.27 **모든 제한효소 자리가 다형성을 보이지는 않는다.**

4.9 kb

*Eco*RI　*Bam*HI　*Eco*RI + *Bam*HI

1.5　3.4　0.7　1.0　1.2　2.0　0.2　0.5　1.2　2.0　1.0

이중 제한효소 절단의 해석

절편	결론
0.2 kb, 0.5 kb	이것은 0.7 kb *Bam*HI 절편으로부터 나와야 하므로 *Eco*RI 자리가 내부에 존재한다.
1.0 kb	이것은 내부에 *Eco*RI 자리가 없는 *Bam*HI 절편이어야 한다. 이렇게 1.0 kb 절편을 위치시키면 1.5 kb *Eco*RI 절편이 설명된다.
1.2 kb, 2.0 kb	이것은 내부에 *Eco*RI 자리가 없는 *Bam*H 절편이어야 한다. 이들은 3.4 kb *Eco*RI 절편 내에 위치하여야 한다.

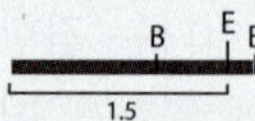

부분 *Bam*HI 절단의 예상되는 결과

만약 지도 I이 옳다면 부분제한효소 절단의 생성물은 1.2 kb + 0.7 kb = 1.9 kb의 절편을 포함할 것이다.
만약 지도 II가 옳다면 부분제한효소 절단의 생성물은 2.0 kb + 0.7 kb = 2.7 kb의 절편을 포함할 것이다.

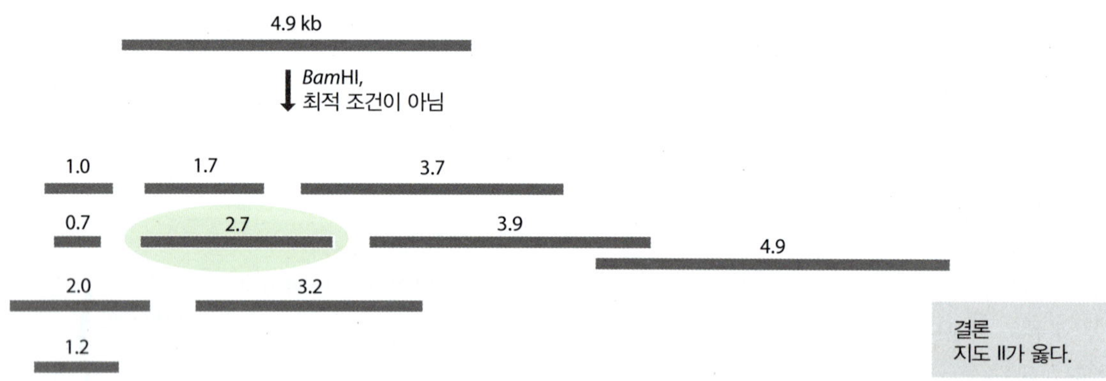

그림 3.28 전통적인 제한효소 지도 작성 방법. 목적은 4.9 kb 크기의 선형 DNA 분자에서 *Eco*RI(E)과 *Bam*HI(B)의 위치를 결정하는 것이다. 단일 및 이중 제한효소 절단 결과는 맨 위에 나타냈다. 이중 제한효소 절단 결과로 생긴 절편의 크기는 그림의 가운데에서 설명되는 바와 같이, *Bam*HI 3자리 중 하나의 위치를 결정하지 못함으로, 두 종류의 지도 작성을 가능하게 한다. 이들 지도는 *Bam*HI 부분 절단(아래)으로 확인할 수 있으며, 지도 II가 옳다는 것을 보여준다.

증가시킬 수 있을까? 제한효소 지도 작성이 이것을 달성할 수 있다. 먼저 이 방법을 살펴본 후 유전체 지도 작성과의 관련성을 살펴보기로 한다.

제한효소 지도를 작성하는 가장 간편한 방법은, 서로 다른 염기 서열을 인식하는 두 종류의 제한효소로 DNA 분자를 절단하여 생성된 절편의 크기를 비교하는 것이다. 제한효소 *Eco*RI과 *Bam*HI을 이용한 예가 그림 3.28에 있다. 이 예는 3가지 종류의 제한효소 절단을 통해 작은 DNA 분자의 제한지도를 작성하는 전통적인 접근법을 보여준다.

- 먼저, DNA 분자 시료 하나를 하나의 제한효소로 절단하고 잘려진 절편의 크기를 아가로오스 젤 전기영동으로 측정한다. 다음에, 다른 DNA 분자를 두 번째 제한효소로 절단하고 마찬가지로 전기영동으로 크기를 측정한다. 지금까지의 결과

는 각 효소의 제한자리 수를 알게 하지만, 그들의 상대적인 위치는 결정할 수 없게 한다.

- DNA 시료를 두 가지 제한효소로 동시에 절단한다. 그림 3.28에서 보인 예에서 **이중 제한효소 절단(double restriction)**은 4자리 중에서 3자리의 위치를 결정 할 수 있게 한다.
- 한 가지의 제한효소를 사용하지만 짧은 시간 동안 반응시키거나 혹은 반응 온도를 바꾸는 등의 방법으로 완전한 효소 절단이 일어나지 못하게 하는 **부분 절단(partial digestion)**을 수행한다. 부분 절단은 보다 복잡한 절단물을 생성하며, 이제 제한효소로 완전히 절단된 절편은, 아직도 하나 혹은 그 이상의 제한효소 자리를 포함하는 부분적으로 절단된 절편으로 보완된다. 부분 제한효소 절편의 크기로 지도를 완성할 수 있다.

앞에서 언급한 방법은 사용하는 제한효소의 자리가 비교적 적을 경우 정확한 지도를 작성할 수 있다. 하지만 제한효소 자리가 증가함에 따라 단일, 이중 또는 부분 절단의 산물 수 또한 증가한다. 컴퓨터를 이용하여 분석할 수 있으나 궁극적인 문제는 여전히 남는다. 제한효소 절단으로 많은 절편이 생성되어 아가로오스 젤에서 하나의 밴드로 합쳐져서 나타날 경우 하나 혹은 그 이상의 절편이 잘못 측정되거나 또는 완전히 생략될 수 있다. 만약 여러 절편이 비슷한 크기를 가지게 되면 이 절편들이 모두 확인이 되더라고 정확한 지도로 조립하는 것이 가능하지 않을 수 있다. 그러므로 전통적인 제한지도 작성은 큰 분자보다는 작은 분자에 적합하며, 크기의 상한은 분자 내에 존재하는 제한효소 자리의 빈도에 달려 있다. 실제로 만약 DNA 분자의 크기가 50 kb보다 작으면, 6-뉴클레오티드 인식 염기 서열 제한효소를 선별하여 정확한 제한효소 지도를 제작하는 것이 일반적으로 가능하다. 50 kb의 크기는, 비록 몇몇 바이러스나 세포내 소기관 유전체를 포함하지만, 박테리아나 진핵생물 염색체의 최소 크기에도 크게 못 미친다. 이 접근법은 박테리아나 진핵생물 유전체 DNA가 클론된 후에 클론된 절편이 50 kb보다 작다면 똑같이 유용하다.

광학적 지도 작성은 보다 긴 DNA 분자의 제한효소 자리를 알 수 있다

DNA 분자에서 제한효소 자리 지도를 작성하기 위해서 전기영동 외에 다른 방법을 사용할 수 있다. **광학적 지도 작성(optical mapping)**이라고 불리는 기법은 절단된 DNA 분자를 현미경으로 관찰함으로써 제한효소 자리의 위치를 직접 알 수 있다.

수용액 상에서 DNA는 무작위 코일 구조를 형성하기 때문에 분자가 서로 뭉쳐 덩어리를 이루는 경향이 있다. 따라서 광학적 지도 작성의 핵심은, 직접 관찰한 제한효소의 절단 위치가 DNA 서열상의 제한자리의 위치를 정확히 반영하게 하는 개별 DNA 분자를 선형으로 늘릴 수 있는 능력이다. 만약 DNA 분자의 일부가 무작위 코일로 남아 있거나 또는 완전하게 펼쳐지지 않으면 제한자리 사이의 실제적인 거리를 파악하기는 훨씬 더 어려워 질 것이다. 광학적 지도 작성의 초기 형태에서 DNA 분자를 **젤 늘이기법(gel stretching)**이라고 불리는 과정으로 길게 늘렸다. 녹인 아가로오스에 염색체 DNA를 넣은 후, 약간 경사진 현미경 슬라이드 위에 올려 놓아 젤이 식어 응고됨에 따라 아가로오스가 슬라이드를 따라 흐르게 한다. 이 조건 하에서 아가로오스 속에 포함된 DNA 분자는 정렬하게 되고 늘어나게 된다(그림 3.29A). 젤은 또한 마그네슘 이온을 첨가하였을 때 활성화되는 (모든 제한효소는 활성화되기 위해 마그네슘 이온을 필요로 한다) 제한효소를 포함하고 있다. 이제 DNA 분자에 DNA를 염색하는 DAPI(4′,6-diamino-2-phenylindole dihydrochloride)와 같은 형광 염료를 첨가한 후 슬라이드를 고

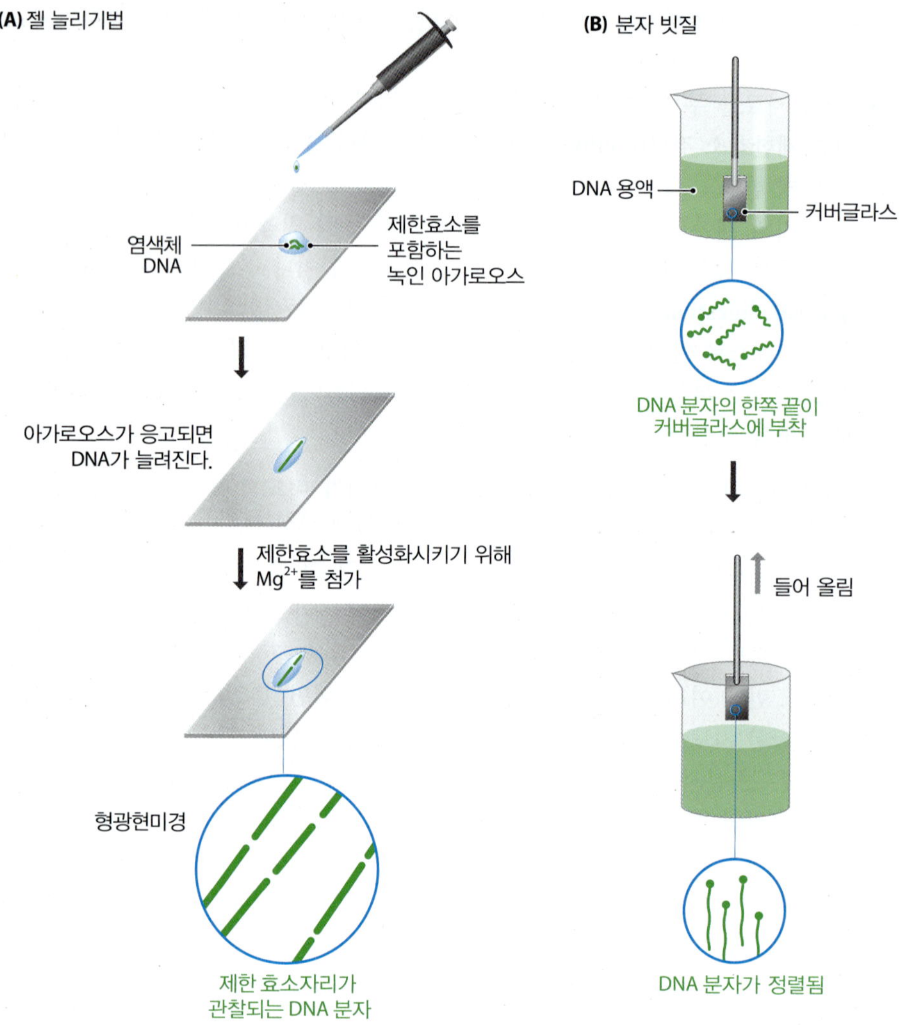

그림 3.29 젤 늘리기법과 분자 빗질. (A) 젤 늘리기법을 수행하기 위해, 염색체 DNA 분자를 포함하고 있는 녹인 아가로오스를 기울어진 현미경 슬라이드 위에 피펫을 이용하여 떨어뜨린다. 젤이 응고됨에 따라 DNA 분자는 늘어나게 된다. 염화마그네슘의 첨가로 젤 속에 포함된 제한효소를 활성화시켜 DNA 분자를 절단한다. 분자가 점차적으로 감기면서 절단 위치를 나타내는 틈이 보이게 된다. (B) 분자 빗질에서는 커버글라스를 DNA 용액에 담근다. DNA 분자는 말단에 의해 커버글라스에 부착한다. 커버글라스를 용액으로부터 0.3 mm s^{-1}의 속도로 들어 올리면 평행한 분자의 빗이 생성된다.

분해능 형광현미경으로 관찰하면 DNA 섬유를 볼 수 있다. DNA의 자연적인 용수철과 같은 성질에 의해서 섬유의 신장 정도가 감소함에 따라 늘려진 분자의 제한효소 자리는 틈(gap)으로 되어, 절단의 상대적인 위치를 알 수 있게 한다.

젤 늘이기 방법은 비교적 수행하기는 쉬우나 젤 액적(droplet)에 포함된 상태의 DNA 섬유를 관찰할 때 나타나는 뒤틀림으로 인해 이 방법의 해상도가 제한된다. 젤을 이용하지 않고 DNA 분자를 늘리는 다른 방법이 **분자 빗질(molecular combing)**이다. 이 방법에서는, 실리콘을 입힌 커버글라스를 DNA 용액에 5분 동안 담가서 DNA 분자를 준비한 다음(이때 DNA 분자의 말단이 커버글라스에 부착한다), 커버글라스를 일정한 속도(0.3 mm s^{-1})로 들어 올린다(그림 3.29B). 메니스커스를 통해 DNA 분자를 끌어올리는 힘이 DNA 분자를 정렬하게 만든다. 일단 공기 중으로 나오면 커버글라스의 표면은 건조되면서 DNA 분자는 평행의 섬유 배열로 유지된다. 이 방법으로 800 bp 이하로 떨어진 제한자리를 관찰할 수 있다.

광학적 지도 작성은 BAC 벡터(2.3절)에 의해 클로닝된 큰 DNA 절편에 처음 적용되었다. 보다 최근에는 유전체 DNA에 이것을 사용할 수 있는 가능성이 말라리아 기생충인 *Plasmodium falciparum*의 1 Mb 염색체와 박테리아 *Deinococcus radiodurans*의 두 염색체와 한 거대 플라스미드(크기는 각각 2.65, 0.41 및 0.18 Mb)의 연구로 증명되었다(표 8.2 참조).

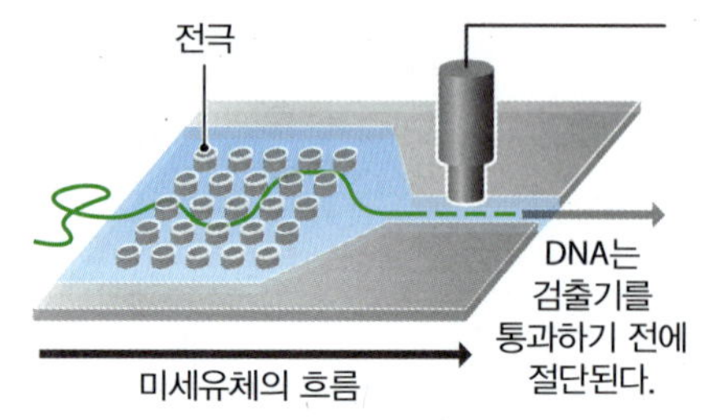

그림 3.30 제한효소 자리의 광학적 지도 작성을 위한 미세유체 장치. DNA 분자는 전극망을 통과하면서 부분적으로 늘어난다. 이중나선보다 조금 넓은 나노 통로를 통과함으로써 완전히 늘어난다. 마그네슘 이온의 기울기가 형성된 미세통로 내부에서 DNA는 절단된다.

길이가 1 Mb 이상되는 분자는 절단시키지 않고 분리하기 어려우므로 대부분의 광학적 지도는 일련의 서로 겹치는 절편부터 얻어진 데이터로부터 작성된다. 예를 들어, 2.65 Mb의 *D. radiodurans*의 염색체는 157개의 절편을 이용하여 지도 작성되었다. 이것은 이 과정이 가능한 많은 개별적인 관찰이 이루어져야 하는 점에서 노동집약적이며, 처음 출발하는 분자의 길이가 증가함에 따라 노동의 강도가 파격적으로 증가한다. 그러므로 최근의 연구는 이 과정을 자동화하는 데 초점이 맞추어져, 많은 절편에서 대용량으로 제한 자리의 지도 작성을 할 수 있다. 이러한 자동화된 과정은 분자를 늘린 다음 이들을 하나씩 광 검출기로 통과시키는 미세유체 장치(microfluidic device)를 이용한다. 몇몇 시스템에서 분자 빗질의 한 유형은 분자를 늘리는 데 이용되며, 다른 유형에서는 전극망(grid of electrode)을 통해 분자를 부분적으로 늘린 다음 용매의 흐름에 의해, 오직 선형 분자만이 통과할 수 있는 일련의 나노통로(nanochannel)를 통과하게 함으로써 완전히 늘린다(그림 3.30). 물론 이런 방법은 제한효소에 의한 DNA 절편의 절단이 절편이 나노통로로 들어갈 때까지 늦춰져야만 가능하다. 이러한 결과를 얻기 위한 한 방법은 미세유체 장치를, 각 미세통로 내부에 마그네슘 이온의 기울기가 형성되게 하여 제한효소가 DNA 절편과 함께 통로 속으로 들어간 경우에만 활성화되도록 설계하는 것이다. 따라서 제한효소는 나노통로 내부에서 DNA를 절단하고 DNA 절편 사이에 생기는 틈(gap)은 즉시 감지 시스템에 의해 기록된다. 이러한 자동화된 데이터 발생은 그 데이터를 분석하는 컴퓨터 분석과 더불어 광학적 지도 작성의 범위를 크게 확장시켜, 이러한 형태의 지도가 다양한 동식물 유전체에서 작성되었다.

광학적 지도 작성은 DNA 분자에서 다른 특징의 지도를 작성하는 데 이용된다

2000년대에, 신장된 DNA 분자의 관찰은 제한지도를 작성하는 훌륭한 방법이라는 사실의 자각을 통해, 제한자리 외에 다른 표지자의 지도를 작성할 수 있는 광학적 지도 작성의 혁신적인 방법을 개발할 수 있게 되었다. 이러한 광학적 지도 작성 방법은 부분적으로 **제자리 형광혼성화(Fluorescent in situ hybridization, FISH)**라고 불리는 DNA 분자의 물리적 지도 작성법의 두 번째 기술의 사용과 병행하여 개발되었다.

광학적 지도 작성에서와 마찬가지로 FISH는 염색체나 긴 DNA 분자 위의 표지자 위치를 직접 볼 수 있게 한다. 차이점은 FISH에서 표지자는, 이 표지자와 상보적이어서 결합할 수 있는 형광 탐침과의 혼성화에 의해 관찰되는 DNA 분자에 포함된 DNA 염기서열이다(그림 3.31). 이 기술은 1980년대에 **중기 염색체(metaphase chromosome)**를 가지고 처음 사용되었다(7.1절). 분열 중인 핵으로부터 준비된 이 염색체는 매우 응축되어 있어 동원체의 위치와 염색을 통해 나타나는 독특한 밴딩(banding) 형태의 특징이 나타남을 관찰할 수 있다(그림 7.6 참조). 따라서 이러한 형태의 FISH는 동원체와 염색체 밴드에 대한 표지자의 상대적인 위치를 확인할 수는 있지만 혼성화한 두 표지자의 해상도는 최소 1 Mb 떨어져 있기 때문에 고해상도 지도를 작성할 수는 없었다. 그러므로 중기 FISH의 주요 응용은 염색체 상에서 새로운 표지자의 위치를 결정하여 보다 더 정밀한 지도 작성을 위한 예비 방법으로 이 표지자의 대략적인 위치를 제공하는 것이었다.

1990년대 동안 중기 염색체 구조 대신 기계적으로 늘린 염색체 또는 핵분열의 전기나 간기로부터 분리되어 자연적으로 보다 신장된 염색체를 표적 물질로 사용하는 변

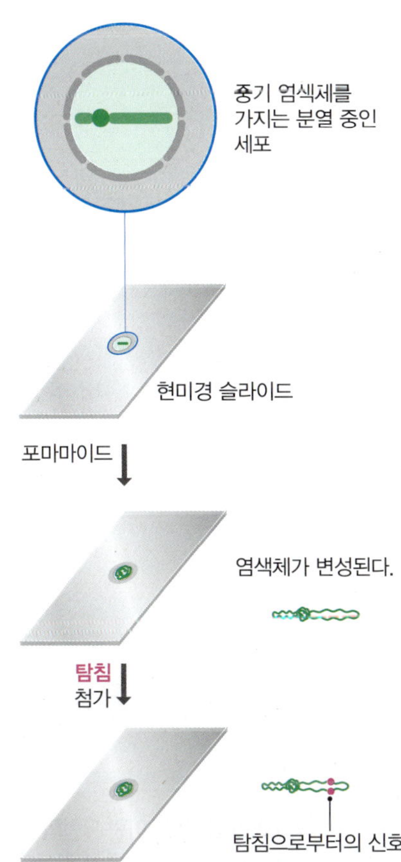

그림 3.31 제자리 형광 혼성화. 분열 중인 세포를 현미경 슬라이드 위에서 말린 후 포마마이드를 처리하여 중기 형태의 특징을 그대로 가지면서 염색체가 변성되게 한다. 탐침이 염색체 DNA에 혼성화하는 위치는 표지된 DNA에 의해 방출되는 형광 신호를 탐지함으로써 눈으로 확인할 수 있다.

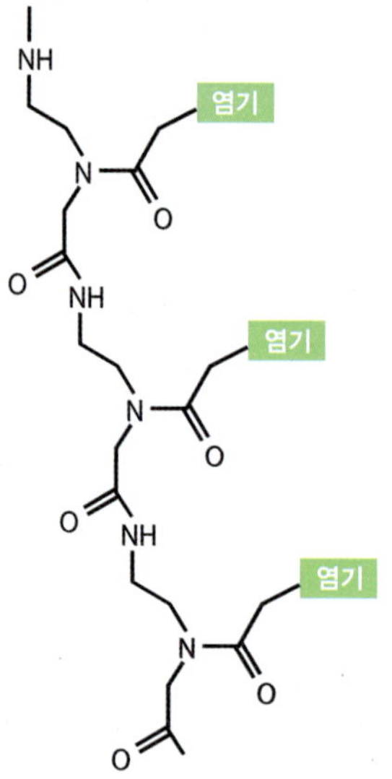

형된 FISH 기술이 개발되었다. FISH의 해상도를 이보다 더 향상시키기 위해서는 온전한 염색체를 포기하고 대산 분리된 염색체를 사용하는 것이 필요하였다. 처음에 **섬유-FISH(fiber-FISH)**라고 불리는 이러한 접근 방법은 기본적으로 광학적 지도 작성법의 변형이며 앞에서 언급한 것과 유사한 장치인 미세유체 장치(microfluidic device)에서 신장된 DNA 절편을 가지고 수행한다. 제한 자리 지도 작성법과 비교한 섬유-FISH의 장점은 원하는 어떤 DNA 서열을 표적으로 하는 탐침을 설계할 수 있어서 탐지될 수 있는 표지자의 유형에 제한이 없다는 것이다.

이러한 종류의 광학적 지도 작성법 앞에 놓인 중요한 도전과제는, 절편이 신장되어 미세유체 통로와 검출기를 통과하면서 탐침이 DNA 절편의 특정 위치에 결합한 채로 남아 있어야 하는 것이다. 전통적인 혼성화 탐침의 사용을 위해서는 표적 DNA는 탐침이 결합할 수 있는 단일가닥 부위를 노출시키기 위해 반드시 최소 부분적으로 변성되어야 한다는 사실이다. 두 번째 DNA 가닥은 탐침과 경쟁하여 이것을 배제시킨 상태로 다시 원래의 이중가닥을 형성할 수 있다. DNA가 검출기를 통과하기 이전에 이러한 일이 일어난다면 어떤 데이터도 얻을 수 없게 될 것이다. 이러한 문제를 해결하는 한 방법이 **펩티드 핵산(peptide nucleic acid, PNA)**을 탐침으로 사용하는 것이다. 이것은 당-인산 골격이 아마이드 결합으로 대체된 폴리뉴클레오티드 유사체이다(그림 3.32). PNA 탐침과 표적 DNA 서열과의 혼성화는 두 가지 이유에서 정상적인 DNA-DNA 상호작용에 비해 훨씬 더 안정적이다. 첫째, DNA-DNA 혼성체의 안정성은 음전하를 띤 두 폴리뉴클레오티드의 당-인산 골격 사이의 척력에 의해 어느 정도 약해진다. PNA의 아마이드 골격은 전하를 띠지 않으므로 척력이 발생하지 않는다. 둘째, PNA는 두 가지 다른 방법으로 표적과 염기쌍을 형성한다. 왓슨-크릭 염기쌍 형성뿐만 아니라 높은 피리미딘을 가진 PNA는 표적과 **후그스틴 염기쌍(Hoogsteen base pair)**을 형성할 수 있다. 후그스틴 염기쌍은 왓슨-크릭 염기쌍과 동일한 조합(A-T와 G-C)을 포함하지만 염기쌍을 형성하는 수소결합은 피린과 피리미딘 상의 다른 기(group)를 포함한다(그림 3.33). 이것은 단일 DNA 가닥이, 하나는 왓슨-크릭 염기쌍 형성에 의해 또 다른 하나는 후그스틴 염기쌍 형성에 의해 동시에 두 PNA와 결합할 수 있다는 것을 의미한다. 결과의 PNA_2DNA **삼중체(triplex)** 구조는 DNA-DNA 혼성체에 비해 더 안정적이며 광학적 지도 작성 과정에서 떨어질 염려가 적게 된다.

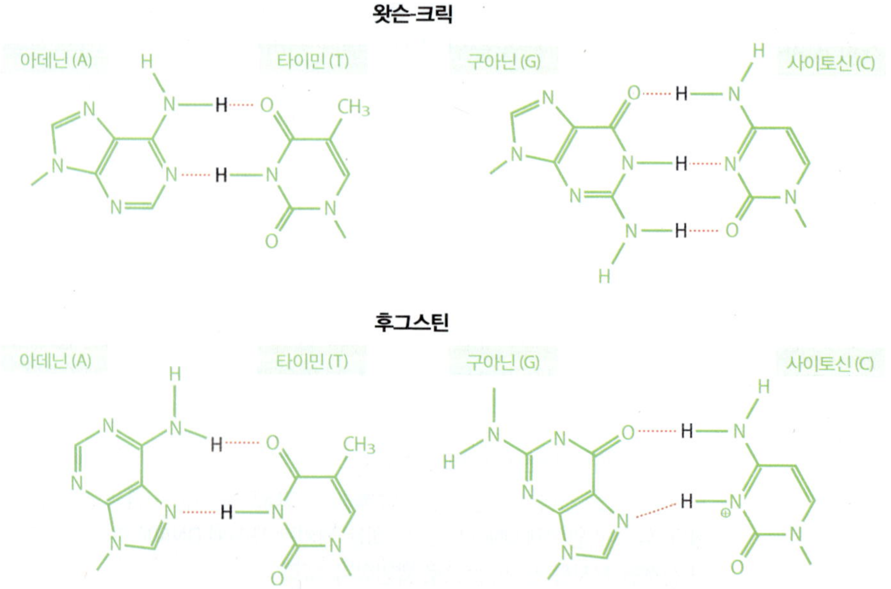

그림 3.32 **짧은 펩티드 핵산.** 펩티드 핵산은 표준의 핵산에 존재하는 당-인산 골격 대신 아마이드 골격을 가진다.

그림 3.33 **후그스틴 염기쌍.** 이런 유형의 염기쌍 형성은 PNA와 DNA 사이에서 형성될 수 있다.

광학적 지도 작성법을 배우면서 간단히 고려해야 할 2개의 다른 광학적 지도 작성법의 신기술이 있다. 이 신기술은 유전체 지도상에서 표지자의 위치를 확인하는 것과 직접적으로 밀접하게 연관된 것이 아니지만, 그럼에도 불구하고 유전체의 구조와 발현에 관해 중요한 정보를 제공한다.

- 온도를 올리거나 또는 미세유체 용매에 포마마이드와 같은 화학 변성제를 포함시켜 DNA 절편을 부분적으로 변성시킴으로써 GC 풍부 지역의 위치를 알 수 있다. G-C 염기쌍은 3중 수소결합을 하므로 단지 2개인 A-T에 비해 이러한 조건 아래에서 이중가닥으로 남을 가능성이 높다. 만약 이중가닥에 특이적인 염색물질을 첨가하면 GC 풍부 지역의 위치를 알 수 있다. 일부 유전체에서 GC 풍부 지역은 유전자의 위치를 알려 주므로 이 방법에 의해 얻어진 데이터 유전체 서열의 주석 달기 작업에 유용할 수 있다.
- 만약 광학적 지도 작성이 메틸화된 제한자리를 절단할 수 없는 제한효소를 사용하여 수행된다면 DNA 메틸화의 양상을 분석할 수 있다. 10.3절에서 다루겠지만, 특정 서열에 메틸기의 첨가는 유전자의 발현을 억제할 수 있는 한 방법이다. 따라서 유전체의 특정 부위가 메틸화되었는지 혹은 탈메틸화되었는지를 확인함으로써 그 부위의 유전자가 불활성 상태인지 발현 상태인지를 추론하는 것이 가능하다.

3.6 표지자를 이용한 물리적 지도 작성

물리적 지도 작성의 두 번째 접근방법은, 동일한 절편 상에 두 표지자가 함께 존재하기 위해서는 이 두 표지자가 유전체 내에서 매우 가까이 있어야 한다는 데 근거하여, 유전체의 절편 상에서 표지자의 위치를 확인하는 것이다. 이 방법에서 각 표지자는 **염기서열-표지 자리(sequence-tagged site, STS)**라고 불리며, STS는 단지 대체로 100 bp에서 500 bp 길이 사이의 짧은 염기 서열로, 쉽게 인식되며 연구 대상 염색체나 유전체에 단 한 번 존재한다. STS 지도를 작성하기 위해서는, 하나의 염색체 혹은 전체 염색체의 중첩되는 DNA 절편의 집합이 요구된다. 그림 3.34의 예에서, 절편의 집합은 하나의 염색체로부터 마련되는데, 염색체를 따라 절편 집합에서의 각 지점은 평균 5배 정도 존재한다. 지도를 작성할 데이터는 어떤 절편이 어떤 STS 표지자를 포함하는지를 결정하여 얻는다. 이것은 혼성화 분석에 의해서 이루어지지만, 더 빠르고 자동화가 더 쉬운 이유 때문에 주로 PCR을 사용한다. 물론 두 STS가 동일한 절편에 존재할 확률은 그들이 유전체 상에서 얼마나 가까이 있느냐에 의존한다. 만약 그들이 너무 가까이 있다면 그들이 항상 동일한 절편에 위치할 확률은 매우 높다. 만약 그들이 멀리 떨어져 있다면

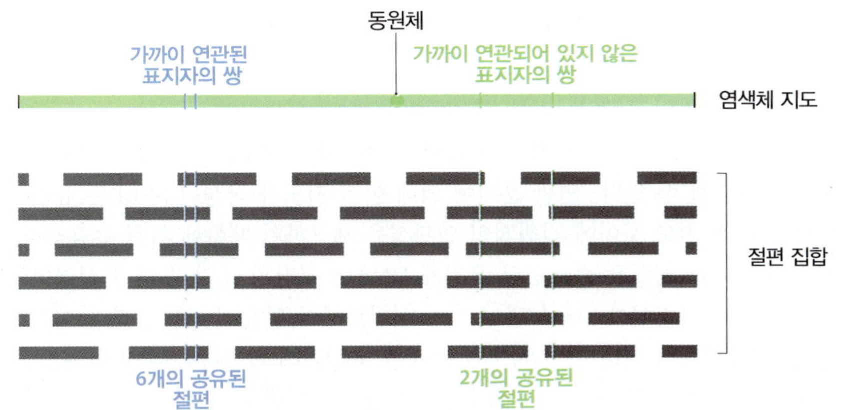

그림 3.34 **STS 지도 작성에 적합한 절편 집합.** 절편은 염색체 전체의 길이에 걸쳐 있고, 염색체의 각 지점은 평균 5개의 절편에 존재한다. 두 파란색 표지자는 염색체 상에서 가까이 위치하므로 동일한 절편에서 발견될 가능성이 높다. 두 녹색 표지자는 보다 더 떨어져 위치하므로 동일한 절편에서 발견될 가능성이 적어 보인다.

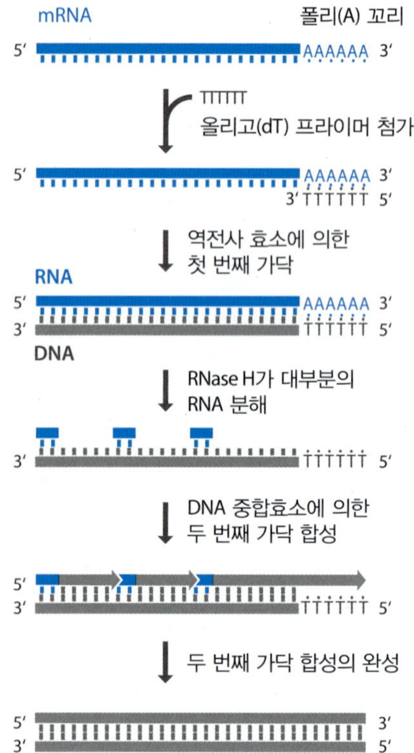

그림 3.35 cDNA를 준비하는 한 방법. 대부분의 진핵생물 mRNA는 3′-말단에 폴리(A) 꼬리를 가진다(1.2절). 이 일련의 A 뉴클레오티드는 RNA 주형을 복제하는 역전사 효소에 의해 수행되는 cDNA 합성의 첫 번째 단계에서 프라이머 부착 장소로 이용된다(2.1절). 프라이머는, 올리고(dT) 프라이머로 알려진, 모두 T로 이루어진 보통 20 뉴클레오티드 정도 길이의 짧고 합성된 올리고뉴클레오티드이다. 첫 번째 가닥의 합성이 완성되면, 리보뉴클리에이스 H로 처리하여 RNA-DNA 혼성물에서 RNA 성분만을 제거한다. 이 조건에서 효소는 RNA 분자를 완전히 제거하지 않고, DNA 중합효소 I에 의해 촉매되는 두 번째 DNA 가닥 합성의 프라이머로 작용하는 짧은 절편을 남겨둔다. 이 중합효소는 5′ → 3′ 핵산말단분해효소 활성을 가지므로(2.1절), RNA 프라이머를 제거하고 이것을 DNA로 대체함으로써 cDNA의 두 번째 가닥의 합성이 완결된다.

때로는 그들이 동일한 절편에 위치하고, 때로는 그렇지 않을 것이다. 그러므로 데이터는, 두 표지자 사이의 연관 분석에 의해 지도 거리를 결정하는 방법과 유사한 방식으로 거리를 계산하는 데 사용된다(3.4절). 연관 분석에서 지도 거리는 두 표지자 사이에서 일어나는 교차 빈도에 의해 계산된다는 것을 기억하라. **STS 지도 작성(STS mapping)**도, 지도 거리가 두 표지자 사이에서 절단이 일어나는 빈도에 기초한다는 것을 제외하고, 본질적으로 이것과 동일하다.

앞에서 STS 지도 작성에 대한 언급은 몇몇 중요한 질문을 남긴다. STS란 정확히 무엇인가? DNA절편 집합은 어떻게 얻어지는가?

어떠한 단일 사본 DNA 염기 서열도 STS로 사용될 수 있다

STS로 사용되기 위해서 DNA 염기 서열은 두 가지 조건을 만족시켜야 한다. 첫째, 다른 DNA 절편에 STS가 존재하는지의 여부를 조사하기 위한 PCR 분석이 가능하도록 염기 서열이 알려져야 한다. 둘째, 연구 대상 염색체에 또는 DNA 절편이 전체 유전체를 포괄한다면 전체 유전체에 단 하나의 위치만을 가져야 한다. 만약 STS 염기 서열이 두 군데 이상의 위치에 존재한다면 지도 작성 데이터는 모호해질 것이다. 그러므로 STS가 반복 DNA에서 발견되는 염기 서열을 포함하지 않도록 주의가 요구된다.

이것은 만족시키기 쉬운 조건이며, STS는 많은 방법으로 얻어질 수 있는데, 가장 일반적인 출처는 **발현서열 꼬리표(expressed sequence tag, EST)**, SSLP 및 **무작위 유전자 서열(random genomic sequence)**이다.

- 발현서열 꼬리표(EST)는 cDNA 클론 분석에 의해 얻어진 짧은 염기 서열이다. 상보적 DNA는 mRNA를 이중가닥 DNA로 전환시켜 얻는다(그림 3.35). 세포에 존재하는 mRNA는 단백질-암호화 유전자에서 비롯되기 때문에, cDNA와 EST는 그 mRNA가 분리된 세포에서 발현되는 유전자를 나타낸다. EST는 중요한 유전자의 염기 서열을 얻을 수 있는 빠른 수단으로 여겨지며, 염기 서열이 불완전함에도 불구하고 매우 유용하다. EST가 단일 사본 유전자로부터 나오고, 모든 유전자가 동일한 혹은 매우 유사한 염기 서열을 가지는 유전자군의 구성원으로부터 나온 것이 아니라면, EST는 또한 STS로 사용될 수 있다.
- 3.2절에서 살펴본 유전적 지도 작성에서 사용되는 SSLP는 물리적 지도 작성의 STS로 사용될 수 있다. 연관 분석에 의해 이미 지도가 작성된 SSLP는 유전적 지도와 물리적 지도 사이에 직접적인 연관성을 제공하기 때문에 특히 유용하다.
- 무작위 유전자 서열은 클로닝된 유전체 DNA의 무작위 조각의 염기 서열이나 또는 단순히 데이터베이스에 보관된 염기 서열로부터 얻을 수 있다. 만약 이러한 서열이 연관 분석에 의해 이미 지도가 작성된 SNP를 포함한다면 다시 한 번 유전적 지도와 물리적 지도 사이의 직접적인 관련성을 확인할 수 있다.

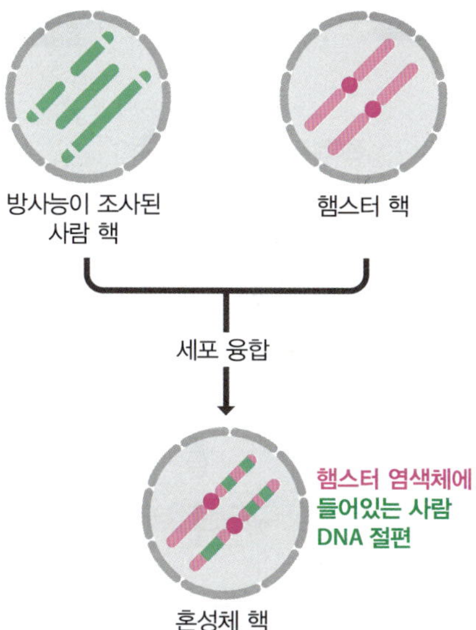

그림 3.36 방사능 혼성체. (A) 사람 세포에 방사능을 조사한 결과. 염색체는 절편으로 파괴되며, X-선 조사량이 많을수록 더 작은 절편이 생성된다. (B)에서 방사능이 조사된 사람 세포와 방사능이 조사되지 않은 햄스터 세포의 융합에 의해 방사능 혼성체가 생성된다. 명료함을 위해 오직 핵만 나타내었다.

STS 지도 작성을 위한 DNA 절편은 방사능 혼성체로 얻어질 수 있다

STS 지도 작성 과정의 두 번째 구성 요소는 연구할 염색체나 유전체를 모두 포함하는 DNA 절편의 집합이다. 이 집합은 때때로 **지도 작성 재료(mapping reagent)**라 불리며, 현재 클론 도서관으로서와 **방사능 혼성체(radiation hybrid)** 집단으로 조립되는 방법 등 두 가지 방법으로 조립된다.

방사능 혼성체는 또 다른 생물의 염색체 절편을 포함하고 있는 세포 또는 생물이다. 이 기술은 사람 세포를 3,000~8,000 라드(rad)의 X-선으로 조사하면 염색체는 무작위로 절단되며, 조사량을 늘리면 DNA는 더 작은 절편으로 절단된다는 것이 발견된 1970년대에 최초로 개발되었다(그림 3.36A). 이 처리로 사람 세포는 죽게 되지만, 만약 방사능 처리된 세포를 방사능 처리를 하지 않은 햄스터나 다른 설치류 세포와 융합하면, 절단된 염색체 절편은 증식될 수 있다. 융합은 폴리에틸렌글리콜 처리에 의한 화학적 방법이나 센다이 바이러스(Sendai virus)에 노출시켜 일어나게 한다(그림 3.36B). 모든 햄스터 세포가 염색체 절편을 끌어 들이는 것은 아니므로 혼성체를 확인하는 방법이 필요하다. 주로 사용되는 선별 과정은, 티미딘 인산화효소(TK)나 하이포잔틴 인산라이보실 전이효소(HPRT)를 합성하지 못함으로 하이포잔틴, 아미노프테린과 티미딘의 혼합물을 포함하는 배지(HAT 배지)에서 죽게 되는 햄스터 세포 주를 사용하는 방법이다. 융합 후 세포를 HAT 배지에 올려 놓는다. 생장하는 세포는 사람 TK와 HPRT 유전자를 포함하는 사람 DNA 절편을 획득하여 혼성화된 햄스터 세포이다. 이 결과로 무작위의 사람 DNA 절편이 햄스터 염색체에 삽입된 혼성체 세포가 생성된다. 대체적으로 이 절편은 5~10 Mb의 크기로, 각 세포는 사람 유전체의 15~35%에 해당하는 절편을 포함하게 된다. 이 세포의 집합을 방사능 혼성체 집단이라고 하며, STS를 확인하는 데 사용되는 PCR 분석은 이에 상응하는 햄스터 유전체의 DNA 부분을 증폭시키지 않기 때문에, STS 지도 작성에서 지도 작성 재료로 이용될 수 있다.

방사능 혼성체 지도 작성은 200개 이하의 혼성체 집단이 100 kb의 해상도로 41,000개의 STS 표지자의 지도를 작성하게 하여 최초의 사람 물리적 지도 작성에 중요하였다. 이것은 만약 두 표지자가 100 kb 이하로 떨어져 존재하면 유전체 상에서 하나의 위치를 점유하는 것으로 나타난다는 것을 의미한다. 이 해상도는 1 kb 이하로 떨어진 표지자를 구분할 수 있는 광학적 지도 작성에 비해 훨씬 더 낮은 것이지만 염기 서열이 결정되지 않은 유전체의 초기 지도 작성에는 여전히 만족스럽다. 사람 유전체로 이 접근법이 성공한 이후 방사능 혼성체 지도 작성은 다른 포유류와 제브라피시나 닭과 같은 비포유류 생물에게도 응용되었다. 식물에 이 기술을 적용하는 데도 일부 진전이 있었다. 예를 들어, 보리 원형질체에 방사능을 쪼여 염색체를 절편화시킨 후 이들 세포를 담배 원형질체와 융합시켜 보리 방사능 혼성체 집단을 제작하였다. 한 종의 목화(*Gossypium hirsutum*) 꽃가루에 방사능을 쪼인 후 이 꽃가루를 연관종(*Gossypium barbadense*)과 수정시켜 목화의 방사능 혼성체 집단을 만들었다. 밀의 115개의 방사능 혼성체 집단이 26,299개의 SNP를 249 kb 해상도로 밀의 D 유전체에 위치시키는 최근의 연구는 이와 유사한 방법이 성공적임을 보여주었다.

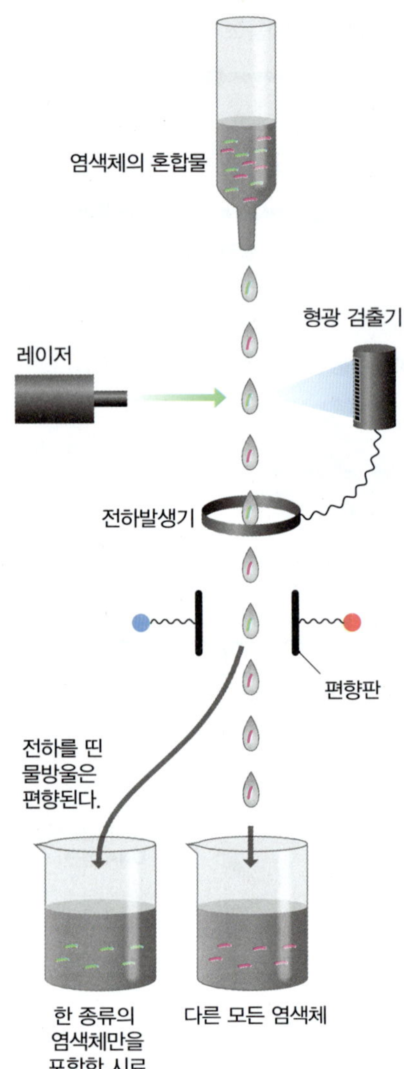

그림 3.37 **유세포 분석법에 의한 염색체 분리.** 형광으로 염색된 염색체의 혼합물이 작은 구멍을 통과하면서 나오는 각각의 물방울은 하나의 염색체를 포함한다. 형광 검출기는 올바른 염색체를 포함하는 물방울로부터 신호를 감지하여 이 물방울에 전하를 적용시킨다. 물방울이 전기판에 도달할 때 전하를 띤 것은 다른 비커로 편향된다. 모든 다른 물방울은 편향판을 그대로 통과하여 떨어지며, 폐기물 비커에 수집된다.

클론 라이브러리 역시 STS 분석을 위한 지도 작성 재료로 사용되어질 수 있다

크고 복잡한 유전체의 염기 서열 결정이 필요한 사전 준비는 유전체나 혹은 분리된 염색체를 절편으로 절단하고 각 절편을 큰 DNA 절편을 수용하는 BAC과 같은 고수용능 벡터(2.3절)에 클로닝하는 것이다. 이 결과 평균 크기가 수백 kb인 DNA 절편의 집합인 클론 라이브러리가 생성된다. 다양한 클론 속에 존재하는 절편들은 연속적으로 서로 겹치게 되어 염기 서열 결정 사업에 도움을 줄 뿐만 아니라 STS 분석에서 지도 작성 재료로도 이용될 수 있다.

전체 유전체를 나타내는 유전체 DNA로 클론 라이브러리가 만들어질 수 있고, 혹은 DNA가 단지 한 종류의 염색체로부터 유래한다면 염색체 특이 라이브러리가 만들어질 수 있다. 후자는 **유세포 분석법(flow cytometry)**에 의해 각 염색체를 분리할 수 있기 때문에 가능하다. 이 방법을 수행하기 위해서 응축된 염색체를 가지는 분열 중인 세포를 조심스럽게 파괴하여 온전한 염색체를 얻는다. 그런 다음 염색체를 형광 염료로 염색한다. 염색체에 결합하는 염료의 양은 그 크기에 따라 결정되므로 큰 염색체는 작은 염색체에 비해 더 많은 염료와 결합하여 더 밝은 형광을 낸다. 염색체 준비물은 희석되어 아주 가는 구멍으로 통과시켜서 각각 하나씩의 염색체를 포함하는 작은 물방울의 흐름으로 만든다(그림 3.37). 작은 물방울은 형광 정도를 측정하는 검출기를 통과하게 되므로 어떤 작은 물방울이 찾고자 하는 특정 염색체를 포함하는지 확인할 수 있다. 다른 물방울에는 전하가 걸리지 않고 이들 물방울에만 전하가 걸리기 때문에, 원하는 염색체를 포함하는 물방울을 편향시켜 다른 것과 분리되게 한다. 사람 염색체 21번과 22번의 경우와 같이 두 염색체가 비슷한 크기를 가지면 어떻게 분리하는가? 만약 사용하는 염료가 DNA에 비특이적으로 결합하지 않고 AT나 GC가 풍부한 지역을 선호하여 결합한다면 이들은 서로 분리될 수 있다. 이러한 염료의 예가 각각 Hoechst 33258과 크로모마이신 A3이다. 같은 크기를 가지는 두 염색체는 좀처럼 동일한 **GC 양**을 가지지 않으므로, AT- 또는 GC-특이 염료에 의해 분리될 수 있다.

방사능 혼성체 집단과 비교하여 클론 라이브러리는 STS 지도를 작성하는 데 중요한 장점 하나를 가진다. 이것은 이 중첩되는 클론의 조립은 길고 연속적인 DNA 염기 서열의 기본 재료로 사용될 수 있고, STS 데이터는 나중에 이 염기 서열을 물리적 지도 위에 정확하게 위치시키는 데 사용될 수 있다는 사실이다. 만약 STS 표지자 또한 연관 분석에 의해 지도 위치가 정해진 SSLP 또는 SNP를 포함하고 있다면 물리적 지도와 유전적 지도는 모두 통합될 수 있다.

요약

- 유전체 지도는 유전자와 알아볼 수 있는 다른 특징의 위치를 나타내기 때문에 염기 서열 결정 사업의 뼈대를 제공하며, 따라서 조립된 염기 서열의 정확도를 검사해 볼 수 있게 한다.
- 유전체 지도는 질병과 관련된 유전자의 기능을 확인하는 방법 및 가축의 고기 생산성과 같은 형질을 조절하는 QTL을 확인하는 방법에 이용된다.
- 최초의 유전적 지도에서 표지자는 대립유전자가 구별될 수 있는 유전자이었는데, 그 이유는 이들 유전자는 눈 색과 같이 쉽게 알아볼 수 있는 표현형을 제공하거나 이들의 대립유전자가 생화학적 검사에 의해 구분될 수 있기 때문이었다.
- 오늘날 제한효소 절편 길이 다형성(RFLP), 단순 염기 서열 길이 다형성(SSLP)과 단일 뉴클레

오티드 다형성(SNP)과 같이 모두 PCR에 의해 빠르고 쉽게 확인되는 DNA 표지자가 광범위하게 사용된다.

- 염색체 상에서 유전자와 DNA 표지자의 상대적인 위치는 연관 분석에 의해 결정된다. 연관 분석은 한 쌍의 표지자 사이의 재조합 빈도를 계산할 수 있게 하므로, 유전적 지도에서 표지자의 상대적인 위치를 추론하는 데 필요한 데이터를 제공한다.
- 많은 생물에서 연관 분석은 계획된 교배 실험에서 표지자의 유전을 조사함에 의해서 수행되지만, 사람에서는 이것이 불가능하다. 대신에 사람 유전체의 유전적 지도 작성은 가계도 분석이라고 불리는 과정에 의해 큰 가족에서 표지자의 유전을 조사함으로써 이루어진다.
- 유전적 지도는 비교적 낮은 분해능을 가지며 부정확하기 쉽다. 따라서 지도가 유전체 염기서열 결정 사업에 이용되려면 물리적 지도에 의해 세밀해져야 한다.
- 작은 DNA 분자에서 제한효소 자리의 위치는 제한효소 지도 작성에 의해 결정될 수 있다.
- 광학적 지도 작성은 제한자리의 위치와 몇몇 다른 서열 특징인 긴 DNA 분자 상에서 직접적으로 관찰할 수 있게 한다.
- 가장 상세한 물리적 지도는 온전한 염색체 혹은 유전체를 포괄하는 중첩되는 DNA 절편의 집합인 지도 작성 재료를 이용하는 염기 서열 표지 자리(STS) 지도 작성에 의해 얻어진다. 지도 작성 재료는 클론 라이브러리나 방사능 혼성체 집단일 수 있다.

단답형 문제

1. 유전체 서열 결정 사업에 있어 과거와 현재의 지도 사용에 대하여 설명하라.
2. 유전체의 유전자 지도와 물리적 지도의 차이를 명확하게 설명하라.
3. PCR이 RFLP 분석을 어떻게 훨씬 빠르고 쉽게 만들었는가? PCR을 사용하기에 앞서 RFLP 지도 작성에 무엇이 요구되는가?
4. SNP가 왜 가장 널리 사용되는 유형의 DNA 표지자인지 설명하고, SNP의 유형을 분리하는 데 사용되는 다양한 방법을 요약하라.
5. 유전자 사이의 연관이 어떻게 유전자 지도 작성의 중요한 요소를 제공하는가? 각 염색체의 유전적 지도가 초파리(A)와 사람(B)로부터 어떻게 얻어졌는지 설명하라.
6. 멘델의 두 유전법칙은 무엇인가? 유전자 지도 작성의 어떤 성분이 멘델의 법칙에 의해 설명되지 않는가?
7. 이중 동형 접합체가 연관 분석 실험에서 검정 교배에 왜 사용되는지 설명하라. 왜 동형접합체의 대립유전자가 조사하는 형질에 대해 열성이어야 바람직한가?
8. 사람 가계도 분석의 한계점을 요약하고, 이러한 한계점의 영향이 실제 가계도 연구에서 어떻게 최소화 되는지 설명하라.
9. 박테리아 유전체의 지도를 얻는 데 이용되는 방법 세 가지를 간략히 설명하라.
10. 광학적 지도 작성의 원리를 언급하고 왜 이것이 유전체 연구에 중요하게 되었는지 설명하라.
11. 방사능 혼성체는 유전체 지도를 작성하는 데 어떻게 이용되는가?
12. 단지 하나의 염색체로부터 DNA의 클론 라이브러리를 어떻게 준비하는가?

사고형 문제

1. 유전자 지도 작성에 사용되는 DNA 표지자의 이상적인 특징은 무엇인가? 어느 정도까지 RFLP, SSLP 혹은 SNP가 이상적인 DNA 표지자로 생각되는가?
2. 생물학 연구에 있어 DNA 칩 기술의 응용을 조사하고 평가하라.
3. 광범위한 유전 연구에 이용되는 생물의 바람직한 특성은 무엇인가?
4. 지도는 유전체 연구에 완전히 불필요하게 될 것인가?
5. 유전자 지도와 물리적 지도 중에서 더 유용한 것은 어느 것인가?

Further Reading

Books on the history of genetics

Orel, V. (1996) Gregor Mendel: The First Geneticist. Oxford University Press, Oxford.

Shine, I. and Wrobel, S. (2009) Thomas Hunt Morgan: Pioneer of Genetics. University Press of Kentucky, Lexington, Kentucky.

Sturtevant, A.H. (2001) A History of Genetics. Cold Spring Harbor Laboratory Press, New York. *Describes the early gene mapping work carried out by Morgan and his colleagues.*

Genetic and DNA markers

Sobrino, B., Brión, M. and Carracedo, A. (2005) SNPs in forensic genetics: a review on SNP typing methodologies. *Forensic Sci. Int.* 154:181–194.

Wang, D.G., Fan, J.-B., Siao, C.-J., et al. (1998) Large-scale identification, mapping, and genotyping of single-nucleotide polymorphisms in the human genome. *Science* 280:1077–1082.

Yamamoto, F., Clausen, H., White, T., et al. (1990) Molecular genetic basis of the histo-blood group ABO system. *Nature* 345:229–233.

Linkage analysis

Morton, N.E. (1955) Sequential tests for the detection of linkage. *Am. J. Hum. Genet.* 7:277–318. *The use of lod scores in human pedigree analysis.*

Strachan, T. and Read, A.P. (2010) Human Molecular Genetics, 4th ed. Garland, London. *Chapter 13 covers human genetic mapping.*

Sturtevant, A.H. (1913) The linear arrangement of six sex-linked factors in *Drosophila*, as shown by their mode of association. *J. Exp. Zool.* 14:43–59. *Construction of the first linkage map for the fruit fly.*

Restriction and optical mapping

Hosoda, F., Arai, Y., Kitamura, E., et al. (1997) A complete *Not*I restriction map covering the entire long arm of human chromosome 11. *Genes Cells* 2:345–357.

Ichikawa, H., Hosoda, F., Arai, Y., et al. (1993) A *Not*I restriction map of the entire long arm of human chromosome 21. *Nat. Genet.* 4:361–366.

Jing, J.P., Lai, Z.W., Aston, C., et al. (1999) Optical mapping of *Plasmodium falciparum* chromosome 2. *Genome Res.* 9:175–181.

Levy-Sakin, M. and Ebenstein, Y. (2013) Beyond sequencing: optical mapping of DNA in the age of nanotechnology and nanoscopy. *Curr. Opin. Biotechnol.* 24:690–698. *Describes the broader applications of optical mapping in genome research.*

Lin, J., Qi, R., Aston, C., et al. (1999) Whole-genome shotgun optical mapping of *Deinococcus radiodurans*. *Science* 285:1558–1562.

Michalet, X., Ekong, R., Fougerousse, F., et al. (1997) Dynamic molecular combing: stretching the whole human genome for high-resolution studies. *Science* 277:1518–1523.

Zhou, S., Wei, F., Nguyen, J., et al. (2009) A single molecule scaffold for the maize genome. *PLoS Genet.* 5:e1000711. *Using optical mapping to map the maize genome.*

Radiation hybrids

Hudson, T.J., Church, D.M., Greenaway, S., et al. (2001) A radiation hybrid map of mouse genes. *Nat. Genet.* 29:201–205.

Itoh, T., Watanabe, T., Ihara, N., et al. (2005) A comprehensive radiation hybrid map of the bovine genome comprising 5593 loci. *Genomics* 85:413–424.

Mazaheri, M., Kianian, P.M.A., Kumar, A., et al. (2015) Radiation hybrid map of barley chromosome 3H. *Plant Genome* 8 (doi:10.3835/plantgenome2015.02.0005).

McCarthy, L. (1996) Whole genome radiation hybrid mapping. *Trends Genet.* 12:491–493.

Tiwari, V.K., Heesacker, A., Riera-Lizarazu, O., et al. (2016) A whole-genome, radiation hybrid mapping resource of hexaploid wheat. *Plant J.* 86:195–207.

Walter, M.A., Spillett, D.J., Thomas, P., et al. (1994) A method for constructing radiation hybrid maps of whole genomes. Nat. Genet. 7:22–28.

CHAPTER 4

유전체 염기 서열의 결정

유전체 사업(게놈 프로젝트)의 최종 목표는 연구 대상 생물체의 DNA 염기 서열 결정을 완성하는 것이다. 이 장에서는 이 최종 목표를 직접 해결하기 위해 유전체 사업의 염기 서열 결정 단계에서 이용되는 기술과 연구 전략을 설명한다. 이런 맥락에서 분명히 DNA 염기 서열 결정 기술이 가장 중요하기 때문에 염기 서열 결정 방법을 자세히 살펴보는 것으로 시작한다. 그러나 각 염기 서열 결정 실험 결과로 얻어진 짧은 염기 서열들을 정확한 순서로 연결해서 유전체를 구성하는 염색체의 마스터 염기 서열로 완성할 수 없다면 이 방법은 가치가 별로 없다. 따라서 이 장의 두 번째 부분에서는 마스터 염기 서열 조립의 정확도를 확인하는 전략에 대해 설명한다.

몇 년에 걸쳐 여러 가지 많은 염기 서열 결정법이 개발되었고, 몇 가지는 앞으로 주요 방법이 될 가능성이 크다. 현재 이용되는 기술은 두 범주로 나눌 수 있다.

- **사슬종결 염기 서열 결정법(chain-termination sequencing**, 4.1절), 1970년대 중반 Fred Sanger와 동료가 처음 개발한 방법
- **차세대 염기 서열 결정법(next-generation sequencing**, 4.2절), **대량 평행(massively parellel)** 전략으로 동시에 수백만 개의 염기 서열을 결정하는 여러 가지 방법의 총합

4.1 사슬종결 DNA 염기 서열 결정법

1970년대에 처음 소개된 사슬종결 염기 서열 결정법은 다양한 서열 결정법 중에서 점차적으로 그 시대에 가장 많이 이용되는 방법이 되었다. 인간 유전체 사업을 포함하여 몇몇 진핵생물과 많은 종류의 박테리아, 고세균 유전체 사업을 포함한 2000년대 중반 이전에 완성된 유전체 사업은 모두 사슬종결 염기 서열 결정법으로 수행되었다. 현재 유전체 사업은 어마어마한 양의 염기 서열을 훨씬 빨리 얻을 수 있는 차세대 기술에 많은 부분을 의존하지만 대부분의 분자생물학 실험실에서 PCR 산물, 플라스미드나 박테리오파지 벡터에 클로닝된 작은 삽입체와 같은 짧은 DNA 분자의 염기 서열을 결정할 때 여전히 사슬종결 염기 서열 결정법이 이용된다.

사슬종결 염기 서열 결정법의 개요

DNA 사슬종결 염기 서열 결정법은 길이가 다른 단일가닥 DNA 분자를 뉴클레오티드 1개의 차이까지 **폴리아크릴아마이드 젤 전기영동**으로 분리할 수 있는 원리를 이용한 것이다. 구멍이 0.1 mm, 길이가 50~80 cm인 모세관에서 전기영동을 하면 모세관의 한쪽 끝에서 반대쪽 끝으로 길이가 1,500 뉴클레오티드까지의 모든 단일가닥 DNA 분자 집단을 차례로 분리할 수 있다(**그림 4.1**).

사슬종결 염기 서열 결정법은 서열 결정 대상인 DNA 분자의 사본을 합성하는 DNA

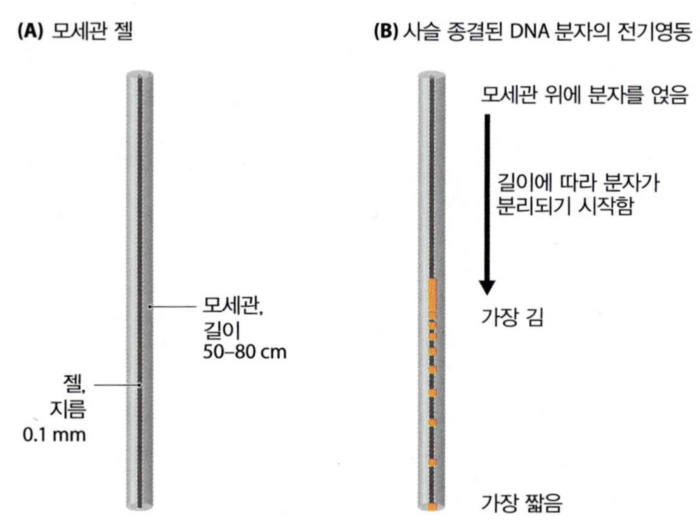

그림 4.1 **모세관 폴리아크릴아미드 젤 전기영동은 단일가닥 DNA 분자를 뉴클레오티드 길이 1개의 차이까지 분리할 수 있다.** (A) 사슬종결 염기 서열 결정법에 사용하는 모세관 젤의 크기, (B) 전기영동 과정 동안 길이가 다른 DNA 분자의 분리.

중합효소에 의해 수행된다. 첫 번째 단계는 각 주형 DNA의 동일한 위치에 짧은 올리고뉴클레오티드를 어닐링시키는 것이다. 이 올리뉴클레오티드는 주형에 대해 상보적인 새로운 DNA 가닥을 합성하기 위한 프라이머로 작용한다(그림 4.2A). 기질로 4가지 데옥시뉴클레오티드 삼인산(dNTPs; dATP, dCTP, dGTP, dTTP)이 필요한 가닥 합성반응은 보통 몇천 개의 뉴클레오티드가 중합될 때까지 지속된다. 그런데 사슬종결 염기 서열 결정법에서는 4가지 데옥시뉴클레오티드 삼인산 이외에, 4종류의 **다이데옥시뉴클레오티드 삼인산**(ddNTPs: ddATP, ddCTP, ddGTP, ddTTP)이 적은 양으로 반응에 첨가되기 때문에 가닥 합성 반응이 정상적으로 일어나지 않는다. 각각의 다이데옥시뉴클레오티드는 서로 다른 형광 물질로 표지된다.

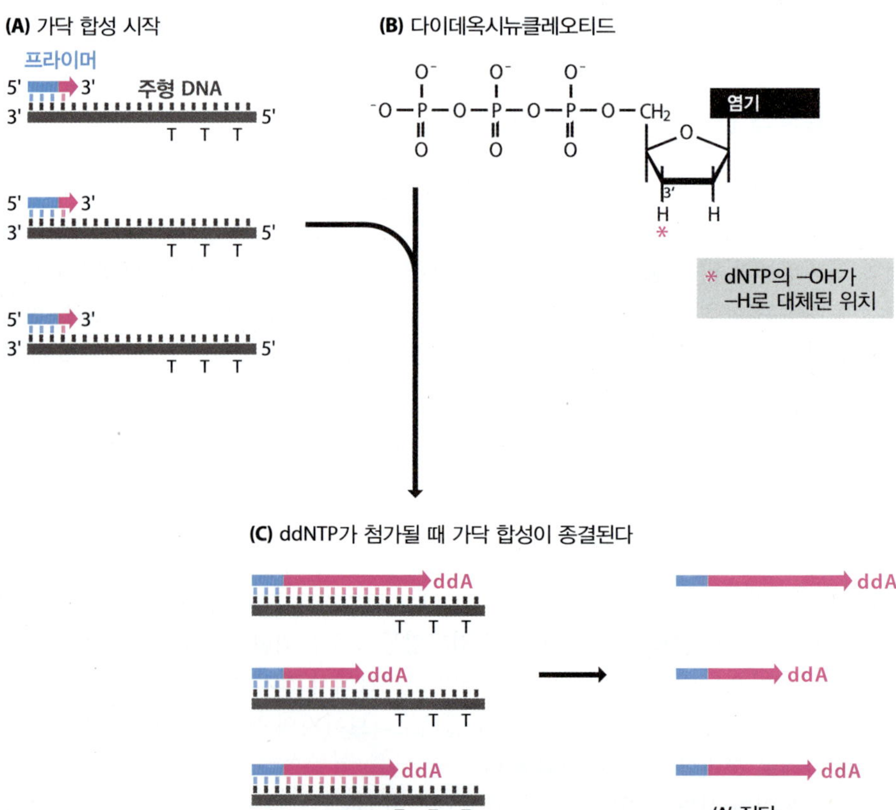

그림 4.2 **사슬종결 DNA 염기 서열 결정법.** (A) 사슬종결 염기 서열 결정법에서 단일가닥 주형에 상보적인 DNA 가닥이 새로 합성된다. (B) 3'-탄소에 -OH 대신 H 원자가 연결된 4종류의 다이데옥시뉴클레오티드 삼인산이 반응액에 적은 양으로 포함되기 때문에 더 이상의 가닥 신장이 방해된다. (C) 가닥에 ddATP가 첨가되면 그 결과 주형에 있는 T 반대편에서 가닥 합성이 종결된다. 이로 인해 A에서 종결된 분자 집단이 생성된다. 다른 다이데옥시뉴클레오티드가 삽입되면 C, G, T 집단이 생성된다.

중합효소는 데옥시뉴클레오티드와 다이데옥시뉴클레오티드를 구분하지 않지만, 다이데옥시뉴클레오티드가 일단 사슬에 삽입되면 다음 뉴클레오티드를 연결하는 3′-OH 기가 없기 때문에 더 이상 가닥이 신장될 수 없다(그림 4.2B). 정상 데옥시뉴클레오티드가 다이데옥시뉴뉴클레오티드보다 더 많이 들어 있기 때문에 가닥 합성이 언제나 프라이머 가까이에서 종결되는 것은 아니다: 실제 다이데옥시뉴클레오티드가 삽입될 때 까지 몇백 개의 뉴클레오티드가 중합될 수도 있다. 그 결과 길이가 모두 다른 새로운 분자 집단이 만들어지는데, 각 분자는 주형 DNA에서 상응하는 각각의 위치에 있는 뉴클레오티드(A, C, G, T)를 나타내는 다이데옥시뉴클레오티드로 끝난다(그림 4.2C).

DNA 염기 서열을 결정하려면 사슬이 종결된 각 분자 끝에 어떤 다이데옥시뉴클레오티드가 있는지 확인하면 된다. 이 단계에서 폴리아크릴아마이드 젤이 필요하다. DNA 혼합물을 모세관 젤에 얹고 전기영동을 실시하여 길이별로 분자를 분리한다. 분리 후 분자는 다이데옥시뉴클레오티드에 붙어 있는 표지자를 구분할 수 있는 형광검출기를 지나가게 된다(그림 4.3A). 따라서 검출기는 각 분자가 A, C, G, T 중 어떤 것으로 끝났는지 확인한다. 염기 서열은 실험자가 볼 수 있도록 인쇄하거나(그림 4.3B), 직접 저장 장치로 보내 나중에 분석할 수 있다.

염기 서열 결정에 모든 DNA 중합효소를 이용할 수 있는 것은 아니다

주형-의존적 DNA 중합효소는 어느 종류라도 단일가닥 DNA 분자에 어닐링된 프라이머를 연장할 수 있지만 모든 중합효소가 DNA 염기 서열 결정법에 사용할 수 있을 만큼 DNA를 신장하는 것은 아니다. 염기 서열 결정에 사용되는 효소는 반드시 3가지 기준을 충족해야 한다:

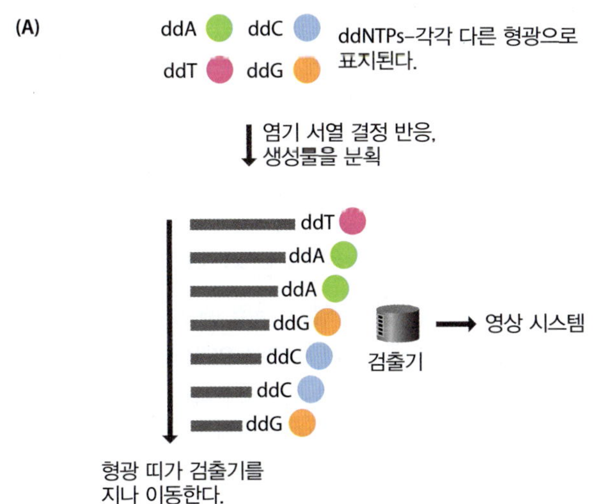

(B)

CACCGCATCGAAATTAACTTCCAAAGTTAAGCTTGG

10 20 30

그림 4.3 사슬종결법으로 얻은 서열 읽기. (A) 각 다이데옥시뉴클레오티드는 서로 다른 형광기로 표지된다. 전기영동 동안 표지된 분자는 각 띠에 있는 다이데옥시뉴클레오티드의 종류를 확인하는 형광검출기를 지나간다. 이 정보는 영상 시스템으로 넘어간다. (B) DNA 염기 서열 출력물. 서열은 일련의 정점으로 나타내는데, 정점마다 하나의 뉴클레오티드를 나타낸다. 그림에서 녹색 정점은 A, 파란색은 C, 주황색은 G, 분홍색은 T를 나타낸다.

- 높은 **진행도(processivity)**를 가져야 한다. 진행도는 자연적으로 중합효소가 중단할 때까지 합성되는 폴리뉴클레오티드의 길이를 말한다. 염기 서열 결정에 이용되는 중합효소는 다이데옥시뉴클레오티드가 삽입되기 전에 주형으로부터 분리되지 않을 정도의 높은 진행도를 가지고 있어야 한다.
- 5′→3′ 핵산말단분해효소 활성이 아주 없거나 무시할 정도의 수준이어야 한다. 대부분의 DNA 중합효소는 핵산말단분해효소 활성을 가지고 있다. 즉, DNA 폴리뉴클레오티드를 합성할 뿐만 아니라 분해할 수 있다는 뜻이다(2.1절). 이런 활성은 새로 합성된 가닥의 5′-말단에서 뉴클레오티드를 제거해서 가닥의 길이를 변화시켜 정확한 염기 서열 결정을 불가능하게 하기 때문에 DNA 서열 결정법에서 단점으로 작용한다.
- 3′→5′ 핵산말단분해효소 활성이 아주 없거나 무시할 정도의 수준이어야 한다. 중합효소는 합성이 종결된 가닥 말단의 다이데옥시뉴클레오티드를 제거하지 않는 것이 바람직하다. 이렇게 되면 가닥은 계속해서 신장될 수 있을 것이다. 결과적으로 반응 혼합물에는 짧은 가닥이 조금 있게 되고, 프라이머와 가까운 염기 서열은 읽을 수 없게 된다.

DNA 염기 서열 결정을 하던 초기에는 이런 아주 까다로운 조건을 인공적으로 변형시킨 효소로 맞추었다. 원래의 사슬종결 서열 결정법에서는 크리나우 중합효소(Klenow polymerase)가 이용되었다. 이 효소는 대장균(*Escherichia coli*)의 정상 DNA 중합효소 I에서 5′→3′ 핵산말단분해효소 활성에 해당하는 단백질 부위를 제거하거나 유전공학으로 5′→3′ 핵산말단분해효소 활성을 제거한 형태이다(2.1절). 크리나우 중합효소는 비교적 낮은 진행도를 가지므로 한 번의 실험에서 얻을 수 있는 염기 서열의 길이가 약 250 bp 정도로 제한된다. 또한 염기 서열 결정 반응 중 다이데옥시뉴클레오티드가 삽입되지 않고 자연적으로 사슬이 종결된 비특이적 생산물을 합성할 수 있다. 이 문제를 해결하기 위해 요즘은 염기 서열 결정에 대부분 *Tag* DNA 중합효소를 이용한다. *Tag* DNA 중합효소는 높은 진행도를 가지며 핵산말단분해효소 활성이 없기 때문에 사슬종결 서열 결정법에 아주 이상적인 효소로 한 번의 실험으로 750 bp 이상의 염기 서열을 얻을 수 있다.

Tag DNA 중합효소를 이용하는 사슬종결 염기 서열 결정법

Tag DNA 중합효소를 이용하는 사슬종결 염기 서열 결정법을 **열순환 염기 서열 결정법(thermal cycle sequencing)**이라 한다. 이 방법은 PCR과 비슷한 방법으로 수행되지만 프라이머를 한 종류만 사용하고 반응액에 4종류의 다이데옥시뉴클레오티드를 넣는다(그림 4.4). 프라이머가 한 종류만 있기 때문에 시작 분자의 한 가닥만 복사된다. 따라서 생산물은 표준 PCR처럼 기하급수적으로 증가하는 것이 아니라 선형으로 축적된다. 반응액에 들어있는 다이데옥시뉴클레오티드 때문에 표준 방법에서와 같은 사슬종결의 결과로 얻어진 합성 가닥의 집단은 일반적인 방법으로 분석하여 염기 서열을 결정할 수 있다.

열순환 염기 서열 결정법은 보통 PCR 산물, 플라스미드, 파지 벡터에 클론된 DNA의 염기 서열을 결정하는 데 이용된다. PCR 산물의 염기 서열을 결정하려면 PCR을 할 때

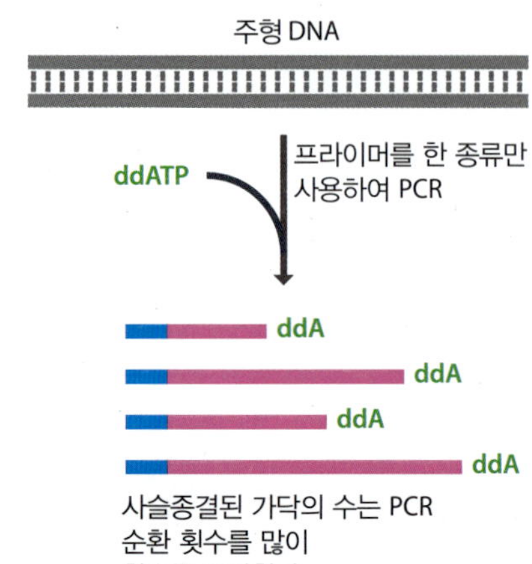

그림 4.4 열순환 염기 서열 결정법. 반응액에 4종류의 다이데옥시뉴클레오티드 1개의 프라이머만을 넣고 PCR과 비슷한 반응을 수행한다. 그 결과 그림처럼 반응으로부터 A 집단과 같은 사슬종결된 가닥이 한 세트 생긴다. 다음에 C, G, T 반응 생성물과 더불어 이 가닥들을 전기영동하고 염기 서열을 읽기 위해 영상화시킨다.

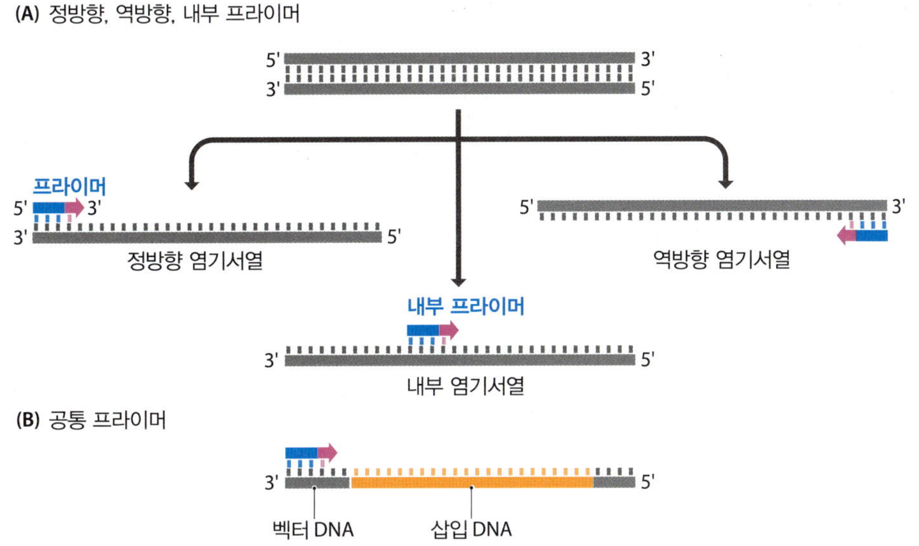

그림 4.5 사슬종결 서열 결정법을 위한 여러 종류의 프라이머. (A) 정방향, 역방향, 내부 프라이머로 PCR 산물의 서로 다른 부위의 염기 서열 결정이 가능하다. (B) 공통 프라이머는 벡터 DNA에서 새 DNA가 삽입된 위치 바로 옆에 어닐링한다. 따라서 공통 프라이머 한 가지로 어떤 삽입 DNA의 염기 서열도 결정할 수 있다.

원래 사용하였던 프라이머 중 한 가지를 사용할 수 있다. 두 종류의 PCR 프라이머를 하나씩 각각 이용한 2개의 반응을 별도로 수행하면 **정방향**과 **역방향 염기 서열**을 얻을 수 있다(그림 4.5A). PCR 산물이 750 bp 이상으로 한 번의 실험으로 염기 서열을 완전히 결정하기에는 너무 길 때 이 방법이 유리하다. 또는 PCR 산물 내부 위치에 어닐링할 수 있는 새로운 프라이머를 합성하여 한 방향으로 결정하는 염기 서열을 연장할 수도 있다.

클론된 DNA의 염기 서열을 결정하려면 **공통 프라이머(universal primer)**를 이용할 수 있다. 이 프라이머는 새로운 DNA가 연결된 지점 바로 옆에 있는 벡터 DNA 부분과 상보적이다(그림 4.5B). 따라서 벡터에 클론된 어떤 DNA 조각의 염기 서열도 동일한 프라이머를 이용하여 결정할 수 있다. 마찬가지로 정방향과 역방향의 공통 프라이머를 이용하여 삽입체의 양쪽 말단으로부터 염기 서열을 얻을 수 있다. 또한 내부 프라이머를 이용하여 긴 삽입체의 내부 염기 서열을 결정할 수 있다.

연순환 염기 서열 결정법의 강점과 한계

1970년대 중반 두 가지의 DNA 염기 서열 결정법이 개발되었다. 하나는 앞서 설명한 사슬종결 염기 서열 결정법이고 다른 하나는 **화학분해 염기 서열 결정법(chemical degradation method)**이다. 아주 다른 방법을 사용하는 화학분해 염기 서열 결정법에서는 화합물을 이중가닥 DNA 분자에 처리한다. 이 화합물은 특정 뉴클레오티드 위치에서 DNA를 절단한다. 시작 분자의 뉴클레오티드 서열을 알아내기 위해 실험 결과 얻어진 단편의 길이를 폴리아크릴아마이드 젤 전기영동으로 분석한다. 염기 서열 분석 시작 시기에는 두 방법이 비슷하게 많이 이용되었지만 점차 사슬종결법이 우세해졌다. 이는 부분적으로 화학분해법에서 사용되는 화합물의 강한 독성이 염기 서열 결정 실험을 수행하는 연구자의 건강에 해롭기 때문이지만 주된 이유는 자동화하기에 사슬종결법이 더 쉽기 때문이다. 자동 염기 서열 분석기에는 동시에 작동하는 여러 개의 모세관 젤이 장착되어 1시간에 384개의 다른 염기 서열을 읽을 수 있고, 각 실험마다 평균 750 bp를 읽는다고 할 때, 이는 기계 1대가 24시간 동안 거의 7 Mb의 정보를 제공할 수 있다는 의미이다. 이는 로봇이 24시간 내내 염기 서열 결정 반응을 준비하고 반응 생성물을 염기 서열 분석기에 넣는 최적의 기술 장치가 작동할 때 가능하다.

이처럼 공장식 접근법이 확립되고 유지된다면 비교적 짧은 시간 내에 전체 유전체의 염기 서열 분석에 필요한 데이터를 만들 수 있다. 최초의 유전체 사업에서 이렇게 사슬

그림 4.6 **서열 읽기 깊이는 염기 서열 결정 오류 확인을 위해 필요하다.** 유전체의 각 부위는 염기 서열을 읽을 때마다 생기는 오류를 확인하기 위해 여러 번 염기 서열 결정을 한다. 예시의 음영 처리된 부분의 서열 4에서 보이는 차이는 서열 결정 오류로 볼 수 있고, 이 위치의 옳은 뉴클레오티드는 C이다.

```
                  ACCATCGTAGCTTCAGTATGTATGTACTAG   서열 1
ATGTTTGTAGCTAGGATCGTAGCTACC                          서열 2
   TTTGTAGCTAGGATCGTAGCTACCATCGTAGCTT                서열 3
                       TTGTAGCTTCAGTATGTATGTACTAG   서열 4
           GGATCGTAGCTACCATCGTAGCTTCAGT              서열 5
ATGTTTGTAGCTAGGATCGTA                                서열 6
ATGTTTGTAGCTAGGATCGTAGCTACCATCGTAGCTTCAGTATGTATGTACTAG   추정 염기 서열
```

종결 서열 결정법이 엄청나게 수행되었고, 길이가 5 Mb 이하인 박테리아 유전체 분석에 특히 효율적임이 여러 번 증명되었다. 예를 들어, 폐렴균(*Haemophilus influenzae*) 유전체의 염기 서열 결정(4.3절)에 28,643번의 사슬종결 서열 결정법이 수행돼서 11.6 Mb의 염기 서열이 생산되었다. *H. influenzae* 유전체는 1.8 Mb이지만 어떤 염기 서열 결정법도 완벽하게 정확하지는 않으므로 읽어낸 개별 염기 서열(read, 그림 4.6)에 존재하는 오류를 확인하기 위해 유전체 각 부위를 여러 번 염기 서열을 결정하여야 한다. 사슬종결 염기서열결정법 경우 오류를 파악하려면 적어도 5×**염기 서열 깊이** 또는 **범위**(5×**sequence depth**, **coverage**)가 필요하다. 즉, 유전체에 있는 모든 뉴클레오티드를 5번의 다른 염기 서열 결정 실험으로 읽는 것을 의미한다. 이런 조건에도 불구하고 선충 *Caenorhabditis elegans*와 과일파리 *Drosophila melanogaster* 등의 다른 진핵 유전체뿐만 아니라 인간 유전체의 염기 서열을 얻는 데도 사슬종결 염기 서열 결정법이 이용되었다. 인간 유전체는 3,235 Mb이므로 5×염기 서열 깊이는 총 5×3,235=16,175 Mb의 염기 서열이 필요하고, 이는 평균 750 bp 길이를 읽는 사슬종결 염기 서열 결정이 2천 5백만 번 이상 필요한 것과 마찬가지이다. 실제로는 목표한 이 수치를 넘어서서 2001년 인간 유전체가 처음 발표될 때까지 인간 유전체 사업은 23,147 Mb의 염기 서열을 생산하였다(4.4절).

이런 성공에도 불구하고 2000년대 초반, 염기 서열 결정을 계속 사슬종결 서열 결정법에 의존하면 공장식 설비로 수많은 염기 서열 분석을 진행한다고 해도 유전체 연구의 진행 속도는 늦을 것이라는 점이 인식되었다. 새 연구 대상 종마다 그 유전체 염기 서열을 조립하기 위해 충분한 데이터를 얻는 데 몇 달 또는 몇 년이 걸릴 것이다. 특히, 한 종에서 여러 개체의 염기 서열을 얻어야 하는 **유전체 서열 재결정**(**genome resequencing**)에는 비용도 중요 고려 사항이다. 이런 유전체 염기 서열 비교로 인간 유전 질환이나 극한 환경에 대한 작물의 적응과 같은 특성과 연관된 변이의 규명이 가능하다. **개인별 맞춤 의료**(**personalized medicine**)의 목적 중 하나는 인간 개개인의 유전체 염기 서열을 이용하여 개인별로 발생 위험이 있는 질병을 정확하게 진단하고, 개인별 유전 특성을 이용한 효과적인 치료 방법 및 제도를 만들려는 것이다. 개별 맞춤 의료와 유전체 서열 재결정에 근거한 다른 연구 사업을 실현하기 위해, 효율적인 비용으로 빠르게 개별 유전체 서열을 결정할 수 있는 방법이 요구되고 있다.

DNA 절편의 서열 결정에는 사슬종결 염기 서열 결정법의 속도와 쉬운 사용법이 다른 문제점을 잠재우기 때문에 이 방법이 여전히 일상적으로 이용된다. 유전체 사업에서는 저비용으로 더 빠르게 훨씬 많은 양의 염기 서열 데이터를 만들 수 있는 차세대 염기 서열 결정법이 사슬종결 염기 서열 결정법을 거의 완전히 대체했다.

4.2 차세대 염기 서열 결정법

차세대 염기 서열 결정법(next-generation sequencing)은 한 번의 실험으로 동시에 수

천 또는 수백만 개의 DNA 절편의 염기 서열 결정을 가능하게 하는 다양한 방법을 말할 때 쓰는 용어이다. 이 방법은 **염기 서열 결정 라이브러리(sequencing library)**의 제작과 사용이 두드러진 특징으로, 이 점이 개별 PCR이나 개별 클론에서 얻은 DNA 절편의 염기 서열을 하나씩 결정할 수밖에 없는 사슬종결 염기 서열 결정법과 차별화되는 점이다. 차세대 염기 서열 결정법은 사슬종결 염기 서열 결정법보다 전체 유전체 염기 서열을 조립하는 데 필요한 방대한 양의 데이터를 훨씬 빠르게 얻을 수 있게 한다. 이 규모로 1개의 염기 서열 분석기를 한 번 또는 몇 번 작동시켜 필요한 데이터를 만들어 낼 수 있기 때문에 비용도 현저히 줄일 수 있다. 사슬종결법을 이용할 때 염기 서열 분석기를 공장 규모로 여러 번 작동시켜 얻을 수 있는 양과 비교된다.

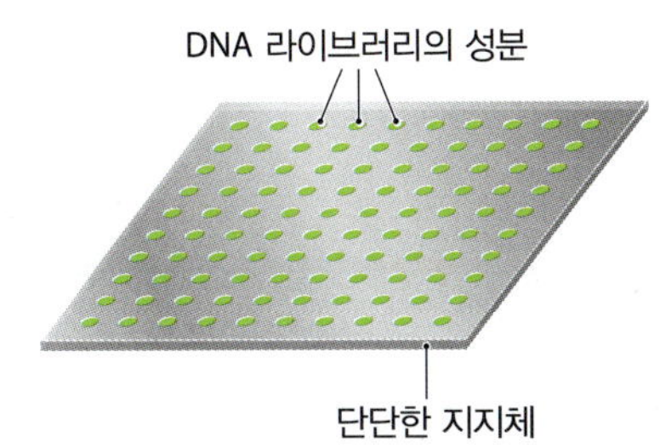

그림 4.7 **단단한 지지체에 고정시킨 DNA 라이브러리.** 실제로 1개의 대량 평행 어레이는 수백만 개의 성분을 가진다.

염기 서열 결정 라이브러리의 제작은 차세대 방법의 공통점이다

다양한 차세대 염기 서열 결정법의 공통점은 염기 서열 결정 전에 DNA 절편을 **대량 평행 어레이(massively parallel array)** 방식으로 단단한 지지체에 고정시킨 라이브러리를 제작하고, 이 슬라이드를 이용하여 수많은 염기 서열 결정 반응을 나란히 수행하는 것이다(그림 4.7). DNA 절편의 길이는 보통 100~150 bp로 각 서열의 정확한 길이는 사용하는 차세대 염기 서열 결정법으로 얻어지는 개별 서열의 길이에 따라 달라진다. 유전체 DNA를 이 크기의 절편으로 자르는 데 가장 많이 사용되는 방법은 **초음파 분쇄(sonication)**로, 이 방법은 고주파 소리 파장을 이용하여 무작위로 DNA 분자를 자르는 기술이다. 각 절편을 말단부터 염기 서열 결정하기 때문에 무작위로 절단하는 것이 중요하다. 절편의 중심 부분은 차세대 방법으로 직접 염기 서열을 결정하지 못하고, 사슬종결법에 필요한 내부 프라이머을 고안하여 할 수밖에 없다. 따라서 전체 분자의 염기 서열을 결정하기 위해서는 처음 서열 결정하는 DNA 분자 전체에 말단이 무작위로 분포되어야 한다.

두 가지 고정 방법이 차세대 염기 서열 결정법에서 일반적으로 사용된다. 첫째 방법에서는 수많은 짧은 올리고뉴클레오티드 사본으로 덮인 유리 슬라이드가 고정 지지체로 사용된다(그림 4.8). 올리고뉴클레오티드에 상보적 서열로 된 짧은 이중가닥 DNA 조각인 **어댑터(adaptor)**를 DNA 절편 말단에 연결시킨 다음 변성시킨다. 그 결과 생긴 단일가닥 분자는 고정된 올리고뉴클레오티드와 어댑터 염기 서열 사이의 염기쌍에 의해 유리 슬라이드에 부착된다. 두 번째 고정 방법은 **스트렙트아비딘(streptavidin)** 단백질로 덮인 금속 구슬이 고정 지지체로 제공된다. 여기서도 DNA 절편은 어댑터에 연결되는데, 이 경우 어댑터의 5′-말단이 **비오틴**으로 표지되어있다. 비오틴은 작은 유기분자

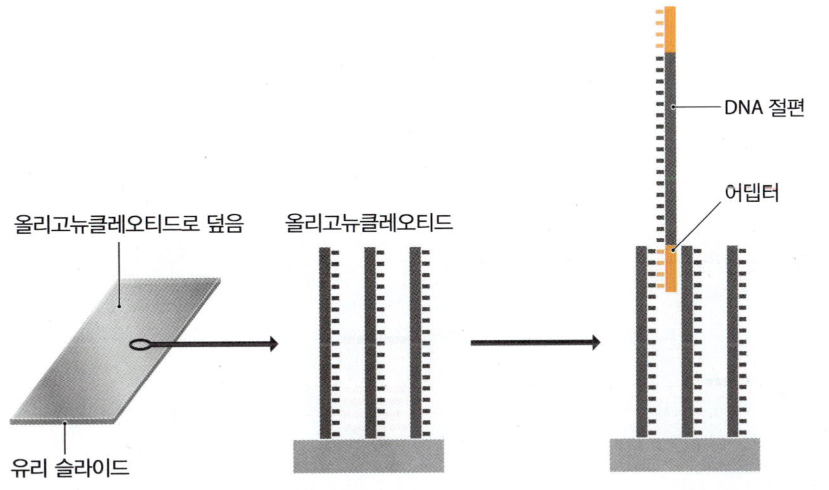

그림 4.8 **유리 슬라이드에 있는 올리고뉴클레오티드와의 염기쌍 형성을 통한 서열 결정 라이브러리에 있는 DNA 절편의 고정.** 고정된 올리고뉴클레오티드와 DNA 절편 말단에 연결된 어댑터 사이의 염기쌍 형성 결과 절편이 슬라이드에 부착된다.

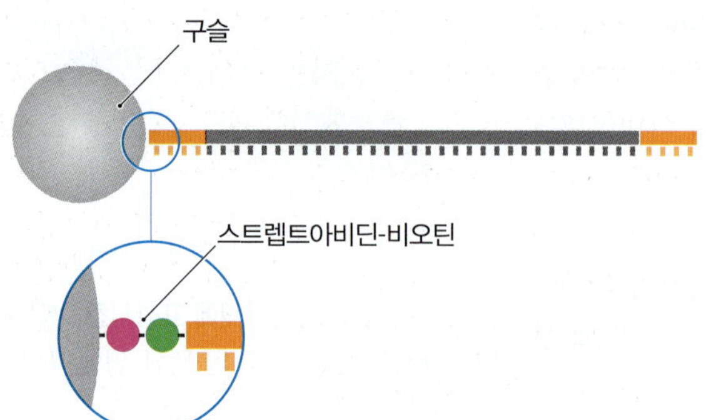

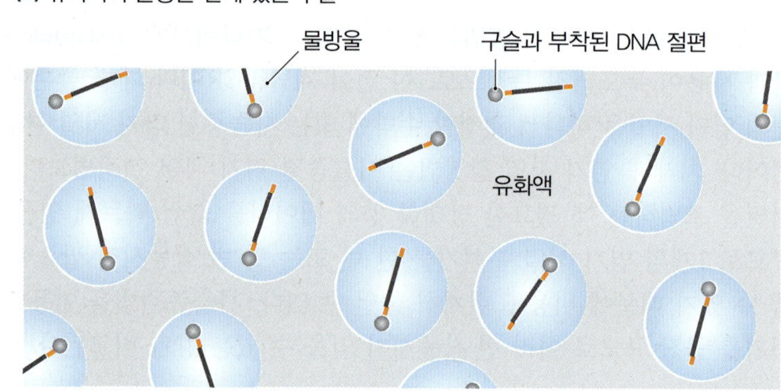

그림 4.9 스트렙트아비딘-비오틴 결합을통해 금속 구슬에 DNA 절편을 고정. (A) 1개의 DNA 절편은 스트렙트아비딘-비오틴 연결에 통해 1개의 구슬에 부착된다. (B) DNA 절편이 부착된 구슬을 기름-물 혼합액에 넣고 흔든다. 이렇게 흔들어서 생긴 유화액 안의 물방울 각각에 1개의 구슬이 들어간다.

로 스트렙트아비딘과 강하게 결합하기 때문에 비오틴-스트렙트아비딘 결합에 의해 절편이 금속 구슬에 부착된다(그림 4.9A). 따라서 구슬 1개에 평균 1개의 절편 비율로 구슬에 DNA 절편이 부착된다. 기름과 물의 혼합물에 구슬을 넣고 흔들어 유화액을 만들면 유화액에 있는 물방울 각각에 구슬이 1개만 들어있는 조건이 형성된다(그림 4.9B). 물방울은 플라스틱 스트립 위에 다중 배열된 우물 안으로 옮겨진다.

라이브러리 제작의 마지막 단계는 염기 서열 결정을 하기에 충분한 양의 사본을 만들기 위해 고정된 DNA 절편을 PCR로 증폭시키는 것이다. 이 PCR 과정에서 이제 어댑터는 프라이머가 결합하는 위치를 제공하는 두 번째 역할을 수행한다. 따라서 각 절편의 염기 서열은 모두 다르지만 모든 절편을 증폭하는 데 동일한 프라이머 쌍을 이용할 수 있다. 유리 슬라이드 방법에서 PCR 산물은 인접한 올리고뉴클레오티드와 연결되므로 각 시작 절편은 증폭되어 고정된 동일한 절편의 클러스트가 된다(그림 4.10A). 금속 구슬을 사용할 때는 유화액에서 PCR을 수행하기 때문에 플라스틱 스트립의 우물 안에 방울이 들어가기 전에 각 PCR 산물은 해당하는 물방울 안에 남아있게 된다(그림 4.10B).

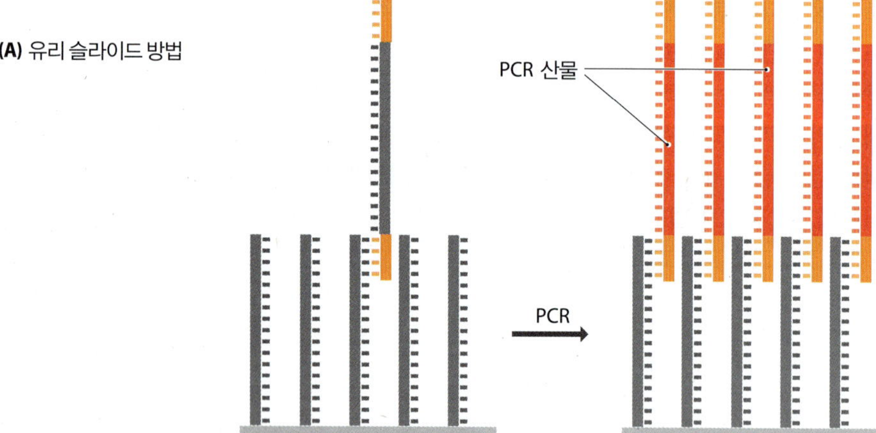

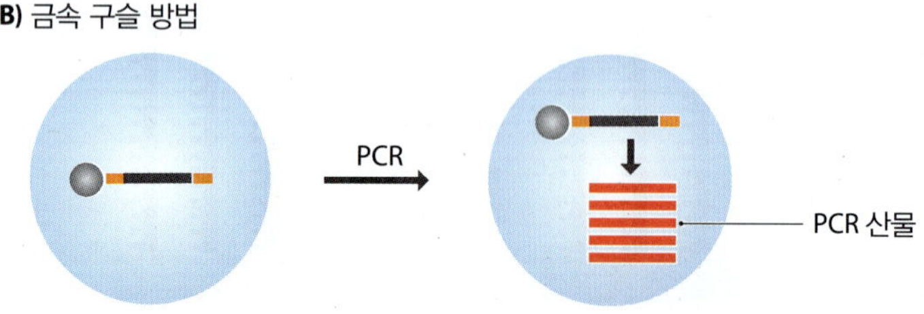

그림 4.10 고정된 라이브러리의 증폭. (A) 유리 슬라이드 방법에서 PCR로 생성된 절편의 사본은 바로 옆에 있는 올리고뉴클레오티드에 연결된다. 그 결과 동일한 고정 절편의 클러스터가 생긴다. (B) 금속 구슬을 이용할 때 기름과 물의 유화액에서 PCR을 수행하고 절편 사본은 각각의 물방울 안에 남아있게 된다.

다양한 차세대 염기 서열 결정법이 고안되었다

지난 몇 년 동안 저비용으로 아주 빠르고 정확한 염기 서열 데이터를 생산하는 차세대 염기 서열 결정법 플랫폼을 개발하려는 여러 회사 사이에 경쟁이 아주 치열하였다. 현재 가장 많이 사용되는 방법은 **가역적 종결자 염기 서열 결정법(reversible terminator sequencing)**이다. 이 방법은 사슬종결법과 마찬가지로 변형 뉴클레오티드를 이용하는데, DNA 중합효소에 의해 합성되는 폴리뉴클레오티드의 말단에 이 뉴클레오티드가 삽입되면 가닥 합성이 억제된다. 차이점은 종결과 뉴클레오티드 확인 단계의 순서가 반대로 일어나는 것인데, 변형 뉴클레오티드의 종류가 확인되면 이 변형 뉴클레오티드 3′-탄소에 연결된 화학기가 제거되기 때문이다(그림 4.11). 가장 간단한 방법으로 이렇게 제거할 수 있는 차단기는 4종류의 각 뉴클레오티드의 종류마다 각각 다르게 연결한 형광표지자이다. 반응액에 정상 데옥시뉴클레오티드가 없기 때문에 가닥 합성의 각 단계는 일시적으로 중단되는데, 그 동안 광학기구가 형광표지자를 감지하여 말단 뉴클레오티드의 종류를 확인한다. 이후 효소가 표지자를 제거하면 다음의 종결 뉴클레오티드가 첨가될 수 있고 계속해서 검출 과정이 반복될 수 있다. 이 방법을 이용하는 차세대 염기 서열 결정법은 라이브러리 제작 과정 동안 DNA 절편 말단에 연결된 어댑터 서열에 프라이머가 어닐링하면서 시작된다. 따라서 라이브러리에 있는 모든 단편 클러스터가 동시에 서열 결정된다. 이 방법으로 길이가 최대 300 bp 정도인 비교적 짧은 서열을 읽을 수 있지만 엄청나게 방대한 양을 평행으로 진행하기 때문에 한 번 작동에 2,000 Mb까지의 염기 서열을 얻을 수 있다. 보통 이 공정에 필요한 장비를 판매하는 회사의 이름을 따서 이 기술을 **일루미나 염기 서열 결정법(Illumina sequencing)**이라고 한다.

일루미나 기술 이전에는 **피로 염기 서열 결정법(pyrosequencing)**에 기반한 차세대 염기 서열 결정법이 가장 많이 이용되었다. 이 방법에서는 반응액에 데옥시뉴클레오티드만 들어있고 주형이 복사될 때 인공적으로 종결되지 않는다. 새 가닥이 만들어지면서 DNA 중합효소가 신장하는 가닥의 3′-말단에 데옥시뉴클레오티드를 첨가할 때마다 방출되는 피로인산 분자에서 효소 설퍼릴라제(sulfurylase)가 화학 섬광을 만들고 이 섬광을 검출한다. 따라서 화학 섬광은 주형 분자에서 1개의 위치가 성공적으로 복사되었다는 신호이다. 물론 4종류의 뉴클레오티드를 한꺼번에 모두 더하면 빛이 계속 번쩍거리므로 유용한 염기 서열 정보를 얻을 수 없다. 따라서 각각의 뉴클레오티드를 하나씩 반복적으로 넣어주고(예를 들어, A, 다음에 T, 다음에 G, 다음에 C, 다음에 A, 다음에 T 등등), 발광 패턴을 이용해 신장하는 가닥에 삽입되는 뉴클레오티드의 순서를 알아낸다(그림 4.12). 차세대 염기 서열 결정법에서 금속 구슬에 고정된 절편 라이브러리의 서열 결정에 이용되는 피로 염기 서열 결정법을 **454 염기 서열 결정법(454 sequencing)**이라 부른다. 이 이름 역시 이와 같은 특정 기술을 처음으로 개발한 회사를 따라 만든 것이다. 최고 사양의 454 서열 결정법은 1,000 bp 길이까지의 서열을 읽을 수 있고, 이는 1회 가동에 총 700 Mb DNA 염기 서열을 제공하기에 충분한 정도이다.

이온 격류(ion torrent) 방법은 피로 염기 서열 결정법과 비슷하게 고정된 절편 라이브러리에 뉴클레오티드를 반복적으로 넣는 기법을 이용한다. 그러나 이 방법은 신장하는 가닥에 뉴클레오티드가 삽입될 때마다 피로인산과 함께 방출되는 수소 이온을 검출하도록 설

(A) 역종결자 뉴클레오티드

염기

형광 차단기

(B) 역종결자 염기 서열 결정법

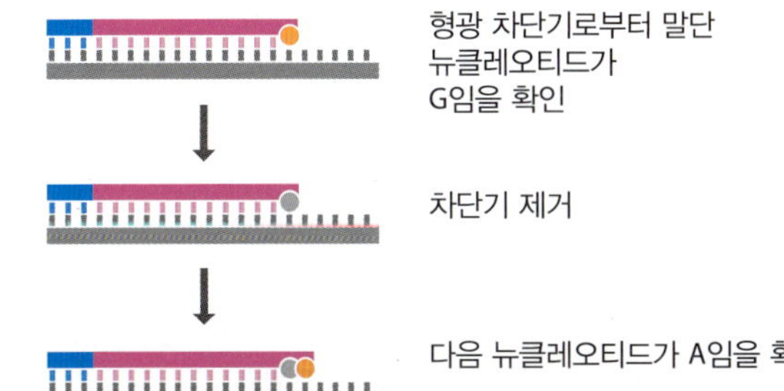

그림 4.11 가역적 종결자 염기 서열 결정법. (A) 3′-탄소에 제거 가능한 형광 차단기가 연결된 가역적 종결자 뉴클레오티드의 구조. (B) 각 뉴클레오티드가 첨가된 후 형광 표지자를 검출하여 말단 뉴클레오티드를 확인하는 동안 잠깐의 정지 시간이 있다.

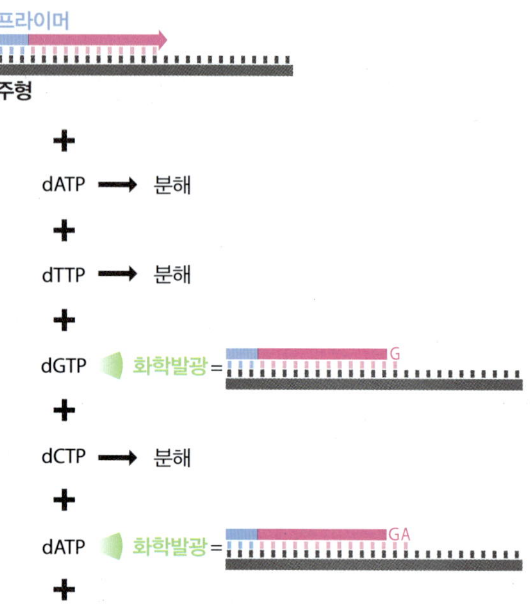

그림 4.12 **피로 염기서열 결정법.** 사슬을 종결시키는 뉴클레오티드 없이 가닥 합성 반응을 수행한다. 각 데옥시뉴클레오티드를 하나씩 같은 순서로 반복해서 뉴클레오티드 분해효소와 함께 반응에 첨가한다. 이 분해효소는 합성되는 가닥에 뉴클레오티드가 첨가되지 않으면 뉴클레오티드를 분해한다. 뉴클레오티드의 삽입은 데옥시뉴클레오티드에서 방출된 피로인산으로부터 유도된 화학발광의 섬광에 의해 검출된다. 따라서 신장되는 가닥에 첨가되는 뉴클레오티드의 순서를 추적할 수 있다.

계되었다. 이 방법은 아크릴아마이드 판에 고정된 DNA 절편을 이용하는데, 각 구슬은 **감이온 전장효과 트랜지스터(ion-sensitive field effect transistor, ISFET)**로 둘러싸인 우물 안에 들어있다. ISFET는 수소 이온을 감지할 때마다 전자 펄스(electronic pulse)를 만들고, 이 펄스는 고정된 절편의 염기 서열을 읽기 위해 우물 안으로 넣는 뉴클레오티드와 연관되어 있다. 길이는 400 bp까지 읽을 수 있지만 이 기술의 주요 장점은 전자 검출 시스템으로 일루미나와 454 기반 시스템에서 사용하는 광학 검출기와 비교하여 기계의 제작과 가동 비용이 낮다는 것이다.

올리고뉴클레오티드 연결과 검출에 의한 염기 서열 결정법(sequencing by oligonucleotide ligation and detection, SOLiD)이라는 네 번째 차세대 염기 서열 결정 기술은 아주 다른 방법을 사용한다. 중합효소가 새 DNA 가닥을 합성하는 방법이 아니라 주형 서열에 상보적 서열을 가진 일련의 올리고뉴클레오티드를 혼성화시키는 방법을 통해 염기 서열을 알아낸다. 가닥 합성을 이용한 서열 결정 방법과 마찬가지로 서열 결정을 시작하기 위해 프라이머를 말단 어댑터 서열에 어닐링시켜 주형 DNA에 부착시킨다. 그 다음 5개 뉴클레오티드로 된 가능한 모든 서열을 나타내는 1,024개의 올리고뉴클레오티드 세트를 DNA 연결효소와 같이 넣어준다. 이 중 1개의 올리고뉴클레오티드는 프라이머가 어닐링하는 어댑터 바로 옆에 잇달아 있는 주형 DNA 서열에 상보적 서열을 가진다. 올리고뉴클레오티드는 혼성화되고 DNA 연결효소에 의해 프라이머에 연결된다(그림 4.13). 혼성화-연결 과정은 주형 DNA의 50~75개 뉴클레오티드가 덮일 때까지를 1회 세트로 하여 계속된다. 개략적으로 보면 SOLiD 염기 서열 결정법은 아주 간단하다. 그러나 이 방법은 주형과 혼성화되는 올리고뉴클레오티드 서열을 확인하는 데 방대한 양의 계산이 필요하다. 올리고뉴클레오티드 각각을 형광 마커로 표지하지만 전체적으로 단지 4종류의 마커만을 사용한다. 이는 마커가 1,024개의 올리고뉴클레오티드를 256개 염기 서열로 된 집단 4개로 나눈다는 의미이다. 대신 집단 나누기는 무작위로 하지 않고 각 집단은 4개의 2염기 세트로 구성된다. 각 2염기 세트는 처음 시작하는 염기 2개가 같은 64개의 올리고뉴클레오티드로 구성된다. 예를 들면, AT 2염기 세트는 ATNNN 서열로 된 올리고뉴클레오티드를 모두 가지고 있다. 여기에서 N은 어떤 종류의 뉴클레오티드라도 된다. 따라서 혼성화되는 올리고뉴클레오티드에 부착된 마커를 확인하여 그 5개 뉴클레오티드 서열 말단에 있는 염기 2개의 색을 정한다. 이렇게 해서

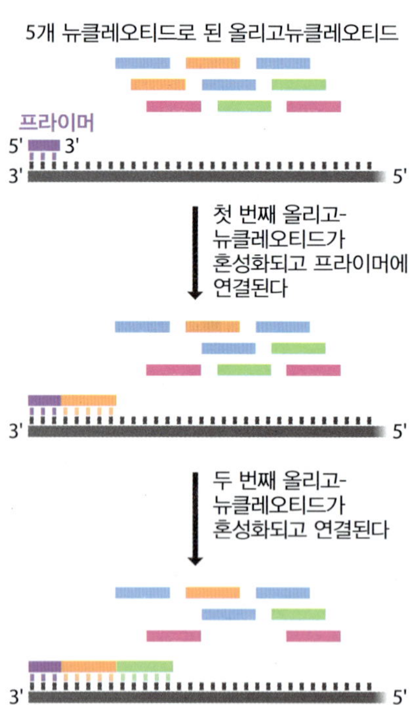

그림 4.13 **SOLiD 염기 서열 결정법의 원리.** 5-mer 올리고뉴클레오티드 (5개의 뉴클레오티드로 된 올리고뉴클레오티드) 혼합물에는 가능한 1,024개의 염기 서열이 모두 포함된다. 프라이머 바로 옆의 주형 DNA에 상보적인 올리고뉴클레오티드는 혼성화되고 DNA 연결효소에 의해 프라이머에 연결된다. 다음 이 과정이 반복되며 두 번째 올리고뉴클레오티드가 혼성화되고 연결된다.

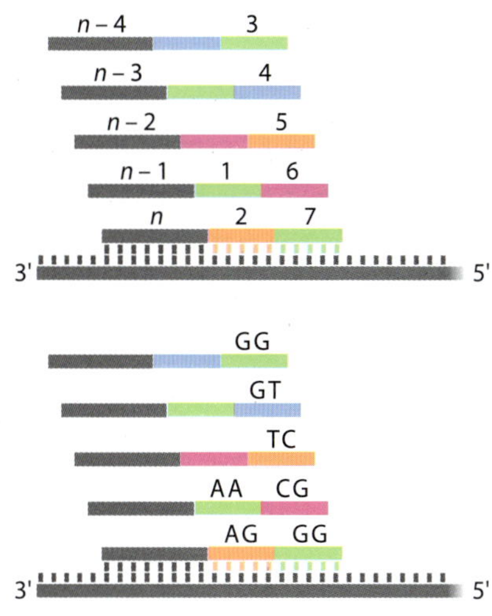

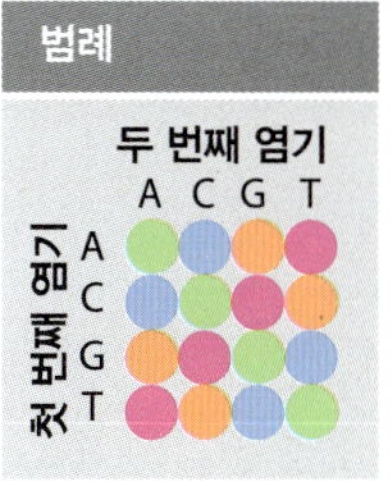

그림 4.14 **SOLiD 서열 결정 실험 결과의 해석.** 처음 프라이머를 이용해 일련의 혼성화-연결 반응을 시키고, 다음에 처음 프라이머 위치에 대해 1(n−1), 2(n−2), 3(n−3), 4(n−4)의 뉴클레오티드가 다른 위치에 결합하는 4개의 프라이머를 이용해 반응시킨다. 혼성화된 올리고뉴클레오티드에 부착된 형광 마커의 색을 그림에 나타내었다. 그림의 예에서 n 프라이머의 3′-말단 뉴클레오티드는 A로 알려졌다. 따라서 1번 올리고뉴클레오티드의 2염기는 AN이어야 한다. 범례(색 공간에 있는)에서 이 2염기는 AA인 것을 알 수 있다. 이는 2번 올리고뉴클레오티드의 2염기가 AN이란 의미이며, 색상을 통해 염기는 AG로 확인된다. 이 과정을 계속하면 염기 서열은 AAGGTCGG로 판명된다.

얻은 서열은 불분명할(동일한 마커를 4개의 다른 2염기 세트에 이용할 수 있다) 뿐만 아니라 미완성인 (단지 5 뉴클레오티드 서열당 2개의 염기만 읽을 수 있다) 것이 명백하다. 그러므로 처음 사용한 프라이머에 대해 뉴클레오티드 1개가 차이 나는 위치(n−1 위치)에 어닐링하는 두 번째 프라이머를 이용하여 염기 서열 결정 과정을 반복한다(그림 4.14). 이 과정을 n−2, n−3, n−4 위치에 어닐링하는 프라이머를 이용하여 3번 더 반복한다. 그 결과 주형에 있는 모든 뉴클레오티드를 두 번씩 읽게 되고 그 뉴클레오티드에 지정된 색상을 조합하여 뉴클레오티드의 종류가 확정된다. 이런 이중 결정으로 인해 SOLiD 염기 서열 결정법은 아주 정확하지만 읽을 수 있는 길이가 다른 방법보다 짧다. 사용하는 혼성화-연결 회로의 횟수에 따라 50 또는 75 뉴클레오티드를 읽는 것이 일반적이다. 서열 결정을 하는 주형의 서열을 알고 있으면 계산은 크게 문제가 되지 않는다. 즉, SOLiD는 유전체 절편의 최초 염기 서열 결정이 아니라 다른 개체에서 얻은 DNA의 다형성 조사를 목적으로 하는 유전체 서열 재결정에 주로 이용된다.

3세대, 4세대 방법으로 실시간 염기 서열 결정이 가능하다

유전체 염기 서열 조립을 저비용으로 보다 신속하게 하기 위한 새로운 DNA 염기 서열 결정 기술이 계속해서 개발되고 있다. 위에서 설명한 합성에 의존한 3종류의 서열 결정법의 한계 중 하나는 DNA 중합 과정 때문에 첨가한 뉴클레오티드가 약간 지연되어 검출되는 것이다. 가역적 종결자 방법에서는 각 뉴클레오티드를 첨가한 다음에 3′-차단기를 제거해야 되고, 피로 서열 결정법과 이온 격류 서열 결정법에서는 뉴클레오티드가 하나씩 중합효소에 제시되기 때문에 지연이 발생한다. 이러한 지연이 염기 서열 결정을 완성하는 데 필요한 시간을 늘리고 중합효소의 진행성을 줄이기 때문에 읽을 수 있는 전체 길이가 감소된다.

이런 이유로 최근에는 뉴클레오티드 검출 단계에서 나타나는 지연을 피하고 중합효소가 주형을 따라 방해받지 않고 정상적으로 진행하는 것이 가능하도록 하는 방법이 관심 받고 있다. 이를 **3세대 염기 서열 결정법(third-generation sequencing)**, 또는 실시간 염기 서열 결정법이라 한다. 지금까지 개발된 3세대 염기 서열 결정법 중 가장 성공적인 방법은 **단일 분자 실시간 염기 서열 결정법(single-molecule real-time sequencing)**이다. **제로-모드 도파관(zero-mode waveguide)**이라는 정밀 광학 시스템을 이용하여 1개의 DNA 주형이 복사되는 것을 관찰한다(그림 4.15). 뉴클레오티드 기질은 여전히 형광 마커로 표지되지만 광학 시스템이 아주 정밀하기 때문에 검출하기 위해 중합 과정을 지연시키는 차단기를 사용할 필요가 없다. 대신, 뉴클레오티드가 첨가된 즉시 표지자가 제거되기 때문에 가닥 합성이 중단 없이 지속된다. 읽을 수 있는 길이는 20,000 bp까지로 알려졌다. 이 기술은 처음 퍼시픽 바이오사이언스(Pacific Biosciences)에 의해 개발되었기 때문에 **PacBio 염기 서열 결정법(PacBio sequencing)**이라 한다.

다음 논리적으로 생각할 수 있는 단계인 **4세대 염기 서열 결정법(fourth-generation sequencing)**은 가닥 합성 과정을 분산시켜 어떤 방법으로도 DNA 분자를 복사

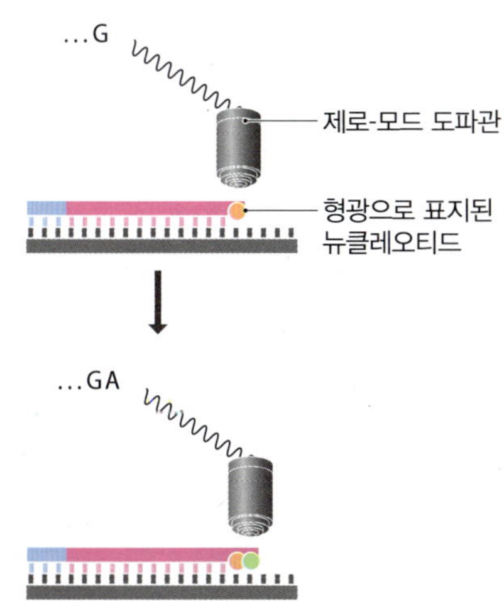

그림 4.15 **단일 분자 실시간 DNA 염기 서열 결정법.** 매번 첨가되는 뉴클레오티드는 제로-모드 도파관으로 관측된다.

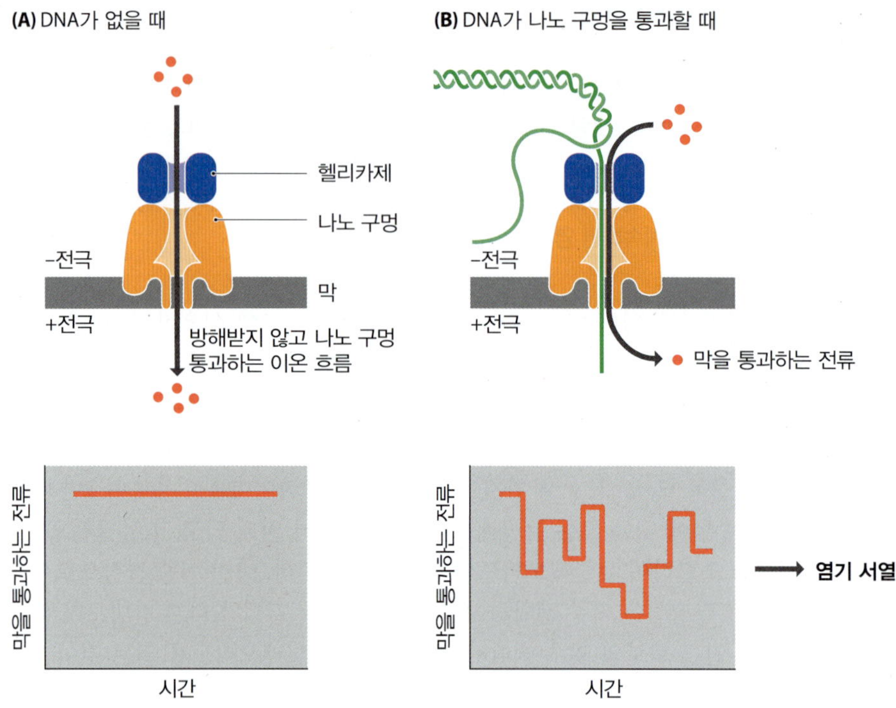

그림 4.16 나노 구멍 염기 서열 결정법. (A) 전류가 막을 가로지르도록 설정한다. DNA가 없을 때 나노 구멍을 통한 이온의 흐름은 방해받지 않고 막을 통과하는 전류는 일정하다. (B) 나노 구멍을 통해 폴리뉴클레오티드가 통과하면 전류가 교란된다. 각각의 뉴클레오티드, 또는 옆에 있는 뉴클레오티드와의 조합은 이온 흐름을 다르게 교란시킨다. 그 결과 생긴 전류의 파동으로 DNA 서열을 유추할 수 있다.

하지 않고 직접 염기 서열을 읽는 방법이 될 것이다. 이는 **나노 구멍 염기 서열 결정법(nanopore sequencing)**이 목표로 하는 것이다. 이 방법은 DNA 한 분자가 겨우 통과할 수 있는 크기의 작은 구멍이 있는 합성 막을 이용한다. 막 한쪽 끝을 양극, 반대쪽 끝을 음극으로 전류를 설정하고 전기영동을 하여 구멍 하나에 DNA가 접근하도록 한다. DNA 분자는 이중가닥이지만 나노 구멍 가까이 있는 **헬리카제(helicase)** 효소가 염기쌍을 파괴하고 DNA를 풀어 단지 한 가닥만 구멍을 통과한다(그림 4.16). 4종류의 뉴클레오티드는 각각 모양이 달라서 서로 다른 양상으로 구멍을 막고, 그 결과 막을 통과하는 이온 흐름을 간섭하는 양상이 약간 차이가 나기 때문에, 이 가닥의 염기 서열을 읽을 수 있다. 이런 전류 간섭을 측정해 폴리뉴클레오티드의 염기 서열을 알아낸다. 합성 단계가 필요하지 않기 때문에 읽을 수 있는 서열의 길이는 중합효소의 진행성에 제한되지 않으므로 50 kb까지 읽을 수 있다고 알려져 있다. 현 시점에서 이 기술은 폴리뉴클레오티드가 나노 구멍을 통과하는 속도로 인하여 서열 확인의 정확도가 떨어지기 때문에 아직은 제한적이다. 따라서 나노 구멍 구조의 변형을 통한 폴리뉴클레오티드 통과 속도의 감소와 더불어 검출 시스템의 개선이 필요하다.

4.3 유전체 염기 서열 결정법

현재 가능한 DNA 염기 서열 결정법을 이해했다면 우리가 해야 하는 다음 질문은 이 방법으로 얻어진 많은 수의 짧은 염기 서열을 전체 유전체 서열로 어떻게 조립할 수 있는가이다. 사슬종결 염기 서열 결정법이 처음 자동화된 1990년대 까지 실제 염기 서열 데이터의 생성이 유전체 염기 서열 결정 사업의 제한 요인은 아니었다. 대신 중요한 문제는 수천, 수백만 개의 짧은 염기 서열을 연속적인 유전체 서열로 변환시키는 과정인 **염기 서열 조립**에 있었다. 염기 서열 조립을 위한 가장 간단한 방법은 개별 염기 서열 결정 실험에서 얻어진 짧은 염기 서열에서 단순히 중복되는 염기 서열을 찾아서 직접 마스터 염기 서열을 조립하는 것이다(그림 3.1). 이 방법을 **샷건법(shotgun method)**이라 한다.

샷건법이 가지고 있는 잠재적 가치는 *Haemophilus influenzae* 염기 서열에서 증명되었다

1990년대 초반에 샷건법을 실제로 사용할 수 있는지에 대해 다방면으로 논의가 되었다. 많은 분자생물학자들은 작은 절편의 염기 서열을 비교하여 중복되는 부분을 찾기 위해 필요한 데이터의 양이 가장 작은 유전체 분석에서조차 현존하는 컴퓨터의 능력을 초과한다는 견해를 갖고 있었다. 이런 의혹은 1995년에 폐렴균(*Haemophilus influenzae*)의 1,830 kb 유전체 염기 서열이 발표되면서 사라졌다.

그림 4.17은 *H. influenzae* 유전체 염기 서열을 얻는 데 사용된 전략을 보여준다. 처음 단계는 유전체 DNA를 초음파 처리(sonication)하여 DNA 절편을 만드는 것이다. 그런 다음 절편을 전기영동한 후 1.6~2.0 kb 사이의 DNA 절편을 아가로스 젤에서 분리하여 플라스미드 벡터에 클로닝하였다. 이 결과 얻어진 라이브러리로부터 무작위로 19,687개의 클론을 얻어 28,643번에 걸쳐서 염기 서열 결정 실험을 수행하였다. 염기 서열 결정 실험 수가 클론 수보다 많은 이유는 일부 삽입 서열은 양쪽 말단을 모두 읽었기 때문이다. 염기 서열 결정 실험 중 16%는 400 bp 이하의 결과를 얻었기 때문에 실패로 간주하였다. 나머지 24,304번의 염기 서열 결정 실험으로 *H. influenzae* 유전체 길이의 6배와 맞먹는 총 11,631,485 bp를 얻었다. 이 정도의 중복되는 양이 유전체 전체를 확인하기 위해 필요하다고 간주되었다. 512 Mb의 램(RAM: random access memory)을 장착한 컴퓨터로 30시간이 걸려 서열을 조립한 결과 길이가 긴 인접 서열(contiguous sequence)을 140개를 얻었고, 이 각각의 **서열 콘티그(sequence contig)**는 유전체에서 중복되지 않은 서로 다른 부분을 의미한다.

다음 단계는 콘티그 사이의 간극에 해당하는 염기 서열을 알아내어 콘티그 쌍을 연결시키는 일이었다. 먼저 라이브러리에서 어떤 클론의 양쪽 말단 염기 서열이 다른 콘티그에 있는지 조사한다. 이런 클론을 확인하면 삽입 부위의 추가적인 염기 서열을 결정하여 두 콘티그 사이의 서열 간극(sequence gap)을 메운다(그림 4.18A). 실제로 99개의 클론이 이런 유형에 속했으며, 따라서 간극 중 99개는 큰 어려움 없이 메울 수 있었다.

남은 42개의 간극에 포함된 DNA 서열은 이미 사용된 클로닝 벡터 내에서 불안정하여 라이브러리에 없을 가능성이 크다. 이 물리적 간극(physical gap)을 메우기 위해 다른 종류의 벡터를 이용해 2차 클론 라이브러리를 제작하였다. 다른 플라스미드를 사용하더라도 클로닝되지 않은 서열은 여전히 불안정할 가능성이 있기 때문에, 두 번째 라이브러리 제작에는 박테리오파지 λ 벡터를 이용하였다(2.3절). 새로운 라이브러리는 84개의 올리고뉴클레오티드 탐침으로 한 번에 하나씩 조사하였는데, 이 뉴클레오티드의 염기 서열은 연결되지 않은 콘티그의 말단 서열과 동일하다(그림 4.18B). 논리적으로 만일 2개의 올리고뉴클레오티드가 동일한 λ 클론과 혼성화된다면 그 클론 안에는 2개의 올리고뉴클레오티드와 동일한 콘티그의 말단 서열이 있어야만 된다. 따라서 그 λ 클론의 DNA 서열을 결정하면 간극을 메울 수 있다. 42개의 물리적 간극 중 23개는 이 방법으로 해결하였다.

간극 메우기를 위한 두 번째 전략은 위의 84개 올리고뉴클레오티드 세트에서 2개씩 짝을 지어 *H. influenzae* 유전체 DNA를 PCR하기 위한 프라이머로 이용하는 것이다.

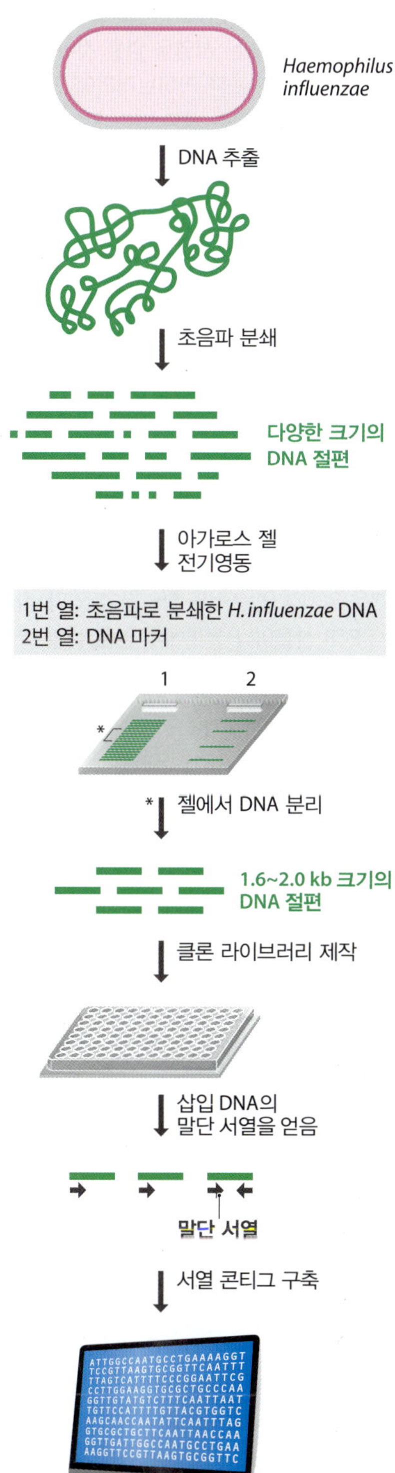

그림 4.17 *H. influenzae* 유전체의 샷건 서열 결정법. *H. influenzae* DNA를 초음파로 처리하고, 크기가 1.6~2.0 kb 사이의 DNA 절편을 아가로스 젤에서 분리한 다음에 플라스미드 벡터에 클로닝하여 클론 라이브러리를 만들었다. 라이브러리에 있는 클론에서 말단 서열을 얻고, 컴퓨터를 이용하여 서열 사이의 중복 부분을 확인하였다. 그 결과 140개의 서열 콘티그를 얻었다.

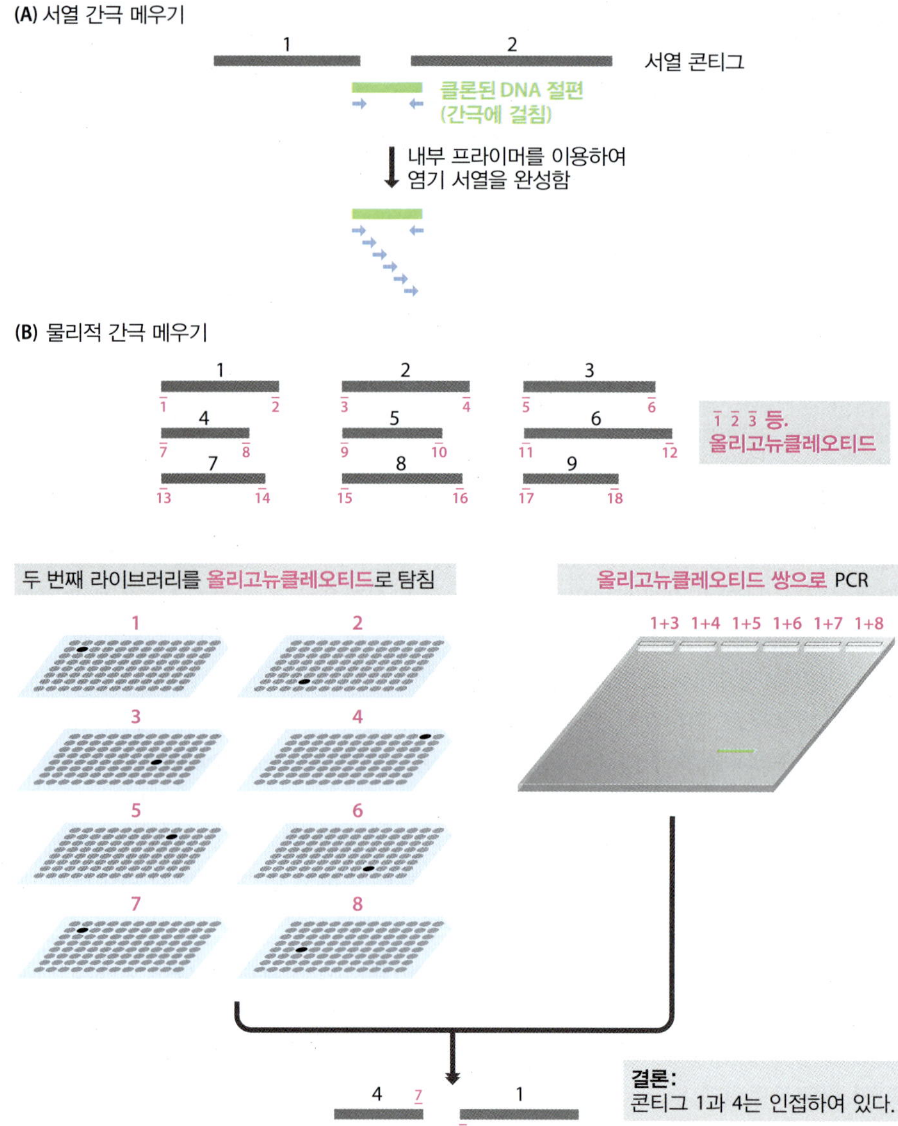

그림 4.18 *H. influenzae* **유전체 서열의 최초 조립 과정에서 간극을 메우기 위해 사용한 방법.** (A) 서열 간극은 기존 라이브러리에 있는 클론을 추가로 염기 서열 결정하여 메울 수 있는 서열이다. 이 예시에서 콘티그 1과 2의 말단 서열이 같은 플라스미드 클론 안에 있기 때문에 이 삽입 DNA의 서열을 내부 프라이머를 이용해 추가로 결정하면 간극을 메울 수 있는 서열을 얻을 것이다. (B) 물리적 간극은 클론 라이브러리에 없는 서열로 아마도 사용한 클론 벡터 안에서 불안정한 서열일 것이다. 이 간극을 메우는 두 가지 전략을 나타내었다. 왼쪽은 콘티그 말단에 해당하는 올리고뉴클레오티드를 탐침으로 이용하여 박테리오파지 λ로 만든 두 번째 클론 라이브러리를 확인한다. 올리고뉴클레오티드 1과 7은 모두 동일한 클론에 혼성화되므로 이 클론은 콘티그 1과 4 사이 간극에 있는 DNA를 가지고 있어야 한다. 오른쪽에서는 올리고뉴클레오티드 쌍으로 PCR을 수행한다. 1과 7번 쌍만 PCR 산물을 형성하므로 이 두 종류의 올리고뉴클레오티드에 해당하는 콘티그 말단은 유전체 안에서 서로 가까운 위치에 있는 것을 확인할 수 있다. 따라서 PCR 산물이나 클론에서 얻은 삽입 DNA 서열을 결정하여 콘티그 1과 4 사이 간극을 메울 수 있다.

몇몇 올리고뉴클레오티드 쌍을 무작위로 선정하여 단순히 이 프라이머 쌍으로부터 PCR 산물이 만들어지는지 여부를 조사하여 간극을 확인하였다(그림 4.18B 참조). 이렇게 얻어진 PCR 산물의 염기 서열을 결정하여 관련된 간극을 메웠다. 어떤 프라이머 쌍은 좀 더 논리적으로 선택되었다. 예를 들어, *H. influenzae* DNA를 다양한 제한 핵산내부분해효소로 자른 다음 올리고뉴클레오티드를 서던혼성법 탐침으로 이용하여(그림 2.14 참조), 비슷한 제한효소 절편과 혼성화되는 올리고뉴클레오티드 쌍을 확인하였다. 이 방법으로 확인된 올리고뉴클레오티드 쌍은 둘 다 동일한 제한효소 조각 내에 있어야 하기 때문에 유전체 상에 서로 가깝게 위치할 가능성이 크다. 따라서 올리고뉴클레오티드 서열에 해당되는 부분을 가진 콘티그 쌍이 인접하여 있다고 생각할 수 있고, 이 두 종류의 올리고뉴클레오티드를 프라이머로 이용해 유전체 DNA를 PCR하여 이들 콘티그 사이의 간극을 메울 수 있다.

많은 원핵생물 유전체의 염기 서열이 샷건법으로 결정되었다

작은 유전체의 염기 서열 결정을 샷건법으로 비교적 빨리 할 수 있다는 것이 증명됨으로써 완전 해독된 미생물 유전체가 급증하였다. *H. influenzae* 유전체 염기 서열의 발표

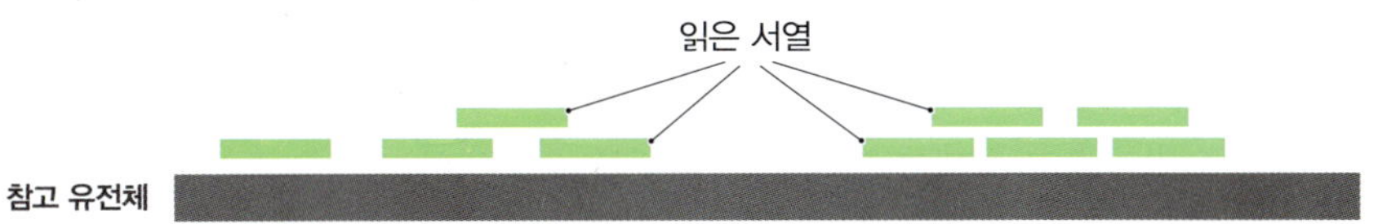

그림 4.19 **염기 서열 재결정 과정에서 참고 유전체의 사용.** 참고 유전체를 이용하여 두 번째 유전체에서 읽은 서열을 올바른 상대적 위치에 놓는다.

이후 곧이어 1995년에 580 kb의 *Mycoplasma genitalium* 유전체의 염기 서열이 완전히 해독되었다. 시작할 때, 이 방법의 실현 가능성에 대한 우려가 있었음에도 샷건법으로 모두는 아니더라도 원핵생물 종 대부분의 염기 서열 조립이 가능하다는 것이 인정되었다. 비교적 짧은 유전체 길이는 중복 서열을 찾기 위해 컴퓨터 사양이 너무 높을 필요가 없다는 것을 의미한다. 2000년대에 차세대 염기 서열 결정법이 도입되면서 한 번의 실험으로 총길이가 유전체의 몇백 배에 달하는 염기 서열을 읽을 수 있게 됨으로써 간극 연결은 큰 문제가 아니게 되었다.

많은 원핵 유전체는 *H. influenzae*에 대해 위에서 설명한 방법대로 오로지 개별적으로 읽은 염기 서열 사이의 중복 서열을 찾는 방법으로 **새로운 염기 서열 결정(*de novo* sequencing)**에 의해 조립되었다. 이 방법으로 6,500개가 넘는 원색생물 종의 염기 서열이 결정되었다. 하지만 데이터베이스에는 40,000개 이상의 완전한 원핵 유전체 염기 서열이 있다. 이는 어떤 종은 유전체 사이에 있는 변이(8.2절)의 양을 이해하기 위해 여러 번 염기 서열 결정을 했다는 의미이다. 이런 염기 서열 재결정 사업은 같은 종에서 유래된 추가적인 유전체 서열의 조립을 위해 컴퓨터에 덜 의존하는 두 번째 방법을 이용한다. 이 방법에서는 기존 염기 서열을 **참고 유전체(reference genome)**로 사용하여 같은 종으로부터 얻은 추가 염기 서열을 조립한다. 조립하려는 유전체의 염기 서열에서 중복 서열을 찾기보다 읽은 염기 서열을 단순히 참고 염기 서열에 각각 놓고 상동성이나 유사성을 비교한다(그림 4.19).

염기 서열 결정을 하려는 종이 유전체 조립이 완성되어 있는 다른 종과 연관되어 있다면 새로운 염기 서열 결정에 참고 유전체 방법을 이용할 수 있다. 논리적으로 새로운 종의 염색체는 유전체를 직접 조립하기에 충분할 만큼 이미 알려진 유전체 염기 서열과 유사성이 있어야 한다. 보통 새 유전체로부터 읽은 염기 서열은 참고 서열과 비교하기 전에 비교 대상 선택의 정확성을 높이기 위해 콘티그로 조립된다. 이런 접근 방식으로, 새 유전체에 **재조합**으로 유전자 순서가 바뀐 부위가 있을 경우 발생할 수 있는 조립 오류를 피해야 한다(그림 4.20). 이런 유형의 재배열에 의해, 이동한 부분의 염기 서열이 바뀌는 것이 아니라 단지 이동한 부분이 유전체의 다른 지점에 위치하게 한다. 이는 재배열된 부분의 경계에 있는 염기 서열에만 차이가 있다는 의미이다. 따라서 이 경계가 규명되지 않으면 참고 유전체에 의존하여 염색체 조립을 할 때 새로운 염색체에서 유전자 재배열이 일어났는지 알 수 없다.

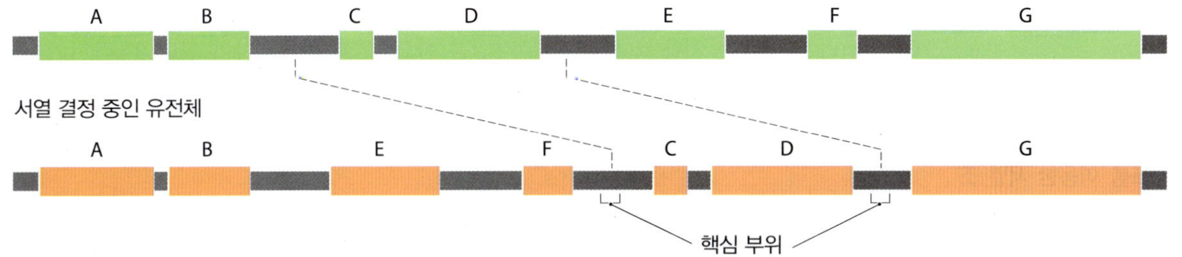

그림 4.20 **참고 유전체를 이용할 때 재조합이 문제를 야기할 수 있다.** 예시에서 유전자 C와 D의 위치는 서열 결정 중인 유전체와 참고 유전체에서 서로 다르다. 염기 서열의 범위가 재조합의 경계에 있는 결정적 부위를 포함하지 않는다면 서열 결정 중인 유전체에서 유전자 순서가 다른 사실을 알 수 없을 것이다.

진핵생물 유전체를 샷건법으로 염기 서열 결정하려면 복잡한 조립 프로그램이 필요하다

샷건법이 진핵 유전체에 적용되고 있지만 진핵생물 유전체의 조립은 두 가지 문제 때문에 복잡해진다. 첫 번째 문제는 조립해야 할 염기 서열 데이터 세트의 크기이다. 진핵 유전체는 원핵 유전체에 비해 아주 크다(예로, 단지 1.83 Mb인 *H. influenzae* 유전체와 비교하여 인간 유전체는 3,235 Mb이다). 따라서 유전체의 적절한 분석이 보장되려면 훨씬 많은 염기 서열을 읽어야 한다. 실제 조립에서의 문제는 중복 서열 확인을 위해 읽은 염기 서열 짝을 비교해야 하기 때문에 읽은 염기 서열의 수가 아니라 비교해야 할 염기 서열 짝의 수이다. 따라서 읽은 염기 서열 수가 증가함에 따라, 읽은 염기 서열의 수를 n이라고 하면 비교해야 하는 염기 서열 짝의 수는 $2n^2 - 2n$으로 데이터 분석은 불균형적으로 점점 복잡하게 된다.

샷건법을 이용할 때 두 번째 문제는 유전체가 반복 서열을 포함하고 있다면 이 방법이 오류를 유도할 수 있다는 점이다. 반복 서열은 길이가 몇 kb까지 되며 유전체 내에 2번 이상 반복되어 있다. 3.1절에서 살펴본 대로 어떤 반복 단위의 일부 또는 전체 서열이 우연히 다른 반복 단위에 있는 동일한 서열과 중복 서열로 지정될 수 있기 때문에 반복 서열은 샷건법을 이용하는 데 문제를 일으킨다(그림 3.3A). 이 결과 유전체의 일부가 잘못된 위치에 놓아지거나 아예 유전체에 포함되지 않을 수도 있다. 대부분의 원핵 유전체에는 반복 서열이 비교적 적으나 진핵생물에서 반복 서열은 흔하게 나타나며 어떤 종에서는 유전체의 50% 이상을 차지하기도 한다.

최초의 **염기 서열 조립 프로그램(sequence assembler)**—읽은 염기 서열을 콘티그로 전환시키는 소프트웨어 팩—은 단순히 읽은 염기 서열을 비교하여 가장 긴 중복 서열을 가진 염기 서열과 합치고 더 이상의 중복 서열이 없을 때까지 이 과정을 반복하였다(**그림 4.21**). 이 결과인 **중복 그래프(overlap graph)**로부터 마스터 염기 서열을 조립할 수 있다. 이 방법은 컴퓨터학에서 말하는 **탐욕 알고리즘(greedy algorithm)**을 사용한다. 즉, 반복 과정의 각 단계에서 가장 논리적인 선택을 한다. 그러나 가끔 탐욕 알고리즘은 차선의 해결책을 도출하는 것으로 유명한데, 이 알고리즘이 문제를 전체적으로 보지 않고 각 단계를 독립적으로 간주하기 때문이다. 앞에서 언급한 대로 반복 서열의 존재가 조립에서 오류를 야기할 가능성이 높기 때문에 중복 그래프를 사용할 때 이런 문제가 생긴다. 중복 그래프의 제작은 엄청난 계산이 요구되는 작업이기도 하다. 이 접근 방법은 사슬종결 염기 서열 결정법을 이용하여 유전체의 염기 서열을 읽을 때는 가능하지만, 차세대 염기 서열 결정법을 이용하여 얻은 수많은 짧은 염기 서열로 작업하기는 불가능하다.

최근에 개발된 염기 서열 조립 프로그램은 계산이 덜 필요한 다른 방법을 사용하므로 차세대 염기 서열 결정법으로 얻은 염기 서열에 적용할 수 있다. 이 조립 프로그램은 부호 문자열 사이의 중복을 규명하는 수학적 개념인 **De Bruijn 그래프(De Bruijn Graph)**라는 도표를 이용한다. 부호 문자열은 반드시 길이가 같아야 한다. 따라서 염기 서열 조립에 이 방법을 이용할 때 처음 단계에서 염기 서열을 더 작은 단위, 또는 길이가

그림 4.21 중복 그래프를 이용한 서열 조립. 마스터 서열을 구축하기 위해 읽은 염기 서열 짝 사이의 중복 부분을 규명한다.

(A) *k*-mer의 머리와 꼬리 형태

k-mer	ATGCAGCTATATAGCGGATG
머리 서열	ATGCAGCTATATAGCGGAT
꼬리 서열	TGCAGCTATATAGCGGATG

(B) De Bruijn 그래프로 서열 읽기

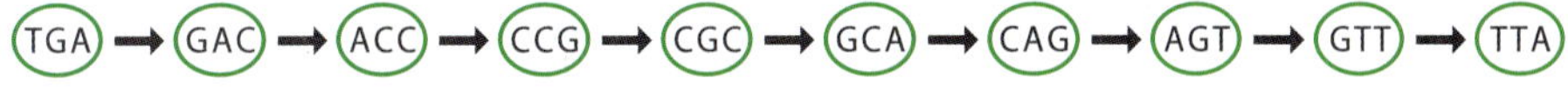

마스터 서열 TGACCGCAGTTA

(C) De Bruijn 그래프를 통과하는 오일러 경로

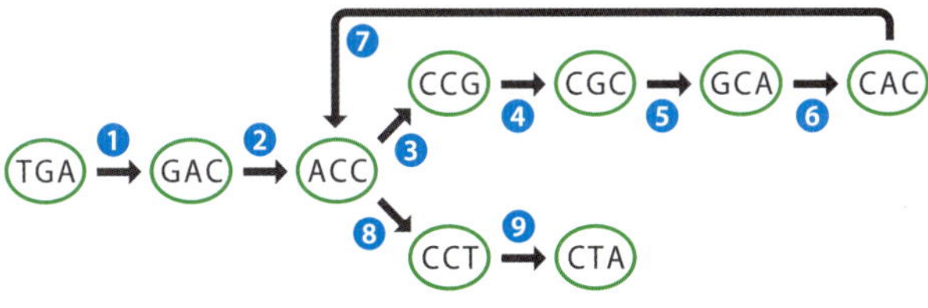

마스터 서열 TGACCGCACCTA

그림 4.22 **De Bruijn 그래프를 이용한 서열 조립.** (A) 뉴클레오티드 20개로 된 *k*-mer와 그 머리 서열과 꼬리 서열. (B) De Bruijn 그래프를 이용한 서열 조립의 예. 이 예시에서 *k*-mer는 길이가 뉴클레오티드 3개만으로 되어있으므로 실제로 서열 조립을 하기에는 너무 짧지만 이 방법의 원리를 보여줄 수 있다. 같은 머리 서열과 꼬리 서열을 가진 *k*-mer 짝을 확인한다: 일련의 *k*-mer 중 처음 2개의 *k*-mer에 대해 GA, 2와 3번 *k*-mer에 대해서는 AC이다. 그림에서 화살표로 나타낸 경계는 *k*-mer 짝을 연결하고, 그 결과 일련의 *k*-mer로부터 마스터 서열을 읽을 수 있다. (C) 반복 DNA 부위를 가진 서열은 De Bruijn 그래프를 통과하는 오일러 경로를 확인할 수 있으면 그래프로부터 올바르게 조립될 수 있다. 그림은 모든 경계를 한 번만 통과하는 경로이다. 이 예시에서 오일러 경로는 1~9로 표시된 경계를 따라가고, 그 결과로 반복된 ACC 모티프가 포함됨에도 불구하고 명확하게 조립된 마스터 서열을 얻을 수 있다.

보통 20~30 뉴클레오티드인 ***k*-mer**로 자른다. 서열이 같은 *k*-mer는 버리므로 이 단계에서 데이터 세트의 크기가 줄어든다. 그 다음에 각 *k*-mer는 머리 서열(prefix sequence)과 꼬리 서열(suffix sequence)로 전환된다. 머리 서열은 *k*-mer에서 마지막 뉴클리오티드를 뺀 것이고, 꼬리 서열은 *k*-mer에서 첫 뉴클리오티드를 뺀 것이다(그림 4.22A). 어떤 *k*-mer의 머리 서열이 두 번째 *k*-mer의 꼬리 서열과 동일할 때 이들을 짝으로 간주하고 이 짝을 찾아서 *k*-mer 사이의 중복 서열을 규명한다. 일단 모든 중복 서열이 확인되면 *k*-mer를 De Brujin 그래프로 연결한다. 이 도표에서 각 *k*-mer는 연결망의 점으로 표시되고 경계(edge)는 머리 서열과 꼬리 서열이 중복되는 각각의 *k*-mer를 연결한다(그림 4.22B). 이제 그래프로부터 마스터 서열을 읽을 수 있다. 만일 서열에 반복 DNA가 있으면 De Brujin 그래프는 일직선이 아닌 갈라진 선이 된다. 이 경우 컴퓨터는 그래프 전체를 통해 경계를 한 번만 경유하는 **오일러 경로(Eulerian pathway)**를 찾으려고 한다. 오일러 경로를 규명할 수 있으면 반복 서열이 있어도 올바른 염기 서열 조립이 이루어진다(그림 4.22C).

De Bruijn 그래프가 너무 복잡해서 오일러 경로를 규명할 수 없는 경우에도 갈라진 구조는 해결되지 않은 반복 DNA 부위를 가진 염기 서열 부위가 있다는 것을 나타내기 때문에 여전히 가치가 있다. 예를 들어, 분석했던 가장 긴 반복 서열보다 길이가 긴 절편을 가진 두 번째 라이브러리를 제작하여 이 부위를 좀 더 자세히 연구할 수 있다. 좀 더 긴 절편 각각의 양쪽 말단의 염기 서열을 결정하여 **양쪽 말단 서열(paired-end reads)**을 얻는다. 반복 서열 사본이 포함된 절편의 양쪽 말단 서열이라면 해당되는 반복 서열의 양쪽 말단 중 하나를 조립하는 데 이용할 수 있다(그림 4.23).

양쪽 말단 서열은 유전체에서 서로 잇달아 있는 서열 콘티그를 알아내는 데도 이용

(A) 불명확한 서열 조립

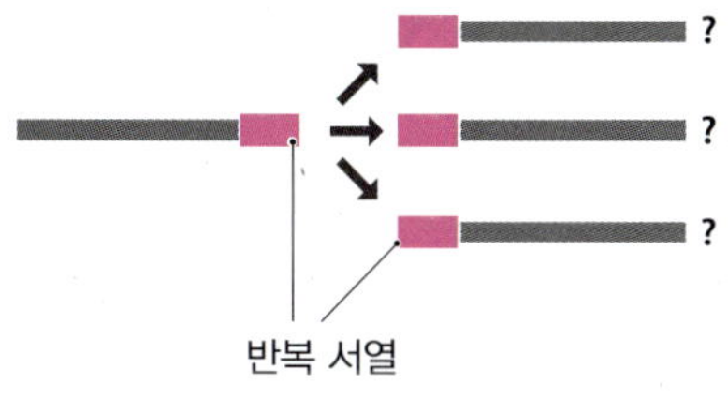

(B) 양쪽 말단 서열로 조립 문제를 해결한다

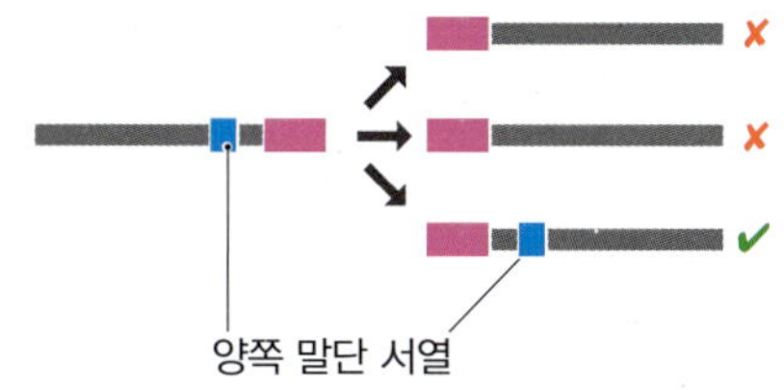

그림 4.23 **반복 DNA를 포함하는 부위의 서열 조립을 해결하기 위한 양쪽 말단 서열의 이용.** (A) 예시에서 De Bruijn 그래프는 명확하지 않지만 반복 서열 하부에 위치할 가능성이 있는 3개의 서열 절편이 있다. (B) 반복 서열에 걸친 절편으로부터 얻은 양쪽 말단 서열의 자리로 어떤 절편이 반복 서열 하부에 위치하는지 규명할 수 있다.

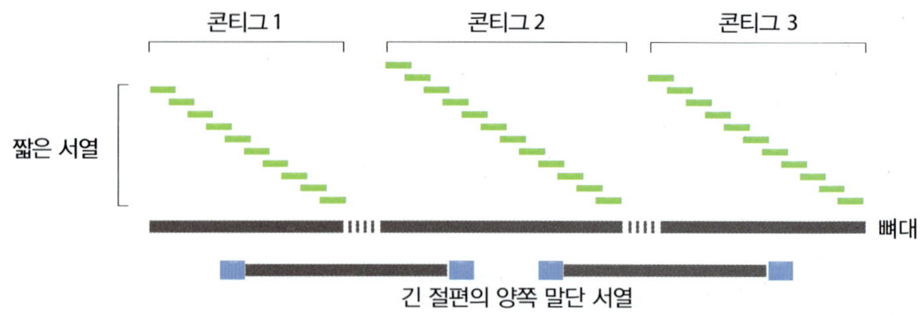

그림 4.24 **뼈대.** 콘티그를 올바른 순서로 놓기 위해 긴 절편의 양쪽 말단 서열을 이용한다.

될 수 있다. 이 결과로 일련의 **뼈대(scaffold)**를 만들 수 있는데, 각 뼈대는 양쪽 말단 서열 사이에 있는 서열 간극으로 분리된 서열 콘티그 세트로 구성되어 있다(그림 4.24). 데이터 세트에 더 많은 염기 서열이 더해질수록 점점 더 긴 뼈대를 만들 수 있다. 염기 서열 조립의 정확도는 박테리아 인공염색체(bacterial artificial chromosome, BAC) 같은 대용량 벡터에 클로닝된 100 kb 이상의 긴 절편의 양쪽 말단 서열을 검토하여 추가로 점검할 수 있다.

더 복잡한 유전체의 염기 서열은 계층적 샷건법을 이용하여 결정할 수 있다

인간 유전체를 비롯한 진핵 유전체는 처음에 **계층적 샷건 염기 서열 결정법(hierarchical shotgun sequencing)**이라는 변형 샷건법을 이용하여 염기 서열이 결정되었다. 이 방법에는 전형적으로 길이가 300 kb인 큰 절편을 BAC 같은 대용량 벡터(2.3절)에 클로닝하는 전-염기 서열 결정(pre-sequencing) 단계가 포함된다. 중복되는 DNA 절편을 가진 클론을 확인하면 일련의 콘티그 또는 **클론 콘티그(clone contig)**의 제작이 가능해진다(그림 4.25). 각 클론에 있는 삽입체의 염기 서열을 샷건법으로 조립하여 콘티그에 의해 지시되는 순서대로 삽입 서열을 서로 연결하여 마스터 염기 서열을 제작한다. 1개의 클론 삽입체에 동일한 반복 서열이 2개 이상 있을 때만 반복 DNA가 문제가 되고, 이 경우에도 반복 부위가 있는 클론과 중복되는 클론의 염기 서열을 조사하여 조립의 오류를 규명할 수 있다(그림 4.26).

계층적 방법은 지금도 보리, 밀과 몇몇 식물처럼 크기가 큰 진핵 염색체의 염기 서열

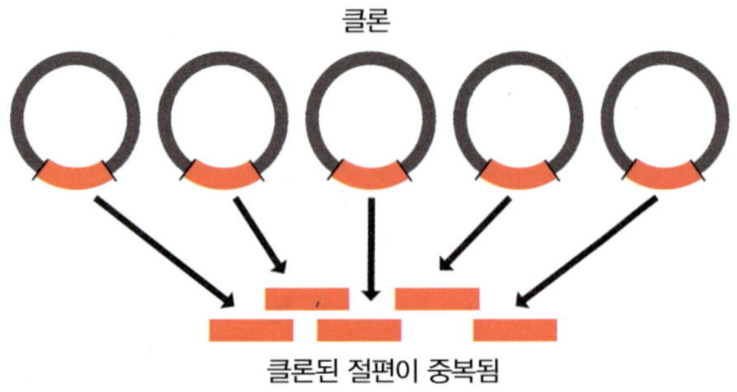

그림 4.25 **클론 콘티그.** 이 클론 세트에 있는 절편은 중복 시리즈를 형성한다.

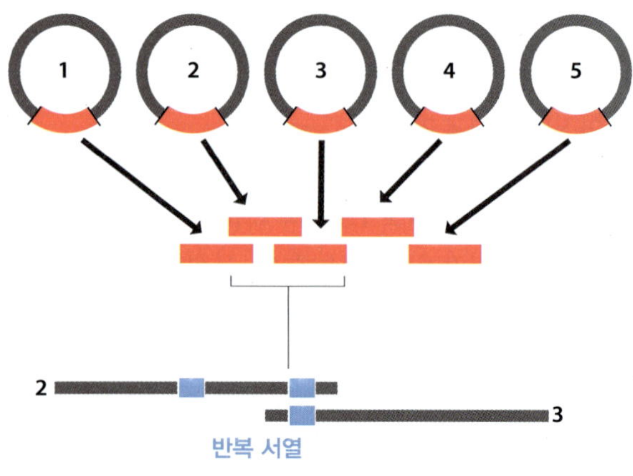

그림 4.26 **계층적 샷건 염기 서열 결정법은 반복 서열로 인한 문제점을 피할 수 있다.** 클론 2에 있는 절편은 반복 서열 사본 2개를 가지고 있다. 클론 2에서 읽은 염기 서열 조립의 결과로 2개 사본 사이의 조각이 삭제될 수 있다. 클론 3이 반복 서열 사본을 1개만 포함하기 때문에 이런 오류를 피할 수 있다. 따라서 이 반복 서열 주변의 서열을 명확하게 조립할 수 있고, 이는 전체 조립이 정확하게 이루어지도록 보장한다.

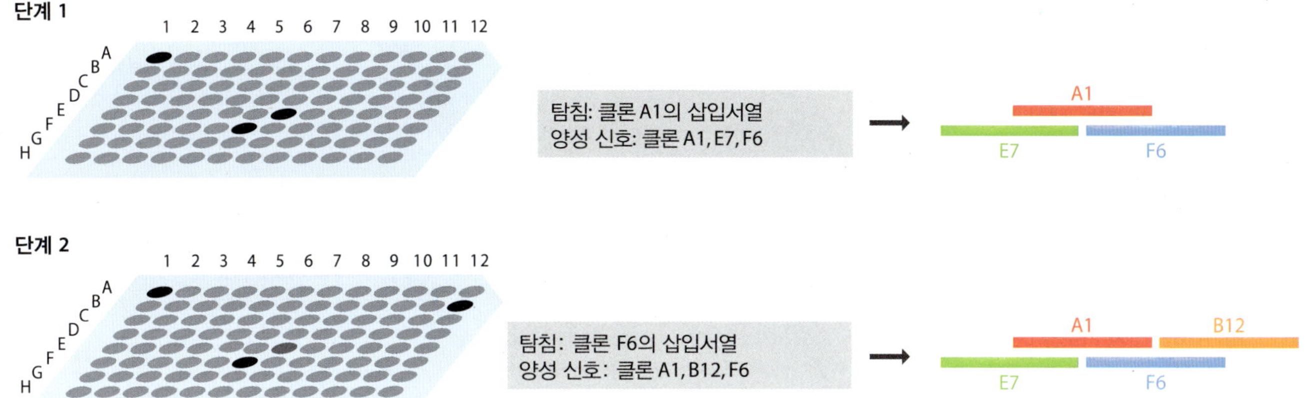

결정 사업에 여전히 사용되고 있다. 이 방법의 주된 문제는 중복되는 삽입체가 있는 클론을 규명하는 데 필요한 시간과 노력이다. 클로닝된 DNA 절편에서 일련의 중복 부분을 규정하는 가장 간단한 방법은 라이브러리에 있는 하나의 클론에서 시작하여 이 클론의 삽입 서열과 중복되는 서열을 가진 두 번째 클론을 찾고, 두 번째 클론의 삽입 서열과 중복되는 서열을 가진 세 번째 클론을 찾는 방식을 반복하는 것이다. 이 방법이 **염색체 더듬기 탐색(chromosome walking)**의 기초로 클론 콘티그 조립을 위해 고안된 첫 번째 방법이다. 원래 방법에서는 시작 클론의 삽입 서열을 라이브러리의 다른 모든 클론을 탐색하기 위한 혼성화 탐침으로 이용하였다. 탐침과 중복되는 삽입 서열을 가진 클론은 혼성화 신호를 나타내고, 이 삽입 서열을 새로운 탐침으로 이용하여 다음 더듬기 탐색을 계속할 수 있다(그림 4.27). 이 방법을 사용할 때 만일 탐침이 반복 서열을 포함하고 있으면 이 탐침은 중복 서열을 가진 클론뿐 아니라 중복 서열이 아닌 반복 서열 사본을 가진 다른 클론과도 혼성화할 수 있는 문제점이 생긴다. 대안으로 라이브러리의 한 클론에 있는 삽입 서열의 한 쪽 말단 부분을 증폭하도록 고안된 프라이머를 이용하여 라이브러리에 있는 다른 클론을 모두 PCR하는 방법으로 이 문제를 피할 수 있다. 맞는 크기의 PCR 산물을 형성하는 두 번째 클론은 원래 클론의 서열과 중복되는 삽입 서열을 가지고 있어야만 한다(그림 4.28). 이 과정을 더 빨리 진행시키려면 각각의 클론을 개별적으로 PCR하는 대신 그림 4.29에서처럼 클론을 그룹으로 섞어 PCR하는 조합 방법을 이용할 수 있다. 이 방법으로도 여전히 명백한 중복 삽입 서열을 찾을 수 있다.

조합 PCR을 이용해 선별 과정을 진행하더라도 염색체 더듬기 탐색은 시간이 걸리는 작업으로, 이 방법으로 15에서 20개 이상의 콘티그를 조립하기는 거의 불가능하다. 그러면 어떤 다른 방법이 있을까?

그림 4.27 **염색체 더듬기 탐색.** 라이브러리는 96개의 클론으로 되어 있고, 각 클론은 서로 다른 삽입 서열을 가진다. 탐색을 시작하기 위해 클론 하나의 삽입 서열을 라이브러리에 있는 다른 모든 클론에 대한 혼성화 탐침으로 이용한다. 클론 A1이 탐침이다; 이 탐침은 자기 자신과 E7, F6에 혼성화된다. 따라서 뒤의 두 클론에 있는 삽입 서열은 클론 A1의 삽입 서열과 중복되어야 한다. F6의 삽입 서열을 탐침으로 이용하여 탐색을 계속한다. 혼성화 클론은 A1, F6, B12이므로 B12의 삽입 서열은 F6의 삽입 서열과 중복된다.

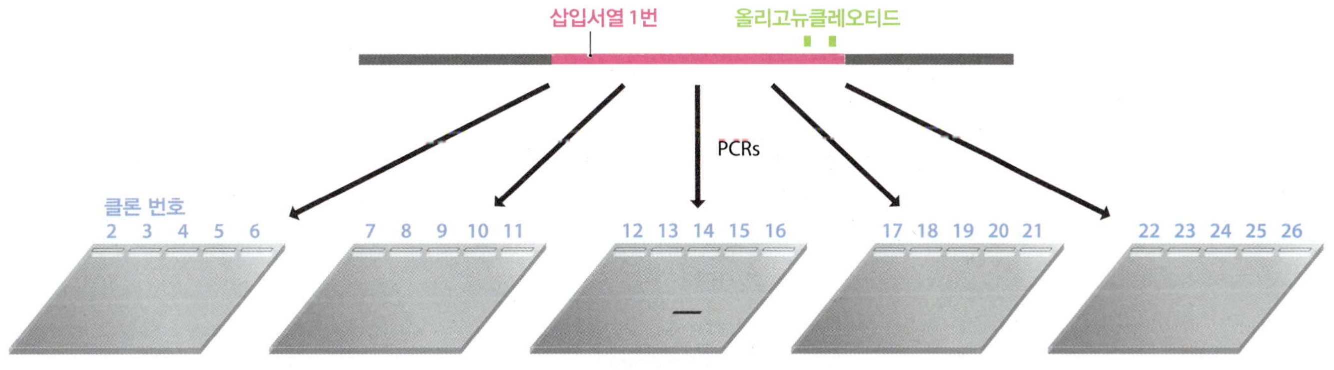

그림 4.28 **PCR에 의한 염색체 더듬기 탐색.** 2종류의 올리고뉴클레오티드는 삽입 서열 1의 말단 부위에 어닐링한다. 이들을 이용하여 라이브러리에 있는 다른 모든 클론을 PCR한다. 클론 15만이 PCR 산물을 형성하였으므로 클론 1과 15의 삽입 서열은 중복된 것을 보여준다. 클론 15의 다른쪽 말단 절편의 서열을 결정하여 두 번째 올리고뉴클레오티드 쌍을 제작하고 이를 이용해 다른 모든 클론을 새롭게 PCR하는 탐색을 계속할 수 있다.

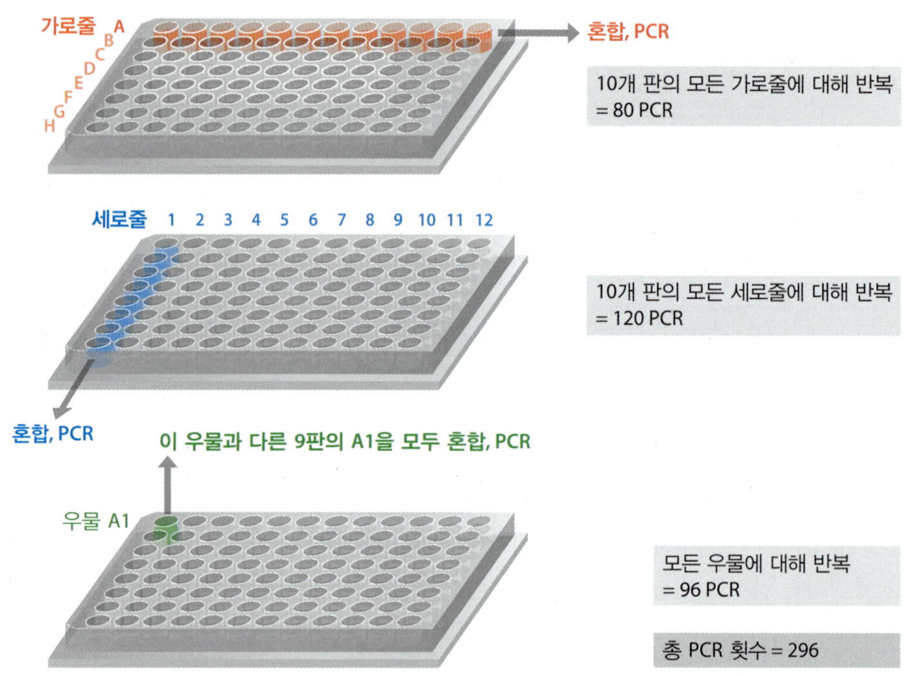

그림 4.29 미세정량판에 있는 클론의 조합 선별. 그림의 예에서 960개의 클론으로 된 라이브러리를 PCR로 선별해야 한다. 960개의 PCR을 개별적으로 하는 대신 클론을 그림처럼 묶어서 296개의 PCR만 수행한다. 대부분의 경우, 결과로 양성 클론을 명확하게 확인할 수 있다. 실제로 양성 클론이 몇 개 있을 때는 가로줄과 세로줄로 PCR을 하여 양성 클론을 확인할 수 있다. 예를 들어, 2번 판의 가로줄 A, 6번 판의 가로줄 D, 2번 판의 세로줄 7, 6번 판의 세로줄 9에서 양성 클론을 얻으면 2번 판의 우물 A7과 6번 판의 우물 D9에 각각 하나씩 2개의 양성 클론이 있다는 결론을 내릴 수 있다. 같은 판에서 2개 이상의 양성 클론이 나오면 같은 우물의 클론을 PCR할 필요가 있다.

주로 이용되는 대안은 **클론 유전자지문법(clone fingerprinting)**이다. 클론 유전자지문법은 클로닝된 DNA 절편의 물리적 구조에 대한 정보를 제공한다. 이 물리적 정보 또는 유전자 지문은 다른 클론의 상응하는 데이터와 비교하여 중복 서열일 가능성이 있는 유사점을 찾을 수 있도록 해준다. 다음의 기술을 하나씩 또는 조합하여 이용할 수 있다(그림 4.30):

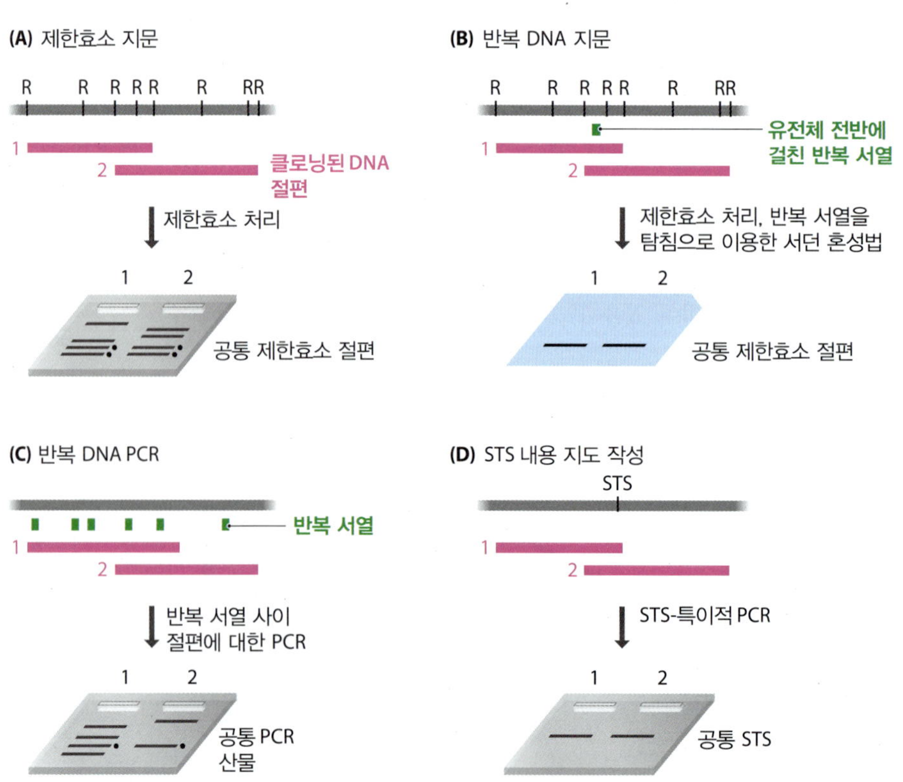

그림 4.30 4가지 클론 유전자지문법.

- **제한효소 패턴(restriction pattern)**은 클론을 다양한 제한효소로 처리한 후 아가로스 젤 전기영동으로 분리하여 얻을 수 있다. 만일 두 클론이 중복되는 삽입 서열을 갖고 있다면 이 부분에서 나온 절편을 가지고 있기 때문에, 두 클론의 제한효소 지문에서 공통으로 나타나는 띠가 있을 것이다.
- **반복 DNA 지문(repetitive DNA fingerprint)**은 한 종류 이상의 반복 서열에 특이적인 탐침을 이용하여 제한효소 절편 세트를 서던 혼성법으로 분석하여 얻을 수 있다. 제한효소 지문에서와 같이 중복 서열은 두 클론에서 공통으로 나타나는 혼성화 띠를 찾는 방법으로 확인할 수 있다.
- **반복 DNA PCR** 또는 **산재성 반복 서열 인자 PCR(interspread repeat element PCR; IRE-PCR)**는 반복 서열에 어닐링하는 프라이머를 이용하여 인접한 2개의 반복 서열 사이에 있는 **단일 사본 DNA(single-copy DNA)**를 증폭한다. 반복 서열이 유전체 전체에 일정한 간격으로 위치하는 것이 아니므로, 반복 DNA의 PCR 산물 크기를 다른 클론과 비교하여 잠재적 중복 서열을 확인하는 데 지문으로 이용할 수 있다.
- **STS 내용 지도작성(STS content mapping)**은 아주 유용한데 이는 물리적 STS 위치 지도와 연결된 클론 콘티그를 얻을 수 있기 때문이다. 라이브러리의 각 클론에서 개별 STS 표지(3.6절)가 있는지 PCR을 수행한다. STS가 유전체에서 단일 사본으로 있다고 가정하면 PCR 산물이 나오는 모든 클론에는 중복된 삽입 서열이 있어야 한다.

염색체 더듬기 탐색에서와 마찬가지로 이런 지문 분석법은 여러 개의 칸에 나누어 놓은 클론에 대해 조합 선별 방법으로 적용하여야 하며, 결과 데이터를 분석하는 데 컴퓨터화된 분석 기법을 이용하는 것이 바람직하다.

유전체 염기 서열은 무엇이며 이 서열이 언제나 필요한가?

이 장에서는 유전체 염기 서열을 얻는 방법에 대해 살펴보았다. 그러나 "유전체 염기 서열"이라는 용어를 우리가 어떤 의미로 사용하는지에 대해 스스로에게 물어보지는 않았다.

우리는 이미 대부분의 종에서 각 개체에 대해 절대적인 유전체 염기 서열이 없다는 것을 언급한 바 있다. 한 종에서 어떤 개체라도 자체의 개별적 변이를 가지고 있고, 유전체 전체 중 상당 부분이 변이 부위인 경우도 많다. 예를 들어, 인간 유전체는 사람마다 변이가 있는 부위인 단일 뉴클레오티드 다형성(single-nucleotide polymorphosm, SNP)을 천만 개 정도 포함하고 있다. 평균 325 bp마다 1개의 SNP가 있다는 것이다. 이는 하나의 유전체 염기 서열은 기껏해야 그 종에서 한 개체의 유전체 염기 서열만을 나타낸다는 의미이다. 실제로 초기에 연구되었던 몇몇 종에서는 염색체 종류마다 염기 서열 결정을 위한 라이브러리를 따로 제작하였고 각 라이브러리를 만든 DNA도 언제나 같은 개체의 것을 이용하지 않았기 때문에, 그 종의 유전체 염기 서열은 여러 개 다른 염색체들의 집합체이었다. 동일한 개체를 이용한다 하더라도 이배체 종의 각 개체는 염색체 사본을 2개씩 가지며, 사본 각각은 여러 SNP 위치에서 차이가 날 수 있다. 이런 **이형접합성(heterozygosity)**으로 인해 조립 과정 동안 불분명한 서열이 나타나고(그림 4.31), 보통 변이 중 하나가 유전체에서 그 위치를 나타내는 염기 서열로 선택될 것이다.

진핵 유전체에서 알려진 모든 뉴클레오티드에 오류가 없고 모든 절편이 올바른 위

...ATGAGCATCGATGCA $^{C}_{T}$ CAGCAGATTGAGCTAC...

그림 4.31 이형접합성이 서열 조립에 미치는 영향. 조립한 이 부위에서 특정 위치를 포함한 몇 번의 염기 서열 읽기에서는 이 위치를 뉴클레오티드 C로 판단한 반면, 비슷한 횟수의 다른 염기 서열 읽기에서는 뉴클레오티드 T로 판단한다. 이것은 이형접합성 때문이며 상동 염색체 쌍의 하나는 이 위치에 C를, 다른 하나는 T를 가지고 있다.

치에 놓여 있는 완전한 염기 서열을 현재는 얻을 수 없다는 것을 인식하는 것이 중요하다. **완성(finished)** 유전체로 불리는 염기 서열도 여전히 콘티그 사이에 서열 결정이 안 된 간극을 어느 정도 가지고 있고 평균 10^4개의 뉴클레오티드마다 1개 정도의 오류가 있는 것이 일반적이다. 반면 **초안(draft)** 유전체 염기 서열은 오류 비율이 훨씬 높고 간극도 더 많으며 일부 콘티그의 순서와/또는 방향조차도 애매할 가능성이 있다. 규모를 줄이면 유전체의 일부분만 조립되거나 심한 경우엔 조립되지 않은 염기 서열만 있을 수 있다.

"완성"과 "초안" 같은 용어의 의미를 혼동하지 않기 위해 유전체 염기 서열의 완성도에 대해 더욱 정확한 측정값을 제공하려는 목적으로 몇 가지 통계법이 고안되었다. 이 중 하나가 **N50 크기(N50 size)**로 콘티그나 뼈대에 적용할 수 있다. 콘티그 N50 크기는 다음 과정으로 유도된다.

- 먼저 모든 콘티그를 더해 전체 콘티그의 총길이를 계산한다.
- 다음 콘티그를 길이가 긴 것부터 짧은 것 순으로 순서를 정한다.
- 가장 긴 콘티그에서 시작하여 순서대로 콘티그를 더한 길이가 콘티그 총길이의 절반이 될 때까지 각 콘티그의 길이를 계속해서 더한다.
- N50 값은 더한 길이가 총길이의 50%보다 크게 될 때 마지막으로 더한 가장 짧은 콘티그의 길이이다.

따라서 N50 값이 높을수록 유전체 조립이 좀 더 완성되었다는 것을 나타낸다. 다른 값인 **NG50 크기**는 콘티그나 뼈대의 총길이뿐만 아니라 유전체의 실제 크기도 고려한다. 따라서 N50 값은 다른 종의 유전체 조립을 직접 비교할 수 있게 해 준다.

마지막으로, 우리는 유전체 염기 서열이 아무리 완전하다 하더라도 반드시 필요한 것은 아니라는 것을 알아야 한다. 유전체의 모든 부분이 매력적이지만 어떤 구성 요소에 대한 매혹의 정도는 보기에 따라 다르다. 예를 들어, 어떤 연구에서는 유전체에 있는 **엑손체(exome)**가 중요한 관심 대상이다. 엑손체는 엑손의 완전한 세트로 유전체에서 단백질을 암호화하는 부분이다. 개체의 엑손체에 있는 염기 서열 변이는 암이나 다른 질환의 원인이 되는 단백질 다형성을 밝혀줄 수도 있다. 인간 엑손체는 약 48 Mb의 DNA로 구성되며, 이는 전체 유전체의 약 1.5% 정도이다. 따라서 엑손체의 염기 서열 결정은 유전체 전체의 염기 서열 결정보다 덜 힘들다. 차세대 염기 서열 결정법의 서열 결정 라이브러리 제작 과정에서 **표적 농축(target enrichment)** 방법을 이용하여 유전체의 특정 부분이나 엑손체를 겨냥한 염기 서열 결정이 가능하다. 많은 수의 올리고뉴클레오티드로 구성된 대규모 올리고뉴클레오티드 세트를 합성한다. 이때 올리고뉴클레오티드의 길이는 보통 뉴클레오티드 150개이고, 각 올리고뉴클레오티드 서열에 상응하는 염기 서열이 있는 유전체 부위를 표적한다(그림 4.32). 다음 올리고뉴클레오티드를 혼성화 반응의 **미끼(bait)**로 사용하여 연구 대상 부위의 DNA 절편을 포획한다. 미끼를 자석 구슬에 연결시키면 포획된 DNA 절편을 자석으로 모으고 용액에 남아있는 표적이 안 된 유전체 부위는 버린다. 그런 다음 포획된 DNA를 구슬에서 떼어내 서열 결정 라이브러리 제작에 사용한다.

4.4 진핵 유전체 염기 서열 결정 사업의 현황

이제는 기술의 점진적 발달로 유전체의 염기 서열 결정과 조립 과정의 문제를 어떻게 해결해 왔는지 알아보기 위해 진핵생물 4종의 유전체 사업을 살펴보면서 이 장을 마치려고 한다.

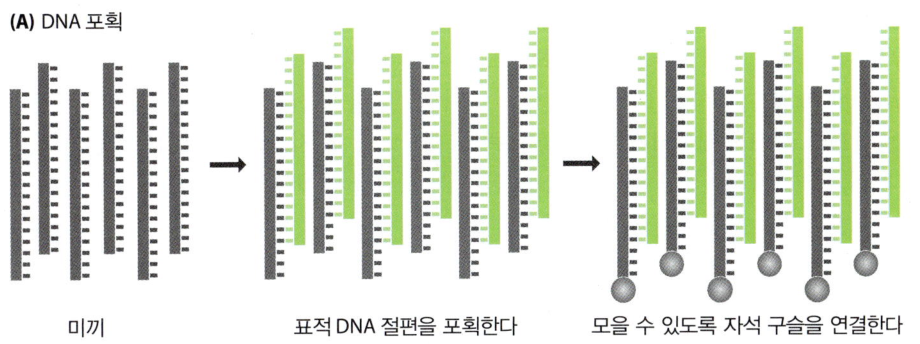

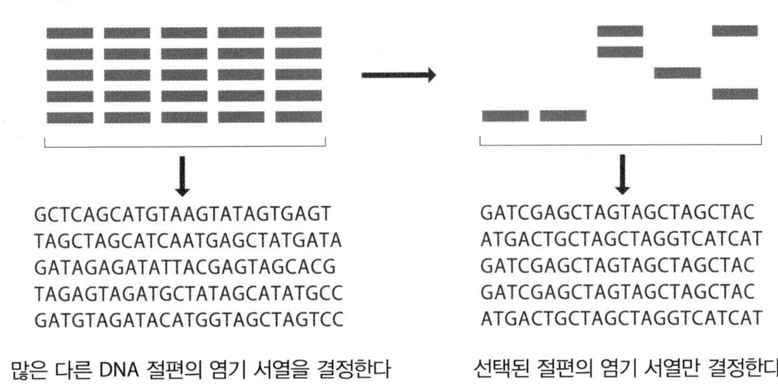

그림 4.32 **표적 농축.** (A) 유전체에서 필요한 부분의 DNA 절편을 포획하기 위해 미끼를 사용한다. (B) 포획한 DNA 절편만 염기 서열 결정한다.

인간 유전체 사업: 영웅 시대의 유전체 염기 서열 결정

인간 유전체 사업(Human Genome Project, HGP)은 1980년대 후반에 전 세계 유전학자들 사이의 느슨하지만 조직적인 공동연구로 시작되었다. 이때의 목표는 2005년까지 인간 유전체 중 적어도 **진정염색질(euchromatin)** 부분에서 95%의 염기 서열 결정을 마치는 것이었다. 진정염색질은 대부분의 유전자가 있는 부분이다(10.1절). HGP를 시작하기 이전에는 바이러스와 소기관 유전체만이 염기 서열 결정이 완성되었으며, 그 중 가장 긴 것이 담배와 몇 종류 식물의 엽록체 유전체로 155 kb이었다. 일부 생물학자는 3,235 Mb의 인간 유전체로 엄청난 개념 도약을 하는 것을 미친 짓처럼 보았다. 초파리와 몇몇 다른 생물에서 자세한 유전자 지도가 제작되긴 했지만 인간 유전체의 경우 가계도 분석이 갖고 있는 근본적인 문제점(3.4절)과 다형성 유전자 표지의 숫자가 비교적 적기 대부분의 유전학자는 인간 유전체 지도를 완성할 수 있는지도 의심하였고, 지도 없이 유전체 염기 서열을 조립하는 것은 불가능한 것으로 간주되었다.

처음에 HGP가 설정한 목표는 1 Mb당 1개의 밀도를 가진 유전자 지도를 만드는 것이었다. 당시는 2~5 Mb당 1개 정도의 밀도가 현실적인 한계치로 생각되던 시기였다. 인간 유전자 지도 작성은 동물 유전체에서 알아낸 최초의 고다형성 DNA 표지인 제한효소 절편 길이 다형성(restriction fragment length polymorphism, RFLP)의 발견으로 처음 돌파구를 찾았다. 1987년에 393개의 RFLP와 추가적으로 10개의 다형성 표지로 구성된 평균 10 Mb당 1개의 표지 밀도(marker density)를 가진 최초의 인간 RFLP 지도가 발표되었다. 1994년까지 유전자 지도에 표지가 7,000개로 확장되어 표지 밀도는 0.7 Mb당 1개로 되었다. 이 중 대부분이 단순 서열 길이 다형성(simple sequence length polymorphism, SSLP)이다. 물리적 지도 작성도 많이 뒤떨어지지 않았다. 1995년에 평균 199 kb당 1개의 표지 밀도를 가진 15,088개의 STS 표지 방사선 잡종 지도가 발표되었다. 이 지도에는 나중에 20,214개의 STS 표지가 추가되었고, 이 중 대부분은 발현 서열 꼬리표(expressed sequence tag, EST)이기 때문에 물리적 지도에 단백질 암호화 부위의 위치가 표시되었다. 통합 STS 지도는 유전적 기법으로 유전체 위에 위치가 표시된 7,000개의 다형성 SSLP도 포함하고 있다. 그 결과 유전자 지도와 물리적 지도를 직접 비교하고 STS 데이터가 있는 클론 콘티그 지도를 두 지도에 모두 접목시킬 수 있었다. 이 결과 인간 유전체 사업의 DNA 염기 서열 결정 단계에서 기본 틀로 이용할 수 있는 포괄적이고 통합적인 지도가 작성되었다.

염기 서열 결정 단계에서는 300,000개의 BAC 클론으로 된 라이브러리를 이용하였다. 유전체에서 이 클론의 위치를 알고 있기 때문에 이를 일련의 클론 콘티그로 조립할 수 있었다. 각각의 BAC 삽입 서열을 사슬종결법으로 서열 결정하고, 삽입 서열 각각으로부터 유전체 지도에 넣을 수 있는 연속적인 서열 블록을 만들기 위해 샷건법을 수행하는 전략을 사용하였다. HGP의 염기 서열 결정 단계가 막 시작될 때, 두 번째 연구진이 많은 작업이 필요한 클론 콘티그의 조립에 의존하기 않고 샷건법을 이용하여 최종 염기 서열을 생산할 수 있는지 탐구하였다. HGP가 최초의 인간 유전체 서열을 제공하지 않을 수 있다는 가능성이 생기자 사업 조직은 작업 초안(working draft)을 완성하는 목표 날짜를 앞당겼다. 1999년 12월, 처음으로 인간 유전체(22번)의 전체 염기 서열의 초안이 발표되었고 몇 달 뒤에 21번 유전체 서열의 초안이 나왔다. 드디어 2000년 6월 26일에 두 사업의 대표인 Francis Collins와 Craig Venter가 미국 대통령과 함께 유전체의 작업 초안 완성을 공표하였고, 이로부터 8개월 뒤에 출판되었다.

클론 콘티그법으로 얻어진 유전체 염기 서열의 초안에는 유전체의 90%만이 있었으며, 누락된 320 Mb의 거의 대부분은 DNA가 아주 단단히 압축되어 있고 유전자가 있다고 해도 아주 적은 수가 있는 부위인 **항시적 이질염색질(constitutive heterochromatin**; 10.1절)이었다. 서열이 밝혀진 유전체의 90% 각 부분은 적어도 4번의 염기 서열 결정을 거쳐 허용할 정도의 정확도를 가지지만, 이 중 단지 25%만이 8~10번의 염기 서열 결정 실험을 거친 완성 서열이라고 간주할 수 있는 부분이었다. 더구나 초안의 서열에는 약 150,000개의 간극이 있었고, 몇 개의 분절은 순서가 맞지 않는 것으로 밝혀졌다. 사업의 마지막 단계를 관장한 국제 인간 유전체 사업 연합은 적어도 유전체에서 대부분의 유전자가 있는 진정염색질(euchromatin) 부분에서 95%의 염기 서열을 완성할 것을 목표로 설정했다. 이때 가장 반복되는 부분을 제외한 모든 간극을 채우며 오류율은 10^4 뉴클레오티드당 1개 이하로 설정했다. 이 목표를 달성하기 위해 46,000개의 BAC, PAC, YAC, 포스미드와 코스미드 클론이 추가적으로 필요하였다. 2004년에 완성된 유전체 서열이 최초로 밝혀지기 시작했고 1년 뒤에 전체 유전체 서열을 완성 서열로 간주하였다.

HGP는 1980년대와 1990년대에 사용했던 염기 서열 결정법과 지도 작성 기술의 한계를 넘은 기념비적인 사업이었다. 사업은 염기 서열 그 자체뿐만 아니라 미래의 유전체 사업 계획의 토대를 만들었다. 특히 샷건법의 성공은 서열 조립을 하기 위해 진핵 유전체의 포괄적 지도가 필요하지 않다는 것을 보여주었다. 또한 인간 유전체 사본 1개의 서열이 결정되어 있다면 그 다음 유전체의 서열 조립에 있어 처음 서열을 참고할 수 있으므로 추가 사본의 염기 서열 결정에는 어려움이 적어진다. 이제 두 번째 유전체 조립을 위한 참고 서열로 인간 유전체를 사용한 아주 재미있는 방법을 알아보고자 한다.

네안데르탈인 유전체: 인간 염기 서열을 참고 서열로 이용한 멸종 인류 유전체의 조립

네안데르탈인은 20~30만 년 전에 유럽과 아시아 일부에서 살던 멸종한 인류이다. 보존된 네안데르탈인 골격은 가장 진화한 현재 인류 종, 호모 사피엔스(*Homo sapiens*)와 비슷한 특성을 많이 보여준다. 분류하자면, 네안데르탈인은 호모 속(*Homo* genus)의 또 다른 구성원인 호모 네안데르탈렌시스(*Homo neanderthalensis*)로 화석 상에서 우리와 가장 가까운 친척이다. 확대 비강처럼 네안데르탈인에서 볼 수 있는 뚜렷한 많은 특징이 빙하기의 추운 기후에 적응한 결과인 것으로 생각된다. 큰 비강은 폐로 들어가기 전 공기를 덥히는 데 도움을 줄 것이다(**그림 4.33**)

최후의 네안데르탈인이 30,000년 전에 죽었다면 우리는 그 염기 서열을 어떻게 얻을 수 있을까? **고대 DNA**가 그 해답을 제공하였다. DNA 분자는 생명체가 죽은 후에도 그 안에서 살아남을 수 있기 때문에 몇 세기, 아마도 천 년 만 년 후에도 뼈와 다른 생물학적 유해 안에 보존된 DNA를 짧고 부서진 단편으로 회수할 수 있다는 사실이 알려진 것은 좀 되었다. 불행히도 고대 DNA 연구는 논란으로 얼룩졌다. 1990년대 초, 뼈와 다른 고생물학 표본에서 고대 인간 DNA가 검출되었다는 보도가 많이 있었다. 그러나 염기 서열이 결정된 표본은 고대 DNA가 아니라 표본을 발굴한 고생물학자나 DNA를 추출한 분자생물학자로부터 오염된 현재의 인간 DNA로 밝혀진 경우가 많았다. 영화 쥐라기 공원(Jurassic Park)의 세계적 흥행은 곤충 안에 있던 DNA가 호박(amber)이나 공룡 뼈 속에도 보존된다는 보도로 이어졌지만, 지금 이 모든 주장은 틀린 것으로 알려졌다. 많은 생물학자들은 고대 DNA의 존재 자체를 의심하지만, 아주 조심해서 작업한다면 약 백만 년 정도까지의 표본에서 가끔은 진짜 고대 DNA를 추출할 수 있는 가능성이 점점 명확해지고 있다. 이는 네안데르탈인이 포함될 정도로 충분히 오래된 시간이다.

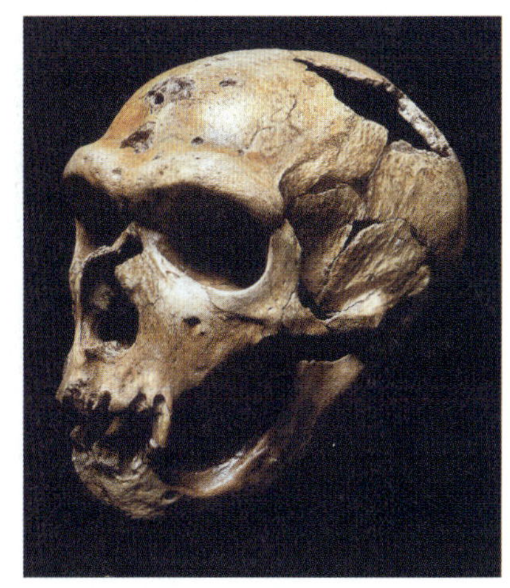

그림 4.33 40~50세 정도의 네안데르탈인 남자의 두개골. 이 두개골은 약 50,000년 정도 된 것으로 프랑스 La Chapelle-aux-Saints에서 발견되었다(John Reader/Science 사진 라이브러리 제공).

네안데르탈인과 *H. sapiens*가 다른 종이지만 네안데르탈인 유전체 서열 조립에 인간 유전체를 참고 서열로 사용하기에 충분할 만큼 이 두 종의 유전체는 비슷하다. 따라서 네안데르탈인 염기 서열을 처음부터 새롭게 조립할 필요는 없을 것이다. 그러나 유전체 서열 조립 과정에서 보통 맞닥뜨리지 않는 문제가 하나 있을 수 있다. 시간이 지나면서 DNA가 분해하고, 이 분해 과정의 일부로 고대 DNA 연구자가 **암호 해독 오류 손상(miscoding lesion)**이라고 부르는 결과가 나타난다. 암호 해독 오류 손상은 화학 변화의 결과로 염기 서열 결정 실험 동안 뉴클레오티드가 틀리게 읽혀지는 것을 말한다. 가장 일반적인 암호 해독 오류 손상은 물이 있을 때 시토신 염기의 아미노기가 제거되어 우라실로 되는 것이다(**그림 4.34A**). 고대 DNA 분자에 이런 암호 해독 오류 손상이 발생하면 C가 T로 잘못 읽혀진다. 네안데르탈인과 *H. sapiens* 참고 서열 사이에 실제로 차이가 나는 위치와 이런 서열 오류는 구분되어야 한다. 네안데르탈인 유전체 서열이 정확하려면 가능한 많은 횟수의 염기 서열 결정을 통해 유전체에 있는 각 뉴클레오티드를 읽어서 최대한 유전체의 많은 부분의 서열을 얻을 필요가 있다(**그림 4.34B**). 이런 염기 서열은 서로 다른 고대 DNA 절편으로부터 읽을 수 있고, 이 모든 절편에서 동일한 위치에 암호 해독 오류 손상이 있을 가능성은 아주 낮다. 따라서 네안데르탈인과 *H. sapiens* 서열 사이의 진짜 차이는 특정 뉴클레오티드에 대한 각각의 염기 서열 읽기에서 SNP로 나타날 것이다. 반면 암호 해독 오류 손상은 앞의 염기 서열 중 하나에서만 나타날 것이다.

최초의 네안데르탈인 유전체의 완성 서열은 성인 여성의 발가락뼈로부터 얻어졌다.

(A) 시토신이 탈아미노화되어 우라실로 됨

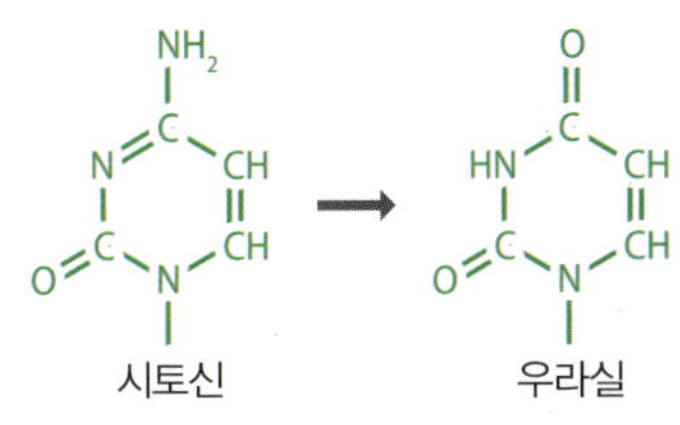

(B) 암호 해독 오류 손상과 진짜 서열 변이를 구별하기 위해 여러 번의 서열 결정이 필요하다

참고 인간 유전체 서열

ATAGTAGTAGACTAGGCAATAGGCAGTGCATGATCGATGCACGTGCATAGTAGCGTACT

고대 DNA 서열 읽기

TAGGCAGTGCATGATCGATGCACGTGCA

CATGATCGATGCACGTGCATAGTAGTGTACT

GTAGTAGACTAGGCAATAGGCAGTGTATGATCGATGCACGTGC

ATAGTAGTAGACTAGGCAATAGGCAGTGCATGATCGATGC

아마도 암호 해독 오류 손상

암호 해독 오류 손상 또는 진짜 변이?

그림 4.34 암호 해독 오류 손상은 고대 DNA 염기 서열 결정에 문제를 일으킨다. (A) 시토신이 탈아미노화되어 우라실이 된다. 이런 암호 해독 오류 손상은 DNA 서열을 읽을 때 C를 T로 읽게 한다. (B) 암호 해독 오류 손상과 진짜 서열 변이를 구별하기 위해서 유전체 서열을 여러 번 읽어야 한다. 네 번의 염기 서열 읽기 중 한 번에서만 차이가 나타난다면 이를 암호 해독 오류 손상으로 확신할 수 있다. 유전체에서 두 번째 암호 해독 오류 손상의 가능성이 있는 부분은 고대 DNA를 한 번만 읽었기 때문에 이 C → T의 비정상이 암호 해독 오류 손상인지 실제 서열 변이인지 확인하는 것이 불가능하다.

그림 4.35 **자이언트 판다.** *Ailurpoda melanoleuce*. Manyman 제공.

이 여성은 약 50,000년 전에 살았으며, 시베리아 알타이 산에 있는 동굴에서 발견되었다. 5개의 라이브러리를 제작하여 염기 서열 결정에 사용하였고, 일루미나 방법으로 네안데르탈인의 서열 2,278,000,000개를 읽었다. 고대 DNA의 경우 시간이 경과하면서 폴리뉴클레오티드가 짧은 절편으로 분해되어 읽을 수 있는 개별 서열의 길이가 제한되는 두 번째 문제 때문에 이렇게 읽은 염기 서열의 평균 길이는 고작 75 bp이었다. 그럼에도 불구하고 읽은 염기 서열로부터 평균 52× 범위를 가진 유전체 서열을 조립하는 것이 가능하였고, 이는 정확도가 높은 서열을 얻기에 충분한 정도이다.

이 염기 서열이 네안데르탈인과 현생 인류 사이의 관계에 대해 어떤 정보를 주었을까? 이 질문에 대한 답은 18.3절에서 알 수 있다. 멸종된 생물의 유전체를 연구하는 **고유전체학(paleogenomics)**은 아주 빠르게 진행되는 분야로 18.3절에서 보다 자세히 알아본다.

자이언트 판다 유전체: 전적으로 차세대 염기 서열 결정법 데이터에 근거한 샷건 염기 서열 결정법

자이언트 판다 *Ailurpoda melanoleuce*(그림 4.35)는 중국 서부의 여러 산간 지역에 1,500마리 정도로 작은 수의 야생 개체만 살아 있는 심각한 멸종 위험종이다. 판다의 유전체는 약 2,400 Mb로 인간 유전체보다 길이가 좀 짧다. 이는 인간 유전체에 비해 반복 서열이 차지하는 비율이 낮고 유전자 수는 거의 비슷하기 때문이다. 자이언트 판다 유전체는 완전히 차세대 서열 결정법 데이터를 이용해 염기 서열을 결정한 최초의 유전체였다. 이전에는 샷건 조립법을 이용할 수 있을 정도의 짧은 길이의 진핵 유전체는 사슬종결법과 차세대 서열 결정법을 둘 다 이용한 혼합 방법으로 염기 서열을 결정하였다. 짧은 서열 콘티그는 차세대 서열 결정법으로 얻는다. 다음 사슬종결법으로 클로닝된 큰 절편으로부터 양쪽 말단 서열을 얻고, 이 말단 서열을 이용해 콘티그를 뼈대로 조립한다. 이 방법의 단점은 클론 라이브러리 제작과 양쪽 말단 서열을 얻기 위해 각 클론의 염기 서열을 개별적으로 결정하는 데 추가적으로 필요한 시간과 비용이다. 따라서 사슬종결법을 이용하지 않고 전체 유전체를 차세대 방법만으로 서열 결정하는 전략은 시간과 비용을 절약할 수 있다.

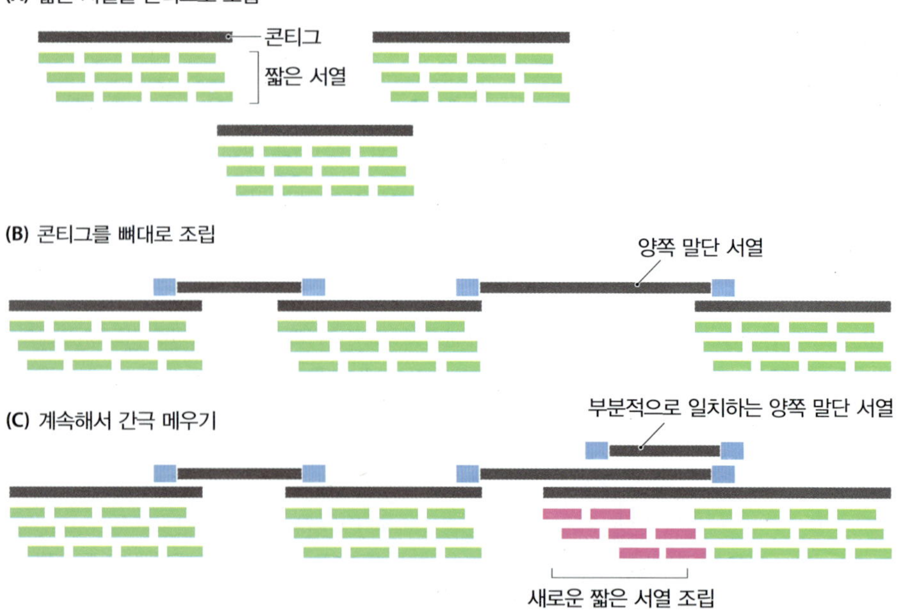

그림 4.36 **자이언트 판다 유전체의 염기 서열 결정.** (A) 500 bp 이하의 짧은 서열을 조립하여 콘티그를 구성하였다. (B) 양쪽 말단 서열을 이용하여 콘티그를 뼈대로 조립하였다. (C) 한쪽 말단만 콘티그에 속해 있는 양쪽 말단 서열에서 콘티그에 속하지 않은 말단 주변의 짧은 서열 조립을 통해 콘티그 사이의 간극을 부분적으로 메웠다.

자이언트 판다 유전체의 염기 서열을 결정하기 위해 평균 길이가 150 bp, 500 bp, 2 kb, 5 kb, 10 kb인 일련의 서열 결정 라이브러리를 제작하였다. 다음 라이브러리를 일루미나 방법으로 서열 결정하여 총 176,000 Mb의 염기 서열을 얻었다. 이후 단계적으로 유전체를 구축하였다(그림 4.36).

- 샷건법으로 읽은 500 bp 이하의 서열은 중복 부분을 확인하기 위해 De Bruijn 연산을 이용하여 조립하였다. 이렇게 얻은 콘티그는 총 2,000 Mb 길이로 39× 범위에 달하지만 N50 크기는 겨우 1.5 kb로, 이 단계의 조립 과정에서 개별 콘티그는 아주 짧다는 것을 알 수 있다.
- 다음에 각 라이브러리에 있는 절편을 읽어서 얻은 양쪽 말단 서열을 이용하여 콘티그로부터 뼈대를 조립하였다. 이 서열은 고정된 각 절편의 양쪽 말단의 염기 서열을 읽을 수 있는 변형된 표준 일루미나 방법을 이용하여 얻었다. 이 결과로 얻은 뼈대는 N50 크기가 1.3 Mb이며, 총길이가 2,300 Mb이었다. 조립 길이가 2,000에서 2,300 Mb로 증가한 것은 각 뼈대 내 콘티그 사이에 간극이 존재하기 때문이다.
- 뼈대 내 간극은 적어도 특정한 양쪽 말단 서열을 찾아서 부분적으로 메웠다. 이 양쪽 말단 서열의 한쪽 말단은 하나의 콘티그에 속해 있고 다른쪽 말단은 간극 내부에 있어서 콘티그에 속해 있지 않다. 속해 있지 않은 말단을 이용하여 짧은 서열을 추가적으로 조립하였다. 이 단계에서 N50 크기가 40 kb까지 증가하였고 남아 있는 간극은 대부분 아주 반복되는 서열로 단지 총 뼈대 길이의 2.4%이었다. 이 최종 단계에서 조립된 서열은 20번 이상의 염기 서열 결정을 통해 전체 유전체의 95%를 포함하는 정도인 평균 65× 범위를 가졌다.

자이언트 판다 유전체 분석으로 이들의 아주 특별한 식습관에 대한 정보가 밝혀졌다. 판다의 서식지가 지리적으로 아주 좁은 이유 중 하나는 이들의 먹이가 주로 대나무이기 때문이다. 판다 유전체에는 육식과 관련된 유전자가 대부분 있고 이는 판다가 육류도 소화시킬 수 있다는 것을 말한다. 그러나 미각 수용체에 돌연변이가 생겨 판다가 육류를 싫어하게 된 것 같다. 대나무를 먹으려면 셀룰로오스를 분해하는 능력이 필요한데 판다 유전체에서 이런 유전자는 밝혀지지 않았다. 하나의 가능성은 판다의 소화계에 있는 박테리아 집단인 **마이크로바이옴(microbiome)**이 이와 같은 필수적 소화 능력을 제공하는 것이다.

처음 밝혀진 자이언트 판다 유전체는 그 다음 추가적으로 전체 판다 개체군의 2%인 34마리의 판다 유전체 서열을 조립하는 데 참고 유전체로 이용되었다. 이 유전체 서열 결정 사업으로 별개의 판다 개체군 3개가 확인되었으며, 이는 전체적으로 유전적 다양성을 유지하기 위한 교배 프로그램의 계획 방안을 제공할 수 있다. 또한 유전체 서열 비교는 개체군 수가 기후 변화에 영향을 받았지만 자이언트 판다 수 감소의 주요 원인은 인간에 의한 환경 파괴인 점을 시사한다.

보리 유전체: 유전자 공간의 개념

보리는 세계 연생산량 측면에서 4번째로 중요한 작물이다. 재배되는 보리 대부분은 가축 사료로 쓰이지만 1/4은 직간접으로 사람이 먹는 식품이나 보리 맥아로 만드는 술로 소비된다. 보리는 잠재적으로 많은 식이섬유를 얻을 수 있으며 보리의 식이섬유 함량을 높이는 작물 품종개량사업이 진행 중이다. 기후가 변해도 생산성을 유지할 수 있는 품종 개발을 목적으로 극한 환경에 대한 보리의 적응 능력을 알아내려는 연구가 시도되고 있다. 기후 변화로 인해 건조 기후에서 자랄 수 있는 작물에 대한 요구가 생길 가능성이 있으므로 가뭄에 대한 저항성을 가진 보리 품종의 개발이 현재 진행되고 있는 품종개량사업의 중요한 목적이다.

품종개량사업은 식물 유전체에 대한 포괄적인 이해 없이도 가능하지만 중요 유전자의 정체와 지도 상에서의 위치, 그리고 양적형질유전좌(quantitative trait loci, QTL)를 알면 품종개량사업을 훨씬 효율적으로 주도할 수 있으며, 성공적인 결과로 이어질 가능성이 아주 크다. 보리 유전체의 길이는 5,100 Mb이며 유전체의 80%가 반복 서열로 이루어져 있기 때문에 염기 서열 조립이 아주 복잡하다. 현재는 유전체 서열의 초안 조차도 완성되지 않은 상태이다. 보리 유전체를 다르게 표현하는 방법을 고안할 수 있을까? 적어도 이 방법은 유전자를 확인하고 DNA 서열에서 이 유전자의 지도 위치를 규명할 정도는 되어야 한다. 보리 연구자들은 **유전자 공간(gene space)**이라는 개념에 착안하였다. 이 개념의 핵심은 보리 유전자 염기 서열 대부분이 자세한 유전체 지도에 포함되어 있다는 것이다. 보리의 유전자 공간 개발의 중요 단계는 다음과 같이 진행되었다(그림 4.37).

- 자세한 물리적 지도는 571,000개 BAC 클론을 STS 내용 분석을 통해 구축하였다. 이 클론은 전체 유전체의 97% 이상인 4,980 Mb를 포함하는 9,265개의 콘티그로 조립되었다. 클론 콘티그의 N50 길이는 904 kb로 개별 유전자가 완전히 1개의 콘티그 안에 포함되기에 충분한 길이였다.
- BAC 라이브러리에서 무작위로 선택한 937개 삽입 부위뿐만 아니라 유전자가 들어있는 5,341개의 삽입 부위의 서열을 결정하였고, 이 서열을 물리적 지도에 표시하였다. 304,523개의 BAC 클론에 있는 삽입 부위의 말단에서 추가적인 서열

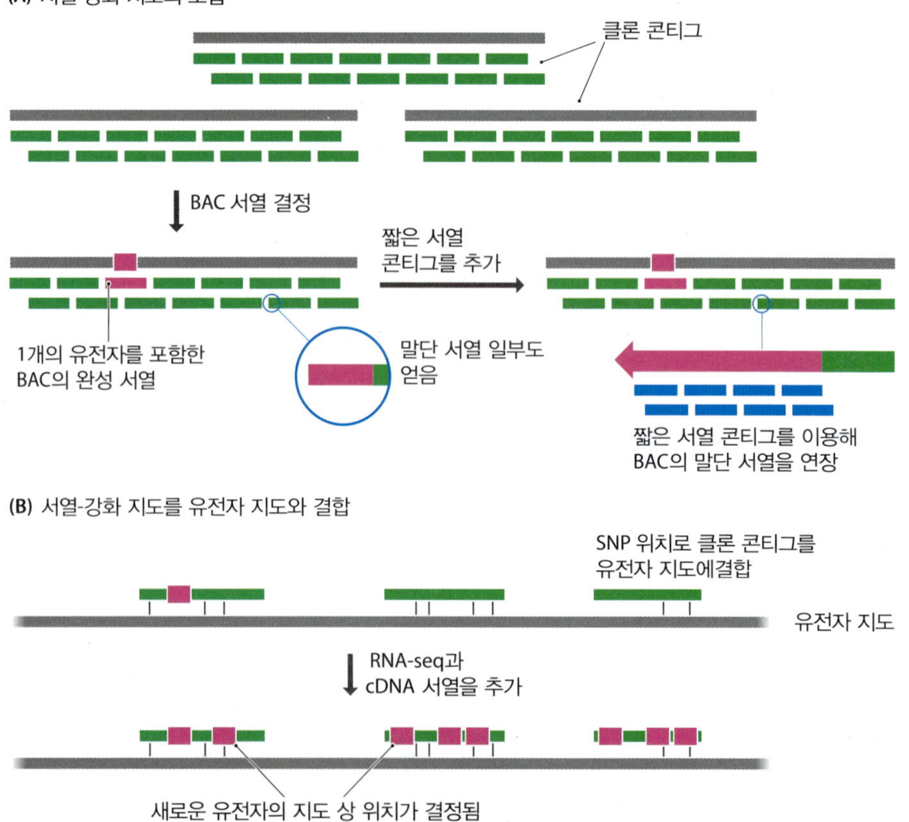

그림 4.37 보리 유전자 공간의 개발. (A) 서열-강화 지도는 클론 콘티그로 조립된 BAC 삽입 서열의 완전한 서열 결정과 말단 서열 결정을 통해 제작되었다. 그 후 말단 서열은 짧은 서열 콘티그의 중복 부위를 찾아 연장하였다. (B) 7개의 보리 염색체 각각에 대해 유전자 지도에서의 위치가 알려진 SNP나 다른 서열 특징을 포함한 클론 콘티그를 확인하여 서열-강화 지도를 유전자 지도와 결합하였다. 다음 서열이 결정된 클론 콘티그 부분에서 RNA seq의 조립이나 cDNA 서열 결정을 통해 얻은 24,154개의 유전자 서열을 찾아 서열-강화 지도를 연장하였다.

을 얻었다. 이 작업으로 지도에 표시된 염기 서열이 1,136 kb인 서열-강화 지도(sequence-enriched map)를 얻을 수 있었고, 이 서열 표시가 많은 지도 중 많은 부분이 유전자를 포함하고 있었다.

- 유전체 DNA를 이용하여 2개의 일루미나 서열 결정 라이브러리를 제작하였다. 라이브러리에 있는 절편의 길이는 300 bp에서 2.5 kb 사이였다. 읽은 염기 서열을 이용해 총 1,900 Mb 서열로 된 콘티그를 처음부터 조립하였다. 이 콘티그의 많은 부분은 길이가 짧고 모두 반복 DNA로 된 서열이었고, 112,989개의 콘티그는 서열-강화 지도와 중복되는 부위를 가지고 있었다. 이 단계로 지도에서 밝혀진 서열이 300 Mb 이상으로 증가하였다.
- 유전자 지도 제작을 하는 데이터를 서열-강화 지도에 첨가하였다. 서열 콘티그에서 SNP와 연관 분석으로 지도 상의 위치가 이미 밝혀진 다른 짧은 서열을 찾았다. 그 결과 유전자 지도에서 4,556개 콘티그의 위치를 결정할 수 있었다.
- 마지막으로, 서열-강화 지도에서 유전자의 위치를 결정하였다. 발아부터 개화, 그리고 종자 형성 과정에서 8개의 다른 발생 단계에 있는 식물의 RNA를 추출하였다. RNA를 cDNA로 변환시킨 후 서열 결정 라이브러리를 제작하였다. **RNA-서열 결정**(**RNA-sequencing** 또는 **RNA-seq**) 데이터는 엑손체를 나타낸다. 즉, 이들을 조립할 때 유전자에서 엑손 부분의 서열을 알 수 있다. 서열이 밝혀진 클론 콘티그에서 이 엑손 서열을 찾아 이 부분을 지도에 포함시킨다. 기존에 얻은 28,592개의 cDNA 서열도 이 방법으로 지도에 추가적으로 포함되었다. RNA seq과 cDNA 서열은 26,159개의 유전자를 구명하였고, 이 중 24,154개는 서열-강화 지도에서 위치가 결정되었다.

보리 유전자 공간은 물리적 지도와 유전자 지도를 통합한 지도에서 위치가 결정되었다. 이와 함께 물리적 지도와/또는 유전자 지도에서의 위치가 알려진 SNP와 다른 DNA 표지를 포함하는 추가적 서열 데이터도 지도에 포함되었다. 유전자 공간은 유전체 서열 초안은 아니지만 중요 특성을 결정하는 유전자 연구와 이 유전자를 이용한 품종개량사업의 계획에 필요한 유전자 서열과 표지 위치에 대한 필수적인 정보를 제공한다.

요약

- 사슬종결 서열 결정법은 PCR 산물처럼 짧은 DNA 분자의 염기 서열을 결정하는 데 이용된다.
- 차세대 서열 결정법은 한 번의 실험에서 수천 수백만 개의 DNA 절편을 평행으로 서열 결정할 수 있는 여러 방법의 총합이다.
- 차세대 방법은 단단한 지지체에 고정된 DNA 절편 라이브러리의 제작으로 시작한다. 이 방법으로 많은 서열 결정 반응을 대량 평행 방식으로 나란히 진행시킬 수 있다. 다양한 방법으로 라이브러리의 서열을 결정한다.
- 3세대, 4세대 서열 결정법은 차세대 방법보다 장점이 많기 때문에 점차적으로 차세대 방법을 대체할 것이다.
- 유전체 염기 서열 결정에서 가장 큰 문제는 여러 번의 서열 결정 실험에서 얻은 소규모 염기 서열을 올바른 순서로 조립하는 것이다.
- 박테리아의 작은 유전체는 읽은 염기 서열에서 단순히 중복 부위를 찾는 방법으로 샷건법을 이용하여 조립하는 것이 가능하다.
- 샷건법을 이용하여 진핵 유전체를 조립할 때는 De Bruijn 그래프의 이용처럼 복잡한 조립

과정이 필요하다.

- 보다 복잡한 유전체의 서열은 계층적 접근법으로 결정할 수 있다. 이 방법은 BAC과 같은 대용량 벡터에 클로닝된 일련의 클론으로 구성된 클론 콘티그를 이용하며, 콘티그에는 연구가 진행 중인 유전체의 물리적 지도와/또는 유전자 지도에 걸쳐 있는 중복 절편이 있다.
- 유전체 서열의 완성도는 N50 크기로 나타낸다.
- 인간 유전체 초안은 2000년에 완성되었다. 네안데르탈인 유전체도 역시 밝혀졌다.
- 자이언트 판다 유전체는 전적으로 차세대 서열 결정법 데이터를 샷건법으로 조립하여 염기 서열이 결정된 최초의 유전체였다.

단답형 문제

1. 가닥 합성 반응에 다이데옥시뉴클레오티드를 포함시키면 염기 서열을 어떻게 읽을 수 있는지 설명하라.
2. 사슬종결 DNA 서열 결정법에 이용되는 DNA 중합효소가 가져야 하는 활성 3가지는 무엇인가?
3. 사슬종결법과 차세대 염기 서열 결정법의 장점과 단점을 비교하라. 현대 유전체 연구에서 사슬종결 염기 서열 결정법이 어떻게 이용되는가?
4. 차세대 염기 서열 결정 사업 과정에서 서열 결정 라이브러리는 어떻게 제작되는가?
5. 다음의 DNA 염기 서열 결정법에서 DNA 서열을 얻는 방법을 설명하라. (A) 가역적 종결자 서열 결정법, (B) 피로 서열 결정법, (C) 이온 격류법, (D) SOLiD 서열 결정법.
6. 3세대, 4세대 서열 결정법의 장점은 무엇인가?
7. *Haemophilus influenzae* 유전체 서열 결정에 이용된 방법을 요약하라.
8. 진핵 유전체 서열 결정에서 샷건법의 이용을 복잡하게 하는 요인은 무엇인가?
9. 실험에서 얻은 염기 서열을 연속 서열로 조립하는 방법을 설명하라.
10. 유전체 서열 결정을 위한 계층적 샷건법에 대해 설명하라.
11. 클론 유전자지문법을 수행하기 위해 어떤 방법을 이용할 수 있나?
12. (A) 인간 유전체와 (B) 자이언트 판다 유전체의 최초 염기 서열을 얻는 데 이용된 방법을 비교하라.

사고형 문제

1. 1970년대에 사슬종결법과 화학분해법, 두 가지 서열 결정법이 개발되었다. 처음에는 두 방법이 모두 많이 이용되었으나 점차 사슬종결법이 더 많이 쓰이게 되었다. 화학분해법이 선호되지 않은 이유는 무엇일까?
2. 당신은 약 2.6 Mb의 단일 DNA 분자로 된 신종 박테리아 유전체를 분리하였다. 이 박테리아 유전체의 염기 서열을 얻기 위한 자세한 연구 계획을 작성하라.
3. 122 bp DNA 분자를 무작위로 잘라 중복 서열을 가진 절편으로 만들고 이 절편의 염기 서열을 결정하였다. 다음은 그 결과로 얻은 염기 서열이다.

   CGTAGCTAGCTAGCGATT

   GATTAGTTCGCCCATTCG

GCTGTAGCATGTTTTCGC

TTCGCTCAGCATCGGATTT

AGCTAGCTAGCGATTTCGT

TAGCATGTTTTCGCTCAGC

TTTCGCTCAGCATCGGATT

ATTTAGTTTAGCTGTAGCA

CATTCGCGATGCTATCTCT

GTTGACGCATACGGCGGG

TCGTAGCTAGCTAGCGAT

ATGCTATCTCATCTGATTT

ATTTAGTTCGCCCATTCGC

ATTTAGTTGACGCATACGG

ATGCATCGTAGCTAGCTAG

CTCAGCATCGGATTTAGTT

CGATGCTATCTCATCTGAT

CGCATACGGCGGGGGGAT

염기 서열 쌍 사이의 중복 부분을 찾아서 처음 시작한 분자의 서열을 재구성하는 것이 가능한가? 그렇지 않다면 어떤 문제가 생기며, 이 문제는 어떻게 해결할 수 있을까?

4. 큰 진핵 유전체의 염기 서열을 결정하는 방법으로 계층적 샷건법을 사용할 때의 장점과 단점을 비판적으로 분석하라.

5. 제약회사는 유전질환의 원인 유전자의 염기 서열 결정에 많은 시간과 비용을 투자했다. 지금 회사는 유전자와 그로부터 만들어지는 단백질을 연구하고 질병 치료제를 개발하는 단계이다. 당신이 생각하기에 이 회사는 유전자 염기 서열에 대한 특허권을 가질 권리가 있다고 생각하는가? 당신의 답변을 정당화하라.

Further Reading

Chain–termination sequencing

Brown, T.A. (ed.) (2000) Essential Molecular Biology: A Practical Approach, Vol. 1 and 2, 2nd ed. Oxford University Press, Oxford. *Includes detailed protocols for chain-termination DNA sequencing.*

Prober, J.M., Trainor, G.L., Dam, R.J., et al. (1987) A system for rapid DNA sequencing with fluorescent chain-terminating dideoxynucleotides. *Science* 238:336–341.

Sanger, F., Nicklen, S. and Coulson, A.R. (1977) DNA sequencing with chain-terminating inhibitors. *Proc. Natl Acad. Sci. USA* 74:5463–5467. *The first description of chain-termination sequencing.*

Sears, L.E., Moran, L.S., Kissinger, C., et al. (1992) CircumVent thermal cycle sequencing and alternative manual and automated DNA sequencing protocols using the highly thermostable Vent (exo–) DNA polymerase. *Biotechniques* 13:626–633.

Next–generation sequencing and third– and fourth–generation methods

Buermans, H.P.J. and den Dunnen, J.T. (2014) Next generation sequencing technology: advances and applications. *Biochim. Biophys. Acta* 1842:1932–1941.

Chen, F., Dong, M., Ge, M., et al. (2013) The history and advances of reversible terminators used in new generations of sequencing technology. *Genomics Proteomics Bioinformatics* 11:34–40.

Deamer, D., Akeson, M. and Branton, D. (2016) Three decades of nanopore sequencing. *Nat. Biotechnol.* 34:518–524.

Feng, Y., Zhang, Y., Ying, C., et al. (2015) Nanopore-based fourth-generation DNA sequencing technology. *Genomics Proteomics Bioinformatics* 13:4–16.

Goodwin, S., McPherson, J.D. and McCombie, W.R. (2016) Coming of age: ten years of next-generation sequencing technologies. *Nat. Rev. Genet.* 17:333–351.

Heather, J.M. and Chain, B. (2016) The sequence of sequencers: the history of sequencing DNA. *Genomics* 107:1–8.

Quail, M., Smith, M., Coupland, P., et al. (2012) A tale of three next generation sequencing platforms: comparison of Ion Torrent, Pacific Biosciences and Illumina MiSeq sequencers. *BMC Genomics* 13:341.

Ronaghi, M., Uhlén, M. and Nyrén, P. (1998) A sequencing method based on real-time pyrophosphate. *Science* 281:363–365. *Pyrosequencing.*

van Dijk, E.L., Auger, H., Jaszczyszyn, Y. and Thermes, C. (2014) Ten years of next-generation sequencing technology. *Trends Genet.* 30:418–426.

Shotgun sequencing

Fleischmann, R.D., Adams, M.D., White, O., et al. (1995) Whole-genome random sequencing and assembly of *Haemophilus influenzae* Rd. *Science* 269:496–512.

Fraser, C.M., Gocayne, J.D., White, O., et al. (1995) The minimal gene complement of *Mycoplasma genitalium*. *Science* 270:397–403. *The second bacterial genome to be sequenced.*

Loman, N.J., Constantinidou, C., Chan, J.Z.M., et al. (2012) High-throughput bacterial genome sequencing: an embarrassment of choice, a world of opportunity. *Nat. Rev. Microbiol.* 10:599–606.

Sequence assembly

Ekblom, R. and Wolf, J.B.W. (2014) A field guide to whole-genome sequencing, assembly and annotation. *Evol. Appl.* 7:1026–1042.

Miller, J.R., Koren, S. and Sutton, G. (2010) Assembly algorithms for next-generation sequencing data. *Genomics* 95:315–327.

Schatz, M.C., Witkowski, J. and McCombie, W.R. (2012) Current challenges in *de novo* plant genome sequencing and assembly. *Genome Biol.* 13:243.

Hierarchical shotgun sequencing

Adams, M.D., Celniker, S.E., Holt, R.A., et al. (2000) The genome sequence of *Drosophila melanogaster*. *Science* 287:2185–2195.

She, X., Jiang, Z., Clark, R.A., et al. (2004) Shotgun sequence assembly and recent segmental duplications within the human genome. *Nature* 431:927–930. *Discusses the accuracy of the whole-genome shotgun approach in assembly of sequences containing repetitive DNA.*

Venter, J.C., Adams, M.D., Sutton, G.G., et al. (1998) Shotgun sequencing of the human genome. *Science* 280:1540–1542.

Weber, J.L. and Myers, E.W. (1997) Human whole-genome shotgun sequencing. *Genome Res.* 7:401–409.

Iconic sequencing projects

International Barley Genome Sequencing Consortium (2012) A physical, genetic and functional sequence assembly of the barley genome. *Nature* 491:711–716.

International Human Genome Sequencing Consortium (2001) Initial sequencing and analysis of the human genome. *Nature* 409:860–921. *The draft sequence obtained by the Human Genome Project.*

International Human Genome Sequencing Consortium (2004) Finishing the euchromatic sequence of the human genome. *Nature* 431:931–945.

Li, R., Fan, W., Tian, G., et al. (2010) The sequence and *de novo* assembly of the giant panda genome. *Nature* 463:311–317.

Prüfer, K., Racimo, F., Patterson, N., et al. (2014) The complete genome sequence of a Neanderthal from the Altai Mountains. *Nature* 505:43–49.

Venter, J.C., Adams, M.D., Myers, E.W., et al. (2001) The sequence of the human genome. *Science* 291:1304–1351. *The draft sequence obtained by the shotgun method.*

유전체 주석 달기

CHAPTER **5**

유전체 염기 서열은 그 자체로 끝이 아니다. 유전체 서열 안에서 유전자와 다른 흥미로운 특징의 위치를 결정하고 알려지지 않은 유전자에 기능을 부여하는 작업은 여전히 해결해야 할 중요한 도전이다. 이 작업은 컴퓨터 분석과 실험을 조합하여 할 수 있지만 유전체의 완전한 해석은 거의 불가능하다. 2004년 이후 인간 유전체 서열 완성본의 사용이 가능하지만 유전체에 있는 많은 유전자에 대해서는 여전히 불확실성이 존재하며, 확인된 많은 유전자도 기능을 모른다. 유전체 서열을 이해할 수 있는 새로운 방법의 개발이 유전체 연구의 주요 목표 중 하나이다.

이 장에서는 **유전체 주석 달기(genome annotation)**에 이용하는 방법에 대해 다룬다. 이 방법으로 유전체 서열에서 유전자의 위치를 결정한다. 제6장에서 기능을 모르는 유전자에 기능을 정하는 다양한 방법을 알아볼 것이다.

5.1 DNA 염기 서열의 컴퓨터 분석을 통한 유전체 주석 달기

일단 조립된 유전체 서열을 얻으면, 그 안에 있는 유전자의 위치를 결정하는 데 다양한 방법이 이용될 수 있다. 이 방법은 눈으로, 또는 보통 컴퓨터를 이용해 단순히 염기 서열을 조사하는 방법과 실험 분석에 의한 유전자의 위치 결정 방법으로 나눌 수 있다.

유전자는 뉴클레오티드가 무작위로 나열된 것이 아니라 구분할 수 있는 특징을 가지고 있기 때문에 염기 서열을 조사하여 유전자의 위치를 결정할 수 있다. 현재 우리가 유전자의 특이한 특징을 모두 이해하고 있지 않기 때문에 유전자 위치 결정에 염기 서열 조사 방법이 완벽한 방법은 아니지만, 이 방법은 여전히 강력한 도구이며 새로운 유전체 염기 서열을 분석하는 데 일반적으로 이용되는 첫 번째 방법이다. 컴퓨터를 이용하는 방법은 **생물정보학(bioinformatics)**이라는 방법론의 일부가 되었고 여기에서부터 시작하기로 하자.

유전자의 암호화 부위는 열린 번역틀이다

단백질을 암호화하는 유전자는 단백질의 아미노산 서열을 규정하는 일련의 코돈으로 구성된 **열린 번역틀(open reading frame, ORF)**로 되어 있다(**그림 5.1**). ORF는 항상은 아니지만 대개 ATG인 개시 코돈으로 시작하고 TAA, TAG, TGA 중 하나의 종결 코돈으로 끝난다(1.3절). 따라서 DNA 염기 서열에서 ATG로 시작해 종결 코돈으로 끝나는 ORF를 찾는 **ORF 탐색(ORF scanning)**이나 **초기 유전자 예측(*ab initio* gene prediction)**은 유전자를 찾는 한 방법이다. 각 DNA 염기 서열은 한 방향으로 3개, 반대 방향으로 상보서열 3개씩 6개의 **번역틀(reading frame)**을 가지고 있기 때문에 이 분석 방법은 복잡하다(**그림 5.2**). 그러나 컴퓨터는 ORF의 6개 모든 번역틀을 충분히 스캐닝할 수 있다. 그렇다면 이 방법이 유전자 위치 결정에 얼마나 효과적인가?

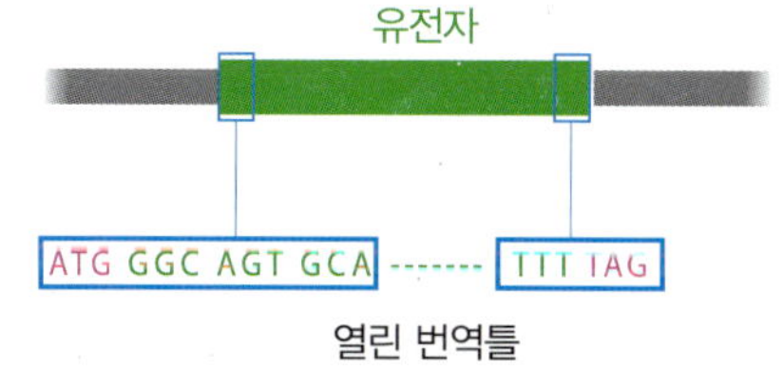

그림 5.1 단백질-암호화 유전자는 3염기조 코돈의 열린 번역틀이다. 유전자의 처음 4개 코돈과 마지막 2개 코돈을 표시하였다. 처음 4개 코돈은 메티오닌/개시-글라이신-세린-알라닌, 마지막 2개 코돈은 페닐알라닌-종결을 지정한다.

열린 번역틀 탐색의 성공 열쇠는 DNA 염기 서열에 어떤 종결 코돈이 나타나는 빈도

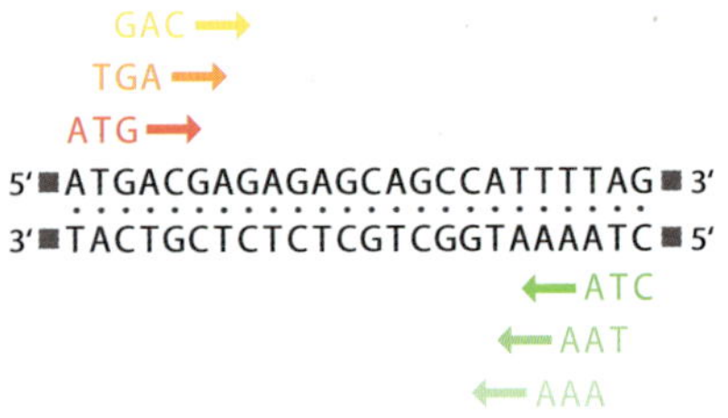

GAC →
TGA →
ATG →
5′■ATGACGAGAGAGCAGCCATTTTAG■3′
3′■TACTGCTCTCTCGTCGGTAAAATC■5′
← ATC
← AAT
← AAA

그림 5.2 **이중가닥 DNA 분자는 6개의 번역 틀을 가진다.** 두 가닥은 모두 5′→3′ 방향으로 번역한다. 각 가닥에 개시 위치에 있는 어떤 뉴클레오티드를 선택하는가에 따라 3개의 번역틀이 있다.

그림 5.3 **ORF 탐색은 박테리아 유전체에서 유전자의 위치를 결정하는 데 효율적인 방법이다.** 모식도에는 4,522 bp로 된 *Escherichia coli*의 젖당 오페론에서 코돈 50개보다 긴 ORF를 표시하였다. 이 서열에서 2개의 진짜 유전자, *lacZ*와 *lacY*에는 빨간색 줄이 그어져 있다. 노란색 줄이 쳐진 의심스러운 유전자보다 훨씬 길기 때문에 오류를 일으켜 이 진짜 유전자를 틀리게 확인할 수 없다.

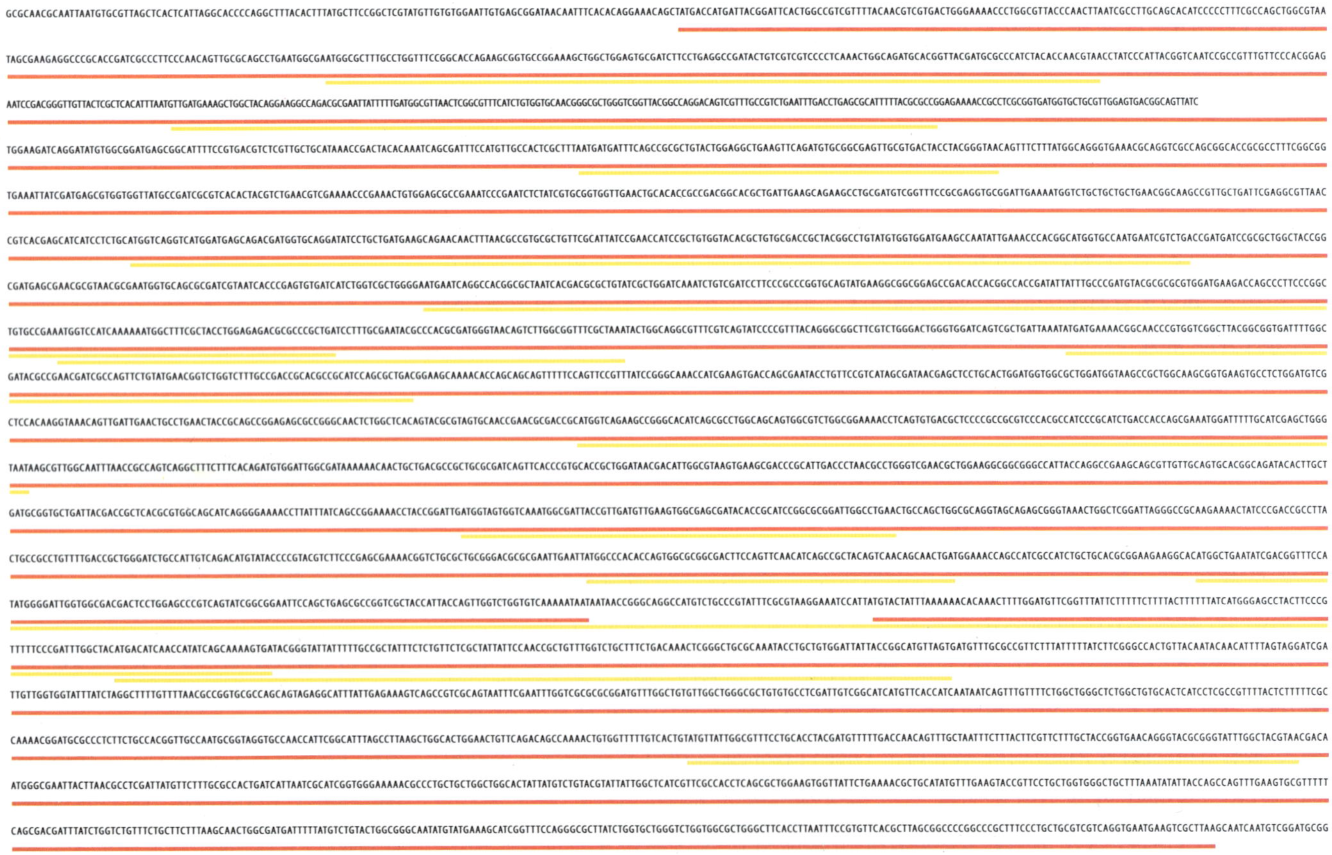

이다. 만일 DNA가 임의의 염기 서열로 되어있고 GC 함량이 50%라면 3개의 종결 코돈(TAA, TAG, TGA) 각각은 평균 4^3=64 bp 마다 한 번씩 나타날 것이다. 만일 GC 함량이 50% 이상이면 AT가 많은 종결 코돈이 나타나는 빈도는 낮겠지만, 그래도 100~200 bp 마다 한번 씩 나타날 것으로 예상할 수 있다. 이는 어떤 DNA에서도 길이가 50개 이상의 코돈으로 된 ORF는 많지 않다는 의미이다. 특히 ORF에 대한 정의 일부를 개시 ATG 3염기조(triplet)의 유무로 정할 경우를 고려하면 더욱 그렇다. 반면, 대부분의 유전자는 코돈이 50개 이상이다: 유전자의 평균 길이는 박테리아 유전자는 코돈이 300~350개, 인간 유전자는 코돈이 약 450개로 되어있다. 따라서 유전자일 가능성이 있는 가장 짧은 길이가 100개의 코돈이라고 생각하면 가장 단순한 형태의 ORF 탐색은 이보다 긴 모든 ORF를 유전자로 간주하여 기록한다.

실제 이 전략이 얼마나 잘 쓰일 수 있을까? 박테리아 유전체에서 간단한 ORF 탐색은 DNA 염기 서열에 있는 대부분의 유전자 위치를 결정할 수 있는 효율적인 방법이다. 이는 *E. coli* 유전체 일부를 보여주는 그림 5.3에 나타나 있는데, 길이가 50개 이상의 코돈으로 된 모든 ORF를 표시해 놓았다. 염기 서열 안에 있는 진짜 유전자의 길이는 코돈 50개보다 훨씬 길기 때문에 탐색 오류가 일어나지 않는다. 박테리아 유전체에서는 실제 유전자가 매우 가깝게 놓여 있으므로 **유전자 사이 DNA(intergenic DNA)**가 비교적 적기 때문에 분석이 더욱 간단하다(*E. coli*에서 단지 11%만이 유전자 사이 DNA이다; 11.2절 참조). 만일 진짜 유전자가 중복되지 않는다고 가정하면(대부분의 박테리아 유전자에서는 사실이다), 가짜 ORF가 유전자 사이 DNA에 위치해야만 짧은 가짜 유전자를 진짜 유전자로 잘못 판단하는 오류가 생긴다. 따라서 유전체에 있는 유전자 사이 성분이 적다면 단순한 ORF 탐색 결과를 해석하는 데 오류가 발생할 확률은 낮아진다.

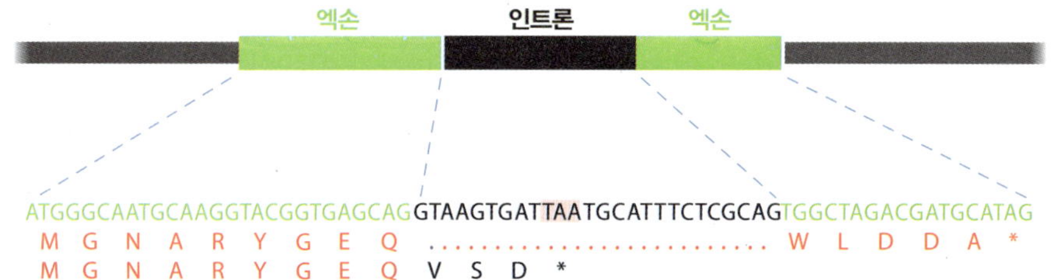

그림 5.4 ORF 탐색은 인트론으로 인해 복잡해진다. 그림은 하나의 인트론이 있는 짧은 유전자의 뉴클레오티드 서열을 보여주고 있다. 뉴클레오티드 바로 아래에 이 유전자에서 번역되는 단백질의 올바른 아미노산 서열을 나타내었다. 이 서열에서 인트론은 빠져 있는데, 이 서열은 mRNA가 번역되기 전에 전사물에서 제거되기 때문이다. 맨 아래 줄에 있는 서열은 인트론이 있는지 모르고 번역했을 때의 서열이다. 이 오류로 아미노산 서열은 인트론 안에서 끝난다. 아미노산 서열은 1글자 약어(표 1.2 참조)로 나타내었다. 별표는 종결 코돈 위치를 나타낸다.

고등 진핵생물 유전체의 단순 ORF 탐색은 비효율적이다

ORF 탐색이 박테리아 유전체에는 유용하지만 고등 진핵생물의 DNA 서열에서 유전자 위치를 결정하는 데는 효율이 떨어진다. 이는 실제 진핵생물 유전체의 유전자 사이 공간이 상당히 많고(예를 들어, 인간 유전체의 62%가 유전자 사이 DNA이다), 가짜 ORF를 찾을 수 있는 기회가 증가하기 때문이다. 그러나 인간과 고등 진핵생물 유전체에서 주된 문제는 일반적으로 유전자가 인트론으로 분절되어 있기 때문에(1.2절), DNA 서열에서 연속적인 ORF로 나타나지 않는 점이다. 많은 엑손은 길이가 코돈 100개보다 짧고 몇몇은 코돈이 50개 미만인 것도 있으며, 번역틀을 인트론까지 계속해서 연장하면 대개 ORF와 가까운 곳에 있는 종결 코돈으로 이어진다(그림 5.4). 다시 말해 고등 진핵생물의 유전자는 유전체에서 긴 ORF로 나타나지 않기 때문에 단순한 ORF 탐색으로 유전자 위치를 결정할 수 없다.

인트론으로 인해 생기는 문제의 해결이 ORF 위치 결정 프로그램을 개발하는 생물정보학자들에게 당면한 최대의 도전이다. 기본 ORF 탐색 과정에서 세 가지가 변경되었다.

- **코돈 사용빈도 편향(codon bias)**을 고려한다. 코돈 사용빈도 편향은 모든 코돈이 특정 생물체의 유전자에서 같은 빈도로 사용되지 않는 것을 말한다. 예를 들어, 유전 암호 중 류신에 대한 코돈은 6개(TTA, TTG, CTT, CTC, CTA, CTG; 그림 1.26절 참조)이지만, 인간 유전자에서 류신을 암호화하는 코돈으로 CTG가 가장 자주 사용되고, TTA나 CTA는 거의 사용되지 않는다. 비슷하게 4개의 발린 코돈 중 인간 유전자는 GTA보다 GTG를 4배나 자주 사용한다. 코돈 사용빈도 편향에 대한 생물학적 이유는 밝혀지지 않았지만, 모든 생물체가 편향을 가지고 있으며 종에 따라 다른 코돈 사용빈도 편향이 발견된다. 진짜 엑손은 코돈 사용빈도 편향을 나타낼 것으로 예측되는 반면, 우연히 연결된 일련의 3염기조는 편향을 나타내지 않을 것이다. 따라서 알려진 생물체의 코돈 사용빈도 편향을 ORF-탐색 소프트웨어에 적어 놓았다.
- **엑손-인트론 경계(exon-intron boundary)**는 특이한 서열 특징을 가지고 있기 때문에 탐색 대상이 된다. 하지만 이 염기 서열의 특징이 아주 뚜렷하지 않기 때문에 이들의 위치를 결정하기가 쉽지 않다. 엑손-인트론의 **상부(upstream)** 경계 서열은 보통 5′-AG↓GTAAGT-3′으로 알려져 있다. 화살표는 정확한 경계 지점을 가리킨다. 그러나 화살표 바로 다음에 있는 GT만 불변이고 서열의 다른 부분에서는 위에 표시된 것과 다른 뉴클레오티드가 종종 발견된다. 다시 말해 염기 서열은 **합의(consensus)**이다. 즉, 위의 서열은 알려진 모든 상부 엑손-인트론 경계의 각 위치에서 가장 자주 발견되는 뉴클레오티드를 보여주지만 하나 이상의 위치에 다른 뉴클레오티드가 있을 수 있다(그림 5.5). 엑손-인트론 하부(downstream) 경계는 더욱 모호하다: 5′-PyPyPyPyPyPyNCAG↓-3′로, 여기에서 Py는 피리미딘 뉴클레오티드(T 또는 C)를, N은 모든 종류의 뉴클레오티드를 나타낸다.

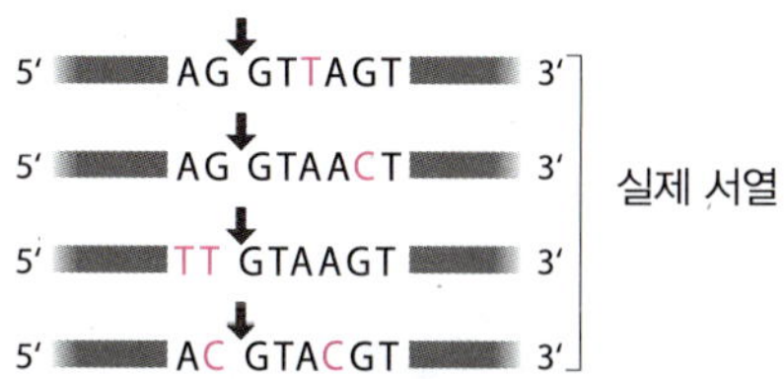

그림 5.5 엔손-인트론 경계의 상부 합의 서열과 진짜 유전자에 있는 실제 서열 사이의 관계. 합의 서열과 차이가 나는 부분은 빨간색으로 나타내었다. 엑손-인트론 경계 상부에서 스플라이싱 위치 바로 다음에 있는 GT(화살표로 표시)만 불변이다.

- **상부 조절 염기 서열**(**upstream regulatory sequence**)은 유전자 시작 부위의 위치 결정에 이용될 수 있다. 엑손-인트론 경계와 마찬가지로 이 조절 서열은 특징이 있는데, 이 서열이 유전자 발현에 관여하는 DNA-결합 단백질이 인지하는 신호의 역할을 하기 때문이다(12.2절). 불행히도 엑손-인트론 경계처럼 조절 염기 서열은 일정하지 않고 원핵생물보다 진핵생물에서 더 다양하기 때문에, 진핵생물에 있는 모든 유전자가 같은 종류의 조절 염기 서열을 가지고 있지 않다. 따라서 이 서열을 이용한 유전자 위치 결정은 문제가 많다.

단순한 ORF 탐색을 확장시킨 위의 3가지 방법은 그 한계에도 불구하고 모든 고등 진핵생물 유전체에 일반적으로 적용될 수 있다. 각각의 생물체의 특별한 특징에 따라 생물체마다 추가적인 전략이 가능하다. 예를 들어, 척추동물 유전체는 많은 유전자의 상부에 **CpG 무리군**(**CpG island**)을 가지고 있다. 이 염기 서열은 약 1 kb 정도로 GC 함량이 유전체 전체의 평균보다 높다. 인간 유전자의 40~50% 정도가 상부 CpG 무리군과 연관되어 있다. 이 염기 서열은 뚜렷하기 때문에 척추동물 DNA에서 이 서열의 위치가 결정되면 바로 하부 지역에서 유전자가 시작할 것이라는 가정을 할 수 있다.

진핵 유전체의 초기 유전자 예측을 위해 아주 정교한 컴퓨터 프로그램이 개발되었음에도 불구하고 이 작업은 여전히 비효율이다. 대부분의 유전체에서 유전자의 시작과 끝은 거의 100% 정확하게 예측할 수 있지만, 엑손-인트론 경계의 확인에서 정확도는 고작 60~70% 정도로 훨씬 낮다. 이런 현상은 코돈 사용빈도 편향과 같은 몇 가지 연역적 변수가 있다고 가정하는 것이다. 컴퓨터가 점진적으로 유전자 주석을 완성해 가면서 적절한 코돈 사용 패턴을 알아내도록 훈련되는 기계 학습(machine learning) 기능을 대부분의 유전자 예측 프로그램에 넣는다고 하더라도 전혀 연구되지 않은 유전체라면 유전자 예측의 정확도는 낮을 것이다.

비암호화 RNA에 대한 유전자 위치 결정

ORF 탐색은 단백질을 암호화하는 유전자 탐색에는 적절하지만, rRNA와 tRNA와 같은 비암호화 RNA 유전자(1.2절)의 탐색에는 어떨까? 이 유전자는 열린 번역틀로 구성되어 있지 않기 때문에 위에서 언급한 방법으로 위치를 결정할 수 없다. 그러나 비암호화 RNA 분자는 그들만의 뚜렷한 특징이 있으므로 이를 이용하여 유전체 서열에서 이들을 발견할 수 있다. 가장 중요한 특징은 tRNA에서 볼 수 있는 **클로버잎**(**cloverleaf**)과 같이 2차 구조로 접힐 수 있는 능력이다(**그림 5.6A**). 이러한 2차 구조는 DNA 이중나선에서처럼 분리된 2개의 폴리뉴클레오티드 사이에 형성되는 염기쌍이 아니라, 동일한 폴리뉴클레오티드의 다른 부위 사이에서 형성되는 **분자내 염기쌍 형성**(**intramolecular base pairing**)에 의해 만들어진다. 분자내 염기쌍이 형성되려면 분자의 서로 다른 두 부위에 있는 뉴클레오티드 서열이 반드시 상보적이어야 하며, 클로버잎 같은 복잡한 구조를 만들기 위해서는 상보적 서열의 염기쌍들이 RNA 서열 안에서 특징적인 순서로 배열되어야 한다(**그림 5.6B**). 이 특징은 유전체 염기 서열에서 tRNA 위치 결정에 이용될 수 있는 많은 정보를 제공하며, 이 목적으로 고안된 프로그램은 대개 상당히 성공적이다.

tRNA와 마찬가지로 rRNA와 다른 짧은 비암호화 RNA(1.2절)도 유전자를 어렵지 않

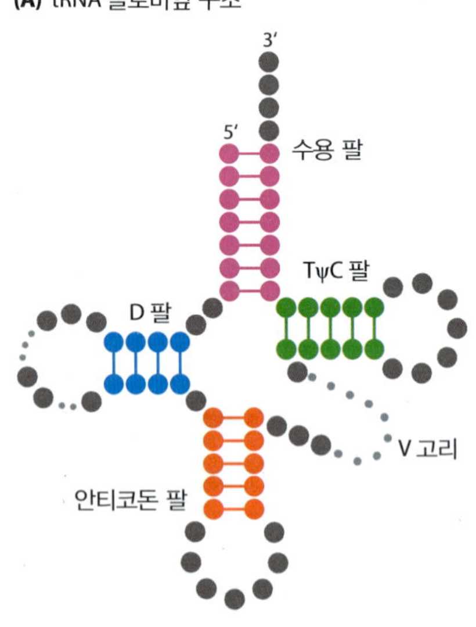

(B) *Escherichia coli* tRNA^{Leu} 유전자 중 하나의 서열

5′ GCCGAAGTGGCGAAATCGGTAGTCGCAGTTGATTCAAAATCAACCGTAGAAATACGTGCCGGTTCGAGTCCGGCCTTCGGCACCA 3′

그림 5.6 tRNA의 뚜렷한 특징이 비암호화 RNA 유전자의 위치 결정에 도움을 준다. (A) 모든 tRNA는 표시된 4개 지역에서 분자내 염기쌍 형성에 의해 클로버잎 구조로 접힌다. (B) 아미노산 류신을 지정하는 대장균 tRNA 중 하나에 대한 유전자의 DNA 서열을 보여준다. 색으로 표시된 부분은 (A)에서 분자내 염기쌍을 형성하는 부위이다. 이 부분은 서로 염기쌍을 형성할 수 있도록 서열 조건이 제한되기 때문에 tRNA 유전자의 위치를 결정하도록 고안된 컴퓨터 프로그램이 검색할 수 있는 특징을 제공한다.

게 확인하기에 충분할 만큼 복잡한 2차 구조를 가지고 있다. 그 이외의 다른 비암호화 RNA는 염기쌍이 비교적 적거나 일반적 형태가 아닌 염기쌍으로 된 구조로 되어 있기 때문에 위치 결정이 쉽지 않다. RNA의 위치 결정에 3가지 방법이 이용된다.

- 몇 가지 비암호화 RNA는 복잡한 2차 구조를 갖지 않지만, 대부분은 가장 간단한 유형의 분자내 염기쌍 형성 결과로 생긴 **줄기-고리(stem-loop)** 또는 **머리핀(hairpin)**을 하나 이상 가지고 있다(그림 5.7). 따라서 DNA 염기 서열에서 이런 구조를 찾는 프로그램으로 비암호화 RNA 유전자가 있는 부위를 확인할 수 있다. 이 프로그램에는 고리의 크기, 줄기에 있는 염기쌍의 수, G-C 염기쌍의 비율(수소 결합 3개로 연결되어 있기 때문에 2개로 묶여 있는 A-T 쌍보다 더 안정하다; 그림 1.9 참조)을 고려하여 줄기-고리의 안정성을 예측할 수 있는 열역학 공식을 짜 넣었다. 추정되는 줄기-고리 구조의 안정성이 위에서 선택한 한계 이상인 것으로 예측될 때 비암호화 RNA의 존재를 나타내는 지표로 간주된다:
- 단백질-암호화 유전자처럼 비암호화 RNA와 연관된 조절서열을 찾을 수 있다. 이 조절서열은 단백질-암호화 유전자의 서열과 다르며 비암호화 RNA 유전자 상부뿐만 아니라 유전자 내부에도 있을 수 있다.
- 조밀한 유전체에서 단백질-암호화 유전자의 포괄적 탐색 후에 남아 있는 부위에 관심을 가진다. 종종 이런 빈 공간은 전혀 비어 있지 않은 경우가 많고 자세히 살펴보면 여기에서 하나 이상의 비암호화 RNA 유전자가 밝혀지기도 한다.

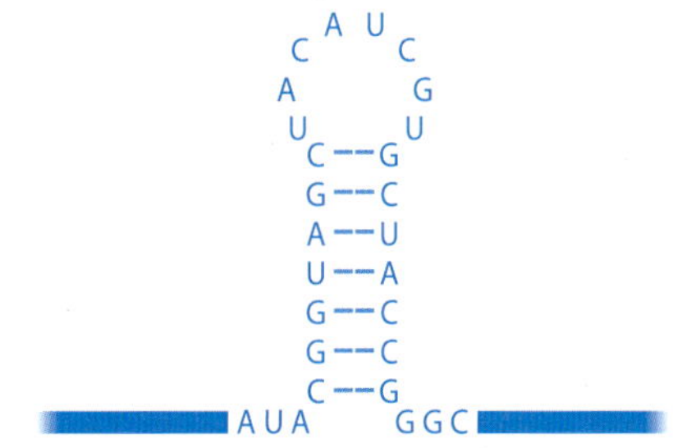

그림 5.7 전형적인 RNA 줄기-고리 구조.

상동성 검색과 비교유전체학은 유전자 예측에 또 다른 차원을 부여한다

일련의 코돈이 진짜 엑손인지 우연히 그렇게 보이는 염기 서열인지를 결정하기 위해 이용하는 **상동성 검색(homology search)**으로 초기 유전자 예측의 한계를 어느 정도까지 보완할 수 있다. 이 분석에서는 시험 서열을 이미 서열 결정이 끝난 유전자와 비교하기 위해 DNA 데이터베이스를 검색한다. 만일 시험 서열이 다른 사람이 이미 확인해 놓은 유전자의 일부가 명백하다면 완벽하게 일치하는 것으로 나타나지만 이것이 상동성 검색의 핵심은 아니다. 대신 아주 새로운 염기 서열이 기존에 알려진 어떤 유전자와 유사한지를 결정하는 것이 이 조사의 의도로, 만일 그렇다면 시험 서열과 일치하는 서열은 **상동(homologous)**이며, 이는 이들이 진화적으로 연관된 유전자라는 의미이다. 상동성 검색은 새로 발견된 유전자 기능의 확인에 주로 이용되는데, 다음 장에서 유전체 분석의 이러한 점을 다룰 때 다시 설명할 것이다(6.1절). 이 기술은 ORF 탐색으로 위치가 결정된 잠재적 엑손 서열의 진위를 확인할 수 있기 때문에 유전자 예측에서도 가장 중심이 된다. 만일 상동성 검색 후 잠재적 엑손 서열이 하나 이상의 서열과 일치하면 아마도 진짜 엑손일 것이다. 그러나 일치하는 서열이 없다면 하나 이상의 실험을 통한 유전자 주석 달기 기술로 확인하기 전까지 이 엑손이 진짜인지 알 수 없다.

둘 이상의 연관종에서 얻어진 유전체 염기 서열이 있으면 좀 더 정확한 형태의 상동성 검색이 가능하다. 연관종은 독립적으로 진화하기 시작한 때부터 생긴 종-특이 차이점으로 가려져 있지만 공통조상으로부터 나온 유사점을 공유하는 유전체를 가지고 있다(그림 5.8). 자연선택에 의해 연관종 사이의 염기 서열 유사성은 유전자에서 가장 크고 유전자 사이 부위에서 가장

그림 5.8 연관종은 유사한 유전체를 가진다. (A) 하나의 공통조상에서 두 종이 분기되면서 유전자 구성이 어떻게 변하는지 보여주는 그림. 공통조상은 A–E로 표시된 5개의 유전자를 가지고 있다. 분기된 종 중 하나에서 유전자 C는 더 이상 없고, 또 다른 종에서 유전자 A는 잘라져 있다. (B) 연관종은 DNA 서열 유사성을 보인다. 조상 생물체의 유전자 서열의 짧은 부분과 이 유전자 조각에 대한 분기종의 상동 서열을 모식도로 보여주고 있다.

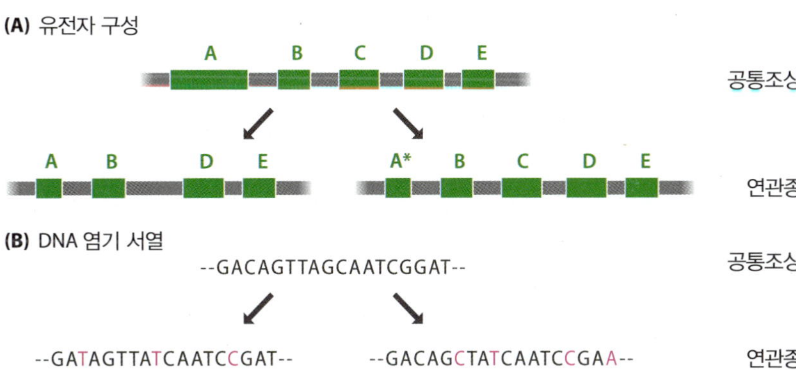

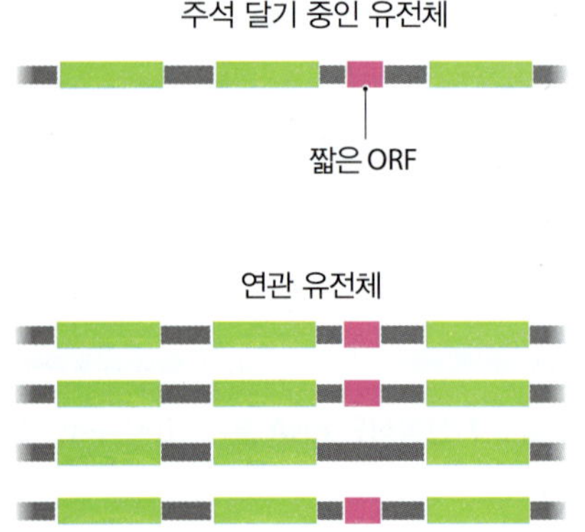

그림 5.9 **신테니 유전체 비교를 통한 짧은 ORF의 진위 판단.** 이 예에서 ORF는 4개의 연관 유전체 중 3개에 있기 때문에 진짜 유전자일 가능성이 크다.

작다. 그러므로 연관종 유전체를 비교하였을 때 높은 유사성 때문에 상동 유전자를 알아 낼 수 있으며, 두 번째 유전체에서 명백한 상동성이 없는 ORF는 우연히 연결된 염기서열로 진짜 유전자가 아닌 것이 거의 확실하다. **비교유전체학(comparative genomics)**이라고 불리는 이런 분석 방법의 가치는 출아효모(*Saccharomyces cerevisiae*) 유전체 주석 달기에서 알 수 있다. 이 효모뿐만 아니라 *S. cerevisiae*에 가장 가까운 종인 *Saccharomyces paradoxus*, *Saccharomyces mikatae*, *Saccharomyces bayanus*을 포함하는 자낭균강(Saccharomycetes)의 여러 구성원의 완전 또는 부분 서열이 밝혀져 있다. 이들 유전체 간 비교로 *S. cerevisiae*의 많은 ORF의 진위 여부가 확인되었고 500개 정도의 잠재적 ORF는 연관 유전체에서 동등한 서열이 없기 때문에 *S. cerevisiae* 목록으로부터 삭제할 수 있었다. 이 분석은 연관 유전체에서 볼 수 있는 **신테니(synteny)**, 또는 유전자 순서의 보존에 의해 훨씬 강력한 방법이 되었다. 각 유전체가 종 특이적 재배열을 거치지만 *S. cerevisiae* 유전체에는 2개 이상의 연관 유전체에서 유전자 순서가 서로 같은 부위가 많다. 이는 상동 유전자 확인을 아주 쉽게 하지만, 더욱 중요한 점은 짧은 가짜 유전자의 경우 연관 유전체에서 예상 위치를 상세히 조사하면 동등한 서열이 없는 것을 확인할 수 있으므로 이런 유전자는 확신을 가지고 제거할 수 있는 것이다(그림 5.9).

신테니는 다른 연관종 그룹에서도 볼 수 있다. 두 번째 중요한 예는 보리, 옥수수, 수수, 사탕수수, 조, 쌀과 같이 상업적으로 중요한 곡류를 포함하는 벼과 식물에서 나타난다. 이 그룹에서 크기가 가장 작은 쌀 유전체는 430 Mb로 2005년에 염기 서열이 결정되었다. 그보다 더 작은 270 Mb의 유전체를 가진 야생 벼 *Brachypodim distachyon* 유전체의 염기 서열도 결정되었고 크기가 큰 벼 유전체와 신테니를 보였다. 이 패밀리의 신테니는 서열이 결정된 곡류의 유전체 주석 달기에 중요하게 이용되었고, 보리 유전자 공간(4.4절) 같은 자원의 확립에도 활용되었다. RNA-seq과 cDNA 서열 결정으로 얻은 24,154개의 보리 유전자 중에서 3,743개는 서열-강화 지도에 있는 서열과 중복된 것을 확인한 것이 아니라, *Brachypodim*, 쌀, 수수 유전체에서 이 유전자에 상응되는 부분과 비교해서 유전자의 지도 위치를 유추하여 보리 유전자 공간에서의 위치를 결정하였다.

5.2 유전체 전사물 분석에 의한 유전체 주석 달기

두 번째 유전체 주석 달기 접근법은 유전체 안에서 유전자 위치를 결정하기 위해 실험적 방법을 이용한다. 보통 이 방법은 DNA 분자의 직접 관찰 대신 유전자로부터 전사된 RNA 분자의 확인에 의존한다. 모든 유전자는 RNA로 전사되며 만일 유전자가 **비연속적**이면 **1차 전사물(primary transcript)**은 그 다음에 인트론이 제거되고 엑손끼리 연결되는 과정을 거친다(12.4절). 따라서 DNA 절편에서 전사된 서열의 위치를 지도에 표시하는 기술을 엑손과 유전자 전체의 위치 결정에 이용할 수 있다. 단지 생각해야 할 문제는 전사물은 개시 코돈 상부 몇십 bp에서 시작되어 종결 코돈 하부 몇십에서 몇백 bp까지 계속되기 때문에 대부분의 전사물은 유전자의 암호화 부분보다 긴 점이다(그림 5.10). 이 상부와 하부 **비번역 부위(untranslated region, UTR)** 때문에 전사물 분석은 유전자 암호화 부위의 정확한 개시와 종결 지점을 알려주진 않지만 특정 지역에 유전자가 있다는 사실과 엑손-인트론 경계의 위치를 결정할 수 있게 한다. 이는 일반적으로 암호화 부위의 윤곽을 그리기에 충분한 정보이다.

그림 5.10 **전사물은 유전자보다 길다.**

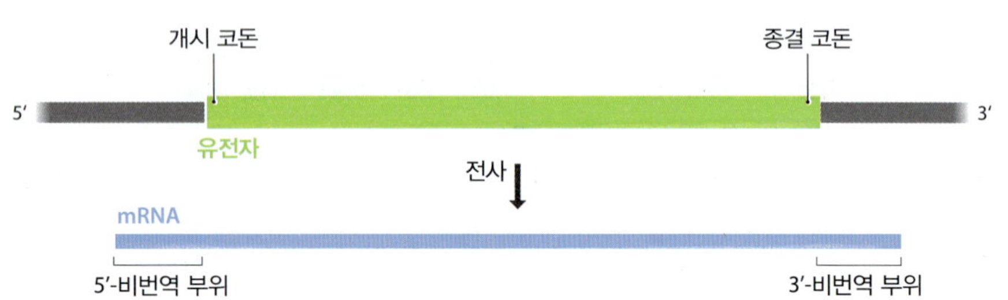

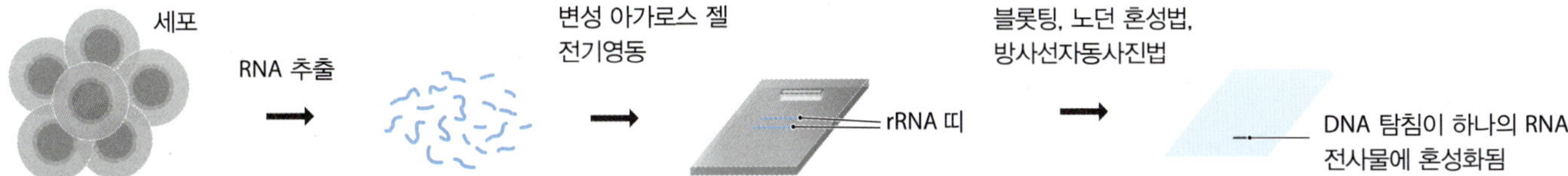

그림 5.11 **노던 혼성법.** 변성 조건에서 RNA 추출물을 아가로스 젤 전기영동한다. 브롬화 에티디움으로 염색한 다음에 2개의 띠를 볼 수 있다. 이것은 대부분 세포에 많은 양이 있는 크기가 가장 큰 두 종류의 rRNA 분자이다(1.2절). 크기가 작은 tRNA도 양이 많지만 너무 짧아 젤 밖으로 빠져 나가기 때문에 보이지 않는다. 대부분의 세포에서 mRNA는 브롬화 에티디움 염색으로 볼 수 있을 정도로 양이 많지 않다. 그림에서는 젤을 나일론 막으로 블롯한 다음 방사능으로 표지된 DNA 절편으로 탐침한다. 방사선자동사진에서 하나의 띠가 보이며, 이는 탐침으로 이용한 DNA 절편이 전사된 하나의 서열 일부나 전체를 포함하고 있다는 것을 보여준다.

혼성화 분석으로 어떤 절편이 전사된 염기 서열을 가지고 있는지 확인할 수 있다

전사된 서열을 알아보는 가장 간단한 과정은 혼성화 분석에 근거를 두고 있다. RNA 분자는 특수한 아가로스 젤 전기영동법으로 분리하여 나이트로셀룰로오스나 나일론으로 전달시킨 후, **노던 혼성법(northern hybridization)**이라는 과정으로 관찰할 수 있다. 이 방법은 전달 방법의 정확한 조건만 차이가 있다는 점이 서던 혼성법(2.1절)과 다르며 노던 박사(Dr. Northern)가 발명한 것이 아니기 때문에 대문자 N을 쓰지 않는다. 세포 RNA의 **노던 블롯**을 표지된 유전체 절편으로 탐침하면 그 절편 안에 있는 유전자로부터 전사된 RNA가 검출될 것이다(그림 5.11). 그러므로 노던 혼성법은 이론적으로 어떤 DNA 절편 안에 있는 유전자 수와 각 암호화 부위의 크기를 확인하는 방법이다. 이 접근법에는 두 가지 문제점이 있다:

- 어떤 유전자는 길이가 다른 2개 이상의 전사물을 만드는데, 이 엑손 중 어떤 것은 선택적이어서 성숙 mRNA에 남아 있을 수도 있고 남아 있지 않을 수도 있다(12.4절). 이런 경우라면 1개의 유전자만 포함된 DNA 절편이 노던 블롯에서는 2개 이상의 혼성화 띠로 검출될 수 있다. 만일 유전자가 다유전자 패밀리(7.3절)의 구성원이라면 비슷한 문제가 일어날 수 있다.
- 많은 종에서 전체 생물체로부터 mRNA를 얻는 것이 실제로 어려우므로 하나의 기관이나 조직에서 추출물을 준비한다. 이 결과 그 기관이나 조직에서 발현하지 않는 유전자는 RNA 집단에 없고, 따라서 실험에 이용하는 DNA 절편으로 RNA를 찾을 때 검출되지 않는다. 전체 생물체를 이용한다 하더라도 모든 유전자가 혼성회 신호를 주는 것은 아니다. 이는 많은 유전자들이 특정 발생 단계에서만 발현되고 어떤 유전자는 약하게 발현되는데, 이는 RNA 생성물의 양이 너무 적어 혼성화 분석으로 검출할 수 없다는 뜻이다.

이런 문제를 피할 수 있는 두 번째 혼성화 분석 방법은 RNA가 아닌 다른 생물체 DNA에 있는 연관 서열을 이용하여 발현 양이 적거나 조직 특이적인 유전자를 찾는 방법이다. 상동성 검색과 마찬가지로 이 방법도 연관된 생물체에 있는 상동 유전자는 비슷한 염기 서열을 가지고 있는 반면에 유전자 사이 DNA는 상당히 다른 점에 근거를 두고 있다. 만일 어떤 종에서 나온 DNA 절편을 연관종 DNA의 서던 블롯에 대한 탐침으로 사용한다면 1개 이상의 혼성화 신호를 얻을 가능성이 크다(그림 5.12). 이를 **동물원-블로팅(zoo-blotting)**이라 부른다.

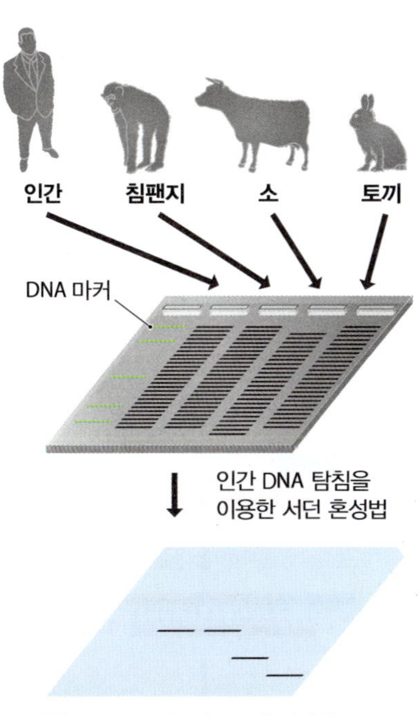

그림 5.12 **동물원-블로팅.** 목적은 인간 DNA 절편이 연관종의 DNA와 혼성화하는지 확인하는 것이다. 따라서 인간, 침팬지, 소, 토끼의 DNA 시료를 준비하여 제한효소로 자르고 아가로스 젤 전기영동한다. 인간 DNA 절편을 탐침으로 이용하여 서던 혼성법을 수행한다. 각 동물의 DNA에서 양성 혼성화 신호가 보이므로, 인간 DNA 절편이 발현된 유전자를 1개 포함하고 있는 것을 알 수 있다. 혼성화된 소와 토끼 DNA의 제한효소 절편이 인간과 침팬지 시료의 절편보다 작은 것에 주목하라. 이는 소와 토끼의 전사된 서열 주위의 제한효소 지도가 다른 것을 나타내지만 4종 모두에 상동 유전자가 있다는 결론에는 영향을 미치지 않는다.

정확한 전사 종결 지점의 위치를 결정할 수 있는 방법이 있다

노던 혼성법과 동물원-블로팅으로 유전자가 있는 DNA 절편을 확인할 수 있지만, DNA 절편 안에 유전자가 어디에 위치하는지에 대한 정확한 정보는 얻지 못한다. DNA 서열 위에 전사물의 지도 작성을 좀 더 정확하게 하려면 다른 방법을 이용해야 한다. 하나의 가능성은 DNA 대신 RNA를 시작 물질로 이용하는 특별한 형태의 PCR이다. 이 형태의 PCR 첫 단계에서는 역전사효소를 이용하여 RNA를 단일가닥 cDNA로 전환시키고 (그림 3.35 참조), 그 다음에 표준 PCR에서처럼 cDNA를 *Taq* 중합효소로 증폭시킨다. 이 방법을 일반적으로 **역전사효소 PCR(reverse transcriptase PCR, RT-PCR)**이라고 부르는데 현재 우리가 관심을 가지는 좀 더 특별한 유형의 PCR은 **cDNA 말단의 빠른 증폭(rapid amplification of cDNA ends, RACE)**이다. 이 방법 중 가장 간단한 형태에서는 시험 유전자의 시작 지점과 가까운 내부 부위에 특정하게 결합하는 프라이머를 PCR 프라이머 중 하나로 이용한다. 이 프라이머는 유전자의 mRNA에 결합하여 1차 역전사효소-촉매 단계에 진입하도록 유도하며, 이 과정에서 mRNA 시작 부위의 복사본이 만들어지기 시작하고 mRNA의 5′-말단과 정확하게 대응되는 cDNA의 3′-말단 부위가 합성된다(**그림 5.13**). 이 cDNA의 3′-말단에 데옥시뉴클레오티드 전달효소(terminal deoxynucleotidyl transferase)에 의해 짧은 폴리(A) 꼬리가 더해진다. 두 번째 프라이머는 이 폴리(A) 서열과 어닐링하고 정상 PCR의 첫 번째 주기에서 단일가닥 cDNA가 이중가닥 분자로 전환된 다음 PCR이 진행되면서 이 가닥이 증폭된다. 증폭된 분자의 염기 서열로 전사물의 정확한 개시 위치가 밝혀질 것이다.

정확한 전사물 지도 작성을 위해 이용되는 다른 방법으로 **이형이중나선 분석(heteroduplex analysis)**이 있다. 이 방법에는 연구 대상 DNA 유전자의 단일가닥 형태가 필요한데, 이는 **M13 박테리오파지** 유래 벡터에 클로닝하여 얻을 수 있다. M13의 복제 과정에서 파지 유전체의 단일가닥 복사본을 포함하는 파지 입자가 생성된다. 따라서 M13 벡터에 클로닝된 DNA는 재조합 파지를 분리하여 단일가닥 DNA로 얻을 수 있다. 적당한 RNA 시료와 섞었을 때 클로닝된 단일가닥 DNA 내의 전사되는 서열은 이와 대응하는 mRNA와 혼성화되어 이형이중나선을 형성한다. **그림 5.14**에 나타낸 것처럼, 이 mRNA의 개시 위치를 포함하는 제한효소 절편이 클로닝된다. 클로닝된 절편의 일부분은 이형이중나선을 형성하지만 나머지는 그렇지 않다. 단일가닥 부분은 **S1** 같은 단일가닥 특이 핵산분해효소로 처리하여 분해시킬 수 있다. RNA 부분을 알칼리로 처리하여 분해한 후, 단일가닥 DNA를 아가로스 젤 전기영동하면 이형이중나선의 크기를 결정할 수 있다. 측정된 크기로 클로닝된 절편의 말단 지점에 있는 제한효소 자리와 대응하는 위치의 전사 개시점을 결정할 수 있다.

엑손-인트론 경계의 위치도 정확하게 결정할 수 있다

이형이중나선 분석을 엑손-인트론 경계 위치 결정에도 이용할 수 있다. 이 방법은 그림 5.14에 나타낸 것과 거의 같지만 클로닝된 제한효소 절편이 전사물 개시점 대신 지도

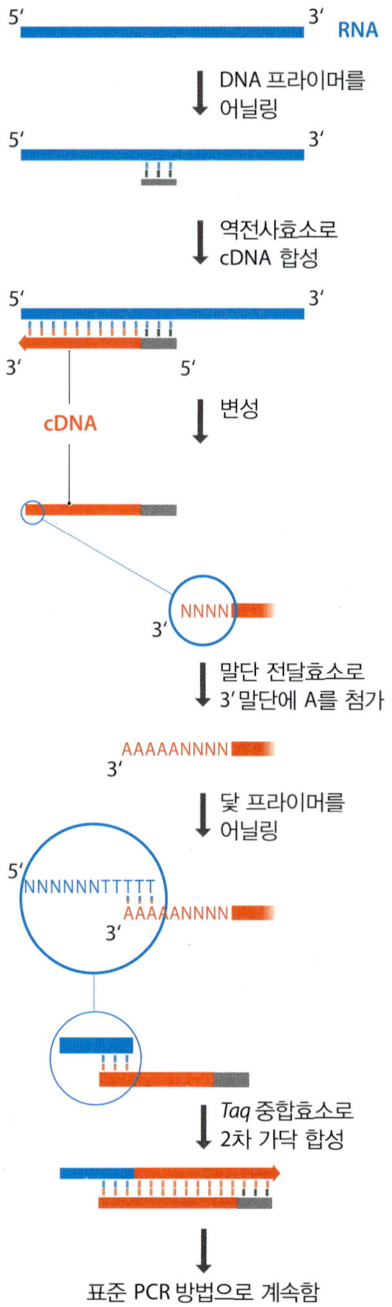

5′ 3′ RNA
DNA 프라이머를 어닐링
역전사효소로 cDNA 합성
cDNA
변성
NNNN
말단 전달효소로 3′말단에 A를 첨가
AAAAANNNN
닻 프라이머를 어닐링
NNNNNNTTTTT
AAAAANNNN
Taq 중합효소로 2차 가닥 합성
표준 PCR 방법으로 계속함

그림 5.13 RACE–cDNA 말단의 빠른 증폭. 시험 RNA 분자의 5′-말단에서 많이 떨어지지 않은 지점에 어닐링하는 프라이머가 신장되면서 RNA가 부분 cDNA로 전환된다. cDNA의 3′-말단은 dATP가 있는 상태에서 말단 데옥시뉴클레오티드 전달효소 처리에 의해 더욱 신장되고 그 결과 일련의 A가 cDNA에 결합한다. 이 일련의 A는 닻 프라이머가 어닐링하는 부위로 작용한다. 닻 프라이머가 신장되면서 이중가닥 DNA 분자가 형성되고 표준 PCR 방법으로 이 분자를 증폭시킬 수 있다. 이 방법은 사용하는 RNA의 5′-말단이 증폭되기 때문에 5′-RACE라고 한다. 3′-말단 염기 서열을 알기 위해 비슷한 방법인 3′ RACE를 이용할 수 있다.

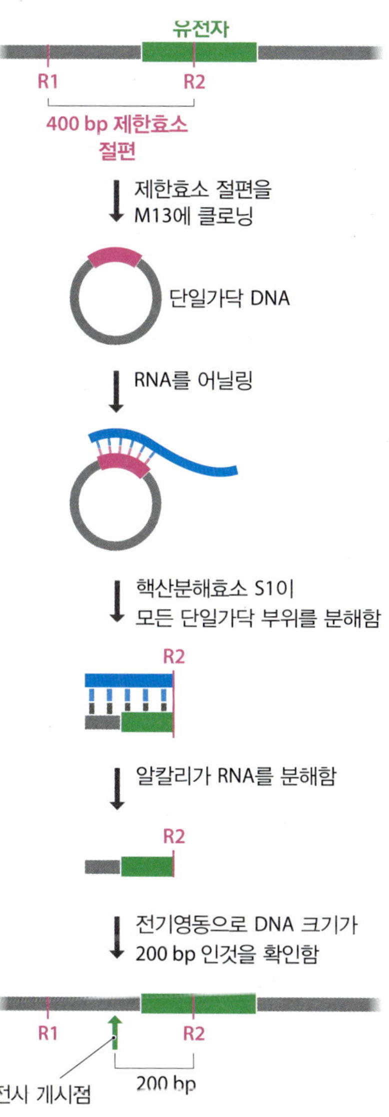

그림 5.14 핵산분해효소 S1 지도 작성. 이 전사물 지도 작성 방법은 핵산분해효소 S1을 이용한다. 이 효소는 대부분이 이중가닥인 분자의 단일가닥 부위를 포함해 단일가닥 DNA나 RNA 폴리뉴클레오티드를 분해하지만, 이중가닥 DNA나 DNA-RNA 잡종에는 영향을 미치지 않는다. 그림에서 전사물이 개시 지점이 포함된 제한효소 절편을 M13 벡터에 클로닝하여 만들어진 단일가닥 DNA를 RNA 시료와 혼성화시켰다. 핵산분해효소 S1 처리하여 만들어진 이형이중나선의 한쪽 말단은 전사물의 개시 지점으로, 다른쪽 말단은 하부 제한효소 자리(R2)로 표시되어 있다. 따라서 하부 제한효소 자리를 기준으로 전사 개시점의 위치를 결정하기 위해 분해되지 않은 DNA 절편의 크기를 젤 전기영동으로 측정한다.

작성을 하려는 엑손-인트론 경계를 포함하고 있는 점이 다르다.

유전체 염기 서열에서 엑손을 찾는 두 번째 방법을 **엑손 포획(exon trapping)**이라 부른다. 이 방법은 1개의 인트론 서열 양쪽에 2개의 엑손이 위치한 **소형유전자(minigene)**를 가진 특수 벡터가 필요하다. 소형유전자의 첫 번째 엑손 앞에는 진핵세포 전사 개시에 필요한 신호가 있다(그림 5.15). 이 벡터를 사용하기 위해서 벡터의 인트론 부위에 있는 제한효소 자리에 연구하려는 DNA 절편을 삽입한다. 그 후에 이 벡터를 적당한 진핵세포 주에 넣어서, 그 세포 안에서 전사되고 스플라이싱되어 RNA를 생산하도록 한다. 이 결과 유전체 절편에 있는 엑손은 소형유전자에서 유래된 상부와 하부 엑손 사이에 연결된다. 소형유전자에 있는 2개의 엑손에 어닐링할 수 있는 프라이머를 이용한 RT-PCR로 DNA 절편을 증폭하고, 이 절편의 염기 서열을 결정할 수 있다. 소형유전자의 염기 서열은 이미 알고 있으므로 삽입된 엑손이 시작하고 끝나는 뉴클레오티드의 위치를 결정하여 이 엑손을 정확하게 밝힐 수 있다.

5.3 유전체 전체에 걸친 RNA 지도 작성에 의한 주석 달기

지금까지 알아본 전사물 분석법은 개별 유전자를 짧은 DNA 서열에 지도 작성을 하기 위해 고안되었다. 보통의 척추동물이나 식물 유전체에는 수만 개의 유전자가 있기 때문에 RNA 지도 작성 방법에 의존하는 유전체 주석 달기는 시간이 많이 걸리는 아주 지루한 과정이 될 것이다. 따라서 다수의 전사물을 동시에 지도 작성할 수 있는 또 다른 방법을 개발할 필요가 있다.

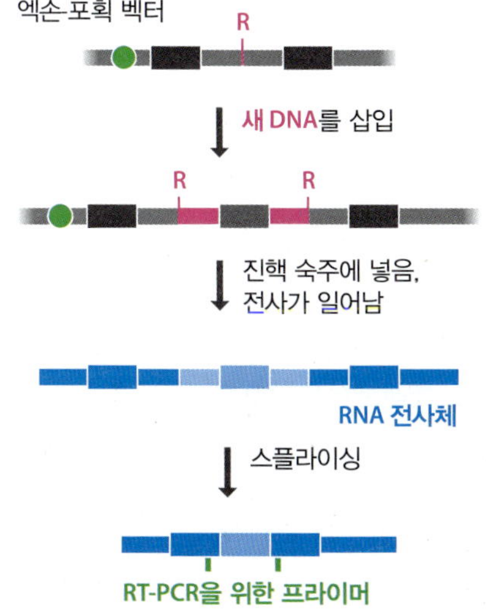

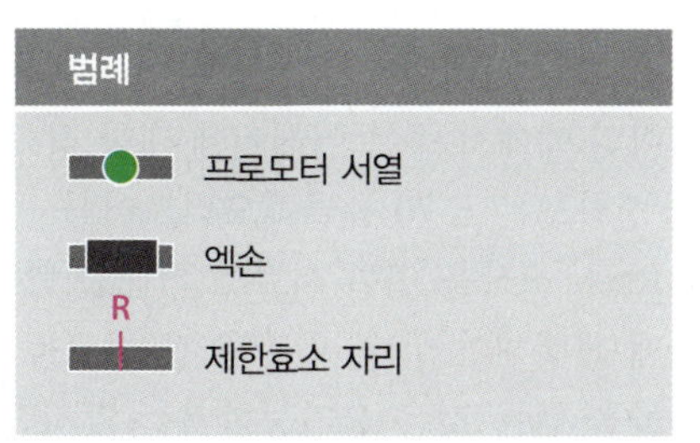

그림 5.15 엑손 포획. 엑손 포획 벡터에서는 진핵 숙주에서 유전자가 발현될 때 필요한 신호를 포함하는 프로모터 서열(12.2절)이 2개의 엑손 앞에 있다. 지도 작성을 하려는 엑손이 들어 있는 새로운 DNA를 벡터와 연결하고 재조합 분자를 숙주 세포 안에 넣는다. 1차 전사물이 스플라이싱되어 지도 작성하려는 엑손이 상부와 하부 소형유전자 엑손에 연결된다. 그 결과로 생긴 RNA 분자를 RT-PCR로 증폭하고 염기 서열을 결정하여 지도 작성하려는 엑손의 경계를 확인한다.

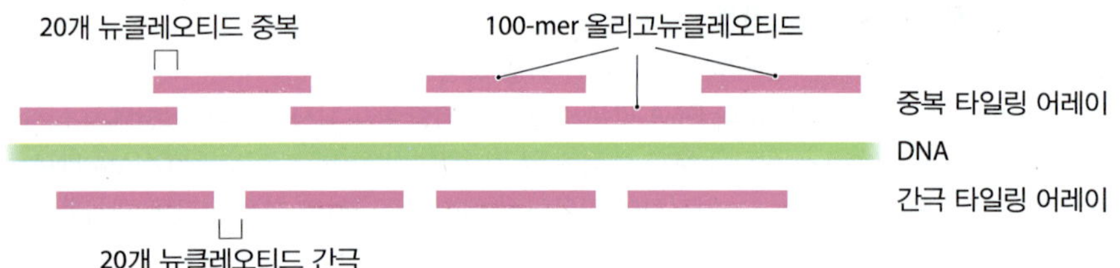

그림 5.16 **타일링 어레이.** 2개의 정렬을 보여주고 있다. 둘 다 길이가 100개인 뉴클레오티드(100 mer)로 되어 있다. 위의 정렬은 중복된 올리고뉴클레오티드를 가지고 있고 아래쪽 정렬에는 올리고뉴클레오티드 사이에 짧은 간극이 있다.

타일링 어레이로 염색체나 전체 유전체에 전사물의 지도를 작성할 수 있다

다수의 전사물을 평행으로 지도 작성하는 첫 번째 방법에서는 **타일링 어레이(tiling array)**를 이용한다. 타일링 어레이는 특수 형태의 cDNA 칩이다. 3.2절에서 DNA 칩에 대해 알아보았다. DNA 칩은 작은 유리나 실리콘 조각으로 그 위에 다른 종류의 많은 뉴클레오티드가 잘 정렬된 형태로 고정되어 있다. 칩에 DNA 시료를 혼성화시키는 방법과 DNA에 있는 SNP 유형 분석 방법도 살펴보았다(그림 3.19 참조). 타일링 어레이에서는 올리고뉴클레오티드가 1개의 염색체나 전체 염색체 서열의 길이를 덮을 수 있을 만큼 일련의 연속 형태를 만든다. 이 연속 형태는 중복되어 있거나 근접한 올리고뉴클레오티드 사이의 작은 간극을 포함한다(그림 5.16). 모든 가능한 올리고뉴클레오티드를 칩 위에 최대로 쥐어짜서 올려놓기 위해서는 고밀도 정렬이 필요하다. 전통적인 방법은 올리고뉴클레오티드를 각각 합성하여 칩 위의 적당한 위치에 점찍는 방법이다. 이 방법은 비교적 작은 수의 SNP 유형 분석을 위한 저밀도 어레이 제작에 적절하지만 고밀도 타일링 어레이를 이 방법으로 제작할 수 없다. 고밀도를 얻으려면 올리고뉴클레오티드를 칩 표면 위에서 직접 합성해야 한다. 현재 당면한 문제는 일반적인 합성 방법이 신장하는 올리고뉴클레오티드 말단에 뉴클레오티드를 하나씩 첨가하므로 반응 혼합물에 첨가하는 뉴클레오티드 기질의 순서대로 올리고뉴클레오티드 서열이 결정된다. 이 방법을 칩 위에서의 합성에 이용하면 모든 올리고뉴클레오티드의 서열이 동일하다. 대신 광활성화되어야만 신장하는 올리고뉴클레오티드 말단에 첨가되는 변형 뉴클레오티드 기질을 이용한다. 어레이 상의 개별 위치에 광 펄스를 유도하는 데 이용하는 **사진석판술(photolitography)**로 칩 표면에 이 뉴클레오티드를 하나씩 첨가한다. 광활성화된 올리고뉴클레오티드에만 특정 단계에 있는 뉴클레오티드가 첨가면서 신장될 것이다(그림 5.17). 이 방법으로 cm^2 당 뉴클레오티를 300,000개까지 부착시킨 고밀도 정렬 제작이 가능하다.

타일링 어레이는 SNP 타일링 경우처럼 DNA에 혼성화되지 않고 주석 달기가 진행되고 있는 유전체로부터 만들어진 표지된 RNA에 혼성화된다. 어레이의 혼성화된 위치에는 RNA 시료에 있는 분자에 혼성화된 올리고뉴클레오티드를 포함하고 있을 것이다. 따라서 유전체에서 전사된 위치를 밝힐 수 있다. 혼성화 데이터는 두 가지 이유로 각 유전자의 위치를 정확하게 지정하지 않는다. 첫째, 위에서 설명한 대로 전사물은 유전자보다 길이가 길 가능성이 크기 때문에 상부와 하부 UTR에 있는 부위에 혼성화하는 올리고뉴클레오티드도 신호를 만든다. 둘째, 지도 작성의 정확도는 올리고뉴클레오티드의 길이와 어레이에서 이들 사이 중복과 간극의 길이에 좌우된다. 그림 5.16에 있는 어레이의 예에서 중복 어레이에 대한 정확도는 ±30 뉴클레오티드이고 간극 어레이에 대한 정확도는 ±70 뉴클레오티드이다.

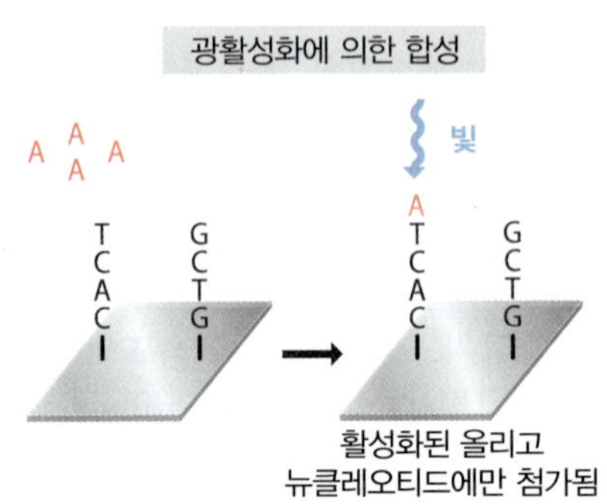

그림 5.17 **DNA 칩 표면에서 광활성에 의한 올리고뉴클레오티드 합성.**

RNA 제작을 위한 시료도 최대한 많은 유전자에 대한 전사물이 포함된 것으로 신중하게 선택해야 한다. 인간과 같은 고등 진핵생물에서 유전체에 있는 모든 유전자의 전사물을 얻는 것은 불가능하지는 않지만 아주 어렵다. 모든 유전자가 한 기관 또는 한 종류의 세포에서 모두 발현되는 것이 아니며, 한 종류의 세포에서 조차 유전자 발현 패턴이 시간에 따라 다르기 때문이다. 실제로 타일링 어레이는 주로 이런 세포 특이적 유전자 발현 패턴과 시간에 따른 유전자 발현 패턴을 알아보기 위해 사용한다. 따라서 완전한 유전체 주석을 만들기 위해서는 많은 다른 종류의 조직에서 얻은 RNA 시료를 유전체 전체에 걸친 전사물 지도 작성을 위한 타일링 어레이나 다른 다양한 방법으로 검사할 필요가 있다. 제작한 RNA는 여러 가지 방법으로 분획을 나누어 타일링 어레이에 의해 특정 형태의 유전자만 표적할 수 있다. 가장 많이 쓰는 분획 방법은 3′-말단에 폴리(A) 꼬리가 있는 RNA를 먼저 선택하는 과정이다. 폴리(A) 꼬리는 전사 후에 진핵 mRNA 말단에 아데닌 뉴클레오티드가 250개 까지 연속하여 첨가된 것이다(1.2절). 올리고(dT)-셀룰로오스(몇 개의 티미딘으로 된 짧은 뉴클레오티드를 붙인 셀룰로오스 구슬)가 들어있는 **친화성 크로마토그라피(affinity chromatography)**로 진핵 RNA 시료에서 폴리아데닌이 달린 mRNA 분획을 분리할 수 있다(그림 5.18).

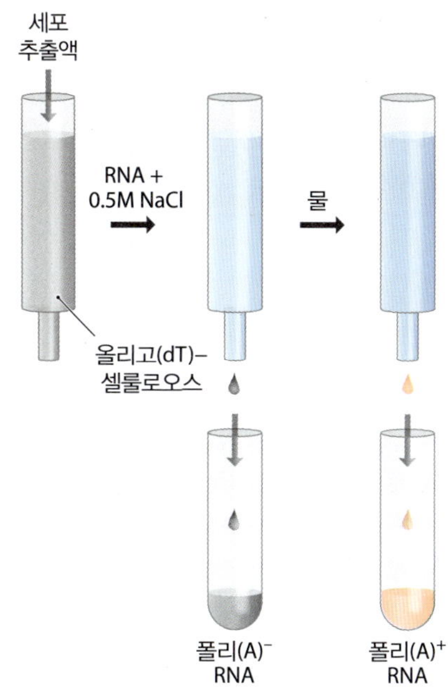

그림 5.18 **폴리아데닌-RNA를 정제하기 위한 친화성 크로마토그래피.** 크로마토그래피 관에는 올리고(dT)-셀룰로오스가 있다. 올리고(dT) 분자와 대부분의 진핵 mRNA에 있는 폴리(A) 꼬리 사이의 혼성화를 촉진하는 고농도 염 용액에서, 관에 RNA 분획을 넣는다. 따라서 폴리아데닌 RNA는 관에 남아 있고 주로 비암호화 RNA인 비폴리아데닌 분획은 곧바로 관을 타고 빠져 나간다. 다음에 올리고(dT)-폴리(A) 사이의 염기쌍을 파괴하는 물로 폴리(A) 분획을 용출시킨다.

전사물 서열을 직접 유전체에 지도로 작성할 수 있다

유전체 주석 달기에서 전사물 분석을 가장 직접적으로 이용하는 방법은 전사물의 염기 서열을 결정하고, 유전체에서 RNA가 전사되는 유전자를 찾는 데 그 서열 데이터를 이용하는 것이다. 소규모의 연구에서는 클론된 cDNA 라이브러리에 있는 삽입 서열을 결정해서 이 방법을 이용하는 것이 가능하다. cDNA 라이브러리 서열 결정의 효용성은 두 가지 요인에 의존한다. 먼저 고려해야 할 점은 라이브러리에 원하는 cDNA가 들어있는 빈도이다. 대부분의 라이브러리에는 RNA를 얻은 세포에서 가장 많이 발현되는 유전자에 대한 동일한 클론이 압도적으로 많다. 반면 적게 발현되는 유전자에서 만들어진 흔치 않은 전사물에 대한 클론이 라이브러리에 있을 빈도는 낮을 것이고, 원하는 cDNA를 확인하기 위해서는 많은 클론을 선별할 필요가 있다. 예를 들어, 1개의 박테리아 인공 염색체(BAC) 클론에 있는 유전자 지도를 작성할 때 이 문제를 해결하는 방법 중 하나는, 라이브러리에서 원하는 클론을 농축하는 **cDNA 포획(cDNA capture)** 또는 **cDNA 선택(cDNA selection)**을 이용하는 것이다. BAC 절편을 cDNA 풀(pool)에 혼성화키고, 혼성화되지 않은 cDNA를 씻어 버리는 과정을 반복한다. cDNA 풀은 굉장히 많은 다른 종류의 염기 서열을 포함하고 있으므로 이와 같은 반복 혼성화로 불필요한 클론을 모두 제거하는 것이 보통은 불가능하지만, DNA 절편과 특이적으로 혼성화하는 클론의 빈도를 상당히 높일 수는 있다. 이 과정은 이후 원하는 클론을 확인하기 위한 강화된 조건으로 선별 과정을 거쳐야만 하는 라이브러리의 크기를 줄인다.

유전체 주석 달기에서 cDNA 서열 결정의 성공 또는 실패를 결정하는 두 번째 요인은 개별 cDNA 분자가 완전한가 하는 점이다. 대개 cDNA는 역전사효소로 RNA 분자를 단일가닥 DNA로 복사하고, DNA 중합효소로 단일가닥 DNA를 이중가닥 DNA로 전환시켜 만든다(그림 3.35 참조). 두 가지의 가닥 합성반응 중 하나가 완성되지 않을 가능성은 언제나 있고, 결과적으로 끝이 잘린 DNA가 만들어진다. RNA의 분자내 염기쌍의 존재도 불완전 복사로 이어지게 하는 원인이 된다. 끝이 잘린 DNA에는 유전자의 개시와 종결 지점, 엑손-인트론 경계 위치 결정에 필요한 정보가 빠져 있을 수 있다.

차세대 염기 서열 결정법의 개발 이후 RNA-seq 데이터를 이용한 유전체 주석 달기가 아주 매력적인 방법이 되고 있다. RNA-seq은 단순히 DNA로 직접 만든 라이브러리 대신 cDNA로 제작한 라이브러리에 일루미나 서열 결정법 또는 몇몇 다른 처리 용량이 높은 서열 결정법을 적용하는 것이다. 따라서 읽은 염기 서열은 원래 RNA 시료에 있는 전사물 절편에 대응하게 된다. 유전체 서열 재결정 사업에서 사용했던 방법, 즉 읽은

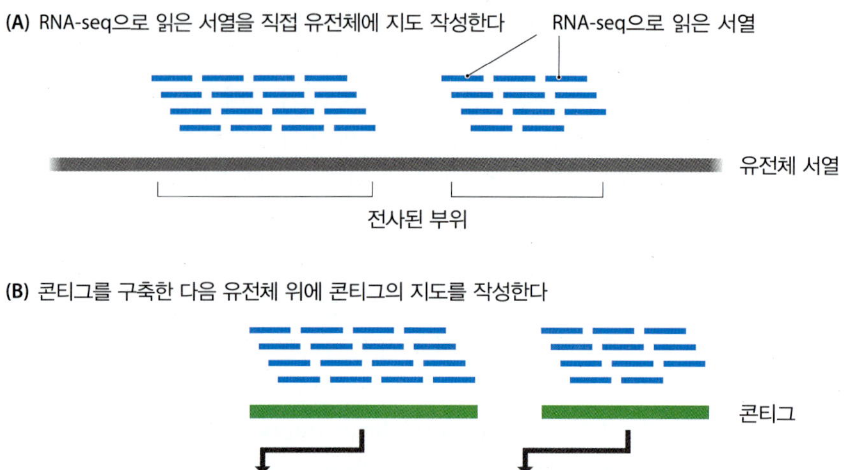

그림 5.19 RNA-seq 서열을 참고 유전체에 지도 작성하는 두 가지 방법. (A) 유전체 서열 위에 직접 서열의 지도 작성. (B) 먼저 RNA-seq 콘티그를 조립하고 콘티그를 유전체 위에 지도 작성.

DNA 서열을 참고 유전체 서열 위에 직접 지도 작성한 방법(4.3절)과 동일한 방식으로, 이 서열을 유전체 서열 위에 직접 지도 작성할 수 있다. 단 하나의 차이점은 RNA 서열은 긴 뼈대를 제공하지 않는 대신 유전체에서 전사되는 부위를 표적하여 지도를 작성할 수 있는 클러스터를 형성한다(그림 5.19A). 같은 결과가 만들어지는 다른 방법은 RNA-seq으로 읽은 서열의 총합을 처음부터 조립한 후 조립된 콘티그의 지도를 참고 유전체 위에 작성하는 것이다(그림 5.19B). 두 번째 방법을 사용하는 것이 유리한 이유는 많은 유전자가 **다중유전자 패밀리(multigene family)**의 구성원으로 이들은 유사한 염기 서열을 나타내기 때문이다(7.3절). 짧은 RNA 서열을 참고 유전체 위에 직접 표시하는 개별적인 지도 작성을 한다면 어떤 서열은 다중유전자 패밀리의 구성원 절편 중 2개 이상에 대해 동일할 수도 있으므로 지도 작성 과정을 복잡하게 만든다. 반면에 지도 작성 전에 완전한 전사물 서열을 결정한다면 유전자 패밀리의 구성원은 쉽게 구별할 수 있다.

RNA-seq 지도 작성은 유전체 주석 달기와 다른 조직에서의 유전자 발현 양상 연구에서 점점 중요해지고 있다. 그러나 이 방법은 많은 계산이 필요하기 때문에 RNA-seq 데이터를 사용하면서 좀 더 빠르게 유전자 지도 작성을 하는 방법이 계속해서 개발되고 있다. 그런 방법 중 하나가 **유전자 발현 캡 분석(cap analysis gene expression, CAGE)**이다. 이 방법은 진핵 mRNA 5′-말단에 있는 캡 구조를 이용한다. 캡은 전사 후에 mRNA 시작 부분에 첨가되는 7-메틸구아닌 뉴클레오티드로, 특이한 5′-5′ 인산다이에스터 결합에 의해 전사물의 처음 뉴클레오티드에 첨가된다(1.2절). CAGE 방법에서 캡은 다음과 같이 활용된다. 표준 cDNA 합성 과정의 첫 단계를 진행하여 RNA-DNA 잡종을 만든다(그림 5.20). 캡 구조는 잡종 분자의 RNA 부분, 적어도 RNA 시작 지점이 포함된 전체 또는 잘라진 RNA 사본 부분에 여전히 부착되어 있다. 캡 구조에 있는 7-메틸구아닌은 뉴클레오티드에 5′-5′ 결합으로 부착되어 있기 때문에 2′과 3′ 탄소 둘 다 수산기를 가지고 있다. 이 2개의 수산기는 **다이올(diol)** 구조를 형성한다. 산화제를 첨가하면 정확하게 2′과 3′ 탄소 사이의 다이올 결합을 끊어 열린 사슬 형태의 당 구조를 형성하고, 여기에 **비오틴(biotin)**이라는 작은 유기 분자를 공유결합시킬 수 있다. 이 과정은 **아비딘(avidin)**으로 덮인 자석 구슬을 이용하여 캡이 달린 cDNA를 포획할 수 있게 한다. 아비딘은 달걀 흰자에서 분리한 단백질로 비오틴과 강하게 결합한다. 포획 후 잡종 분자의 RNA 부분을 분해하고 두 번째 cDNA 가닥을 합성한다. 저용량 처리 CAGE로 cDNA의 염기 서열이 결정되고 전사물의 5′-말단에 해당하는 서열의 지도가 작성된

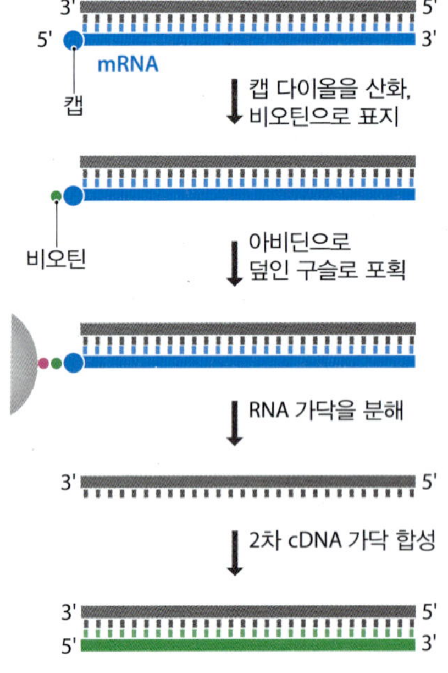

그림 5.20 유전자 발현 캡 분석. CAGE는 캡 구조를 이용하여 cDNA가 mRNA 시작 부위를 포함하여 합성되도록 한다. 캡은 산화하여 변형되고 비오틴으로 표지되어 아비딘이 덮인 자석 구슬로 포획될 수 있다. 포획된 잡종은 서열 결정할 이중가닥 cDNA로 만들어진다.

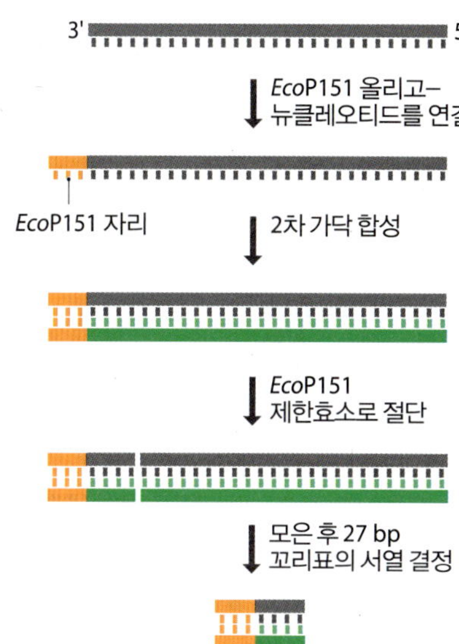

그림 5.21 CAGE 다음에 cDNA 말단의 신속한 서열 결정. 그림 5.20의 CAGE 과정의 결과로 생긴 단일가닥 cDNA를 *Eco*P151 제한효소 자리 서열이 포함된 올리고뉴클레오티드에 연결한다. 2차 가닥 합성 후에 *Eco*P151을 처리하여 꼬리표 절편을 방출시킨다. 모든 cDNA로부터 만들어진 모든 꼬리표를 모은 후 RNA-seq을 하면 원래 시료에 있는 mRNA의 5′-말단 서열을 알 수 있다.

다. RNA-seq을 위해 고안된 혁신적인 방법은 서열 결정된 절편의 말단이 모두 아주 짧다는 것을 확인함으로써 CAGE 방법을 조금 더 확장시켜 준다. 두 번째 가닥 합성 전에 제한효소 *Eco*P151 자리 서열이 포함된 짧은 올리고뉴클레오티드를 cDNA 시작 부분에 연결한다(그림 5.21). *Eco*P151은 III형 제한 내부분해효소로 인지 자리가 아닌 그 자리에서 27 bp 떨어진 부위를 자른다. cDNA는 잘라져서 원래 mRNA의 5′-말단 서열을 나타내는 27 bp의 꼬리표 절편이 만들어진다. 시료에 있는 모든 cDNA로부터 만들어진 모든 꼬리표를 모아 서열 결정한 다음 참조 유전체에 지도를 작성한다. CAGE가 복잡한 방법이긴 하지만 완성된 RNA-seq 라이브러리에서 읽은 서열의 지도 작성보다 계산 단계가 덜 필요하다. 따라서 CAGE는 유전체 서열에서 유전자 부위를 신속하게 확인하는 방법으로 전망이 밝다.

5.4 유전체 브라우저

유전체 주석 달기 사업의 결과를 보여주는 가장 편리한 방법은 도표 형식으로, DNA 서열을 x-축에 놓고 유전자와 다른 중요한 특징의 위치를 각각 적절한 지도 위치에 표시하는 것이다. **유전체 브라우저(genome browser)**는 유전체 주석 데이터를 이런 방식으로 전시하도록 하는 소프트웨어 팩이다. 이러한 전시 방법은 아주 복잡해질 수 있다. 이 방법은 신뢰도가 높게 확인된 ORF의 위치를 나타낼 뿐 아니라, 6개의 번역틀 모두에서 진짜인지가 의심되는 짧은 ORF, 비암호화 RNA 유전자, 전사물의 시작과 말단, 지도 작성된 DNA 표지자, 반복 DNA 서열의 위치와 존재 등도 역시 보여 줄 수 있기 때문이다. 소프트웨어는 지도가 여러 가지 수준으로 확대되어 표시될 수 있게 해야 한다. 즉, 염색체 전체를 볼 수도 있고, 작동유전자를 확대하여 개별 뉴클레오티드도 구별할 수 있어야 한다. 대부분의 브라우저는 기능 탐색도 탑재되어 있어 특정 유전자, 마커, 또는 지도에서의 위치를 빠르게 확인할 수 있게 한다.

많은 유전체 브라우저는 온라인을 이용할 수 있는데, 다른 연구자가 새롭게 염기 서열이 결정된 유전체의 임시 형태 주석과 최종 형태 주석 모두에 접근할 수 있다. 유전체 연구의 필수 사항 중 하나는 데이터가 반드시 공개되어야 하는 점이다. DNA 서열 전시를 위한 데이터베이스는 여러 해를 거쳐서 확립되었다. 가장 중요한 데이터베이스는 **GenBank**로, 미국 국립보건원 부서인 국립생물기술정보센터(National Center for Biotechnology Information, NCBI)에서 관리한다. 온라인 유전체 브라우저는 유전체 주석 달기를 위해 같은 목적을 수행한다. 가장 많이 이용되는 브라우저 두 가지는 **Ensemble**과 **UCSC 유전체 브라우저(UCSC genome browser)**이다. Ensemble은 유럽 생물정보학연구원과 영국 생어 연구소에서 관리하고, UCSC 유전체 브라우저는 산타크루즈 소재 캘리포니아 주립대학에서 관리한다(그림 5.22). Ensemble과 UCSC 유전체 브라우저 둘 다에는 여러 종류의 척추동물과 무척추동물을 비롯해 인간 유전체 주석이 있다. 식물 유전체 주석이 있는 **식물 GDB(Plant GDB)**처럼 특화된 온라인 유전체 브라우저도 있다.

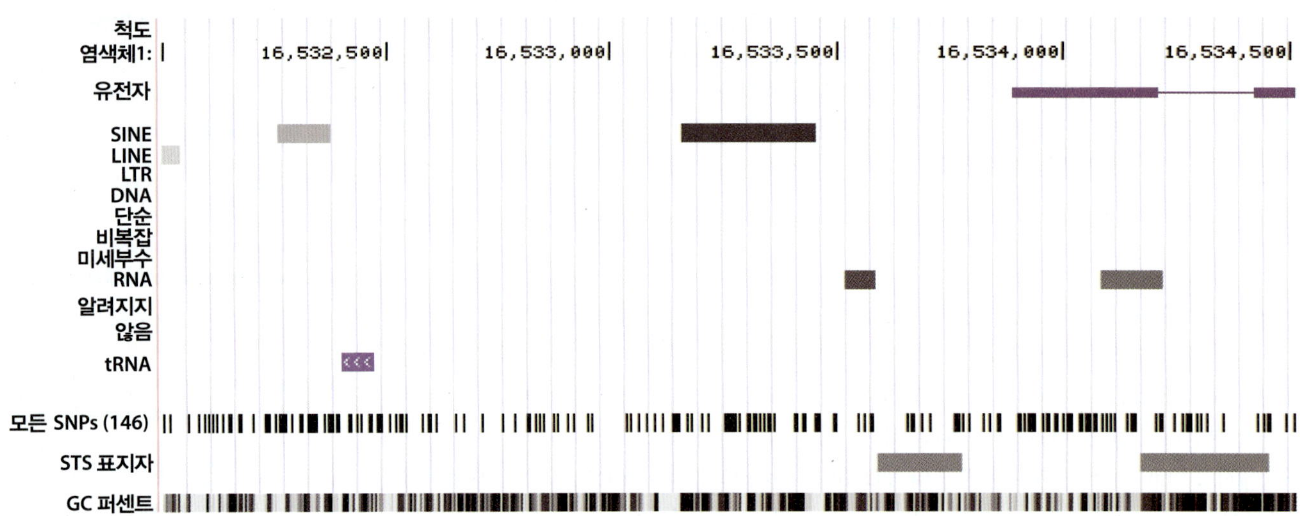

그림 5.22 **온라인 유전체 브라우저가 제공하는 정보의 예시.** 이 예시는 인간 1번 염색체의 뉴클레오티드 위치 16,532,000부터 16,534,500까지에 대한 주석을 UCSG 브라우저가 전시하는 대로 보여준다(약간 다르게 다시 그려졌음). 사용자는 브라우저가 유전체 주석의 많은 다른 특징을 보여주도록 설정할 수 있다. 이 배열은 단백질-암호화 유전자의 위치를 보여준다. 엑손은 상자로, 인트론은 선으로 나타냈고 다양한 반복 DNA 서열, tRNA 유전자, SNP, STS 표지자도 표시하였다. 맨 아래 줄에는 5 bp 슬라이딩 윈도우(sliding window)에서 GC 함량을 표시하였다.

요약

- 유전체 주석 달기는 유전체 서열에서 유전자의 위치를 결정하는 것이다.
- 단백질 암호화 유전자는 열린 번역틀을 탐색하여 확인할 수 있지만 진핵생물에서는 인트론 때문에 이 과정이 복잡하다. 인트론의 경계 서열은 다양하기 때문에 정확하게 규명할 수 없다.
- 비암호화 RNA에 대한 유전자는 이 RNA가 주로 염기쌍을 이루는 줄기-고리 구조를 형성하며 2차 구조로 접히기 때문에 이 특징을 찾아서 위치를 결정할 수 있다.
- 유전자는 상동성 분석으로 위치를 결정할 수 있다. 상동성 분석은 두 번째 유전체에 있는 상응하는 유전자의 존재를 연구 대상 유전체에 있는 잠재적 유전자가 진짜인 증거로 이용한다.
- 유전자 위치를 찾는 실험적 방법은 유전체에서 전사된 RNA 분자의 검출을 이용한다. 이 기술은 역전사효소 PCR(RT-PCR)이나 이형이중나선 분석으로 전사물 지도를 작성하는 것이 포함된다.
- 엑손-인트론 경계는 엑손 포획이라는 과정으로 실험적으로 확인할 수 있다.
- 타일링 어레이는 유전체 전체에 걸쳐 전사물 위치의 지도를 작성하는 데 이용된다.
- 유전자 발현의 캡 분석을 포함하여 차세대 방법을 이용한 RNA 서열 결정은 유전체에서 전사되는 부위를 확인하는 데 아주 중요해지고 있다.
- 유전체 주석은 유전체 브라우저를 이용하여 전시된다.

단답형 문제

1. 컴퓨터 분석으로 원핵 유전체의 ORF 확인이 비교적 쉬운 이유는 무엇인가?
2. ORF 탐색이 진핵 유전체 서열에서 유전자를 찾는 데 어떻게 이용되는지 설명하라.

3. '코돈 사용빈도 편향'이란 용어의 의미는 무엇인가?
4. tRNA와 rRNA와 같은 기능적 RNA 분자를 암호화하는 유전자를 확인하기 위해 유전체를 검색할 수 있게 하는 기능적 RNA 분자 구조의 특징을 간략히 설명하라.
5. 유전자 서열 비교에서 '상동'이란 용어를 사용할 때, 그 용어의 의미를 정의하라.
6. 유전체 주석 달기에서 비교유전체학을 이용하는 예를 제시하라.
7. DNA 절편에 있는 유전자의 수를 결정하는 데 있어서 노던 분석을 이용할 때 생기는 두 가지 문제점은 무엇인가?
8. cDNA 말단의 빠른 증폭(RACE)을 유전자의 전사 부위의 지도 작성에 어떻게 이용하는지 설명하라.
9. 전사물 지도 작성에 이형이중가닥 분석을 어떻게 이용하는가?
10. 엑손-인트론 경계를 실험적으로 확인하는 방법을 설명하라.
11. 타일링 어레이는 무엇인가? 타일링 어레이를 유전체 주석 달기에 어떻게 이용하는가?
12. RNA-seq에서 요구되는 계산 문제를 유전자 발현 캡 분석(CAGE)이라는 방법으로 어떻게 감소시킬 수 있는지 설명하라.

사고형 문제

1. 앞으로 진핵 유전체 서열에서 단백질-암호화 유전자의 위치와 기능을 완전히 알아내기 위해 생물정보학을 어느 정도까지 이용할 가능성이 있다고 생각하는가?
2. 다양한 생물의 유전체에 나타나는 코돈 사용빈도 편향을 설명하는 가설을 고안하라. 가설을 시험할 수 있는가?
3. "비교유전체학은 질병 유전자 연구에 중요한 역할을 한다." 이 주장을 평가하라
4. 타일링 어레이를 이용한 연구는 인간 유전체에서 많은 전사물이 열린 번역틀 사이에 놓여진 유전자 사이 공간에 있는 서열로부터 합성되는 것을 밝혔다. 인터넷(그리고 이 책에 있는 다른 장)을 이용하여 이 RNA가 무엇이고, 가능성이 있는 기능은 무엇인지 탐구하라.
5. Ensemble 박테리아 유전체 브라우저(http://bacteria.ensemble.org/index.html)을 이용하여 *Escherichia coli* 유전체의 β-갈락토시다아제(β-galactosidase) 유전자의 위치를 찾아보라. β-갈락토시다아제 유전자를 중심으로 30 kb 지역에 있는 유전자의 지도를 그리거나 인터넷에서 가져오라.

Further Reading

Gene location by computer analysis

Fickett, J.W. (1996) Finding genes by computer: the state of the art. *Trends Genet.* 12:316–320.

Guigó, R., Flicek, P., Abril, J.F., et al. (2006) EGASP: the human ENCODE Genome Annotation Assessment Project. *Genome Biol.* 7(Suppl 1):S2, 1–31. *Comparison of the accuracy of different computer programs for gene location.*

Ohler, U. and Niemann, H. (2001) Identification and analysis of eukaryotic promoters: recent computational approaches. *Trends Genet.* 17:56–60.

Pavesi, G., Mauri, G., Stefani, M. and Pesole, G. (2004) RNAProfile: an algorithm for finding conserved secondary structure motifs in unaligned RNA sequences. *Nucleic Acids Res.* 32:3258–3269. *Locating functional RNA genes.*

Quax, T.E.F., Claassens, N.J., Söll, D. and van de Oost, J. (2015) Codon bias as a means to fine-tune gene expression. *Mol. Cell* 59:149–161.

Yandell, M. and Ence, D. (2012) A beginner's guide to eukaryotic genome annotation. *Nat. Rev. Genet.* 13:329–342.

Comparative genomics

Alföldi, J. and Lindblad-Toh, K. (2013) Comparative genomics as a tool to understand evolution and disease. *Genome Res.* 23:1063–1068.

Kellis, M., Patterson, N., Endrizzi, M., et al. (2003) Sequencing and comparison of yeast species to identify genes and regulatory elements. *Nature* 423:241–254.

Paterson, A.H., Bowers, J.E., Feltus, F.A., et al. (2009) Comparative genomics of grasses promises a bountiful harvest. *Plant Physiol.* 149:125–131.

Experimental methods for gene location

Berk, A.J. (1989) Characterization of RNA molecules by S1 nuclease analysis. *Methods Enzymol.* 180:334–347.

Church, D.M., Stotler, C.J., Rutter, J.L., et al. (1994) Isolation of genes from complex sources of mammalian genomic DNA using exon amplification. *Nat. Genet.* 6:98–105. *Exon trapping.*

Frohman, M.A., Dush, M.K. and Martin, G.R. (1988) Rapid production of full-length cDNAs from rare transcripts: amplification using a single gene-specific oligonucleotide primer. *Proc. Natl. Acad. Sci. USA* 85:8998–9002. *An example of RACE.*

Pellé, R. and Murphy, N.B. (1993) Northern hybridization: rapid and simple electrophoretic conditions. *Nucleic Acids Res.* 21:2783–2784.

Genomewide RNA mapping

Lemetre, C. and Zhang, Z.D. (2013) A brief introduction to tiling microarrays: principles, concepts, and applications. *Methods Mol. Biol.* 1067:3–19.

Lovett, M. (1994) Fishing for complements: finding genes by direct selection. *Trends Genet.* 10:352–357. *cDNA capture.*

Mockler, T.C. and Ecker, J.R. (2005) Applications of DNA tiling arrays for whole-genome analysis. *Genomics* 85:1–15.

Takahashi, H., Kato, S., Murata, M. and Carninci, P. (2012). CAGE (cap analysis of gene expression): a protocol for the detection of promoter and transcriptional networks. *Methods Mol. Biol.* 786:181–200.

Yazaki, J., Gregory, B.D. and Ecker, J.R. (2007) Mapping the genome landscape using tiling array technology. *Curr. Opin. Plant Biol.* 10:534–542.

URLs for genome browsers

Ensembl. http://www.ensembl.org/index.html

Ensembl Bacteria. http://bacteria.ensembl.org/index.html

UCSC Genome Browser. https://genome.ucsc.edu/

Plant GDB. http://www.plantgdb.org/

유전자 기능 결정

CHAPTER **6**

일단 유전체 내에서 새로운 유전자의 위치가 결정되면 그 유전자의 기능이 무엇인지 알아보아야 한다. 염기 서열 결정 사업이 완성되고 나서 유전체 내용에 대해 우리가 생각했던 것보다 알고 있는 것이 적다는 것이 드러났기 때문에 유전체 기능 결정은 유전체 연구에서 중요한 영역이 되었다. 예를 들어, *Escherichia coli*와 *Saccaromyces cerevisiae*는 염기 서열 결정 사업의 출현 이전에 전통적인 유전학 분석으로 광범위하게 연구되었고 유전학자들이 이 생물의 유전자 대부분이 밝혀졌다고 확신한 때도 있었다. 유전체 염기 서열은 실제로 우리가 알고 있는 사실과 큰 간격이 있다는 것을 드러냈다. *E.coli* 유전체에서 1차로 주석이 달린 4,288개의 단백질-암호화 유전자 중 단지 1/3만이 특성이 잘 알려진 것이었고 38%에서는 알려진 기능이 없었다. *S. cerevisiae*의 경우도 상황은 비슷하였다. 따라서 유전자의 기능을 결정할 수 있는 방법이 유전체 서열을 이해하는 데 아주 중요하다.

유전체 주석 달기와 함께 컴퓨터 분석과 실험적 연구를 이용하여 미지의 유전자 기능을 결정하려고 시도하고 있다. 우리는 컴퓨터 분석 방법부터 살펴보기로 한다.

6.1 유전자 기능의 컴퓨터 분석

우리는 이미 DNA 서열에서 유전자 위치 결정에 컴퓨터 분석이 매우 중요한 역할을 하는 것을 보았고, 이 목적을 위해 이용할 수 있는 가장 강력한 방법은 연구 대상 DNA 서열을 데이터베이스에 있는 다른 모든 DNA 서열과 비교하여 유전자 위치를 결정하는 상동성 검색이다. 상동성 검색의 근거는 연관 유전자는 유사한 염기 서열을 가지고 있고, 이미 서열이 밝혀진 다른 생물의 대응 유전자와의 유사성 덕분에 새로운 유전자를 발견할 수 있다는 것이다. 이제 상동성 분석을 좀 더 자세히 살펴보고 새로운 유전자의 기능 결정에 이 방법을 어떻게 이용할 수 있는지 알아보자.

상동성은 진화 관계를 반영한다

상동 유전자는 유전자 사이의 염기 서열 유사성으로 밝혀진 진화상 공통조상을 공유하는 유전자이다. 이 유사성은 18.4절에서 살펴 볼 분자분류학의 근간이 되는 데이터를 형성한다. 상동 유전자는 두 부류로 나누어진다(**그림 6.1**):

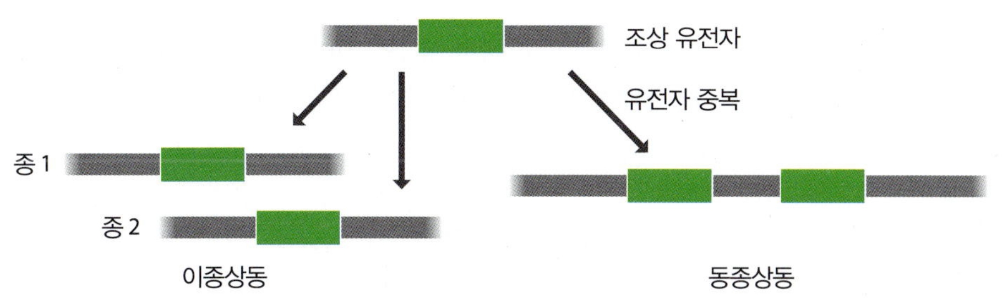

그림 6.1 이종상동 유전자와 동종상동 유전자.

```
서열 1    GGTGAGGGTATCATCCCATCTGACTACACCTCATCGGGAGACGGAGCAGT
서열 2    GGTCAGGATATGATTCCATCACACTACACCTTATCCCGAGTCGGAGCAGT
염기 일치 *** *** *** ** *****  ********* ***  *** *********
```

그림 6.2 **80% 서열 일치를 보이는 2개의 DNA 서열.**

- **이종상동(orthologous)** 유전자는 종간 분지가 일어나기 이전에 존재하는 공통조상을 가진 서로 다른 생물체에 존재하는 상동이다. 이종상동 유전자는 대개 동일하거나 아주 비슷한 기능을 가진다. 예를 들어, 인간과 침팬지의 미오글로빈 유전자는 이종상동이다.
- **동종상동(paralogous)** 유전자는 보통 다중유전자 패밀리(7.3절)의 구성원으로, 동일한 생물체에 존재한다; 이들의 공통조상은 지금 유전자가 발견되는 종보다 앞서 있을 수도, 그렇지 않을 수도 있다. 예를 들어, 인간의 미오글로빈과 β-글로빈 유전자는 동종상동이다: 이들은 대략 5억 5천만 년 전에 조상 유전자의 중복으로 생겨났다(18.2절).

2개의 상동 유전자는 대개 두 유전자가 돌연변이에 의해 각기 다른 무작위 변화를 거치기 때문에 동일한 뉴클레오티드 서열을 가지지 않는다. 그러나 같은 출발 서열인 공통조상 유전자에서 이런 무작위적 변화가 일어나기 때문에 이들의 염기 서열은 비슷하다. 상동성 검색은 이런 서열 유사성을 이용한다. 분석의 근거는 새롭게 염기 서열이 결정된 유전자가 기존에 서열이 알려진 유전자와 비슷하다고 판명되면 진화 관계를 유추할 수 있고 새로운 유전자 기능이 기존에 알려진 유전자의 기능과 같거나 적어도 비슷할 가능성이 크다.

상동성(homology)과 유사성(similarity)이라는 용어를 혼동하지 않는 것이 중요하다. 만일 연관 유전자 쌍의 염기 서열 80%가 동일한 뉴클레오티드를 가진다면(그림 6.2), 이 유전자들을 80% 상동성으로 표현하는 것은 옳지 않다. 이 두 유전자는 진화 과정에서 연관되어 있을 수도, 그렇지 않을 수도 있다: 그 중간 상황은 없으며 따라서 상동성을 퍼센트 값으로 표현하는 것은 아무런 의미가 없다.

상동성 분석은 전체 유전체 또는 그 안에 있는 조각의 기능에 대한 정보를 제공한다.

상동성 검색은 DNA 염기 서열을 이용해서 할 수 있지만 대개 조사하기 전에 잠정적 유전자의 염기 서열을 아미노산 서열로 전환한다. 이렇게 하는 이유 중 하나는 단백질에는 20개의 다른 아미노산이 있는 반면에, DNA에는 단지 4개의 뉴클레오티드만 있기 때문에 연관되지 않은 유전자는 아미노산을 비교하였을 때 차이가 더 많이 나는 것처럼 보인다(그림 6.3). 따라서 상동성 검색에 아미노산 서열을 이용할 때 잘못된 결과를 얻을 가능성은 적다.

상동성 검색 프로그램은 조회 서열(query sequence)과 데이터베이스에 들어 있는 서열을 정렬시키는 것으로 시작한다. 각 정렬마다 점수가 계산되는데, 검색자(operator)는 이 점수를 이용하여 조회 서열과 조사 서열(test sequence)이 상동일 가능성을 측정할 수 있다. 두 가지 방법으로 점수를 산정할 수 있다:

- 가장 간단한 프로그램은 두 서열 모두에서 동일한 아미노산이 있는 위치의 수를 센다. 이 수가 퍼센트로 전환될 때 두 서열 간의 일치도(identity)를 나타낸다.

```
        G  A  P  G  M  W  L  R  L  A  A  G  S  F  Q  H  A  G
서열 1  GGTGCACCCGGTATGTGGCTGCGATTAGCAGCGGGATCGTTTCAGCATGCAGGG
        *  * ***** **** **** ** *** **** ***** *** ** **** ** *
서열 2  GATACACCCCGTATTTGGCAGCAATTTGCAGGGGGATGGTTGCACCATGGAGCG
        D  T  P  R  I  W  Q  Q  F  A  G  G  W  L  H  H  G  A
```

그림 6.3 **2개의 서열 사이에 상동성이 없는 것은 이들을 아미노산 수준에서 비교할 때 더 명백해진다.** 2개의 뉴클레오티드 서열을 두 서열에서 동일한 뉴클레오티드는 녹색으로, 동일하지 않은 뉴클레오티드는 핑크로 나타내었다. 두 서열은 별표로 표시된 것처럼 76%가 동일하다. 이를 서열이 상동이라는 증거로 볼 수도 있지만, 뉴클레오티드 서열을 아미노산으로 번역했을 때 두 서열 사이의 일치도는 26%로 줄어든다. 동일한 아미노산은 노란색으로, 다른 아미노산을 빨간색으로 나타내었다. 아미노산 서열 비교로 이 유전자가 상동이 아닌 것을 알 수 있으며, 뉴클레오티드 수준에서의 유사성은 우연히 나타난 것으로 생각된다. 아미노산 서열은 1글자 약자(표 1.2 참조)로 나타냈다.

- 좀 더 정교한 프로그램은 정렬할 때 다른 아미노산 사이의 화학적 연관성을 이용하여 각 위치에 점수를 할당한다. 동일하거나 연관이 큰 아미노산(예, 류신과 이소류신, 아스파르트산과 아스파라긴)에 높은 점수가, 연관이 적은 아미노산(예, 시스테인과 티로신, 페닐알라닌과 세린)에 낮은 점수가 주어진다. 이 분석법은 서열 쌍 사이의 유사성을 결정한다.

가능한 가장 높은 점수를 얻기 위하여 하나의 서열이나 두 서열 모두의 여러 위치에 검색자가 정한 한계까지 연산자가 간극을 끼워 넣는다. 이는 유전자 진화 동안 하나의 아미노산, 또는 인접한 여러 개의 아미노산을 암호화하는 뉴클레오티드 뭉치가 유전자에 삽입되거나 유전자로부터 결실될 때 일어났을 것으로 생각되는 과정과 비슷하게 만들려는 의도이다.

실제 상동성 검색이 그렇게 어려운 일은 아니다. 이런 종류의 분석을 할 수 있는 몇몇 소프트웨어 프로그램이 있는데, 그 중에서 **BLAST(Basic Local Alignment Search Tool, 기본 위치 정렬 탐색 도구)**가 가장 많이 쓰인다. 간단히 웹 사이트의 DNA 데이터베이스에 접속해서 온라인 검색 도구에 염기 서열을 넣고 분석할 수 있다. 표준 BLAST 프로그램은 40% 이상의 서열 유사성을 가진 상동 유전자를 확인하는 데 유용하지만 만일 유사성이 이 값보다 적으면 진화 관계를 알아내는 데 덜 효율적이다. 변형된 형태의 **PSI-BLAST(position-specific iterated BLAST, 위치 특이적 반복 BLAST)**는 연관 관계가 좀 더 적은 서열을 확인한다. 이 방법은 표준 BLAST 검색에서 얻은 상동 서열의 특징을 처음 검색에서 탐색되지 않았던 부가적인 상동 서열을 확인하는 데 이용한다.

BLAST나 그와 비슷한 프로그램을 이용한 상동성 검색은 유전체 연구에 있어 엄청나게 중요하지만 그 한계를 인식해야만 한다. 점점 부각되는 문제점은 유전자 데이터베이스에 기능이 틀리게 설명된 유전자가 있는 점이다. 만일 이런 유전자 중 하나가 조회 서열과 상동으로 확인되면 새로운 서열의 기능이 틀리게 결정되면서 문제가 커진다. 또한 상동 유전자이지만 생물학적 기능은 무척 다른 경우가 몇몇 있다. 눈 렌즈에 있는 크리스탈린(crystallins, 수정체 단백질)이 그 예인데, 이 중 어떤 단백질은 대사 효소와 상동이다. 따라서 조회 서열과 크리스탈린 사이의 상동성은 조회 서열이 크리스탈린이라는 의미가 아니며, 비슷한 논리로 조회 서열과 대사 효소 간에 명백한 상동성이 있다고 해서 조회 서열이 대사 효소라는 의미가 아닐 수 있다.

미지의 유전자 기능을 결정하는 데 도움을 주는 단백질 도메인의 확인

만일 DNA나 아미노산 서열을 이용한 상동성 검색으로 데이터베이스에서 미지의 유전자와 맞는 대상을 전혀 찾지 못한다면 어떻게 할까? 방법이 아주 없는 것은 아니다. 기능이 알려진 단백질 **도메인(domain)**을 암호화하는 모티프(motif)에 대한 아미노산 서열을 찾아 적어도 유전자 기능의 일부분을 추론할 가능성이 있기 때문이다. 단백질 도메인은 단백질에 특정 생화학 기능을 제공하는 특징적인 3차 구조를 가진 단백질의 부분이다. 단백질 도메인 중 하나인 **Cys_2His_2 아연 손가락(Cys_2His_2 zinc finger)**은 12개 정도의 일련의 아미노산으로 구성되어 β-평판 구조 다음에 α-나선 구조가 나타나는 부분을 형성한다. 이 두 구조는 단백질 표면으로부터 돌출한 손가락을 형성하고, 그 사이에 2개의 시스테인과 2개의 히스티딘과 배위결합한 아연 원자를 붙들고 있다(그림 6.4). 아연 손가락은 DNA-결합 구조이기 때문에(11.2절), 미지 유전자에서 아연 손가락을 암호화할 수 있는 아미노산 서열을 확인하면 이 유전자가 DNA-결합 단백질임을 나타낸다. 기능뿐만 아니라 아미노산 서열도 단백질의 세포 내 위치에 대한 정보를 제공할 수 있다. 단백질을 핵이나 미토콘드리아 같은 소기관으로 인도하거나 세포 밖

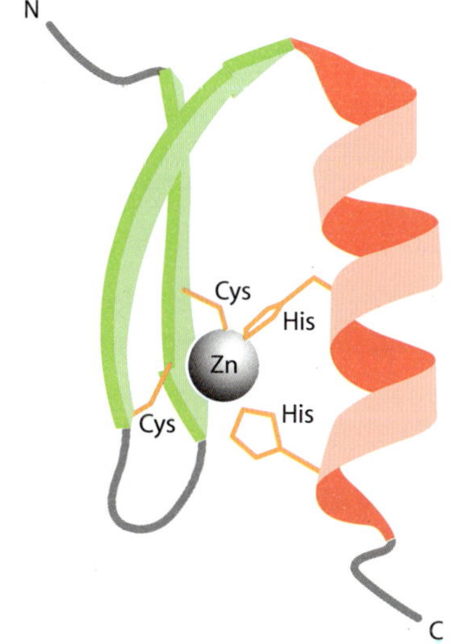

그림 6.4 Cys_2His_2 **아연 손가락.** 이 특정 아연 손가락은 효모 SW15 단백질이다. 아연 원자(Zn)는 모티프의 β-평판 구조에 있는 시스테인(Cys) 2개와 α-나선에 있는 히스티딘(His) 2개 사이에 잡혀 있다. 주황색 선은 이 아미노산의 R기를 나타낸다. N과 C는 이 모티프의 N-말단, C-말단을 표시한다.

으로 분비되도록 지정하는 **분류 서열(sorting sequence)**이라고 하는 모티프를 찾아서 추론할 수 있다.

상동성 검색과 더불어 온라인에서 **PROSITE** 같은 단백질 구조 데이터베이스에 있는 검색 도구를 이용하여 미지 유전자에서 보존 서열을 확인할 수 있다. PROSITE는 스위스 생물정보센터에서 관리한다. 그러나 이런 분석 결과는 주의해서 해석해야 한다. 공유 도메인의 존재는 두 단백질이 비슷한 생화학 활성을 수행할 수 있다는 것을 나타내지만 이 단백질이 전반적으로 비슷한 기능을 가질 필요는 없다. 이 점은 단백질의 **튜더 도메인(Tudor domain)** 패밀리로 알 수 있다. 이름에서 암시하듯이, 이 단백질 각각은 튜더 도메인을 하나 이상 가지고 있다. 튜더 도메인은 약 60개 아미노산 서열로 암호화되는 다섯 가닥의 평판 구조이다. 튜더 도메인은 다른 단백질에 있는 메틸화된 아르기닌 과/또는 리신 아미노산에 결합한다. 이 결합은 특정한 생화학 활성이지만 다른 다양한 단백질 기능과도 연결되어 있다. 처음 발견된 튜더 도메인은 *tudor*라는 *Drosophila melanogaster* 유전자에 의해 암호화되는 것으로, 발생 중인 난세포에서 **piwi-결합 RNA(piwi-interacting RNA, piRNA)**의 합성과 관련이 있다. piRNA는 짧은 비암호화 RNA로 **piwi 단백질**과 결합하여 여러 가지 발생 과정 동안 유전자 발현을 조절하는 복합체를 형성한다(12.1절). 여러 종에서 발견되는 다른 튜더 도메인 단백질도 piRNA 합성에 관여하지만 패밀리의 다른 구성원은 RNA 스플라이싱(12.4절), RNA 간섭 과정(12.3절), DNA 손상에 대한 반응(16.2절), 히스톤 변형(10.2절)과 관련이 있다. 이 모든 과정에서 튜더 도메인은 표적 단백질의 메틸화된 아르기닌 과/또는 리신과 결합하여 그 효과를 나타낸다고 생각된다. 따라서 미지 유전자에서 튜더 도메인 서열을 확인하면 특정한 생화학 활성을 확인할 수 있지만, 그 자체로 튜더 도메인 단백질에 의해 수행되는 다양한 역할 중 하나가 있다는 것 이상의 유전자 기능을 결정할 수는 없다.

유전자 기능의 주석 달기에는 공동 용어가 필요하다

간과하기 쉽지만 유전체 주석 달기에서 필수적인 측면은 다른 여러 유전자의 기능을 설명하는 합의되고 일관된 용어의 필요성이다. 일관성은 두 가지 이유에서 필요하다. 먼저 2개의 다른 종의 유전체에 있는 유전자 이름에 사용되는 용어가 같아야만 이 두 종의 유전체 주석 사이에서 많은 비교를 할 수 있다. 만일 주석 달기에서 같은 유전자 기능에 대해 다른 용어를 사용한다면 비교 작업을 하는 컴퓨터가 유전자의 공통 특징을 인식하지 못하기 때문에 두 유전체 사이의 유사성을 확인하려는 시도는 부정확한 결과로 나타날 것이다. 용어가 계층 분류 체계를 기준으로 할 때의 두 번째 이점은 하나 이상의 단백질 도메인 확인과 같이 부분적인 기능만 유추된 유전자에 여전히 그 기능을 나타내는 의미 있는 표현을 할 수 있다는 것이다.

최초의 포괄적인 단백질 분류 체계는 유전체 서열 결정 이전에 이루어졌지만 유전체 주석 달기에 필요한 계층 구조를 제공한다. 효소에만 적용되는 이 체계는 1961년에 처음으로 국제 생화학 분자생물학회에서 합의된 사항이다. 이 분류 체계에서 효소는 먼저 6가지 광범위한 그룹으로 분류된다.

- EC(효소 기능 Enzyme Commssion) 그룹 1, 산화환원효소(oxidoreductase)
- EC 2, 전달효소(transferase)
- EC 3, 가수분해효소(hydrolase)
- EC 4, 분해효소(lyase, 역자주; 가수분해와 산화환원 이외의 다양한 화학 결합을 끊는 것을 촉매하는 기능)
- EC 5, 이성질화효소(isomerase)
- EC 6, 연결효소(ligase)

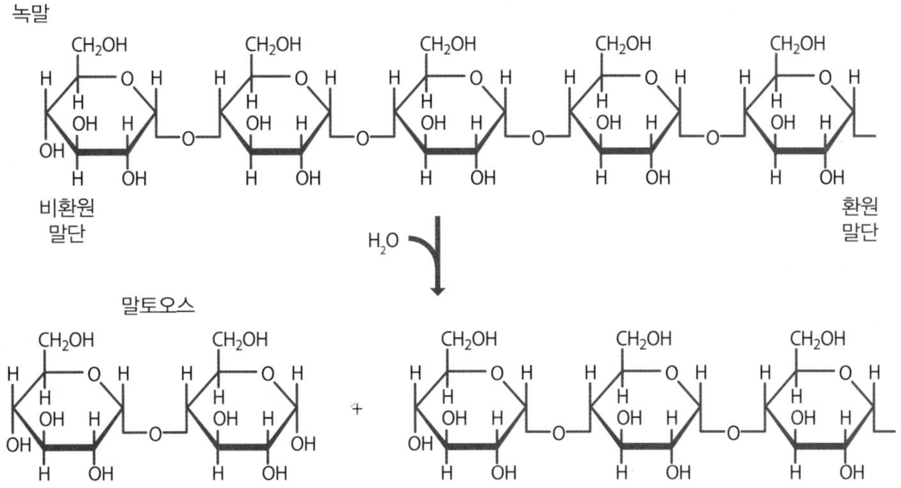

녹말

비환원 말단

환원 말단

H_2O

말토오스

그림 6.5 EC 3.2.1.2로 지정된 효소의 작용 양상. EC 숫자의 처음 3자리는 이 효소가 효소 작용에 물이 관여하는 가수분해효소(EC 3)이고; 2개의 당 단위 사이의 결합인 글리코시드 결합을 끊고(EC 3.2); 두 번째 분자와의 결합에는 산소(또는 황) 원자가 포함(EC 3.2.1)된 것을 나타낸다. 4번째 자리 숫자는 효소가 중합체의 비환원 말단으로부터 말토오스 이당류 단위를 방출하는 것과 같은 방법으로 녹말, 글리코젠, 이와 관련된 다당류에서 포도당 사이의 (α1→4) *O*-글리코시드 결합을 특정하게 끊는 것(EC 3.2.1.2)을 나타낸다.

각 그룹은 개별 효소가 4부분으로 된 고유 **효소 숫자(EC number)**를 갖는 방법으로 더욱 세분화 된다. 예를 들면, EC 3.2.1.2는 가수분해효소(EC3)로 글리코시드 결합을 자르는데(EC 3.2), 이 결합은 당과 산소, 황 원자를 포함하는 두 번째 분자 사이의 결합이며(EC 3.2.1), 특별히 녹말, 글리코겐, 이와 연관된 다당류의 포도당 단위체 사이의 (α1→4) *O*-글리코시드 결합을 끊어 중합체의 비환원 말단으로부터 말토오스 이당류를 방출한다(EC 3.2.1.2)(그림 6.5). 따라서 효소 활성은 특정하고 계층적으로 표현되며, 이 효소의 일반명인 β-아밀라아제보다 훨씬 더 많은 정보를 준다. 미지 유전자와 데이터베이스에 들어 있는 유전자 사이의 상동성 검색에서 40%의 아미노산 서열 유사도를 보이면 미지 유전자의 기능을 EC 숫자 처음 3개까지 정할 수 있다. 유사도가 60%보다 높으면 조회 서열과 맞는 서열의 단백질이 모두 같은 기질을 이용할 가능성이 크므로 EC 숫자의 네 번째 자릿 수(digit)도 결정할 수 있다.

유전자 온톨로지(gene ontology, GO)로 명명된 유전자 기능을 설명하기 위한 두 번째 전략은 *Drosophila* 유전체 주석 달기를 위해 고안되었지만, 이후 다른 많은 종에 적용되었다. 효소뿐만 아니라 어떤 단백질에도 적용할 수 있는 GO 체계는 단백질 분자의 기능, 단백질이 연관된 생물학적 과정, 세포 내 단백질의 위치를 설명하는 데 사용하는 세세한 표준 용어나 문장 세트 같은 분류 체계가 아니다. 예를 들어, β-아밀라아제 분자의 기능은 "(1,4-α-D-포도당)(n + 1) + H_2O = (1,4-α-D-포도당)(n − 1) + α-말토오스 반응의 촉매이다. 이 반응은 다당류의 1,4-α-글리코시드 결합을 가수분해하여 사슬의 비환원 말단으로부터 말토오스 단위를 계속해서 제거한다."로 표현된다. 이 설명은 **방향성 비순환 그래프(directed acyclic graph, DAG)**라는 정보 처리 방법으로 불리는데, DAG는 효소 기능을 EC 숫자 안에서 분류하는 것과 비슷하게 분자 기능을 계층적으로 분류한다(그림 6.6).

GO의 어휘가 표준화되어 있기 때문에 GO의 표현 형식은 컴퓨터로 검색할 수 있다. 이 검색으로 다른 유전체에 있는 상동 유전자의 확인뿐만 아니라 유전체 1개 또는 유전체 세트에 있는 비슷한 기능의 유전자군의 확인도 가능하다. DAG는 검색을 여러 측면으로 할 수 있게 한다. β-아밀라아제의 경우 "β-아밀라아제 활성"으로 검색하면 β-아밀라아제 상동체를 특정하여 보여준다. 검색어를 "가수분해효소 활성, *O*-글리코시드 결합을 가수분해"로 넣으면 좀 더 넓은 범위의 관련된 가수분해효소 그룹이 확인된다.

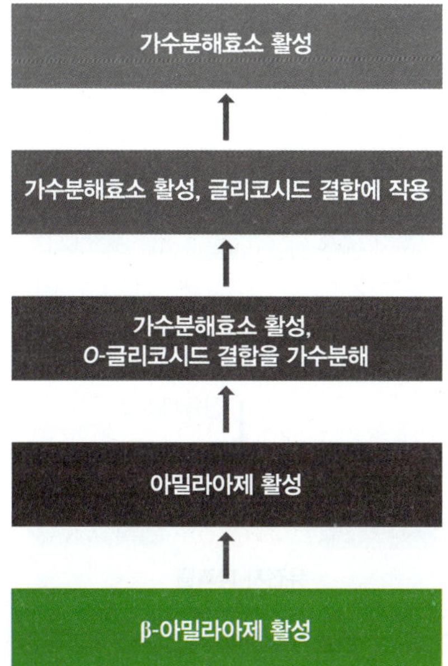

그림 6.6 β-아밀라아제의 유전자 개체 발생에 대한 그래프. 이 그래프는 특정성이 가장 큰 아래에서부터 특정성이 적은 위쪽 방향으로 계층적으로 나타냈다.

6.2 유전자 불활성화와 과발현에 의한 기능 결정

미지 유전자의 기능을 결정하기 위해 이용하는 컴퓨터 분석이 아주 정교해지고 있지만, 생물정보학적 접근은 한계가 있고 유전체에서 발견되는 모든 새 유전자의 기능을 확인할 수 없다. 따라서 기능 결정을 완성하고 컴퓨터 분석법의 결과를 확장하기 위해서는 실험적 방법이 필요하다.

유전자 불활성화에 의한 기능 분석

새 유전자의 기능 분석을 위한 실험 방법의 고안은 유전체 연구에서 직면하는 가장 큰 도전 중 하나로 판명되고 있다. 분자생물학자 대부분은 현재 사용하고 있는 방법론과 전략이 염기 서열 결정 사업을 통해 발견되고 있는 수많은 미지 유전자의 기능을 확정하기에 완전히 적절한 것은 아니라는 것에 동의할 것이다. 문제는 유전자부터 기능까지의 과정을 그리려는 목적이 유전학 분석에서 일반적으로 이용되는 방법의 역순이라는 데 있다. 즉, 유전학에서 시작점은 관찰 가능한 특성, 또는 표현형이고 목적은 그 근거가 되는 유전자 또는 유전자들을 찾는 것이다. 현재 우리가 해결하려는 문제는 그 반대 방향으로 우리를 이끌어간다: 새 유전자에서 출발하여 바람직하게는 이와 연관된 표현형의 결정에 도착한다. 전통적인 유전적 분석에서는 대부분 표현형이 변형된 **돌연변이체**를 찾아서 표현형의 유전적 근거를 연구한다. 돌연변이체는 실험적으로 얻을 수 있다. 예를 들어, 생물체의 개체군(예, 박테리아 배양)을 자외선이나 화학적 돌연변이 유발물질을 처리하여 얻거나 또는 자연적인 집단에 돌연변이체가 있을 수도 있다. 돌연변이 생물체에서 변형된 유전자나 유전자들은 유전자 교차(3.4절)를 이용하여 유전체 내에서 유전자의 위치를 결정할 수 있고 이미 특성이 밝혀진 유전자와 같은 것인지를 확인할 수 있다. 다음에 클로닝과 염기 서열 결정 같은 분자생물학적 기술로 유전자 연구를 더욱 진행시킬 수 있다.

이런 전통 분석법의 일반적 원리는 돌연변이 표현형을 나타내는 생물체에서 어떤 유전자가 불활성화 되었는지 결정하여 특정 표현형에 대한 유전자를 확인하는 것이다. 만일 시작점이 표현형이 아닌 유전자라면 유전자를 돌연변이시켜 그 결과로 나타나는 표현형을 확인하는 것이 동일한 전략이 될 것이다. 이 같은 방법은 미지 유전자의 기능 확인에 이용되는 기술 대부분에 대한 근거가 된다.

상동 재조합에 의해 개별 유전자를 불활성화시킬 수 있다

특정 유전자를 불활성화 시키는 가장 쉬운 방법은 무관한 DNA 조각으로 유전자를 파괴하는 것이다(그림 6.7). 이는 염색체에 있는 유전자 사본과 이와는 다르지만 표적 유전자와 염기 서열 일부분을 공유하는 두 번째 DNA 조각 사이의 **상동 재조합(homologous recombination)**에 의해 이룰 수 있다. 상동 재조합과 다른 형태의 재조합은 복잡한 현상으로 17.1절에서 자세히 다룰 것이다. 여기서는 2개의 DNA 분자가 비슷한 서열을 가지고 있으면 재조합 결과 분자 조각이 교환된다는 것만 알고 있으면 충분하다.

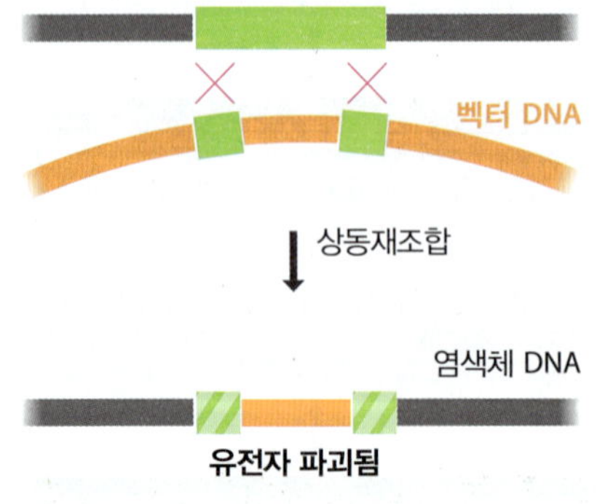

그림 6.7 **상동 재조합에 의한 유전자 불활성화.** 벡터는 불활성화시키려는 유전자의 말단과 맞는 2개의 DNA 조각을 가진다. 이 말단 조각은 염색체에 있는 표적 유전자 사본과 재조합한다. 그 결과 표적 유전자는 쪼개진다.

실제로 유전자를 어떻게 불활성화시킬 수 있을까? 두 가지 예 중에서 먼저 *S. cerevisiae*를 살펴보자. 유전체 염기 서열 결정이 1996년에 완성된 이후 효모 분자생물학자들은 가능한 많은 미지 유전자의 기능을 규명하려는 조직적이고 국제적인 노력에 착수하였다. 이 연구에서 많이 이용된 기술을 그림 6.8에서 보여 주고 있다. 중심 구성성분은 결손 카세트(deletion cassette)로 항생제 저항성 유전자를 가지고 있다. 이 유전자는 효모 유전체의 정상 구성성분은 아니지만 효모 염색체에 전달되면 작동하여 효모를 제네티신이라는 항생제에 저항성을 갖도록 형질전환시킨다. 결손 카세트를 사용하기 전

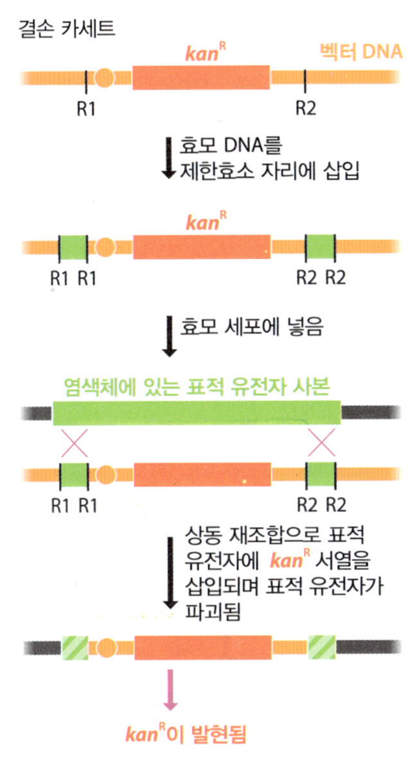

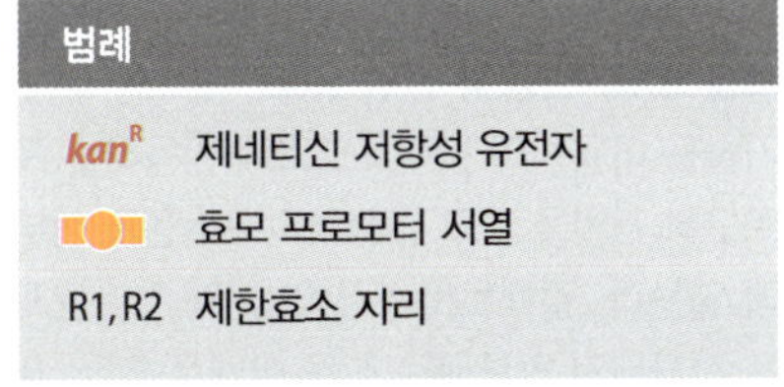

그림 6.8 **효모 결손 카세트의 이용.** 결손 카세트는 2개의 제한효소 자리 사이에 끼어 있는 항생제 저항성 유전자와 그 앞에 있는 프로모터로 구성된다. 이 프로모터는 유전자가 효모에서 발현되기 위해 필요한 서열이다. 표적 유전자의 시작과 말단 조각을 제한효소 자리 사이에 삽입시키고, 이 벡터를 효모 세포에 넣는다. 벡터에 있는 유전자 조각과 염색체에 있는 표적 유전자 사본 사이에 재조합이 일어난 결과로 염색체에 있는 유전자가 파괴된다. 유전자가 파괴된 세포는 항생제 저항성 유전자를 발현하여 제네티신이 들어 있는 한천 배지에서 생장하므로 확인할 수 있다. *Kan*R 표시는 카나마이신 저항성의 약자이다. 카나마이신은 제네티신을 포함하는 항생제군의 이름이다.

에 양쪽 말단에 새로운 DNA 조각을 꼬리로 붙인다. 이 조각은 불활성화 하려는 효모 유전자 일부와 동일한 염기 서열을 가지고 있다. 변형된 카세트를 효모 세포 안으로 넣어 준 다음에 염색체에 있는 효모 유전자와 DNA 꼬리 사이에 재조합이 일어나면 효모 유전자가 항생제 저항성 유전자로 교체된다. 유전자가 교체된 세포는 제네티신이 들어있는 한천 배지 위에 배양액을 도말하여 선별된다. 이 결과 생긴 집락은 표적 유전자의 활성이 없으며, 이 유전자 기능을 알아보기 위해 이들의 표현형을 관찰할 수 있다.

유전자를 불활성화 시키는 이 방법은 간단하지만, 연구하는 유전자마다 개별적으로 이 방법을 적용해야 한다면 시간이 많이 걸리는 작업이다. 효모 사업에서 이 점은 중요한 고려 사항이다. 길이가 코돈 100개보다 긴 6,274개의 열린 번역틀 중 60%만이 이전의 효모의 유전적 분석 결과나 상동성 검색으로 기능을 결정할 수 있다. 나머지 40%인 총 2,500개 이상의 유전자는 실험 분석을 통해 기능을 결정해야 할 대상이다. 따라서 **바코드 결손 전략(barcode deletion strategy)**이라는 고용량 처리 형태의 유전자 불활성화 방법이 고안되었다. 이 전략은 기본 결손 카세트 시스템의 변형 형태이다. 차이점은 카세트가 특정 돌연변이체의 꼬리표로 작용하는 각 결손에 대해 2개의 다른 20 뉴클레오티드 바코드 서열도 포함한다는 점이다(그림 6.9). 각 바코드는 같은 염기 서열 쌍 사이에 끼어 있어서 단 한 번의 PCR로 증폭할 수 있다. 이는 각각 불활성화된 다른 유전자를 가진 돌연변이 효모 종의 그룹을 같이 섞어서 이들의 표현형을 한 번의 실험으로 선별할 수 있다는 의미이다. 예를 들어, 포도당이 많은 배지에서 생장하는 데 필요한 유전자를 확인하기 위해 돌연변이 그룹을 같이 섞어 이 조건에서 배양한다. 배양 후, 배양물의 DNA를 분리하여 바코드 PCR을 수행한다. 그 결과 각각 다른 바코드를 나타내는 PCR 생성물의 혼합물이 생기고, 각 바코드의 상대량은 포도당이 많은 배지에서 생장한 각 돌연변이체의 양을 나타낸다. 적은 양만 있거나 없는 바코드는 이 조건에서 생장하는 데 필요한 유전자가 불활성화된 돌연변이체를 가리킨다.

다음으로 살펴 볼 두 번째 유전자 불활성화 방법은 효모 대신 생쥐를 이용한다. 생쥐는 인간과 동일한 유전자를 많이 가지고 있어서 유전체가 인간 유전체와 비슷하기 때문에 인간에 대한 **모델 생물체**로서 인기가 많다. 그러므로 미지의 인간 유전자 분석은 이에 대응하는 생쥐 유전자를 불활성화시켜 수행하는 경우가 많은데, 인간에게 이런 실험을 하는 것은 윤리적으로 생각할 수 없다. 상동 재조합 과정은 효모에서 이용하는 방법과 동일하므로, 그 결과 표적 유전자가 불활성화된 세포를 얻는다. 문제는 완전한 생물체를 이용할 때만 유전자 불활성화가 표현형에 미치는 영향을 모두 알아볼 수 있기 때문에 우리는 돌연변이 세포 1개만을 원하는 것이 아니라 전체가 돌연변이된 생쥐를 원하는 것이다. 이 목적을 달성하기 위하여 **배아 줄기세포(embryonic stem cell)** 또는 **ES**

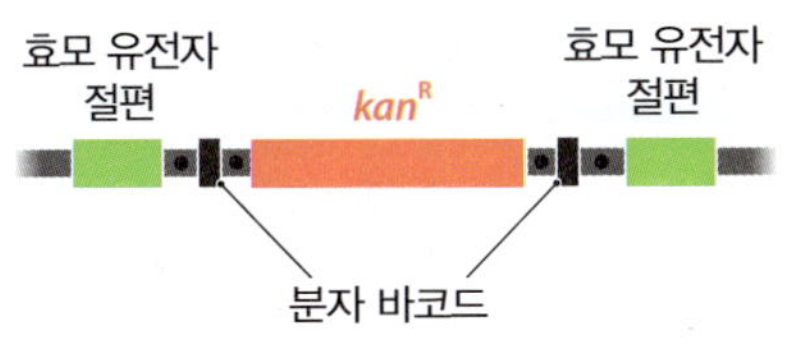

그림 6.9 **바코드 전략에서 이용되는 결손 카세트.** 각 카세트에 따라 염기 서열이 다른 20개 뉴클레오티드로 된 2개의 분자 바코드는 PCR로 증폭할 수 있다. 상동 재조합 동안 바코드는 카나마이신 저항성 유전자와 함께 효모 유전체에 삽입된다. 따라서 바코드는 각 개별 유전자 결손을 알아 볼 수 있는 특이 꼬리표로 제공된다.

세포라는 특별한 형태의 생쥐 세포를 이용할 필요가 있다. 대부분의 생쥐 세포와 달리 ES 세포는 **전능성(totipotent)**이다. 즉, 이 세포는 단 하나의 발생 경로만을 거치도록 결정된 것이 아니라 모든 종류의 세포로 분화될 수 있다는 의미이다. 그러므로 조작된 ES 세포를 생쥐 배아에 주사하면 이 세포는 계속 발생하여 결국 조작된 ES 세포에서 유래된 돌연변이 세포와 배아에 있는 모든 다른 정상 세포가 섞여 있는 생쥐, 즉 **키메라(chimera)**가 된다. 키메라 생쥐는 우리가 진정으로 원하는 상태가 아니므로 이를 서로 교배시킨다. 몇몇 자손은 돌연변이 배우자가 융합되어 나오게 되고 이들의 모든 세포는 불활성화된 유전자를 가지게 되므로 더 이상 키메라가 아니다. 이 생쥐를 **녹아웃 생쥐(knockout mice)**라고 하며, 운이 좋으면 이들의 표현형이 연구 대상 유전자의 기능에 대해서 원하는 정보를 제공한다. 이 방법으로 많은 불활성화된 유전자에 대한 정보를 얻을 수 있지만 어떤 경우는 치명적이라 동형접합 녹아웃 생쥐로 연구할 수 없다. 대신 정상과 돌연변이 배우자 사이에서 나온 이형접합 생쥐를 얻어, 비록 이 생쥐가 연구 대상 유전자의 정상 사본을 1개 가지고 있지만 유전자 불활성화가 표현형에 확실하게 영향을 미치기를 바라면서 연구한다.

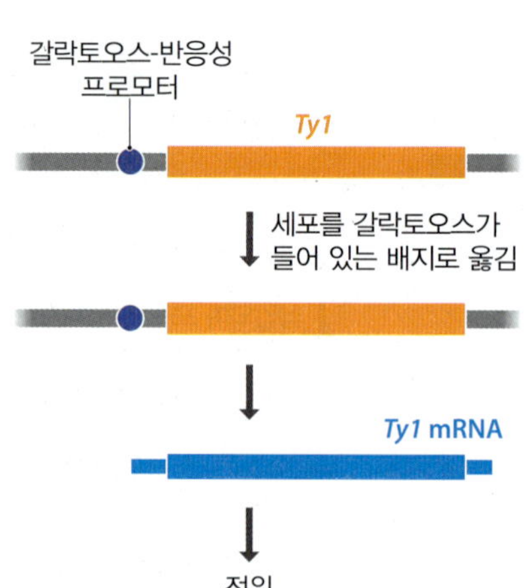

그림 6.10 인공적 전위 유도. 재조합 DNA 기술을 이용하여 갈락토오스에 반응하는 프로모터 서열을 효모 유전체의 *Ty1* 인자 상부에 넣는다. 갈락토오스가 없을 때 *Ty1* 인자는 전사되지 않으므로 침묵 상태로 있다. 세포를 갈락토오스가 있는 배지로 옮겨주면 프로모터가 활성화되고 *Ty1* 인자가 전사되어 전위 과정이 시작된다.

상동 재조합을 이용하지 않은 유전자 불활성화

상동 재조합이 기능 연구를 위해 유전자를 파괴하는 유일한 방법은 아니다. 대신 전위인자나 트랜스포존을 유전자에 삽입하여 유전자를 불활성화시키는 **트랜스포존 꼬리표 달기(transposon tagging)**를 이용한다. 대부분의 유전체는 전위인자(9.2절)를 가지고 있고, 비록 이들 대부분이 불활성이긴 하지만 몇몇은 유전체의 새로운 위치로 이동할 수 있는 능력을 여전히 갖고 있다. 정상 조건에서 전위는 매우 드문 현상이지만 가끔 재조합 DNA 기술로 외부 자극에 반응하여 위치를 바꿀 수 있는 변형 트랜스포존을 만들 수 있다. 이런 작업 방법 중 하나인 효모 트랜스포존 *Ty*1을 이용하는 방법이 그림 6.10에 나와 있다. 트랜스포존 꼬리표 달기는 *Drosophila*의 내인성 트랜스포존 **P 인자(P element)**를 이용한 초파리 유전체 분석에 있어서 매우 중요하다. 트랜스포존 꼬리표 달기의 단점은 전위가 대개는 임의로 일어나기 때문에, 자리 이동 후 트랜스포존이 어디에 있을지 예측하기가 불가능하므로 개별 유전자를 표적하는 것이 어렵다는 점이다. 만일 특정 유전자를 불활성화시키려는 의도라면 수많은 전위를 유도하고 이 결과로 나온 생물체에서 올바르게 삽입된 생물체를 선별하는 작업이 필요하다. 따라서 트랜스포존 꼬리표 달기는 유전자를 무작위로 불활성화시키고 흥미로운 표현형 변화를 보이는 자손을 관찰하여 비슷한 기능을 가지는 유전자군을 확인하는 포괄적 유전체 기능 연구에 적당하다.

전혀 다른 접근 방식으로 유전자를 불활성화시키는 방법으로 **RNA 간섭(RNA interference)** 또는 **RNAi**가 있다. RNAi는 살아 있는 세포에서 유전자 발현에 영향을 주는 짧은 RNA 분자에 의해 일어나는 자연 현상 중 하나이다(12.3절). 유전체 연구에 이용할 때 RNAi는 유전자 자체를 파괴하는 것이 아니라 그 mRNA를 분해하여 표적 유전자를 불활성화시킬 수 있는 방법을 제공한다. 표적하는 mRNA와 짝이 맞는 서열을 가진 짧은 이중가닥 RNA 분자를 세포에 넣어줌으로써 이 목적을 이룰 수 있다. 이중가닥 RNA는 더 짧은 조각으로 부서지며 이것이 mRNA 분해를 유도한다(그림 6.11).

RNA 간섭은 처음에 예쁜꼬마선충(*Caenorhabditis elegans*)에서 효과적으로 작용

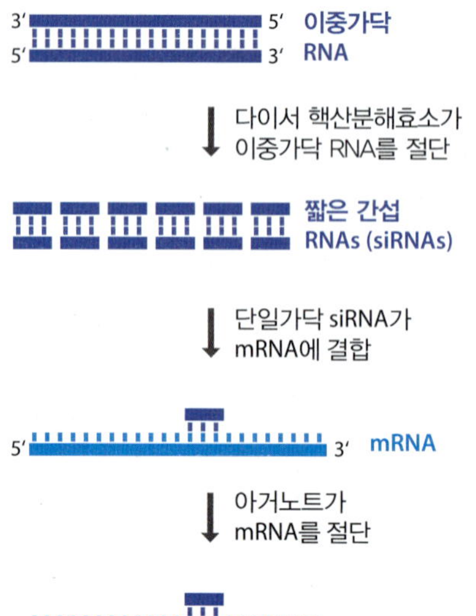

그림 6.11 RNA 간섭. 이중가닥 RNA 분자가 다이서 리보핵산분해효소에 의해 분해되어 길이가 21~25 bp 정도인 "짧은 간섭 RNA(short interfering RNA; siRNA)"로 된다. 각 siRNA의 한 가닥이 표적 mRNA와 염기쌍을 형성하고, 다음에 아거노트 단백질이라는 핵산내부분해효소에 의해 절단된다.

하였다. 예쁜꼬마선충은 그 염기 서열 결정이 완성되었고 고등 진핵생물에 대한 중요한 모델로 생각된다(14.3절). 사실상 *C. elegans* 유전체에서 예상되는 20,000개의 유전자 모두가 RNA 간섭에 의해 개별적으로 침묵되었다(gene silencing). RNAi 실험에서 중요한 단계는 단일가닥 간섭 RNA가 될 이중가닥 RNA 분자를 시험 생물체에 넣어주는 과정이다. *C. elegans*에서는 선충에 RNA를 먹이는 방법으로 분자를 넣을 수 있다. *C. elegans*는 *Escherichia coli*를 포함하는 박테리아를 먹는데, 한천 배지에 자란 박테리아 평판 위에서 키울 수 있다. 박테리아에 유전자와 같은 염기 서열인 이중가닥 RNA를 발현하는 유전자가 클로닝되어 있으면 섭취 후에 RNAi 경로가 작동하기 시작한다. 다른 방법으로 이중가닥 RNA를 직접 선충에 미세주입할 수 있지만 이는 시간이 많이 걸린다.

진핵생물 대부분에서 RNA 간섭이 자연적으로 일어나지만 유전자 기능 연구 방법에 일반적으로 적용하는 데는 세 가지 면에서 걸림돌이 있다.

- RNAi의 결과가 언제나 표적 유전자의 완전한 침묵으로 나타나지 않는다. 대개 불완전 침묵이 일어나며 녹아웃(knownout)보다 녹다운(knowndown)으로 지칭한다. 침묵의 정도에 따라 유전자 녹다운이 표현형에 미치는 영향을 알 수도 있고 알지 못할 수도 있다.
- 간섭 RNA는 표적 억제 효과를 나타내기에는 너무 짧다. 간섭 RNA가 표적보다는 mRNA에 결합하여 억제 효과를 나타내므로, 그 결과로 하나 이상의 유전자가 침묵되는 결과가 생긴다.
- 포유류에서 이중가닥 RNA의 인위적 도입 결과로 **인터페론**이 활성화되는 경우가 자주 있다. 인터페론은 배양 세포와 전체 생물체 둘 다에서 볼 수 있는 항바이러스 방어 과정을 촉진하는 단백질이다. 안터페론 반응의 결과, 표적 유전자의 침묵으로 생긴 특정 변화가 가려지는 표현형의 변화가 나타날 수 있다. 생쥐의 난모세포 같은 일부 포유류 세포에는 인터페론 반응이 없지만, 대부분의 포유류 시스템에서 유전자 녹다운에 RNAi를 이용할 때 특별한 전략을 고안해야 한다.

자연적 유전자 불활성화 과정의 두 번째 유형은 RNAi와 연관된 많은 문제점을 피할 수 있는 **프로그램 가능 핵산분해효소(programmable nuclease)**를 이용하는 것이다. 이 핵산분해효소는 유전체의 특정 부위로 유도될 수 있기 때문에 선택한 유전자에서 이중가닥 절단을 만들도록 프로그램할 수 있다(그림 6.12). 절단은 DNA 가닥을 다시 연결시키는 **비상동 말단-연결(nonhomolgous end-joining, NHEJ)**이라는 진핵생물의 자연 수선 과정을 촉진한다. 그러나 NHEJ는 오류를 유도하고 그 결과 일반적으로 수선 부위에 짧은 서열이 삽입되거나 결손된다. 수선이 유전자 안에서 일어나면 그 때는 뉴클레오티드 서열의 변화로 유전자가 불활성화 될 것이다. 불활성화는 완전하며, 따라서 진정한 녹아웃이며 영구적이다. 이는 유전자 녹다운을 유지시키기 위해 간섭 RNA를 지속적으로 공급해야 하는 RNAi 녹다운과 대비된다. 따라서 프로그램 가능 핵산분해효소가 유전자 기능 분석에 이상적인 시스템이지만, 이것이 실제로 작동할까? 여러 시스템이 탐구되었지만 대다수가 사용하는 시스템은 20개의 뉴클레오티드로 된 안내 RNA(guide RNA)의 표적 부위로 유도되는 **Cas9 핵산내부분해효소(Cas9 endonuclease)**를 이용하는 것이다. 안내 RNA의 결합 부위는 반드시 5′-NGG-3′ 또는 5′-NAG-3′ 서열(N은 어떤 뉴클레오티드도 가능)의 바로 상부에 있어서 핵산내부분해효소에 의해 절단되는 23-bp 표적을 만들어야 한다(그림 6.13). 표적 서열은 정확하게 알려져 있고 특이성이 담보되므로, 이 서열이 연구 대상 유전체에서 유일한 서열임이 보장되면 표적이 아닌 부위에서 일어나는 효과를 피할 수 있다.

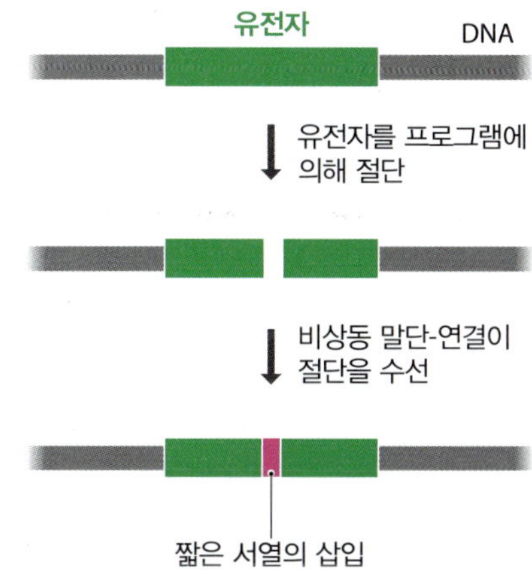

그림 6.12 프로그램 가능 핵산분해효소를 이용한 유전자 불활성화. 핵산분해효소에 의한 절단은 비상동 말단-연결로 수선된다. 비상동 말단-연결은 오류를 유발하기 때문에 수선 부위에 몇 개의 뉴클레오티드를 삽입하거나 결손시켜 표적 유전자를 파괴할 가능성이 높다.

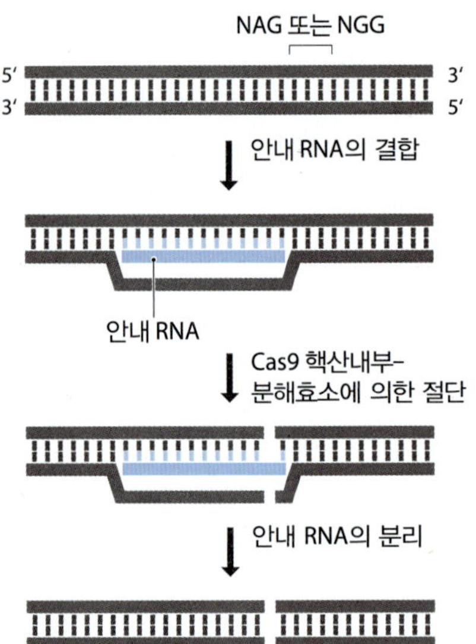

그림 6.13 **Cas9 핵산내부분해효소에 의한** DNA **절단.** 절단 부위는 뉴클레오티드 20개로 된 안내 RNA에 의해 지정된다. 안내 RNA는 반드시 5′-NGG-3′ 또는 5′-NAG-3′ 서열(N은 어떤 뉴클레오티드도 가능)의 바로 상부에 있는 표적 부위와 염기쌍을 형성하도록 고안되어야 한다.

Cas9 핵산내부분해효소는 **CRISPR(clustered regularly interspaced short palindromic repeats**; 8.2절)이라는 원핵생물 면역체계의 구성성분이다. 따라서 유전자 불활성화 프로그램을 진행시키기 전에 진핵세포가 핵산분해효소를 합성하도록 조작해야 한다. 아데노-연관 바이러스(adeno-associted virus) 벡터에 *Streptococcus pyogens*의 *Cas9* 유전자를 클로닝하고 연구 대상 세포에 넣어주고 난 다음, 2차 클로닝 실험을 통해 1개 이상의 안내 RNA 서열을 세포에 넣어준다. 또 다른 방법으로는 핵산내부분해효소 유전자와 안내 RNA 서열을 둘 다 함께 넣어 줄 수도 있다.

유전자 과발현을 기능 분석에도 이용할 수 있다

지금까지 우리는 연구 대상 유전자의 불활성화(기능 상실)를 야기하는 기술을 집중적으로 살펴보았다. 여기에 보충 방법으로 시험 유전자가 정상보다 훨씬 높은 활성을 가지도록(기능 획득) 조작하고, 이것이 표현형에 영향을 미친다면 어떤 변화가 일어나는지 관찰할 수 있다. 이 실험 결과는 주의해서 다루어야 하는데, 표현형의 변화가 과발현된 유전자에 한정된 기능에 의한 것인지, 정상적으로는 불활성인 상태의 단일 유전자 생산물이 너무 많이 생긴 비정상인 상황을 반영하는 것인지 구별할 필요가 있기 때문이다. 이런 제한에도 불구하고 과발현은 유전자 기능에 대해 몇 가지 중요한 정보를 제공한다.

유전자를 과발현하기 위해서는 클로닝된 유전자로부터 단백질 생산이 가능한 많이 유도되도록 보장하는 특별한 종류의 클로닝 벡터를 이용하여야 한다. 이 벡터는 **다중사본(multicopy)**으로 숙주 안에서 세포당 40~200개의 사본으로 증폭될 수 있고, 따라서 세포 안에 시험 유전자의 수많은 사본이 있다. 벡터에는 반드시 고활성 프로모터(12.2절)가 포함되어 유전자 사본 1개를 많은 양의 mRNA로 전환시키고 가능한 많은 양의 단백질 생산을 보장할 수 있다. 그림 6.14의 예처럼 클로닝 벡터는 간에 있는 해당 유전자를 발현하는 고활성 프로모터를 가지고 있어서 각 **형질전환 쥐**는 간에서 해당 유전자를 과발현한다. 이 접근법은 혈류로 분비되는 단백질을 암호화하는 유전자에 이용되었다. 형질전환 쥐의 간에서 합성된 다음에 해당 단백질은 분비되고 형질전환 쥐의 표현형을 관찰하여 클로닝된 유전자 기능에 대한 실마리를 찾는다. 인간 유전자를 가진 형질전환 쥐의 뼈가 정상 쥐보다 훨씬 조밀하다는 흥미로운 발견을 하였다. 이 발견은 두 가지 이유로 중요하다: 첫째. 관련된 유전자가 뼈 생성에 관여하는 유전자임을 확인할

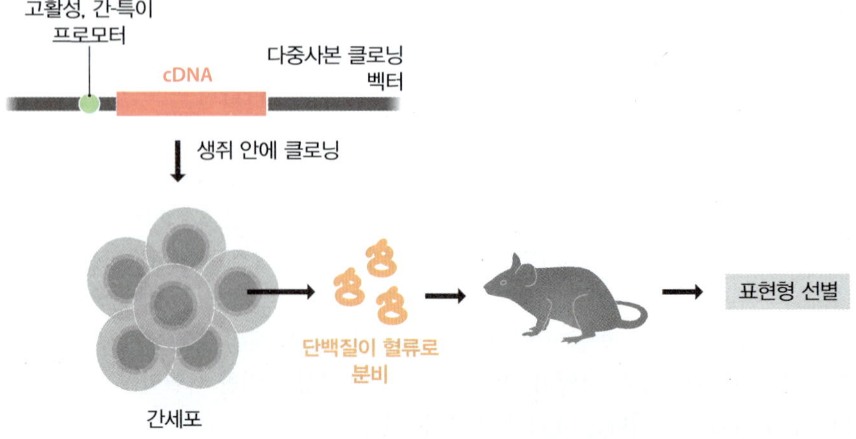

그림 6.14 **유전자 과발현을 통한 기능 분석.** 목적은 연구하는 유전자의 과발현이 형질전환 쥐의 표현평에 영향을 미치는지 결정하는 것이다. 따라서 유전자 cDNA를 쥐 간세포에서 클로닝된 유전자의 발현을 유도하는 고활성 프로모터를 지닌 다중사본 클로닝 벡터에 삽입한다. 유전체에 있는 유전자 사본이 아닌 cDNA를 이용하는데, 이는 cDNA가 인트론을 가지고 있지 않아 더 짧고 시험관에서 조작하기가 더 쉽기 때문이다.

수 있고, 둘째로 골밀도를 증가시키는 단백질의 발견으로 뼈가 부서지기 쉬운 골다공증의 치료 방법을 개발할 수 있는 잠재성 때문이다.

유전자 불활성화나 과발현이 표현형에 미치는 영향을 발견하기 어려울 수 있다

유전자 불활성화나 과발현 실험의 중요한 측면은 표현형 변화 확인의 필요성이다. 표현형 변화가 조작한 유전자의 기능에 대한 실마리를 주는 것이 당연하기 때문이다. 그러나 이는 말하기보다 훨씬 어려운 작업이 될 수 있다. 어떤 생물체에서도 관찰하여야 할 표현형의 범위는 방대하다. 효모와 같은 단세포 생물에서도 그 목록은 꽤 길며(표 6.1A), 다세포 진핵생물의 경우에서는 더 많아진다(표 6.1B). 고등생물에서 행동 표현

표 6.1 효모(*Saccaromyces cerevisiae*)와 예쁜꼬마선충(*Caenorhabditis elegans*)의 선별에 이용하는 전형적인 표현형

표현형
(A) *Saccaromyces cerevisiae*의 모든 유전자 선별
DNA 합성과 세포주기
RNA 합성과 다듬기
단백질 합성
스트레스 반응
세포벽 합성과 형태 형성
세포 내 생화학 물질의 이동
에너지와 탄수화물 대사
지질 대사
DNA 수선과 재조합
발생
감수분열
염색체 구조
세포 구조 형성
분비와 단백질 이동(protein trafficking)
(B) *Caenorhabditis elegans*의 초기 배발생 과정에 관여하는 유전자 선별
불임/생식 기능의 손상
적정 삼투압 유지
극체 돌기
감수분열 횟수
간기 진입
피질 역학(cortical dynamics)
전핵/핵 출현
중심체 부착
전핵 이동
방추사 조립
방추사 연장/보전
자매 염색분체 분리
핵 출현
염색체 분리
세포질 분열
비대칭 분열
세포분열 속도
발생의 일반적 속도
막으로 싸인 소기관 구조의 완결 정도
난자 크기
세포질 구조 이상
이상 형질의 복잡한 조합

형 같은 일부 표현형은 불가능하진 않지만 포괄적으로 접근하기가 어렵다. 더구나 유전자 불활성화의 효과가 아주 미미해서 표현형 관찰로 발견하지 못할 수도 있다. 이런 문제점의 좋은 예로 2,167개의 코돈을 가진 효모 염색체 III에서 가장 긴 유전자가 있다. 이 유전자는 효모의 전형적인 코돈 사용빈도 편향을 보인다. 이 유전자는 단순하게 생각하면 가짜 ORF라기보다 기능적 유전자이어야만 하였다. 이 유전자의 불활성화는 어떤 명백한 효과가 없어서 돌연변이 효모 세포는 정상과 동일한 표현형을 나타내었다. 한 동안 이 유전자는 중요하지 않아서 이 유전자의 단백질 생성물이 완전히 비필수적인 기능에 관여하거나 기능이 중복된 제2의 유전자가 있다고 생각되었다. 결국 정상 효모가 견딜 수 있는 조건인 포도당과 아세트산이 없고 낮은 pH에서 생장할 때 돌연변이가 죽는 것을 알았다. 이 현상의 관찰로 아세트산처럼 효모가 원하지 않는 물질을 세포 밖으로 배출하는 데 이 유전자가 연결되어 있다는 결론을 내릴 수 있었다. 이는 절대적으로 필수적인 기능이지만 표현형 조사를 통해 이 사실을 유추해 내기가 어려웠다.

선별 실험을 매우 조심해서 진행할 때도 유전자 불활성화 실험에서 식별 가능한 표현형 변화가 보이지 않는 경우가 많은 것 같다. 효모 유전체에 있는 6,692개 유전자 중 거의 5,000개를 개별적으로 불활성화 시켰을 때 세포가 죽지 않았고, 이 5,000개 중 많은 유전자가 불활성화 되었을 때 세포의 정상 생장 조건에서 세포의 대사 특성에 미치는 어떤 영향도 관측되지 않았다. 어떤 유전자가 표현형에 미치는 영향이 조금이라도 있다면 세포가 어느 정도 다른 조건에서 생장하거나 같은 표현형에 기여하는 유전자군이 같이 불활성화될 때 그 영향이 나타나는 것이 명백하다. 인간 유전체에서는 비필수적인 수백 개의 유전자 아류가 있는 것 같다. 이런 유전자는 자연 돌연변이에 의해 2개의 유전자 사본이 모두 불활성화되어도 건강에 미치는 어떤 특이한 영향도 발견되지 않는 것 같다. 이런 관찰로 유전자 불활성화나 과발현에 의존한 방법만으로 많은 종에서 유전체의 기능 주석 달기를 완벽하게 할 수 없다는 것을 알 수 있다.

6.3 발현 패턴과 단백질 생성물 연구에 의한 유전자 기능의 이해

유전자 불활성화와 과별현은 새로운 유전자의 기능을 결정하기 위해 유전체 연구에서 사용하는 기본 방법이지만, 이 방법이 유전자 활성에 대한 정보를 제공하는 유일한 과정은 아니다. 어떤 조직, 어떤 시점에서 유전자가 발현되는지 확인하고 유전자가 암호화하는 단백질을 직접 연구함으로써 유전자 기능에 대한 추가 정보를 얻을 수 있다.

리포터 유전자와 면역세포화학법을 유전자 발현이 언제 어디서 일어나는지 알아내는 데 이용할 수 있다

유전자가 언제 어디에서 활성화되는지를 결정하면 종종 유전자 기능에 대한 단서를 얻을 수 있다. 만일 유전자 발현이 다세포 생물의 특정 기관이나 조직에 한정된다면 이런 위치 정보를 유전자 생성물의 일반적 기능을 유추하는 데 이용할 수 있고, 특정 발생 단계에서 발현하는 유전자의 경우도 마찬가지이다. 이런 분석법은 특히 *Drosophila*의 초기 발생 단계(14.3절)에 관여하는 유전자의 활성을 이해하는 데 유용하다는 것이 증명되었으며, 포유류 발생의 유전학을 해결하는 데 점점 더 많이 이용되고 있다. 또한 생명주기 동안 특징적인 발생 단계를 거치는 효모와 같은 단세포 생물에도 적용할 수 있다.

한 생물의 유전자 발현 패턴을 **리포터 유전자(reporter gene)**로 결정할 수 있다. 편리하게 그 발현을 측정할 수 있는 유전자를 리포터 유전자라 하며(**표 6.2**), 눈으로 관찰할 수 있는 방법이 이상적이다. 예를 들어, 리포터 유전자를 발현하는 세포가 파란색이 되거나 형광을 띄거나 또는 다른 눈에 보이는 신호를 준다. 시험 유전자가 언제 어디

표 6.2 리포터 유전자의 예

유전자	유전자 생성물	분석 방법
lacZ	β-갈락토시다아제	조직화학 검사
*uid*A	β-갈락토시다아제	조직화학 검사
lux	루시페라제	생물발광
gfp	녹색 형광단백질	형광

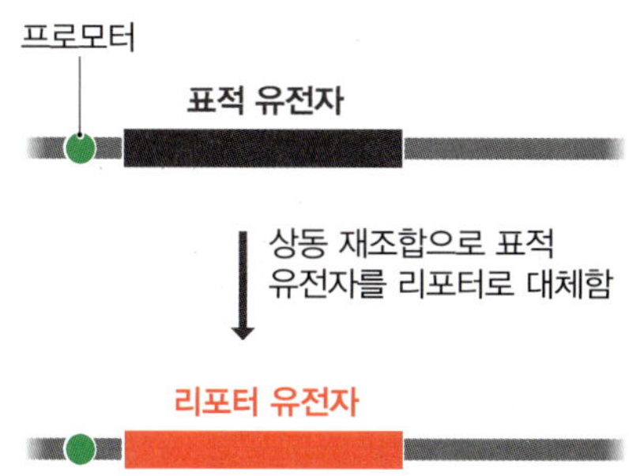

그림 6.15 리포터 유전자. 리포터 유전자의 열린 번역틀로 연구 중인 유전자의 열린 번역틀을 대체한다. 그 결과 리포터 유전자는 대개 연구 유전자의 발현 패턴을 지배하는 조절 서열의 지휘 아래에 놓인다.

에서 발현하는지에 대해 리포터 유전자가 확실하게 알려주려면 리포터 유전자도 연구하려는 시험 유전자와 동일한 조절 신호를 받아야 된다. 시험 유전자의 ORF를 리포터 유전자의 ORF로 치환하면 이 목적을 달성할 수 있다(그림 6.15). 유전자 발현을 조절하는 대부분의 조절 신호는 ORF의 상부 DNA 부위에 있기 때문에 리포터 유전자도 시험 유전자와 같은 발현 패턴을 나타내야 한다. 따라서 생명체에서 리포터 신호를 관찰하면 발현 패턴을 결정할 수 있다.

유전자가 발현되는 세포의 종류를 아는 것 뿐 아니라 유전자가 암호화하는 단백질이 세포 안에서 발견되는 위치를 결정하는 것도 유용할 때가 많다. 일례로, 단백질 생성물이 미토콘드리아, 핵 또는 세포 표면에 위치하는지를 보여줌으로써 유전자 기능에 관한 중요한 데이터를 얻을 수 있다. 이 부분에서는 리포터 유전자가 도움을 줄 수 없는데, 리포터 유전자에 연결된 상부 DNA 염기 서열이 단백질 생성물의 올바른 세포 내 위치 표적에 관여하지 않기 때문이다. 대신 단백질의 아미노산 서열 자체가 표적 정보를 가지고 있다. 따라서 단백질 위치를 결정하는 유일한 방법은 직접 단백질을 찾는 것이다. 이는 특정 단백질에 대한 특이성이 있기 때문에 다른 단백질이 아닌 시험 단백질하고만 결합하는 항체를 이용한 **면역세포화학법(immunocytochemistry)**으로 알 수 있다. 항체는 표지가 되어 자신의 위치, 즉 표적 단백질의 위치를 시각화할 수 있다(그림 6.16). 저분해능 연구에는 형광현미경과 공초점 현미경(confocal microscope)을 이용할 수 있고, 대안으로 콜로이드 금처럼 전자 밀도가 높은 표지자를 이용한 전자현미경으로 고-분해능 면역세포화학법을 수행할 수 있다.

상세한 유전자 기능을 탐지하기 위해 사용되는 직접 돌연변이 유발법

유전자 불활성화와 과별현은 유전자의 일반적 기능을 결정할 수 있지만 유전자에 의해 암호화되는 단백질 활성에 대한 상세한 정보를 제공할 수 없다. 예를 들면 유전자의 일부가 세포 내 특정 구획으로 단백질 생성물을 인도하는 아미노산 서열을 암호화하거나, 또는 물리, 화학 신호에 반응하는 단백질 활성에 관여하는 부분을 암호화하는 것이 아닐까 생각할 수 있다. 이 가설을 확인하기 위하여 유전자 염기 서열 중 관련된 부분을 결실 또는 변화시키고 대부분은 그대로 놔둬서 단백질이 여전히 생성되고 대부분의 활성 부위가 유지되도록 할 필요가 있다. **위치 지정(site-directed)** 또는 **생체외 돌연변이 유발법(*in vitro* mutagenesis)**을 이용하여 이와 같은 미묘한 변화를 만들 수 있다. 이 방법은 유전자 활성 연구뿐만 아니라 산업이나 임상 상황에서 이용하기에 더 적당한 특성을 가진 새로운 단백질을 창조하는 **단백질 공학(protein engineering)** 분야에도 적용될 수 있는 중요한 기술이다.

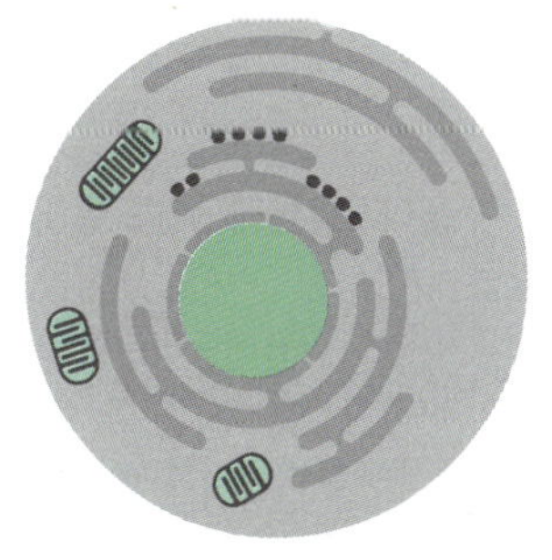

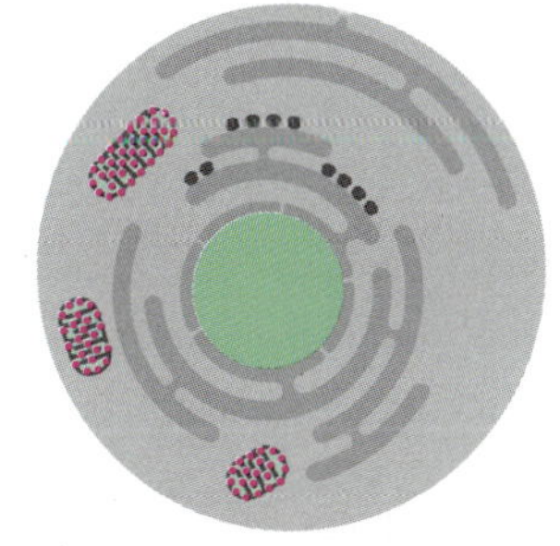

그림 6.16 면역세포화학법. 붉은 형광 마커로 표지된 항체를 세포에 처리한다. 세포를 관찰하면 미토콘드리아 내막과 연관된 형광 신호를 볼 수 있다. 그러므로 표적 단백질이 미토콘드리아 내막의 주요 생화학적 기능인 전자 전달과 산화적 인산화에 관여한다는 임시 가설을 세울 수 있다.

생물학자들은 오랫동안 유전체에 돌연변이를 발생시키기 위해 돌연변이를 유발하는 화학물질에 생물체를 노출시키는 전통적 **돌연변이 유발법(mutagenesis)**을 이용해 왔다. 이 돌연변이는 DNA 분자의 불특정 위치에 무작위로 일어나므로 원하는 돌연변이를 발견하기 위해 많은 수의 돌변변이체를 선별하여야 한다. 엄청난 수를 선별할 수 있는 미생물에서 조차도, 가장 최선의 결과는 원하는 유전자의 일정 범위에 돌연변이가 일어나서 그 중 하나가 연구하는 단백질의 관심 있는 부분에 영향을 미치는 것이다. 위치-지정 돌연변이 유발법은 훨씬 더 특정한 돌연변이를 만드는 수단을 제공한다. 이 방법의 가장 중요한 점은 다음과 같다:

- **올리고뉴클레오티드 유도 돌연변이 유발법(oligonucleotide-directed mutagenesis)**에서는 원하는 돌연변이에 상응하는 1개의 부정합 염기쌍을 가진 올리고뉴클레오티드가 관련된 유전자의 단일가닥에 결합한다. 단일가닥 형태는 대개 M13 박테리오파지 벡터에 클로닝하여 얻을 수 있다. DNA 중합효소를 단일가닥 DNA에 넣으면 올리고뉴클레오티드로부터 가닥 합성 반응이 시작되고 원형의 주형 전체를 돌며 반응이 계속된다(그림 6.17A). *E. coli*에 도입한 후 DNA가 복제되어 수많은 재조합 DNA 복사본이 생성된다. 이 중 절반은 원래 DNA 가닥의 사본을, 나머지 반은 돌연변이 서열을 가진 사본이다. 모든 이중-가닥 분자가 파지 입자를 합성하므로 감염된 박테리아에서 방출된 파지의 절반 정도가 돌연변이시킨 분자의 사본을 가지고 있다. 고형 한천에 평판 도말하면 파지는 플라크를 형성하고 원래의 올리고뉴클레오티드를 혼성화 탐침으로 이용하여 돌연변이를 찾을 수 있다(그림 6.17B).
- **인공 유전자 합성(artificial gene synthesis)**은 원하는 모든 위치에 돌연변이가 배치되도록 시험관에서 유전자를 구축하는 과정을 포함한다. 유전자는 보통 각각의 길이가 약 150 bp 정도인 부분적으로 중복된 일련의 올리고뉴클레오티드을 합성하여 구축할 수 있다. 그 다음 DNA 중합효소로 중복 사이의 간극을 채워 유전자를 조립한다.
- **PCR**도 올리고뉴클레오티드-유도 돌연변이 유발과 비슷하게 돌연변이를 유발하는 데 이용할 수 있지만, 실험당 돌연변이를 1개만 만들 수 있다. 그림 6.18의 방

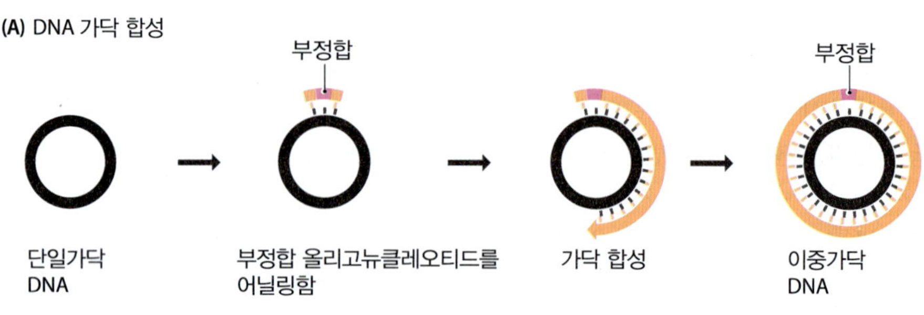

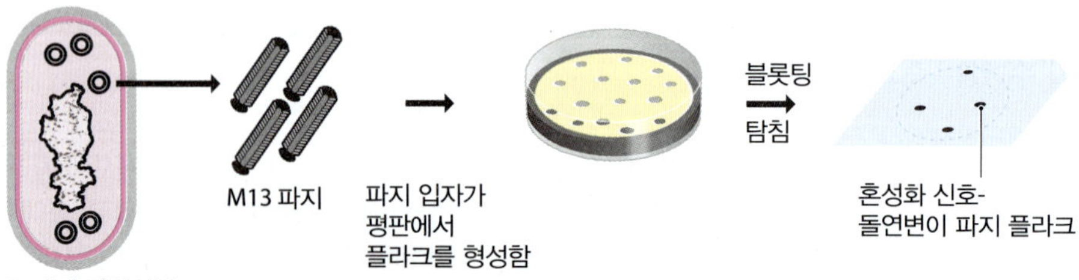

그림 6.17 **올리고뉴클레오티드 유도 돌연변이 유발법.** (A) 주형 DNA와 부정합 염기를 가진 짧은 올리고뉴클레오티드를 이용하여 2차 DNA 가닥 합성을 개시한다. (B) *E. coli* 안에서 복제시켜 돌연변이가 생긴 분자와 돌연변이가 생기지 않은 분자의 혼합물을 가진 M13 파지를 생산한다. 플라크를 막으로 옮기고 원래의 올리고뉴클레오티드를 탐침으로 사용하여 돌연변이가 포함된 플라크를 확인한다.

법에서 정상 프라이머(주형 DNA와 완전한 염기쌍을 형성하는 잡종을 형성) 하나와, 또 다른 하나의 돌연변이 프라이머(돌연변이에 해당되는 위치에서 부정합 염기쌍 1개를 형성)를 이용한 2개의 다른 PCR을 수행한다. 따라서 처음 2개의 PCR 생성물에 돌연변이가 있으며, 각각은 시작한 DNA 분자의 절반에 해당한다. 다음에 2개의 PCR 생성물을 섞어 최종 PCR을 수행하면 돌연변이된 전체 길이의 DNA 분자를 구성할 수 있다.

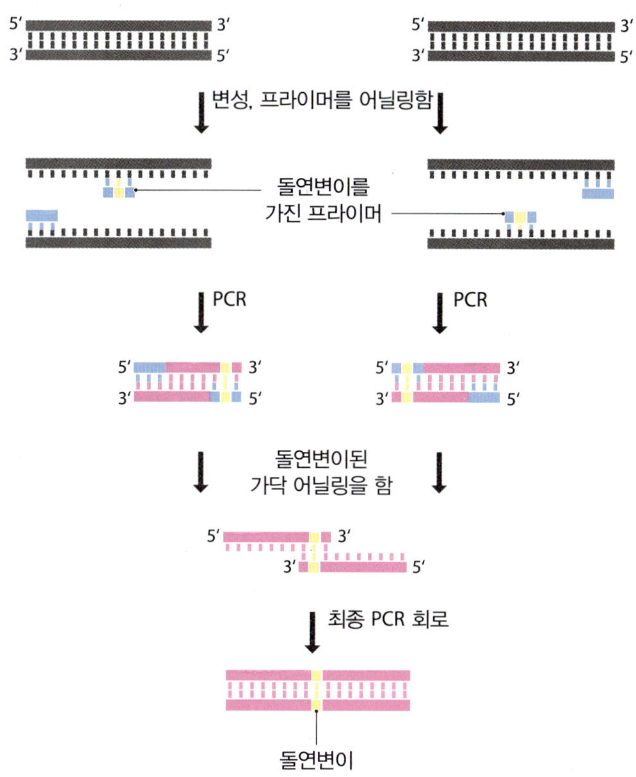

그림 6.18 **PCR을 이용한 올리고뉴클레오티드 유도 돌연변이 유발법.**

돌연변이 유발 후, 돌연변이 유전자는 6.2절에서 설명한 상동재조합으로 원래 숙주에 다시 넣어 주거나, 또는 클론된 DNA로부터 단백질을 합성하도록 고안된 벡터를 대장균에 전달하여 돌연변이 단백질 시료를 얻을 수 있다. 상동 재조합을 이용한다면 어떤 세포가 돌연변이 유전자 사본을 받았는지 알아내는 방법이 반드시 있어야 한다. 효모에서 조차 상동 재조합이 된 개체는 전체의 일부분일 뿐이다. 보통 우리는 돌연변이 유전자 옆에 표지 유전자(예, 항생제 저항성 유전자)를 배치시켜, 이 표지자의 표현형을 획득한 세포를 찾아서 이 문제를 해결한다. 표지 유전자가 유전체에 삽입된 대부분의 세포에서는 표지 유전자와 가깝게 연결된 돌연변이 유전자도 같이 삽입되므로 이것이 우리가 원하는 세포이다. 위치 지정 돌연변이 유발 실험의 문제는 시험 유전자 활성의 변화가 원하는 유전자 옆에 있는 표지 유전자가 유전체에 삽입되어 일어난 환경의 변화 때문이 아니라 대상 유전자에 도입된 특정 돌연변이로 인한 결과인지 확신할 수 있어야 하는 것이다. 답은 좀 더 복잡한 2단계 유전자 치환(two-step gene replacement)을 이용하는 것이다(그림 6.19). 이 방법에서는 먼저 표적 유전자 자체를 표지 유전자로 치환하고, 이런 재조합이 일어난 세포는 표지 유전자의 표현형으로 확인된다. 이 세포는 다음 유전자 치환의 두 번째 단계에 이용된다. 표지 유전자가 돌연변이 유전자로 성공적으로 대체되면 세포는 표지 유전자의 표현형을 잃어버리게 되고, 이런 세포를 찾으면 된다. 이 세포는 돌연변이 유전자를 가지고 있으므로 그 표현형을 관찰하여 유도한 돌연변이가 단백질 생성물의 활성에 미친 영향을 확인할 수 있다.

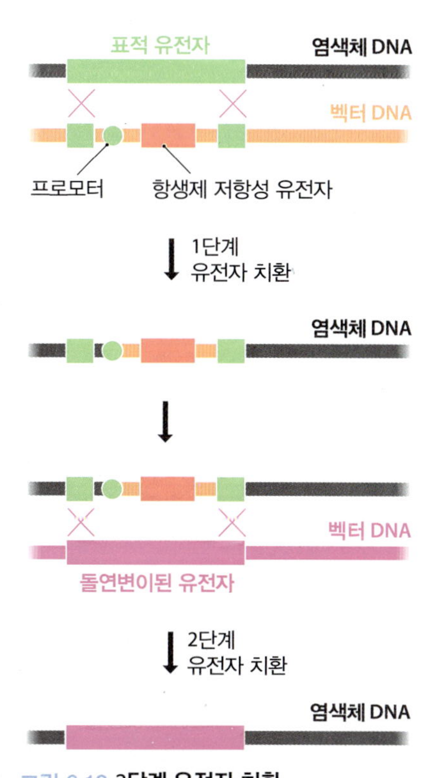

그림 6.19 **2단계 유전자 치환.**

6.4 전통 유전적 분석을 이용한 유전자 기능의 결정

6.2절을 시작할 때 유전체 기능 주석 달기는 전통 유전학 방법의 역순인 점을 언급했다. 기능 주석 달기는 유전자로부터 시작하여 그 기능을 발견하려는 시도이고, 반면에 전통 유전학은 표현형에서 시작하여 그 표현형이 나타나게 하는 유전자 또는 유전자들을 발견하려고 시도하기 때문이다. 유전자부터 시작하는 방법을 말하는 **역유전학(reverse genetics)**이라는 용어에 대비해서, 전통적인 방법을 때때로 **순유전학(forward genetics)**이라고 부른다. 지금까지 유전체의 기능 주석 달기에서 역유전학을 사용하는 방법만을 공부하였지만 순유전학이 더 이상 중요하지 않은 것은 아니다. 오히려 그 반대인 경우가 더 맞다. 순유전학은 여전히 유전체 연구의 많은 분야에서 중심 위치를 차지한다. 특히 **유전 질병(inherited disease)**에 대한 인간 유전자를 확인하는 연구에 있어서 중요하다.

유전 질병에 대한 인간 유전자의 결정

유전 질병은 유전체에 있는 결함 때문에 야기되고 부모에서 자손으로 전달될 수 있다. 인간 집단에서 6,000개가 넘는 **단일유전자(monogenic)** 유전 질병이 있고, 각각은 하나의 유전자에 있는 결함의 결과로 나타난다. 이 질병의 빈도는 아주 다양하다. 유전성 유방암과 낭포성 섬유증 같이 몇백 명 또는 몇천 명의 신생아 중 한 명에서 일어나는 경우가 가장 일반적이다. 그러나 질병을 가진 신생아가 해마다 몇 명만 출생하는 아주 희귀한 질병도 있다(**표 6.3**). 유전 질병은 다른 동물에서도 나타나는데, 특히 순종 혈통의 개와 같이 인공 교배로 인해 유전적 다양성이 낮아진 동물에도 영향을 미친다.

순유전학은 표현형에 대해 알려진 것이 아주 적어도 표현형의 원인이 되는 유전자를 결정할 수 있다. 실제로는 표현형의 유전이 단순 멘델 유전 패턴(3.3절)을 따르며, 따라서 단일 유전자에 의해 특정된다는 모든 사실을 확립할 필요가 있다. 만일 유전 질병이 이 경우에 해당하면, 질병이 나타난 가족 구성원으로부터 DNA 시료를 수집할 수 있으며 질병 유전자와 지도상 위치가 결정된 DNA 마커 사이의 연관 결정을 위한 가계도 분석을 수행할 수 있다(3.4절). 이 방법을 아주 자세하게 설명하기 위해 유전성 유방암에 대한 감수성 원인 유전자를 확인하는 데 이용되는 방법을 살펴 볼 것이다. 이 방법에서는 역유전학과 가계도 분석이 함께 이용된다.

유전성 유방암에 대한 최초 가계도 연구는 이미 인간 유전체에서의 지도가 알려진 제한효소 절편 길이 다형성(RFLP, 3.2절)에 대해 원인 유전자의 상대적 위치를 결정하려는 목적이었다. 이 연구는 유방암 발병률이 높은 가족에서 유방암이 발생한 여성의 절대 다수가 *D17S74*라는 동일한 RFLP 대립유전자를 갖고 있는 것을 보여주었다. 이와 같은 관찰은 인간 유전체 상에서 유방암 유전자가 *D17S74*와 가깝게 위치해야 한다는 것을 의미한다. 서로 가까이 있는 두 마커 사이에 재조합이 일어날 가능성이 낮고, 따라서 이 두 마커에 대한 대립유전자는 함께 유전될 것으로 생각하는 것이 합리적이다(**그림 6.20**). 이것을 **연관 불균형(linkage disequilibrium)**이라 한다. 일례로, 질병 유전자의 결함이 있는 대립유전자는 *D17S74* 대립유전자 하나와 연관되고, 유전자의 결함이 없는 유전자는 *D17S74*의 다른 대립유전자와 연관되어 있다. 이전에 RFLP가 지도상 17번 염색체의 장완에 위치하는 것으로 결정되었기 때문에 유방암 유전자는 유전체의 이 부분, 아마도 q21로 지정된 염색체 부위에 위치해야만 한다고 결론 내릴 수 있다(**그림 6.21**). 다음에 더 정확한 지도상 위치는 유방암 유전자와 q21 부위에 있는 것으로 알려진 짧은 직렬 반복(STR) 사이의 연관 관계를 살펴보는 추가적인 가계도 분석에 의

표 6.3 영국에서 발생하는 가장 일반적인 유전 질병 중 일부

질병	증상	발생 빈도(매년 출생 수 당)
유전성 유방암	암	여아 300명당 1
낭포성 섬유증	폐질환	2,000명당 1
헌팅톤 무도병	신경퇴화	2,000명당 1
듀켄씨 근이영양증	진행성 근육 약화	남아 3,000명당 1
혈우병 A	혈액 질병	남아 4,000명당 1
낫모양 빈혈증	혈액 질병	10,000명당 1
페닐케톤뇨증	정신 지체	12,000명당 1
지중해 빈혈(β-Thlassemia)	혈액 질병	20,000명당 1
망막아세포종(Retinoblastoma)	눈의 종양	20,000명당 1
혈우병 B	혈액 질병	남아 25,000명당 1
테아섹병(Tay-Sache disease)	실명, 움직임 제어 상실	200,000명당 1

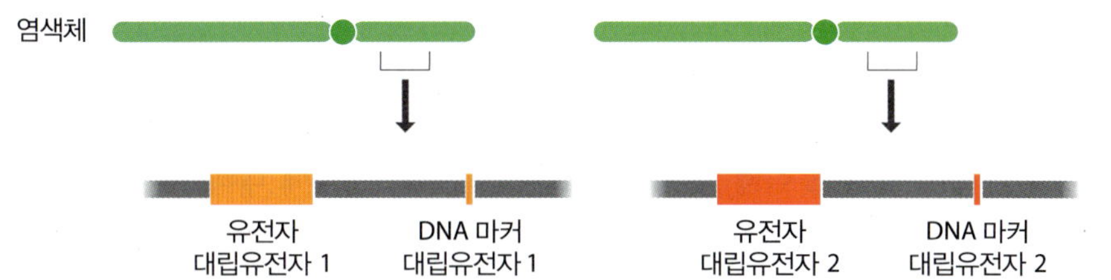

그림 6.20 **염색체 내에서 가깝게 위치한 2개 마커 사이의 연관 불균형.** 2개의 마커 사이의 재조합이 자주 일어나지 않기 때문에 가계도에서 특별한 대립유전자 조합(이 경우, 대립유전자 1과 DNA 마커 대립유전자 1, 대립유전자 2와 DNA 마커 대립유전자 2)이 우위를 차지하며 이는 전체 인구에서도 비슷하다.

해 유추할 수 있다. 이 분석으로 서로 약 600 kb 떨어져 있는 *D17S1321*과 *D17S1325*라는 2개의 STR 사이에 유방암 유전자의 위치를 표시하였다.

더 많은 수의 가계도를 분석하면 좀 더 정확한 유방암 유전자의 위치를 결정할 수 있지만, 일단 인간 유전자를 유전체에서 1 Mb 이하의 부위에 위치시키면 보통 역유전학 방법으로 위치 확인을 완료할 수 있다. 유전체 주석은 *D17S1321*과 *D17S1325* 사이에 60개가 넘는 유전자가 있는 것을 보여주고 있고, 그 중 어떤 것도 유방암 유전자일 수 있다. 난소암은 유전성 유방암과 관련이 있는 경우가 많기 때문에 유방암 유전자는 유방 조직과 난소 조직에 발현될 것으로 예측하고 이 **후보 유전자**의 발현 패턴을 연구하였다. 그 다음에, 돌연변이가 일어날 때 질병을 유발할 정도로 중요한 인간 유전자는 비슷한 포유류에 상동 유전자가 있을 것이라는 판단에 근거하여 예측 발현 패턴을 보이는 유전자를 다른 포유류 유전체의 BLAST 검색에 이용하였다. 마지막으로 환자의 유전자에 그들이 왜 질병을 가졌는지 설명할 수 있는 돌연변이가 있는지 알아보기 위해 유전성 유방암 환자인 여성과 그렇지 않은 여성에서 이 유전자의 서열을 후보로 하여 찾았다. 이 분석이 완료되었을 때 가장 유력한 후보는 약 100 kb 유전자로, 이 유전자는 22개의 엑손으로 구성되며 1,863개의 아미노산을 암호화한다. 이후 이 유전자는 *BRCA1*으로 명명되었고 유방 조직과 난소 조직에서 발현되고 생쥐, 쥐, 토끼, 양, 돼지에 상동 유전자가 있지만 닭에는 없다. 결정적으로 민감성 가족 다섯에 있는 이 유전자의 대립유전자에는 기능이 없는 단백질을 만들 가능성이 있는 돌연변이가 있다. 이후의 연구로 *BRCA1*에 의해 특정되는 단백질이 전사 조절과 DNA 수선에 관여할 뿐만 아니라 비정상적인 세포 분열을 억제하는 종양 억제 유전자로 작용하는 것이 밝혀졌다.

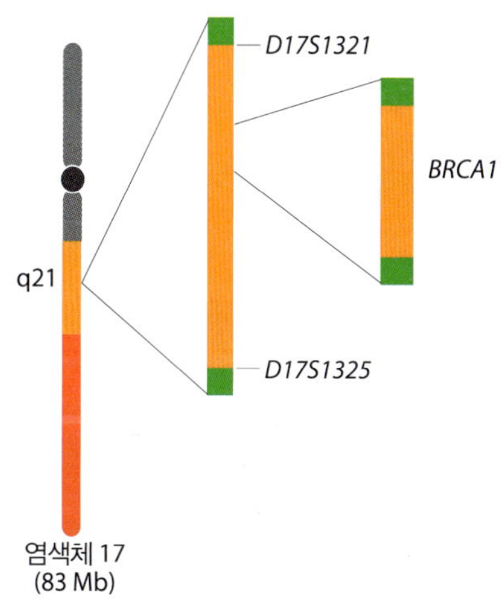

그림 6.21 **유방암 감수성 유전자 *BRCA1*의 지도 작성.** 처음에는 유전자가 17번 염색체의 장완에서 q21로 지정된 절편 안에 있는 것으로 지도가 작성되었다(왼쪽). 추가적인 지도 작성 실험으로 유방암 유전자의 위치를 서로 약 600 kb 떨어져 있는 *D17S1321*과 *D17S1325*라는 2개의 STR 사이로 좁혔다(중간). 발현 서열을 관찰하여 마침내 *BRCA1*에 대한 강력한 후보 유전자를 확인하였다.

전장 유전체 연관 분석으로 질병과 다른 형질에 대한 유전자를 규명할 수 있다

가계도 분석을 단일유전자 질환의 원인 유전자를 확인하는 데 이용할 수 있지만, 좀 더 복잡한 유전적 배경을 가진 많은 인간 질병 유전자의 규명에는 성공률에 떨어진다. 관상 동맥 질환과 골다공증뿐만 아니라 다양한 유형의 암도 다인자유전이다. 즉, 이들 질병은 단지 한 개의 유전자에 의해 조절되는 것이 아니라 많은 유전자가 함께 작용하여 발생한다. 대부분의 다인자유전 형질은 정량적이므로, 질병을 가진 사람은 이들이 가지고 있는 대립유전자의 특정한 조합에 따라 나타나는 증세의 정도가 다르다. 이는 한 가족 내에서 질병을 가진 두 명은 다른 유전자형을 지닐 수 있다는 의미이다. 이 상황에서 질병의 표현형은 단순 멘델 유전 패턴을 따르지 않을 것이고, 따라서 DNA 마커와 질병을 연결시키기 위해 가계도 자료를 이용하기에는 어떤 확신도 가질 수 없다.

전장 유전체 연관 분석(genomewide association study, GWAS)은 다인자유전 형질에서 함께 작용할 수 있는 유전자를 밝히기 위한 대안이다. GWAS는 DNA 마커를 개별 유전자와 연결시키는 대신 유전체 전체에 걸쳐 질병과 연관된 모든 마커를 확인하려는 시도이다. 이들 마커의 위치는 다인자유전의 일부 표현형을 나타내는 후보 유전자의 위치를 밝힐 것이다. 따라서 GWAS에는 질병이 있는 사람과 질병이 없는 사람이 포함된 대단위 연구군과 이 사람들로부터 얻은 DNA에서 확인할 다양한 DNA 마커가 모두 필요하다. DNA 시료는 주로 **생체은행(biobank)**에서 얻는다. 생체은행은 환자와 자원자에게 정보를 제공하고 동의를 받은 후 이들로부터 얻은 혈액 시료 같은 생체 물질 모아 놓은 것이다. 이때 각 시료마다 개인의 질병 상태에 대해 자세히 기록한다. DNA 마커는 모두 단일 뉴클레오티드 다형성(SNP)인데, 유전체 상에서 엄청난 수의 SNP 위치가 알려져 있고 칩 기술로 대량의 SNP의 유형을 쉽게 분석할 수 있기 때문이다(3.2절). 최초의 GWAS 사업 중 하나는 노인에게 발생하는 시력 감퇴 현상인 노화 연관 황반 퇴화에 대한 연구였다. 96명의 환자와 50명의 대조군에서 226,204개의 SNP를 유형 분석하여 질환과 연관성을 크게 보이는 2개의 SNP가 인간의 염증 반응 조절에 관련된 보체 인자 B에 대한 유전자의 인트론에 위치하는 것을 확인하였다. 이는 3개의 다른 염색체 상에 있는 5개의 유전자 중 하나로 지금은 노화 연관 황반 퇴화에 관여하는 것으로 생각된다.

GWAS 사업은 점점 더 의욕적으로 추진되면서 현재는 고혈압처럼 아주 복합적인 형질을 연구하고 있다. 이 연구는 수만 명 규모로 된 큰 연구 집단을 이용하여 수백만 개 이상의 SNP 유형에 대해 분석하고 있다. 연구하는 수의 규모가 훨씬 더 많은 것을 알아낼 만큼 커지면 다수의 유전자 좌위가 연관된 것을 한 번의 선별 과정으로 알아낼 수 있다. 세계 여러 곳에서 이루어진 일련의 GWAS 사업 결과로 60개 이상의 유전자가 고혈압과 관련된 것으로 알려졌다. 농작물 같은 인간 이외의 종에서도 GWAS 방법이 적용되고 있고, 이런 연구는 출수기(heading date; 식물이 개화기에 이르는 데 걸리는 시간)나 생산되는 종자의 수와 무게처럼 복잡한 형질에 대한 유전자를 밝히는 데 유용한 것으로 판명되고 있다.

요약

- 유전자 기능은 상동성 분석에 의해 잠재적으로 부여할 수 있다. 상동 유전자는 진화적으로 연관되어 있고, 항상은 아니지만 비슷한 기능을 갖는 경우가 많기 때문이다.
- 보존 서열 모티프를 확인하면 유전자 기능을 결정하는 데 도움을 줄 수 있다.
- 유전자의 기능 분석을 위한 실험 기술 대부분은 유전자의 불활성화가 개체의 표현형에 미치는 영향을 관찰하는 것이다.
- 유전자 불활성화는 유전자의 결함 있는 사본을 이용한 상동 재조합에 의해 발생시킬 수 있다.
- 유전자 불활성화는 트랜스포존을 유전자에 삽입하거나 RNA 간섭, CRISPR 기술을 이용하여 발생시킬 수도 있다.
- 유전자 과발현이 기능을 알아보는 데 이용될 수도 있다.
- 불활성화와 과발현 실험을 이용할 때 둘 다 표현형 변화를 확신하기 어렵고 유전자의 정확한 기능이 여전히 불확실하게 남아 있을 수 있다.
- 세포 내 단백질의 위치는 리포터 유전자 발현이나 면역세포화학법으로 결정할 수 있다.
- 위치 지정 돌연변이 유발법으로 유전자 기능을 좀 더 자세하게 연구할 수 있다.
- 인간 질병에 대한 후보 유전자는 가계도 분석과 전장 유전체 연관 분석에 의해 확인할 수 있다.

단답형 문제

1. 이종상동 유전자와 동종상동 유전자의 차이점은 무엇인가?
2. BLAST 검색 방법을 설명하고 이 방법으로 유전자 기능을 부여할 때 오류가 자주 발생하는 이유를 설명하라.
3. 유전체 서열의 기능 분석에 이용되는 단백질 도메인을 어떻게 알아내는가?
4. 유전자 기능을 분류하기 위한 EC 체계와 GO 체계의 주요 사항을 요약하라.
5. 유전자 기능 연구에서 상동 재조합의 역할은 무엇인지 논의하라.
6. 트랜스포존 꼬리표 달기에 의해 유전자를 어떻게 불활성화 시키는지 설명하라.
7. RNA 간섭은 무엇이며, 이 방법이 유전자 기능 연구에 어떻게 이용되는가?
8. 진핵 유전자의 불활성화에 CRISPR 시스템이 어떻게 이용되는가?
9. 유전자 기능 연구에 유전자 과발현을 이용하는 방법을 요약하라.
10. 유전체 서열의 기능 주석 달기에 유전자 불활성화와 과발현 실험을 이용할 때, 각각의 장점과 단점을 비교하라.
11. 면역세포화학법과 유도 돌연변이 유발법이 유전자 기능을 이해하는 데 어떻게 이용되는지 설명하라.
12. 유전 질병의 원인이 되는 유전자를 규명하는 데 이용할 수 있는 가능한 방법을 정리하라.

사고형 문제

1. 아래의 아미노산 서열을 가지고 BLAST(http://blast.ncbi.nlm.nih.gov/Blast.cgi) 검색하시오.

   GLSDGEWQLVLNVWGKVEADLAGHGQEVLIRLFKGHPETLEKFDK
   FKHLKSEKGSEDLKKHGNTVETALEGILKKKALELFKNDIAAKTKELGFLG

   이 아미노산 서열을 가진 단백질은 무엇인가? 검색으로 확인된 상동 서열은 대부분이 이종상동 서열인가? 또는 동종상동 서열인가?
2. 중요한 단백질 도메인은 다음과 같은 아미노산 서열을 가진다:

   KRARTAYTRYQTLELEKEFHFNRYLTRRRRIEIAHALCLSERQIKIWFQ
   NRRMKWKKDN

   이 도메인을 확인하고 그 기능을 설명하라.
3. 유전자 불활성화 연구는 적어도 유전체에 있는 일부 유전자는 중복되어 있고, 이는 이들이 두 번째 유전자로 같은 기능을 가지기 때문에 개체의 표현형에 영향을 주지 않고 불활성화시킬 수 있다는 의미이다. 진화적인 면에서 유전자 중복은 어떻게 생겼을까? 이 질문에 대한 해답은 무엇인가?
4. 살아있는 생명체에서 RNA 간섭의 자연적인 역할을 알아보라.
5. 유전자 과발현은 지금까지 미지 유전자 기능에 대해 제한적이지만 중요한 정보를 제공하였다. 기능 분석에서 이 방법이 전반적으로 가지는 잠재성을 살펴보라.

Further Reading

Assigning function by computer analysis

Altschul, S.F., Gish, W., Miller, W., et al. (1990) Basic local alignment search tool. *J. Mol. Biol.* 215:403–410. *The BLAST program.*

NCBI BLAST. National Center for Biotechnology Information: https://blast.ncbi.nlm.nih.gov/Blast.cgi. *Online tool for conducting homology searches of nucleotide and amino acid sequences.*

Friedberg, I. (2006) Automated protein function prediction—the genomic challenge. *Brief. Bioinform.* 7:225–242.

Henikoff, S. and Henikoff, J.G. (1992) Amino acid substitution matrices from protein blocks. *Proc. Natl Acad. Sci. USA* 89:10915–10919. *Describes the chemical relationships between amino acids, from which sequence similarity scores are calculated.*

Lee, D., Redfern, O. and Orengo, C. (2007) Predicting protein function from sequence and structure. *Nat. Rev. Mol. Cell Biol.* 8:995–1005.

Pek, J.W., Anand, A. and Kai, T. (2012) Tudor domain proteins in development. *Development* 139:2255–2266.

RNA interference studies

Fraser, A.G., Kamath, R.S., Zipperlen, P., et al. (2000) Functional genomic analysis of *C. elegans* chromosome I by systematic RNA interference. *Nature* 408:325–330.

Kittler, R., Putz, G., Pelletier, L., et al. (2004) An endoribonuclease-prepared siRNA screen in human cells identifies genes essential for cell division. *Nature* 432:1036–1040.

Novina, C.D. and Sharp, P.A. (2004) The RNAi revolution. *Nature* 430:161–164.

Sönnichsen, B., Koski, L.B., Walsh, A., et al. (2005) Full-genome RNAi profiling of early embryogenesis in *Caenorhabditis elegans*. *Nature* 434:462–469.

CRISPR

Kim, H. and Kim, J.-S. (2014) A guide to genome engineering with programmable nucleases. *Nat. Rev. Genet.* 15:321–334.

Shalem, O., Sanjana, N.E. and Zhang, F. (2015) High-throughput functional genomics using CRISPR-Cas9. *Nat. Rev. Genet.* 16:299–311.

Other methods for gene inactivation

Evans, M.J., Carlton, M.B.L. and Russ, A.P. (1997) Gene trapping and functional genomics. *Trends Genet.* 13:370–374. *The use of ES cells.*

Ross-Macdonald, P., Coelho, P.S.R., Roemer, T., et al. (1999) Large-scale analysis of the yeast genome by transposon tagging and gene disruption. *Nature* 402:413–418.

Wach, A., Brachat, A., Pöhlmann, R. and Philippsen, P. (1994) New heterologous modules for classical or PCR-based gene disruptions in *Saccharomyces cerevisiae*. *Yeast* 10:1793–1808. *Gene inactivation by homologous recombination.*

Overexpression, immunocytochemistry, and directed mutagenesis

Carrigan, P.E., Ballar, P. and Tuzmen, S. (2011) Site-directed mutagenesis. *Methods Mol. Biol.* 700:107–124.

Kunkel, T.A. (1985) Rapid and efficient site-specific mutagenesis without phenotypic selection. *Proc. Natl Acad. Sci. USA* 82:488–492. *Oligonucleotide-directed mutagenesis.*

Ramos-Vara, J.A. (2005) Technical aspects of immunohistochemistry. *Vet. Pathol.* 42:405–426.

Tsien, R. (1998) The green fluorescent protein. *Annu. Rev. Biochem.* 67:509–544. *A reporter gene system.*

Identifying gene function by conventional genetics

Bush, W.S. and Moore, J.H. (2012) Genome-wide association studies. *PLoS Comput. Biol.* 8:e1002822.

Hall, J.M., Lee, M.K., Newman, B., et al. (1990) Linkage of early-onset familial breast cancer to chromosome 17q21. *Science* 250:1684–1689.

Huang, X. and Han, B. (2014) Natural variations and genome-wide association studies in crop plants. *Annu. Rev. Plant Biol.* 65:531–551.

Miki, Y., Swensen, J., Shattuck-Eidens, D., et al. (1994) A strong candidate for the breast and ovarian cancer susceptibility gene *BRCA1*. *Science* 266:66–71.

PART II

유전체 주석 달기

CHAPTER 7

진핵생물의 핵 유전체

다음에 오는 3개의 장에서는 지구에 존재하는 여러 종류 생물의 유전체 구조에 대해 살펴보기로 한다. 생물을 크게 3종류로 나누어 볼 수 있기 때문에 3개의 장으로 구성되어 있다.

- **진핵생물 핵 유전체**(7장): 이 가운데 사람 유전체의 구조에 가장 중점을 둘 것이다.
- **원핵생물 및 진핵세포 소기관 유전체**(8장): 이들은 고대의 원핵세포에서 유래되었기 때문에 함께 묶어 다루기로 한다.
- **바이러스 유전체 및 전위인자**(9장): 전위인자 일부는 바이러스 유전체와 연관되므로 함께 다룬다.

7.1 핵 유전체는 염색체에 들어 있다

핵 유전체는 여러 개의 선형 DNA 분자로 이루어져 있으며, 각 분자는 하나의 염색체에 해당한다. 지금까지 연구된 모든 진핵생물에는 예외 없이 적어도 2개 이상의 염색체를 가지고 있었고 DNA 분자는 항상 선형이었다. 염색체의 개수는 다양하지만 염색체의 개수가 종의 생물학적 특성과 특별한 관계를 갖는 것은 아니다. 예를 들어, 효모에는 16개의 염색체가 있으며 이는 초파리가 지니는 염색체 수의 4배에 해당된다. *Myrmecia pilosula*라는 개미는 단지 하나의 염색체를, 인도 문착(muntjac deer)은 단지 4개의 염색체를 가지고 있다. 염색체 수는 유전체의 크기와 무관하다. 몇몇 도마뱀의 유전체는 사람 유전체보다 30배나 크지만 염색체 수는 사람의 절반에 불과하다. 이러한 비교가 흥미롭긴 하지만 이것을 통해 아직 유전체 자체에 대한 유용한 정보를 얻을 수는 없다. 이와 같은 정보는 서로 다른 개체의 유전체 구조가 형성되어 온 길고 다양한 진화의 과정을 살펴봄으로써 알 수 있을 것이다.

DNA에 비해 염색체는 아주 짧다

세포 분열 동안에는 각 사람의 염색체는 수 μm 길이에 해당하는 응축된 구조를 가진다. 반면에 사람의 유전체를 구성하는 24가지의 DNA 분자 중에 가장 짧은 것의 길이

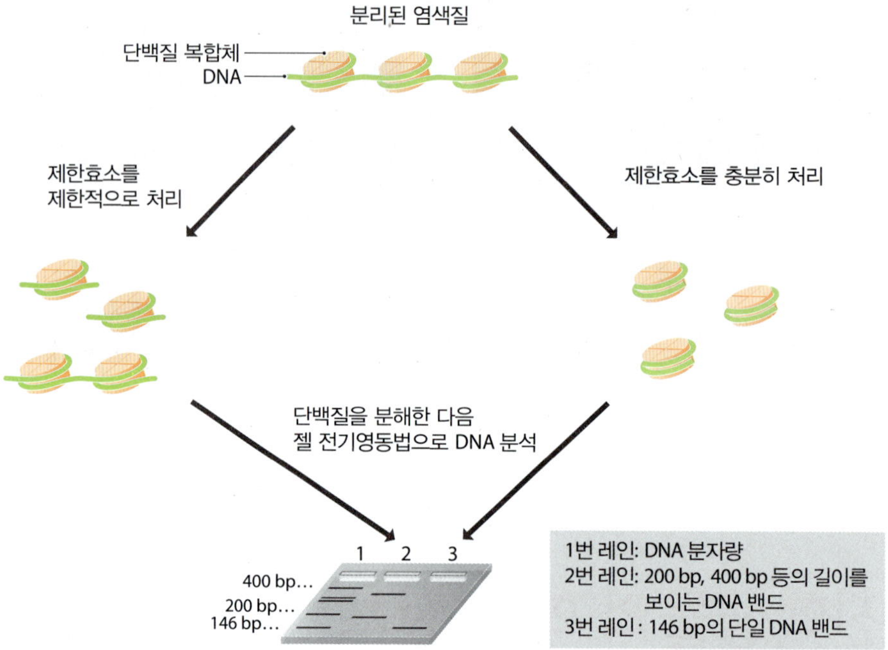

그림 7.1 **사람의 핵에서 분리한 염색질에 핵산가수분해효소 보호 분석법을 처리한 결과.** 사람 세포의 핵에서 염색질을 조심스럽게 분리하여 핵산가수분해 효소를 처리한다. 왼쪽 그림은 핵산가수분해효소가 단백질이 결합하고 있는 부분들 사이의 연결 부위를 평균 한 번 정도 절단하는 제한적인 조건 아래에서 실험을 수행한 것을 보여준다. 단백질을 제거한 다음 아가로스 젤 전기영동법으로 DNA를 분석한 결과, 200 bp 또는 200의 배수의 길이를 지니는 DNA 조각이 나타났다. 오른쪽 그림은 핵산가수분해효소를 충분히 처리하여 연결 부위 DNA가 완전히 분해되는 조건에서 수행한 실험이다. 이 경우 DNA 절편의 길이는 146 bp로 나타났다. 이 결과를 통해서 이와 같은 염색질은 단백질이 DNA 분자를 200 bp 정도의 일정한 간격으로 결합하고 있으며, 146 bp 정도의 DNA에 단백질 분자가 단단하게 결합하고 있다는 사실을 알 수 있다.

는 1.6 cm, 가장 긴 것은 8.5 cm에 해당하며, 평균 길이는 4 cm가 넘는다. 염색체가 형성되는 과정에서 DNA 분자는 매우 조직적으로 응축되어야 한다. 유전체와 관련된 현상을 알기 위해서는 이와 같은 DNA의 응축 또는 포장 체계를 이해해야 한다. 응축 양상에 따라 개별 유전자의 발현 과정이 영향을 받기 때문이다(제10장).

1970년대 생화학적 분석과 전자현미경 기술이 서로 보완적으로 DNA 응축 과정을 이해하는데 중요한 실마리를 제공했다. 당시에도 이미 핵 DNA는 **히스톤(histone)**이라 불리는 단백질과 결합하고 있다는 사실이 알려져 있었다. 그러나 히스톤이 어떤 방식으로 DNA에 결합하고 있는지는 알지 못했다. 1973~1974년 사이에 여러 연구진이 **염색질(chromatin**, DNA-히스톤 복합체)에 **핵산가수분해효소 보호 분석법(nuclease protection experiment)**을 시도하였다. 이들은 먼저 염색질의 DNA-히스톤 복합체 구조가 최대한 유지될 수 있는 방법으로 핵에서 염색질을 추출하였다. 분리한 염색질에 핵산가수분해효소를 제한적으로 처리하면 단백질이 결합되어 DNA가 보호되는 부분은 절단되지 않고 단백질이 결합되지 않은 DNA 부분만 절단된다(그림 7.1). 이처럼 제한적인 조건 아래에서 분리된 염색질에 핵산가수분해효소를 처리하면 대략 200 bp 또는 200의 배수 크기를 갖는 DNA 절편이 얻어진다. 이는 히스톤 단백질이 DNA의 길이에 따라 규칙적으로 결합하고 있음을 시사해 주는 결과이다.

이와 같은 생화학적 결과는 1974년 분리된 염색체의 전자현미경 사진에 의해 뒷받침되었다. 핵산가수분해효소 보호 분석법의 결과를 바탕으로 단백질이 일정한 간격으로 DNA에 결합하고 있다는 추측은 전자현미경 사진을 통해 DNA 레인에 결합된 단백질 구슬의 형태가 확인되면서 추가적인 근거가 만들어졌다(그림 7.2A). 더 나아가 또

(A)

(B)

(C)

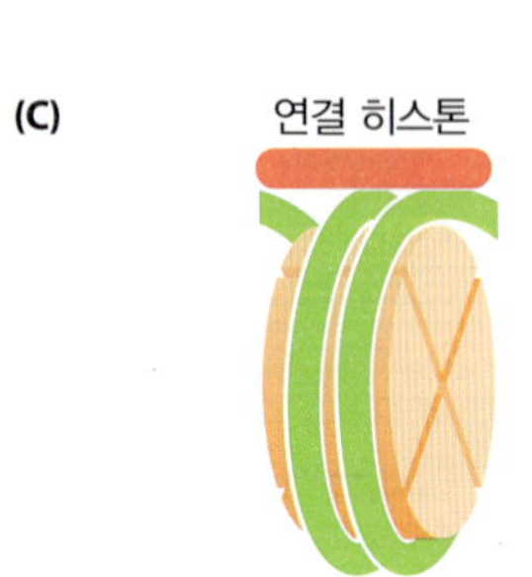

그림 7.2 **뉴클레오솜.** (A) **구슬목걸이(beads-on-a-string)** 구조를 보이는 분리된 염색질의 전자현미경 사진. (B) 구슬목걸이 구조의 모형. 각각의 구슬은 맥주통 모양의 단백질 8량체 주위를 DNA가 둘러싸면서 형성된 것이다. 먼저 두 분자의 H3와 두 분자의 H4 소단위가 중심부의 4량체를 형성하고 여기에 H2A-H2B 이량체 한 쌍이 하나는 위에 또 하나는 아래쪽에 더해지면서 8량체가 형성된다(그림 7.4 참조). (C) 뉴클레오솜을 기준으로 연결 히스톤(linker histone)이 정확하게 어느 위치에 결합하는지는 아직 알려지지 않았지만, 이 그림에 나타난 것처럼 연결 히스톤은 집게와 같이 작용하여 DNA가 뉴클레오솜에서 떨어져 나가는 것을 방지하는 역할을 할 것으로 생각된다. (사진 (A) Barbara Hamkalo 박사 제공.)

다른 생화학적 분석에 의해 각각의 구슬, 즉 **뉴클레오솜(nucleosome)**은 각각 히스톤 H2A, H2B, H3, H4 단백질 분자가 2개씩 포함된 총 8개의 히스톤 단백질 분자로 구성되어 있다는 사실을 알게 되었다. 구조 연구를 통해서는 이들 8개 단백질 분자는 맥주통 모양의 **핵심 8량체(core octamer)**를 이루고, DNA는 이 주위를 두 바퀴 감아 돌아간다는 사실도 밝혀졌다(그림 7.2B). 생물종에 따라 약간씩 다르기는 하지만, 대략 140~150 bp 정도의 DNA가 하나의 뉴클레오솜을 이루는 것으로 보이며 각각의 뉴클레오솜은 50~70 bp 정도의 **연결 DNA(linker DNA)**를 사이에 두고 있다. 이러한 구조로 인해 앞의 핵산가수분해효소 보호분석법에서 190~220 bp 정도의 DNA가 반복적으로 나타난 것으로 해석된다.

핵심 8량체 단백질 이외에 **연결 히스톤(linker histone)**이라 불리는 몇몇 히스톤 단백질이 존재하는데, 이들은 서로 상당히 유사하다. 척추동물에서는 H1.0-H1.5, H1oo, H1t 및 H1x가 **연결 히스톤**에 포함된다. 하나의 연결 히스톤이 각각의 뉴클레오솜 사이에 결합하면서 **크로마토솜(chromatosome)**을 형성한다. 그러나 연결 히스톤이 정확하게 어느 위치에 결합하는지는 아직 알려지지 않았다. 구조 연구를 통해서 연결 히스톤이 뉴클레오솜을 감고 있는 DNA 분자가 쉽게 분리되지 않도록 하는 집게의 역할을 한다는 전통적인 모델이 재확인되었다(그림 7.2C). 그러나 일부 개체에서의 연결 히스톤은 뉴클레오솜-DNA 연합체의 표면에 존재하지 않고 핵심 8량체와 DNA 사이에 삽입된 형태로 존재한다는 결과도 제시되고 있다.

그림 7.2A에 나타낸 "구슬목걸이" 구조는 염색질이 풀린 형태이며, 살아있는 세포핵에서는 거의 이런 형태로 존재하지 않을 것으로 생각된다. 1970년대 중반에 이르러 염색질을 분리하는 기술이 개발되면서 대강 30 nm의 폭의 크기이며, **30 nm 섬유(30 nm fiber)**로 불리는 더욱 응축된 형태의 복합체가 발견되었다. 뉴클레오솜이 어떻게 연합하여 30 nm 섬유를 형성하는지는 아직 정확하게 알려지지 않았지만 몇 가지 모델이 제시되었고, 이 가운데 두 가지 모델은 그림 7.3에서 볼 수 있다. 30 nm 섬유 내의 개별 뉴클레오솜들이 연결 히스톤 사이의 상호작용에 의해 서로 붙들려 있는 경우와 꼬리 부분이 바깥으로 뻗쳐 있는 히스톤 핵심부 사이의 부착에 의한 경우이다(그림 7.4). 두 번째 가설은 핵심 히스톤의 말단 부분을 화학적으로 변형하면 30 nm 섬유 구조가 풀려 이 부분에 포함된 유전자가 활성화되는 사실에 합치되어 매력적이다(10.2절).

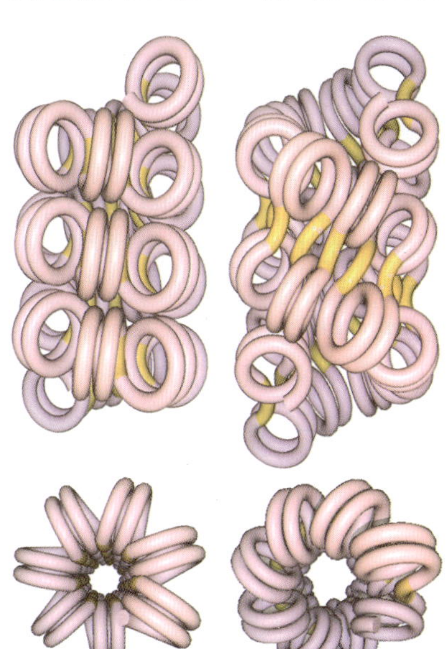

그림 7.3 **30 nm 섬유 구조에 대한 두 가지 모델.** 여러 해 동안 솔레노이드 모델(A)이 주로 수용되었으나 최근 나선 리본 모델(B)를 지지하는 실험 증거가 제시되고 있다. (Dorigo et al., *Science*, 306, 1571~1573에서 발췌. 저작권자인 AAAS의 허락을 받아 게재)

중기 염색체의 특성

세포분열이 진행되지 않는 **간기(interphase)**에는 염색질이 주로 30 nm 섬유 구조를 이루고 있을 것으로 생각된다. 핵이 분열할 때 DNA가 더욱 밀도 있게 응축되기 시작하면서 고도로 응축된 **중기 염색체(metaphase chromosome)**를 형성한다. 이때가 되면 광학 현미경으로도 관찰할 수 있다. 이것이 바로 보통 "염색체"라 불리는 형태이다(그림 7.5). 중기 염색체는 **세포 주기(cell cycle)**에서 DNA 복제기가 끝날 때 형성되기 시작되며, 이때 하나의 염색체는 두 분자의 DNA를 포함하게 된다. 복제된 DNA는 각 염색

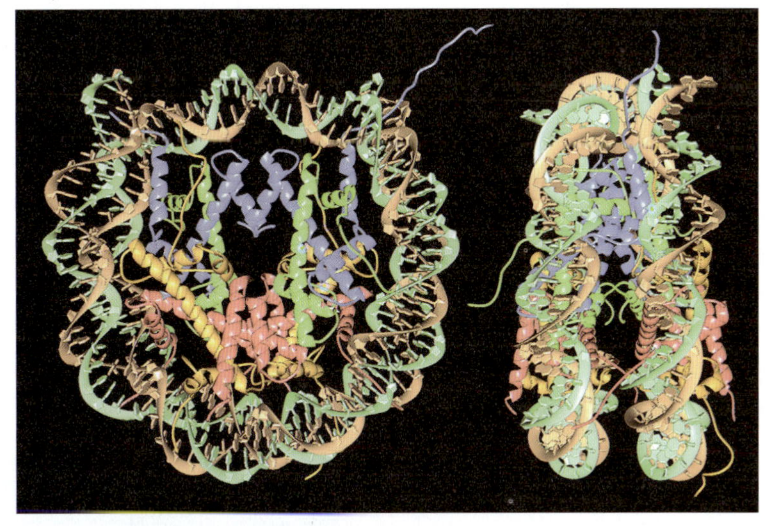

그림 7.4 **뉴클레오솜 핵심 8량체의 두 가지 모습.** 왼쪽은 통 모양의 8량체를 위에서 아래로 내려다 본 모습이고, 오른쪽은 측면에서 본 모습이다. 8량체를 감고 있는 DNA 이중나선 두 가닥은 갈색과 녹색으로 표시되어있다. 8량체는 2개의 H3 히스톤(청색)과 2개의 H4 히스톤(연녹색)으로 구성된 중앙의 4량체에, 아래위로 H2A 히스톤(노란색)과 H2B 히스톤(빨간색) 2량체 한 쌍씩이 더해져 만들어진다. 히스톤 단백질의 N-말단 꼬리가 8량체로부터 돌출되어 있음을 유의하라. (Luger et al., *Nature*, 389, 251~260에서 발췌. Macmillian Pub. Ltd의 허락을 득함.)

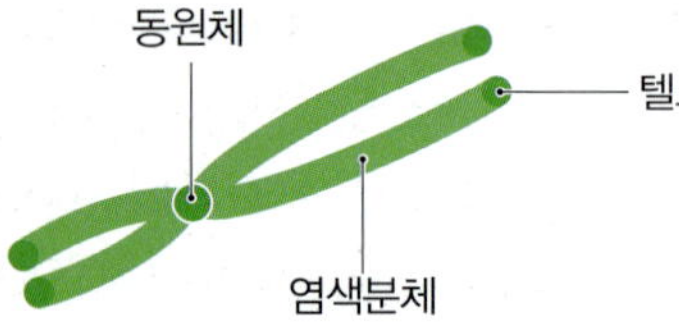

동원체
텔로미어
염색분체

그림 7.5 중기 염색체의 전형적인 모습. 중기 염색체는 DNA 복제가 끝날후에 형성되기 때문에 각 염색체는 실제로는 두 염색체로 구성되며, 동원체에서 서로 부착되어 있다. 각각의 팔 모양은 염색분체라 부른다. 텔로미어는 염색체의 양 말단을 말한다.

체의 특정 위치에 존재하는 **동원체(centromere)**에서 서로 부착되어 있다. 복제된 염색체의 양 팔을 **염색분체(chromatid)**라 부른다. 염색체의 양 말단은 **텔로미어(telomere)**라 불리는 특수한 구조를 가지며, 염색체마다 그 길이가 다양하다. 염색분체의 길이와 동원체의 위치가 각기 달라서 염색체를 하나씩 따로 구별할 수 있다. 염색체를 염색하는 기법이 여러 가지 개발되어 있고(**표 7.1**), 각 염색법에 따라 띠무늬가 나타나는 양상이 다르다. 그 결과 특정한 생물체가 지니는 염색체 세트는 염색되었을 때 나타나는 띠무늬 양상에 의해 구분할 수 있으며, 이와 같은 사진이나 모형을 **핵형도(karyogram)**라 한다. **그림 7.6**은 사람의 핵형도이다.

사람의 핵형 사진은 대부분의 다른 진핵생물과 비슷하지만 일부 생물에서는 사람의 핵형과는 다르며, 다음과 같은 비전형적인 특성을 보이기도 한다.

- 조류와 많은 어류, 파충류, 양서류에서 발견되는 **소형 염색체(microchromosome)**는, 예를 들어 20 Mb 이하로써 비교적 길이가 짧으나 유전자가 풍부한 염색체를 말한다. 예를 들어, 닭 유전체에는 38개의 상염색체와 Z와 W라 불리는 2개의 성염색체로 구성된다. 38개의 상염색체 중에 5개는 **대형 염색체(macrochromosome)**로 불리며, 이들은 50 Mb 이상의 크기이고 사람의 염색체 크기와 유사하다. 33개 중 5개는 20~50 Mb 크기로 13~42개/Mb의 유전자 밀도를 가지는 중형 염색체(intermediate chromosome)이고, 나머지 28개는 10 Mb 이하 크기로 몇 개는 1 Mb 이하의 크기이기도 한 소형 염색체이다. 소형 염색체는 13~42개/Mb의 유전자 밀도인 반면에 대형 염색체는 단지 9~16개/Mb의 유전자 밀도를 가진다. 따라서 소형 염색체의 유전자 밀도는 대형 염색체의 2~3배에 달한다.
- **B 염색체(B chromosome)**는 개체군 가운데 일부의 개체만 부가적으로 지니는 염색체를 말한다. 흔히 식물에서 나타나며, 진균류, 곤충, 동물에서도 발견되었다. B 염색체는 정상적인 염색체가 핵분열이 진행되는 동안 변칙적인 과정을 통해 형성된 염색체의 조각일 것으로 추정된다. 일부 B 염색체는 rRNA 유전자를 지니고 있기도 하지만 이들 유전자가 활성이 있는지는 확인된 바 없다. B 염색체의 존재는 개체의 생물학적 특성에 영향을 미쳐서, 특히 식물에서는 생존력이 감소되기도 한다. 대물림되는 양상이 규칙적이지 않아 세포분열이 진행되면서 B 염색체는 점차적으로 사라지는 것으로 생각된다.
- **전부염색체(holocentric chromosome)**에는 동원체를 하나만 갖는 여타 염색체와 달리 여러 개의 동원체가 존재한다. 선충류인 *Caenorhabditis elegans*(예쁜꼬마선충)는 전부염색체를 가지고 있다.

동원체와 텔로미어에서 일어나는 DNA-단백질 상호작용

동원체와 텔로미어에도 DNA는 존재하며, 여기에는 특수한 단백질이 결합되어 있다.

표 7.1 염색체 밴드 모양을 나타내는 염색 기법

종류	실험 방법	밴드 무늬가 나타나는 양상
G-밴드	김사(Giemsa) 염료로 염색한 다음 약하게 단백질 가수분해	진한 밴드는 AT-풍부 옅은 밴드는 GC-풍부
R-밴드	김사로 염색한 다음 열로 변성시킴	진한 밴드는 GC-풍부 옅은 밴드는 AT-풍부
Q-밴드	퀴나크린(quinacrine)으로 염색	진한 밴드는 AT-풍부 옅은 밴드는 GC-풍부
C-밴드	수산화바륨으로 변성시킨 후 김사 염색	진한 밴드는 항시적 이질염색질 포함

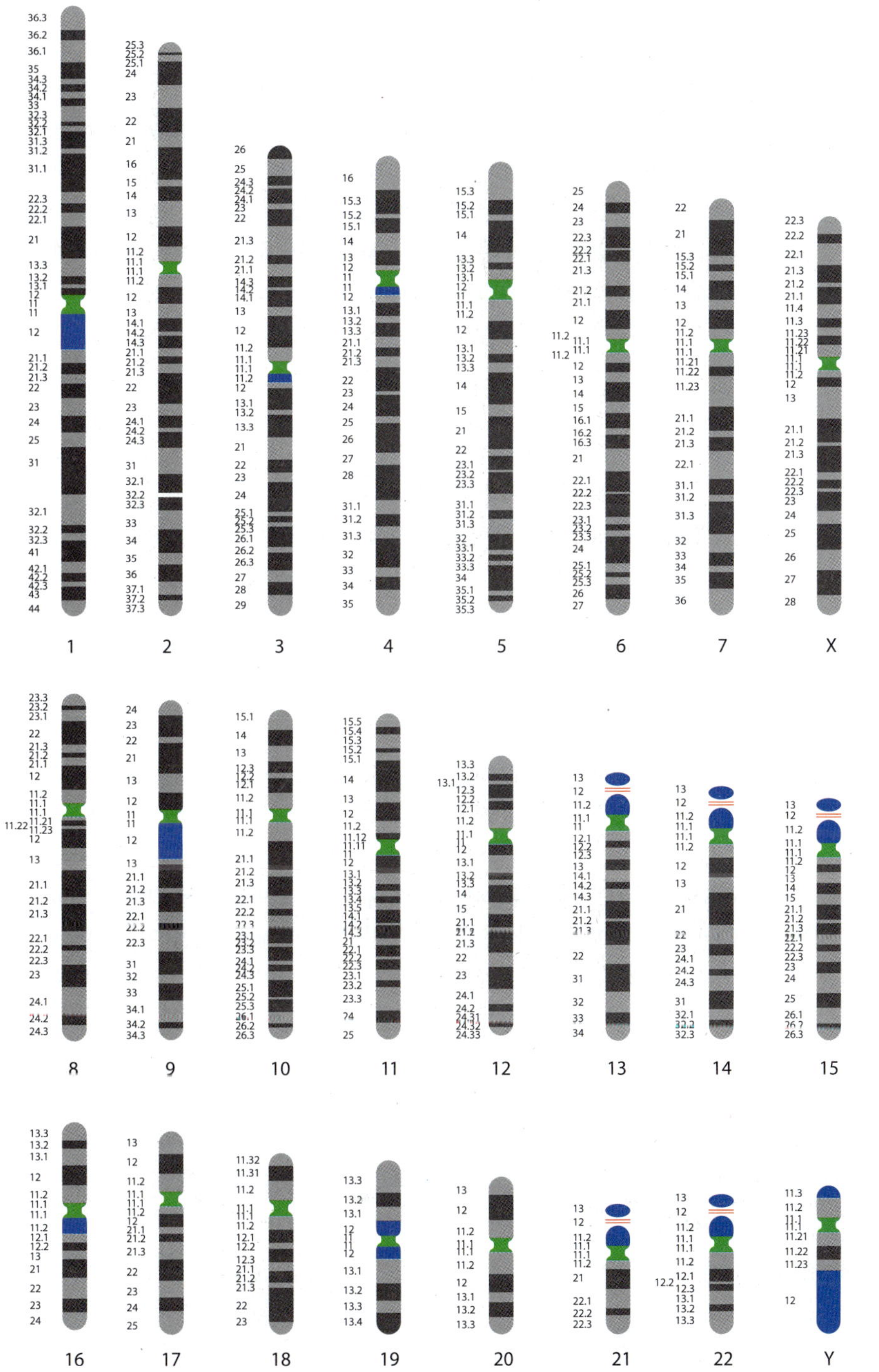

그림 7.6 인간의 핵형 사진. 염색체를 김사 염색한 다음 나타나는 G-밴드 모양이다. 염색체 번호는 각 염색체 구조 아래에 밴드 번호는 왼쪽에 표기하였다. rDNA는 리보솜 RNA 유전자가 반복되는 지역을 나타낸다(7.3절). 항시적 이질염색질은 유전자가 거의 없어 매우 응축된 형태가 지속되는 부위다(10.1절).

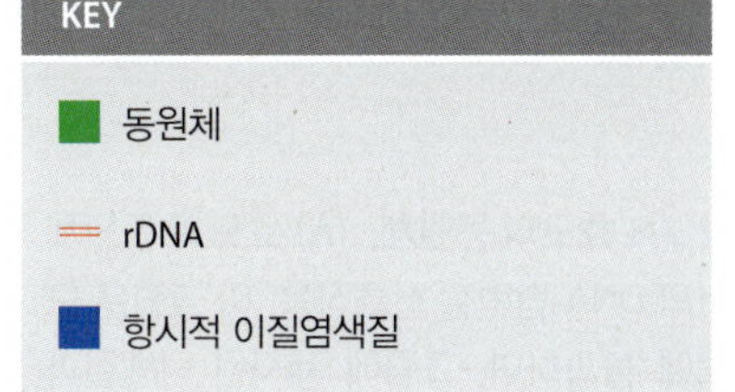

이 부위들에 결합된 특수한 단백질의 특성은 이들 구조의 기능과 연관된다.

고등 진핵생물에서의 동원체 DNA의 염기 서열에 대한 이해의 돌파구는 식물인 *Arabidopsis thaliana*(애기장대) 연구에서 마련되었다. 애기장대는 유전 분석이 용이해서 동원체를 이루는 DNA 서열을 상당히 정확하게 확인할 수 있었다. 2000년에 완결이 된 애기장대 유전체 염기 서열 결정 연구 중에, 동원체 염기 서열을 결정에 특별한 노력을 기울였다. 왜냐하면 동원체 서열을 특징짓는 고도로 반복된 서열은 정확하게 염기 서열을 결정하기가 매우 어렵기 때문에, 종종 유전체 서열을 분석할 때 이 영역을 제외하기 때문이다. 애기장대의 동원체는 0.4~3.0 Mb 정도이며, 각각 170~180 bp의 반복 서열 단위로 이루어져 있다. 애기장대의 염기 서열이 확보되기 전까지는 이 반복 서열이 동원체 DNA의 주된 구성이라고 생각하였다. 그러나 애기장대 동원체 역시 유전체의 여기저기에서 발견되는 반복 서열들이 여러 반복으로 들어 있고, 이러한 특성은 진핵생물 대부분에서도 동일하다. 예를 들어, 사람의 동원체는 1~5 Mb 크기이고, 이 중 1~4 Mb 부분은 171 bp **알파형 DNA(alphoid DNA)** 반복 서열로 구성되고 나머지 부분은 70 bp 길이까지의 여러 종류의 반복 패밀리로 구성된다.

애기장대와 사람의 경우는 말 그대로 모든 진핵생물에서도 보이는 동원체 DNA의 기본 형태이다. 이는 **지역 동원체(regional centromeres)**라 불리는데, 각 동원체가 염색체 DNA의 일부 지역을 차지하는 특성을 말하고 있다. 그러나 흥미롭게도 출아효모(*Saccharomyces cereveisia*)의 동원체는 이와 달라서 반복 서열은 포함되어 있지 않고, 약 120 bp 길이의 단일 서열로 구성되며, 이는 짧은 **점 동원체(point centromeres)**라 불린다. 효모 동원체 서열에는 CDEI과 CDEIII라 불리는 2개의 짧은 서열이 이보다 조금 더 긴 CDEII 인자의 양쪽에 위치한다(그림 7.7). CDEII 서열은 변이가 많으며 대부분 A와 T 뉴클레오티드가 풍부한 반면, CDEI 및 CDEIII는 매우 잘 보존되어 있어 16개 효모 염색체 모두에서 매우 유사하다. CDEII의 돌연변이는 동원체의 기능에 거의 영향을 주지 않지만, CDEI 및 CDEIII의 돌연변이는 대개 동원체가 형성되는 것을 막는다. 짧고 비반복적인 효모 동원체 DNA를 연구함으로써 DNA가 어떻게 단백질과 상호작용하여 동원체의 기능을 수행할 수 있는지에 대해 이해할 수 있게 되었다. 동원체 기능의 핵심 역할은 특수한 염색체 단백질 Cse4가 수행한다. Cse4 단백질은 H3 히스톤 단백질과 구조가 유사하며, 동원체에서 H3을 대체한다. 이러한 뉴클레오솜의 정확한 구조는 알려지지 않았다. 단지 H3만 Cse4로 대치된 전형적인 모양의 8량체일 수 있다. 다른 가능성은 Cse4, H2A, H2B, H4 1개씩으로 구성된 반쪽 뉴클레오솜(hemisome) 또는 Cse4 2개와 H4 2개로 구성된 4량체 경우이다. 다른 단백질로써 Cbf1과 Cbf3은 각각 CDEI 및 CDEIII과 상호작용하며, **방추사부착점(kinetochore)**을 이루는 적어도 20개 또는 그 이상의 단백질 중 일부와도 결합한다. 이와 같이 많은 단백질과 DNA 복합체로 형성되는 방추사부착점은 핵분열이 일어나는 동안 분리된 염색체를 딸핵으로 이끄는 미세소관이 부착되는 부분이다(그림 7.8). 효모 동원체에서 밝혀진 이와 같은 모델은 다른 진핵생물의 지역 동원체 경우에도 적용될 수 있다. 이 경우는 H3 히스톤 대신 CENP-A 단백질로 대체된다. 그러나 지역 동원체 경우에는 많은 수의 뉴클레오솜이 포함되어 있다. 이 경우에 모두 동일한 방법으로 변형되는지는 명확하지 않다.

그림 7.7 **출아효모의 동원체.** CDEI의 길이는 9 bp, CDEII는 80~90 bp, CDEIII는 11 bp이다. 이 그림에 제시된 부분의 양쪽에 위치하는 서열도 동원체의 일부로 볼 수 있으며, 동원체의 전체 길이는 대략 125 bp이다.

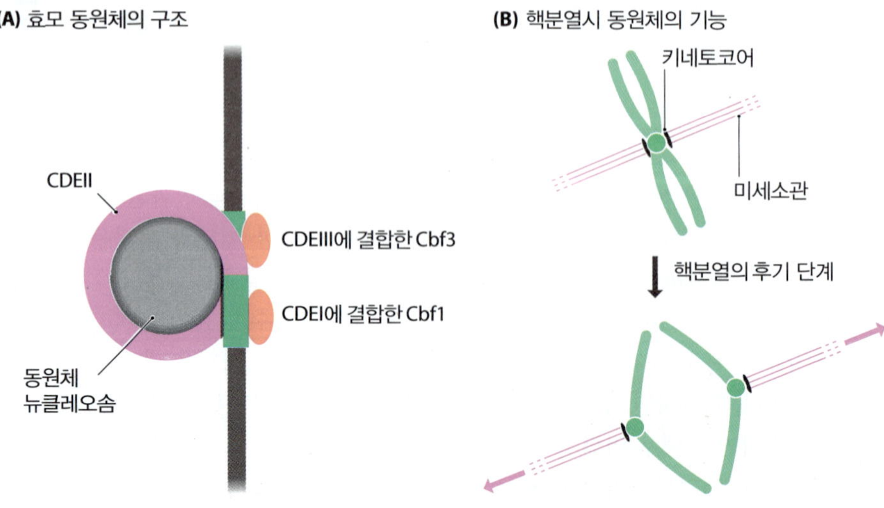

그림 7.8 **효모의 동원체.** (A) 효모의 동원체에서의 DNA-단백질 상호작용. 이 그림은 모식도에 불과하며, 그림에 제시된 단백질과 DNA 구성성분의 정확한 위치가 결정된 것은 아니다. (B) 핵분열에서 키네토코어의 역할. 핵분열의 후기에 염색체는 각각 키네토코어에 부착된 미세소관이 수축함에 따라 양극으로 이끌려 간다.

염색체에서 두 번째로 중요한 구조는 텔로미어(telomere)이다. 텔로미어는 염색체의 말단에서 독특한 구조를 형성하며, 이 때문에 정상적인 염색체 말단과 염색체 절단에 의해 형성된 비정상적인 염색체 말단과는 구별된다. 이를 확실히 구분할 수 있어야 비정상적으로 생겨난 염색체 말단을 찾아 수선할 수 있으므로 이러한 차이는 매우 중요하다. 사람의 텔로미어 DNA에는 5′-TTAGGG-3′ 서열이 수백 번 반복되고 이중가닥 DNA의 3′ 말단에 짧은 연장서열이 있다(그림 7.9). TRF1, TRF2, POT1을 포함한 일련의 **텔로미어 부착 단백질**이 텔로미어의 반복 서열에 결합하며, 다른 단백질과 함께 **쉘터린(shelterin)**이라는 구조를 형성한다. 이 구조는 핵산가수분해 효소에 의한 분해로부터 텔로미어를 보호하고, DNA 복제 시에 각 텔로미어의 길이를 유지하는 효소 활성을 매개한다.

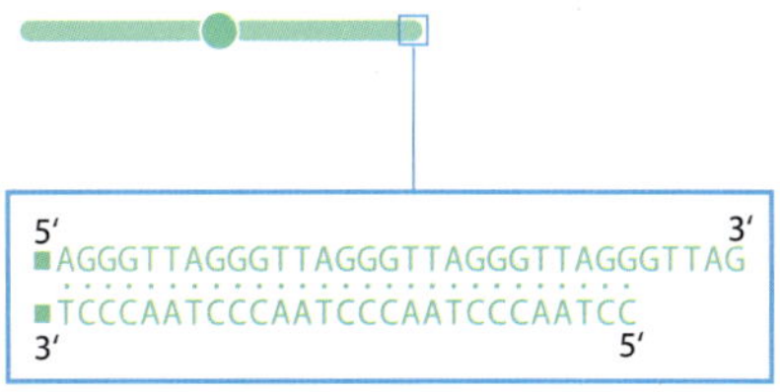

5′ AGGGTTAGGGTTAGGGTTAGGGTTAGGGTTAG 3′
3′ TCCCAATCCCAATCCCAATCCCAATCC 5′

그림 7.9 **텔로미어.** 인간 텔로미어 말단의 서열. 3′ 연장 서열의 길이는 텔로미어마다 다르다.

7.2 핵 유전체에서의 유전자들은 어떻게 배열되어 있는가?

앞에서 진핵생물 유전체의 물리적 구조에 대해 살펴보았고, 이제는 어떠한 유전자가 있고 어떻게 배열되어 있는지 같은 유전적 특성에 대해 살펴보도록 한다.

유전자는 유전체에 균등하게 분포하지 않는다

진핵생물 유전체에서의 유전자의 정체 및 유전자의 상대적 위치에 대한 많은 정보는 제5장과 제6장에서 살펴본 생물정보학과 실험생물학적 방법을 적용해서 얻은 유전체 서열 주석 과정에서 알려졌다. 유전체 염기 서열 결정 이전의 시대에는, 적어도 많은 연구가 이루어진 효모, 초파리, 사람의 경우에는 연관 분석법으로 많은 유전자의 위치가 파악되었고, 이들 기능이 알려졌다. DNA 염기 서열도 많은 개별 유전자에 대해서 예를 들어, β-글로빈 유전자 집단(그림 7.19 참조)이 포함된 사람의 11번 염색체의 65 kb 부분 같이 개별 염색체의 일부 조각에 대해서도 알려져 있었다. 따라서 이 당시의 유전학자들은 클론되고 염기 서열 결정이 된 개별 유전자의 구조에 대해서는 상세한 정보를 알고 있었지만, 예를 들어 사람 유전체에서의 유전자 분포에 대해서는 개략적으로 알고 있었을 뿐이었다.

유전자가 진핵생물 염색체 위에 균등하게 분포하지 않는다는 사실은 유전체 염기 서열 결정 연구 전부터 점차 알려지기 시작했다. 이 가설에 대해서 두 가지 증거가 있었다. 하나는 염색체를 염색하였을 때 나타나는 띠무늬 양상과 관련이 있다. 이 과정에 사용하는 염료(표 7.1 참조)는 DNA 분자에 결합하지만 대부분 특정한 염기쌍에 더 잘 결합하는 경향을 보인다. 예를 들어, 김사(Giemsa) 염료는 A와 T 뉴클레오티드가 많이 있는 DNA 부위에 대해 친화력이 높다. 따라서 사람 핵형 사진에서 진하게 나타나는 G-밴드(그림 7.6 참조)는 유전체에서 AT가 많이 있는 부위로 생각할 수 있다. 전체 유전체의 염기 조성은 A + T가 59.7%이므로 짙게 염색되는 부분에는 A + T가 60%보다 훨씬 더 많이 포함되어야만 한다. 일반적으로 유전자 서열은 AT 함량이 45~50% 정도이므로, 세포유전학자들은 이 사실을 근거로 짙은 G-밴드에는 유전자의 개수가 평균보다 적을 것으로 예측하였다.

유전자의 불균등 분포에 대한 두 번째 증거는 유전체가 조직되는 과정을 설명하는 **등부피선 모델(isochore model)**에서 추론할 수 있었다. 1980년대 초에 처음 제안된 이 모델은 진핵생물의 유전체는 적어도 300 kb 길이의 DNA 조각이 모자이크처럼 연결되어 있는 형태라고 설명하였다. 각각의 조각은 주변의 조각과는 서로 다른 염기 조성으로 이루어지며 한 조각 내에서의 염기조성은 균질할 것이라고 예상했다. 염색체 DNA는 AT 또는 GC가 많은 부분에 특이적으로 결합하는 염료를 처리하면 대략 100 kb 정도의 조각으로 나누어지며, 이들 조각이 **등밀도(isopycnic)** 또는 **밀유 밀도(buoyant density) 원심분리법**에 의해서 따로 분리된다는 실험 결과는 등부피선 모델을 뒷받침하였다. 이 방법에서는 DNA 조각 용액을 8 M의 염화세슘같은 고밀도의 용액 위에 부어 놓고, 최소 45,000 g로 수 시간 정도의 고속으로 원심분리한다. 처음에는 균질한 용액으로 시작하나 원심분리가 진행되는 동안 염화세슘의 농도 기울기가 형성된다. 각 DNA 조각들은 원심분리관에서 자신의 **부유 밀도(buoyant density)**와 동일한 CsCl 밀도가 형성된 위치까지 이동한다. 부유 밀도는 두 가지 요인에 의해 달라진다. 예를 들어, 동일한 DNA 분자라도 선형인지, 원형인지, 초나선 정도는 어떤지에 따라 다르며, 모두 선형이라면 부유 밀도는 주로 시료의 GC 함량에 의해 결정되고, 그 관계는 다음 식에서 알 수 있다.

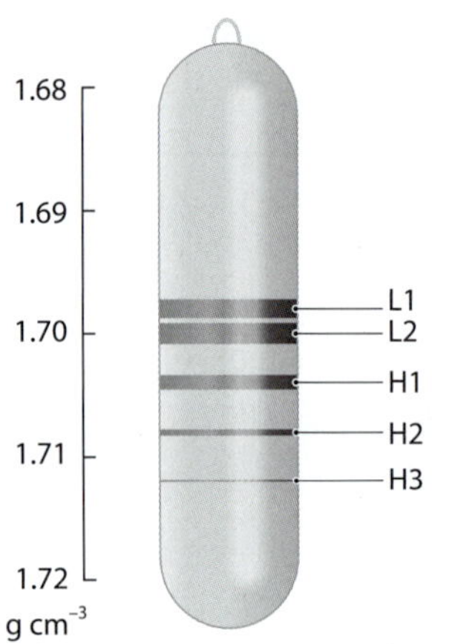

그림 7.10 등밀도 원심분리로 볼 수 있는 등부피선 DNA 띠. 대략 100 kb 정도의 크기로 조각내면, 사람의 DNA는 등밀도 원심분리에 의해 5개의 띠로 분리된다. 이들 띠의 부유 밀도는 1.698, 1.700, 1.704, 1.708, 1.712 g cm^{-3}이다. 각 띠의 DNA는 상이한 GC 함량을 가진다. 등부피선 모델에 의하면 L1과 L2는 AT-풍부, H1, H2, H3는 GC-풍부에 해당하는 등부피선이다.

$$\% \text{ GC 함량} = \frac{\text{부유 밀도}(\text{g cm}^{-3}) - 1.660}{0.098} \times 100$$

사람 DNA를 이용하여 이와 같은 실험을 하였을 때, 5개의 분획이 나타난다. 각 분획은 서로 다른 등부피선형을 나타내는 것으로 독특한 염기 조성을 지닌다. 두 종류의 AT-풍부 등부피선형은 L1 및 L2로, 3종류의 GC-풍부 등부피선형은 H1, H2, H3로 명명되었다(그림 7.10). 이들 가운데 H3이 사람 유전체에서 가장 드물게 나타나는 종류로써 전체의 3%에 불과하지만 유전자의 25%를 포함한다. 이는 유전자가 사람 유전체 전역에 걸쳐 골고루 분포하고 있지 않다는 것을 의미한다.

가장 처음의 진핵생물 유전체 염기 서열을 바탕으로 각 염색체 DNA 선상에 유전자가 균일하게 분포되지 않는다는 것이 확인되었다. 애기장대에서 평균 유전자 밀도는 100 kb당 25 유전자이다. 그러나 5개의 염색체 중 가장 큰 염색체 경우인 그림 7.11에 나타난 것처럼, 유전자 밀도가 매우 낮은 동원체의 외부와 텔로미어를 제외하더라도 유전자 밀도는 100 kb당 1~38로 큰 편차를 보인다. 사람의 염색체 또한 마찬가지여서 이런 특성은 동일하다. 몇 가지 염색체는 수 Mb 정도까지의 크기로써, **유전자 밀도**가 매우 낮은 소위 **유전자 사막(gene desert)**을 가지고 있다. 염색체에 따른 단백질 암호화 유전자의 분포도 13번 염색체의 3.16개 유전자/Mb부터 19번 염색체의 22.61개 유전자/Mb 범위로, 매우 균일하지 않다. 'G-밴드는 유전자 밀도가 매우 낮다'라는 주장에 대해서도 어느 정도 확인되었다. 이 밴드에는 종종 여러 개의 인트론을 가진 긴 유전자가 다수 있는 경우도 있고, 하나의 긴 유전자가 하나의 밴드에 걸쳐 있는 경우도 있다. 반면에 등부피선 모델에 대해서는 불리한 자료가 많다. 원래 반대 학자들이 이 모델은 모든 진핵생물 유전체에 적용될 수 없다고 주장했었는데, 실제 유전체 염기 서열 정보를 적용해보면 진핵생물의 염색체는 염기 조성에 상당한 다양성을 보인다. 등부피선 이론은

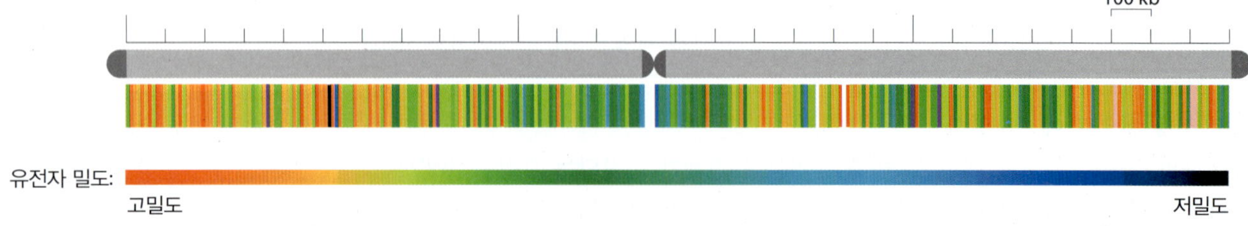

그림 7.11 애기장대 1번 염색체의 유전자 밀도. 애기장대의 5 염색체 가운데 가장 큰 1번 염색체의 길이는 29.1 Mb에 달한다. 서열이 결정된 부위는 연록색으로, 동원체와 텔로미어는 진한 녹색으로 나타내었다. 염색체 모형 아래의 유전자 지도는 유전자의 밀도에 따라 진한 청색(저밀도)에서 적색(고밀도)으로 채색하였다. 유전자의 밀도는 100 kb당 1~38 유전자 사이로 달라진다. (The Arabidopsis Genome Initiative[2000] *Nature* 408:796-815에서 발췌. Macmillian Pub. Ltd.의 허락을 득함.)

이러한 훨씬 복잡한 실제 상황을 극단적으로 단순화했다고 볼 수 있다. 예를 들어, 포유동물의 유전체에는 분명히 GC 함량이 균일한 지역이 있지만, 이 균일 도메인은 전체 유전체의 1/3 정도 밖에 되지 않는다. 나머지는 균일 도메인 구조로 보이지 않는 혼합된 GC 함량을 가지고 있다. 균일 도메인의 대부분은 100 kb 이하이며, 이 도메인의 단지 2%만이 유전체의 28% 이하에 걸쳐 있으며, 등부피선에서 가정하는 길이인 300 kb 이상의 조각에 해당한다. 이런 연유로 등부피선 이론은 잘못된 개념인 셈이다. 그러나 이 잘못된 개념은 유전체 이전 시기에 유전체의 구조에 대한 생각을 하도록 하는 중요한 역할을 했다는 점에서 유용했다고 할 수 있다.

특정 사람 유전체 조각의 내용

진핵생물 염색체 상에서의 위치에 따라 유전자 밀도가 다르다는 사실을 통해 유전체 전반에 걸쳐 유전자의 "전형적인" 분포에 바탕을 두고 유전자의 조직화 과정을 찾아내기는 어렵다는 것을 알 수 있다. 또한 서로 다른 진핵생물들 사이에서 전체적으로 유전자가 조직화되는 양상도 크게 다르다. 이러한 다양성은 연구에 큰 어려움을 주긴 하지만 우리 유전체의 유전적 특성이 진화의 과정을 겪는 동안 변화한 경로를 반영하는 것이므로, 이를 이해하는 것은 중요하다. 이 절에서 우리는 사람 유전체의 한 부분을 자세히 살펴볼 것이다.

이 물음에 대한 답을 찾기 위해 1번 염색체 장완(long arm)의 중간 정도에 위치하며, 염기 서열 위치 55,000,000~55,200,000의 200 kb 절편(**그림 7.12**)을 자세히 살펴보자. 이 절편은 다음과 같은 특징을 보인다.

- 3개의 단백질 암호화 유전자 전체 또는 일부
  - 54,998,994 위치에서 시작한 *BSND* 유전자의 끝부분; *BSND*는 염소 채널(chloride channel) 단백질을 암호화하는 유전자이다. 이 단백질은 염소를 포함한 여러 가지 이온이 세포 내로 들어오거나 세포 외로 나가는 통로 막단백질을 형성한다.
  - 온전한 *PCSK9* 유전자; *PCSK9*는 프로단백질 전환효소(proprotein convertase)

그림 7.12 인간 유전체 200 kb 절편. 이 부분은 인간 1번 염색체의 55,000,000~55,200,000 염기 서열 위치에 해당하는 절편이다. 유전자 내의 엑손은 녹색, 인트론은 회색으로 표시되어 있다. (UCSC Genome Browser, hg38 assembly에서 인용.)

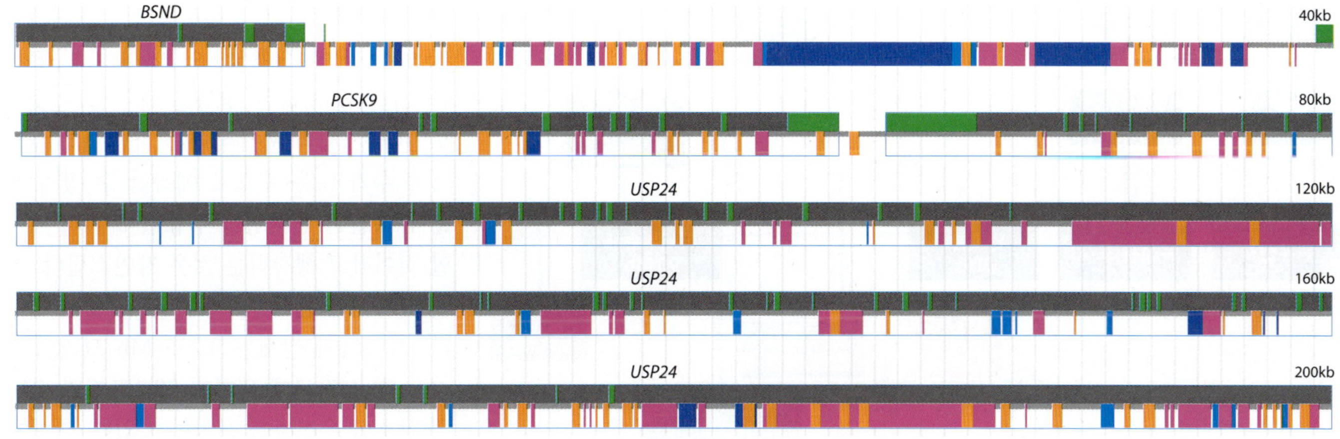

subtilisin/kexin 9에 해당하는 효소를 암호화하며, 간, 창자, 콩팥 조직에서 발현되고, 콜레스테롤 대사에서 중요한 역할을 하는 LDL(low density lipoproteins)의 분해에 작용한다.

- *UPS24* 유전자의 시작 부분; 이 유전자는 유비퀴틴-특이성 펩타이드가수분해효소 24(ubiquitin-specific peptidase 24)를 암호화하며, 단백질 분해효소는 **유비퀴틴으로 표시된(ubiquitination)** 단백질에서 **유비퀴틴(ubiquitin)** 쪽을 제거한다. 유비퀴틴은 작은 단백질로써 이것이 특정 단백질에 추가되느냐 제거되느냐로 단백질의 위치 또는 분해로의 조절에 관계된다(13.3절). *UPS24* 유전자는 55,215,366에서 끝나므로 유전자 조각의 거의 대부분이 그림 7.12에 포함된다.

이 3개의 유전자는 불연속적으로, *BSND*에는 3개, *PCSK9*에는 11개, *UPS24*에는 73개의 인트론이 들어 있다.

• 수많은 **산재성 반복 서열**; 이들 서열은 유전체 전반에 걸쳐 여러 번 반복된다. 유전체 반복 서열은 크게 네 종류로 구분되는데, 각각 **짧은 산재성 핵 반복인자(short interspersed nuclear element, SINE)**, **긴 산재성 핵 반복인자(long interspersed nuclear element, LINE)**, **LTR(long terminal repeat) 인자** 및 **DNA 트랜스포존(DNA transposon)**으로 불린다(그림 9.2). 예시된 각 종류의 많은 사본이 이 유전체의 짧은 절편 내에 존재한다. 대부분의 유전체 반복 서열은 유전자와 유전자 사이에서 주로 나타나지만 몇몇의 경우에는 인트론에도 존재한다.

지금까지 살펴본 사람 염색체의 200 kb 조각에서 가장 눈에 띄는 특징은 유전자가 차지하는 부분이 비교적 적다는 점이다. 4개 유전자에서 엑손의 길이만을 모두 합하면 10,664 bp로 200 kb 절편의 5.33%에 해당된다. 사실 이 DNA 절편에는 사람 염색체의 다른 부분보다 유전자가 풍부하게 포함되어 있는 편이다. 사람 유전체 전체에 존재하는 엑손의 길이를 모두 합쳐 보아도 48 Mb에 불과하며, 이는 전체의 1.5%에 해당한다. 반면 유전체의 44%는 유전체 반복 서열이 차지하고 있다(그림 7.13).

효모 유전체는 매우 간결하게 압축된 구조로 이루어져 있다

진핵생물에서의 유전자 구조는 얼마나 다를까? 유전체 크기를 보면 분명 큰 차이를 확인할 수 있다. 가장 작은 진핵세포의 유전체는 길이가 10 Mb도 채 못 되지만 가장 큰 것은 100,000 Mb를 넘는다. 그림 7.14와 표 7.2에 나타나 있듯이, 유전체의 크기는 어느 정도 생물체 구조의 복잡성과 일치한다. 진균류처럼 가장 간단한 진핵생물의 유전체는 비교적 작고, 척추동물이나 현화식물 등 복잡한 진핵생물이 대개 큰 유전체를 지닌다. 이러한 경향은 일견 그럴듯해 보인다. 개체의 복잡성이 증가할수록 유전자의 수가 많을 것으로 예측할 수 있기 때문에 복잡한 진핵생물의 유전체가 더 커야 할 것이라고 생각하는 것은 자연스럽다. 그러나 이러한 관계가 딱 들어맞는 것은 아니다. 사람의 유전체는 3,235 Mb 크기이고, 가장 최근 자료에 의하면 20,441개의 단백질 암호화 유전자를 포함하고 있다. 출아효

그림 7.13 **인간 유전체의 조성.** UTRs은 비번역 부분이다.

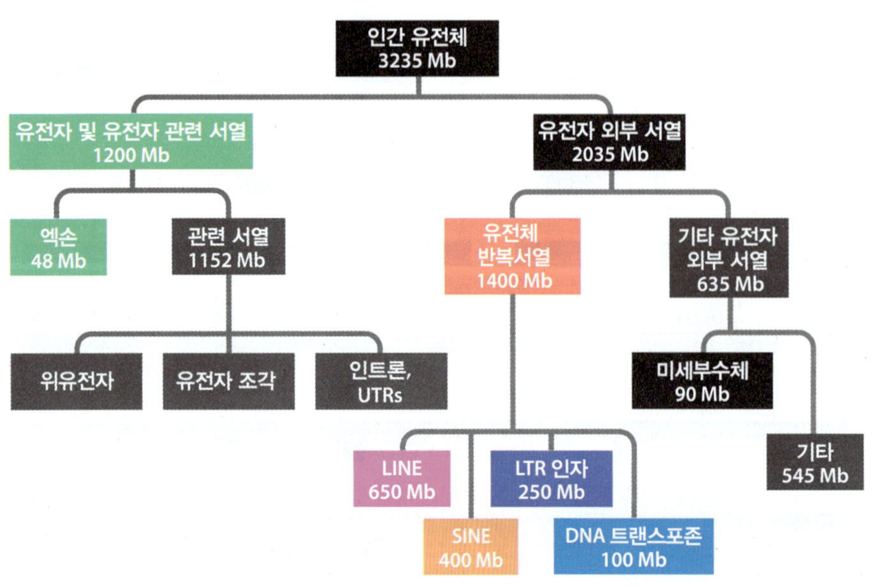

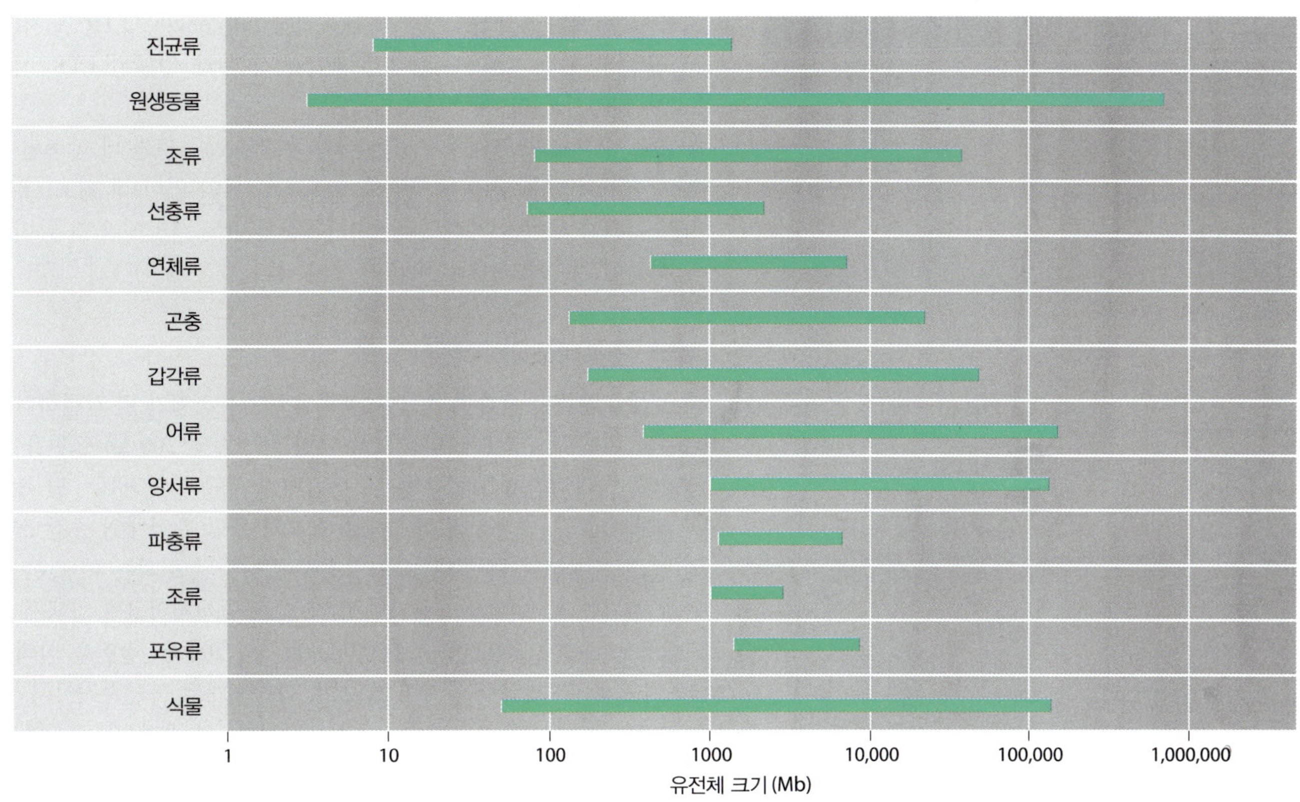

그림 7.14 **여러 진핵생물 유전체의 개략적인 크기 범위.**

모 유전체의 크기는 12.2 Mb로 사람 핵 유전체 크기의 0.004배에 불과하다. 같은 비율로 유전자의 수를 계산한다면 효모에는 0.004 × 20,441 유전자, 즉 82개 정도의 유전자가 들어있을 것이라 예측할 수 있다. 그러나 실제 효모는 6,692개 정도의 유전자를 가지고 있다.

여러 해 동안 생물종의 복잡성과 유전체 크기 사이의 정확한 상관관계가 존재하지 않는다는 사실은 수수께끼였고, 이는 **C값 역설(C-value paradox)**이라 불렸다. 사실상 답은 매우 단순하다. 비교적 덜 복잡한 생물의 유전체는 유전자와 유전자 사이가 가까이 붙어 있어 유전체 크기를 상당히 줄일 수 있다. 이는 그림 7.15에서에 제시된 효모의 전형적인 200 kb 유전체 절편에서 확인할 수 있다. 이 유전체 절편은 4번 염색체의 일부이며, 이 염색체는 16개의 효모 염색체 중 가장 큰 것으로 크기가 단지 1.53 Mb인 점을 감안하면 전반적으로 효모의 염색체는 상당히 작은 크기라는 것을 알 수 있다. 이 200 kb 절편은 염기 서열 위치 250,000 ~450,000이고, 4번 염색체의 13%에 해당하며, 한쪽 끝이 이 염색체의 동원체에 근접해 있다. 이 200 kb 절편을 앞에서 살펴본 사람의 경우(그림 17.5A와 B ; 그림 17.12도 참조)와 비교해 보면, 다음과 같은 세 가지 차이점이 바로 보인다.

- 효모의 유전체에서의 유전자 밀도는 사람 유전체에 비해 훨씬 높다. 4번 염색체의 200 kb 절편 안에는 단백질을 암호화하는 104개의 유전자와 4개의 tRNA 유전자와 1개의 snoRNA 유전자가 들어있다.
- 상대적으로 소수의 효모 유전자가 불연속적이다. 이 부분에는 인트론이 포함된 4가지 단백질 암호화 유전자에 인트론이 각각 하나씩 있다. 효모 유전체 전체에 단지 344개의 인트론이 존재하며 대부분 경우에 각기 인트론 하나를 가지고 있다.
- 이 절편에는 단지 2개의 산재형 반복 서열이 있다. 둘 다 절단된 LTR 인자(9.2절)로 하나는 delta 서열, 다른 것은 tau 서열이라 부른다. 산재형 반복 서열은

표 7.2 진핵생물 유전체의 크기

생물종	유전체 크기 (Mb)
진균류	
Encephalitozoon intestinalis	2.3
Saccharomyces cerevisiae	12.2
Aspergillus nidulans	31
원생동물	
Plasmodium falciparum	23
Dictyostelium discoideum	34
Neospora caninum	62
Amoeba dubia	200,000
무척추동물	
Caenorhabditis elegans	100
Drosophila melanogaster	175
Bombyx mori (누에)	432
Strongylocentrotus purpuratus (성게)	814
Laupala sp. (귀뚜라미)	2000
Locusta migratoria (메뚜기)	6500
척추동물	
Takifugu rubripes (복어)	365
Mus musculus (마우스)	2640
Homo sapiens	3235
Protopterus aethiopicus (아프리카 폐어)	143,000
식물	
Arabidopsis thaliana (장대 냉이)	135
Oryza sativa (벼)	430
Zea mays (옥수수)	2500
Pisum sativum (완두콩)	4300
Triticum aestivum (밀)	16,500
Paris japonica (의립초)	165,000

효모 유전체의 3.4%에 불과하다. 전장(full-length) LTR 인자(효모 균주에 따라 차이가 있지만 약 50 사본)와 절단된 LTR 서열(300~400 사본)이 가장 흔하다.

효모 유전체의 유전적 구조는 사람 유전체보다 훨씬 더 압축된 형태로 이루어졌다. 유전자 자체도 인트론이 거의 없이 더 짧고, 유전자와 유전자 사이의 거리도 짧으며, 유전체 반복 서열이나 다른 비번역 서열이 차지하고 있는 비율도 훨씬 낮다.

기타 진핵세포의 유전자 구조

다른 생물종을 조사하면 복잡한 진핵세포는 유전체가 덜 간결하다는 가설을 확인할 수 있다. 다음으로 파리 유전체의 200 kb 절편을 살펴보자. 초파리가 효모보다 좀 더 복잡하고 사람에 비해서는 덜 복잡한 생물이라면, 초파리의 유전체는 효모와 사람 유전체의 중간 정도일 것으로 예상할 수 있다. 그림 7.15C에 나타난 결과는 이 같은 예측과 일치한다. 초파리 핵형도에서 가장 큰 염색체인 3번 염색체 좌완(left arm)의 5,300,000~5,500,000 위치의 200 kb 절편을 살펴보자. 여기에는 8개의 유전자가 있으며, 그중 6개는 불연속적이며, 보통 인트론의 길이는 사람의 경우와 유사하다. 이 절편에는 2개의 산재형 반복 서열이 있다. 둘 다 절단된 LTR 인자이다. 초파리 유전체 역시 SINEs, LINEs, DNA 전이인자가 있지만 이 절편에서는 보이지 않는다. 이와 같은 경향은 세 가지 생물의 전체 유전체 서열을 비교해도 유사하게 나타난다(표 7.3). 초파리 유전체의 유전자 밀도는 효모와 사람의 중간 정도이고, 평균적인 초파리 유전자에는 효모의 평균적인 유전자보다는 많지만 여전히 사람의 평균적인 유전자보다는 3배나 적은 인트론이 포함되어 있다.

효모, 초파리, 사람 유전체를 비교하여 유전체 반복 서열을 살펴보아도 같은 경향을 확인할 수 있다(표 7.3 참조). 유전체 반복 서열은 효모 유전체의 3.4%, 초파리 유전체의 약 12%, 사람 유전체의 44%를 차지한다. 유전체 반복 서열이 유전체의 구조에 영향을 미치는 등의 미묘한 역할을 수행하고 있다는 것이 최근 분명하게 인식되기 시작했다. 현화식물의 유전체로는 크기가 비교적 작은 편으로 2,500 Mb에 불과한 옥수수 유전체를 살펴보면 이를 확실히 알 수 있다. 그림 7.15D는 옥수수 유전체의 200 kb 절편을 보여주고 있다. 여기에는 9개의 유전자가 있고, 그중 7개 경우는 하나 또는 그 이상의 짧은 인트론을 포함한다. 유전자 대신 대부분의 유전체 서열은 유전체 반복 서열로 채워져 있다. 마치 유전체 반복 서열의 바다에 유전자 섬이 간간이 떠 있는 형국이다. 산재형 반복 서열은 주로 LTR 인자형이고, 유전자 사이 지역의 대부분을 차지하고 있으며, 옥수수 유전체 전체의 거의 50%에 해당된다. 하나 또는 그 이상의 유전체 반복 서열이 특정한 생물종의 유전체에서 대량으로 증폭되었다는 사실이 분명해 보인다. 이러한 사실이 C값 역설의 수수께끼를 설명해 줄 수 있을지 모른다. C값 역설이란 생물체가 더 복잡해질수록 유전체의 크기도 커지는 일반적인 경향을 보이지만, 복잡성이 거의 비슷한 생물들 사이에서 유전체 크기가 크게 다른 경우가 있다는 것이다. 좋은 예가 원생동물의 하나인 *Amoeba dubia*인데, 같은 원생동물인 *Dictyostelium discoideum*의 유전체와 비슷한 크기인 100~500 kb 정도일 것으로 예상할 수 있다(표

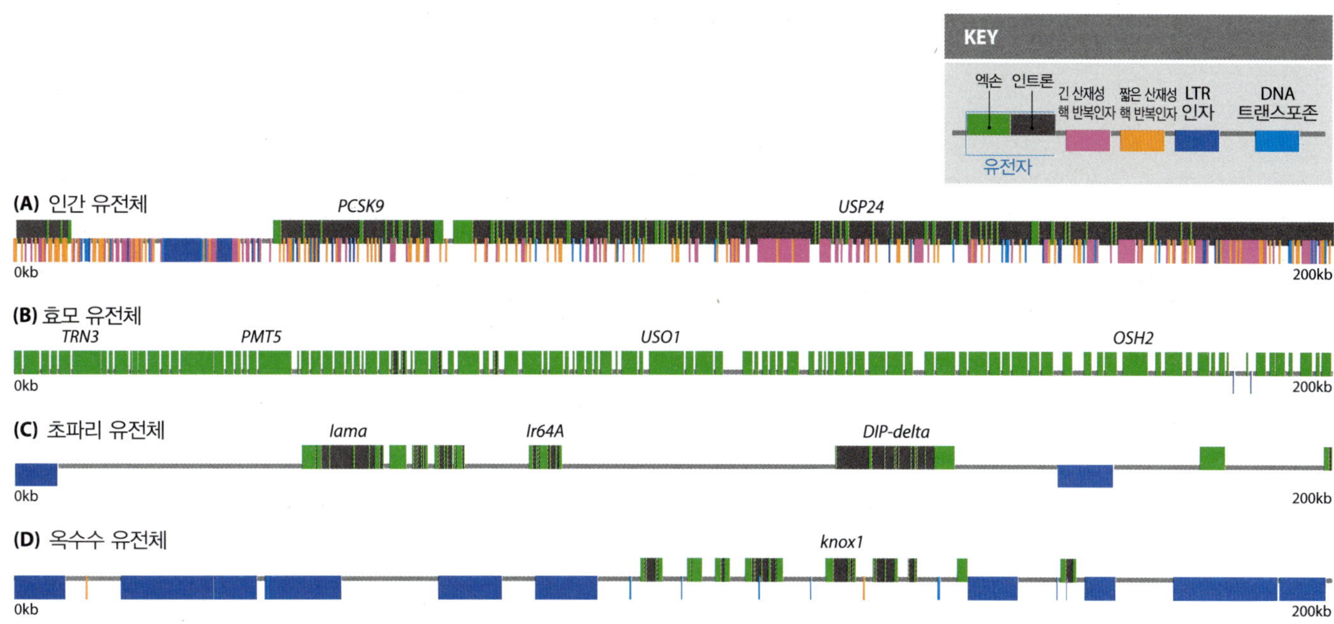

그림 7.15 인간, 효모, 초파리, 옥수수의 유전체 비교. (A) 그림 7.12에서 살펴본 인간 1번 염색체의 200 kb 절편. (B) 효모 4번 염색체의 250,000~450,000 염기 서열 위치에 해당하는 200 kb 절편. (출처: UCSC Genome Browser, sacCer3 assembly). (C) 초파리 3번 염색체의 5,300,000~5,500,000 염기 서열 위치에 해당하는 200 kb 절편. (출처: UCSC Genome Browser, dm6 assembly). (D) 옥수수 1번 염색체의 5,000,000~5,200,000 염기 서열 위치에 해당하는 200 kb 절편. (EnsemblePlants AGPv4 assembly에서 발췌.)

표 7.3 효모, 초파리, 인간 유전체의 비교

특징	효모	초파리	인간
유전자 밀도 (평균 개수/Mb)	549	80	6
유전자 하나에 들어있는 인트론 개수 (평균)	0.05	3	8
유전체 중 산재성 반복 서열이 차지하는 비율	3.4%	12%	44%

7.2 참조). 그러나 사실 *Amoeba dubia*의 유전체는 200,000 Mb를 넘는다. 이와 비슷하게 귀뚜라미의 유전체가 다른 곤충의 유전체와 비슷할 것이라 생각하겠지만, 귀뚜라미 유전체의 크기는 초파리 유전체 크기의 11배에 달하는 2,000 Mb에 달한다.

7.3 유전자의 수는 몇 개이며, 그 기능은 무엇인가?

제5장과 제6장에서 유전체 염기 서열에서 유전자를 파악하고, 이들 유전자의 기능을 알아내는 방법을 살펴보았다. 유전자를 확인하고 기능을 분석하는 여러 가지 생물정보학적 실험방법들이 있지만, 현재로는 완전한 유전체 주석달기는 어느 진핵생물 경우라도 이루어내기가 어렵거나 불가능하다. 이는 유전체에 정확히 몇 개의 유전자가 있는지 모르며, 그 유전체에서 만들어 내는 단백질의 기능에 대해 완전한 기술이 가능하지 않다는 것을 의미 한다. 그러나 유전체의 염기 서열이 알려진 생물종에서의 유전자의 수는 합리적인 범위 내에서 추정할 수 있고, 이미 기능이 알려진 유전자 경우의 정보를 연장하여 전체적인 유전체의 기능적 역량을 추정할 수 있다.

유전자 수는 오해의 소지가 있다

현재의 주석으로는 사람의 유전체에는 20,441개의 단백질 암호화 유전자와 22,219개의 비번역 RNA 유전자가 있다고 알려져 있다. 최근 수년간 의문시 되었던 ORF가 점차 폐기되면서 단백질 암호화 유전자의 총수는 감소되는 추세이며, 19,000개 정도 밖에 안 될 것이라는 추정도 있다. 반면 여러 가지 종류의 비번역 RNA가 알려지면서, 비번역 RNA의 총수는 최근에 상당히 증가되었다. 전사체의 구성(12.1절)에서 살펴볼 때도 확인할 수 있는 것처럼, 유전체 연구의 이 분야는 현재로써는 상당히 유동적이다. 어느 생물에서의 인정되는 비번역 RNA의 개수는 기능이 확실하게 파악된 새로운 유전자가 얼마나 발견되느냐, 원래는 유전자로 추정이 되었었지만 그 RNA 산물이 쓸모가 없는 정크라고 확인이 되어 폐기되는 수가 얼마냐에 따라서 변할 것이다.

우리의 예상으로는 지구 상에서 가장 뛰어난 생물인 사람이 유전자를 가장 많이 가지고 있을 것이라 생각하기 쉽다. 언뜻 몇 가지 생물에서 단백질 암호화 유전자 개수를 비교해보면(표 7.4) 이런 편견이 그럴듯해 보인다. 효모는 단지 6,692개, 초파리는 14,000개 이하, 닭은 15,508개의 유전자를 가지고 있다. 그러나 이런 상관성은 이 표를 좀 더 살펴보면 달라지게 된다. 유전자 개수로 보면 사람과 다른 유인원이 가장 복잡한 생물이 아니다. 애기장대는 27,000개 이상의 단백질 암호화 유전자를, 벼는 35,000개 이상을 가지고 있다. 식물에서 유전자 개수가 많은 것을 광합성에 필요한 단백질 유전자 때문이라고 치부할 수도 있다. 그러나 이는 잘못된 개념이다. 광합성 능력은 결코 포유동물과 여러 척추동물에서의 독특한 여러 가지 분화된 특성보다 크지 않다. 하여간 식물의 유전자 개수만이 튀는 유일한 특성이 아니며, 표 7.4를 잘 살펴보면 다른 특이점이 보인다. 성체가 겨우 1,000개가 약간 넘는 세포를 가지는 예쁜꼬마선충 경우에 유전체에 20,362개의 단백질 암호화 유전자를 가진다. 이 수는 사람의 기능성 단백질 암호화 유전자 개수보다 분명히 많다.

이러한 유전자 수의 비교는 유전체 생물학의 중요한 면을 보여준다. 이는 2000년에 서열의 초안이 완성되기 불과 몇 달 전까지만 해도 가장 그럴듯한 추정치가 80,000~100,000개의 단백질 암호화 유전자였다. 초기 추정치가 이렇게 높았던 까닭은 대부분의 경우 하나의 유전자가 하나의 mRNA와 하나의 단백질을 암호화한다는 사실을 전제로 했기 때문이다. 이 모델에 따르면 사람 유전체의 유전자 수는 사람 세포에 존재하는 단백질의 수와 비슷해야 하고 이를 근거로 80,000~100,000이라는 숫자가 제시된 것이었다. 유전자의 수가 이보다 훨씬 작다는 사실은 하나의 유전자가 하나 이상의 단백질을 유도해 낼 수 있다는 것을 의미한다. 이는 사람의 유전체에 있는 많은 불연속적인 유전자에서의 경우이다(1.2절). 인트론이 처음으로 밝혀졌을 때만 해도 한 가지 불연속적 유전자에서 단지 하나의 **스플라이싱 경로**만 있다고 생각했다. 그러나 많은 불연속적 유

표 7.4 여러 진핵생물의 단백질 암호화 유전자 개수

생물종	단백질 암호화 유전자
Saccharomyces cerevisiae (출아효모)	6,692
Schizosaccharomyces pombe (분열효모)	5,145
Caenorhabditis elegans (선충)	20,362
Arabidopsis thaliana (식물)	27,416
Drosophila melanogaster (초파리)	13,918
Oryza sativa (벼)	35,679
Gallus gallus (닭)	15,508
Homo sapiens (인간)	20,441

Ensembl release 85, Ensembl Plants release 32, and Ensembl Fungi release 32에서 인용.

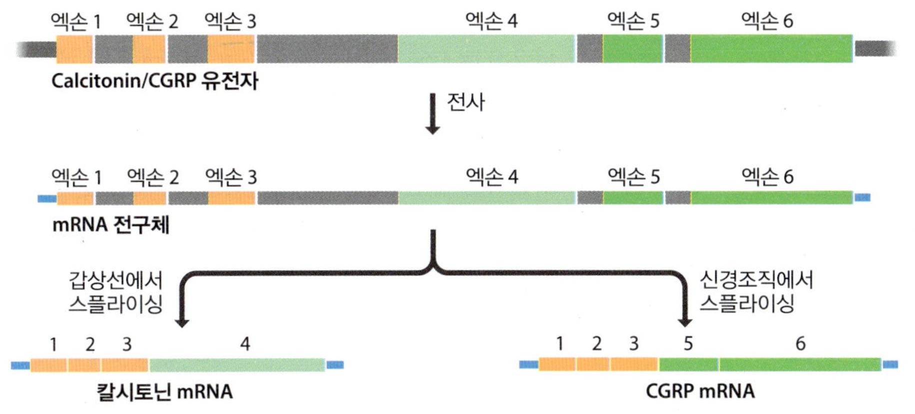

그림 7.16 두 가지 스플라이싱 경로를 가지는 인간 유전자의 예. 사람의 calcitonin/CGRP 유전자는 두 가지 스플라이싱 경로에 의해 두 가지 다른 단백질이 만들어진다. 갑상선에서는 1-2-3-4 엑손이 모아져 혈중의 칼슘 이온 농도를 조절하는 짧은 펩타이드 호르몬인 칼시토닌(calcitonin)의 mRNA가 생성된다. 신경세포에서는 1-2-3-5-6 엑손이 모아져 감각 신경세포에서 활성이 있는 신경전달 물질이며, 통증 반응에 관여하는 칼시토닌 유전자 관련 펩타이드(calcitonin gene-related peptide, CGRP)가 만들어진다.

전자들에서 **선택적 스플라이싱(alternative splicing)**이 있고, 따라서 합성되는 mRNA 전구체에서 엑손이 서로 다른 조합으로 이어져 여러 종류의 단백질이 하나의 유전자에서 합성된다. 따라서 유전자들 각각으로부터 어느 정도 연관성은 있지만, 서로 다른 단백질들이 만들어진다. 사람의 유전자에서 두 가지 스플라이싱 경로를 가진 예를 그림 7.16에서 볼 수 있다. 한 가지는 갑상선에서, 다른 것은 신경세포에서 일어난다. 선택적 스플라이싱은 척추동물에서 상대적으로 흔하고, 사람의 전체 단백질 암호화 유전자의 75%이며, 이 유전자들의 95% 경우는 2개 이상의 인트론을 갖고, 선택적 스플라이싱으로 유전자당 평균 4가지 다른 mRNA가 유도된다. 선택적 스플라이싱은 하등 진핵생물에서도 일어나긴 하지만 덜 흔하다. 예를 들어, 예쁜꼬마선충에서는 단백질 암호화 유전자의 25% 정도만이 선택적 스플라이싱이 일어나며, 유전자당 평균 2.2가지 다른 mRNA를 유도해낸다.

선택적 스플라이싱과 같은 과정을 염두에 둔다면, "유전자는 모두 몇 개인가?"라는 물음은 사실 생물학적 의미를 갖지 못한다. 유전자의 개수는 합성될 수 있는 단백질의 개수를 반영하지 못하고 따라서 유전체의 생물학적 복잡성을 나타내는 척도가 될 수 없기 때문이다. 특정 생물의 생물학적 복잡성을 좀 더 낫게 추정하는 방법은 위와 같은 스플라이싱 산물을 포함하여 각 유전자들의 기능을 범주 목록화하는 방법이다. 그러나 문제는 상대적으로 단순한 효모 같은 경우라도 기능을 확인하는 일이 쉽지 않으므로, 완성도가 떨어진다는 점이다. 어떤 경우에는 특정 범주에 속하는 유전자들의 기능을 확인하는 일이 특히 더 어려울 때 이 범주에 속하는 주석된 유전자 수가 실제보다 적은 수로 기술되기 쉽다. 이러한 질적인 문제를 감안하면서, 몇 종류의 생물종에서 유전자 범주 목록을 비교해 보자.

유전자 범주 목록을 통해서 서로 다른 생물의 독특한 특징을 알 수 있다

현재 20,000여 개로 알려진 단백질 암호화 유전자 가운데 거의 절반 이상에 해당하는 유전자의 기능이 알려졌거나 거의 확실하게 추정이 가능하다. 이들의 기능은 GO(Gene Ontology) 방법으로 기술할 수 있다. 이로써 관련된 활성을 가진 유전자 그룹을 파악할 수 있다는 의미이다. GO 체계는 기능을 여러 면(예를 들면, 분자 기능, 생물학적 과정 등)에서 기술할 수 있고, 추가적으로 계층적 분류를 할 수 있다. 어떤 정보를 얻을 수 있는지를 알기 위해, 분자 기능을 중심으로 기술한 사람의 유전자 범주 목록을 살펴보자(그림 7.17). 가장 높은 단계에서 5,370개의 유전자는 다른 분자와 비공유결합적 상호작용을 하는 단백질을 암호화하며, 5,090개의 유전자는 촉매활성(효소)을 가진 단백질을 암호화한다. 여기에서 GO 아래 계층으로 내려가 보면, 결합 단백질 중 2,854개는 다른 단백질과 그리고 2,357개는 핵산과 결합한다. 촉매 활성을 가진 단백질 중에는 2,134개는 가수분해 효소에 속하고, 그 다음으로 1,542개는 전달효소(transferase)에 해당된다. 다시 최고 계층으로 돌아와서, 결합과 촉매활성 다음은 수용체 활성을 가진 단백질을 암호화하는 유전자들이다. 이들은 호르몬과 생장인자와 같은 세포 밖 신호에 반응하는 세포 표면 또는 세포질내 수용체 단백질 유전자가 여기에 속한다. 그 다음은 718개 유전자가 속하는 신호전달 관련으로써, 수용체 단백질에서 목표 유전자까지의 신호 경로를 구성하는 단백질과 외부 신호에 의해 활성이 변하는 효소들을 암호화하는 유전자가 여기에 속한다. 사람의 유전자 범주 목록에 또 다른 1,014개는 운반 활성을 가진 단백질(transporter)을 암호화하는 유전들로써, 이 단백질들은 세포막을 건너다니거나 미토콘드리아와 같은 소기관의 안팎을 이동하는 분자와 이온들의 움직임을 관장한다. 또 다른 927개는 세포 골격을 형성하거나 세포외 기질(extracellular matrix)을 형성하는 구조 단백질 관련 유전자를 암호화한다.

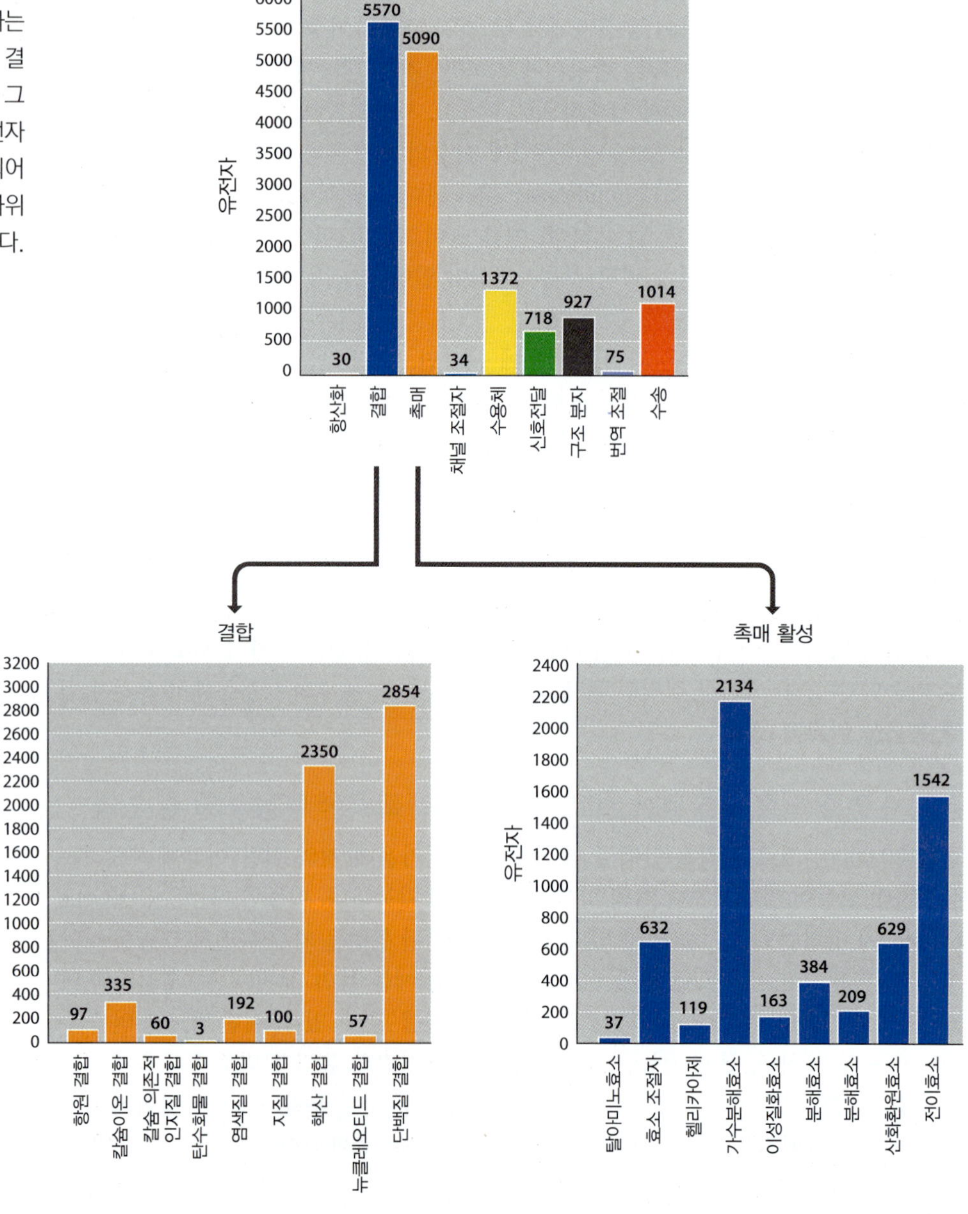

그림 7.17 인간 유전자 범주 목록. 이 범주 목록은 하위에 결합과 효소활성을 포함하는 유전자들의 GO 분자 기능에 따른 범주화 결과이다. 일부의 유전자들은 2가지 또는 그 이상의 기능에 할당(예를 들어, 일부 유전자 산물은 단백질에도, 핵산에도 결합)이 되어 있으며, 따라서 결합과 같은 범주에서 하위 범주에서 한 번 이상 들어가 있을 수 있다. (PANTHER 11.0에서 발췌.)

GO 범주 중 하나인 생물학적 과정을 기준으로 비슷한 사람 유전자 범주 목록 작성을 해볼 수 있다. 이 기능적 분석은 사람의 유전체에서 생물학적, 생화학적 역량을 기술하는 데 유용하다. 그러나 한 종의 목록 그 자체만으로는 얻을 수 있는 정보가 많지 않다. 이 범주 목록을 가지고 생물 종 사이를 비교하게 되면, 생물마다의 독특한 특성에 대한 근거를 유전체 수준에서 이해할 수 있기 때문에 보다 유용하다. 이러한 연구에 의해 모든 진핵생물은 기본적으로 동일한 기본 유전자 집합을 가지고 있으며, 단지 각 범주에 속하는 유전자의 총 개수가 복잡한 생물일수록 더 많다는 주장이 제안되었다. 이러한 경향은 분자 기능을 기준으로 한 사람, 초파리, 효모, 예쁜꼬마선충, 애기장대 범주 목록을 비교한 결과에서 잘 나타나 있다(**그림 7.18**). 사람의 경우에는 9가지 범주 중 5가지에서 가장 많은 수의 유전자가 포함되어 있다. 예외 범주는 항산화활성, 촉매활성, 번역조절자, 수송활성인데, 이 경우는 애기장대가 가장 유전자 수가 많다. 비교 대상 중 다른 4가지 생물에서는 없는 광합성 역량을 애기장대만 가지고 있고, 이를 위해 애기장대는 다른 4가지에는 없는 추가적인 유전자들을 가져야 한다는 점을 고려하면 이해할 만하다. Calvin 회로와 광합성의 고유한 생화학적 경로를 수행하는 데 필요한 효소뿐만 아니라, 광합성 과정의 부산물로 생성되는 산화물을 처리하고, (다른 4가지 생물에서는 존재하지 않는) 엽록체 안팎으로의 이온과 분자의 수송 과정에 필요한 효소들이 필요하다. 새로이 알려진 또 다른 특색은 소위 사람이 가장 많은 유전자를 포함하는 범주가 결합(binding)인 유일한 생물종이라는 것이다. 이는 사람과 다른 척추동물의 생물학적 우월성의 바탕을 높은 단백질-단백질, 단백질-DNA 상호작용으로 어느 정도 설명할 수 있다는 것을 의미한다. 또 다른 재미있는 특색은 예쁜꼬마선충 경우에는 수용체 활성과

그림 7.18 출아효모, 애기장대, 예쁜꼬마선충, 초파리, 인간에서의 유전자 범주 목록 비교. 인간, 초파리, 출아효모, 예쁜꼬마선충, 애기장대에 대한 GO 분자 기능에 따른 범주 목록 결과이다. (PANTHER 11.0에서 발췌.)

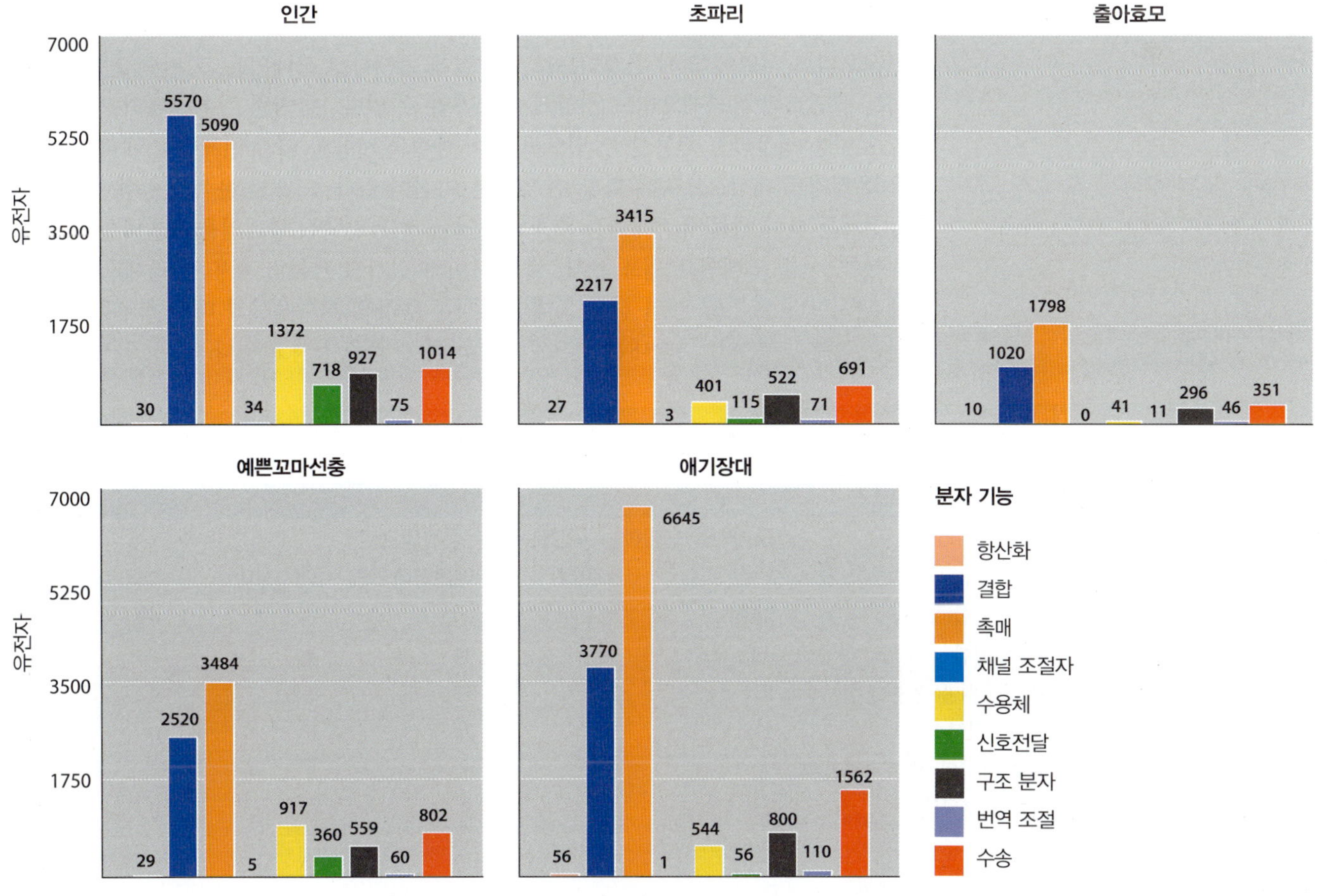

신호전달 범주에 상대적으로 많은 유전자가 포함되어 있다는 것이다. 그 수는 초파리의 두 배, 사람의 절반 이상에 해당한다. 아래 기능 계층으로 들어가 보면, 사람과 초파리 경우에는 여러 종류의 수용체 단백질 유전자인 데 비하여, 예쁜꼬마선충에서는 한 가지 종류(G-protein 수용체)로 주로 구성되어 있는 것이 뚜렷하게 보인다. 반면에 수송단백질 범주는 세 가지 유전체에서 모두 거의 동일한 구성을 가진다. 이는 세포막을 경계로 한 대사물의 이동 조절 능력이 진핵생물 진화 역사상 비교적 초기에 충분히 완숙되었다는 것을 의미한다. 따라서 유전자 범주 목록 비교는 서로 다른 유전체의 유전자 역량을 파악할 수 있을 뿐만 아니라, 이 역량이 언제 진화했는지를 파악할 수 있게 해준다.

진핵생물 유전체에 존재하는 유전자들은 여러 가지 방법으로 범주화할 수 있다. 한 가지 방법은 그림 7.16에 나타난 것처럼 유전자를 기능에 따라 분류하는 것이다. 이러한 방법을 이용하면 그림 7.16에 기술된 상당히 넓은 기능적 범주를 더 세분해 가며 점점 더 특수한 기능을 지니는 더 작은 유전자군으로 계층적인 분류를 할 수 있다는 장점이 있다. 그러나 이 방법은 아직 기능을 알지 못하는 유전자가 많으므로 이 방법으로 전체 유전자의 비율을 알 수는 없다는 단점도 있다.

GO 체계가 유일한 유전자 범주 목록 작성 방법은 아니다. 이보다 더 강력한 방법은 유전자의 기능을 기준으로 하지 않고 이 유전자가 합성하는 단백질의 구조에 근거하여 분류하는 방법이다. 단백질 분자는 일련의 **도메인(domain)**으로 구성되어 있으며 각각의 도메인은 특정한 생화학 반응을 수행한다. 예를 들어, **아연손가락(zinc finger)**은 단백질이 DNA 분자에 결합할 수 있게 하는 몇몇 도메인 가운데 하나이며(11.2절), 사멸 도메인(death domain)은 세포예정사에 관여하는 여러 단백질에 존재한다. 각각의 도메인은 특징적인 아미노산 서열로 이루어져 있다. 이들 서열이 모든 단백질의 해당 도메인에서 동일한 것은 아니지만 단백질의 아미노산 서열을 조사하여 특정한 도메인의 존재 여부를 확인할 수 있을 정도로 유사하다. 단백질의 아미노산 서열은 그 유전자의 뉴클레오티드 서열에 의해 지정되므로 단백질에 존재하는 도메인은 그 단백질을 암호화하는 유전자의 뉴클레오티드 서열에서 찾아낼 수 있다. 이 방법은 유전자의 기능을 알지 못하는 경우라도 적용할 수 있으므로 이 방법을 사용할 때 유전체에 존재하는 더 많은 유전자를 대상으로 범주화할 수 있다는 이점이 있다. 도메인 분석을 통해 척추동물 유전체는 다른 생물 유전체에는 존재하지 않는 몇몇 단백질 도메인을 포함하는 것이 밝혀졌다. 이들 도메인은 세포 부착, 세포 사이의 전기적 짝물림 작용, 신경세포 성장 등에 관여한다(표 7.5). 이와 같은 도메인이 다른 종류의 진핵생물과 다른 척추동물이 지니는 독특한 특성을 나타내는 것으로 간주하여 관심을 가지고 있다.

표 7.5 서로 다른 유전체에 특징적으로 나타나는 단백질 도메인의 예

영역	기능	도메인을 포함하는 유전체에서 유전자의 개수				
		인간	초파리	예쁜꼬마선충	애기장대	효모
아연손가락, Cy_2His_2 유형	DNA 결합	2474	824	295	221	49
아연손가락, GATA 유형	DNA 결합	44	26	41	49	10
호메오박스	발생 중의 유전자 조절	827	284	136	149	9
사멸	세포예정사	118	30	24	0	0
코넥신(connexin)	세포 사이의 전기적 커플링	70	0	0	0	0
에프린(ephrin)	신경 세포 성장	15	1	5	0	0

출처: InterPro 58.0

유전자 패밀리

유전자 서열이 결정되기 시작한 초기부터 동일하거나 유사한 서열 집단인 **다유전자 패밀리(multigene family)**가 여러 유전체에 공통적으로 존재한다는 사실이 알려졌다. 예를 들어, 지금까지 연구된 모든 진핵생물과 대부분의 박테리아는 리보솜 RNA 유전자를 여러 개를 가지고 있다. 사람 유전체에는 5S rRNA 유전자가 수천 개 존재하며, 모두 1번 염색체의 한 부분에 집단을 이루고 있다. 28S, 5.8S, 18S rRNA 유전자를 포함하는 반복 단위는 대략 수백회 반복하여 존재하며, 13, 14, 15, 21, 22번 염색체에 한 군데씩 존재한다(그림 7.6 참조). 리보솜 RNA는 단백질 합성 입자인 리보솜의 성분으로 세포분열이 일어나는 동안 수만 개의 새로운 리보솜이 조립되면서 많은 양의 rRNA 합성이 필요하므로 여러 개의 유전자가 중복되어 존재하는 것으로 생각된다.

rRNA 유전자는 단순한 또는 고전적인 다유전자 패밀리의 예로 유전자 패밀리에 속한 여러 개의 유전자들이 같거나 거의 유사한 서열을 가진다. 이들 유전자 패밀리는 유전자 중복에 의해 생기는 것으로 생각되며 아직 완전히 밝혀지지 않은 진화적 과정에 의해 유전자 패밀리의 개별 유전자들 서열이 동일하게 유지되는 것으로 보인다(18.2절). 단순한 진핵생물에서보다 복잡한 진핵생물에서 더 많이 보이는 또 다른 종류로는 "복합" 다유전자 패밀리가 있다. 복합 다유전자 패밀리는 유전자 서열이 유사하긴 하지만 개별 유전자의 산물이 각기 서로 다른 독특한 특성을 나타낼 수 있을 만큼은 다르다. 가장 잘 알려진 다유전자 패밀리는 포유류의 글로빈 유전자 패밀리이다. 글로빈은 혈액 단백질로써, 2개의 α-와 2개의 β-글로빈이 결합하여 헤모글로빈을 구성한다.

사람에서 α-글로빈은 16번 염색체에 있는 작은 다유전자 패밀리에서 생성되고, β-글로빈은 11번 염색체에 존재하는 두 번째 글로빈 유전자 패밀리에서 생성된다(그림 7.19). 이들 유전자는 일찍이 70년대 후반에 염기 서열이 밝혀졌다. 염기 서열을 통해 각 유전자 패밀리에 속하는 유전자는 서로 비슷하지만 결코 동일하지 않다는 것이 확인되었다. 사실 β-글로빈 유전자 패밀리에 속하는 유전자 가운데 가장 다른 2개의 유전자인 β-글로빈과 ε-글로빈 유전자는 79.1%만 동일하다. 이들 단백질은 둘 다 β-글로빈으로 불릴 만큼 유사하긴 하지만, 충분히 달라 서로 다른 생화학적 특성을 보인다. 이와 유사한 변이가 α-글로빈 패밀리에도 나타난다.

글로빈 유전자 패밀리의 개별 유전자들은 왜 이렇게 서로 다를까? 이에 대한 해답은 각 유전자의 발현 양상을 연구함으로써 얻을 수 있었다. 이들 유전자는 사람이 발생하는 동안 서로 다른 단계에서 발현된다는 사실이 밝혀졌다. 예를 들어, β형 유전자 패밀리에서 ε은 초기배아 시기에 발현되고, G_{γ} 및 A_{γ}(이들 두 단백질은 단 하나의 아미노산만이 서로 다르다)는 태아 시기에, δ와 β는 성인에게서 주로 발현된다(그림 7.19 참조). 생성되는 글로빈 단백질의 생화학적 특성이 서로 다른 것은 사람 발생 과정에서 헤모글로빈이 갖는 생리학적 기능이 조금씩 달라진다는 것을 반영한다. 예를 들어, 발생 중인 태아는 어머니에게서 산소를 얻어야 한다. 이는 산소가 어머니의 헤모글로빈에서 태아의 헤모글로빈으로 이동되어야 한다는 것을 의미한다. 이게 가능하려면, 태아의 헤

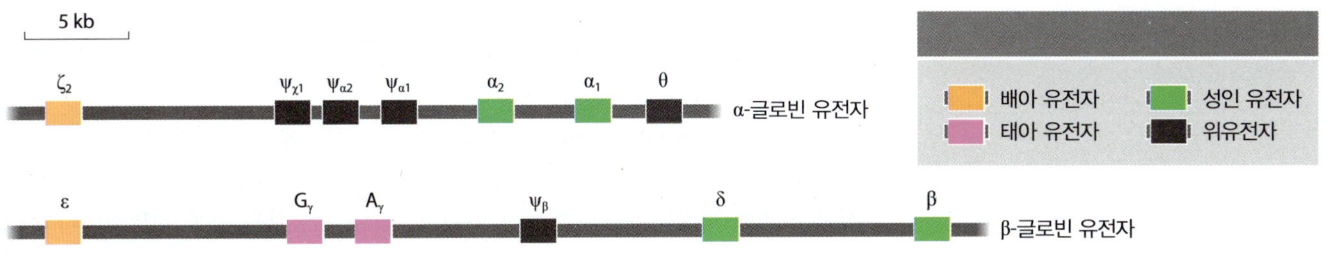

그림 7.19 인간의 α형 및 β형 글로빈 유전자군. α-글로빈 유전자군은 16번 염색체에 그리고 β-글로빈 유전자군은 11번 염색체에 위치한다. 2개의 유전자군 모두 서로 다른 발생 단계에 주로 발현되는 유전자들을 포함하고 있으며, 각각은 적어도 하나의 위유전자(pseudogene)를 포함한다. α형 유전자인 ξ2는 배아에서 발현되기 시작하여 태아 시기까지 계속된다. 태아에서만 발현되는 α형 유전자는 존재하지 않는다. θ 위유전자는 발현되지만 단백질 산물은 활성을 나타내지 못한다. 다른 위유전자들은 발현되지 않는다.

모글로빈이 성인의 헤모글로빈보다 산소에 대한 친화도가 더 커야지만, 태반에 두 가지 종류의 헤모글로빈이 섞여 있을 때 어머니의 산소가 태아로 이동될 수 있다. Gγ 및 Aγ 유전자의 염기 서열은 이것이 가능하도록 산소에 대한 친화도가 더 높은 글로빈 단백질을 암호화한다.

일부 다유전자 패밀리에서 개별 유전자들은 글로빈 유전자와 같이 한 곳에 뭉쳐 있지만, 이와 달리 유전체 전체에 산재된 경우도 있다. 산재된 유전자 패밀리의 예는 5개의 사람 알돌라제(aldolase) 유전자다. 알돌라제는 에너지 생성에 관여하는 효소이며, 이들 유전자는 3, 9, 10, 16, 17번 염색체에 각각 하나씩 존재한다. 중요한 점은 이들이 흩어져 있어도 다유전자 집단에 속하는 유전자는 서로 비슷한 서열을 지니고 있어 진화상의 공통조상에서 유래되었다는 것이다. α-와 β-글로빈 유전자 패밀리 모두 일부 서열에서 유사성을 보이며 단일한 조상 글로빈 유전자에서 진화하였을 것으로 생각된다. 따라서 이들 2개의 다유전자 집단을 합해 하나의 **유전자 수퍼패밀리(gene superfamily)**라 부르기도 한다. 개별 유전자들이 서로 유사하다는 사실로부터 우리는 유전자 중복의 과정을 추정하여 오늘날 존재하는 일련의 유전자가 어떤 과정을 통해 형성되었는지를 짐작해 볼 수 있다(18.2절).

위유전자 및 기타 진화의 흔적

사람의 글로빈 유전자 패밀리에는 더 이상 활성이 없는 5개의 유전자가 포함되어 있다. 이들과 같이 활성이 없는 유전자를 **위유전자(pseudogene)**라 부른다. α-글로빈 단지(cluster)에 있는 $\Psi_{\chi 1}$, $\Psi_{\alpha 1}$, $\Psi_{\alpha 2}$, θ로 표시된 염기 서열과 α-글로빈 단지에 있는 Ψ_{β}가 그것이다(그림 7.19 참조). 산재형인 알돌라제 패밀리의 5개 유전자 중 2개도 위유전자이며, 3번 염색체와 10번 염색체에 위치한다. 위유전자란 무엇일까?

위유전자는 진짜 유전자와 닮았지만, 기능이 있는 RNA나 단백질을 표시하지 못하는 염기 서열이다. 위유전자는 정상 유전자에서 기인하기 때문에 진화의 흔적으로 볼 수 있다. 이는 유전체가 계속 변화를 겪고 있다는 것을 의미한다. 많은 경우에 단순히 염기서열이 돌연변이에 의해 바뀌면서 유전자가 기능을 상실하고 위유전자가 된다. 대부분의 돌연변이는 유전자 활성에 크게 영향을 주지 않는다. 그러나 일부의 돌연변이는 보다 큰 영향을 주어 단지 하나의 염기 서열의 변화에 의해 유전자 기능이 완전히 상실되기도 한다. 일단 유전자가 기능을 상실하게 되면 유전자에 추가적인 돌연변이가 쌓이게 되어 망가지게 되고, 종국에는 유전자의 흔적으로도 보이지 않는다. 이와 같은 방식으로 만들어진 위유전자를 **전형적인(conventional)** 또는 **비가공성(nonprocessed)** 위유전자라 부른다. 이 경우는 크게 두 가지로 구분한다.

- **중복 위유전자(duplicated pseudogene)**; 다유전자 패밀리의 구성 유전자 하나가 돌연변이에 의해 불활성화되면서 만들어진다. 이 경우는 패밀리의 다른 유전자가 여전히 활성이 있어 기능이 상실되지 않기 때문에 치명적이 아니다. 유전체를 비교해 보면서 한 종에서는 위유전자인데, 이의 상동체가 다른 종에서는 기능성인 경우의 예들이 많이 알려졌다. 예를 들어, δ-글로빈 유전자는 사람에서는 기능성 유전자인 반면에, 쥐의 경우에는 위유전자이다. 사람의 계보가 갈라지고 난 후에, 쥐로 이어지는 진화 계보에서는 중도에 δ-글로빈 유전자가 돌연변이에 의해 불활성화되었다는 것을 의미한다.
- **단일 위유전자(unitary pseudogene)**; 역시 돌연변이에 의해 일어난다. 그러나 이 경우에는 패밀리 유전자 경우가 아니므로, 돌연변이에 의한 기능 상실이 다른 유전자에 의해 보상되어지는 경우가 아니다. 기능의 상실은 보통 치명적이라 돌연

변이가 일어난 세포는 죽게 되고, 이 경우는 이후의 진화 계보에는 그 효과가 남게 되지 않기 때문에 단독 위유전자는 드물게 발견된다. 유전체에 단독 위유전자가 보이는 경우는 그 유전자의 기능 상실이 감내할 수 있는 경우에 해당하다. 사람의 경우에는 50개 이하의 단독 위유전자가 존재한다. 가장 잘 알려진 예는 L-gulono-γ-lactone 산화효소(oxidase) 위유전자이다. 이 유전자가 정상인 포유동물에서는 아스코르빈산(비타민 C로도 알려짐)을 합성할 수 있다. 그러나 영장류의 직비원류(Haplorhini) 그룹에서 이 유전자는 위유전자이며, 따라서 사람을 포함한 직비원류는 음식에서 아스코르빈산을 얻어야 한다는 것을 의미한다.

어떤 위유전자 종류는 돌연변이에 의하지 않고 일어난다. **다듬어진 위유전자(processed pseudogene)**는 진화에 의한 것이 아니라 유전자 발현과 관련된 과정이 비정상적으로 일어나면서 형성된다. 다듬어진 위유전자는 유전자의 mRNA 복사본에서 cDNA가 합성되고 이것이 유전체에 재삽입되어 만들어진 것이다(그림 7.20). 다듬어진 위유전자는 mRNA 분자의 복사본이므로 모유전자에 존재하는 인트론이나 모유전자의 상위 부분은 포함하고 있지 않다. 유전자의 상위 부분에 발현을 조절하는 서열이 위치하므로 이 부분을 지니지 않는 다듬어진 위유전자는 활성을 지니지 않는다. 추가적으로 유전체에는 완전한 유전자 한 쪽 끝의 일부를 상실한 **절단된 유전자(truncated gene)**와 유전자의 짧은 분리된 조각인 **유전자 절편(gene fragment)**이 존재하는데, 이들도 위유전자와 마찬가지로 진화의 흔적이라 할 수 있다(그림 7.21).

최근에는 위유전자라고 알려진 염기 서열이 실제로는 어떤 기능을 가질 가능성에 대한 논란이 점차 커지고 있다. 어떤 위유전자는 전사가 되고, 이보다 적은 수이지만 사람의 경우에는 100개 이상인 경우에 단백질 합성까지 일어난다. 그러나 다듬어진 위유전자 경우라면, 단순히 이 위유전자의 상위조절서열과 ORF가 발현이 불가능할 정도까지 망가지지 않았으면 전사되고 번역까지도 갈 수 있기 때문에, 발현 그 자체만으로는 기능이 있다는 증거가 되지 않는다. 어떤 위유전자가 기능이 있는 염기 서열이라고 수정하려면, 발현산물이 세포 내에서 적극적인 역할이 있다는 것을 증명한 후에나 가능하다. 최소한 몇 개의 위유전자가 이러한 경우이다. 사람의 경우에 있어서, *PTENP1*은 세포분열을 조절하는 신호전달 과정에 참여하는 효소인 *PTEN* 인산가수분해효소에서 기원한 다듬어진 위유전자이다. *PTEN* 유전자의 발현은 *PTEN* RNA에 붙게 되면 이를 분해되도록 유도하는 miRNA에 의해 부분적으로 조절된다(12.3절). *PTENP1* 위유전자에서 만들어진 전사체도 이 miRNA과 결합하여 miRNA 양을 감소시키며, 그 결과 *PTEN* 유전자가 완전히 침묵되는 것을 막는다(그림 7.22A). 실험에 의하면, *PTENP1* 전사 수위를 낮추면 이로 인해 *PTEN*의 발현이 억제되고, 결과적으로 세포분열 속도가 증가된다. 이런 현상은 다음의 보고에서도 연관성을 볼 수 있다. 일부 경우의 대장암에서는 *PTENP1* 위유전자가 결손이 되어있고, 이로 인해 이 세포들에는 *PTENP1* 전사체가 없는 바람에, *PTEN* 유전자의 발현이 감소되고 세포분열이 무한이 일어나서 암세포화하는 것처럼 보인다(그림 7.22B). 크게 봐서, *PTENP1* 염기 서열이 진정한 위유전자가 아니고 중요 역할을 제공하는 경우라면, 이 유전자에 대해 긍정적인 자연선택이 작용하여 살아남는 방향이어야 하는데, 진화적 연구에 의하면 이러한 증거가 *PTENP1* 경우에는 발견되지 않는다. 유사한 진화 연구에서도 대부분의 사람의 위유전자 경우에 긍정적 선택이 있다는 증거가 찾아지지 않았다. 따라서 여전히 발현되고 그럴듯한 기능을 보이는 경우라도 그 중요성에 대한 문제는 여전히 남아있다.

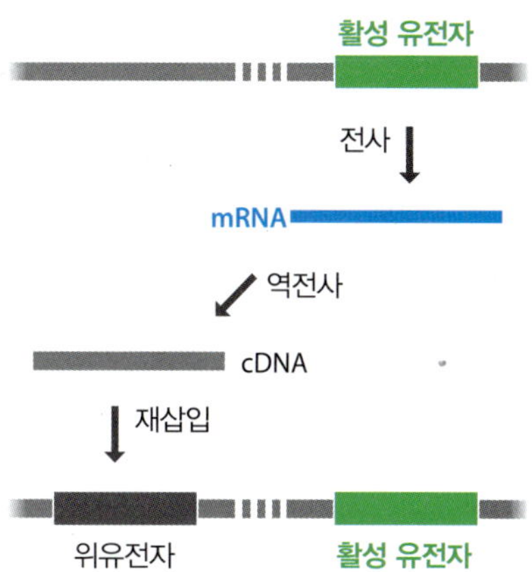

그림 7.20 **다듬어진 위유전자의 기원.** 다듬어진 위유전자(processed pseudogene)는 활성이 있는 유전자에서 전사된 mRNA의 사본이 유전체에 삽입되어 형성되는 것으로 생각된다. mRNA가 역전사되어 형성된 cDNA 사본이 활성이 있는 모유전자가 있는 염색체나 다른 염색체에 삽입됨으로써 위유전자가 형성될 수 있다.

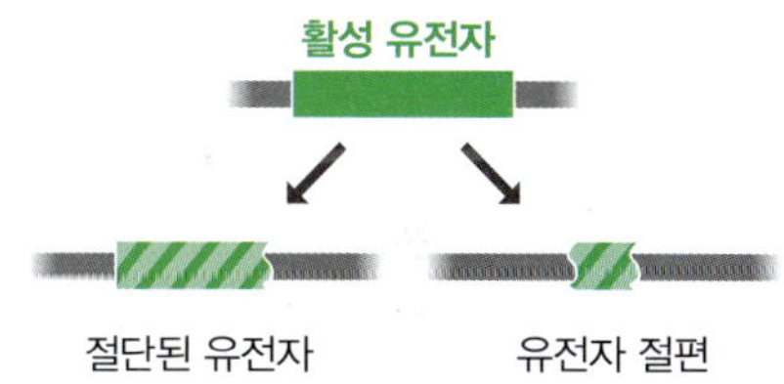

그림 7.21 **절단된 유전자와 유전자 절편.**

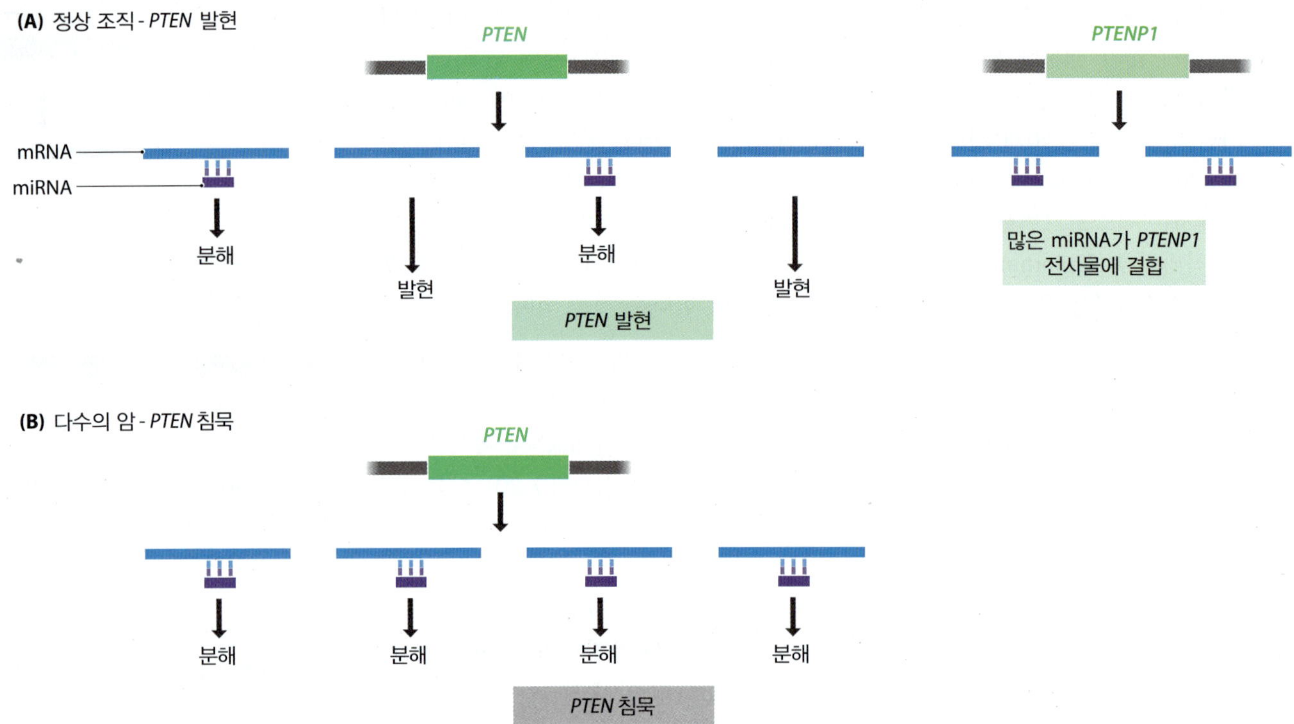

그림 7.22 PTENP1 위유전자의 추정 기능. (A) 정상 조직에서는 miRNA가 *PTENP1* 전사물에 결합하여 *PTEN* 침묵을 방지한다. (B) 다수의 암에서는 *PTENP1*이 결손된다. 정상인 경우에는 제공되던 *PTENP1* 전사물에의 miRNA 결합자리가 더 이상 존재하지 않음으로 해서, *PTEN* mRNA들에 대한 추가적인 침묵이 가능해지고, 결과적으로 세포분열 조절 기능이 상실된다.

7.4 진핵생물의 핵 유전체에 존재하는 반복 DNA 함량

앞에서 보았듯이, 사람과 다른 진핵생물에서 많은 양의 유전자 사이 DNA는 한 종류 이상의 반복 서열로 이루어져 있다(그림 7.12와 7.15 참조). 이러한 반복 DNA는 두 종류로 나누어 볼 수 있다(그림 7.23). 유전체 전반에 흩어져 나타나는 유전체 전반의 반복 서열(genome-wide repeat), 다른 말로 **산재성 반복 서열(interspersed repeats)** DNA가 한 종류이고, 반복 단위가 나란히 배열되어 있는 **직렬 반복 서열(tandemly repeated)** DNA가 또 다른 한 종류이다.

직렬 반복 서열은 진핵생물 염색체에서 동원체 등에 나타난다

직렬 반복 서열은 또한 **부수체 DNA(satellite DNA)**라고도 불린다. 유전체 DNA를 **밀도 기울기 원심분리법**(7.2절 참조)으로 나누면 직렬 반복 DNA는 대부분의 DNA가 형성하는 주 띠와 분리되어 "부수체(satellite)" 띠를 형성하기 때문이다. 예를 들어, 사람의 DNA를 50~100 kb 크기로 조각내어 밀도기울기 원심분리로 분리하면 하나의 주 띠(부유 밀도 1.701 g cm^{-3})와 3개의 부수체 띠(1.687, 1.693, 1.697 g/cm^{-3})가 형성된다. 주 띠를 이루는 DNA는 사람 유전체의 평균에 해당되는 40.3% 정도의 GC 함량을 지니며, 대부분이 단일 복사본 서열이다. 부수체 띠는 반복 서열 조각으로 이루어지며,

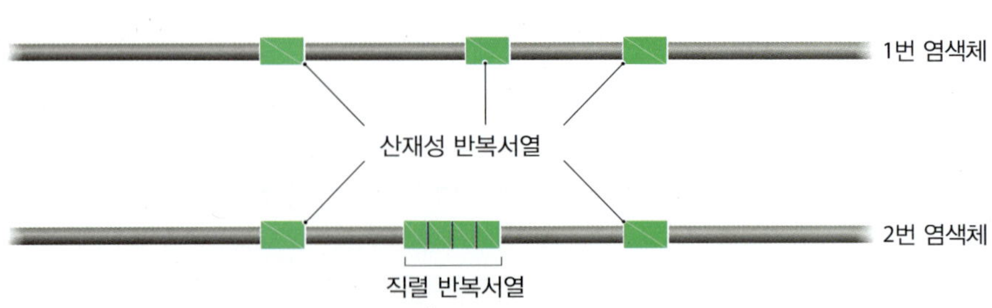

그림 7.23 두 종류의 반복 DNA: 산재성 반복 서열과 직렬반복 서열.

따라서 GC 함량과 부유 밀도가 전체 유전체 평균치와는 조금 다르다(그림 7.24). 이들 반복 DNA는 직렬 반복 서열이 길게 연결되어 때로는 수백 킬로 염기쌍에 달하기도 한다. 단일 유전체에는 여러 종류의 다양한 부수체 DNA가 존재하며, 각각은 반복 단위의 길이가 달라 어떤 것은 5개 이하인 것도 있고 또 어떤 반복 서열의 반복 단위는 200 bp이상인 경우도 있다. 사람 DNA에 존재하는 3개의 부수체 띠는 적어도 4종류의 서로 다른 반복형을 포함한다.

앞에서 이미 사람 부수체 DNA의 한 종류로 동원체에 존재하는 알파형(alphoid) DNA 반복 서열을 살펴보았다(7.1절). 일부 부수체 DNA는 유전체 전역에 산재해 있기도 하지만 대부분은 동원체에 모여 있다. 동원체는 특수한 동원체 단백질이 결합하는 결합 부위로서 구조적인 역할을 한다.

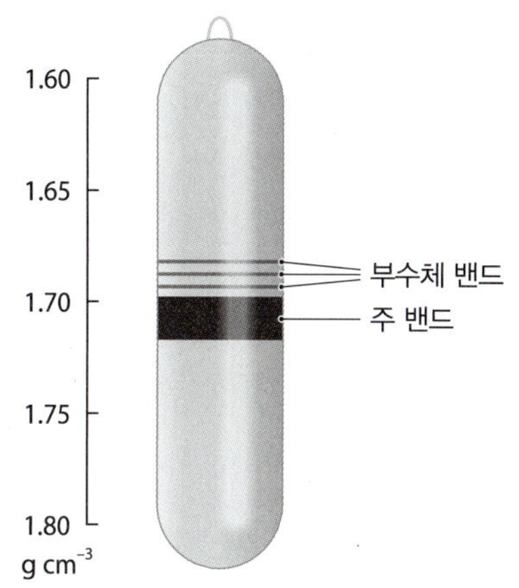

그림 7.24 인간 유전체에서 분리된 부수체 DNA. 인간 DNA의 평균 GC 함량은 40.3%이고 평균 부유 밀도는 1.701 g cm^{-3}이다. 주로 단일 복사본을 지니는 DNA 서열은 GC 함량이 평균에 가깝고 밀도기울기 원심분리를 하였을 때 주 밴드를 이룬다. 부수체 DNA는 1.687, 1.693, 1.697 g cm^{-3}에서 밴드를 형성하며, 여기에는 주로 반복 서열이 포함되어 있다. 이들 반복 서열의 GC 함량은 반복 단위의 서열에 따라 다르며, 이에 따라 단일 복사본 DNA의 부유 밀도와 부유 밀도 또한 달라져서 밀도기울기 원심분리에서 다른 위치에 이동한다.

미소부수체와 미세부수체

밀도기울기 원심분리에서 부수체 띠로 분리되지 않는 두 종류의 직렬 반복 또한 "부수체" DNA로 분류된다. **미소부수체(minisatellite)**와 **미세부수체(microsatellite)**가 그것이다. 미소부수체는 최대 25 bp 이하의 단위가 20 kb에 달하도록 반복되어 형성되며, 미세부수체는 이보다 짧아 대개 13 bp 이하의 반복 단위가 모여 150 bp 이하의 길이를 이룬다.

미소부수체 DNA는 염색체의 구조적인 특징과 연관되어 있는 두 번째 반복 서열이다. 사람의 경우 5′-TTAGGG-3′ 서열이 수백 번 반복되어 구성되는 텔로미어 DNA(그림 7.9 참조)가 미소부수체의 예이다. 텔로미어 DNA가 어떻게 형성되는지에 대해 어느 정도 알게 되었고 DNA 복제 과정에서 중요한 역할을 한다는 사실도 알게 되었다(15.4절). 텔로미어의 미소부수체와 더불어 일부 진핵생물 유전체에는 다양한 다른 종류의 미소부수체가 대부분 염색체의 끝부분 근처에 위치한다. 이들 다른 종류의 미소부수체 서열의 기능은 아직 알려지지 않았다.

미세부수체도 직렬 반복 서열 중의 하나다. 사람 미세부수체의 가장 흔한 형태는 AT를 단위로 한 2뉴클레오티드 반복 서열로 전체적으로 유전체에 거의 150만 개 정도 존재한다. 100만 개가 넘는 3뉴클레오티드 반복도 존재한다. 유전체 전반에 걸쳐 산재된 반복 서열과 마찬가지로 미세부수체가 특별한 기능을 지니는가에 대해서는 아직 분명하지 않다. 이들 반복 서열은 주로 세포분열이 진행되는 동안 유전체의 복제가 잘못되어 생겨나는 것으로 알려져 있다(16.1절). 이들은 유전체 복제 과정에서 피할 수 없는 산물에 불과한 것일지도 모른다.

기능은 알지 못하지만, 유전학자에게 미세부수체는 매우 유용하게 이용된다. 대부분의 미세부수체는 변이가 잘 일어나 반복 단위가 반복된 횟수가 종에 따라 다르다. 이는 미세부수체가 DNA 복제 과정에서 DNA 가닥이 미끄러지면서 삽입이나 이보다 드물게 결실이 생기면서 생겨나는 것이기 때문이다. 일란성 쌍둥이를 제외하면 세상에서 미세부수체 길이 변이들을 똑같은 조합으로 갖고 있는 두 사람을 찾을 수 없다. 만일 미세부수체의 서열을 충분히 비교하기만 한다면 사람마다 다른 고유한 **유전적 양상(genetic profile)**을 구축할 수 있을 것이다. 유전적 양상은 법의학에서 유용한 도구로 사용된다(그림 7.25). 범인을 확인하는 것은 사실 미세부수체의 다양성을 적용하면 되는 상당히 간단한 작업이다. 한 사람의 유전적 양상이 형성

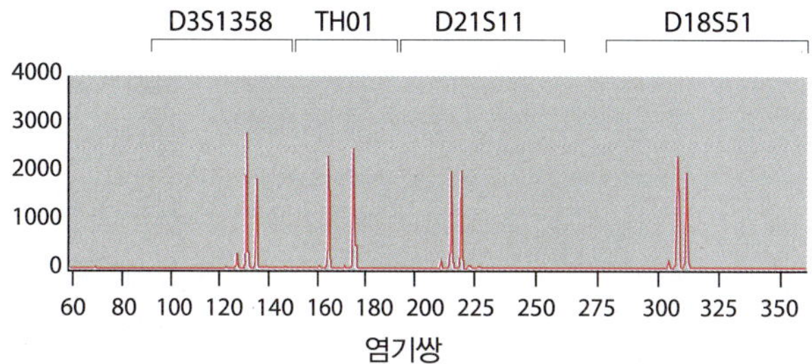

그림 7.25 유전자 감식. 이 유전자 감식에서는 DNA 종합 지표 시스템인 CODIS(Combined DNA Index System) 자료에서 13개의 미세부수체에 존재하는 대립유전자의 길이를 파악하기 위해 일련의 PCR을 수행하였다. 이 그림은 D3S1358, TH01, D21S11, D18S51의 4가지 미세부수체에 대한 결과를 보여주고 있다. 이 4가지 PCR 산물은 한 번의 모세관 전기영동(CE)으로 분리한 것이다. 이 개인의 경우에는 4가지 경우가 모두 이형접합(heterozygous)이라서 각각 2개의 산물이 보인다. X-축은 임의의 단위로 표시한 신호 크기이다. (Promega사에서 제공.)

되는 과정에서 절반은 어머니에게서, 또 다른 절반은 아버지에게서 대물림된다는 사실을 적용하여 조금 더 복잡한 방법을 사용할 수도 있다. 이런 방법을 쓰면 미세부수체는 가족 관계를 확인하거나, 사람에서만이 아니라 다른 동식물 사이에서 집단의 관계 등을 추적하는 도구로도 활용될 수 있다.

산재성 반복 서열

직렬 반복 DNA 서열은 미세부수체의 형성 과정처럼 원래의 서열이 복제될 때 미끄러지는 과정에 의해서 또는 DNA 재조합 과정에 의해서 만들어진다. 이 두 가지 과정은 모두 반복 서열이 유전체의 여기저기에 흩어져 있지 않고 서로 뭉쳐 연결된 형태로 존재하도록 한다. 따라서 유전체 전반에 걸쳐 산재된 반복 서열은 이것과는 다른 과정에 의해 형성된 것임을 알 수 있다. 가장 일반적인 방법은 **전위(transposition)**에 의한 과정이다. 대부분의 산재성 반복 서열은 내재적인 전위 활성에 의해 형성된다. 전위는 또한 일부 바이러스 유전체의 특징이기도 한다. 이들 바이러스는 유전체를 숙주 세포의 유전체에 삽입한 다음 다른 위치로 이동하는 능력을 지닌다. 일부 산재성 반복 서열은 분명 전위 가능한 바이러스에서 유래되었다. 이러한 관계와 유전체 전반에 걸쳐 산재하는 반복 서열에 대해서는 제9장에서 바이러스 유전체의 특성에 대해 자세히 살펴본 다음 더 이야기하기로 한다.

요약

- 진핵생물의 핵 유전체는 여러 개의 선형 DNA 분자로 이루어져 있으며, 각각의 분자가 하나의 염색체를 이룬다.
- 염색체 안에서 DNA는 히스톤 단백질과 결합하여 뉴클레오솜을 형성하며, 뉴클레오솜은 또 서로 상호작용하여 30 nm 섬유 및 조직화된 염색질 구조를 형성한다.
- 가장 고도로 구조화된 형태가 세포분열 중기의 염색체다. 분열하는 세포를 염색하여 광학현미경으로 관찰하면 특징적인 띠 양상을 나타낸다.
- 중기 염색체에서 관찰할 수 있는 동원체는 특수한 단백질이 결합하여 키네토코어를 형성한다. 여기에 미세소관이 결합하여 분열된 염색체를 각각의 딸핵으로 끌어당긴다.
- 염색체의 끝부분을 유지하는 역할을 하는 텔로미어 또한 반복 서열을 포함하며, 특수한 결합단백질이 여기에 결합되어 있다.
- 유전자는 염색체에 일정한 간격으로 퍼져 있지 않다. 어떤 염색체에는 유전자 밀도가 매우 낮은 유전자 사막 부분도 포함되어 있다.
- 유전자로 단백질을 암호화하는 부분은 사람 유전체의 1.5% 이하에 불과하며, 44%의 유전체 서열은 다양한 반복 서열로 이루어져 있다. 반면 출아효모의 유전체는 훨씬 더 간결하여 반복 서열이 3.4%에 지나지 않는다. 일반적으로 유전체의 크기가 크면 반복 서열을 많이 포함한다. 이것으로 유전자 수가 비슷한 유전체들이 서로 크기가 매우 다양한 이유를 설명할 수 있다.
- 사람은 20,441개의 유전자를 지니는데, 이는 선형동물인 예쁜꼬마선충의 경우와 유사하다. 그러나 사람 유전체에서는 선택적 스플라이싱에 의해 예쁜꼬마선충보다 많은 단백질을 표시한다.
- 유전자의 기능을 분석한 유전체의 유전자 범주 목록을 비교하면 모든 진핵생물들이 동일한 기본적인 유전자 집합을 가지고 있으나, 더 복잡한 종은 각 기능 범주마다 더 많은 수의 유

전자를 지니고 있다는 사실을 알 수 있다.

- 많은 유전자는 유사하거나 동일한 서열을 포함하는 다유전자 패밀리를 이룬다. 척추동물의 글로빈 유전자와 같은 일부 유전자 패밀리에서는 집단에 속한 각각의 유전자가 발생 단계별로 다르게 발현된다.
- 진핵생물의 핵 유전체에도 기능이 없는 위유전자 또는 유전자 절편과 같은 진화의 흔적이 남아 있다.
- 진핵생물의 핵 유전체에 있는 반복 DNA는 전위인자의 활동에 의한 산재성 반복 서열과 동원체에 존재하는 부수체, 텔로미어 DNA와 같은 미소부수체, 미세부수체 등이 포함되는 직렬 반복 서열로 구분된다.

단답형 문제

1. 진핵생물 염색질에 핵산가수분해효소를 처리하면 진핵생물 DNA의 포장에 대해 어떤 정보를 얻을 수 있는가?
2. 30 nm 섬유에서의 뉴클레오솜의 배열에 대해 설명하라.
3. (A) 소형 염색체(microchromosome)와 (B) B 염색체의 특성에 대해 설명하라.
4. 연구자들이 애기장대의 동원체의 염기 서열을 분석하였을 때 발견한 정보는? 왜 이 발견이 놀라운가?
5. 염색체의 말단에 텔로미어를 가지는게 왜 중요한지를 설명하라.
6. 효모와 사람의 염색체를 비교하면 유전자 분포와 반복 DNA 함량에서 어떤 차이가 보이는가?
7. 사람의 유전체에 있는 유전자 수는 많은 연구자들이 처음 예측한 것에 비하면 상당히 적은 수이다. 처음 예측 값이 왜 컸는지에 대해 설명하라.
8. 사람, 초파리, 효모, 예쁜꼬마선충, 애기장대 범주 목록을 비교하면, 서로 다른 종들 사이에서 어떤 생물학적 특성을 살펴보기 좋은가?
9. 사람의 글로빈 유전자 패밀리의 구성에 대해 설명하고, 이 패밀리의 구성 유전자 각각의 기능에 대해 설명하라.
10. 비가공성(nonprocessed) 위유전자의 2가지 종류에 대해 구분하여 설명하라.
11. 다듬어진(processed) 위유전자가 생성되는 과정에 대해 설명하라.
12. 사람의 유전체에 있는 반복 DNA의 유형은?

사고형 문제

1. DNA 포장이 각 유전자의 발현에 미치는 영향은 무엇인가?
2. 등부피선 모델(isochore model)을 옹호하거나 반박하라.
3. 사람 유전체에서 유전자와 유전자 사이 부분의 기능에 대해 토의하라.
4. 어떤 정도에서 진핵생물 유전체의 특성에 대해 기술할 수 있는가?
5. 만약 많은 위유전자가 원래의 기능을 유지하거나 새로운 기능을 획득한다면, 이것이 유전체의 진화에 미치는 의미는 무엇인가?

Further Reading

Chromosome structure

Copenhaver, G.P., Nickel, K., Kuromori, T., et al. (1999) Genetic definition and sequence analysis of *Arabidopsis* centromeres. *Science* 286:2468–2474.

Cutter, A.R. and Hayes, J.J. (2015) A brief review of nucleosome structure. *FEBS Lett.* 589:2914–2022.

de Lange, T. (2005) Shelterin: the protein complex that shapes and safeguards human telomeres. *Genes Dev.* 19:2100–2110.

Harshman, S.W., Young, N.L., Parthun, M.R. and Freitas, M.A. (2013) H1 histones: current perspectives and challenges. *Nucleic Acids Res.* 41:9593–9609.

Robinson, P.J.J. and Rhodes, D. (2006) Structure of the '30 nm' chromatin fibre: a key role for the linker histone. *Curr. Opin. Struct. Biol.* 16:336–343. *Reviews models for the structure of the 30 nm fiber.*

Schueler, M.G., Higgins, A.W., Rudd, M.K., et al. (2001) Genomic and genetic definition of a functional human centromere. *Science* 294:109–115. *Details of the sequence features of human centromeres.*

Travers, A. (1999) The location of the linker histone on the nucleosome. *Trends Biochem. Sci.* 24:4–7.

Gene distribution

Bernardi, G. (1989) The isochore organization of the human genome. *Annu. Rev. Genet.* 23:637–661.

Costantini, M., Clay, O., Auletta, F. and Bernardi, G. (2006) An isochore map of human chromosomes. *Genome Res.* 16:536–541.

Elhaik, E. and Graur, D. (2014) A comparative study and a phylogenetic exploration of the compositional architectures of mammalian nuclear genomes. *PLoS Comput. Biol.* 10:e1003925. *A refutation of the isochore theory.*

Ovcharenko, I., Loots, G.G., Nobrega, M.A., et al. (2005) Evolution and functional classification of vertebrate gene deserts. *Genome Res.* 15:137–145.

Key papers and databases on eukaryotic genome structure and content

Adams, M.D., Celniker, S.E., Holt, R.A., et al. (2000) The genome sequence of *Drosophila melanogaster*. *Science* 287:2185–2195.

Arabidopsis Genome Initiative (2000) Analysis of the genome sequence of the flowering plant *Arabidopsis thaliana*. *Nature* 408:796–815.

C. elegans Sequencing Consortium (1998) Genome sequence of the nematode *C. elegans*: a platform for investigating biology. *Science* 282:2012–2018.

Dujon, B. (1996) The yeast genome project: what did we learn? *Trends Genet.* 12:263–270.

International Chicken Genome Sequencing Consortium (2004) Sequence and comparative analysis of the chicken genome provide unique perspectives on vertebrate evolution. *Nature* 432:695–716.

International Human Genome Sequencing Consortium (2001) Initial sequencing and analysis of the human genome. *Nature* 409:860–921.

Naidoo, N., Pawitan, Y., Soong, R., et al. (2011) Human genetics and genomics a decade after the release of the draft sequence of the human genome. *Hum. Genomics* 5:577–622.

Venter, J.C., Adams, M.D., Myers, E.W., et al. (2001) The sequence of the human genome. *Science* 291:1304–1351.

Genetic features

Balakirev, E.S. and Ayala, F.J. (2003) Pseudogenes: are they "junk" or functional DNA? *Annu. Rev. Genet.* 37:123–151.

Csink, A.K. and Henikoff, S. (1998) Something from nothing: the evolution and utility of satellite repeats. *Trends Genet.* 14:200–204.

Fritsch, E.F., Lawn, R.M. and Maniatis, T. (1980) Molecular cloning and characterization of the human β-like globin gene cluster. *Cell* 19:959–972.

Payseur, B.A., Jing, P. and Haasl, R.J. (2011) A genomic portrait of human microsatellite variation. *Mol. Biol. Evol.* 28:303–312.

Petrov, D.A. (2001) Evolution of genome size: new approaches to an old problem. *Trends Genet.* 17:23–28. *Reviews the C-value paradox and the genetic processes that might result in differences in genome size.*

Poliseno, L., Salmena, L., Zhang, J., et al. (2010) A coding-independent function of gene and pseudogene mRNAs regulates tumour biology. *Nature* 465:1033–1038. *The* PTENP1 *pseudogene.*

Tutar, Y. (2012) Pseudogenes. *Comp. Funct. Genomics* 2012: 424526.

Xu, J. and Zhang, J. (2016) Are human translated pseudogenes functional? *Mol. Biol. Evol.* 33:755–760.

Online resources

ExPASy Enzyme Nomenclature Database. http://enzyme.expasy.org/ *Access to enzyme EC numbers.*

GO Database. http://www.geneontology.org/page/go-database *Details of the GO nomenclature.*

KEGG (Kyoto Encyclopedia of Genes and Genomes). http://www.genome.jp/kegg/ *A collection of databases including details of the structures and contents of all sequenced genomes.*

PANTHER (Protein Analysis Through Evolutionary Relationships).http://www.pantherdb.org/ *Database of gene and protein families including gene catalogs for important genomes.*

원핵생물과 진핵세포 소기관의 유전체

CHAPTER
8

원핵생물은 세포 내부가 따로 분획되지 않은 세포로 되어 있다. 원핵생물은 유전 및 생화학적 특성에 따라 서로 다른 2개의 부류로 나누어진다.

- **박테리아(bacteria)**는 그람음성균(대장균 등), 그람양성균(고초균 등), 시아노박테리아와 같이 우리 주변에 흔히 존재하는 원핵생물이다.
- **고세균(archaea)**에 대해서는 연구가 많이 되어 있지는 않으며, 한때는 뜨거운 온천수, 산성 개천과 같은 극한 환경에서만 사는 **극한 친화(extremophile)**일 것으로 간주되었다. 그러나 보다 흔해서, 사람 소화기관을 비롯하여 극한 상황이 아닌 많은 곳에서도 생존한다고 알려져 있다.

이 장에서 우리는 원핵생물의 유전체와 진핵생물 미토콘드리아 및 엽록체의 유전체를 살펴볼 것이다. **미토콘드리아**와 **엽록체**의 유전체는 박테리아에서 유래되었으며 원핵생물 유전체와 여러 가지 특성이 비슷하다. 원핵생물 유전체는 크기가 비교적 작아서 지난 몇 년 동안 박테리아와 고세균 수백 종에서 완전한 유전체 서열이 결정되었다. 그 결과 원핵생물 유전체의 구조에 대한 상당한 정보를 얻기 시작했고 어떤 면에서는 이들 생물을 진핵생물보다 더 잘 알게 되었다. 원핵생물은 전반적으로 매우 다양하고, 심지어는 서로 가까운 종 사이에서도 큰 차이를 보인다.

8.1 원핵생물 유전체의 물리적 특성

원핵생물 유전체는 진핵생물의 유전체와 여러 가지로 다른데, 특히 세포 내에 존재하는 유전체의 물리적 구조에서 크게 차이가 난다. 원핵세포에 존재하는 DNA-단백질 복합체 구조 또한 "염색체"라 부르긴 하지만, 원핵세포의 유전체 구조가 진핵세포와는 크게 다르다는 점을 생각하면 적절하지 않은 용어라 할 수 있다.

전형적인 원핵세포에서 유전체는 단일한 원형 DNA 분자가 **핵양체(nucleoid)**를 이룬다. 투과전자현미경으로 원핵세포를 관찰할 때, 핵양체는 전체적으로 별 다른 특징 없는 원핵세포의 세포질에서 조금 옅게 염색되는 부분이다(그림 8.1). 이는 대장균을 비롯한 대부분의 박테리아에서 특징적으로 나타난다. 그러나 원핵생물 유전체에 대해 더 많이 알게 되면서 원핵생물 유전체의 구조와 유전적 조성에 관련한 기존의 여러 전통적인 견해에 대한 의문이 제기되고 있다.

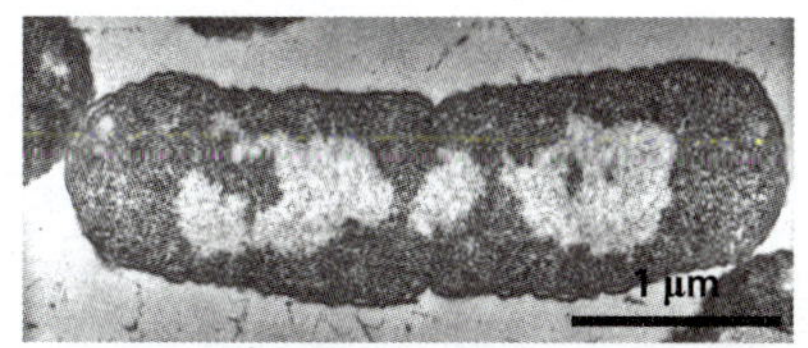

그림 8.1 **대장균의 핵양체.** 분열 중인 대장균 세포의 단면을 촬영한 투과전자현미경 사진이다. 핵양체는 세포의 중심부에 밝게 염색된 곳이다. (Amsterdam 대학교의 Conrad Woldringh 제공.)

원핵생물 염색체에 대한 전통적인 견해

진핵생물 염색체와 마찬가지로 원핵생물 염색체도 상대적으로 좁은 공간에 응축된 상태로 들어가 있다(대장균의 원형 염색체의 길이는 1.6 mm에 달하지만 대장균 세포는 1.0×2.0 μm에 불과하다). 그리고 진핵생물에서처럼 DNA 결합 단백질이 유전체가 조직적으로 응축되는 과정을 돕는다.

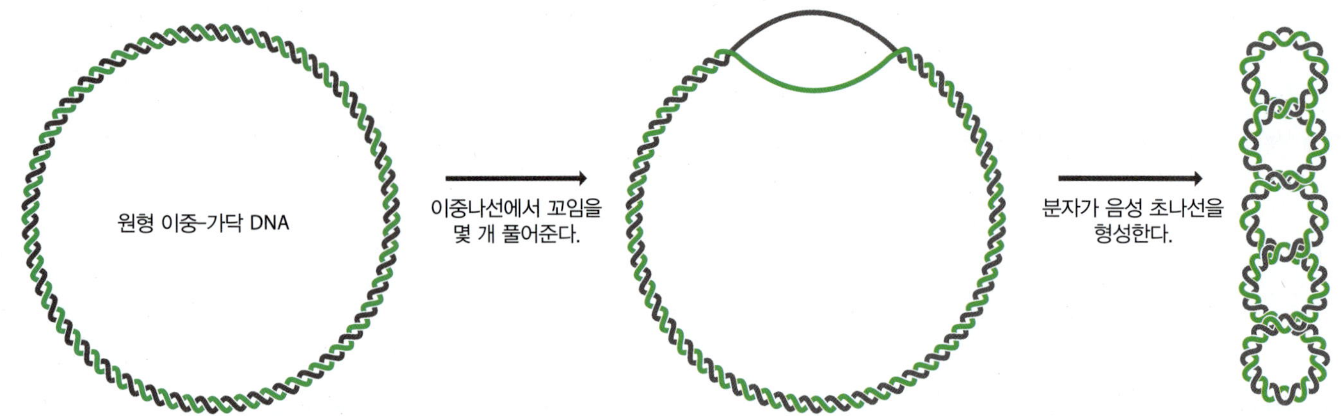

그림 8.2 **초나선.** 원형 이중-가닥 DNA 분자가 음성 초나선을 어떻게 형성하는지 보여주고 있다.

주로 대장균을 연구하면서 핵양체에서 DNA가 조직화되는 양상을 이해할 수 있게 되었다. 가장 먼저 알려진 특성은 대장균의 원형 유전체가 **초나선(supercoil)**을 이룬다는 사실이다. 초나선은 DNA 이중나선을 더 꼬거나(양성 초나선) 꼬임을 풀어줄 때(음성 초나선) 형성된다. 선형 분자에서 나선을 더 꼬거나 풀 때 형성되는 비틀림 장력은 DNA 분자의 끝을 회전해 주면 즉시 해소된다. 그러나 원형 분자는 말단이 없으므로 이런 방식으로 장력을 해소하지 못한다. 대신 서로 휘감아 더 응축된 구조를 형성하는 방법으로 비틀림 장력을 해소한다(그림 8.2). 따라서 초나선은 원형 분자를 좁은 공간에 집어넣는 효율적인 방법이 된다. 초나선이 대장균의 원형 유전체를 응축시키는 과정에 관여한다는 사실은 1970년대에 분리된 핵양체 연구에서 처음 알려졌다. 이후 1981년에는 DNA가 살아있는 세포에서도 초나선의 형태로 존재한다는 사실이 확인되었다. 대장균에서 초나선은 DNA 자이라제(gyrase)와 DNA 위상이성질화효소 I(topoisomerase I)에 의해 형성되고 조절된다. 15.1절에서 이들 효소가 DNA 복제에 관여하는 과정을 통해 이에 대해 더 자세히 살펴볼 것이다.

대장균에서 핵양체를 분리한 다음 DNA 가닥을 한 번 끊어 주더라도 염색체 전체의 초나선 구조가 완전히 풀리지는 않는다. 이 결과는 박테리아 DNA가 잘 풀어지지 않도록 단백질에 고정되어 있어 한 부분이 끊어져도 단백질에 고정되어 있는 두 점 사이에 존재하는 일부 DNA 분자만 회전하여 이 부분의 초나선 구조만 풀어지기 때문이라고 설명할 수 있다(그림 8.3). 트리메틸소랄렌(trimethylpsoralen)이 초나선 DNA와 꼬임이 풀어진 이완된(relaxed) DNA에 결합하는 정도가 다른 점을 이용하여 이와 같은 도메인 모델에 대한 가장 강력한 증거를 얻을 수 있었다. 360 nm 파장의 빛을 순간적으로 비춰 활성화 시키면 트리메틸소랄렌은 이중-가닥 DNA 분자의 비틀림 장력에 따라 결합하는 정도가 달라진다. 따라서 트리메틸소랄렌이 단위 시간당 분자에 결합하는 양을 측정하면 초나선 정도를 알 수 있다. 대장균 세포에 빛을 쪼여 DNA 분자 한 곳이 끊어지도록 하면, 트리메틸소랄렌이 결합하는 양은 조사량에 비례하여 증가한다(그림 8.4). 이는 도메인 모델에서 예측한 것과 같다. 도메인 모델에 따르면 조사량이 증가할수록 한 가닥이 끊어진 도메인의 수가 늘어나 분자 전체의 초나선이 풀리는 경향을 보인다. 반면 대장균 핵양체가 도메인을 이루고 있지 않다면 한

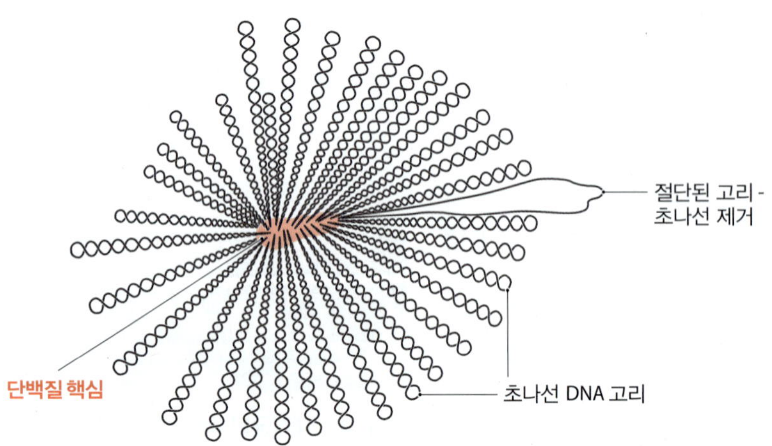

그림 8.3 **대장균 핵양체 구조에 대한 도메인 모델.** 중심에 위치하는 단백질 핵심에서 40~50개 가량의 초나선 DNA 고리가 방사상으로 퍼져 있다. 이 가운데 원형으로 나타나 있는 하나의 고리는 DNA 꼬임이 절단되면서 초나선 구조가 풀린 형태를 보여준다.

곳만 끊어지더라도 분자 전체의 초나선이 모두 제거될 것이다. 이런 경우라면 자외선을 조사하였을 때 트리메틸소랄렌이 결합하는 양은 점진적으로 증가하는 것이 아니라 100% 완전히 결합하거나 또는 전혀 결합하지 않을 것이다.

대장균 DNA는 단백질 핵심에 부착되어 있고 이 핵심 단백질로부터 초나선 고리가 세포 안에서 방사상으로 퍼져 있는 구조를 하고 있다는 것이 대장균 DNA 구조에 대한 최신 모델이다. 각각의 고리는 대략 10~100 kb 정도의 초나선 DNA로 이루어지며 DNA가 한 군데 끊어지면 이 정도의 길이만 풀리게 된다. 박테리아 DNA의 응축에 특이적인 역할을 하는 것으로 생각되는 여러 종류의 핵양체 연관 단백질(nucleoid-associated proteins)이 핵양체를 이루는 주요 단백질 성분이다. 이 분야에서의 초기 연구에서는 대부분의 박테리아에서 발견되고, 핵양체의 구성의 일부인 **HU 패밀리**가 그 아미노산 서열이 H2B 히스톤과 유사하다는 사실에 영향을 많이 받았다. 각 HU 단백질은 HUα 2개 또는 HUβ 2개, 또는 HUα와 HUβ로 구성되는 **이량체(dimer)**이다. HU 결정구조에서는 많은 경우 단위체가 모여 8량체를 이루며, 여기에 DNA가 감겨 뉴클레오솜과 유사한 구조를 만들 수도 있다. 그러나 이러한 구조가 *in vivo*에서는 발견되지 않으며, HU 단백질이 핵양체 구성에서 이러한 구조를 만든다는 증거는 없다. 보다 가능한 것은 이 단백질이 초나선 형성이 용이해지도록 DNA를 구부린다는 것이다. 응축 관련하여 초나선 경계 부분에 흔히 존재한다고 알려진 AT-rich 지역에 **히스톤성 핵양체 구조단백질(histone-like nucleoid structuring protein, H-NS)**이 특이적으로 붙는 식으로 응축 과정에 관계된다는 학설이 있다. 따라서 H-NS가 핵양체의 핵심 중 하나일 가능성이 높다.

지금까지 이야기한 내용은 전형적인 박테리아 염색체로 간주되는 대장균 염색체의 특성이다. 그러나 박테리아의 염색체와 원핵생물의 또 다른 종류인 고세균의 염색체는 이와 다르다. 고세균을 박테리아과 다른 부류로 간주하는 이유 가운데 하나는 고세균에는 HU와 같은 박테리아에 존재하는 응축 단백질이 없고 그 대신 히스톤과 더 비슷한 단백질이 존재하기 때문이다. 이들 단백질은 4량체를 이루며 대략 60 bp DNA가 결합하여 진핵생물의 뉴클레오솜과 유사한 구조를 형성한다. 다른 종에서는 히스톤-유사 단백질이 보다 더 긴 DNA에 감을 수 있는 여러 크기의 다량체를 형성한다. 아직 고세균에 대한 더 자세한 정보가 알려져 있지는 않으나 이들 히스톤-유사 단백질이 DNA 응축 과정에 핵심적인 역할을 하는 것으로 보인다.

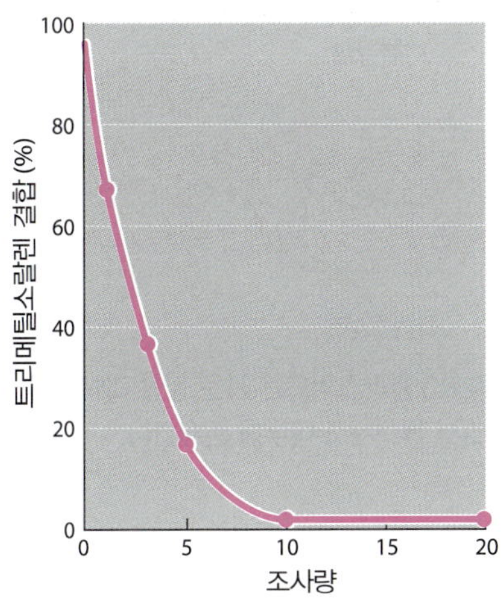

그림 8.4 조사량과 트리메틸소랄렌 결합의 관계를 나타내는 그래프. 조사량이 증가할수록 트리메틸소랄렌 결합이 감소하는 현상은 도메인 모델에 부합된다. 이 모델에 의하면 조사량이 증가될수록 핵양체 DNA에 있는 초나선이 점차적으로 감소된다.

일부 박테리아는 선형 유전체 또는 다중 유전체를 지닌다

앞에서 살펴본 대장균 유전체는 단일한 원형 DNA 분자로 이루어져 있다. 지금까지 연구된 대부분의 박테리아 및 고세균의 염색체가 이와 같다. 그러나 최근 선형 유전체를 지닌 것으로 알려진 박테리아의 수도 점점 증가하고 있다. 가장 먼저 알려진 종으로는 1989년에 알려진 라임병을 일으키는 병원균인 *Borrelia burdorferi*이다. 이듬해에 *Streptomyces coelicolor*와 *Agrobacterium tumefaciens*도 선형 유전체를 가졌다는 사실이 발견되었다. 선형 분자는 끝이 연결되어 있지 않아 DNA가 절단된 부분과 구별이 되지 않는다. 따라서 이러한 염색체에는 진핵세포 염색체의 텔로미어에 해당되는 말단 구조가 필요하다(7.1절). *Borrelia*와 *Agrobacterium*에서 원래의 염색체 말단은 DNA 이중나선에서 5′-말단과 3′-말단이 공유결합으로 연결되어 있어 비정상적인 절단면과 구별된다. *Streptomyces* 유전체의 말단에는 특수한 결합 단백질이 존재하는 것으로 보인다.

대장균 유전체와 다른 유전체를 지니는 두 번째 종류의 원핵세포는 다중 유전체(multipartite genome)를 가지는 종류이다. 다중 유전체는 유전체가 두 분자 이상의 DNA 분자에 나뉘어 있는 경우를 말한다. 다중 유전체를 가지는 경우에는 때로 원래의 유전체

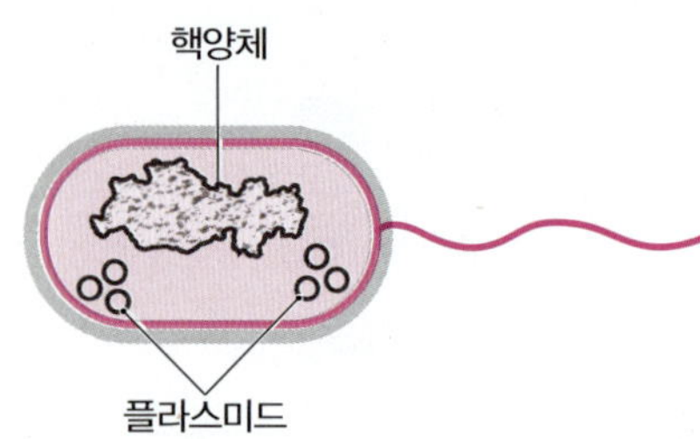

그림 8.5 플라스미드는 작은 원형 DNA 분자로 일부 원핵세포 내부에 존재한다.

와 플라스미드를 구별하기 어려운 문제가 발생한다. 플라스미드는 작은 DNA 조각으로 대체로 원형으로 존재하며 박테리아 세포에서 주 염색체와 공존한다(그림 8.5). 일부 플라스미드는 주 유전체에 삽입될 수도 있으나 또 다른 종류는 언제나 따로 존재하기도 한다. 이들의 복제 과정은 주 염색체 경우와 다르며, 일부의 경우는 한 세포 내에 천 또는 그 이상의 사본 수에 이르기도 한다. 박테리아가 분열할 때, 이 플라스미드는 주 염색체의 경우와 다른 과정으로 두 딸세포에 분배된다. 플라스미드는 대개 주 염색체에 존재하지 않는 유전자를 지니지만 박테리아가 살아가는 데 필수적이지 않은 유전자인 경우가 많다. 환경 조건이 좋은 경우 꼭 필요하지 않은 항생제 내성 유전자 등이 플라스미드에 주로 존재한다(표 8.1). 또한 플라스미드 중에는 다른 세포로 전달 가능한 종류들도 많이 있어, 이런 특성으로 인해 서로 다른 종의 세균에서 동일한 플라스미드가 발견되기도 한다. 따라서 플라스미드는 염색체와 독립적인 실체로 규정할 수 있으며, 대부분의 경우 플라스미드를 원핵세포의 유전체에 포함시키지는 않는다.

대장균 K12 균주와 같은 박테리아는 4.64 Mb 크기의 염색체를 지니고 여러 종류의 플라스미드를 포함하는 경우도 있다. 그러나 플라스미드의 크기는 수 Kb 정도에 불과하며 없어도 생존 가능하므로 주 염색체만을 "유전체"라 규정할 수 있다. 그러나 다른 원핵생물의 경우에는 유전체를 규정하는 일이 그리 쉽지만은 않다(표 8.2). 콜레라를 일으키는 병원균인 *Vibrio cholerae* O1 E1균에는 2개의 원형 DNA 분자가 들어 있는데 하나는 2.96 Mb이고 또 하나는 1.07 Mb다. 큰 분자에는 콜레라균이 지니는 4,113개 유전자 중 73%가 포함되어 있다. 따라서 이 콜레라균의 유전체는 이들 2개의 분자로 이루어졌다고 할 수 있겠지만, 좀 더 자세히 살펴보면 유전체 발현, 에너지 생성, 병원성과 같은 핵심적인 세포 활동에 관련되는 유전자는 모두 큰 분자에 존재한다. 작은 분자에도 일부 필수 유전자가 포함되어 있으며 이와 더불어 플라스미드의 특징으로 간주되는 특성도 지닌다. 작은 분자에는 플라스미드가 박테리오파지나 다른 플라스미드에서 유전자를 획득할 수 있도록 하는 일군의 유전자 및 DNA 서열을 포함하는 **인테그론(integron)**이 존재한다. 그러므로 작은 유전체는 콜레라균이 진화해 오면서 과거 어느 시점에서 획득한 "메가플라스미드"라고 볼수도 있다. *Deinococcus radiodurans* R1의 유전체는 이 박테리아가 방사능 내성이 매우 강해 관심이 쏠리고 있다. 이 역시 콜레라균과 비슷하게 2개의 원형 염색체와 2개의 플라스미드에 필수 유전자가 분포되어 있다. 그러나 비브리오와 데이노코커스 유전체는 *Borrelia burgdorferi* B31에 비하면 상대적으로 단순한 셈이다. 보렐리아의 유전체는 911 kb의 선형 염색체에 875개의 유전자가 포함되어 있으며, 이와 더불어 19개 이내의 선형이거나 원형인 플라스미드가 존재한다. 이들 플라스미드를 모두 합하면 504 kb에 적어도 478개의 유전자가 포함되어 있다. 이들 유전자 대부분은 기능이 밝혀지지 않았지만 알려진 유전자 가운데 몇몇은 막단백질이나 퓨린 생합성 유전자로 필수 유전자에 해당한다. 이러한 증거는 적어도 일부의 플

표 8.1 전형적인 플라스미드의 특성

플라스미드의 종류	유전자 기능	예
내성	항생제 내성	대장균 및 기타 박테리아의 Rbk
생식	박테리아 사이의 접합 및 DNA 전달	대장균의 F
사멸	다른 박테리아를 사멸시키는 독소 합성	대장균의 Col, 콜리신 생성
분해	희귀한 분자를 대사하는 효소	*Pseudomonas putida*의 TOL, 톨루엔 대사
독성	병원성	*Agrobacterium tumefaciens*의 Ti, 쌍떡잎식물에서 왕관혹(crown gall)병 발생

표 8.2 원핵생물의 유전체 구조의 종류

종	유전체 구조		
	DNA 분자	크기 (Mb)	유전자 수
Escherichia coli K12 (대장균)	단일 원형 분자	4.642	4315
Vibrio cholerae El Tor (콜레라균)	2개의 원형 분자		
	주 염색체	2.961	3008
	메가플라스미드	1.072	1105
Deinococcus radiodurans R1	4개의 원형 분자		
	염색체 1	2.649	2,699
	염색체 2	0.412	360
	원형 플라스미드	0.177	130
	원형 플라스미드	0.046	35
Borrelia burgdorferi B31	9개의 원형 분자, 11개의 선형 분자		
	선형 염색체	0.911	875
	원형 플라스미드 cp9	0.009	8
	원형 플라스미드 cp26	0.026	29
	원형 플라스미드 cp32-1	0.031	41
	원형 플라스미드 cp32-3	0.030	39
	원형 플라스미드 cp32-4	0.030	40
	원형 플라스미드 cp32-6	0.030	40
	원형 플라스미드 cp32-7	0.031	40
	원형 플라스미드 cp32-8	0.031	40
	원형 플라스미드 cp32-9	0.031	32
	선형 플라스미드 lp5	0.005	6
	선형 플라스미드 lp17	0.017	14
	선형 플라스미드 lp21	0.019	10
	선형 플라스미드 lp25	0.024	9
	선형 플라스미드 lp28-1	0.028	16
	선형 플라스미드 lp28-2	0.030	20
	선형 플라스미드 lp28-3	0.029	19
	선형 플라스미드 lp28-4	0.027	19
	선형 플라스미드 lp36	0.037	28
	선형 플라스미드 lp38	0.039	28

자료 출처: Ensemble Bacteria release 32.

라스미드는 유전체의 필수 구성요소임을 시사하고 일부 원핵생물은 여러 개의 유전체로 구성된 다중 유전체로 되어 있을 가능성을 보여준다. 이는 전형적인 원핵생물의 배열이라기보다 진핵생물의 핵 유전체에 보다 가까운 형태다.

*Vibrio*와 *Deinococcus* 같은 박테리아에서와 같은 복잡한 문제 때문에, 미생물 유전학자들은 필수적인 유전자를 가지고 있는 플라스미드를 구별하가 위해 **크로미드(chromid)**란 새로운 용어를 만들었다. 이는 박테리아에서 발견되는 DNA 분자를 두 가지가 아닌 세 가지로 구별한다는 것을 의미한다(그림 8.6).

- (하나 또는 그 이상의) 염색체: 필수적인 유전자를 가지며 핵양체에 위치한다.
- (진정) 플라스미드: 박테리아 염색체와는 다른 별도의 플라스미드 분배 체계를

그림 8.6 원핵생물의 염색체, 크로미드, 플라스미드의 차이.

가지며, 박테리아에게 필수적이지 않은 유전자를 포함한다.

- 크로미드: 플라스미드의 분배 체계가 쓰이지만, 박테리아에 필수적인 유전자를 포함한다.

이 명명법에 따르면, *V. cholerae*는 한 개의 염색체와 한 개의 크로미드, *D. radiodurans*는 2개의 염색체와 2개의 크로미드를 가진다고 할 수 있다.

8.2 원핵생물 유전체의 유전적 특성

원핵생물은 진핵생물에 비해 염기 서열을 바탕으로 한 유전체 주석이 훨씬 쉽다(5.1절). 지금까지 염기 서열이 결정된 대부분의 원핵생물 유전체에서 우리는 상당히 정확하게 유전자 수를 추정할 수 있고 유전자의 기능 목록도 파악할 수 있었다. 이와 같은 연구는 놀랄만한 결과를 가져다 주어 미생물학자들이 원핵생물에서의 "생물종"에 대해 다시 생각하게 만들었다. 이 장의 후반에서는 진화에 관련된 주제를 다룰 예정인데, 이에 앞서 원핵세포 유전체에서 유전자가 어떻게 조직되어 있는지 살펴보기로 한다.

대장균 K12 유전체의 유전자 구조

앞에서 박테리아의 유전체는 유전자 사이의 비번역 부위가 거의 없는 간결한 유전적 구조를 가진다고 하였다. 유전체 서열에서 유전자를 탐색할 때, 열린번역틀 탐색(ORF scanning)이 얼마나 유용한지에 대해 논의할 때 이러한 사실은 중요한 문제로 부각된다(그림 5.3 참조). 이 점을 강조하기 위해 **그림 8.7**에 그려진 대장균 K12 균주의 완전한 원형 유전체 지도를 살펴보자. 대장균 유전체에도 비번역 DNA가 존재하기는 한다. 그러나 이는 전체의 11%에 불과하며 유전체 전반에 걸쳐 작은 조각으로 퍼져 있어 이 그림에서는 제대로 표시되지도 않는다. 이런 점에서 대장균은 지금까지 유전체 서열이 결정된 모든 원핵생물의 전형으로 볼 수 있다. 원핵생물 유전체에는 낭비되는 부분이 거의 없다. 이같이 간결한 구조는 원핵생물에게 유전체를 상대적으로 빨리 복제할 수 있다는 등의 이점을 제공한다. 그러나 이와 같은 가설에 대한 확고한 실험 증거는 아직 제시된 바 없다.

대장균 K12 유전체를 좀 더 상세하게 살펴보기로 하자. **그림 8.8**에 전형적인 50 kb 절편이 도시되어 있다. 이 절편을 사람 유전체에 존재하는 전형적인 절편(그림 7.12 참조)과 비교할 때, 가장 먼저 눈에 띄는 점은 대장균 유전체에 유전자의 수가 더 많고 유전자 사이의 빈 공간이 훨씬 적다는 점이다. 모두 43개의 유전자가 전체의 85.9%를 차지하고 있다. 일부 유전자들 사이에는 빈 공간이 전혀 없다. 예를 들어, *thrA*와 *thrB* 유전자 사이에는 하나의 뉴클레오티드가 존재하며 *thrC*는 *thrB* 유전자의 마지막 뉴클레오티드 바로 다음에서 시작된다. 이들 3개의 유전자는

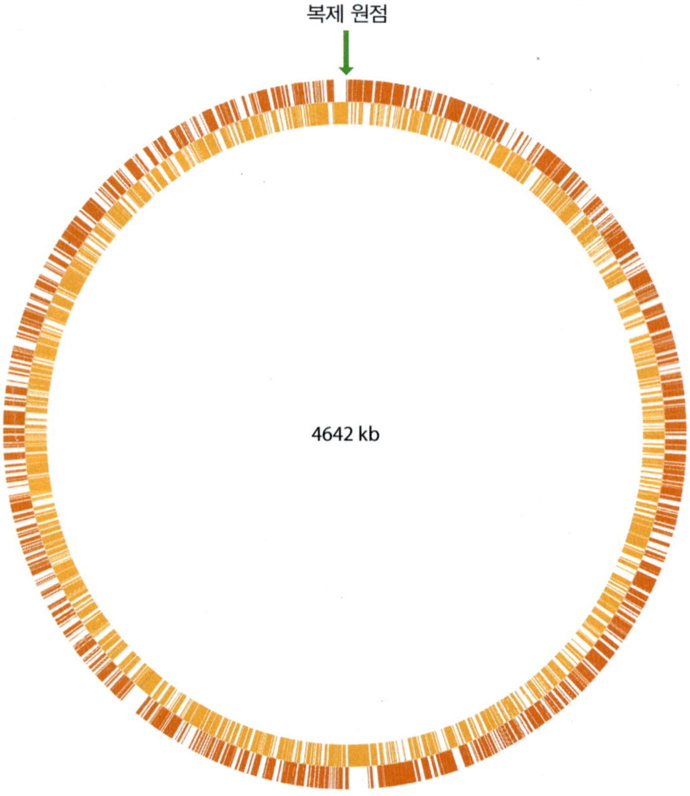

복제 원점

4642 kb

그림 8.7 대장균 K12의 유전체. 복제 원점이 맨 위에 위치하도록 지도를 도시하였다. 동그라미 바깥쪽에 그려진 유전자는 시계방향으로, 안쪽에 그려진 유전자는 시계 반대방향으로 전사된다. (Wisconsin-Madison 대학교의 F. R. Blattner 박사 제공.)

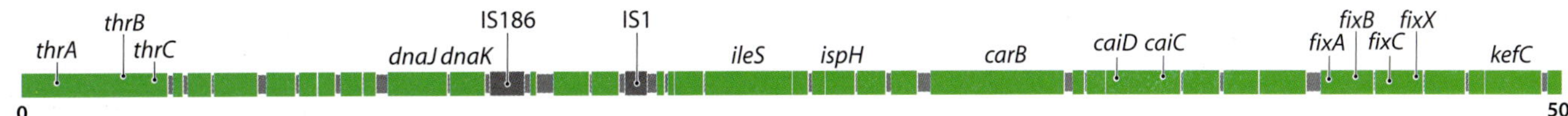

그림 8.8 **대장균 유전체의 50 kb 절편.** 뉴클레오티드 위치 377부터 50,377까지의 절편. 많은 유전자가 아주 가까이 위치하여 이 축적에서는 거의 연속적인 것처럼 보인다는 것을 유의하라. 예로써 *thrA*, *thrB*, *thrC*, *thrD*; *CaiD*, *CaiC*; *fixA*, *fixB*; *fixC*, *fixX*. (UCSC Microbial Genome Browser에서 발췌.)

하나의 **오페론(operon)**을 이룬다. 오페론은 동일한 생화학 경로에 작용하는 유전자가 모여 서로 같은 방식으로 발현되는 단위를 말한다. 일반적으로 원핵생물 유전자는 진핵생물에 비해 짧아서 박테리아 유전자의 평균 길이는 인트론을 제외한 진핵생물 유전자의 2/3에 불과하다. 박테리아의 유전자는 고세균의 유전자보다 조금 더 긴 경향이 있다.

원핵생물 유전체의 다른 두 가지 특징은 그림 8.8에서 추론할 수 있다. 첫째, 대장균 유전체에는 인트론을 지니는 유전자가 없다. 실제로 대장균에는 전혀 인트론이 없으며 이는 원핵생물 유전자의 일반적인 특징이다. 예외적으로 고세균에는 인트론을 포함하는 유전자가 일부 존재한다. 두 번째 특징은 반복 서열이 드물다는 점이다. 대부분의 원핵생물 유전체는 진핵생물에서 계속 반복되어 나타나는 유전체 전반의 반복 서열과 같은 부분이 없다. 그러나 유전체의 다른 곳에서 그대로 반복되는 서열이 전혀 없는 것은 아니다. **삽입 서열(insertion sequence)**이 그 하나로 그림 8.8의 50 kb 절편에서는 IS1 및 IS186을 찾아볼 수 있다. 이들은 전위인자(transposable element)에 속하는 한 예로 유전체에서 여기저기로 옮겨 다닐 수 있다. 삽입 서열의 경우에는 한 개체에서 다른 개체로 심지어는 한 종에서 다른 종으로 옮겨갈 수도 있다(9.2절). 그림 8.7에 표시된 IS1과 IS186의 위치는 이 서열을 얻은 특정한 대장균 균주에서의 위치이며, 다른 분리 균주의 경우 다른 위치에서 삽입 서열이 발견될 수도 있고 또는 전혀 존재하지 않을 수도 있다. 원핵생물 유전체에는 여러 가지 전이인자 패밀리들이 알려져 있다. 9.2절에서 이동성 유전 인자에 대해 다룰 때에, 이들 구조에 대해 좀 더 자세히 살펴볼 것이다. 많은 원핵생물 유전체에서는 몇 가지 비전이성 반복 서열도 알려져 있다. 이들의 주요 class 두 가지는 다음과 같다.

- **Repetitive extragenic palindromic(REP) sequences**: 대부분 경우에 20~35 bp 크기이며 단독 또는 연쇄적으로 존재한다. 많은 REP 염기 서열은 복잡한 stem loop 구조를 만들 수 있는 작은 RNA로 전사가 되며, 많은 종에서 유전자 조절 작용을 할 가능성이 있다.
- **Clustered regularly interspaced short palindromic repeats(CRISPRs)**: 진핵생물 유전자의 기능을 알아내기 위해 해당 유전자를 불활성화시키는 수단으로의 programmable 핵산가수분해효소를 다룰 때에 언급된 바 있다(6.2절). CRISPRs는 20~50 bp 염기 서열이 연속으로 배치되어 있는 구조이다. 각 반복 서열 쌍은 비슷한 크기이나 고유한 서열로 된 층간재(spacer)에 의해 분리되어 있다. 많은 층간재 염기 서열은 박테리오파지의 유전체 일부 조각의 서열과 유사하며 이런 연유로 CRISPRs를 원핵생물의 면역체계를 대표한다 말할 수 있다. 층간재에서 만들어진 전사체는 침입한 파지의 유전체에 붙게 되는 guide RNA로써, Cas 내부핵산가수분해효소(이 유전자는 보통 CRISPRs 배열에 가까이 위치)가 파지DNA를 절단시키는 데 작용하여 침입한 파지를 불활성화시킨다.

전이성과 비전이성 반복 서열의 개수는 원핵생물마다 크게 다르다. 이들은 유전체 서열의 1% 미만을 차지하는 경우가 보통이다. 예외적으로, 수막염을 일으키는 박테리아인 *Neisseria meningitidis* Z2491에서는 15종류의 서열이 총 3,700회 이상 반복되며, 반복 서열이 2.18 Mb 크기의 유전체의 11%를 차지한다.

그림 8.8에서 유추할 수 있는 또 다른 원핵생물의 특성은 인트론이 아주 드물다는 것

이다. 대장균 K12는 인트론을 가진 불연속적인 유전자가 전혀 없으며, 다른 박테리아나 고세균에서도 인트론은 흔하지 않다. 알려진 것은 **I형** 인트론과 **II형** 인트론으로, 이들은 진핵생물의 전구체 mRNA에 있는 인트론과는 매우 다르다. 전구체 mRNA의 인트론과는 다르게, 이 그룹은 복잡한 염기쌍 구조를 형성하여 단백질 촉매가 없이도 자체적으로 인트론을 제거하는 자가-스플라이싱이 일어난다. 최소한 일부의 인트론은 유전체에서 이 자리에서 저 자리로 이동할 수 있다. 이들은 자가 촉매성이므로 유전자가 발현 능력에는 영향이 없다. 일단 유전자에서 전사체가 만들어지면, 인트론은 자가-스플라이싱으로 잘려나가고, 결국 기능을 할 수 있는 mRNA가 생성된다. 이런 연유로 원핵생물의 인트론은 유전자 사이가 아닌 유전자 서열에 삽입되는 특별한 전이인자 중 하나로 볼 수 있다.

오페론은 원핵생물 유전체의 독특한 특성이다

대장균 K12 경우에서 보인 바와 같이, 원핵생물 유전체의 독특한 특성은 오페론의 존재이다. 대장균 유전체에서 발견되는 원핵생물 유전체의 독특한 특성 가운데 하나는 오페론이 존재한다는 점이다. 오페론은 유전체에서 서로 인접한 일군의 유전자로 대개는 한 유전자의 끝과 다음 유전자의 시작 사이에 한두 개의 뉴클레오티드만 존재하는 경우도 있다. 오페론을 이루는 모든 유전자는 하나의 단위로 발현된다. 이와 같은 배열은 원핵생물 유전체에서 흔히 볼 수 있다. 대장균의 전형적인 오페론은 가장 먼저 발견된 **젖당 오페론(lactose operon)**으로 이당류인 젖당을 단당류인 포도당과 갈락토스로 전환하는 데 필요한 3개의 유전자를 포함한다(그림 8.9A). 이들 단당류는 에너지를 생성하는 해당 과정의 기질로 작용하므로 젖당 오페론에 포함된 유전자는 젖당을 대장균이 사용할 수 있는 에너지원의 형태로 전환하는 기능을 한다. 젖당은 대장균이 사는 주변 환경에 늘 존재하는 성분이 아니므로 젖당 오페론은 대개 발현되지 않고 박테리아는 젖

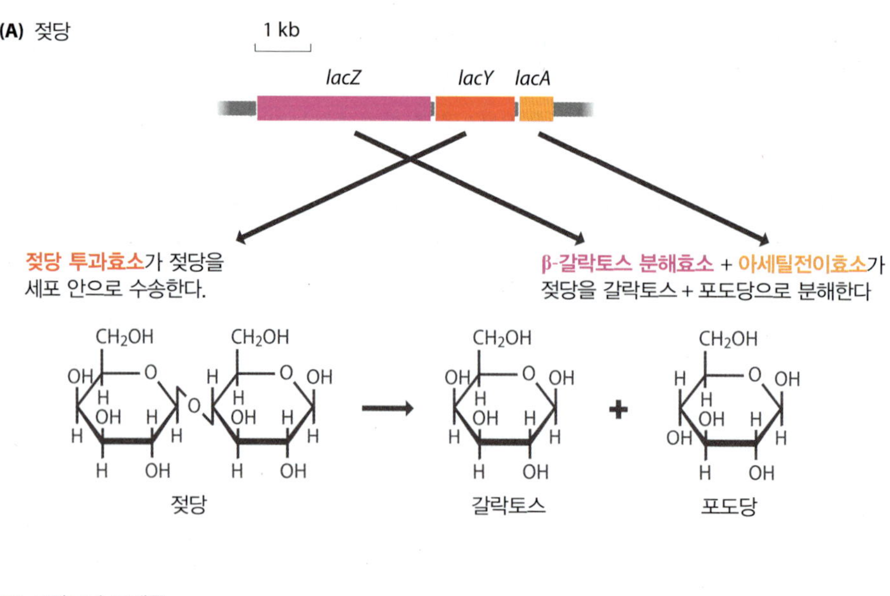

그림 8.9 두 가지 대장균 오페론. (A) 젖당 오페론. *lac*Z, *lac*Y, *lac*A로 불리는 3개의 유전자가 존재한다. 처음 2개의 유전자는 52 bp 떨어져 있고, 두 번째와 세 번째 유전자는 64 bp 떨어져 있다. 세 유전자는 항상 함께 발현되며, *lac*Y는 젖당 투과효소(lactose permease)를, *lac*Z와 *lac*A는 젖당을 갈락토스와 포도당으로 분리하는 데 필요한 효소를 암호화한다. (B) 트립토판 오페론, 코리슴산을 아미노산인 트립토판으로 전환하는 다단계 과정에 관여하는 효소를 암호화하는 5개의 유전자를 포함한다. 트립토판 오페론의 유전자는 젖당 오페론에 비해 더 가까이 붙어 있다. *trp*E와 *trp*D, *trp*B와 *trp*A는 각각 1 bp 겹쳐 있고, *trp*D와 *trp*C는 4 bp, *trp*C와 *trp*B는 12 bp 떨어져 있다.

당 활용에 필요한 효소를 합성하지 않는다. 주변에 젖당이 존재하는 경우에만 오페론의 발현을 시작하여 3개의 유전자가 함께 발현되고 그 결과 젖당 활용 효소가 한꺼번에 합성되기 시작한다. 이러한 과정은 박테리아에서의 유전자 조절의 고전적인 예이다.

젖당 오페론은 이 오페론에 있는 유전자로부터 만들어진 효소의 기질에 의해 발현이 유도되는 **유도성 오페론(inducible operon)**이다. 다른 종류로는 유전자 산물 효소에 의해서 촉매되는 대사 경로의 생성물에 의해 조절이 되는 **억제성 오페론(repressible operon)**이다. 이 예로써 코리스민산(chorismic Acid)이라는 화합물을 전구체로 하여 트립토판을 합성하는 필요한 효소들을 암호화하는 유전자 5개를 포함하는 트립토판 오페론이다(그림 8.9B). 이 오페론에서는 트립토판이 조절자이다. 트립토판 수위가 낮으면 합성에 필요한 효소가 증가하여 트립토판의 생성이 증가되도록 오페론이 발동한다. 트립토판이 충분히 만들어지면 이 오페론은 억제된다.

대장균 K12 유전체에는 850개의 오페론이 존재하며, 이 중 450개는 각기 2개의 유전자를, 가장 긴 경우는 18개의 유전자를 포함한다. 오페론은 많은 종으로부터 2,000개 이상 알려져 있으며, 원핵생물의 일반적인 특성이다. 그러나 모든 종에서 흔한 것은 아니다. *Lactobacillus helveticus* H10에서는 2,052개의 유전자가 있고, 오페론은 35개, 가장 긴 것은 6개의 유전자를 포함한다. *Pseudomonas syringae* DC3000은 5,619개의 유전자가 있고, 오페론은 25개, 이 중에는 18개 유전자를 포함한 것이 있다. 해양 박테리아인 *Rhodospirellula baltica*에는 오페론이 전혀 없으며, 7,325개의 유전자는 모두 개별단위로 전사된다. 오페론은 한 동안 원핵생물에만 존재한다고 알려져 있었으나, 진핵생물에서 전혀 없지는 않다고 알려져 있다. 하나의 단위로 전사되는 근접 간격 유전자 집단은 *Caenorrhabditis elegans*에서는 상대적으로 흔하고 초파리 경우에서도 알려져 있다.

원핵생물의 유전체 크기와 유전자 수는 생물학적 복잡성에 따라 다르다

가장 큰 원핵생물 유전체는 가장 작은 진핵생물 유전체 크기와 비슷한 경우가 있기는 하나, 대체로 원핵생물의 유전체는 진핵생물에 비해 훨씬 작다(표 8.3). 예를 들어, 4,315개 유전자를 포함하는 대장균 K12 유전체는 4.6 Mb에 불과하며, 이는 효모 유전체의 2/5 정도에 지나지 않는다. 대부분의 원핵생물 유전체는 크기가 5 Mb 이하이며, 지금까

표 8.3 여러 원핵생물의 유전체 크기와 유전자 수

종	유전체 크기 (Mb)	유전자 수
박테리아		
Nasuia deltocephalinicola NAS-ALF	0.11	169
Mycoplasma genitalium G37	0.58	559
Streptococcus pneumoniae R6	2.00	2,228
Vibrio cholerae O1 El Tor	4.03	4,113
Mycobacterium tuberculosis H37Rv	4.41	4,096
Escherichia coli K12	4.64	4,315
Pseudomonas aeruginosa PA01	6.26	5,807
Sorangium cellulosum So0157-2	14.78	10,473
고세균		
Methanocaldococcus jannaschii DSM2661	1.74	1,875
Archaeoglobus fulgidus DSM4304	2.18	2,515

출처: Ensemble Bacteria release 32

지 염기 서열이 결정된 유전체 자료로 보면 *Nasuia deltocephalinicola* NAS-ALF에서의 112 kb와 *Sorangium cellulosum* So0157-2에서의 14.8 Mb 사이의 크기이다.

대장균 K12 유전체 경우에의 유전자가 유전체 서열의 89% 정도를 차지하는 고밀도 구성은 대부분 원핵생물 유전체 경우에는 전형적이며, 평균 87%이고 85~90% 범위이다. 이는 유전체 크기와 유전자 수가 비례한다는 것을 의미한다. 유전자 수는 종에 따라 상당히 달라질 수 있으며, 이 숫자는 각 생물이 사는 생태학적 지위를 반영한다. 유전체 크기가 가장 큰 생물은 주로 자유 생활을 하는 토양세균이다. 이 환경은 일반적으로 물리적, 생물학적 조건이 다양하여 이곳에 사는 종은 다양한 환경에 대응할 수 있어야 할 것이다. *S. cellulosum* 경우가 좋은 예이다. 이 미생물은 셀루로즈를 당으로 분해시키는 데 필요한 효소의 유전자들과 복잡한 토양 생태계에서 경쟁력을 높여주는 항박테리아와 항균성 화합물을 합성하는 데 필요한 유전들을 포함하여 10,400개 단백질 암호화 유전자를 가지고 있다. 유전자 중에는 이 박테리아들이 덩어리져서 이동하고 결실체를 구성하여 저항성 포자를 만드는 데 필요한 세포내 세포 연락에 관계되는 단백질 유전자도 포함된다. 반면, 유전체 크기가 가장 작은 종들은 절대 기생성이다. 예를 들어, *N. deltocephalinicola*는 매미충(leafhopper)의 내공생체로 이 곤충의 복부 내에 특별한 구조 안에서 산다. 이 박테리아는 먹이에서만 얻을 수 있는 두 가지 아미노산을 만들어 곤충에게 제공한다. 반면, 이 곤충은 여러 가지의 영양분을 박테리아에게 제공한다. 이런 연유로 *Nasuia*는 자유생활 박테리아에서는 필수적인 대사물 합성과 에너지 생산에 필요한 유전자들이 없어도 된다. 결과적으로 *Nasuia* 유전체는 주로 DNA 복제, 전사, 번역과 같은 필수 기능의 유전자를 포함하여 130개의 단백질 암호화 유전자 수로 축소되었다.

여러 원핵생물의 유전체들을 비교해서 자유생활 박테리아로써 필요한 최소 유전자 수를 추정할 수 있다. 유전체 염기 서열이 가장 먼저 파악된 *Mycoplasma genitalium* G37은 진정 자유 생활 미생물인 데도 단지 476개의 단백질 암호화 유전자를 가지고 있다. Mycoplasma 유전자들에 점진적인 수의 유전자를 돌연변이를 시켜 유전자를 불활성화시켜 보면 최소 유전자 수는 382개로 보인다. 그러나 이것은 *Mycoplasma* 경우이고 다른 유전체를 가지고 불활성화 실험을 해보면 종 특이적인 결과가 나온다. 많은 박테리아에서는 382개 보다 많고, 일부의 경우에서는 이보다 작다. 만약 아미노산 같은 영양분을 포함한 부영양 배지에서 돌연변이 박테리아를 키우는 방식으로 연구에서의 *Salmonella typhimurium* LT2 생장에는 230개가 필수적이었다. 만약 자연 상태에서 박테리아가 합성을 해야 하는 여러 화합물들을 밖에서 제공해 주면, 필요한 유전자 종류는 *Nasuia*와 다른 공생 종의 경우와 유사해질 것이다.

유전체 크기와 유전자 수는 종 내에서도 다양하다

유전체 사업은 원핵생물 세계에서의 종(species)에 대한 정의를 더욱 혼란스럽게 만들었다. 미생물학에서 종의 개념은 늘 골칫거리였다. 종에 대한 통상적인 생물학적 정의를 미생물에 적용하기 어렵기 때문이다. 린네(Linnaeus)와 같은 초기의 분류학자들은 같은 종에 속하는 모든 생물은 같거나 거의 비슷한 구조적인 특성을 지닌다는 가정에서 주로 형태적 특성을 분류의 기준으로 삼았다. 이런 분류 방식은 19세기 초반까지 널리 채택되었고 1880년대 코흐(Robert Koch) 등이 최초로 박테리아 종 사이의 염색 및 생화학적 검사를 바탕으로 미생물을 분류할 때에도 적용되었다. 그러나 이와 같은 분류는 정확하지 않다. 왜냐하면 이렇게 분류된 많은 종이 전혀 다른 특성을 지니는 다양한 종류로 구성되는 경우가 많기 때문이다. 많은 박테리아 종에서 대장균을 예로 들면, 이

종은 전혀 해가 없는 균주에서 치명적인 균주에 이르기까지 다양한 형태의 병원성을 나타내는 균주로 이루어져 있다. 20세기에 생물학자들은 진화적인 맥락에서 종의 개념을 새롭게 정의하였다. 이제 우리는 종을 서로 교배할 수 있는 생물의 집단으로 정의한다. 그러나 원핵생물들 사이에는 생화학 및 생리적 특성을 기준을 볼 때 서로 다른 종 사이에서도 유전자를 교환할 수 있는 다양한 방법이 존재하기 때문에 이 같은 정의를 미생물에 적용하기는 더욱 어렵다(그림 3.24 참조). 일반적인 종 개념에서의 핵심이 되는 **유전자 흐름(gene flow)**에 대한 장벽이 원핵생물에는 적용될 수 없는 것이다.

유전체 서열이 결정되면서 원핵생물에서 종의 개념을 적용하기가 어렵다는 사실이 재확인되었다. 이제 단일 종에 속하는 서로 다른 균주가 매우 다른 유전체 서열을 지니고 있을 수 있다는 사실이 확실해졌다. 이 사실은 *Helicobacter pylori*의 2개 균주 서열을 비교하면서 처음 알려졌다. 헬리코박터는 위궤양과 사람에게 여러 소화 장애를 일으키는 병원균이다. 영국과 미국에서 분리된 2개의 균주는 각각 1.67 Mb 및 1.64 Mb 크기의 유전체를 지닌다. 초기 주석에서는 전자의 유전체에 1,552개의 유전자가, 후자의 유전체에 1,495개의 유전자가 존재한다고 분석되었다. 이 가운데 양쪽 모두에 존재하는 유전자는 1,406개다. 이는 각 유전체에서 6~9% 정도가 각기 고유한 유전자를 포함하고 있다는 사실을 의미한다. 실험실에서 널리 사용하는 대장균 K12 균주와 가장 강한 병원성을 나타내는 균주인 O157:H7 균주 유전체를 비교하였을 때 훨씬 더 극명한 차이가 드러났다. 두 유전체는 길이부터 상당한 차이를 보여 K12는 4.64 Mb이고 O157:H7의 유전체는 5.53 Mb로 나타났다. 병원성 균주에는 거의 200 군데에 걸쳐 K12 균주에서 발견되지 않은 가외의 DNA가 산재되어 있다. 이들 O섬(O-island)에는 K12 균주에 존재하지 않는 1,300개의 유전자가 포함되어 있고, 이 가운데 많은 유전자가 독소 등 O157:H7의 병원성에 관계하는 유전자를 암호화한다. 그러나 O157:H7 균주만이 병원성을 나타내는 가외의 유전자를 지니고 있는 것은 아니다. K12 또한 고유한 서열로 이루어져 있는 234개의 절편을 지니며, 이를 K섬(K-island)이라 부른다. K섬의 크기는 평균적으로 O섬에 비해 작으나 여전히 O157:H7에는 존재하지 않는 500개 이상의 유전자가 포함되어 있다. 종합하면 대장균에 속하는 균주 O157:H7과 K12 사이에는 각각 유전자 목록의 25% 및 12%에 해당하는 균주 특이 유전자가 존재한다는 것이다. 이들 두 균주는 진핵생물의 분류에 적용되는 동일한 종 개념으로 묶어서 분류하기에는 너무 큰 차이를 보이고 있다. 이러한 문제를 모두 해결하면서 미생물의 분류에 적용될 수 있는 종에 대한 개념을 찾기란 쉽지 않아 보인다.

한 가지 원핵생물 종에서 유전체 크기와 유전자 내용이 차이가 나는 문제로 인해 **범유전체 개념(pan-genome concept)**이 만들어졌다. 이 개념에 의하면 특정 종의 유전체는 2가지 구성으로 구분된다(그림 8.10).

- **핵심 유전체(core genome)**: 그 종 모두에서 가지고 있는 유전자 모음
- **부수 유전체(accessory genome)**: 그 종에서 상이한 균주들이나 분리주에서 추가적으로 가지고 있는 유전자의 총합

따라서 핵심 유전체는 특정 종을 정의하게 되는 생화학적, 세포학적 활성을 명시하는 반면에 부수 유전체는 개별 균주에서 발현되며 전체적으로 그 종의 생물학적 능력의 전부를 기술한다 할 수 있다. 범유전체 개념은 특정 종의 유전체에 대한 개념을 그 종의 세포 하나에서 가지고 있는 DNA 내용으로 보던 전통적인 입장에서, 그 종이 가지고 있는 유전자의 내용으로 보는 것으로의 전환을 의미한다.

범유전체에 대한 최초의 기술은 *Streptococcus agalactiae*에 대한 것으로, 이 박테리아는 사람의 위장관과 비뇨생식관에서 살며, 무해한 경우와 질병을 일으키는 경우가 있

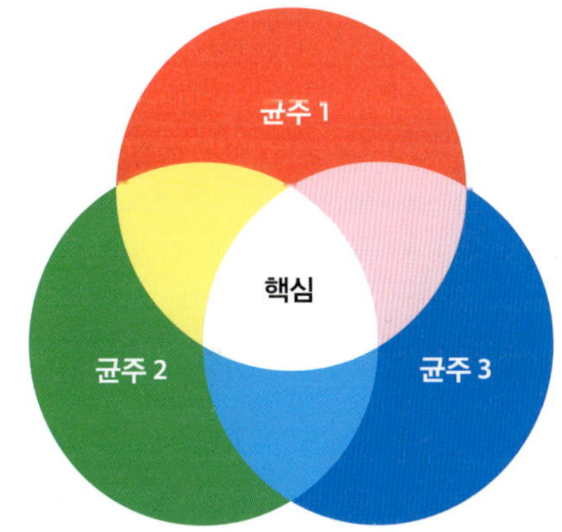

그림 8.10 **범유전체 개념.** 특정 원핵생물의 3가지 균주의 유전체 내에 있는 유전자 내용을 표시한 것으로, 각 균주의 유전자 집합은 하나의 원에 해당한다. 세 원의 중복 부분(흰색)은 세 균주에서의 공통적인 핵심 유전체이다. 부수 유전체는 핵심 부분을 제외한 부분이며, 이는 세부적으로 하나의 균주에만 포함되어 있는 유전자 집합인 단독체(빨간색, 진청색, 녹색)와 2가지 균주에서 공통적으로 발견되는 유전자 집합(노란색, 분홍색, 연청색)으로 구분할 수 있다.

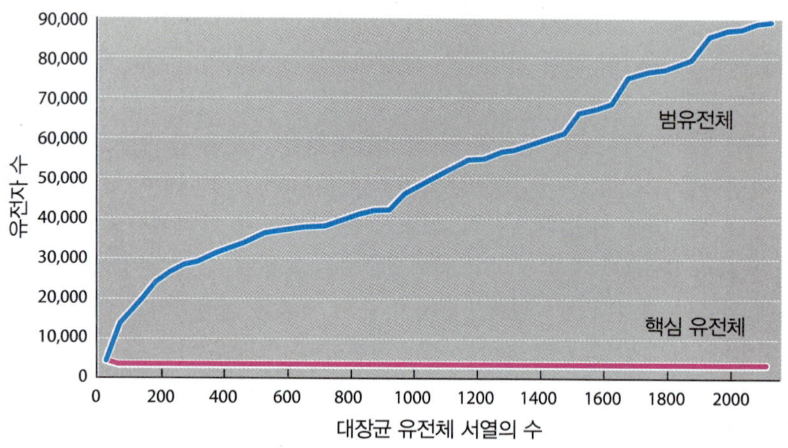

그림 8.11 대장균의 범유전체. 이 그래프는 수백 개의 균주에서 염기 서열이 분석되어 가면서 대장균 범유전체에 포함되는 유전자 수와 핵심 유전체의 크기의 변화를 보여주고 있다. 유전자 총 개수가 여전히 증가하면 범유전체가 열려 있다고 한다. 이 경우에는 95% 이상의 균주에서 공통적으로 존재하는 유전자로 정의할 수 있는 핵심 유전체가 3,188개로써 비교적 안정되어있다. 여기에 포함된 대장균 정보는 후에 진정한 ORF가 아니라고 판정될 수도 있는 초안 자료까지 있을 수 있기 때문에, 범유전체의 유전자 수는 과다 추정치일 가능성이 높다. 따라서 현재는 6만 개 정도의 유전자가 포함되는 것으로 믿는다. (Land et al [2015] *Funct. Integr. Genomics* 15:141-161에서 발췌. Springer Science + Business Media under CC BY 제공)

다. 후자의 경우에는 성인에서는 비뇨기 감염을, 신생아에서는 목숨을 위협할 수도 있는 감염을 일으킨다. 8가지의 *S. agalactiae* 분리주에 대해서 유전체 염기 서열을 비교해 보면, 범유전체에는 2,700개의 유전자가 포함되며, 이중 핵심 유전체는 1,800개, 부수 유전체는 나머지 900개이다. 후자의 경우에는 260개 유전자는 하나의 분리주에서만 존재하는 단독체(singleton)이었고, 나머지는 정의대로 8가지 균주 모두에서의 경우를 제외한, 둘 또는 그 이상의 균주에서 존재하는 것이다.

S. agalactiae 범유전체 분석에서 볼 수 있는 바와 같이, 핵심 유전체와 부수 유전체에 포함되는 유전자 수는 균주가 추가되어 자료가 더해지면서 달라질 수 있다 새로이 추가되는 자료에서 핵심으로 분류된 유전자 중에 한두 유전자가 없게 되면, 핵심 유전체에 해당하는 유전자 수는 감소될 것이고, 부수 유전체에 해당하는 유전자 수는 증가될 것이다. 이 같은 예측은 모든 종의 경우는 아니지만 많은 종의 경우에서 성립한다. 일례로, 대장균 범유전체는 수백 개의 균주에서 염기 서열이 분석되었지만 꾸준히 6만 개 이상의 유전자를 포함하는 것으로 증가하는 추세이다(그림 8.11). 그러나 핵심 유전체 수는 안정성이 있고, 100번째 유전체 염기 서열 분석 이전에 3,188개로 비교적 고정적인 수를 보인다. 대장균의 경우에는 여전히 유전자의 총수가 증가하므로 범유전체가 열려 있다고 할 수 있다. 반면에 어떤 종의 경우에는 자료가 새로이 추가되더라도 유전자 수가 증가되지 않으므로 범유전체가 완결되었다고 한다. 이러한 예는 탄저균(*Bacillus anthracis*)의 경우로써, 범유전체는 2,985개의 유전자이고, 이 중에서 2,893개의 유전자는 핵심 유전체이다. 범유전체가 완결되고 부수 유전체의 크기가 작다는 것은 이들의 생태적 범주가 더 제한적이라는 것을 의미한다. 반면에 범유전체가 열려 있는 경우는 수많은 부수 유전자로 인해 광범위한 생태적 지위를 가지고 살 수 있는 종이라 할 수 있다.

수평적 유전자 이동 때문에 원핵생물 종 사이의 구별이 더 애매해진다

1940년대 이래로 플라스미드와 때로는 염색체 유전자들이 박테리아 사이를 접합, 또는 박테리오파지를 매개로 한 형질 도입(transduction), 또는 환경으로부터 DNA 조각의 흡입과 같은 과정에 의해서 DNA가 이동될 수 있다는 것이 알려졌다. 이런 **수평적 유전자 이동(lateral gene transfer)**은 박테리아에서의 유전자 지도 작성 기술의 바탕이 되기 때문에 최소한 대장균의 경우에 대단히 광범위하게 연구되어졌다(3.4절). 이런 연구로부터 어떤 경우에는 대장균과 *S. typhimurium* 사이처럼 상이한 박테리아 종 사이에서도 유전자 DNA 이동이 일어난다는 것을 보여주었다. 동일한 유전자가 서로 다른 원핵생물 종에 존재한다는 보고는 유전체 시대가 막 열릴 즈음 알려졌다. 그러나 처음으로 염기 서열이 결정된 몇 가지 원핵생물 유전체 염기 서열을 비교한 결과로 드러난 수

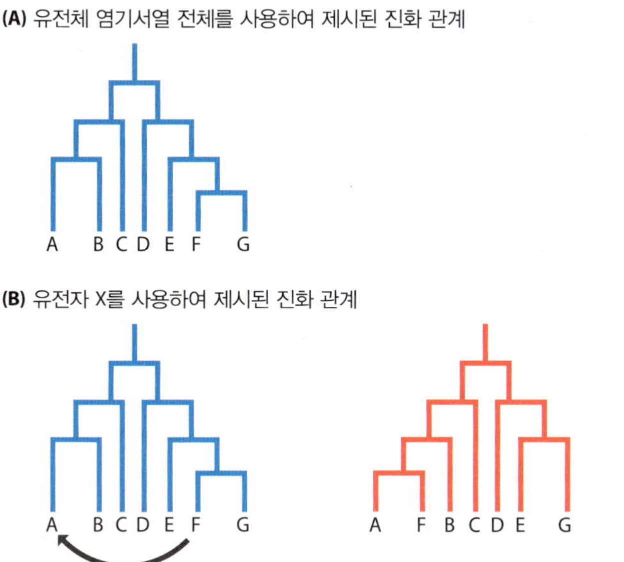

그림 8.12 진화계통수 조사에 의한 수평적 유전자 전달의 탐지. (A) 7종의 유전체 염기서열 전체를 사용하여 종 F와 종 A가 진화 계통수에서 멀다고 제시된다. (B) 유전자 X만 사용하면 종 F와 종 A가 가까운 관계로 제시된다. 이는 비교적 최근에 유전자 X가 종 F에서 종 A로 이동되었고, 따라서 두 종에서는 동일한 염기 서열을 가지기 때문이다.

평적 유전자 이동의 정도는 많은 사람을 놀라게 했다.

두 종류의 원핵생물 종 사이의 진화적 관계를 살펴 보았을 때, 개개 유전자를 대상으로 본 결과와 유전체 전체를 대상으로 본 결과의 불일치로 인해 수평적 유전자 이동이 알려지게 되었다. 이는 두 종이 공통조상에서 갈라진 후에 수평적 유전자 이동이 일어나게 되므로 진화적 의미에서 수평적 유전자 이동이 보다 최근에 일어난 현상이기 때문이다. 두 종 사이에 이동된 유전자 사본들은 돌연변이가 축적되어서 유전체 염기 서열이 분지할 만큼 충분한 시간이 흐른 것이 아니므로 상대적으로 유사한 염기 서열을 가진다. 따라서 유전체 염기 서열 전체를 가지고 분석하면 두 종은 원핵생물 계통수에서 서로 다르게 위치하는 반면에, 수평 이동된 유전자를 가지고 비교를 하면 보다 가까이 위치하게 된다(그림 8.12). 유사한 분석을 통해 박테리아와 고세균 사이의 이동을 포함하여 많은 수평적 유전자 이동의 예가 알려지게 되었다. 이런 연구 결과로 인해 환경으로부터 DNA를 받아들이는 과정에 대한 연구가 촉진되었고, DNA를 받아들이는 현상이 원래 생각했던 것 보다 광범위하게 일어나며, 환경으로부터 DNA 조각을 잡고, 이를 세포 내로 이동 시키는 역할을 하는 단백질들이 많은 종에서 알려지게 되었다.

원핵생물의 진화에 미치는 수평적 유전자 이동의 효과는 아직 충분히 밝혀지지는 않았다. 병원같은 데에서, 좀 더 넓게 말해서 주변 환경에서 존재하는 박테리아 지역개체군(meta-population)에서의 항생제 저항성 확산은 인간 사회로는 큰 문제이지만, 이는 단지 수평적 유전자 이동의 작은 단면 중 하나일 뿐이다. 어떤 경우에서는 수평적 유전자 이동이 한 속의 생물에서 큰 변화의 원인처럼 보인다. 내열성 박테리아인 *Thermotoga maritima*의 1,952개 유전자 중 거의 25%가 고세균에서 얻은 것 같으며, 고세균에서 얻은 유전자들이 아마도 이 박테리아가 높은 온도에서 견딜 수 있는 능력을 얻는데 도움을 주었을 것이다. 박테리아로부터 호염성 고세균(haloarchaea)로의 1,000여 개의 유전자의 이동으로 인해, 바다물과 고염 환경에 사는 이 극한 미생물이 산소에 대하여 내성이 생기고 호기성 환경에서도 살 수 있는 생활사를 가지게 되었다고 생각된다.

서로 다른 종 사이에서의 소규모 수평적 유전자 이동은 이를 받아드린 종에서 새로운 대사 능력이 만들어진다는 여러 예가 있다. 할로아케아의 메틸아스파테이트 회로(methylaspartate cycle)는 이런 방식으로 진화된 것처럼 보인다. 많은 생물처럼 할로아케아도 아미노산과 뉴클레오티드를 합성하기 위한 탄소원으로 아세트산염(acetate)을 사용한다. 이런 대부분의 생물과 다르게 일부의 할로아케아는 메틸아스파테이트 회로란 새로운 대사 과정을 이용한다. 이 과정은 아세틸-CoA로부터 말산염(malate)을 만드는 경로의 초기 단계로 고염 환경에 더욱 적합한 과정이다. 메틸아스파테이트 회로는 여러 박테리아와 고세균에서 작동하는 glyoxalate cycle과 *Rhodobacter*와 *Methylobacterium* 같은 속에 제한되는 경로인 ethylmalonyl-CoA 경로의 두 가지가 합쳐진 대사 과정이다. 이 두 경로는 한 종에서 같이 작동되지 않는 것을 감안하면 할로아케아에서의 이 새로운 메틸아스파테이트 회로로의 진화는 적어도 두 가지 출처로부터 유전자들을 얻는 것이 필요할 수 있다. 수평적 유전자 이동으로 인한 대사경로 생성의 또 다른 예로써, *Methanosarcina*에서 셀루로즈 분해성인 *Clostridium* 종으로부터 2개의 유전자를 받음으로써 변형된 아세틸-CoA 경로가 생성된 경우와 *Thermosipho*에서 퍼미큐테스문(Firmicutes phylum)에서 31개의 유전자를 받아들여 구르탐산(glutamic acid)으로부터 비타민 B12의 합성 능력이 얻어진 경우를 들 수 있다.

메타유전체학으로 하나의 군집의 구성을 기술할 수 있다

원핵생물의 유전체에 적용하는 전통적인 방법은 단일 종의 유전체에 대해서 염기 서열 결정 연구를 수행하는 것이다. 해당 종을 순수 배양하고, DNA를 추출한 후, 차세대 염기 서열 분석(next-generation sequencing, NGS)을 수행하여 읽어낸 조각 염기 서열 결과들을 맞춰서 유전체 염기 서열을 얻게 된다. 이 방법에는 주요한 한계가 있다. 오랫동안 미생물학자들은 자연 서식처에서 박테리아와 고세균을 분리하기 위해 사용되는 인공적인 배양조건이 모든 종에 적용되지는 않으며, 이러한 조건에서 자라지 못하는 많은 원핵생물은 확인되지 않은 채로 남아있을 수밖에 없다는 것을 인식하고 있었다. 만약 어떤 종을 배지에서 키울 수 없다면 적어도 전통적인 접근법으로는 그 유전체의 염기 서열을 결정할 수 없다.

메타유전체학(metagenomics)에서는 바닷물이나 산성 토양과 같은 특정한 서식처에 존재하는 모든 유전체의 DNA 염기 서열을 결정함으로써 이러한 문제를 해결한다. 시료로부터 각각의 종들을 분리하는 시도 없이, 자연 환경 시료 그대로를 사용하여 DNA를 추출한다. 따라서 결과적인 조각 염기 서열 결과들은 배양되지 않는 종들을 포함하여 여러 다른 유전체로부터 기인하여 섞여 있게 된다. 엄청난 양의 조각 염기 서열 혼합에서 개별적 유전체 서열을 맞추어 내는 것은 쉽지 않다. 그러나 시료에 존재하는 종들이 너무 많아 그 복잡성이 극단적으로 높은 상태가 아니라면, 충분히 많은 조각 염기 서열 결과를 얻으면 가능한 일이다. 이로부터 특정한 서식처에 살고 있는 종들을 확인할 수 있고, 각 종의 유전체에 해당하는 조각 염기 서열의 비율을 계산하면 각 종의 상대적 빈도를 추측할 수 있다. 결과적으로 얻어진 유전체 조합은, 미생물학자들이 본적이 없는, 단지 유전체 염기 서열로 과학계에 알려지게 된 종들을 포함하게 된다. 미지의 종에 대한 대사 능력에 대해서는 그 유전체 염기 서열을 분석하여 추측할 수 있고, 이로부터 그 종의 생태계 기여, 예를 들어 영양 순환에서의 기여 등에 대해 알아낼 수 있다.

이 방법을 적용한 최초의 연구에서는 사르가소해(The Sargasso Sea)의 표층수 1,500 L에서 박테리아 DNA를 얻어 1 Mb의 염기 서열을 결정하였다. 이 서열에는 1,800종이 넘는 생물종의 유전체 절편이 포함되어 있으며, 이 가운데 148개는 완전히 새로운 것이었다. 유사한 연구가 미생물 군집이 오염에 대해 어떻게 반응하고 오염 정화에 어떤 도움을 줄 수 있는지를 알기 위해 원유 또는 광산의 산성 폐수에 오염된 장소에서의 시료에 대해 수행되었으며, 또한 미생물의 활성이 작물의 생장과 생산성에 어떠한 영향을 미치는지를 이해하기 위해 농작지 토양 시료에 대해서도 수행되었다. 그러나 가장 많은 노력을 쏟는 경우는 사람의 **마이크로바이옴(microbiome)**에 대해 메타유전체학을 적용하는 경우이다. 마이크로바이옴은 사람의 신체 표면이나 내부에 살고 있는 미생물들을 말한다. 초기 분석에서 건강한 성인의 전체 마이크로바이옴은 1만 종을 포함하며, 아마도 그중 1,000종은 내장에 존재하는 것으로 알려졌다. 대부분의 종들이 해가 없으며, 병원성 종은 단지 그 사람이 감염되었을 때만 마이크로바이옴에 어느 정도 포함이 된다. 미생물체는 오랫동안 중요하다고 생각하지 않았지만, 최소 여러 종들이 유익한 역할을 한다는 증거가 점점 더 쌓이고 있다. 소화기관에서는 박테리아가 특정한 종류의 탄수화물을 분해하여 특정 대사물을 만들어 내며, 사람의 소장에서는 이 대사물을 보다 더 소화시키는 것으로 알려졌다. 만약 이러한 박테리아의 활성이 없으면, 사람은 이러한 탄수화물을 영양분으로 활용할 수 없다. 사람의 마이크로바이옴에 대한 메타유전체학 연구는 각 개인 또는 세계 각 지역에 사는 사람들에 따른 마이크로바이옴을 확보하여 사람의 생태계(예를 들어, 내장, 호흡기, 비뇨생식관, 피부)에서 존재하는 종류들을 정리하고, 이들이 사람의 건강과 질병에 대해 어떻게 영향을 미치는지에 대한 이해를 목표로 하고 있다.

8.3 진핵세포 소기관의 유전체

이제 진핵생물계로 돌아가서 미토콘드리아와 엽록체에 존재하는 유전체를 살펴보기로 하자. 일부 유전자가 핵의 외부에도 존재할 것이라는 가능성은 1950년대에 *Neurospora crassa*(붉은 빵곰팡이)와 *Saccharomyces cerevisiae*(출아효모), *Chlamydomonas reinhardtii*(광합성 조류)에서 특정한 유전자가 일반적이지 않은 양상으로 대물림되는 현상을 설명하는 과정에서 제기되었다. 초기에 이들 유전자는 **염색체 외 유전자(extra-chromosomal gene)**라 일컬어졌다. 같은 시기에 전자현미경과 생화학적 연구가 진행되면서 미토콘드리아와 엽록체에 DNA 분자가 존재한다는 증거가 제시되기 시작하였다. 1960년대 초반이 되면서 이와 같은 여러 가지 증거가 종합되어 진핵세포의 핵 유전체와는 별도로 **미토콘드리아**와 **엽록체**에 유전체가 존재한다는 사실이 확인되었다.

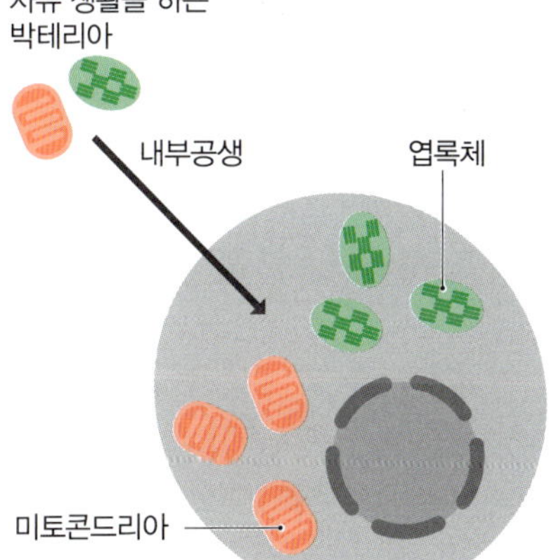

그림 8.13 내부공생설. 내부공생설에 따르면 미토콘드리아와 엽록체는 먼 옛날 진화의 초기에 자유 생활을 하는 박테리아가 진핵세포 전구체와 공생 관계를 형성하면서 형성된 흔적이다.

내부공생설로 세포소기관 유전체의 기원을 설명할 수 있다

세포소기관에도 유전체가 있다는 사실이 알려지면서 이들의 기원에 대한 여러 가지 가설이 제기되었다. 오늘날의 대부분의 생물학자들은 **내부공생설(endosymbiont theory)**이 적어도 기본적으로 옳다고 받아들인다. 하지만 이것이 처음 제기되었던 1960년대에는 상당히 이단적인 이론으로 간주되었다. 내부공생설은 이들 세포소기관에서 진행되는 유전자 발현의 과정이 여러 가지 면에서 박테리아와 비슷하다는 사실에 바탕을 두고 있다. 게다가 뉴클레오티드 서열을 비교하면 세포소기관 유전자는 진핵생물의 핵 유전자보다 박테리아의 해당 유전자와 더 비슷하다. 내부공생설에 따르면 미토콘드리아와 엽록체는 먼 옛날 진화의 초기에 자유 생활을 하는 박테리아가 진핵세포 전구체와 공생관계를 형성하면서 형성된 흔적이다(그림 8.13).

미토콘드리아나 엽록체보다 더 낮은 단계의 공생관계를 형성하고 있는 개체가 발견되면서 내부공생설을 뒷받침하는 증거가 제시되었다. 예를 들어, 조류 중의 하나인 회색조류(glaucophyte)는 **시아넬(cyanelle)**이라는 광합성 기관을 가지고 있는데, 이는 엽록체와 다르며, 세포 속으로 들어온 시아노박테리아처럼 볼 수 있다(그림 8.14). 각 시아넬은 펩티도글리칸 외부층을 가지고 있는데, 이는 시아노박테리아의 세포벽의 흔적이라 생각되며 광 수확 단백질들은 엽록체보다 시아노박테리아의 경우와 유사하다. 내부공생 미토콘드리아 전구체가 무엇인지에 대해서는 잘 알려지지 않았지만 하나의 가

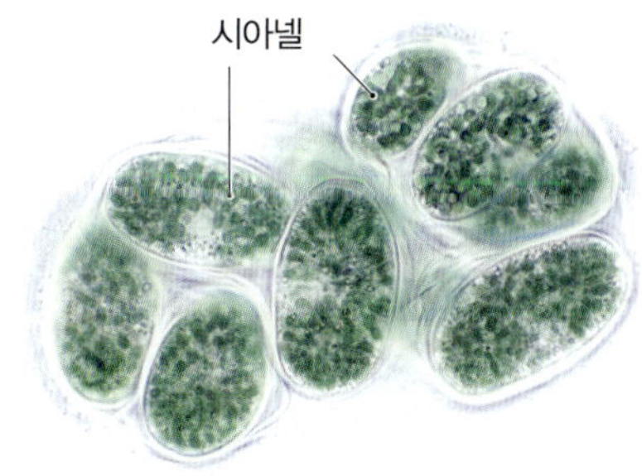

그림 8.14 회색조류인 Cyanophora paradoxa 세포 내의 시아넬. (Michael Abbey/Science Photo Library 제공)

능성은 미토콘드리아는 없고 대신 공생 박테리아를 포함하고 있는 아메바의 한 종류인 *Pelomyxa* 경우이다. 내생 박테리아가 아메바에게 에너지를 제공하는가에 대해서는 알려지지 않았다.

미토콘드리아와 엽록체가 한 때 자유 생활을 하는 박테리아였다 하더라도, 내부공생 관계를 형성한 다음에는 세포소기관과 핵 사이에서 유전자 교환이 일어났어야 한다. 이들 사이에 유전자가 어떻게 전달되었는지, 실제로 한 번에 아주 많은 양이 전달되었는지 아니면 점진적으로 조금씩 전달되었는지는 알려지지 않았다. 그러나 세포소기관에서 핵으로 또는 세포소기관들 사이에서 DNA가 여전히 전달되고 있다는 사실이 확인된다. 이는 1980년대 초반에 엽록체 유전체의 염기 서열 일부가 밝혀지면서 알려졌다. 일부 식물에서 엽록체 유전체의 일부가 미토콘드리아 유전체 일부와 동일하다는 사실이 알려졌다. 이와 같은 **혼합 DNA(promiscuous DNA)**는 한 세포소기관에서 다른 세포소기관으로 전달된 것으로 보인다. 이것이 유일한 유전자 전달 방식은 아니다. 애기장대의 미토콘드리아 유전체는 엽록체 유전체에서 유래한 16개의 절편뿐만 아니라 핵 DNA 절편도 포함한다. 여기에는 미토콘드리아로 전달된 다음에도 그 활성을 유지하고 있는 6개의 rRNA 유전자도 포함되어 있다. 애기장대의 핵 유전체에는 엽록체와 미토콘드리아에서 온 여러 개의 짧은 절편이 존재한다. 예를 들면, 2번 염색체의 동원체 부위에는 270 kb 크기의 미토콘드리아 DNA 절편이 존재한다. 미토콘드리아 DNA가 척추동물의 핵 유전체로 전달된 사례 또한 여러 건이 보고되어 있다.

유전체 간의 DNA 이동 가능성을 시사하는 혼합 DNA의 발견도 있지만, 또 다른 놀라운 발견은 숙주와 소기관 간의 관계가 미토콘드리아나 엽록체보다는 덜 밀접한 상태인 내부공생의 경우이다. *Paulinella*는 크로마토포아라는 광합성 소기관을 가지고 있는 아메바 종류이다. 시아넬처럼 크로마토포아라 광합성은 엽록체보다는 시아노박테리아 경우와 유사하다. 그러나 시아넬과는 다르게, 크로마타포아는 1.02 Mb 크기에 867개의 단백질 암호화 유전자를 가지고 있는 미니 시아노박테리아 유전체 상태를 유지하고 있다. 0.2 Mb이며, 단지 200여 유전자를 가지고 있는 엽록체나 시아넬 유전체에 비하면 대단히 크다. 따라서 *Paulinella*에서는 유전체의 축소 과정이 중간 단계정도까지 진행되어 있다고 할 수 있다. 크로마타포아의 유전자 내용을 들여다보면, 이 내부공생체에서는 아미노산 합성과 여러 다른 대사물을 합성할 수 없으며, 유전체에서 이들 경로에 관련된 유전자들은 완전히 없어졌다. 반면 크로마타포아에는 DNA 복제, 전사, 번역에 관한 유전자뿐만 아니라 광합성을 하는 데 필요한 단백질과 효소들에 관한 유전자를 유지하고 있다. 따라서 크로마타포아는 전형적인 공생체로써, 더 이상 스스로 만들 수 없는 대사물은 숙주에서 얻고, 에너지 생성과 유전체의 복제와 발현에 관해서는 자체적으로 해결한다. 이에 반해, 소기관의 유전체는 크기나 유전자 수가 상당한 정도로 축소되어, 핵으로부터 추가적인 단백질과 효소가 없으면 에너지 생성과 유전체의 복제와 발현 과정을 수행할 수 없을 정도의 상태이다.

대부분의 소기관 유전체는 원형이다

거의 모든 진핵생물은 미토콘드리아 유전체를 지니고 모든 광합성 진핵생물에는 엽록체 유전체가 존재한다. 초기에는 거의 모든 세포소기관 유전체가 원형 DNA 분자일 것이라 생각했다. 전자현미경 관찰에 의하면 일부 소기관은 원형 및 선형 DNA를 모두 지닌다. 그러나 선형 DNA는 전자현미경 사진을 준비하는 동안 원형 DNA가 절단되면서 형성된 것으로 생각되고 있다. 여전히 대부분의 미토콘드리아와 엽록체 유전체는 원형일 것으로 생각하고 있으나 이제 서로 다른 생물에 상당한 수준의 다양성이 존재한다는 사실도 확실히 인식되고 있다. 많은 진핵생물의 세포소기관에서 원형 유전체는 선형 유전체 형태의 것과 공존하기도 하며, 엽록체의 경우 유전체 내용이 여러 개의 작은 원형 DNA로 나누어져 있는 경우도 있다. 이와 같은 양상은 쌍편모조류(dinoflagellate)라 불리는 해양 조류에서 극단적인 형태를 보이는데, 이 생물의 엽록체 유전체는 작은 원형 DNA로 나누어져 있고 각각에 단 하나의 유전자가 포함되어 있다. 또한 이제 일부 진핵 미생물(짚신벌레, 클라미도모나스, 몇몇 효모)의 미토콘드리아 DNA는 언제나 선형이라는 사실도 알게 되었다.

세포소기관 유전체의 사본 수는 특히 잘 알려지지 않았다. 사람의 미토콘드리아에는 대략 10개의 동일한 분자가 포함되어 있는데, 이는 세포 하나당 약 8,000개의 분자가 들어있는 셈이다. 그러나 출아효모에는 미토콘드리아 하나당 100개 이하의 유전체가 존재한다. 클라미도모나스와 같은 광합성 미생물에는 엽록체당 80~90개의 유전체를 가지고, 세포당 대략 1,000개의 유전체가 존재하며, 이는 고등식물 잎세포 경우의 1/10에 지나지 않는다. 1950년대부터 제기되었으나 아직 해결되지 않은 문제 중 하나는 교배실험을 하면 세포당 단 하나의 미토콘드리아 또는 엽록체 유전체가 있는 것처럼 보인다는 것이다. 이는 분명 사실과 다르다. 이 사실은 우리가 아직 세포소기관 유전체가 어버이에게서 자손으로 전달되는 과정에 대해 완벽하게 이해하지 못하고 있다는 사실을 의미한다.

미토콘드리아의 유전체 크기는 다양하며(**표 8.4**), 개체의 복잡성과 무관하다. 대부분의 다세포 동물은 작은 미토콘드리아 유전체를 지니고 이 유전체의 유전자 사이의 공간이 거의 없는 간결한 구조로 이루어져 있다. 사람 미토콘드리아 유전체(**그림 8.15**)는 16,569 bp로 이러한 간결한 형태의 전형으로 볼 수 있다. 출아효모(**그림 8.16**)와 같은 대부분의 하등 진핵생물이나 현화식물은 더 크고 널 간결한 미토콘드리아 유전체를 지닌다. 이들 유전체에서는 인트론을 지니는 유전자도 많다. 엽록체에 포함된 유전체의 크기는 비교적 일정하며(표 8.4), 대부분 **그림 8.17**에 나타난 벼의 엽록체 유전체와 비슷한 구조를 가지고 있다.

표 8.4 미토콘드리아 및 엽록체에 포함된 유전체의 크기

종	생물의 종류	유전체 크기 (kb)
미토콘드리아 유전체		
Plasmodium falciparum	원생동물 (말라리아 기생충)	6
Chlamydomonas reinhardtii	녹조류	16
Mus musculus	척추동물 (생쥐)	16
Homo sapiens	척추동물 (인간)	17
Metridium senile	무척추동물 (말미잘)	17
Chondrus crispus	홍조류	26
Aspergillus nidulans	자낭균류	33
Reclinomonas americana	원생동물	69
Saccharomyces cerevisiae	효모	79
Brassica oleracea	현화식물 (배추)	360
Arabidopsis thaliana	현화식물 (살갈퀴)	367
Zea mays	현화식물 (옥수수)	681
Cucumis sativus	현화식물 (오이)	1556
엽록체 유전체		
Bigelowiella natans	클로라라크니온 조류	69
Marchantia polymorpha	우산이끼	121
Pisum sativum	현화식물 (완두)	122
Oryza sativa	현화식물 (벼)	135
Nicotiana tabacum	현화식물 (담배)	156
Chlamydomonas reinhardtii	녹조류	204
Floydiella terrestris	녹조류	521

출처: NCBI Genome Database

세포소기관 유전체의 유전 정보

세포소기관 유전체는 핵 유전체에 비해 훨씬 작아서 유전자 함량도 적을 것이라 예상할 수 있으며 실제로 그러하다. 유전자의 양에서도 미토콘드리아의 유전체는 매우 큰 편차를 보인다. 말라리아 병원체인 *Plasmodium falciparum*에는 3개의 유전자만이 존재하는 반면, 원생동물인 *Reclinomonas americana*에는 93개의 미토콘드리아 유전자가 포함되어 있다(**표 8.5**). 가장 작은 미토콘드리아 유전체라도 (비암호성인) rRNA 유전자와 미토콘드리아의 주 생화학적 특성인 세포호흡 과정에 작용하는 단백질 구성성분 유전자 중 적어도 일부를 포함하고 있다. 유전자를 더 많이 지니는 유전체에는 tRNA, 리보솜 단백질, 전사,

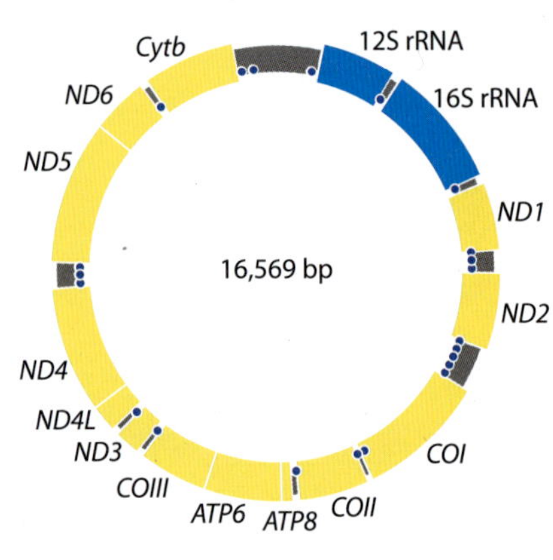

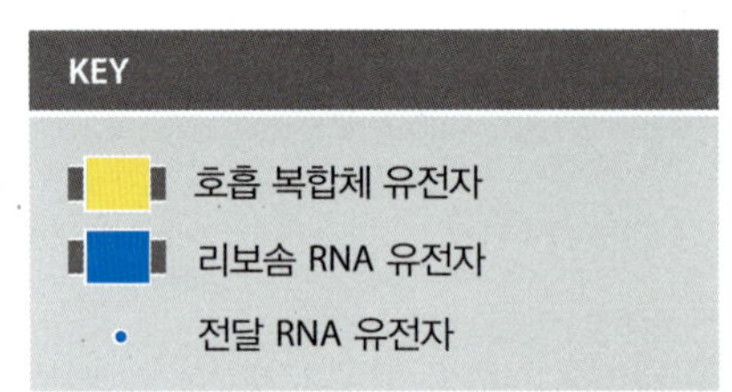

그림 8.15 인간의 미토콘드리아 유전체. 인간 미토콘드리아 유전체는 작고 간결하여 낭비되는 공간이 거의 없다. 심지어 *ATP6*와 *ATP8* 유전자는 겹쳐져 있다. 약어: *ATP6*, *ATP8*, ATP 가수분해효소 소단위 6 및 소단위 8 유전자; *COI*, *COII*, *COIII*, 시토크롬 c 산화효소 소단위 I, II, III 유전자; *Cytb*, 아포시토크롬 *b* 유전자; *ND1-ND6*, NADH 하이드로제나제 소단위 1–6 유전자.

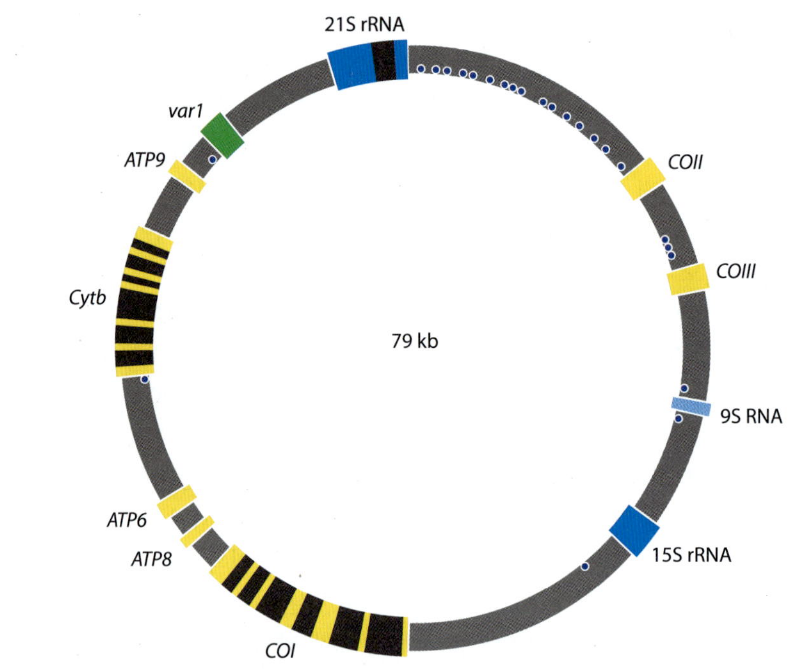

그림 8.16 출아효모의 미토콘드리아 유전체. 효모의 미토콘드리아 유전체에서는 인간의 미토콘드리아 유전체에 비해 유전자가 멀리 떨어져 있고 일부 유전자에는 인트론도 존재한다. 이와 같은 유전체 구조는 여러 단순한 진핵생물에게 전형적으로 나타난다. 약어: *ATP6*, *ATP8*, *ATP9*, ATP 가수분해효소 소단위 6, 8, 9 유전자; *COI*, *COII*, *COIII*, 시토크롬 c 산화효소 소단위 I, II, III 유전자; Cytb, 아포시토크롬 *b* 유전자; *var1*, 리보솜-연관 단백질 유전자. 9S RNA 유전자는 리보핵산가수분해효소 P에 존재하는 RNA 성분에 대한 정보를 지닌다.

번역, 다른 단백질의 미토콘드리아 내로 수송하는 과정 등에 필요한 단백질 유전자 등이 포함되어 있다(표 8.5). 대부분의 엽록체 유전체에는 대략 200개 남짓한 유전자가 포함되어 있으며, 여기에도 rRNA, tRNA 및 리보솜 단백질이나 광합성에 필요한 단백질 유전자가 포함된다(그림 8.17 참조).

세포소기관의 일반적인 유전체 특성을 표 8.5에서 찾아볼 수 있다. 이들 유전체는 소기관에 존재하는 일부 단백질의 유전자만을 가지고 있지만 소기관에서 필요로 하는 모든 단백질 유전자를 가진 것은 아니다. 다른 단백질은 핵 유전자에서 발현되어 세포질에서 합성된 다음 소기관으로 수송된다. 세포가 단백질을 미토콘드리아나 엽록체로 수송하는 메커니즘을 지닌다면 왜 모든 소기관 단백질이 핵 유전체에서 발현되지 않을까? 아직 이 질문에 대한 확실한 답은 없다. 세포소기관 유전자에서 발현되는 일부 단백질은 극도로 소수성이어서 미토콘드리아나 엽록체를 둘러싸고 있는 막을 통과하기 어렵기 때문에 세포질에서 소기관으로 수송될 수 없기 때문이라는 가설이 있다. 이런 경우 세포가 이들 단백질을 세포소기관에 있게할 최적의 방법은 이들을 애초부터 소기관 내에서 만드는 방법일 것이다.

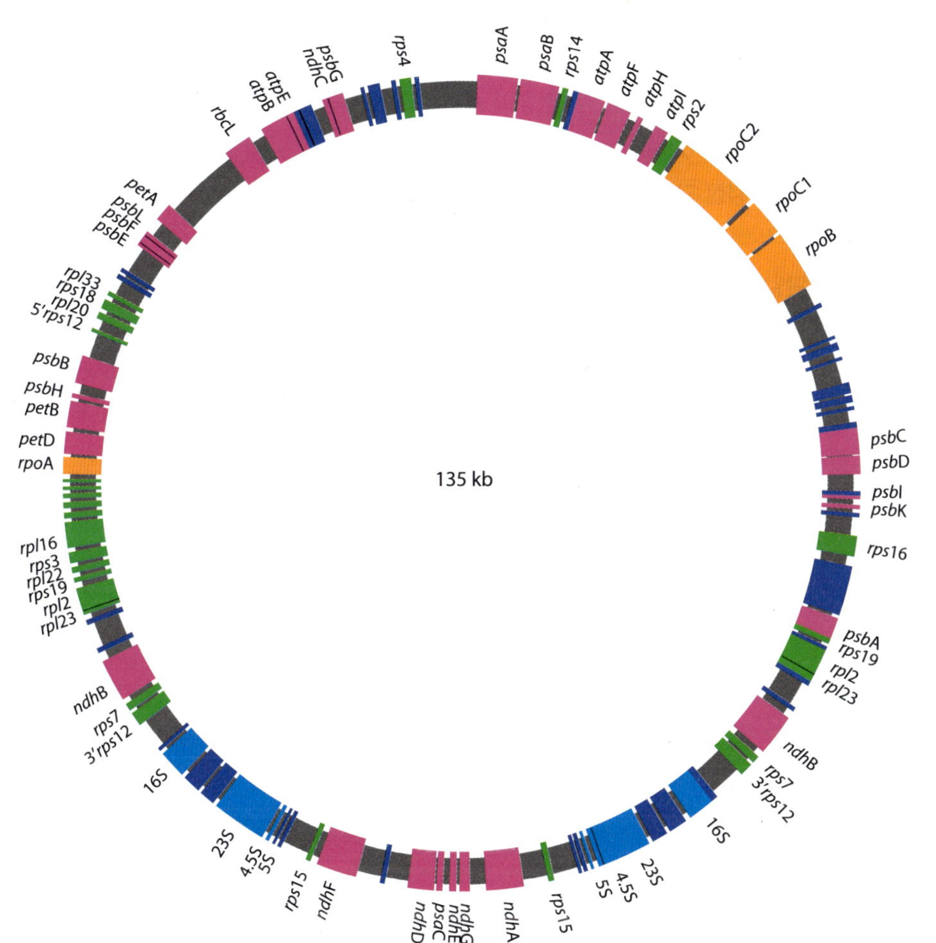

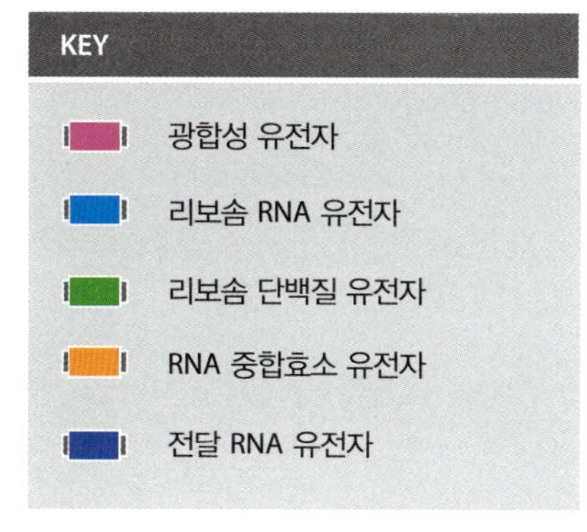

그림 8.17 벼의 엽록체 유전체. 기능이 알려진 유전자만 표시되어 있다. 인트론을 포함하는 유전자가 많으나 지도에 표시되어 있지 않다. 인트론을 지니는 불연속 유전자에는 tRNA 유전자가 여럿 포함되어 있으며, 유사한 크기의 tRNA를 암호화하는 유전자의 크기가 다른 이유는 인트론 때문이다.

표 8.5 미토콘드리아 유전체의 내용

특성	*P. falciparum*	*C. reinhardtii*	*H. sapiens*	*S. cerevisiae*	*A. thaliana*	*R. americana*
단백질 암호화 유전자						
호흡 복합체	3	7	13	7	17	23
리보솜 단백질	0	0	0	1	7	27
수송 단백질	0	0	0	0	3	6
RNA 중합효소	0	0	0	0	0	4
번역 인자	0	0	0	0	0	1
기타	0	1	0	0	0	2
합	3	8	13	8	27	63
기능적 RNA 유전자						
리보솜 RNA 유전자	0	14*	2	2	3	3
전달 RNA 유전자	0	3	22	24	21	26
기타 RNA 유전자	0	0	0	1	0	1
합	0	17	24	27	24	30
유전자 합						
유전자 수	3	25	37	35	51	93
유전체 크기 (Mb)	6 kb	16 kb	17 kb	79 kb	367 kb	69 kb

출처: NCBI Genome Database.

* *C. reinhardtii*는 두 가지 전형적인 미토콘드리아 rRNA을 온전하게 구성하는 데 필요한 많은 수의 조각난 rRNA 유전자를 가지고 있다.

요약

- 원핵생물은 박테리아와 고세균, 두 종류의 서로 다른 생물군으로 구성된다.
- 박테리아 유전체는 전자현미경 사진에서 보면 별 특징이 없는 세포질 중 밝게 염색되는 부분이다. DNA는 결합 단백질 핵심 부위에 부착되어 있고 초나선 고리가 단백질 핵심에서 세포질 바깥쪽으로 방사상으로 퍼져 있다.
- 대장균은 단일한 원형 DNA 분자를 유전체로 지니지만 일부 원핵생물은 선형 유전체를 지니고 있으며 또한 일부는 2개 또는 그 이상의 원형과(또는) 선형 DNA 분자로 구성된 다중 유전체를 이루기도 한다. 더 복잡한 경우에는 이 가운데 어느 분자가 원래의 유전체를 이루는지 어떤 것이 없어도 되는 플라스미드에 해당되는지 구별하기 어려운 경우도 있다.
- 원핵생물의 유전체는 매우 간결하여 반복 서열이 거의 존재하지 않는다.
- 원핵생물 유전체에서 많은 유전자들이 오페론 구조를 이룬다. 오페론은 기능적으로 서로 연관되어 있는 단백질이 함께 발현될 수 있는 단위를 말한다.
- 유전자 수는 생물학적 복잡성과 관계가 있다. 유전체 크기가 가장 큰 경우는 주로 토양에서 자유 생활을 하는 종에서, 가장 작은 경우는 절대 기생체에서 볼 수 있다.
- 원핵생물 종의 균주 간에 유전체 크기와 유전자 수에 차이가 있다. 핵심 유전체는 그 종 모두에서 가지고 있는 유전자 모음이며, 부수 유전체는 그 종에서 상이한 균주들이나 분리주에서 추가적으로 가지고 있는 유전자의 총합을 말한다.
- 박테리아와 고세균 경우를 포함하여, 서로 다른 원핵생물 종들 사이에의 수평적 유전자 전달에 관해서는 많은 예가 알려져 있다.
- 메타유전체학은 바닷물과 같은 특정 서식처에 존재하는 모든 생물의 유전체를 연구하는 학문이다. 메타유전체학을 통해서 특정한 서식처에 존재하는 생물종의 상당 부분이 아직 확인되지 않았다는 사실을 알 수 있다.
- 진핵세포의 미토콘드리아와 엽록체에 존재하는 유전체는 자유 생활을 하는 박테리아가 진핵세포의 전구체와 공생관계를 형성하면서 생성된 것이기 때문에 원핵생물의 특성을 지닌다.
- 대부분의 미토콘드리아와 엽록체 유전체는 원형 다중 유전체로 세포 하나에 수천 개의 사본이 존재한다.
- 미토콘드리아의 유전체 크기는 편차가 커서 5~1,500 kb에 이르고 3~93개의 유전자를 지닌다. 이들 유전자에서는 미토콘드리아 rRNA, tRNA, 그리고 호흡에 관계되는 단백질 등이 발현된다.
- 엽록체 유전체 크기는 60~525 Kb 정도이고, 모두 동일하게 200여 개의 유전자를 지닌다. 이들 대부분은 기능적 RNA 또는 광합성 단백질 유전자들이다.

단답형 문제

1. 진핵생물 염색체와 대장균의 염색체의 차이에 대해 설명하라.
2. 어떤 실험적 증거가 대장균의 염색체가 초나선 도메인들로 구성이 되어있고, 단백질에 부착되어 있어 초나선 풀림이 국지적으로 일어난다는 것을 지지하는가?
3. 대장균의 HU 단백질과 진핵생물의 히스톤 단백질 사이에 유사성이 있다면 그것은 무엇인가?

4. 대장균 DNA는 하나의 환형 DNA 분자이다. 원핵생물에서 이와 같은 경우가 아닌 유전체 구조는 어떤 것인가?
5. 전형적인 원핵생물에서 유전자와 다른 염기 서열이 어떻게 조직되어 있는지에 대해 기술하라. 원핵생물과 포유동물의 유전체를 비교하면, 유전자 밀도, 인트론 개수, 반복 DNA 함량에서 어떠한 차이가 보이는가?
6. 오페론의 핵심적 특성을 나열하고, 원핵생물 유전체 구조의 일부분으로써의 오페론의 전반적인 중요성에 대해 설명하라.
7. 원핵생물이 가지고 있는 유전자 수는 어떤 요인에 의해 영향을 받는지에 대해 토론하라.
8. 핵심 유전체와 부수 유전체라는 용어를 구분하여 설명하라.
9. 수평적 유전자 이동이 원핵생물 유전체의 유전자 내용에 미치는 영향은 무엇인가?
10. 해수와 같은 환경에 대한 메타유전체학적 연구로서 얻을 수 있는 참신한 생물학적 정보에 대해 설명하라.
11. 미토콘드리아와 엽록체의 기원에 관한 내부공생설의 핵심 특성에 대해 설명하라.
12. 다양한 종에서의 미토콘드리아와 엽록체의 유전자 내용을 비교하면 어떠한 특성이 보이는가?

사고형 문제

1. 원핵생물의 유전체는 하나의 환형 DNA 분자라는 전통적인 입장은 폐기되어야 하는가? 만약 그렇다면 원핵생물 유전체에 적용할 수 있는 새로운 정의는 무엇인가?
2. 자유로운 생활을 하는 세포에서 최소로 필요한 약 230개 유전자의 정체에 대해 추측하라.
3. 원핵생물의 종에 대한 개념이 유전체 염기 서열 결정으로 밝혀진 정보에 맞추어 어떻게 설명되어져야 하는가?
4. 내부공생설에 대한 결정적인 시험이 가능할까?
5. 유전체가 소기관에 왜 존재하는가?

Further Reading

Prokaryotic nucleoids

Anuchin, A.M., Goncharenko, A.V., Demidenok, O.I. and Kaprelyants, A.S. (2011) Histone-like proteins of bacteria. *Appl. Biochem. Microbiol.* 47:580–585.

Dillon, S. and Dorman, C.J. (2010) Bacterial nucleoid-associated proteins, nucleoid structure and gene expression. *Nat. Rev. Microbiol.* 8:185–195.

Peeters, E., Driessen, R.P.C., Werner, F. and Dame, R.T. (2015) The interplay between nucleoid organization and transcription in archaeal genomes. *Nat. Rev. Microbiol.* 13:333–341.

Sinden, R.R. and Pettijohn, D.E. (1981) Chromosomes in living *Escherichia coli* cells are segregated into domains of supercoiling. *Proc. Natl Acad. Sci. USA* 78:224–228.

Iconic prokaryotic genome sequences

Blattner, F.R., Plunkett, G., Bloch, C.A., et al. (1997) The complete genome sequence of *Escherichia coli* K-12. *Science* 277:1453–1462.

Bult, C.J., White, O., Olsen, G.J., et al. (1996) Complete genome sequence of the methanogenic archaeon *Methanococcus jannaschii*. *Science* 273:1058–1073.

Fraser, C.M., Casjens, S., Huang, W.M., et al. (1997) Genomic sequence of a Lyme disease spirochaete, *Borrelia burgdorferi*. *Nature* 390:580–586.

Heidelberg, J.F., Eisen, J.A., Nelson, W.C., et al. (2000) DNA sequence of both chromosomes of the cholera pathogen *Vibrio cholerae*. *Nature* 406:477–483.

Land, M., Hauser, L., Jun, S.-R., et al. (2015) Insights from 20 years of bacterial genome sequencing. *Funct. Integr. Genomics* 15:141–161.

Parkhill, J., Achtman, M., James, K.D., et al. (2000) Complete DNA sequence of a serogroup A strain of *Neisseria meningitidis* Z2491. *Nature* 404:502–506.

White, O., Eisen, J.A., Heidelberg, J.F., et al. (1999) Genome sequence of the radioresistant bacterium *Deinococcus radiodurans* R1. *Science* 286:1571–1577.

Prokaryotic gene numbers

Alm, R.A., Ling, L.-S.L., Moir, D.T., et al. (1999) Genomic-sequence comparison of two unrelated isolates of the human gastric pathogen *Helicobacter pylori*. *Nature* 397:176–180.

Hutchison, C.A., Chuang, R.-Y., Noskov, V.N., et al. (2016) Design and synthesis of a minimal bacterial genome. *Science* 351:aad6253.

Perna, N.T., Plunkett, G., Burland, V., et al. (2001) Genome sequence of enterohaemorrhagic *Escherichia coli* O157:H7. *Nature* 409:529–533.

Rouli, L., Merhej, V., Fournier, P.E. and Raoult, D. (2015) The bacterial pangenome as a new tool for analysing pathogenic bacteria. *New Microbes New Infect.* 7:72–85.

Tettelin, H., Masignani, V., Cieslewicz, M.J., et al. (2005) Genome analysis of multiple pathogenic isolates of *Streptococcus agalactiae*: implications for the microbial "pan-genome". *Proc. Natl Acad. Sci. USA* 102:13950–13955.

Lateral gene transfer

Khomyakova, M., Bükmez, Ö., Thomas, L.K., et al. (2011) A methylaspartate cycle in haloarchaea. *Science* 331:334–337.

Mell. J.C. and Redfield, R.J. (2014) Natural competence and the evolution of DNA uptake specificity. *J. Bacteriol.* 196:1471–1483.

Ochman, H., Lawrence, J.G. and Groisman, E.A. (2000) Lateral gene transfer and the nature of bacterial innovation. *Nature* 405:299–304.

Soucy, S.M., Huang, J. and Gogarten, J.P. (2015) Horizontal gene transfer: building the web of life. *Nat. Rev. Genet.* 16:472–482.

Swithers. K.S., Soucy, S.M. and Gogarten, J.P. (2012) The role of reticulate evolution in creating innovation and complexity. *Int. J. Evol. Biol.* 2012:418964.

Metagenomics

Conrad, R. and Vlassov, A.V. (2015) The human microbiota: composition, functions, and therapeutic potential. *Med. Sci. Rev.* 2:92–103.

Huang, L.-N., Kuang, J.-L. and Shu, W.-S. (2016) Microbial ecology and evolution in the acid mine drainage model system. *Trends. Microbiol.* 24:581–593.

Sharpton, T.J. (2014) An introduction to the analysis of shotgun metagenomic data. *Front. Plant Sci.* 5:209.

Venter, J.C., Remington, K., Heidelberg, J.F., et al. (2004) Environmental genome shotgun sequencing of the Sargasso Sea. *Science* 304:66–74.

Organelle genomes

Keeling, P.J. and Archibald, J.M. (2008) Organelle evolution: what's in a name? *Curr. Biol.* 18:R345–R347. *Description of Paulinella.*

Lang, B.F., Gray, M.W. and Burger, G. (1999) Mitochondrial genome evolution and the origin of eukaryotes. *Annu. Rev. Genet.* 33:351–397.

Margulis, L. (1970) *Origin of Eukaryotic Cells*. Yale University Press, New Haven, Connecticut. *The first description of the endosymbiont theory for the origin of mitochondria and chloroplasts.*

Palmer, J.D. (1985) Comparative organization of chloroplast genomes. *Annu. Rev. Genet.* 19:325–354.

Online resources

MetaRef. http://metaref.org/ *Database of pan-genomes.*

ODB (Operon DataBase). http://operondb.jp/

바이러스 유전체와 이동성 유전 인자

CHAPTER **9**

마지막으로 살펴 볼 바이러스의 유전체는 가장 단순한 형태의 유전체다. 바이러스는 생물학적 특성이 너무 단순하기 때문에, 이것을 정말 생명체로 간주해야 할지 조차 논란의 대상이 되고 있다. 그 이유는 부분적으로 바이러스는 다른 생명체와는 달리 세포의 형태를 이루지 않는 다른 계보에 속하기 때문이고, 다른 이유는 바이러스 생활사의 특성 때문이다. 극단적인 절대 기생체로 숙주 세포 안에서만 증식할 수 있으며, 반듯이 일부의 숙주 유전 체계를 이용해야 만 자신의 유전체를 복제하거나 발현시킬 수 있다. 자신의 DNA 중합효소와 RNA 중합효소 유전자를 지니는 바이러스도 일부 있으나, 대부분은 숙주의 효소를 이용하여 유전체를 복제하고 전사한다. 모든 바이러스는 자손의 단백질 캡시드 형성에 필요한 폴리펩티드의 합성을 위하여, 숙주의 리보솜과 번역기구를 활용한다. 이를 위해서는 바이러스 유전자가 숙주의 유전체계에 의해 인식될 수 있어야 한다. 이러한 이유로 바이러스는 특정한 개체에 특이적으로 감염되며, 한 종류가 넓은 숙주 범위를 갖지는 못한다.

이 장에서 우리는 진핵생물과 원핵생물의 반복 서열을 이루는 주요 성분 가운데 하나인 이동성 유전 인자에 대해서도 살펴볼 것이다. 이들 이동성 유전 인자는 바이러스 유전체와 밀접한 관계가 있다. 최근 들어 적어도 일부의 반복 서열은 바이러스에서 유래되었다는 사실이 밝혀졌고, 사실상 이동성 유전 인자는 숙주세포를 떠날 수 있는 능력을 잃어버린 바이러스 유전체라 볼 수 있다.

9.1 박테리오파지와 진핵생물 바이러스의 유전체

여러 다른 유형의 바이러스가 있지만, 유전학자들은 연구 초기에 박테리아를 감염시키는 바이러스에 많은 관심을 가졌다. 이들은 박테리오파지(bacteriophage)로 불렸고, 1930년대 이래 델브뤽(Max Delbrück)으로 대표되는 초기 분자생물학자들이 유전자 연구를 위한 모델 생명체로 박테리오파지를 선택한 이후 자세하게 연구되었다. 박테리오파지 유전체에 대한 연구 초기에 델브뤽이 진행했던 연구 내용을 되짚어 보고자 한다.

박테리오파지의 유전체는 다양한 구조와 조직 체계를 가진다

박테리오파지는 기본적으로 단백질과 핵산의 두 가지 구성성분으로 이루어져 있다. **캡시드(capsid)**라 불리는 외투 구조는 단백질로 형성되어 있고, 그 안에 핵산으로 이루어진 유전체가 들어있다. 캡시드의 구조는 크게 3종류로 구분된다(**그림 9.1**).

- **정이십면체형(icosahedral)**: **프로토머(protomer)**라 불리는 폴리펩티드 소단위가 핵산 주변을 정이십면체 구조로 입체적으로 둘러싸고 있다. 대장균을 감염시키는 MS2 파지, *Pseudomonas aeruginosa*(녹농균)을 감염시키는 PM2 등이 여기에 속한다.
- **섬유형(filamentous)** 또는 나선형(helical): 프로토머가 나선형으로 배열되어 전체

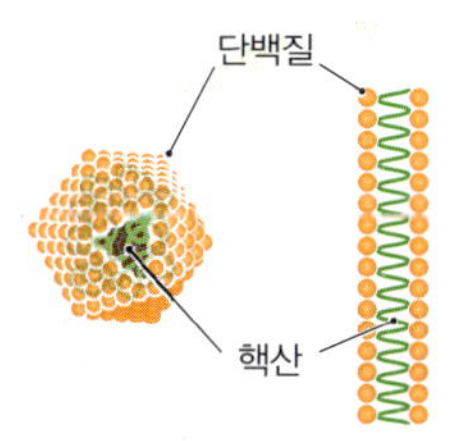

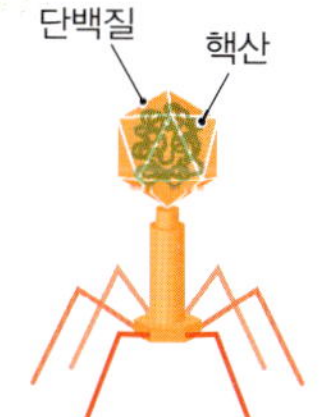

그림 9.1 박테리오파지에서 흔히 볼 수 있는 3종류의 캡시드 구조.

표 9.1 전형적인 박테리오파지와 파지 유전체의 특성

파지	숙주	캡시드 구조	유전체 구조	유전체 크기 (kb)	유전자 수
λ	Enterobacteria	머리-꼬리형	선형 dsDNA	48.5	73
M13	Enterobacteria	섬유형	원형 ssDNA	6.4	10
MS2	Enterobacteria	정이십면체형	선형 ssRNA	3.6	4
φ6	*Pseudomonas*	정이십면체형	분절 선형 dsRNA	2.9, 4.0, 6.4	13
φX174	Enterobacteria	정이십면체형	원형 ssDNA	5.4	11
PM2	*Pseudoalteromonas*	정이십면체형	선형 dsDNA	10.0	22
SPO1	*Bacillus*	머리-꼬리형	선형 dsDNA	133	204
T4	Enterobacteria	머리-꼬리형	선형 dsDNA	169	278
T7	Enterobacteria	머리-꼬리형	선형 dsDNA	39.9	60

출처: NCBI Genome Database. 유전체 구조는 파지 캡시드에 있는 것이다; 일부는 숙주 내에서 다른 형태의 유전체로 존재한다. ds, 이중가닥; ss, 단일가닥.

적으로 막대모양을 이룬다. 대장균 파지인 M13이 나선형 파지이다.

- **머리-꼬리형(head-and-tail)**: 핵산이 들어있는 정이십면체 머리에 섬유상 꼬리가 부착되어 있다. 꼬리 끝에는 부속 구조가 붙어서 핵산이 숙주 세포로 들어가는 과정을 촉진하기도 한다. 대장균 파지 T4와 λ 그리고 *Bacillus subtilis*(고초균) 파지 SPO1 등이 이에 속한다.

파지 유전체를 언급할 때에는 주로 "핵산"이라는 표현을 쓴다. 그 이유는 유전체가 RNA로 이루어진 바이러스도 있기 때문이다. 에이버리(Avery) 연구진 및 허시와 체이스(Hershey and Chase)의 연구 결과 유전물질은 DNA라고 결론지을 수 있었던 것과는 상반되는 것이다(1.1절). 또한 파지를 비롯한 바이러스는 또 다른 원칙을 위배한다: 바이러스 유전체가 DNA이든 RNA이든, 이중가닥일 수도 또는 단일가닥일 수도 있기 때문이다. 파지에는 이 모든 조합의 유전체 구조가 모두 존재한다. 표 9.1에 일부 파지의 유전체 구조가 요약되어 있다. 유전체가 하나의 DNA 또는 RNA 분자로 이루어진 파지가 대부분이지만, 항상 그렇지는 않고 **분절 유전체(segmented genome)**로 이루어진 RNA 파지도 일부 존재한다. 이들의 유전체는 여러 개의 서로 다른 RNA 분자로 구성되어 있다. 파지 유전체는 크기 또한 매우 다양하여 가장 작은 것은 1.6 kb에 불과하고, T2, T4, T6과 같이 유전체가 큰 파지의 경우에는 150 kb가 넘는 것도 있다.

빠르고 효율적인 DNA 염기 서열 결정법이 개발된 1970년대 후반부터 비교적 작은 박테리오파지의 유전체가 상세하게 연구되기 시작하였다. 유전자의 수를 비교해보면 MS2의 경우에는 단지 4개에 불과하지만 더 복잡한 머리-꼬리형 파지의 경우에는 200개가 넘는 것도 있다(표 9.1 참조). 가장 작은 파지의 유전체에는 당연히 비교적 적은 수의 유전자가 들어 있지만 구조는 매우 복잡한 형태를 가질 수도 있다. ΦX174 파지를 예로 들면, 이 파지는 유전체 안에 많은 양의 생물학적 정보를 포함할 수 있도록 유전자 여러 개가 중복되어 있다(그림 9.2). 이들 **중복 유전자(overlapping gene)**들은 서로

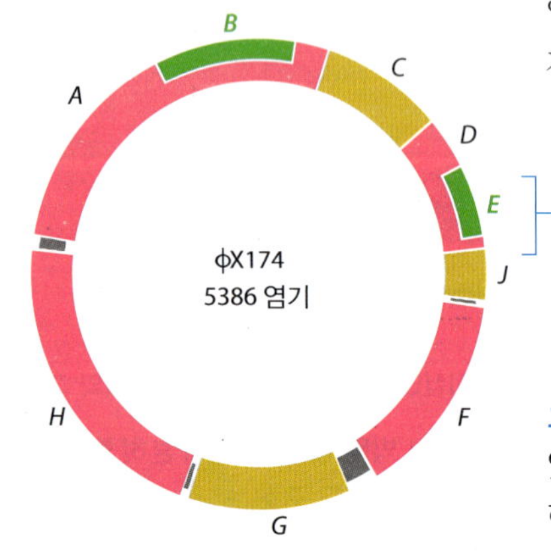

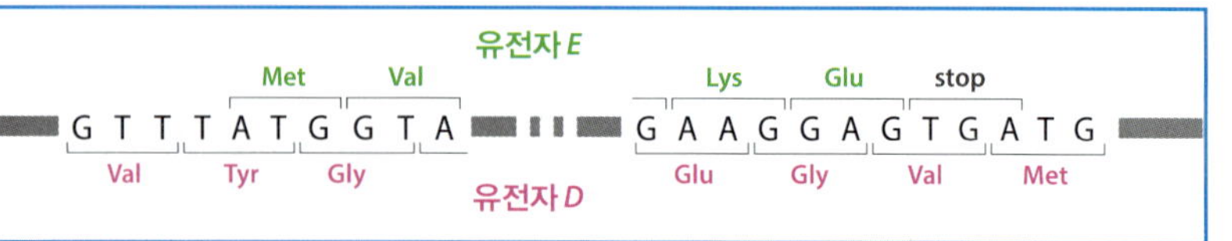

그림 9.2 φX174 유전체에는 중복 유전자가 존재한다. 유전체는 단일가닥 DNA로 이루어져 있다. 네모 상자에는 유전자 *E*와 *D* 사이에 중복 부위가 시작되는 지점과 끝나는 지점이 자세하게 나타나 있다. 이 그림에서 두 다른 중복 유전자인 *A**와 *K*는 나타내지 않았다.

뉴클레오티드 서열을 공유한다. 예를 들어, 유전자 *B*는 유전자 *A*의 내부에 완전히 포함되어 있다. 뉴클레오티드 서열을 공유한다 할지라도 번역할 때 서로 다른 번역틀을 사용함으로써 이들 유전자에서 만들어지는 산물은 전혀 다르다. 바이러스에서 중복 유전자는 드물지 않게 나타난다. 바이러스 유전체가 더 크다면 더 많은 유전자가 존재하므로, 이들 바이러스의 캡시드 구조는 더 복잡하고 감염 경로 중 더 많은 수의 파지 효소가 발현된다. 예를 들어, T4 유전체에는 캡시드를 구성하는 데 필요한 유전자만 하여도 40여 개 존재한다. 이렇게 복잡하고 거대한 파지라 해도 감염경로가 진행되기 위해서는 적어도 일부의 숙주 단백질이나 숙주 RNA는 반드시 있어야 한다.

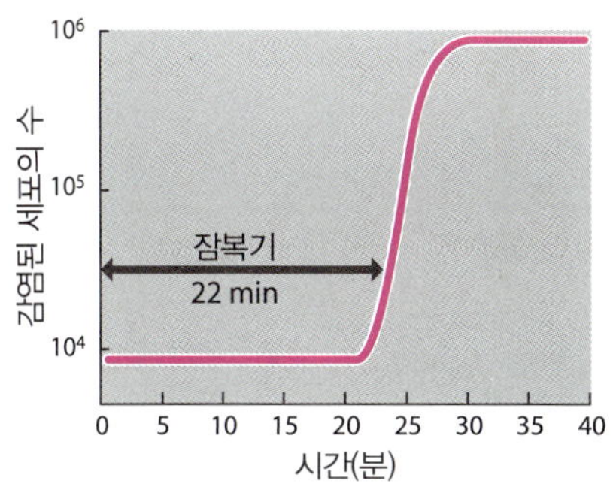

박테리오파지 유전체의 복제 전략

박테리오파지는 감염경로에 따라 **용균성(lytic)**과 **용원성(lysogenic)** 파지로 나눌 수 있다. 용균성 파지는 감염시키자마자 숙주 박테리아를 사멸시키는 반면, 용원성 파지는 상당 기간 동안, 심지어는 여러 세대가 지나도록, 숙주 세포 안에서 활동을 하지 않은 채 지낼 수 있다는 점이 이들의 기본적인 차이다. 이들 두 가지 감염경로는 대장균의 용균성, 즉 **독성(virulent)** 파지인 T4와 용원성 즉, **양쪽성(temperate)** 파지 λ에서 전형적인 형태를 볼 수 있다.

분자유전학자들이 초기부터 상세하게 연구한 파지는 대장균(*E. coli*)을 감염시키는 T 계열(T1~T7) 파지다. 파지의 용균성 감염경로에 대해서는 1939년 엘릭스(Emory Ellis)와 델브뤽(Max Delbrück)이 처음 연구하기 시작하였다. 이들은 T4 파지를 대장균 배양액에 첨가한 다음 3분 동안 파지가 박테리아에 부착하게 하고, 이후 60분 동안 감염된 세포의 수를 측정하였다. 처음 22분 정도까지는 감염된 세포의 수에 아무런 변화가 없었다(그림 9.3A). 이는 **잠복기(latent period)**로 파지가 숙주 세포 안에서 증식하는 데 걸리는 시간이다. 22분 후부터 감염된 세포의 수가 증가하기 시작하였다. 처음 감염된 숙주가 파괴되고 여기서 생성된 새로운 파지가 다른 세포를 감염시킨다는 것을 보여주는 것이다. 이와 같은 **1단계 증식곡선(one-step growth curve)**이 진행되는 동안 나타나는 분자 수준에서의 변화는 그림 9.3B에 나타나 있다. 감염 초기에 파지 입자는 박테리아의 외부에 있는 수용체 단백질에 부착한다. 파지의 종류에 따라서 부착되는 수용체 단백질의 종류가 달라진다. 예를 들어, T4 파지의 수용체는 OmpC라 불리는 단백질이다. Omp는 외막단백질(outer membrane protein)을 뜻하는데, 박테리아의 외막에 존재하면서 영양물질의 수송을 촉진하는 단백질인 포린(porin)의 일종이다. 박테리아에 부착한 파지는 꼬리 구조를 통해 DNA 유전체를 박테리아 세포 안으로 주입한다. 파지 DNA가 들어간 직후 숙주 DNA, RNA, 단백질의 합성은 중단되고 파지 유전체가 전사되기 시작한다. 박테리아의 DNA 분자는 5분 이내에 분해되기 시작하고 분해된 뉴클레오티드는 T4 유전체 복제에 사용된다. 12분이 지나면 새로운 파지 캡시드 단백질이 합성되고 완전한 파지 입자가 조립되기 시작한다. 마지막으로 잠복기가 끝날 무렵이 되면 세포가 터지면서 새로운 파지가 방출된다. 한 번의 감염경로가 끝나면 박테리아 세포 하나에서 대체로 200~300개의 T4 파지 입자가 생성되고 이들 모두가 다음 박테리아를 감염시킬 수 있다.

대부분의 파지는 용균성 감염경로를 따르나 λ와 같은 일부 파지는 용원성 감염경로도 갖는다. 2.3절에서 클로닝 벡터로 λ 파지를 활용하려고 살펴본 결과, 용원성 경로 동

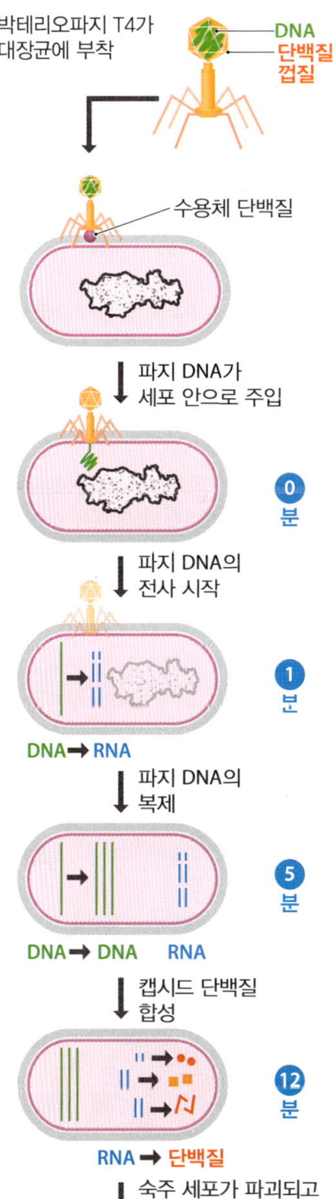

그림 9.3 용균성 감염경로. (A) 엘릭스와 델브뤽의 연구에서 나타난 1단계 증식 곡선. (B) 용균성 감염경로가 진행되는 동안 일어나는 분자 수준에서의 변화 과정.

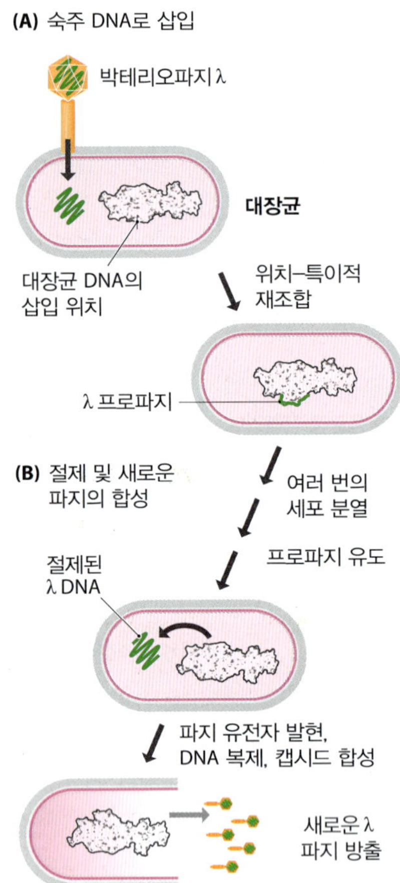

그림 9.4 박테리오파지 λ의 용원성 감염경로. 유도된 다음의 과정은 용균성 감염경로와 같다.

안 파지 유전체가 숙주 DNA에 삽입된다는 사실을 알았다. 이와 같은 삽입 과정은 파지 DNA가 세포 안으로 주입된 직후 진행되며 **프로파지(prophage)**라 불리는 비활동성 박테리오파지가 형성된다(그림 9.4A). 프로파지는 λ와 대장균 유전체가 모두 가지고 있는 동일한 15 bp 서열 사이에서 **위치-특이적 재조합(site-specific recombination**, 17.2절) 과정에 의해 파지 DNA가 숙주 유전체에 삽입되면서 형성된다. λ 유전체는 언제나 대장균 유전체의 동일한 위치에 삽입된다. 삽입된 프로파지는 숙주의 DNA 분자 내에서 여러 세대에 걸쳐 숙주세포의 유전체와 함께 복제되어 딸세포로 전달된다. 그러나 프로파지가 화학적 또는 물리적 자극에 의해 **유도(induced)**되면 용균성 감염경로로 전환된다. 이러한 신호는 DNA가 손상되는 등 숙주세포가 심각한 손상을 입어 즉시 죽을 수 있다는 신호로 보인다. 이러한 자극에 대한 반응으로, 숙주 DNA에서 빠져나오는 두 번째 재조합 반응이 일어나고, 파지 DNA가 복제가 시작되며 외투(coat) 단백질이 합성된다(그림 9.4B). 결국 숙주 세포는 파괴되고 새로운 λ 파지가 방출된다. 용원성은 파지의 감염경로에 복잡성을 더해 주므로 해서 파지가 주어진 조건에 가장 적합한 감염 전략을 적용할 수 있는 선택의 폭을 넓혀 준 셈이다.

진핵생물 바이러스 유전체 구조와 복제 전략

진핵생물 바이러스의 캡시드는 정이십면체형이거나 섬유형이다. 머리-꼬리형은 박테리오파지에서만 볼 수 있다. 특히 동물 바이러스에서 잘 나타나는 한 가지 독특한 특성은 캡시드가 지질막으로 둘러싸여 있을 수 있다는 점으로 바이러스 구조에 복잡성을 더해준다(그림 9.5). 이 막은 새로운 바이러스 입자가 세포에서 방출될 때 숙주의 세포막에서 유래되며 세포막 성분에 바이러스에 특이적인 단백질이 삽입되어 변형된 것이다.

진핵생물 바이러스 유전체의 구조는 매우 다양하다(표 9.2). 유전체가 DNA 또는 RNA일 수도 있고 또한 단일가닥이거나 이중가닥일 수도 있으며(일부만 이중가닥인 경우도 있다), 선형이거나 원형이고, 분절되어 있거나 단일 유전체로 구성될 수 있다. 이유는 알 수 없지만 식물 바이러스의 거의 대부분은 RNA 유전체를 지닌다. 유전체 크기 또한 파지의 경우처럼 광범위한 차이를 보인다. 다만 가장 큰 바이러스 유전체[즉, 240 kb인 백시니아(vaccinia) 바이러스]는 가장 큰 파지 유전체에 비해 훨씬 크다.

대부분의 진핵생물 바이러스는 용균성 감염경로를 갖지만, 박테리오파지처럼 숙주세포의 유전 기구를 전적으로 가져다 사용하는 경우는 거의 없다. 많은 바이러스가 오

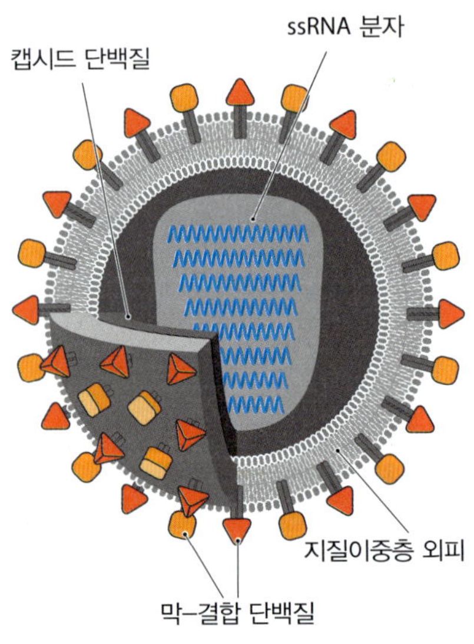

그림 9.5 진핵생물 레트로바이러스의 구조. 바이러스 단백질이 첨가된 지질막이 캡시드를 둘러싸고 있다.

표 9.2 전형적인 진핵생물 바이러스와 그 유전체의 특성

바이러스	숙주	유전체 구조
아데노바이러스	포유류	선형 dsDNA
간염바이러스	포유류	부분 원형 dsDNA
A형 독감바이러스	포유류	분절 선형 ssRNA
파르보바이러스	포유류	선형 ssDNA
소아마비바이러스	포유류	선형 ssRNA
레오바이러스	포유류	분절 선형 dsRNA
레트로바이러스	포유류, 조류	선형 ssRNA
담배모자이크바이러스	식물	선형 ssRNA
백시니아바이러스	포유류	원형 dsDNA

유전체 구조는 바이러스 캡시드 내 있는 것이다; 일부는 숙주 내에서 다른 형태의 유전체로 존재한다.
ds, 이중가닥; ss, 단일가닥

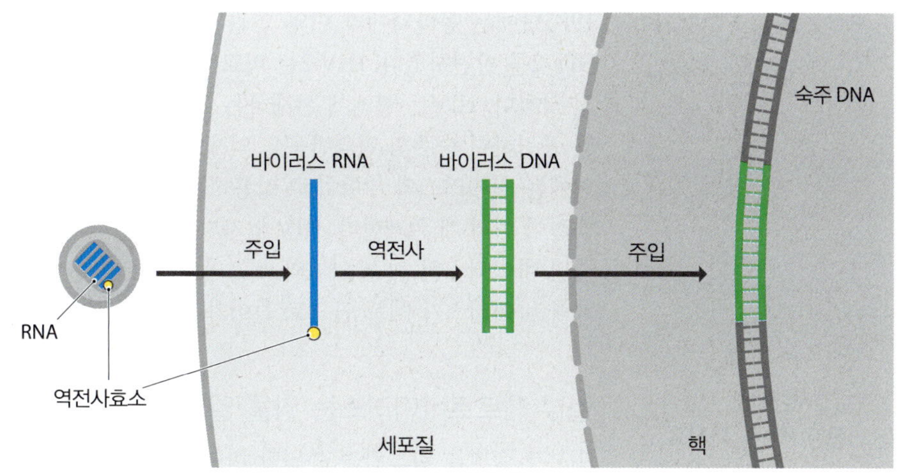

그림 9.6 레트로바이러스 유전체 내에 숙주 염색체 내 삽입.

랫동안 숙주세포와 공존하며 생활한다. 이러한 기간은 여러 해에 걸쳐 지속되기도 하는데, 숙주 세포의 기능은 감염경로가 끝날 무렵에만 정지는데, 그때 세포 안에 저장되었던 자손 바이러스가 한꺼번에 방출된다. 다른 종류의 바이러스는 새로운 바이러스 입자를 지속적으로 합성하여 세포 밖으로 방출한다. 이와 같은 오랜 기간에 걸친 감염이 바이러스 유전체가 숙주 DNA에 삽입되지 않은 경우에도 일어날 수 있다. 용원성 박테리오파지와 같은 감염경로를 갖는 진핵생물 바이러스도 있다. 여러 종류의 DNA 및 RNA 바이러스가 숙주의 유전체에 삽입될 수 있는데, 이 기간 동안 때로는 숙주 세포에 지대한 영향을 미치기도 한다. **바이러스성 레트로 인자(viral retroelement)**는 숙주 유전체에 삽입되는 진핵생물 바이러스에 해당된다. 이들이 복제되는 과정에는 RNA 유전체가 DNA로 전환되는 독특한 특징이 있다. 바이러스성 레트로 인자에는 두 종류가 있는데, 캡시드에 들어있는 유전체가 RNA인 **레트로바이러스(retrovirus)**와 캡시드 안에 DNA 유전체를 지니는 **파라레트로바이러스(pararetrovirus)**가 이에 해당된다. 바이러스성 레트로 인자가 RNA를 DNA로 전환하는 특성은 1970년대에 테민(Howard Temin)과 볼티모어(David Baltimore)가 각각 독립적으로 발견하였다. 테민과 볼티모어는 레트로바이러스에 감염된 세포를 연구하다가 RNA를 주형으로 상보적인 DNA를 합성할 수 있는 **역전사효소(reverse transcriptase)**를 발견하였다(유전체 연구에서 이 효소의 다양한 활용성에 대해서는 2.1절 참조). 전형적인 레트로바이러스 유전체는 단일가닥 RNA 분자로 그 길이는 7~12 kb 정도이다. 유전체는 숙주세포에 들어온 후 바이러스 캡시드에 포함된 몇 분자의 역전사효소에 의해 이중가닥 DNA로 전환된다. 이중가닥 유전체 형성 후 숙주 DNA에 삽입된다(그림 9.6). λ와는 달리 레트로바이러스 유전체와 숙주 DNA의 삽입서열 사이에는 염기 서열의 유사성이 발견되지 않는다. 바이러스 유전체가 숙주 DNA에 삽입되어야만 바이러스 유전자가 발현될 수 있다. 이들은 *gag*, *pol*, *env* 3개의 유전자를 가지고 있다(그림 9.7). 이들 유전자는 다중단백질(polyprotein)의 형태로 합성된 다음 2개 이상의 기능을 지닌 단백질로 절단된다. 이들 산물에는 바이러스 외피 단백질(*env* 유전자 산물)과 역전사효소(*pol* 유전자 산물)가 포함된다. 단백질 산물은 레트로바이러스 유전체인 RNA 전사물과 합쳐져서 새로운 바이러스 입자를 생성한다.

1983~1984년 사이에 레트로바이러스가 HIV/AIDS(human immunodeficiency virus infection and acquired immune deficiency syndrome)를 일으키는 병원체라는 사실이 밝혀졌다. 첫 HIV(사람 면역결핍 바이러스)는 비슷한 시기에 몽타니에(Luc Montagnier)와 갈로(Robert Gallo) 연구진이 독립적으로 발견하였다. 이 바이러스는 HIV-1으로 명명되었는데, 이것은 HIV/AIDS를 일으키는 가장 일반적인 병원성 바이러스다.

그림 9.7 레트로바이러스 유전체. 각각의 LTR은 250~1,400 염기쌍이 반복된 긴 말단 반복 서열로 유전체의 복제에 중요한 역할을 한다.

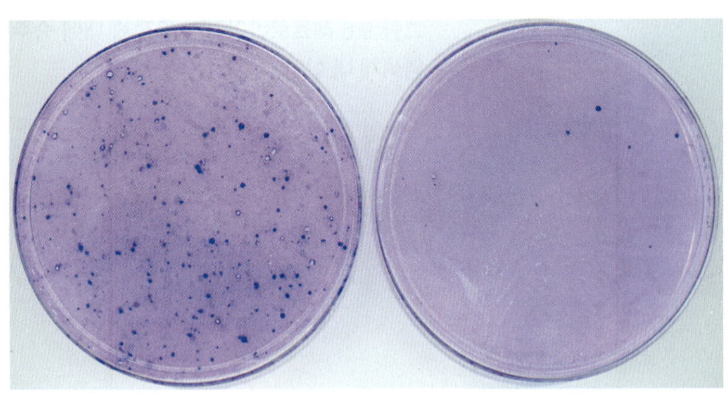

그림 9.8 **배양된 사람세포의 세포 변형.** 오른쪽의 배양접시에서는 정상적인 사람 세포가 단층으로 자란다. 왼쪽의 배양접시는 변형된 세포를 가지고 있다. 세포 성장의 정상적인 조절이 파괴되어 자라난 세포 덩어리가 보인다.

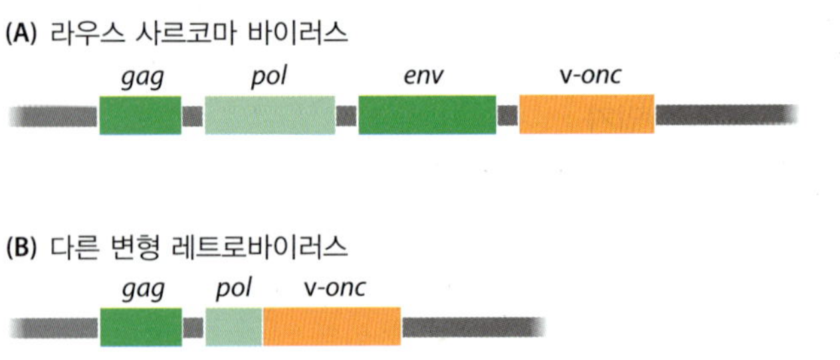

그림 9.9 **세포 변형 레트로바이러스 유전체.** (A) 완전한 바이러스 유전자를 가진 라우스 사르코마 바이러스. (B) 결함 있는 세포 변형 레트로바이러스

1985년에는 몽타니에가 이와 연관된 두 번째 바이러스인 HIV-2를 발견하였다. HIV-2는 비교적 드물며 증상도 비교적 약하다. HIV는 혈액에 존재하는 특정한 종류의 림프구만 공격하여 숙주의 면역반응을 억제한다. 이들 림프구 표면에는 바이러스의 수용체로 작용하는 CD4라 불리는 단백질이 여러 개 존재한다. HIV 입자가 CD4 단백질에 결합하면 바이러스의 지질 외피와 세포막 사이에서 융합이 일어나 바이러스가 세포 안으로 들어가게 된다.

일부 레트로바이러스는 암을 일으킨다

HIV가 질병을 일으키는 유일한 바이러스는 아니다. 여러 레트로바이러스가 **세포 변형(cell transformation)**을 유도하여 암으로 진행시킨다. 세포 변형에는 세포 모양과 생리적 변화가 포함된다. 세포 배양에서는 변형으로 성장조절이 없어진 변형된 세포가 한 층이 아닌 무질서한 덩어리로 자란다(그림 9.8). 동물 개체에서 세포 변형은 암 발달의 기초가 된다고 생각된다.

레트로바이러스는 2개의 독특한 방법으로 세포 변형을 일으키는 것으로 보인다. 백혈성 바이러스(leukemia virus)와 같은 일부 레트로바이러스는 삽입된 프로바이러스가 숙주 유전체내 조용히 지내는 긴 잠복기 후에 유발되기는 하지만 감염의 자연적 결과로 세포 변형이 일어난다. 다른 레트로바이러스는 이들 유전체 구조의 특이성으로 인하여 세포 변형을 일으킨다. 이들은 일부 잘 알려지지 않은 과정을 통해 얻은 세포유전자를 가지고 있다. 적어도 하나의 세포 변형 레트로바이러스(Rous sarcoma virus)는 기본 레트로바이러스 유전자 외에 세포유전자를 추가로 가지고 있다(그림 9.9A). 다른 것들은 세포 유전자가 레트로바이러스 유전자 일부를 대체하고 있다(그림 9.9B). 후자의 경우, 레트로바이러스는 바이러스 복제 효소 그리고/또는 캡시드 단백질 유전자를 소실한 결과, 복제하여 새로운 바이러스를 생성하지 못하는 **결함(defective)**을 가지고 있다. 이러한 결함이 있는 레트로바이러스가 항시 비활성인 것은 아니다. 이들은 같은 세포에 감염된 다른 레트로바이러스가 제공하는 단백질을 사용할 수 있기 때문이다(그림 9.10). 세포 변형 레트로바이러스가 세포 변형을 일으키는 능력은 이들이 획득한 세포 유전자의 특징 때문이다. 종종 이들이 획득한 유전자가 세포 증식에 관여하는 단백질 암호 유전자[*v-onc*, onc는 **oncogene(암유전자)**을 의미]이다. 이 유전자의 정상 세포형은 엄격하게 조절되어 필요한 경우 제한적인 양만이 발현한다. *v-onc* 유전자의 발현은 유전자 구조의 변화나 레트로바이러스 내 발현 신호의 영향으로 덜 조절되는 양상으로 다르다. 이 변형된 발현 양상의 결과 세포분열 조절이 손상될 수 있고, 세포 변형 단계로 들어가게 된다.

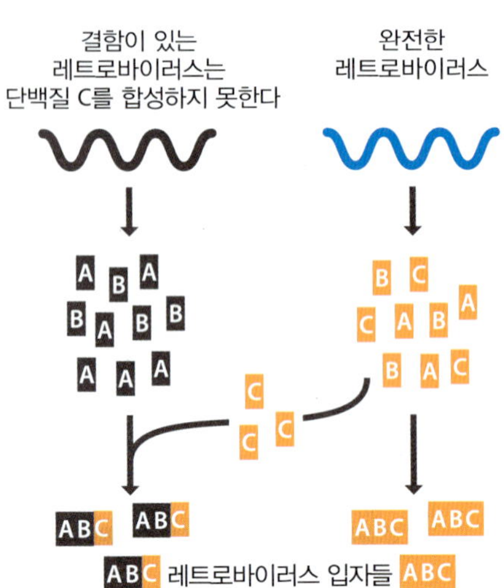

그림 9.10 **결함이 있는 레트로바이러스는 결함이 없는 레트로바이러스와 동시에 세포를 감염하면 감염성 있는 바이러스 입자를 만들 수 있다.** 결합이 없는 레트로바이러스가 도우미 바이러스로 작용하여 결함 있는 바이러스가 합성하지 못하는 단백질을 제공한다.

생명의 경계에 위치한 유전체

바이러스는 생물계와 무생물계의 경계에 위치한다. 이 경계의 가장 끝에, 어쩌면 이 경계 밖이라 할 수 있는 곳에 몇 종류의 핵산 분자가 존재하는데, 이들은 유전체라 부를 수도 있고 또 유전체라 부르기 어려울 수도 있다. **부수체 RNA(satellite RNA)** 또는 **비루소이드(virusoid)**가 이에 속한다. 이들은 320~400 뉴클레오티드 길이의 RNA 분자로 자신의 캡시드 분자를 합성하는 유전정보가 들어있지 않다. 그 대신 다른 도우미 바이러스(helper virus)의 캡시드 안에 들어가 다른 세포로 이동한다. 부수체 RNA는 도우미 바이러스의 유전체가 사용하는 캡시드를 사용하고, 비루소이드는 자신의 캡시드 안에 포장된다는 점이 다르다. 이들을 일반적으로 도우미 바이러스에 기생하는 존재로 생각할 수 있지만 적어도 몇몇 부수체 RNA의 경우에는 부수체 RNA가 있어야만 도우미 바이러스가 복제되는 사례가 알려져 있다. 즉, 적어도 일부에서는 공생관계에 있다는 것이다. 부수체 RNA와 비루소이드는, 이 보다 더 극단적인 경우에 해당하는 **비로이드(viroid)**의 경우처럼, 주로 식물에서 발견된다. 비로이드는 240~475 뉴클레오티드 길이의 RNA 분자로 유전자가 없고 단백질 외투 안에 포장되지도 않으며 RNA 분자의 형태로만 다른 세포로 전파된다. 비로이드는 감귤류의 성장을 억제하는 시트루스 엑소코티스 비로이드(citrus exocortis viroid)처럼 경제적으로 큰 피해를 주기도 한다. 비로이드와 비루소이드 분자는 원형의 단일가닥 RNA로 숙주 또는 도우미(helper) 바이러스 유전체에서 만들어지는 효소에 의해 복제된다. 복제 과정에서 여러 개의 RNA가 머리에서 꼬리 방향으로 서로 직렬 연결되어 합성되고, 일부 비로이드와 비루소이드에서는 RNA 분자 자체에 내재된 자가-촉매 반응(auto-catalyzed reaction)에 의해, 각 RNA 분자가 잘려진다(그림 9.11).

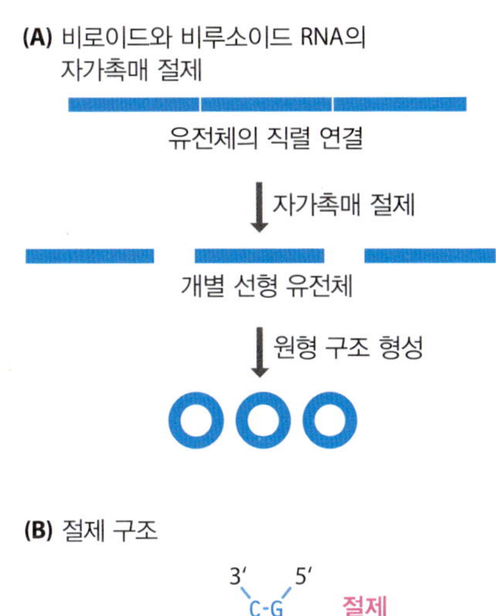

그림 9.11 비로이드와 비루소이드의 복제에서 연결된 유전체의 자가촉매 절제 과정. (A) 복제 경로. (B) **망치머리(hammerhead)** 구조, 절제 자리에서 형성되어 효소의 활성을 나타낸다. N, 4종류의 뉴클레오티드.

식물 세포 안에서 복제되는 핵산 분자는 유전자를 포함하고 있지 않더라도 유전체로 간주될 수 있다. 그러나 **프리온(prion)**은 감염 능력이 있고 질병을 일으키는 입자이지만 핵산을 포함하고 있지 않으므로 유전체라 보기 어렵다. 프리온은 양이나 염소에서 스크레이피(scrapie)를 일으키고 이것이 소로 옮겨져서 BSE(bovine spongiform encephalopathy)라는 새로운 질병을 야기하였다. 다소 논란이 있기는 하지만, 일부 생물학자들은 이것이 다시 사람에게 전파되어 변형된 형태의 크로이츠펠트-야콥병(Creutzfeldt-Jakob disease, CJD)을 일으키는 것으로 생각하고 있다. 한 때 프리온을 바이러스로 생각했던 적이 있었으나 프리온은 분명 단백질만으로 이루어져 있다. 프리온 단백질의 정상적인 형태는 PrP^C라 불리며, 이는 포유류 핵 유전자에 의해 뇌에서만 발현되지만 아직 그 기능은 알려지지 않았다. PrP^C는 단백질 가수분해효소에 의해 쉽게 분해되지만 감염성 프리온 PrP^{SC}는 여간해서 분해되지 않는다. PrP^{SC}는 단백질 분해효소가 잘 분해하지 못하는 β-평면 구조를 더 많이 포함하여 감염 조직에서 섬유상으로 엉킨 구조를 형성한다. 아직 그 과정이 알려지지는 않았으나, PrP^{SC}는 세포 안에서 새로 합성되는 PrP^C를 감염형으로 전환시켜 질병 상태를 초래한다. 하나 이상의 PrP^{SC} 단백질이 새로운 동물로 전달되면 그 동물의 뇌에 PrP^{SC} 단백질이 축적되어 질병이 야기된다(그림 9.12). 이와 비슷한 특성을 지닌 감염성 단백질이 간단한 진핵생물에게서도 발견되었는데, *S. cerevisiae*의 Ure3와 Psi^+ 프리온 등이 그것이다. 그러나 프리온은 유전자의 산물이지 유전물질은 아니며 감염력이 있어 초기에는 이들의 정체에 대해 혼란스러워 하긴 했지만, 이들은 바이러스나 바이러스 하위 단위인 비로이드, 비루소이와도 관련 없는 단백질 입자라는 것이 분명하다.

그림 9.12 프리온의 작용 양상. 정상적인 건강한 양은 뇌에 PrP^C 단백질을 지닌다. 건강한 양이 PrP^{SC} 분자에 감염되면 새로 형성되는 PrP^C 단백질이 PrP^{SC}로 전환되어 '스크레이피'라 불리는 질병이 양에서 나타난다.

9.2 이동성 유전 인자

제7장과 제8장에서 진핵생물의 유전체 전반에, 원핵생물에서는 그보다 적은 정도로, 산재된 반복 서열을 가진다는 것을 다루었었다. 이들 반복 서열은 경우에 따라서는 수천번 반복되어 나타나며 반복 단위는 유전체 전반에 걸쳐 무작위로 산재되어 있다. 많은 산재된 반복 서열은 DNA 한 조각이 유전체의 한 곳에서 다른 곳으로 이동하는 **전위(transposition)** 과정에 의해 만들어진다. 이와 같이 이동 가능한 조각을 **전위인자**

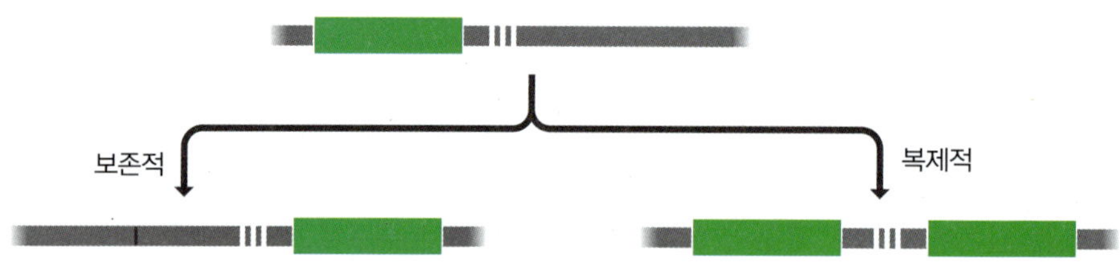

그림 9.13 **보존적 전위와 복제적 전위.**

(**transposable element**) 또는 **트랜스포존(transposon)**이라 부른다. 일부는 **보존적 전위(conservative transposition)**에 의해 원래 자리에 있던 서열이 절제되어 다른 자리에 삽입된다. 따라서 보존적 전위는 트랜스포존이 유전체에서 위치를 바꾸는 효과만 있을 뿐 복사본의 수를 증가시키지는 않는다(그림 9.13). 반면 **복제적 전위(replicative transposition)**는 원래의 전위인자가 그 자리에 그대로 남아 있으면서 새로 합성된 복사본을 다른 자리에 삽입시킴으로써 사본 수를 증가시킨다. 이와 같은 복제적 전위 과정에 의해 유전체 전반에 산재한 트랜스포존의 증식을 가져오게 된다.

2종류의 전위 과정 모두 재조합 과정을 포함한다. 따라서 전위의 기작은 17.3절에서 유전자 재조합 및 이와 관련된 유전체 재배열을 알아보면서 자세히 살펴볼 것이다. 이 장에서는 전위인자가 진핵생물과 원핵생물의 유전체 구조에 영향을 미치며 또한 이들 인자와 바이러스 유전체가 서로 연관되어 있다는 사실을 살펴보기로 한다.

긴 말단 반복을 가지는 RNA 트랜스포존은 바이러스 레트로 인자와 연관이 있다

복제적 트랜스포존은 RNA 중간 산물을 가지는 종류와 이를 가지지 않는 종류로 또 나눌 수 있다. RNA 중간 단계를 거치는 과정을 **레트로 전위(retrotransposition)**라 부른다. 레트로 전위 과정은 정상적인 전사 과정을 통해 합성된 **레트로트랜스포존(retrotransposon)** RNA 사본을 합성하는 단계에서 시작된다(그림 9.14). 전사물은 다시 이중나선 DNA로 복제되고 이 DNA는 처음에는 유전체와 따로 존재한다. 이후 복제된 트랜스포존 DNA는 원래 존재하던 동일 염색체나 혹은 다른 염색체에 삽입된다. 이 과정을 거치면서 최종적으로 유전체의 다른 곳에 2개의 트랜스포존이 존재하게 된다. 레트로 전위와 그림 9.6에 나타나 있는 바이러스성 레트로 인자의 복제 양상을 비교하면 두 과정이 매우 유사하다는 사실을 알 수 있다. 중요한 차이점이라면 레트로 전위의 경우에는 처음 합성되는 RNA 분자가 유전체 내에 내재하던 서열에서 전사된 것이고, 바이러스성 레트로 인자의 경우에는 외부에서 온 바이러스 유전체라는 것이 다를 뿐이다. 이와 같은 유사성으로 인해 이들 2종류의 인자가 서로 연관되어 있음을 알 수 있다.

RNA 트랜스포존, 즉 **레트로 인자(retroelement)**는 진핵생물 유전체의 특징이며, 원핵생물에서는 드물고 잘 연구되지 않았다. 진핵성 인자는 일반적으로 **긴 말단 반복 서열(long terminal repeat, LTR)**의 존재 여부에 따라 2종류로 나뉜다. 긴 말단 반복 서열은 LTR 인자의 RNA 복사본이 이중가닥 DNA로 역전사되는 과정에서 핵심적인 역할을 하며(17.3절), 바이러스성 레트로 인자에도 존재한다(그림 9.7 참조). 이들 바이러스는 내재성 LTR 트랜스포존도 포함되는 수퍼패밀리의 한 구성원이다.

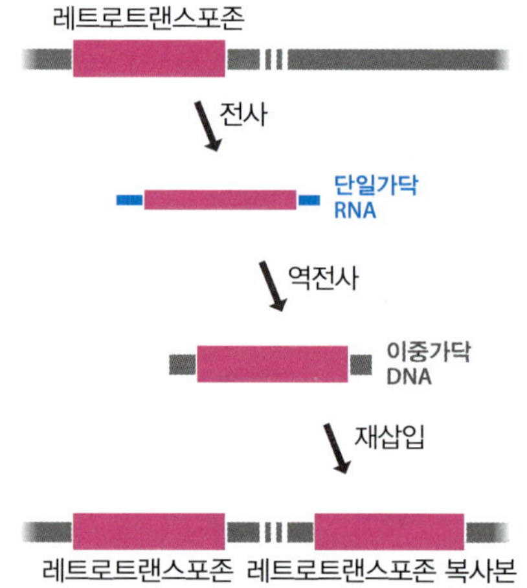

그림 9.14 **레트로 전위.** 그림 7.20과 비교하면 다듬어진 위유전자(processed psuedogene)와 기본적으로 같은 과정을 거쳐 레트로 전위가 일어난다는 사실을 알 수 있다.

가장 먼저 발견된 내재성 인자는 효모의 *Ty* 서열이다. *Ty*는 6.3 kb 길이로 대부분의 *S. cerevisiae* 유전체에 50개 정도가 존재한다. 효모 유전체에는 여러 종류의 *Ty* 인자가 존재하는데, 가장 많은 종류가 *Ty1*으로 초파리의 *copia* 인자와 비슷하다. 따라서 이들을 *Ty1/copia* 패밀리라 부르기도 한다. 이들 *Ty1/copia* 패밀리에 속하는 레트로 인자의 구조를 살펴보면 구성원 사이의 관계를 명확하게 알 수 있다(그림 9.15A와 B). 효모의

Ty1/copia 인자에는 *TyA*과 *TyB*라 불리는 2개의 유전자가 포함되어 있는데, 이들은 바이러스성 레트로 인자의 *gag* 및 *pol* 유전자와 유사하다. 특히, *TyB* 유전자는 *Ty1/copia* 인자의 전위에 핵심 역할을 하는 역전사효소를 암호화한다. 그러나 *Ty1/copia* 인자에는 바이러스 외피 단백질을 합성하는 *env* 유전자에 해당되는 유전자가 존재하지 않는다. 이로 인해 *Ty1/copia* 레트로 인자는 감염성 바이러스 입자를 형성하지 못하여 숙주 세포를 벗어날 수는 없다. 그러나 이들도 유사-바이러스 입자(virus-like particle, VLP)는 형성한다. VLP는 레트로 인자의 RNA와 DNA 사본이 TyA 다중단백질에서 유래한 핵심 단백질에 부착되어 있는 형태이다. 이와 달리 *Ty3/gypsy*(이 역시 각각 효모와 초파리에서 불리는 형태에 따라 명명됨)라 불리는 LTR 레트로 인자의 두 번째 패밀리에는 *env* 유전자에 해당되는 유전자가 존재한다(그림 9.15C). 따라서 적어도 일부는 감염 능력이 있는 바이러스를 형성한다. 내인성 트랜스포존으로 분류되고 있기는 하지만 이들 감염성 구조는 바이러스성 레트로 인자로 간주되어야 할 것이다.

효모 유전체에는 300~400개 정도의 *Ty* 인자의 330 bp LTR 사본을 가지고 있다. 이들 단일 서열은 아마도 *Ty* 인자의 두 LTR이 상동 교차로 인자의 대부분은 빠져 나가고 하나의 LTR만 남긴 것이다(그림 9.16). 이 절제 사건은 그림 9.14에서 보여주었던 RNA-매개 과정으로 일어나는 *Ty* 인자의 전위와는 아마도 무관한 것으로 보인다. 가장 흔한 단일 LTR은 델타(delta) 서열로 불리는 것으로 *Ty1/copia*에서 유래한 것이다. *Ty3/gypsy*에서 유래한 단일 LTR인 시그마(sigma) 인자 역시 유전체당 20~30개가 존재한다.

LTR 레트로 인자는 여러 진핵생물 유전체의 상당 부분을 구성하고, 특히 크기가 큰 옥수수와 같은 초본 식물 유전체에서 흔히 볼 수 있다(그림 7.15D 참조). 이들은 또한 무척추동물과 일부 척추동물 유전체의 주요 구성성분이지만 사람이나 다른 포유류 유전체에 존재하는 모든 LTR 인자는 진정한 의미의 트랜스포존이라기보다 활성을 잃은 바이러스성 레트로 인자에 해당된다. 이들 서열은 **내인성 레트로바이러스(endogenous retrovirus, ERV)**라 불리며, 대략 사람 유전체의 9%를 차지한다(표 9.3). 사람 ERV의 크기는 6~11 kb 정도로 *gag*, *pol*, *env* 유전자를 가지고 있다. 대부분의 경우 돌연변이나 결실로 인해 이들 유전자의 하나 이상이 활성을 잃은 형태로 존재하지만, 소수의 사람 ERV군의 HERV-K는 기능을 지닌 서열을 지닌다. 서로 다른 개체의 유전체에서 HERV-K 인자의 위치를 비교한 결과 적어도 일부는 트랜스포존의 활성을 지니고 있다

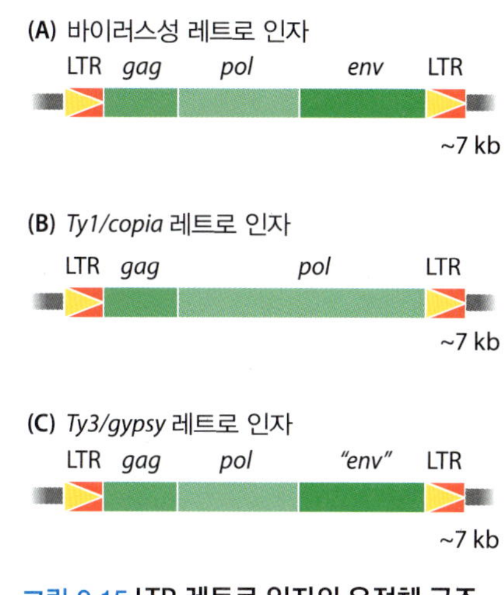

그림 9.15 LTR 레트로 인자의 유전체 구조.

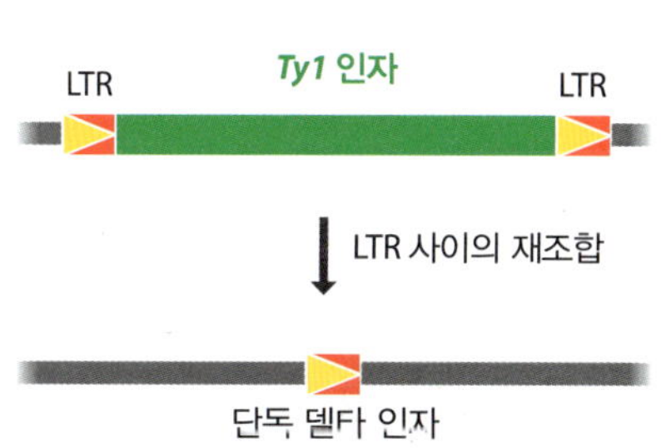

그림 9.16 Ty 1인자의 양 말단 LTR 사이에서 상동 재조합 과정이 일어나면 델타 서열이 생길 수 있다.

표 9.3 인간 유전체에 존재하는 전위인자

종류	집단	유전체에서의 비율(%)
SINE	Alu	10.5
	MIR	2.5
	MIR3	0.4
LINE	LINE-1	17.5
	LINE-2	3.4
	LINE-3	0.3
LTR 레트로 인자	ERV	2.9
	ERVL	5.8
DNA 트랜스포존	TcMar	1.5
	hAT	2.2

데이터는 hg38 어셈블리의 RepeatMasker 분석에서 인용.
LINE, long interspersed nuclear element; SINE, short interspersed nuclear element; LTR, long terminal repeat; ERV, endogenous retrovirus

는 사실을 추론할 수 있었다. 또한 일부 HERV-K 인자가 바이러스 유사 입자로 포장되어 세포에서 세포로 이동할 수 있는 능력이 있다는 증거도 있다. 이러한 발견으로 사람의 질병에 HERV-K 인자의 역할에 대한 연구가 촉발되었다. HERV-K 전사물과 단백질 산물은 ALS(amyotrophic lateral sclerosis, 근위축성 측색 경화증) 신경퇴화 질병 환자의 뇌에서 발견된다. ALS는 1941년 사망한 유명한 미국 야구선수의 이름에서 유래한 루게릭(Lou Gehrig)병으로도 불린다. HERV-K 산물이 존재한다고 해서 이것을 ALS의 원인으로 단정할 수 없다. 그러나 쥐의 뇌에서 HERV-K *env* 유전자를 발현시켰더니 운동뉴런 기능이 파괴되고 ALS와 유사한 증세가 나타난 것으로 연관성이 추정되고 있다. 또한 HERV-K 인자가 류머티스 관절염과 같은 자가면역질환과도 연관이 있을 수 있다.

일부 RNA 트랜스포존은 LTR이 없다

모든 종류의 RNA 트랜스포존이 LTR 인자를 지니는 것은 아니다. 포유류에서 가장 중요한 형태는 LTR-없는(non-LTR) 레트로 인자, 즉 **레트로포존(retroposon)**이다. 레트로포존에는 **LINE(long interspersed nuclear element)**와 **SINE(short interspersed nuclear element)**이 포함된다. 사람 유전체에서 산재된 반복 DNA 가운데 가장 흔한 것은 SINE으로 170만 개 이상의 사본이 존재하며 이는 전체 유전체의 14%를 차지한다(표 9.3). LINE은 이보다 적어 100만 개를 조금 넘는 복사본이 존재하지만 길이가 더 길기 때문에 유전체의 20% 이상을 차지한다. LINE과 SINE이 사람 유전체에서 흔하게 나타난다는 사실은 7.2절에서 살펴본 200 kb 절편에서도 확인할 수 있다(그림 7.12 참조).

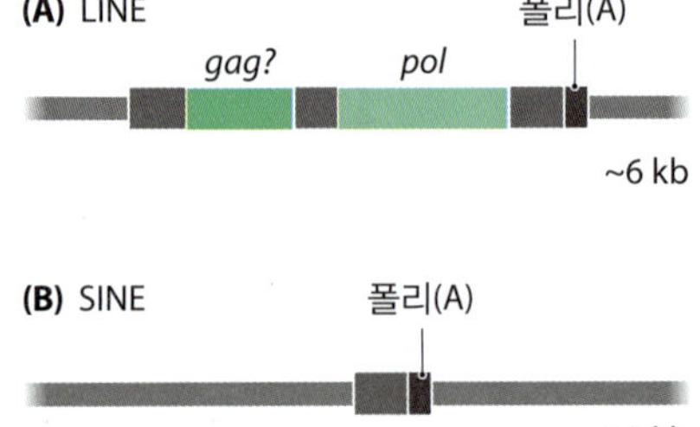

그림 9.17 LTR-없는 레트로 인자. LINE과 SINE은 모두 3′-말단에 폴리(A) 서열을 지닌다.

사람 유전체에는 3종류의 LINE이 존재한다. **LINE-1**은 가장 흔하면서 유일하게 전위 능력이 있는 종류이고, LINE-2와 LINE-3는 전위 능력을 상실한 형태이다. LINE-1 인자의 전체 길이는 6.1 kb이고 2개의 유전자를 지닌다. 이 가운데 하나는 바이러스의 *pol* 유전자 산물과 비슷한 다중 단백질을 합성한다(그림 9.17A). 이들 인자에는 LTR 서열이 존재하지 않으나 LINE의 3′-말단은 일련의 A-T 염기쌍으로 표시되어 있다. 이 부분은 대개 폴리(A) 서열이라 불리고 있지만 DNA의 다른 가닥에는 물론 폴리(T) 서열이 존재한다. LINE-1의 모든 복사본이 완전한 서열로 이루어진 것은 아니다. LINE에서 만들어지는 역전사효소가 항상 초기의 RNA 전사물에서 완전한 DNA 복사본을 만드는 것이 아니어서, 이 과정에서 LINE의 3′-말단을 잃어버리는 경우가 많다. 이 같은 소실 현상은 아주 흔해서 사람 유전체에 존재하는 LINE-1 인자의 단 1% 정도만 완전한 길이를 지니며, 전체 LINE-1 사본의 평균 크기는 900 bp에 불과하다. SINE은 LINE보다 훨씬 짧아 100~400 bp에 불과하고 유전자를 지니지 않는다. 이는 SINE이 자신의 역전사효소를 합성하는 능력이 없음을 의미한다(그림 9.17B). 대신 SINE은 LINE에서 합성된 역전사효소를 빌려서 사용한다. 영장류 유전체에 존재하는 가장 일반적인 SINE은 **알루(Alu)** 서열로 사람에게서는 대략 120만 번 반복되어 나타난다. *Alu* 인자는 절반으로 나뉘어 각각의 한쪽 절반은 비슷한 120 bp 서열로 이루어져 있으며, 오른쪽 절반에는 31~32 bp의 삽입서열이 존재한다(그림 9.18). 생쥐 유전체에도 이와 비슷한 인자 B1이 존재한다. B1은 130 bp 길이로 이루어지며 Alu 서열의 절반에 해당된다. 일부 Alu 인자는 활발하게 RNA로 전사되어 증폭의 기회가 제공되기도 한다. Alu는 세포 주변의 단백질 이동에 관여하며 단백질을 암호화하지 않는 7SL RNA 유전자에서 유래되었다. 최초의 Alu 인자는 우연히 하나의 7SL RNA 분자가 역전사되어 생성된 DNA 복사본이 사람 유전체에 삽입되면서 생겨났을 것이다. 다른 SINE은 7SL RNA 유전자와 마찬가지로 진핵세포에서 RNA 중합효소 III에서 전사되는 tRNA 유전자에서 유래되었다. 이 사실을 통해 RNA 중합효소 III에서 합성되는 전사물들은 레트로포존으로

그림 9.18 Alu 인자의 구조. Alu 인자는 반으로 나누어 볼 수 있으며 각각 120 bp 정도인데 오른쪽 절반에 31~32 bp의 서열이 삽입되어 있다. 3′-말단에는 폴리(A) 꼬리가 위치한다. 양쪽 절반은 삽입서열을 제외할 때 85%의 서열이 동일하다.

전환될 수 있는 특징을 가지고 있을 가능성을 생각해 볼 수 있다.

LINE과 SINE의 전위가 드문 일이기는 하지만, LINE-1 전위는 사람과 쥐세포 배양에서 관찰된다. 유전성 사람 질병은 LINE-1, Alu와 기타 SINE이 단백질-암호 서열로 최근 삽입되어 유전자 비활성화를 일으켜 만들어진 것으로 생각된다. 이것은 적은 수의 혈우병 환자에서 중요한 혈액 응고 단백질을 암호화하는 인자 VIII 유전자의 합성이 LINE-1에 의해 파괴된 것을 발견하였기 때문이다. 이 초기 발견 이후, 25개 이상의 질병의 예에서 LINE-1 삽입은 원인 인자로 보여지고 있으며, SINE이 관여하는 것으로 보이는 예는 점점 증가하고 있다.

원핵생물 유전체에서 LTR-없는 레트로 인자가 몇 개 알려졌으나, 이들은 진핵생물 RNA 전위인자보다 사본 수가 더 적다. 원핵생물 유형은 박테리아와 고세균 사이 넓게 분포하고 있으나, 분포는 고르지는 않다. 일부 *E. coli* 균주는 레트로 인자를 가지고 있으나 다른 것들은 없다. 박테리아 레트로 인자의 가장 흔한 유형은, 2 kb 서열로 역전사효소 유전자를 포함하는, **레트론(retron)**이다. 레트론의 두 번째 부위는, 역전사효소에 의해 DNA로 복사되는, 70~80 뉴클레오티드 RNA를 만든다. 이 단일-가닥 DNA의 5′-말단은 이후 RNA 내 구아닌 뉴클레오티드와 2′-5′ 이인산에스테르 결합을 형성하면서, 염기쌍으로 이루어진 2차 구조의 모양을 가진 RNA-DNA 교잡이 만들어진다. 이 구조가 어떤 기능을 가지는가에 대해서는 여전히 논란이 있으나, 레트론 역전사효소의 합성으로 *Salmonella typhimurium*이 사람의 장에서 집락을 형성하는 능력이 향상되며, 레트론 서열의 존재로 *Vibrio cholerae*의 병원성이 증가한다는 증거가 있다.

DNA 트랜스포존은 원핵생물 유전체에서 흔하다

모든 트랜스포존이 RNA 중간 단계를 거치는 것은 아니다. 많은 경우가 DNA에서 DNA로 직접 전위되는 **DNA 트랜스포존**이다. 이들 DNA 트랜스포존은 원핵생물 유전체의 중요한 구성원이다. 8.2절(그림 8.8 참조)에서 살펴본 *E.coli* DNA 50 kb 절편에 존재하는 삽입 서열(insertion sequence, IS)인 IS1과 IS186은 DNA 트랜스포존의 예가 된다. 다른 종과 다른 균주에서 사본 수는 매우 다르지만, 하나의 *E.coli* 유전체에는 일반적으로 여러 종류의 삽입 서열을 30~50여 개 가지고 있다. IS는 길이가 0.7~2.5 kb이고, 대부분의 서열은 하나 또는 2개의 전위를 촉매하는 효소인 **전위효소(transposase)**를 합성하는 유전자로 이루어져 있다(그림 9.19A). 각 IS 인자에는 한 쌍의 **역반복 서열(inverted repeat)**이 양쪽 말단에 있고 반복되는 단위의 길이는 종류에 따라 50 bp까지 다양하게 나타난다. 표적 서열에 삽입될 때 숙주 유전체에 4~15 bp 정도가 **직렬 반복 서열(direct repeat)**이 생성된다. IS 인자는 복제적 또는 보존적 양식에 의해 전위된다.

IS 인자는 *E. coli*에서 처음 알려졌고, 이제는 많은 원핵생물에서 흔하게 발견되는 두 번째 트랜스포존의 구성원이기도 하다. 이들 **복합 트랜스포존(composite transposon)**은 하나 이상의 유전자를 포함하는 DNA 절편의 양쪽에 IS 인자가 한 쌍씩 존재하는 구조를 이룬다(그림 9.19B). 복합 트랜스포존에는 항생제 내성 유전자가 들어있는 경우가 많다. 예를 들면, Tn10은 테트라사이클린 내성 유전자를 지니고, Tn5와 Tn903은 둘 다 카나마이신 내성 유전자를 지닌다. 일부 복합 트랜스포존은 양쪽 말단에 동일한 IS 인자를 지니고 있으나, 다른 것들은 서로 다른 IS 인자를 지니는 것도 있다. 또한 양쪽의 IS 인자가 직렬 반복으로 위치하는 것 뿐만 아니라 역반복으로 존재하는 것도 있다. 이와 같은 차이가 복합 트랜스포존의 전위 과정에 영향을 미치지 않는다. 복합 트랜스포존의 전위 과정은 한쪽 또는 양쪽 말단의 IS 인자가 만들어내는 전위효소가 촉매하며, 기본적으로 보존적 전위를 한다.

그림 9.19 원핵생물의 DNA 트랜스포존. 4종류의 트랜스포존이 제시되어 있다. 삽입서열, Tn3형 트랜스포존, 전위성 파지는 50 bp 이하의 짧은 말단 역반복 서열(inverted terminal repeat, ITR)이 양쪽 끝에 존재한다. Tn3형 트랜스포존은 전위 과정과 관련된 해리효소(resolvase) 유전자를 포함한다.

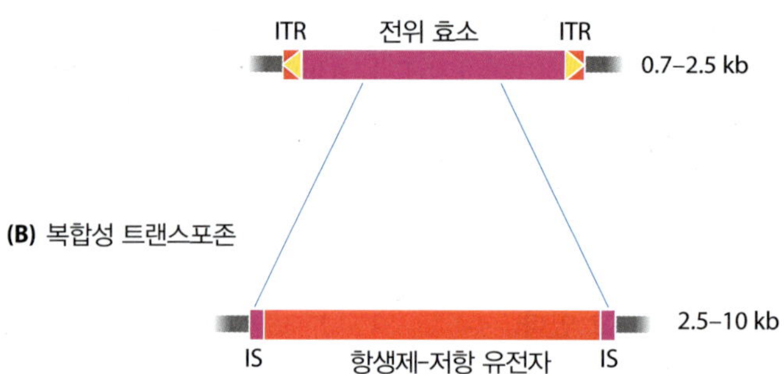

(C) Tn3-형 트랜스포존

(D) 전위성 파지

원핵생물에는 다양한 다른 종류의 DNA 트랜스포존이 존재한다. 대장균에는 이 밖에도 다음과 같은 중요한 두 종류의 DNA 트랜스포존이 포함되어 있다.

- **Tn3형 트랜스포존**(**Tn3-type transposon**) 또는 **단위 트랜스포존**(**unit transposon**): 자신의 전위효소 유전자를 포함하고 있어 전위 과정에서 양쪽 말단의 IS 인자를 필요로 하지 않는다(그림 9.19C). Tn3 인자는 복제적 전위 과정을 통해 이동한다.
- **전위성 파지**(**transposable phage**): 세균 바이러스로 정상적인 감염경로에 복제적 전위 과정을 포함한다(그림 9.19D).

원핵생물 유전체는 또한 전위 능력을 상실한 IS 조각도 가지고 있다. 이들은 **MITE** (**miniature inverted repeat transposable element, 소형 역반복 전위인자**)로 불리는데, MITE는 DNA 트랜스포존의 축소형(truncated)으로 식물에서 처음 발견되었다.

진핵생물 유전체에서는 DNA 트랜스포존이 비교적 드물게 나타난다

사람 유전체의 약 3.7%는 다양한 종류의 DNA 트랜스포존이 차지하고 있다(표 9.3). 모두 말단 역반복 서열을 지니고 전위 과정을 촉매하는 전위효소 유전자를 지닌다. 그러나 이들은 대부분 전위효소 유전자가 기능이 없거나 전위 과정에 필수적인 말단의 반복 서열에서 주요 부분이 결손되었거나, 돌연변이가 일어나 대부분 활성이 없다.

활성이 있는 DNA 트랜스포존은 식물에서 더 흔하게 나타나는 편으로, 옥수수 유전체에 존재하는 **Ac/Ds 트랜스포존**과 **Spm 인자** 같은 것들이 여기에 속한다. Ac/Ds 인자는 Barbara McClintock이 1950년대에 최초로 발견하였다. '일부 유전자는 이동성이 있으며 염색체의 하나의 위치에서 다른 위치로 이동할 수 있다'는 그녀의 결론은 놀라운 유전학 실험에 기반한 것으로, 전위에 해한 분자생물학적 이해는 1970년대에 이르러서야 밝혀졌다. 이들 식물 트랜스포존은 비슷한 집단의 인자들이 서로 함께 작용한다는 특징을 지닌다. 예를 들어, Ac 인자는 활성을 지니는 전위효소를 만들 수 있는데 이 효소는 Ac 인자와 Ds 서열을 모두 인식한다. Ds 서열은 Ac 인자의 내부가 일부 결실되어 전위효소 유전자 일부가 제거된 형태다. 따라서 Ds 인자는 자신의 전위효소를 만들지 못하고 완전한 Ac 인자에서 합성되는 전위효소의 활성을 통해서만 이동할 수 있다(그림 9.20). 이와 비슷하게 완전한 Spm 인자는 전위효소 유전자가 결실된 형태의 인자와 함께 전위된다. Ac 인자의 활성은 옥수수의 정상적인 생활사에서도 뚜렷하게 나타난다. 얼룩덜룩한 옥수수 알갱이는 체세포에서의 전위 과정으로 인해 색소 유전자 발현이 달라져서 만들어진다(그림 9.21).

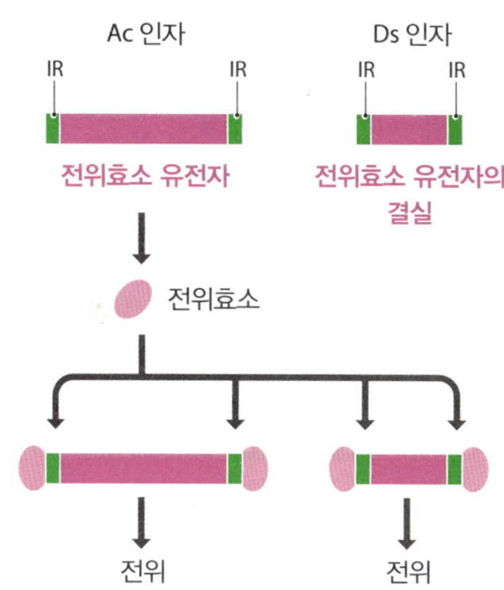

그림 9.20 옥수수의 Ac/Ds 트랜스포존 패밀리. 완전한 길이의 Ac 인자는 4.2 kb이고 기능을 지닌 전위효소 유전자를 포함한다. 전위효소는 Ac 인자의 말단에 위치한 11 bp의 역반복 서열(inverted repeat, IR)을 인식하여 전위 과정을 촉매한다. Ds 인자는 내부에 결실이 일어나 전위효소 유전자를 포함하지 않는다. 그러나 여전히 Ac 인자의 전위효소가 인식할 수 있는 IR 서열을 지니므로 이의 도움을 받아 전위될 수 있다. 옥수수 유전체에는 대략 10개의 서로 다른 종류의 Ds 인자가 존재하며, 이들은 194 bp에서 수 kb에 달하는 중간 부분이 결실되어 있다.

McClintock은 색소가 달리 형성되어 옥수수 알갱이가 얼룩덜룩하게 되는 현상을 연구하면서 옥수수 유전체에 전위인자가 포함되어 있다는 사실을 발견하였다. *D. melanogaster*의 DNA 트랜스포존인 P 인자 또한 전위인자에 의해 나타나는 것으로 특이적 비정상적 유전 현상의 연구를 통해 밝혀졌다. 이 현상은 **잡종 약세(hybrid dysgenesis)**라 하는데, 주로 실험실에서 배양되는 *D. melanogaster* 암컷을 야생 집단의 수컷과 교배할 때 나타난다. 이와 같은 교배에서 태어난 자손은 생식 능력이 없고 염색체 이상에 의해 다양한 유전적 증상을 보인다. 야생 초파리 유전체에서 **P 인자**는 전형적인 DNA 트랜스포존으로 전위요소 유전자 양쪽에 말단 역반복 서열을 가지지만 전위 활성이 억제된 상태로 존재한다. 그러나 실험실 초파리에는 이 같은 인자가 없다. 이들 두 종류의 초파리를 교배하면, 야생 초파리에서 유래된 P 인자가 수정란에서 활성화되면서 여러 위치에 전위되고 그 결과 잡종 약세의 특징인 여러 유전자의 비활성화가 야기된다(그림 9.22). 정확하게 어떤 경로에 의해 P 인자가 활성화되는지는 알려지지 않았지만, 더 흥미로운 질문은 실험실 초파리에는 없는 P 인자가 야생 초파리의 유전체에는 왜 존재하는가이다. 대부분의 실험실 초파리는 모간(Thomas Hunt Morgan)이 90년쯤 전에 수집하여 최초의 유전자 지도 작성 실험에 이용한 초파리에서 유래된 것이다(3.3절). 당시의 야생 집단에는 P 인자가 존재하지 않았으나 어떤 이유에서인지 그 후 90년 사이에 야생 유전체에 P 인자가 널리 증폭된 것으로 보인다. 야생 초파리와 실험실 초파리가 생존력 있는 자손을 생산하지 못한다는 사실은 이들 두 집단이 서로 동일한 생물종으로

그림 9.21 체세포에서의 전위 과정에 의해 얼룩덜룩하게 착색된 옥수수 알갱이. 짙은 색을 나타내는 *Zea mays*는 인디안 옥수수라 불린다. (Lena Struwe, Rutgers University 제공.)

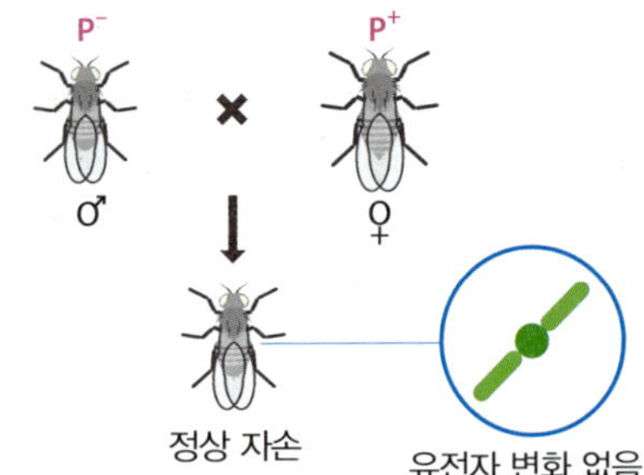

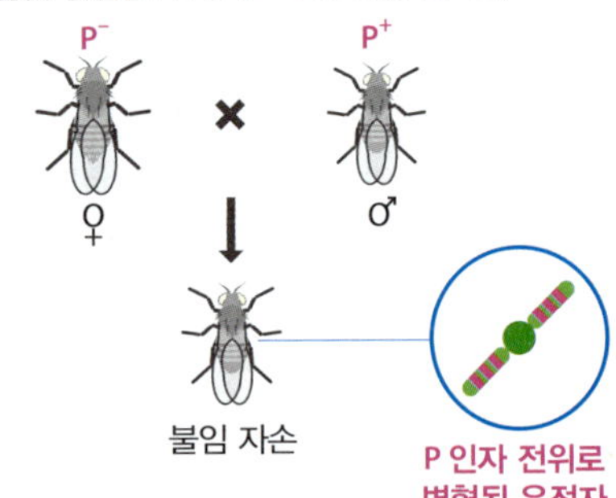

그림 9.22 잡종 약세. 실험실에서 배양되어 온 수컷 초파리와 야생의 암컷 초파리를 교배하면 정상적인 자손이 태어난다. 그러나 수컷 야생 초파리가 실험실 암컷 초파리와 교배하면 그 자손은 불임이다. 이와 같은 잡종 약세에 대한 한 가지 설명은 P 인자를 지니는 초파리(이 그림의 P^+)의 세포질에는 P 인자의 전위를 억제하는 억제자가 포함되어 있다는 것이다. 암컷 P^+ 초파리와 수컷 P^- 초파리가 교배하여 낳은 수정란에서는 이 억제자가 있을 것이며 따라서 정상적인 자손이 성장한다. 그러나 수컷 P^+ 초파리의 정자에는 이 억제자가 들어있지 않고 따라서 수컷 P^+와 암컷 P^-의 교배 결과로 형성된 수정란에는 억제자가 존재하지 않는다. 그러므로 P 인자의 전위가 진행되고 이 결과 자손에서 잡종 약세가 나타난다.

인정될 만한 주요소를 상실하였음을 의미한다. 생물종은 그 집단의 모든 개체가 교배하여 자손을 생산할 수 있는 경우로 정의된다. 이와 같은 사실은 적어도 일부 생물에서는 서로 다른 집단의 구성원 유전체에 전위인자가 다른 형태로 증폭되는 과정을 통해서도 종 분화가 이루어질 수 있다는 흥미로운 가능성을 시사한다.

요약

- 바이러스 연구 초기에는 주로 박테리아를 감염시키는 박테리오파지를 대상으로 연구하였다.
- 박테리오파지는 단백질과 핵산으로 구성되며 단백질은 캡시드를 형성하여 유전체를 둘러싸고 있다.
- 박테리오파지의 기본적인 캡시드 구조는 3종류가 있고 유전체의 구조는 다양하여 한 분자 또는 여러 분자로 구성된, 단일 또는 이중가닥의, DNA 또는 RNA로 이루어져 있다.
- 박테리오파지는 두 가지의 특징적인 감염경로를 따른다. 모든 파지는 용균성 감염경로를 거치며 대개는 숙주 세포를 파괴하고 감염 즉시 새로운 박테리오파지를 합성한다. 일부는 이에 더하여 용원성 감염경로를 따르기도 하는데, 이때에는 파지 유전체가 숙주 DNA 안으로 삽입되어 오랫동안 비활동적인 상태로 남아있다.
- 진핵생물 바이러스의 유전체 구조는 다양하지만 캡시드 구조는 두 가지만 나타낸다.
- 대부분의 진핵세포 바이러스는 용균성 감염경로만 지니지만 이 경우라도 언제나 숙주 세포를 즉시 사멸시키지는 않는다. 많은 DNA 및 RNA 바이러스가 용원성 박테리오파지와 비슷한 방식으로 진핵세포 염색체에 바이러스 유전체를 삽입시키기도 한다.
- AIDS를 일으키는 HIV 등의 바이러스성 레트로 인자는 삽입형 RNA 바이러스의 일종이다.
- 부수체 RNA와 비루소이드는 감염성 RNA 분자로 유전자를 포함하고 있지 않으며 다른 바이러스의 도움으로 전파될 수 있다. 비로이드는 단백질에 둘러싸이지 않은 작은 감염성 RNA 분자이고, 프리온은 감염성 단백질이다.
- 일부 이동성 유전인자는 하나의 유전체 내에서는 자리를 이동할 수 있지만 그 세포 밖으로 전파되지는 않는 DNA 서열로 RNA 바이러스와 연관되어 있다. 이들 인자는 바이러스성 레트로 인자의 감염 과정과 유사한 경로를 통해서 RNA 중간물질의 단계를 거치며 이동한다.
- *Ty1/copia*와 *Ty3/gypsy* 레트로 인자 및 포유류의 내인성 레트로바이러스는 RNA 바이러스와 가장 비슷한 이동성 전위인자이다.
- 포유류의 유전체에는 다른 종류의 RNA 트랜스포존도 포함되어 있다. LINE과 SINE으로 구분되는 이들은 대부분 전위 능력을 상실한 것들이다.
- DNA 트랜스포존은 전위 과정에서 RNA 중간 단계를 거치지 않는다. 이들 트랜스포존은 주로 박테리아에서 발견되며 항생제에 대한 내성 유전자를 전파하는 데 영향이 있다.

• DNA 트랜스포존은 진핵생물에서는 그리 많이 발견되지는 않는다. 그러나 최초로 연구된 트랜스포존인 옥수수의 Ac/Ds 트랜스존과 암컷 실험실 초파리가 수컷 야생 초파리와 교배하였을 때 잡종 약세를 보이는 과정에 관여하는 초파리의 P 인자 등은 유전학 연구에 있어 중요한 사례이다.

단답형 문제

1. 바이러스는 세포와 어떻게 다른가? 바이러스를 살아있는 생물로 보는 것이 적당할까?
2. 바이러스와 세포 유전체 사이의 주요 차이점을 요약하라.
3. 일부 바이러스 유전체에서 발견되는 중복유전자를 예를 들어 설명하라.
4. 용균성 박테리오파지가 감염 후 숙주 세포를 터트리는 데 얼마나 걸리는가? T4 파지의 용균 감염경로의 시간표를 만들어보라.
5. 박테리오파지와 진핵생물 바이러스의 캡시드는 어떤 차이가 있는가?
6. 레트로바이러스의 생활사의 주요 단계를 적어보라.
7. 트랜스포존이란 무엇인가?
8. 사람 유전체에 존재하는 LTR 레트로 인자의 특징을 설명하라.
9. 사람 유전체에 존재하는 레트로포전의 특징과 유형을 설명하라.
10. 복합트랜스포존의 일반적 특징은 무엇인가?
11. 식물에서 발견되는 DNA 트랜스포존의 중요 특징은 무엇인가?
12. 초파리의 잡종약세의 근거를 설명하라.

사고형 문제

1. 바이러스가 생명의 한 형태로 인정되는 정도는 어디까지 일까?
2. 작은 유전체를 가진 (φX174와 같은) 박테리오파지는 숙주에서 성공적으로 복제할 수 있다. 그렇다면 T4와 같은 다른 파지는 왜 크고 복잡한 유전체를 가져야 하는가?
3. 일부 T4와 같은 박테리오파지는 감염 후 숙주 RNA 중합효소를 변형하여 자신의 유전자는 전사하게 하고 *E. coli* 유전자를 인식하지 못하도록 만든다. 이런 변형이 어떻게 일어나게 될까?
4. 숙주 유전체 내에서 그리고 함께 복제하는 유전적 인자는 숙주에는 전혀 이익이 되지 않으므로 때로 이기적 DNA로 불린다. 이 개념을 트랜스포존에 적용하여 설명하라.
5. LTR 레트로 인자가 긴 말단 반복을 왜 가지는가?

Further Reading

Classic papers on bacteriophage genetics

Delbrück, M. (1940) The growth of bacteriophage and lysis of the host. *J. Gen. Physiol.* 23:643–660.

Doermann, A.H. (1952) The intracellular growth of bacteriophages. *J. Gen. Physiol.* 35:645–656.

Ellis, E.L. and Delbrück, M. (1939) The growth of bacteriophage. *J. Gen. Physiol.* 22:365–384.

Lwoff, A. (1953) Lysogeny. *Bacteriol. Rev.* 17:269–337.

Bacteriophage genome sequences

Dunn, J.J. and Studier, F.W. (1983) Complete nucleotide sequence of bacteriophage T7 DNA and the locations of T7 genetic elements. *J. Mol. Biol.* 166:477–535.

Sanger, F., Air, G.M., Barrell, B.G., et al. (1977) Nucleotide sequence of bacteriophage Φ*X174* DNA. *Nature* 265:687–695.

Sanger, F., Coulson, A.R., Hong, G.F., et al. (1982) Nucleotide sequence of bacteriophage λ DNA. *J. Mol. Biol.* 162:729–773.

Eukaryotic viruses

Baltimore, D. (1970) RNA-dependent DNA polymerase in virions of RNA tumour viruses. *Nature* 226:1209–1211.

Dimmock, N.J., Easton, A.J. and Leppard, K.N. (2016) *An Introduction to Modern Virology, 7th ed.* Blackwell Scientific Publishers, Oxford. *The best general text on viruses.*

Lesbats, P., Engelman, A.N. and Cherepanov, P. (2016) Retroviral DNA integration. *Chem. Rev.* 116:12730–12757.

Temin, H.M. and Mizutani, S. (1970) RNA-dependent DNA polymerase in virions of Rous sarcoma virus. *Nature* 226:1211–1213.

Edge of life

Flores, R., Gas, M.-E., Molina-Serrano, D., et al. (2009) Viroid replication: rolling-circles, enzymes and ribozymes. *Viruses* 1:317–334.

Mastrianni, J.A. (2010) The genetics of prion diseases. *Genet. Med.* 12:187–195.

Prusiner, S.B. (1996) Molecular biology and pathogenesis of prion diseases. *Trends Biochem. Sci.* 21:482–487.

RNA transposons

Gifford, R. and Tristem, M. (2003) The evolution, distribution and diversity of endogenous retroviruses. *Virus Genes* 26:291–315.

Krastanova, O., Hadzhitodorov, M. and Pesheva, M. (2005) Ty elements of the yeast *Saccharomyces cerevisiae*. *Biotechnol. Biotechnol. Equip.* 19(Suppl 2):19–26.

Li, W., Lee, M.-H., Henderson, L., et al. (2015) Human endogenous retrovirus-K contributes to motor neuron disease. *Sci. Transl. Med.* 7:307ra153.

Richardson, S.R., Doucet, A.J., Kopera, H., et al. (2015) The influence of LINE-1 and SINE retrotransposons on mammalian genomes. *Microbiol. Spectrum* 3:MDNA3-0061-2014.

Song, S.U., Gerasimova, T., Kurkulos, M., et al. (1994) An Env-like protein encoded by a *Drosophila* retroelement: evidence that *gypsy* is an infectious retrovirus. *Genes Dev.* 8:2046–2057.

Tugnet, N., Rylance, P., Roden, D., et al. (2013) Human endogenous retroviruses (HERVs) and autoimmune rheumatic disease: is there a link? *Open Rheumatol. J.* 7:13–21.

DNA transposons

Comfort, N.C. (2001) *The Tangled Field: Barbara McClintock's Search for the Patterns of Genetic Control.* Harvard University Press, Cambridge, MA. *A biography of the geneticist who discovered transposable elements; for a highly condensed version, see Comfort, N.C. (2001) Trends Genet. 17:475–478.*

Engels, W.R. (1983) The P family of transposable elements in *Drosophila*. *Annu. Rev. Genet.* 17:315–344.

Gierl, A., Saedler, H. and Peterson, P.A. (1989) Maize transposable elements. *Annu. Rev. Genet.* 23:71–85.

Siguier, P., Gourbeyre, E. and Chandler, M. (2015) Bacterial insertion sequences: their genomic impact and diversity. *FEMS Microbiol. Rev.* 38:865–891.

Siguier, P., Gourbeyre, E., Varani, A., et al. (2015) Everyman's guide to bacterial insertion sequences. *Microbiol. Spectrum* 3:MDNA3-0030-2014.

Online resource

RepeatMasker. http://www.repeatmasker.org/ *The "Genome Analysis and Downloads" component enables the repetitive DNA content of various genomes to be viewed.*

PART III

유전체 발현

CHAPTER

10

유전체에의 접근성

세포가 유전체에 포함된 생물학적 정보를 활용하기 위해서는 정보의 단위인 개별 유전자 여러 개가 모여서 이룬 유전자의 집단이 정교하게 제어된 형태로 발현되어야 한다. 이와 같은 제어된 유전자 발현을 통해 전사체(transcriptome)의 조성이 결정되며, 전사체는 또한 단백질체(proteome)의 성격을 결정하고 세포가 수행할 수 있는 활동 영역이 규정된다. 제3부에서 우리는 유전체에서 단백질체로 생물학적 정보가 전달되는 과정을 살펴보기로 한다. 초기에는 유전자를 하나씩 따로 시험관에 분리하여 연구함으로써 이에 대한 정보를 얻을 수 있었다. 최근에는 유전자가 개별적으로 시험관 안에서 작용하는 것이 아니라 살아있는 세포 안에서 전체 유전체와 함께 발현된다는 사실을 고려한 더욱 정교한 연구를 수행할 수 있게 되었다. 이를 통해 개별 유전자 발현 연구를 통해 파악한 내용을 한 층 더 깊이 이해할 수 있다.

유전체가 발현되는 과정을 이해하기 위해 제10장에서는 먼저 진핵생물의 핵 안의 환경이 유전체에 포함된 생물학적 정보를 활용하는 데 있어서 실제적이고도 큰 영향을 미친다는 것을 살펴볼 것이다 정보에 대한 접근성은 DNA가 염색질로 응축되는 정도에 의해 달라지며, 염색체의 전부 또는 일부를 비활성화시키는 과정에도 중요한 영향을 미친다. 제11장에서는 전사의 시작과 관련된 내용을 기술하면서 유전체 발현의 초기 단계에 작용하는 DNA 결합 단백질의 중추적인 역할에 초점을 맞추고자 한다. 전사물이 합성되고 다듬어져 기능성 RNA가 만들어지는 과정은 제12장에서, 단백질체가 만들어지는 과정은 제13장에서 다루기로 한다. 제10장부터 제13장까지 학습하는 동안 전사체와 단백질체의 조성은 유전체 발현을 구성하는 일련의 과정을 통해 여러 단계에서 조절된다는 사실을 확인할 수 있을 것이다. 이와 같은 조절 연쇄는 제14장에서 종합적으로 다루게 될 것이며, 또한 세포 외부로부터 오는 신호에 따라 그리고 분화와 발생과정에서의 유도된 생화학적 변화에 따라, 세포와 생물체 수준에서 어떻게 유전체가 작동하는지를 논의할 것이다.

10.1 핵의 내부

A, C, G, T가 연속 배열된 형태의 유전체 서열이나 유전자 지도(그림 5.22에 나타난 것

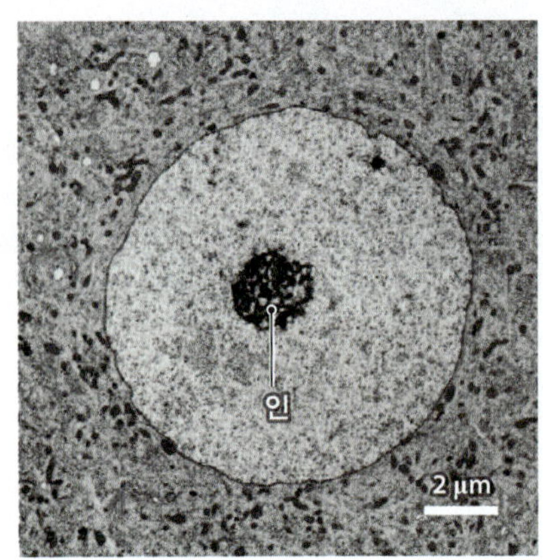

그림 10.1 **인.** 이 전자현미경 사진은 척수 신경절 신경세포의 핵을 보여주고 있다. 인은 핵을 전통적인 전자현미경으로 보아서도 유일하게 뚜렷이 잘 보이는 구조이다. (Martinelli et al., [2003] *Brain Res. Bull.* 15:147-151에서 발췌. Elsevier의 허락을 득함.)

과 같은)를 생각할 때, 유전체의 발현을 제어하는 DNA 결합 단백질이 유전체 어디에나 쉽게 접근할 수 있을 것으로 상상하고는 한다. 그러나 실제 상황은 이와 전혀 다르다. 진핵세포의 핵 DNA와 원핵세포의 핵양체에는 유전체 발현에 직접 관여하지 않는 여러 종류의 단백질이 결합되어 있기 때문에, RNA 중합효소나 그 밖의 다른 발현 단백질이 유전자에 결합하려면 먼저 DNA에서 이들 단백질을 제거해야 한다. 원핵세포에서는 이 과정이 어떻게 일어나는지에 대해서 거의 알려지지 않았다. 원핵생물 유전체의 물리적 구조에 대해 잘 알지 못하기 때문이다(8.1절). 그러나 진핵세포에서는 염색질의 형태로 DNA가 응축되는 과정(7.1절)이 유전체 발현에 영향을 준다는 것을 이해하기 시작했다. 이 분야는 분자생물학에서 매우 흥미로운 분야로 최근 히스톤과 다른 응축 단백질이 단지 DNA를 휘감고 있는 구조적인 역할만 하는 것이 아니라 개별 세포에서 유전체가 발현되는 과정에 더욱 적극적으로 관여한다는 사실이 알려졌다. 이 분야에서의 발견은 핵의 미세구조를 새로운 방법으로 들여다보기 시작하면서 가능해졌으며, 여기서는 이 이야기에서 시작하기로 한다.

핵은 조직화된 내부 구조를 가진다

핵의 내부 구조는 광학현미경이나 전자현미경을 이용하여 처음 관찰되기 시작했다. 전통적인 기술로는 핵의 내부가 뚜렷한 모습의 **인(nucleolus)**을 제외하고는 밝고 어두운 지역으로 구성된 대체로 뚜렷한 구조가 보이지 않았다. 인은 핵을 전자현미경을 통해 보면 까맣게 나타나는 부분으로 rRNA가 합성되고 다듬어지는 중심부이다(그림 10.1). 따라서 초기의 광학현미경 연구에 의하면 핵의 내부는 대체로 균질적인 형태로 뚜렷한 구조가 보이지 않아 어둠상자로 일컬어지곤 했다. 최근 이러한 해석은 폐기되고 핵은 복잡한 내부 구조를 지니고 있으며 이 구조가 핵이 수행하는 여러 생화학적 활동과 밀접하게 연관되어 있다는 사실이 알려졌다. 핵의 내부는 세포질과 마찬가지로 복잡하다. 다만 차이점은 핵의 내부는 세포질처럼 막 구조로 기능적인 분획이 이루어지지 않아 보통의 광학 또는 전자현미경 기술로는 이들 내부 구조를 관찰하지 못한다는 것이 다를 뿐이다.

여러 가지 핵단백질을 형광으로 표지하는 방법이 발달되면서 핵의 구조에 대한 새로운 그림이 나오기 시작했다. 이러한 과정은 **녹색형광단백질(green fluorescent protein, GFP)** 유전자를 연구 대상 단백질 유전자에 연결시킴으로써 가능하게 되었다. 이후 일반적인 클로닝 기술을 사용하여 변형된 유전자를 대상 생물의 유전체에 삽입시키면 재조합된 세포에서 녹색형광을 내는 단백질이 합성된다. 형광현미경을 사용하여 세포를 관찰하면 핵 안에 표지된 단백질이 어떻게 분포되어 있는지 볼 수 있다. 예를 들면, 인은 rRNA 다듬기에 관계되는 snoRNP(small nucleolar ribonucleoprotein)의 구성성분 중 하나인 피브릴라린(fibrillarin) 단백질을 GFP로 표지하면 볼 수 있다(그림 10.2A). mRNA 스플라이싱(12.4절) 과정이 더 넓게 퍼져 있고, 인의 경우 만큼 경계가 또렷하

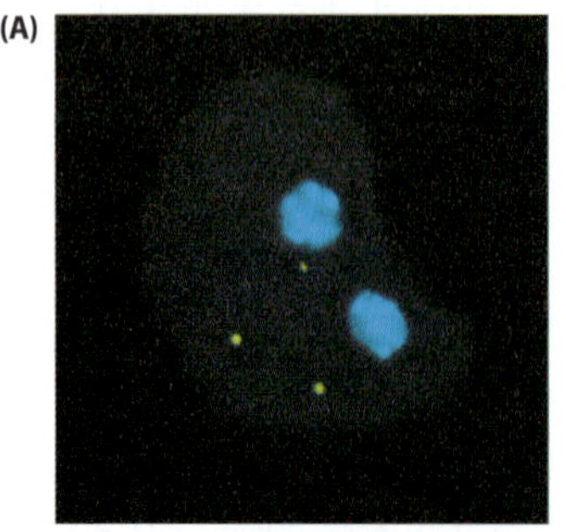

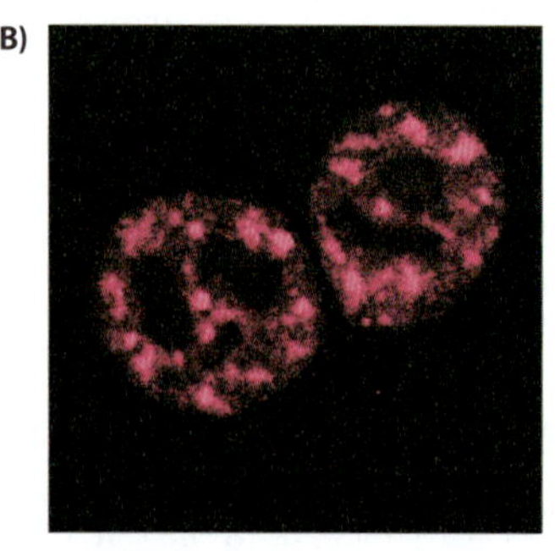

그림 10.2 **진핵세포 핵의 내부 구조.** GFP 표지된 단백질을 포함하는 살아있는 핵의 영상. (A)에서 인은 파란색으로, 카잘체(Cajal body)는 노란색으로 보인다. (B)에 보이는 보라색 영역은 반점(speckles)으로써 RNA 스플라이싱과 관련된 단백질의 위치를 나타낸다. (Misteli [2001] *Science*, 291:843-847에서 발췌. AAAS의 허락을 득함.)

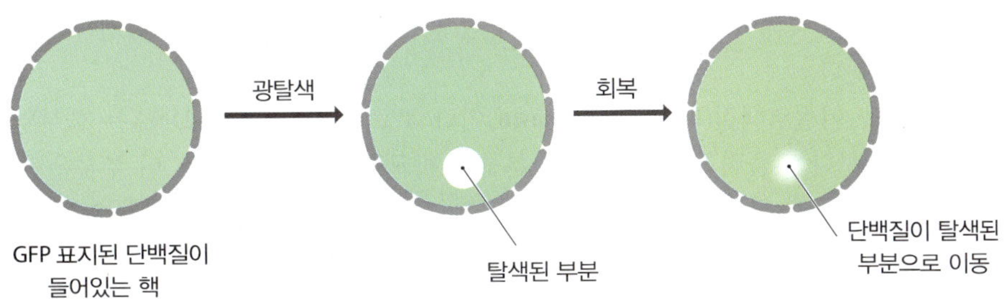

그림 10.3 광탈색 후 형광회복(FRAP). 형광 표지된 단백질이 들어있는 핵의 극히 일부분에 레이저를 조사하면 탈색된다. 레이저가 조사되지 않은 부분에 있던 핵의 단백질이 탈색된 부분으로 이동한 것을 관찰할 수 있다.

지는 않지만 **반점**(**speckles**: 그림 10.2B)이라 불리는 특정 부위에 국한되어 일어난다는 것도 보여주었다. snRNA와 snoRNA(12.1절) 합성에 관계하는 것으로 보이는 **카잘체**(**Cajal body**, 그림 10.2A) 등의 다른 구조도 형광표지법에 의해 발견되었다.

FRAP(**fluorescence recovery after photobleaching, 광탈색 후 형광 회복**)이라 불리는 또 다른 새로운 현미경 기법을 통해 핵 내부에서의 단백질 이동을 시각화할 수 있었다. 단백질의 움직임을 관찰하기 위해서는 핵의 극히 일부분에 집중적으로 짧은 시간 동안 고에너지 레이저를 조사한다. 이를 **광탈색**(**photobleach**)라 하는데, 레이저에 노출된 부위에서는 형광 신호가 비활성화되어 현미경 영상에서 탈색된 것처럼 보이기 때문이다. 탈색된 부분은 점점 형광 신호를 회복하게 되는데, 이는 탈색된 효과가 없어지기 때문이 아니라 탈색된 부분으로 핵의 다른 부분에 있던 형광단백질이 이동해 오기 때문이다(그림 10.3). 그러므로 탈색된 부분에서 형광 신호가 빨리 회복되는 것은 표지된 단백질이 매우 빠르게 이동하는 것인 반면, 천천히 회복되는 경우는 이 단백질이 비교적 움직임이 없거나 느리기 때문이다. 이와 같은 연구를 통해 핵 내부에 존재하는 분자가 자유롭게 이동하지 못한다는 과거의 생각이 잘못되었다는 것을 알게 되었다. 핵 단백질은 아무런 방해를 받지 않는 것처럼 빠르게 이동하지는 못한다. 핵 안에 존재하는 엄청난 핵산의 양을 생각하면 이는 너무나 당연한 결과이다. 그러나 여전히 단백질은 핵의 지름을 몇 분 안에 통과할 수 있을 정도로 비교적 자유롭게 이동할 수 있다. 따라서 유전체 발현에 관련되는 단백질은 세포의 요구기 변함에 따라 활성이 나타나는 자리 한 곳에서 다른 곳으로 자유롭게 이동할 수 있다. 특히 연결 히스톤(7.1절)은 계속 유전체에서 결합 자리에 붙었다 떨어졌다를 반복한다. 이 같은 발견은 염색질을 이루는 DNA-단백질 복합체가 역동적인 구조를 형성한다는 사실을 강조해 주는 것이며, 이러한 관찰 결과는 유전체 발현 과정에 있어서 중요한 의미를 지닌다. 이 과정에 대해서는 이 장의 후반부에서 다룰 것이다.

분열 중이 아닌 핵에서의 DNA는 응축 정도가 다양하다

7.1절에서 염색질은 유전체 DNA와 진핵세포의 핵 내에 존재하는 염색체 결합 단백질의 복합체라는 사실을 살펴보았다. 염색체 구조는 단계적으로 형성된다. 뉴클레오솜과 30 nm 염색질 섬유(그림 7.2 및 7.3 참조) 구조가 가장 낮은 수준에서 DNA가 응축된 두 단계에 해당한다. 진핵세포에서 가장 고도로 응축된 염색질의 형태는 핵분열 과정에서만 나타나는 중기 염색체다. 분열이 끝난 다음 염색체는 다시 풀려서 **염색체 페인팅 기법** 등의 특수한 기법을 사용하지 않는 한 개별적인 구조를 구별할 수 없는 형태가 된다. 분열하지 않는 핵을 광학현미경으로 관찰하면 핵 안에 밝게 염색되는 부분과 짙게 염색되는 부분이 섞여 있는 것을 볼 수 있다(그림 10.4). 밝은 부분을 **진정염색질**(**euchromatin**)이라 부르며, DNA가 비교적 풀린 형태로 존재하여 30 nm 염색질 섬유 구조 또는 단순히 구슬목걸이(bead-on-a-string) 모양인 뉴클레오솜 구조(그림 7.2 참조)이다. 진정염색질에는 RNA로 전사가 일어나는 활성 유전자를 포함하는 염색체 DNA

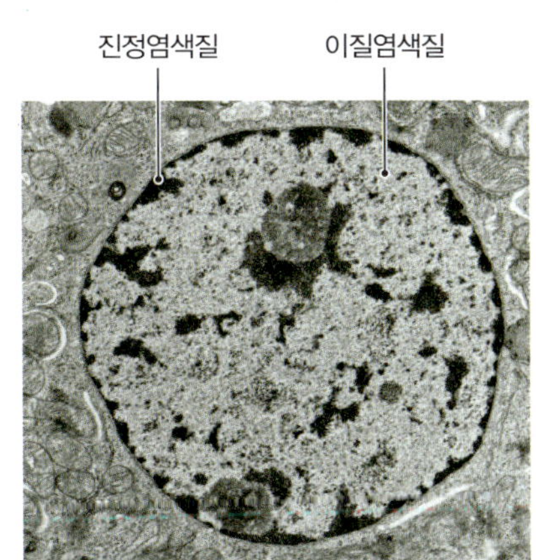

그림 10.4 진정염색질과 이질염색질. 기니피그의 형질세포(plasma cell)의 전자현미경. 핵에서 밝은 부분이 진정염색질이며, 어두운 부분이 이질염색질이다. (Don Fawcett, Science Photo Library 제공.)

로 구성된다. 덜 응축되어야 RNA 중합효소와 전사 관련 다른 단백질이 이 유전자에 접근할 수 있게 된다.

짙은 부분을 **이질염색질(heterochromatin)**이라 부르며, 이 부분의 DNA는 핵분열 중기의 염색체보다는 풀려 있지만 다른 부분보다 비교적 응축되어 있다. 이 부분은 전사 측면에서 봤을 때 불모지이며, 활성 유전자가 거의 없다. 이질염색질에는 2종류가 있다.

- **항시적 이질염색질(constitutive heterochromatin)**은 모든 세포에서 늘 이질염색질의 특징을 나타내며, 유전자를 포함하지 않고 항상 응축된 구조를 유지하고 있는 DNA를 말한다. 동원체 및 텔로미어 DNA를 비롯한 염색체의 일부 다른 부분도 여기에 속한다. 예를 들어, 대부분의 사람 Y 염색체는 항시적 이질염색질로 이루어져 있다(그림 7.6 참조).
- **조건부 이질염색질(facultative heterochromatin)**은 언제나 이질염색질의 형태로 존재하지 않고 세포의 일부에서 특정한 시기에만 나타난다. 조건부 이질염색질은 특정한 세포에서 세포주기의 특정 시기에는 비활성화되는 유전자를 포함하는 것으로 생각된다. 이들 유전자가 비활성화되면, 이를 포함하는 DNA는 이질염색질 형태로 응축된다.

핵기질은 염색체 DNA에게 부착점을 제공한다

진정염색질 내부에 존재하는 DNA의 정확한 구조는 아직 알려지지 않았지만 전자현미경으로 진정염색질 내부에 길이가 40~200 kb 가량의 DNA 고리를 여러 개 관찰할 수 있다. 이들 고리의 경계 부분은 **핵기질(nuclear matrix)**이라 부르는 섬유상 네트워크에 붙어있다. 이 구조는 세포질 전반에 뻗어 있는 세포골격과 같은 격이다. 그러나 이 분야는 세포학에서 논란이 많은 부분이다. 핵막의 안쪽에 가는 네트워크 구조의 필라멘트가 핵막에 묻혀 있는 단백질에 부착되어 **핵라미나(nuclear lamina)**를 형성한다고 알려져 있다. 문제는 과연 이 네트워크가 핵의 내부까지 뻗쳐 있어 전체 핵질에 깔려 있는 핵기질을 형성하느냐이다.

핵기질의 존재는 특수하게 준비된 포유류 세포를 관찰하면서 알려졌다. 막을 트윈(Tween)과 같은 부드러운 비이온성 계면활성제에 담갔다가 DNA 가수분해효소를 처리하여 핵 DNA를 분해한다. 그런 다음 화학적으로 염기성인 히스톤 단백질을 염으로 추출하면, 단백질과 RNA 섬유로 구성된 복잡한 네트워크의 형태로 이루어진 핵의 기반 구조가 나타난다(그림 10.5). 이 기질을 형성하는 구조 단백질은 매트린(matrins)과 라민(lamins)인데, 이들은 DNA 중합효소와 DNA 위상 이성질화효소 같은 유전체 복제와 관련된 효소 및 다른 단백질과 같이 있다. 이 실험 결과는 핵기질의 존재에 대한 확실한 증거처럼 보이는데, 혹시 전자현미경에서 보이는 이 구조가 시료를 준비하는 과정에서 만들어진 인공물이지 않을까? 이러한 의문은 온전한 핵을 **면역형광현미경(immunofluorescence microscopy)**으로 관찰하면서 처음 제기되었다. 이 방법은 앞에서 다룬 GFP 방법과 유사하게 세포 내의 특정 단백질의 위치를 파악하기 위해 형광표지를 사용한다. 차이점은 관심 대상이 되는 단백질과 GFP가 융합되도록 세포를 조작하는 대신에 관심 단백질에 고유하게 결합하는 형광표지한 항체를 조직에 처리하여 관찰을 한다는 것이다. 이 기법을 사용하면 핵기질의 단백질에 고유한 항체가 쓰이므로, 핵기질이 형광 네트워크로 보이리라 기대

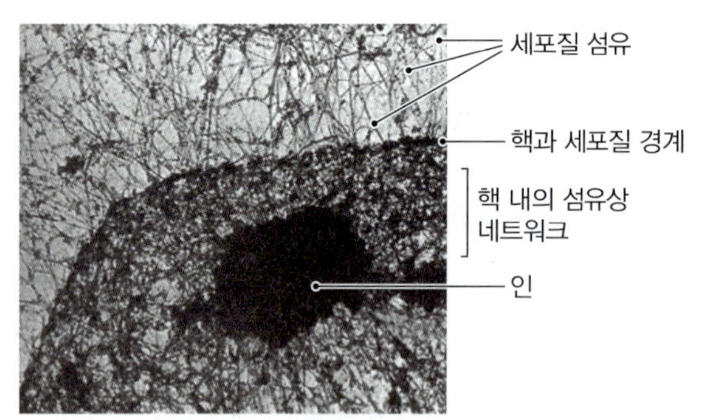

그림 10.5 핵기질 존재에 대한 증거. 배양된 인간 HeLa 세포주의 핵기질을 보여주는 투과전자현미경 사진(TEM). 세포에 비이온성(nonionic) 계면활성제를 처리하여 막을 제거하고 DNA 가수분해효소로 대부분의 DNA를 분해한 다음 황산암모니아로 히스톤과 기타 염색질 연관 단백질을 제거하였다. (Fulton et al [1982] *Symp. Quant. Biol.* 46:1013-1028에서 발췌. Cold Spring Harbor Laboratory Press의 허락을 득함.)

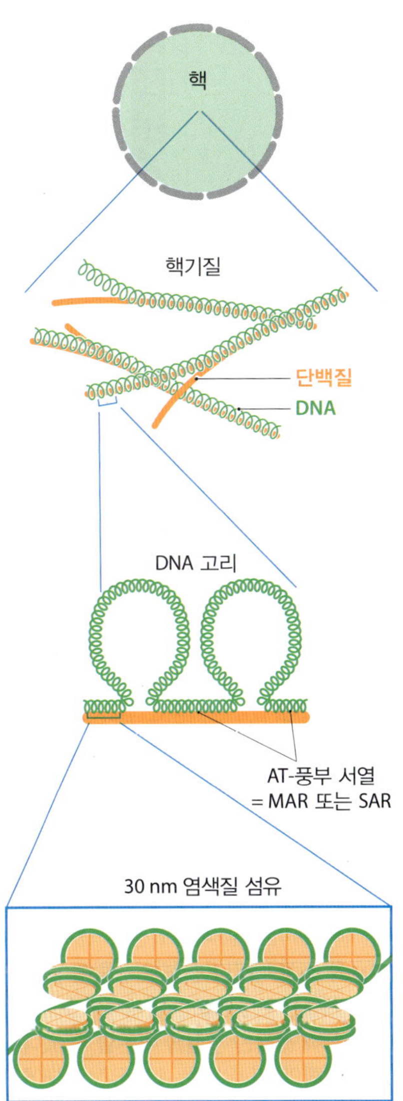

그림 10.6 핵 DNA 구조를 설명하는 모식도. 진정염색질 DNA의 고리 구조는 길이가 4~200 kb이며, 주로 30 nm 염색질 섬유 형태로써 뼈대/기질 부착 부위(S/MAR)라 불리는 AT-풍부 서열이 핵기질에 부착되는 것으로 보인다.

할 수 있다. 그러나 그렇게 보이지 않고, 기질 단백질이 섬유상이 아닌 또렷한 점 모양을 만드는 것으로 보인다. 핵기질의 특성이나 중요성에 대한 의구심은 몇 가지의 암세포주를 포함하여 여러 종류의 세포에서 핵기질을 관찰할 수 없어서 제기되기도 하였다.

아마도 대부분 세포의 핵 속에 섬유상 기질이 있다는 가장 설득력 있는 증거는 기질 단백질에 붙는 염색체 DNA 염기 서열이 있다는 것이다. 이 염기 서열 절편은 과거에는 여러 가지 이름으로 불렸지만, 지금은 보통 **뼈대/기질 부착 부위(scaffold/matrix attachment regions, S/MAR)**라고 불린다. 각 S/MAR은 길이가 100~1000 bp 정도이며, 특정한 염기 서열은 아니지만 AT가 풍부한 염기 서열로써, 유전체에서 어렵지 않게 볼 수 있다. 초파리에는 7,350개 이상, 애기장대 4번 염색체에는 1,358개, 사람의 경우에는 아마 8만~9만 개가 있는 것으로 보인다. 이들은 복제 기원과 특히 발현 속도가 빠른 유전자의 전사 개시 부분이나 그 가까이에 위치한다.

전자현미경에서 보이는 한 쌍의 S/MAR이 각 진정염색질 분의 경계가 된다고 생각한다(그림 10.6). 많은 S/MAR는 모든 세포에서 이용되고, 핵의 기본적인 구조를 이루는 데 기여하고, 다른 S/MAR들은 특정 세포에서만 쓰이고, 호르몬, 성장인자와 같은 외부 신호에 반응하여 부착점이 만들어지거나 해제하는 데에 참여하는 것으로 생각된다. 이는 S/MAR에 의해서 만들어지는 부착이 염색체 고리에 들어있는 유전자들의 발현을 결정하고 조절할 것이라는 의미이다. 이 과정은 고리에 들어 있는 유전자를 활성시킬 때는 옆 고리와 합치고, 유전자들을 발현 억제시킬 때에는 활성이 있던 고리를 작은 크기로 응축시키는 방법으로 만들어지는 것 같다.

각 염색체는 핵 안에서 각자의 고유 영역이 있다.

얼마 전까지 염색체는 진핵세포 핵 안에서 무작위로 분포한다고 생각했었다. 그러나 실제로는 각 염색체는 자기 자신의 공간, 즉 **고유영역(territory)**을 차지한다. 이러한 사실은 염색체 페인팅(chromosome painting)이라 불리는 기법에 의해 관찰되있다. 염색체 페인팅은 제자리 형광 혼성화(FISH, fluorescent in situ hybridization; 3.5절)의 일종으로, 한 염색체 내에 몇 지역에 해당하는 고유한 DNA에 모두 동일한 형광표지를 하고, 이 혼합물을 혼성화 탐침으로 사용한다. 따라서 이를 휴지기의 핵에 처리하면, 각 염색체는 서로 다른 색깔로 보이게 되고, 이러한 염색체 페인팅은 각 염색체의 고유영역을 보여주게 된다(그림 10.7). 이와 같은 고유영역은 핵 안의 대부분의 공간을 차

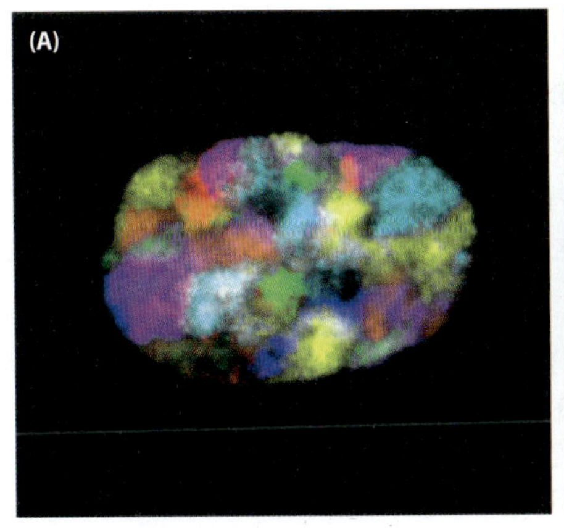

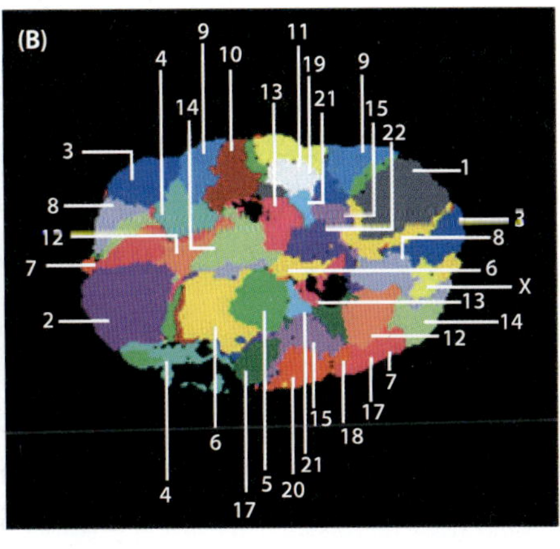

그림 10.7 염색체 고유영역. (A) 여러 가지 형광 표지된 탐침들을 가지고 혼성화시켜서 보게 된 간기 핵에 있는 사람의 염색체. 검은색 부분은 인. (B) 각 염색체의 정체를 확인할 수 있는 (A) 그림에 대한 해석. (Fulton et alSpeicher & Carter [2005] *Nat. Rev. Genet.* 6:782-792에서 발췌. Macmillan Publishing Ltd의 허락을 득함.)

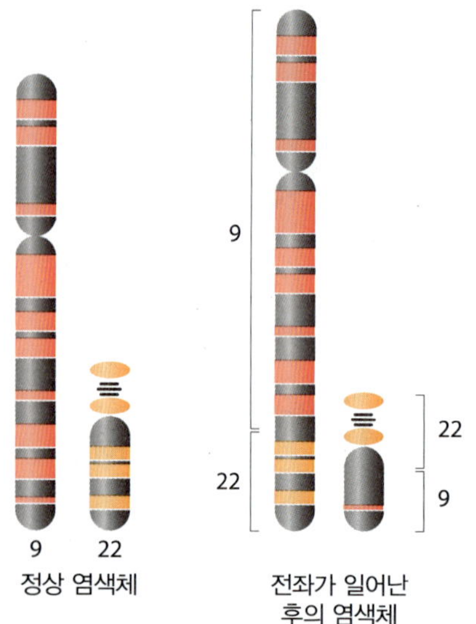

그림 10.8 인간의 9번 염색체와 22번 염색체 사이의 전좌. 정상적인 인간의 9번 염색체와 22번 염색체는 왼쪽에, 전좌가 일어난 후의 염색체 상태는 오른쪽에 나타나 있다. 전좌가 일어난 후 생성되는 2개의 염색체 가운데 더 작은 것을 필라델피아 염색체라 부른다. 9번과 22번 염색체는 주로 이 그림에 표시된 위치에서 절단된다. 때로 염색체 절단이 정상적으로 수선되기도 하지만 가끔 수선이 잘못되어 잡종 염색체가 형성되기도 한다. 필라델피아 염색체가 생성되는 빈도가 비교적 높게 나타나는 현상을 통해 인간 세포의 핵에서 9번과 22번 염색체의 고유영역이 인접해 있다는 사실을 추론할 수 있다. 9번 염색체의 절단위치는 *ABL* 유전자 내에 위치하고 이 유전자의 산물은 세포 신호전달에 관여한다(14.1절). 전좌가 일어나면 이 유전자의 시작점에 새로운 단백질 암호화 서열이 부착되고, 그 결과 형성된 비정상 단백질이 세포를 형질전환시켜 만성 골수 백혈병을 일으킨다.

지하지만, 유전체중 발현에 참여하는 효소나 다른 단백질이 존재하는 **비염색질 부위(nonchromatin region)**는 이들 사이사이에 위치한다.

염색체 고유영역은 하나의 특정한 핵 안에서는 대체로 고정된 것으로 보인다. 이러한 사실은 동원체(7.1절)의 구성성분인 CENP-B 단백질을 녹색형광단백질로 표지하여 오랜 시간 동안 관찰함으로써 확인할 수 있었다. 각각의 동원체는 세포주기가 진행되는 동안 대체로 움직임이 없다가 가끔씩 비교적 느린 움직임을 잠시 보인다. 세포주기 전체에 걸쳐 상당히 정적인 상태로 존재하긴 하지만 세포가 분열된 다음 고유영역의 상대적 위치가 유지되는 것은 아니어서 딸세포의 핵에서는 서로 다른 분포 양상을 보인다. 그러나 고유영역의 위치는 어느 정도 제한된 범위 안에서 결정되는 것으로 생각된다. 한 염색체의 일부가 다른 염색체에 부착되는 현상인 염색체 **전좌(translocation)**는 특정한 두 종류의 염색체 사이에서 더 빈번하게 나타나기도 한다. 예를 들어, 사람의 9번 염색체와 22번 염색체 사이에서 전좌가 일어나면 **필라델피아 염색체(Philadelphia chromosome)**라 불리는 비정상적인 염색체가 생성되는데, 이는 만성 골수 백혈병의 일반적인 원인이다(그림 10.8). 똑같은 위치에서의 전좌 현상이 계속 반복적으로 발생하는 것은 이 두 염색체의 고유영역이 핵 안에서 자주 근접한다는 사실을 시사한다. 적어도 일부 생물에서는 특정한 염색체가 선택적으로 핵의 주변부에 위치한다는 증거도 발견되었다. 이 지역에 위치하는 유전체는 거의 발현되지 않으며 이들 염색체는 활성이 높은 유전자를 거의 포함하지 않는다. 이와 같은 사례는 닭 유전체의 거대염색체에서 볼 수 있다(7.1절).

개별 염색체 고유영역 내에서 활성화된 유전자가 어디에 위치하는지는 아직 잘 알지 못한다. 한 때 활성화된 유전자들은 비염색질 부위에 가까운 고유영역의 표면, 즉 유전자 전사에 관계되는 효소와 단백질이 쉽게 접근할 수 있는 지역에 위치할 것으로 추정되었다. 이러한 견해에 대하여 최근 의문이 제기되고 있는데, RNA 전사물이 고유영역 내부와 표면 전체에 골고루 분포되어 있다는 실험 결과가 한 가지 근거로 제시되고 있다. 더 한층 정교한 현미경으로 분석 결과는 염색체 고유영역 내부로도 채널이 통과하여 비염색질 부위의 다른 부분이 서로 연결되어 있다는 사실이 관찰되었다. 이로써 전사 기구가 이들 고유영역의 내부로 투과할 수 있는 수단이 존재한다는 것을 알 수 있다(그림 10.9).

각 염색체는 위상학적 공동체 도메인들의 연속적 연결 구조이다

핵 내부 구조를 연구하는 가장 강력한 기법들에서는 핵에 포름알데히드를 처리한다. 이 처리에 의해 서로 가까이 존재하는 염색체 가닥의 DNA와 단백질들 사이에 교차결합에 의한 공유결합이 만들어진다. 결과적으로 공간적으로 가까이 존재하는 염색체 가닥들이 포름알데히드를 매개로 연결된다(그림 10.10). 이렇게 만들어진 네트워크 구조의 시료에 제한효소를 처리하여, 각각의 연결된 도메인 단위로 떨어지도록 절단한다. 여기에 DNA 연결효소를 처리하여 도메인 내의 DNA 조각의 끝 부분을 공유결합으로 연결시키고, 70°C로 가열하여 포름알데히드에 의한 교차결합을 와해시킨다. 이와 같은 조작에 의해 핵에서 가까이 존재하던 2개의 염색체 DNA 조각이 하나의 환에 들어있게 되는 최종산물을 얻게 된다. 이를 **염색체 구조 포획법(chromosome conformation capture)**

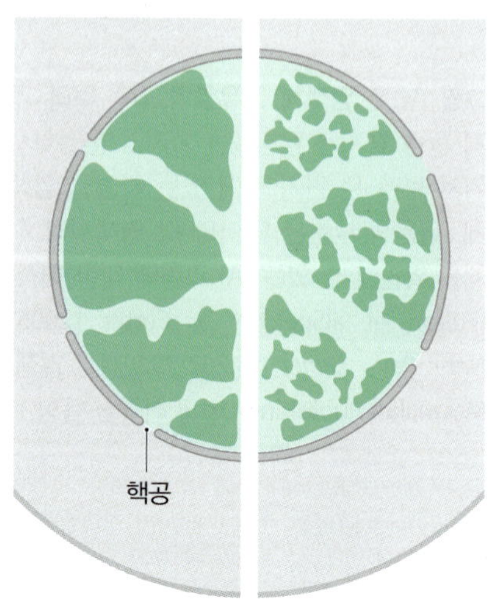

그림 10.9 염색체 고유영역을 설명하는 두 가지 모델에서의 채널. 왼쪽에 나타낸 모델은 각각의 고유영역이 한 덩어리를 이룬다는 원래의 모델을 보여주는 것으로 활성화된 유전자는 고유영역의 표면에 위치한다는 가정을 한다. 오른쪽 모델은 새로운 모델로 고유영역의 내부로 채널이 통과하고 있음을 보여주고 있다.

그림 10.10 **염색체 구조 포획법(3C).** 간략하게 제시된 C3 기법. 포름알데히드를 처리하여 교차결합을 시킨 다음에, 시료에 제한효소를 처리하여 염색질 가닥 DNA를 절단한다. 여기에 DNA 연결효소를 처리하여 도메인 내의 DNA 조각의 끝 부분을 공유결합으로 연결시키고, 70°C로 가열하여 포름알데히드에 의한 교차결합을 와해시킨다. 이와 같은 조작에 의해 핵에서 가까이 존재하던 2개의 염색체 DNA 조각이 하나의 환에 들어있게 되는 최종산물을 얻게 된다. 얻어진 환형의 혼합물 중에 두 가지 DNA 조각이 예상되는 경우에는, 각 조각에 해당하는 프라이머를 이용하여 PCR 방법으로 그 존재를 확인할 수 있다. 또는 예상되는 경우가 아닐 때에는 환 혼합물의 DNA 염기 서열을 파악하여, 염색질에서의 근접 상호작용을 알아 낼 수 있다.

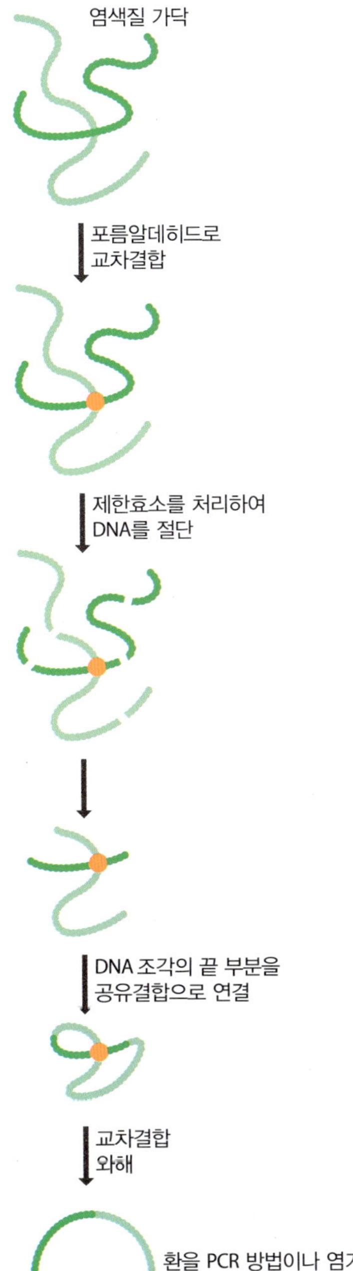

이라고 하며, **3C**로 줄여 부른다. 원래의 3C에서는 예측되는 상호작용이 실제로 일어나는지를 판단하기 위해서 개발되었다. 따라서 얻어진 환형의 혼합물 중에 과연 예상되는 두 가지 DNA 조각이 하나의 환에 들어 있는지를 검출하기 위해 PCR 방법을 고안해서 사용하였다. 지금은 더 고급에 해당하는 기술인 차세대 방법을 적용하여 환 혼합물의 DNA 염기 서열을 모두 파악하여, 핵 속의 모든 근접 상호작용을 알아 낼 수 있다.

염색질을 교차 결합시키는 초기의 3C 실험에서 대부분의 상호작용은 서로 다른 염색체 간에는 많지 않고, 주로 같은 염색체 내에서 흔하다는 것을 보여주었다. 이는 염색체들이 서로 뒤엉켜 있기 보다는 각자의 고유영역에 각 염색체가 위치한다는 가설에 잘 부합되었다. 보다 상세한 3C 실험에서 하나의 염색체는 **위상학적 공동체 도메인(topologically associated domains; TAD)**이 연속적으로 연결되는 구조라는 것을 보여주었다. 각 위상학적 공동체 도메인은 해당 염색질 부분이 코일과 고리 구조로 접힌 모양을 가진다. 이러한 구조에서는 도메인 간의 상호작용보다는 도메인 내에서 상호작용이 주로 일어나게 된다(그림 10.11).

초파리 유전체에는 크기가 10~1000 kb 범위이며, 평균이 100 kb 정도인 위상학적 공동체 도메인이 1,000개 정도가 있다. 사람과 쥐에는 2,000~3,000개의 위상학적 공동체 도메인이 있으나 평균 크기는 1 Mb 정도로 훨씬 크다. 모든 후생동물(metazoan) 유진체에서도 위상학적 공동체 도메인이 존재한다고 알려져 있으나, 식물의 경우에는 아직 확인되지 않았다. 한 염색체에서의 위상학적 공동체 도메인의 분포는 그 세포의 일생 동안 변하지 않으며, 같은 종의 모든 세포에서 동일하다. 서로 다른 영장류 경우처럼 연관 종의 유전체 내에서 도메인 구조가 잘 보존되어 있다는 증거도 있다. 이는 연관 종 사이의 신테니(synteny)를 반영하는 것이며, 위상학적 공동체 도메인을 **기능적 도메인(functional domains)**으로 볼 수 있다는 것을 의미한다. 즉, 각 위상학적 공동체 도메인에는 일련의 유전자가 동일한 발현 양상을 가지며, 이것 역시 위상학적 공동체 도메인에 있는 조절 염기 서열의 정체성에 의해 결정이 된다. 여기에 포함된 유전자들에 활성이 있을 때에는 위상학적 공동체 도메인이 열린 구조가 되어 전사에 관계되는 단백질

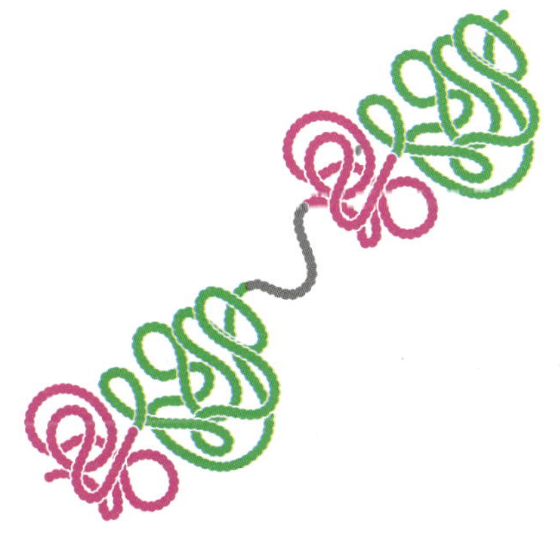

그림 10.11 **위상학적 공동체 도메인(TAD).** 4 도메인은 각기 염색질의 연속 부분의 일부이다. 여기에서 두 번째와 세 번째 도메인은 비정형(unstructured) 염색질 부분으로 연결되어 있다.

접근이 쉬워진다. 유전자의 발현이 억제될 때는 보다 응축된 구조가 되어 위상학적 공동체 도메인이 억제 상태가 된다.

위상학적 공동체 도메인의 구조와 이의 변화에 의해 포함된 유전자에서 발현 시작 또는 중지가 된다는 위의 논의는 핵기질에 붙어 있는 염색질 고리의 경우에서도 유사하게 설명되었다. 다만 이 고리 구조는 초파리의 경우에는 평균이 단지 16 kb 정도로 위상학적 공동체 도메인에 비해 적은 크기이며, 위상학적 공동체 도메인의 경우와는 다른 독특한 AT-풍부 뼈대/기질부착 부위(S/MAR)를 경계 부분에 가진다. 현재로는 염색질 고리가 각 위상학적 공동체 도메인 내의 하부 구조 일부에 해당되는 것처럼 보이지만, 정확한 관계를 알기 위해서는 추가적인 연구가 필요하다.

위상학적 공동체 도메인의 경계에는 격리서열이 존재한다

위상학적 공동체 도메인의 경계에는 1~2 kb 길이의 **격리서열(insulator)**이 존재한다. 격리서열은 초파리에서 처음 발견되었으며, 이후 여러 진핵생물에서도 그 존재가 확인되었다. 예를 들면, 초파리의 유전체에 scs 및 scs′(specialized chromatin structure)라 불리는 한 쌍의 격리서열이 2개의 *hsp70* 유전자 양 바깥쪽에 위치한다(그림 10.12).

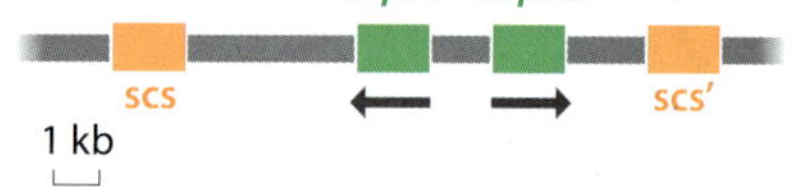

그림 10.12 초파리 유전체에 존재하는 격리서열. 이 그림은 초파리 유전체에서 2개의 *hsp70* 유전자를 포함하는 영역을 나타내고 있다. 격리서열 scs와 scs′은 이들 유전자 쌍의 양쪽에 존재한다. 두 유전자 아래의 화살표는 이들 유전자가 다른 가닥을 주형으로 삼고 있어 서로 반대 방향으로 전사된다는 사실을 보여준다.

격리서열은 또한 인접한 도메인 사이의 의사소통(cross-talk)을 방지하여 각 위상학적 공동체 도메인의 독립성을 유지한다. 만일 scs 또는 scs′를 원래 있던 자리에서 잘라내어 특정 유전자와 그 유전자의 발현을 조절하는 상단부 조절서열 사이에 삽입시키면 그 유전자는 정상적으로 조절되지 않는다(그림 10.13A). 이러한 사실로 격리서열은 도메인 내부에 존재하는 유전자가 인접한 도메인에 존재하는 조절서열의 영향을 받지 못하도록 억제하는 기능을 지닌다는 것을 알 수 있다(그림 10.13B). 이 능력은 격리서열이 진핵생물을 사용하여 유전자 클로닝 실험을 할 때 나타나는 **위치 효과(positional effect)**를 극복하는 데에도 이용된다. 위치 효과란 진핵생물 염색체에 새로운 유전자가 삽입되었을 때 삽입된 위치에 따라 유전자 발현이 달라지는 현상을 말한다. 이는 삽입 과정이 무작위로 일어나기 때문이라 생각된다. 이를 테면, 고도로 응축된 염색질 부위

(A) 격리서열은 유전자 발현을 조절하는 조절신호를 억제한다.

(B) 격리서열은 기능적 영역 사이의 의사소통을 억제한다.

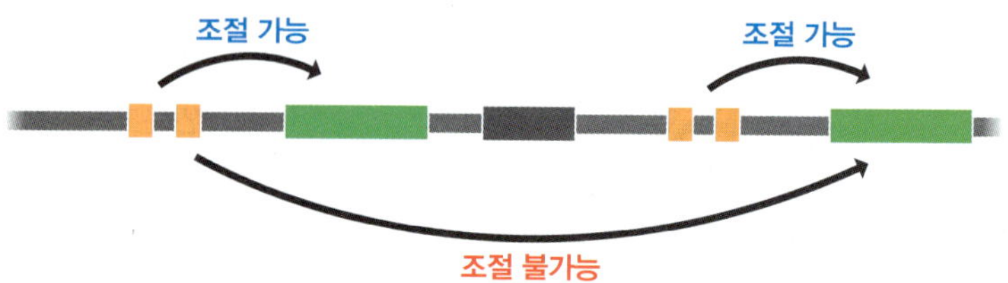

그림 10.13 격리서열은 기능적 도메인의 독립성을 유지시킨다. (A) 유전자와 상부 조절모듈 사이에 격리서열이 위치하면 조절신호가 유전자에 전달되는 것을 억제한다. (B) 격리서열은 정상적인 위치에서 기능적 도메인 사이의 의사소통을 억제하여 한 유전자의 조절 모듈이 다른 도메인에 위치한 유전자의 발현에 영향을 미치지 못하게 한다.

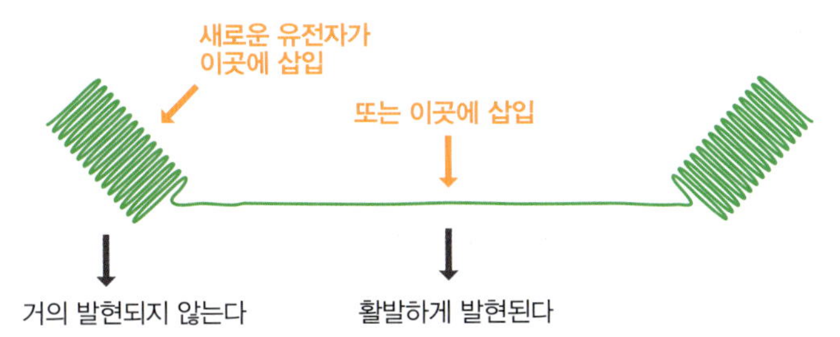

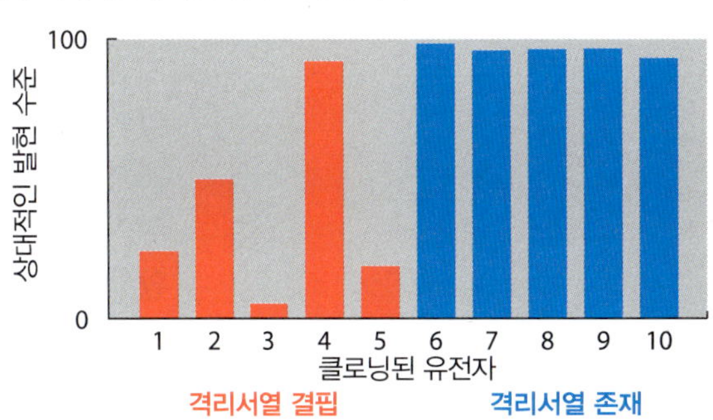

에 유전자가 삽입되면 유전자가 비활성화되는 반면, 풀려 있는 염색질 부위로 삽입되면 왕성하게 발현되는 식이다(그림 10.14A). 격리서열 scs와 scs′ 위치 효과를 극복하게 하는 작용은 초파리 눈의 색을 결정하는 유전자 양쪽에 이들 서열을 클로닝한 실험을 통해 알 수 있었다. 초파리 유전체에 이 유전자를 다시 삽입시켰을 때, 격리서열이 양쪽이 있으면 이 유전자는 항상 왕성하게 발현되었다. 이는 격리서열 없이 이 유전자를 클로닝한 다음 초파리 염색체에 삽입시켰을 때 눈의 색이 다양하게 나타나는 현상과 대조된다(그림 10.14B). 이 실험은 물론 이와 연관된 실험을 통해서, 격리서열은 염색질 응축과정을 변형시킬 수 있으므로 유전체의 새로운 위치에 삽입되었을 때 위상학적 공동체 도메인을 이룬다는 것을 추론할 수 있다.

그림 10.14 위치 효과. (A) 클로닝된 유전자가 고도로 응축된 염색질에 삽입되면 비활성화되지만, 열려 있는 염색질에 삽입되면 활발하게 발현된다. (B) 클로닝 과정에서 격리서열이 포함되지 않은 경우(빨간색)와 격리서열이 포함된 경우(파란색). 격리서열이 없으면 클로닝된 유전자의 발현율은 염색질의 어느 위치에 삽입되었는가에 따라 다르다. 격리서열이 양쪽이 존재하는 경우 일정하게 높은 발현 수준을 보이는데, 이는 격리서열이 삽입 위치에서 위상학적 공동체 도메인(TAD)을 구축하였기 때문이다.

격리서열이 어떻게 작용하는지는 아직 알려지지 않았지만, 격리서열의 기능을 나타내는 것은 격리서열 자체가 아니라 여기에 결합하는 DNA 결합 단백질인 것으로 생각된다. 초파리에서는 Su(Hw), 포유동물에서는 CTCF와 같은 DNA 결합 단백질이 격리서열에 특이적으로 결합한다. 실험에 의하면, Su(Hw) 단백질이 격리서열에 붙으면 CP190과 Mod(mdg4) 단백질과 복합체를 형성하며, 이때의 Mod(mdg4)는 두 격리서열을 붙들어 주는 분자 접착체로 작용한다고 알려져 있다. 그 결과 격리서열 사이의 DNA 부분이 환형으로 빠져 나와 위상학적 공동체 도메인을 형성한다(그림 10.15). 포유동물에서는 CTCF가 코헤신(cohesin)과 콘덴신(condensin)이라 불리는 고리모양 단백질과 상호작용하여 동일한 결과를 만들어낸다. 그러나 위상학적 공동체 도메인에 대해 우리가 아는 것은 아직 제한적이며, Su(Hw), CTCF, 그와 다른 격리서열 결합 단백질에 대해서도 모르는 것이 많다. 포유동물의 유전체에는 1만 개 이상의 CTCF 결합자리가 있는데, 이중 상당 경우는 격리서열 활성자리가 아닌 위치에 있다. 따라서 격리서열 결합 단백질은 유전체 구조 형성에 또 다른 역할이 있어야만 하고, 이 단백질의 격리서열과의 연합은 격리 효과만을 위한 고유 작용이라기보다, 일반적인 작용의 한 부분일 것일 것이다.

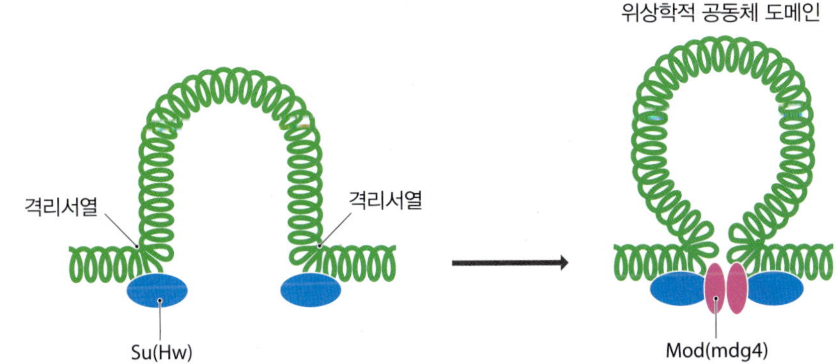

그림 10.15 위상학적 공동체 도메인 형성에서의 Su(Hw)와 Mod(mdg4)의 역할. Su(Hw) 단백질이 위상학적 공동체 도메인이 되는 염색질 부분의 양 끝에 있는 격리서열에 붙는다. Mod(mdg4) 단백질은 Su(Hw)에 붙어서 두 격리서열을 붙들게 되고, 염색질 고리 구조를 만들어 위상학적 공동체 도메인을 형성한다.

10.2 뉴클레오솜 변형과 유전체 발현

지금까지(10.1절) 염색질 구조가 유전체 발현에 영향을 미칠 수 있다는 사실을 살펴보았다: 염색체 일부분의 염색질 응축 정도에 따라 이 부분에 있는 유전자에 RNA 중합효소와 다른 전사 단백질이 접근할 수 있는지 결정된다. 그러나 지금까지는 단순히 염색질의 구조에 대해 살펴봤을 뿐, 그런 구조가 어떻게 유도되었는지에 대해서는 질문하지 않았다. 이것이 우리가 이제 살펴볼 다음 주제이다.

히스톤의 아세틸화가 유전체 발현 등의 여러 가지 핵 활동에 영향을 미친다

뉴클레오솜은 진핵생물에서 유전체의 활성을 결정하는 주된 요인으로 생각된다. DNA 상에서 어떻게 배열되는가에 의해서 만이 아니라 뉴클레오솜에 포함된 히스톤 단백질의 정확한 화학적 구조가 염색질 일부 조각이 나타내는 응축 정도를 결정하기도 한다. 히스톤에는 여러 종류의 변형이 가해질 수 있다. 가장 잘 알려진 것이 **히스톤 아세틸화(histone acetylation)**이며, 각각의 히스톤 핵심 분자의 N-말단 부위의 라이신 아미노산에 아세틸기가 부착되는 것을 말한다(그림 10.16). 이들 N-말단은 뉴클레오솜 핵심 8량체(그림 7.4 참조)에서 밖으로 튀어나와 있다. 이 부분에 아세틸기가 부착되면 히스톤이 DNA에 결합하는 결합력이 감소되고 또한 뉴클레오솜 사이의 상호작용이 약해져서 30 nm 염색질 섬유가 잘 형성되지 않는 것으로 보인다. 이질염색질에서의 히스톤은 대체로 아세틸화되어 있지 않은 반면, 기능적 도메인에 존재하는 히스톤은 아세틸화되어 있다. 이로써 히스톤 아세틸화가 DNA 응축 과정과 연관되어 있다는 것을 분명하게 알 수 있다.

히스톤 아세틸화가 유전체 발현에 영향을 준다는 사실은 여러 해 동안의 시도 끝에 1996년 최초의 **히스톤 아세틸기전달효소(histone acetyl transferase, HAT)**가 발견됨으로써 확인되었다. 이 효소는 히스톤에 아세틸기를 부착한다. 이전에 유전체 발현을 조절하는 것으로 알려졌던 일부 단백질이 HAT 활성을 지닌다는 사실도 밝혀졌다. 예를 들어, 초기에 발견된 HAT 효소의 하나인 *Tetrahymena* 단백질 p55는 효모 단백질 GCN5의 상동단백질이다. GCN5는 전사개시 복합체(12.2절) 형성 과정을 활성화시킨다. 이와 유사하게 여러 종류의 유전자를 활성화시키는 포유류 단백질인 p300/CBP 역시 HAT에 속한다. 이러한 발견은 세포의 종류가 다르면 히스톤 아세틸화 양상이 달라진다는 발견과 함께 히스톤 아세틸화가 유전체 발현을 조절하는 데 깊게 관여한다는 주장의 바탕이 된다.

HAT 단백질 각각은 시험관에서 히스톤에 아세틸기를 부착할 수 있지만 뉴클레오솜

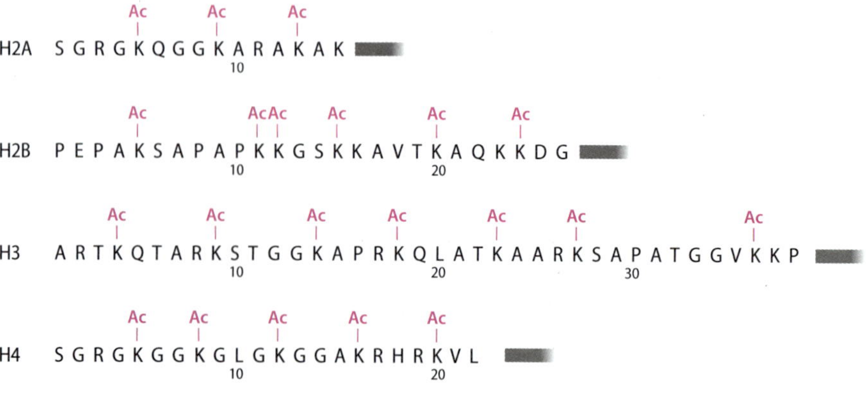

그림 10.16 4개의 핵심 히스톤의 N-말단에 아세틸기가 부착되는 위치. 보여주는 염기서열은 사람의 히스톤 것이다. 각각의 서열은 N-말단 아미노산에서 시작된다.

이 형성된 상태에서는 대부분 그 활성이 미약하다. 핵 안에서 HAT는 따로 작용하는 것이 아니라 효모에서의 SAGA와 ADA나 사람의 TFTC 복합체 경우처럼 다중 단백질 복합체를 이루어 작용한다. 이들 복합체는 유전체 발현의 여러 단계를 촉매하고 조절하는 거대한 다중 단백질 구조의 전형적인 형태다. 앞으로 이와 관련된 더 많은 사례를 살펴보게 될 것이다. 예를 들어, SAGA는 적어도 18개의 단백질로 이루어져 있으며 총 분자량은 180만에 이른다. 이 복합체의 크기는 27 × 17 × 13 nm 정도의 크기로써 DNA에 결합해 11 nm 정도가 되는 뉴클레오솜 핵심 8량체보다는 크고, 대체로 30 nm 염색질 섬유의 크기에 해당된다. HAT 활성을 지닌 단백질인 GCN5와 더불어 SAGA 복합체에는 전사개시에 관여하는 TATA-결합 단백질(TATA-binding protein, TBP)과 연관된 일련의 단백질(12.2절)과 TBP의 역할을 돕는 5 TBP-연관인자(TBP-associated factor, TAF)가 포함되어 있다. SAGA와 기타 HAT 복합체가 이처럼 복잡하고 이들 단백질 복합체에 유전자 발현의 개시를 조절하는 단백질이 함께 존재한다는 사실에서 유전자가 활성화 되는데 일어나는 각각의 과정이 밀접하게 연결되어 있으며, 히스톤 아세틸화도 이러한 과정에 연결된 한 부분이라는 것을 알 수 있다.

HAT 단백질에는 적어도 5종류의 서로 다른 패밀리가 존재한다. GCN5-연관 아세틸기전달효소(GCN5-related acetyltransferase, GNAT)는 SAGA, ADA, TFTC의 구성성분으로 분명하게 전사 활성화에 관련되어 있지만 자외선에 의한 이중가닥 절단이나 손상과 같은 특정한 종류의 손상된 DNA를 수선하는 과정에도 관여한다(16.1절). 두 번째 HAT 패밀리는 여기에 속하는 4개의 단백질 이름에서 첫 자를 따서 MYST라 불리는데 이 역시 전사 활성화와 DNA 수선에 관여한다. MYST는 세포주기를 조절하는 데에도 관련되는 것으로 알려졌는데, 사실상 유전체가 광범위하게 손상을 입게 되면 세포주기가 지연되므로(15.5절) 이 또한 DNA 손상 회복의 다른 측면이라 볼 수 있다. 서로 다른 복합체가 다른 종류의 히스톤을 아세틸화시키며 일부 복합체는 일반 전사인자 TFIIE 및 TFIIF(12.2절)와 같이 유전체 발현에 관련된 다른 단백질을 아세틸화시킬 수도 있다. 따라서 HAT는 유전체 발현, 복제, 유지 등의 과정에서 다양한 작용을 하는 다용도 단백질이라 생각된다.

히스톤 탈아세틸화는 활성화된 유전체 부분을 억제한다

유전자 활성화 과정이 가역적이지 않다면 한 번 발현되기 시작한 유전자는 계속해서 활성을 유지하게 될 것이다. 그러므로 히스톤 꼬리에서 아세틸기를 제거하여 앞에서 기술한 HAT의 전사활성화 효과를 억제할 수 있는 일련의 효소가 존재할 것이라는 생각을 당연히 해 볼 수 있다. 이것이 **히스톤 탈아세틸화효소(histone deacetylase, HDAC)**이다. 1996년 최초로 발견된 포유류 HDAC1이 효모의 전사 억제자로 알려진 Rpd3과 연관되어 있다는 사실이 알려지면서 처음으로 HDAC 활성과 유전자 발현 억제가 관련되어 있다는 것을 알게 되었다. 이는 아세틸화와 전사 활성화가 연관되어 있다는 사실과 마찬가지로 서로 다른 작용을 하는 것으로 알려진 2개의 단백질의 기능이 연관되어 있다는 것을 이해하게 된 것이다. 이는 유전자와 단백질 기능을 연구하는 과정에 상동성 분석의 유용성을 알려주는 훌륭한 사례라 할 수 있다(6.1절).

HAT와 마찬가지로 HDAC 또한 다중단백질 복합체를 포함한다. 이 가운데 하나가 포유류의 Sin3 복합체로 여기에는 적어도 7개의 단백질이 들어있다. HDAC1과 HDAC2와 함께 탈아세틸화 활성을 지니지 않지만 이 과정에 필수적인 보조 작용을 하는 다른 단백질이 여기에 포함된다. 보조 단백질의 예로는 RBBP4와 RBBP7을 들 수 있는데, 이들은 Sin3 복합체의 구성성분으로 복합체가 히스톤에 결합하도록 도와주는 것으로 생각된다. RBBP4와 RBBP7은 처음에 망막아종 단백질과 연관된 단백질로 알려졌다. 망막아종 단백질(Retinoblastoma protein)은 여러 종류의 유전자을 대상으로 이들의 활성이 필요하기 전까지 발현을 억제하여 세포 증식을 조절하는 역할을 하는데, 만약 이 유전자에 돌연변이가 일어나면 암이 유발된다. Sin3과 암을 유발하는 단백질과 연관이 있다는 사실은 유전자 발현 억제 과정에 히스톤 탈아세틸화가 중요하다는 결정적 증거를 제공한다. 다른 탈아세틸화 복합체로는 포유류의 NuRD를 들 수 있는데, 여기에서는 HDAC1, HDAC2, RBBP4, RBBP7이 다른 종류의 보조 단백질과 함께 포함되어 있다. 효모의 Sir2는 에너지를 필요로 한다는 점에서 다른 HDAC와 다르다. Sir2의 독특한 특성으로 인해 HDAC 복합체 계열이 처음 생각했던 것보다 더 다양하며, 앞으로 히스톤 탈아세틸화에 의한 새로운 작용이 발견될 가능성이 높다고 볼 수 있다.

HDAC 복합체에 대한 연구를 통하여 유전체 발현의 촉진과 억제 과정에 대한 새로운 관점을 가지게 되었다. Sin3과 NuRD 복합체에는 메틸화된 DNA(10.3절)에 결합하는 단백질이 포함되어 있고 NuRD는 뉴클레오솜 구조 변경 복합체(nucleosome remodeling complex)인 Swi/Snf의 구성 단백질(후반에 논의할 것임)과 매우 유사하다. NuRD는 사실상 시험관 내에서 전형적인 뉴클레오솜 구조 변경 복합체로 작용한다. 앞으로 연구가 더 진행되면 현재 우리가 서로 다른 형태의 염색질 변형 체계라 생각하고 있는 과정들이 더욱 긴밀하게 연관되어 있다는 사실이 밝혀질 것이다. 이들은 실제로 하나의 거대한 시스템의 서로 다른 측면에 불과한 것으로 추측된다.

아세틸화 이외에도 다른 종류의 히스톤 변형 과정이 존재한다

라이신 잔기의 아세틸화/탈아세틸화는 가장 잘 알려진 히스톤 변형 과정이지만 결코 유일한 히스톤 변형 과정은 아니다. 공유결합을 통해 히스톤을 변형시키는 또 다른 3종류의 과정이 존재한다.

- 라이신과 아르기닌 잔기의 메틸화. 메틸화는 원래 비가역적인 반응이어서 염색질의 영구적인 변화를 야기한다고 생각되었다. 그러나 메틸화된 라이신과 아르기닌 잔기에서 메틸기를 떼어내는 탈메틸화 효소가 발견되면서 이러한 생각이 바뀌었다. 그러나 여전히 메틸화에 의한 효과는 비교적 오래 가는 것으로 알려져 있다.
- 세린, 트레오닌, 알지닌 잔기의 인산화
- H2A, H2B 히스톤 C-말단 부위 라이신 잔기의 유비퀴틴화(ubiquitination). 이는 크기가 작고 흔하게 존재하는(ubiquitous) 단백질, 즉 **유비퀴틴(ubiquitin)** 또는 이와 연관된 **SUMO(small ubiquitin-related modifier)**가 부착되어 히스톤을 변형시키는 과정이다.
- H3, H4 히스톤 N-말단 부위 라이신 잔기의 시트룰린화(citrullination). 시트룰린화는 알지닌 곁가지의 끝부분인 =NH를 =O로 대체하여 알지닌을 시트룰린 아미노산으로 전환하는 것을 말한다.

아세틸화와 마찬가지로 이들 다른 종류의 히스톤 변형 과정 또한 염색질 구조에 영향을 줌으로써 세포 활성에 큰 영향을 미친다. 예를 들어, 히스톤 H3 및 연결 히스톤의 인산화는 중기 염색체 형성과 관련이 있고, 히스톤 H2B의 유비퀴틴화는 유비퀴틴이 세포주기를 조절하는 과정의 한 부분이다. 히스톤 H3 N-말단에서 4번째와 9번째 라이신 아미노산이 메틸화되었을 때의 효과가 특히 흥미롭다. 9번 라이신이 메틸화되면 HP1 단백질의 결합자리가 형성되는데, HP1 단백질은 염색질 응축을 유도하여 유전자 발현을 억제한다. 그러나 이와 같은 억제는 4번 라이신에 2~3개의 메틸기가 부착되어 있으면 저해된다. 따라서 4번 라이신의 메틸화는 열린 염색질 구조를 촉진하여 유전자

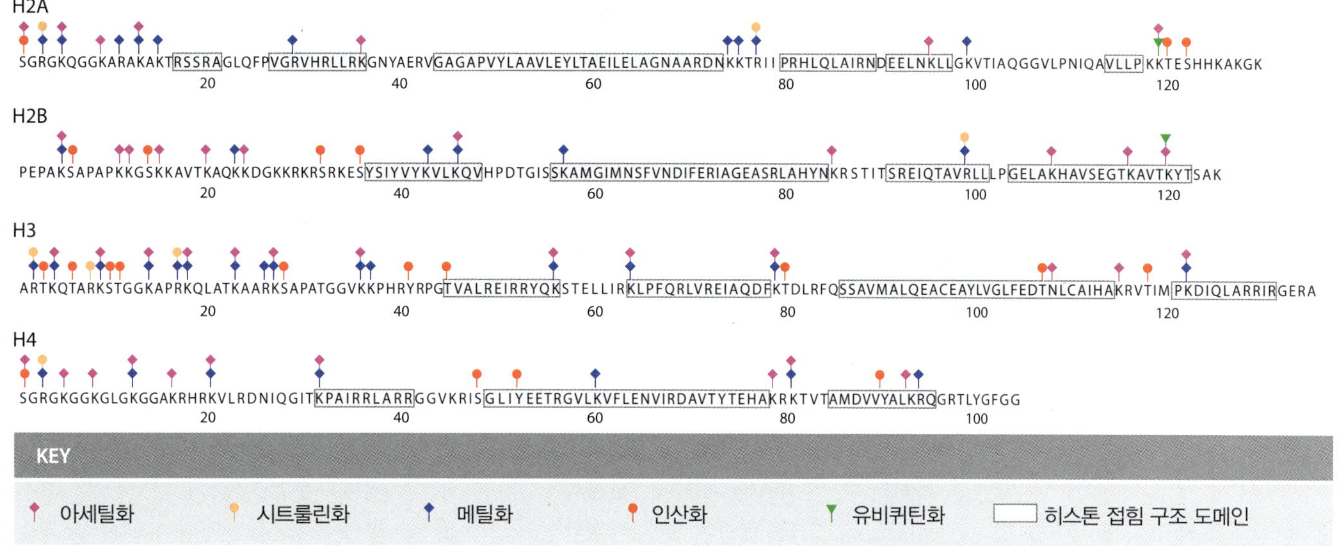

활성화와 연관되어 있다. β-글로빈 유전자가 들어있는 11번 염색체의 부분이나 아마도 다른 부위에서, 4번 라이신 잔기의 메틸화는 NuRD 탈아세틸화효소가 H3 히스톤에 결합하는 것을 방해해서 이들 히스톤이 아세틸화되어 있도록 한다. 그러므로 4번 라이신의 메틸화는 히스톤 아세틸화와 더불어 작용하여 염색질 부분을 활성화시킬 것이다.

4종류의 핵심 히스톤의 N-말단 및 C-말단 부위에 존재하는 공유결합에 의한 변형이 가능한 자리는 최소 80군데나 된다(그림 10.17). 히스톤 변형에 대한 최근의 연구를 바탕으로 **히스톤 암호(histone code)**의 존재를 생각하게 되었다. 히스톤 암호란 히스톤의 화학적 변형 양상이 유전체의 특정 부위가 특정한 시기에 발현되도록 지정하고 손상된 자리를 수선하고 세포주기에 유전체 복제 시기를 조율하는 것과 같은 유전체 생물학의 여러 특성을 조절한다는 것이다(표 10.1). 이와 같은 아이디어가 아직 증명되지는 않았지만 유전체에서의 특정한 히스톤 변형 양상이 유전자 활성과 긴밀하게 연관되어 있다는 사실은 분명하다. 사람의 21번과 22번 염색체를 예로 들어 설명하면, 발현되는 유전자의 전사 시작 부위에는 히스톤 H3의 4번 라이신에 메틸기가 3개 부착되어 있고 9번 라이신과 14번 라이신이 아세틸화되어 있으며, 때로는 4번 라이신에 메틸기가 2개 부착된 경우도 발견된다(그림 10.18). 염색질 변형에 있어 중요한 문제는 이들 변형 과정이 원인인지 결과인지를 구별해 내는 것이다. 이들 히스톤이 변형됨으로써 특정 유전자가 활성화되는 것일까? 아니면 이들 변형된 히스톤은 유전자가 활성화되었을 때 나타나는 부산물일까?

그림 10.17 4가지 핵심 히스톤 단백질들에서의 변형 위치. 보여주는 염기 서열은 사람 히스톤의 것이다. 히스톤 접힘 구조 도메인(histone fold domain)은 뉴클레오솜을 구성할 때 DNA에 결합하는 히스톤 단백질 부분을 말한다.

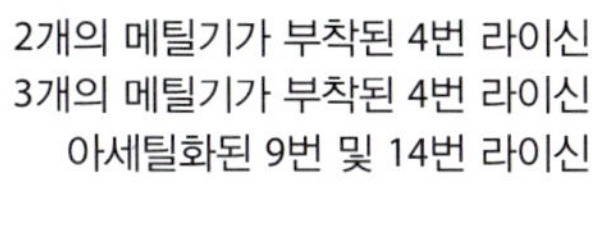

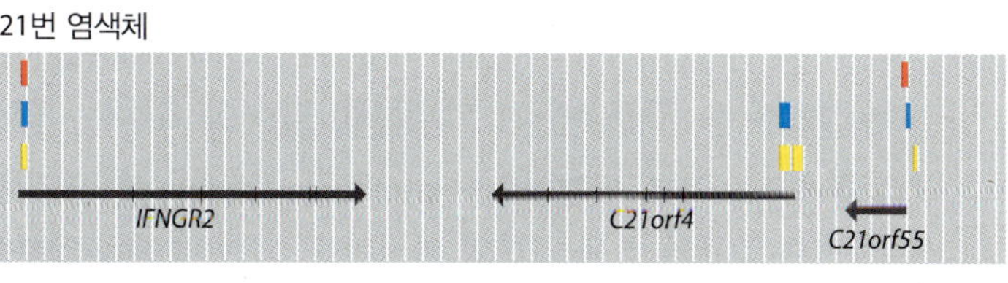

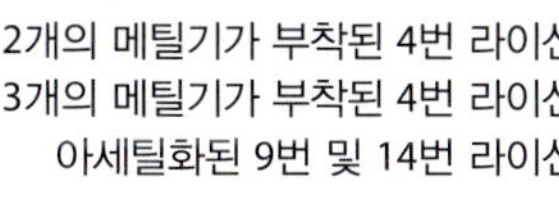

22번 염색체

HIRA
MRPL40
LOC128977
UFD1L
CDC45L

그림 10.18 유전자 활성과 연관된 히스톤 H3의 변형 양상. 인간의 21번 및 22번 염색체의 일부로 각 조각은 100 kb 길이를 나타낸다. 허파의 섬유아세포에서 주로 4번 라이신에 메틸기가 2개 또는 3개 부착되어 있고, 9번 및 14번 라이신은 아세틸화되어 있음을 유전자에서의 위치와 함께 제시되어 있다. 화살표는 이들 유전자의 전사 방향이다.

표 10.1 히스톤 변형의 기능

히스톤	아미노산	변형	기능
H2A	Serine-1	인산화	전사 억제
	Lysine-5	아세틸화	전사 촉진
	Lysine-119	유비퀴틴화	정자 형성
H2B	Lysine-5	단일메틸화	전사 촉진
	Lysine-5	삼중메틸화	전사 억제
	Lysine-12	아세틸화	전사 촉진
	Serine-14	인산화	DNA 수선
	Lysine-15	아세틸화	전사 촉진
	Lysine-20	아세틸화	전사 촉진
	Lysine-120	유비퀴틴화	전사 촉진, 감수분열
H3	Threonine-3	인산화	체세포 분열
	Lysine-4	메틸화	전사 촉진
	Lysine-9	메틸화	전사 억제
	Lysine-9	아세틸화	전사 촉진
	Serine-10	인산화	전사 촉진
	Threonine-11	인산화	체세포 분열
	Lysine-14	아세틸화	전사 촉진, DNA 수선
	Arginine-17	메틸화	전사 촉진
	Lysine-18	아세틸화	전사 촉진, DNA 수선
	Lysine-27	단메틸화	전사 촉진
	Lysine-27	Di-, 삼중메틸화	전사 억제
	Lysine-27	아세틸화	전사 촉진
	Serine-28	인산화	체세포 분열
	Lysine-36	삼중메틸화	전사 촉진
	Lysine-79	Mono-, 복메틸화	전사 촉진
H4	Serine-1	인산화	체세포 분열
	Arginine-3	메틸화	전사 촉진
	Lysine-5	아세틸화	전사 촉진
	Lysine-8	아세틸화	전사 촉진, DNA 수선
	Lysine-12	아세틸화	전사 촉진, DNA 수선
	Lysine-16	아세틸화	전사 촉진, DNA 수선
	Lysine-20	Mono-, 삼중메틸화	전사 억제
	Lysine-59	메틸화	전사 침묵

뉴클레오솜 구조 변경이 유전체 발현에 미치는 영향

뉴클레오솜 구조 변경(nucleosome remodeling)은 유전체 발현에 영향을 줄 수 있는 두 번째 종류의 염색질 변형 과정이다. 이는 유전체 일부분의 뉴클레오솜을 변형시키거나 위치를 변경하여 DNA 결합 단백질이 결합자리에 접근할 수 있도록 하는 과정을 말한다. 이 과정은 모든 유전자의 전사 과정에 필수적인 것은 아니지만 적어도 몇몇 경우에 한해서는 전사를 촉진하는 단백질이 뉴클레오솜 위치를 바꾸지 않고 단지 뉴클레오솜의 표면에 결합하거나 연결 DNA에 결합하여 전사를 유도한다는 것이 알려졌다. 반면에 뉴클레오솜의 위치를 바꾸어야 유전자가 활성화되는 사례도 분명히 존재한다.

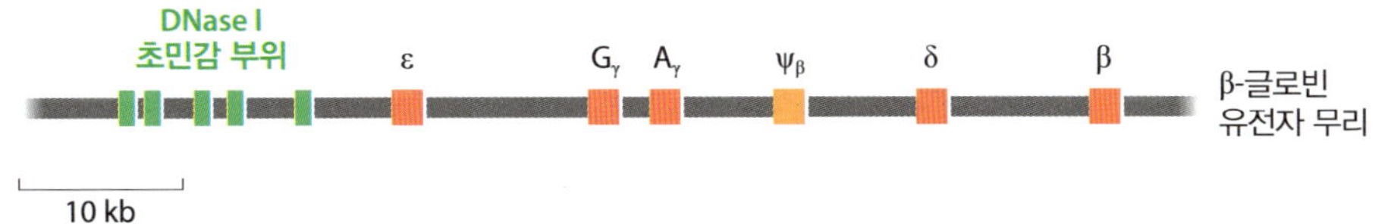

그림 10.19 **사람의 β-글로빈 유전자 무리의 상위에 있는 DNase I 초민감 부위.** β-글로빈 유전자 무리의 시작 부위에서 상위 20 kb에 일련의 DNase I 초민감 부위가 있다. 추가적인 초민감 부위가 각 유전자 바로 상위에 RNA 중합효소가 부착되는 위치에 존재한다. 이 초민감 부위는 발생 단계에 고유하며, 그 유전자가 활성이 되는 발생 단계에서만 초민감성이 관찰된다.

이는 활발하게 전사되는 유전자 근방에 **DNase I 초민감 부위(DNase I hypersensitive sites)**가 검출되는 것으로 봐서 확실하다. 예를 들어, 사람의 β-글로빈 유전자 집단 상위(upsteam)에는 5군데의 DNase I 초민감 부위가 있다(그림 10.19). 이들 각 부분은 유전자 집단의 다른 부위보다 DNase I에 보다 잘 잘라지는 짧은 DNA 부분이다. 이 부위는 뉴클레오솜이 변형되었거나 존재하지 않는, 따라서 DNA에 결합하는 단백질이 쉽게 접근할 수 있는 위치와 일치하는 것으로 보인다. 유사한 예로, 다른 단백질의 접힘 과정을 도와주는 노랑초파리의 *hsp70* 유전자(13.4절)의 활성화도 *hsp70* 유전자의 상위에 DNase I 초민감 부위가 형성되면서 유전자가 활성화된다. 이러한 부위를 모두 합치면, 사람의 유전체에는 거의 290만 DNase I 초민감 부위가 있다. 이들 대부분은 해당 유전자가 활성화된 조직에서만 검출이 된다.

아세틸화 등의 화학적 변형과는 달리 뉴클레오솜 구조 변경 과정에는 히스톤 분자가 공유결합에 의해 변형되지 않는다. 그 대신 구조 변경은 뉴클레오솜과 DNA 사이의 결합을 약화시키는 데 에너지를 필요로 한다. 3가지 종류의 구조적 변화가 일어날 수 있다(그림 10.20):

- 구조 변경(remodeling)은 엄밀한 의미에서 뉴클레오솜의 구조만 변화하는 것으로 그 위치는 바뀌지 않는 경우를 말한다. 구조적인 변화의 구체적 내용은 알려지지 않았지만 시험관에서의 구조 변경 결과를 살펴보면 뉴클레오솜의 크기가 거의 2배로 커지고 부착된 DNA의 DNase I 민감도가 증가한다.
- 미끄러짐(sliding) 또는 **시스-치환(*cis*-displacement)**은 DNA를 따라 뉴클레오솜이 미끄러지듯 자리를 옮기는 것을 말한다.
- 전달(transfer) 또는 **트랜스-치환(*trans*-displacement)**은 뉴클레오솜이 다른 DNA 분자로 옮겨가거나 같은 분자의 인접하지 않은 다른 자리로 옮겨가는 것을 말한다.

뉴클레오솜 구조 변경에 관여하는 단백질도 거대 복합체를 이루어 작용한다. 이 가운데 하나가 적어도 10~12종의 단백질로 이루어진 SWI/SNF 복합체이며, 이 복합체는 많은 진핵생물에 존재한다. 이 복합체의 소단위 단백질 중에는 DNA에 결합하는 능력을 가진 것도 있고, 히스톤 아세틸화와 메틸화를 인식하고 이 복합체를 유전체에서의 활성 부분으로 유도하는 것도 있다. 다른 소단위 단백질로 전사 활성이 매우 높은 경

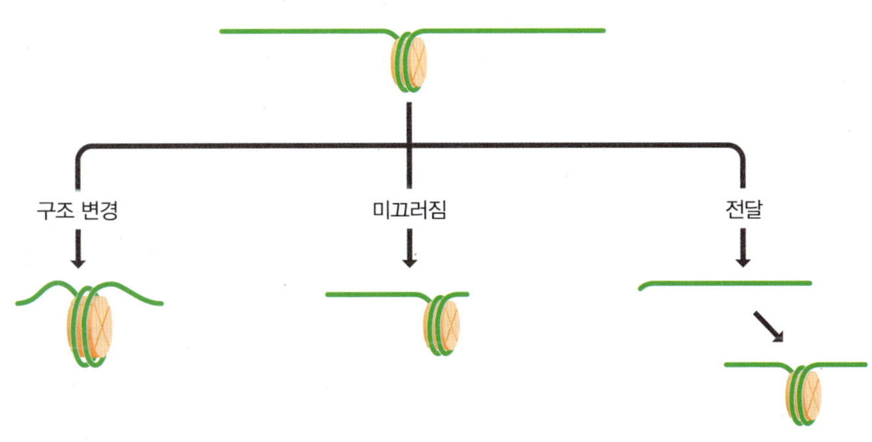

그림 10.20 **뉴클레오솜 구조 변경, 미끄러짐, 전달.**

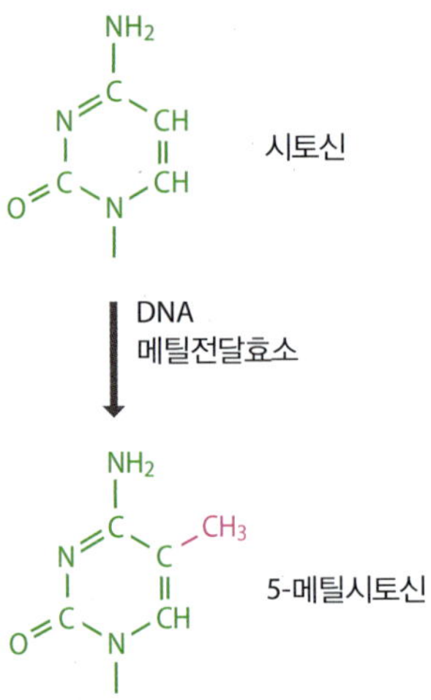

우의 변형에 해당하는 히스톤 H2B의 라이신-120에 유비퀴틴 표지(그림 10.17 참조)를 하는 것도 있다. 따라서 SWI/SNF 복합체는 유전체 활성화에 중추적인 역할을 하는 것으로 알려진 뉴클레오솜 위치 변경과 히스톤 변형의 두 가지 활성을 같이 가지고 있다.

10.3 DNA 변형과 유전체 발현

DNA 분자 자체를 화학적으로 변화시킴으로써 유전체 활성을 조절하기도 한다. 이와 같은 변화는 유전체의 일부 또는 전체 염색체의 활성을 반영구적으로 억제할 수도 있고 때로는 변형된 상태가 세포분열을 통해 자손에게 대물림되기도 한다. 이와 같은 변형은 **DNA 메틸화(DNA methylation)**에 의해 야기된다.

DNA 메틸화에 의한 유전체 발현 억제

진핵생물에서 염색체 DNA 분자의 시토신 염기는 **DNA 메틸전달효소(DNA methyltransferase)**에 의해 메틸기가 첨가된 5-메틸시토신의 형태로 존재하기도 한다(그림 10.21). 시토신의 메틸화는 단순한 진핵생물에서는 비교적 드물게 나타나지만, 척추동물에서는 유전체 전체의 시토신 가운데 거의 10% 가량이 메틸화되어 있고 식물에서는 30%에까지 육박하기도 한다. 메틸화 양상은 무작위적이지 않고 5′-CG-3′ 서열의 일부만 시토신기가 메틸화되고 식물에서는 5′-CNG-3′의 시토신기가 주로 메틸화된다. 두 가지 종류의 메틸화 과정이 알려졌다(그림 10.22). 그 첫 번째는 **유지 메틸화(maintenance methylation)**로 유전체가 복제된 다음에 어버이 가닥이 메틸화된 위치의 새로 합성되는 DNA가 메틸화되는 과정을 말한다. 유지 활성은 2개의 딸 DNA 분자가 어버이 분자와 동일한 메틸화 양상을 갖게 함으로써 세포분열 이후에 메틸화 양상이 그대로 대물림될 수 있게 한다. 두 번째 메틸화 활성은 **신생 메틸화(*de nove* methylation)**로 완전히 새로운 위치에 메틸기를 부착하여 메틸화 양상을 국소적으로 변화시키는 과정을 말한다.

유지 메틸화와 신생 메틸화 과정은 모두 유전자 활성을 억제한다. 이는 메틸화되거나 메틸화되지 않은 유전자를 클로닝하여 세포에 주입한 다음 그 발현 정도를 측정함으로써 알 수 있다. DNA 염기가 메틸화되면 유전자는 발현되지 않는다. 메틸화와 유전자 발현 사이의 연관성은 염색체 DNA에서 메틸화 양상을 조사하면서 다시 한 번 분명하게 알 수 있었다. 염색체에서 활발하게 발현되는 유전자는 메틸화되지 않은 영역에 위치한다. 예를 들어, 사람에게서 모든 유전자의 40~50% 정도는 CpG 무리군(CpG island) 가까이에 위치하는데(5.1절), CpG 무리군의 메틸화 상태에 따라 인접한 유전자의 발현 양상이 달라진다. 모든 조직에서 발현되는 지속 발현 유전자(house keeping gene)는 CpG 무리군이 메틸화되지 않은 상태인 반면, 조직 특이적 유전자와 연관되어 있는 CpG 무리군은 단지 그 유전자가 발현되는 조직에서만 탈메틸화되어 있다. 메틸화 양상은 세포가 분열된 이후에도 유지되므로 어느 유전자가 발현될지를 지정하는 정보 또한 딸세포로 전달 가능하다. 이러한 과정을 통해 분화된 조직에서 조직의 세포가 대체되거나 새로운 세포가 더해지더라도 적절한 유전자 발현 양상이 유지될 수 있다.

사람의 질병을 연구하면서 DNA 메틸화의 중요성이 더욱 확실해졌다. ICF(immunodeficiency, centromere instability, and facial anomalies, 면역결핍, 동원체 불안정성 및 안면기형)라 불리는 증후군은 이름에서 예상할 수 있듯이 광범위한 표현형을 나타내는 증후군으로 신생 메틸화를 하는 효소인 DNA 메틸전달효소 3b(DNA methyltransferase 3b) 유전자의 돌연변이로 여러 유전체 부위의 메틸화가 저하되어 나타난다. 이와 상반되는 과메틸화(hypermethylation) 현상은 특정한 종류의 암 환자에게서 발현 양상이 변

시토신

DNA 메틸전달효소

5-메틸시토신

그림 10.21 DNA 메틸전달효소에 의한 시토신의 5-메틸시토신으로의 전환.

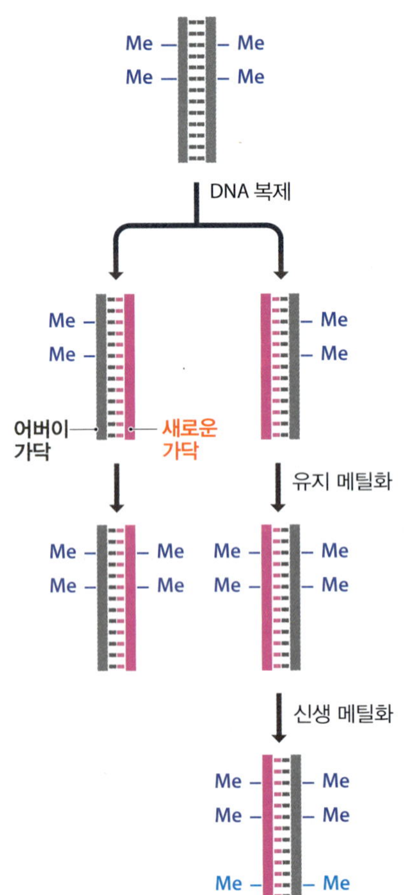

그림 10.22 유지 메틸화 및 신생 메틸화.

화된 유전자의 CpG 무리군에서 나타난다. 그러나 이러한 질병에서 비정상적인 메틸화는 질병의 원인이라 볼 수도 있지만 질병의 결과일 수도 있다는 사실을 생각해야 할 것이다.

메틸화가 유전체 발현에 어떻게 영향을 줄 수 있는가는 여러 해 동안 수수께끼로 남아 있었다. 최근 **메틸-CpG-결합 단백질(methyl-CpG-binding protein, MeCP)**이 Sin3 및 NuRD 히스톤 탈아세틸효소 복합체(HDAC)의 구성성분이라는 사실이 알려졌다. 이러한 발견을 근거로 메틸화된 CpG 무리군이 HDAC의 표적자리이며 결합된 HDAC 복합체는 주변 염색질을 변형시켜 인접한 유전자를 비활성화시킨다는 모델이 제시되었다(그림 10.23).

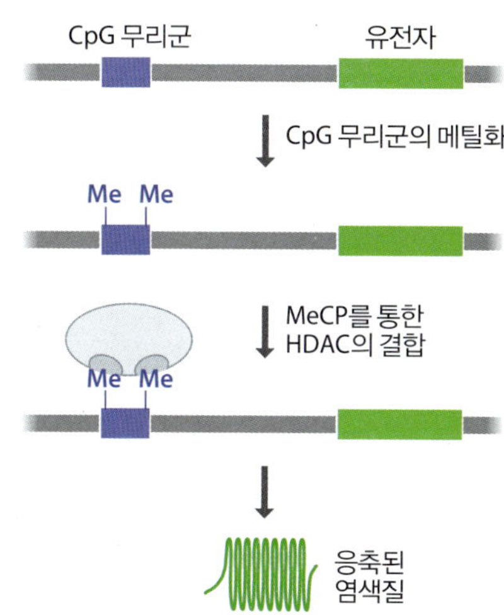

그림 10.23 **DNA 메틸화와 유전체 발현의 연관성을 설명하는 모델.** 유전자의 상부에 위치한 CpG 무리군의 메틸화는 히스톤 탈아세틸효소 복합체(HDAC)의 메틸-CpG-결합 단백질(MeCP)에게 신호로 작용한다. 이 신호에 의해 HDAC는 CpG 무리군 부근의 염색질을 변형하여 유전자를 비활성화시킨다. CpG 무리군과 유전자의 상대적 위치와 크기는 비례대로 나타낸 것은 아니다.

메틸화는 유전체 각인과 X 비활성화 과정에 작용한다

유전체 각인(genomic imprinting)과 **X 비활성화(X inactivation)**라는 흥미로운 현상에 의해서도 DNA 메틸화와 유전체 비활성화 사이의 연관성이 증명되었다.

유전체 각인 현상은 흔하게 나타나는 것은 아니지만, 이배체 핵 안의 상동 염색체에 있는 한 쌍의 유전자에서 단 하나만 발현되고 다른 하나는 메틸화되어 발현되지 않는 유전체 각인은 포유류의 유전체에서 매우 중요한 역할을 한다. 각인 현상은 일부 곤충(노랑초파리에서는 관찰되지 않는다)과 일부 식물에서도 나타난다. 한 쌍의 유전자 가운데 언제나 같은 유전자가 각인되어 비활성화된다. 사람과 생쥐에게서는 거의 200여 개의 유전자가 각인되는 것으로 보이며, 여기에는 단백질 암호화 유전자 및 비번역 RNA 유전자들이 포함된다. 각인되는 유전자들은 크게는 유전체 전반에 걸쳐 여기저기에 흩어져 있지만, 수 개씩 무리지어 있는 경향을 보인다. 예를 들어, 사람에게서 15번 염색체의 2.2 Mb 조각에는 적어도 10개의 각인된 유전자가 있으며, 더 작은 11번 염색체의 1 Mb 조각에는 8개의 각인 유전자가 들어있다.

사람에게서 각인 유전자의 예로 성장인자 유전자인 *Igf2* 유전자를 들 수 있다. 성장인자는 세포 사이의 신호전달에 관여한다(14.1절). 이 경우에는 부계 유전사반이 활성되고(그림 10.24), 어머니에게서 물려받은 염색체 상에는 *Igf2* 유전자의 여러 부분이 메틸화되어 유전자 발현이 억제된다. 각인 유전자의 두 번째 예는 *H19* 유전자로 *Igf2* 유전자에서 90 kb 정도 떨어져 있으며 반대로 각인된다. *H19*의 경우에는 모계 유전자가 활성을 띠고 부계 유전자가 발현되지 않는다. 각인은 **각인 조절인자(imprint control element)**에 의해 조절된다. 각인 조절인자는 각인 유전자 무리에서 2~3 킬로 염기쌍 이내에 존재한다. 이 부분이 각인되는 영역의 메틸화를 매개하는 것으로 생각되지만 상세한 과정은 아직 알려지지 않았다. 각인의 기능이 무엇인지 또한 명백하지 않다. 하나의 가능성은 발생 과정에서 중요한 역할을 수행한다는 것이다. 이는 모계 유전자만 2개 지니는 처녀생식에 의한 생쥐가 제대로 발생하지 못하는 것으로 짐작할 수 있다. 여기에 더하여 프래더-윌리증후군(Prader-Willi Syndrome)과 엔젤만 증후군(Angelman syndrome)과 같은 기능부전성 각인과 연관이 있는 몇 가지 유전병도 발생이 비정상적으로 되는 특성이 있다. 각인을 보여주는 유전자들은 체온 조절과 같은 범주의 생리적 기능을 하는 것도 있고, 수번과 보성석 보호와 같은 행동직 기능과 관련된 것도 있다. 수컷과 암컷 사이의 진화적 경쟁에 근거하는 좀 더 섬세한 가설도 제시되었다.

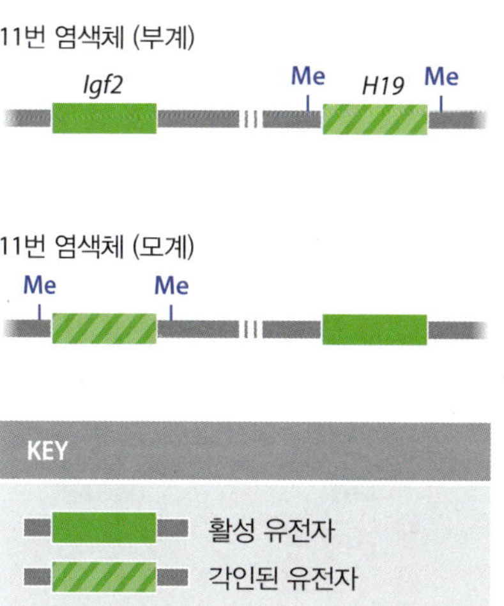

그림 10.24 **인간의 11번 염색체 상에 존재하는 한 쌍의 각인 유전자.** *Igf2* 유전자는 모계 염색체 상에서 각인되어 있고, *H19* 유전자는 부계 염색체 상에 각인이 이루어져 있다. 그림은 비례에 따라 그려진 것이 아니며, 2개의 유전자는 대략 90 kb 정도 떨어져 있다.

X 비활성화는 비교적 이해하기 쉽다. 이는 특수한 형태의 각인에 해당되는 것으로 포유류 암컷 세포에서 X 염색체 가운데 하나가 거의 완전히 비활성화되는 현상을 말한다. 암컷은 2개의 X 염색체를 그리고 수컷은 하나의 X 염색체를 지니고 있기 때문에 X 비활성화가 일어난다. 만일 암컷이 가지는 2개의 X 염색체가 모두 활성을 지닌다면

암컷 세포에서는 X 염색체에서 발현되는 단백질의 양이 수컷에 비해 2배가 될 것이다. 이와 같은 상황은 다음과 같은 과정으로 막을 수 있다. 암컷의 핵에서 이질염색질의 형태로 존재하는 **바소체(Barr body)**라 불리는 응축된 구조로 바꾸어 X 염색체 하나를 전체적으로 비활성화시킨다. 비활성화된 X 염색체에 존재하는 대부분의 유전자는 발현되지 않지만, 대략 20% 정도의 유전자는 그 메커니즘이 잘 알려져 않지만 억제되지 않고 기능을 유지한다.

비활성화는 배 발생 과정의 초기에 일어나며, X 비활성화 중심(X inactivation center, Xic)이라 불리는 X 염색체 상의 특수한 부분에 의해 조절된다. X 비활성화가 진행되고 있는 세포에서 X 염색체 하나에 존재하는 비활성화 중심은 이질염색질을 형성하기 시작해서 거의 전 염색체가 이질염색질을 형성할 때까지 바깥쪽으로 퍼져나간다. 이때 활성을 유지하는 유전자를 포함하는 일부 짧은 조각들은 예외적으로 이질염색질을 형성하지 않는다. 이러한 과정이 완성되는 데에는 수일이 걸린다. 정확한 메커니즘이 밝혀진 것은 아니지만 비활성화 중심에 위치한 유전자 *Xist*가 완전 의존적은 아니지만 중요한 역할을 하는 것으로 생각된다. 이 유전자에서는 17 kb 크기의 비암호화 RNA를 전사하며 전사된 RNA는 이질염색질이 형성될 때 염색체에 붙게 되며, 동시에 여러 형태의 히스톤 변형이 일어난다. 히스톤 H3의 9번 라이신이 메틸화되고(이와 같은 히스톤의 변형은 유전체 비활성화를 야기한다. 표 10.1 참조), 히스톤 H4는 탈아세틸화되며(주로 이질염색질에서 이렇게 된다), 히스톤 H2A 분자는 특수한 히스톤의 형태인 macroH2A1로 치환된다. 특정한 DNA 서열에서는 DNA 메틸전달효소 3a에 의해 과메틸화 되기도 한다. 그러나 이와 같은 과메틸화는 비활성화 상태가 형성된 다음에 일어나는 것으로 보인다. X 비활성화 상태는 대물림될 수 있으며 비활성화가 일어난 최초의 세포에서 유래된 모든 세포에서 동일하게 나타난다.

정상적인 이배체 암컷에서 하나의 X 염색체만 비활성화되고 다른 하나는 활성을 지닌다. 놀랍게도 성염색체 수가 정상적이지 않은 이배체 암컷에서도 비활성화 과정이 진행되어 단 하나의 X 염색체만이 활성을 지니도록 한다. 예를 들어, 희귀한 경우이긴 하나, 하나의 X 염색체만 지니는 개체에서는 비활성화가 진행되지 않으며, XXX 핵형을 지닌 개체는 2개의 X 염색체가 비활성화된다(그림 10.25A). 이는 핵 안의 X 염색체 개수를 세어 적절한 수의 X 염색체를 비활성화시키는 기전이 존재한다는 사실을 시사한다. 사실 이런 기전은 단순히 X 염색체를 세는 것에 그치지 않는다. 이는 상염색체의 수를 헤아려 이를 성염색체의 수와 비교한다. 상염색체가 이배체인 세포에 4개의 X 염색체가 존재하면 3개가 비활성화되는 반면, 전체적으로 4배체인 세포(모든 염색체가 4개씩 존재)에서는 2개의 X 염색체만이 비활성화된다는 사실로 이를 알 수 있다(그림 10.25B). 세포가 염색체의 수를 어떻게 셀 수 있는가는 오랫동안 세포학자들의 화두가 되고 있으며 여전히 의문으로 남아있다. 그러나 최근 연구에 따르면 X 비활성화 중심에 존재하는 두 번째 유전자, 즉 *Xist* RNA의 안티센스 가닥에 해당하는 전사물을 만들어 내는 *Tsix*의 기능에 무게를 두고 있다. *Tsix*를 과발현시키면 비활성화되는 염색체의 수가 달라지며, 이 효과는 *Tsix* RNA와 *Xist* RNA가 염기쌍을 이루게 되면 *Xist*에 의한 비활성화 개시를 방해하게 되므로 해서 일어나는 것 같다. 이 모델에 따르면 비활성화되는 X 염색체 수는 *Tsix* RNA 양에 비례하고, 이 RNA의 양은 X 염색체 수에 비례하며, 아마도 상염색체에 있는 유전자에 의해서도 사본 수 의존적으로 조절받을 것으로 추정되고 있다.

(A) 비정상적인 핵형의 X 비활성화

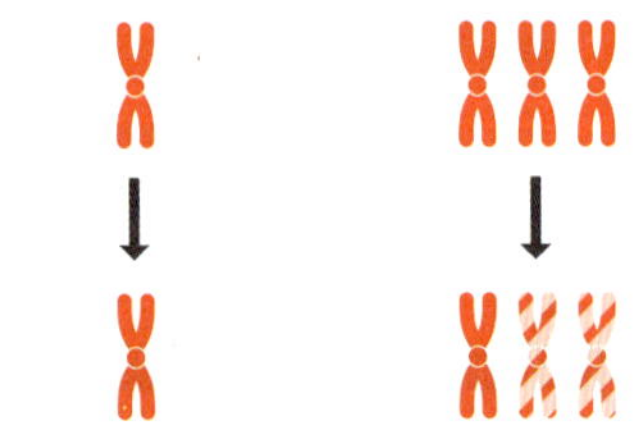

(B) 비활성화 과정에서 세포는 염색체 수를 측정한다.

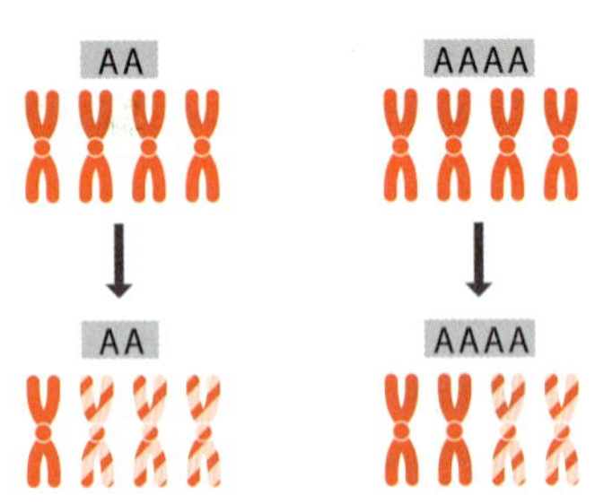

그림 10.25 X 비활성화. (A) 단 하나의 X 염색체가 존재하면 비활성화가 일어나지 않는다. 3개의 X 염색체가 존재하면 2개가 비활성화된다. (B) 상염색체가 이배체인 세포(AA)에 X 염색체만 4개 존재하면 3개의 X 염색체가 비활성화된다. 그러나 4배체 세포(AAAA)에서는 단 2개의 X 염색체만이 비활성화된다.

요약

- 핵 내의 환경은 유전체의 발현에 큰 영향을 준다.
- 진핵세포의 핵의 내부 구조는 rRNA 다듬기, mRNA 스플라이싱, snRNA 합성, snoRNA 합성과 연관된 구조를 포함하여 매우 조직적으로 구조화되어 있다.
- 염색질이 가장 응축된 형태를 이질염색질이라 하며, 이질염색질 내의 유전자는 다른 단백질이 접근하기 어려워 발현될 수 없다.
- 핵에는 존재에 대한 의문이 있기는 하나, 염색체 DNA가 부착되는 섬유상의 기질이 있다고 생각된다.
- 각 염색체는 핵 내에서 각각 고유한 영역을 차지하고 있으며, 이들 영역은 비염색질 부위에 의해 서로 나뉘어 있다. 비염색질 부위 내에 유전체 발현에 관여하는 효소와 다른 단백질이 위치한다.
- 하나의 염색체는 위상학적 공동체 도메인(topologically associated domains; TAD)이 연속적으로 연결되는 구조이다. 각 위상학적 공동체 도메인은 해당 염색질 부분이 코일과 고리 구조로 접힌 모양을 가진다.
- 각 위상학적 공동체 도메인은 양끝에 존재하는 격리서열 안쪽에 해당하며, 이로써 이 도메인의 독립성이 유지된다.
- 뉴클레오솜은 진핵생물에서 유전체 활성을 조절하는 일차적인 결정인자다. DNA 가닥에 뉴클레오솜이 형성되는 위치에 의해서도 유전자 발현이 조절되지만, 뉴클레오솜에 포함된 히스톤 단백질의 정확한 화학적 구조 또한 염색질 일부가 응축되는 정도를 결정하기 때문이다.
- 핵심 히스톤의 N-말단에 위치한 라이신 잔기의 아세틸화는 유전체 발현을 촉진하고, 탈아세틸화는 유전체 발현을 억제한다. 히스톤은 메틸화, 인산화, 유비퀴틴화 등 여러 가지 형태로 변형된다.
- 어떠한 조합으로 이들 여러 종류의 변형이 이루어지는가에 따라 유전체의 활성이 달라지는 히스톤 암호가 존재하는 것으로 생각된다.
- 뉴클레오솜 위치 변경은 모든 유전자의 경우는 아니지만, 일부 유전자의 발현에 꼭 필요하다.
- 유전체의 일부는 DNA 메틸화에 의해 발현이 억제되며, 이때 메틸화효소는 히스톤 탈아세틸화효소와 함께 작용하는 것으로 생각된다.
- 메틸화는 유전체 각인 현상을 나타내기도 한다. 유전체 각인은 상동염색체 상에 존재하는 2개의 유전자 가운데 하나가 비활성화되는 현상을 말한다. 메틸화는 여성의 핵에서 하나의 X 염색체를 거의 완전히 비활성화시키는 X 비활성화 과정에도 관여한다.

단답형 문제

1. 핵의 구조적 구성을 살펴볼 수 있는 방법들에 대해 설명하라.
2. 항시적 이질염색질과 조건부 이질염색질이란 용어를 구분하여 설명하라.
3. 염색체 페인팅 방법으로 핵 속에서 염색체 위치에 대해 알 수 있는 사실은?
4. 특정 쌍의 염색체 사이에서는 전좌 확률이 높다. 이 사실이 핵 속 염색체의 분포에 대해 시사하는 바는?

5. 진핵생물 염색체에서의 위상학적 공동체 도메인은 어떻게 확인되었나?
6. 진핵생물에 어떤 유전자를 도입해서 넣으면 종종 위치 효과가 일어난다. 그 이유는?
7. 격리서열은 무엇이며, 이들이 가지고 있는 고유 특성은 무엇인지 설명하라.
8. 히스톤 아세틸전달효소의 예를 들고, 뉴클레오솜 변형에서의 이 효소의 역할에 대해 설명하라.
9. 유전체 발현 조절에 있어서의 히스톤 탈아세틸화효소의 역할은 무엇인가?
10. "히스톤 코드"란?
11. 염색질 구조의 변화를 연구할 때 DNase I이 이용되는 이유는? DNA의 DNase I에 대한 민감성 문제는 유전자 발현에 대해 어떠한 의미가 있는가?
12. DNA 메틸화가 유전체 활성에 어떻게 영향을 미치는가?

사고형 문제

1. 현대의 전자현미경 기법으로 얻어진 핵의 구조에 관한 사진이, 시료 준비하는 방법 때문에 생긴 인공적인 구조가 아니라, 원래의 구조를 대변하는지를 어느 정도로 가정할 수 있는가?
2. 많은 생물학 분야에서 원인과 결과를 구분하기가 어렵다. 뉴클레오솜 구조 변경과 유전체 발현에 관해서 이 문제를 평가하라. 즉, 뉴클레오솜 구조 변경이 유전체 발현의 원인인가? 아니면 뉴클레오솜 구조 변경이 유전체 발현의 결과인가?
3. 히스톤 코드 가설에 대해 토의하라.
4. 유지 메틸화로 2개의 딸 DNA 분자는 부모 분자와 같은 메틸화가 만들어진다. 달리 말해, 메틸화 양상과 이로 인한 유전자 발현 여부가 동일하게 유전된다. 즉, 염색질의 구조가 동일하게 유전되게 된다. 이 현상은 '유전이 유전자에 의해 일어난다'라는 멘델 법칙에 어떤 영향을 주는가?
5. 적절한 수의 X 염색체가 비활성화되기 위해서 핵 안의 X 염색체의 수와 상염색체의 수를 헤아릴 필요가 있다. 그 방법은 무엇인가?

Further Reading

The internal structure of the nucleus and the matrix controversy

Misteli, T. (2001) Protein dynamics: implications for nuclear architecture and gene expression. *Science* 291:843–847.

Pathak, R.U., Srinivasan, A. and Mishra, R.K. (2014) Genome-wide mapping of matrix attachment regions in *Drosophila melanogaster*. *BMC Genomics* 15:1022.

Razin, S.V., Borunova, V.V., Iarovaia, O.V. and Vassetzky, Y.S. (2014) Nuclear matrix and structural and functional compartmentalization of the eucaryotic cell nucleus. *Biochemistry (Moscow)* 79:608–618.

Wilson, R.H.C. and Coverley, D. (2013) Relationship between DNA replication and the nuclear matrix. *Genes Cells* 18:17–31.

Chromosome territories

Cremer, T. and Cremer, M. (2010) Chromosome territories. *Cold Spring Harb. Perspect. Biol.* 2:a003889.

Gerlich, D., Beaudouin, J., Kalbfuss, B., et al. (2003) Global chromosome positions are transmitted through mitosis in mammalian cells. *Cell* 112:751–764.

Williams, R.R.E. (2003) Transcription and the territory: the ins and outs of gene positioning. *Trends Genet.* 19:298–302.

Chromosome domains

Bell, A.C., West, A.G. and Felsenfeld, G. (2001) Insulators and boundaries: versatile regulatory elements in the eukaryotic genome. *Science* 291:447–450.

Cavalli, G. and Misteli, T. (2013) Functional implications of genome topology. *Nat. Struct. Mol. Biol.* 20:290–299.

Fujioka, M., Mistry, H., Schedl, P. and Jaynes, J.B. (2016) Determinants of chromosome architecture: insulator pairing in *cis* and in *trans*. *PLoS Genet.* 12:e1005889.

Gerasimova, T.I., Byrd, K. and Corces, V.G. (2000) A chromatin insulator determines the nuclear localization of DNA. *Mol. Cell* 6:1025–1035.

Matharu, N.K. and Ahanger, S.H. (2015) Chromatin insulators and topological domains: adding new dimensions to 3D genome architecture. *Genes* 6:790–811.

Pirrotta, V. (2014) Binding the boundaries of chromatin domains. *Genome Biol.* 15:121. *Insulator binding proteins.*

Sexton, T. and Cavalli, G. (2015) The role of chromosome domains in shaping the functional genome. *Cell* 160:1049–1059.

Sexton, T., Yaffe, E., Kenigsberg, E., et al. (2012) Three-dimensional folding and functional organization principles of the *Drosophila* genome. *Cell* 148:458–472.

Tanay, A. and Cavalli, G. (2013) Chromosomal domains: epigenetic contexts and functional implications of genomic compartmentalization. *Curr. Opin. Genet. Dev.* 23:197–203.

Covalent modification of histones

Ahringer, J. (2000) NuRD and SIN3: histone deacetylase complexes in development. *Trends Genet.* 16:351–356.

Bannister, A.J. and Kouzarides, T. (2011) Regulation of chromatin by histone modifications. *Cell Res.* 21:381–395.

Bernstein, B.E., Kamal, M., Lindblad-Toh, K., et al. (2005) Genomic maps and comparative analysis of histone modifications in human and mouse. *Cell* 120:169–181. *Correlates the positions of histone modifications in chromosomes 21 and 22 with gene activity.*

Carrozza, M.J., Utley, R.T., Workman, J.L. and Côté, J. (2003) The diverse functions of histone acetyltransferase complexes. *Trends Genet.* 19:321–329.

Imai, S., Armstrong, C.M., Kaeberlein, M. and Guarente, L. (2000) Transcriptional silencing and longevity protein Sir2 is an NAD-dependent histone deacetylase. *Nature* 403:795–800.

Khorasanizadeh, S. (2004) The nucleosome: from genomic organization to genomic regulation. *Cell* 116:259–272. *Review of histone modification, nucleosome remodeling, and DNA methylation.*

Lachner, M., O'Carroll, D., Rea, S., et al. (2001) Methylation of histone H3 lysine 9 creates a binding site for HP1 proteins. *Nature* 410:116–120.

Lawrence, M., Daujat, S. and Schneider, R. (2016) Lateral thinking: how histone modifications regulate gene expression. *Trends Genet.* 32:42–56.

Sneppen, K. and Dodd, I.B. (2012) A simple histone code opens many paths to epigenetics. *PLoS Comput. Biol.* 8:e1002643. *Models the possible ways in which a histone code might operate.*

Taunton, J., Hassig, C.A. and Schreiber, S.L. (1996) A mammalian histone deacetylase related to the yeast transcriptional regulator Rpd3p. *Science* 272:408–411.

Timmers, H.T. and Tora, L. (2005) SAGA unveiled. *Trends Biochem. Sci.* 30:7–10.

Verdin, E., Dequiedt, F. and Kasler, H.G. (2003) Class II histone deacetylases: versatile regulators. *Trends Genet.* 19:286–293.

Zhang, T., Cooper, S. and Brockdorff, N. (2015) The interplay of histone modifications – writers that read. *EMBO Rep.* 16:1467–1481.

Nucleosome remodeling

Aalfs, J.D. and Kingston, R.E. (2000) What does 'chromatin remodeling' mean? *Trends Biochem. Sci.* 25:548–555. *Discussion of histone modification and nucleosome remodeling.*

Becker, P.B. and Workman, J.L. (2013) Nucleosome remodeling and epigenetics. *Cold Spring Harb. Perspect. Biol.* 5:a017905.

Euskirchen, G., Auerbach, R.K. and Snyder, M. (2012) SWI/SNF chromatin-remodeling factors: multiscale analyses and diverse functions. *J. Biol. Chem.* 287:30897–30905.

Tang, L., Nogales, E. and Ciferri, C. (2010) Structure and function of SWI/SNF chromatin remodeling complexes and mechanistic implications for transcription. *Prog. Biophys. Mol. Biol.* 102:122–128.

DNA methylation, imprinting, and X inactivation

Ballabio, A. and Willard, H.F. (1992) Mammalian X-chromosome inactivation and the *XIST* gene. *Curr. Opin. Genet. Dev.* 2:439–447.

Barlow, D.P. and Bartolomei, M.S. (2016) Genomic imprinting in mammals. *Cold Spring Harb. Perspect. Biol.* 6:a018382.

Brown, C.J. and Greally, J.M. (2003) A stain upon the silence: genes escaping X inactivation. *Trends Genet.* 19:432–438.

Costanzi, C. and Pehrson, J.R. (1998) Histone macroH2A1 is concentrated in the inactive X chromosome of female mammals. *Nature* 393:599–601.

Jeppesen, P. and Turner, B.M. (1993) The inactive X chromosome in female mammals is distinguished by a lack of histone H4 acetylation, a cytogenetic marker for gene expression. *Cell* 74:281–289.

Lee, J.T. (2005) Regulation of X-chromosome counting by *Tsix* and *Xite* sequences. *Science* 309:768–771.

Smith, Z.D. and Meissner, A. (2013) DNA methylation: roles in mammalian development. *Nat. Rev. Genet.* 14:204–220

유전체 발현에서 DNA-결합 단백질의 역할

CHAPTER **11**

제10장에서 개개 유전자 활성이 이들 유전자가 위치하고 있는 염색질 도메인의 포장 정도와 유전자 주변에 있는 뉴클레오솜의 정확한 위치에 따라 영향을 받는다는 것을 알아보았다. 우리는 뉴클레오솜과 같은 높은-단계의 구조에 초점을 두고 있지만, 좀 더 근본적인 단계에서 유전체에 대한 접근성은 히스톤 단백질과 이들이 부착하고 있는 DNA 사이의 상호작용에 의해 조절된다. 이러한 상호작용들은 유전체 발현에서 **DNA-결합 단백질(DNA-binding protein)**이 수행하는 주된 역할이 한 예이다. 히스톤은 개개 유전자의 전사에 관여하는 여러 단백질들과 마찬가지로 DNA-결합 단백질이다. 또한 DNA가 아닌 RNA에 결합하는 거대한 그룹의 연관된 단백질들과 더불어 DNA 복제, 수선 및 재조합에 관여하는 DNA-결합 단백질들도 있다. 많은 DNA-결합 단백질들은 특이적 뉴클레오티드 서열을 인식하고 이들 표적 자리에 우선적으로 결합한다. 반면 히스톤과 같은 여러 단백질들은 서열 특이성이 없고 유전체의 다양한 자리에 부착한다.

이 장에서는 특히 서열-특이적 결합 단백질의 부착자리 인식 방법에 초점을 두면서, DNA-결합 단백질의 특수한 구조적 특징에 대해 알아보고, 이러한 특징들이 어떻게 DNA-결합 단백질이 유전체에 부착할 수 있게 하는지 알아보고자 한다. 이러한 DNA-결합 단백질의 상호작용의 특징과 영향에 대한 이해는 유전체 연구의 중요하고 활발한 연구 분야이므로, DNA-결합 단백질의 구조와 이들의 DNA 분자 위의 결합자리를 찾아내는 방법을 알아보는 것으로부터 시작하고자 한다.

11.1 DNA-결합 단백질과 단백질 결합 부위

DNA-결합 단백질과 유전체 사이의 상호작용 연구에 사용되는 방법은 다음 두 카테고리에 속한다.

- DNA-결합 단백질의 구조 연구에서 단백질이 서열-특이적 부착을 하도록 하는 구조적 특징을 알아내는 데 사용되는 다양한 기술, 특히 가장 중요한 것은 **X-선 결정학(X-ray crystallography)**과 **NMR(nuclear magnetic resonace spetroscopy, 핵자기공명 분광학)**
- 다양한 정도의 정확성으로 DNA-결합 단백질이 부착하는 DNA 분자의 위치를 알아내는 방법들

X-선 결정학으로 결정이 만들어질 수 있는 단백질에 대한 구조적 정보를 알 수 있다

DNA-결합 단백질이 일단 순수정제되었다면, 단독으로 또는 결합 부위와 함께 구조를 결정하는 노력을 하게 된다. 이것으로써 단백질의 DNA-결합 부위의 형태를 연구할 수 있게 되고, DNA 분자와의 접촉 부위 및 특성을 밝힐 수 있다. 이러한 연구 분야의 중심

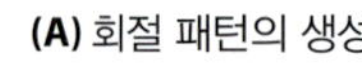

(A) 회절 패턴의 생성

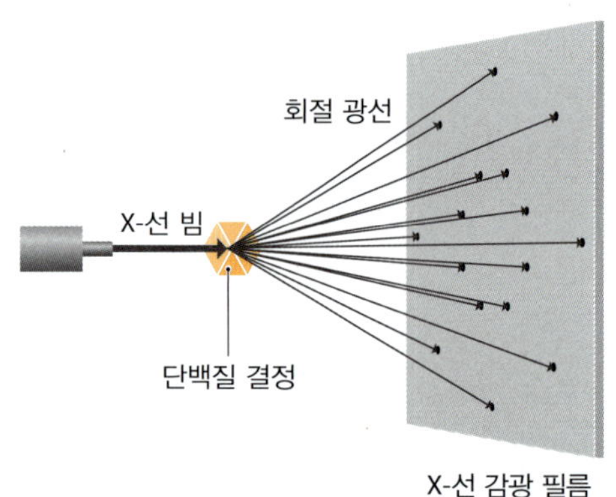

(B) 리보핵산분해효소의 X-선 회절 패턴

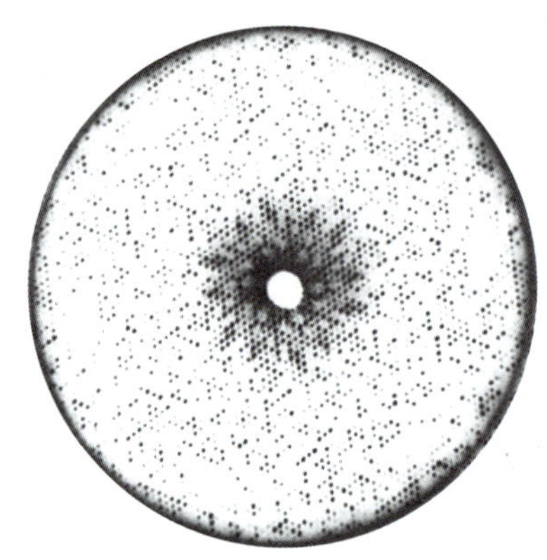

그림 11.1 X-선 결정학. (A) X-선 회절 패턴은 관찰하고자 하는 분자의 결정에 X-선을 통과시킴으로써 얻어진다. (B) 리보핵산분해효소의 결정에서 얻어진 회절 패턴.

에 있는 기술이 X-선 결정학과 NMR 분광학이다.

X-선 결정학은 그 역사가 19세기 후반의 **X-선 회절(X-ray diffraction)**로부터 기원하는 오래된 기술이다. X-선은 0.01~10 nm의 매우 짧은 파장을 가지고 있어서 화학 구조물의 원자 사이 거리와 비슷하다. 결정에 X-선을 쪼이면 일부 X-선은 바로 통과하지만, 일부는 회절되어 결정으로 들어간 각도와는 다른 각도로 나온다. 만약 결정이 여러 개의 동일 분자로 만들어졌고 규칙적인 배열로 위치하고 있다면, X-선은 동일한 방법으로 회절되고 회절된 파장이 서로 간섭하면서 중복된 원이 만들어진다. X-선을 감지하는 광 방향의 수직인 면에 사진필름이나 전자 검출기를 놓게 되면 X-선 회절 패턴으로 불리는 연속적인 점이 만들어지고, 이 점으로부터 결정 분자의 구조를 유추할 수 있다(그림 11.1). 점의 상대적 위치는 결정 속 분자의 배열을 말해 주며, 점의 상대적 강도로 분자 구조의 정보를 알 수 있다. 분자가 복잡할수록 점의 수는 많아지고, 이들 사이를 비교해야 하는 수도 증가한다. 그 결과 가장 단순한 분자를 제외하고는 컴퓨터의 도움이 필요하게 된다.

성공적인 경우, X-선 회절 패턴의 분석으로 **전자밀도지도(electron density map)**를 만들 수 있다(그림 11.2). 단백질의 경우, 이것으로 접혀진 폴리펩티드에서 α-나선과 β-평면과 같은 구조적 특성의 위치를 알아낼 수 있다. 만약 지도가 충분히 자세하다면 폴리펩티드의 개개 아미노산의 R기도 구별할 수 있어서 이들 상호의 방향을 알아낼 수 있다. 이것으로 단백질 구조 속에서 이루어지는 수소결합이나 기타 화학결합을 유추할 수 있다. 가장 성공적인 경우, 0.1 nm 해상력이 가능하며, 이는 0.1 nm 거리의 구조를 알아낼 수 있음을 의미한다.

(A) 리보핵산분해효소 전자밀도지도의 일부

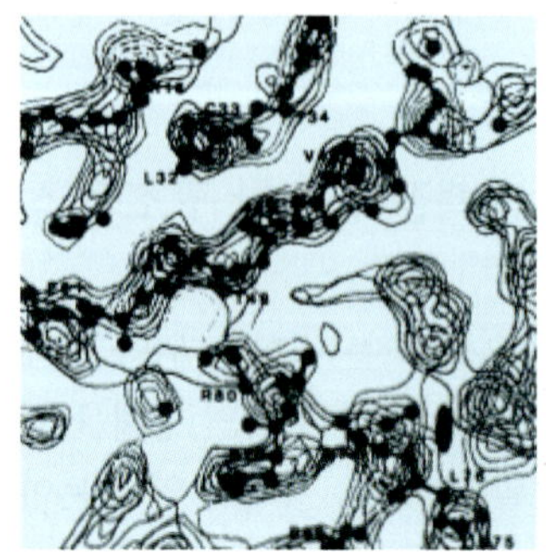

(B) 전자밀도지도를 0.2 nm 분해능으로 분석하였을 때 보이는 티로신 R기

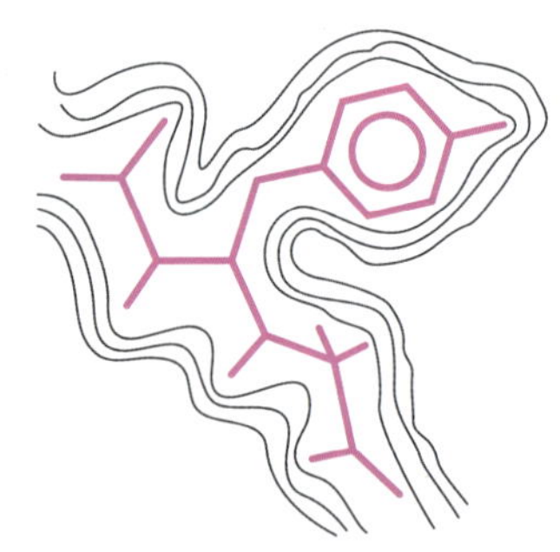

그림 11.2 전자밀도지도. (A) 리보핵산분해효소에서 유래한 전자밀도지도의 일부. (B) 0.2 nm 분해능으로 분석한 전자밀도지도로 티로신 R기를 볼 수 있다.

단백질에서, 대부분의 탄소-탄소 결합 거리는 0.1~0.2 nm이며, 탄소-수소 결합은 0.08~0.12 nm이다. 즉, 0.1 nm 분해능에서 단백질의 매우 자세한 3차 구조모델을 만들 수 있다. X-선 결정학의 한 가지 단점은 단백질의 구조를 이러한 방법으로 연구를 하려면 반드시 결정이 만들어져야 한다는 것이다. 과농축된 용액에서 좋은 품질의 결정이 만들어질 수 있는, 많은 단백질의 경우 이것은 별로 문제가 되지 않는다. 그러나 바깥쪽으로 혐기성 부위를 가지는 막단백질과 같은 여러 단백질들의 결정을 만드는 것은 훨씬 어렵고 때로는 불가능하다.

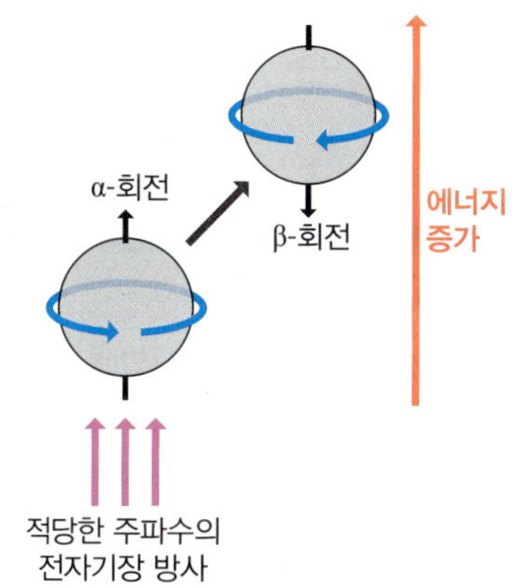

그림 11.3 NMR의 원리. 회전하는 핵은 전자기장에서 2가지 방향 중 하나를 흡수한다. α에서 β로의 전환을 유도하는 데 필요한 전자기 방사 주파수를 측정해서 α와 β 회전 상태 사이의 에너지 차이를 결정한다.

NMR 분광학은 작은 단백질의 구조를 연구하는 데 사용된다

X-선 결정학과 마찬가지로, NMR 역시 첫 기록이 1936년으로 역사가 20세기 초반까지 거슬러 올라가는 오래된 기술이다. 이 기술의 원리는 원자 핵의 회전으로 자기장 모멘트가 만들어진다는 것이다. 이것을 전자기장이 있는 곳에 놓으면, 회전하는 핵은 α와 β로 불리는 두 방향으로 위치한다(그림 11.3). α-방향(자기장과 같은 방향으로 배열하는)은 다소 낮은 에너지를 가지고 있다. NMR 광학에서 이러한 에너지 차이의 정도는 α를 β로 바꾸는 데 필요한 전자기 방사선의 진동수를 측정하여 결정하며, 이 값을 연구 대상 핵의 **공명 진동수(resonance frequency)**라 부른다. 중요한 점은 각 핵의 유형에 따라 특정 공명 진동수가 있지만, 회전하는 핵 주변의 전자가 주어지는 자장으로부터 핵을 어느 정도 가리기 때문에 측정 진동수가 종종 표준값과 차이가 매우 적다는 것이다(일반적으로 1백만 분의 10보다 적다). (연구 대상의 핵 표준값과 관찰되는 공명 에너지의 차이인) **화학 편차(chemical shift)**로 핵 주변 화학적 환경을 추정할 수 있고 그것으로부터 구조에 대한 정보를 얻을 수 있게 된다. [COSY(correlation spectroscopy) 및 TOCSY(total correaltion spectroscopy)로 불리는] 특수한 유형의 분석법을 사용하면 회전하는 핵과 화학 결합으로 연결된 원자를 발견할 수 있다. NOESY(nuclear Overhauser effect spectroscopy)와 같은 다른 분석법을 사용하면 회전하는 핵과 공간적으로 가까운 그러나 직접적으로 연결되지 않은 원자도 알아낼 수 있다.

NMR 분석에 적합하려면 화학적 핵은 반드시 홀수의 양성자 및/또는 중성자를 가져야 한다. 그렇지 않은 경우에는 전자기장에 넣어도 회전하지 않는다. 대부분의 단백질 NMR은 ^{1}H를 연구한다. 화학적 환경과 각 수소 원자의 공유결합 정보를 알아내어 단백질의 전반적 구조를 추정하는 것이 목표이기 때문이다. 이러한 연구는 종종 적어도 탄소원자 그리고/또는 질소원자 몇 개가 흔하지 않은 **동위원소(isotope)** ^{13}C와 ^{15}N으로 대체된 단백질 분석을 추가로 진행하는데, 이들이 좋은 NMR 결과를 가져다 주기 때문이기도 한다.

성공적인 경우, NMR 결과는 X-선 결정학과 같은 수준의 해상력을 보여줄 뿐 아니라 단백질 구조에 대한 매우 자세한 정보를 제공한다. NMR의 주된 장점은 용액 속 분자를 사용하기 때문에 단백질의 X-선 분석을 위한 결정을 만들 때 종종 일어나는 문제들을 피할 수 있다는 것이다. 또한 단백질 접힘이나 기질의 첨가에 반응하는 동안 일어나는 단백질 구조의 변화를 관찰하려는 목적이라면 용액 속 연구는 더 큰 유연성을 제공해 준다. NMR의 단점은 이것이 비교적 작은 단백질에만 적용 가능하다는 것이다. 그것에는 여러 이유가 있는데, 그 중 하나는 각각의 또는 가능한 많은 연구대상의 ^{1}H 또는 다른 핵에 대한 공명 주파수를 파악해야 한다는 것이다. 이들의 주파수가 중복되지 않으려면 서로 다른 화학 편차를 가진 다양한 핵이 필요하다. 단백질이 커질수록 핵의 수는 많아지고 주파수가 중복되어 구조적 정보를 얻지 못하게 될 가능성이 높아진다. 이러한 이유들로 NMR의 사용이 제한되어지며, 단백질의 일부분으로 핵산을 결합

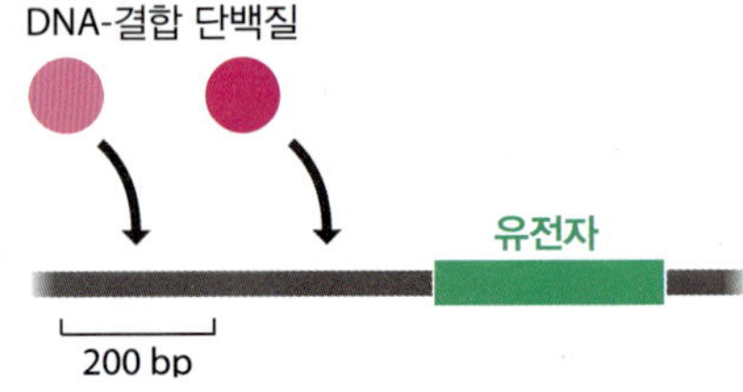

그림 11.4 유전자의 바로 상위에 위치한 DNA-결합 단백질의 부착자리.

하는 등 단백질 활성에 대한 모델로서 중요한 정보들이 펩티드의 구조의 분석을 통해서 얻어질 수 있다.

젤 지연법은 단백질에 결합하는 DNA 조각을 확인한다

많은 DNA-결합 단백질들은 히스톤과 같이 어떤 핵산 서열이든 상관없이 DNA 분자에 결합하지만, 다른 것들은 서열 특이성을 보이며 유전체의 특정 위치에만 안정된 결합을 한다. 즉, DNA-결합 단백질 구조에 대한 연구와 더불어 서열-특이적 단백질의 결합자리를 알아내는 데 필요한 보완적 연구방법이 필요하다. 이러한 방법들 중 많은 것들은 유전체학 시대 이전 동안 개발된 것으로 단백질이 약 2 kb 길이의 클론된 DNA 조각에 결합하는 자리를 찾아내도록 고안된 것이다. 이러한 방법들을 개발하게 된 이유는 표적 유전자의 바로 위에 위치하는 서열-특이적 부착자리에 영향을 주는 많은 **전사인자(transcription factor**, 유전자 전사를 조절하는 단백질)를 발견하기 위한 것이었다(**그림 11.4**). 즉, 상위 지역을 포함한 유전자 서열이 새롭게 발견되었다면, 적어도 이것의 발현을 조절하는 일부 단백질의 결합자리를 즉시 알 수 있게 된다는 것이다.

정확성의 정도는 다르지만 클론된 DNA 조각에 결합하는 단백질 결합자리를 알아내는 다양한 방법이 있다. 이러한 방법 중 가장 쉽지만 가장 정확성이 낮은 방법은 순수정제된(nakid) DNA와 단백질이 결합한 DNA 사이의 전기영동에서의 차이점을 이용한 것이다. 작은 조각은 젤의 구멍 같은 구조물 사이를 큰 조각들보다 비교적 빠르게 움직이기 때문에, DNA 조각들은 아가로스 젤 전기영동에서 크기에 따라 분리된다(2.1절). 만약 DNA에 단백질이 결합하였다면, 이 DNA의 이동성은 지연되고 DNA-단백질 복합체는 처음 시작한 부분 가까이에 띠를 형성한다(**그림 11.5**). 이것을 **젤 지연법(gel retardation)**이라 부른다. 실제적으로, 이 방법은 단백질 결합 부위가 들어있다고 생각되는 제한효소 절편 조각들을 한꺼번에 모아서 실행한다. 제한효소 절단 조각들을 핵단백질 추출물(진핵세포를 연구하고 있다면)과 섞어준 후 전기영동한 후, 단백질과 반응시키지 않은 제한효소 절단 조각들의 전기영동 패턴과 비교하여 지연된 조각을 찾는다. 이 단계에서는 DNA-결합 단백질이 정제되지 않은 상태이기 때문에 핵 추출물이 사용된다. 그러나 단백질을 얻을 수 있다면 이 실험은 혼합된 추출물 대신에 순수 정제된 단백질을 이용하여 손쉽게 수행할 수 있다.

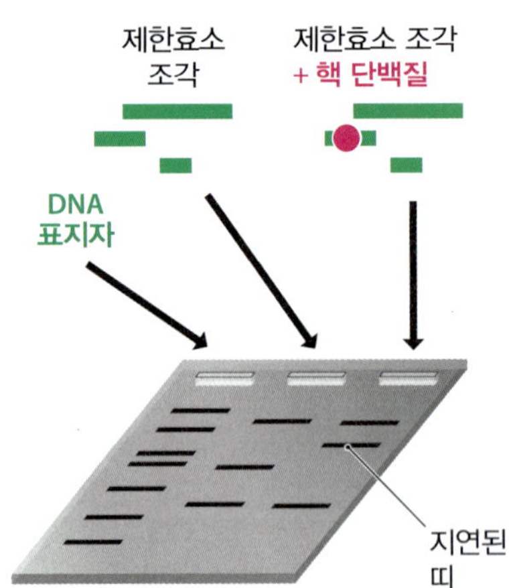

그림 11.5 젤 지연 분석. 핵 추출액을 제한효소로 절단한 DNA 조각들과 혼합하면, 추출액 내의 DNA-결합 단백질이 제한효소 조각 중의 하나와 결합할 것이다. DNA와 단백질 복합체는 결합하지 않은 DNA보다 분자량이 크기 때문에 젤 전기영동에서 훨씬 천천히 움직인다. 결과적으로 이 조각의 띠는 지연되게 되고 핵 추출액과 혼합되지 않은 제한효소 절단 조각에 의해 만들어진 띠 패턴과 비교하여 확인할 수 있다.

보호 분석법은 결합 부위를 훨씬 정확하게 집어낼 수 있다

젤 지연법은 DNA 서열에서의 단백질 결합 부위의 위치에 대한 대충의 정보만을 줄 수 있을 뿐 정확하게 지적할 수는 없다. 기껏해야 수십 염기쌍 정도로 추정되는 결합 부위 크기에 비해 지연된 조각의 크기는 종종 수백 염기쌍에 달하며, 지연된 조각의 어느 부위가 결합 부위인지를 알 수도 없다. 또한 만약 지연된 조각의 길이가 길면 몇 개의 서로 다른 단백질의 결합 부위를 가지고 있을 수도 있고, 그리고 조각이 너무 작으면 결합 부위가 다른 조각의 뉴클레오티드에 포함될 수도 있다. 이러한 경우 DNA 조각이 단백질과 안정적인 복합체를 이루지 못하기 때문에 젤 지연이 일어나지 않는다. 따라서 젤 지연법은 초기에 사용할 수 있는 방법이며, 좀 더 정확한 정보를 얻기 위해서는 다른 방법을 사용하여야 한다.

변형 보호(modification protection) 분석은 젤 지연의 문제점을 보완해 준다. 이 기술의 원리는 만약 DNA 분자에 단백질이 결합되어 있다면 그 부분의 뉴클레오티드 서열은 변형으로부터 보호될 것이라는 것이다. 변형의 방법으로는 아래의 두 가지가 있다.

- 결합된 단백질에 의해 보호되는 부분을 제외한 다른 부분의 인산디에스테르 결합

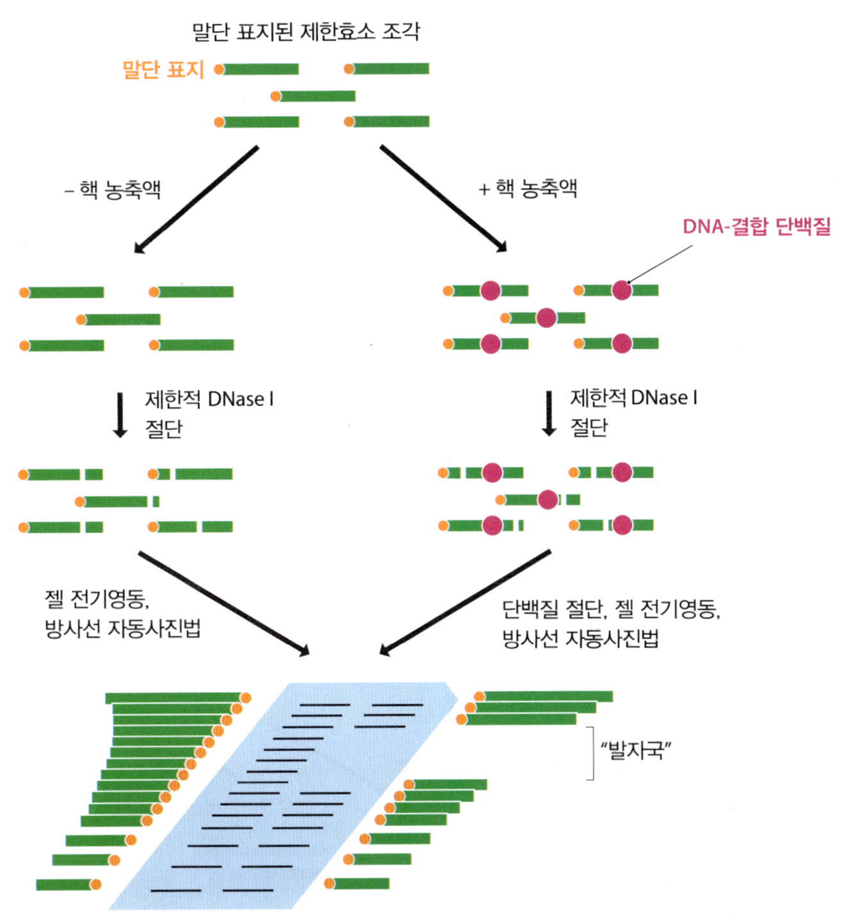

그림 11.6 DNase I 발자국분석법. 결합 단백질이 있는 시료와 없는 시료와 섞은 DNA는 각 DNA 조각이 평균적으로 단 한 번만 잘리는 제한적 조건에서 DNase I으로 처리한다. 결합 단백질을 제거하고, 두 시료를 전기영동으로 분리하여, 표지된 조각을 알아본다. 전 조각 집단에서 보면, 결합된 단백질로 보호된 곳을 제외하고 모든 자리가 잘리게 된다. 이 보호된 지역을 발자국으로 표현한다. 이 실험의 시작에 사용하는 제한효소 조각들은 반드시 한쪽 끝에만 표지가 되어야 한다. 이것은 일반적으로 비교적 긴 조각의 양쪽 끝을 모두 표지한 다음, 두 번째 제한효소로 절단한 후에 2 조각 중의 한 세트의 조각만을 순수분리한다. DNase I는 효소가 표적 분자에서 무작위적으로 이중나선을 절단하여 비점착성 말단을 만들도록 유도하는 망간염이 있는 조건에서 수행된다. 이 실험에서, 조각은 방사성 동위원소로 표지되고 전기영동 젤에서 띠 패턴은 방사선 사진 분석으로 알아낸다.

을 끊는 핵산분해효소의 처리

- 구아닌(G) 뉴클레오티드에 메틸기를 첨가하는 디메틸 황산염(DMS)과 같은 메틸화 물질의 처리. 이때 결합된 단백질에 의해 보호되는 G는 메틸화되지 않을 것이다.

두 방법 모두 **발자국분석법(footprinting)**이라고 하는 실험방법을 이용한다. 핵산분해효소 발자국분석법에서는 분석대상 DNA 조각의 한쪽 끝을 표지하여 결합 단백질(핵 추출물 형태이거나 분리된 단백질의 형태로)과 혼합한 후 DNase I(deoxyribonuclease 1, 디옥시리보핵산 가수분해효소)을 처리한다. 일반적으로 DNase I은 모든 인산디에스테르 결합을 끊는데, 이때 단백질이 결합한 DNA 조각은 보호를 받는다. 그러나 작은 조각들은 염기 서열 분석이 용이하지 않기 때문에 이러한 방법은 별로 유용한 방법이 아니다. 이것보다는 그림 11.6에서 보여주고 있는 좀 더 섬세한 접근법을 사용하는 것이 훨씬 간편하다. 핵산분해효소를 낮은 온도나 소량의 효소를 이용하는 등 제한된 조건에서 처리하여 개개의 DNA 조각들이 효소에 의해 평균적으로 한 번만 공격받는, 즉 전체 조각이 한 번만 잘리도록 하는 것을 말한다. 각각의 조각들은 한 번씩만 잘렸지만 전체 조각에서 보면 결합한 단백질에 의해 보호된 부분을 제외한 모든 자리가 잘리게 된다. 이후 단백질을 제거하고 모든 조각을 전기영동한 후 표지된 조각을 관찰한다. 각각의 조각들에서 한쪽 끝은 표지가 되어 있고 다른 끝은 잘린 상태다. 결과적으로 표지된 띠가 없어 사다리가 비어 있는 지역을 가진 한 뉴클레오티드씩 차이가 나는 사다리가 만들어진다. 이때 빈 지역을 "발자국"이라 하며, 이 부분은 처음 DNA에서 결합한 단백질에 의해 보호된 인산디에스테르 결합의 위치에 해당한다.

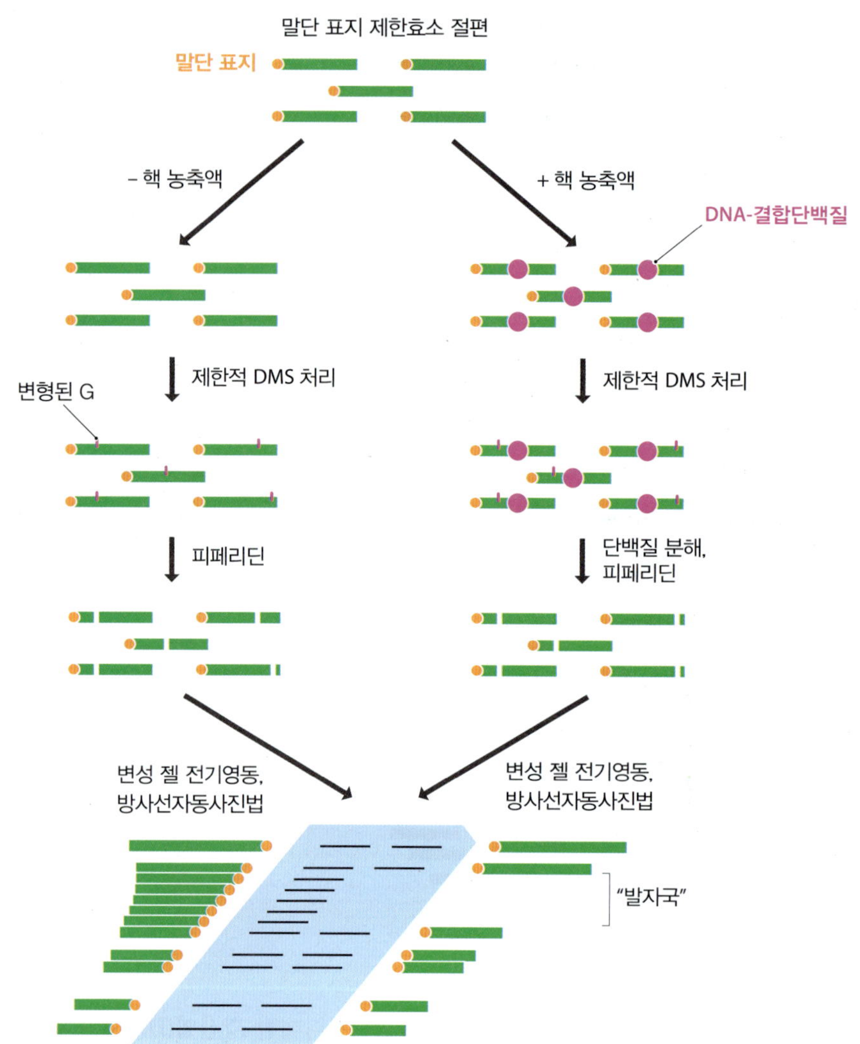

그림 11.7 DMS(디메틸황산염) 변형 보호분석법. 이 방법은 DNase 발자국분석법과 유사하다, DNase I 절단 대신 조각들을 한정된 양의 DMS로 처리하여 각각의 조각들이 하나의 구아닌 염기만이 메틸화되도록 처리한다. 결합한 단백질에 의해 보호된 구아닌은 변형될 수 없다. 단백질을 제거한 후 DNA를 변형된 뉴클레오티드 자리를 절단하는 피페리딘으로 처리한다. 그림에서는 이 단계에서 단순하게 이중가닥 분자가 절단되는 것으로 보여주었다. 피페리딘은 분자 전체를 절단하는 이중가닥 절단을 만드는 것이 아니라 변형된 가닥만 절단하기 때문에, 실제로는 이들은 단지 틈새가 생긴 것뿐이다. 따라서 시료는 두 가닥을 분리하는 변성 젤 전기영동으로 조사한다. 방사선 자동사진법의 결과는 한쪽 끝이 표지되고 다른 한쪽은 피페리딘에 의해 만들어진 틈새를 갖는 가닥의 크기를 보여준다. 핵 농축액과 혼합되지 않은 대조군 DNA가닥의 띠 패턴은 구아닌의 위치를 알려주고, 검사 시료의 띠 패턴에서 나타나는 발자국은 어느 구아닌이 보호되었는가를 말해준다.

DNase 1 분해가 아닌 두 번째 변형보호법은 평균적으로 하나의 DNA 조각에 하나의 구아닌만 메틸화되도록 제한된 양의 디메틸 황산염(dimethyl sulfate)을 처리하는 것이다(그림 11.7). 단백질이 결합되어 보호된 구아닌은 변형되지 못한다. DNA 조각에서 단백질을 제거한 후 변형된 뉴클레오티드 단일가닥을 자르는 피페리딘(piperidine)으로 처리한다. 요소와 같은 변성 물질이 들어있는 상태로 전기영동하게 되면 이중가닥 분자가 단일가닥으로 분리되면서, 하나는 표지된 말단을 갖게 되고 다른 것은 피페리딘으로 잘린 말단을 갖게 된다. 전기영동을 수행하면, 대조군 DNA 가닥은 (핵추출물로 처리하지 않아) 제한효소 절편 내 모든 구아닌 자리가 보이는 띠 패턴을 보여주며, 시험 시료에서는 구아닌 자리가 보호된 발자국 띠 패턴이 보여진다.

변형 간섭으로 단백질 결합의 핵심 뉴클레오티드를 찾는다

단백질 결합 연구의 추가적 면을 밝혀주는 **변형 간섭(modification interference)**은 다른 기술이며, 변형 보호와 혼동하지 말아야 한다. 변형 간섭은 단백질 결합에 중요한 뉴클레오티드가 변형되는 경우, 예를 들어 메틸 그룹 등으로, 결합이 저해된다는 원리에 기초한다. 이러한 기술의 한 종류는 그림 11.8에서 설명하였다. 한쪽 끝이 표지된 DNA 조각을 각각의 조각에서 하나의 구아닌만 메틸화되도록 디메틸 황산염과 같은 변형을 유발하는 물질로 제한적인 조건에서 처리한다. 여기에 결합 단백질이나 핵 추출물을 반

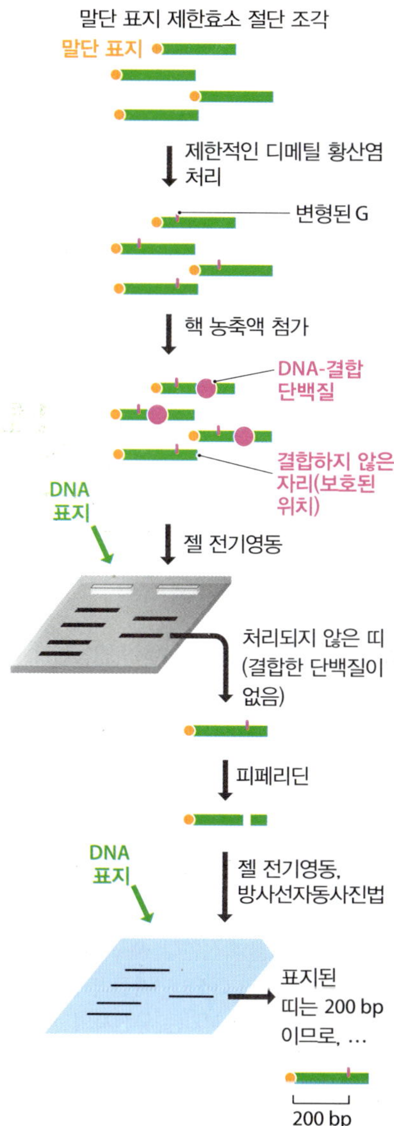

그림 11.8 디메틸 황산염(DMS) 변형 간섭 분석. 이 기술은 DMS 보호 분석법과 유사하다 DMS는 DNA 조각의 구아닌을 변형하는 데 사용된다. 그러나 DMS는 단백질이 결합하기 전 처리되어, 결합자리의 변화 효과가 분석된다. 그림 11.7과 같이, 모식도는 피페리딘으로 이중-가닥 분자가 잘리는 것으로 단순화하였다. 피페리딘은 변형이 있는 가닥만 자른다.

응시킨 후 조각을 전기영동한다. 단백질-DNA 복합체와 단백질이 결합되지 않은 DNA 조각 등 2종류의 띠가 관찰된다. 후자의 경우는 단백질 결합에 중요한 하나 또는 그 이상의 구아닌이 메틸화되었기 때문에 단백질이 결합하지 못한 것이다. 어떤 구아닌이 변형되었는지 알기 위해서 DNA 조각을 젤에서 잘라내어 DNA의 메틸구아닌 뉴클레오티드를 자르는 피페리딘으로 처리한다. 변형보호분석법에서와 같이, 잘려진 조각은 변성 젤 전기영동(denaturing gel electrophoresis)으로 확인한다. 표지된 조각의 길이를 전기영동으로 확인하면 어떤 뉴클레오티드가 메틸화되었는지 알 수 있고, 이것으로 단백질 결합에 관여한 구아닌의 위치를 확인할 수 있다. 동일한 방법으로 결합에 관여하는 A, C 및 T 뉴클레오티드를 확인할 수 있다.

전 유전체 탐색으로 단백질 부착 지역을 찾는다

여러 다른 생물종에서 많은 유전자 주변의 DNA-결합 단백질 결합지역의 지도를 만들기위해 젤 지연법이나 보호 분석법이 이용되어 왔다. 이 결과 여러 중요한 전사인자 결합지역 서열이 밝혀졌다. 동물에서의 한 예는 고정서열이 5'–TGACGTCA–3'인 **CRE(cyclic AMP response element)**로서, **CREB(cyclic AMP response element binding)** 단백질이 인식자리다. 이 단백질은 **cAMP(cyclic AMP, 고리형 AMP)** 수준이 올라가면 CRE에 결합 주변 유전자 발현을 활성화시킨다. 세포내 cAMP 수준은 혈당량과 같은 생리적 기능을 조절하는 호르몬의 존재에 영향을 받는다. 즉, CREB 단백질은 호르몬이 제공하는 세포외 신호를 세포내 유전자 발현 양상으로 변화시키는 신호전달 최종 경로 연결점인 것이다(그림 11.9). 대부분의 전사인자 결합 고정서열은 비교적 뚜렷하여(5.1절에서 다룬 엑손-인트론 아래 경계 서열과 CRE 고정 서열을 비교해 보라), 이러한 유전체 서열을 단순히 스캔하면 모티프의 존재를 찾을 수 있을 것으로 생각하기 쉽다. 실제로 이러한 일은 유전체 이름붙이기(annotation) 프로젝트의 일상적 일은 아니다. 서열 스캔은 거짓-양성 빈도가 높기 때문이다. 결합 자리의 전형적인 특징은 다 가지고 있으나 한 번도 사용되지 않았던 서열도 있고, 적절한 서열이 있으나 대부분의 세포에서 단백질 결합을 방해하는 메틸기가 붙어 있기도 하다.

만약 서열 스캐닝이 유전체의 단백질 결합부위 탐지에 믿을 만한 방법이라면 목록 작성이 그리 흥미로울 것도 없다. 우리가 진정으로 알고 싶어 하는 것은 특정 조직에서 어떤 자리가 사용되고 있으며, 외부 자극에 반응하여 또는 발생이나 분화 과정 중에 사용 패턴의 변화가 어떠한가 하는 것이다. 이러한 정보들로 유전체 이름붙이기가 단순한 유전체 속 서열 모티프의 지도가 아닌, 다른 조직이나 다른 생리적 조건에서 유전체가 어떻게 발현하는지를 보여줄 수 있게 된다.

유전체 전체에서 사용되고 있는 단백질 결합자리를 알아내는 가장 유용한 방법은 **ChIP-seq(chromatin immunoprecipitation sequencing, 염색질 면역침전 서열분석법)**이다. ChIP-seq의 첫 단계는 세포를 포름알데하이드로 처리하여 DNA-단백질 교차결합(cross-linking)을 형성하는 것이다. 이것은 3C 방법 또는 염색체 구조 포획법(chromosome conformation capture)에서 포름알데하이드를 사용하는 것과 동일하다(10.1절). DNA-단백질 복합체를 추출한 후 초음파 처리로 DNA를 조각낸다(그림 11.10). 교

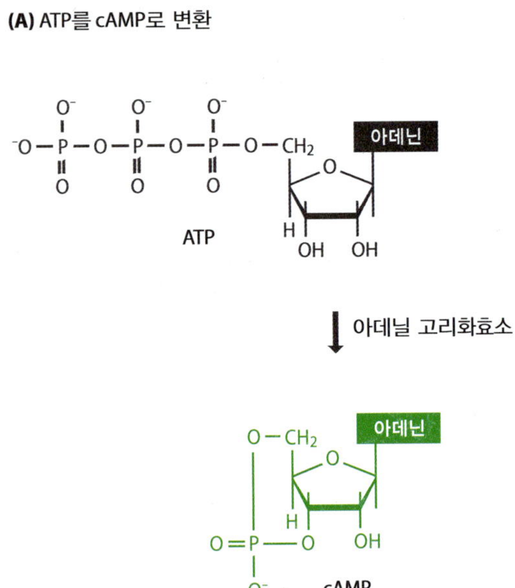

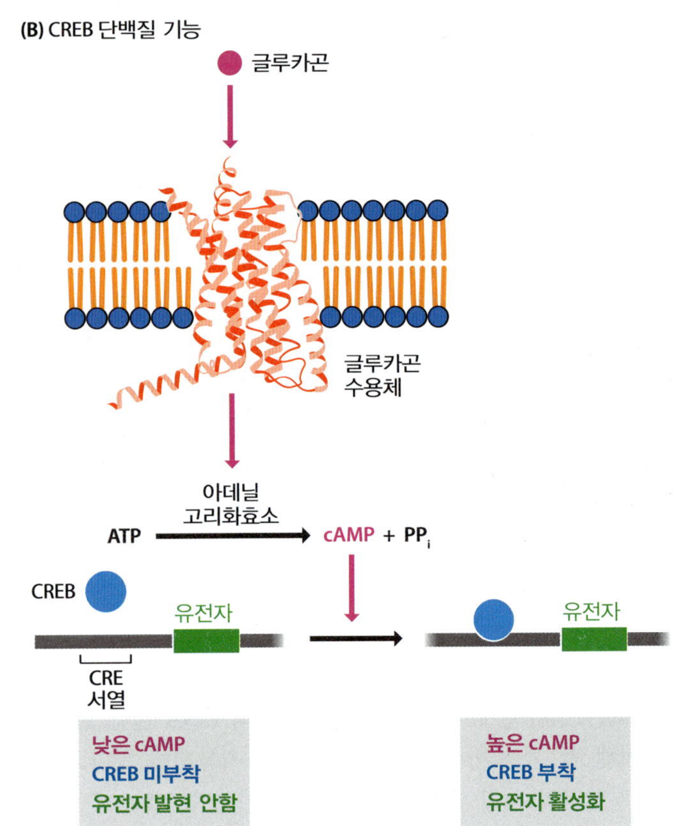

그림 11.9 CREB(고리형 AMP 반응인자 결합) 단백질의 기능. (A) CREB 단백질은 ATP를 cAMP로 변환시키는 **아데닐 고리화효소** 활성에 따라 바뀌는 세포내 cAMP의 수준에 반응한다. (B) 이 예에서, CREB 단백질의 역할은 저혈당에 반응하는 이자에서 글루카곤이 방출되게 하고 있다. 글루카곤 단백질은 세포면 수용체 단백질에 결합하여 아데닐고리화효소 활성을 촉진한다. 세포내 cAMP 양이 증가함에 따라 CREB 단백질이 혈당량을 정상수준으로 증가시키는 유전자의 상위에 존재하는 CRE(고리형 AMP 반응인자)에 결합한다.

차결합으로 전사인자나 기타 DNA-결합 단백질들은 유전체에 부착되어 추출이나 조각을 내는 단계에서도 떨어지지 않는다. 다음 단계는 연구 대상의 전사인자가 부착된 DNA 조각을 혼합물에서 분리하는 일이다. 이것은 전사인자 특이적 항체를 이용하여 DNA-단백질 복합체를 면역침전시켜 얻을 수 있다. 다음 DNA-단백질 교차결합을 70°C

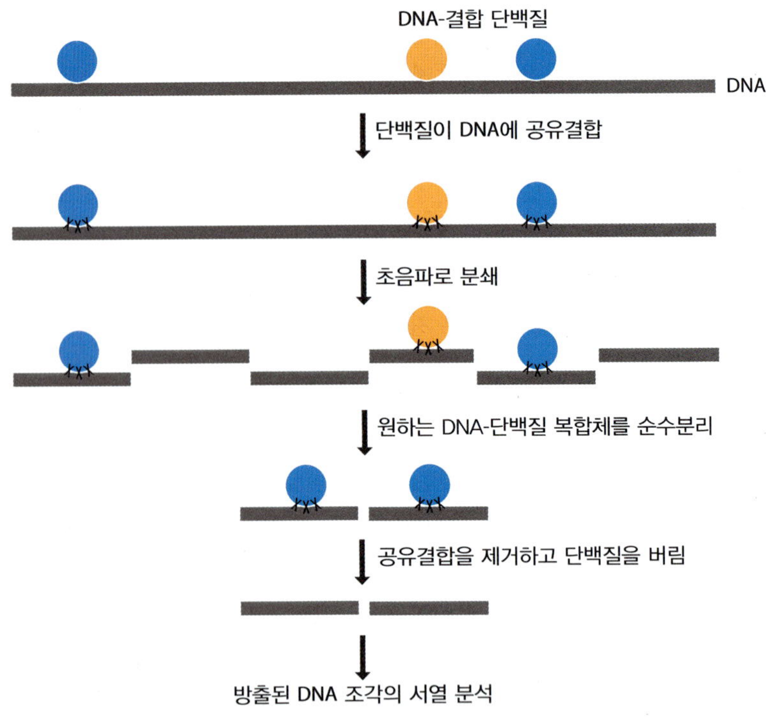

그림 11.10 염색질 면역침전 서열분석법(ChIP–seq).

로 가열하여 분리한 후, 방출된 DNA 조각은 다음-세대(next-generation) 방법으로 서열분석한다. 유전체 서열에 이 서열의 지도를 기록한다. 이러한 지도는 추출물을 만든 세포들에서 전사인자들이 실제로 결합한 위치를 보여주게 된다. **ChIP-on-chip** 또는 **ChIP-chip**으로 불리는 유사한 방법으로도 동일한 결과를 얻을 수 있다. 다만 서열분석 대신 마이크로어레이에 교잡을 통해서 순수분리된 DNA-단백질 복합체로부터 분리된 DNA 조각의 위치를 알아낸다.

11.2 DNA-결합 단백질의 특성

DNA-결합 단백질과 DNA-단백질 복합체 구조는 X-선 결정학이나 NMR 등에 의해 확인되었다. 서열 특이 DNA-결합 단백질의 구조를 비교해 보면, DNA 분자와 작용하는 단백질 조각의 구조에 따라 몇몇 그룹으로 쉽게 구별될 수 있다(표 11.1). 각각의 **DNA-결합 모티프(DNA-binding motif)**는 여러 매우 다른 생물에서 유래한 다양한 단백질에서 발견된다. 그리고 이들 중의 일부는 최소 한 번 이상 진화하였을 것으로 생각된다. 우리는 **나선-꺾임-나선(helix-turn-helix, HTH)** 모티프와 **아연손가락(zinc finger)**에 대해서만 자세히 다루고 다른 것들에 대해서는 간단히 알아볼 것이다.

표 11.1 DNA 결합 모티프

모티프	모티프를 갖는 단백질의 예
서열-특이 DNA-결합 모티프	
나선-꺾임-나선 패밀리	
표준 나선-꺾임-나선	*E. coli* 젖당 억제자
호메오도메인	*Drosophila* 안테나피디아 단백질
호메오도메인 쌍	척추동물 Pax 전사인자
POU 도메인	척추동물 조절 단백질 PIT-1, OCT-1, OCT-2
날개달린 나선-꺾임-나선	포유동물 E2F 전사인자
아연손가락 패밀리	
Cys_2His_2 손가락	진핵생물의 전사인자 TFIIIA
GATA 아연손가락	GATA 패밀리 진핵생물 전사인자
높은 음자리 손가락	후생동물 핵 수용체 전사인자
기타 모티프	
기본 나선-고리-나선	진핵생물 MYC 전사인자
리본-나선-나선	박테리아 MetJ, Arc 및 Mnt 억제자
HMG(고 이동성 그룹) 박스	포유류 성 결정 단백질 SRY
TBP 도메인	진핵생물 TATA-결합 단백질
β-원통 이량체	파필로마바이러스 E2 단백질
RHB(Rel 상동성 도메인)	포유류 전사인자 NF-κB
비서열-특이 DNA-결합 모티프	
히스톤 접힘	진핵생물 히스톤
HU/IHF 모티프*	박테리아 HU 단백질과 IHF 단백질
중합효소 간극	DNA와 RNA 중합효소

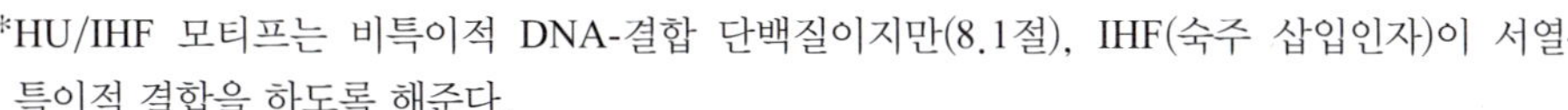
*HU/IHF 모티프는 비특이적 DNA-결합 단백질이지만(8.1절), IHF(숙주 삽입인자)이 서열-특이적 결합을 하도록 해준다.

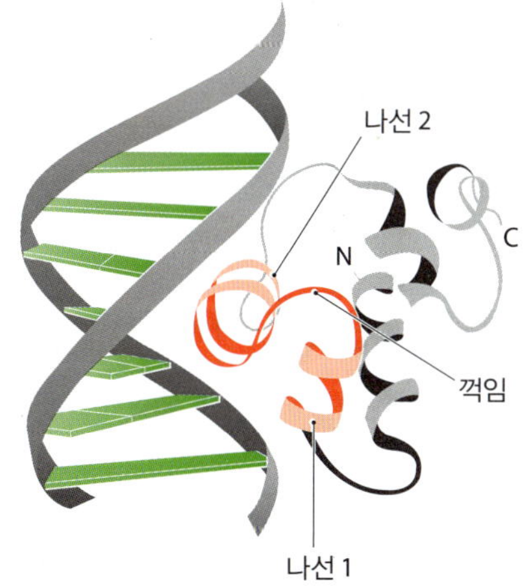

그림 11.11 나선-꺾임-나선 모티프. DNA 이중나선의 큰 홈이 있는 나선-꺾임-나선 모티프(붉은색)의 방향을 보여주고 있다. N과 C는 각각 모티프의 N-말단과 C-말단을 나타낸다.

나선-꺾임-나선 모티프는 원핵생물과 진핵생물의 단백질에 모두 존재한다

HTH 모티프는 가장 먼저 발견된 DNA-결합 구조이다. 이름에서 알 수 있듯이, 이 모티프는 2개의 α-나선이 꺾임(turn)에 의해 분리되어 있는 구조이다(**그림 11.11**). 꺾임도 무작위적인 구조가 아니라 4개의 아미노산으로 이루어지고, 그 중에 두 번째 아미노산은 일반적으로 글리신(glycine)으로 이루어진 **β-꺾임(β-turn)**이라고 하는 특이적 구조를 가지고 있다. 이 꺾임은 첫 번째 나선구조와 함께 두 번째 나선을 단백질 표면에 위치하게 하여, DNA 분자의 큰 홈에 들어갈 수 있도록 한다. 따라서 이 두 번째 나선이 DNA 서열을 읽을 수 있도록 접촉하는 **인식나선(recognition helix)**이다. HTH 구조는 일반적으로 20여 개의 아미노산으로 이루어지므로 단백질 전체에서는 작은 부분에 불과하다. 단백질의 일부 다른 부분들도 DNA 분자의 표면에 부착하여 인식나선이 큰 홈 안에 올바르게 자리 잡을 수 있도록 돕는다.

진핵생물과 원핵생물 DNA 결합 단백질들은 대부분이 HTH 모티프를 이용한다. 박테리아의 경우 개별 유전자의 발현을 조절하는 스위치 역할을 하는 가장 잘 알려진 조절단백질에 HTH 모티프가 존재한다. 예를 들면, *E. coli*에서 젖당 오페론의 발현을 조절하는 **젖당 억제자(lactose repressor)**가 있다(12.2절). 다양한 진핵생물의 HTH 단백질 중에는 **호메오 도메인(homeo domain)** 단백질과 같이 DNA 결합 능력이 유전체 발현의 발생학적 조절에서 중요한 역할을 하는 것이 많다. 이것의 역할에 대해서는 14.3절에서 알아볼 것이다. 호메오 도메인은 4개의 α-나선을 이루는 60개의 아미노산으로 이루어진 확장된 HTH 모티프로 이루어져 있다: 2번과 3번 나선은 β-꺾임으로 분리되어있고, 3번 나선은 인식 나선으로 작용하며 1번 나선이 안정화 구조이다(**그림 11.12**).

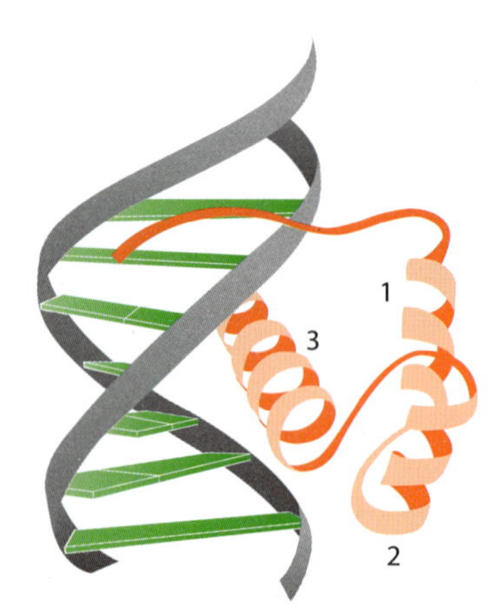

그림 11.12 호메오도메인 모티프. 나선 3이 큰 홈에 위치하고 있는 전형적인 호메오도메인의 처음 3개의 나선을 보여주고 있다. 나선 1~3은 전체 모티프의 N-말단에서 C-말단 방향으로 진행한다.

진핵생물에서 발견되는 변형된 형태의 HTH 모티프에는 아래의 두 가지가 있다:

- **POU 도메인(POU domain)**은 일반적으로 호메오도메인을 갖는 단백질에서 발견되며, 2개의 도메인이 이중나선의 서로 다른 부분에 결합하며 상호작용한다. POU라는 이름은 이 모티프가 처음 발견된 단백질의 이름의 첫 글자에서 유래했다.
- **날개달린 나선-꺾임-나선(winged helix-turn-helix)** 모티프는 HTH 구조의 또 다른 확장 형태로, HTH 모티프의 한쪽에 세 번째 α-나선을 갖고 있고, 다른 쪽에는 β-평면(β-sheet)을 갖고 있다.

진핵생물과 원핵생물의 다양한 단백질들이 HTH 모티프를 갖고 있지만, 인식나선과 큰 홈과의 상호작용 메커니즘은 모든 경우에서 정확하게 같지는 않다. 인식나선의 길이도 다양하고(일반적으로 진핵생물의 단백질은 비교적 길다), 큰 홈에서의 나선의 방향도 언제나 일정하지 않으며, 뉴클레오티드와 접촉하는 인식나선 안에서 아미노산의 위치도 서로 다르다.

아연손가락은 진핵생물 단백질에 공통적으로 존재한다

우리가 자세히 다룰 두 번째 DNA-결합 단백질 모티프는 아연손가락(Zinc finger)이다. 이것은 원핵생물에서는 매우 드물지만 진핵생물에서는 쉽게 관찰된다. *Caenorhabditis elegans*의 경우에는 350개 이상의 아연손가락 단백질이 발견되며, 모든 포유류 유전자의 10% 이상이 정도가 아연손가락 단백질을 암호하는 유전자이다.

아연손가락 단백질에는 최소한 6가지 종류가 있다. 첫 번째 종류로 **Cys_2His_2 손가락(Cys_2His_2 finger)**이 있다. 이것은 2개의 시스테인과 2개의 히스티딘을 포함하는 연속적인 12개의 아미노산이 β-평면에 연결되는 α-나선 구조를 이룬다. 이 2개의 구조가 단백질 표면에서 튀어나와 "손가락"을 이루며, 2개의 시스테인과 2개의 히스티딘이 함께

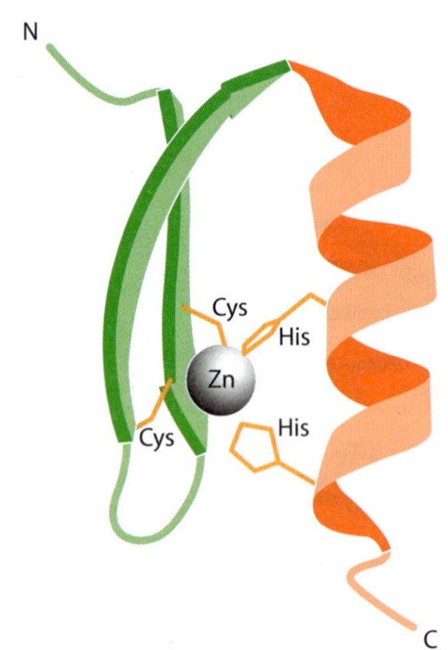

그림 11.13 Cys_2His_2 아연손가락. 이것은 효모 SW15 단백질의 아연손가락 모습이다. 아연 원자는 모티프의 β-판 사이에 있는 2개의 시스테인과 α-나선에 있는 히스티딘으로 고정되어있다. 주황색 선은 이들 아미노산의 R기를 표시한다.

아연 원자를 손가락 사이에 붙잡고 있다(그림 11.13). α-나선은 큰 홈에서 중요한 접촉을 이루는 모티프의 일부분이며, 홈에서의 α-나선의 위치는 DNA의 당-인산 골격과 작용하는 β-평면과, α-나선 및 β-평면과 결합하여 이들이 서로 적당한 위치에 자리할 수 있도록 붙잡아 주는 아연 원자에 의해 결정된다. 즉, Cys_2His_2 손가락이 있는 α-나선이 HTH 구조의 두 번째 나선과 같이 인식나선이다. 다른 형태의 아연손가락은 손가락의 구조가 서로 다르다. β-평면이 없고 하나 또는 여러 개의 α-나선으로 이루어진 것도 있으며, 아연 원자를 잡고 있는 방법도 세세한 면에서 차이가 있다. 예를 들면, **다중시스테인 아연손가락(multicystein zinc fingers)**의 경우에는 히스티딘이 없이 4개의 시스테인 사이에 아연 원자가 자리 잡고 있다. 다중시스테인 그룹으로는 GATA 전사인자 그룹에서 발견되는 **GATA 아연손가락(GATA zinc finger)**이 있다.

아연손가락의 구조에서 흥미로운 점은 하나의 단백질에 여러 개의 손가락이 존재한다는 것이다. 여러 단백질들이 2개, 3개, 또는 4개를 갖고 있지만, 이것보다 훨씬 많이 갖고 있는 것도 있어서, 일례로 한 두꺼비 단백질은 37개를 가지고 있다. 대부분의 경우, 각각의 아연손가락은 DNA와 독립적으로 접촉하지만 서로 다른 손가락 사이의 상호 관계는 훨씬 복잡하다. 핵 수용체나 스테로이드 수용체 단백질 집단과 같은 단백질의 경우, 하나의 DNA 결합 도메인에 2개의 아연 원자가 6개의 시스테인을 포함하는 2개의 α-나선과 결합하여 일반적인 아연손가락보다 **큰 높은음자리 손가락(treble deft finger)**으로 불리는 구조를 이룬다(그림 11.14). 이 모티프에서는 α-나선 중의 하나는 큰 홈에 들어가고 두 번째 나선은 다른 단백질과 접촉하는 것으로 보인다.

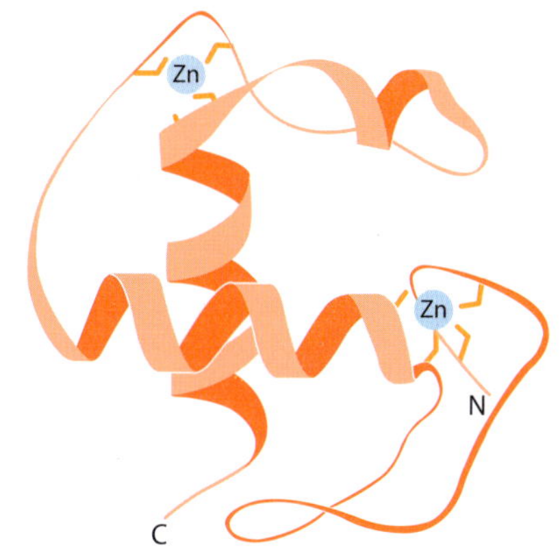

그림 11.14 **높은음자리 아연손가락.** 각 아연 원자는 주황색으로 표시된 4개의 시트테인과 조화를 이루고 있다.

다른 종류의 핵산 결합 모티프

다양한 단백질에서 발견된 여러 가지 DNA 결합 모티프는 아래와 같다:

- **염기성 나선-고리-나선(basic helix-loop-helix)** 모티프는 HTH 그룹과 뚜렷이 구별되며 다수의 진핵 전사인자에서 발견된다. 첫 α-나선은 다수의 염기성 아미노산(예를 들면, 아르기닌, 세린, 트레오닌)을 포함하는 지역을 가지고 있으며, DNA의 큰 홈에 결합한다(그림 11.15). 나선-고리-나선 구조의 나머지 구조는 이량체 형성을 도와준다. 활성이 있는 전사인자는 2개의 동일한 또는 다른 소단위로 구성된 동성이량체(homodimer) 또는 이성이량체(heterodimer)를 이룬다.
- **리본-나선-나선(ribbon-helix-helix)** 모티프는 α-나선을 인식 구조로 사용하지 않으면서 서열 특이적으로 DNA에 결합하는 흔하지 않은 모티프 중의 한 종류이다. α-나선 대신에 리본(두 가닥의 β-평면)이 큰 홈에 결합한다(그림 11.16). 리본-나선-나선 모티프는 일부 박테리아 유전자 조절 단백질에서 발견된다.
- **HMG 박스(high mobility group box**, 고이동성 그룹 박스) 도메인은 길이가 약 75 아미노산으로, L 모양을 형성하는 3개의 α-나선을 가지고 있다. 고이동성 그룹 단백질은 전기영동 특성으로 한 그룹으로 묶여진 거대하고 다양한 염색질 단백질 집단이다. 여기에는 일반적으로 하나의 HMG 박스를 가지는 여러 서열-특이적 전사인자와 기타 서열 특이성이 없는 DNA-결합 단백질이 포함되어있다. 후자에 속하는 것은 DNA 복제와 수선과 같은 과정에 관여하는 것들로 일반적으로 하나 이상의 HMG 박스를 가지며, 돌연변이 유발물질로 화학적으로 변형된 뉴클

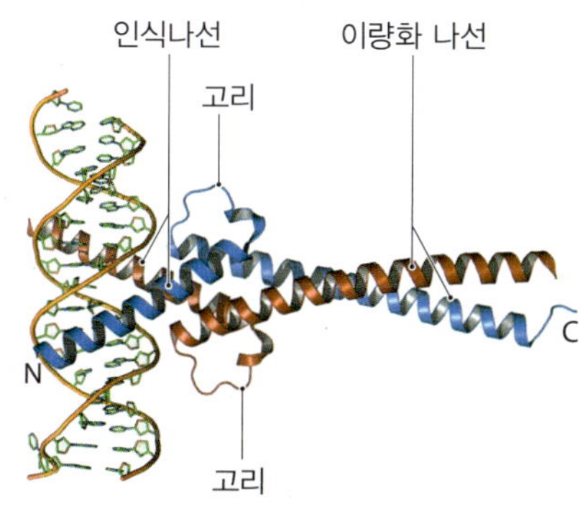

그림 11.15 **기본 나선-고리-나선 모티프.** 2개의 기본 나선-고리-나선 소단위로 이루어진 이량체를 보여주고 있다. 두 소단위는 이량체화 나선구조 사이에 상호작용으로 붙어 있다.

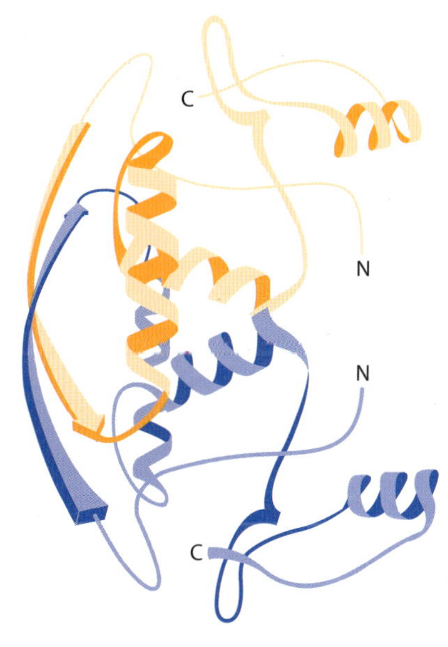

그림 11.16 **리본-나선-나선 모티프.** 그림은 *E. coli* MetJ 억제자의 리본-나선-나선 모티프이다. 이것은 동일한 단백질 2개로 이루어진 이량체이다. 하나는 주황색으로, 다른 하나는 보라색으로 표시하였다. 구조의 왼쪽에 있는 β-사슬은 이중나선의 큰 홈과 접촉하고 있다.

레오티드가 있을 때 생성되는 등의 변형된 DNA 부위를 인식한다(16.2절).

RNA-결합 단백질 역시 RNA 분자에 결합하는 특정 모티프를 가진다. 대부분은 서열-비특이적으로 작용한다. 중요한 것들은 다음과 같다:

- **RNA 인식 도메인(RNA recognition domain)**은 4개의 β-사슬과 2개의 α-나선이 β-α-β-β-α-β의 순서로 이루어져 있다. 가운데에 위치한 2개의 β-사슬이 단일가닥 RNA 분자에 결합하는 데 중요한 역할을 한다. RNA 인식 도메인은 가장 일반적인 RNA 결합 모티프로서 250종 이상의 단백질에서 발견된다. 또한 단일-가닥 DNA에 결합하는 일부 단백질에서 유사한 도메인이 존재한다.
- **dsRBD(double-stranded RNA binding domain, 이중가닥 RNA 결합 도메인)**은 RNA 인식 도메인과 유사하나 α-β-β-β-α의 구조를 갖고 있다. RNA 결합 기능은 구조의 말단에 위치한 β-사슬과 α-나선 사이에 존재한다. 이름에서 알 수 있듯이, 이 단백질은 이중가닥 RNA에 결합하는 단백질에서 발견된다.
- **KH(κ homology, κ 상동성) 도메인**은 한 쌍의 α-나선 사이에 결합 기능을 가진 β-α-α-β-β-α 구조를 가지고 있다. KH 도메인에는 두 그룹이 존재한다. 한 그룹에서는 3개의 β-사슬이 역평행의 β-평면을 형성하며, 다른 그룹에서는 2개의 사슬이 평행하는 형태이다. 첫 그룹에 속하는 단백질은 주로 진핵생물에서 발견되며, 두 번째 그룹에 속하는 것은 주로 원핵생물에서 발견된다. KH 도메인은 일부 단일-가닥 DNA-결합 단백질에서도 발견된다.

덧붙이면, 일부 단백질의 경우 DNA-결합 호메오도메인이 RNA에도 결합할 수 있다. 한 종류의 리보솜 단백질은 rRNA에 결합할 때 호메오도메인 유사 구조를 이용하고, *Drosophila melanogaster*의 비코이드(Bicoid, 14.3절)와 같은 호메오도메인 단백질은 DNA와 RNA 모두에 결합할 수 있다.

11.3 DNA와 결합 단백질의 상호 관계

최근 수년간 유전체와 결합 단백질과의 상호작용에 대한 이해가 바뀌기 시작했다. 특정 서열을 결합 부위로 인식하는 단백질은, 이중 나선 주변을 나선형으로 돌아가는 큰 홈과 작은 홈에 노출되어 있는 염기에 부착된 화학그룹과의 접촉을 통해, 이 부위를 찾는 것으로 생각되어 왔다(그림 1.9 참조). 이것을 **직접 판독(direct readout)**이라 부르며, 이는 여전히 DNA-부착 단백질과 그 부착 지점 사이의 상호작용을 주요 요소라고 생각한다. 최근 우리는 직접적 판독은 뉴클레오티드 서열이 만드는 나선의 자세한 형태에 영향을 받는다는 것을 인식하기 시작했다. 구조적인 특징은 DNA 서열이 단백질 결합에 영향을 줄 수 있는 비교적 덜 직접적인 두 번째 방법임이 알려졌다.

뉴클레오티드 서열의 직접 판독

왓슨과 크릭(Watson and Crick)이 설명한 이중나선 구조(1.9절)로부터 뉴클레오티드 염기가 DNA 분자의 내부에 묻혀 있어도 완전히 묻혀 있는 것이 아닐 뿐만 아니라 퓨린과 피리미딘 염기에 부착되어 있는 일부 화학기들은 나선의 바깥으로부터 접근이 가능하다는 것을 알 수 있다. 따라서 염기쌍을 파괴하거나 DNA 분자를 열지 않고도 뉴클레오티드 서열의 직접 판독(direct readout)이 가능하다.

뉴클레오티드 염기에 결합한 화학기와 화학적으로 결합하기 위해서, 결합 단백질은 나선 표면의 하나 또는 2개의 홈 모두에서 접촉이 이루어져야 한다. B-형 DNA의 경우 큰 홈에서 노출된 염기의 정체와 위치는 대부분의 서열을 분명하게 판독할 수 있는 반면, 작은 홈에서는 분명하게 확인하기 어렵다(**그림 11.17**). 그러므로 B-형의 직접 판독은 주로 큰 홈에서의 접촉으로 이루어진다. 다른 형태의 DNA의 경우에는 결합 단백질과의 접촉에 대한 정보가 많지 않지만, 전체적인 그림은 매우 다를 것으로 생각된다. 예를 들어, A형의 경우 큰 홈이 깊고 좁아서 단백질 분자의 어느 부분도 뚫고 들어가기가 쉽지 않다(그림 1.11 참조). 따라서 얕은 작은 홈이 직접 판독에서 중요한 역할을 하는 것 같다. Z-형 DNA에서는 큰 홈이 실제적으로 존재하지 않는다. 따라서 나선의 표면을 벗어나는 일 없이 어느 정도 직접 판독이 가능하다.

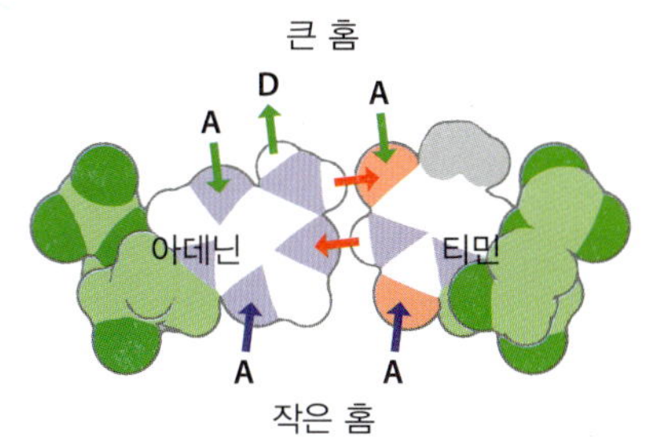

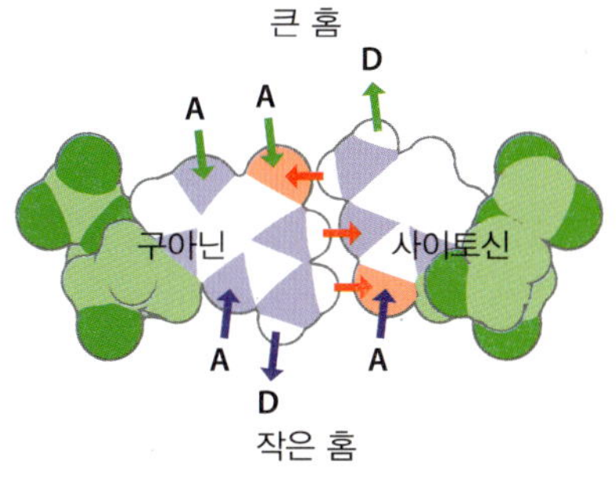

그림 11.17 직접 판독에 의한 염기쌍의 인식. A-T와 G-C 염기쌍은 공간-채움 모델로 보여주고 있다. 당-인산은 초록색, 질소 원자는 파란색, 산소 원자는 붉은색, 티민의 메틸기는 회색으로 표시하였다. 붉은색 화살은 염기쌍을 묶어 주는 수소 결합을 의미한다. 초록색 화살은 큰 홈에 있는 수소-결합 수여자의 위치(A로 표시)와 수소-결합 공여자(D로 표시)이며, 파란색 화살은 이 그룹이 작은 폼에 있음을 의미한다. 큰 홈에서는, 수소-결합 공여자와 수용자의 배열과 메틸기에 의한 튀어나옴으로 두 염기쌍이 구별될 수 있다. 작은 홈에서는 두 염기쌍에서 수소-결합 수용자들이 유사해서, 뚜렷한 특징을 찾기 힘들다. 이것이 대부분의 서열-특이적 DNA-결합 단백질이 작은 홈이 아닌 큰 홈과 접촉하는 이유다.

뉴클레오티드 서열은 나선 구조에 몇 가지 간접적인 영향을 미친다

초기에는 세포의 DNA 분자가 주로 이중나선의 B-형으로 이루어진 비교적 균일한 구조를 가지고 있다고 생각되었다. 일부 짧은 조각들은 A-형에 속하고, 일부는 특히 분자의 끝 부분 같은 경우 Z-형 지역을 이루기도 하지만 대부분의 이중나선은 변함 없이 B-형 DNA이다. 지금은 DNA가 높은 다형성을 갖고 있으며, A-, B- 및 Z-형 DNA와 중간 형태의 DNA가 하나의 DNA 분자에 공존할 수 있어서, 하나의 분자가 부위에 따라 다른 구조를 가질 수 있다는 것이 알려졌다. 또한 B-DNA로 보이지만 큰 홈과 작은 홈이 비전형적인 크기를 가진 지역도 있을 수 있다. 이러한 구조적인 다양성은 서열-의존적이며 주로 인접한 염기 사이에서 만들어지는 염기 중첩 상호작용의 결과이다. 염기 중첩은 염기쌍과 함께 나선의 안정성에 영향을 미칠 뿐만 아니라, 각각의 뉴클레오티드 안의 공유결합 주변에서 만들어지는 회전의 수에도 영향을 미친다. 그 결과 특정 부위 나선의 구조가 결정된다. 하나의 염기쌍의 회전 가능성은 염기 중첩을 통해 이웃하는 염기쌍의 종류에 영향을 받는다. 이것은 뉴클레오티드 서열이 나선의 전체 구조에 간접적인 영향을 주고, 결합단백질이 DNA 분자에 적당한 결합 부위를 찾는 데 도움이 될 수 있도록, 구조적인 정보를 제공할 수 있다는 것을 의미한다. 현재로서는 비전형적인 B-형 나선을 특이적으로 인식하는 단백질이 아직 알려지지 않았기 때문에 단순히 이론적 가능성에 불과하지만, 많은 학자들은 나선의 구조가 DNA와 단백질 상호작용에 어떤 역할을 할 것이라고 믿고 있다.

두 번째 유형의 구조적 변화는 **DNA 굽음(DNA bending)**이다. 이것은 DNA를 원이나 초나선으로 만드는 자연적인 유연성을 의미하는 것이 아니라, 뉴클레오티드 서열에 의해 DNA가 부분적으로 휘어지는 현상을 말한다. 다른 구조적인 다양성과 마찬가지로 DNA 굽음은 서열에 의해 결정된다. 특히 하나의 폴리뉴클레오티드가 2개 또는 그 이상의 반복적인 아데닌 그룹을 가지고 있으면 아데닌이 많은 부분의 3′ 끝이 휘어진다. 이때 각 그룹은 3~5개의 아데닌을 갖고 각각의 그룹은 10개 또는 11개의 뉴클레오티드로 분리되어 있다. DNA-결합 단백질이 결합 후 이중나선에 굽힘과 꺽임이 유도되는 예가 여러 가지 있지만, 나선 구조와 마찬가지로, DNA 굽힘이 단백질 결합에 어느 정도 영향을 주는지는 잘 알려져 있지 않다.

DNA와 단백질 사이의 접촉

DNA와 결합 단백질 사이의 접촉은 비공유결합(noncovalent)이다. 큰 홈에서는 뉴클레오티드 염기와 단백질의 인식 구조 안에 있는 아미노산의 R기 사이에 수소 결합이 형성된다. 반면 작은 홈에서는 소수성 결합이 더욱 중요하다. DNA 나선의 표면에서는 각 뉴클레오티드에 있는 인산의 음전하와 라이신이나 아르기닌 같은 아미노산 R기의 양전하 사이에 일부 수소 결합이 형성되기도 하지만 정전기적 반응이 주요한 상호작용이다. 어떤 경우에는 나선 표면이나 큰 홈에서 DNA와 단백질이 직접 수소결합을 형성하기도 하고, 또 다른 경우에서는 물 분자에 의해 수소 결합이 매개되기도 한다. 이 단계의 DNA-단백질 상호작용은 각각 독특한 특징을 가지고 있어서 일반화하기는 어렵고, 결합의 자세한 특성은 다른 단백질과의 비교를 통해서 보다는 구조적 연구를 통해서 알아내야 한다.

뉴클레오티드 서열을 특이적으로 인식하는 단백질은 대부분 다른 부분의 DNA 분자에도 비특이적으로 결합할 수 있다. 실제로, 하나의 세포 안에 있는 DNA의 양은 매우 많은 반면 각각의 DNA-결합 단백질의 양은 매우 적기 때문에 단백질은 대부분 비특이적으로 결합한 상태로 존재한다. 비특이적인 결합과 특이적인 결합의 차이는 특이적인 결합의 경우가 열역학적으로 보다 안정적이라는 것이다. 결과적으로 단백질은 문자 그대로 수백만 개의 비특이적 결합 부위가 존재하더라도 특이적인 자리에 결합할 수 있다. 열역학적 안정성을 얻기 위해서 특이적인 결합은 가능한 많은 DNA-단백질 접촉을 필요로 한다. 이것은 많은 DNA-결합 모티프의 인식 구조가 DNA-단백질 접촉의 가능성이 가장 높은 나선의 큰 홈에 편안하게 자리 잡을 수 있도록 진화한 이유를 부분적으로 설명해 준다. 이것은 또한 일부 DNA-단백질 상호작용이 상호작용하는 표면의 상보성을 증가시켜 더 많은 결합이 이루어질 수 있도록 하나 또는 그 이상의 다른 파트너에게 구조적인 변화를 일으키는 이유를 설명해 준다.

많은 DNA-결합 단백질이 2개의 단백질이 결합한 이량체(dimer)인 이유 역시 특이성을 확실히 하기 위해 접촉을 최대화 해야 하는 필요성 때문이다. 대부분의 HTH 단백질과 아연손가락 유형이 여기에 속한다. 이량체화(dimerization)는 두 단백질의 DNA 결합 모티프가 모두 나선에 접촉할 수 있도록 만들어진다. 이 두 단백질들 사이 약간의 협동으로, 각각의 단백질이 만들 수 있는 접촉의 합보다 훨씬 많은 수의 접촉이 이루어진다. 많은 단백질들은 DNA-결합 모티프 뿐만 아니라 이량체를 형성하는 단백질-단백질 접촉에 관여하는 특징적인 도메인도 가지고 있다. 이들 중에 하나가 일반적인 나선보다 훨씬 강하게 감긴 α-나선의 표면에 류신이 여러 개 존재하는 **류신 지퍼(leucine zipper)**이다. 이들은 또 다른 단백질 표면에 있는 지퍼의 류신과 접촉하여 이량체를 형성할 수 있다(그림 11.18). 앞서 지적한 바와 같이, 기본적인 나선-고리-나선 모티프 역시 단백질-단백질 접촉을 형성하여 동성이량체나 이성이량체를 만든다.

그림 11.18 **류신 지퍼.** 이것은 bZIP 형태의 류신 지퍼이다. 빨간색과 주황색 구조는 서로 다른 단백질의 일부분이다. 각각의 구형 세트는 류신 아미노산의 R기를 표시한다. 2개의 나선에 있는 류신은 소수성 상호작용에 의해 서로 연결되어 이량체 내에서 2개의 단백질을 잡아준다. 이 bZIP 예에서 이량체화된 나선은 DNA-결합 모티프의 기본 도메인에서 확장되는 방법으로 형성되어있다. 이것은 염기성 아미노산의 비율이 높은 α-나선으로 기본 나선-고리-나선 모티프의 인식 나선과 유사하다. 이 그림에서, 기본 도메인 나선은 큰 홈에서 접촉하는 것으로 보여주고 있다.

흥미로운 질문은 DNA-결합 모티프의 인식나선 구조의 조사만으로 어떤 단백질의 표적 자리 서열을 예측할 수 있을 정도로 DNA-결합 특이성을 자세히 이해할 수 있을 것인가 하는 것이다. 아직은 이 목표가 멀게만 보이지만, 특정 형태의 아연손가락이 관여하는 상호작용에 대한 규칙은 유추할 수 있게 되었다. 이들 단백질에서는 인식 부위에 3개 그리고 바로 옆에 1개가 존재하는 4개의 아미노산이 표적 부위의 뉴클레오티드 염기와 중요한 결합을 형성한다. 서로 다른 아연손가락 인식 나선의 아미노산 서열을 결합 부위 뉴클레오티드 서열과 비교하여 이들의 상호작용에 관여하는 규칙을 알아낼 수 있다. 부정확성의 가능성이 있지만, 인식 나선의 아미노산 조성이 밝혀지면 새로운 아연손가락 단백질의 뉴클레오티드 서열 특이성 예측이 가능하다.

요약

- 유전체 발현과 기타 여러 유전체 활동에서 활동 주체는 그들의 생화학적 기능을 수행하기 위해 유전체에 결합하는 DNA-결합 단백질이다.
- 이러한 단백질의 구조는 X-선 결정학과 핵자기공명분광학으로 연구되어 왔다.
- 이들 단백질의 DNA 분자 결합자리는 젤-지연 분석으로 알아낼 수 있고, 더 자세한 구조는

변형 분석으로 알아낼 수 있다. 유전체 전체에서 단백질 결합자리를 스캔하려면 염색질 면역침전 서열분석법을 사용할 수 있다.

- DNA-결합 단백질은 이중나선과 상호작용을 형성할 수 있는 특수한 도메인을 통해서 특정 DNA 서열에 결합할 수 있다.
- 나선-꺾임-나선 모티프는 원핵생물과 진핵생물의 DNA-결합 단백질에서 발견되는 일반적인 도메인이다.
- 아연손가락은 진핵생물 단백질에서 흔한 DNA-결합 도메인이다.
- RNA-결합 단백질 역시 RNA 폴리뉴클레오티드에 부착하는 특이적 도메인을 가지고 있다.
- 일부 단백질은 DNA 서열을 직접 판독으로 결합자리를 인식한다. 이것은 단백질이 이중나선의 큰홈에 접촉하는 것으로 가능하다. 큰홈에서는 퓨린과 피리미딘 뉴클레오티드에 부착하는 화학기의 위치로 뉴클레오티드 종류가 구별될 수 있다.
- 직접 판독은 굽힘을 만드는 A-풍부 서열과 같이 나선의 형태에 영향을 주는 뉴클레오티드 서열에 다양한 간접적 영향을 받는다.
- 많은 DNA-결합 단백질은 나선의 두 자리에 동시에 접촉하는 이량체로 작용한다. 루신 지퍼와 같은 단백질 표면의 특수한 구조는 이량화를 도와준다.

단답형 문제

1. X-선 결정학이 단백질 구조 연구에 어떻게 사용되는지 설명하라.
2. 단백질 구조 연구를 핵자기공명분광학으로 하는 경우에 장점과 단점을 간략히 설명하라.
3. 젤 지연 분석법으로 DNA 분자에서 단백질-결합자리를 알아내는 방법을 설명하라.
4. 변형 분석법으로 단백질이 DNA 분자에 결합하는 자리를 알아내는 방법을 설명하라.
5. 유전체 스캐닝으로 특정 DNA-결합 단백질 부착자리의 위치를 알아내는 기술을 설명하라.
6. 원핵생물 그리고/또는 진핵생물의 DNA-결합 단백질로 알려진 여러 유형의 나선-꺾임-나선 모티프를 설명하라.
7. Cys_2His_2 아연-손가락 모티프의 일반적 특징과 이 모티프가 DNA에 어떻게 결합하는지 설명하라.
8. RNA-결합 도메인의 3가지 예를 들어보라.
9. 이중가닥 나선을 분리하지 않고도 어떻게 뉴클레오티드 서열의 직접 판독이 가능한지 설명하라.
10. 뉴클레오티드 서열이 이중나선 구조에 어떻게 간접적 영향을 주는지, 그리고 이들이 DNA-결합 단백질의 부착에 어떤 영향을 주는지 설명하라.
11. 굽힘이 일어나는 DNA 부위의 특징을 설명하라.
12. 루신 지퍼는 무엇인가?

사고형 문제

1. DNA는 결정을 만들지 않는다. 그러나 X-선 회절 분석은 이중나선 구조의 발견을 이끈 매우 중요한 작업이었다. X-선 회절 분석이 어떻게 DNA에 사용될 수 있었는지 설명하라.
2. NMR로 얻을 수 있는 분해능은 사용되는 자장의 강도에 직접적으로 연관된다. 이 상관성

이 지난 20년간 NMR의 발전에 어떻게 영향을 주었는지 알아보고, 이 방법의 미래 가능성을 예측해 보라.

3. 유전체 스캐닝으로 DNA 분자 위의 단백질 결합자리를 알아내는 데 DNA 칩 또는 마이크로어레이가 어떻게 사용되었을지 설명해 보라.

4. 다른 유형의 DNA-결합 모티프가 매우 많이 존재하는 이유는 무엇인가?

5. 아연 손가락의 아미노산 서열을 사용할 때, 하나 또는 그 이상의 손가락 사본을 가지는 어떤 단백질의 결합자리 뉴클레오티드 서열을 어느 정도 추정할 수 있는가?

Further Reading

X-ray crystallography and NMR spectroscopy

Cavanagh, J., Fairbrother, W.J., Palmer, A.G. , et al. (2006) Protein NMR Spectroscopy: Principles and Practice, 2nd ed. Academic Press, London.

Garman, E.F. (2014) Developments in X-ray crystallographic structure determination of biological macromolecules. *Science* 343:1102–1108.

Methodology for identifying protein–binding sites

Galas, D. and Schmitz, A. (1978) DNAse footprinting: a simple method for the detection of protein-DNA binding specificity. *Nucleic Acids Res.* 5:3157–3170.

Garner, M.M. and Revzin, A. (1981) A gel electrophoresis method for quantifying the binding of proteins to specific DNA regions: application to components of the *Escherichia coli* lactose operon regulatory system. *Nucleic Acids Res.* 9:3047–3060. *Gel retardation.*

Mundade, R., Ozer, H.G., Wei, H., et al. (2014) Role of ChIP-seq in the discovery of transcription factor binding sites, differential gene regulation mechanism, epigenetic marks and beyond. *Cell Cycle* 13:2847–2852.

Park, P.J. (2009) ChIP-seq: advantages and challenges of a maturing technology. *Nat. Rev. Genet.* 10:669–680.

DNA- and RNA-binding motifs

Fierro-Monti, I. and Mathews, M.B. (2000) Proteins binding to duplexed RNA: one motif, multiple functions. *Trends Biochem. Sci.* 25:241–246.

Gangloff, Y.G., Romier, C., Thuault, S., et al. (2001) The histone fold is a key structural motif of transcription factor TFIID. *Trends Biochem. Sci.* 26:250–257.

Harrison, S.C. and Aggarwal, A.K. (1990) DNA recognition by proteins with the helix-turn-helix motif. *Annu. Rev. Biochem.* 59:933–969.

Herr, W., Sturm, R.A., Clerc, R.G., et al. (1988) The POU domain: a large conserved region in the mammalian *pit*-1, *oct*-1, *oct*-2, and *Caenorhabditis elegans unc-86* gene products. *Genes Dev.* 2:1513–1516.

Mackay, J.P. and Crossley, M. (1998) Zinc fingers are sticking together. *Trends Biochem. Sci.* 23:1–4.

Malhotra, S. and Sowdhamini, R. (2015) Collation and analyses of DNA-binding protein domain families from sequence and structural databanks. *Mol. Biosyst.* 11:1110–1118.

Najafabadi, H.S., Mnaimneh, S., Schmitges, F.W., et al. (2015). C2H2 zinc finger proteins greatly expand the human regulatory lexicon. *Nat. Biotechnol.* 33:555–562.

Schreiter, E.R. and Drennan, C.L. (2007) Ribbon–helix–helix transcription factors: variations on a theme. *Nat. Rev. Microbiol.* 5:710–720.

Stros, M., Launholt, D. and Grasser, K.D. (2007) The HMG-box: a versatile protein domain occurring in a wide variety of DNA-binding proteins. *Cell. Mol. Life Sci.* 64:2590–2606.

Valverde, R., Edwards, L. and Regan, L. (2008) Structure and function of KH domains. *FEBS J.* 275:2712–2726.

Interactions between DNA and DNA-binding proteins

Halford, S.E. and Marko, J.F. (2004) How do site-specific DNA-binding proteins find their targets? *Nucleic Acids Res.* 32:3040–3052.

Kielkopf, C.L., White, S., Szewczyk, J.W., et al. (1998) A structural basis for recognition of A•T and T•A base pairs in the minor groove of B-DNA. *Science* 282:111–115.

Rohs, R., Jin, X., West, S.M., et al. (2010) Origins of specificity in protein-DNA recognition. *Annu. Rev. Biochem.* 79:233–269.

Stormo, G.D. and Fields, D.S. (1998) Specificity, free energy and information content in protein–DNA interactions. *Trends Biochem. Sci.* 23:109–113.

전사체

CHAPTER **12**

전사체(transcriptome)는 하나의 세포 내에 있는 모든 RNA 분자의 집단이다. 이들 RNA 분자는 그 특정 세포 내에서 활발하게 발현하는 유전자의 전사물이거나 최근 활성화 되었던 것으로 아직 분해되지 않은 전사물이다. 과거에는 전사물이 단순히 세포의 mRNA 내용물로, 즉 세포가 단백질을 만들 수 있는 수용력을 반영하는 것으로 정의되었었다. 최근에는 다양한 세포 활성에서 비암호화(noncoding) RNA의 중요성에 대한 인식이 높아지면서 이 용어가 하나의 세포 내에 있는 모든 RNA를 포함하는 것으로 확장되었다.

이 장에서는 우선 원핵생물과 진핵생물의 전사체 구성요소들을 살펴보는 것으로 시작하여 각 전사체에 존재하는 RNA의 목록 작성에 사용되는 방법들을 알아볼 것이다. 이 방법들은 유전체 주석 달기 프로젝트 동안 유전체에 RNA 지도를 만들 때 사용했던 방법들로 이미 익숙한 방법들이므로(5.3절), 이 장에서는 단순히 전사체 목록 작성에 연관이 있는 기술적인 면들만 다루고자 한다. 이후 전사체 개개 구성원에서 합성, 분해, 처리 과정을 가져오는 사건들과 이들의 조절 방법에 대해 다룰 것이다. 이들은 전사체의 조성이 세포에 의해 어떻게 유지되며 환경이나 생리적 조건의 변화에 반응하는가를 이해하는 데 도움이 될 것이다. 마지막으로, 전사체 연구가 암생물학과 환경 스트레스에 대한 식물의 반응과 같은 분야 연구에 어떻게 기여하는지를 알아보고자 한다.

12.1 전사체의 구성 인자

대부분의 원핵생물과 진핵생물에서, 전사체의 암호화 구성 인자인 mRNA(messenger RNA, 전령 RNA)는 세포내 전체 RNA의 5% 미만이다. 나머지는 단백질로 번역되지 않으면서 그러나 세포의 기능적 역할에 중요한 비암호화 RNA이다(1.2절). 1950년대, 두 유형의 비암호화 RNA가 알려졌는데, 리보솜 구성요소인 rRNA(ribosomal RNA, 리보솜 RNA)와 번역되는 mRNA 뉴클레오티드 서열에 맞게 아미노산을 적절히 연결되도록 아미노산을 리보솜에 이동시키는 tRNA(transfer RNA, 이동 RNA)이다(13.3절).

rRNA 그리고 tRNA와 더불어, 대부분의 생물에서 세포는 다양한 다른 비암호화 RNA를 가지고 있다. 이 중 많은 것들은 매우 최근에 발견된 것이고, 그 기능도 여전히 확실하지 않다. 진핵생물에서 이러한 RNA는 크기에 따라 두 그룹으로 나눌 수 있다. 200 뉴클레오티드보다 짧은 것을 짧은 비암호화 RNA(sncRNA)라고 부르며, 긴 것들은 당연히 긴 비암호화 RNA(lncRNA)라 부른다. 이러한 분류는 원핵생물의 비암호화 RNA에서는 일반적으로 사용되지 않는다. 비암호화 RNA는 rRNA를 제외하고는 모두 200 뉴클레오티드 보다 짧기 때문이다.

전사체 중 mRNA 비율은 작지만 복잡하다

mRNA들은 전사체에서 매우 작은 비중을 차지하지만, 총 RNA의 5% 이상이 되는 일

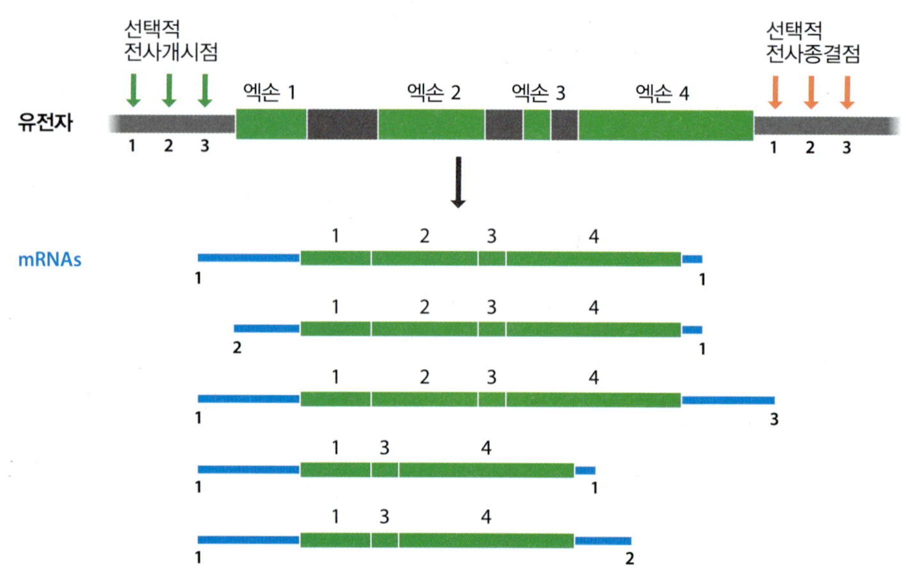

그림 12.1 하나의 유전자에서 많은 mRNA가 만들어질 수 있다. 이 예에서 이 유전자는 4개의 엑손을 가지고, 3개의 선택적 전사시작점 그리고 3개의 선택적 전사종결점을 가진다. 이 유전자에서 얻어질 수 있는 5개의 전사물을 보여주고 있다. 만약 시작-과 종결-점의 조합도 사용하고, 모든 조합의 엑손이 가능하다면, 135개의 다른 전사물이 합성될 수 있다. 이것은 엑손이 mRNA에서 탈락된다 해도 엑손의 순서는 변하지 않는다는 가정할 때이다(예를 들면, 1-3-4는 가능하지만 1-4-3은 안 된다). 이것은 선택적 스플라이싱에 대한 지식에 기초한 가정이다.

은 거의 없다. mRNA 분획에는 여러 다른 유전자 사본이 들어 있어서 복잡하다. 예를 들어, 사람의 전사체 연구에 의하면 하나의 조직에는 약 10,000~15,000 유전자가 발현되는 것으로 밝혀는데, 대뇌와 정소가 상대적으로 가장 복잡하고, 뼈대근육과 간이 가장 덜 복잡하다. 그러나 유전자 수가 전사체에 들어있는 mRNA의 진정한 복잡성을 보여주지 않는다. 이 장을 진행하면서 깨닫게 되는 것은 일부 전사물에서 보여주는 선택적 스플라이싱(alternative splicing, 그림 7.3)이나 여러 개의 시작점과 종결점의 존재로 하나의 유전자에서 많은 다른 mRNA를 생성할 수 있다는 것이다(그림 12.1). 선택적 합성과 처리 과정으로 하나의 세포내 10,000~15,000개의 활발한 유전자들이 100,000개의 다른 mRNA를 함유하는 전사체를 만들 수 있다.

전사체에 속한 다른 mRNA 목록은 일정 수준까지 정확하게 작성할 수는 있으나, mRNA 각각의 사본 수를 측정하는 것은 훨씬 더 어렵다. 다른 mRNA의 상대적 사본 수는 타일링 어레이(tiling array)에서 각 지점의 교잡 강도로 추정하거나, RNA-seq 데이터베이스에서 각 유전자의 지도가 읽혀진 숫자를 근거로 추정할 수는 있다(5.3절). 그러나 이러한 데이터를 개개 전사물의 절대적 수로 전환하는 데는 문제가 있다. 이것을 하려면 보정 곡선을 만들 수 있는, 사본 수가 알려진 mRNA를 가진 대조군이 필요한데, 마이크로어레이나 RNA-seq 실험에서는 시도된 적이 거의 없다. 또는, 적절한 대조군을 사용한 정량적 PCR(2.2절)으로 mRNA 개개의 사본수를 추정하거나, 개개의 세포에서 RNA 양을 조사할 수 있는 방법으로 수행될 수 있는 형광제자리교잡법(fluorescent in situ hybridization, 3.5절)으로 추정할 수도 있다. 이러한 방법들도 하나의 유전자에서 전사물의 사본 수를 분석하도록 해 줄 수 있으나, 모든 가능한 스플라이싱 변이체 간 구별을 자세히 해 줄 수는 없다. 이러한 한계를 염두에 두고, 가능한 증거들을 살펴볼 때 전형적인 포유류 세포는 전체적으로 약 200,000 mRNA를 가지고 있다고 추정되는데, 이는 하나의 유전자에서 유래한 mRNA 사본이 약 15개 정도 된다는 것을 의미한다. 이 평균값에도 당연히 상당한 편차가 있다. 예를 들어, 대뇌의 CRE(cAMP response element)에 결합하는 CREB 전사 인자는(11.1절) 25개 미만의 mRNA 사본 수를 가지는 것으로 추정되지만, CRE 자리에 결합하는 또 다른 억제자 단백질의 mRNA 사본 수는 240개에 이르는 것으로 추정된다. 또한 생화학적으로 매우 특화된 일부 조직에서는 하나 또는 몇 개의 mRNA가 월등히 많은 전사체를 보여주기도 한다. 밀 씨앗이 그 한 예이다. 밀 씨앗의 배젖에 있는 세포는, 휴면 중 씨앗에 축적되어 발아 중 씨앗에게 아미노산을 제공하는, 글라이아딘(gliadin) 단백질을 다량 합성한다. 발생 중 배젖 내에서 글라이아딘 mRNA는 특정 세포 내에서 전 mRNA 중 최대 30%를 차지하기도 한다.

짧은 비암호화 RNA는 다양한 기능을 가지고 있다

tRNA가 1958년에 발견되었지만, RNA 추출물을 처음으로 전기영동하기 전인 1960년대까지 다른 유형의 sncRNA의 존재는 생각하지도 못했다. 젤에서 발견된 진핵생물의 작은 RNA의 존재는 특히 유리딘 함량이 높았고 인에 주로 위치하였다. 유리딘 함량으로 이들 분자는 종종 **U-RNA**로 불렸지만, 더 일반적으로 사용된 용어는 **snRNA(small nuclear RNA, 작은 핵 RNA)**였다. 각각의 유형은 U1-snRNA, U2-snRNA 등으로 불렸고, 이들의 크기는 더 큰 예가 알려지기도 했지만 전형적으로 105~190 뉴클레오티드 정도였다. 대부분의 snRNA(Sm 소그룹)은 세포질로 이동되어 단백질과 결합 **snRNP (small nuclear ribonucleoprotein, 작은 핵 리보핵산단백질)**로 불리는 복합체를 형성하였다. 이후 다시 핵으로 돌아가는데, 소수는(Lsm 그룹) 핵에서 snRNP로 변환되어 이들의 기능적으로 활동하는 동안 핵에서 머물게 된다. 대부분의 snRNP는 핵에서 반점(speckle)로 불리는 지역에서 발견되는데(그림 10.2B 참조), 여기서 서로 조합되어 전구체-mRNA(pre-mRNA) 전사물에서 인트론을 제거하는 스플라이싱 구조인 **스플라이시오솜(spliceosome)**을 형성한다(12.4절). 스플라이싱은 항시 snRNA의 주요 기능으로 생각되어 왔지만, 다른 기능도 또한 일부 알려졌다. 특히 U7-snRNA는 스플아이시오솜에서는 발견되지 않으며, 히스톤 전구체-mRNA의 처리 과정에 관여한다.

진핵성 핵은 또한 **snoRNA(small necleolar RNA, 작은 인 RNA)**로 불리는 두 번째 주요 그룹을 가지고 있다. 이름에서 알 수 있듯이, 이들 분자는 인에서 위치하며(10.1절) rRNA의 변형에 관여한다(1.2절). snRNA와 유사하게, snoRNA는 메틸화나 위유리딘화(pseudouridylation) 반응 중 어느쪽을 도와주는지에 따라 두 소그룹으로 나뉜다(그림 1.18 참조). 다른 snoRNA는 카잘체(Cajal body)에서 일어나는 snRNA의 화학적 변형에 관여한다(그림 10.2A 참조). 이러한 이유로 이 그룹의 snoRNA는 종종 **scaRNA(small Cajal body-specific RNA, 작은 카잘체 특이적 RNA)**로 불린다.

핵 밖에는 유전체 발현 조절을 포함하여 다양한 기능을 하는 작은 비암호화 RNA가 추가적으로 발견된다. 이들 RNA는 *C. elegans*와 다양한 식물 종에서 **RNA 침묵화(RNA silencing)**가 처음으로 분자생물학적 수준으로 밝혀진 1990년대 후반에 처음 발견되었다(12.3절). 2000년 이후로, 이러한 작은 조절 RNA에 여러 유형이 있으며 이들이 개개 유전자의 발현 조절에 주된 역할을 한다는 것을 깨닫기 시작했다. 주된 유형은 다음과 같다.

- **siRNA(short interfering RNA, 짧은 방해성 RNA)**는 길이가 20~25 정도되며 특정 mRNA를 침묵시키는 RNA 방해성 경로에 관여한다. 침묵은 siRNA가 표적 mRNA에 있는 특정 지역에 염기쌍을 이루어 형성된 이중가닥 구조를 핵산분해효소가 자르면서 일어난다. 이 자세한 과정은 12.3절에서 다루고자 한다.
- **miRNA(microRNA, 마이크로 RNA)**는 siRNA와 유사하고 이 역시 RNA 방해에 관여한다. 차이점은 siRNA는 선형인 반면, miRNA은 줄기-고리(stem-loop) 구조를 형성하는 전구체 분자를 핵산분해효소가 자르면서 만들어진다는 점이다.
- **piRNA(piwi-interacting RNA, 피위-작용 RNA)**는 25~30 뉴클레오티드로 siRNA나 miRNA보다 살짝 길다. 이들은 piwi 단백질과 연합하는데, 피위는 *D. melanogaster*에서 처음 발견되었지만 최근에는 많은 후생동물(metazoa)에서 존재하는 것으로 알려져 있다. piRNA는 동물세포에서 작은 조절 RNA 중 가장 큰

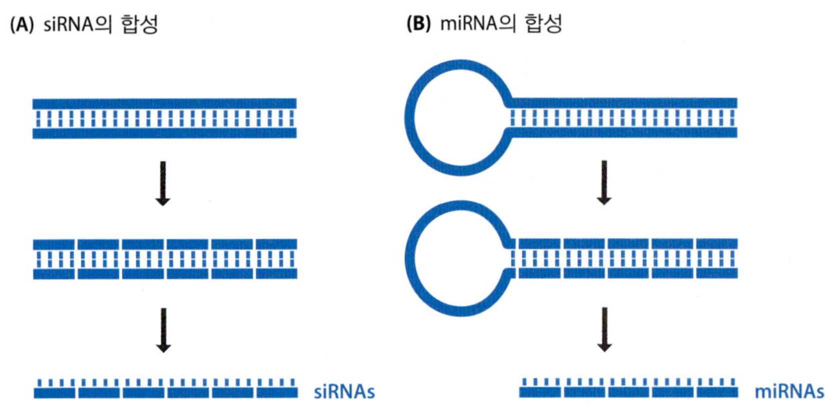

그림 12.2 siRNA와 miRNA의 합성. (A) siRNA(짧은 방해성 RNA)는 선형 이중-가닥 RNA 전구체의 잘림으로 만들어진다. (B) miRNA(microRNA)는 줄기-고리를 형성한 단일-가닥 RNA의 일부인 이중-가닥의 잘림으로 만들어진다.

그룹이지만, 이들의 기능은 잘 알려져 있지 않다. 이들은 RNA 방해작용에 관여한다. 그러나 또한 mRNA 침묵이나 DNA 사본의 메틸화 등을 통해, 특히 레트로트랜스포존(9.2절)에 존재하는 유전자의 발현을 방해하는 등 다른 과정에도 관여한다.

추가적인 유형의 작은 비암호화 RNA로 더 특별한 역할을 가지고 있는 것들이 있다. **볼트 RNA(vault RNA)**는 볼트로 불리는 단백질-RNA 복합체에 존재한다. 이들은 대부분의 진핵세포에서 발견되지만 그 기능은 알려져 있지 않다. 볼트는 핵공 복합체와 연합되는 경향이 있어서, 핵을 들락거리는 단백질들의 이동을 도울 수도 있다. 다른 단백질-RNA 구조로는 소포체로 새롭게 번역된 폴리펩티드를 이동시키는 데 관여하는 진핵생물의 신호인식입자(signal recognition particle)가 있다. 이 입자는 6개의 단백질과 **7SL RNA**로 불리는 하나의 비암호화 RNA의 복합체이다. 다른 진핵생물의 비암호화 RNA인 **7SK RNA**는 P-TEFb(positive transcriptional elongation factor b)로 불리는 두 번째 단백질 복합체의 활성을 조절하는 단백질-RNA 복합체의 구성 인자인다. P-TEFb는 단백질-암호화 유전자가 mRNA로 전사되는 속도를 조절한다. 여러 다른 비암호화 RNA들은 tRNA 다듬기 과정에 관여하는 리보핵산분해효소 P나 염색체가 매번 복제할 때마다 염색체 DNA 길이가 짧아지지 않도록 방지하는 효소인 텔로머레이즈(telomerase, 15.4절)와 같은 효소의 구성 인자이다.

지금까지 설명한 유형의 sncRNA들은 진핵생물만 있는 것으로 보인다. 고세균과 박테리아는 진핵생물의 snRNP에서 발견되는 유사한 단백질을 가지고 있어서 원핵생물에서도 RNA가 연합된 자신들의 snRNP를 형성할 것으로 보인다. 그러나 이러한 구조들이 RNA 다듬기 과정이나 기타 세포 활성에서 어떤 역할을 담당하는지는 알려져 있지 않다. 박테리아의 전사체는 REP(repetitive extragenic palindromic, 반복적 염색체외 회문) 서열이나 CRISPR(clustered regularly interspaced short palindromic repeat, 규칙적 간격의 짧은 회문 반복 서열 집중지역) 그리고 **전령-운반 RNA(transfer-messenger RNA)**에서 만들어지는 비암호화 RNA를 가지고 있다. CRISPR는 8.2절에서 원핵생물 유전체를 살펴보면서 다루었던 것이며, 전령-운반 RNA는 손상된 mRNA가 번역될 수 있도록 해주는 회복체계의 일부를 형성한다.

긴 비암호화 RNA는 수수께끼 같은 전사물이다

유전체 주석 달기 사업 도중에 나타난 매우 특이한 발견 가운데 하나는 진핵생물 전사체들이 전체적으로 유전체 내 유전자 사이 공간의 많은 부분을 차지하는 많은 lncRNA(long noncoding RNA, 긴 비암호화 RNA)를 가지고 있다는 것이다. 예를 들어, 사람 유전체는 50,000개 이상의 lncRNA를 가지고 있는 것으로 보이는데, 이들 어떤 것도 100개 이상의 코돈을 가진 긴 열린해독틀(open reading frame)을 가지고 있지 않으며, 어떤 것도 기능을 가진 단백질로 번역되는 것 같지 않다. lncRNA 대부분은 특정 조직이나 특정 발생 단계에서만 합성된다. 평균적으로 이들 개개의 사본 수는 mRNA보다 훨씬 적다. 많은 경우 특정 세포 내 특정 lncRNA 사본 수는 최소 2~3개일 수 있다. lncRNA는 하나의 유전자 사이 서열에 온전하게 존재하는 **lincRNA(long intergenic noncoding RNA, 유전자 사이 긴 비암호화 RNA)**뿐만 아니라, mRNA 전사단위의 인

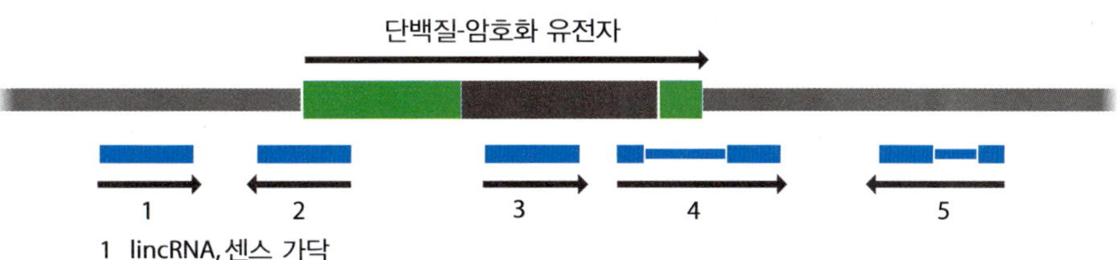

그림 12.3 lncRNA(긴 비암호화 RNA)와 lincRNA(긴 유전자 사이 비암호화 RNA).

트론 내에 존재하는 것도 있으며, 어떤 것들은 단백질-암호 엑손과 중첩될 수도 있다. 그러나 종종 이들은 이중나선의 다른 가닥에서 전사되어, mRNA의 안티센스를 만들게 된다. 일부 lncRNA에서는 인트론이 존재하여 추가적인 복잡성을 만들기도 한다(그림 12.3). 일부 진핵생물 유전체에서는 수만 염기쌍에 걸쳐 다수의 lncRNA가 형성되서 다수의 센스와 안티센스 전사물이 중첩되는 배열로 나타나기도 한다.

엄청난 수의 lncRNA가 존재하는 것으로 보아 이들의 용도가 반드시 있을 것으로 생각할 수 있으나, 이들 RNA의 기능을 찾기는 어렵다. 이들 속에는 포유류 암컷의 X 비활성화에 관여하는 *Xist*와 *Tsix* RNA가 속하며, 유전체 각인 과정(10.3절) 중 유사한 기능을 하는 다른 RNA도 있다. 다른 lncRNA로는 위유전자(pseudogene) 전사물이 있는데, 일부 lncRNA가 번역되기는 하지만 그 단백질들에 기능이 있다는 뚜렷한 증거는 없다. 7.3절에서 위유전자의 기능에 대해 다룰 때, 생화학적 과정에 관여하여 세포내 특정 역할을 수행하는 단백질과 진화적 관점에서 진정한 기능을 보여주는, 즉 양성적 선택적 압력의 대상이 되는 단백질들을 구별해야 한다고 강조한 바 있다. 동일한 문제가 lncRNA의 기능을 평가할 때 발생한다. 전사체에 존재하는 미끼 lncRNA의 존재가 단백질을 암호화하는 하나 또는 그 이상의 유전자의 전사를 억제하는 결과를 가져올 수도 있다(그림 12.4). 이것이 조질의 진정한 기능일 수 있으나, lncRNA의 존재가 이들 유전자의 전사를 단순히 방해하는 것이라는 해석도 있다.

만약 lncRNA가 진정한 기능이 없다면, 왜 이들이 합성되는 것일까? 적어도 일부 lncRNA는 전사 부산물이라는 주장도 있다. 진핵생물 유전체의 유전자 사이 넓은 지역 내 프로모터나 기능이 있는 유전자의 전사를 유도하는 서열과 유사한 우연한 돌연변이

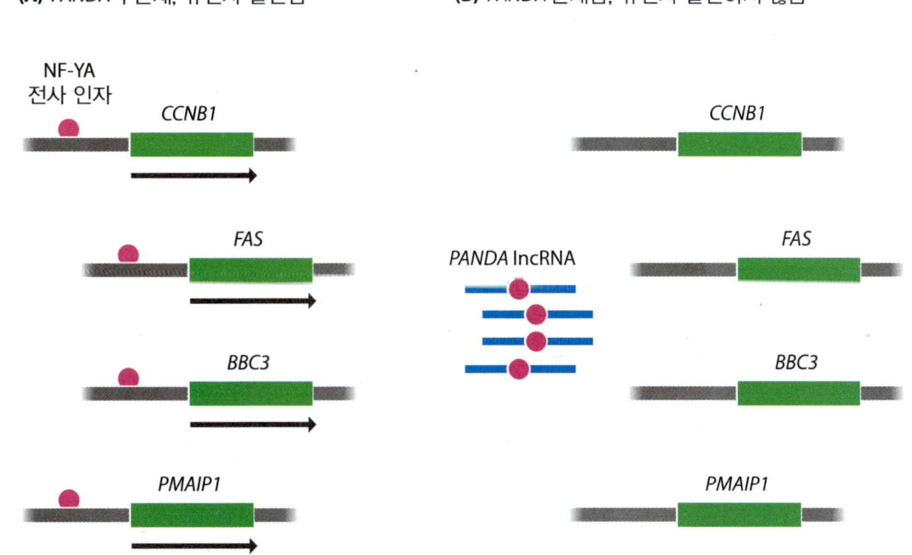

그림 12.4 사람의 전사체에 있는 유인성 lncRNA의 예인 *PANDA*. *PANDA*는 RNA 분자이지만 전사 인사 NF-YA를 결합할 수 있다. (A) *PAND*가 없다면, NF-YA가 다양한 표적 유전자 상위에 결합한다. 여기에는 세포 예정사, 즉 아폽토시스를 일으키는 유전자도 포함되어있다. (B) *PANDA* lncRNA가 존재한다면, NF-YA는 RNA 자리에 결합하여, 표적 유전자 상위를 차지하는 것이 줄어든다. 따라서 이러한 유전자는 스위치가 꺼지고, 아폽토시스가 일어나지 않는다. *PANDA*는 손상된 유전체를 가진 세포에서 세포주기 중단과 아폽도시스 사이 균형을 매개하는 것으로 알려져 있다. DNA 손상으로 두 번째 전사 인자 p53이 활성화되고 *PANDA* 유전자 스위치를 켠다. lncRNA의 합성은 아폽토시스 유전자 활성을 방지하거나 유예시킨다. 이에 따라 세포가 즉시 사멸하기보다 손상을 수선하고 활발한 생명을 계속할 수 있는 기회를 제공한다.

가 필연적으로 존재한다. 세포는 이러한 서열이 전사신호로 작용하는 것을 막을 수는 없으므로, 특히 이들이 발현 구역 내에 있다면, 그 지역 내의 진정한 유전자의 전사를 유도하는 조절신호의 영향을 받게 된다. 이 가설에 의하면, 많은 lncRNA는 세포가 제거하지 못하는 쓰레기인 것이다.

lncRNA의 기능에 대한 의문은 있지만, 하나 이상의 이들 RNA의 전사와 연관된 사람 유전병이나 비정상적 발생의 목록은 점점 늘어나고 있다. 예를 들어, 500개 이상의 lncRNA가 하나 또는 그 이상의 유형의 사람 암과 연관되어있다. 이러한 lncRNA에는 사람 1번 염색체에서 전사되는 1.2 kb lncRNA인 PCAT6(prostate cancer-associated transcript 6)도 포함되어 있다. 정상적인 전립선에서보다 전립선암 조직의 전사체에서 PCAT6의 사본 수가 더 많으며, 사본 수는 전이 가능성과 상당히 비례한다. PCAT6의 연관성은 폐암에서도 유사한 결과가 보고되었는데, 전사물이 암의 진행에 있어서 확실한 역할을 한다는 증거가 있다. 매해 lncRNA와 질병의 연관성이 발견되고 있으므로, 이들 전사물에 초점을 둔 연구의 필요성을 더욱 확실하게 해준다.

마이크로어레이 분석과 RNA-서열분석법이 전사체 연구에 사용된다

전사체 연구에 사용하는 방법에 대해서는 이미 다룬바 있다. 유전체 주석 달기 중(5.3절) 유전체 전체에 걸쳐 RNA 전사물 지도를 그리는 데도 동일한 방법이 사용된다. RNA나 상보적 DNA를 DNA 칩에 교잡하는 타일링어레이 또는 **마이크로어레이(microarray)**는 전사체에 존재하는 RNA를 찾아내기 위해 집중적으로 사용되었다. 컴퓨터 분석법의 문제는 있지만, 차세대 서열분석법이 더욱 쉬워지면서 최근에는 RNA-seq 방법이 더욱 중요하게 되었다.

전사물 지도그리기(transcript mapping)와 전사체 분석에서 마이크로어레이 분석법과 RNA-서열분석법(RNA-seq) 간에 하나의 차이가 있다면, 후자는 종종 정량적 데이터를 요구한다는 것이다. RNA 지도그리기가 주는 단 하나 중요한 정보는 전사물이 전사체에 존재한다는 것이다. 전사체의 내용물을 자세히 이해하려면 각 RNA의 상대적 양과 서로 다른 전사체에서 이들의 양을 비교할 수 있어야 한다. 두 조직 사이 또는 동일 조직의 정상형과 질병형 사이의 주요 차이는 종종 특정 전사물의 존재나 부재가 아니라 이들 조직에서 일어나는 유전자 발현의 증가나 감소 유형이 반영되는 이들의 상대적 양이다.

만약 마이크로어레이를 사용하려면, 어레이의 서로 다른 사본 위에 존재하는 표적 DNA의 양이나 탐지자가 표지되는 효율이나 교잡 과정의 영향과 같은 실험적 요인이 아닌, 두 다른 RNA 시료에서 동일 유전자의 교잡 강도가 RNA 양의 차이를 진정으로 반영하여야 한다. 동일 실험실에서도 절대적 정확성으로 이러한 요인들을 조절하기는 쉽지 않으며, 다른 실험실에서 정확하게 재현한다는 것은 거의 불가능하다. 즉, 데이터 분석 시 반드시 다른 어레이 실험 결과가 정확하게 비교될 수 있는 정규화 과정(normalization process)이 포함되어야 한다는 것이다. 그러므로 어레이는 반드시 각 실험에서 바탕값을 결정할 음성대조군과 항상 동일한 신호를 주는 양성대조군이 포함되어야 한다. 척추동물의 전사체에서는 특정 조직에서 발생 단계나 질병 상태와 무관하게 거의 동일하게 발현되는 경향이 있는 액틴(actin) 유전자가 종종 양성대조군으로 사용된다. 더 좋은 대안은 하나의 어레이를 사용하여 하나의 분석에서 두 전사체가 직접적으로 비교될 수 있도록 실험을 고안하는 방법이다. 이것은 만들어진 cDNA를 다른 형광 탐지자로 표지한 후, 한 지점에서 두 형광 신호의 상대적 강도를 측정하기 위해 어레이를 적절한 파장으로 스캔하여, 두 전사체의 RNA 양의 차이를 알아내는 것이다(**그림 12.5**).

만약 RNA-seq을 사용한다면, 다른 전사체 속 전사물의 상대적 양은 대상 유전자의

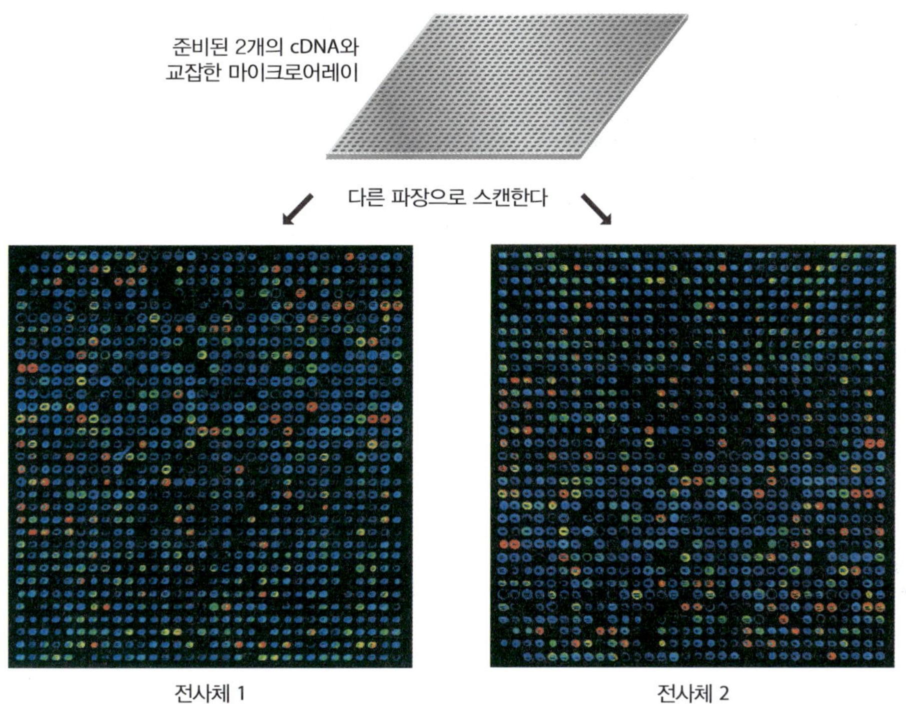

그림 12.5 **하나의 실험으로 두 전사체를 비교한다.** (Strachan T, Abitbol M, Davidson D & Beckmann JS (1997) *Nat. Genet.* 16:126-132에서 발췌. Macmillan Publishers Ltd의 허락을 득함.)

지점을 읽는 숫자로 추정한다. 전사체 A 속 RNA에서 읽혀지는 RNA-seq 데이터가 전사체 B 속의 그것보다 많을 것이라는 논리다. 마이크로어레이 분석과 마찬가지로 두 조직에서 동일하게 발현될 것으로 예상되는 유전자를 대조군으로 사용하면 RNA-seq 데이터를 정규화할 수 있다.

만약 둘 이상의 전사체 사이 정확한 비교가 가능하다고 한다면 유전자 발현 양상의 복잡한 차이들이 구별될 수 있다. 유사한 발현 양상을 보이는 유전자들은 연관된 기능을 가질 가능성이 있으므로, 전사체 구성 인자 목록 작성뿐만 아니라 유전체의 기능적 주석 달기와 연관된 문제에 대한 답을 얻을 수도 있다. 그러기 위해서는 다른 유전자의 발현 프로파일 비교를 위한 적극적인 방법이 필요하다. 표준 방법은 마이크로어레이와 RNA-seq에 모두 응용될 수 있는 **계층적 군집 분석(hierarchical clustering)**으로 불리는 것이다. 이것은 분석하려는 전사체에 있는 모든 쌍의 유전자 발현 수준을 비교하고 이들의 발현 수준의 연관성 척도를 보여주는 값을 지정하는 것이다. 이러한 데이터는 연관된 발현 프로파일을 보이는 유전자를 같이 묶어서 **수지도(dendrogram)**로 표현한다(그림 12.6). 즉, 수지도는 유전자 간 기능적 연관성을 선명하게 시각적으로 보여준다.

12.2 전사체 구성원의 합성

전사체의 구성원은 이들이 가진 개개 RNA의 합성과 분해의 균형으로 결정된다. 특정 RNA에서 고정 수준(steady state)은 합성 속도(즉, 단위 시간당 만들어지는 사본 수)가 분해 속도와 같아질 때 얻어진다(그림 12.7). 특정 전사체 내 RNA 양이 증가하려면, 합

그림 12.6 **7개의 전사체에 있는 5개의 유전자 발현 프로파일의 비교.** 성장배지에 에너지가 풍부한 영양을 더 첨가한 후, 다른 시간대의 세포에서 7개의 전사체를 준비하였다. 5개 유전자 발현 프로파일에서 높은 발현은 붉은색으로 낮은 발현은 초록색으로 보여주고 있다. 계층적 클러스터링에 의한 데이터 분석으로 수지도가 만들어지고 5개 유전자의 발현 프로파일 사이의 상관관계를 보여주고 있다.

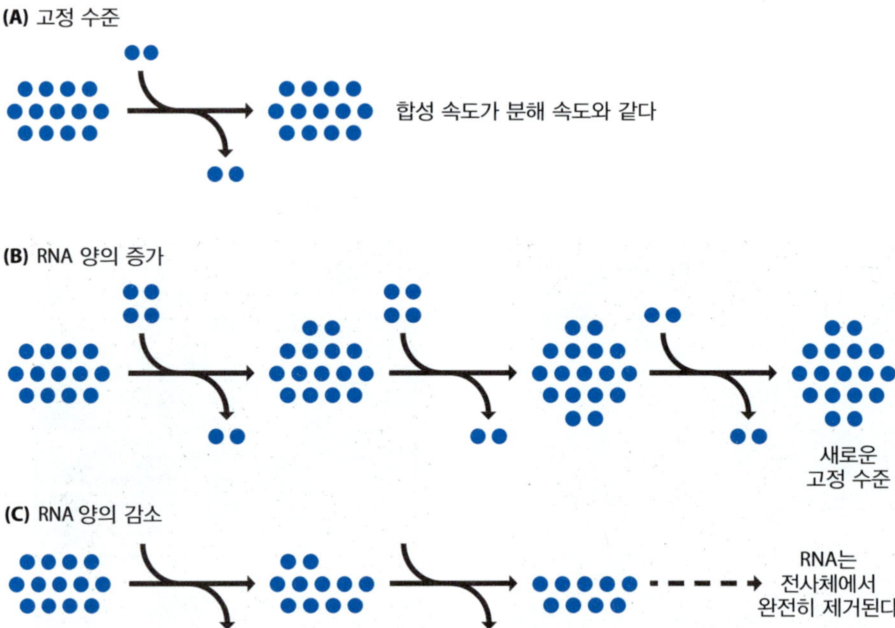

그림 12.7 **전사체에서 RNA 양에 영향을 미치는 합성과 분해 속도.** (A) 합성과 분해 속도가 같다면, RNA는 일정 수준을 유지하여 분자의 수는 일정하게 남아있다. (B) 합성 속도가 증가하면 (그리고/또는 분해 속도는 감소하면) RNA 사본수는 증가한다. 합성 속도가 감소하여 2차 일정수준이 만들어질 때까지 이러한 증가는 계속될 것이다. (C) 합성 속도가 감소하면 (그리고/또는 분해 속도가 증가하면) RNA 사본수가 감소한다. 예에서와 같이 새로운 일정 수준에 도달하거나, RNA가 전사체에서 완전히 제거될 수 있다.

성 속도가 증가되거나 분해 속도가 감소되어야 한다. RNA 양이 감소되려면, 합성 속도가 감소되거나 분해 속도가 증가되어야 한다. 전사체의 구성 인자들이 호르몬의 존재나 환경의 변화와 같은 외부 자극에 어떻게 반응하는가를 이해하려면 RNA의 합성과 회전에 대한 이해가 필수적이며, 이는 분화나 발달 그리고 질병에 따라 유전자 발현 양상이 어떻게 변화하는지에 대한 정보도 제공해 준다. 다음은 이러한 문제들을 RNA가 특히 단백질을 암호화하는 mRNA가 어떻게 합성되는지 살펴보면서 다루고자 한다.

RNA 중합효소는 RNA를 만드는 분자기계이다

1.2절에서 DNA-의존적 RNA 중합효소로 불리는 DNA를 RNA로 전사하는 효소에 대해 알아보았다. 이 효소는 전사되는 전사물이 DNA 분자 서열에 상보적인 뉴클레오티드 서열이 만들어지도록 DNA 주형과 RNA 사이에 염기쌍을 형성하며 5′→3′ 방향으로 RNA를 합성한다(그림 1.13 참조).

진핵생물 핵 유전자의 전사에는 3개의 다른 RNA중합효소가 필요하다: **RNA 중합효소 I, II, III**. 각각은 분자량이 500 kDa을 초과하는 다중소단위(8~12 소단위) 단백질이다. 구조적으로 이들 중합효소는 서로 매우 유사하다. 그러나 이들은 기능적으로는 매우 다르다. 각각은 중복되지 않는 다른 유전자 그룹에 작용한다(표 12.1). 대부분의 연구는 RNA 중합효소 II에 집중되어있다. 이 효소가 단백질을 암호화하는 유전자를 전사하기 때문이다. 이는 또한 snRNA의 Sm 소그룹과 일부 snoRNA, siRNA, miRNA, piRNA, 그리고 대부분의 lncRNA도 합성한다. RNA 중합효소 III은 tRNA를 포함하여 다양한 sncRNA를 전사한다. RNA 중합효소 I은 28S, 5.8S와 18S rRNA가 포함된 사본이 여럿이며 반복적 단위를 전사한다. 식물은 RNA 중합효소 II와 연관성이 있고 특정 siRNA 유전자 부류를 전사하는 2개의 RNA 중합효소 IV와 V를 추가적으로 가지고 있다.

고세균은 진핵생물 효소와 구조적으로 매우 유사한 하나의 RNA 중합효소를 가진다. 그러나 이는 일반적으로 전형적 원핵생물의 것은 아니다. 6개의 소단위(2개의 α 소단위, 하나의 β와 이와 유사한 하나의 β′, 하나의 ω 그리고 하나의 σ)로 이루어진 $\alpha_2\beta\beta'\omega\sigma$로 지칭되는 구성원을 가지는 박테리아 RNA 중합효소는 매우 다르기 때문이다. α, β,

표 12.1 3가지 진핵생물 핵 RNA 중합효소의 기능

중합효소	전사되는 유전자
RNA중합효소 I	28S, 5.8S, 18S 리보솜 RNA(rRNA)
RNA중합효소 II	mRNA, snRNA의 Sm 패밀리, 일부 snoRNA, siRNA*, miRNA, piRNA, lncRNA
RNA중합효소 III	tRNA, 5S rRNA, snRNA의 Lsm 패밀리, 7SL RNA, 7SK RNA

*식물에서, 일부 siRNA는 RNA 중합효소 IV 또는 V에 의해 전사된다.

β′와 ω 소단위는 진핵생물 RNA 중합효소에 존재하는 소단위의 구조적인 상동체이지만, σ 소단위는 구조에 있어서나, 나중에 보게될 것이지만, 기능에 있어서 자체적인 독특한 특성을 가지고 있다.

엽록체 유전체는 이 세포소기관의 박테리아성 기원을 반영하듯이, 박테리아 효소와 매우 유사한 RNA 중합효소를 가지고 있다(8.3절). 추가적으로 외떡잎과 쌍떡잎식물의 엽록체는 각각 하나 그리고 2개의 핵 유전자가 암호화하는 1개의 소단위 RNA 중합효소를 세포질로부터 들여온다. 엽록체의 것이 광합성 조직에서 더 높은 빈도로 사용되는 것으로 보이지만, 많은 유전자들이 엽록체와 핵이 암호화하는 RNA 중합효소에 의해 전사될 수 있다. 몇 개의 유전자는 핵이 암호화하는 중합효소에 의해서만 전사될 수 있다. 흥미롭게도 엽록체 RNA 중합효소 β 소단위를 만드는 *rpoB* 유전자가 여기에 포함된다. 미토콘드리아도 역시 자체적인 RNA 중합효소를 가지는데, 핵 유전자가 암호화하는 한 개의 소단위로 이루어진 효소이다. 내재적인 미토콘드리아 RNA 중합효소는 없다.

박테리아 RNA 중합효소는 RNA를 1분에 수백 개의 뉴클레오티드의 속도로 합성할 수 있다. 즉, 그 길이가 수천 뉴클레오티드에 불과한 평균적인 *E. coli* 유전자는 몇 분 내에 전사될 수 있다. 진핵생물의 RNA 중합효소 II는 1분에 2,000 뉴클레오티드에 이르는 박테리아 중합효소보다 더 빠른 속도로 합성하지만 하나의 RNA를 전사하는 데 몇 시간이 걸릴 수 있다. 많은 진핵생물 유전자는 박테리아의 그것보다 훨씬 더 길기 때문이다. 예를 들어, 2,400 kb인 사람의 디스트로핀(dystrophin) 유전자는 합성하는 데 약 20시간이 걸린다. 대부분의 RNA 중합효소는 10^4~10^5개의 뉴클레오티드를 추가할 때마다 1개를 실수하는 정확도를 가지고 있지만, 일반적으로 여러 개의 RNA 사본이 존재하며, 오류를 가진 전사물은 전체 집단에서 매우 적은 비율에 불과하므로, 이 정도의 비정확도는 큰 문제가 되지 않는다. 오차율은 DNA-RNA 복합체(duplex)의 염기쌍이 이루어지지 않는 지점에서 생기는 불거짐(bulge)으로 촉발되는 **역추적(backtracking)**으로 최소화된다(**그림 12.8**). 중합효소에 약간의 구조적 재배열이 생기면 주형을 역으로 미끄러져 이동할 수 있게 되고, 오류 지점 위쪽의 RNA를 자르게 된다. 이후 중합효소는 합성 구조를 회복하고 앞으로 이동하며 전사를 계속한다.

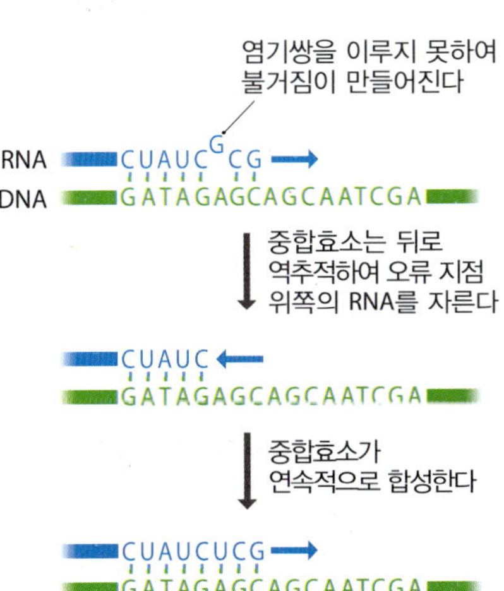

그림 12.8 되돌아감으로 RNA 중합효소가 전사 실수를 교정할 수 있다.

전사 시작점은 프로모터 서열로 지정된다

RNA로 복사되어야 하는 각 유전자의 바로 위쪽 DNA 분자의 정확한 지점에서 전사가 시작되어야 하는 것은 필수적이다. RNA 중합효소가 자체적으로 또는 일단 DNA에 부착되면 RNA 중합효소가 결합하는 기반을 형성하는 DNA-결합 단백질에 의해 인식되는, **프로모터(promoter)**로 불리는, 이 지점은 표적 서열로 표시된다(**그림 12.9**).

박테리아 RNA 중합효소는 두 부위로 나누어진 프로모터 서열을 인식한다. 두 구성인자는 전사가 시작되어야 하는 지점에서 약 10 bp와 35 bp 상위에 위치한다. *E. coli*에

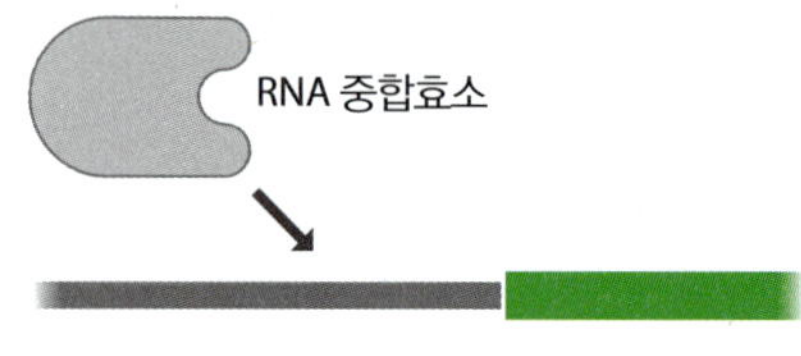

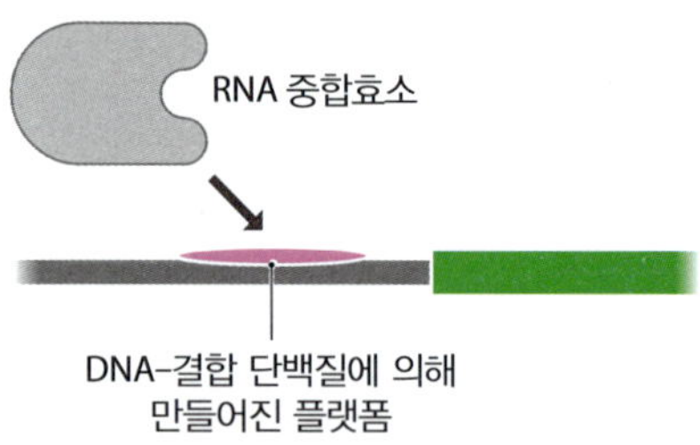

그림 12.9 RNA 중합효소가 프로모터에 결합하는 2가지 방법. (A) 박테리아에서 일어나는 RNA 중합효소에 의한 직접적인 프로모터. (B) RNA 중합효소가 결합할 수 있는 플랫폼을 형성하는 DNA-결합 단백질에 의한 프로모터 인식.

서 프로모터 고정 서열은 다음과 같다:

−35 박스: 5′-TTGACA-3′
−10 박스: 5′-TATAAT-3′

두 박스 사이 간격은 매우 중요하다. 두 모티프가 이중나선의 동일면에 위치하도록 하여, 이들이 박테리아 RNA 중합효소의 DNA-결합 구성 인자인 σ 소단위와 상호작용을 하게 해주기 때문이다. 위에서 보여준 고정 서열은 분자량이 약 70 kDa인 관계로 σ^{70}로 불리는 소단위를 가지는 표준형 박테리아 중합효소의 것이다. *E. coli*와 다른 박테리아는 각기 다른 –35 서열 특이적인 다양한 σ 소단위를 만들 수 있다. 박테리아가 열충격에 노출되었을 때 합성되는 σ^{32} 소단위가 그 한 예이다. 이 소단위는 박테리아가 고온에 견딜 수 있도록 해주는 단백질을 암호화하는 유전자의 상위에서 발견되는 –35 서열을 인식한다(그림 12.10). 이러한 단백질에는 다른 단백질들이 열로 분해되는 것을 막는 샤페론(chaperone)이나 열-유도 DNA 손상을 수선하는 효소들이 속한다. 영양 고갈이나 질소 결핍 중 사용되는 다른 σ 소단위도 있다. 이러한 대체적 σ을 통해, *E. coli*는 변화하는 환경과 영양 요구도에 반응하여 자신의 전사체를 리모델링할 수 있다. 대체적 σ 소단위는 또한 다른 박테리아에서도 사용된다. 예를 들어, *Klebsiella pneumoniae*는 σ^{54} 소단위를 사용하여 질소 고정에 관여하는 유전자 발현 스위치를 켠다. *Bacillus* 종은 정상 성장에서 포자 형성으로 변화하는 동안 매우 다양한 범위의 다른 σ 소단위를 사용해서 여러 그룹의 유전자 발현 스위치를 켜고 끈다.

진핵생물에서 "프로모터"라는 용어는 유전자의 전사개시에 중요한 모든 서열을 설명하는 데 사용된다. 일부 유전자의 경우 RNA 중합효소가 결합하는 지점인 **기본 프로모터(basal promoter)**라고도 불리는 **핵심 프로모터(core promoter)**뿐만 아니라 이름에서 알 수 있듯이, 핵심 프로모터의 상위에 존재하는 **상위 프로모터 인자(up-stream promoter element)** 등을 포함하는 이들의 서열은 수도 많고 기능도 다양하다. **전사 개시(transcription initiation)**는 상위 인자 없이도 일어날 수 있지만 매우 비효율적이다. 이것은 상위 인자에 결합하는 단백질에는 최소 전사 활성자인 일부 단백질과 유전자의 발현을 촉진하는 단백질이 포함되어 있다는 것을 의미한다. 따라서 이들 서열을 프로모터에 포함시키는 것은 올바른 것이다.

3개의 진핵생물 RNA 중합효소는 각기 다른 프로모터 서열을 인식한다. 프로모터 사이의 차이가 실제로 어떤 중합효소에 의해 어떤 유전자가 전사될 것인가를 결정한다. 척추동물의 프로모터를 아래에 자세히 설명하였다(그림 12.11).

- RNA 중합효소 I 프로모터는 전사개시점의 −45 뉴클레오티드와 +20 뉴클레오티드 사이에 있는 핵심 프로모터와 약 100 염기쌍(bp) 상위에 존재하는 **상위 조절 인자(upstream control element, UCE)**로 이루어져 있다.
- RNA 중합효소 II 프로모터는 다양하고 전사개시점으로부터 상위 수천 염기까지 뻗어 나갈 수 있다. 핵심 프로모터는 2개의 주요한 조각으로 이루어져 있다: −25 또는 **TATA 상자(TATA box**, 5′-TATAWAAR-3′, W는 A 또는 T, R은 A 또는 G)와 +1 뉴클레오티드 주위에 자리하는 **Inr 서열(initiator sequence, 개시 서열**; 포유동물의 경우 5′-YYANWYY-3′, Y는 C 또는 T, N은 모든 뉴클레오티드)

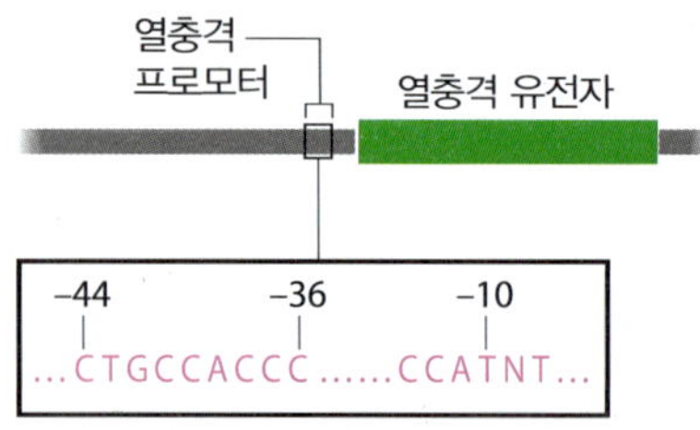

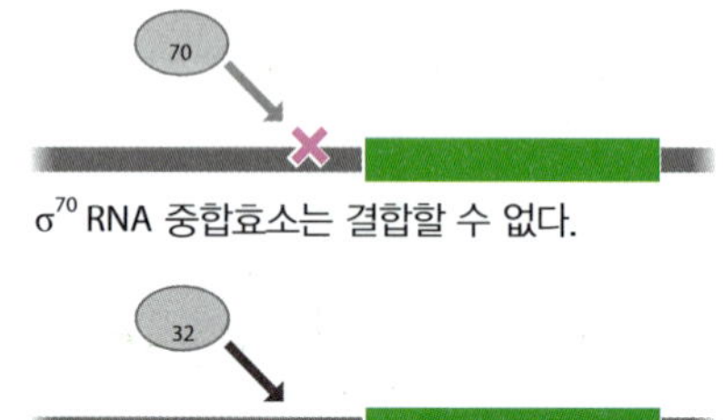

그림 12.10 σ^{32} 소단위에 의한 *E. coli* 열충격 유전자의 인식. (A) *E. coli* 열충격 반응에 관여하는 프로모터의 서열. (B) 열충격 프로모터는 σ^{70}소단위를 포함하는 정상적인 *E. coli* RNA 중합효소.

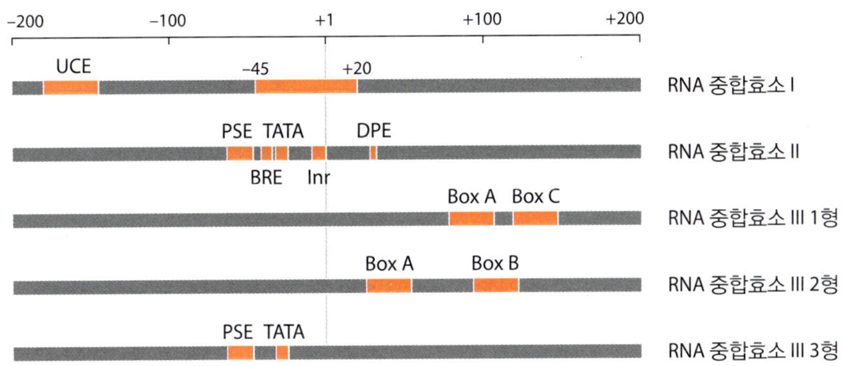

그림 12.11 진핵생물 프로모터의 구조. UCE, 상위 조절인자; PSE, 근접 서열인자; BRE, B 반응인자; Inr, 개시 서열; DPE, 하위 프로모터 인자.

이다. RNA 중합효소 II에 의해 전사되는 일부 유전자는 핵심 프로모터의 두 가지 구성요소 중에서 한 가지만 가지고 있거나, 놀랍게도 아무 것도 갖고 있지 않는 경우도 있다. 후자를 부재(null) 유전자라 부른다. 이들의 전사개시점은 TATA 상자나 개시서열을 갖는 유전자보다 훨씬 변화가 많지만, 이들 유전자도 전사된다. 일부 유전자들은 핵심 프로모터의 일부분으로 보여지는 다른 서열을 갖고 있다. 예를 들면:

- 하위 프로모터 인자(downstream promoter element, DPE; +28부터 +32 사이에 위치한다)는 다양한 서열을 갖지만 개시전 복합체에서 중요한 역할을 하는 단백질 복합체인 TFIID에 결합할 수 있는 능력으로 구별된다.
- BRE(B response element, B 반응인자)로 불리는 TATA 상자 바로 상위 또는 바로 하위에 위치하는 상위의 GC-함량이 높은 7개의 염기쌍인 모티프이다. 이 모티프는 개시전 복합체의 다른 성분인 TFIIB에 의해 인식된다.
- PSE(proximal sequence element, 근접 서열인자)는 RNA 중합효소 II에 의해 전사되는 snRNA 유전자의 상위 −45와 −60 사이에 위치하고 있다.

RNA 중합효소 II에 의해 전사되는 유전자는 핵심 프로모터의 구성성분뿐만 아니라 일반적으로 전사개시점의 2 kb내 위치하는 다양한 상위 프로모터인자를 갖는다. 이들의 기능은 이 장의 후반에 설명할 것이다.

- RNA 중합효소 III 프로모터는 다양해서 최소한 세 가지 범주로 나눌 수 있다. 이들 중 두 가지는 특이하게도 자신이 전사를 촉진하는 유전자의 내부에 중요한 서열이 자리 잡고 있다. 일반적으로 이들 서열은 50~100 bp에 이르고 다양한 부위로 나눠진 2개의 보존적 상자로 이루어져 있다. RNA 중합효소 III 프로모터의 세 번째 부류는 RNA 중합효소 II와 유사하다. 표적 유전자의 상위에 하나의 TATA 상자와 일련의 프로모터 인자(위에서 언급한 PSE를 포함할 때도 있다)들이 위치한다. 흥미로운 것은 RNA 중합효소 III에 의해 전사되는 Lsm 클래스 snRNA 유전자는 RNA 중합효소 II에 의해 전사되는 Sm그룹과 유사한 프로모터 서열을 가지고 있다는 것이다.

진핵생물 유전자 일부에서는 그 유전자에 의해 만들어지는 전사체의 다른 버전을 만드는 **선택적 프로모터(alternative promoter)**를 가지고 있어 추가적인 수준의 복잡성을 보여준다. 한 예는 유전자의 결함이 듀센 근위축증(Duchenne muscular dystrophy)로 불리는 유전 질병을 야기하는 이유로 집중적으로 연구된 사람 디스트로핀 유전자에서 볼 수 있다. 디스프로핀 유전자는 알려진 사람 유전체들에서 가장 큰 유전자 중 하나로 2.4 Mb에 걸쳐 있으며 78개의 인트론을 가지고 있다. 적어도 7개의 선택적 프로모터를

그림 12.12 선택적 프로모터. 사람 디스트로핀 유전자의 7종의 대체 프로모터의 위치를 보여주고 있다. 약자는 각각의 프로모터가 활성을 갖는 조직을 나타낸다. C, 외피조직; M, 근육; Ce, 소뇌(cellebellum); R, 망막조직(뇌와 심장조직); CNS, 중추신경계(콩팥); S, 슈반세포(Schwann cell); G, 일반(근육을 제외한 대부분의 조직)

가지고 다른 조직에서 다른 길이의 mRNA 합성을 유도한다(그림 12.12).

선택적 프로모터는 발생학적으로 서로 다른 시기에 일부 단백질의 연관된 형태를 만드는 데에도 사용되며, 하나의 세포가 생화학적으로 미세한 차이를 갖는 유사한 단백질을 합성할 수 있게 해준다. 이 점은 일반적으로 선택적 프로모터라고 불리지만 특정 시점에 하나 이상이 활성을 갖기 때문에 좀 더 정확하게 말하면 다중(multiple) 프로모터라 불려야 할 것이다. 실제로 많은 유전자에 있어서 이것이 정상적인 상황일 것이다. 예를 들면, 광범위한 유전체 조사에 의하면 사람의 섬유아세포의 경우에 10,500개의 프로모터가 활성을 갖지만 이들 프로모터들은 8,000개가 못되는 유전자의 발현을 유도한다. 이것은 이들 세포에서 상당수의 유전자들이 동시에 2개 또는 그 이상의 프로모터로부터 발현되고 있음을 의미한다.

박테리아 RNA 합성은 억제자와 활성자 단백질에 의해 합성이 조절된다

박테리아 프로모터의 고정 서열은 매우 다양하며, –35와 –10 박스 두 위치 모두에서 다른 모티프가 허용된다(표 12.2). 이러한 다양성은 전사개시점 주변의 덜 알려진 특이서열과 전사단위의 첫 50개의 뉴클레오티드와 함께 프로모터의 효율에 영향을 준다. 효율은 1초에 촉발되는 성공적 전사개시(productive initiation)로 정의되며, 성공적 전사개시는 RNA 중합효소가 프로모터를 출발하여 완전한 길이의 전사물 합성을 시작하는 것이다. 프로모터의 효율은 1,000배 차이가 난다. 가장 효율적인 프로모터에서의 [**강한 프로모터(strong promoter)**로 불림] 성공적 전사개시는 가장 약한 프로모터에서보다 1,000배가 높다는 것이다. 우리는 이러한 차이를 **전사개시 기본 속도(basal rate of transcription initiation)**라 한다.

프로모터의 구조는 전사개시 기본 속도를 결정하지만, 어떤 유전자가 환경의 변화나 세포의 생화학적 요구도에 반응하여 전사하는 일반적 방법을 제공하지는 않는다. 일시적 변화는 특정 유전자의 기본 전사 속도에 영향을 미치는 음성적(억제적) 또는 양성적(활성적) 조절단백질에 의해 만들어진다.

박테리아의 전사개시에 대한 관리 조절의 이해는 1960년대 초반에 젖당 오페론(lactose operon)과 다른 모델 시스템을 연구한 제콥(Francis Jacob), 모노드(Jacques Monod)와 다른 여러 유전학자들에 의해 기초가 만들어졌다. 이들은 젖당을 포도당과

표 12.2 *E.coli* 프로모터 서열

유전자	단백질 산물	–35 상자	–10 상자
고정서열		5′-TTGACA-3′	5′-TATAAT-3′
argF	오르니틴 카바모일 이동 효소	5′-TTGTGA-3′	5′-AATAAT-3′
can	탄산무수화효소	5′-TTTAAA-3′	5′-TATATT-3′
dnaB	DnaB 헬리케이즈	5′-TCGTCA-3′	5′-TAAAGT-3′
gcd	포도당 탈수소효소	5′-ATGACG-3′	5′-TATAAT-3′
gltA	시트르산 합성효소	5′-TTGACA-3′	5′-TACAAA-3′
ligB	DNA 연결효소	5′-GTCACA-3′	5′-TAAAAG-3′

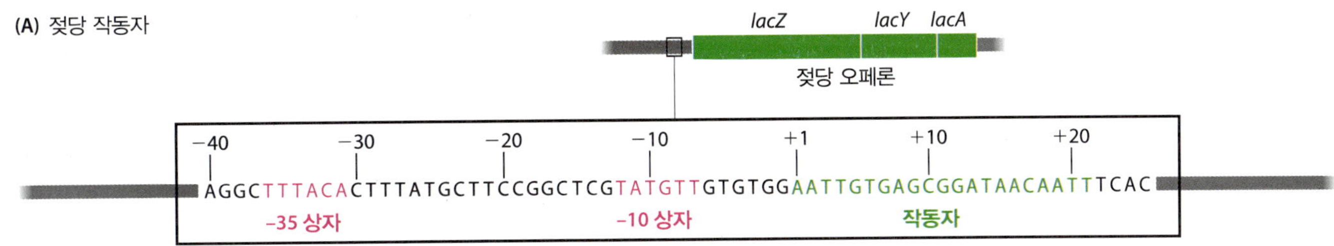

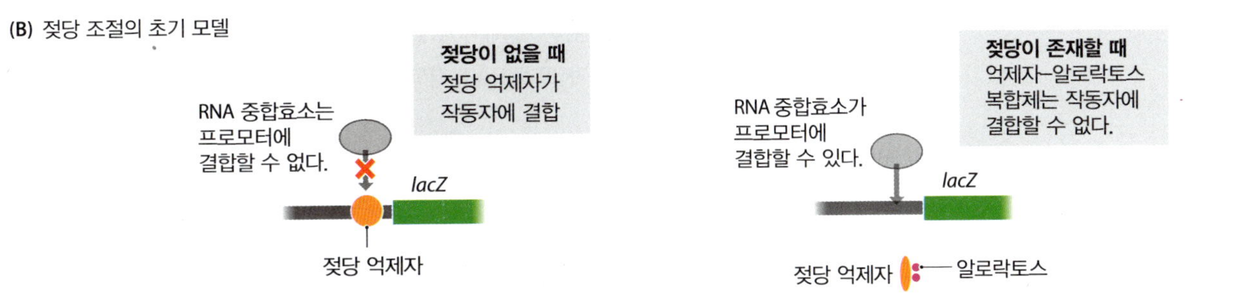

그림 12.13 ***E. coli* 젖당 오페론의 조절.** (A) 젖당 오페론의 작동자 서열은 프로모터 하위의 바로 아래에 위치한다. 이 서열이 역대칭인 점에 유의하라.: 5′→3′ 방향으로 읽으면 양쪽 가닥의 서열이 동일하다. 이것은 4량체 억제자 단백질의 2개의 소단위가 하나의 작동자 서열과 접촉할 수 있게 해준다. (B) 젖당 조절의 원래 모델에서는 젖당 억제자는 작동자에 결합하여 RNA 중합효소가 프로모터에 접근하지 못하게 하는 단순한 억제 장치로 생각되었었다. 따라서 오페론의 3개의 유전자는 스위치가 꺼졌다. 이것은 비록 억제자가 때때로 떨어져 나와 몇몇의 전사체가 만들어질 수 있기 때문에 전사가 완전히 억제되는 것은 아니지만, 젖당이 없는 경우이다. 이러한 기본적인 수준의 전사로 박테리아는 오페론에 의해 암호화되는 3종의 효소를 아마도 각각 5개 이하로 지니고 있을 것이다. 이것은 박테리아가 젖당의 공급원을 만나게 되면 몇 분자를 세포로 운반하여 이것을 포도당과 갈락토스로 분리할 수 있다. 이 반응의 중간체인 알로락토즈는 젖당의 이성질체로, 억제자에 결합하여 억제자의 구조에 변형을 일으키므로 억제자가 작동자에 결합할 수 없게 만들어 결과적으로 젖당 오페론의 발현을 유도하게 된다. 이것은 RNA 중합효소가 프로모터에 결합하여 3종의 유전자를 전사할 수 있게 한다. 완전히 유도되면 세포 내에 각각의 단백질 산물이 약 5,000개 정도 존재한다. 젖당이 모두 사용되고 알로락토스가 더 이상 존재하지 않으면 억제자는 다시 작동자에 결합하고 오페론은 스위치가 꺼진다. 반감기가 3분이 안 되는 오페론의 전사체는 분해되고 효소는 더 이상 만들어지지 않는다.

갈락토오즈로 변환시키는 단백질 산물을 만드는 3개의 유전자 그룹이 포함된 젖당 오페론을 연구하였다(그림 8.9A 참조). 이것으로 프로모터 주변에서 젖당 억제자(lactose repressor) 결합자리인 **작동자(operator)**의 존재가 확인되었다(그림 12.13). 처음의 모델은 단순히 DNA-결합 단백질인 **젖당 억제자(lactose repressor)**가 작동자에 결합함으로써, RNA 중합효소가 연관된 DNA 조각에 접근할 수 없게 해서 프로모터에 결합하는 것을 방해하는 것으로 예측했다(그림 11.24B). 작동자의 **유도자(inducer)**로 불리는 젖당의 이성질체인 알로락토스(allolactose)의 세포내 존재 여부에 따라 억제자의 결합 여부가 결정된다. 알로락토스가 존재하면 알로락토스가 젖당 억제자에 결합하여 약한 구조 변화를 일으키고, 이것은 억제자의 HTH 모티프가 작동자를 DNA 결합 부위로 인식하는 것을 방해한다. 따라서 알로락토스-억제자의 복합체는 작동자에 결합하지 못하고, 결과적으로 RNA 중합효소가 프로모터에 결합할 수 있게 된다. 공급된 젖당이 전부 사용되면, 억제자에 결합할 수 있는 알로락토스도 고갈되고, 억제자는 작동자에 다시 결합하여 전사를 방해한다. 따라서 오페론은 오페론에 의해 암호화되는 효소가 필요할 때만 발현된다.

젖당 오페론의 조절에 대한 대부분의 기본적인 작동 방법(scheme)은 조절 부위의 DNA 서열 분석과 작동자에 결합한 억제자의 구조에 의해 확인되었다. 한 가지 복잡한 문제는 억제자가 3지점의 뉴클레오티드 위치(−82, +11, +412)에 결합할 수 있다는 것이 밝혀진 것이다. 유전적 연구에 의해 확인된 작동자는 +11 위치에 자리하는 서열(그림 12.13A 참조)이었고, 이것은 3개의 위치 중 억제자의 결합에 의해 RNA 중합효소가 프로모터에 결합을 방해할 것으로 예측되는 단 하나였다. 그러나 개별적으로 또는 함께 다른 2개의 위치를 제거하면 어느 정도 억제 역할을 하여, 유전자 발현을 중지시키는 억제자로서의 역할을 상당히 손상시킨다. 억제자는 하나의 작동자에 결합할 때 쌍으로 작용하는 동일한 소단위 4개로 이루어진 4량체이다. 따라서 억제자는 3개 중의 2개의 작동자 부위에 동시에 결합할 수 있는 능력이 있다. 한 가지 가능성은 한 쌍의 소단위가 +11 부위에 결합했을 때 다른 한 쌍이 −82 또는 +412 부위에 결합함으로써 강화되거나 안정화되는 것이다. 또한 억제자가 중합효소가 프로모터에 결합하는 것을 방해하는 것이 아니라 중합효소가 프로모터 지역을 떠나는 것을 막는 방법으로 한 쌍의 작동자에 결합할 수도 있다.

많은 박테리아 오페론이나 개별 유전자의 전사는 억제자에 의한 억제조절(down-regulation)뿐만 아니라 활성 단백질에 의한 촉진 조절(up-regulation)도 일어날 수 있다. 그 예는 CRP 활성자로도 불리는 **CAP(catabolite activator protein, 분해대사물 활성인자 단백질)**에서 찾아볼 수 있다. 이 단백질은 박테리아 유전체의 다양한 지역에 있는 인식서열에 결합한 후, RNA 중합효소의 α 소단위와 상호작용으로 아래쪽 프로모터의 이중나선이 90°로 급하게 꺾여지게 한다. 이러한 프로모터에서 성공적 전사개시는 CAP의 결합 여부에 달려 있다. 단백질이 없다면, 프로모터에 의해 조절되는 유전자는 전사되지 않는다.

CAP가 자신의 결합자리로의 결합하는 것은 박테리아에 포도당 공급이 적절하지 않을 때에만 일어난다. 포도당의 유용 가능성 여부는 당을 박테리아로 이동시키는 다중 단백질 복합체의 구성원인 IIA^{Glc}로 불리는 단백질에 의해 탐지된다. 포도당이 세포 내로 들어오면, IIA^{Glc}는 탈인산화된다(즉, 번역-후 변형으로 단백질에 첨가되었던 추가적 인산기가 제거된다). 탈인산화된 형태의 IIA^{Glc}는 ATP를 고리형 AMP(cAMP)로 변화시키는 아데닐 고리화효소(adenyl cyclase)를 억제한다(그림 12.14). 즉, 포도당 수준이 상승하면 세포내 cAMP 양이 낮아진다. CAP는 cAMP가 있는 조건에서만 표적자리에 결합할 수 있으므로, 포도당이 존재한다면 단백질은 분리된 채로 있게 되고 이것이 조절하는 오페론의 발현은 꺼지게 된다. 이러한 표적자리 중 하나가 젖당 오페론 프로

그림 12.14 이화 활성화 단백질의 기능. (A) 박테리아로 포도당이 들어오면 IIA^{Glc}에 탈인산화가 일어난다. 탈인산화된 IIA^{Glc}는 아데닐 고리화효소를 저해하고 ATP에서 cAMP로의 전환이 감소한다. (B) CAP(이화 활성화 단백질)이 cAMP의 존재하에서만 DNA에 결합할 수 있다. 만약 포도당이 존재한다면, cAMP 수준이 낮고, CAP는 DNA에 결합하지 못한다. 포도당이 모두 사용되면, cAMP가 올라가고, CAP가 DNA에 결합하여 표적 유전자의 전사를 활성화시킨다.

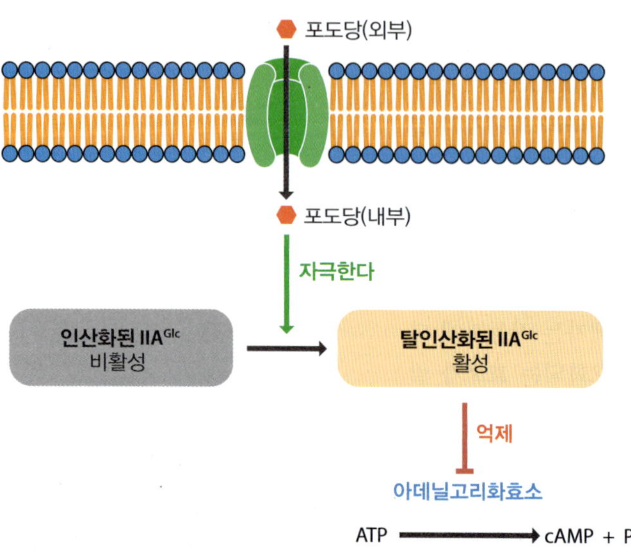

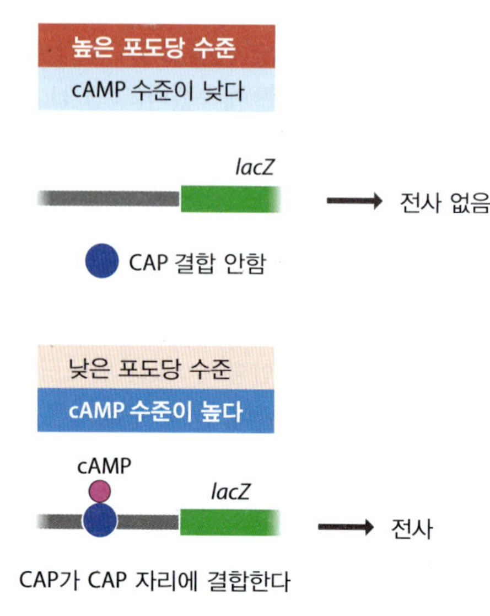

모터 주변에 존재한다. 만약 박테리아에 포도당과 젖당이 모두 공급되면, CAP 결합자리는 비어 있게 되고, 젖당 억제자가 결합하지 않았어도, 활성화가 없으면 젖당 오페론은 전사되지 않는다. 만약 박테리아가 모든 포도당을 사용하였다면, cAMP 수준이 상승하고 CAP는 젖당 오페론의 상위에 있는 표적자리에 결합한다. 즉, 젖당 유전자의 전사는 활성화되어, 박테리아가 젖당을 주요 에너지원으로 사용할 수 있게 된다. CAP는 *E. coli* 전사체를 리모델링하여 박테리아가 가능한 당을 가장 효율적으로 사용할 수 있게 해준다. *E. coli* 및 기타 박테리아가 선호하는 당이 고갈된 후에 두 번째 당을 사용하는 특정 당을 다른 것보다 선호하여 대사하는 능력이 1941년 모노드에 의해 처음 발견되었고, 그는 이것을 설명하기 위해 **이중영양적 생장(diauxic growth)**이라는 프랑스 용어를 사용하였다(그림 12.15).

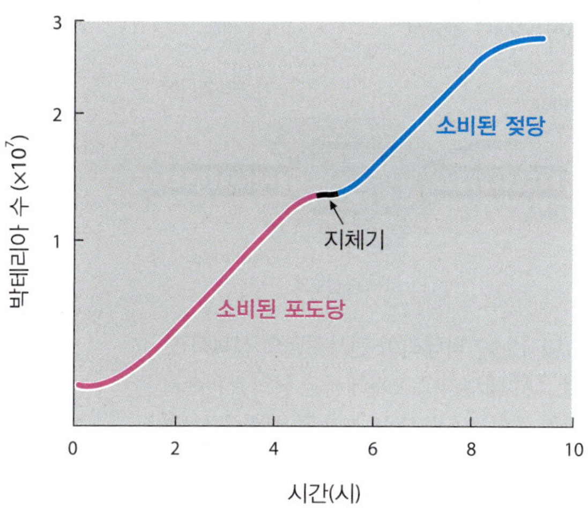

그림 12.15 포도당과 젖당 혼합물을 가진 배지에서 자란 *E. coli*의 이원영양 곡선. 첫 몇 시간 동안, 박테리아는 포도당을 탄소원과 에너지원으로 사용하며 기하급수적으로 분열한다. 포도당이 고갈되면, 박테리아는 이제 젖당을 사용하여 기하급수적 성장을 하기 전에 젖당 사용 유전자 스위치가 켜지는 동안 짧은 지체기를 가진다.

박테리아 RNA 합성은 전사 종결 조절에 의해서도 조절된다

박테리아 RNA 합성을 이끄는 주요 조절점은 전사개시로 보고 있지만, 전사체의 조성을 조절하는 데 영향을 주는 유일한 단계는 아니다.

현재는 전사를 중합효소가 정기적으로 멈추면서 뉴클레오티드를 전사물에 추가하면서 신장을 계속할지 아니면 주형에서 분리되어 종결할지 선택하는 비연속적 과정(discontinuous process)으로 생각하고 있다. 어느 쪽이 선택될지는 어느 쪽이 열역학적 관점에서보다 효율적인가에 따라 결정된다. 이 모델은 종결이 이루어지기 위해서는 중합효소가 RNA 합성을 지속하기보다 분리되는 것이 훨씬 용이한 주형 상의 위치에 도달하여야만 한다는 것을 강조하고 있다. 이 모델과 일관성 있는 것은 박테리아 유전체의 여러 위치에서 RNA로 전사된 후 줄기-고리(stem-loop) 구조로 접힐 수 있는 역회문서열(inverted palindrome)로 전사종결점이 표지되어 있다는 것이다(그림 12.16). 이러한 줄기-고리 형성은 지속적 전사보다는 분리가 선호되도록 중합효소와 주형 사이에 전반적 상호작용을 약화시키는 것으로 생각된다. **내재성 종결자(intrinsic terminator)**에서, A 연속 서열은 3개의 수소 결합을 갖는 G-C 쌍과 비교할 때 전사물이 단 2개의 수소 결합만을 갖는 연속적 A U 염기쌍으로 붙들려 있기 때문에 중합효소의 결합을 더욱 약화시킨다(그림 12.17A). 다른 방법은, **Rho-의존성 종결자(Rho-dependent terminator)**에서 헬리카제(helicase)가 줄기-고리 구조에서 중합효소가 멈추고 있는 동안 DNA와 전사물 사이 염기쌍을 떼어내는 방법이다(그림 12.17B).

줄기-고리 구조로 박테리아 전사를 종결시키는 방법은 **전사약화조절(attenuation)**이라고 부른다. *E. coli*의 트립토판 오페론(그림 8.9B 참조)에서 이것이 어떻게 작용하는지 보여주고 있다. 이 오페론에서는 전사개시 부위와 이 오페론의 첫 유전자인 *trpE*의

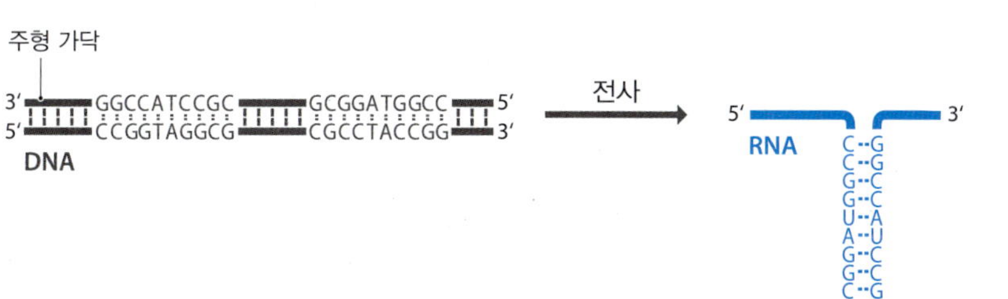

그림 12.16 박테리아 종결 구조. DNA 서열의 역반복 팔린드롬의 존재로 전사물에 줄기-고리 형성이 일어난다.

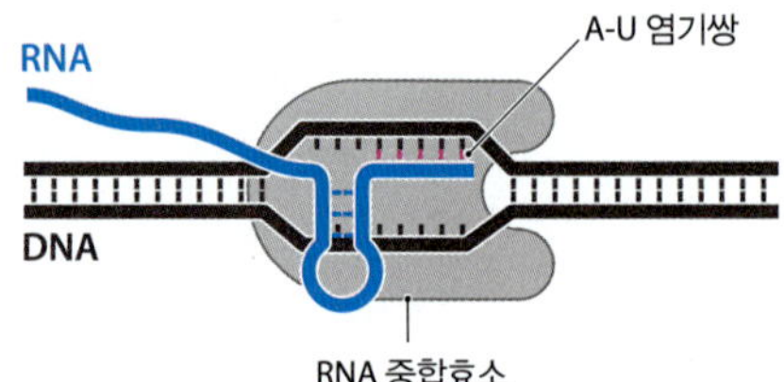

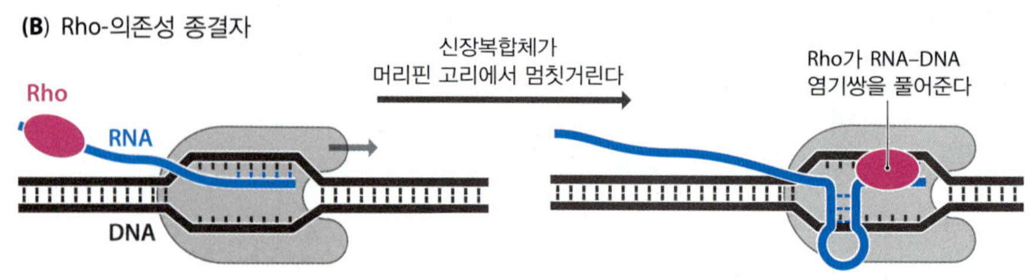

그림 12.17 박테리아 전사종결의 선택적 모델. (A) 내재적 종결자에서 주형의 A 연속서열로 중합효소의 DNA 부착은 약해진다. (B) Rho-의존적 종결자에서 종결. **로(Rho)**는 전사물을 따라 RNA 중합효소를 따라가는 헬리케이즈이다. 중합효소는 줄기-고리 구조에서 멈추고, Rho가 따라가 RNA-DNA 쌍을 자르고 전사물을 방출한다.

시작 부위 사이에 두 종류의 머리핀 구조가 만들어질 수 있다. 둘 중 작은 고리는 Rho-의존적 종결신호로 작용하지만, 큰 고리는 아니다. 큰 고리는 종결 머리핀과 겹쳐지기 때문에 언제나 두 가지 머리핀 중에서 한 가지만 만들어질 수 있다. 어떤 고리가 만들어지느냐 하는 것은 RNA 중 단백질로 번역되는 암호화 부분을 번역하기 위해 전사물의 5′-말단에 결합하는 리보솜(ribosome)과 RNA 중합효소 사이의 상대적인 위치에 의해 결정된다(그림 12.18). 만약 리보솜이 멈칫거려서 중합효소와 보조를 맞출 수 없게 되면, 큰 고리가 형성되고 결과적으로 전사는 지속된다. 그러나 만약 리보솜이 RNA 중합효소와 속도를 맞추면, 큰 머리핀이 붕괴되고 종결 머리핀이 형성될 수 있게 됨으로써 전사가 종결된다. 리보솜의 멈칫거림은 종결 신호의 상위에 2개의 트립토판을 포함하는 14개 아미노산 펩티드를 암호화하는 짧은 열린번역틀(open reading frame, ORF)이 있기 때문이다. 만약 자유 트립토판의 양이 제한적이면 리보솜이 이 펩티드를 합성하고자 할 때 멈칫거리고, 중합효소는 계속 전사물을 만들 수 있게 된다. 이 전사물이 트립토판을 생합성에 필요한 유전자를 암호화하는 유전자의 사본을 가지고 있어서, 세포의 아미노산 요구성을 만족시킨다. 세포내 트립토판의 양이 만족할 만한 정도에 이르면 전사조절약화 시스템이 트립토판 오페론이 더 이상 전사되는 것을 억제한다. 리보솜이 짧은 펩티드를 만드는 동안 멈칫거리지 않고, 중합효소와 속도를 맞추어 종결 신호가 만들어지게 하기 때문이다.

E. coli 트립토판 오페론은 전사 약화 조절뿐만 아니라 억제자에 의해서도 조절된다. 전사조절약화와 억제자가 정확히 어떻게 함께 작용하여 오페론의 발현을 조절하는지는 알려지지 않았지만, 억제는 기본적으로 켜고 끄는 스위치를 제공하고 전사약화조절은 유전자 발현의 수준을 섬세하게 조절한다. *E. coli* 및 여러 박테리아에서 전사약화조절은 여러 아미노산 생합성 오페론들의 전사 조절에 사용될 뿐 아니라, 여러 유형의 영양 제한이나 온도 변화와 같은 환경의 변화에 대한 반응으로 전사체를 리모델링하기 위해서도 사용된다. 여러 전사 약화 조절 체계의 공통적인 방법은 전사물에 존재하는 선택적 줄기-고리 구조의 존재이다. 그러나 줄기-고리 종결자 형성에 영향을 주는 방법은 다양하다. 일부 전사약화조절자들은 *E. coli*의 트립토판 오페론과 같은 방법으로 리보솜 멈칫거림을 사용하지만, 다른 곳에서는 **리보스위치(riboswitch)**로 조절된다. 이것은 아미노산과 같은 작은 분자의 결합으로 2개의 줄기-고리 중 큰 것의 형성을 방해하여 종결이 일어나게 함으로써 직접적으로 조절한다. 세 번째 유형은 RNA-결합 단백질의 결합으로 조절된다.

진핵생물의 RNA 합성은 주로 활성자 단백질로 조절된다

박테리아에서 전사조절을 살펴보면, 전사개시가 RNA 중합효소 부착자리 주변에 존재하는 특정 서열을 인식하는 DNA-결합 단백질의 영향을 받을 수 있다는 것이 주된 내용이었다. 단 하나의 차이점만 제외하면, 진핵생물에서도 이 점은 전사조절의 기본이다. 박테리아 RNA 중합효소는 프로모터에 강한 친화력이 있어서, 가장 약한 프로모터를 제외하고는 모든 프로모터에서 전사개시의 기본 속도가 비교적 높다. 대부분 진핵생물

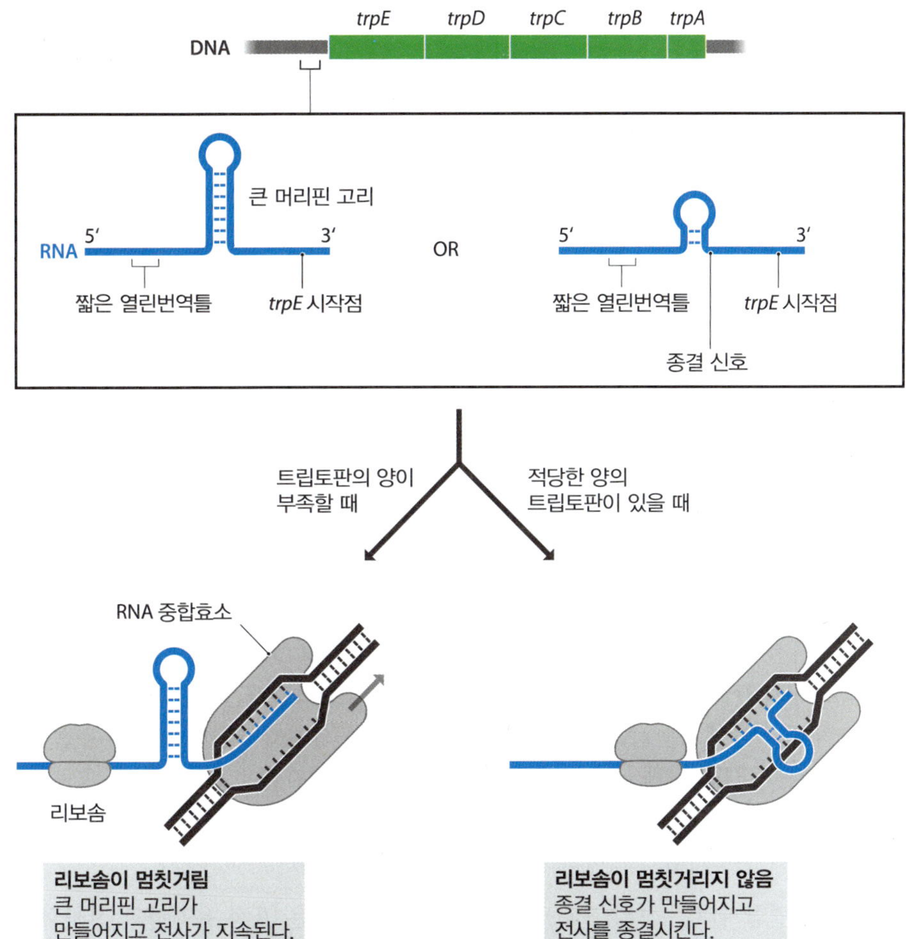

그림 12.18 트립토판 오페론에서의 전사 약화 조절.

의 유전자에서는 그 역이 성립한다. RNA 중합효소 II와 III의 개시 복합체는 효율적으로 조립되지 않는다. 프로모터가 아무리 강하더라도 전사개시 기본 속도는 매우 낮다. 효율적인 개시를 하려면, 복합체 형성이 추가 단백질로 활성화되어야 한다. 즉, 박테리아와 비교하여 진핵생물은 전사개시 조절에 다른 전략을 사용해야 한다는 것을 뜻하며, 활성자가 억제자 단백질보다 훨씬 더 중요한 역할을 한다.

박테리아 RNA 중합효소와는 달리, 진핵생물의 RNA 중합효소는 핵심 프로모터 서열에 직접 결합하지 않는다. RNA 중합효소 II에 의해 전사되는 유전자들에서, 처음 접촉하는 것은 **TBP(TATA-binding protein, TATA-결합 단백질)**와 최소 12개의 **TAF(TBP-associated factor, TBP-연관 인자)**로 이루어진 복합체인 **GTF(general transcription factor, 일반 전사 인자)**에 의해 이루어진다. TBP는 TATA 상자의 지역에서 작은 홈과 접촉하는 특이한 DNA-결합 도메인을 가지고 있는 서열-특이적 단백질이다. TAF는 **TIC(TAF- and initiator-dependent cofactors, 개시자-의존 보조인자)**로 불리는 여러 단백질들과 함께 TBP가 TATA 상자에 결합하는 것을 돕는다. 또한 특별히 TATA 상자가 없는 프로모터에서 Inr 서열의 인식에 관여하는 것으로 보인다.

X-선 결정학 연구에 의하면 TBP는 말안장과 같은 형태를 가지고 있으며 이중나선을 부분적으로 둘러싸면서 RNA 중합효소가 위치하도록 기반을 형성하는 것으로 보인다(**그림 12.19**). RNA 중합효소를 불러들이기 위해서는 TFIIA, TFIIB, TFIIF 3개의 전사 인자가 더 필요하다. 여기에 TFIIE와 TFIIH가 더해지면서 소위 말하는 **PIC(preinitiation complex, 개시전 복합체)**가 완성된다. 예전 모델에 의하면, 개시전 복합체의 형성

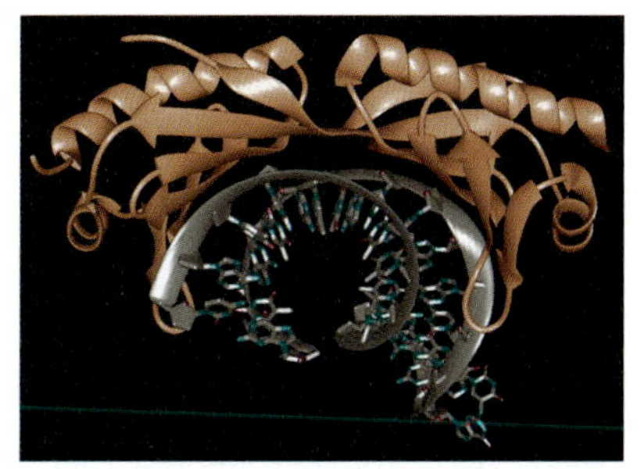

그림 12.19 TBP는 TATA 상자에 결합하여 개시 복합체가 조립될 수 있는 플랫폼을 형성한다. TBP 단백질의 이량체는 갈색으로 표시되어 있고, DNA는 은색과 초록색으로 표시되어 있다. (Song Tan, Penn State University 제공.)

그림 12.20 **전사 인자 결합자리.** 인헨서는 표적 유전자가 들어 있는 기능적 도메인 내 어디라도 위치할 수 있다.

이 TFIIA, TFIIB, RNA 중합효소 II, TFIIF, TFIIE, 그리고 TFIIH가 연속적으로 추가되는 단계적 과정으로 생각되었다. 최근에는 TBP가 제공하는 기반에 큰 복합체가 부착하기 전 적어도 일부 전사 인자들은 RNA 중합효소와 먼저 조립을 하는 것으로 보여진다.

어떤 모델이라도 개시전 복합체가 완성되고 나면, RNA 중합효소의 가장 큰 소단위의 **CTD(C-termimal domain, C-말단 도메인)**에 인산기가 부착된다. 포유류에서 이 도메인에는 52회 반복되는 7개의 아미노산인 Tyr-Ser-Pro-Thr-Ser- Pro-Ser 서열이 있다. 인산화효소 활성을 가진 2개의 TFIIH 소단위의 촉매 작용으로 각 반복 단위에 있는 3개의 세린 중 2개가 인산의 부착으로 변형된다. 인산화로 중합효소의 이온성에 큰 변화가 일어나면서, 중합효소는 개시 복합체를 떠나 RNA 합성을 시작할 수 있게 된다.

위의 설명으로 진핵생물의 단백질 암호화 유전자의 전사 개시는 이해가 되지만, 전사 속도가 0에서 최대 사이에서 적절한 수준으로 어떻게 정해지는지는 설명하지 못한다. 이것은 개시전 복합체에 포함되어 있는 TFIID와 같은 기본 전사 인자와는 구별되는 독립적 **전사 인자(transcription factor)**로 불리는 DNA-결합 단백질의 역할이다. 조절 전사 인자의 하나의 예로는 cAMP 수준이 상승하면 CRE 서열에 결합하여 표적 유전자를 활성화시키는 CREB 단백질이 있다11.1절). 다른 전사 인자들은 스테로이드 호르몬이나 열충격 등 다양한 원인 신호를 전달한다. 전사 인자의 결합자리는 이들이 발현을 조절하는 유전자에서 가깝기도 하고 멀기도 하다(그림 12.20).

- 가까운 결합자리는 상위 프로모터 인자들로, 대부분은 표적 유전자의 전사 시작 지점에서 2 kb 이내에 위치한다. 전사 인자가 이들 자리 중 하나에 결합하면 이 인자가 위치하는 프로모터를 가진 유전자 전사에만 영향을 미친다.
- 더 멀리 떨어진 결합자리는 **인헨서(enhancer)** 내에 위치한다. 이것은 표적 유전자를 포함하는 기능적 도메인 내 어디라도 위치할 수 있다. 하나의 인헨서는 이 도메인 내 여러 유전자의 전사에 영향을 줄 수 있다. 완충 서열(insulator sequence)은 이들이 주변 도메인에 있는 유전자에 영향을 주지 않도록 방지한다.

전사 인자의 결합 부위에 결합으로 어떻게 전사 개시가 활성화되고 억제되는 것일까? 해답은 **매개자(mediator)**라 불리는 다중소단위 단백질과 결합한 전사 인자의 물리적 접촉에 있다. 이것은 다시 개시전 복합체의 다른 구성원과 접촉을 한다(그림 12.21). 매개자는 중합효소가 TBP 위에 자리잡는 것이나 중합효소 CTD의 인산화 활성과 같은 복합체의 조립에 관여하는 여러 사건들에 영향을 주는 것으로 생각된다. 매개자는 이름에서 나타내듯이, 전사 인자에서 오는 신호를 개시전 복합체에 매개해 준다.

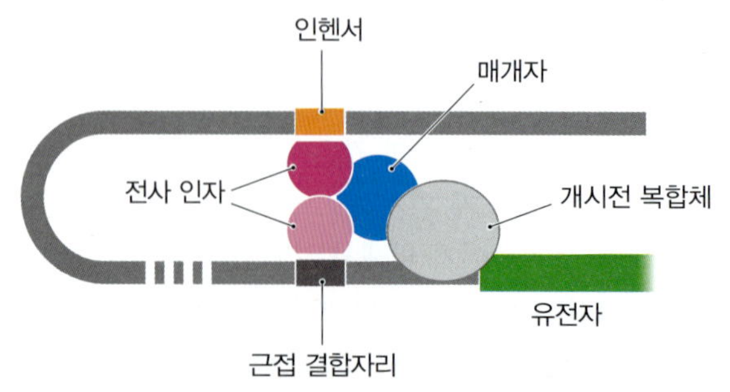

그림 12.21 **매개자의 역할.** 매개자는 인헨서에 부착된 전사 인자 그리고/또는 근접 결합자리 및 개시전 복합체의 다양한 부위와 접촉한다. 인헨서에 부착한 전사 인자가 매개자와 접촉하기 위해서 DNA는 굽힘을 형성해야 한다.

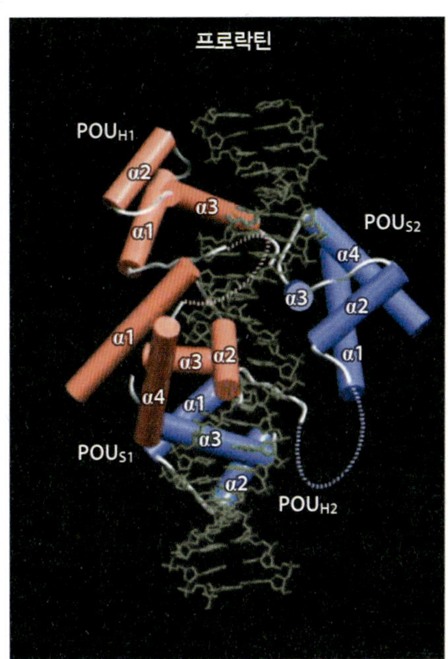

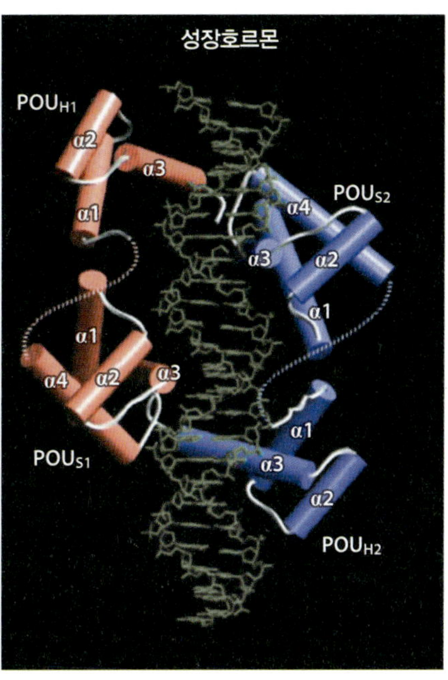

그림 12.22 **표적 부위인 프로락틴과 성장호르몬 유전자의 상위에 결합한 Pit-1 활성자의 POU 도메인 구조.** Pit-1은 이량체이며, 각각의 단량체는 2개의 POU 도메인을 갖는다. 하나의 단량체의 2개 도메인은 빨간색으로 표시하였고 다른 단량체의 2개 도메인은 파란색으로 표시하였다. 원통은 α3을 각 도메인의 인식 나선으로 갖는 α 나선이다. 2개의 결합 부위에 결합할 때 생기는 도메인의 구조 차이에 주의한다. 성장 호르몬 위치에 자리한 좀 더 열린 구조는 Pit-1 이량체가 N-CoR와 다른 단백질과 작용하여 성장 호르몬 유전자의 전사를 억제할 수 있게 한다. 따라서 Pit-1은 프로락틴 유전자를 활성화시키지만 성장 호르몬 유전자는 억제한다. (Scully KM, Jacobson EM, Jepsen K et al. [2000] *Science* 290:1127-1131에서 인용. American Association for the Advancement of Science의 허락을 득함.)

RNA 중합효소 II 프로모터에서 기본적인 개시 수준이 낮으므로, 이 중합효소의 대부분 전사 인자들은 활성자이다. 전사 개시를 억제하는 단백질은 적은 수만 알려져 있다. 이들 단백질은 상위 프로모터 인자나 더 멀리 떨어진 **침묵자(silencer)**에 결합한다. 일부는 히스톤 탈아세틸화(10.2절)나 DNA 메틸화(10.3절)을 통해 전반적인 유전체 발현에 영향을 준다. 그러나 다른 것들은 개개 프로모터에 더 특이적 영향을 준다. Pit-1은 POU 도메인이 명명된 3개의 단백질 중 첫 번째로(11.2절), DNA 결합자리의 서열에 따라 일부 유전자는 활성화시키고 일부는 억제한다. 그 자리에 2개의 추가적인 뉴클레오티드가 존재하면 Pit-1의 모양에 변화가 유도되고, 이로 인하여 N-CoR로 불리는 두 번째 단백질과 상호작용이 가능해지고, 표적 유전자의 전사를 억제한다(그림 12.22).

12.3 전사체 구성 인자들의 분해

지금까지 전사체 구성원들이 어떻게 합성되는지를 다루었는데, 이들이 어떻게 분해되는지도 알아보도록 한다. 이미 다루었던 것처럼(그림 12.7 참조), 개개 전사물의 합성과 분해에 관여하는 과정은 조화롭게 작용하여 전사체의 조성을 결정하며 주변 조건에 반응하여 조성이 변화할 수 있도록 해준다.

여러 과정들이 비특이적인 RNA 회전으로 알려져 있다

특정 RNA의 분해 속도는 전사체에서 이들의 **반감기(half-life)**를 탐지하여 추정할 수 있다. 이것은 그 분자의 새로운 합성이 없다는 가정 하에 개개 유형의 RNA의 양이 원래의 양의 반으로 떨어지는 데 걸리는 시간이다. 반감기는 **순간표지법(pulse labeling)**으로 측정될 수 있다. 연구 대상의 세포에 일시적으로 RNA 합성에 필요한 표지된 기질을 제공한다. 예를 들면, 정상적인 우라실 분자의 4번 탄소에 부착된 산소를 ^{35}S 원자로 대체한 방사성 4-티오우라실(4-thiouracil)과 같은 것이다. 순간 표지 전후에는 가지지 않았지만, 그 기간 동안 합성된 RNA에는 표지된 뉴클레오티드가 들어가게 된다. 표지된 분자의 분해 속도는 순간 표지 기간 이후 일정 시간마다 만들어진 RNA 추출물 속에 존재하는 방사선량을 측정하면 된다. 이러한 유형의 실험으로 개체 사이 그리고 개체

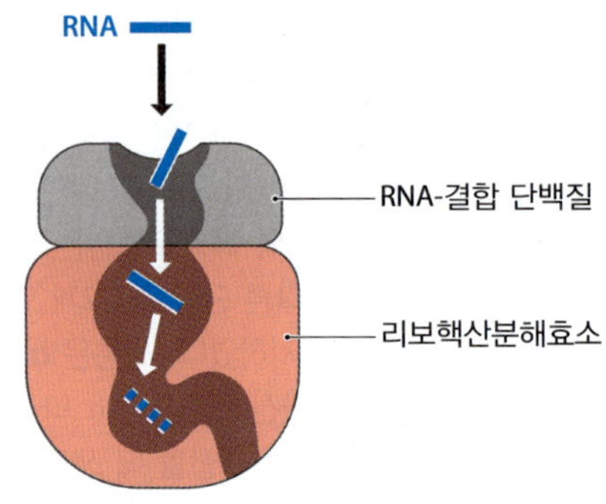

그림 12.23 진핵생물 엑소솜에서 RNA 분해. 분해되는 RNA는 초기에 엑소솜의 맨 위에 있는 RNA-결합 단백질에 의해 붙들려진다. 이후 리보핵산분해효소 고리 내의 통로를 통과한다. 통로에서, RNA는 핵산외- 및 핵산내-분해효소 활성으로 분해된다.

내에서 상당한 차이를 보이는 것이 밝혀졌다. 박테리아 mRNA는 일반적으로 매우 빠르게 회전하여, 반감기가 몇 분을 넘는 경우가 거의 없다. 이는 세대 기간이 20분 남짓 활발히 성장하는 박테리아에서 단백질 합성 양상이 빠르게 변화한다는 것을 보여주는 것이다. 진핵생물 mRNA는 더 오랜 시간 존속한다. 평균 반감기가 효모의 경우 10~20분이며, 포유류의 경우 여러 시간에 달한다. 비암호화 RNA 반감기에 대한 연구는 거의 없다. 그러나 보고된 것들로 보아 진핵생물의 경우 tRNA나 rRNA는 mRNA보다 훨씬 더 느리게 회전하여, tRNA의 반감기는 9시간에서 수일이고, rRNA의 절반은 8일까지도 살아있다. 긴 비암호화 RNA에 대한 추정치 역시 다양하여, 2시간 이내에서부터 쥐 신경아세포종(neuroblastoma) 세포의 경우에서는 16시간 이상에도 이른다.

순간 표지법으로 측정한 반감기 결과는 대부분 유형의 RNA가 지속적으로 회전한다는 것을 보여준다. 즉, 일반적으로 전사체의 조성은 개개 전사물들의 합성 속도의 변화 때문이라는 것이다. 대부분의 회전율은 특정 유형의 모든 RNA에 작용하는 비특이적으로, 특정 유전자의 전사물을 구별하지 않는 것으로 보인다는 것이다. 박테리아에서 비특이적 mRNA 분해는 다중단백질 구조인 **분해체(degradosome)**가 수행한다. 여기에는 mRNA의 3′-말단에서부터 차례로 뉴클레오티드를 제거하는 PNPase(polynucleotide phosphorylase, 폴리뉴클레오티드 가인산분해효소), 종결 서열과 같은 줄기-고리 구조를 열어 주는 RNA 헬리케이즈 B, RNA 분자 내부를 잘라 주는 RNaseE 등이 포함되어 있다. 진핵생물에서 분해체와 비등한 것은 **엑소솜(exosome)**으로, 6개 단백질이 고리 모양을 이루고, 각각은 리보핵산분해효소 활성을 가지며, 고리 맨 위에는 RNA-결합 단백질이 있다. 엑소솜과 연합되어 일시적으로 작용하는 다른 리보핵산분해효소도 있다. 분해 대상 RNA는 일단 결합 단백질이 붙들고 고리의 가운데 구멍을 통해 실처럼 통과하며 고리 단백질의 리보핵산분해효소에 노출되는 것으로 보인다(그림 12.23).

진핵생물의 엑소솜은 세포질과 핵 모두에 존재한다. 핵 엑소솜의 주된 역할은 전사가 완성되지 않았거나 잘 처리되었지만 비정상적인 RNA가 결과적으로 세포질로 방출되지 못하는 것들의 빠른 회전을 위해 있는 것으로 보인다. 비정상적 mRNA는 **감시 메커니즘(surveillance mechanism)**에 의해 검출된다. 이것은 DNA가 비정상적으로 복사되어 종결 코돈이 없거나, RNA 스플라이싱 중 엑손이 비정상적으로 연결되어 나타나는 예상치 못한 자리에 만들어진 종결 코돈을 검출한다. mRNA 감시에는 이러한 실수를 스캔하여 엑소솜이나 기타 다른 분해경로로 비정상적 전사물을 이동시키는 단백질 복합체가 관여한다. 다른 감시체계로는 tRNA의 화학적 변형의 실수를 살피는 것도 있다. 변형의 실수 중 일부는 간과될 수 있으나, 어떤 것들은 엑소솜이나 tRNA에 특이적 두 번째 회전 경로를 통하여 이들을 가지는 tRNA가 빠르게 분해되는 것으로 보아 더 중요해 보인다.

RNA 침묵은 침입하는 바이러스 RNA를 파괴하는 수단으로 처음 발견되었다

비특이적 RNA 회전으로, 특정 유전자의 전사 속도의 변화는 전사체 내에서 그 유전자 전사물의 고정 수준 농도의 변화를 가져오게 한다. 지난 20년 이상 동안의 유전체에 대한 이해에 있어서 가장 많이 발전된 내용 중 하나는, 대부분 유형의 생물들이 특정 mRNA의 개개의 전사물이 전사체에서 빠르게 그리고 완전하게 제거되도록 분해하는 메커니즘을 가지고 있다는 것을 이해하게 되었다는 것이다. 지난 수년 동안 진핵생물은 바이러스 유전체와 같은 외부 RNA 공격으로부터 세포를 방어하는 RNA 분해 메커니즘을 가지고 있다는 것이 알려졌다. 원래 RNA 침묵(RNA silencing)으로 불려진 이 과정은 유전체를 연구하는 과학자들이 특정 유전자 기능을 연구하기 위해 이를 비활성화하는 방법으로 사용해 왔던 RNA 방해(RNA interference)라는 용어로도 이미 잘 알려진 과정이다(6.2절 참조).

RNA 침묵의 표적은 반드시 이중나선이어야 하는데, 세포 mRNA가 아닌 대부분의 자연적 상태의 이중나선 RNA이거나 복제하는 바이러스 유전체가 포함된 RNA 중간 산물인 이중나선이다(9.1절). 결합 단백질들이 이 이중가닥 RNA를 인식하면 **다이서(dicer)**로 불리는 리보핵산분해효소가 붙을 자리를 형성한다. 다이서는 분자를 20~25 뉴클레오티드 길이의 siRNA(short interfering RNA, 짧은 방해성 RNA)로 잘라준다(그림 12.24). 이로 인하여 바이러스 유전체가 비활성화되지만, 만약 바이러스 유전자가 이미 전사되었다면 어떤 일이 벌어질까? 바이러스에 의한 피해는 이미 시작되었고, 세포 손상을 막기 위한 RNA 침묵 시도는 실패한 것이 되고 만다. 최근 발견한 놀라운 사실은 특이적으로 바이러스 mRNA를 표적으로 하는 방해 과정의 또 다른 단계가 있다는 것이다. 바이러스 유전체의 분절로 형성된 siRNA는 개개의 가닥으로 분리되어, 각 siRNA의 하나의 가닥이 세포에 존재하는 어떤 바이러스 mRNA와도 염기쌍을 형성한다는 것이다. 그렇게 만들어진 이중가닥 지역은 **RISC(RNA-induced silencing complex, RNA로 유도된 침묵복합체)** 형성의 표적자리가 되고 아르고노트(Argonaute) 패밀리의 핵산내분해효소가 mRNA를 자르고 침묵하게 한다.

RNA 방해의 분자생물학적 과정을 밝혀주는 초기 실험들은 1990년 *C. elegans*에서 진행되었다. 이후 RNA 방해 현상은 *S. cerevisiae*를 포함한 일부를 제외하면 거의 대부분의 진핵생물에서 일어나고 있으며, 이전에 연관이 없다고 생각된 RNA 분해 작용을 포함하는 여러 작용과 연관되었다는 것이 알려졌다. 예를 들어, 이중가닥 RNA 중간산물을 가지는 일부 유형의 전이인자의 이동이 RNA 방해 작용에 의해 분해될 수 있다는 것이 밝혀졌다. 이것은 진핵생물이 자신의 유전체 내 전이인자의 대량 증식을 억제하는 하나의 방법이다. 유전공학자들은 오랫동안 일부 생물들이, 특히 식물들이, 클로닝 기술로 유전체에 삽입된 새로운 유전자를 침묵시키는 능력에 대해 궁금해 하고 있었다. 최근에 모든 또는 일부 유전자의 안티센스 RNA 사본을 만들 수 있는 프로모터의 상위에 외래유전자(transgene)가 삽입되어 이러한 유형의 침묵 작용이 일어나는 것이 밝혀졌다. RNA가 삽입유전자 자체 프로모터에서 만들어진 센스 mRNA와 염기쌍을 형성하여 이중가닥 RNA를 만들면 RNA 방해경로를 촉발할 수 있게 된다(그림 12.25). 최근 다양한 생물에서 진압(quelling), 공동억제(cosuppression) 및 전사-후 유전자 침묵 등으로 알려진 여러 다른 현상들이 RNA 방해 작용의 다른 형태임이 알려졌다.

마이크로 RNA는 특정 표적 RNA의 분해를 유발하여 유전체 발현을 조절한다

많은 진핵생물들이 한 유형 이상의 다이서 단백질을 가지는 것이 밝혀지면서 바이러스

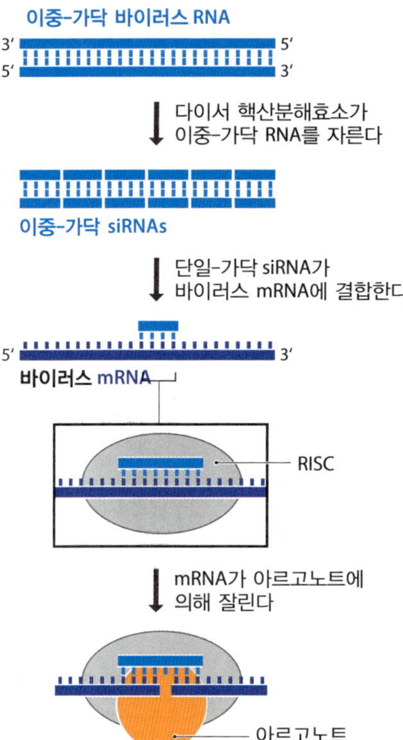

그림 12.24 RNA 침묵 경로. 이중-가닥 바이러스 RNA는 다이서로 잘려서 이중가닥 siRNA를 만든다. 단일가닥 siRNA 형태는 이후 바이러스 mRNA와 염기쌍을 이루고 RISC(RNA-유도 침묵복합체) 조합을 유도한다. 여기에는 mRNA를 자르고 침묵시키는 아르고노트 핵산내분해효소가 포함되어 있다.

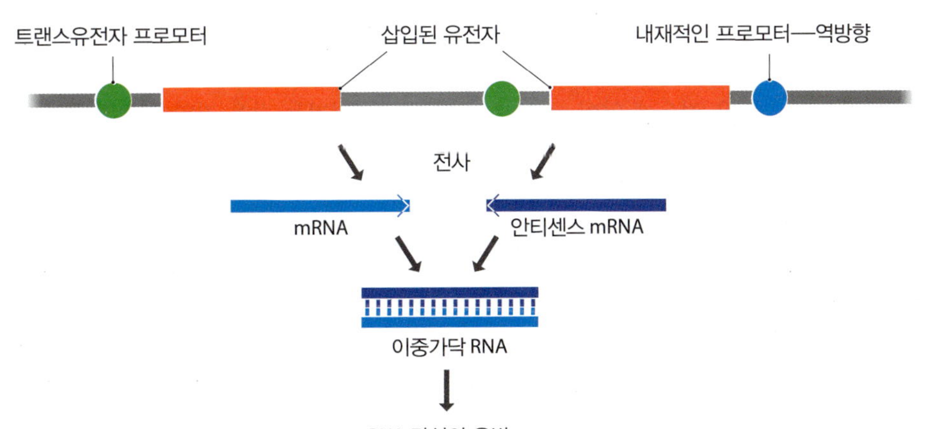

그림 12.25 RNA 간섭이 트랜스유전자가 때때로 비활성을 띠는 이유를 설명해준다. 이해를 위해 mRNA와 안티센스 RNA가 삽입된 트랜스유전자의 다른 사본에서 전사되는 것으로 설명하였다. 이들은 하나의 트랜스유전자로부터 자신의 프로모터와 내재적인 프로모터에 의해 전사될 수 있다.

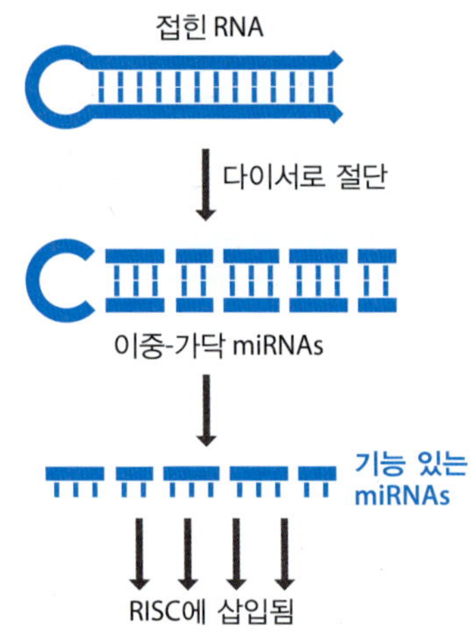

그림 12.26 접힌 RNA 전구체로부터 miRNA 합성. 접힘 RNA의 줄기가 다이서에 의해 잘려지면 짧은 이중-가닥 miRNA가 방출되고, 이 중 한 가닥이 분해되면서 기능적 miRNA가 만들어진다.

RNA를 침묵 과정과 특정 내재 mRNA를 분해 과정 사이에 연결선이 만들어졌다. 예를 들면, *Drosophila melanogaster*는 다이서 효소를 가지고 있으며, *Drosophila* 다이서의 두 번째 형태는 바이러스 RNA에 작용하는 것이 아니라 초파리 유전체가 암호화하고 RNA 중합효소 II에 의해 합성되는 **접힘 RNA(foldback RNA)**라 불리는 내재적(endogenous) 분자와 같이 작용한다. 이 이름은 이들 RNA가 가닥 내 염기쌍을 형성할 수 있어 하나 또는 그 이상의 내부 줄기-고리 구조를 만들 수 있기 때문에 붙여졌다(그림 12.26). 줄기는 다이서에 의해 잘려지며, miRNA(microRNA)로 불리는 약 21 bp의 짧은 이중가닥 분자를 방출한다. 이중가닥의 하나의 가닥이 분해되어 기능적 miRNA가 만들어진다. miRNA 전구체 유전자의 전사가 아니라 단백질-암호 유전자의 mRNA에서 잘려져 나온 인트론으로부터 다소 다른 방법으로 몇 개의 miRNA가 만들어진다. 인트론 RNA의 일부는 이후 줄기-고리 구조를 형성하여 위에서 언급된 다이서에 의해 처리된다.

각 miRNA는 세포 mRNA에 부분적으로 상보적이고 이 표적과 염기쌍을 이루며 RISC의 조립을 촉발한다. 종종 표적 mRNA 3′의 전사되지 않은 부위에 miRNA 접촉자리가 존재하며 때로는 다수 존재한다(그림 12.27). 아르고노트에 의해 절단이 mRNA의 암호화 부분을 방해하는 것이 아니라, 폴리(A) 꼬리의 분리를 유도하게 된다. 폴리(A)의 소실로 mRNA의 번역 개시가 효율적이지 못하게 되어 방해가 일어날 수 있다. mRNA에서 폴리(A) 꼬리의 제거는 엑소솜이나 mRNA 회전의 비특이적 경로에 의해 분해 표적이 될 수 있다. 정확한 메커니즘이 무엇이든 아르고노트에 의한 절단은 mRNA의 침묵을 가져오게 된다.

miRNA 비활성화 시스템은 *lin-4*와 *let-7*이라 불리는 *C. elegans*의 유전자에서 처음 발견되었다. 이들은 다이서에 의한 절단으로 miRNA를 만드는 접힘 RNA를 암호화한다. 이들 두 가지 유전자 중 하나에 돌연변이가 생기면 성충의 발달 과정에 결함이 생기는 것으로 봐서, 이러한 형태의 RNA 분해가 단순히 필요 없거나 또는 해가 되는 mRNA를 제거하는 것이 아니라, 전사체 조성 조절에 기본적인 기능을 하는 것임을 알 수 있다. 이러한 개념을 *C. elegans* miRNA에 대한 다른 연구에 의해 뒷받침되었는데, 이 분자들이 세포의 죽음, 뉴런 세포 유형의 특징 및 지방 저장의 조절 등과 같이 매우 다양한 생물학적 사건들에 관여한다는 것을 보여주었다. 유전체 분석으로 대부분의 사람은 최소한 1,000개의 다른 miRNA를 합성할 수 있으며, 이들이 연합하여 10,000개 유전자 mRNA를 표적으로 할 수 있다. 다른 유전자들도 동일한 miRNA 결합자리를 공유할 수 있지만, 이는 RISC가 mRNA를 결합할 때 mRNA와 miRNA 결합이 정확하지 않아도 되기 때문이기도 하다. 일부 miRNA 유전자는 표적이 되는 mRNA의 단백질-암호화 유전자에 가까이 위치하고 있다. 이 경우 동일한 조절 단백질이 mRNA와 miRNA 합성을 동시에 조절한다. miRNA의 합성이 단백질-암호 유전자의 억제와 직접적으로 조율되고 있는 것이다. 그에 따라 합성 스위치가 꺼지면 mRNA는 바로 분해될 것이다. 그러나 많은 경우에 있어 miRNA와 단백질 유전자는 같은 지역에 위치하지 않아서, mRNA의 합성과 분해가 어떻게 조율되는지는 확실하지 않다.

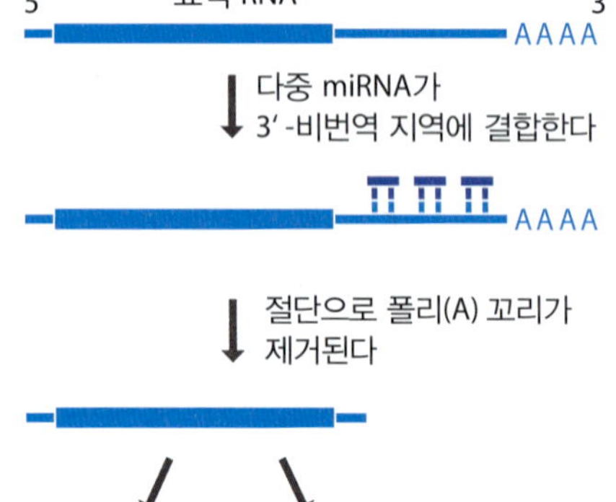

그림 12.27 마이크로 RNA 표적 부위는 종종 표적 mRNA 3′의 전사되지 않은 부위이다.

12.4 RNA 다듬기 과정이 전사체 조성에 미치는 영향

합성과 분해뿐만 아니라, 대부분의 RNA들은 잘리거나 때로는 연결되는 과정을 통해 초기 전사물을 기능이 있는 분자로 변환시킨다. 많은 유형의 RNA들에서, 이러한 다듬기 과정은 일반적인 합성 과정 경로의 일부로 전사체 조성에 영향을 미치는 중요한 전사-후 조절점을 가지고 있지 않다. 이러한 것들은 rRNA 전구체 및 tRNA 전구체의 다듬기(1.2절)와 일부 tRNA, rRNA 그리고 세포소기관 전사물 전구체에서 인트론을 제거하는 스플라이싱 경로가 여기에 해당한다.

전사체 조성에 확실히 중요한 영향을 주는 RNA 처리 과정으로는 진핵생물의 전구체-mRNA의 스플라이싱이 있다. 선택적 스플라이싱으로 하나의 전구체-mRNA에서 다양한 mRNA를 생성될 수 있기 때문이다. 즉, 진핵생물 전사체 조성을 결정하는 사건을 완전히 이해하려면 전구체-mRNA의 스플라이싱이 어떻게 조절되는지를 살펴보아야 한다.

진핵생물의 전구체-mRNA 인트론 스플라이싱 경로

다양한 대부분의 전구체-mRNA 인트론의 첫 두 뉴클레오티드 서열은 5′-GU-3′이며, 맨 끝 2개는 5′-AG-3′이다. 그러한 이유로 이들은 **GU-AG 인트론(GU-AG intron)**으로 불린다. 적은 수는 여기에 속하지 않는데, 이들의 경계 서열로 인하여 원래는 **AU-AC 인트론**으로 불렸으나, 이 유형의 모든 인트론이 AU 와/또는 AC 모티프를 가지고 있지 않다는 것이 더 많은 예를 통해 밝혀졌다. 자세한 내용에서만 차이가 있을 뿐 두 유형의 인트론의 스플라이싱 경로는 유사하므로, 여기서는 GU-AG 그룹에 초점을 두고 다루고자 한다.

보존적 GU와 AG 모티프는 인트론이 발견되고서 바로 눈에 띄였고, 이들이 스플라이싱 과정에 중요할 것임이 곧바로 예측되었다. 인트론 서열 데이터베이스가 누적되면서 이들 모티프가 5′-과 3′- 스플라이스 자리에 걸쳐 나타나는 긴 고정서열의 일부임이 밝혀졌다. 진핵생물 유전체 서열 주석 달기 중 인트론 경계를 밝히는 데 사용된 방법은 5.1절에서 다룬 바 있다. 진핵생물의 일부에서 나타나는 다른 보존서열도 있다. 고등 진핵생물의 인트론은 일반적으로 **다중피리미딘 트랙(polypyrimidine tract)**을 갖는다. 이것은 인트론 서열 3′-말단의 바로 상부에 자리하는 피리미딘이 풍부한 부위이다(그림 12.28). 이 트랙은 효모에서는 그렇게 자주 관찰되지 않지만, 이들은 고등한 진핵생물에는 존재하지 않는 불변의 5′-UACUAAC-3′ 서열을 갖으며, 3′-스플라이싱 자리의 상위 18에서 140 뉴클레오티드 사이에 자리한다.

GU-AG 인트론의 보존된 서열 모티프는 스플라이싱에 관여하는 RNA-결합 단백질의 인식 서열로 작용하거나 이 과정의 다른 중심적인 역할을 할 것으로 예측되는 중요한 부분임을 생각할 수 있다. 스플라이싱을 이해하기 위한 초기 연구는 기술적인 문제로 어려움이 있었지만(특히 과정을 자세하게 연구할 수 있는 세포 밖에서의 스플라이싱 시스템 개발에 어려움이 있었다), 1990년대에 정보가 폭발적으로 쏟아져 나왔다. 이러한 연구로 스플라이싱 경로를 2단계로 나눌 수 있음을 알게 되었다(그림 12.29).

- **공여자리(donor site)**로 불리는 5′-스플라이스 자리의 절단은 인트론 서열 안에 위치하는 아데노신 뉴클레오티드의 2′-탄소에 결합한 하이드록실기에 의해 촉진되는 에스테르 교환반응(esterification reaction)에 의해 일어난다. 효모에서는 이것이 보존된 UACUAAC 서열의 마지막 아데노신 자리다. 하이드록실기 공격의 결과로서 공여자리의 인산디에스테르 결합이 절단되고, 첫 인트론 뉴클레오티드(GU 모티프의 G)와 내부에 있는 아데노신 사이에 새로운 5′-2′ 인산디에스테르

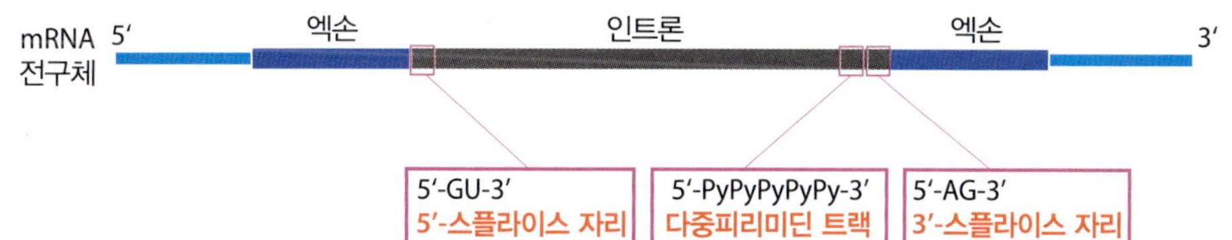

그림 12.28 척추동물 인트론의 고정 서열. 약자: Py, 피리미딘 뉴클레오티드(U 또는 C).

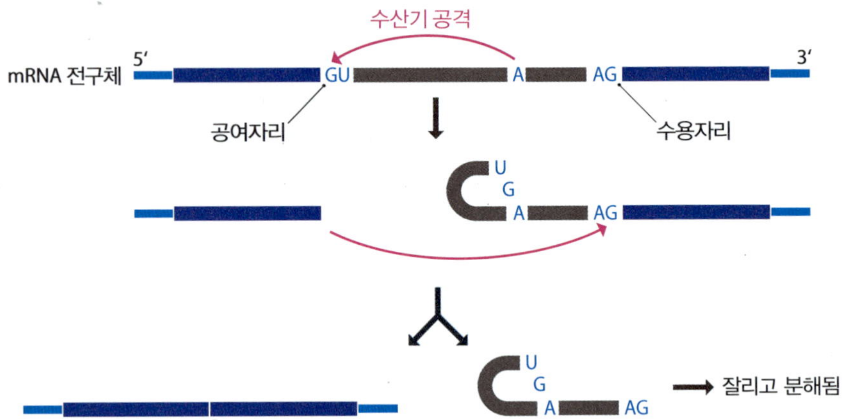

그림 12.29 스플라이싱의 개요. 5′-스플라이스 부위의 절단은 인트론 서열 안에 위치하는 아데노신 뉴클레오티드의 2′-탄소에 결합한 수산기(-OH)에 의해 촉진된다. 이것으로 올가미 구조가 만들어지고, 상부 인트론의 3′-OH 그룹에 의해 유도되는 3′-스플라이스 부위의 절단이 뒤따른다. 이로써 2개의 엑손이 연결될 수 있게 되며 방출된 인트론은 잘리고 분해된다.

결합이 형성된다. 이것은 인트론 자신이 고리 모양으로 감겨서 **올가미(lariat)** 구조를 만든다는 것을 의미한다.

- **수용자리(acceptor site)**인 3′-스플라이싱 자리의 절단과 엑손의 연결은 엑손의 상부 말단에 결합한 3′-OH 그룹에 의해 촉진되는 두 번째 에스테르 교환반응의 결과다. 이 그룹은 수용자리의 인산디에스테르 결합을 공격하여 절단하고 인트론을 올가미 형태로 방출한다. 이것은 바로 선형 RNA로 전환되서 분해되어 버린다. 동시에 상부 엑손의 3′-말단은 새롭게 형성된 하부 엑손의 5′-말단과 연결되어 스플라이싱 과정을 완성한다.

화학적인 관점에서 인트론 스플라이싱은 세포에게 큰 문제는 아니다. 어려움은 위상문제(topological problem)에 있다. 첫 번째 문제는 스플라이싱 자리 사이에 있는 수만의 염기에 달하는 상당한 거리로, mRNA가 직선의 사슬이라면 약 100 nm 또는 그 이상이 될 것이다. 따라서 스플라이싱 자리를 가깝게 하기 위한 방법이 필요하다. 이것은 snRNP(small nuclear ribonucleoprotein, 작은 핵 리보핵산단백질; 12.1절)의 역할로 다른 보조 단백질과 함께 전구체-mRNA의 특정 위치에 부착하여 연속적 복합체를 형성하는 것인데, 특히 중요한 것은 실제 스플라이싱 반응이 일어나는 구조물인 스플라이시오솜(spliceosome)이다.

스플라이싱은 **복합체 E(complex E)**의 형성으로 시작한다(그림 12.30). 이 복합체는 RNA-RNA 염기쌍에 의해 부분적으로 공여자리에 결합하는 U1-snRNP와 분지자리(branch site), 다중 피리미딘 트랙 및 수용자리에 각각 단백질-RNA 접촉을 만드는 SF1, U2AF1 및 U2AF2 등으로 이루어져 있다. 다음 과정은 복합체 E를 **전-스플라이시오솜 복합체(pre-spliceosome complex)**로 불리는 **복합체 A**로 변환하는 것으로, 염기쌍 형성이 아닌 분지자리와 U2-snRNP와 연합된 단백질 중 하나 사이의 상호작용으로 U2-snRNP가 분지자리에 부착하면서 일어난다. 이 단계에서는 U1-과 U2-snRNP는 서로 친화력이 있어서 공여자리를 분지점으로 끌어들인다. **복합체 B(precatalytic** spliceosome, **전촉매적** 스플라이시오솜)는 U4-, U5- 및 U6-snRNP가 인트론에 부착하면서 만들어진다. 이들의 부착으로 수용자리를 공여자리와 분지점으로 끌어들이는 추가적 작용이 일어난다. 이것으로 인트론의 모든 주요 3지점이 가까이 위치하게 되고, U2-와 U6-snRNP가 촉매하는 자르고 연결하는 반응이 일어날 수 있게 된다. 스플라이싱의 초기 산물은 스플라이싱된 mRNA와 인트론 올가미를 분리하는 **후-스플라이시오솜 복합체(post-spliceosome complex)**로서, 후자는 여전히 U2-, U5- 및 U6-snRNP에 부착되어 있다.

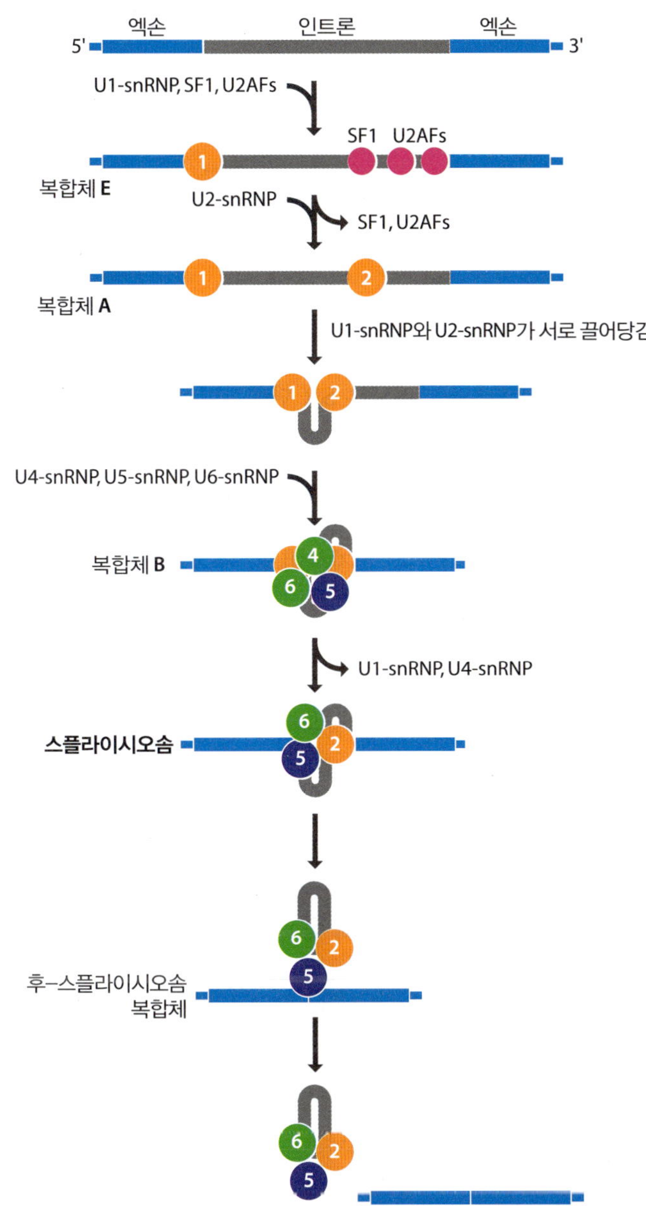

그림 12.30 스플라이싱 과정에서의 snRNP와 연관 단백질들의 역할. 스플라이싱 과정에서 일어나는 일련의 사건에 대해 밝혀지지 않은 질문들이 있으며, 여기에서 보여주고 있는 그림이 모두 정확하지 않을 수 있다. 중요한 점은 snRNP들 사이의 결합이 인트론의 3가지 주요한 부위–2개의 스플라이스부위와 분지자리–들을 가깝게 자리하게 하는 것으로 생각된다는 점이다. 복합체 E에서만 보여주는 SF1, U2AF1 및 U2AF2 단백질 인자들은 복합체 A 형성 동안 떨어져 나오는 것으로 생각된다.

스플라이싱 과정은 고도의 정밀도가 요구된다

스플라이싱은 정밀도가 필수적이다. 만약 엑손-인트론 경계점에서 하나의 뉴클레오티드라도 떨어져 잘려진다면 전사물의 열린번역틀이 망가지고 만들어지는 mRNA는 기능을 상실한다. 스플라이싱 자리 선별의 정밀도는 다른 수준에서도 요구된다. 모든 공여자리는 유사한 서열을 가지며 수용자리 역시 그러하다. 만약 mRNA 전구체가 2개 또는 그 이상의 인트론을 가진다면, 잘못된 스플라이싱 자리가 연결될 가능성이 있다. 성숙한 mRNA에서 하나의 엑손이 손실되는 것을 **엑손 건너뜀(exon skipping)**이라 한다(그림 12.31A). 마찬가지로 인트론 또는 엑손 내부에 실제 스플라이싱 자리 고정 모티프와 유사한 서열을 가진 **잠재적 스플라이싱 자리(cryptic splice site)**를 선택하는 문제도 있다(그림 12.31B).

스플라이싱 자리 선택을 조절하는 주요 역할자는 **ESE(exonic splicing enhancer), ESS(exonic splicing silencer), ISE(intronic splicing enhancer), ISS(intronic splicing silencer)**로 불리는 짧은 서열들이다. 이들 서열은 인헨서나 사일런서 서열에 결합

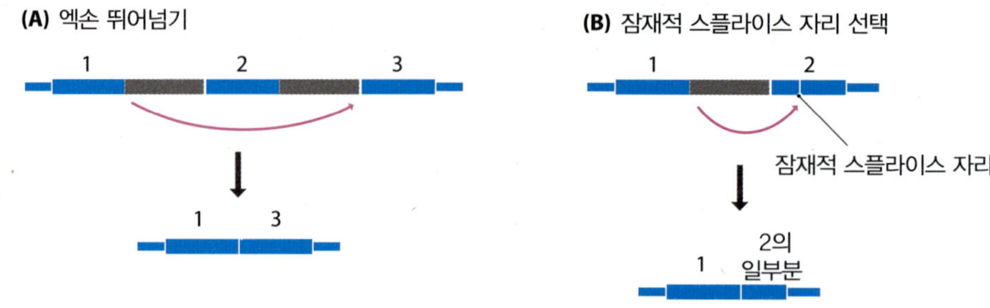

그림 12.31 **2가지 형태의 비정상적인 스플라이싱.** (A) 비정상적인 스플라이싱인 엑손 뛰어넘기에서는 mRNA에서 엑손이 손실된다. (B) 잠재적 스플라이스 자리가 선택되면 여기에서처럼 mRNA의 일부가 손실될 수 있다. 잠재적 자리가 인트론 안에 위치하는 경우에는 그 인트론의 조각이 mRNA 안에 남아있을 수 있다.

하면 주변 스플라이싱 자리를 활성화시키거나 억제하는 단백질이 결합하는 자리다. 인헨서에 결합하는 대부분의 단백질은 **SR 단백질**이다. 이들은 세린(S, serine)과 아르기닌(A, arginine)이 많은 도메인을 가지고 있어서 그렇게 불린다. SR 단백질은 전사초기 단계에서 RNA 중합효소의 가장 큰 소단위의 CTD가 인산화되면 바로 CTD에 결합한다. 이들은 전사물을 합성되는 동안 중합효소를 따라가다가 스플라이싱 인헨서 서열이 전사되는 순간 그곳에 결합한다. 전자현미경연구에서 전사와 스플라이싱이 동시에 일어나는 것이 밝혀졌고, 이 관찰을 뒷받침할 스플라이싱 인자가 RNA 중합효소에 친화력을 가진다는 생화학적 배경도 밝혀졌다. 스플라이싱 인헨서에 결합하면서, SR 단백질은 복합체 E의 결합한 U1-snRNP와 결합한 U2AF 단백질 사이 연결점을 마련하는 등 스플라이싱 과정의 여러 단계에 참여하는 것으로 보인다. 복합체 E의 형성이 스플라이싱에서 중요한 단계임을 감안할 때 이들이 어떤 자리가 연결될지를 찾아내는 것은 아마도 스플라이싱 자리 선택에서 이들의 역할에 대한 암시일 것이다.

엑손과 인트론 스플라이싱 사일런서의 작동방법에 대해 알려진 것은 많지 않다. 이들 서열은 **hnRNP(heterogenous nuclear ribonucleoprotein, 이성분 핵 리보핵산단백질)**의 결합자리다. 그러나 이들의 이름이 암시하듯이, 이들은 다양한 그룹의 RNA-단백질 복합체로, 핵에서 다양한 역할을 수행하는데, 대부분은 RNA에 결합한 특정 hnRNP1과 hnRNPL로 불리는 유형은 인트론과 엑손의 특정 위치에 결합하는 것으로 보이며 스플라이싱 조절에 관여한다. 작동방법은 단순히 하나 또는 그 이상의 스플라이싱 자리, 분기점, 그리고/또는 다중 피리미딘 자리를 차단하여 복합체 E의 조립을 방해함으로써, 스플라이싱을 억제하는 것으로 보인다.

인헨서와 사일런서는 선택적 스플라이싱 경로를 지정한다

선택적 스플라이싱(alternative splicing)은 현재 전사체 조성을 결정하는 과정의 주요 요인으로 보여진다. 7.3절에서 다룬 바와 같이, 사람 단백질-암호 유전자의 95%는 2개 또는 그 이상의 인트론을 가지며, 75%는 선택적 스플라이싱을 하여 평균적으로 하나의 유전자에서 4개의 다른 스플라이싱된 mRNA 또는 **동위형(isoform)**을 만든다.

- **엑손 건너뜀(exon skipping)**. 최종 mRNA에서 하나 또는 그 이상의 엑손이 제거되는 것(그림 12.31A 참조).
- **선택적 자리 선별(alternative site selection)**. 일반적인 공여 또는 수용자리가 무시되고 대신 두 번째 자리가 사용되는 것. 잠재적 스플라이싱 자리 선별과 유사하다(그림 12.31B).
- **선택적 엑손(alternative exon)**. mRNA가 한 쌍의 엑손에서 둘 중 하나만 가지며 동시에 둘 다 가지지는 않는 것.
- **인트론 보유(intron retention)**. 일반적으로 mRNA 전구체에서 제거되는 인트론이 최종 mRNA에 남아있는 것. 보유된 인트론은 mRNA의 비번역 지역의 상위나

하위에 있을 수 있으나, 인트론이 열린번역틀을 가지고 있어 mRNA가 암호화하는 단백질의 아미노산 서열을 제공하는 예도 알려졌다.

선택적 스플라이싱의 중요성과 복잡성을 2개의 예를 통해 볼 수 있다. 첫 번째는 모든 생명체 생물학의 기본 문제인 성 결정에 관한 것으로 *Drosophila*에서는 선택적 스플라이싱 연쇄 반응에 의해 결정된다. 연쇄 반응의 첫 번째 유전자는 바로 앞에 있는 것과 스플라이싱되면 비활성형 SXL 단백질이 되는 선택적 엑손을 가진 전사물을 만드는 sxl

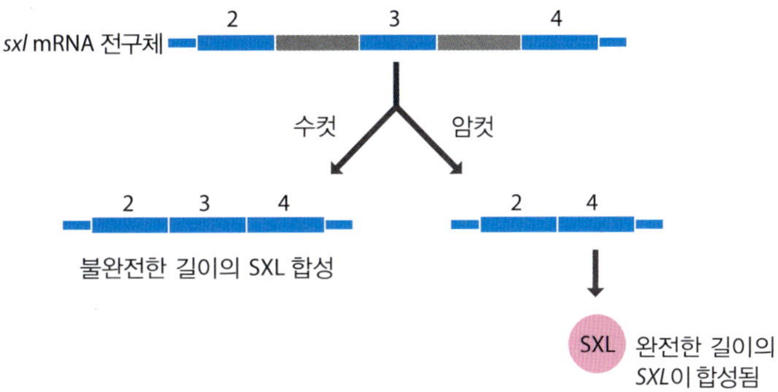

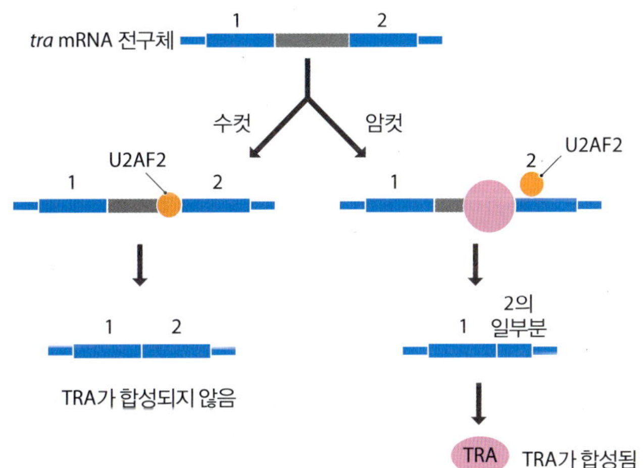

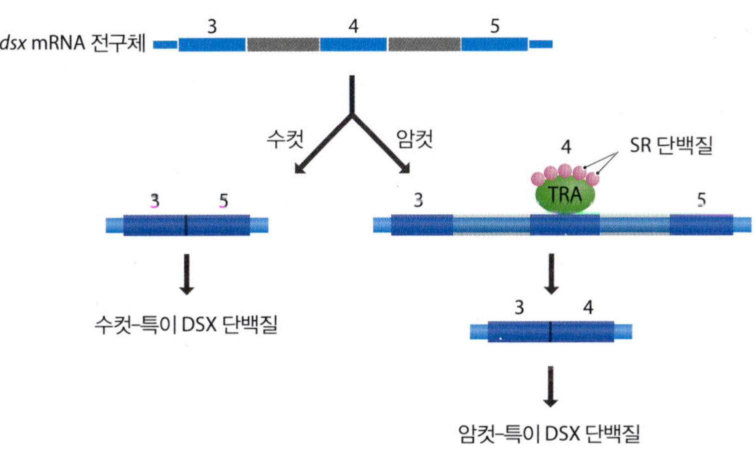

그림 12.32 *Drosophila* 성 결정에 관여하는 유전자 발현 과정의 스플라이싱의 조절. (A) 연쇄 반응은 *sxl* mRNA 전구체의 성-특이 선택적 스플라이싱으로 시작된다. 수컷에서는 모든 엑손이 mRNA 내에 존재한다. 그러나 이것은 엑손 3이 종결 코돈을 가지고 있기 때문에 불완전한 단백질이 만들어진다는 것을 뜻한다. 암컷에서는 엑손 3이 제거되어 완전한 길이의 기능적인 SXL 단백질이 만들어진다. (B) 암컷에서는 SXL이 *tra* mRNA 전구체의 첫 번째 인트론의 3′ 스플라이스 자리에 결합한다. U2AF가 이 부위에 자리할 수 없게 되어 엑손 2에 있는 잠재적 자리에서의 스플라이싱을 유도한다. 이것은 기능적인 TRA 단백질을 부호화하는 mRNA를 생산한다. 수컷에서는 SXL이 없기 때문에 수용자리가 막히지 않고 기능할 수 없는 mRNA가 만들어진다. (C) 수컷에서는 *dsx* mRNA 전구체의 엑손 4가 제거되어 수컷특이 DSX 단백질을 부호화하는 mRNA가 만들어진다. 암컷에서는 TRA가 SR 단백질의 엑손 4에 위치한 엑손의 스플라이싱 인헨서 결합을 안정화시킨다. 따라서 이 엑손은 제거되지 않고 암컷-특이 DSX 단백질을 부호화하는 mRNA가 만들어진다. DSX의 2가지 형태가 일차적으로 암컷과 수컷의 생리를 결정짓는다. 암컷의 *dsx* mRNA는 엑손 4와 5 사이에 있는 인트론이 공여자리를 가지고 있지 않기 때문에 엑손 4로 끝난다. 이것은 엑손 5는 엑손 4의 끝에 연결될 수 없다는 것이다. 대신에 암컷에서는 엑손 4의 말단에 폴리(A) 형성 자리가 존재한다.

그림 12.33 인간 *slo* 유전자. 이 유전자는 상자로 표시된 35개의 엑손으로 이루어져있다. 이들 중 8개(초록색)는 선택적으로, 서로 다른 *slo* mRNA에서는 서로 다른 조합으로 나타난다. 즉, 8! = 40,320의 다양한 스플라이싱 경로가 가능하다. 따라서 40,320종의 mRNA가 가능하지만 인간의 달팽이관에서는 단지 500여 종만이 만들어지는 것으로 알려졌다.

이다. 암컷에서는 이 엑손을 뛰어넘는 스플라이싱 경로를 가지고 있어 기능적인 SXL을 만든다(그림 12.32). SXL은 U2AF2를 정상적인 수용자리에서 벗어나 멀리 떨어진 두 번째 부위에 위치하도록 하여, 이차 전사물인 *tra*에서 선택적 스플라이싱 선별을 촉발한다. 이렇게 만들어진 암컷 특이적 TRA 단백질은 다시 한 번 선택적 스플라이싱에 관여한다. 이번에는 SR 단백질과 작용하여 세 번째 mRNA 전구체인 *dsx*의 두 번째 암컷 특이적 스플라이싱 자리가 선택되도록 촉진한다. DSX 단백질의 암컷형과 수컷형이 *Drosophila* 성을 결정하는 일차적인 결정자이다.

선택적 스플라이싱의 두 번째 예는 일부 일차 전사물에서 합성되는 mRNA의 다중성을 보여준다. 사람 *slo* 유전자는 칼륨이온이 세포 안과 밖으로 들어오고 나가는 것을 조절하는 막단백질을 암호화한다. 이 유전자는 35개의 엑손을 가지고 있는데, 이들 중 8개가 선택적 스플라이싱에 관여한다(그림 12.33). 선택적 스플라이싱 경로는 8개의 선택적 엑손이 다양한 조합으로 기능적으로 성격이 조금씩 다른 막단백질을 만드는 500개가 넘는 서로 다른 mRNA를 만든다. 사람 *slo* 유전자는 내이(inner ear)에서 활성을 가지고 달팽이관의 기저막에 있는 털 세포(hair cell)의 청각 능력을 결정한다. 다른 털 세포는 20 Hz에서 20,000 Hz 사이의 다른 음파에 반응한다. 이들 개개의 능력은 부분적으로 Slo 단백질의 성질에 의해 결정된다. 그러므로 달팽이관 털 세포 *slo* 유전자의 선택적 스플라이싱으로 사람 청력의 범위가 결정된다.

최근 상당수의 선택적 스플라이싱 경로가 밝혀졌으며, 선택이 어떻게 조절되는지에 대한 일부 경로를 알게 되었다. 우리는 인헨서, 사일런서 및 결합 단백질 사이에서 일어날 수 있는 다양한 상호작용의 결과를 말해 줄 수 있는 복잡성 아래의 일부에는 **스플라이싱 코드(splicing code)**가 있을 것이라는 기대하고 있다. 현재 코드에 대한 이해는 초보 단계로 선택적 스플라이싱이 어떻게 조절되는지에 대한 이해에는 상당한 공백이 존재하고 있다.

12.5 전사체 연구

전사체의 암호화 및 비암호화 내용물을 살펴보았고, 전사체의 조성이 어떻게 목록화되는지, 그리고 전사체에 존재하는 RNA의 합성, 분해 및 다듬기 과정에 관여하는 생물학적 사건에 대해 알아보았다. 이 장을 마치기 전, 생물학 연구에서 전사체 연구의 중요성에 대해 살펴보고자 한다.

유전체 주석 달기를 도와주는 전사체 분석

5.3절에서 유전체 주석 달기 사업 중 전사되는 유전체 서열 조각을 알아내기 위해 사용되는 다양한 방법의 RNA 지도 그리기를 살펴보았다. 여기에는 마이크로어레이 데이터와 RNA-seq 읽기가 포함되는데, 이들은 전사체 조성 분석에 사용되는 2개의 주된 기술이다. 실제로 전사체 분석과 RNA 지도 그리기는 기본적으로 동일한 작업이다. 전자는 세포의 RNA 내용물을 이해하기 위한 것이고, 후자는 DNA 서열에서 유전자를 탐색하기 위한 것이라는 차이만 있다. 두 유형의 분석의 보완성으로 많은 사업에서 이 둘의 차이를 두지 않으며, 전사체 분석은 유전체 주석 달기와 같이 진행된다. 유전체 주석 달기에서 전사체 분석의 중요성을 강조하기 위해 *D. melanogaster* 전사체 목록 작성이 어떻게 초파리 유전체 주석 달기에 유래 없는 세부 내용을 제공하였는지 살펴보고자 한다.

다세포성 생물에서는 유전자 발현 패턴, 즉 전사체는 조직마다 다르고, 환경 인자에 반응하여 변하므로, 유전체 주석 달기에 대한 자세한 내용을 얻기 위해 전사체 분석을 이용하려면 수많은 RNA 도서관을 만들어야 하며, 서열이 분석되어야 한다. 한 연구 사업에서는 *Drosophila*의 유충, 번데기, 그리고 성체를 분해한 후 대부분이 단백질-암호화 유전자의 전사물인 폴리(A) RNA를 상피 및 근육과 더불어 신경, 소화, 생식, 내분비계와 같은 여러 다양한 조직으로부터 순수분리하였다. 덧붙여 열충격과 저온충격에 노출된 성체 초파리와 중금속, 제초제, 살충제와 같은 환경 오염물에 노출된 성체와 유충의 도서관도 추가로 제조하였다. 그 결과 총 124억 개의 서열을 얻었고, 이것을 조합하여 304,788가지의 전사물을 얻었다.

이 사업에서 발견된 전사물의 수는 *D. melanogaster* 유전체 주석 달기에서 알아낸 14,000개의 단백질-암호화 유전자를 훨씬 넘어서는 것이었다(표 7.4). 물론 이러한 차이는 하나의 유전자가 하나 이상의 전사물을 갖도록 해주는 선택적 프로모터와 선택적 스플라이싱의 사용으로 설명될 수 있다. 일부 전사물은 또한 **선택적 다중아데닐화 (alternative polyadenylation)** 자리를 가지고 있다. 이것은 이들이 RNA 중합효소 II에 의해 합성되는 RNA의 3′-말단을 표지하는 폴리(A) 꼬리에 붙기 전에 둘 또는 그 이상의 선택적 자리에서 잘려지는 것을 의미한다(그림 12.1 참조). 전체적으로 유전자 수는 하나 이상의 전사물이 만들어질 수 있다는 것을 보여준 것은 예상한 일이었다: 전체적으로 42%로 이는 포유류의 95%와 비교가 된다. 초파리의 수컷과 암컷의 특징을 특정하는 선택적 스플라이싱의 중요성 또한 강조되었는데, 성-특이적으로 575개의 선택적 스플라이싱이 일어나며, 전사물의 대부분은 수컷의 고환이나 여성의 자궁에서 합성되었다. 하나의 유전자가 연속적이며 선택적으로 스플라이싱되어 다른 조직에 특이적인 mRNA 동위형을 만드는 많은 다른 예도 발견되었다.

*Drosophila*에서의 이러한 전사체 분석 결과의 놀라운 점은 적은 수의 유전자가 만드는 전사 패턴의 놀라운 복잡성이었다. 하나의 유전자가 1,000개 이상의 전사물을 만드는 47개의 유전자가 발견되었다. 이들의 동위형은 전 전사체 목록의 50%를 차지하였다(그림 12.34). 이들 47개 유전자의 많은 전사물은 조직-특이적으로, RNA의 56%가 배아에만 존재하였고, 27%는 신경조직에만 존재하였다. 두 번째 놀라운 점은 이러한 다중 선택적 전사물이 동일 단백질을 만든다는 것으로, RNA 동위형의 차이가 열린 번역틀에는 영향을 주지 않은 것이다. 예를 들면, 성체 난소 조직에서 연속적 유전자의 선택적 스플라이싱을 조절하는 단백질을 암호화하는 하프파인트(half pint)로도 불리는 *pUf68* 유전자에서 볼 수 있다(*Drosophila* 유전학자들은 초파리 유전자에 흥미로운 이름을 붙이는 취미가 있다). *pUf68* 유전자의 돌연변이는 난자 발달에 문제를 일으키며, 하프파인트란 이름처럼 난자가 정상 크기보다 작다. *pUf68*의 1차 전사물은 다양한 선택적 스플라이싱 경로를 거쳐 100개 이상의 동위형을 만들지만, 파프파인트 단백질은

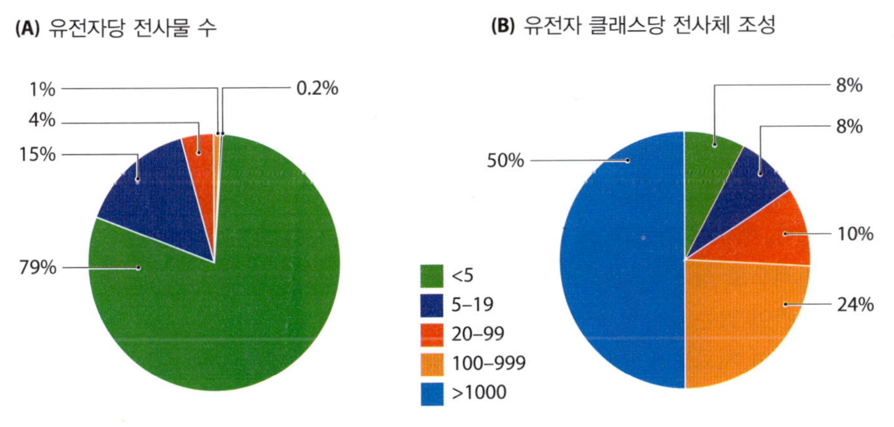

그림 12.34 *Drosophila*의 전사체에 존재하는 선택적 스플라이싱. (A) 전사물은 각각이 어떻게 만들어지는가에 따라 여러 그룹으로 나뉜다. 79%에 달하는 대부분의 유전자는 5개 이하의 전사물을 만든다. 다른 극단으로 47개의 유전자(0.2%)는 각기 1,000개 이상의 RNA를 특정한다. (B) 각 클래스의 유전자 전사물은 전체적으로 전사체에 기여한다. 모든 RNA의 반은 47개의 유전자에서 유리한 것으로 각기 1,000개 이상의 전사물을 만든다. (Brown JB, Boley N, Eisman R, et al. [2014] *Nature* 512:393-399에서 발췌.)

단 하나뿐이다. 그 이유는 선택적 스플라이싱이 mRNA 전구체의 비암호화 지역 상위에 존재하는 하나의 엑손에만 일어나 열린번역틀에는 영향을 주지 않기 때문이다. 이 결과를 어떻게 설명해야 할까? 모두 동일한 단백질을 암호화하는 다중성 긴 비암호화 RNA에 전사물을 전사 잡음으로 무시하고자 하는 생각이 들 수 있다. 이 가설에 의하면 정확한 시간에 정확한 조직에서 mRNA가 만들어지는 한 최종 mRNA 합성 경로는 중요하지 않다는 것이다. 이유가 무엇이든, 초파리와 기타 진핵생물 유전자가 다중 RNA 동위형을 생성할 수 있다는 것은 전사체 연구의 복잡성을 더해 주며, 유전체 주석 달기와 더불어서 자세한 전사체 분석이 중요하다는 것을 강조해 준다.

암 전사체

암의 결과 전사체가 재구성된다는 것이 1997년에 처음 발표되었다. 정상적인 대장 상피세포와 암 대장세포 전사체를 비교하였더니 289개의 mRNA가 매우 다른 양으로 존재한다는 것을 보여준 것이다. 약 절반의 mRNA는 이자 암세포에서도 그 양의 변화를 볼 수 있었다. 이는 정상 및 암 세포의 전사체의 차이에 대한 이해가 생화학적 차이가 있으며, 그에 따라 암의 치료에 대하여 새로운 방법을 제시하는 중요한 발견이었다. 전사체 연구는 또한 암 진단에도 응용된다. 이 분야의 초기 돌파구는 1999년에 나왔는데, 여기서 활발한 림프모구 림프종(lymphoblastic lymphoma) 세포의 전사체는 급성 골수성 림프종(acute myeloid lymphoma) 세포의 그것과 다르다는 것을 보여준 것이다. 여기서는 27개의 림프모구 림프종과 11개의 골수성 림프종을 연구하였는데, 모든 전사체가 다소 다르기는 했지만 두 유형의 암은 확실한 판단을 내릴 수 있는 충분히 차이가 존재하였다. 이러한 결과의 중요성은 형태적으로 뚜렷한 차이가 나타나기 전에 암을 초기에 정확하게 알아낸다면 회복률이 향상될 수 있다는 것이다. 이 두 유형의 림프종의 경우는 비유전적 방법으로 구별될 수 있으므로 상관성이 없으나 비-호킨스 림프종(non-Hodgkin's lymphoma)과 같은 다른 암에서는 중요하다. 이 질병의 가장 흔한 것은 확장성 큰 B-세포 림프종(diffuse large B-cell lymphoma)으로 불리는 것으로, 수년간 이 유형의 모든 암이 동일한 것으로 생각되었다. 전사체 연구로 인해 이러한 생각이 바뀌었는데, B-세포 림프종이 뚜렷한 두 유형(subtype)으로 나뉠 수 있음을 보여주었기 때문이다. 두 유형의 전사체가 구별됨에 따라 각각이 다른 클래스의 B 세포에 속하며, 각 림프종에 맞는 특정 치료법의 탐색이 활기를 띠게 되었다.

전사체 분석은 또한 유방암에 대한 새로운 정보를 제공하였다. 2,000년대 초 이 접근법으로 유방암을 5개의 다른 소그룹으로 분류하였다: 루미날A(luminal A), 루미날 B, HER2-양성, 기저형-유사(basal-like) 및 정상-유사(normal-like). 각 유형은 다른 특징을 가지며, 실제로 이들은 동일 조직에 발병하지만 뚜렷이 다른 질병이다. 유방암 전사체의 자세한 연구로 또한 발현 프로파일을 통해 유방암의 진행을, 특히 하나의 암에서 유래한 세포가 몸의 다른 저장소로 전파되어 새로운 암을 만드는 전이 위험성을, 예측하게 해주는 유전자 그룹을 발견하였다. 질병의 초기 단계에 전사체 프로파일링을 사용하여 전이 위험을 예측하는 가능성은 예상하지 못한 발견이었다. 전이를 촉발하는 세포 스위치는 암의 진행 중에서도 매우 후기에 이르러서야 활성화되는 것으로 생각되고 있었기 때문이다. 또한 전사체 연구로 전이에 대한 유전적 기반이 되는 예상치 않은 면을 알게 되었다. 특히 전이 위험은 유방암의 뿐만 아니라 다른 상피조직 암에서도 암 전사체에 일반적으로 상처와 같은 트라우마로부터 회복될 때 조직에서 발견되는 mRNA의 존재와 연관이 있는 것으로 보인다. 이러한 발견은 암이 아물지 않는 상처와 같다는 가설에 기여하여 치료법을 위한 새로운 연구 방향을 열어 주었다.

전사체는 유방 암이나 기타 암에 대한 우리의 이해에 중요한 영향를 주었다. 이제 도전 과제는 다른 암과 다른 단계의 암의 자세한 전사체 목록을 추가하는 것만이 아닌 암 전사체에 대한 정보를 의학적으로 해석하는 것이다. 마이크로어레이와 RNA-seq 분석은 비용이 많이 드므로 아직은 환자 개인의 예후를 예측하기에 일상적으로 사용될 수 없다. 질병이 진행되는 동안 실제로 암에서 발현이 증가하거나 감소되는 중요한 유전자를 찾는 데 더 많은 연구가 필요하다. 많은 발현 패턴의 변화가 암의 발달에 중요한 역할을 하는 것이 아니라 암의 존재에 대한 결과일 수도 있다. 유전자 발현 변화를 상세히 보여주는 전사체 분석은 암 진행의 중요한 유전자를 발견하는 시작점이다. 그러나 많은 다른 유형의 유전적 생화학적 연구에서도 이들 초기 발견을 활용할 필요가 있다.

스트레스에 대한 식물 반응과 전사체

생물학자가 아닌 많은 사람들은 식물은 따뜻한 햇살아래 즐기는 생활을 한다고 생각하며, 스트레스가 많은 생활을 한다하면 놀라워 한다. 실제로, 식물이 고온이나 저온, 가뭄 또는 해충의 존재와 같은 스트레스에 반응할 수 있는 능력은 매우 중요하다. 움직일 수 없으므로, 식물은 도망가거나 스트레스가 덜 심각한 새로운 지역으로 이동하는 방법을 통해서는 이러한 스트레스를 완화할 수 없다. 즉, 식물은 환경 스트레스에 대처하기 위한 또는 생화학적 생리적인 해결책을 찾아야만 한다. 식물의 해결책은 그들 자체적 이익을 위해서 뿐만 아니라 환경 변화에 따라서도 농산물의 생산성을 향상시키고 이들의 생산성을 유지하는 잠재적 방법을 찾는 데도 응용적 중요성을 가진다.

식물의 스트레스 반응은 매우 중요하여, 생물학자들이 수십 년에 걸쳐 다양한 접근방법을 사용하여 연구하여 왔다. 그리고 여러 유형의 스트레스 반응에 있어서 기초에 대한 이해가 증진되었다. 예를 들어, 대부분의 식물은 가뭄, 고온, 고염도 조건과 같은 세포의 탈수를 가져오는 환경 스트레스에 반응하여 디하이드린(dehydrin)으로 불리는 단백질들을 합성한다. 디하이드린은 친수성 아미노산의 비율이 높고 열린 코일 구조를 가지고 있어서, 많은 아미노산이 노출되며 물 분자와 수소결합할 수 있다. 결과적으로 디하이드린 단백질은 세포내 물의 양을 유지하는 데 도움을 준다.

개개의 스트레스에 대한 반응은 잘 알려졌지만, 복합적 스트레스에 대한 식물의 반응은 잘 알려지지 않았다. 자연 환경에서 복합적 스트레스는 그다지 이상한 일이 아니다. 예를 들어, 습도가 높아지면 박테리아 병원체 수가 증가할 수 있다. 2개 이상의 스트레스에 노출되었을 때, 식물은 반응을 독립적으로 진행할까? 아니면 이들 과정이 공통 구성요소를 가지고 있어서 스트레스를 한꺼번에 대처하는 조율된 반응을 할까? 이러한 질문은 온도, 광량, 염도 그리고 박테리아 병원체에 대해 여러 조합으로 노출된 *A. thaliana*의 전사체 연구로 밝혀졌다. 박테리아 병원체에 대한 스트레스는 박테리아 플라젤린(flagellin) 단백질의 펩티드를 잎에 발라 주는 방법으로 유도하였다. 10개의 *A. thaliana* 생태형에서 다른 조합의 스트레스에 대한 반응을 분석하기 위해 총 210개의 마이크로어레이 실험이 수행되었다. 생태형(ecotype)은 하나의 지정학적 위치에서 유래한 그 지역의 환경조건에 적응된 집단이다. 각 조합의 스트레스에 대하여, 5개의 카테고리에 속하는 RNA들이 발견되었다(**그림 12.35**).

- 독립석-양식(independent-mode)의 RNA는 스트레스 A+B 조합이든 스트레스 A나 스트레스 B 각각의 증감이든 동일한 방법으로 반응한다. 이러한 RNA들은 하나의 스트레스에는 필요하지만 다른 스트레스 반응에는 필요하지 않은 단백질을 암호화한다. 예를 들면, 식물이 높은 광량에 견딜 수 있도록 하는 특수한 역할을 하는 엽록체 단백질과 같은 것이다.
- 유사-양식(similar-mode) RNA는 스트레스 A, 스트레스 B 및 스트레스 A+B의

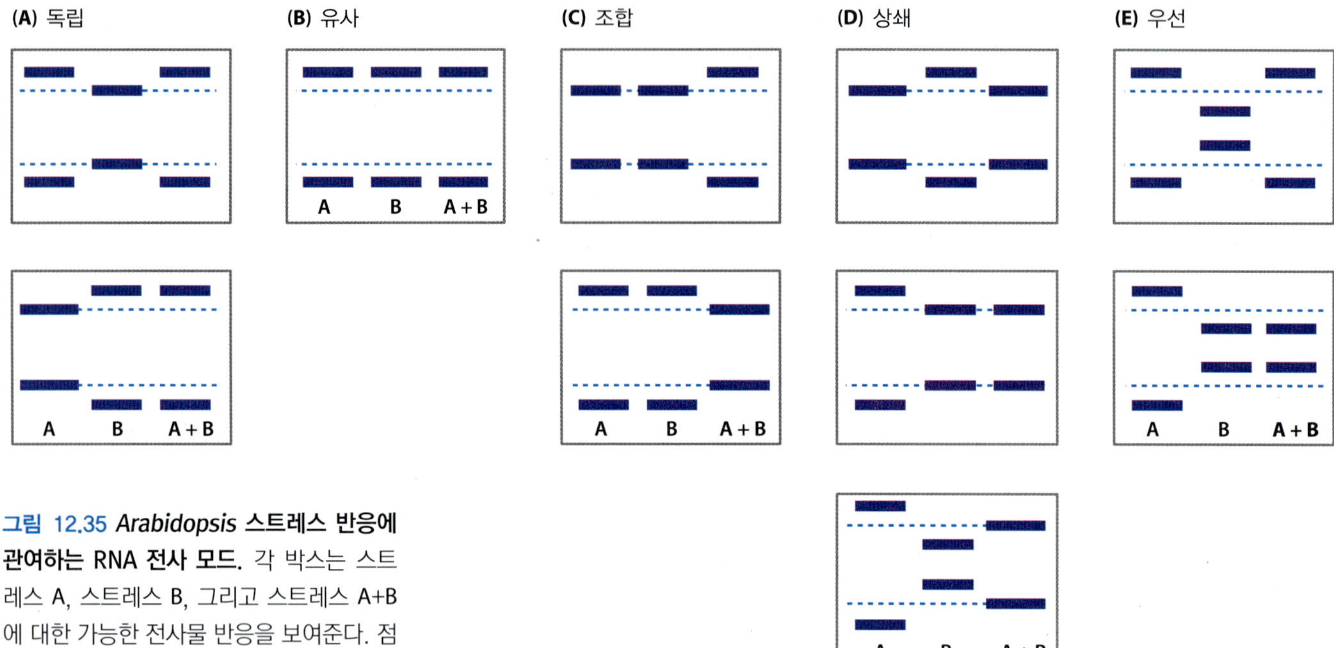

그림 12.35 *Arabidopsis* 스트레스 반응에 관여하는 RNA 전사 모드. 각 박스는 스트레스 A, 스트레스 B, 그리고 스트레스 A+B에 대한 가능한 전사물 반응을 보여준다. 점선은 스트레스가 없는 경우 전사물의 양을 표시한다. 이 수준에서 위쪽과 아래쪽 선은 각기 전사물의 증가와 감소를 나타낸다. (Rasmussen S, Barah P, Suarez-Rodriguez MC et al. [2013] *Plant Physiol*. 161:1783-1794에서 자료 발췌.)

총량에 비례하여 변한다. 이러한 RNA들은 A와 B에 대한 공통적 반응의 일부를 구성하는 단백질을 암호화한다.

- 조합-양식(combinatorial-mode) RNA는 A 또는 B에 동일하게 반응하지만, A + B에는 다르게 반응한다. 일부 조합적 RNA들은 각각의 스트레스에는 반응하지만 조합적 스트레스에는 반응하지 않는 경우도 있고, 조합적 스트레스에만 반응하는 경우도 있다.
- 상쇄-양식(canceled-mode) RNA들은 각각의 스트레스에 다르게 반응하며 조합된 스트레스에는 반응하지 않는다.
- 우선-양식(prioritized-mode) RNA들은 스트레스 A와 B에 다르게 반응하지만, A+B의 경우에는 둘 중 하나와 같은 반응을 한다.

이들 5개 카테고리 반응을 고려해 볼 때, 조합-, 상쇄- 및 우선-양식 유형이 가장 흥미롭다. 왜냐하면 스트레스 조합에 대한 이들 RNA들의 반응을 개개 스트레스에 대한 반응으로 예측할 수 없기 때문이다. 다시 말해서, 이러한 카테고리들은 2가지 스트레스가 조합되었을 때 다르게 반응하는 스트레스 경로의 구성 인자임을 암시한다. 상쇄-양식 RNA의 예를 들면, 하나의 스트레스를 대처하는 데 필요한 단백질이 두 번째 스트레스와 조합되어 일어나면 필요하지 않다는 것이다. 반대로, 조합-양식에는 2가지 스트레스가 동시에 존재할 때만 필요한 생성물을 만드는 RNA들이 속해 있다.

대부분의 스트레스 조합에 대해 발견되는 전사물의 대부분은 3개의 예측불가 양식 중 하나에 속한다. 이 3가지 양식은 평균적으로 전사물의 85%를 차지한다. 이러한 발견은 스트레스 반응 경로에 상당한 교차연결성이 있으며, 식물이 둘 이상의 스트레스에 대처하는 생화학적 반응들이 하나의 스트레스에 반응할 때와는 종종 다르다는 것이다. 중요한 것은 상쇄-양식 전사물들은 하나의 스트레스 반응이 다른 스트레스 반응을 실제로 방해할 수 있다는 것이다. 이것은 식물이 고온과 더불어 고염도에 노출되는 경우다. 이 조합의 스트레스에 대한 전사체를 자세히 분석한 결과, 열 스트레스 반응이 염도 반응보다 우세하여 자연환경에서 이러한 조합에 노출되면 생존이 힘들다는 것을 암시한다. 전사체 분석은 전체적으로 식물 스트레스 반응 연구에 있어서 더 폭넓은 기초 연구가 요구된다는 것을 재확인하였다.

요약

- 전사체는 하나의 세포에 존재하는 RNA 분자의 집합체이다.
- mRNA는 대부분의 세포 전사체에서 비교적 적은 부분을 구성하지만, 많은 다른 전사체를 포함하고 있다.
- 전사체는 다양한 기능을 가진 다양한 짧은 비암호화 RNA를 가지고 있다.
- 전사체는 또한 기능이 있는 경우에, 잘 알려지지 않은 긴 비암호화 RNA도 가지고 있다.
- 전사체 구성물은 마이크로어레이나 RNA 서열 분석으로 목록화할 수 있다.
- 전사체 구성요소들은 RNA 중합효소가 합성한다. 진핵생물은 3개의 다른 RNA 중합효소를 가지며, 각각은 다른 그룹의 핵 유전자를 전사한다.
- 전사가 시작되어야 하는 지점은 프로모터 서열로 표시된다. 일부 유전자는 선택적 프로모터를 가지며 하나의 유전자로부터 다른 형태의 전사물을 만든다.
- 박테리아에서 전사개시는 활성자와 억제자 단백질의 조합 작용으로 조절된다. 일부 유전자에서는 필요하지 않은 전사물을 미성숙하게 중단시키는 추가적인 조절도 있다.
- 진핵생물에서 전사개시는 주로 매개 단백질을 통해 개시 복합체와 상호작용하는 전사 인자로 불리는 활성자 단백질에 의해 조절된다.
- RNA는 비특이적 방법과 RNA 침묵화에 의해 회전되며, 후자에 의해 특정 mRNA가 분해의 표적이 될 수 있다.
- 대부분의 RNA는 자르고 일부는 연결하는 반응에 의해 다듬어져서 초기 전사물이 기능적 분자로 변환된다.
- 일부 RNA는 또한 인트론을 제거하는 스플라이싱에 의해 다듬어진다. 전구체-mRNA의 스플라이싱은 특히 진핵생물에서 중요하다. 일부 유전자의 전사물이 선택적 스플라이싱 경로를 통해 다른 mRNA를 만들고 다른 단백질을 만들 수 있게 해주기 때문이다.
- 선택적 스플라이싱을 하는 동안, 스플라이스 자리 선택은 조절단백질의 결합자리인 짧은 인헨서와 사일런서 서열에 의해 조절된다.
- 전사체 분석은 전사되는 서열을 찾아 유전체 주석 달기를 도와줄 수 있다. 암 진행 중 일어나는 전사체 재구성은 다른 소유형의 암을 구별할 수 있게 해주고 질병과 관련된 유전자 패턴의 변화를 알려준다. 식물의 환경 스트레스에 대한 반응 역시 전사체 분석으로 연구되고 있다.

단답형 문제

1. 진핵생물 전사체에서 발견되는 다양한 유형의 짧은 비암호화 RNA에 대해 설명하라.
2. 적어도 일부 긴 비암호화 RNA들이 기능을 암시하는 증거로는 어떤 것이 있는가?
3. 전사체가 (A) 마이크로어레이와 (B) RNA 서열 분석으로 분석되는 방법을 간단히 설명하라.
4. 3가지 유형의 진핵생물 RNA 중합효소 구조를 박테리아 효소와 비교하여 설명하라. 세포 소기관 유전자를 전사하는 RNA 중합효소의 주요 특징은 무엇인가?
5. (A) 박테리아 RNA 중합효소, (B) RNA 중합효소 I, (C) RNA 중합효소 II, (D) RNA 중합효소 III의 프로모터 구조의 차이를 설명하라.

6. 박테리아 mRNA 합성조절 방법을 설명하라.
7. 진핵생물의 전사개시 중 매개자 단백질의 역할을 설명하라.
8. 박테리아와 진핵생물에서 비특이적 RNA 분해 과정을 간단히 설명하라.
9. 특정 RNA가 siRNA와 miRNA에 의해 분해 표적이 되는 방법을 설명하라.
10. 진핵생물의 mRNA 전구체의 스플라이싱 경로를 간단히 설명하라.
11. 선택적 스플라이싱은 무엇이며 어떻게 조절되는가?
12. 암 연구에 있어서 전사체 연구가 어떤 방법으로 사용되는가?

사고형 문제

1. 진핵생물이 3개의 RNA 중합효소를 왜 가지는지를 설명할 가설을 세워보라. 그 가설은 어떻게 검증할 수 있을까?
2. *E. coli*의 젖당 오페론의 전사조절 모델은 제이콥과 모노드가 1961년 처음으로 제안하였다(Jacob, E. and Monod, J. [1961] Genetic regulatory mechanisms in the synthesis of proteins. J. Mol. Biol. 3:318-356). 거의 전부 유전적 분석에 기초한 이들의 논문의 내용으로 최근에 밝혀진 분자생물학적 사건들을 어떻게 정확하게 설명할 수 있었는지 설명하라.
3. 진핵생물의 전사개시 조절 연구에 *E. coli*가 좋은 모델이 되는 범위는 어디까지 일까? *E. coli*로부터 나온 정보가 진핵생물의 대등한 사건을 이해하는 데 도움이 된 그리고/또는 도움이 되지 않은 특정 예를 통해 본인의 의견을 정당성을 제시해보라.
4. 고등 생물에서는 비연속적 유전자가 흔하지만 박테리아에서는 거의 없다. 이에 대한 가능성 있는 이유는 무엇인가?
5. AU-AC 인트론에 대한 연구가 GU-AG 인트론 스플라이싱의 자세한 내용에 대해 어느 정도의 이해력을 제공하였는가?

Further Reading

Components of transcriptomes

Clark, M.B., Choudhary, A., Smith, M.A., et al. (2013) The dark matter rises: the expanding world of regulatory RNAs. *Essays Biochem.* 54:1–16.

Clark, M.B., Johnston, R.L., Inostroza-Ponta, M., et al. (2012) Genome-wide analysis of long noncoding RNA stability. *Genome Res.* 22:885–898.

Kung, J.T.Y., Colognori, D. and Lee, J.T. (2013) Long noncoding RNAs: past, present, and future. *Genetics* 193:651–669.

Ramsköld, D., Wang, E.T., Burge, C.B. and Sandberg, R. (2009) An abundance of ubiquitously expressed genes revealed by tissue transcriptome sequence data. *PLoS Comput. Biol.* 5:e1000598.

Wagatsuma, A., Sadamoto, H., Kitahashi, T., et al. (2005) Determination of the exact copy numbers of particular mRNAs in a single cell by quantitative real-time RT-PCR. *J. Exp. Biol.* 208:2389–2398.

Wan, L., Zhang, L., Fan, K., et al. (2016) Knockdown of long noncoding RNA PCAT6 inhibits proliferation and invasion in lung cancer cells. *Oncol. Res.* 24:161–170.

Methods for studying transcriptomes

Leung, Y.F. and Cavalieri, D. (2003) Fundamentals of cDNA microarray data analysis. *Trends Genet.* 19:649–659.

Wang, Z., Gerstein, M. and Snyder, M. (2009) RNA-Seq: a revolutionary tool for transcriptomics. *Nat. Rev. Genet.* 10:57–63.

Wilhelm, B.T. and Landry, J.-R. (2009) RNA-Seq—quantitative measurement of expression through massively parallel RNA-sequencing. *Methods* 48:249–257.

RNA polymerases, promoters, and RNA synthesis

Allen, B.L. and Taatjes, D.J. (2015) The Mediator complex: a central integrator of transcription. *Nat. Rev. Mol. Cell Biol.* 16:155–166.

Börner, T., Aleynikova, A.Y., Zubo, Y.O. and Kusnetsov, V.V. (2015) Chloroplast RNA polymerases: role in chloroplast biogenesis. *Biochim. Biophys. Acta* 1847:761–769.

Geiduschek, E.P. and Kassavetis, G.A. (2001) The RNA polymerase III transcription apparatus. *J. Mol. Biol.* 310:1–26.

Kadonaga, J.T. (2012) Perspectives on the RNA polymerase II core promoter. *Wiley Interdiscip. Rev. Dev. Biol.* 1:40–51.

Kandiah, E., Trowitzsch, S., Gupta, K., et al. (2014) More pieces to the puzzle: recent structural insights into class II transcription initiation. *Curr. Opin. Struct. Biol.* 24:91–97.

Kim, T.H., Barrera, L.O., Zheng, M., et al. (2005) A high-resolution map of active promoters in the human genome. *Nature* 436:876–880. *Reveals the extent to which alternative promoters are used in the human genome.*

Mathew, R. and Chatterji, D. (2006) The evolving story of the omega subunit of bacterial RNA polymerase. *Trends Microbiol.* 14:450–455.

Russell, J. and Zomerdijk, J.C.B.M. (2005) RNA-polymerase-I-directed rDNA transcription, life and works. *Trends Biochem. Sci.* 30:87–96.

Saecker, R.M., Record, M.T. and deHaseth, P.L. (2011) Mechanism of bacterial transcription initiation: RNA polymerase–promoter binding, isomerization to initiation-competent open complexes, and initiation of RNA synthesis. *J. Mol. Biol.* 412:754–771.

Control of RNA synthesis

Browning, D.F. and Busby, S.J.W. (2016) Local and global regulation of transcription initiation in bacteria. *Nat. Rev. Microbiol.* 14:638–650.

Kadonaga, J.T. (2004) Regulation of RNA polymerase II transcription by sequence-specific DNA binding factors. *Cell* 116:247–257.

Kim, Y.-J. and Lis, J.T. (2005) Interactions between subunits of *Drosophila* Mediator and activator proteins. *Trends Biochem. Sci.* 30:245–249.

Naville, M. and Gautheret, D. (2009) Transcription attenuation in bacteria: themes and variations. *Brief. Funct. Genomic. Proteomic.* 8:482–492.

Oehler, S., Eismann, E.R., Krämer, H. and Müller-Hill, B. (1990) The three operators of the lac operon cooperate in repression. *EMBO J.* 9:973–979.

Swigon, D., Coleman, B.D. and Olson, W.K. (2006) Modeling the Lac repressor-operator assembly: the influence of DNA looping on Lac repressor conformation. *Proc. Natl Acad. Sci. USA* 103:9879–9884.

Degradation of RNA

Carpousis, A.J., Vanzo, N.F. and Raynal, L.C. (1999) mRNA degradation: a tale of poly(A) and multiprotein machines. *Trends Genet.* 15:24–28.

Coller, J. and Parker, R. (2004) Eukaryotic mRNA decapping. *Annu. Rev. Biochem.* 73:861–890.

Defoiche, J., Zhang, Y., Lagneaux, L., et al. (2009) Measurement of ribosomal RNA turnover *in vivo* by use of deuterium-labeled glucose. *Clin. Chem.* 55:1824–1833.

Mello, C.C. and Conte, D. (2004) Revealing the world of RNA interference. *Nature* 431:338–342.

Pratt, A.J. and MacRae, I.J. (2009) The RNA-induced silencing complex: a versatile gene-silencing machine. *J. Biol. Chem.* 284:17897–17901.

Singh, G. and Lykke-Andersen, J. (2003) New insights into the formation of active nonsense-mediated decay complexes. *Trends Biochem. Sci.* 28:464–466.

Sontheimer, E.J. and Carthew, R.W. (2005) Silence from within: endogenous siRNAs and miRNAs. *Cell* 122:9–12.

Vanacova, S. and Stefl, R. (2007) The exosome and RNA quality control in the nucleus. *EMBO Rep.* 8:651–657.

Wilson, R.C. and Doudna, J.A. (2013) Molecular mechanisms of RNA interference. *Annu. Rev. Biophys.* 42:217–239.

Splicing

Black, D.L. (2003) Mechanisms of alternative pre-messenger RNA splicing. *Annu. Rev. Biochem.* 72:291–336.

Blencowe, B.J. (2000) Exonic splicing enhancers: mechanism of action, diversity and role in human genetic diseases. *Trends Biochem. Sci.* 25:106–110.

Lynch, K.W. and Maniatis, T. (1996) Assembly of specific SR protein complexes on distinct regulatory elements of the *Drosophila doublesex* splicing enhancer. *Genes Dev.* 10:2089–2101.

Matera, A.G. and Wang, Z. (2014) A day in the life of the spliceosome. *Nat. Rev. Mol. Cell Biol.* 15:108–121.

Padgett, R.A., Grabowski, P.J., Konarska, M.M. and Sharp, P.A. (1985) Splicing messenger RNA precursors: branch sites and lariat RNAs. *Trends Biochem. Sci.* 10:154–157. *A good summary of the basic details of intron splicing.*

Ruegg, M.A. (2005) Structural and functional diversity generated by alternative mRNA splicing. *Trends Biochem. Sci.* 30:515–521.

Stetefeld, J. and Lynch, K.W. and Maniatis, T. (2016) Assembly of specific SR protein complexes on distinct regulatory elements of the *Drosophila doublesex* splicing enhancer. *Genes Dev.* 10:2089–2101.

Tarn, W.-Y. and Steitz, J.A. (1997) Pre-mRNA splicing: the discovery of a new spliceosome doubles the challenge. *Trends Biochem. Sci.* 22:132–137. *AU-AC introns.*

Valcárcel, J. and Green, M.R. (1996) The SR protein family: pleiotropic functions in pre-mRNA splicing. *Trends Biochem. Sci.* 21:296–301.

Wahl, M.C., Will, C.L. and Lührmann, R. (2009) The spliceosome: design principles of a dynamic RNP machine. *Cell* 136:701–718.

Case studies

Brown, J.B., Boley, N., Eisman, R., et al. (2014) Diversity and dynamics of the *Drosophila* transcriptome. *Nature* 512:393–399.

Eswaran, J., Cyanam, D., Mudvari, P., et al. (2012) Transcriptomic landscape of breast cancers through mRNA sequencing. *Sci. Rep.* 2:264.

Rasmussen, S., Barah, P., Suarez-Rodriguez, M.C., et al. (2013) Transcriptome responses to combinations of stresses in *Arabidopsis*. *Plant Physiol.* 161:1783–1794.

Urquidi, V. and Goodison, S. (2007) Genomic signatures of breast cancer metastasis. *Cytogenet. Genome Res.* 118:116–129.

단백질체

CHAPTER
13

단백질체(proteome)는 세포에 들어있는 단백질 분자의 집합이다. 즉, 단백질체는 세포의 유전체와 생화학적 능력 사이의 최종 연결고리이며, 다른 세포의 단백질체를 탐색하는 것은 유전체가 어떻게 작동하며 결함이 있는 유전체 활성이 어떻게 질병으로 연결되는지를 이해하는 열쇠가 된다. 전사체 연구에서도 이러한 내용이 부분적으로 설명될 수는 있다. 그러나 전사체 연구는 어떤 유전자가 특정 세포에서 활성을 띠는가에 대한 정확한 지표를 제공할 뿐 존재하는 단백질에 대한 정보는 정확하지 않다. 단백질 내용물에 영향을 주는 인자는 사용가능한 mRNA의 양뿐만 아니라 mRNA가 번역되는 속도와 단백질이 분해되는 속도도 포함되기 때문이다. 덧붙여, 번역의 초기 산물인 단백질은 활성이 없을 수도 있다. 일부 단백질은 기능을 얻기 위해 물리적 그리고/또는 화학적 변형을 거쳐야 한다. 활성형 단백질의 양은 세포나 조직의 생화학을 이해하는 데 필수적이다.

우리가 단백질체를 조사하기 전 반듯이 다루어야 할 주제는 제12장에서 전사체를 연구할 때와 같다. 먼저, 단백질체의 목록 만들기와 세포내 단백질체가 작동하는 방법을 이해하기 위해 사용되는, 다양한 방법을 알아볼 것이다. 그 후 단백질체 구성원을 합성하고, 분해하고, 다듬는데 관여하는 사건들을 알아볼 것이다. 마지막으로, 단백질체와 세포의 생화학 사이의 연결고리를 좀 더 자세히 알아 볼 것이다.

13.1 단백질체 구성에 대한 연구

단백질체를 연구할 때 사용하는 방법론은 단백질체학(proteomics)으로 불린다. 엄밀하게 말하면, 단백질체학은 단백질체의 정보를 제공하는 능력과 연관된 다양한 기술의 집합이다. 이러한 정보는 존재하는 단백질 구성원의 정보뿐만 아니라 개개 단백질의 기능이나 세포내 위치와 같은 변수들도 포함한다. 단백질 조성 연구에 사용되는 특정 기술은 **단백질 프로파일링(protein profiling)** 또는 **발현 단백질체학(expression proteomics)**으로 불린다.

단백질 프로파일링은 일반적으로 두 단계로 수행된다:

- 첫 번째 단계는, 단백질체에서 각각의 단백질을 분리하는 것이다.
- 두 번째 단계는, 일반적으로 **질량분석법(mass spectrometry)**을 통해서 단백질을 구별하는 것이다.

기본적으로 **위-아래(top-down)** 그리고 **아래-위 단백질체학(bottom-up proteomics)**으로 불리는 두 접근법이 있다(**그림 13.1**). 두 접근법의 차이는, 위-아래 단백질체학은 질량분석법으로 직접 조사하는 것이며 아래-위 단백질체학은 질량분석법을 사용하기 전 트립신과 같은 단백질분해효소를 처리하여 단백질을 펩티드로 자르는 것이다.

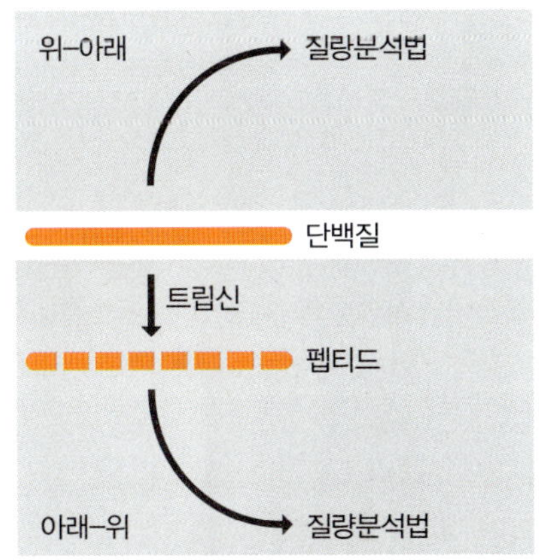

그림 13.1 위-아래 및 아래-위 단백질체학. 위-아래 단백질체학에서는 온전한 단백질을 질량분석기로 분석한다. 아래-위 단백질체학에서는 단백질에서 유래한 펩티드를 분석한다. 이 그림의 예에서, 펩티드는 단백질을 아르기닌이나 리신 아미노산 다음을 잘라주는 트립신으로 처리하여 얻는다.

단백질 프로파일링 사업에서 순수 분리 단계

단백질체를 분석하기 위해서는 우선 단백질 구성원의 순수한 시료를 만들어야 한다. 이것이 얼마나 힘든가의 여부는 단백질체의 복잡성에 달려 있다. 1,000개 이하의 단백질을 가진 박테리아나 포유류 세포의 일부(예를 들어, 미토콘드리아)와 같은 덜 복잡한 단백질체 분석에 비해 일부 포유류 단백질체에 들어있는 10,000~20,000개의 단백질의 분석에는 훨씬 고도의 방법이 필요하다. 즉, 분리 방법의 선택은 부분적으로 연구 대상인 단백질체의 복잡성이 결정한다.

PAGE(polyacrylamide gel electrophoresis, 폴리아크릴아마이드 젤 전기영동)는 복잡한 단백질 혼합물 분리의 기본적 방법이다. 전기영동이 수행되는 젤의 조성과 조건에 따라, 단백질 분석의 바탕인 서로 다른 화학적 그리고 물리적 특성이 사용된다. 단백질을 변성시켜 음성전하를 부여하는 SDS(sodium dodecyl sulfate)로 불리는 계면활성제(detergent)를 사용하는 기술을 사용하면, 접히지 않은 폴리펩티드의 길이와 거의 비슷한 것을 얻는다. 이 조건에서 작은 단백질은 양극으로 더 빠르게 이동하므로, 단백질은 분자량에 따라 분리된다. 다른 방법으로는, 전류가 흐르는 동안 pH 농도차가 형성되는 화학물질을 포함하고 있는 젤을 사용하는 것으로, 단백질을 **등전위 초점 맞추기(isoelectric focusing)**로 분리할 수 있다. 이 유형의 젤에서, 단백질은 농도기울기의 일정 위치에서 순전하량이 0이 되는 자신의 **등전위점(isoelectric point)**로 이동한다.

복잡한 단백질체를 연구할 때는, 종종 두 유형의 PAGE를 연합한 **2차원 젤 전기영동(two-dimensional gel electrophoresis)**을 하기도 한 다. 1차원에서는 단백질을 등전위 초점 맞추기로 분리한다. 이 젤은 SDS에 적신 후 90°로 돌려, 크기로 분리하는 2차 전기영동을 처음의 수직으로 수행한다(그림 13.2). 이 접근법은 하나의 젤에서 수천 개의 단백질이 분리할 수 있으므로, 젤을 염색하면 복잡한 패턴의 점이 나타나게 된다(그림 13.3). 개개의 점을 젤로부터 잘라내면, 그 속에 들어있는 단백질을 순수분리할 수 있다. 그러나 20,000개의 점을 젤에서 잘라낸다는 것은 매우 고생스러운 일이다. 실제로 단백질체의 모든 단백질 목록을 만드는 것이 목적이라면 2차원 PAGE는 사용되지 않는다. 대신, 이것은 예를 들어, 건강한 또는 질병이 있는 조직과 같은 2개나 그 이상의 연관된 단백질체에서 양이 다른 것과 같은 흥미 있는 단백질을 찾아내기 위해 사용된다.

PAGE에 의한 단백질 분석법과 또 다른 접근법은 **관 크로마토그래피(column chromatography)**이다. 이 방법은 단백질 혼합물을 고형 매질(matrix)로 채운 관에 흘려 주는 것이다. 혼합물에 있는 단백질은 다른 속도로 매질을 지나가고 따로 분리된다. 관으로 나오는 용액을 연차적 분획(fraction)으로 모으게 되면, 다른 부분에 개개의 단백질이 따로 존재하게 된다(그림 13.4). 어떤 종류의 생리화학적 특성을 지닌 단백질을 분리한 것인가에 따라 **고체상[solid phase**, 매질 또는 **레진(resin)**]과 **이동상(mobile phase**, 관에서 단백질을 이동시키는 데 사용되는 액체)의 종류와 조성을 다르게 사용한다. 단백질 프로파일링에서, 가장 흔하게 사용되는 관 크로마토그래피 유형은 다음과 같다:

- **RPLC(reverse-phase liquid chromatography, 역상-액체 크로마토그래피)**에서 고형상은 탄화수소와 같은 비극성 화학그룹으로 표면이 덮인 실리카겔 매질이다.

그림 13.2 **2차원 젤 전기영동.**

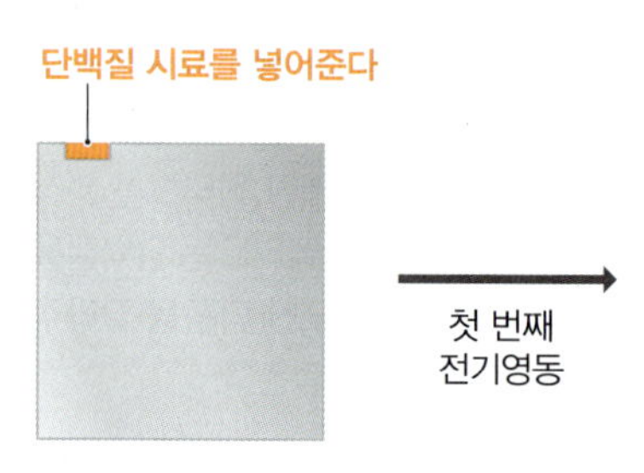

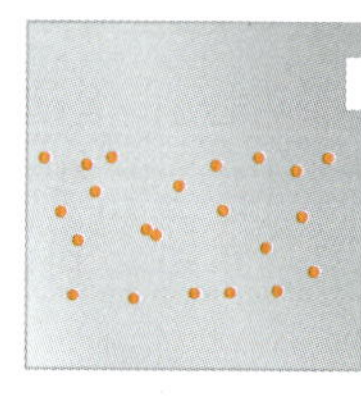

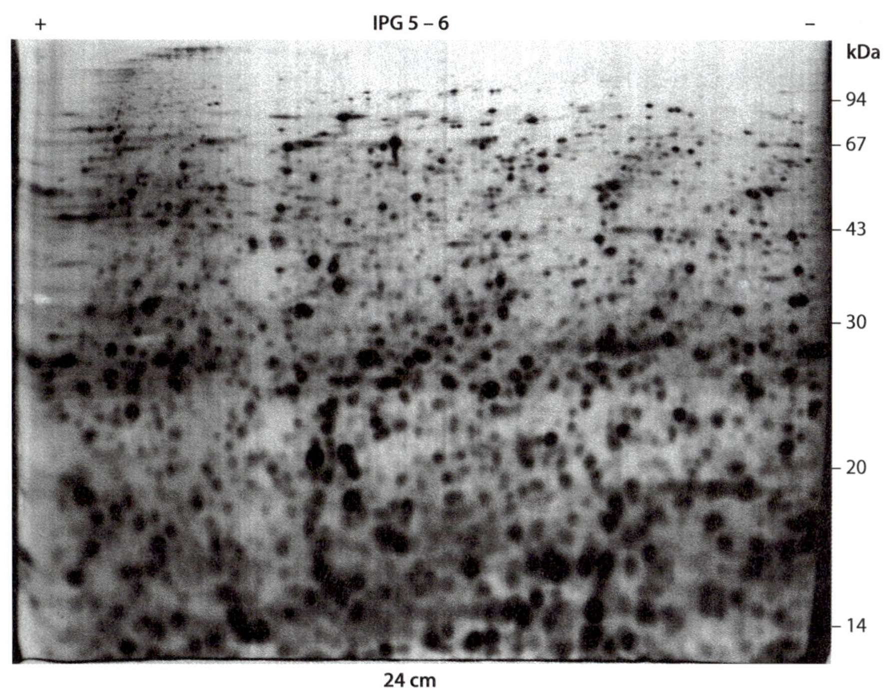

그림 13.3 **2차원 젤 전기영동의 결과.** 쥐의 간 단백질을 1차적으로 pH 5~6 범위의 등전위 초점 맞추기로 분리하고 2차적으로는 분자량으로 분리하였다. 보이는 단백질 점은 은 용액으로 염색한 것이다. (Görg A, Obrmaier C, Boguth G et al. [2000] *Electrophoresis* 21:1037-1053에서 발췌. John Wiley & Sons, Inc의 허락을 득함.)

이동상은 물과 메탄올이나 아세토나이트릴(acetonitrile)과 같은 유기용매의 혼합물이다. 대부분의 단백질은 표면에 비극성 매질에 결합하는 소수성 지역을 가지고 있지만, 부착의 안정성은 액상에 존재하는 유기용매의 농도가 올라갈 수록 떨어진다. 이동상의 수용액과 유기용매의 조성비를 점차적으로 변화시키면 표면의 소수성 정도에 따라 단백질이 **용출(elution)**된다.

- **이온-교환 크로마토그래피(ion-exchage chromatography)**는 단백질을 그들의 순전하량에 따라 분리한다. 매질은 양성이나 음성전히를 기지는 폴리스디이렌(polystyrene) 입자로 구성되었다. 만약 입자가 양성을 띤다면, 음전하를 띠는 단백질이 결합할 것이고, 그 반대도 마찬가지다. 관에 흘려 주는 완충액의 염농도를 점차적으로 증가시키면서 만들어진 염농도 기울기로 단백질을 용출할 수 있나. 이온을 띠는 염은 레신 결합자리를 누고 단백질과 경쟁하므로, 전하가 적은 단백질은 낮은 염농도에서, 많은 것들은 높은 염농도에서 용출된다. 즉, 염농도 기울기는 단백질을 그들의 순전하량에 따라 분리시킨다. 다른 방법으로는 pH 농도기울기를 사용할 수 있다. 앞서 말한 바와 같이, 단백질의 순전하량은 pH에 따라 바뀌고, 단백질의 등전위점에 해당하는 pH에서는 0이다. 이동상의 pH를 점진적으로 변화시키면 다른 등전위점을 가진 단백질이 용출될 수 있고, 분리될 수 있다.

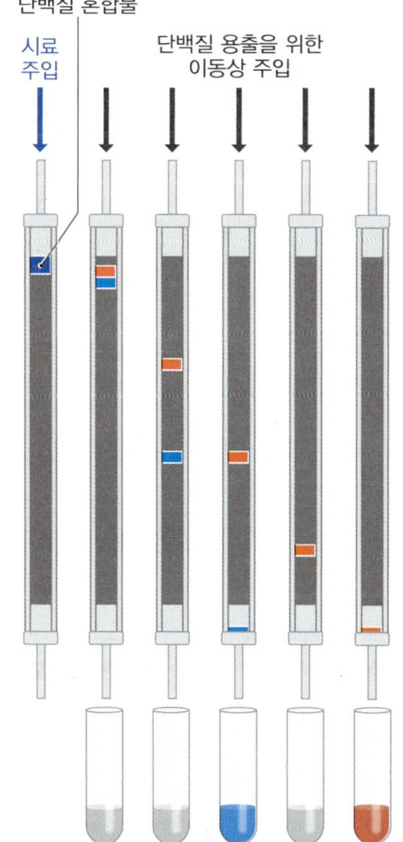

그림 13.4 **관 크로마토그래피.** 단백질은 관을 따라 이동하며 띠로 분리된다. 실제로, 이 방법을 통해 수십 개에서 수백 개의 단백질이 분리될 수 있다.

2차원 PAGE와 비교할 때, 관 크로마토그래피는 수행에 있어 어려움이 적고 개개 단백질이 관에서 용출됨에 따라 수집될 수 있어서, 폴리아크릴아마이드 젤의 점에서 단백질을 얻고자 할 때 요구되는 분리 후 순수정제 단계를 피할 수 있는 장점이 있다. 관 크로마토그래피는 일반적으로 내부 지름이 1 mm 이하인 모세관에서 이동상을 고압으로 밀어주면서 수행된다. **HPLC(high performance liquid chromatography, 고성능 액체 크로마토그래피)**로 불리는 이 방법은 분해능이 높고 비슷한 크로마토그래피 특성을 가진 단백질을 분리할 수 있다(그림 13.5).

분해능을 높이기 위해, 여러 종류의 크로마토그래피 관을 서로 연결시킬 수 있다. 하

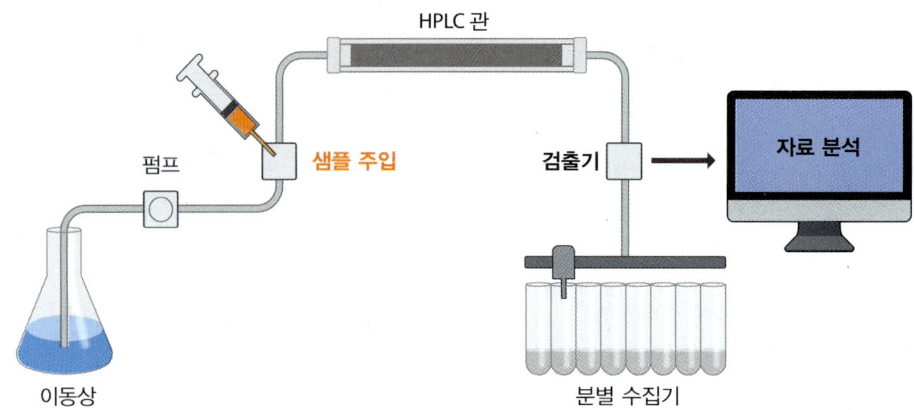

그림 13.5 고성능액체크로마토그래피(HPLC). 그림은 전형적인 HPLC 기구의 설계도이다. 주입된 단백질 혼합물은 이동상과 함께 고압으로 관을 통과한다. 관에서 유출되는 단백질은 일반적으로 210~220 nm 자외선의 흡수로 측정된다. 각 분획은 동일 부피 단위로 수집하거나, 검출기의 데이터를 사용하여 분획을 조절하게 되면, 각 정점에서 단백질이 최소의 부피의 단일 표본으로 수집되도록 할 수 있다.

나의 관에서 나온 개개의 연속적인 분획이 두 번째 관으로 들어가도록 연결하는 방법으로 연속해서 다른 분리 방법이 수행된다(그림 13.6A). 이런 방법으로 상당히 복잡한 단백질 혼합물이 완전히 분리될 수 있다. 다른 방법으로는 단백질을 SDS나 등전위 초점 맞추기 등의 일차원 PAGE로 분리하고, 젤에서 조각을 잘라내는 것이다(그림 13.6B). 그리고 각 조각에 들어있는 여러 단백질을 관 크로마토그래피에 연속적으로 주입하는 것이다. 만약 위-아래 접근법이 사용된다면, (오프라인 모드로) 관에서 빠져 나오는 단백질 분획을 모으지 않고, 관을 직접적으로 질량분석기에 부착한다. 따라서 각 단백질은 관에서 빠져 나오 것과 동시에 질량분석기로 분석된다(그림 13.6C). 이 온라인 모드는 표준 방법인 아래-위 단백질체학에서 사용될 수 없다. 질량분석기에 삽입되기 전 각 단백질은 단백질분해효소로 처리되어 조각으로 잘려져야 하기 때문이다. 그러나 **샷건 단백질체학(shotgun proteomics)**로 불리는 변형된 아래-위 접근법에서는 온라인 모드도 사용가능하다. 이 방법에서는 관 크로마토그래피 단계 전에 단백질을 단백질분해효소로 처리한다. 만약 단백질체가 지나치게 복잡하지 않다면, 전체 단백질체에서 유래한 또는 1차원 PAGE 젤 조각에서 얻어진 혼합물 단백질로부터 이것이 가능하다. 어떤 경우든 관은 온전한 단백질이 아닌 펩티드를 분리하고, 용출된 분자를 직접 질량분석기에 주입하는 온라인 모드가 사용된다.

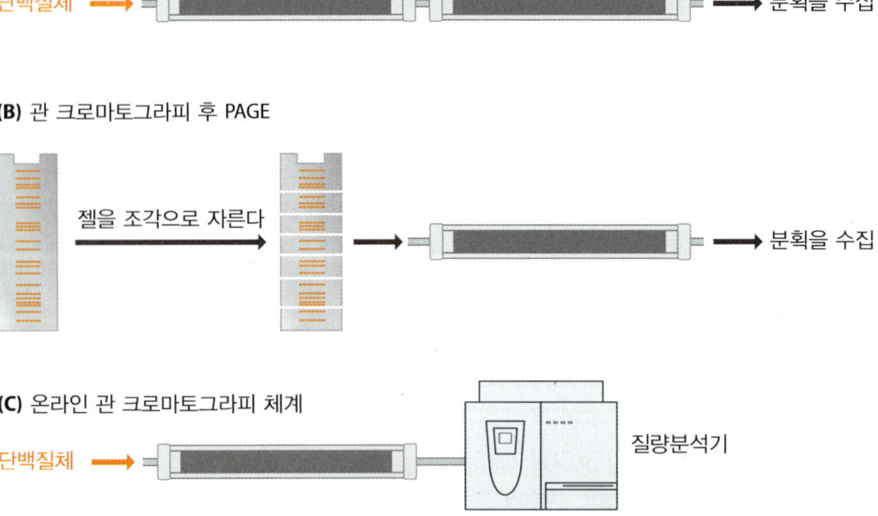

그림 13.6 단백질 프로파일링의 분리 단계의 3가지 다른 유형. (A) 2개의 크로마토그래피 관이 일렬로 연결되었다. (B) PAGE(폴리아클리아마이드 젤 전기영동)로 분리된 분획들을 관 크로마토그래피로 분리한다. (C) 크로마토그래피 관이 온라인 모드로 직접 질량분석기에 연결된다. 이 3가지 유형을 조합하는 것도 가능하다.

단백질 프로파일링 사업의 확인 단계

단백질체 조성물의 분리 후, 위-아래 단백질체 속의 각각의 단백질은 확인 단계에 들어간다. 만약 아래-위 방법이 사용되었다면 단백질 분해로 만들어진 펩티드를 이용하여 확인작업을 하게 된다. 단백질과 펩티드를 확인하는 것은 어려운 과제였다. 그러나 부분적으로 단백질체학의 필요성으로 인해 추진된 질량분석법의 발전으로 말미암아 이 문제가 거의 해결되었다.

질량분석법은 물질을 화합물의 분자가 고-에너지 장에 노출되었을 때 생성되는 이온의 *m*/*z*(**mass-to-charge ratio, 질량/전하 비율**)로 확인한다. 단백질 프로파일링에서 널리 사용되는 첫 유형의 질량분석법은 **MALDI-TOF(matirix-assisted laser desorption ionization time-of-flight, 매질–보조 레이저 이탈 이온화 비행시간)**이다. 이 기술은 2차원 PAGE 또는 관크로마토그래피에서 순수정제된 단백질을 단백질분해효소로 절단하여 얻은 혼합물 내에 있는 개개의 펩티드를 찾아내는 아래-위 과정인 **펩티드 질량 지문법(peptide mass fingerprinting)**의 기초가 된다. MALDI-TOF는 첫 단계에서는 펩티드를 이온화시킨다. 이것은 일반적으로 시나피닉산(sinapinic acid)로 불리는 페닐프로파노이드(phenylpropanoid) 화합물로 이루어진 유기 결정 매질(organic crystalline matrix)을 UV 레이저로 활성화시키고 이것에 혼합물을 흡수시키면서 얻어진다. 활성화 초기에는 매질을 이온화시키고, 이것은 다시 양성자를 펩티드 분자에 주거나 펩티드 분자로부터 제거하는 방법으로 $[M + H]^+$와 $[M - H]^-$ **분자 이온(molecular ion)**을 만든다. 여기서 M은 펩티드이다. 이온화는 또한 펩티드를 기체화시키므로, 이들은 전기장에 의해 질량분석기의 관을 가속으로 통과하게 된다. 날아가는 경로는 이온화 원에서 검출기로 직접 갈 수도 있지만, 이온은 종종 일단 이온광선을 검출기로 회절시키는 **리플랙트론(reflectron)**을 향하기도 한다(그림 13.7). 리플렉트론은 정해진 크기의 기계로 가는 데 더 긴 비행경로를 만들기도 하지만, 동일한 *m*/*z* 값을 가진 모든 이온들이 질량분석기를 동일 속도로 이동하도록 초점을 모으는 도구로도 작용한다. 비행시간 분광계(time-of-flight spectrometer)가 특정 이온의 질량/전하비율을 계산하기 위해 이온이 검출기에 도달하는 데 걸리는 시간을 사용하기 때문에, 이 단계는 매우 중요하다. 전하는 항시 +1이나 −1이며, 비행시간은 쉽게 분자량으로 변환될 수 있으므로 펩티드의 아미노산 조성을 유추할 수 있다. 만약 펩티드의 수가 2차원 젤의 단일점에 있는 단백질에서 유래한 다수의 펩티드를 분석하려면, 그 단백질을 지정하는 유전사를 알아내기 위해 얻어진 조성의 정보를 유전자 서열과 연관시키면 된다. 단일 단백질에서 유래한 펩티드

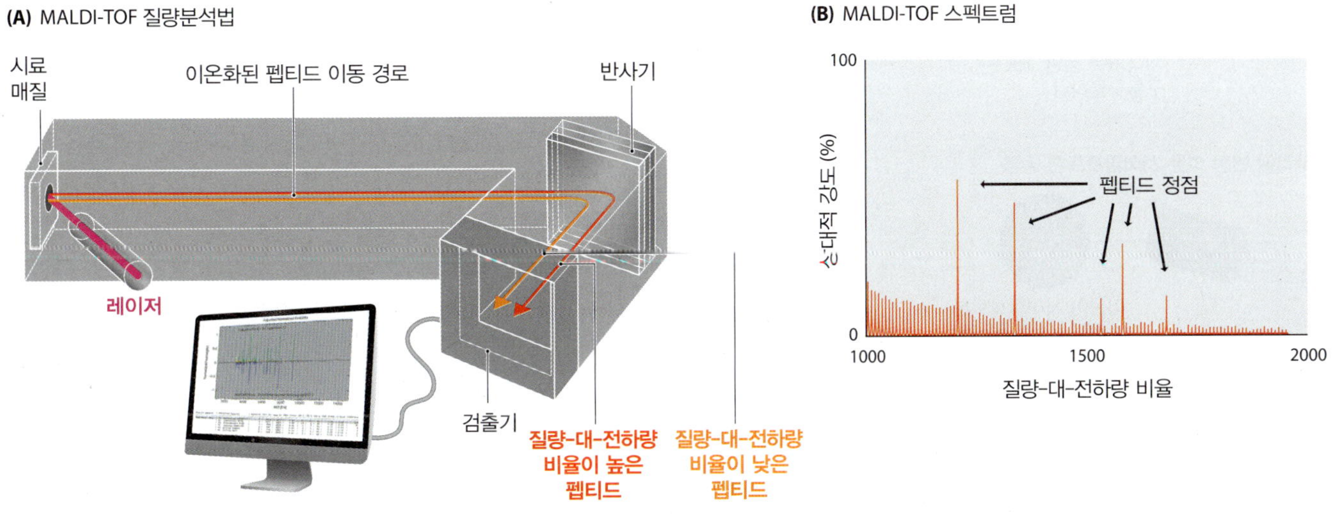

그림 13.7 MALDI-TOF를 사용한 단백질 프로파일링. (A) MALDI-TOF(매질-보조 레이저 이탈 이온화 비행시간) 질량분석기는 레이저에서 유래한 에너지의 순간 쪼임으로 이온화된 펩티드는 가속으로 관을 통과하고 반사를 거처 검출기에 도달한다. 각 펩티드의 비행시간은 질량-대-전하 비율로 정해진다. (B) 데이터는 펩티드의 *m*/*z* 값을 의미하는 스펙트럼으로 보여진다. 컴퓨터에 의해 *m*/*z* 값은 분자량으로 전환되고 이러한 분자량은 연구대상 생물체 유전체가 암호하는 모든 단백질은 단백질분해효소로 처리할 때 얻어지는 모든 펩티드의 예측 질량값과 비교한다. 결과적으로 검출된 펩티드를 만들어내는 단백질을 알아내게 된다.

의 아미노산 조성은 유전자 서열이 맞는지 검사하는 데도 사용될 수 있다. 특히 엑손-인트론 경계가 정확하게 위치하는지를 확인하기 위해 사용된다. 이것은 유전체 주석 달기의 정확성을 확인할 뿐만 아니라, 2개 이상의 단백질이 동일 유전자에서 유래한 경우 선택적 스플라이싱 경로를 찾아내는 데도 도움이 된다.

MALDI-TOF는 일반적으로 젤이나 관 크로마토그래피에서 순수정제된 단백질을 알아낼 수 있다. 이것은 샷건 단백질체학에는 적절하지 못하다. 단백질 혼합물을 단백질 분해효소로 처리하여 얻어진 펩티드 수가 너무 많아서 유사한 *m*/*z* 값을 가진 펩티드가 2개가 있을 가능성이 증가하기 때문이다. 즉, MALDI-TOF를 사용했을 때는 구별이 불가능하다. 이로 인하여 최근 펩티드 질량분석법의 해상도를 향상시키기 위한 2개의 개선책이 도입되어, 샷건 방법을 보조할 수 있게 되었다. 첫 번째는 **전자분무 이온화(electrospray ionization)**의 사용이다. 이것은 HPLC와 질량분석기 사이에서 온라인으로 수행된다. HPLC에서 나오는 용액에 고압을 걸어주면, 전하를 띤 물방울 에어졸(aerosol)이 생성되고 이 전하를 이들이 녹아 있는 펩티드에 전달하게 된다. 이 이온화 방법의 장점은 단일 이온화된 그룹을 가진 개개의 $[M + H]^+$와 $[M - H]^-$ 분자 이온뿐만 아니라, $[M + nH]^{n+}$와 같은 다중 이온화 분자도 얻어진다는 것이다. 개개의 펩티드로부터 다른 *m*/*z* 값을 가진 다중 이온의 생성으로, 그 펩티드에 대한 조성을 추론하는 데 사용될 수 있는 정보량이 증가한다.

두 번째 개선책은 질량분석기 내에서 더 작은 조각으로 펩티드를 조각내는 것이다. 조각내기는 강한 이온화 방법을 사용하는 방법으로 이온화 단계에 도입된다. 이것은 많은 양의 에너지를 이온화되는 분자에 투입해서, 그 분자 내 결합이 절단되도록 하는 것이다. 그러나 펩티드 질량분석법에서 조각내기는 펩티드 분자 이온과 헬륨과 같은 무반응성 원자 사이에 충돌을 유발하면서 후반 단계까지 미룬다. 펩티드 결합이 충돌로 절단되고 *m*/*z* 값이 원 펩티드의 조성을 나타낼 수 있는 다양한 **조각 이온(fragment ion)**들이 생성된다. 만약 충분한 조각 이온이 만들어지면, 펩티드 서열을 알아내는 데이터로 사용 가능하다. 펩티드의 서열을 알게 되면 단순히 조성 정보뿐 아니라 원 단백질의 정체를 더 정확하게 파악할 수 있다. 충돌-유도(collision-induced) 조각화는 또한 위-아래 단백질체학에서 사용된다. 온전한 단백질로부터 유래한 분자 이온의 분석으로는 일반적으로 단백질체에 존재하는 다른 분자를 모두 구별하기 힘들기 때문이다. 즉, 조각 이온은 단백질이 확실히 구별되기 전에 얻어져야만 한다.

이온화 방법을 포함하는 개선책과 조각내기의 사용으로 단백질체학 연구에 사용되는 질량분석법 유형이 다양화되었다. 비행시간 구성뿐만 아니라, 펩티드와 단백질에 사용되는 다른 유형의 **질량분석기(mass analyzer)**는 다음과 같다(그림 13.8):

- **4극자(quadrupole)** 질량분석기는 이온이 지나가야 하는 중앙 통로를 둘러싸고 서로 평행인 4개의 자석 막대를 가진다. 진동하는 전기장을 막대에 넣어주면, 복잡한 방법으로 이온을 분산시키고 이들의 궤적은 이들이 4극자를 통과하는 동안 꾸불거린다. 점차적으로 전기장의 강도를 변화시키면 다른 *m*/*z* 값을 가지는 이온이 막대와 충돌하지 않고 4극자를 통과할 수 있다.
- **FT-ICR(Fourier transform ion cyclotron resonance, 푸리에 변환 이온 사이클로트론 공명)** 질량분석기는 이온 트랩을 포함한다. 이것은 개개의 이온을 포획하여 사이클로트론 안에서 더욱 들뜨게 한다. 그 결과 이들은 바깥 나선을 따라서 가속화된다. 이 나선 함수로 *m*/*z* 비율을 알아낸다.

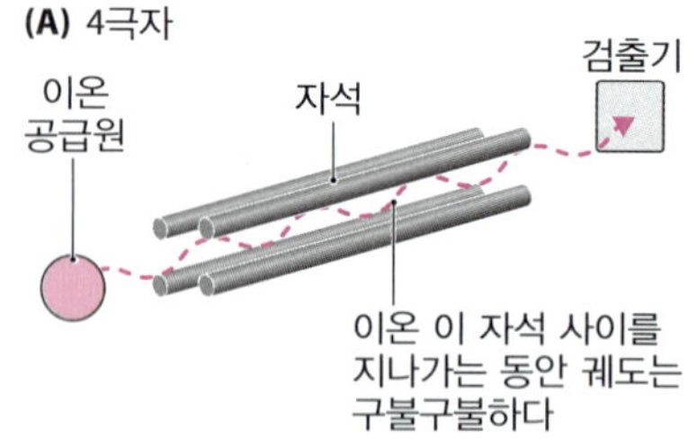

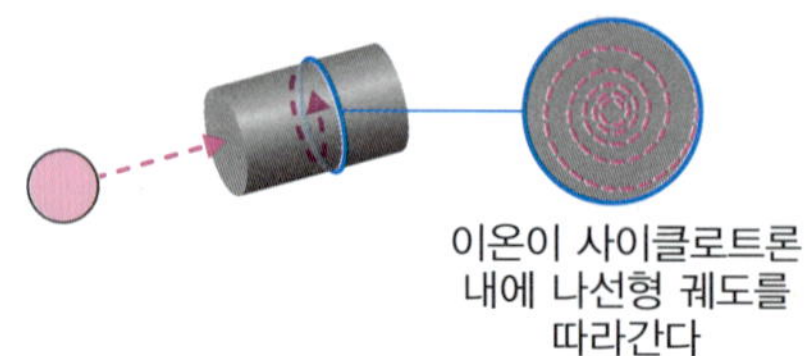

그림 13.8 **두 유형의 질량분석기.** (A) 4극자 질량분석기. (B) FT-ICR(푸리에 변환 이온 싸이클로트론 공명) 질량분석기.

질량분석기는 연속적으로 연결되어 하나의 펩티드 또는 단백질에 대한 정보량을 더욱 증가시킨다. 이것을 **연속질량분석법(tandem mass spectrometry)**이라고 한다. 전형적인 배열 구성은 첫 질량분석기에서 분자 이온을 분석하고, 조각내기를 한 후, 조각 이온을 두 번째 질량분석기에서 분석하는 방법이다.

두 단백질체의 조성 비교

종종 단백질 프로파일링 사업의 목적은 단일 단백질체 내 모든 단백질을 알아내는 것이 아니라 두 다른 단백질체의 단백질 조성의 차이를 이해하는 것이다. 만약 차이가 비교적 크다면, 단순히 2차원 전기영동 젤을 염색하여 보는 것으로도 가능하다. 그러나 단백질체의 생화학적 특성에서 중요한 변화는 개개의 단백질 양의 비교적 적은 변화에 의한 것일 수 있어서, 작은-스케일의 변화를 탐지하는 방법이 필요하게 된다.

하나의 가능성은 다른 형광표지자로 두 단백질체의 조성을 표지하고, 이 둘을 같이 하나의 2차원 젤에 걸어 주는 것이다. 이것은 한 쌍의 전사체를 비교하는 데 사용했던 것과 동일한 방법이다(그림 12.5 참조). 두 독립된 젤에서 얻는 것보다, 2차원 젤을 다른 파장에서 분석하면 동일한 자리의 강도에 따라 더 정확한 판단이 가능하다.

더 정확한 다른 방법은 아래-위 단백질체학 펩티드를 **ICAT(isotope-coded affinity tag, 동위원소-암호화 친화성 표식)**로 표지하는 것이다. 이것은 펩티드에 부착할 수 있는 화학기다. 하나의 예에서, 표식은 탄소의 일반적인 ^{12}C 동위원소나 비교적 흔치 않은 ^{13}C를 가진 짧은 탄화수소 사슬이다(그림 13.9). 단백질체에서 이러한 단백질은 정상적인 방법으로 분리하고 각 단백질체에서 대등한 단백질을 회수하여 단백질분해효소로 처리한다. 그후 한 세트의 펩티드는 ^{12}C 표식으로 표지하고 다른 세트는 ^{13}C로 표지한다. ^{12}C와 ^{13}C가 질량이 다르므로 ^{12}C 표식으로 표지된 펩티드와 ^{13}C 표식으로 표지된 펩티드의 분자 이온의 m/z 값이 달라진다. 그리고 두 단백질체에서 유래한 펩티드는 질량분석기에 동시에 통과시킨다. 각각 다른 단백질체에서 유래한 한 쌍의 동일한 펩티드는 이들이 독특한 m/z 비율로 인하여 질량 스펙트럼에서 약간 다른 위치에 나타나게 된다(그림 13.10). 정점 높이를 비교하면 각 펩티드의 상대적인 양을 추정할 수 있게 된다.

ICAT 표지법의 제일 큰 단점은 ^{12}C와 ^{13}C 표식을 가진 펩티드가, 특히 RPLC 중, 다소 다른 크로마토그래피 특성을 가질 수 있게 되는 것이다. 이들이 관에서 다소 다른 시간대에 나올 수 있다. 또한 질량이 다른 것은 연속 질량분석법에서도 문제가 된다. ^{12}C와 ^{13}C로 표지된 펩티드가 일차 질량분석기를 나른 속도로 통과하면 이들 조각 이온들이 이차 질량분석기의 다른 시간대에 모이게 된다. 이러한 문제들은 **동중 표지법(isobaric labeling)**으로 피할 수 있다. 이 방법에서, 각 표식은 3부분으로 이루어져 있다: 펩티드와 부착하는 반응지역(reaction region), ^{12}C와 ^{13}C로 표지된 균형지역(balance region); 역시 ^{12}C와 ^{13}C로 표지된 추적지역(reporter region) (그림 13.11). 표지는 각 표식과 동일한 질량을 가지도록 만들어졌다; 다시 말해서 이들은 무게가 같다(isobaric, 동중의). 두 다른 단백질체에서 유래한 표식된 한 쌍의 펩티드는 동일한 m/z 값을 갖는 분자 이온을 만들어서, 첫 질량분석기에서 동일하게 움직인다. 그러나 표지는 균형과 추

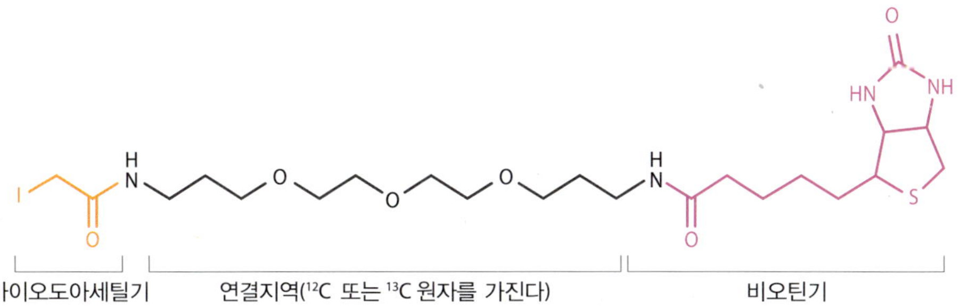

그림 13.9 단백질체 연구를 위한 전형적인 ICAT(동위원소-암호화 친화성 표식). 아이오도아세틸(iodoacetyl)기는 시스테인과 반응하여 펩티드에 부착한다. 연결 부위는 ^{12}C 또는 ^{13}C 원자를 가지고 있어서 동위원소 암호 기능을 제공한다. 말단 비오틴(biotin)기는, 관이 아비딘(avidin)기를 가진 매질로 채워진 친화성 크로마토그래피에 의해, 표식된 펩티드가 표식되지 않은 것과 분리되도록 해준다. 결과적으로 표식되지 않은 펩티드는 (시스테인기가 없는 것) 질량분석기에 들어가기 전에 제거될 수 있다.

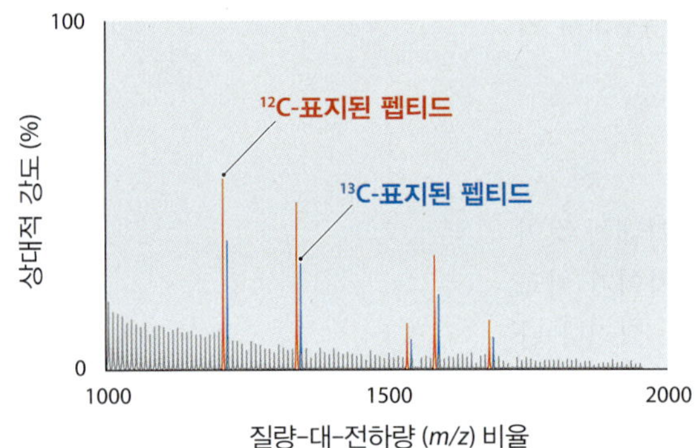

그림 13.10 동위원소-암호화 친화성 표식으로 분석된 2개의 단백질체. 질량분석기의 ^{12}C 원자를 가진 펩티드가 만드는 정점은 붉은색으로 표시되고, ^{13}C를 가진 펩티드는 파란색으로 표시되었다. ^{12}C ICAT로 표식된 단백질체에서 연구 대상 단백질은 약 1.5배 더 풍부하게 존재한다.

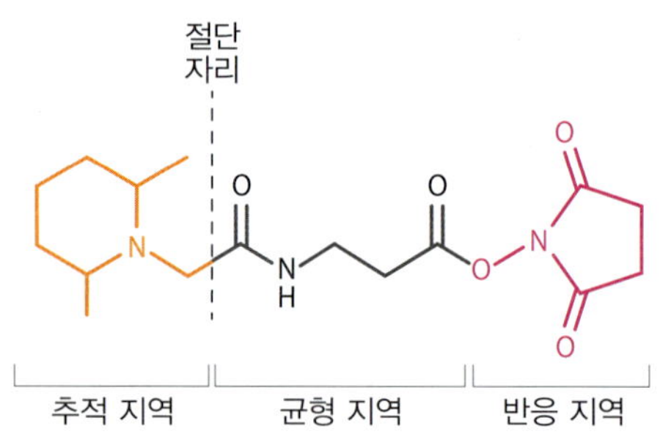

그림 13.11 전형적인 동중 표식. 추적자와 균형 지역은 모든 표식이 동일한 분자량을 가지도록 ^{12}C나 ^{13}C로 표지되었다. 펩티드가 잘려질 때, 그림에서 보여준 위치에서 표식이 잘려지고, 표식마다 다른 질량을 가진 추적자가 방출된다. 이 표식에서 반응 그룹은 아민기를 가진 아미노산의 R기가 표지될 수 있도록 해준다.

적지역에서 다르게 분포하고 있서, 2차 질량분석기에서 표식을 잘라내면 그 표식의 특징적인 질량을 갖는 조각 이온을 방출한다. 두 번째 질량분석기에서 검출되는 추적 조각 이온의 상대적인 양으로 두 단백질체에 존재하는 펩티드의 상대적인 양을 알아낸다.

미생물과 진핵생물 세포주에서 때때로 사용되는 마지막 전략은 **대사 표지법(metabolic labeling)**이다. 만약 미생물이나 세포배양에 ^{12}C 원소가 아닌 ^{13}C가 들어있는 영양을 제공하면 단백질체의 모든 단백질은 무거운 동위원소로 표지될 것이다. 만약 단백질체 중 하나가 이 방법으로 얻어졌다면, 개개의 펩티드에 표식을 붙일 필요가 없다. 이는 모든 단백질이 이미 표지되었기 때문이다. 이 접근법은 물론 앞서 말한 관 크로마토그래피나 연속질량분석법의 첫 단계에서 다른 이동성으로 인한 문제가 있기는 하지만, 하나의 단백질체에 있는 모든 단백질의 상대적인 양을 비교하는 빠르고 대량으로 처리하는 방법이다.

단백질 분석 어레이는 단백질 프로파일링에 대한 대체적 접근법이다

젤 그리고/또는 관 분리법과 이어지는 질량분석법은 힘들고 비싼 단백질체 내용 프로파일링 방법이다. 이러한 접근법은 단백질체 초기 분석에는 필요하지만, 많은 연구사업에서의 목적은 전체 단백질체 내용을 목록화하는 것이 목적이 아니다. 예를 들어, 세포외 자극에 반응하여 건강한 조직이 질병으로 전환되는 동안 등의 경우에서와 같이, 단백질체 내에서 일어나는 변화를 이해하는 데 있다. 이러한 적용을 하려면 다른 단백질의 상대적인 양을 빠르게 추정하는 방법이 더 좋은 방법이다.

단백질 어레이(protein array)는 단백질 프로파일링의 위-아래와 아래-위 접근법의 좋은 대안이다. 단백질 어레이는 DNA 어레이와 유사하다(12.1절). 이 둘의 차이는 고정화된 분자가 올리고뉴클레오티드가 아닌 단백질이라는 점이다. 단백질 어레이에는 13.2절에서 다룰 단백질-단백질 상호작용을 검출하는 데 사용하는 방법 등 여러 방법이 있다. 단백질 프로파일링에 사용되는 단백질 어레이의 특수한 유형은 **분석적 단백질 어레이(analytical protein array)** 또는 **항체 어레이(antibody array)**라고 불리는 것으로, 후자의 이름은 각각이 마이크로어레이가 디자인된 단백질체의 다른 단백질에 특이적인 이 어레이가 일련의 항체로 수행된다는 것을 의미한다. 단백질체의 시료를 어레이에 넣으면, 각각의 단백질이 그들의 항체에 결합하고 어레이에 포획된다. 각 위치에 결합한

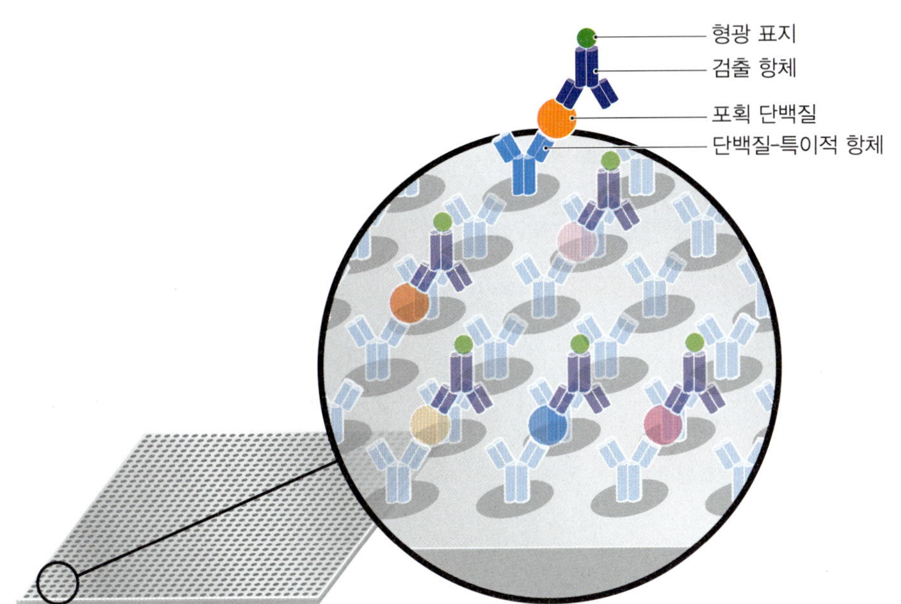

그림 13.12 항체 어레이를 사용한 단백질 검출. 포획된 단백질은 형광표지된 다중클론 항체로 검출된다.

양은 단백질체 내의 각 그 단백질의 양에 비례한다. 포획된 단백질은 일반적으로 1차 항체에 결합하는 2차 다중클론성 항체로 검출된다. 항체는 형광으로 표지되어 어레이의 단백질이 포획된 위치에 신호를 만들어낸다(그림 13.12). DNA 마이크로어레이와 마찬가지로, 형광 신호의 강도는 단백질체 내의 각 단백질의 양을 분석하는 데 사용된다.

분석적 단백질 어레이 설계에서 가장 어려운 점은, 각 항체가 그의 표적 단백질에 특이적이고 다른 단백질과 교차반응을 하지 않는가를 확인하는 것이다. 교차-반응은 항체가 인식하는 에피토프(epitope)가, 둘 또는 그 이상의 서로 다른 단백질들이 공유하는, 일반적 표면 특징을 인식할 때 발생한다. 그러나 일단 교차-반응을 하지 않는 어레이가 만들어졌었다면, 여러 개의 사본을 만들수 있게 되고, 이를 실제로 사용 것은 비교적 단순하다. 수십만 개의 항체를 단일 칩에 넣을 수 있지만, 대부분의 어레이는 단백실체 특성 구성원의 분석을 위해 만들어졌기 때문에, 1,000개의 이하의 항체를 가지고 있다. 대표적인 적용 사례는 사람의 여러 조직에서 사이토카인의 상대적인 양의 존재와 부재를 검색하는 것으로, 640개의 단백질을 표적으로 하는 어레이로 상용화되었다.

13.2 서로 상호작용하는 단백질의 탐색

단백질체의 기능에 속하는 중요한 데이터는 상호작용하는 한 쌍의 또는 그룹의 단백질을 밝히는 것에서 얻을 수 있다. 자세한 수준으로 들어가면, 종종 새롭게 발견한 유전자나 단백질의 기능을 밝히는 데 귀한 정보로서 가치가 있다(제6장). 왜냐하면 두 번째의 잘 밝혀진 단백질과의 상호작용은 종종 알려지지 않은 단백질의 역할을 암시할 수 있기 때문이다. 예를 들어, 세포 표면에 위치한 단백질과 상호작용을 한다는 것으로도, 이 알려지지 않은 단백질이 세포-세포 신호작용에 관여할 것으로 추정할 수 있다(14.1절).

상호작용하는 단백질 쌍의 탐색

단백질-단백질 상호작용 연구에는 여러 방법이 있다. 가장 유용한 두 가지 방법은 **파지 전시(phage display)**와 **효모 이중-교잡법 체계(yeast two-hybrid system)**이다. 파지전시에는 λ 박테리오파지나 M13과 같은 막대형 박테리오파지에 기초한 특수한 유형의 클로닝 벡터가 사용된다. 이러한 벡터는 새로운 유전자가 삽입되었을 때, 이 유전자가 파지 외투 단백질 중 하나와 연결되는 단백질 산물로 발현하도록 고안되었다(그림

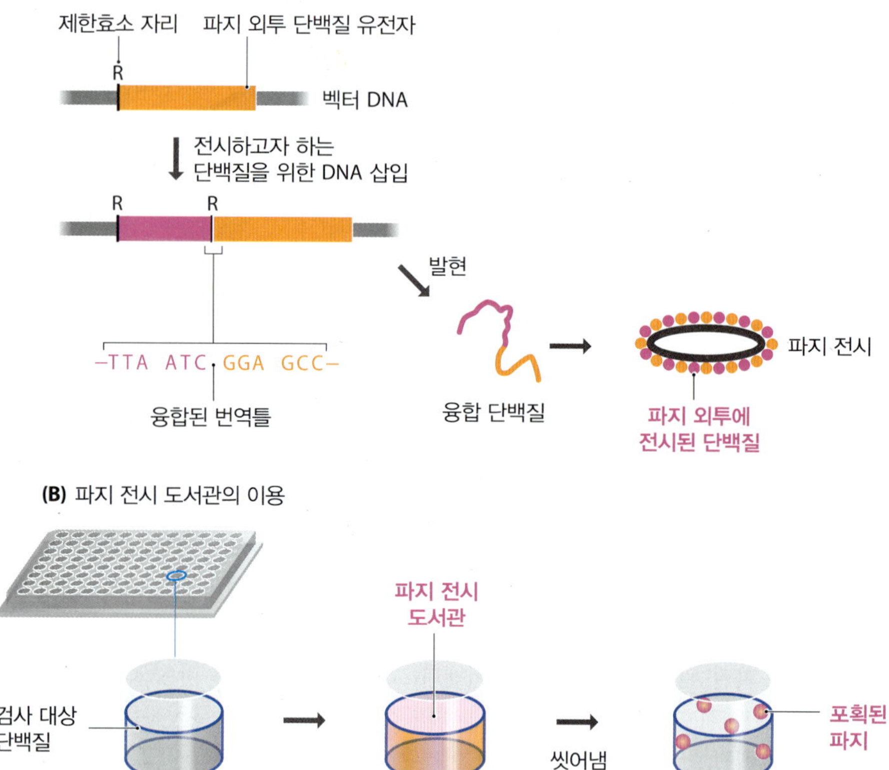

그림 13.13 파지 전시. (A) 파지 전시에 사용되는 클로닝 벡터 박테리오파지는 외투 단백질 유전자 내에 독특한 제한효소자리를 가지고 있다. 이 기술은 원래 f1으로 불리는 섬유형 파지의 유전자 III 외투 단백질을 가지고 수행되었다. 그러나 이것은 현재 λ를 포함하는 다른 파지로 확장되었다. 전시 파지를 만들려면, 연합된 열린번역틀이 만들어지도록 검사 대상 단백질을 암호화하는 DNA 서열을 제한효소 자리에 연결시켜야 한다. 즉, 검사 대상 단백질과 외투 단백질의 코돈이 중단되지 않고 연결되는 것을 말한다. *E. coli*에 형질전환을 시키면, 이 재조합 분자에서 외투 단백질에 대상 단백질이 연결된 교잡 단백질이 만들어진다. 그 결과 이 형질전환 박테리아에서 생성되는 파지 입자의 외투에는 검사 대상 단백질이 전시된다. (B) 파지 전시 도서관이 이용된다. 검사 대상 단백질을 미량정량판(microtiter) 구멍에 고정시키고, 파지 전시 도서관을 넣어준다. 이것을 한 번 이상 씻어내면 검사 대상 단백질과 결합하는 단백질을 전시하는 파지만 구멍에 붙어 있게 된다.

13.13A). 파지 단백질은 외부 단백질을 자신의 외투에 가지고 다니고, 파지가 만나는 다른 단백질과 상호작용이 가능하도록 전시를 한다. 파지 전시가 단백질 상호작용에 사용되도록 하는 데는 여러 방법이 있다. 하나의 방법은 조사 단백질이 전시하고 상호작용하는 순수 단백질이나 기능이 알려진 단백질 조각을 찾는 것이다. 이 접근법은 매 실험을 수행하는 데 시간이 걸리는 단점이 있다. 즉, 가능한 상호작용에 대한 약간의 정보가 있을 때만 사용가능하다. 더 강력한 전략은 다양한 단백질을 전시하는 클론의 집합체인 **파지 전시 도서관(phage display library)**을 준비하고, 도서관의 어떤 구성원이 검사 대상 단백질과 상호작용하는지를 알아내는 것이다(그림 13.13B).

효모 이중-교잡 체계는 더 복잡한 방법으로 단백질 상호작용을 검색한다. 12.2절에서, 전사 인자는 진핵생물의 유전자 발현 조절한다는 것을 다루었다. 이 기능을 수행하자면, 전사인자가 유전자 상위의 DNA 서열에 결합하여야 하고 전사개시를 조절하는 매개 단백질을 자극하여야 한다(그림 12.21 참조). DNA 결합과 매개자 활성화의 이러한 두 기능은 전사인자의 다른 부위에 존재한다. 일부 전사인자는 두 조각으로 나뉠 수 있다. 하나의 조각은 DNA-결합 도메인이고 다른 것은 활성화 도메인을 가지고 있다. 세포에서 이 두 조각은 기능적 전사인자의 형태로 상호작용한다.

이중-교잡 체계는 추적 유전자(reporter gene)에 대한 전사인자가 없는 *S. cerevisiae* 균주를 사용한다. 이 유전자는 꺼져 있다. 그리고 전사인자의 DNA-결합 도메인을 암호하는 인공적 유전자를 연구 대상의 단백질 유전자에 연결시킨다. 이 단백질은 효모 뿐 아니라 어떤 생물에서의 것이어도 된다. 예를 들면, 그림 13.14A에서는 이것이 사람 단백질이다. 효모에 주입 후, 이 재조합물에서 전사인자의 DNA-결합 도메인이 사람 단백질에 연결된 형태의 **융합 단백질(fusion protein)**이 합성된다. 변형된 전사인자가 DNA에만 결합할 수 있기 때문에, 재조합 효모 균주는 여전히 추적 유전자를 발현하지 못한다. 매개자 단백질에 영향을 주기 못하기 때문이다. 효소 균주가 두 번째 재조합물로

(A) 이중-교잡 체계

교잡 1
DNA-결합 도메인

교잡 2
활성 도메인

KEY

효소 유전자
사람 유전자
효소 도메인
사람 도메인

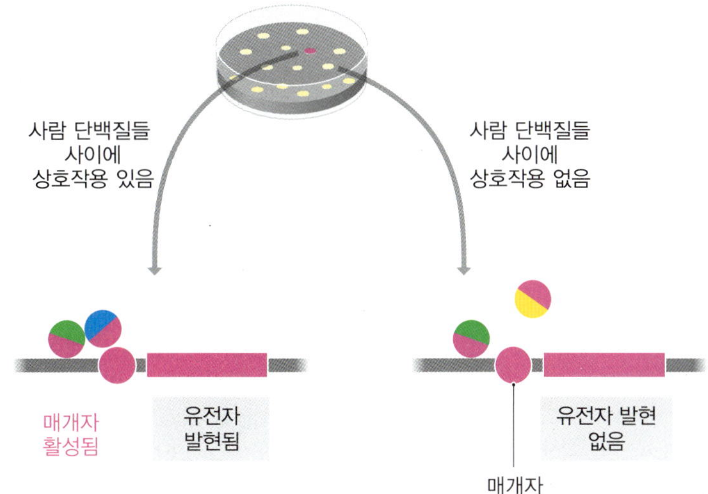

그림 13.14 효모 이중-교잡 체계. (A) 왼쪽에서, 사람 단백질 유전자는 효소 전사인자의 DNA-결합 도메인 유전자에 연결되어 있다. 효모에 형질전환시킨 후, 이 재조합체에서 일부는 사람의 단백질이고, 일부는 효모 전사인자로 구성된 융합단백질이 만들어진다. 오른쪽에서, 다양한 사람 DNA 조각들이 전사인자의 활성 도메인 유전자에 연결되었다. 여기에서 다양한 융합 단백질이 만들어진다. (B) 두 세트의 재조합체를 섞어 효모에 함께 형질전환시킨다. 상호작용을 하는 사람의 DNA 조각을 가진 융합단백질의 추적 유전자가 발현하는 집락에서는, DNA-결합 및 활성화 도메인이 가까워지고 이에 매개자 단백질을 자극하게 된다.

공동-형질전환(co-transformation)될 때만 활성화가 일어날 수 있다. 두 번째 재조합물은 연구 대상 사람인 단백질과 상호작용할 수 있는 단백질을 지정하는 DNA 조각과 연결된 활성화 도메인 암호화 서열을 가지고 있다(그림 13.14B). 파지 전시와 마찬가지로, 가능한 상호작용에 대한 정보가 있다면, 개개의 DNA 조각은 이중-교잡 체계를 사용하여 하나씩 소사할 수 있다. 그러나 일반적으로 활성화 도메인에 대한 유전자는 DNA 조각의 혼합물과 연결되어 많은 다른 재조합물이 만들어지게 된다. 형질전환 후 세포를 배양하면 추적유전자를 발현하는 것을 찾을 수 있다. 이러한 세포들에서는 활성화 도메인에 연결된 DNA 조각이 연구 대상 단백질과 상호작용할 수 있는 단백질을 암호화한다.

단백질-단백질 상호작용을 연구하기 위해 단백질 어레이를 사용하는 것도 가능하다. 단백질 프로파일링에서 사용하였던 어레이와 달리, 고정된 단백질은 항체가 아니고 분석 대상과 상호작용이 가능한 실제 단백질들이다. 형광 표지된 연구 대상 단백질을 어레이에 뿌려 주었을 때, 신호가 있는 자리는 연구 대상 단백질과 상호작용하는 단백질이 있는 자리다(그림 13.15). 이 접근법을 사용하면 한 번의 실험으로 연구 대상 단백질과 상호작용하는 다양한 단백질을 폭넓게 조사할 수 있으나, 이러한 유형의 연구에 일반적으로 사용하는 첫 접근법은 아니며, 파지 전시와 이중-교잡 체계는 단백질-단백질 연구가 전형적인 방법이다. 단백질 어레이는, 예를 들어 특정 DNA 서열에 결합하는 단백질을 찾아내기 위해 DNA 조각과 상호작용하거나, 일부 약품과 같은 작은 분자 사이

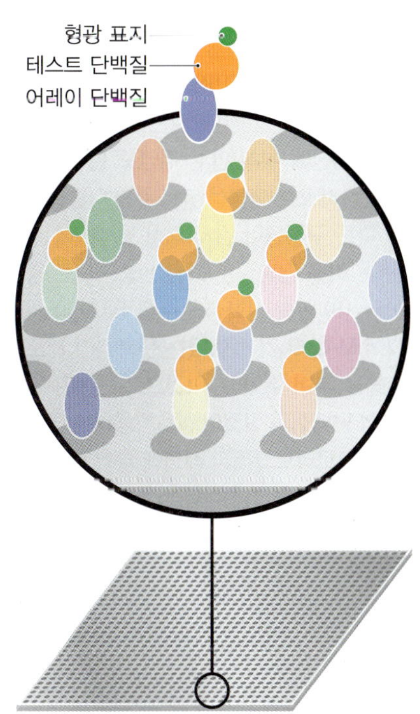

그림 13.15 단백질-단백질 상호작용을 검사하기 위한 단백질 어레이의 활용. 어레이는 여러 다른 단백질을 가지고 있다. 형광 신호가 검출된다는 것은 어떤 단백질이 연구대상 단백질에 결합하였다는 것이다.

의 상호작용을 조사하는 데 더 잘 사용된다.

다중단백질 복합체 구성원 탐색

파지 전시와 효소 이중-교잡 체계는 상호작용하는 단백질 부위를 알아내는 데 효과적인 방법이다. 그러나 이것은 단백질-단백질 상호작용의 기본 수준만 알아낼 뿐이다. 많은 세포 활동은 매개자 단백질이나(12.2절) 전구체-mRNA에서 인트론을 제거하는 스플라이시오솜과 같은(12.4절) 다중단백질 복합체가 수행한다. 이러한 전형적인 복합체는 항시 존재하는 한 세트의 핵심 단백질과 특정 조건에서 복합체와 연합하는 다양한 부수적 단백질을 가지고 있다. 핵심과 부수 단백질을 알아내는 것은 이러한 복합체가 그들의 기능을 어떻게 수행하는지를 이해하는 데 중요한 단계이다. 이러한 단백질은 파지 전시나 이중-교잡법을 이용하여 긴 연속적 실험으로 쌍-쌍을 찾아낼 수 있다. 그러나 다중단백질 복합체 조성을 알아내는 데 더 직접적인 방법이 필요하다.

원리에 근거하면, 다중단백질 복합체의 구성원을 찾아내기 위해 파지 전시 도서관을 사용할 수 있다. 이 방법에서 연구 대상 단백질과 상호작용하는 모든 단백질을 한 번의 실험으로 알아낼 수 있기 때문이다(그림 13.13B 참조). 문제는 거대한 단백질들이 파지 복제 경로를 방해하여 전시 효율이 떨어진다는 데 있다. 이 문제를 우회하기 위해 전체 단백질이 아닌 세포 단백질의 일부인 작은 펩티드를 전시할 필요가 있다. 그 결과 전시되는 펩티드는 온전한 단백질이 존재하는 복합체의 모든 구성원과 상호작용을 하지 못할 것이다(그림 13.16). 이 문제를 피하기 위한 방법이 온전한 단백질과 작동하는 **친화성 크로마토그래피(affinity chromatography)**이다. 친화성 크로마토그래피에서는 대상 단백질을 크로마토그래피 매질에 부착하고 관에 넣어 준다. 낮은-염농도에서 크로마토그래피 관에 세포 추출물을 통과시키면 복합체 내에서 단백질을 서로 붙들어 주는 수소결합이 가능하다(그림 13.17A). 결합된 연구 대상 단백질과 상호작용을 하는 단백질은 관에 머물게 되고, 다른 것들은 빠져 나간다. 상호작용하는 단백질은 고-염농도 완충액으로 용출된다. 이 방법의 단점은 연구 대상 단백질을 순수정제해야 하는 것이다. 이것은 시간도 많이 들기에 많은 수의 검색을 해야 하는 경우에는 사용이 힘들다.

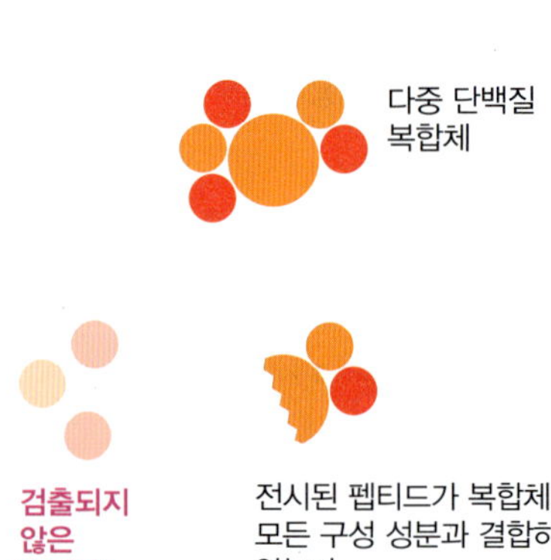

그림 13.16 파지 전시로는 다중단백질 복합체의 모든 구성원을 검출할 수 없다. 복합체는 5개의 작은 단백질과 결합하는 중앙 단백질을 가지고 있다. 아래쪽 그림을 보면, 중앙 단백질의 펩티드를 파지 전시 실험에 사용하였다. 이 펩티드는 2개의 상호작용하는 단백질은 검출하지만, 다른 3개의 단백질은 검출하지 못한다. 이는 중앙 단백질의 다른 부위에 이들의 결합자리가 존재하기 때문이다.

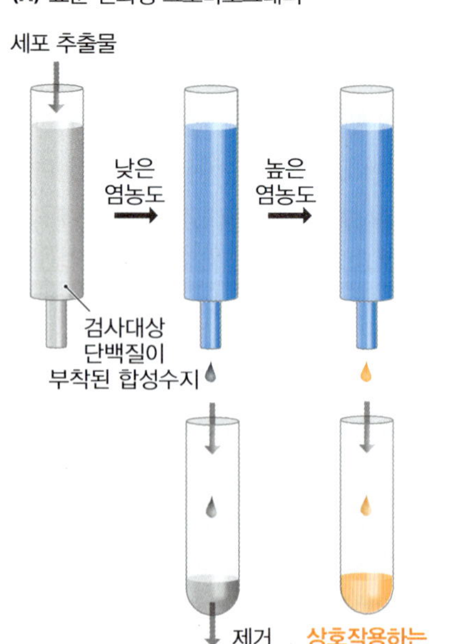

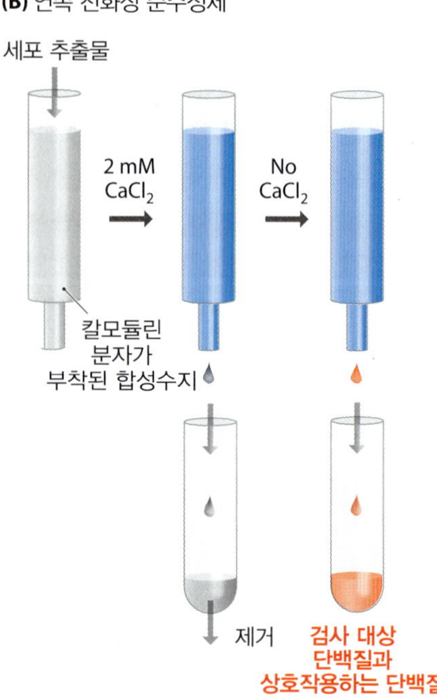

그림 13.17 다중단백질 복합체를 순수분리하기 위한 친화성 크로마토그래피. (A) 표준 친화성 크로마토그래피에서는 검사 대상 단백질을 레진에 부착한다. 저염도 완충액에 들어있는 세포 추출물을 넣어 주면 다중단백질의 다른 구성원이 검사 대상 단백질에 결합한다. 이후 단백질은 고염 완충액으로 용출한다. (B) 연속 친화성 순수정제(TAP)에서는 2 mM $CaCl_2$가 들어있는 완충액에 세포 추출물을 넣어 주었다. 이것으로 변형된 검사 대상 단백질과 이것이 상호작용하는 단백질들이 크로마토그래피 레진에 부착된 칼모듈린과의 결합을 촉진한다. 단백질은 $CaCl_2$가 없는 완충액으로 용출된다.

TAP(tandem affinity purification, 연속적 친화성 정제)이라는 좀 더 세련된 방법이 있다. 이것은 *S. cerevisiae*의 단백질 복합체를 연구하기 위해 개발된 것으로, 연구 대상 단백질이 합성될 때, 말단에 칼모듈린(calmodulin)으로 불리는 2차 단백질을 결합할 수 있는 확장 도메인을 가지도록 연구 대상 단백질 유전자를 변형한 것이다. 세포 추출물을 다중 단백질 복합체가 떨어지지 않는 조심스러운 조건에서 준비하고, 칼모듈린이 부착된 합성수지로 충전된, 친화성 크로마토그라피를 통과시킨다. 그 결과 연구 대상 단백질과 이와 연관된 다른 단백질이 모두 부착된다(그림 13.17B). 이 두 기술에서 나온 순수정제된 단백질의 정체는 질량분석기로 알아낼 수 있다. 거대-규모의 효모의 1,739개의 유전자를 검색하였을 때, TAP는 232개의 다중단백질 복합체를 찾아내었다. 그리고 344개 유전자 기능에 대한 새로운 정보도 얻게 되었는데, 이들 대부분은 이전 실험 방법으로는 찾지 못했던 것이다.

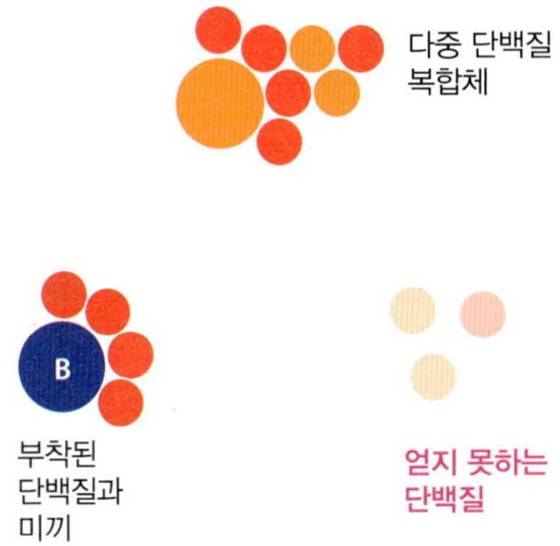

그림 13.18 친화성 크로마토그래피의 단점. 만약 미끼 단백질(B로 표시)이 복합체의 하나 이상의 단백질과 직접적으로 결합하지 않는다면, 이들은 분리될 수 없다.

친화성 크로마토그래피의 두 번째 단점은 다중단백질 복합체의 단일 구성원을 복합체의 다른 단백질 분리의 미끼로 사용하는 것이다. 실전에서는 복합체의 구성원이 미끼와 직접 상호작용하지 않을 수 있다. 이러한 경우 분리는 불가능하다(그림 13.18). 이러한 방법들은 복합체에 존재하는 단백질 그룹은 찾아내지만, 복합체의 전체 단백질 구성원은 알아내지 못할 수 있다. 온전한 복합체를 순수정제하는 방법은 최근 연구의 주요 목표가 되고 있다. **공동-면역침전법(co-immunoprecipitation)**에서는, 복합체가 온전하게 남아 있도록 조심스러운 조건에서 세포 추출물을 만든다. 다음 연구 대상 단백질에 대한 항체를 첨가하면, 이 단백질과 복합체를 이루는 모든 다른 구성원이 같이 침전한다. 이 단백질 집합체를 단백질분해효소로 처리하고, 아래-위 단백질체학을 적용하면, 복합체의 구성원을 알아낼 수 있다. 이 샷건 형태의 단백질체학을 **MudPIT(multi-dimensional protein identification technique)**이라 한다. 이 방법은 처음 효모의 리보솜의 큰 소단위를 연구하는 데 사용되었고, 그 결과 이전에 이 복합체와 연관된 것으로 알려지지 않았던 11개의 단백질을 찾아내었다.

기능적 상호작용을 하는 단백질 탐색

단백질들이 기능적 상호작용을 하기 위해, 서로 물리적인 연합을 할 필요는 없다. 예를 들어, *E. coli*와 같은 박테리아에서 젖당 통과효소(lactose permease)와 β-갈락토시데이즈(galactosidase)는 기능적 상호작용을 한다. 이들은 젖당을 탄소원으로 사용하는데 관여한다. 그러나 이 두 단백질 사이에 물리적 상호작용은 없다. 통과 효소는 세포막에 위치하고, 젖당을 세포 내로 들여온다. 반면 β-갈락토시데이즈는 젖당을 포도당과 갈락토오즈로 나누며, 세포질에 위치한다(그림 8.9A 참조). 동일 생화학적 경로에서 같이 작용하는 많은 효소들이 서로 간에 물리적 상호작용을 하지 않는다. 그 결과 단백질 상호 간 물리적 연합을 검색 기반으로 하는 연구만을 한다면, 많은 기능적 상호작용을 지나칠 수 있다.

기능적 상호작용을 하는 단백질을 찾기 위해 여러 방법이 사용될 수 있다. 대부분은 단백질 자체를 직접 연구하지 않는데, 엄밀히 말해 단백질체학 연구 범위에 있지 않다. 그럼에도 이들을 여기에서 다루는 것이 편리하다. 왜냐하면, 이들이 만들어내는 정보가 종종 단백질체학 연구 결과와 더불어서 고려되기 때문이다. 여기에는 다음과 같은 방법들이 사용된다:

- 비교유전체학(comparative genomics)은 기능적 연관성을 가진 단백질 그룹을 알아내는 다양한 방법으로 사용된다. 한 접근법은 일부 생물에서 독립적 분자로 존재하는 한 쌍의 단백질이 다른 생물에서는 단일 폴리펩티드로 융합되어있다는 발

그림 13.19 상동성 분석을 이용한 단백질–단백질 상호작용의 유추. 효모의 *HIS2* 유전자의 5′-지역은 *E. coli his2* 유전자와 상동성을 가지고, 3′-지역은 *E. coli his10*과 상동성을 가진다.

견에 바탕을 둔다. 그러한 예는 효묘 유전자 히스티딘 생합성에 관여하는 효소를 암호하는 *HIS2* 유전자에서 찾을 수 있다. *E. coli*에는 *HIS2*에 상동성인 2개의 유전자가 있다. 하나는 *his2*로 불리며, 효모 유전자의 5′-지역과 서열 유사성이 있다. 다른 하나는 *his10*으로 3′-지역과 유사성이 있다(그림 13.19). 이것은 히스티딘 생합성 활성의 일부를 수행하기 위해, *E. coli* 단백질체에 존재하는 *his2*와 *his10*이 암호화하는 단백질이 서로 상호작용한다는 것을 암시한다. 서열 데이터베이스를 분석한 결과 한 생물에서는 2개의 두 다른 단백질이 다른 생물에서는 하나의 단백질로 융합된 유형의 예가 많이 발견되었다. 유사한 접근법은 박테리아 오페론의 연구에 바탕을 둔다. 오페론은 같이 전사되어 기능적 연관성을 가지는 2개 또는 그 이상의 유전자로 구성되어 있다(8.2절). 예를 들어, *E. coli*의 젖당 통과효소와 β-갈락토시데이즈 유전자는 젖당 사용에 관여하는 세 번째 단백질과 더불어 같은 오페론에 위치한다(8.9절). 박테리아 오페론에서 유전자 정보로, 진핵생물 유전체에서 유사한 유전자가 암호화하는 단백질 사이의 기능적 상호작용을 유추할 수 있다.

- 전사체 연구로 단백질 사이의 기능적 상호작용을 알아낼 수 있다. 기능적으로 연관된 단백질의 mRNA는 종종 다른 조건에서 유사한 발현 프로파일을 나타내기 때문이다.
- 유전자 비활성화 연구의 정보도 유용하다. 만약 2개 또는 그 이상 유전자가 같이 비활성화되었을 때만 표현형의 변화가 관찰된다면, 이들 유전자들은 하나의 표현형을 만드는 데 같이 기능할 것으로 유추할 수 있다.

단백질 상호작용 지도로 단백질체 내 상호작용을 알 수 있다

세포에서 서로 연관을 가지는 단백질 쌍과 그룹을 찾아내는 파지 전시, 이중-교잡 분석 및 기타 방법으로부터 유래한 정보를 이용하면 **단백질 상호작용 지도(protein interaction map)**를 그릴 수 있다. 이러한 유형의 지도에서 각 단백질은 점으로 또는 **마디(node)**로 그려지고, 상호작용하는 단백질 쌍은 선 또는 **경계(edge)**로 연결한다. 결과적인 네트워크는 단백질체 구성원들 사이에서 일어나는 모든 상호작용을 보여준다. 2001년 거의 대부분이 이중-교잡 실험결과로부터 유래한 비교적 단순한 단백질체의 이러한 첫 지도가 만들어졌다. 이 단백질체 내에 거의 절반은 1,200개 이상의 상호작용을 포괄하는 박테리아 *Helicobacter pylori*의 지도이며, 나머지는 *S. cerevisiae*의 1,870개 단백질 사이 2,240개의 상호작용이 포함된 지도였다(그림 13.20A). 좀 더 최근에는 추가적인 기술이 적용되면서 사람 그리고 다른 진핵생물의 지도와 더불어 더 자세한 형태의 *S. cerevisiae* 지도가 만들어졌다(그림 13.20B). 단백질 사이의 상호작용 지도는 특

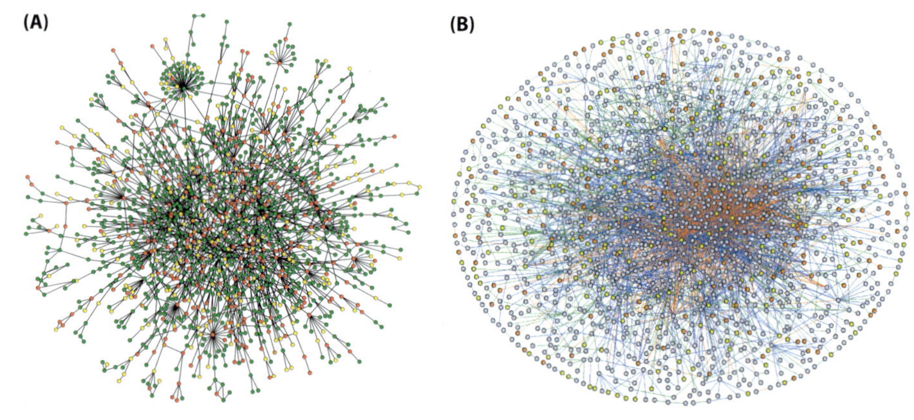

그림 13.20 단백질 상호작용 지도. (A) 2001년 발표된 *S. cerevisiae* 지도의 초기 형태. 각 점은 단백질을 나타내며, 연결선은 단백질 쌍 사이의 상호작용을 의미한다. 붉은색 점은 필수 단백질이다. 이러한 단백질 유전자 중 하나에 돌연변이가 생기면 치명적이다. 초록색으로 표시된 단백질 유전자의 돌연변이는 치명적이 아니며, 주황색 단백질 유전자의 돌연변이는 성장이 느려진다. 노란색 점으로 표시된 단백질 유전자의 돌연변이의 효과는 이 지도가 만들어질 당시 밝혀지지 않은 것들이다. (A, Jeong H, Mason SP, Barabási AL & Oltvai ZN [2001] *Nature* 411:41-42에서 발췌. Macmillan Publishers Limited의 허락을 득함. B, Stelzl U, Worm U, Lalowski M et al. [2005] 122:957-968에서 발췌. Elsevier의 허락을 득함.)

정 종 내의 더 큰 **인터액톰(interactome)**의 일부를 구성한다. 인터액톰은 단백질 활성을 조절하는 작은 분자, DNA-결합 단백질, 그리고 이들이 조절하는 유전자 등 분자 간의 모든 상호작용을 포함한다.

이러한 단백질 상호작용 지도에서 나타나는 흥미로운 사실은 무엇일까? 가장 흥미로운 것은 각 네트워크가 많은 상호작용을 가지는 적은 수의 단백질을 중심으로 구성된다는 것이다. 이들은 연결점이 적은 다수의 단백질과 함께 네트워크의 **허브(hub)**를 형성한다(그림 13.21A). 이 구조는 각각의 단백질을 비활성화 시키는 돌연변이의 파괴적 효과가 단백질체에 미치는 영향을 최소화하기 위한 것으로 생각되고 있다. 돌연변이가 고도로 상호연결된 마디에 있는 하나의 단백질에 영향을 미칠 때만, 네트워크 전체에 손상이 올 것이다. 이 가설은 유전자 비활성화 실험의 결과와도 일치한다(6.2절). 효모 단백질의 상당수는 확실히 중복성이 있다. 즉, 단백질 활성이 파괴된다하여도 눈에 띄는 세포의 표현형에 영향을 주지 않고, 단백질체는 전체적으로 정상적으로 작동한다. 허브 단백질과 그들의 직접적인 상대자의 발현 프로파일을 조사해 보면 이러한 허브는 두 그룹으로 나뉜다. 한 그룹에서는 허브 단백질이 그들의 모든 대상과 동시에 상호작용한다. 이들은 파티 허브(party hub)로 불린다. 이들을 제거하여도 네트워크의 전체적인 구조에는 영향이 거의 없다(그림 13.21B). 반면, 데이트 허브(date hub)로 불리는 두 번째 그룹은 다른 시간에 다른 대상과 상호작용하며 이들을 제거하면 네트워크가 일련의 작은 네트워크로 부서진다(그림 13.21C). 이것이 암시하는 것은 파티 허브는 개개의 생물학적 과정 내에서 작동하고, 단백질체의 전체적인 구조에는 크게 기여하지 않는다는 것이다. 반면 데이트 허브는 생물학적 과정을 서로 연결하여 단백질체의 구조를 제공하는 주요 플레이어(player)라는 것이다.

현재까지 만들어진 단백질 상호작용 지도 대부분은 불완전하다. 이는 연구 중인 단백질체의 모든 상호작용이 다 밝혀지지 않았기 때문이다. 실제로, 단백질-단백질 상호작용 연구에 사용되는 방법들에 대한 한계나 민감도 등을 생각할 때, 어떤 단백질체에서 완전하게 이해되는 상호작용 지도가 만들어질 가능성이 있을까도 의심된다. 또한 이러한 방법의 정확성을 고려할 때 만들어지는 네트워크의 연결이 잘못되지 않았다는 확신도 생각해 볼 여지가 있다. 사람 단백질 상호작용 지도의 현 상태에서 두 문제를 모두 볼 수 있다. 모든 발표된 상호작용을 고려하여 만들어진 네트워크에는 거의 30,000개의 단백질과 350,000개의 상호작용이 포함되어있었다. 그러나 두 다른 방법으로 확인된 상호작용만 고려하면 그 수는 16,000개의 단백질과 116,000개의 상호작용으로 줄어들게 된다. 이러한 네트워크는 완전과는 거리가 너무 멀다. 이들은 사람의 단백질체에 존재하는 70,000개 단백질의 일부에 불과하고, 발견된 많은 상호작용이 확인되지 않았기 때문이다. 이러한 한계에도 불구하고, 세포의 단백질체와 생화학의 연결고리를 찾아내는 방법으로 단백질 상호작용 지도는 중요하다는 것이 증명되었다. 특히, 결함이 생기면 동일한 질병을 만들어내는 유전자들이 네트워크 내 독특한 **질병 모듈(disease module)** 내에 존재하는 단백질을 지정하기 때문이다(그림 13.22). 이것은 이러한 상호연결된 구성 인자들에 의해 수행되는 생화학적 기능이 결실되거나 혼란이 오면 질병의 증세를 만들어낸다는 것을 암시한다. 지도가 불완전하더라도, 이전에는 질병과 연관되지 않았던 모듈 내 단백질을 밝혀냄으로써 문제가 되는 생화학적 기초를 자세히 이해할 수 있도록 해준다. 때로는 예를 들어 다발성경화증(multiple sclerosis)나 류머티스 관절염과 같이 뚜렷이 다른 질병의 모듈 사이에 중첩이 있는 것이 발견되었다(그림 13.22 참조). 이러한 결과들로 인하여, 하나의 질병으로 인해 고통 받는 환자가 다른 질병과 연관된 증세를 나타내는 경향인 **동반 질병(comorbidity)**에 대한 이해가 넓혀졌다.

(A) 완전한 네트워크

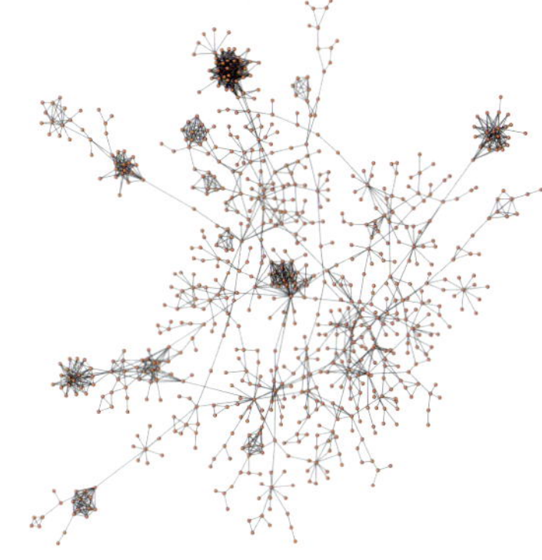

(B) 파티 허브의 제거

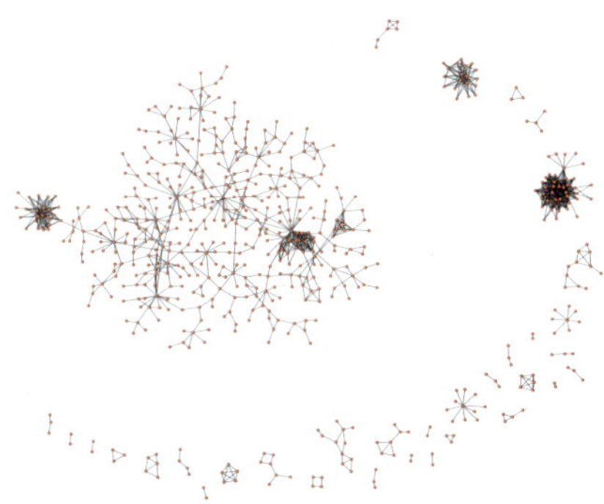

(C) 데이트 허브의 제거

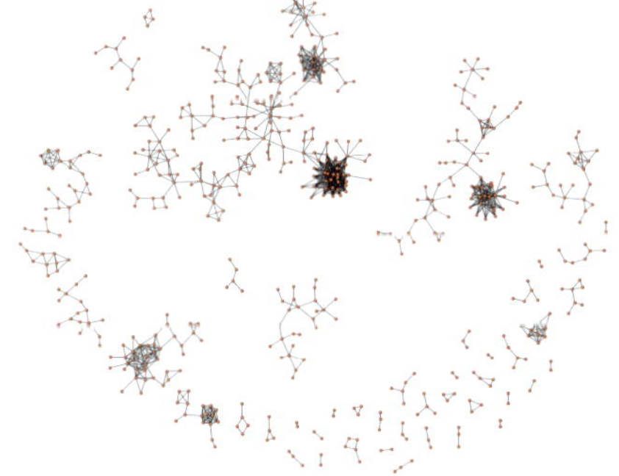

그림 13.21 *S. cerevisiae* 단백질 상호작용 지도의 허브들. 이 지도는 2004년에 발표된 것이다. (A) 완전한 지도에 허브가 뚜렷하게 보인다. (B) 파티 허브를 제거한 후에도 네트워크가 거의 온전히 남아있다. (C) 데이트 허브를 제거하면, 네트워크는 분리된 작은 네트워크로 쪼개진다. (Han J-DJ, Bertin N, Hae T et al. [2004] *Nature* 430:88-93에서 발췌. Macmillan Publishers Limited의 허락을 득함.)

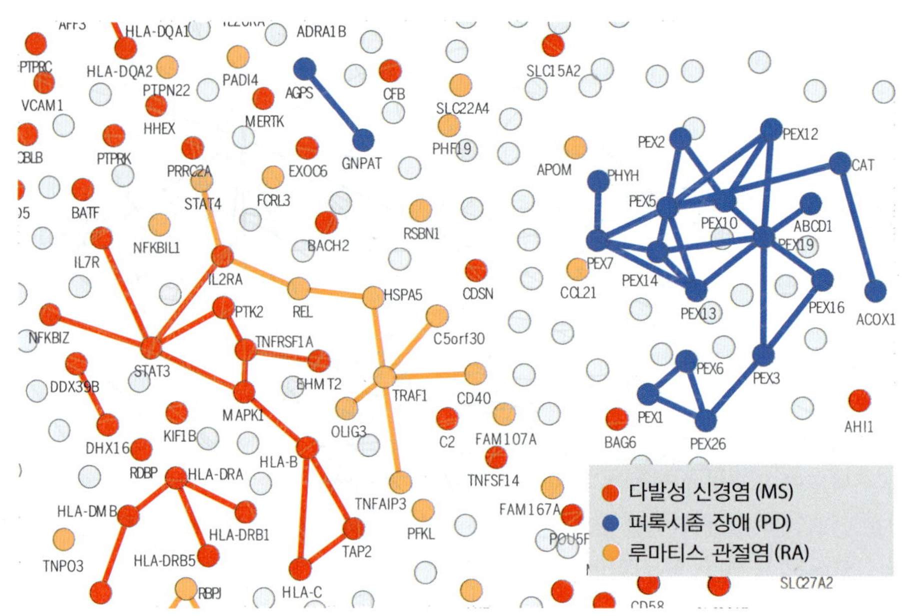

그림 13.22 사람 단백질 상호작용 지도에서 질병 모듈. 다발성 신경염, 퍼옥시좀 장애 및 류머티스 관절염 모듈을 보여주고 있다. 중복성 모듈을 가진 질병 쌍은 일부 증세가 공통적이고 높은 동반 질병을 보여준다(예를 들면, 다발성 신경염과 류머티스 관절염). 다발성 신경염과 퍼옥시좀 장애와 같은 비중복성 질병의 경우에서는 의학적 상관관계를 찾아볼 수 없다. (Menche J, Sherma A, Kitsak M et al. [2015] *Science* 347:841에서 발췌. American Association for the Advancement of Science의 허락을 득함.)

13.3 단백질체 구성 요소의 합성과 분해

단백질체의 조성은 이것이 포함하는 개개 단백질의 합성과 분해의 균형으로 결정된다. 단백질체와 단백질 용어를 제외하면, 이것은 전사체의 조성을 설명할 때와 동일한 설명이다(12.2절). 원리는 정확하게 동일하며, 마찬가지로 그림 12.7에서 보여준 RNA의 합성과 분해의 역동성도 단백질에 적용될 수 있다. 단백질체가 어떻게 유지되고, 외부 자극에 반응하며 분화하는 동안 변하는지를 이해하려면, 우선 제12장의 합성, 분해 그리고 다듬기와 같은 주제로 하되, RNA가 아닌 단백질을 가지고 알아보아야 한다.

리보솜은 단백질을 만드는 분자기계이다

단백질은 **리보솜(ribosome)**으로 불리는 거대한 RNA-단백질 복합체에서 합성된다. 하나의 *E. coli* 세포는 거의 20,000개의 리보솜을 가지고 있으며, 이들은 세포질에 골고루 분포되어있다. 사람의 세포는 평균적으로 100만 개 이상의 리보솜을 가지고 있으며, 일부는 세포질에 자유롭게, 일부는 세포내 관과 주머니로 이루어진 막 망상구조인 소포체의 바깥 표면에 존재한다.

이전에는 리보솜을 mRNA가 폴리펩티드로 번역이 일어나는 단백질 합성의 수동적인 구성원으로 생각했다. 시간이 지나면서 이러한 생각이 바뀌게 되었는데, 리보솜은 현재 단백질 합성에서 중요한 두 가지 역할을 하는 것으로 보고 있다.

- 리보솜은 mRNA, 아미노아실-tRNA, 그리고 연관된 단백질 인자들이 서로 상대적으로 정확히 위치하게 하여 단백질 합성을 조율한다.
- rRNA를 포함하는 리보솜의 구성 인자는 두 아미노산을 이어 주는 펩티드 결합의 합성을 가져오는 중요한 역할을 비롯해서 번역 과정 중 적어도 몇 개의 화학 반응을 촉매한다.

1950년대 리보솜이 단백질 합성에 관여하는 것이 분명해졌을 때, 생물학자들은 mRNA가 폴리펩티드로 어떻게 번역되는지를 이해하려면 리보솜 구조에 대한 자세한 지식이 필요하다는 것을 깨달았다. 원래는 마이크로솜(microsome)으로 불렸던 리보솜은 광학현미경 해상력보다 작아서 20세기 첫 10년간은 작은 입자로만 관찰되었

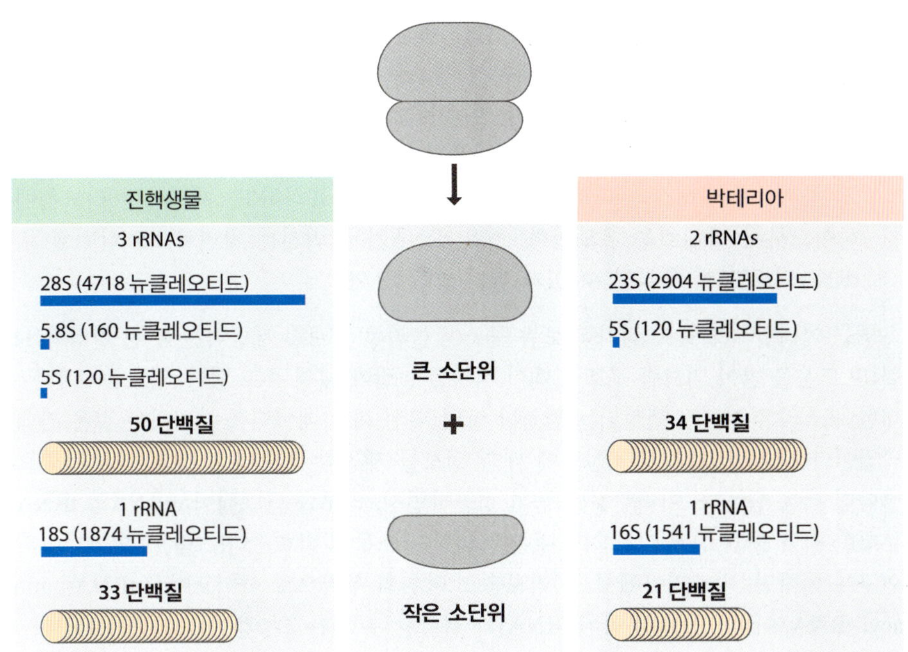

그림 13.23 진핵생물과 박테리아 리보솜의 조성. 사람의 리보솜과 *E. coli* 리보솜을 자세히 보여주고 있다. 다른 생물들에서 리보솜 단백질 수에서는 차이를 보인다.

다. 1940년대와 50년대에 이르러 처음으로 전자현미경에 의해 박테리아 리보솜이 29 × 21 nm로 타원형을 이루며, 종에 따라 다르지만 평균적으로 약 32 × 22 nm인 진핵생물의 리보솜보다 작은 것으로 밝혀졌다. 구성원 연구로 리보솜은 크고 작은 두 소단위로 구성되어 있음이 밝혀졌다. 각각은 하나 또는 그 이상의 rRNA와 **리보솜 단백질(ribosomal protein)**들로 이루어져 있다(그림 13.23). 이후 리보솜이 단백질 합성에 활발하게 참여하지 않을 때는 두 소단위가 분리되어 있으며, 새로운 번역에 사용될 때 까지 세포질에 남아 있다는 것을 알게 되었다.

진핵생물과 박테리아 리보솜의 기본 구성이 밝혀진 이후, 다양한 rRNA와 단백질이 어떻게 맞추어지느냐에 초점이 맞추어졌다. 첫 rRNA 서열이 중요한 정보를 제공하였다. 이러한 서열들을 비교한 결과 염기쌍을 형성하여 복잡한 이차원 구조를 이루고 있는 고정 서열을 발견하였다(그림 13.24). 이것으로 rRNA가 리보솜내 단백질이 부착할 수 있는 골격을 제공하는 것으로 추정되었는데, 이것은 rRNA가 단백실 합성에서 수행하는 적극적인 역할을 충분히 강조하지 못하는 해석이었지만, 이후의 연구가 시작될 수 있는 유용한 기반을 제공하였다.

이후의 연구는 대부분 박테리아 리보솜에 집중되었다. 진핵생물보다 작고, 액체 배지에서 고밀도로 배양된 세포에서, 많은 양을 얻을 수 있었기 때문이다. 박테리아 리보솜 구조 연구에 사용된 기술은 다음과 같다:

- **핵산분해효소 보호실험(nuclease protection experiments**, 7.1절)으로 rRNA와 단백질 사이의 접촉을 알아낼 수 있었다.
- **단백질-단백질 교차-결합(protein-protein cross-linking)**으로 리보솜 내에 가까이 위치한 단백질 쌍이나 집단을 파악하였다.
- **전자현미경(electron microscopy)**이 더욱 정교해지면서, 리보솜의 전체적인 구조를 좀 더 자세히 분석할 수 있게 되었다. 예를 들어, 면역전자현미경(immuno-electron microscopy)과 같은 기술 혁신으로 현미경 관찰 전 각 리보솜을 단백질 특이적 항체로 표식하여 리보솜 위에 있는 이들의 위치를 알아낼 수 있었다.
- **위치-지정 하이드록시 라디컬 탐색법(site-directed hydroxyl radical probing)**

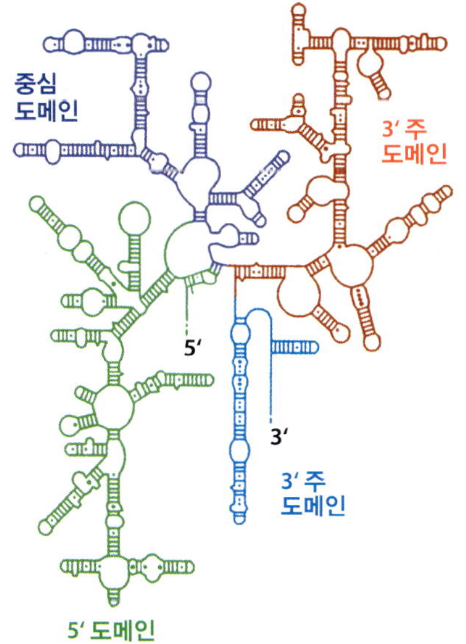

그림 13.24 *E. coli* 16S rRNA 염기쌍 구조. 박테리아 리보솜의 작은 소단위에는 하나의 16S rRNA가 존재한다. 이 그림에서 표준 염기쌍(G-C와 A-U)은 선으로, 비전형 염기쌍(G-U)은 점으로 보여주고 있다.

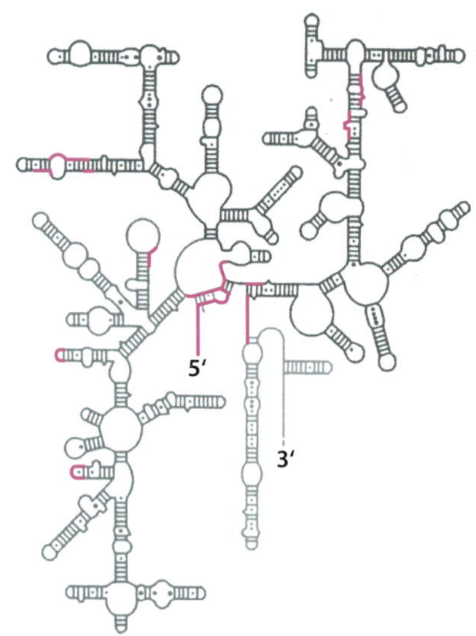

그림 13.25 *E. coli* 16S rRNA 내 리보솜 단백질 S5와 접촉하는 자리. 하나의 리보솜 단백질과 접촉자리의 분포(분홍색으로 표시)를 보면 염기쌍을 이룬 rRNA 2차 구조가 더 접혀 3차 구조를 형성한다는 것을 뚜렷하게 보여준다.

은 Fe(II) 이온이 하이드록시 라디컬을 생성하는 능력을 이용하는 것이다. 하이드록시 라디컬은 라디컬이 생성되는 지점으로부터 1 nm 반경 내 존재하는, RNA 인산디에스테르 결합을 절단한다. 이 기술로 *E. coli* 리보솜에 있는 리보솜 단백질의 정확한 위치를 결정하는 데 사용되었다. 예를 들어, S5의 위치를 결정한다고 하자. 이 단백질의 여러 아미노산을 Fe(II)로 표식하고, 재조립된 리보솜에서 하이드록시 라디컬을 유도한다. 16S rRNA가 잘려지는 자리로 S5 단백질 주변 rRNA의 구조를 추론할 수 있게 된다(그림 13.25).

최근 이러한 기술들이 점차 리보솜 구조에 놀라운 정보를 제공하는 X-선 결정학(11.1절)의 도움을 받아 리보솜 구조에 대한 시야를 놀랍게 넓혀 주고 있다. 리보솜과 같은 거대한 구조의 결정에서 생성되는 엄청난 양의 X-선 회절 데이터를 분석하는 것은 거대한 작업이다. 특히 리보솜 작동방법에 대한 정보를 제공할 정도의 자세한 구조를 얻으려 한다면 더욱 힘들다. 이러한 시도들이 성공하면서, 리보솜 단백질이 mRNA와 tRNA에 부착한 지역 등의 전체 리보솜에 대한 자세한 구조들이 밝혀졌다(그림 13.26A). 이러한 연구에 의하면, 박테리아에서 두 리보솜 소단위의 부착으로 아미노아실-tRNA(aminoacyl-tRNA, 아미노산이 부착된 tRNA)가 결합할 수 있는 2개의 자리가 만들어진다. 이들은 **P 자리(peptidyl site, 펩티드 자리)**와 **A 자리(aminoacyl site, 아미노아실 자리)**로 불린다. P 자리는 아미노산이 방금 자라나는 폴리펩티드의 말단에 부착된 아미노아실-tRNA가 차지하는 자리이며, A 자리는 다음에 사용될 아미노산을 가지는 아미노아실-tRNA가 들어오는 자리다. 3번째 자리도 있는데, 이것은 **E 자리(exit site, 출구 자리)**로 아미노산이 폴리펩티드에 부착된 후 tRNA가 나가는 자리다(그림 13.26B). X-선 분산 분석으로 보여진 구조에서 이러한 자리는 큰 소단위와 작은 소단위 사이 공간에 위치하는 것으로 밝혀졌다. mRNA는 주로 작은 소단위에 형성된 통로를 통해 이동한다. 각 아미노산이 추가된 후, 리보솜은 두 소단위가 살짝 반대방향으로 돌아가면서 덜 치밀한 구조를 가진다. 이로써 두 소단위 사이에 공간이 열리고 리보솜이 mRNA를 따라 미끄러져 열린번역틀의 다음 코돈을 읽을 수 있게 된다.

스트레스가 있으면, 박테리아는 단백질체의 크기를 줄이기 위해 자신들의 리보솜을 비활성화시킨다

X-선 결정학은 활성이 있는 리보솜 구조뿐만 아니라, 박테리아가 영양 부족 등과 같은 스트레스가 존재하는 기간 동안 전반적인 단백질체의 크기를 줄일 수 있게 해주는 사건을 밝히는 데에도 도움을 주었다. 스트레스의 존재는 아미노산을 달고 있지 않은

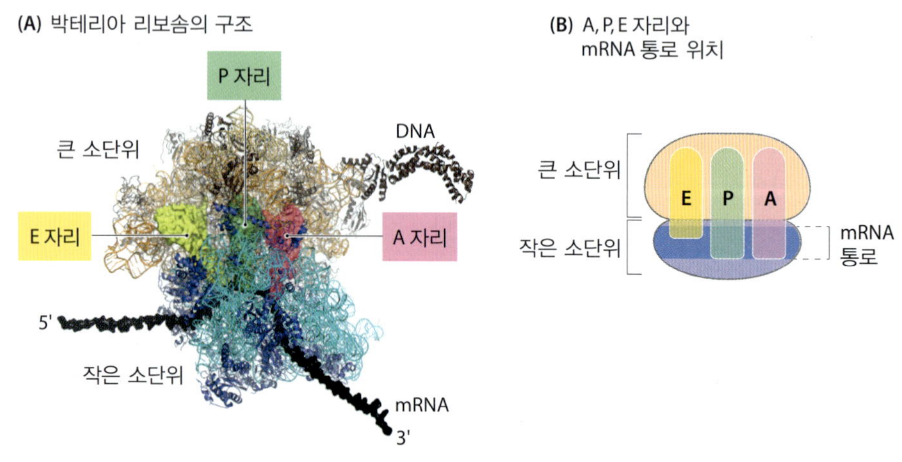

그림 13.26 박테리아 리보솜의 자세한 구조. (A) mRNA를 번역하는 과정에 있는 리보솜의 구조. A, P, E 자리에 위치하는 tRNA는 분홍색, 초록색, 노란색으로 각각 표시되었다. (B) A, P, E 자리의 상대적 위치와 mRNA가 이동하는 통로를 보여주는 도형. (A, Schmeing TM & Ramakrishnan V [2009] *Nature* 461:1234-1242에서 발췌. Macmillan Publishers Limited의 허락을 득함.)

tRNA가 리보솜의 A 자리를 차지하는 것이 신호가 된다. tRNA에 아미노산이 없는 것은 영양 부족으로 세포질에서 아미노산이 고갈되었기 때문이다. *E. coli*에서 아미노산이 없는 tRNA가 A 자리를 차지하고 있다는 사실은 리보솜 단백질 L11이 인지하고 **긴축 반응(stringent response)**을 촉발한다. L11은 RelA로 불리는 리보솜-연관 단백질을 활성화시키고, RelA는 ATP에서 GTP로 인산 2개를 이동하여 pppGpp(guanosine 5′-triphosphate 3′-diphosphate)로 바꾼다. 구아닌 오인산(guanine pentaphosphate)은 다시 pppGpp에서 ppGpp으로 전환된다(그림 13.27). 이것은 **알라몬(alarmone)**이라 불리는 스트레스 반응 분자로 세포가 스트레스에 대처하는 것을 돕기 위해 다양한 세포 활성을 변화시킨다. 굶주린 박테리아에서, 이러한 반응 중 하나는 전체적인 전사가 감소하는 것이지만, 아미노산 생합성에 관여하는 유전자의 전사는 증가한다. 이러한 변화는 ppGpp가 박테리아 RNA 중합효소의 β와 β′ 소단위에 결합하면서 다른 유형의 프로모터에 친화도를 가지기 때문에 생긴다.

아미노산 생합성 스위치를 켜게 되면, 박테리아는 단백질체를 최소로 유지할 수 있게 되고 스트레스 조건을 견디면서 외부 영양공급이 증가할 때를 기다릴 수 있게 된다. 전체적 대사 활성이 감소하므로, 박테리아는 또한 전체적으로 단백질 합성 속도를 감소시키는 방법으로 단백질체의 크기를 감소시킨다. 이것은 적어도 부분적으로는 ppGpp가 **IF-2(initiation factor-2, 번역 개시 인자-2)**에 결합하면서 일어난다. 이 인자는 단백질 합성의 첫 단계인 **개시 복합체(initiation complex)**가 **리보솜 결합자리(ribosome binding site)**에 조립될 때 필요하다. 리보솜 결합자리는 mRNA의 열린번역틀의 개시 코돈 가까이에 위치한다. 개시 복합체에는 리보솜의 두 소단위와 개시 코돈을 인식하는 아미노아실화된 tRNA 그리고 3개의 개시 인자 단백질이 포함된다. IF-2의 특징적인 역할은 개시 복합체의 완전한 조립에 필요한 에너지를 공급하기 위해 GTP를 가수분해하는 것이다. 그러나 IF-2는 GTP보다 ppGpp에 더 높은 친화력을 가지므로, 후자가 존재한다면 후자를 결합한다. GTP 가수분해가 없다면, 번역은 개시 단계에서 멈추고 단백질 합성은 전체적으로 줄어들고 단백질체의 크기는 감소한다.

영양 고갈 중 일어나는 단백질 합성의 감소로 박테리아는 이제 리보솜을 너무 많이 가지고 있는 상태가 된다. 그러나 넘쳐나는 리보솜은 분해되지 않고 비활성 상태로 저장된다. A 자리와 P 자리는 **리보솜 조정 인자(ribosome modulation factor)**로 불리는 단백질에 의해 차단된다. 그리고 한 쌍의 리보솜이 두 번째 단백질인 **동면 촉진 인자(hibernation promotion factor)**와 상호작용하여 리보솜 이량체를 이룬다. 이량체는 비활성이지만, 환경이 나아지는 순간 단백질 합성이 상승 조절되도록 기능이 있는 리보솜으로 재-활성화될 수 있다.

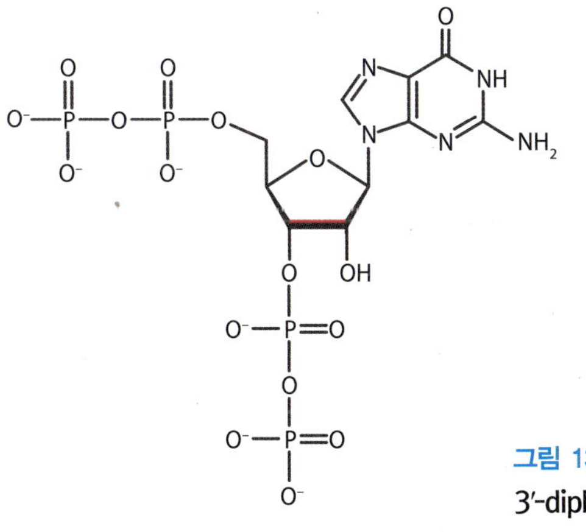

그림 13.27 알라몬 ppGpp(guanosine 5′-diphosphate 3′-diphosphate)의 구조.

개시 인자는 거대 규모의 진핵생물 단백질체의 리모델링을 매개한다

진핵생물에서도 단백질체의 대규모 변화의 매개자는 역시 개시 인자다. 박테리아와 진핵생물의 리보솜 구조는 비슷하다. 그러나 이 두 종류의 생물에서 번역이 수행되는 방법에는 뚜렷한 차이가 있다. 가장 중요한 차이는 개시 단계이다. 진핵생물에서는 개시 코돈 상위의 mRNA에서 리보솜이 조립되지 않고, mRNA 5′-말단에서 개시 복합체가 만들어지는데, 이것은 개시 코돈에 도달할 때까지 mRNA를 따라 **스캔(scan)**하며 이동한다. 개시 복합체의 첫 구성 인자는 **개시전 복합체(preinitiation complex)**로 불리는데, 이것은 리보솜 작은 소단위, **개시 tRNA(initiator tRNA)**에 결합한 eIF-2 개시 인자와 GTP로 만들어진 3중 복합체, 그리고 eIF-1, eIF-1A, eIF-3의 3개의 추가적인 개시 인자로 이루어져 있다(그림 13.28). 조립 후, 개시전 복합체는 mRNA 5′-말단의 캡(cap) 구조와 연합한다(그림 1.17A 참조). 그리고 스캐닝 과정을 시작하기 전에 몇 개의 개시 인자가 더 들어온다.

개시 과정은 eIF-2의 인산화로 억제될 수 있다.이 개시 인자가 인산화되면 GTP와의 결합이 억제되고 개시 tRNA를 리보솜 작은 소단위로 이동시키지 못한다. eIF-2의 인산화는 열충격과 같은 스트레스 중에 일어나며, 전반적인 단백질 합성 수준이 줄어든다. 그러나 이것은 박테리아의 긴축 반응 중에 일어나는 것과 같은 단백질체 크기의 감소를 의미하지 않는다. eIF-2의 인산화로 단백질체 리모델링(remodeling)이 일어난다. 오히려, 세포를 스트레스로부터 보호할 다양한 단백질의 양이 증가된다. 이 다른 경로에서는 개시 복합체가 **IRES(internal ribosome binding site, 내부 리보솜 결합자리)**에서 조립된다. 개시 코돈에서 IRES까지 상대적 위치는 박테리아의 경우보다 더 다양하지만, 이것은 박테리아의 리보솜 결합자리와 유사한 기능을 한다. 진핵생물의 이러한 번역 개시 방법은 피코르나바이러스(picornavirus)에서 처음 발견되었다. RNA 유전체를 가진 바이러스로서 사람 소아마비바이러스(poliovirus)와 일반 감기의 원인균인 라이노바이러스(rhinovirus)가 여기에 속한다. 이러한 바이러스의 전사물은 캡이 없는 대신에 IRES를 가진다. 즉, 피코르나바이러스는 자신의 전사물 번역에는 영향을 주지 않고, 숙주 세포의 단백질 합성을 차단시킬 수 있다. 놀랍게도 숙주 리보솜이 IRES를 인식하는 데 바이러스 단백질은 전혀 필요치 않았다. 다시 말해, 정상적인 진핵생물 세포는 IRES 방법으로 번역을 개시하는 데 필요한 단백질 그리고/또는 다른 인자를 가지고 있다는 것이다. 이 발견으로 진핵생물 mRNA 내에서 IRES 서열을 찾기 시작했고, 현재까지 약 150여 개 정도가 발견되었다. eIF-2와 스캐닝 과정이 불활성화되는 스트레스 조건에서 이러한 IRES를 가지는 mRNA의 번역이 더 잘 일어난다.

eIF-2가 진핵생물 단백질 합성의 전체적 조절의 가장 잘 알려진 예이지만, 최근 연구에 의하면 캡-의존적 개시를 억제하고 IRES-mRNA로 번역을 돌리는 다른 메커니즘도 있음이 밝혀졌다. 이러한 것 중 하나가 체세포분열 중 두 번째 개시 인자인 eIF-4E가 인산화되면서 일어난다. 이 인자는 mRNA의 5′-말단에 개시전 복합체의 결합을 도우는 **캡 결합 복합체(cap binding complex)**의 일부이다. eIF-4E가 인산화되면 mRNA에 대한 캡 결합 복합체의 친화도가 떨어지면서, 캡-의존적 번역이 억제되고 체세포분열 중 특히 필요한 단백질을 암호하는 IRES-mRNA의 번역을 촉진한다. 이 단백질들이 스트레스 조건에 필요한 것들과 동일할 필요는 없다. 즉, 캡-의존적 개시의 억제가 단순히 IRES-mRNA의 번역 증가로 이루어지지 않는다는 것이다. 오히려, 특정 그룹의 전사물이 세포의 필요성에 따라 번역되도록 IRES 과정을 조절하는 메커니즘이 있다는 것이다. 이 점은 캡-의존적 번역 억제의 세 번째 예에서 더욱 강조된다. 이 과정은 캡 결합 복합체의 세 번째 구성원인 eIF-4G의 절단으로 일어난다. 이것은 아폽토시스와 연

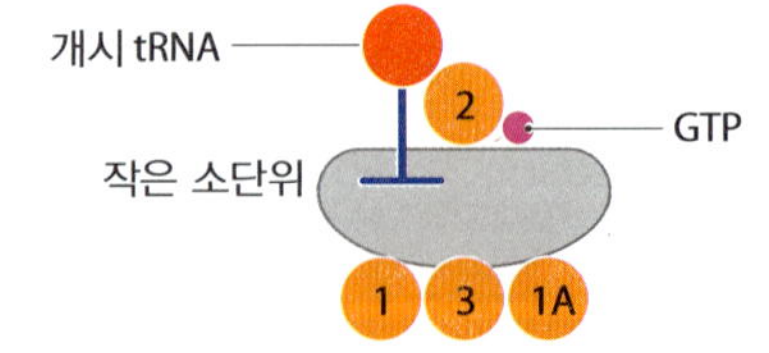

그림 13.28 진핵생물 단백질 합성 개시전 복합체. 개시 인자는 1, 1A, 2, 3으로 표시하였다. 개시 tRNA는 메티오닌(M) 아미노산을 달고 있는 것으로 표시하였다. 도형은 도식적이며 전체 복합체 구조는 알려져 있지 않다.

관이 있는데, 이후 이 과정을 도와주는 특정 단백질을 지정하는 IRES-mRNA가 번역된다. 세포는 체세포분열을 아폽토시스의 IRES-매개 반응과 구별할 필요가 있다. 현재까지 어떻게 다른 세트의 IRES-mRNA 번역이 조절되는지는 잘 알려지지 않았으나, 다른 IRES에 대한 리보솜의 친화력을 조절하는 **ITAF(IRES trans-acting factors)**가 발견되면서 설명을 할 수 있는 길이 생겨났다.

개별 mRNA의 번역도 조절될 수 있다

번역 개시의 전체적인 조절로 인한 단백질체 크기와 조성을 변화시키는 큰 규모의 변화뿐만 아니라, 각각의 mRNA 번역 속도도 조절될 수 있다. 박테리아에서, 이러한 **전사물-특이적 조절(transcript-specific regulation)** 과정에는 표적 mRNA에 RNA-결합 단백질의 부착이 관여한다. 단백질의 결합으로 리보솜 결합자리 사용이 차단되고, 번역 개시 복합체의 형성을 저해한다. 가장 흔하게 인용되는 예는 *E. coli*의 리보솜 단백질 유전자 오페론이다(그림 13.29A). 각 오페론에서 전사되는 이 mRNA 선도지역(leader region)은 그 오페론에 의해 암호와되는 단백질들 중 하나의 결합자리로 작용한다. 이러한 단백질이 합성되면 이들은 리보솜 RNA에 결합할 수도 있고 mRNA 선도지역에 결합할 수도 있다. 만약 세포내 자유 rRNA가 있다면 rRNA 부착이 선호된다. 일단 모든 자유 rRNA가 리보솜으로 조립이 되면, 리보솜 단백질은 자신의 mRNA에 결합 번역 개시를 방해하고 특정 mRNA에 의해 암호화되는 리보솜 단백질 합성의 스위치를 끈다. 각 리보솜 단백질 합성이 세포내 자유 rRNA 양과 조율되도록 유사한 과정이 다른 mRNA에서도 일어난다.

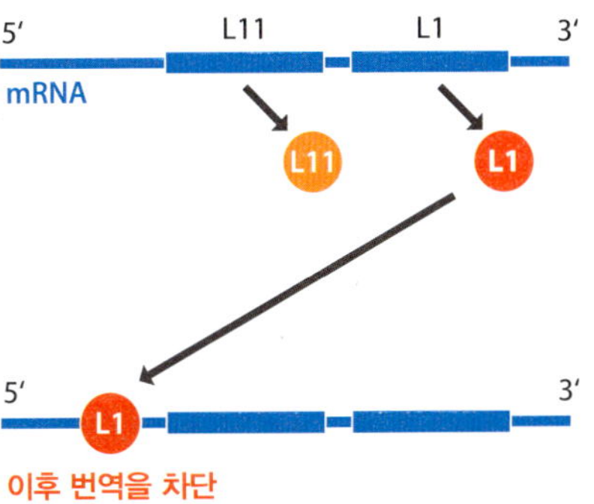

RNA-결합 단백질에 의한 전사물-특이적 조절의 두 번째 예는 철-저장 단백질인 포유류의 페리틴(ferritin) mRNA에서 일어난다(그림 13.29B). 철의 부재 시, 페리틴 합성은 **철-반응 인자(ion-response element)**로 불리는 서열에 결합하는 단백질에 의해 저해된다. 결합한 단백질은 리보솜이 개시 코돈을 찾아 mRNA를 스캔하는 것을 방해한다. 철이 있다면, 결합 단백질은 떨어지고 mRNA가 번역된다. 흥미롭게도, 철의 흡수에 관여하는 페리틴 수용체와 같은 연관된 단백질 mRNA 역시 철-반응 인자를 가지고 있다. 그러나 결합 단백질이 떨어지면 mRNA의 번역이 아니라 분해가 일어난다. 이것은 매우 논리적인 일이다. 철이 세포에 존재한다면 외부에서 철을 가져올 필요가 없으므로 트렌스페린 수용체가 필요하지 않기 때문이다.

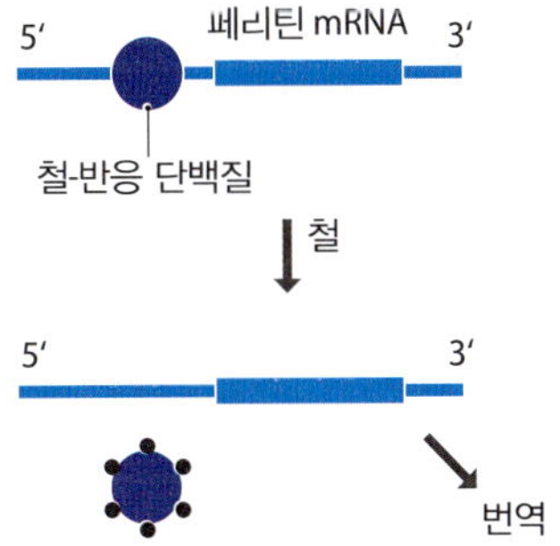

일부 박테리아 mRNA의 번역 개시는 mRNA 내의 인식 서열에 결합하는 짧은 RNA로 조절될 수 있으나 이것이 항상 번역을 방해하는 것은 아니다. 일부 짧은 RNA는 하나 또는 그 이상의 표적 mRNA의 번역을 활성화시킨다. 그 예로 OxyS로 불리는 *E. coli* RNA가 있는데, 이것은 109개의 뉴클레오티드 서열로 이루어져 있으며, 40여 개의 mRNA 번역을 조절한다. 세포에 산화성 손상을 일으키는 OxyS 합성은 과산화수소 및 다른 반응성 산소화합물에 의해 활성화된다. 일단 합성되면, OxyS는 이러한 조건에서 해가 될 수 있는 mRNA 번역의 스위치는 끄고 산화적 손상에서 박테리아를 보호할 수 있는 mRNA 번역의 스위치는 켠다. 번역의 방해는 위에서 다룬 RNA-결합 단백질의 예와 같은 유사한 방법으로 일어난다. 조절 RNA가 리보솜 결합자리로의 접근을 막는다. 번역 활성화는 더 섬세한 메커니즘을 가지고 있다. 이 경우 표적 mRNA는 줄기-고리 구조를 형성할 수 있어서, 개시 복합체 구성원이 리보솜 결합자리로의 접근을 막는다. 조절 RNA의 부착은 줄기-고리를 형성을 방해하여, 번역 개시가 일어날 수 있도록 리보솜 결합자리를 노출시킨다.

그림 13.29 번역 개시의 전사-특이적 조절. (A) 박테리아 리보솜 단백질 합성의 조절. *E. coli*의 L11 오페론은 L11과 L1 리보솜 단백질 유전자를 가지는 mRNA로 전사된다. rRNA 분자에 L1 자리가 채워지면 L1은 mRNA의 5′-비번역 지역에 결합하여 더 이상의 번역 개시를 억제한다. (B) 포유류에서 페리틴 단백질 합성 조절. 철-반응 단백질은 철이 부족하면 페리틴 mRNA의 5′-비번역 지역에 결합 페리틴의 합성을 방해한다.

진핵생물 mRNA의 5′-비번역 지역에서도 줄기-고리 및 기타 2차 구조가 형성될 수 있다. 개시 복합체가 mRNA 스캔을 시작하면서, 헬리케이즈로 분자 내 염기쌍을 떼어놓을 수 있는 eIF-4A 개시 인자에 의해 이러한 2차 구조가 붕괴된다. 그러나 2차 구조의 존재는 개시 복합체의 진행을 느리게 하여 mRNA에서 단백질 합성 속도인 번역 효율을 떨어뜨린다. 즉, mRNA들의 **번역 효율(translational efficiency)**이 서로 다른 관계로, 단백질체가 단순히 전사체를 반영하지는 않는 것이다. 번역 효율이 높은 mRNA의 경우 전사물 하나당 더 많은 단백질이 만들어지므로, 각 단백질의 상대적인 양은 mRNA의 양에 비례하지 않는다. 진핵생물 단백질 합성에 대한 최근 연구에서는 조절 단백질이나 RNA들이 mRNA의 2차 구조 형성에 영향을 주어 번역 효율을 상승시키거나 하락시키면서 수행되는 전사물-특이적인 조절 가능성을 탐구하고 있다.

단백질체 구성원의 분해

단백질체가 시간에 따라 변하려면 더 이상 필요로 하지 않는 단백질을 제거할 필요가 있다. 세포주기의 주요 전환기와 같은 특정한 환경의 변화에 대응하려면 이러한 제거는 매우 선별적이어서 특정 단백질이 정확하게 분해되어야 할 뿐만 아니라, 빠르게 일어나야 한다.

단백질 분해는 오랜 시간 동안 인기 없는 분야였다. 1990년대에 비로소 세포주기와 분화 같은 과정과 연계된 특정 단백질 분해 사건에 대한 이해와 같은 진정한 진전이 있기 시작했다. 아직도 특정 표적 단백질에 사용되는 조절 경로와 메커니즘은 잘 알려져 있지 않으며, 대부분의 지식은 일반적인 단백질 분해 경로 주변부에 한정되어 있다. 분해 경로에는 여러 유형이 있는 것으로 보이지만, 상호 연관관계는 잘 밝혀지지 않았다. 특히 박테리아의 경우 더 복잡하다. 조율적인 단백질 분해를 위해 여러 단백질분해효소가 상호작용하는 것으로 보인다. 진핵생물의 경우, 대부분의 분해는 **유비퀴틴(ubiquitin)**과 **프로테아솜(proteasome)**이 관여하는 단일체계로 일어난다.

토끼 세포에서 에너지-의존적 단백질 분해 반응에 76개의 아미노산으로 이루어진 단백질인 유비퀴틴과 단백질 분해의 연관성은 1975년에 처음 밝혀졌다. 연이은 연구에서 분해 표적 단백질의 리신(lysine) 아미노산에 하나 또는 여러 개의 유비퀴틴 분자를 부착하는 효소가 밝혀졌다(그림 13.30). 또한 유비퀴틴과 동일한 방법으로 작동하는 SUMO와 같은 유비퀴틴-유사 단백질도 있다. 유비퀴틴화는 3단계로 일어난다. 유비퀴틴 분자가 일단 활성화 단백질에 부착된 후, 접합(conjugating) 단백질로 이전되고, 마지막으로 유비퀴틴 연결효소에 의해 표적 단백질로 이전된다. 이 과정에서 분해되어야 하는 단백질이 어떻게 정확하게 인식되는가? 해답은 접합 단백질과 연결효소의 특이성 때문이다. 대부분의 생물종에는 여러 유형의 접합효소와 유비퀴틴 연결효소가 있다. 사람의 경우를 예로 들면, 35개의 접합효소와 수백 개의 연결효소가 있다. 접합효소와 연결효소의 쌍에 따라 다른 단백질에 특이성을 가지는 것으로 보인다. 세포내 또는 세포외 신호에 반응하여 다른 효소 쌍이 활성화되고, 이것이 특정 단백질이나 특정 그룹의 단백질의 분해를 결정하는 열쇠로 보인다.

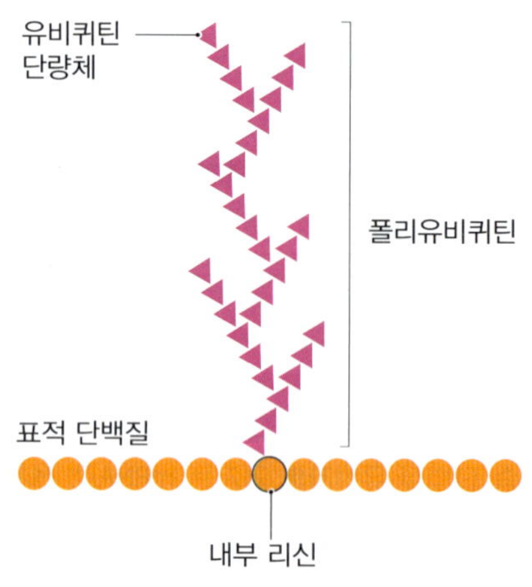

그림 13.30 분해 표적 단백질에 유비퀴틴 부착. 분해 표식으로, 연결된 유비퀴틴 사슬이 표적 단백질에 있는 리신 아미노산에 연결된다.

유비퀴틴-의존적 분해 경로의 두 번째 요소는 프로테아좀이다. 이 구조는 유비퀴틴이 결합된 단백질이 분해되는 곳이다. 진핵생물에서, 프로테아솜은 거대한 다중 소단위 구조로 가운데에는 빈 원통이 존재하고 양쪽 끝에는 뚜껑(cap)이 있다(그림 13.31). 빈 원통은 4개의 원형 고리(ring)로 구성되었는데, 각 고리는 7개의 단백질로 이루어져 있다. 안쪽에 위치하는 2개의 고리에 있는 단백질은 단백질분해효소로 활성자리(active site)가 고리 안쪽 표면에 위치한다. 고세균 역시 거의 같은 크기의 프로테아좀을 가진다. 그러나 이것은 단 2종의 단백질이 여러 개 모여 만들어진 덜 복잡한 구조이다. 유비퀴틴이 붙은 단백질은 프로테아솜의 뚜껑 구조에 직접적으로 접촉하거나 **유비퀴틴-수용체 단백질(ubiquitin-receptor protein)**을 통해 접촉한다. 프로테아솜에 들어가기 전에 분해될 단백질은 적어도 부분적으로는 풀려지고 유비퀴틴 표지가 제거되어야 한다. 이 단계는 에너지가 필요한 단계로 ATP의 가수분해로 얻어지며 뚜껑에 존재하는 단백질이 촉매한다. 단백질은 그 후 프로테아솜에 들어가고, 그 속에서 4~10개 아미노산 길이의 짧은 펩티드로 잘려진다. 이들은 다시 세포질로 방출되고, 여기서 단백질 합성에 재사용될 수 있도록 개개의 아미노산으로 분해된다.

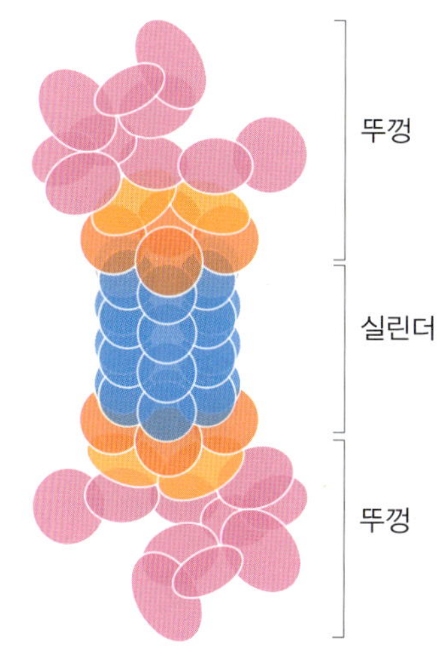

그림 13.31 진핵생물의 프로테아솜. 두 뚜껑의 단백질 조성을 주황색, 빨간색, 분홍색으로 보여준다. 원통을 이루는 것은 파란색으로 표시.

13.4 프로테아솜의 조성에 영향을 주는 단백질 다듬기 과정

번역이 유전체 발현 경로의 마지막은 아니다. 리보솜에서 나오는 폴리펩티드는 활성이 없다. 세포에서 기능적 역할을 수행하려면 번역 후 다듬기 과정을 지나가야 한다. 가장 기본적인 다듬기 과정은 **단백질 접힘(protein folding)**이다. 대부분의 폴리펩티드는 정확한 3차 구조를 이루기 전까지는 비활성이다. 일부 폴리펩티드는 또한 기능적 단백질을 만들기 위해 다양한 방법으로 잘려져야 하고, 많은 것들은 화학적 변형을 한다. 단백질체에는 기능적 단백질뿐만 아니라 다양한 형태의 다듬기 전 형태가 들어있다. 일부는 완전히 다듬어져 기능적 단백질이 생성되기 전까지 상당기간 동안 비활성 상태로 있을 수 있다. 즉, 단백질체의 구성원을 완전히 이해하기 위해서는 단백질 다듬기를 알아볼 필요가 있다.

아미노산 서열에는 단백질 접힘에 대한 지침이 들어있다

분자생물학의 주요 원리 중 하나는 폴리펩티드가 자신의 정확한 3차 구조로 접히는 데 필요한 모든 정보가 아미노산 서열에 들어있다는 것이다. 서열과 구조 사이의 연결고리는 1950년대에 소의 이자로부터 순수정제된 **리보핵산분해효소(ribonuclease)**를 완충액에 다시 녹이는 실험에서 처음 밝혀졌다. 리보핵산분해효소는 아미노산 길이가 단 124개 밖에 되지 않는 작은 단백질로, 이것의 3차 구조는 주로 β-평면이며, α-나선은 매우 적고 4개의 이황화결합 다리를 가지고 있다. 수소 결합을 파괴하는 화합물인 요소를 첨가하면, 효소 활성이 감소하고 (RNA 분해능으로 측정) 용액의 점도는 증가한다(그림 13.32). 이는 단백질이 변성되어 구조가 없는 폴리펩티드로 풀렸다는 것을 의미한다. 투석으로 요소를 제거하면 중요한 현상이 발견된다. 점도가 감소하고 효소 활성이 다시 나타난다. 결론적으로 요소와 같은 변성 물질이 제거되었을 때 단백질은 자연적으로 다시 접혀졌다는 것이다. 이러한 초기 실험에서 4개의 이황화 결합은 요소에 의해 파괴되지 않으므로 온전하였다. 그러나 요소 처리와 함께 이황화 결합을 파괴하는 환원제를 같이 처리하여도 동일한 결과가 나타났다. 즉, **원형 복귀(renaturation)**로 다시 활성이 재생되었다. 이러한 결과는 이황화 결합이 단백질의 재접힘 능력에 중요하지 않으며, 접혀진 3차 구조를 단지 안정화시킬 뿐이라는 것을 말한다.

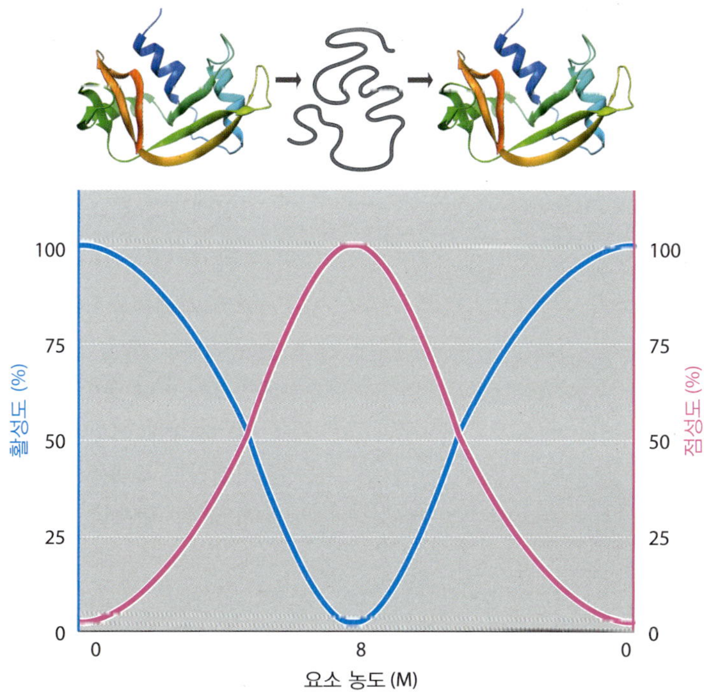

그림 13.32 작은 단백질의 순간적인 변성과 재생. 요소의 농도가 8 M까지 증가하면 단백질은 풀림에 의해 변성된다: 활성은 감소하고 용액의 점성도는 증가한다. 투석으로 요소를 제거하면, 작은 단백질은 자신의 접힘 구조를 다시 얻는다. 단백질 활성은 원 수준으로 증가하고 용액의 점성도는 감소한다.

이후 접힘 과정이 무작위적이 아님이 곧 밝혀졌다. 단백질이 자신의 정확한 형태를 발견하기까지 모든 가능한 구조를 모두 탐색하려면 너무 오랜 시간이 걸리기 때문이다.

100개의 아미노산으로 이루어진 폴리펩티드가 모든 구조를 탐색하는 데 약 10^{87}초가 걸린다는 계산이 나왔다. 이것은 우주의 나이보다 길다. 또한 단백질들이 각자의 정확한 3차 구조로 유도해 주는 단계를 밟아가는 **접힘 경로(folding pathway)**를 따라간다는 것을 의미한다(그림 13.33). 과학자들은 최근 **쭈그러진 공(molten globule)** 모델을 선호한다. 이 모델에 의하면, 초기 단계는 소수성 아미노산 곁가지가 물을 피하려는 힘이 동력이 되어, 폴리펩티드가 최종 단백질보다는 다소 큰 치밀한 구조로 빠르게 붕괴하는 것이라는 것이다. 쭈그러진 공으로 붕괴하면 일부 폴리펩티드는 자동적으로 α-나선과 β-평면으로 접힐 수 있다. 공이 쭈그러지면서 형태가 빠르게 변화될 수 있게 되고, 추가적인 접힘이 발견되어 점진적으로 정확한 3차 구조가 나타나게 된다. 큰 단백질에서는, 이 단계에서 정확한 서브도메인의 접힘이 생기고, 이들이 가까워지면서 최종적인 3차 구조를 만들게 된다. 전 과정은 단 몇 초 밖에 걸리지 않는다. 열역학적 용어를 사용하면, 폴리펩티드는 깔때기를 따라 내려가며 점진적으로 덜 무작위적인 형태를 가지게 된다(그림 13.34). 최종 구조를 향한 접힘 경로의 각 단계에서 다음 단계로 가는 데 가능한 수가 줄어들기 때문에 깔때기는 점차적으로 좁아진다. 그러나 단백질이 빠져 나갈 수 있는 곁 길이 있어서 잘못된 구조가 만들어질 수 있다. 만약 부정확한 구조가 충분히 불안한 형태이면, 부분적 또는 완전한 풀림이 생기고, 단백질은 주 깔때기로 다시 돌아가 정확한 형태를 위한 생산적 경로에 들어갈 수 있다.

단백질 접힘에 대한 기본 원칙을 정립하는 데 유용했던 생체외(*in vitro*) 실험은 세포내 단백질 접힘에 대한 좋은 모델이 아닐 수 있다. 특히, 세포내 단백질은 완전히 합성되기 전부터 접힘이 시작될 수 있기 때문에, 이를 시험관에서 재생하기란 매우 어렵다. 이러한 이유로 인해, 특히 다른 단백질의 접힘을 도와주는 단백질인 **분자 샤페론(molecular chaperone)**에 특별히 초점을 두고서 살아있는 세포에서의 단백질 접힘을 집중적으로 연구하게 되었다. 분자 샤페론은 여러 그룹으로 나눌 수 있는데, 가장 중요한 것은 다음과 같다:

- **Hsp70 샤페론.** *E. coli* Hsp70 단백질로 *dnaK* 유전자가 암호화하며 때로는 DnaK 단백질로 불린다.
- **샤페로닌(chaperonin).** 이것의 주된 유형은 GroEL/GroES 복합체로 박테리아와 진핵생물에 존재하며, TRiC와 유사 구조들은 진핵생물 세포질과 고세균에서만 발견되었다.

분자 샤페론은 단백질의 3차 구조를 결정하지 않는다. 이들은 단백질이 적절한 구조를 발견하는 데 도움을 줄 뿐이다. 두 종류의 샤페론은 다른 방법으로 작동한다. Hsp70 패밀리는 번역 중인 단백질을 포함해서 접히지 않은 단백질의 소수성 부위에 결합한다(그림 13.35). 이들은 단백질을 열린 형태로 유지하여, 접힌 단백질에서 상호작용하는 폴리펩티드 부위들의 연합을 조율하는 것으로 보인다. 이것이 정확하게 어떻게 성취되는지 알 수 없으나, Hsp70 단백질이 반복적으로 결합하고 분리하면서 일어나는 것으

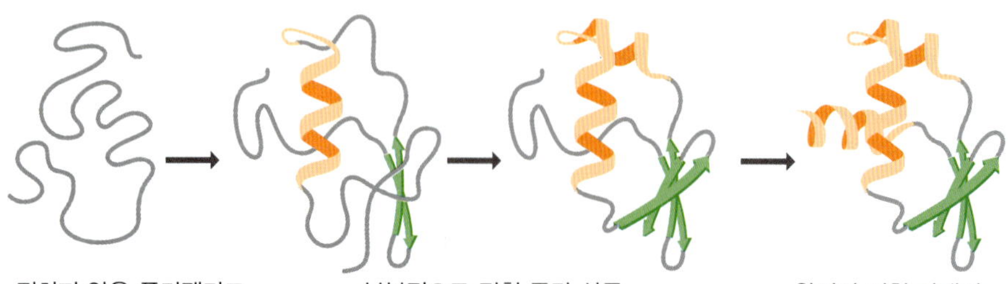

그림 13.33 단백질 접힘 경로.

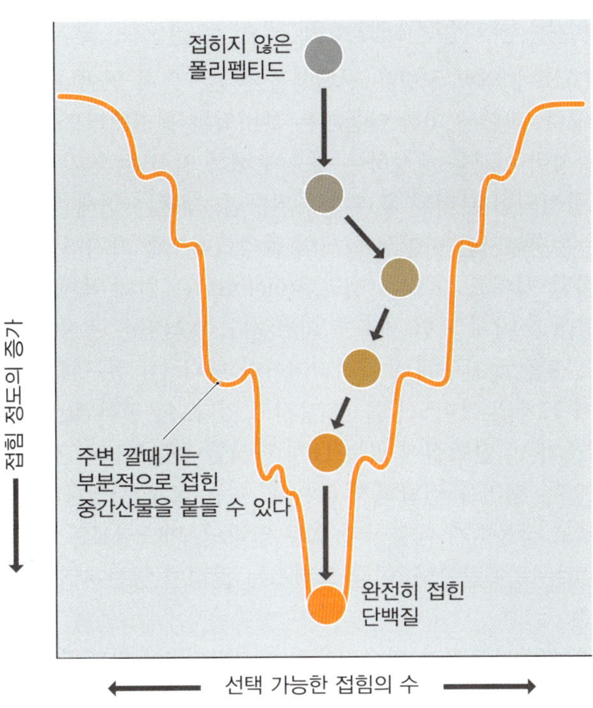

그림 13.34 단백질 접힘의 열역학. 접힘 경로는 깔때기 모양으로 보여진다. 깔때기의 맨 위는 넓다. 접히지 않은 폴리펩티드는 초기에 많은 중간 구조 중 어떤 것이든 이룰 수 있기 때문이다. 단백질이 점점 접히고 이후 접힘의 선택이 줄어들면서 깔때기는 점점 좁혀진다. 점차적으로 단백질이 좀 더 완전하게 접히면서 선택은 줄어들다가, 바닥 끝에서 완전히 접힌 단백질이 나타난다. 주변 깔때기에 들어가면 잘못 접힌 구조가 만들어진다. 만약 단백질이 곁가지로 들어오면, 주된 깔때기로 돌아가기 위해 부분적으로 펴져야 한다.

로 보이며, 매 반복시 마다 ATP의 에너지가 필요하다. 단백질 접힘뿐만 아니라, Hsp70은 단백질의 소수성 부위를 보호하는 다른 경로에도 관여한다. 예를 들어, 막을 통과하는 수송, 단백질의 다중 소단위 복합체로의 연합, 열 스트레스로 손상된 단백질 엉김의 풀림 등이다.

샤페로닌은 매우 다른 방법으로 작동한다. GroEL과 GroES는 속이 빈 총알과 같은 모양으로 중앙에 구멍이 있는 다중 소단위 구조를 형성한다(**그림 13.36**). 접히지 않은 단백질이 구멍에 들어온 후 접혀서 나간다. 이 메커니즘은 알려지지 않았으나 GroEL/GroES 복합체는 접히지 않은 단백질이 다른 단백질과 엉키지 않도록 해주는 우리와 같이 작용하며, 우리 안쪽 표면은 소수성에서 친수성으로 바뀌어 소수성 아미노산이 단백질 내로 들어가도록 촉신하는 것으로 보인다. 다른 가설도 있다. 다른 과학자들은 구멍이 잘못 접힌 단백질을 펴주고 다시 세포질로 내보내는 것으로 생각한다. 정확한 3차 구조를 가질 수 있는 두 번째 기회를 제공하는 것이다.

진핵생물에도 Hsp70 패밀리 샤페론과 TRiC 샤페로닌이 존재하지만, 단백질 접힘은 주로 Hsp70의 작용에 의존하며, 단백질체의 단 10%를 구성하는 주로 세포 골격과 세포주기에 관여하는 단백질 구성원은 TRiC에 의해 접히는 것으로 보인다.

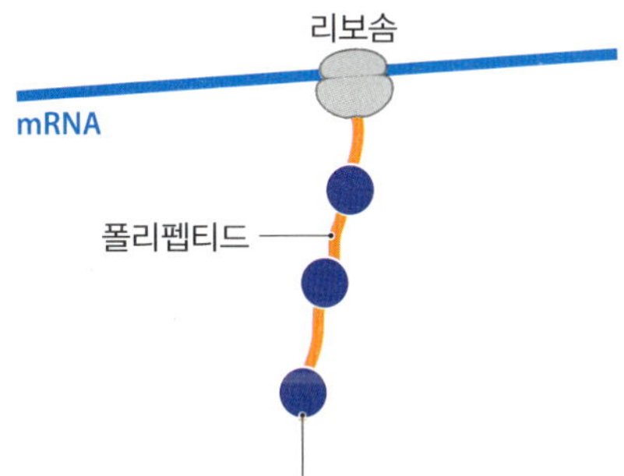

그림 13.35 Hsp70 샤페론 체계. HSP70 샤페론은 번역 중인 것들을 포함해서 접히지 않은 폴리펩티드의 소수성 지역에 결합한다. 그리고 이들의 접힘을 돕기 위해 단백질을 열린 형태로 붙들고 있다.

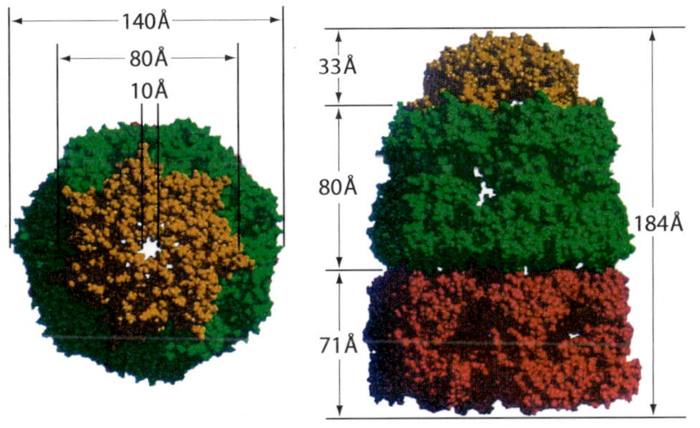

그림 13.36 GroEL/GroES 샤페론. (왼쪽) 위에서 바라본 그림. (오른쪽) 측면 그림. 1Å = 0.1 nm. 구조의 GroES 부위는 7개의 동일한 단백질 소단위로 구성되어 있고, 금색으로 표시되어 있다. GroEL 구성원은 14개의 동일한 단백질이 2개의 고리로 배열되어 있다(빨간색과 초록색). 각 7개의 소단위를 가진다. 가운데 구멍의 주된 입구는 오른쪽 그림 구조의 바닥까지 통과한다. (Xu Z, Horwich AL & Sigler PB [1997] *Nature* 388:741-750에서 발췌. Macmillan Publishers Limited의 허락을 득함.)

일부 단백질은 단백질분해효소에 의한 절단으로 활성화된다

단백질분해효소에 의한 절단은 진핵생물에서는 흔히 일어나지만, 박테리아에서는 그리 흔하지 않다. 절단에 의한 다듬기는 분비되는 폴리펩티드에서 자주 발생한다. 이는 생화학적 활성이 이것을 생성하는 세포에 해를 입힐 수 있기 때문이다. 단백질이 비활성 형태로 합성되어 분비된 후 활성화된다면, 세포는 피해를 입지 않게 된다. 세포내 단백질체는 온전하지만 비활성 형태의 폴리펩티드를 가지며, 분비된 단백질체가 절단되고 활성화된 형태를 가진다. 멜리틴(melittin)은 벌의 독에 가장 많은 단백질로, 사람이나 동물이 쏘이게 되면 세포를 터트린다. 멜리틴은 동물뿐만 아니라 벌의 세포도 터트리므로, 불활성 전구체로 합성되어야만 한다. 이 전구체, 프로멜리틴(promelittin)은 N 말단에 22개의 아미노산을 더 가지고 있다. 이 전서열(presequence)은 세포외 단백질분해효소가 이 단백질에 있는 11개 자리를 절단하면서 제거한다. 단백질분해효소는 활성이 있는 서열을 절단하지 않는다. 이는 X-Y 서열을 가진 다이펩티드를 방출하는 방법으로 작동하기 때문이다. X는 알라닌, 아스파르트산, 또는 글루탐산이며, Y는 알라닌 또는 프롤린이다. 이들 모티프는 활성이 있는 서열에서는 나타나지 않는다(그림 13.37).

유사한 종류의 다듬기가 인슐린에서 나타난다. 이 단백질은 척추동물의 이자에 있는 랑겔한스(Langerhans)섬에서 만들어지며 혈당량을 조절한다. 인슐린은 105개 아미노산을 가진 인슐린 전구체(preproinsulin)로 합성된다(그림 13.38). 다듬기 경로로 첫 24개의 아미노산을 제거하여 프로인슐린(proinsulin)을 만든다. 그리고 중심 조각을 추가적으로 두 번 더 절단하여 단백질의 A와 B 사슬의 활성자리만 남겨 놓는다. 그리고 이 둘을 이황화 결합으로 연결하면 성숙한 인슐린이 완성된다. 첫 번째로 제거되는 N-말단의 24개 아미노산 조각은 **신호 펩티드(signal peptide)**이다. 이것은 상당히 소수성인 아미노산이 연속적으로 들어있는 부위로, 새롭게 합성되는 단백질을 소포체로 이동시킨다. 이는 이동 경로의 첫 단계로, 결과적으로 인슐린이 세포외로 분비되도록 해준다.

다중단백질(polyprotein)로 불리는 다른 단백질은 조각으로 잘려 종종 다른 기능을 가진 다양한 활성산물을 생성한다. 예를 들어, 뇌하수체에서 만들어지는 프로오피오멜라노코르틴(proopiomelanocortin)으로 불리는 다중단백질에는 적어도 11개의 다른 펩티드 호르몬이 들어있다. 프로오피오멜라노코르틴은 일단 267개 아미노산의 전구체로 만들어진다. 이 중 26개는 신호펩티드로 단백질이 세포질에서 세포내 분비소포로 이동될 때 제거된다. 프로오피오멜라노코르틴은 단백질분해효소가 인식하는 다양한 내부 절단자리가 있으나, 이 모든 자리가 모든 조직에서 잘리는 것은 아니다. 조합과 그에 따라 생성되는 산물은 존재하는 단백질분해효소의 종류에 따라 달라진다(그림 13.39). 예를 들어, 뇌하수체 전엽의 부신겉질자극세포(corticotropic cell)는 부신피질자극호르몬(adrenocorticotropic hormone)과 리포트로핀(lipotropin)을 생성한다. 뇌하수체 중간엽의 멜라닌자극세포(melanotropic cell)는 다른 절단자리가 사용되어 멜라닌세포자극호르몬(melanotropin)을 생성한다. 전체적으로 다른 단백질 절단으로 11개의 다른 펩티드가 만들어질 수 있다. 즉, 단백질체에 대한 프로오피오멜라노코르틴의 기여도는 조직-특이적이다.

그림 13.37 벌침 독, 프로멜리틴의 다듬기. 화살표는 잘리는 자리.

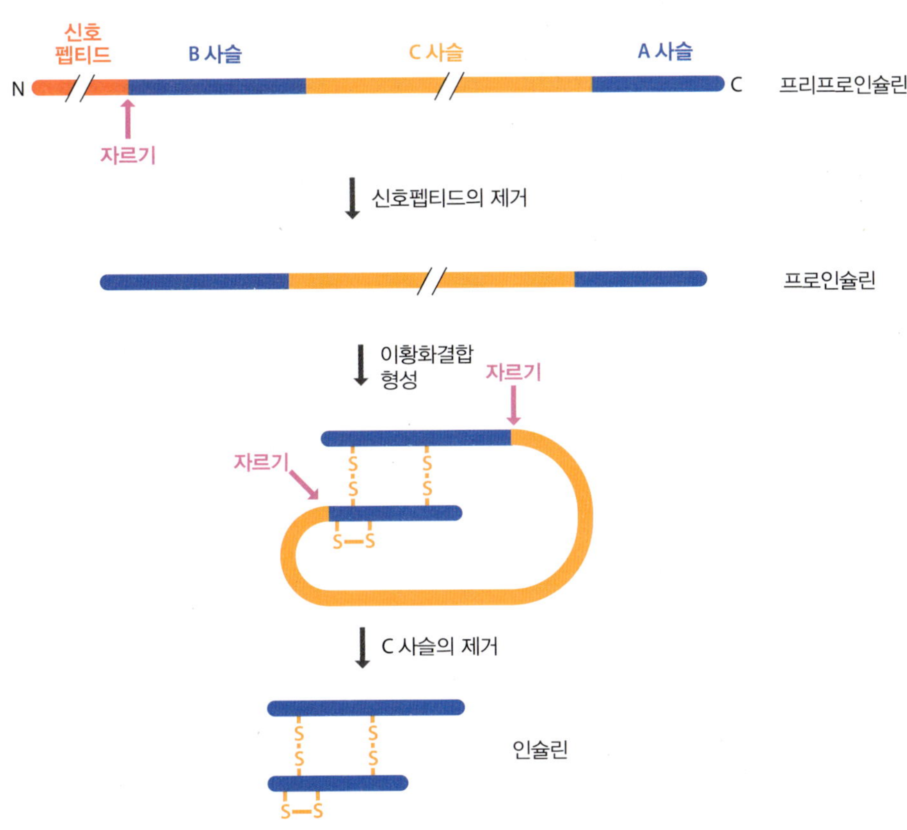

그림 13.38 **프리프로인슐린의 다듬기.**

진핵생물에 감염하는 여러 유형의 바이러스들이 그들의 유전체의 크기를 감소하는 방법의 하나로 다중단백질을 사용한다. 하나의 프로모터와 하나의 종결 서열을 가지는 하나의 다중단백질 유전자는 개개 유전자를 연속으로 가지는 것보다 바이러스 안의 캡시드 내에서 공간을 덜 차지한다. 이러한 바이러스로 감염된 세포의 단백질체는 전구체 단백질에서부터 성숙하고 다듬어진 산물까지 복잡한 혼합물을 가지고 있다. HIV-1(사람면역결핍바이러스)가 그 한 예이다. 복제주기 중, HIV-1은 Gag 단백질을 합성하는데, 이것은 4개의 단백질과 2개의 짧은 간격 펩티드로 잘려진다. 4개의 단백질 중 3개는 HIV 캡시드의 구조적 조성물을 형성하며, p6로 불리는 4번째 단백질은 바이러스 입자가 세포에서 방출되는 과정에 관여한다. HIV-1은 또한 확장된 형태의 Gag인 Gag-Pol 단백질을 합성하는데, 이것의 추가적 조각이 다듬어져 HIV 유전체의 복제에 관여하는 2개의 효소와 Gag와 Gag-Pol 다중단백질을 자르는 단백질분해효소를 만들어낸다. 단백질분해효소의 몇 개 분자는 새로운 바이러스 입자에 보관되어 다음 번 바이러스 복제 중 합성되는 다중단백질을 자르는 데 사용된다.

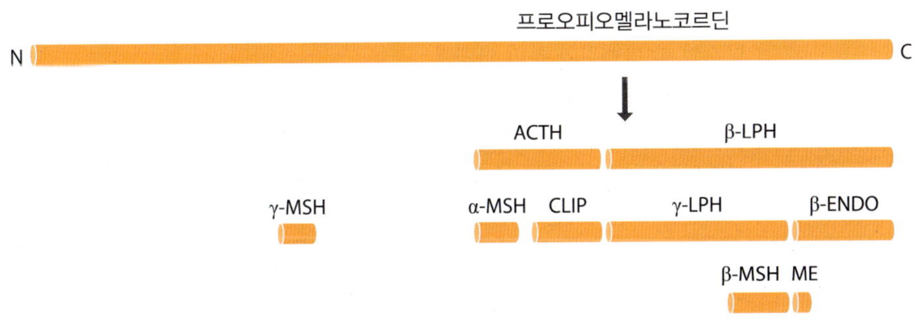

그림 13.39 **프로오피오멜라노코르틴 다중단백질의 다듬기.** 추가적으로 2개의 펩티드는 보여주지 않았다. 하나는 다듬어져 γ-MSH가 되는 중간산물이며, 다른 하나의 기능은 알려져 있지 않다. met-enkephalin이 이론적으로는 프로오피오멜라노코르틴이 다듬어져 만들어지기는 하나, 사람의 met enkephalin 대부분은 프로엔케팔린(proenkephalin)으로 불리는 펩티드 호르몬 전구체에서 만들어진다.
약자: ACTH, adrenocorticotropic hormone; CLIP, corticotropin-like intermediate lobe protein; ENDO, endorphin; LPH, lipotropin; ME, met-enkephalin; MSH, melanotropin.

화학적 변형에 의해 단백질 활성에 중요한 변화가 만들어진다

유전체는 22개의 다른 아미노산을 암호화할 수 있는 능력을 가지고 있다: 표준 유전 암호로 지정되는 20개 그리고 셀레노시스테인과 (적어도 고세균에서는) 피로라이신. 후반 2개는 각각 5′-UGA-3′과 5′-UAG-3′에 문맥-의존적 재지정으로 폴리펩티드에 삽입된다(1.3절). 이 목록은 단백질의 번역-후 화학적 변형으로 급격하게 증가한다. 단순한 유형의 변형은 모든 생물에서 일어나지만, 복잡한 것은 특히 당화(glycosylation)는 박테리아에서는 드물다.

화학적 변형의 가장 단순한 유형은 아미노산의 곁가지(side chain)나 폴리펩티드의 말단 아미노산의 아미노 또는 카르복실기에, 작은 화학기(예, 아세틸, 메틸, 인산기; 표 13.1)를 첨가하는 것이다. 다양한 단백질에서 150개 이상의 다르게 변형된 아미노산이 알려진 바 있다. 개개의 변형은 상당히 특이적인 양식으로 일어나, 특정 단백질의 모든 사본에 동일한 아미노산이 동일한 방법으로 변형된다. 좀 더 복잡한 유형의 변형은 **글리칸(glycan)**으로 불리는 큰 탄수화물 곁가지를 폴리펩티드에 부착하는 **당화(glycosylation)**이다. 여기에는 두 일반적인 유형이 있다(그림 13.40):

- **O-연결 당화(O-linked glycosylation)**는 세린이나 트레오닌 아미노산의 하이드록실기에 당 곁가지를 부착하는 것이다.
- **N-연결 당화(N-linked glycosylation)**는 아스파라긴의 아미노기 곁가지에 당 곁가지를 부착하는 것이다.

당화로 다양한 유형의 12개 이상의 당 단위의 망상구조 가지를 가진 구조를 당에 부착하는 것이다. 이러한 글리칸은 표적 단백질이 세포의 특정 자리에 위치하도록 도와주고 혈액 속에 순환하는 단백질의 안정성을 결정한다. 다른 유형의 거대한 스케일의 변형은 긴-사슬의 지질을 부착하는 것이다. 종종 세린이나 시스테인 아미노산에 부착한다. 이 과정은 **아실화(acylation)**로 불리며, 막과 연합하는 많은 단백질에서 일어난다. 비교적 드문 변형으로 **비오틴화(biotinylation)**가 있다. 이것은 아세트산과 프

표 13.1 번역 후 화학적 변형의 예

변형	변형된 아미노산	단백질 예
작은 화학기의 첨가		
아세틸화	Lys	히스톤
메틸화	Lys	히스톤
인산화	Ser, Thr, Tyr	신호전달에 관여하는 일부 단백질들
수산화	Pro, Lys	콜라겐
카르바밀화	Lys	리불로스-이인산 카르복실화효소
N-포밀화	N-말단 Gly	멜리틴
당 곁가지의 첨가		
O-연결 당화	Ser, Thr	다수의 막 단백질과 분비 단백질
N-연결 당화	Asn	다수의 막 단백질과 분비 단백질
지질 곁가지 첨가		
아실화	Ser, Thr, Cys	다수의 막단백질
N-미리스토일화	N-말단 Gly	신호전달에 관여하는 일부 단백질들
비오틴 첨가		
비오틴화	Lys	다양한 카르복실화 효소

로피온산과 같은 유기산의 카르복실화를 촉매하는 소수의 효소에 비오틴이 부착하는 것이다.

각각의 단백질에 의해 수행되는 화학적 변형을 알아내는 것은 단백질 프로파일링에서 매우 중요한 부분이다. 화학적 변형은 종종 표적 단백질의 정확한 생화학적 활성을 결정하는 데 중심적 역할을 하기 때문이다. 그 예는 생물권(biosphere)에서 가장 많은 단백질로서 식물 잎의 주요 구성원인 루비스코(Rubisco, ribulose-bisphosphate carboxylase)로 불리는 효소에서 찾을 수 있다. 루비스코는 이산화 형태의 탄소가 ribulose 1,5-bisphosphate와 반응하여 고정되는 단계인 광합성 경로에 주요 단계를 촉매한다. 이 효소의 활성화자리에는 (더 정확하게 말하면, 하나의 단백질당 8개의 동일한 자리가 있다) 리신이 있는데, 이 아미노산의 카르바모일(carbamoyl) 유도체를 만들기 위해 카르복실기를 첨가하는 변형이 일어난다(그림 13.41). 저-광량 조건에서는 리신의 카르바모일화가 일어나지 않고 루비스코 활성이 감소된다. 화학적 변형은 탄소고정 속도가 식물이 태양에서 흡수하는 에너지 양과 조율되도록 효소를 조절해 주는 수단인 것이다. 많은 다른 효소들은 활성화에서 비활성화 형태로 전환하는 화학적 변형이 일어난다. 이 점에서 인산화는 매우 중요하다. 특히 신호전달 경로에 세포-표면 수용체에서 전사 인자로 그리고 다른 조절 단백질로 신호를 전달하는 단백질을 활성화하는 데 사용된다(14.1절).

단백질 프로파일링 중, 화학적 변형이 관찰될 수 있다. 새로운 화학기를 가지는 펩티드나 단백질은 *m*/*z* 값의 독특한 변화를 가져오기 때문이다. 그러나 때때로 변형된 형태의 단백질은 상대적으로 적은 양이 존재한다. 이 경우에 변형된 단백질을 검출하려면 농축 과정이 필요하다. 인산화된 펩티드는 단백질체로부터 부분적으로 **고정상 금속이온 친화성 크로마토그래피(immobilized metal ion affinity chromatography)**를 사용하여 정제될 수 있다. 이것은 인산기와 Fe^{3+}, Ca^{2+}, Zr^{4+}와 같은 금속이온 사이에 일어나는 상호작용을 이용하는 것이다. 순수정제는 완벽하지는 않다. 인산화되지 않은 펩티드 역시 친화성 컬럼에 남아있을 수 있기 때문이다. 그러나 회수된 시료는 이들을 탐지할 수 있을 정도로 충분히 인산펩티드가 농축되어 있다. 친화성 크로마토그래피는 단백질체 내에서 다른 유형의 변형된 단백질을 농축하는 데 사용될 수 있는데, 예를 들어 당화된 단백질은 특이적 당-결합 특성을 가진 식물이나 동물 단백질인 **렉틴(lectin)**에 의해 포획될 수 있다. 일례로, 작두콩(*Canavalia ensiformis*)에서 유래한 콘카나발린 A(concanavalin A)는 *O*-결합 글리칸(*O*-linked glycan)의 말단 포도당이나 만노즈에 결합한다.

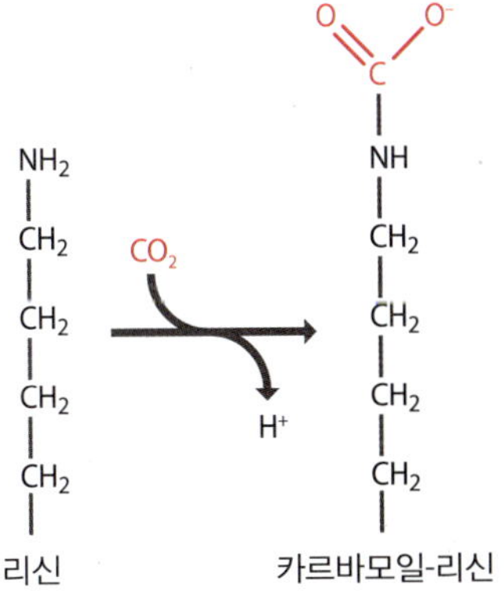

그림 13.41 리신의 카르바모일 유도체 형성.

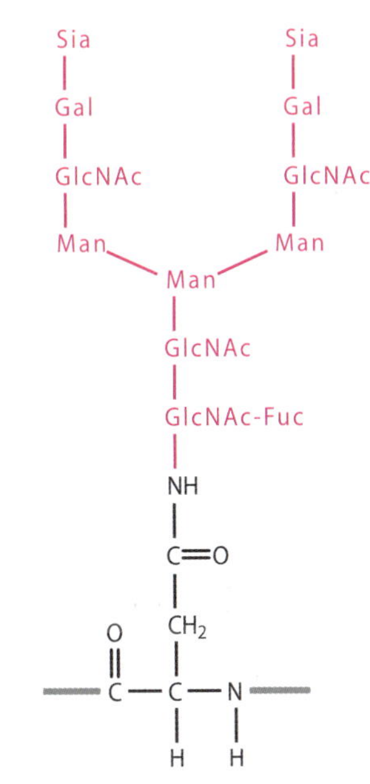

그림 13.40 당화. (A) *O*-연결 당화. 여기에서 보여주는 구조는 다수의 당단백질에서 발견되는 것이다. 여기서는 세린에 부착된 것으로 보이나, 트레오닌에 연결될 수도 있다. (B) *N*-연결 당화는 일반적으로 *O*-연결 당화에서 보이는 것보다 더 큰 당 구조물을 만든다. 그림은 아스파라기니에 부착된 복잡한 글리칸의 전형적인 예이다. 약자: Fuc, fucose; Gal, galactose; GalNAc, *N*-acetylgalactosamine; GlcNAc, *N*-acetylglucosamin; Man, mannose; Sia, sialic acid.

13.5 단백질체 이후

단백질 합성은 전통적으로 유전체 발현의 최종 단계로 생각되었다. 그러나 이러한 견해는 유전체와 세포의 생화학을 연결하는 최종 연결고리 일부로서의 단백질체의 진정한 역할을 애매하게 만든다. 이 연결의 특성을 탐구하는 것은 생물학적 연구의 가장 놀랍고 생산적인 분야 중 하나인 것으로 증명되었다. 그리고 **대사체(metabolome)**와 **시스템생물학(systems biology)**이라는 새로운 개념을 이끌어내었다.

대사체는 세포 내에 존재하는 완전한 세트의 대사물이다

생물학에서는 종종 가장 중요한 진전이 일부 획기적인 실험의 결과가 아니라 생물학자들이 문제에 대해 새로운 생각을 하면서 생겨난다. 대사체 개념이 그 한 예이다. 대사체는 특정 조건하 세포나 조직내 존재하는 완전한 대사물(metabolite)의 집합이다. 다시 말하면, 대사체는 생화학적 청사진으로, 이를 연구하는 것을 **대사체학(metabolomics)** 또는 **생화학적 프로파일링(biochemical profiling)**이라 부른다. 이는 질병의 상태와 같은 서로 다른 생리학적 상태에서 세포나 조직이 가지는 생화학적 상태를 정확하게 설명해 준다. 세포의 생화학을 대사물 목록으로 변환시키는 대사체학은 단백질체와 기타 유전체 발현 연구로부터 나오는 자세한 정보와 대등한 직접적으로 연결될 수 있는 데이터를 제공해준다.

대사체는 적외선 분광학, 질량 분광학, 핵 자기공명 분광학과 같은 화학적 기술을 사용한다는 것이 특징이다. 이러한 기술은 개별적으로 또는 조합적으로 세포내 대사물을 구성하는 다양한 작은 분자를 구별하고 양을 알아낼 수 있다. 이러한 데이터가 해당 과정이나 TCA(tricarboxylic acid cycle)와 같은 잘 분석된 생화학적 경로의 다양한 단계의 반응 속도에 대한 지식과 연합될 때 **대사 흐름(metabolic flux)**에 대한 모델을 만들 수 있다. 대사 흐름은 대사물이 세포 생화학을 구성하는 경로의 네트워크를 이동하

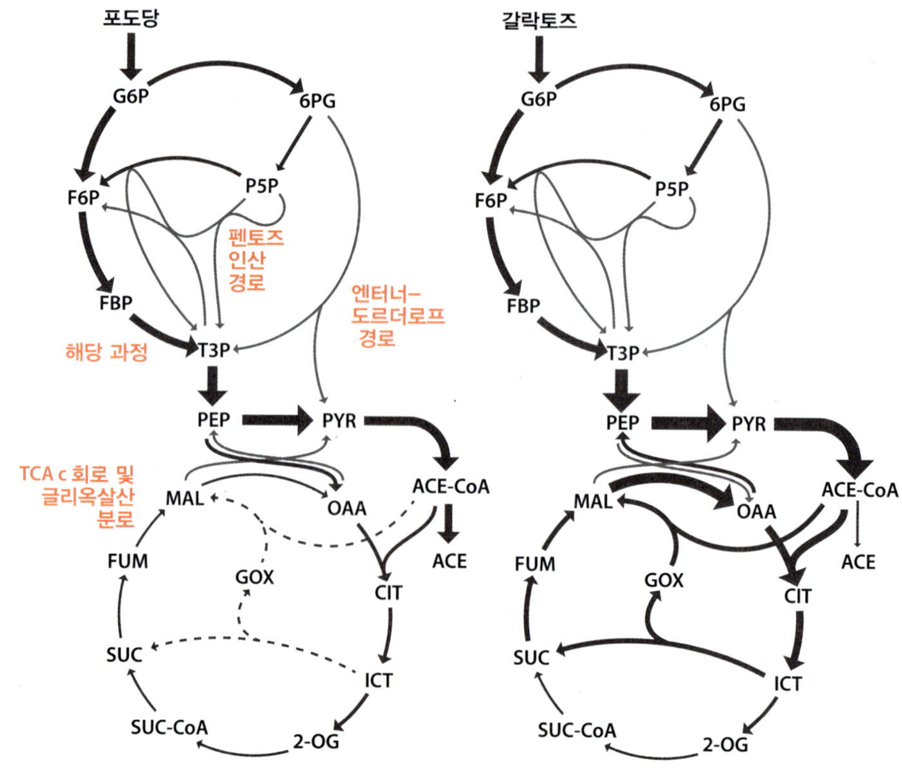

그림 13.42 ***E. coli*에 의한 당 이용 대사 흐름의 연구.** 대사흐름 분석의 이 예는 E. coli가 포도당(왼쪽)이나 갈락토즈(오른쪽)에서 혐기성으로 성장하는 중 주요 에너지-생성 경로를 망라하는 대사흐름을 보여준다. 흐름 분석으로 포도당을 사용할 때에 비해 갈락토즈를 사용하는 경우 글리옥살산염 분로(glyoxylate shunt)와 변형된 TCA(tricarboylic acid, 트리카르복실산)회로를 더 많이 사용한다는 것을 볼 수 있다. (Haverkorn van Rijsewijk BRB, Nanchen A, Nallet S et al. [2011] *Mol Syst Biol* 7:477에서 인용. EMBO Press의 허락을 득함.)

는 대사물의 이동 속도이다(그림 13.42). 대사물 변화는 네트워크의 하나 또는 그 이상 부분을 이동하는 대사물의 흐름의 혼선을 의미하는 것으로 정의될 수 있고, 생리학적 상태에서 생화학적 변화의 기초가 되는 자세한 내용을 설명해준다. 이것은 **대사 공학(metabolic engineering)**의 가능성을 열었다. 대사 공학은 돌연변이나 DNA 재조합 기술을 사용하여 유전체를 변형하여 미생물에 의한 항생제 합성이 증가하는 등의 원하는 방향으로 세포의 생화학 작용이 일어나도록 하는 것이다.

최근, 대사체는 생화학이 비교적 단순한 박테리아나 효소와 같은 생물에서 가장 많은 발전을 이루었다. 현재 건강한 조직과 질병 상태 그리고 약물 치료 중인 환자들의 대사 프로파일을 설명하려는 목적으로 상당한 연구가 사람의 대사체로 방향이 전환되고 있는 중이다. 이러한 연구가 성숙하게 되면, 대사 정보를 사용하여 질병 상태에서 일어나는 특정한 비정상적인 흐름을 돌려 놓거나 완화시키는 약을 설계할 수 있게 될 것이다. 생화학적 프로파일링은 또한 약물 치료 중 어떤 원치 않는 부작용을 알아내어 약품의 화학적 구조나 작용 양상에 변화를 주도록 함으로써 부작용을 최소화할 수 있다.

시스템 생물학으로 세포 활성의 종합적인 설명이 가능하다

대사 흐름과 같은 개념이 강조되면서 유전체가 합성을 지시하는 RNA, 단백질 그리고 대사물과 같은 단순한 분자뿐만 아니라 이러한 분자의 조화로운 활성을 이루는 생물적 시스템의 이해에 대한 중요성이 대두되었다. 시스템에 대한 중요성이 새롭게 대두되면서 유전자에서 유전체로 도약을 이루었던 것과 같은 발전이 일어날 것이다. 유전체 이전 시대인 분자생물학 원칙의 바탕 중 하나는 1940년대 비들(George Beadle)과 타툼(Edward Tatum)에 의해 제시되었던 하나의 유전자-하나의 효소 가설이었다. "하나의 유전자-하나의 효소(one gene-one enzyme)" 가설로서, 비들과 타툼은 하나의 유전자가 하나의 단백질을 암호화하며, 그 단백질이 하나의 효소라면, 단일 생화학적 반응을 수행한다는 것을 강조하였다. 예를 들면, *E. coli*의 *trypC* 유전자는 효소인 indole-3-glycerol-phosphate 합성효소를 암호화한다. 이것은 1-(2-carboxyphenylamino)-1′-deoxyribulose-5′-phosphate를 indole-3-glycerol-phosphate로 전환하는 효소이다. 그러나 이 효소가 독립적으로 작동하지는 않는다. 이 활성은 프립토판을 합성하는 생화학적 경로의 일부를 구성한다. 이 경로의 다른 효소는 유전자 *trpA*, *trpB*, *trpD*, 그리고 *trpE*에 의해 암호화되며, *trpC*와 함께 *E. coli*의 트립토판 오페론을 구성한다(그림 8.9B). 트립토판 생합성 경로는 단순한 생물학적 시스템이며, 트립토판 오페론은 그 경로를 특정하는 한 세트의 유전자들이다. 그러나 오페론에 존재하는 유전자를 단순히 전사하고 번역하는 것으로는 트립토판 합성이 일어나지 않는다. 이 시스템이 성공적으로 작동하려면 효소는 세포의 적절한 자리에, 적절한 양으로, 그리고 적절한 시간에 위치해야 한다. 즉, 이 시스템은 유전자가 암호화하는 단백질의 합성 속도, 단백질이 기능적 효소로 정확하게 접힘, 효소 분자의 분해 속도, 이들의 세포내 위치, 그리고 트립토판을 합성하는 데 필요한 대사물과 보인자들이 존재하는지 등에 의존한다. 이 단순한 생물학 시스템도 상당히 높은 복잡성을 가지기 시작한다. 그러나 지금 이 시스템은 *E. coli* 유전체에 있는 4,315개 유전자 중 단 5개만 고려한 것에 불과하다.

생물학에 시스템적 접근법의 힘을 보여주는 초기 연구는 2000년대 중반에 *E. coli* 편모 합성 연구였다. 유전체 이전 연구로 편모 합성에는 3그룹으로 활성화되는 12개의 오페론으로 구성된 51개의 유전자가 필요하다는 것이 알려졌다(그림 13.43). 활성화되는 첫 그룹에는 하나의 오페론이 들어있다. 이 오페론은 마스터 조절자로 작용하는 하나의 단백질을 암호화하는 2개의 유전자가 들어 있으며, 이 오페론은 두 번째 오페론 그룹의 스위치를 켜준다. 여기에는 7개의 오페론이 속해 있는데, 전체적으로 편모의 가저

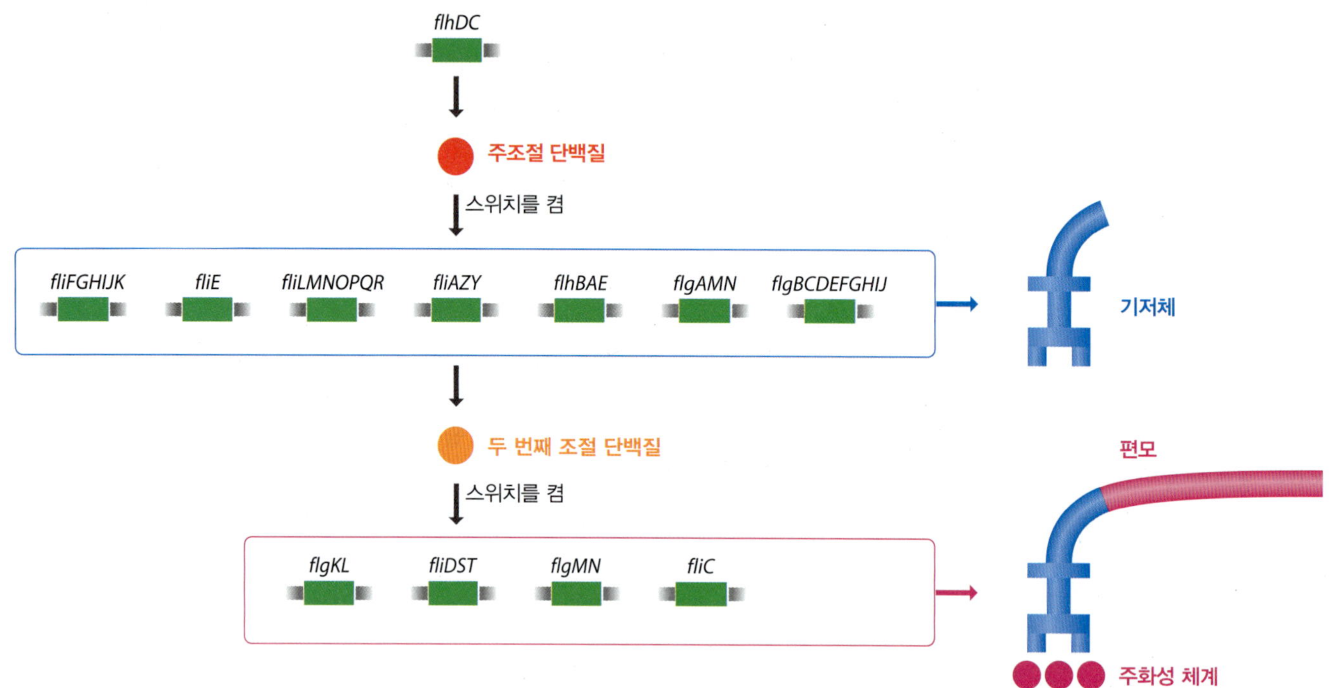

그림 13.43 *E. coli*의 편모 생합성에 관여하는 체계.

체 구조를 구성원을 암호화하는 유전자가 들어있다. 두 번째 오페론 그룹은 편모의 기저체 구조를 형성하는 구성원을 만드는 유전자이다. 이들 유전자 중 하나는 남은 4개의 오페론 스위치를 켜는 두 번째 조절단백질을 가지고 있다. 남은 오페론은 편모의 섬유를 합성하는 유전자와 박테리아가 화학적 자극에 반응하여 회전하여 화합물로 다가가도록 해주는 생화학적 시스템을 암호화한다. 개개의 오페론에 조심스럽게 부착된 추적 유전자를 사용하여 각 그룹의 오페론이 활성화되는 정확한 순서를 알아내었고, 각 오페론에 발현의 상대적 속도를 측정하는 활성화 계수(coefficient)를 찾아내었다. 이렇게 얻어진 정보는 컴퓨터를 이용하여 시스템의 모델을 만드는 데 충분하였고 두 조절 단백질의 자세한 역할을 알게 해주었다. 컴퓨터 모델로부터 (하나의 조절자의 특성 변화와 같은) 시스템의 사소한 변화의 효과를 예측할 수 있게 되었고, 생물학 시스템을 사용하는 다른 실험을 검증할 수 있게 되었다.

박테리아 시스템의 초기 성공에 따라, 모델링이 사람을 비롯하여 진핵생물에서 일어나는 더 복잡한 생물학적 과정에 적용되었다. 시스템 생물학 사용의 예로 흥미로운 것은 사람의 질병 연구로, GRP78로 불리는 샤페론 단백질이 에스트로겐이 유방암세포의 증식을 자극하는 능력을 방해하는 타목시펜(tamoxifen)이나 ICI 182,780과 같은 약물에 대한 저항성과 연관이 있다는 발견에 의해 촉발되었다. GRP78의 합성이 감소되면, 암세포는 아폽토시스로 들어가고 증식을 멈춘다. 반면 GRP78이 지나치게 발현하면, 암은 약물-저항성을 가지고, 암세포는 약물 처리로 생기는 스트레스에 반응하여 손상된 세포 구성물을 분해하고 재순환시키는 과정인 자가소화(autophagy)를 증가시킨다. GRP78의 정상적 기능인 단백질 접힘, 아폽토시스, 자가소화의 상호작용을 분석하면 유방암 세포가 어떻게 약물 저항성을 얻게 되고, 이것은 다시 더 나은 항-에스트로겐 약물을 설계하도록 도와줄 수 있다. 중요한 질문은 약물 저항을 알아내는 믿을만한 지표로 사용할 수 있도록 분석하고자 할 때, 지금의 단백질 접힘, 아폽토시스 그리고 자가소화에 대한 분자적 이해 정도가 충분한가 하는 것이다. 이러한 질문에 답하기 위해서, 가능한 데이터를 사용하여 건강한 조직에서 단백질 접힘, 아폽토시스, 그리고 자가소화에 바탕이 되는 분자적 사건에 대한 모델을 독립적으로 만들었다. 이 3개의 모델은 다시 유방암

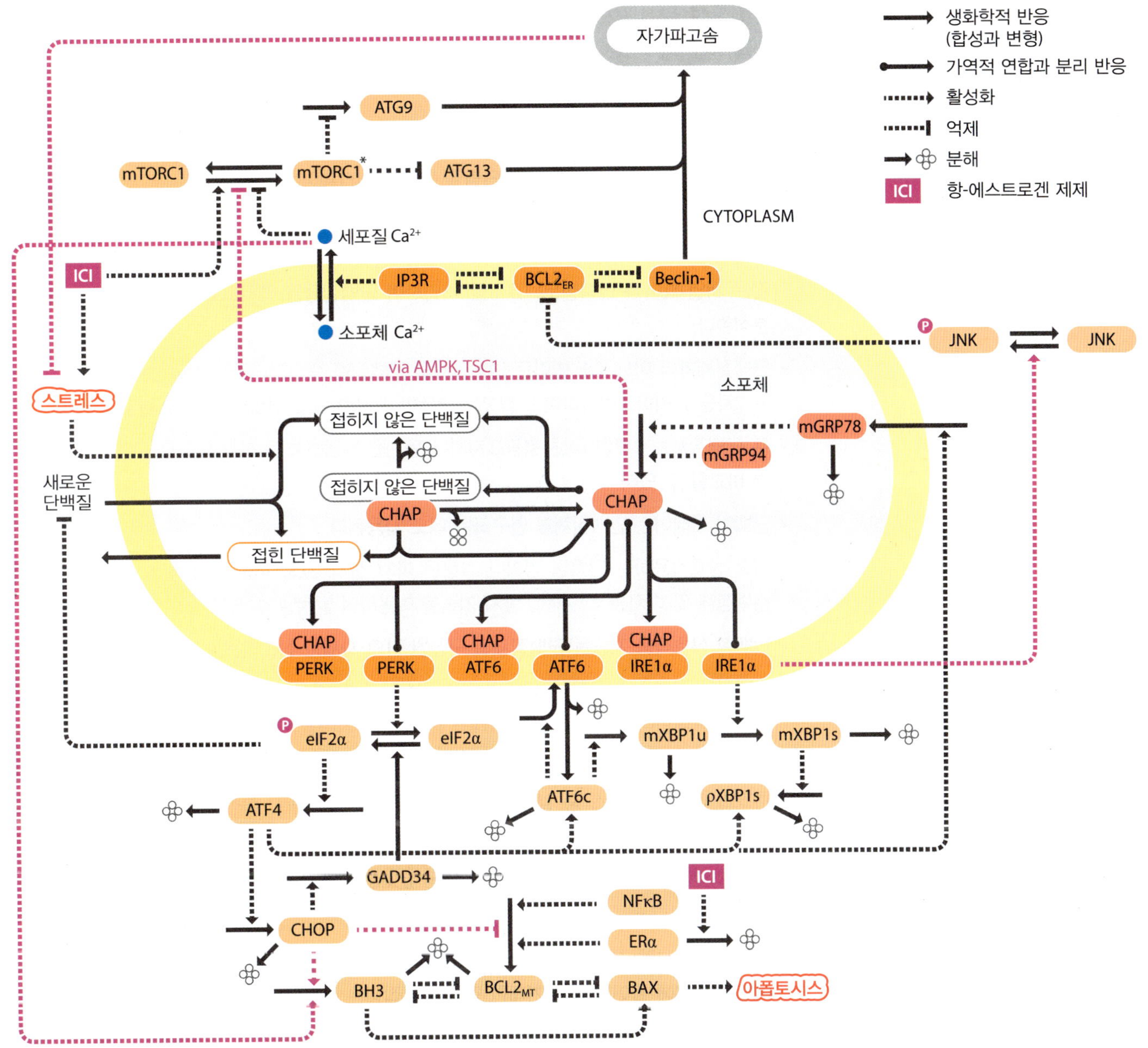

그림 13.44 유방암 세포에서 단백질 접힘, 아폽토시스, 자가소화에 대한 통합 모델. 직선은 생화학적 반응(합성, 분해, 변형)을 의미한다. 점선은 상호작용을 의미한다. (화살표로 이루어진 점선은 활성화이며, 막대로 마감된 것은 저해를 의미한다.) 노란색으로 경계된 지역은 소포체로서, 여기서 단백질 접힘이 일어난다. 아폽토시스와 자가소화는 세포질에서 일어난다. 통합 모델은 정상인 사람 세포에서 단백질 접힘 모델(그림의 가운데), 자가소화(맨 위), 아폽토시스(맨 아래)에 대한 독립적 모델을 바탕으로 유방암 조직에서 일어나는 교차-대화에 대한 알려진 데이터를 종합적으로 연결하여 만들어졌다. (Parmar JH, Cook KL, Shajahan-Haq AN et al. [2013] *Interface Focus* 3[4]:20130012에서 인용. The Royal Society의 허락을 득함.).

조직에서 세 과정 사이의 교차-대화(cross-talk)에 대한 정보를 추가하면서 통합하였다(그림 13.44). 교차-대화는 하나의 과정이 다른 과정의 사건에 영향을 주는 도중에 일어나는 사건에 대해서 사용되는 말이다.

항-에스트로겐 약물의 존재나 부재 중 유방암 세포에서 관찰되는 GRP78 억제와 과발현에 대해, 이 통합 모델이 얼마나 잘 설명하는가를 검증하는 데 수학적 접근법이 이어서 사용된다. 수학적 분석으로 예측된 결과는 실험 결과와 매우 근접한 것으로 밝혀지면서, 현재 우리의 단백질 접힘, 아폽토시스, 자가소화에 대한 지식이 탄탄해졌으며,

그림 13.44에서 보여주는 모델이 유방암의 약물 저항성의 분자적 근거에 대한 실험 데이터의 해석과 적용에 사용될 수 있다는 것을 보여주었다.

요약

- 단백질체는 세포 내에 존재하는 단백질 분자의 집합체이다.
- 단백질체의 조성은 위-아래 및 아래-위 과정으로 조사할 수 있다. 위-아래 단백질체학은 질량분석기로 개개의 단백질을 직접 조사하는 것이다. 반면 아래-위 단백질체학은 트립신과 같은 서열-특이적 단백질분해효소를 처리하여 단백질들을 펩티드로 만든 후 질량분석기로 분석한다.
- 단백질체학의 어느 접근법이든 단백질체의 단백질을 순수분리하는 것이 첫 단계이다. 이것은 2차원 폴리아크릴아마이드 젤 전기영동이나 컬럼 크로마토그래피로 수행될 수 있다.
- 두 단백질체는 2개의 다른 형광표지자나 동위원소-암호화된 친화 테그로 구성원을 표지하면 비교할 수 있다.
- 단백질 어레이는 단백질체를 연구하는 데도 사용된다.
- 서로 상호작용하는 단백질 쌍이나 그룹은 파지 전시, 효모 이중-교잡 체계, 연속적 친화성 순수정제 및 다차원적 단백질 탐지 기술을 이용하여 밝혀낼 수 있다.
- 단백질 상호작용 지도는 단백질체의 구성원 간의 자세한 상호작용을 보여준다.
- 단백질은 리보솜에서 합성된다. 이것은 단백질 합성 중 사건을 조율하고 적어도 일부 화학반응을 촉매한다. 박테리아는 스트레스 중 리보솜을 비활성화 할 수 있다.
- 진핵생물에서, 개시 인자는 큰-범위에서 단백질체 구조 리모델링을 매개한다. 예를 들어, 열충격과 같은 스트레스 중 일어나는 eIF-2의 인산화로 단백질 합성 수준이 전체적으로 감소된다. 개별 mRNA 번역 역시 조절될 수 있다.
- 분해 경로는 표적 단백질을 유비퀴틴으로 표지하고 프로테아솜에서 분해하는 수순을 밟는다.
- 대부분의 폴리펩티드는 그들의 3차 구조로 접힐 때까지 비활성이다. 접힘에 대한 정보는 아미노산 서열에 들어있지만, 거대한 단백질의 접힘은 복잡하므로 부정확한 곁가지 경로를 따라 부분적으로 접힌 단백질이 만들어질 수 있다. 분자 샤페론은 다른 단백질이 접히는 것을 돕는 단백질로 접힘의 실수를 줄인다.
- 일부 단백질은 내부 절단으로 다듬어지는데, 비활성 단백질을 활성형으로 전환시키는 수단이 되기도 한다. 다중단백질이 잘려서 여러 단백질 산물을 만든다.
- 당화, 아실화, 또는 작은 화학기의 부착으로 화학적 변형이 일어나 단백질 활성에 변화를 가져올 수 있다.
- 대사체는 특정 조건에서 세포나 조직 내에 존재하는 완전한 대사물의 집합체로 정의된다.
- 시스템 생물학은 세포내 활성을 통합적으로 설명하고자 한다.

단답형 문제

1. 위-아래와 아래-위 단백질체학에 사용되는 방법을 비교하라.
2. 단백질 프로파일링의 질량분석기 단계 이전에 단백질체 조성이 어떻게 분리되는지 설명하라.

3. 단백질 프로파일링에 사용되는 여러 다른 질량분석법을 요약하라.
4. 2개의 다른 단백질체의 조성의 차이는 어떻게 구별할 수있는가?
5. 상호작용하는 단백질을 탐색하는 방법으로는 어떤 것이 있는가?
6. 박테리아와 진핵생물의 리보솜 조성을 비교하라.
7. 박테리아가 스트레스 하에서 자신의 단백질체를 감소하는 방법을 설명하라.
8. 진핵생물 개시 인자 인산화와 전사체-특이적 조절에 의해 단백질체의 크고 작은 변화를 어떻게 가져올 수 있는가?
9. 단백질은 어떻게 분해되는가?
10. 단백질 접힘 경로의 주요 특징을 요약하고 단백질 접힘에서 분자 샤페론 역할을 설명하라.
11. 단백질 다듬기에서 (A) 단백질 절단과 (B) 화학적 변형의 역할을 요약하라.
12. 대사체학과 시스템 생물학의 목적을 설명하라.

사고형 문제

1. 한 쌍의 단백질이 기본적인 상호 연결성은 가지지만 물리적 접촉을 하지 않는 상황은 어떤 것인가? 한 쌍의 단백질이 물리적 접촉을 하지만 기본적 상호작용은 하지 않는 반대의 상황이 존재할 수도 있을까?
2. 단백질 상호 연관 지도에서 허브의 역할에 대해 토론해보라.
3. DNA 폴리뉴클레오티드가 mRNA라는 중간 매개자 없이 직접적으로 단백질로 번역되지 않을 생물학적 이유가 없어보인다. 진핵생물이 mRNA의 존재에서 얻는 장점이 무엇인가?
4. 단백질이 합성되는 자세한 과정을 이해하는 데 리보솜 구조 연구가 어떤 가치가 있을까?
5. 시스템 생물학이 현재 많은 주목을 받는 이유가 무엇인지 설명하라.

Further Reading

Methods for studying the composition of a proteome

Catherman, A.D., Skinner, O.S. and Kelleher, N.L. (2014) Top Down proteomics: facts and perspectives. *Biochem. Biophys. Res. Commun.* 445:683–693.

Görg, A., Weiss, W. and Dunn, M.J. (2004) Current two-dimensional electrophoresis technology for proteomics. *Proteomics* 4:3665–3685.

Mann, M., Hendrickson, R.C. and Pandey, A. (2001) Analysis of proteins and proteomes by mass spectrometry. *Annu. Rev. Biochem.* 70:437–473.

Phizicky, E., Bastiaens, P.I.H., Zhu, H., et al. (2003) Protein analysis on a proteomic scale. *Nature* 422:208–215. *Reviews all aspects of proteomics.*

Shimada, T., Yoshida, H. and Ishihama, A. (2013) Involvement of cyclic AMP receptor protein in regulation of the *rmf* gene encoding the ribosome modulation factor in *Escherichia coli*. *J. Bacteriol.* 195:2212–2219.

Sutandy, F.X.R., Qian, J., Chen, C.-S. and Zhu, H. (2013) Overview of protein microarrays. *Curr. Protoc. Protein Sci.* 27:Unit 27.1.

Walton, H.F. (1976) Ion exchange and liquid column chromatography. *Anal. Chem.* 48:52R–66R.

Yates, J.R. (2000) Mass spectrometry: from genomics to proteomics. *Trends Genet.* 16:5–8.

Zhang, Y., Fonslow, B.R., Shan, B., et al. (2013) Protein analysis by shotgun/bottom-up proteomics. *Chem. Rev.* 113:2343–2394.

Zhu, H., Bilgin, M. and Snyder, M. (2003) Proteomics. *Annu. Rev. Biochem.* 72:783–812.

Identifying protein interactions

Gavin, A.-C., Bösche, M., Krause, R., et al. (2002) Functional organization of the yeast proteome by systematic analysis of protein complexes. *Nature* 415:141–147.

Han, J.-D.J., Bertin, N., Hao, T., et al. (2004) Evidence for dynamically organized modularity in the yeast protein–protein interaction network. *Nature* 430:88–93. *Defines party and date hubs.*

Jeong, H., Mason, S.P., Barabási, A.-L. and Oltvai, Z.N. (2001) Lethality and centrality in protein networks. *Nature* 411:41–42. *The first version of the yeast protein interaction map.*

Menche, J., Sharma, A., Kitsak, M., et al. (2015) Uncovering disease-disease relationships through the incomplete interactome. *Science* 347:1257601.

Pande, J., Szewczyk, M.M. and Grover, A.K. (2010) Phage display: concept, innovations, applications and future. *Biotechnol. Adv.* 28:849–858.

Parrish, J.R., Gulyas, K.D. & Finley, R.L. (2006) Yeast two-hybrid contributions to interactome mapping. *Curr. Opin. Biotechnol.* 17:387–393.

Snider, J., Kotlyar, M., Saraon, P., et al. (2015) Fundamentals of protein interaction network mapping. *Mol. Syst. Biol.* 11:848.

Protein synthesis

Kapp, L.D. and Lorsch, J.R. (2004) The molecular mechanics of eukaryotic translation. *Annu. Rev. Biochem.* 73:657–704.

Rodnina, M.V. (2016) The ribosome in action: tuning of translational efficiency and protein folding. *Prot. Sci.* 25:1390–1406.

Schmeing, T.M. and Ramakrishnan, V. (2009) What recent ribosome structures have revealed about the mechanism of translation. *Nature* 461:1234–1242.

Steitz, T.A. and Moore, P.B. (2003) RNA, the first macromolecular catalyst: the ribosome is a ribozyme. *Trends Biochem. Sci.* 28:411–418.

Wilson, D.N. and Cate, J.H.D. (2012) The structure and function of the eukaryotic ribosome. *Cold Spring Harb. Perspect. Biol.* 4:a011536.

Factors influencing the composition of a proteome

Hershey, J.W.B., Sonenberg, N. and Mathews, M.B. (2012) Principles of translational control: an overview. *Cold Spring Harb. Perspect. Biol.* 4:a011528.

Hinnebusch, A.E., Ivanov, I.P. and Sonenberg, N. (2016) Translational control by 5'-untranslated regions of eukaryotic mRNAs. *Science* 352:1413–1416.

Komar, A.A. and Hatzoglou, M. (2011) Cellular IRES-mediated translation: the war of ITAFs in pathophysiological states. *Cell Cycle* 10:229–240.

Polikanov, Y.S., Blaha, G.M. and Steitz, T.A. (2012) How hibernation factors, RFF, HPF, and YfiA turn off protein synthesis. *Science* 336:915–918.

Protein degradation

Varshavsky, A. (1997) The ubiquitin system. *Trends Biochem. Sci.* 22:383–387.

Voges, D., Zwickl, P. and Baumeister, W. (1999) The 26S proteasome: a molecular machine designed for controlled proteolysis. *Annu. Rev. Biochem.* 68:1015–1068.

Protein folding and other protein processing events

Anfinsen, C.B. (1973) Principles that govern the folding of protein chains. *Science* 181:223–230. *The first experiments on protein folding.*

Chapman-Smith, A. and Cronan, J.E. (1999) The enzymatic biotinylation of proteins: a post-translational modification of exceptional specificity. *Trends Biochem. Sci.* 24:359–363.

Daggett, V. and Fersht, A.R. (2003) Is there a unifying mechanism for protein folding? *Trends Biochem. Sci.* 28:18–25.

Drickamer, K. and Taylor, M.E. (1998) Evolving views of protein glycosylation. *Trends Biochem. Sci.* 23:321–324.

Mayer, M.P. (2013) Hsp70 chaperone dynamics and molecular mechanism. *Trends Biochem. Sci.* 38:507–514.

Smith, A.I. and Funder, J.W. (1988) Proopiomelanocortin processing in the pituitary, central nervous system, and peripheral tissues. *Endocr. Rev.* 9:159–179.

Yébenes, H., Mesa, P., Muñoz, I.G., et al. (2011) Chaperonins: two rings for folding. *Trends Biochem. Sci.* 36:424–432.

Metabolomics and systems biology

Beger RD (2013) A review of applications of metabolomics in cancer. *Metabolites* 3:552–574.

Covert, M.W., Schilling, C.H., Famili, I., et al. (2001) Metabolic modeling of microbial strains *in silico*. *Trends Biochem. Sci.* 26:179–186. *Explains the concept of metabolic flux.*

Kirschner, M.W. (2005) The meaning of systems biology. *Cell* 121:503–504.

Parmar, J.H., Cook, K.L., Shajahan-Haq, A.N., et al. (2013). Modelling the effect of GRP78 on anti-oestrogen sensitivity and resistance in breast cancer. *Interface Focus* 3:20130012.

CHAPTER 14

세포와 생물에서 유전체 발현

이 책의 제3부는 염색체 DNA가 어떻게 뉴클레오솜으로 포장되며, 염색질(chromatin) 가닥이 개별 유전자에 대한 접근성에 어떤 영향을 미치며, 접근성이 어떻게 유전체 발현의 전체적 패턴을 정하는지, 핵 속을 들여다 보는 것으로 시작하였다. 이어서 제11장과 제12장에서는 핵에서 DNA-결합 단백질과 유전체 사이의 상호작용이 전사체에 어떤 영향을 미치는 살펴보았고, 제13장에서는 세포질로 옮겨가서 단백질체의 합성과 유지에 대해 살펴보았다. 4개 장에 걸쳐서 우리의 관심은 유전체와 유전체가 특정하는 RNA와 단백질에 집중되었었다. 그러나 유전체는 자신의 이익만을 위해 존재하지는 않는다. 유전체는 그 자체가 생명체이거나 거대한 다세포성 생물을 이루는 한 부분으로서 세포 안에 존재한다. 전사체와 단백질체를 통해, 유전체는 자신이 존재하는 세포에서 일어나는 생화학적 활성을 지휘해서 세포가 에너지를 생성하고 성장하여 분열하도록 해준다. 유전체는 생화학적 활성이 영양공급원이나 주요 물리적 그리고 화학적 조건에 지속적으로 조율되도록 세포외 환경에 반응하여야 한다. 다세포성 생물에서, 세포는 생물이 반드시 적응하여야 하는 환경변화의 신호일 뿐만 아니라 다세포성 생물이 하나의 통일된 존재로서 살아가도록 다른 세포들의 생화학적 활성을 조율하는 호르몬이나 성장인자에 반응하여야 한다. 이러한 세포외 신호에 대한 유전체 반응은 일반적으로 일시적이다. 신호가 멈추면 원형으로 되돌아가거나 한 유형의 신호가 다른 유형의 신호로 내체되면 새로운 패턴을 만들게 된다.

유전체 활성의 다른 변화는 영구적이거나 적어도 반영구적으로, 쉽게 되돌아가지 않는 방법으로, 세포의 생화학적 특성을 변하게 한다. 이러한 변화는 세포가 특수한 생리적인 역할을 수행하도록 적응된 형태인 세포의 **분화(differentiation)**를 가져온다. 많은 단세포 생물의 분화 경로가 알려져 있으나, 대부분의 분화는 다양하게 특수화된 세포 종류(사람의 경우 거의 400종 이상의)가 조직과 기관으로 조직화되는 다세포 생물과 연관이 있다. 긴 시간에 걸쳐 일어나는 이렇게 복잡한 다세포성 구조의 조립과 변형은 개체의 **발생(development)** 과정 동안 일어난다. 이것을 성공적으로 완성시키려면 정해진 순서대로 적절한 시간에 발생 사건들이 진행되도록 유전체 활성이 시간적으로 조절되어야 한다.

이 장에서는 세포와 개체의 측면에서 외부 신호에 반응하고 분화와 발생의 바탕이 되는 생화학적 변화를 가져오는 유전자 활성이 어떻게 일어나는지 살펴보고자 한다. 이러한 모든 과정의 바탕은 앞서 2개 장에서 다룬 전사체와 단백질체를 설명할 때 계속되는 수제였던 유전체 발현 조절이다. 유전체 발현 조절의 여러 방법에 대해 이미 다루었으므로, 여기서는 이 내용을 반복하기보다는 이 장의 제목이 말해 주듯이, 이러한 조절체계가 세포와 개체의 측면에서 어떻게 작동하는지에 대해서 다루고자 한다.

14.1 외부 신호에 대한 유전체의 반응

단세포 생물에서 가장 중요한 외부 자극은 영양물질의 유용 가능성과 관련되어 있다.

이러한 세포들은 영양물질의 종류와 상대적인 양이 계속적으로 변하는 다양한 환경에서 살아간다. 단세포 생물의 유전체는 다양한 영양물질을 흡수하고 이용하는 유전자를 가지고 있으며, 영양물질 유용성의 변화는 유전체 활성의 변화로 나타난다. 즉, 특정 시점에 특정 영양물질을 이용하기 위한 유전자만이 발현된다. 포도당과 젖당 공급에 반응하는 *E. coli*의 젖당 오페론은(12.2절) 박테리아 유전체가 외부 환경의 영양 상태에 영향을 받는 대표적인 예가 된다. 다세포 생물에서 대부분의 세포는 비교적 변화가 적은 환경에서 살아간다. 그러나 이러한 환경의 유지는 다양한 세포 활성의 조율을 필요로 한다. 즉, 이들에게 주된 외부 자극이란 호르몬, 성장 인자, 그리고 개체 내 신호전달 물질들이며, 이들은 조율된 유전체 활성 변화를 일으킨다.

유전체 활성에 영향을 주려면 외부 인자인 영양물질, 호르몬, 성장 인자, 또는 기타 세포외 물질이 세포내 변화를 초래해야 한다. 이것이 일어나는 방법에는 다음 두 가지가 있다(**그림 14.1**).

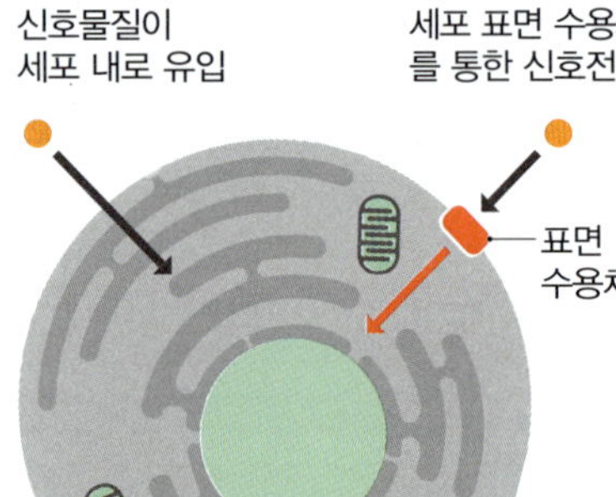

그림 14.1 세포외 신호물질이 세포내 유전체 활성에 영향을 주는 2가지 방법.

- 직접적 방법으로, 신호물질이 세포막을 통과하여 세포 내로 들어와 작용하는 방법이다.
- 간접적 방법으로, 세포 표면의 수용체와 결합하여 신호를 세포내로 전달하는 방법이다.

직접적이든 간접적이든 신호전달은 세포생물학에서 주된 연구 분야로서, 특히 암의 배경이 되는 비정상적 생화학적 활성과의 연관성이 주목을 끌고 있다. 신호전달에 관한 수많은 예가 발견되었는데, 일부는 특정 생물에게만 한정되고, 일부는 다양한 생물에 발견된다. 여기서는 가장 중요한 신호전달 경로에 대해 알아보고자 한다.

유입된 세포외 신호물질에 의한 신호전달

우선 세포막을 통과하여 세포로 들어올 수 있는 신호전달 물질을 살펴보자. 유입된 신호전달 물질은 이전 장에서 다루었던 다양한 조절 단백질들과 같은 방법으로 작용하여 유전체 발현에 영향을 줄 수 있다. 예를 들어, 전사개시 복합체의 조립을 활성화하거나 억제하고(12.2절), 스플라이싱 인핸서나 사일런서와 상호작용하는 것이다(12.4절). 이것은 비교적 단순한 유전체 활성 조절 방법으로 보이지만, 일반적인 방법은 아니다. 이유는 뚜렷하지 않으나, 적어도 부분적으로 이것은 막을 효율적으로 통과하는 데 필요한 소수성 특징과 수용성 세포질을 통과하여 단백질이 작용할 핵이나 기타 자역으로 이동하는 데 필요한 친수성의 특징을 모두 갖춘 단백질을 만들기 어렵기 때문일 것이다.

이러한 방법으로 작용할 수 있는 신호전달의 확실한 예는 락토페린(lactoferrin)으로 우유에서 주로 발견되며 적지만 혈액에서도 발견되는 포유류 단백질이다. 이것의 기능이 정확히 알려지지 않았으나, 미생물의 공격에서 신체를 방어하는 데 관여할 것으로 보인다. 이름에서 알 수 있듯이, 락토페린은 철과 결합할 수 있다. 이것이 방어적 기능을 하는 이유는 적어도 부분적으로는 우유 속 미생물의 필수 보조인자인 자유-철분 농도를 낮추어 생장을 억제하기 때문으로 보인다. 이러한 락토페린이 유전체 활성에 관여할 것처럼 보이지는 않았다. 그러나 1980년대 초부터 이 단백질이 다양한 역할을 하며, 특히 DNA 결합 능력이 있다는 것이 알려지기 시작했다. 이 특성은 면역 반응에 관여하는 혈액세포를 자극하는 락토페린의 두 번째 기능과 관련된 것으로, 1992년에 이 단백질이 면역세포에 흡수되서 핵으로 이동한 후 유전체에 부착하는 것이 알려졌다. 그 후 DNA 결합이 서열 특이적이며, 이것의 결합으로 적어도 배양세포에서 인터루킨 1β 유전자 전사를 촉진시키는 것이 밝혀졌다. 이 결과로서 락토페린이 전사인자인 것이 추정되었으나, 이 결론을 섣불리 내리는 것은 조심해야 한다. 락토페린 유전자는 2개의 선택적 프로모터를 가진다(12.2절). 하나의 프로모터에서는 분비되어 다른 세포에 흡수되는 완전한-길이의 단백질이 만들어진다. 두 번째 프로모터에서는 δ-락토페린으로 불리는 완전한 길이의 N-말단에 있는 신호펩티드가 없는 짧은 형태가 만들어진다. 그 결과 δ-락토페린은 분비되지 않으며, 이것이 합성된 세포에서 전사인자로 작용하는 것이 밝혀졌다. 즉, 분비된 락토페린의 활성은 실제가 아니라 이 단백질이 δ-락토페린 결합자리에 실제로 부착하며 생긴 인위적(artificial)인 현상일 수 있다. 이 인위적 결합은 배양세포와 같은 실험적 체계에서 발견될 수 있으나 실제 조직과는 무관할 수도 있다.

존재한다고 해도 매우 적은 수의 세포내 유입된 신호 물질만이 유전체 발현의 활성자나 억제자로 작용할 수 있을 뿐이다. 대다수는 이미 존재하는 조절 단백질의 활성에 영향을 준다. 12.2절에서 *E. coli*(대장균)의 젖당 오페론에서 이러한 유형의 조절의 예를 다룬 바 있다. 이 오페론은 세포외 젖당 농도에 반응하는데, 신호 물질로 작용하는 젖당이 세포로 들어온 후, 이성질체인 알로락토즈로 변환되고, 젖당 억제자의 DNA 결합 능력에 영향을 주어 젖당 오페론의 전사 여부를 결정한다(그림 12.13 참조). 당의 이용에 관여하는 유전자를 포함하는 많은 박테리아 오페론들이 이러한 방법으로 조절된다. 신호물질과 전사인자 상호작용은 진핵생물 유전체 활성 조절의 일반적인 방법이기도 하다. 그 좋은 예는 세포내 금속-이온 농도를 일정 수준으로 유지하는 조절계에서 살펴볼 수 있다. 세포는 구리, 아연과 같은 금속 이온을 생화학적 반응의 보조 인자로 필요로 한다. 그러나 이러한 금속이 특정 수준 이상으로 축적되면 해롭다. 즉, 주변 환경에 이러한 금속 물질이 부족하면 충분한 양을 보유하려고 하지만, 주변 환경의 농도가 높을 때는 지나치게 축적되지 않도록 이들의 흡수를 섬세하게 조절하여야 한다. *S. cerevisiae*(효모)의 구리-조절 체계에서 그 전략을 볼 수 있다. 이 효모는 Mac1p와 Ace1p 2개의 구리-의존적 전사 인자를 가지고 있다. 이 두 활성자가 구리 이온과 결합하면, 단백질은 표적 유전자의 발현을 촉진시킬 수 있는 구조로 변한다(**그림 14.2**). Mac1p의 표적 유전자는 구리-흡수 단백질 유전자며, Ace1p는 구리의 독성을 제거하는 초과산화물 불균등화효소(superoxide dismutase)와 같은 단백질을 암호화하는 유전자가 그 표적이다. Mac1p와 Ace1p 활성의 균형은 신호 분자로 작용하는 금속 이온이 조절하며, 세포내 구리가 수용 가능 수준으로 유지된다.

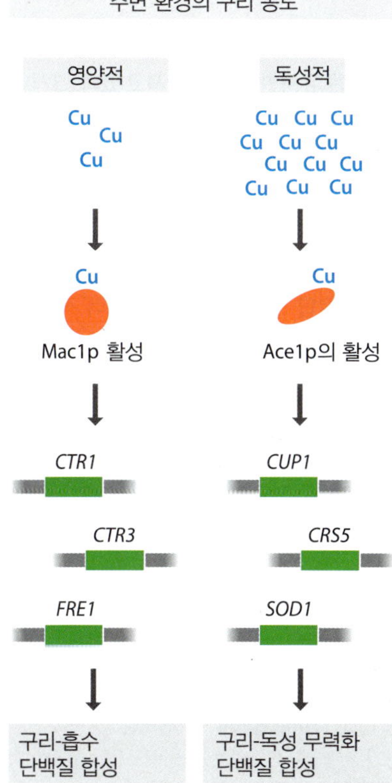

그림 14.2 ***Saccharomyces cerevisia*의 구리-조절 유전자 발현.** 효모는 적은 양의 구리를 필요로 한다. 몇 개의 효소가 (예, 시토크롬 *C* 산화효소와 티로신나제) 구리-함유 금속 단백질(metalloprotein)이기 때문이다. 그러나 지나친 구리는 세포에 독성을 지닌다. 구리 농도가 낮으면, Mac1p 단백질 인자가 금속과 결합하여 활성화되고 구리 흡수 유전자발현의 스위치를 켜지만, 구리 농도가 너무 높으면 두 번째 인자인 Ace1p가 활성화되어 다른 일련의 유전자 발현 스위치가 켜진다. 이들은 구리 독성 무력화에 관여하는 단백질을 암호하는 유전자들이다.

전사활성자는 또한, 고등생물에서 광범위한 세포 생리 활성을 조율하는 신호 물질인, **스테로이드 호르몬(steroid hormone)**의 표적이 된다. 성호르몬(여성의 발달에 관여하는 에스트로겐, 남성 발달에 관여하는 안드로겐), 글루코코르티코이드, 그리고 미네랄코르티코이드 호르몬 등이 여기에 속한다. 스테로이드는 소수성이므로 쉽게 세포막을 통과한다. 세포 내로 들어온 호르몬은 일반적으로 세포질에 존재하는 특이적 **스테로이드 수용체(steroid receptor)** 단백질과 결합한다. 결합으로 활성화된 수용체는 핵으로 이동하여 표적 유전자 상위에 존재하는 **호르몬 반응인자(Hormone response element)**에 부착한다. 일단 결합된 수용체는 전사활성자로 작용한다. 각 수용체의 반응인자는 50~100개의 각각의 유전자 상위의 인핸서 내에 종종 존재하므로, 하나의 스테로이드 호르몬이 광범위한 세포 생화학적 특성에 변화를 가져올 수 있다. 모든 스테로이드 수용체는 구조적으로 유사하여 DNA-결합 도메인뿐만 아니라 다른 영역도 구조적으로 유사하다(**그림 14.3**). 이러한 유사성을 이용하여 대상 호르몬이나 세포 기능이 알려지지 않은 다수의 추정적(putative) 또는 고아(orphan) 스테로이드 수용체를 발견하게 되었다. 구조적 유사성으로 또한 두 번째 수용체 단백질 그룹인 **핵 수용체 수퍼패밀리(nuclear receptor superfamily)**가 작동하는 호르몬은 스테로이드가 아님에도 불구하고, 스테로이드 수용체와 같은 일반적인 클래스에 속한다는 것을 알아내었다. 이름에서 암시하듯이, 이 수용체들은 세포질이 아닌 핵에 존재한다. 여기에는 뼈의

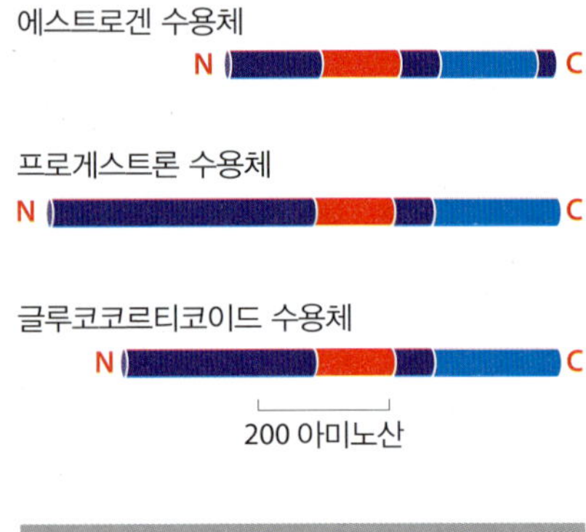

기호

- 다양성 부위
- DNA-결합 도메인
- 호르몬-결합 도메인

그림 14.3 모든 스테로이드 호르몬 수용체 단백질은 유사한 구조를 가지고 있다. 3개의 수용체 단백질을 비교하였다. 펴진 상태의 폴리펩티드는 모두 2개의 보존된 기능적 도메인을 중심으로 정렬하였다. 모든 스테로이드 수용체의 DNA-결합 도메인은 매우 유사하여 50~90%의 아미노산 상동성을 보인다. 호르몬-결합 도메인은 상동성이 더 적어서, 20~60%의 서열 상동성을 가진다.

발달 조절에 관여하는 비타민 D_3와 올챙이에서 개구리로의 변태를 촉진하는 티록신(thyroxine)이 속한다.

스테로이드와 핵 수용체는 이량체이다. 각 소단위는 이 그룹 단백질의 특징인 높은음자리 아연손가락(treble clef zinc finger)을 하나씩 가지고 있다(그림 11.14 참조). 각 아연 손가락은 자신의 호르몬 반응인자 안의 6 bp 염기 서열을 인식하고 결합한다. 대부분의 스테로이드 수용체 반응인자에서 한 쌍의 6 bp 서열은 직렬 또는 역반복 서열로 배열되어 있고 0~4 bp 간격(spacer)으로 분리되어 있다(**그림 14.4**). 핵 수용체 반응인자들은 인식 서열이 거의 항상 직렬 반복이라는 점을 제외하면 스테로이드의 그것과 유사하다. 인식 서열 간 간격은 단순히 아연 손가락이 수용체 단백질과 적절한 방향으로 향하도록 하기 위한 것이다. 다시 말하여, 다양한 수용체 단백질들이 동일 아연 손가락 쌍을 가지면서도 다른 반응 인자를 인식하는 것은 손가락의 방향과 인식 서열 사이 간격의 특이성 때문이라는 것이다.

세포막을 가로질러 신호를 전달하는 수용체 단백질

다수의 세포외 신호 물질은 세포로 들어오지 못한다. 왜냐하면 이들은 지나치게 친수성으로 지질막을 침투하지 못하거나 세포가 이들을 흡수할 특수한 수송 메커니즘이 없기 때문이다. 이러한 신호 물질이 유전체 활성에 영향을 주려면, 세포막을 통해 신호를 전달할 세포표면 수용체에 결합해야 한다(그림 14.1 참조). 세포막 수용체는 막을 가로질러 존재하는 단백질로, 바깥 표면에는 신호 물질 결합자리가 있다. 신호 물질이 결합하면 단백질 구조에 변화가 일어나고, 세포 내의 생화학적 사건을 유도해서 세포내 **신호전달(signal transduction)** 경로의 첫 단계를 이루게 된다.

여러 형태의 세포 표면 수용체가 발견되었지만, 유전체 발현의 변화를 매개하는 대부분은 **인산화효소(kinase)** 또는 **인산화효소-연관 수용체(kinase-associated receptor)**이다. 이름에서 암시하듯이, 이러한 수용체는 세포질 단백질에 인산기를 첨가하는 것으로 신호전달 경로의 세포내 단계를 촉발한다. 가장 중요한 예는 **티로신 인산화효소 수용체(tyrosine kinase receptor)**로서 이들은 표적 단백질에 있는 티로신 아미노산에 인산기를 부착한다. 대부분 티로신 인산화효소 수용체는 동일한 소단위의 이량체로, 개개의 소단위는 세포외 결합 도메인과 세포내 인산화효소를 가지고 있다. 이들은 약 25~35개의 아미노산의 소수성 막통과 부위로 분리되어있다(**그림 14.5**). 티로신 인산화효소 수용체는 인슐린과 같은 호르몬뿐만 아니라 **사이토카인(cytokine)**과 기타 성장 인자와 같은 다양한 세포외 신호복합체를 인식한다. 신호 물질이 없다면 수용체의 두 소단위는 분리된다. 신호의 부착으로 소단위가 모여서 이량체를 형성하고 이는 세포내 인산화 활성을 촉발하여 세포내 신호전달 과정을 개시한다.

세포내 단백질을 활성화시키는 인산화 아미노산은 티로신만은 아니다. **세린-트레오닌 인산화 수용체(serine-threonine kinase receptor)** 역시 티로신 인산화효소 수용체와 유사하게 작용한다. 그러나 이들은 세포내 자신들의 표적 단백질에 있는 세린 그리고/또는 트레오닌을 인산화시킨다. 이 유형의 수용체를 인식하는 신호 물질로는 사이토카인의 구성원인 TGFβ(transforming growth factor, 전환 성장 인자)와 뼈 형성 촉진 단백질 패밀리(bone morphogenetic protein family)가 여기에 속한다.

티로신과 세린-트레오닌 그룹 수용체는 모두 인산화 활성을 가지고 있어서 직접적으로 자신들의 내부 표적 단백질을 인산화시킨다. **티로신 인산화효소-연관 수용체(tyrosine kinase-associated receptor)**는 인산화효소 활성을 가지고 있지 않다는 점에서 다소 다르다. 반면, 이들은 세포내 티로신 인산화효소의 활성에 간접적으로 영향을 준다. 이러한 유형의 수용체의 예를 다음 절에서 다루고자 한다.

반응 인자	
AGAACANNNTGTTCT TCTTGTNNNACAAGA	글루코코르티코이드 수용체
AGGTCANNNTGACCT TCCAGTNNNACTGGA	에스트로겐 수용체
AGGTCANNNNNAGACCA TCCAGTNNNNNTCTGGT	레티노익산 수용체
AGGTCA TGACCT TCCAGT ACTGGA	티록신 수용체
AGGTCANNNAGGTCA TCCAGTNNNTCCAGT	비타민 D 수용체

그림 14.4 대표적 스테로이드 호르몬과 핵 수용체 반응인자 서열. 레티노익산 수용체는 특이하게 6 bp 서열이 정확한 반복이 아니며 4 뉴클레오티드 이상 분리되어 있다.

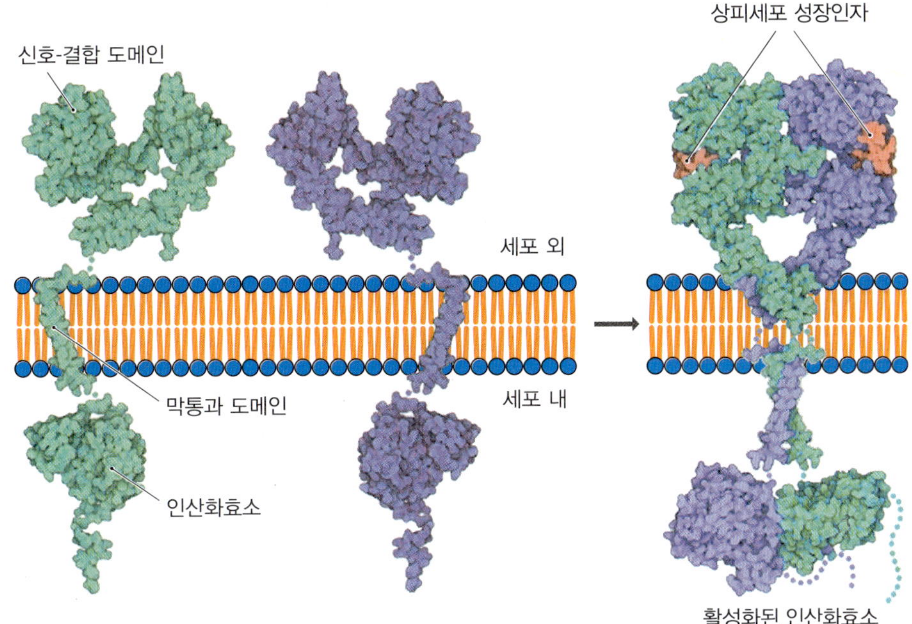

그림 14.5 티로신 인산화효소 수용체. 이것은 전형적인 티로신 인산화효소 수용체의 예로 EGF(상피세포 성장인자) 수용체이다. EGF 분자가 각 수용체 소단위에 부착하면 이량화가 유도되고 두 단량체의 세포내 도메인에 있는 인산화효소를 활성화시킨다.

일부 신호전달 경로는 수용체와 유전체 사이에 몇 단계를 가진다

일부 신호전달체계에서, 세포외 신호 물질의 부착에 의한 세포 표면 수용체의 자극은 전사인자 활성에 직접적인 영향을 가져온다. 이것은 세포외 신호가 유전체 반응으로 전달되는 가장 단순한 체계이다.

이 직접적 체계는 많은 사이토카인 세포 표면 수용체가 사용한다. 인터루킨이나 인터페론과 같은 사이토카인(cytokine)은 세포외 신호 폴리펩티드로서 **JAK/STAT 경로**를 통해 세포 성장과 분열을 조절하고 유전체 발현에 영향을 준다. 이러한 경로는 모든 척추동물에서 발견되었는데, 유사한 경로가 *D. melanogaster*와 *C. elegans*와 같은 많은 무척추동물에서도 존재한다. 척추동물에서, 수용체는 티로신 인산화효소-연관 패밀리에 속하며, 이들 수용체 단백질은 내부의 **JAK(janus kinase, 야누스 인산화효소)**와 연합되어 있다. 사이토카인의 결합으로 수용체의 이량체가 유도되면서, JAK 쌍이 서로 충분히 가깝게 이동하여 서로를 인산화시킨다(그림 14.6). 인산화로 JAK가 활성화되고 이들은 다시 **STAT(signal transducer and activator of transcription, 신호전달 및 전사 활성화 인자)**라 불리는 전사인자를 인산화시킨다. 인산화로 STAT가 이량화되고 핵으로 이동해서 다양한 유전자 발현을 활성화한다.

현재까지 포유류에서 7개의 STAT가 발견되었다: STAT1, STAT2, STAT3, STAT4, STAT5A, STAT5B, STAT6. 이 중 STAT2를 제외하고 모두 동형이량체(homodimer)를 형성할 수 있으며, STAT1과 STAT2, STAT1과 STAT3, 그리고 STAT5A와 STAT5B는 서로 이형이량체(heterodimer)를 형성할 수 있다. 형성된 이량체의 조성은 세포외 물질의 종류와 농도에 달려있다. 단, 9개의 가능한 이량체를 가지는 JAK/STAT 체계의 유연성에서 한계가 있을 것으로 보일 수 있다. 그러나 특정 이량체가 항시 동일 세트의 유전자를 활성화시킬 것이라는 기대는 틀린 것으로 밝혀졌다. 인터루킨 6과 인터루킨 10은, 예를 들어 사람의 골수성 세포에서 정반대의 유전자 발현 효과를 만들어낸다. 이 둘은 STAT3 이량체를 만드는 수용체에 부착하여 반응을 만들어내는데, 인터루킨 6은 염증 반응을 일으키고, 인터루킨 10은 염증 억제를 한다. 동일이량체가 신호의 종류에 따라 다른 유전체 반응을 어떻게 매개하는지는 아직 밝혀지지 않았다.

STAT 단백질의 DNA-결합 도메인은 원통형으로 배열된 β-평면(β-sheet)에서 빠져

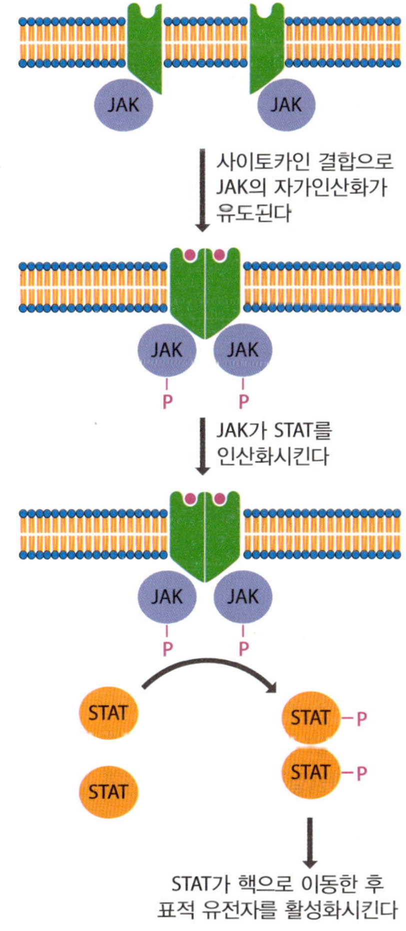

그림 14.6 JAK/STAT 경로.

나온 3개의 고리로 이루어져 있다. **면역글로불린 접힘(immunoglobulin fold)**으로 불리는 이 구조는 많은 단백질에서 발견되지만 일반적으로 DNA 결합과는 연관이 없다. 이 목적으로 면역글로불린 접힘을 사용하는 다른 단백질에는 NK-κB와 Rel 전사인자가 있다. 이 두 단백질의 유사성은 단지 DNA-결합의 3차원적 구조만 유사할 뿐, STAT, NK-κB, 그리고 Rel 간에는 전체적으로 눈에 띄는 아미노산 서열 유사성은 거의 없다. 주로 순수정제된 STAT가 알려진 서열의 올리고뉴클레오티드에 결합하는 능력에 대한 연구에 기초하여, 대부분의 STAT 이량체 DNA 결합자리의 고정 서열은 원래 5′-TTN$_{5\text{-}6}$AA-3′으로 알려졌었다. 다른 유형의 이량체들의 실제 결합자리는 주변 뉴클레오티드의 차이와 내부 N 서열의 차이로 결정된다고 생각된다. 이 특정 유형의 결합자리는 **GAS(interferon γ-stimulated gene response) 인자**로 불려진다. 일부 이형이량체는 p48과 같은 단백질과 추가로 부착하여 다른 결합자리를 인식한다. 이러한 자리는 **ISRE(interferon-stimulated response element)**로 불리며, 고정 서열은 5′-AGTTTN-NNTTTCC-3′이다. 염색질 면역침전 서열분석법(ChIP-seq; 11.1절 참조)으로 사람 유전체에서 표적 유전자 주변과 인헨서에 위치하는 각 STAT 이량체 결합자리를 수천 개 발견하였다. 그러나 이들 결합자리의 다수는 GAS나 ISRE 서열을 가지고 있지 않는 것으로 보아, STAT과 유전체의 결합은 원래 생각했던 것보다 더 복잡한 것으로 보인다. 특정 조건하에서 인산화되지 않은 STAT 역시 유전체 발현에 영향을 주며, 인산화된 형태가 2개 이상의 개개 STAT으로 구성된 다중성 올리고머를 형성할 수 있다는 연구로 추가적인 복잡성이 더욱 강조되고 있다. 이러한 발견들로 인터루킨 6과 10의 경우와 같은 신호 물질의 종류에 따라 동일한 STAT 이량체가 어떻게 다른 효과를 만들어낼 수 있는지에 대해 조금 더 설명이 가능하게 될 것이다.

일부 신호전달 경로는 수용체와 유전체 사이에 많은 단계를 가진다

수용체는 단순히 연속적 단계를 거쳐 마침내 하나 또는 그 이상의 전사인자의 활성을 가져오게 하는 첫 단계일 뿐인 신호전달이 더 흔한 유형으로, 비교적 단순한 JAK/STAT 경로와는 대비된다. 다수의 이러한 **연쇄 반응(cascade)** 경로가 여러 생물에서 밝혀졌으며, 가장 중요한 것으로는 **MAPK(mitogen activated protein kinase, 미토겐으로 활성화된 단백질 인산화효소)** 또는 **MAPK/ERK 경로**이다.

MAP 인산화 체계는 미토겐을 포함하는 많은 세포외 신호에 반응한다. 미토겐은 사이토카인과 유사한 영향을 주지만, 특히 세포분열을 자극하는 물질이다. 이 경로의 초기 단계는 Ras 단백질을 중심으로 일어난다. 포유류에서 Ras는 3개(H-, E-, N-Ras)가 알려져있다. Ras는 GDP(guanosine 5′-diphosphate) 또는 GTP(guanosine 5′-triphosphate)와 결합하는 작은 단백질 유형인 **G-단백질**이다. GTP가 결합하면 Ras는 활성을 띠지 않으나, 만약 GDP가 GTP로 대체되면 Ras는 활성화된다. 어떤 뉴클레오티드가 Ras에 결합할지는 **GEF(guanine nucleotide exchange factor, 구아닌 뉴클레오티드 교환인자)**와 **GAP(GTPase activating protein, GTP 분해효소 활성화 단백질)**의 균형에 의해 정해진다. GEF는 GDP를 GTP로 대체하여 Ras를 활성화시키며, GAP는 Ras에 결합한 GTP를 GDP로 변환시켜 Ras를 비활성화시킨다(그림 14.7).

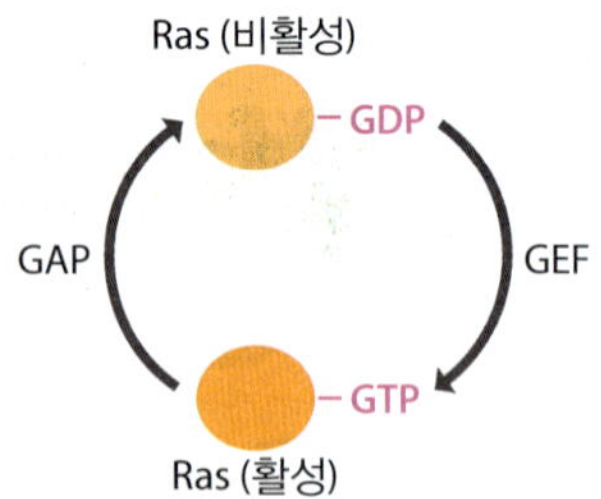

그림 14.7 **Ras 활성화와 비활성화.** Ras는 G-단백질로 GDP에 결합하면 비활성화된다. GEF(구아닌 뉴클레오티드 교환 인자)가 GDP를 GTP로 대체하면 Ras가 활성화된다. GAP(GTPase 활성화 단백질)은 역작용을 한다. Ras의 GTP를 GDP로 전화시켜 비활성화시킨다.

세포외 신호가 Ras를 어떻게 비활성화 또는 활성화시키는 것일까? Ras는 세포막 안쪽 면에서 미토겐 수용체 주변에 부착하고 있다. 신호 물질이 결합하면 수용체가 이량체가 되고 이 두 소단위의 내부가 상호 인산화가 된다(그림 14.8). SOS 단백질과 같은 GEF가 인산화된 수용체에 결합하면 Ras의 GDP를 GTP로 대체하면서 활성화시킨다. 인산화된 수용체는 또한 RasGAP와 같은 반대 효과를 가지는 GAP를 불러들여 GTP를 GDP로 대체하면서 Ras를 비활성화시킬 수 있다. 즉, GEF와 GAP 활성의 균형이 Ras

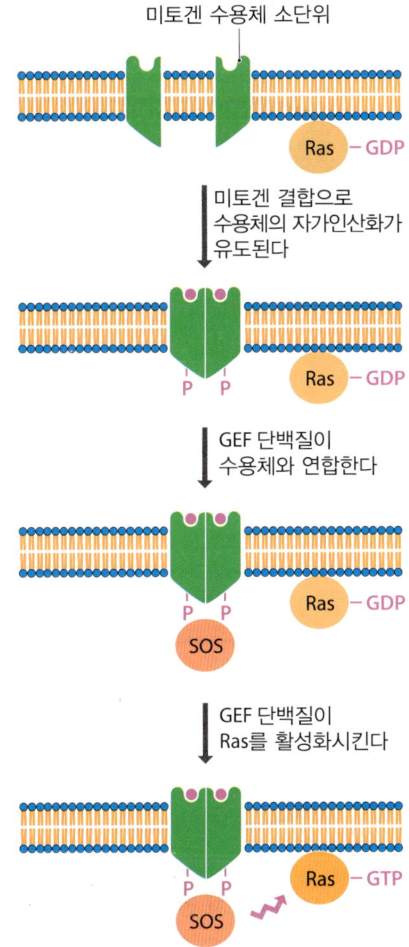

그림 14.8 MAP 인산화효소 경로 시작점에서의 Ras 활성화. 미토겐이 수용체 소단위에 결합하면 수용체 이량화가 발생되고 자가인산화가 일어난다. SOS 단백질과 같은 GEF(구아닌 뉴클레오티드 교환인자)가 수용체와 결합하여 GDP를 GTP로 대체하면 Ras를 활성화시킨다.

가 가진 뉴클레오티드의 상태를 결정하고, 신호가 신호전달 경로를 따라 이동하는 것을 조정한다.

GTP와 결합한 Ras는 MAP 인산화효소 경로의 다음 단백질인 Raf를 활성화시킬 수 있다. Raf는 단백질 인산화효소인데, 이것의 N-말단이 이 단백질의 촉매자리를 막는 방법으로 접혀져 있어서 일반적으로 비활성이다. Ras-GTP 복합체는 Raf에 결합 활성자리를 더 이상 막지 않도록 구조의 변화를 일으킨다. Raf는 이어 인산화 연쇄 반응을 촉발한다(그림 14.9). Raf는 Mek를 인산화시키고, 활성화된 Mek는 다시 MAP 인산화효소를 인산화시킨다. 활성화된 MAP 인산화효소는 핵으로 이동한 후 다시 인산화를 통해 일련의 전사인자를 활성화시킨다. 또한 MAP 인산화효소는 Rsk라고 불리는 또 다른 단백질 인산화효소를 인산화시킨다. Rsk는 일련의 차순위 인자들을 인산화시키면서 활성화시킨다. 또한 MAP 인산화 경로에 있는 하나 또는 그 이상의 단백질을, 약간 다른 특이성을 가진 유사한 단백질로 대체하여, 또 다른 일련의 활성자를 활성화시키면서 반응의 유연성이 더해진다.

MAP 인산화 경로는 척추동물 세포에서 사용되지만 다른 생물에서도 포유류에서 발견되는 것과 유사한 중간 매개체를 사용하는 대등한 경로들이 알려져 있다. 이러한 연쇄 경로의 각 단계에는 두 단백질 간 물리적 상호작용이 관여하는데, 종종 쌍의 하위 인자가 인산화되는 결과를 가져온다. 인산화로 하위 단백질이 활성화되는데, 이로 인해 연쇄 반응의 다음 단백질과 연결을 형성할 수 있게 된다. 이러한 상호작용에는 상대 단백질의 수용체 도메인에 결합하는 SH2와 SH3로 불리는 것과 같은 특수한 단백질-단백질 결합 도메인이 관여한다. 수용체 도메인은 하나 또는 그 이상의 티로신을 가지고 있고 이것이 인산화되어야 연합이 가능하다. 즉, 상위 단백질은 하위 대상과 결합하여 신호를 전파할 것이지 여부를 인산화 상태에 따라 결정하는 수용체 도메인을 가지고 있다(그림 14.10).

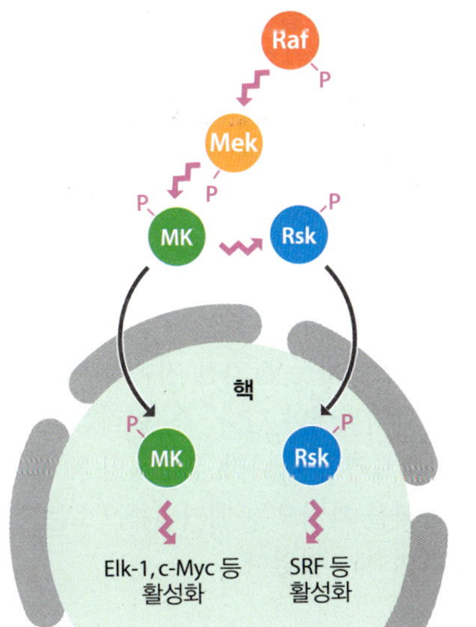

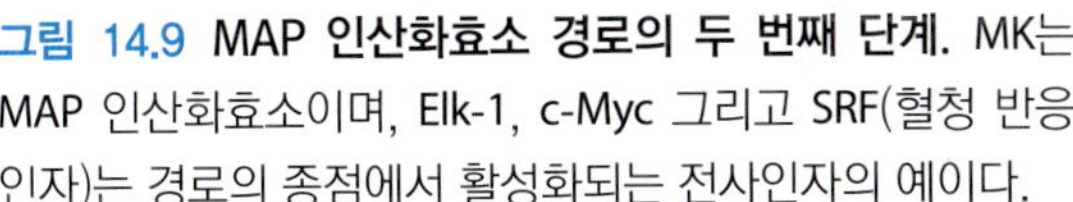
그림 14.9 MAP 인산화효소 경로의 두 번째 단계. MK는 MAP 인산화효소이며, Elk-1, c-Myc 그리고 SRF(혈청 반응 인자)는 경로의 종점에서 활성화되는 전사인자의 예이다.

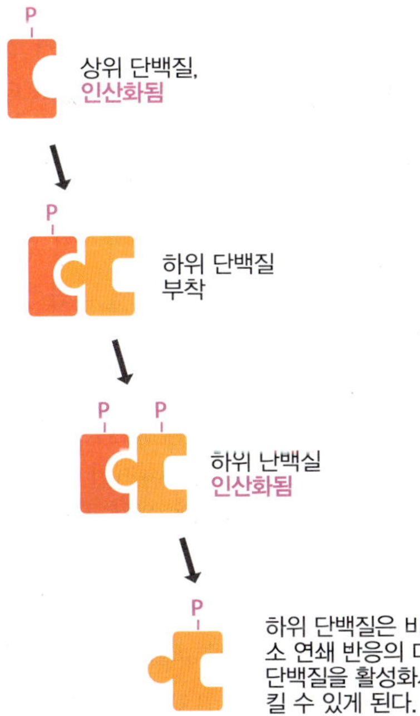

그림 14.10 연쇄 신호에서 단백질 상호작용 도해. 상위 단백질이 인산화되면 하위 대상자와 결합할 수 있게 된다. 결합으로 인해 하위 단백질의 수용체 도메인에 인산화가 일어나고 신호를 전파하게 된다.

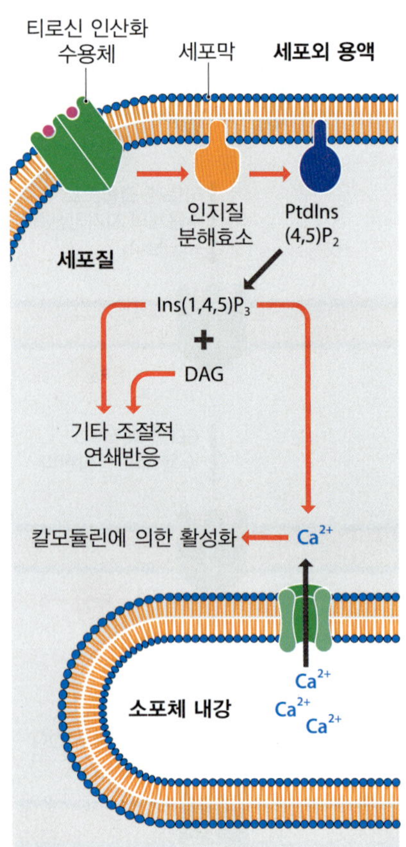

그림 14.11 칼슘 2차 전령 시스템의 유도. 약자: DAG, 1,2-diacylglycerol; Ins(1,4,5)P_3, inositol-1,4,5-triphosphat다 PtdIns(4,5)P_2, phosphatidylinositol-4,5-bisphosphate.

일부 신호전달 경로는 2차 전령을 통해 이루어진다

일부 신호전달 연쇄 반응 경로는 외부 신호를 유전체에 바로 전달하지 않고 간접적으로 전사에 영향을 주는 방법을 사용한다. 비교적 특이성이 적은 내부 신호물질들인 **2차 전령(second messenger)**을 사용하는 이 경로는 세포 표면 수용체로부터 오는 신호를 여러 방향으로 전달하므로 하나의 신호로 전사뿐만 아니라 다양한 세포 활성이 일어난다.

12.2절에서 포도당이 박테리아의 cAMP(cyclic adenosine monophosphate, 고리형 아데노신 일인산) 농도에 영향을 줌으로써 이화대사물 활성화 단백질을 조절하는 메커니즘을 살펴보았다. 고리형 뉴클레오티드는 또한 진핵세포에서도 중요한 2차 전령이다. 일부 세포 표면 수용체는 구아닐산 고리화효소(guanylate cyclase) 활성을 가지고 있어서 GTP를 cGMP로 변환시킨다. 그러나 이 패밀리에 속하는 대부분의 수용체는 세포질에 있는 고리화효소(cyclase)와 탈고리화효소(decyclase) 활성에 간접적으로 영향을 준다. 이러한 고리화효소나 탈고리화효소는 세포내 cGMP와 cAMP 농도에 영향을 주고 이들은 다시 다양한 표적효소의 활성을 조절한다. 표적 효소의 한 예는 cAMP에 의해 자극되는 단백질 인산화효소 A다. 단백질 인산화효소A의 기능 중 하나는 CREB라고 불리는 전사활성자를 인산화하여 활성화시키는 것이다. CREB은 두 번째 단백질인 p300과 연합하여 히스톤 단백질을 변형시켜 염색질 구조와 뉴클레오솜 배치에 영향을 주는 **p300/CBP**로 불리는 복합체를 만들어 다양한 다른 유전자 활성을 촉발시킨다(10.2절).

p300/CBP는 cAMP에 의해 간접적으로 활성화될 뿐만 아니라 또 다른 2차 전령인 칼슘에 반응한다. 소포체 내 칼슘 이온 농도 다른 세포의 다른 부분보다 높아서, 단백질이 소포체의 칼슘 통로를 열어 주면 칼슘 이온이 세포질로 흘러나온다. 이것은 티로신 인산화효소인 수용체를 활성화하는 세포외 신호에 의해 촉발되는데, 이것은 다시 인산지질분해효소(phospholipase)를 활성화시킨다. 활성화된 인산지질분해효소는 세포막 안쪽 지질성분인 PtdIns(4,5)P_2((phosphatidylinositol-4,5-bisphosphate; 포스파티딜이노시톨-4,5-비스인산)을 Ins(1,4,5)P_3(inositol-1,4,5-triphosphate; 이노시톨-1,4,5-삼인산)와 DAG(1,2-diacylglycerol; 1,2-다이아실글리세롤)로 분해한다. 그리고 Ins(1,4,5)P_3는 칼슘 통로를 연다(**그림 14.11**). Ins(1,4,5)P_3와 DAG는 2차 전령으로 다른 신호전달 연쇄 반응을 촉발할 수 있다. 칼슘과 지질로 유도된 연쇄 반응의 표적은 비록 간접적이지만 전사활성자다: 주된 표적은 다른 단백질이다. 예를 들어, 칼슘은 칼모듈린(Calmodulin)이라는 단백질과 결합하여 활성화시킨다. 칼모듈린은 단백질인산화효소, ATP 분해효소, 탈인산화효소, 뉴클레오티드 고리화효소 등 다양한 종류의 효소를 조절한다.

14.2 세포 분화를 가져오는 유전체 활성의 변화

정의상 유전체 활성의 일시적 변화란 쉽게 역전될 수 있다는 것을 의미한다. 즉, 외부 자극이 제거될 때 유전체 발현 양상이 원 상태로 되돌아간다는 것이다. 반면 세포 분화를 가져오는 유전체 활성의 영구적 및 반영구적 변화는 장기간 지속하여야 하고 이상적으로는 원래의 유도 자극이 사라진 후에도 유지되어야 한다. 즉, 이러한 장기적 변화를 가져오는 조절 메커니즘에는 전사인자의 조절뿐만 아니라 추가적인 체계가 관여할 것으로 생각되었고, 이러한 추론은 옳았다. 분화를 가져오는 메커니즘으로는 염색질 구조의 변화와 유전체의 물리적인 재배열 등의 변화가 있었다.

염색질 구조가 관여하는 일부 분화 과정

유전체 발현에 영향을 줄 수 있는 염색질 구조에 대해서는 10.2절에서 다룬 바 있다. 이는 뉴클레오솜 위치 조정(nucleosome positioning)에 의한 각각의 프로모터의 전사개

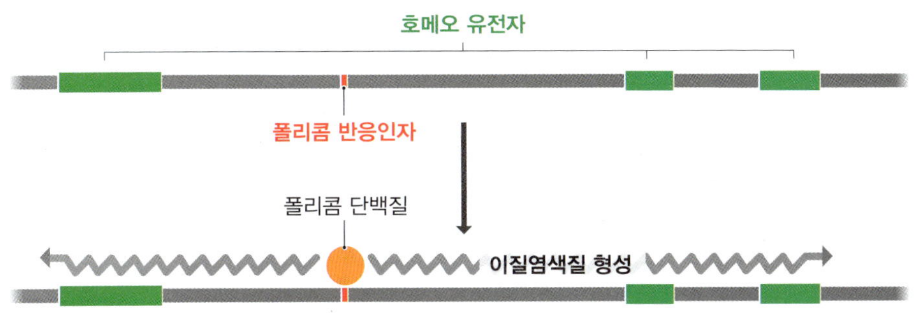

그림 14.12 폴리콤 그룹 단백질은 이형염색질 형성을 개시하여 *Drosophila* 유전체 특정 부위의 비활성화를 유지한다.

시 조절에서부터, 고도의 염색질 구조에 묶인 넓은 DNA 영역의 비활성화까지 다양하다. 후자는 유전자 활성의 장기적 변화를 가져오는 중요한 방법으로 다수의 조절적 사건에 영향을 주는 것으로 보인다. *D. melanogaster*에서 처음 발견되어 지금은 포유류와 식물을 포함해서 다른 생물에도 상동유전자가 발견된 **PcG(polycomb group, 폴리콤 그룹)** 단백질이다. 폴리콤 단백질은 **폴리콤 반응인자(polycomb response element)**라 불리는 DNA 서열에 결합하는 단백질로서, 부분적으로 이질염색질(heterochromatin)의 형성을 촉발한다. 이질염색체는 염색질의 응축된 형태로서, 그 지역에 들어있는 유전자들의 전사를 방해한다(그림 14.12). 각 반응인자의 길이는 약 10 kb인데, 폴리콤 체계의 1차 DNA 인식 구성원으로 작용하는 것으로 보이는 PhoRC 복합체를 형성하는 PHO(Pleiohomeotic) 및 PHOL(Pleiomoneotic like)와 같은 PcG 단백질들의 결합자리가 다수 존재한다(그림 14.13). 일단 PhoRC가 DNA에 결합하면, 이것은 PRC2(polycomb repressive complex 2)로 불리는 두 번째 PcG 그룹을 불러들인다. 이 복합체의 구성원 중 하나인 EZH2는 히스톤 메틸전이효소(histone methyltransferase)로 히스톤 H3의 리신-27에 메틸을 3개 부착하고 리신-9도 메틸화하는 것으로 보인다(10.2절). 이들은 억제성 히스톤 변형으로(표 10.1 참조) 이형염색질 형성을 유도한다. 메틸화는 이어 두 번째 히스톤-변형 효소인 PRC1(polycomb repressive complex 1)에 의해 인식된다. 이 효소는 히스톤 H2A의 리신-119에 유비퀴틴 그룹을 첨가하여 이형염색질을 더욱 응축시킨다. 이형염색질은 DNA를 따라 양쪽 방향으로 수만 염기쌍까지 전파된다. EZH2 단백질은 또한 결합된 PcG 복합체로 DNA 메틸전이효소를 불러들여 DNA를 메틸화함으로써 유전체 지역이 더욱 침묵화된다(10.3절).

*Drosophila*에서 비활성화되는 부위에 초파리의 몸 부위의 발생을 지정하는 **호메오 선택 유전자(homeotic selector gene)**가 있다. 호메오 유전자는 14.3절에서 다시 다룰 것이다. 초파리의 특정한 몸의 부위는 특정 위치에서만 만들어져야 하므로, 세포가 정확한 호메오 유전자만을 발현하는 것은 중요한 일이다. PcG는 발현되지 말아야 하는 호메오 유전자를 영구히 불활성화시킴으로써 이것을 확실하게 한다. 그러나 PcG 단백질은 어떤 유전자를 비활성화시킬지 결정하지 않는다. 이들이 반응 인자에 결합하기 전 이러한 유전자의 발현은 이미 억제되고 있었다. 즉, PcG의 역할은 비활성화를 촉발(*initiate*)하는 것이 아니라 유지(*maintain*)하는 것이다. 중요한 점은 PcG에 의해 유도된 이질염색질이 유전된다는 것이다. 세포분열 후 2개의 새로운 세포는 부모세포에서 확립된 이질염색질을 유지하고 있다. 즉, 이러한 종류의 조절은 하나의 세포에서 뿐만 아니라 한 세포의 계보에서도 영구적이다.

trxG(trithorax group, 트라이토락스 그룹) 단백질도 PcG와 유사한 방법으로 작용하지만, 활성 유전자 지역에 열린 염색질 상태를 유지하는 상반된 효과를 가져온다. 이들의 표적에는 다른 부위에서 PcG 단백질에 의해 비활성되기도 하는 동일한 호미오 유

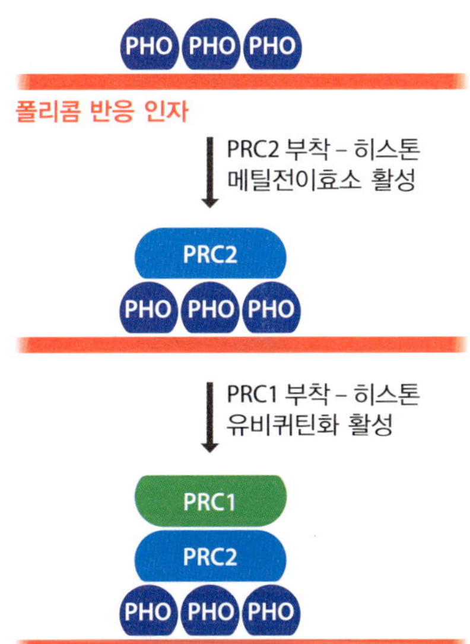

그림 14.13 *Drosophila*의 폴리콤 반응인자에서 폴리콤 그룹 단백질의 조립. 이 인자는 PHO와 PHOL 단백질에 의해 인식된다. 이들은 PRC1과 PRC2(폴리콤 억제 복합체 1과 2)의 부착 플랫폼을 형성한다. 사람과 기타 척추동물은 PRC1과 PRC2와 같은 복합체를 가지고 있으나 뚜렷하게 보이는 반응 인자는 찾지 못했다. 이러한 생물에서 폴리콤 그룹 단백질이 자신들의 결합자리를 어떻게 인식하는지 알려져 있지 않다.

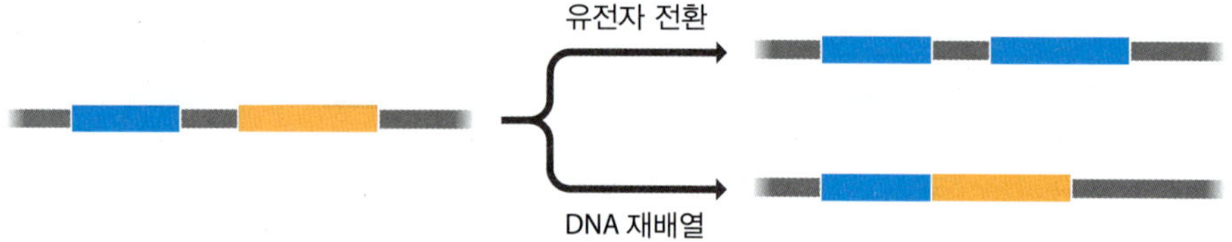

그림 14.14 **유전자 전환과 DNA 재배열.** 이 단순한 예에서, 유전자 전환은 주황색 유전자가 두 번째 사본인 파란색 유전자로 대체된다. DNA 재배열은 2개의 유전가가 상호 교환되어 서로 연결되는 유전자의 상대적 위치로 보여주었다.

전자가 포함된다. 상반되는 PcG와 trxG의 활성이 어떻게 조절되는지는 알려져 있지 않다. 단추형 스위치처럼 PcG가 유전자를 끄면 trxG가 이들을 다시 켜는 식으로 생각하는 것은 지나치게 단순한 생각으로 보인다. 표적 유전체 지역이 억제될 때는 PcG가 결합하고, 활성화될 때는 trxG가 결합한다는 것을 의미한다. 실제로, 두 그룹의 단백질이 항시 존재하는 것으로 보인다. 하나의 가설은 PcG에 의한 이질염색질이 유도는 기본 상태(default state)이며, trxG의 역할은 특정 세포에서 필요한 유전자 지역에 있는 PcG 활성을 변형한다는 것이다.

효모의 교배형은 유전자 변환 사건으로 결정된다

유전체의 물리적 구조 변화로 인해 유전체 발현에 영구적 변화를 가져올 수도 있다. 여기서 변화는 유전체 서열이 바뀌지 않고 특정 지역이 이질염색질로 단단히 묶여 접근이 불가능해지는 염색질 구조의 변화가 아니다. 물리적 구조란 뉴클레오티드 서열을 의미하며, 변화란 유전체 특정 지역이 결실되거나 유전체의 다른 지역에 있는 조각의 사본으로 대체되는 것 그리고 분리되어 있던 유전체가 서로 연결되는 재배열을 포함하는 **유전자 변환(gene conversion)**을 의미한다(그림 14.14). 이러한 사건들은 분화된 상태를 유지하기 위한 유전체 발현의 변화를 효과적이면서 영구적으로 유지하는 급격하지만 효과적인 방법이다.

효모의 **교배형(mating type)**은 세포 분화를 위해 유전자 변환을 사용하는 하나의 예이다. 교배형은 효모나 기타 진핵성 미생물의 성(sex)이라 할 수 있다. 이러한 생물들은 주로 **영양 세포(vegetative cell)** 분열에 의해 증식되므로 하나 또는 몇 개의 조상 세포에서 유래하는 집단은 대부분 또는 완전히 하나의 교배형으로만 구성되어 유성적 생식을 할 수 없게 된다. 출아효모(*S. cerevisiae*)와 일부 다른 생물은 **교배형 전환(mating-type switching)**이라 불리는 과정을 통해 이 문제를 피해간다.

*S. cerevisiae*는 **a**와 α로 불리는 교배형이 있다. 각 교배형은 짧은 폴리펩티드(**a**는 12개의 아미노산, α는 13개의 아미노산으로 이루어져 있다) 페로몬(pheromone)을 분비하는데, 각 페로몬은 반대 교배형을 가진 세포 표면에 있는 수용체에 결합한다. 페로몬의 결합으로 MAP 인산화효소 신호전달 경로가 촉발되어 세포내 유전체 발현 양상이 변하고, 이것은 다시 미세한 형태적 생리적 변화를 가져와 세포가 유성생식을 할 수 있는 배우체로 전환하게 된다. 상대적 교배형을 가진 두 반수체 균주를 섞으면 서로 융합하여 이배체인 **접합자(zygote)**를 만드는 배우체 형성이 촉발된다. 접합자에서 감수분열이 일어나면 **자낭(ascus)** 속에 4개의 반수체 **자낭포자(ascospore)**를 갖는 4분자(tetrad)가 만들어진다. 자낭이 터지고 열려 자낭포자가 방출되면, 자낭포자는 체세포분열로 분열하여 새로운 반수체 영양세포를 생산한다(그림 14.15).

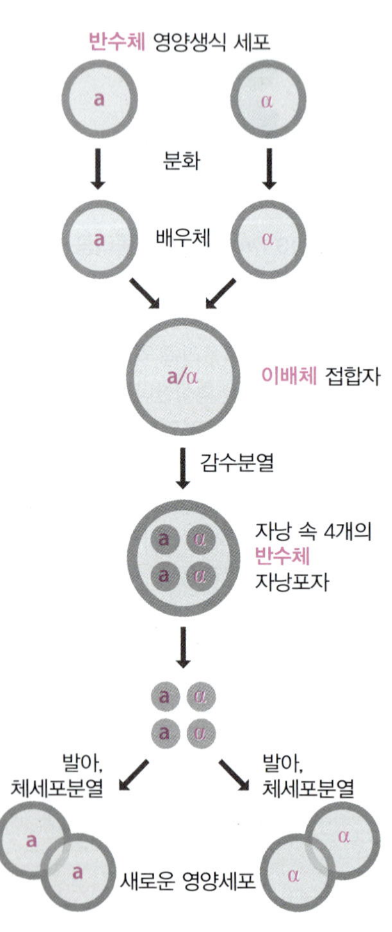

그림 14.15 **효모 *Saccharomyces cerevisiae*의 생활사.**

교배형은 3번 염색체에 위치하는 *MAT* 유전자에 의해 지정된다. 이 유전자는 *MAT***a**와 *MAT*α의 두 대립 인자가 있다. 반수체 효모세포는 자신이 가지는 대립 인자에 따른 교배형을 표현한다. 3번 염색체의 다른 위치에 *HMR***a**와 *HML*α라 하는 2개의 *MAT*-유사 유전자가 있다(그림 14.16). 이들은 각기 *MAT***a**와 *MAT*α와 같은 서열을 가지지만 이 두 유전자의 상위에는 전사 개시를 억제하는 사일런서(silencer)가 있어서 두 유전자는

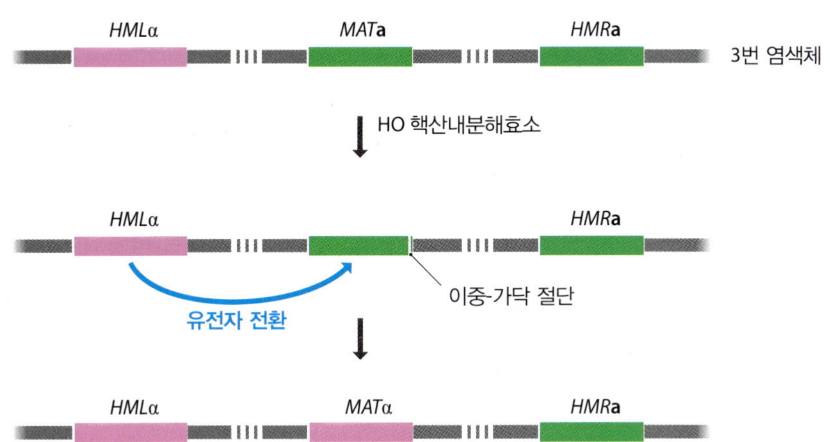

그림 14.16 효모의 교배형 전환. 이 예에서 세포는 교배형 **a**로 시작한다. HO 핵산내분해효소는 *MAT***a** 좌위를 자르면서 *HML*α 좌위로 유전자 전환을 개시한다. 그 결과 교배형이 α형으로 전환된다.

발현되지 않는다. 이 두 유전자는 비활성 교배형 카세트(silent mating-type cassette)라고 불린다. 이들의 비활성화에는 Sir 단백질이 관여하는데 Sir 단백질 중 여러 개가 히스톤 탈아세틸효소 활성을 가지는 것으로 봐서(10.2절), *HMR***a**와 *HML*α 지역의 염색질 구조의 변화가 비활성화와 관련이 있음을 추측케 한다.

교배형 전환은 HO 핵산내분해효소(endonuclease)에 의해 개시된다. HO 핵산내분해효소는 *MAT* 유전자 내에 위치하는 24 bp 서열에 이중가닥 절단을 만든다(그림 14.16). 이것으로 유전자 전환(gene conversion)이 일어날 수 있게 된다. 유전자 전환의 자세한 메커니즘은 17.1절에서 살펴볼 것이다. 여기서 중요한 것은 핵산내분해효소에 의해 생성된 자유 3′-말단으로부터 두 가지 비활성 카세트를 주형으로 사용한 DNA 합성이 일어날 수 있다는 것이다. 새롭게 합성된 DNA는 이어서 *MAT* 유전자 위에 있는 기존 DNA를 대체한다. 주형으로 선택되는 비활성 카세트는 일반적으로 원 *MAT*에 있던 대립 인자와는 다른 것이 선택된다. 즉, 새롭게 합성된 가닥으로 대체되면 *MAT* 유전자가 *MAT***a**에서 *MAT*α로 또는 그 반대로 전환된다. 그 결과 교배형 전환이 일어난다.

MAT 유전자는 선사활성사인 MCM1과 상호작용하는(*MAT***a**의 경우 1개, *MAT*α의 경우 2개의) 조절 단백질을 암호화한다. *MAT***a**와 *MAT*α 유전자 생성물이 MCM1에 미치는 영향은 다르다. 따라서 다른 대립인자 특이 유전체 발현 양상을 만든다. 이러한 발현 양상은 *MAT* 유전자 전환이 다시 일어날 때까지 반영구적으로 유지된다.

면역글로불린과 T세포 수용체 다양성은 유전체 재배열에 의한다

척추동물에서 영구적인 유전체 활성의 변화를 얻기 위해 DNA 재배열을 사용하는 독특한 두 가지 예가 있다. 매우 유사한 이 예는 면역글로불린과 T세포 수용체 다양성의 생성이다.

면역글로불린과 T 세포 수용체는 유사한 단백질로 각각 B와 T 림프구에 의해 만들어진다. 두 종류의 단백질 모두 각각의 세포 표면에 부착되는데, 면역글로불린은 또한 혈액으로 방출되기도 한다. 이들 단백질은 개체에 침입하는 **항원(antigen)**으로 불리는 박테리아, 바이러스 또는 다른 원하지 않는 물질로부터 몸을 방어하는 데 도움을 준다. 생물은 생존하는 동안 수많은 항원에 노출될 수 있으므로 면역계도 못지 않게 많은 수의 면역글로불린과 T 세포 수용체 단백질을 합성할 수 있어야 한다. 사실 사람은 약 10^8개의 다른 면역글로불린과 T 세포 수용체 단백질을 만들 수 있다. 하지만 사람의 유전체에는 단지 20,441개의 유전자만 존재한다. 그렇다면 이렇게 많은 단백질이 어디서 나오는 것일까?

이것에 답하기 위해 일반적인 면역글로불린 단백질의 구조를 살펴보기로 하자. 각 면

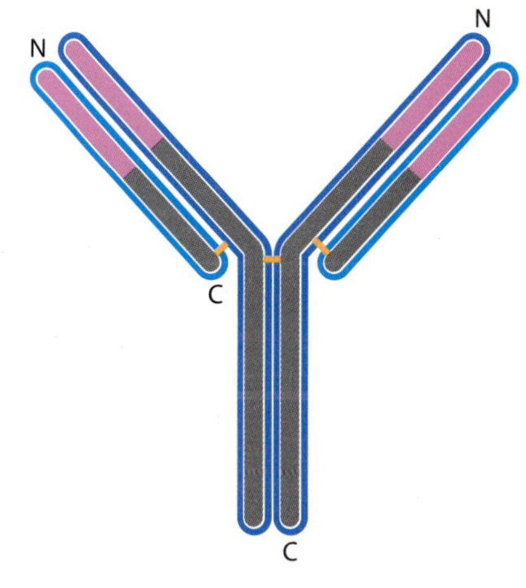

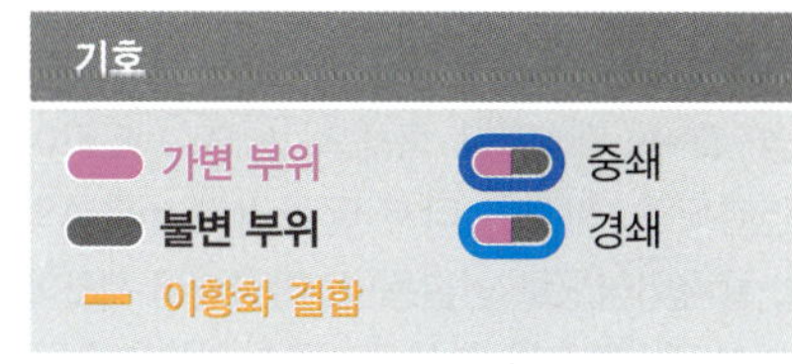

그림 14.17 면역글로불린 구조. 각 면역글로불린 단백질은 2개의 중쇄와 2개의 경쇄로 이루어져 있고, 이 둘은 이황화 결합으로 연결되어있다. 각 중쇄는 446개의 아미노산으로, 1~108까지 가변 부위이고(분홍색으로 표시) 나머지는 불변 부위로 이루어져있다. 경쇄는 214개의 아미노산으로, 마찬가지로 N-말단에 108개의 아미노산 가변 부위를 가지고 있다. 각 사슬의 다른 부위에 이황화 결합이 추가적으로 형성된다. 이것과 다른 상호작용으로 단백질은 더욱 더 복잡한 3차 구조로 접힌다.

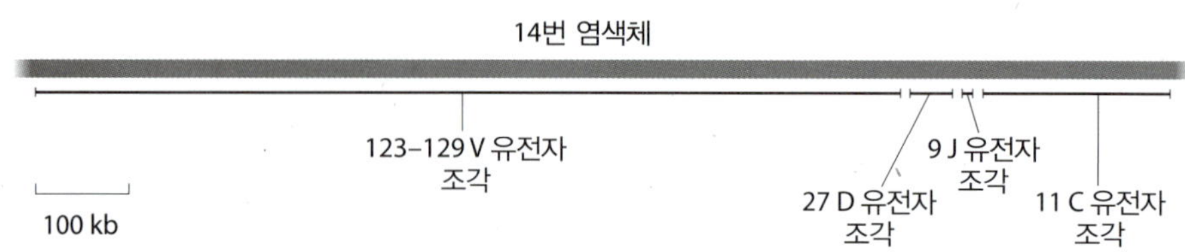

그림 14.18 인간 14번 염색체 위 *IGH*(중쇄) 좌위의 구성. 인식 가능한 이 좌위의 유전자 조각은 숫자로 표시되었다. 일부 이들 조각은 위유전자일 수 있다. 활발한 조각 번호는 38~46 V_H, 23D_H, 6J_H, 5~11C_H이다.

역글로불린은 4개의 폴리펩티드가 이황화 결합(disulfide bond)으로 연결된 4량체다(그림 14.17). 이것은 2개의 긴 중쇄(heavy chain)과 2개의 짧은 경쇄(light chain)로 이루어져 있다. 서로 다른 중쇄 서열을 비교해 보면 다양성은 주로 폴리펩티드의 N-말단 부위에 있고, C-말단은 모든 중쇄에서 매우 유사한 것이 확연히 보인다. 이것은 경쇄에서도 마찬가지지만, 불변 부위의 서열이 κ와 λ의 두 그룹으로 나누어진다는 것이 다르다.

척추동물의 유전체에서 면역글로불린 중쇄와 경쇄 폴리펩티드를 만드는 완전한 유전자는 없다. 반면 이러한 단백질은 유전자 조각에서 만들어진다. 중쇄 조각은 14번 염색체 위에 1 Mb 지역에 존재하는데, 11개의 C_H(constant region, 불변 부위) 유전자 조각과 123~129개의 V_H 유전자 조각, 27개의 D_H 유전자 조각, 9개의 J_H 유전자 조각으로 이루어져 있다. 여기서 V(variable, 가변), D(diverse, 다양성) 그리고 J(joining, 연결) 조각은 C_H 상위에 존재하며 중쇄의 가변 부위(variable region)를 이룬다(그림 14.18). 2번 염색체(κ 좌위)와 22번 염색체(λ 좌위)에 위치하는 경쇄 좌위의 배열도 이와 유사하다. 다만 경쇄는 D 조각이 없다는 점만 다르다.

B 림프구 발달 초기 단계에 유전체의 면역글로불린 좌위가 재배열에 들어간다. 중쇄 좌위를 보면 재배열로 V_H 유전자 조각 중 하나가 D_H 유전자 조각 중 하나와 연결되며 이 V-D 조합은 다시 J_H 유전자 조각과 연결된다(그림 14.19). 이러한 재배열은 특이한 형태의 재조합에 의해 일어난다. RAG1과 RAG2라고 불리는 한 쌍의 단백질로 촉매되고 일련의 8 bp와 9 bp 공통서열로 표식된 유전자 조각을 연결하기 위해 절단과 재결합반응이 일어나는 위치에서만 일어나야 한다. 결과적으로 면역글로불린 단백질의 V_H, D_H와 J_H를 포함하는 완전한 열린번역틀(open reading frame)을 가지는 엑손이 만들어진다. 이 엑손은 전사 과정 중 스플라이싱으로 C_H 조각 엑손에 연결된다. 이렇게 만들어진 완전한 중쇄 mRNA는 하나의 림프구에만 존재하는 하나의 특이적 면역글로

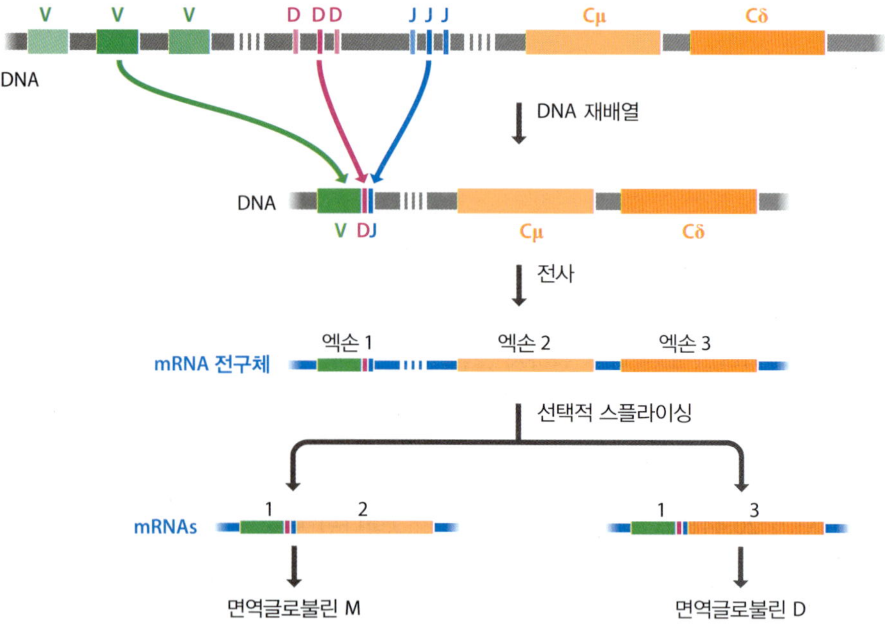

그림 14.19 특정 면역글로불린 단백질의 합성. DNA 재배열로 중쇄의 V, D, J 조각이 연결되고, 이것은 다시 C 조각과 mRNA의 스플라이싱으로 연결된다. 미성숙 B 세포에서 V-D-J 엑손은 항상 Cμ 엑손(2번 엑손)과 연결되어, 개별형 M 면역글로불린을 만드는 mRNA를 생성한다. B 세포 발달 초기에, V-D-J 엑손을 Cδ 엑손으로 연결하는 선택적 스플라이싱으로 인해 약간의 면역글로불린 D 단백질이 생성되기도 한다.

불린 단백질로 번역될 수 있게 된다. 일련의 유사한 DNA 재배열로 림프구의 경쇄가 만들어진다. κ 또는 λ의 좌위에서 V-J 엑손이 만들어지고 mRNA가 합성될 때 스플라이싱으로 경쇄의 C 조각 엑손이 연결된다.

이름에도 불구하고 모든 면역글로불린 단백질에서 불변 부위가 동일하지는 않다. 작은 차이로 각각 독특한 역할을 갖는 5개의 다른 개별형 IgA, IgD, IgE, IgG, IgM가 만들어진다. 처음에는 B 림프구가 IgM 분자를 합성한다. IgM의 C_H는 C_H 집단의 5′-말단에 있는 Cμ 서열에서 만들어진다. 그림 14.19에서 보여주는 것과 같이 발달 후기에 미성숙 세포는 C_H 집단의 두 번째 서열(Cδ)을 사용하여 IgD 단백질을 일부 합성할 수도 있다. 이 엑손은 선택적 스플라이싱으로 V-D-J 조각에 부착된다. 세포가 성숙한 생존 기간 후기에 일부 B 림프구는 두 번째 종류의 **개별형 전환(class switching)**을 진행한다. 개별형 전환으로 림프구가 합성하는 면역글로불린의 종류가 완전히 변하게 된다. 이 두 번째 개별형 전환은 Cμ와 Cδ 서열에서부터 림프구가 합성하려고 하는 면역글로불린 개별형의 C_H 조각 사이의 모든 서열이 결실되는 또 다른 재조합을 필요로 한다. 예를 들어, 특정 림프구가 성숙한 림프구가 만드는 가장 흔한 종류의, 면역글로불린인 IgG를 합성하도록 전환되려면, IgG 중쇄를 지정하는 클러스터(cluster)의 5′-말단에 있는 Cγ조각까지 결손이 일어나야 한다(그림 14.20). 즉, 개별형 전환은 B 림프구 발달 과정 중 일어나는 유전체 재배열의 두 번째 예가 된다. 이 메커니즘은 V-D-J 연결과 확연히 달라서 RAG 단백질이 재조합에 관여하지 않는다.

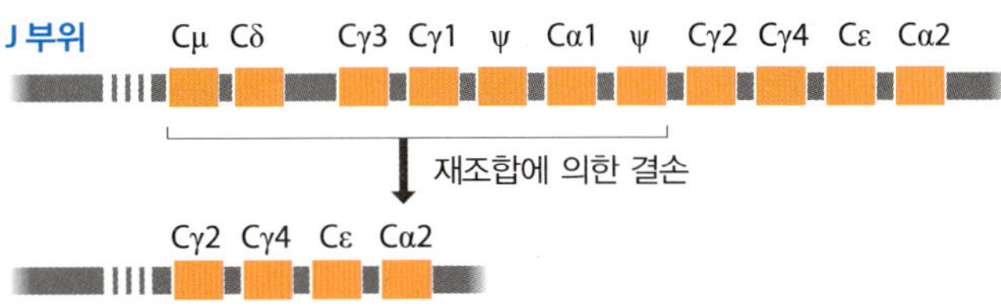

그림 14.20 면역글로불린 개별형 전환. 이 예에서는 7개의 C_H 조각이 결손되면서 Cγ2 조각이 J 부위 가까이에 위치하게 된다. 이 B 세포는 세포에서 분비되는 면역글로불린 G를 생산할 것이다. ψ로 표시된 두 조각은 위유전자이다.

T 세포 수용체 다양성 역시 유사한 재배열에 의한 것이다. V, D, J 그리고 C 유전자 조각이 여러 다른 조합을 이루며 세포 특이적 유전자를 생성한다. 각 수용체는 한 쌍의 β 분자와 2개의 α 분자로 이루어져 있다. β 분자는 면역글로불린 중쇄와 유사하고 α 분자는 면역글로불린 κ 경쇄와 유사하다. T 세포 수용체는 세포막에 고정되어 림프구가 세포외 항원을 인식하고 반응하도록 해준다.

14.3 발생 중 유전체 활성의 변화

다세포 진핵생물의 발생 경로는 수정된 난자세포로부터 시작해서 생물의 성체에서 끝이 난다. 이 사이에는 복잡한 일련의 유전적, 세포적, 생리적 사건이 놓여 있고 전 과정이 성공적으로 결승점에 도달하려면 이들이 정확한 순서로 정확한 세포에서 적절한 시간에 일어나야 한다. 사람의 경우에 발생의 결과 400개의 특수한 형태로 분화된 10^{13}개의 세포를 가지는 성체를 이루며, 모든 세포 활성은 다른 세포들의 활성과 조화를 이루고 있다. 현대 분자생물학의 수준 높은 도구를 이용한다 해도 이러한 복잡한 발달 과정을 이해하기는 쉽지 않아 보인다. 그러나 최근 이들에 대한 이해가 상당한 진전을 보이고 있다. 이 과정을 밝혀낸 연구는 다음의 3가지 지도적 원칙에 따라 고안되었다.

- 개별 세포 형태의 분화를 가져오는 유전적 생화학적 사건을 설명하고 이해할 수 있어야 한다. 다시 말하면 특화된 조직들이 아무리 복잡한 몸 부위일지라도 어떻게 만들어지는가 하는 것이 어느 정도 이해되어야 함을 말한다.
- 다른 세포에서 일어나는 사건과 보조를 맞추는 신호 과정을 연구할 수 있는 여지가 있어야 한다. 14.1절에서 보았듯이, 이러한 체계들이 분자수준으로 설명되기 시작했다.
- 다른 생물에서 동일한 진화적 기원을 반영하는 발생 경로의 유사성과 대응성이

있어야 한다. 이것은 비교적 단순한 모델 생물의 발생 경로 연구에서 인간 발생과 연관성이 있는 정보를 얻을 수 있어야 한다는 것을 의미한다.

발생학은 유전학, 분자생물학, 세포학, 생리학, 생화학, 그리고 계통학 분야를 모두 포함한다. 여기서는 발생 중 유전체의 역할에만 초점을 두고자 한다. 즉, 발생학 연구에 대한 전반적인 개괄을 시도하지 않을 것이다. 다만 발생 중에 일어나는 유전체 활성의 변화 유형을 연구하기 위해 점점 복잡해지는 4개의 모델 시스템에 초점을 두고자 한다.

박테리오파지 λ: 유전적 스위치로 두 다른 발생 경로의 선택을 할 수 있다

발생 중 일어나는 유전체 조절 연구의 시작점으로 *E. coli*를 감염시키는 박테리오파지는 그리 적절해 보이지 않는다. 그러나 이곳은 분자생물학자들이 사람과 다른 척추동물의 발생의 토대가 된 유전체적 기초를 정확하게 밝혀낸 기나긴 연구를 시작한 곳이다. 그런 이유로 여기에서도 상대적으로 단순한 것에서 시작하여 복잡한 것으로의 동일한 진행과정을 따라 가고자 한다.

용균성 박테리오파지 λ가 숙주세포에 감염된 후 2개의 선택적 복제 경로를 가진다는 것을 9.1절에서 다루었다. 이 파지는 감염 후 새로운 파지를 조립하여 세포에서 방출하는 (λ의 경우 약 45분 후) 용균성(lytic) 경로뿐 아니라 파지 DNA를 숙주 염색체에 삽입하는 용원성(lysogenic) 주기를 가질 수 있다. 삽입된 프로파지는 여러 세대에 걸쳐 조용히 지내지만, DNA 손상과 연관된 화학적 또는 물리적 자극으로 λ 유전체가 절제되면 빠져 나와서 빠르게 조립한 후 숙주세포를 터트린다(그림 9.3, 9.4 참조). 파지가 용균성 또는 용원성 경로를 따라야 할지 어떻게 결정하는 것일까? 이 질문의 답을 얻으려면, 용원 경로에 바탕이 되는 일연의 유전적 사건을 이해해야 한다.

λ 유전체는 P_L과 P_R의 2개의 프로모터를 가진다. 이들은 λ가 세포로 자신의 DNA를 주입한 후 바로 *E. coli* RNA 중합효소에 의해 인식된다. 중합효소는 2개의 *N*과 *cro*라 불리는 2개의 극초기(immediate-early) λ 유전자를 전사한다(그림 14.21). 단백질 *N*은 **항종결자(antiterminator)**로서 DNA에 결합 숙주 RNA 중합효소가 *N*과 *cro*의 번역 서열 바로 아래에 있는 종결신호를 무시하게 만든다. 그 결과 중합효소는 뒤이어 있는 지연 초기(delayed-early) 유전자를 전사하게 된다. 여기에는 *c*II와 *c*III이 포함되며, 이들은 함께 *c*I을 전사를 활성화시킨다. 이것은 용균주기를 멈추고 용원성을 유지하게 하는 중요한 주조절 스위치인 λ 억제자 단백질을 만드는 중요한 유전자이다. 억제자는 P_L과 P_R 가까이 있는 O_L과 O_R 오퍼레이터에 결합함으로써 이를 수행한다(그림 14.22). P_L과 P_R은 극 초기 그리고 지연 초기 유전자뿐만 아니라 새로운 파지의 조립과 숙주세포

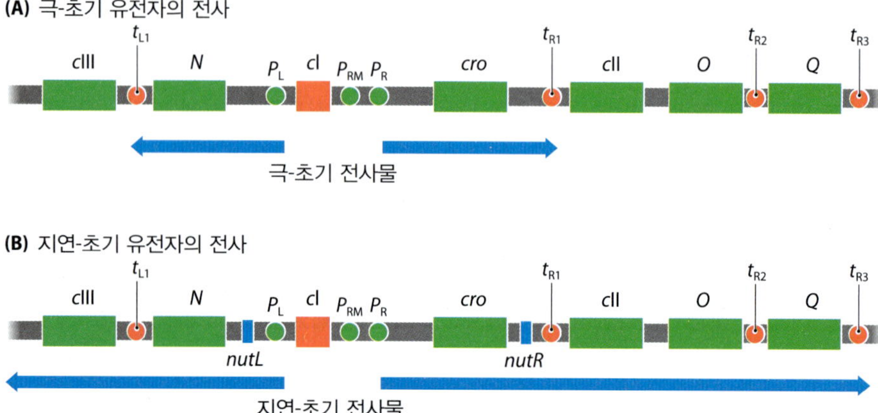

그림 14.21 극-초기와 지연-초기 λ 유전자의 전사. (A) 초기에는 P_L과 P_R 프로모터에서 전사가 일어나고 t_{L1}가 t_{R1}에서 종결하며, 2개의 극-초기 mRNA를 합성한다. (B) P_L에서 전사된 mRNA는 N 단백질을 암호화한다. 이것은 항종결자 자리인 *nutL*과 *nutR*에 부착한다. 이것으로 RNA 중합효소는 t_{L1}가 t_{R1} 아래로 전사를 계속할 수 있게 된다. P_R로부터 전사는 t_{R2} 종결자를 무시하고 t_{R3}에 도달할 때까지 계속한다.

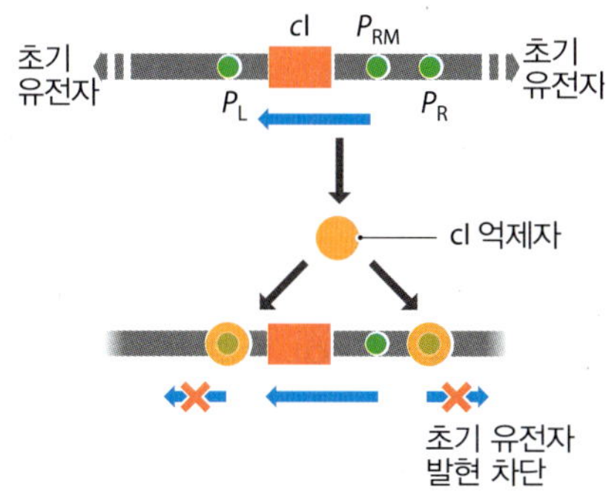

그림 14.22 cI 억제자의 역할. cI 억제자는 작동자 O_L과 O_R에 결합하여 P_L과 P_R 프로모터로부터 전사를 차단한다.

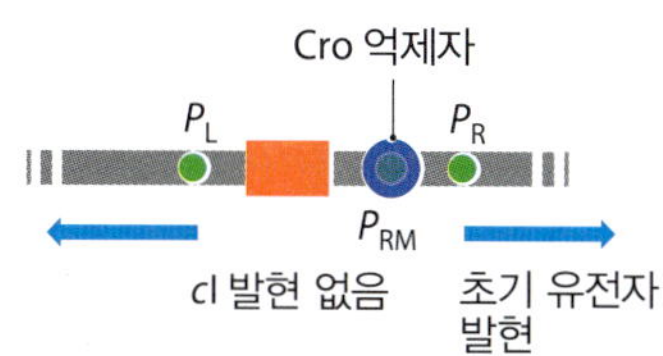

그림 14.23 Cro 억제자의 역할. Cro 억제자는 *c*I의 전사를 방해한다. cI 억제자가 합성되지 않으므로 초기 유전자 전사가 더 이상 억제되지 못한다.

용균에 필요한 단백질을 만드는 후기 유전자의 전사에도 관여하므로, 그 결과 거의 모든 λ 유전체가 비활성화된다. *int*는 활성을 유지하는 몇 유전자 중 하나로서 이는 자신의 프로모터에서 전사된다. 이 유전자가 만드는 삽입 단백질(integrase)은 λ DNA를 숙주 유전체에 삽입하는 위치 특이적 재조합을 촉매한다. 용원성은 수많은 세포분열 동안에도 유지되는데, 이는 *c*I 유전자가 지속적으로 발현하여 낮은 수준이지만 P_L과 P가 켜지지 않도록 유지하기에 충분한 cI 억제자가 존재하기 때문이다. cI의 지속적인 발현이 일어나는 이유는 *c*I 억제자가 O_R에 결합하면 P_R에서의 전사는 억제하지만 자신의 프로모터인 P_{RM}에서의 전사는 촉진시키기 때문이다. cI 억제자의 이중적 역할이 용원성의 열쇠인 것이다.

일단 *c*I이 발현되면 용원성을 확실히 정착시키고 유지하기 위해 억제자 단백질은 용균성 주기로 들어가는 것을 막는다. 그러나 λ가 항상 용원성 주기로 들어가는 것은 아니다. 때로는 감염 후 즉시 숙주의 용균으로 진행한다. 이는 2번째 극 초기 *cro* 유전자의 활성 때문이다. *cro* 역시 억제자를 만드는데, 이것은 *c*I의 전사를 방해한다(그림 14.23). 즉, 용균과 용원의 결정은 *c*I과 *cro* 사이 경주의 결과인 것이다. 만약 cI 억제자가 Cro 억제자보다 더 빨리 합성되면 유전체 발현이 차단되고 용원성으로 들어간다. 그러나 *cro*가 경주에서 이기면, 충분한 *c*I 억제자가 합성되어 유전체 발현을 억제하기 전 Cro 억제자가 *c*I 발현을 차단한다. 결과적으로 파지는 용균 감염주기로 들어간다. 용균과 용원의 결정은 환경적 조건이 영향을 줄 수 있지만, 세포 내에서 cI 또는 Cro 억제자가 먼저 누적되는 결과를 가져오는 우연적 사건에 따른 무작위적 현상으로 보인다. 예를 들어, 영양이 풍부한 배지에서 증식하면 용균성 주기로 평형이 이동한다. 아마도 이것은 숙주가 증식할 때 새로운 파지를 생산하는 것이 이롭기 때문일 것이다. 이러한 변동은 단백질분해효소의 활성으로 cII 단백질이 분해되어 cI 억제자 유전자의 전사를 일으키는 cII-cIII 조합의 능력이 감소되기 때문이다.

일단 박테리오파지가 용원성 주기에 들어서면 cI 억제자가 오퍼레이터인 O_L과 O_R에 결합되어 있는 한 이 상태는 유지된다. 즉, 만약 활성이 있는 cI 억제자가 특정 수준 이하로 떨어지면 프로파지를 자극한다. 이것이 우연히 일어나서 자연적 활성화가 일어날 수 있고, 물리 화학적 자극에 대한 반응으로 일어날 수도 있다. 물리 화학적 자극은 *E. coli*에서 일어나는 일반적인 방어 메커니즘인 **SOS 반응(SOS response)**을 활성화한다. SOS 반응의 일환으로 *E. coli* 유전자인 *recA*가 발현된다. *recA* 산물은 cI 억제자를 반으로 절단하여 불활성화시키는데, 이로 인하여 초기 유전자 발현 스위치가 켜지고 파지를 용균성 주기로 들어가게 한다. 또한 cI 억제자의 불활성화로 더 이상 *c*I의 전사가 촉발되지 않으므로 cI 억제자의 합성으로 용원성이 재정착될 가능성을 피하게 된다. 따라서 cI 억제자의 불활성화는 프로파지의 활성화를 유도한다.

이 모델 시스템이 알려주는 것은 다음과 같다.

- 단순한 유전적 스위치로 세포가 두 가지 발달 경로 중 어느 쪽을 선택할지 결정할 수 있다.
- 유전적 스위치에는 다른 프로모터의 활성과 억제의 조합이 관계할 수 있다.
- 적절한 자극에 대한 반응으로 발생 경로가 재프로그램되거나 다른 선택적 경로로 이동하는 것이 가능하다.

*Bacillus*의 포자 형성: 두 가지 독특한 세포 유형에서 활성의 조율

이번에 살펴볼 두 번째 체계는 고초균(*Bacillus subtilis*)의 포자 형성(sporulation)이다. λ 용원성에서와 마찬가지로 이것은 정확한 발생 경로는 아니며 단순히 세포 분화의 한 종류에 불과하다. 그러나 이 과정은 다세포 생물의 진정한 발생 경로를 연구할 때 설명되어야 할 기본적인 두 가지 문제를 잘 보여주고 있다. 문제란 긴 시간에 걸친 유전체 활성의 연속적인 변화가 어떻게 조절되는가 하는 것과 신호가 다른 세포에서 일어나는 사건들을 어떻게 조율하는가 하는 것들이다. 모델 시스템으로 *Bacillus*를 사용할때 장점은 실험실에서 키우기 쉽고 돌연변이나 유전자 서열의 분석과 같은 유전적 및 분자생물학적 테크닉으로 연구하기 좋다는 것이다.

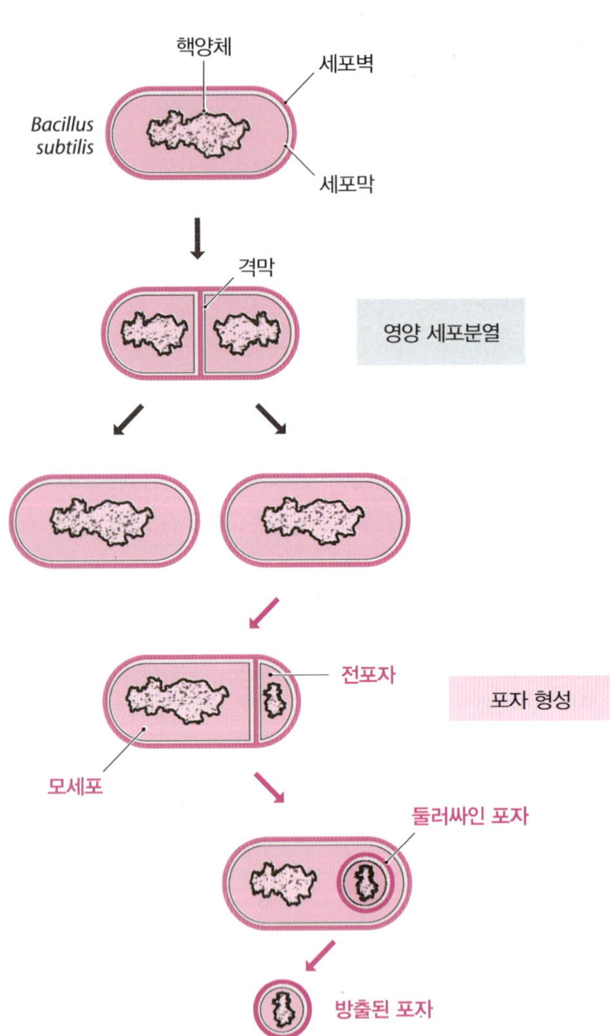

그림 14.24 *Bacillus subtilis*의 포자 형성. 위쪽 그림은 정상적인 영양성장적 세포분열을 보여주고 있다. 격막이 박테리아의 중간에 형성되어 동일한 크기의 딸세포가 생긴다. 아래쪽 그림은 포자 형성을 보여준다. 격막이 세포의 한쪽 끝에 형성되어 모세포와 전포자가 다른 크기로 생긴다. 최종적으로 모세포는 전포자를 완전히 둘러싼다. 과정이 끝나면 성숙한 저항성 포자가 방출된다.

*Bacillus*는 열악한 환경 조건에서 내생포자(endospore)를 생성하는 박테리아 속(genera) 중에 하나이다. 이들 포자는 물리적 화학적 악조건에 대한 저항성이 매우 높고 수십 년간 또는 수백 년간 생존할 수도 있다. 저항성은 많은 화학 물질에 불투과성인 포자 외피의 특수한 특성과 DNA나 기타 중합체의 분해를 지연시키고 장기간의 동면 상태(dormancy)에서도 포자가 생존할 수 있게 해주는 포자 내 생화학적 변화 때문이다.

실험실에서의 포자 형성은 일반적으로 영양 물질의 결핍으로 유발된다. 이때 박테리아는 세포 중간에 격막(septum; 또는 종주 세포벽, cross-wall)이 생성되는 정상적인 영양 세포분열 방식을 포기한다. 반면 세포는 세포의 한쪽 구석에 정상적인 것보다 얇은 특이한 격막을 만든다(**그림 14.24**). 이것으로 2개의 세포 구역이 생긴다. 작은 것은 전포자(prespore)라 불리는 것이며 큰 것은 모세포이다. 포자 형성이 진행되면서 전포자는 모세포에 의해서 완전히 둘러싸여진다. 그리고 두 세포는 서로 다른 그러나 조화를 이루는 분화 경로로 접어든다. 전포자는 생화학적 변화를 겪어가며 동면 상태가 되고 모세포는 포자 주변에 저항성 외투를 만든 후 마침내 사멸한다.

포자 형성 중 유전체 활성의 변화는 대부분 *Bacillus* RNA 중합효소의 프로모터 특이성을 바꾸는 특수한 σ 소단위의 합성으로 조절된다(12.2절). 이 단순한 조절 체계를 사용하여 *E. coli*가 어떻게 열 스트레스에 반응하는지 살펴본 바 있다(그림 12.10 참조). 이 방법은 또한 포자 형성 중 일어나는 유전체 활성 변화의 열쇠이기도 하다. *B. subtilis*의 기본 σ 소단위를 σ^A와 σ^H라고 부른다. 이들 소단위는 영양세포에서 합성되며, 정상적 성장과 세포분열을 유지하는 데 필요한 모든 유전자의 프로모터를 RNA 중합효소가 인식하여 전사하도록 해준다. 전포자(prespore)와 모세포(mother-cell)에서 이들 소단위는 각각 σ^F와 σ^E로 대체되면서, 다른 프로모터 서열을 인식하여 유전체 발현 양상에 광범위한 변화를 가져온다. 영양생장에서 포자 형성으로의 주조절 스위치는 영양세포에서 불활성인 상태로 존재하는 SpoOA로 불리는 단백질이 제공한다. 이 단백질은 단백질 인산화효소에 의한 연쇄적 인산화로 활성화되는데, 이들 단백질 인산화효소는 영양 물질의 고갈과 같은 환경적 스트레스가 있음을 알려주는 다양한 세포 외 신호에 반응하는 단백질이다. 초기 반응은 KinA, KinB라 불리는 2개의 인산화효소가 제공한다. 이들은 자체적으로 인산화된 후 SpoOF, SpoOB를 통해 SpoOA에게 인산을 전달한다(**그림 14.25**). 활성화된 SpoOA는 전사인자로서 영양성장 RNA 중합효소에 의해 전사되는, 즉 일상적인 σ^A와 σ^H 소단위에 의해 인식되는 다양한 유전자의 발현을 조절한다. 이것에 의해 발현이 개시되는 유전자에는 σ^F와 σ^E가 속하며, 이로 인하여 전포자와 모세포의 분화가 시작된다(**그림 14.26**).

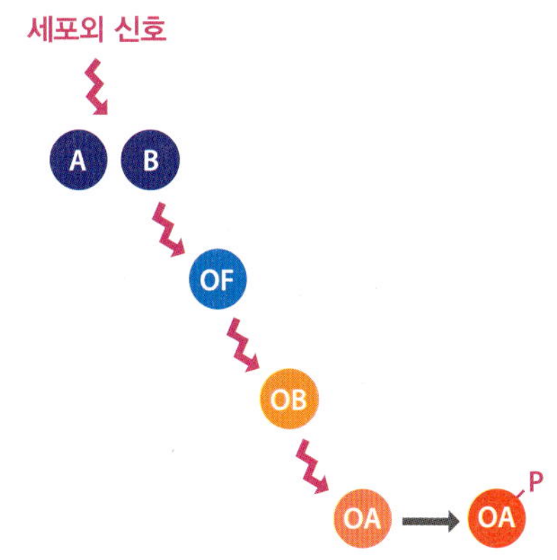

그림 14.25 SpoOA의 활성을 가져오는 연쇄적 인산화 반응. 약자: A, KinA; B, KinBk OF, SpoOF; OB, SpoOB; OA, SpoOA

초기에는 두 분화하는 세포 모두에 σ^F와 σ^E가 둘 다 존재한다. 그러나 이것은 정확히 원하는 상태가 아니다. σ^F는 전포자 특이적 소단위이고 이 세포에서만 활성을 가져야 하며, σ^E는 모세포 특이적이기 때문이다. 즉, 적절한 세포에서 적절한 소단위가 활성화 또는 불활성화되는 것이 필요하다. 이것은 다음 과정을 통해 성취되는 것으로 보여진다(**그림 14.27**).

- σ^F는 두 번째 단백질인 SpoIIAB와 만들어진 복합체에서 방출되면서 활성화된다. 이것은 세 번째 단백질인 SpoIIAA에 의해 조절되는데, 인산화되지 않은 상태에서는 SpoIIAB에 부착할 수 있어서 SpoIIAB가 σ^F에 결합하는 것을 방해한다. 즉, SpoIIAA가 인산화되지 않으면 σ^F가 방출되어 활성화되고, SpoIIAA가 인산화되면 σ^F는 SpoIIAB에 결합된 상태로 남아 비활성화된다. 모세포에서 SpoIIAB는 SpoIIAA를 인산화하여 σ^F를 결합된 비활성화 상태로 유지한다. 그러나 전포자에서는 SpoIIE라는 또 다른 단백질이 SpoIIAB가 SpoIIAA를 인산화하는 것을 방해한다. 즉, σ^F가 방출되어 활성화된다. 전포자에서는 SpoIIE가 SpoIIAB를 방해할 수 있지만 모세포에서는 하지 못하는 이유는 SpoIIE가 격막 표면에 있는 막에 결합해 있기 때문이다. 전포자는 모세포보다 훨씬 작지만 격막 표면적은 양쪽이 유사하므로 결과적으로 SpoIIE의 농도가 전포자에서 더 높다. 이 때문에 SpoIIAB 작용을 저해할 수 있게 된다.
- σ^E는 전구체 단백질의 절단에 의해 활성화된다. 이 절단을 수행하는 단백질 분해효소는 SpoIIGA 단백질이다. 이 단백질은 전포자와 모세포 사이의 격막을 가로질러 있다. 단백질 분해효소 도메인은 격막의 모세포 쪽에 있다. SpoIIGA의 활성화는 전포자의 σ^F의 존재가 필요하지만, 이 둘의 자세한 연결고리는 잘 알려져 있지 않다. 하나의 가능성은 SpoIIGA가 전포자 쪽에 있는 수용체 도메인에 SpoIIR이 결합하면서 활성화되는 것이다. SpoIIR 유전자의 프로모터는 특히 σ^F에 의해 인식된다. 즉, 단백질 분해효소의 활성화와 전(pre)-σ^E의 σ^E로의 전환은 전포자에서 σ^F-지정 전사(σ^F-directed transcription)가 진행되어야 일어나게 된다.

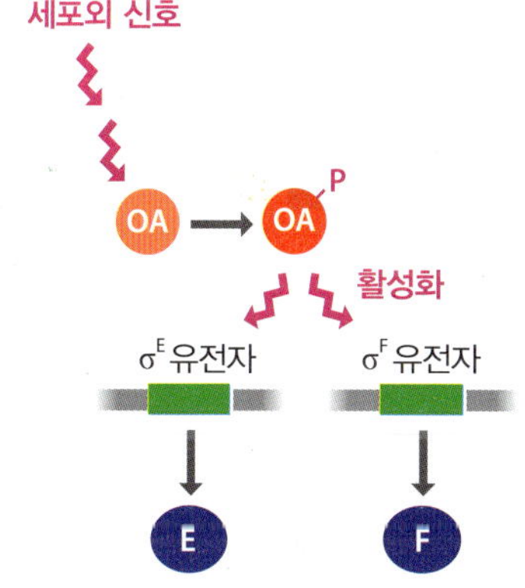

그림 14.26 ***Bacillus subtilis*** **SpoOA의 역할.** SpoOA는 환경의 스트레스에서 오는 세포외 신호에 반응하여 그림 14.25와 같이 인산화된다. 이는 전사활성자로서 σ^E, σ^F 그리고 RNA 중합효소 소단위 유전자를 활성화시킨다. 약자: E, σ^E; F, σ^F; OA, SpoOA.

σ^F와 σ^E의 활성화는 이야기의 시작에 불과하다. 전포자에서 σ^F가 활성화되고 약 1시간 후 σ^F는 알려지지 않은(이미도 모세포로부터 오는) 신호에 반응하여 포자의 유전체 활성에 약간의 변화가 생긴다. 또 다른 인자인 σ^G 유전자의 전사가 이것에 속하는데, σ^G는 포자분화 말기에 필요한 산물을 만드는 유전자 상위에 있는 프로모터를 인식한다. 이러한 단백질 중 하나는 SpoIVB로, 이것은 또 다른 격막 결합 단백질 분해효소인 SpoIVF를 활성화시킨다(**그림 14.28**). 이 단백질 분해효소는 다시 모세포의 두 번째 소단위인 σ^K를 활성화한다. σ^K는 σ^E가 전사하는 유전자 산물이나 전포자에서 활성화

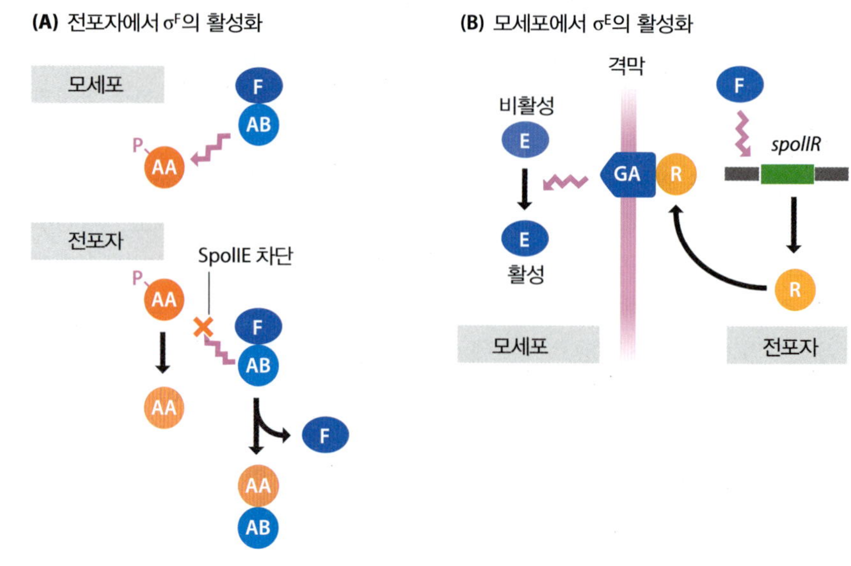

그림 14.27 *Bacillus subtilis* 포자 형성 시 전포자와 모세포-특이적 σ 소단위의 활성화. (A) 모세포에서는 σ^F가 비활성이다. 이것은 SpoIIAB에 결합 SpoIIAA를 인산화시키고, SpoIIAA는 σ^F의 방출을 방해하기 때문이다. 전포자에서는 σ^F가 SpoIIAB 복합체에서 방출되어 활성화되는데, 이것은 막-결합 SpoIIE의 농도에 간접적으로 영향을 받는다. (B) 모세포에서 σ^E는 SpoIIGA의 단백질 분해적 절단으로 활성화되는데, SpoIIGA는 전포자의 σ^F-의존적 단백질인 SpoIIR의 존재에 반응한다. 약자: AA, SpoIIAA; AB, SpoIIAB; E, σ^E; F, σ^F; GA, SpoIIGA; R, SpoIIR.

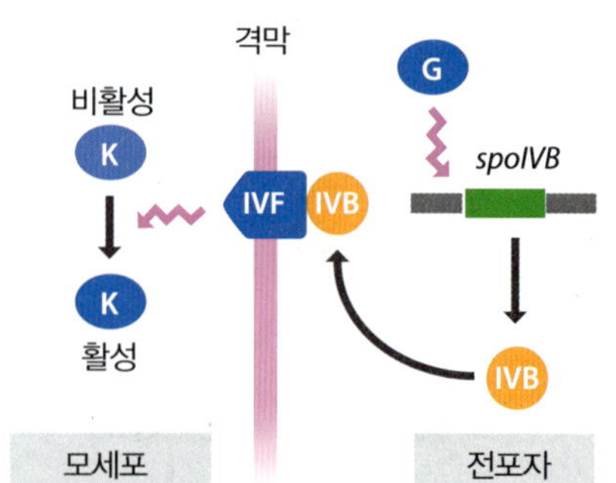

그림 14.28 Bacillus 포자 형성 중 σ^K의 활성화. 그림이 σ^E의 활성화 과정과 매우 유사한 것에 주목하라(그림 14.27B). 약자: G, σ^G; K, σ^K; IVB, SpoIVB; IVF, SpoIVF.

신호가 오기 전까지 비활성화 상태로 모세포에 남아있다. σ^K는 모세포 분화 경로의 말기에 필요한 유전자의 전사를 관장한다.

Bacillus 포자 형성의 주된 특징을 종합해 보면 다음과 같다.

- 주조절 단백질인 SpoOA는 연쇄적 인산화 사건을 통해 외부 자극에 반응하여 포자 형성이 일어나야 할 것인지 그리고 언제 일어나야 할 것인지를 결정한다.
- 전포자와 모세포의 σ 소단위의 연속적 변화로 두 세포에서 유전체 활성의 시간 의존적 변화가 생긴다.
- 세포-세포 간 신호는 전포자와 모세포에서 일어나는 사건들이 조율되도록 해준다.

Caenorhabditis elegans: 위치정보와 세포 운명의 결정에 대한 유전적 기초

현미경적 선충류인 예쁜꼬마선충(*C. elegans*, **그림 14.29**)에 대한 연구는 1960년대에 브레너(S. Brenner)에 의해 다세포 진핵생물 발생의 단순한 모델생물로 이용하려는 목적으로 시작되었다. *C. elegans*는 실험실에서 키우기 쉽고 수정난에서 성체로 발달하는 데 단 3.5일 밖에 되지 않는 짧은 세대 기간을 가지고 있다. 이 벌레는 전 생애에 걸쳐 투명하므로 죽이지 않고도 내부를 살펴볼 수 있다. 이것은 벌레의 전 발생 과정을 세포수준에서 살펴볼 수 있게 해주기 때문에 중요한 장점이다. 수정난에서 성충까지의 경로에서 일어나는 모든 세포 분열이 기록되었고, 어떤 세포가 언제 특정 역할을 획득하는지도 밝혀졌다. 이러한 경로는 다소 불변으로, 세포분열과 분화 패턴은 거의 모든 개체에서 동일하다. 이것은 각 세포가 자신의 적절한 분화 경로를 유도하는 크게는 세포-세포 신호 때문으로 보인다. 이것을 알아보기 위해 *C. elegans*의 음문(vulva)의 발달을 살펴보고자 한다.

대부분의 *C. elegans*는 암수동체이다. 이는 이들이 수컷과 암컷의 성기관을 모두 가지고 있다는 것을 의미한다. 음문은 암컷 성기관의 일부로 정자가 들어와 수정된 난자

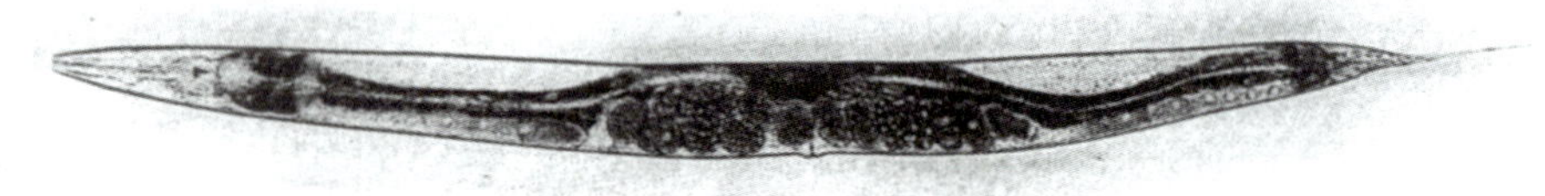

그림 14.29 선충류 벌레인 *Caenorhabditis elegans*. 그림은 약 1 mm 길이의 암수동체 성충이다. 음문은 이 벌레의 아래쪽 중간쯤에 위치한 작은 돌출부다. 벌레 몸체 안쪽 음문 양쪽에서 난자를 볼 수 있다. (Kendrew J [ed] [1994] *Encyclopedia of Molecular Biology*에서 발췌. John Wiley and Sons, Inc의 허락을 득함.)

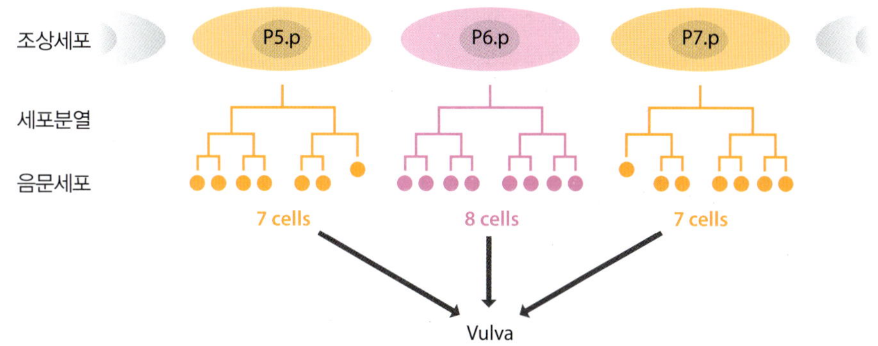

그림 14.30 세포분열에 의한 *Caenorhabditis elegans* 음문세포의 생성. 3개의 조상세포가 프로그램에 따라 분열하여 22개의 자손세포를 생성하고 이들은 위치를 재조직하여 음문을 만든다.

가 위치하는 관이다. 음문이 잘못된 장소에서 발달하면, 생식소가 정자를 받지 못하고 난자세포는 절대 수정되지 못한다. 성체의 음문은 22개의 세포로 이루어져 있고, 이들은 발생하는 선충의 표면에 일렬로 위치했던 3개의 조상세포에서 유래한 세포들이다(그림 14.30). 이 조상세포들은 음문세포 생성을 이끄는 분화 경로를 따르도록 되어있다. 중심에 있는 세포는 P6.p로 불리며, 1차 음문세포의 운명을 수용하고 분열하여 8개의 새로운 세포를 생성한다. 다른 두 세포들은, P5.p와 P7.p, 2차 음문세포의 운명을 수용하고 각각 7개의 세포로 분열한다. 이어 이들 22개의 세포는 음문을 만들기 위해 위치를 재조정한다.

음문 발달에서 중요한 것은 난자세포를 가지고 있는 구조물인 생식선(gonad)을 중심으로 정확한 위치에서 일어나야 한다는 것이다. 음문이 잘못된 위치에서 발달하면 생식선은 정자를 받아들이지 못하고 난자세포도 수정되지 못한다. 음문 전구체 세포가 필요한 위치 정보는 생식선 내에 존재하는 닻세포(anchor cell)가 제공한다(그림 14.31). 선충배아에서 인위적으로 닻세포를 파괴한 실험에서 이 세포의 중요성을 볼 수 있다. 닻세포가 없으면 음문은 발달하지 못한다. 이것이 암시하는 것은 닻세포가 세포외 신호물질을 분비하여 P5.p, P6.p 그리고 P7.p의 분화를 유도한다는 것이다. 이 신호 물질은 단백질로 LIN-3라 불리며, 이의 유전자는 *lin-3*이다.

P6.p가 1차 세포 운명을 수용하는 데 반해 P5.p와 P7.p는 2차 세포 운명을 수용하는 이유는 무엇일까? 이유는 두 다른 세포-세포 신호의 조합에 의한 것으로 보인다. 첫째는 그림 14.31에서 보여주는 바와 같이, LIN-3이 농도기울기를 이루어서 가까이 있는 P6.p와 멀리 있는 P5.p와 P7.p에 대한 영향이 다르다는 것이다. LIN-3의 표면 수용체는 LET-23으로 불리는 티로신 인산화효소로서 LIN-3의 결합으로 활성화되면 연쇄적인 세포내 반응을 촉발하고 MAP 인산화효소-유사 단백질 활성화를 가져온다. 이것은 다

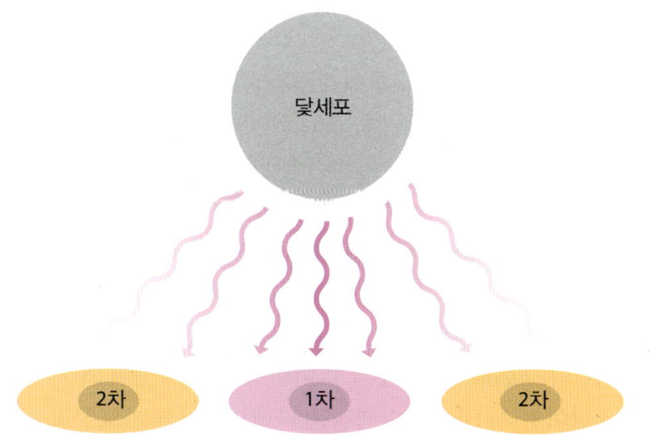

그림 14.31 *Caenorhabditis elegans*의 음문 발달 중 세포 운명의 결정에 관한 닻세포의 추정적 역할. 신호 물질 LIN-3가 닻세포에서 방출되면 닻세포가 P6.p(분홍색)로 되고, 닻세포에서 가장 가까운 세포는 1차 음문세포 운명을 가지는 것으로 생각된다. 닻세포에서 떨어져 있어 낮은 LIN-3의 농도에 노출되어 있는 P5.p와 P7.p(연한 주황색)는 2차 음문세포가 된다. 본문에서 설명한 것처럼, 2차 세포 운명의 확정은 또한 1차 음문세포의 신호에도 영향을 받는다.

시 다양한 전사인자의 스위치를 켠다. 전사인자를 켜는 이 MAP 인산화효소가 무엇인가는 세포외 LIN-3 농도에 따라 활성화되는 LET-23 수용체의 수에 달려 있다. 이것으로 1차 및 2차 운명이 닻세포와 수용세포 사이 거리에 의해 결정되는 이유가 설명된다.

두 번째 신호체계는 1차 세포 운명을 받는 P6.p가 DSL 단백질을 합성하는 것이다. 이들 일부는 세포막에 박히고, 일부는 분비된다. 세포막에 박힌 것과 분비되는 형태 모두 P5.p와 P7.p 위의 LIVN-12 수용체 단백질과 상호작용할 수 있다. 따라서 2차 세포 운명을 받아들이는 데 기여하는 2차 세포내 신호전달 경로를 유도한다. 이 경로의 중요성은 3개 이상의 세포가 음문 발달에 지정되는 특정 돌연변이에서 보여주는 비정상적 특징으로 알 수 있다. 하나 이상의 1차 세포가 있는 이러한 돌연변이에서 항시 2개의 2차 세포가 1차 세포 주변을 둘러싸고 있다. 살아있는 벌레에서, 2차 세포운명의 결정은 주변 1차 세포의 존재임을 암시한다.

종합하면 *C. elegans*의 음문 발생 연구에서 도출되는 일반적인 개념은 다음과 같다:

- 다세포 생물에서 위치 정보는 매우 중요하다: 적절한 장소에서 정확한 구조가 발생되어야 한다.
- 분화에 투입되는 적은 수의 전구체 세포가 다세포 구조의 형성을 이끌어 낼 수 있다.
- 세포-세포 신호는 농도기울기를 이용하여 신호 세포로부터 다른 상대적 위치에 있는 세포에서 다른 반응을 유도한다.

초파리: 위치 정보를 체절 계획으로 변환

발생에 관해 알아볼 마지막 생물은 *D. melanogaster*(노랑초파리)이다. 초파리 연구는 모르간(Thomas Hunt Morgan)이 처음으로 유전 연구의 모델 시스템으로 사용했던 1910년으로 거슬러 올라간다. *Drosophila*가 모르간에게 준 장점은 크기가 작고 (한 실험에서 많은 수를 연구할 수 있으며), 영양요구도가 낮으며 (초파리는 바나나를 좋아한다), 때때로 특이한 눈색 등과 같이 쉽게 알아볼 수 있는 유전적 특징을 가진 돌연변이가 자연 집단에 존재한다는 것이었다. 성체 초파리의 몸 구조는 각기 다른 구조적 역할을 하는 연속적 체절로 이루어져 있고, 유충도 마찬가지다. 가장 뚜렷한 것이 가슴이며, 이것은 각각이 한 쌍의 다리를 가진 3개의 체절로 이루어져 있다. 복부는 8개의 체절로, 머리도 마찬가지지만, 머리의 체절은 잘 보이지 않는다(**그림 14.32**). 초기 *Drosophila* 배아의 특이한 점은 배아가 대부분의 생물에서 보듯이, 다수의 세포로 이루어진 것이 아니라 한 세포질 속에 여러 개의 핵을 가진 하나의 **다핵세포체(syncytium)**라는 것이다(**그림 14.33**). 발생에 대한 *Drosophila*의 기여도는 이것이 제공한 통찰력에 있다. 이 미분화된 배아가 마침내 성체에서 보이는 정확한 장소로부터 복잡한 체구조를 만들어내는 위치 정보를 획득하는가 하는 것이다.

배아가 필요한 위치 정보는 어느 쪽이 앞쪽(전방, anterior)이고 어느 쪽이 뒤쪽(후방, posterior)인지, 어느 쪽이 위쪽(등쪽, dorsal)이며 어느 쪽이 아래쪽(배쪽, vental)인지 확정하는 일이다. 이 정보는 다핵세포체에 확립된 단백질 농도기울기로 얻어진다. 이 단백질의 대부분은 배아의 유전자에서 합성된 것들이 아니라, 모체가 배아에 주입된 mRNA인 **모계-영향 유전자(maternal-effect gene)**에 의해 만들어진 것이다. 예를 들어, 바이코이드(*Bicoid*) 유전자는 난자와 접하고 있는 모계의 보육 세포(nurse cell)에서 전사된 후, 그 mRNA가 미수정란의 전방 말단으로 주입된다. 전방은 난자방 속 난자세포의 방향으로 정해진다. *bicoid* mRNA는 3′-비번역 부위가 세포의 세포 골격에 부착된 채 난자의 전방에 남아있다. Bicoid 단백질은 다핵세포체를 가로질러 확산되어 전방 말

그림 14.32 성체 *D. melanogaster*의 체절 양상. 머리도 체절이지만, 성충에서는 그 양상이 쉽게 보이지 않는다.

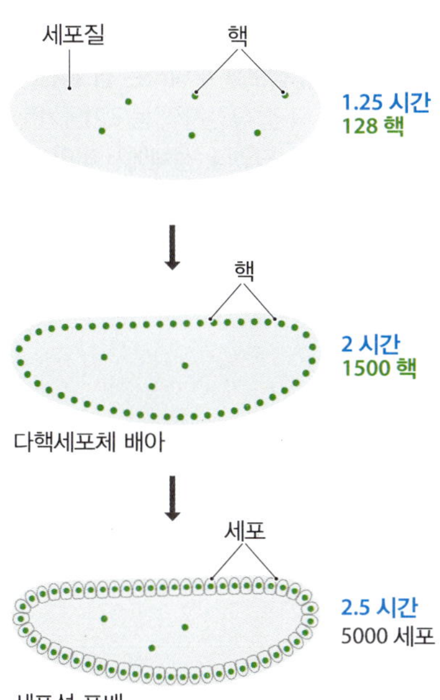

그림 14.33 *Drosophila* **배아의 초기 발생.** *Drosophila*의 초기 배아는 대부분의 생물과 달리 많은 세포로 이루어져 있지 않다는 점이 특이한 특징이다. 이것은 하나의 다핵세포체이다. 이 구조는 핵이 13번 분열하여 약 1,500개의 핵을 이룰 때까지 계속된다. 이후 하나의 핵을 가진 개개의 세포가 주변부에서 **포배**(blastoderm)라 부르는 구조를 형성하며 나타나기 시작한다. 배아 길이는 약 500 μm이고 지름은 약 170 μm이다.

단이 가장 높고 후방 말단이 가장 낮은 농도기울기를 형성한다(그림 14.34).

전-후 농도기울기 확립에 관여하는 다른 3개의 모계 영양 유전자 산물은 Hunchback, Nanos, Caudal, Torso 단백질 역시 유사한 방법으로 작동하며, Dorsal 및 기타 단백질이 등-배 축에 관여한다. 결과적으로 다핵세포체의 각 지점은 여러 모계-영향 단백질의 상대적인 양에 의해 그 지점의 독특한 화학적 신호로 결정된다.

이 위치 정보는 **갭 유전자(gap genes)**의 발현으로 더 세밀하게 만들어진다. Bicoid, Hunchback 그리고 Caudal이 3개의 전-후 농도기울기 단백질은 전사 활성자로서 배아 내부에 일렬로 위치한 핵 속의 갭 유전자가 그 표적이다(그림 14.33 참조). 특정 핵에서 발현되는 갭 유전자의 종류는 농도기울기 단백질의 상대적인 양으로 결정된다. 즉, 전-후 축을 따라 위치한 핵의 위치에 따라 결정된다. 일부 갭 유전자는 Bicoid, Hunchback, 그리고 Caudal에 의해 직접적으로 활성화된다. 예를 들어, *buttonhead*, *empty spiracles*, 그리고 *orthodenticle*은 Bicoid에 의해 활성화된다. 다른 갭 유전자는 간접적으로 발현된다. *huckebein*과 *tailess*의 경우 Torso에 의해 켜진 전사활성자에 반응한다. 이 복잡한 상호작용으로 생긴 위치정보가 갭 유전자 산물의 상대적 농도로 해석되면서 점차 세분화된다(그림 14.35).

다음으로 활성화될 일련의 유전자는 **쌍-지배 유전자(pair-rule genes)**로 기초적 체절 양상을 구축한다. 이들 유전자의 전사는 갭 유전자의 상대적인 농도에 반응하여 단일세포 내의 핵에서 일어난다. 따라서 쌍-지배 유전자 산물은 다핵세포체를 가로질러 확산하지 않으며, 이들이 발현되는 세포 내에만 존재한다. 결과적으로, 배아는 이제 각각의 줄이 특정 쌍-지배 유전자를 발현하는, 일련의 세포로 구성된 연속적 줄무늬를 이루고 있는 것처럼 보일 수 있다. 다음 순서로 활성화되는 유전자는 **체절극성 유전자(segment polarity gene)**로서, 이는 유충의 최종 체절의 크기와 정확한 위치를 지정하면서 줄무늬에 더 세밀한 정보를 추가한다. 점진적으로 모계-영향 농도기울기에 의해 어렴풋이 만

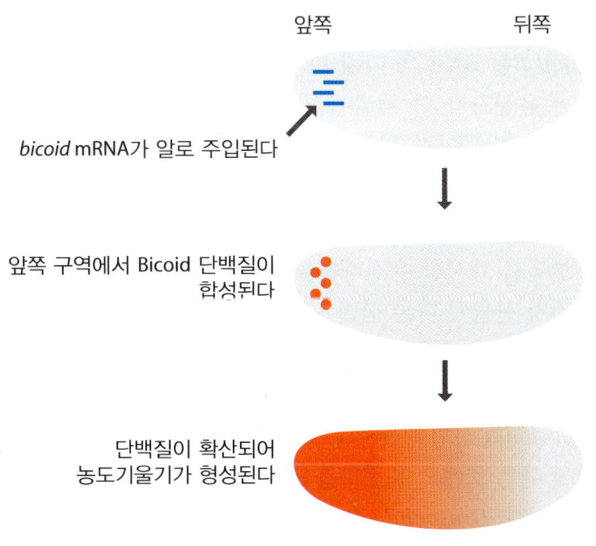

그림 14.34 *Drosophila* **배아의 비코이드 농도의 확립.** 비코이드 mRNA는 난자의 앞쪽 끝에 주입된다. mRNA에서 번역된 비코이드 단백질이 다핵세포체에 확산되면서 농도기울기가 확립된다.

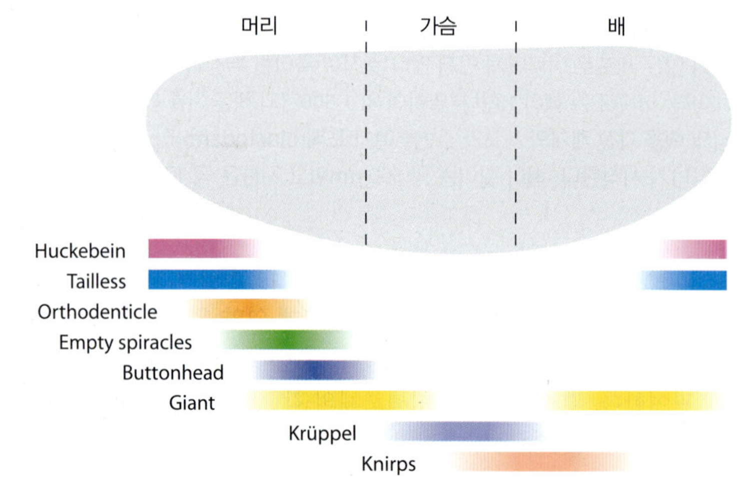

그림 14.35 ***Drosophila melanogaster* 배 발생 시 위치 정보를 부여하는 갭 유전자 산물의 역할.** 각 갭 유전자의 농도기울기는 색상 막대로 표시되었다. 성체에서 머리, 가슴, 배가 되는 배아 부위는 위쪽에 표시하였다.

들어진 위치 정보가 세밀하게 지정된 체절 양상으로 변환한다.

호메오 선별 유전자는 고등 진핵생물 발달의 공통적 특징이다

초파리의 유충 체절 패턴이 어떻게 성체의 복잡한 몸 구조로 전환되는가? 쌍 지배와 체절극성 유전자는 배아의 체절 양상을 설정하지만 각 체절의 정체성을 결정하지는 않는다. 이것은 호메오 선별 유전자(homeotic selector gene)의 일이다. 이것은 이 유전자의 돌연변이시 성숙한 초파리에서 나타나는 엉뚱한 효과로 인해 처음 발견되었다. 예를 들면, *antennapedia* 돌연변이는 안테나를 생성하는 머리의 체절이 다리를 만듦으로써 돌연변이 초파리는 안테나가 있어야 할 자리에 한 쌍의 다리를 가진다. 초기 유전학자들은 이 괴물 같은 **호메오 돌연변이체(homeotoc mutants)**에 매료되어 20세기 초 수십 년간 수많은 돌연변이체를 수집하였다.

호메오 돌연변이의 유전자 지도 작성 결과에서 선별 유전자가 3번 염색체 위의 두 곳에 모여 있는 것을 알아내었다. 머리와 흉부 체절을 결정하는 유전자가 모여 있는 클러스터는 Antennapedia 복합체(ANT-C)로 복부체절 유전자가 모여 있는 Bithorax 복합체(BX-C)로 명명되었다(그림 14.36). 추가적으로 비선별적인 *bicoid*와 같은 일부 발생 유전자들도 ANT-C에 위치하고 있다. ANT-C와 BX-C 좌위의 특징은 여전히 이유를 알 수 없으나 유전자의 순서가 초파리 체절의 순서와 일치한다는 것이다. 초파리의 가장 전방 체절을 조절하는 *labial palp*는 ANT-C의 첫 유전자이며, 가장 후방 체절을 지정하는 *Abdominal B*는 BX-C의 가장 마지막 유전자이다.

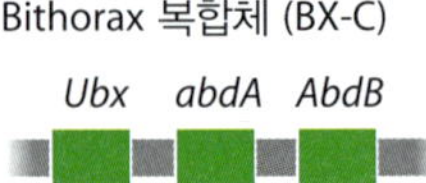

그림 14.36 *Drosophila melanogaster*의 *Antennapedia*와 *Bithorax* 유전자 복합체. 두 복합체는 모두 초파리의 3번 염색체에 위치하며, ANT-C는 BX-C보다 위쪽에 있다. 이들 유전자는 일반적인 순서대로 표시하였으나 전사방향이 항상 오른쪽에서 왼쪽으로 된다는 것은 아니다. 유전자의 실제 크기는 반영하지 않았다. 완전한 유전자 이름은 다음과 같다: *lab*, *labial palps*; *pb*, *proboscipedia*; *Dfd*, *Deformed*; *Scr*, *Sex combs reduced*; *Antp*, *Antennapedia*; *Ubx*, *Ultrabithorax*; *abdA*, *abdominal A*; *AbdB*, *Abdominal B*. In ANT-C, the non-selector genes *zerknüllt* and *bicoid* occur between *pb* and *Dfd*, and *fushi tarazu* lies between *Scr* and *Antp*. Ant-C에서 비-선별 유전자인 *zerknullt*와 *bicoid*는 *pb*와 *Dfd* 사이에 있으며, *fushi tarazu*는 *Scr*과 *Antp* 사이에 있다.

정확한 선별 유전자가 각 체절에 발현되는 것은 각각의 갭 유전자와 쌍-지배 유전자 산물의 분포로 만들어진 위치 정보에 반응하여 활성화되기 때문이다. 선별유전자 산물은 전사 활성자이며 각각은 호메오도메인(homeodomain) 특유의 나선-꺽임-나선(helix-turn-helix) DNA 결합구조를 가지고 있다(11.2절 참조). 각 선별유전자 산물은 특정 체절의 발달을 개시할 유전자들을 발현시킨다. 분화된 상태의 유지는 부분적으로는 각 선별유전자 산물이 다른 선별유전자를 억제하기 때문이며, 부분적으로는 특정 세포에서 발현되지 않는 선별유전자 좌위를 불활성 염색질로 만드는 14.2절에서 다루었던 Polycomb의 역할일 것이다.

다양한 *Drosophila* 선별유전자의 호메오 도메인은 놀랄 정도로 유사하다. 이로 인하여 1980년대에 다른 호메오 유전자를 찾기 위한 혼성화 실험에 호메오도메인을 탐지자로 사용하게 되었다. *Drosophila* 유전체를 탐색한 첫 실험 결과에서 이전에 알려지지 않

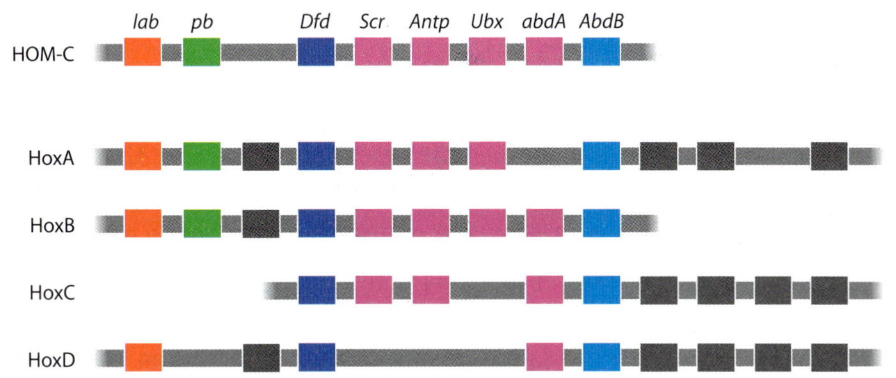

그림 14.37 *Drosophila* **HOM-C 유전자 복합체와 척추동물의 4개의 Hox 집단의 비교.** 연관된 구조와 기능을 가진 단백질을 암호하는 유전자는 색으로 표시하였다. 그림은 유전자의 실제 크기는 반영하지 않았다.

았던 호메오 도메인 포함 유전자가 여러 개 발견되었다. 그러나 이들은 선별유전자가 아니라 발생에 관여하는 다른 전사활성자 유전자로 밝혀졌다. 예를 들어, 쌍-지배 유전자인 *even-skepped*와 *fushi tarazu*나 체절극성 유전자(segment polarity gene)인 *engrailed* 같은 것들이다. 다양한 생물의 유전체를 살펴보았을 때 호메오 도메인은 사람을 비롯하여 다양한 동물의 유전자에 존재한다는 것이 발견되었다. 이들 생물에서도 *Drosophila* 것과 대응되는 몸 구조를 지정하는 기능을 가지는 일부 호메오 도메인 유전자가 ANT-C, BX-C와 유사하게 집단으로 모여 있다는 것이었다. 예를 들면, 쥐의 HoxC8 유전자 돌연변이는 (일반적으로 등 아래쪽에 있는) 요추가 (갈비뼈가 시작되는 곳의) 흉추로 전환되어 한 쌍의 갈비뼈를 더 가진다. 동물에서 다른 Hox 돌연변이는 사지의 변형을 가져와 아래쪽 팔이 없거나 손이나 발에 손가락이나 발가락이 하나 더 있게 된다.

일반적으로 HOM-C(homeotic gene complex, 호메오 유전자 복합체)로 불리는 단일 복합체가 두 부위로 나뉘어진 *Drosophila* 선별유전자 ANT-C와 BX-C 클러스터를 다시 살펴보자. 이들은 척추동물에서 4개의 호메오 유전자 클러스터로 HoxA에서 HoxD까지 나뉜다. 이 4개의 클러스터는 상호 간 그리고 HOM-C와 대응되게 배열된다(**그림 14.37**). 대응적 위치에 있는 유전자끼리 유사점이 발견되는데, 곤충에서 사람까지 호메오 선별유전자 클러스터의 진화적 역사까지 추적될 정도이다(18.2절 참조). *Drosophila*에서와 마찬가지로 척추동물에서도 집단의 유전자 순서는 그 유전자가 지정하는 성체 몸 구조의 순서를 반영하고 있다. 뚜렷하게 보이는 곳이 생쥐의 신경계 발달을 조절하는 HoxB 클러스터이다(**그림 14.38**). 수복할 만한 결론은 초파리나 다른 단순한 진핵생물의 발생 과정과 사람이나 다른 복잡한 생물의 발생 과정이 기본적인 수준에서 유사하다는 것이다. 초파리 발생 연구가 사람의 발생과 직접적인 연관성을 가진다는 이 발견은 미래의 연구 가능성에 대한 전망을 활짝 열어 놓았다.

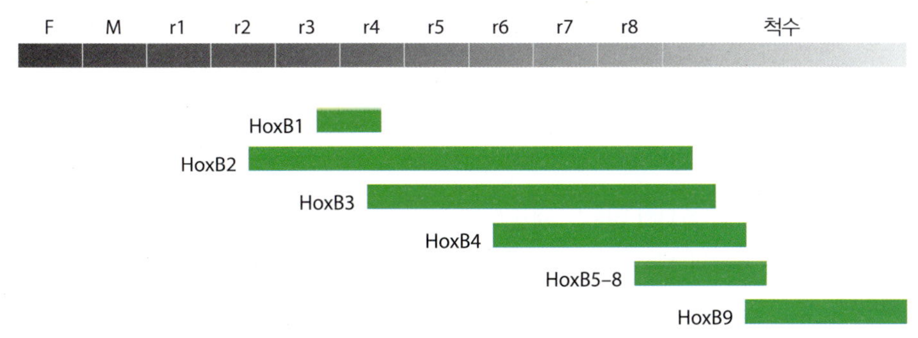

그림 14.38 HoxB 집단의 선별유전자에 의한 쥐 신경계의 특정화. 신경계를 도식적으로 보여주고 있으며 개개의 HoxB 유전자(HoxB1-HoxB9)에 의해 특정화되는 위치는 초록색 막대로 표시하였다. 신경계 구성원은 다음과 같다: F, 전뇌(forebrain); M, 중뇌(Midbrain); r1~r8, 마름뇌분절(rhombomere) 1~8; 척수. 마름뇌분절은 발생 중 보이는 후뇌의 분절이다.

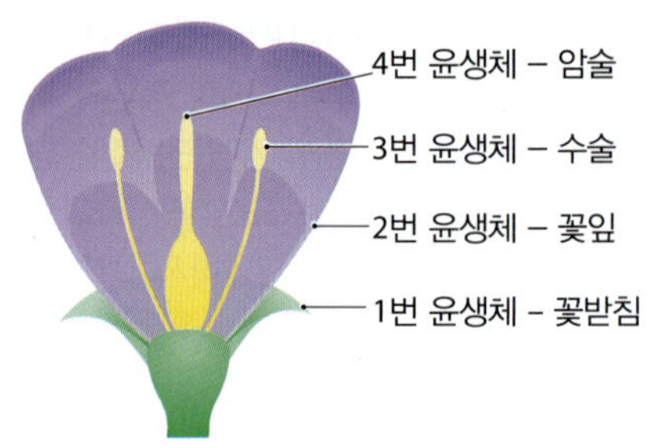

그림 14.39 꽃은 4개의 동심의 윤생체로 만들어진다.

호메오 유전자는 식물 발생도 관장한다

발생에서 모델 시스템인 *Drosophila*의 영향력은 척추동물 이상까지 확장된다. 식물의 발생과정은 거의 모든 점에서 초파리나 다른 동물과는 매우 다르다. 그러나 유전적 수준에서 이들은 유사점을 보인다. *Drosophila*의 발생에서 얻은 지식이 식물에서 수행되는 유사한 연구의 해석에 도움이 되기에 충분할 정도이다. 특히, *Drosophila*의 몸 구조 조절에 한정된 수의 호메오 선별유전자가 작용한다는 인식을 바탕으로, 식물의 발생 중 꽃 구조가 적은 수의 호메오 유전자에 의해 결정될 것이라는 가정을 하게 되었다.

모든 꽃은 꽃의 각기 다른 구조를 이루는 4개의 중심 윤생체(whorl)가 유사한 궤도를 따라 가면서 만들어진다(**그림 14.39**). 바깥 윤생체는 1번으로 변형된 잎으로 초기 발생 중 싹을 둘러싸고 보호하는 꽃받침을 가지고 있다. 2번 윤생체는 특징적인 꽃잎이며, 이 속에 3번 윤생체(수술, 수컷 생식기)와 4번 윤생체(암술, 암컷 생식기)가 있다.

대부분 식물 발생의 연구는 금어초(*antirrhinum*)와 애기장대(*Arabidopsis thaliana*)에서 수행되었다. 애기장대는 작은 잠두속(vetch) 식물로서 모델 생물종으로 사용되어 왔는데, 유전체가 단지 135 Mb 밖에 되지 않는 현화식물에서 알려진 가장 작은 유전체를 가진 것 중 하나라는 것이 부분적인 이유이다(표 7.2 참조). 이러한 식물들이 호메오 도메인 단백질을 가질 것처럼 보이지는 않지만, 이들도 돌연변이로 꽃받침이 꽃잎으로 대체되는 것과 같은, 꽃 구조에서 호메오적 변화를 가져오는 유전자를 가지고 있다. 이들 돌연변이체를 분석한 결과에서 **ABC 모델**이 밝혀졌다. 이것은 A, B 그리고 C의 3종류의 호메오 유전자를 말하는 것으로 다음과 같이 꽃의 발생을 조절한다:

- 윤생체 1번은 A-형 유전자가 특정한다: *Arabidopsis*에서 *apetala1*과 *apetala2*가 그것이다.
- 윤생체 2번은 A 유전자가 *apetala3*과 *pistillata* 등을 포함하는 B 유전자와 협동하여 특정한다.
- 윤생체 3번은 B 유전자가 *agamous* C 유전자와 같이 특정한다.
- 윤생체 4번은 C 유전자 단독으로 특정한다.

*Drosophila*의 연구에서 같이 A, B, 그리고 C 호메오 유전자 산물은 전사활성자이다. APETALA2를 제외하고, 모두 동일한 **MADS 상자** DNA 결합 도메인을 가진다. MADS는 식물 발생에 관여하는 다른 유전자에서도 발견되는데, A, B, C 단백질과 같이 작동하여 꽃의 자세한 구조를 결정하는 SEPALLATA1, 2, 3 등이 여기에 포함된다. 적어도 하나의 주조절 유전자가 포함되는 다른 꽃 발생 체계 구성인자가 있다. *Antirrhinum*에서 *floricaula*와 *Arabidopsis*에서 *leafy*가 그것으로 영양 생장에서 발생적 생장으로의 전환을 조절하여 꽃 발달을 촉발하며 호메오 유전자 발현 양상을 확립하기도 한다. 그리고 *Arabidopsis*에서 CURLY LEAF과 SWINGER라고 부르는 유전자가 있는데, 이들의 산물은 *Drosophila*의 Polycomb처럼(14.2절) 특정 윤생체에서 불활성인 호메오 유전자가 포함된 염색질 부위를 억제하여 각 세포의 분화 상태를 유지하는 주요 히스톤 메틸전이효소로 생각된다.

요약

- 유전체 발현 양상의 일시적 변화는 세포가 외부 자극에 대한 반응하도록 해준다. 이러한 자극으로는 다른 세포와 생화학적 활성이 조율되게 하는 신호 분자의 존재나 부재와 같은 변화이다.

- 더 영구적 유전체 발현 변화는 분화와 발현의 밑바탕이 된다.
- 일시적 유전체 발현 변화는 주로 개별 유전자 전사에 영향을 주는 외부 자극에 반응할 때 일어난다.
- 일부 세포외 신호 물질은 세포 내로 들어와서 전사에 직접 영향을 준다. 예를 들면 포유류에서의 락토페린이 그것이다.
- 스테로이드 호르몬 역시 세포로 들어오나 전사활성자로 작용하는 수용체 단백질을 통해 유전체 발현에 영향을 준다.
- 다른 신호 경로는 세포 표면 수용체를 통해 매개되는데, 수용체의 다수가 세포외 신호에 반응하여 이량체화되며 유전체에 이르는 신호전달 경로를 촉발시킨다.
- 일부 신호전달체계에서, 세포외 신호물질의 부착에 의한 세포면 수용체의 자극은 전사인자의 활성에 직접적인 영향을 준다. JAK/STAT 경로가 그 예이다.
- MAP 인산화효소 경로와 같은 다른 신호전달체계는 수용체와 유전체 간 여러 단계가 있다. 일부 신호전달 경로는 유전체 발현을 포함하여 다수의 세포 활성에 영향을 주는 고리형 뉴클레오티드나 칼슘이온과 같은 2차 전달자를 사용한다.
- 분화 과정은 염색질 구조의 변화, 유전자 전환 사건 또는 유전체 재배열과 같은 유전체 발현의 반영구적 변화를 가진다.
- 박테리오파지 λ의 용원성 감염주기는 단순한 유전적 스위치가 두 경로 중 어느 쪽 경로로 갈 것인지 결정할 수 있다는 것을 보여주었다.
- *Bacilllus subtilis*의 포자 형성에 대한 연구는 시간 의존적 유전체 발현의 변화와 세포-세포 간 신호가 분화 과정을 어떻게 조절할 수 있는지 보여주었다.
- 세포 운명의 결정 메커니즘은 *C. elegans*의 음문 발생의 연구로 밝혀졌다.
- 발생유전학에서 가장 유익한 경로는 초파리의 배아 발생이었다. 이것의 연구는 복잡한 몸 구조가 어떻게 조절적 유전체 발현 양상으로 특정될 수 있는지 보여주었다.
- *Drosophila*의 연구는 초파리뿐만 아니라 척추동물과 식물의 발생 과정을 조절하는 호메오 선별유전자의 존재를 밝혀내었다.

단답형 문제

1. 분화와 발생의 차이를 설명하고, 두 차이를 가져오는 근본적 이유를 설명하라.
2. 락토페린이 전사인자로 작용할 수 있다는 것을 암시하는 증거를 설명하라.
3. 스테로이드 호르몬이 유전체 발현에 어떻게 영향을 주는가?
4. 알려진 세포 표면 수용체 단백질의 여러 유형을 비교하라.
5. (A) JAK/STAT, (B) MAP 인산화효소의 신호전달 경로를 설명하라.
6. 유전체 발현 조절에서 2차 메신저의 역할을 설명하라.
7. 폴리콤 그룹 단백질이 유전체 발현에 어떻게 영향을 주는지 설명하라.
8. 척추동물의 면역체계의 세포들이 적은 세트의 유전지로부터 그렇게 많고 다양한 면역글로불린을 어떻게 생성할 수 있는가?
9. λ 파지의 용균성과 용원성 경로 선택 과정이 어떻게 조절되는지 설명하라.
10. *Bacilllus* 포자 형성 중, σ^E과 σ^F가 모두 전포자와 모세포에 존재한다. σF가 전포자에서 어

떻게 활성화되는가?

11. *C. elegans*의 닻세포가 어떻게 음문 전구체 세포를 음문세포로 분화하도록 하는가? 음문 전구세포가 닻세포로부터 신호를 받은 후 왜 다른 경로를 따라 가는가?

12. *Drosophila* 배발생 연구가 척추동물의 호메오 선별유전자 발견을 어떻게 이끌었는가?

사고형 문제

1. 세포막의 외부에 노출된 세포 표면 수용체 부분을 알아내기 위해 어떤 방법을 사용할 수 있는가?

2. 신호전달 연구가 암에 내재된 비정상적인 생화학적 활성의 이해를 어떻게 도와주었는지 설명하라.

3. *C. elegans*와 *D. melanogaster*가 고등 진핵생물의 발생을 위한 좋은 모델 생물인가?

4. 고등 진핵생물의 발달 연구에 이상적인 모델 생물로서의 중요한 특징은 무엇인가?

5. *Drosophila*는 하나의 호메오 유전자를 가지는 반면에 척추동물은 4개를 가진다는 발견에 근거하여 유전체 진화에 관해 어떤 것이 추론될 수 있는가? 어떤 그룹의 생물이 4개 이상의 호메오 유전자 클러스터를 가질 수 있다고 생각되는가?

Further Reading

Imported extracellular signaling compounds

He, J. and Furmanski, P. (1995) Sequence specificity and transcriptional activation in the binding of lactoferrin to DNA. *Nature* 373:721–724.

Mariller, C., Hardivillé, S., Hoedt, E., et al. (2012) Delta-lactoferrin, an intracellular lactoferrin isoform that acts as a transcription factor. *Biochem. Cell Biol.* 90:307–319.

Son, K.-N., Park, J., Chung, C.-K., et al. (2002) Human lactoferrin activates transcription of IL-1β gene in mammalian cells. *Biochem. Biophys. Res. Commun.* 290:236–241.

Tsai, M.-J. and O'Malley, B.W. (1994) Molecular mechanisms of action of steroid/thyroid receptor superfamily members. *Annu. Rev. Biochem.* 63:451–486.

Winge, D.R., Jensen, L.T. and Srinivasan, C. (1998) Metal-ion regulation of gene expression in yeast. *Curr. Opin. Chem. Biol.* 2:216–221.

Cell surface receptor proteins and signal transduction pathways

Cargnello, M. and Roux, P.P. (2011) Activation and function of the MAPKs and their substrates, the MAPK-activated protein kinases. *Microbiol. Mol. Biol. Rev.* 75:50–83.

Karin, M. and Hunter, T. (1995) Transcriptional control by protein phosphorylation: signal transmission from the cell surface to the nucleus. *Curr. Biol.* 5:747–757.

Lemmon, M.A. and Schlessinger, J. (2010) Cell signaling by receptor tyrosine kinases. *Cell* 141:1117–1134.

Robinson, M.J. and Cobb, M.H. (1997) Mitogen-activated protein kinase pathways. *Curr. Opin. Cell Biol.* 9:180–186.

Schlessinger, J. (1993) How receptor tyrosine kinases activate Ras. *Trends Biochem. Sci.* 18:273–275.

Spiegel, S., Foster, D. and Kolesnick, R. (1996) Signal transduction through lipid second messengers. *Curr. Opin. Cell Biol.* 8:159–167.

Villarino, A.V., Kanno, Y., Ferdinand, J.R. and O'Shea, J.J. (2015) Mechanisms of Jak/STAT signaling in immunity and disease. *J. Immunol.* 194:21–27.

Wang, Y. and Levy, D.E. (2012) Comparative evolutionary genomics of the STAT family of transcription factors. *JAKSTAT* 1:23–33.

Changes in genome activity during differentiation

Alt, F.W., Blackwell, T.K. and Yancopoulos, G.D. (1987) Development of the primary antibody repertoire. *Science* 238:1079–1087. *Generation of immunoglobulin diversity.*

Geisler, S.J. and Paro, R. (2015) Trithorax and Polycomb group-dependent regulation: a tale of opposing activities. *Development* 142:2876–2887.

Haber, J.E. (2012) Mating-type genes and MAT switching in *Saccharomyces cerevisiae*. *Genetics* 191:33–64.

Kim, D.H. and Sung, S. (2014) Polycomb-mediated gene silencing in *Arabidopsis thaliana*. *Mol. Cells* 37:841–850.

Simple development pathways

Higgins, D. and Dworkin, J. (2012) Recent progress in *Bacillus subtilis* sporulation. *FEMS Microbiol. Rev.* 36:131–148.

Oppenheim, A.B., Kobiler, O., Stavans, J., et al. (2005) Switches in bacteriophage lambda development. *Annu. Rev. Genet.* 39:409–429.

Development in Caenorhabditis elegans

Aroian, R.V., Koga, M., Mendel, J.E., et al. (1990) The *let-23* gene necessary for *Caenorhabditis elegans* vulval induction encodes a tyrosine kinase of the EGF receptor subfamily. *Nature* 348:693–699.

Katz, W.S., Hill, R.J., Clandinin, T.R. and Sternberg, P.W. (1995) Different levels of the *C. elegans* growth factor LIN-3 promote distinct vulval precursor fates. *Cell* 82:297–307.

Kornfeld, K. (1997) Vulval development in *Caenorhabditis elegans*. *Trends Genet.* 13:55–61.

Schindler, A.J. and Sherwood, D.R. (2013) Morphogenesis of the *Caenorhabditis elegans* vulva. *Wiley Interdiscip. Rev. Dev. Biol.* 2:75–95.

Sharma-Kishore, R., White, J.G., Southgate, E. and Podbilewicz, B. (1999) Formation of the vulva in *Caenorhabditis elegans:* a paradigm for organogenesis. *Development* 126:691–699.

Embryogenesis in fruit flies and homeotic selector genes in vertebrates

Gaunt, S.J. (2015) The significance of *Hox* gene collinearity. *Int. J. Dev. Biol.* 59:159–170.

Gebelein, B. and Ma, J. (2016) Regulation in the early *Drosophila* embryo. *Rev. Cell Biol. Mol. Med.* 2:140–167.

Ingham, P.W. (1988) The molecular genetics of embryonic pattern formation in *Drosophila*. *Nature* 335:25–34.

Krumlauf, R. (1994) *Hox* genes in vertebrate development. *Cell* 78:191–201.

Maconochie, M., Nonchev, S., Morrison, A. and Krumlauf, R. (1996) Paralogous *Hox* genes: function and regulation. *Annu. Rev. Genet.* 30:529–556. *Describes homeotic selector genes in vertebrates.*

Mahowald, A.P. and Hardy, P.A. (1985) Genetics of *Drosophila* embryogenesis. *Annu. Rev. Genet.* 19:149–177.

Mallo, M, Wellik, D.M. and Deschamps, J. (2010) *Hox* genes and regional patterning of the vertebrate body plan. *Dev. Biol.* 344:7–15.

Zakany, J. and Duboule, D. (2007) The role of *Hox* genes during vertebrate limb development. *Curr. Opin. Genet. Dev.* 17:359–366.

Flower development in plants

Ma, H. (1998) To be, or not to be, a flower – control of floral meristem identity. *Trends Genet.* 14:26–32.

Parcy, F., Nilsson, O., Busch, M.A., et al. (1998) A genetic framework for floral patterning. *Nature* 395:561–566.

Robles, P. and Pelaz, S. (2005) Flower and fruit development in *Arabidopsis thaliana*. *Int. J. Dev. Biol.* 49:633–643.

Theissen, G. (2001) Development of floral organ identity: stories from the MADS house. *Curr. Opin. Plant Biol.* 4:75–85.

PART IV

유전체는 어떻게 복제하고 진화하는가

CHAPTER

15

유전체 복제

유전체의 1차 기능은 유전체가 속해 있는 세포의 생화학적 특징을 결정하는 것이다. 유전체는 세포의 생화학적 활성을 수행하고 조절하는 개개의 RNA나 단백질 구성원이 속하는 전사체나 단백질체를 합성하고 유지함으로써 이 목적을 달성한다. 이 기능을 지속적으로 수행하려면 세포가 분열할 때마다 유전체를 복제하여야 한다. 다시 말해, 세포 주기의 적절한 시기에 세포내 전체 DNA가 복사되고, 하나의 완전한 유전체 사본이 각 딸세포에 분배되어야 한다.

유전체 복제를 연구하는 동안 이 과정 중 일어나는 분자생물학적 내용에 집중하게 되면 전반적인 통찰력을 잃기 쉽다. 예를 들어, 유전체 복제 중에는 딸세포가 정확한 사본을 확보할 수 있도록 정확도에 중점을 두게 된다. 그리하여, 유전체의 핵산 서열에 들어있는 유전적 프로그램에 따라 부모와 동일한 방법으로 작동하기도 하고, 새로운 기능을 얻기도 한다. 그러나 좀 더 크게 보면 부모와 딸 유전체가 절대적으로 같다면 진화가 있을 수 없다. 진화를 위해서는 환경에 적절하게 변형된 특징과 적응도의 차이를 가진 유전체 변이체를 만들어야 하기 때문이다. 이러한 변이는 종 사이의 차이뿐만 아니라 동일 종의 구성원 사이에서도 만들어진다.

유전체학의 제4부에서는 DNA 복제와 유전체 진화 사이의 연결점을 살펴볼 것이다. 이 장에서는 분자생물학, 생화학 및 세포학의 접점에 걸쳐 있는 과정인 유전체 복제 과정을 상세히 살펴보는 것으로 시작하고자 한다. 제16장과 제17장에서는 유전체 서열에 돌연변이와 재조합이 어떻게 도입되는지를 살펴보고, 제18장에서는 진화학적 시간에 걸쳐 유전체의 구조와 유전적 내용물을 만들어 온 것으로 보이는 과정을 살펴보고자 한다.

15.1 유전체 복제의 위상학

유전체 복제는 1953년에 왓슨(Watson)과 크릭(Crick)이 DNA 이중나선을 발견하면서부터 연구되었다. **위상학적 문제(topological problem)**는 1953년부터 1958년에 사이 주된 관심사였다. 이 문제는 두 폴리뉴클레오티드의 사본을 만들기 위해서 이중나선이 풀려야 하는 필수요성 때문에 발생한다. 이것은 1950년대 중반에 가장 많은 주목을 받

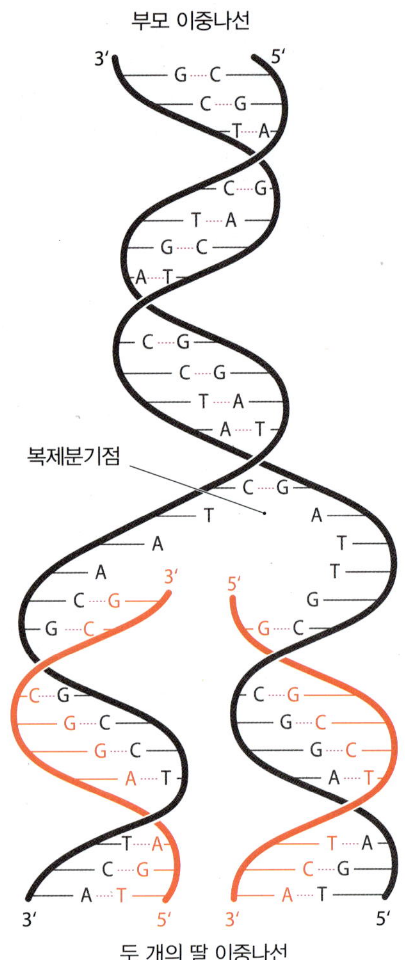

그림 15.1 왓슨과 크릭이 예측한 DNA 복제. 부모 폴리뉴클레오티드는 검은색으로 표시. 양 가닥이 모두 새로운 DNA 가닥 합성에 참여한다. 빨간색으로 표시. 이 새로운 가닥의 서열은 주형 분자와 염기쌍 형성으로 결정된다. 부모 나선의 폴리뉴클레오티드를 단순히 잡아당기듯 분리할 수 없기 때문에, 위상학적 문제가 발생한다. 나선은 어떠한 방법으로든 풀려야 한다.

았는데, 이중나선 구조를 정확한 DNA 구조로 수용하는 데 가장 큰 걸림돌이었기 때문이다. 유전체 복제 동안 일어나는 분자생물학적 사건들을 살펴보기 전에 세포가 이 위상학적 문제를 어떻게 해결했는지를 우선 살펴보아야 한다.

이중나선 구조로 인하여 복제 과정이 복잡해진다

왓슨과 크릭이 이중나선 구조의 발견을 발표한 *Nature*에서, 이들은 분자생물학에서 가장 유명한 말을 하였다.

"우리가 생각하는 특정 염기쌍 형성이 유전학적 물질의 사본을 만드는 메커니즘을 추정하게 할 수 있다는 것에 주목하지 않을 수 없다."

이들이 의미하는 이 염기쌍 형성 과정이란 이중나선의 각 가닥이 두 번째 상보적 가닥의 주형으로 작용하여 두 딸 이중가닥이 부모 분자와 정확하게 되는 것을 말한다(**그림 15.1**). 이 도식은 이중나선 구조에서 당연히 유추되는 것이지만, 구조에 대한 논문 하나를 발표한 1개월 후 왓슨과 크릭이 발표한 두 번째 *Nature* 논문에서 밝혔듯이, 문제가 없지는 않았다. 이 논문에서는 추정적 복제 과정을 좀 더 자세히 설명하면서, 또한 이중나선을 풀어야 하는 필요성으로부터 발생하는 문제도 지적하고 있다. 이러한 문제 중에 가장 사소한 것은 딸 분자가 엉킬 수 있는 가능성이었다. 더 심각한 문제는 풀어갈 때 생기는 회전 문제였다. 매 10 bp마다 이중나선이 한 번씩 회전해야 한다. 즉, 250 Mb의 사람 1번 염색체를 완전히 복제하려면 염색체 DNA가 2,500만 번을 회전해야 한다. 한정된 부피의 핵에서 이것이 어떻게 일어날지 상상하기 어렵다. 그러나 선형 염색체 DNA 분자를 푸는 것은 물리적으로 불가능하지는 않다. 반면, 박테리아나 박테리오파지 유전체는 자유 말단이 없는 고리형 이중-가닥 분자로 필요한 만큼 회전할 수 없다. 즉, 왓슨-크릭의 가설처럼 복제할 수 없다는 것이다. 이 딜레마에 대한 답을 찾는 것이 1950년대 분자생물학의 주요 관심사였다.

위상학적 문제는 너무도 심각한 것이어서 초기에는, 특히 델부뤼크는, 이중나선을 정확한 DNA 구조로 수용하는 데 거부감이 있었다. 문제는 이중나선의 **연사형적(plectonemic)** 특성과 연관된 것이었다. 이것은 두 꼬여진 가닥이 풀리지 않는다면 분리되기 어려운 위상학적 배열을 가지고 있다는 것이다. 만약 이중나선이 **파라네믹(paranemic)**이라면 문제는 해결될 수 있었다. 이것은 두 가닥이 분자를 풀지 않고도 한쪽을 밀쳐 내면서 분리될 수 있다는 것이기 때문이다. 이중나선이 나선의 회전방향과 반대방향으로 초나선을 만들면서 파라네믹 구조로 전환하거나, 왓슨과 크릭이 제안한 오른쪽-회전 DNA 분자 속에 동일한 길이의 왼쪽-회전 나선 구조가 균형을 이루고 있다고 가정할 수도 있다. 이중-가닥 DNA가 나선이 아니라 나란한 리본 구조라는 가정도 일시적으로 고려되었는데, 이 생각은 놀랍게도 1970년대에 다시 나타났다. 위상학적 문제에 관한 해답은 모두 각기 이런저런 이유로 기각되었다. 대부분 이중나선 구조의 변형을 필요로 했으나, X-선 회절 결과나 DNA 구조와 관련된 다른 실험적 결과들이 이러한 변형과 양립할 수 없었기 때문이었다.

위상학적 문제 해답을 향한 진정한 첫 진보는 1954년 델부뤼크가 이중나선 가닥을 분리하기 위한 모델로 절단-재접합(breakage-and-reunion)을 제시하면서 일어났다. 이 모델에 의하면, 가닥은 나선을 회전으로 풀어주면서 분리되는 것이 아니라, 한 가닥을 절단한 후 틈을 통해 다른 가닥을 돌려준 후 원 가닥을 다시 연결하면서 분리한다는 것이었다. 이 가정은 사실 DNA 위상이성질화효소가 작용하는 방법 중 하나로 위상학적 문제에 대한 답에 매우 가까운 것이었다(그림 15.4A 참조). 그러나 불행하게도 델부뤼크는, 복제 과정 중 일어나는 DNA 합성과 절단 그리고 재결합을 동시에 통합하

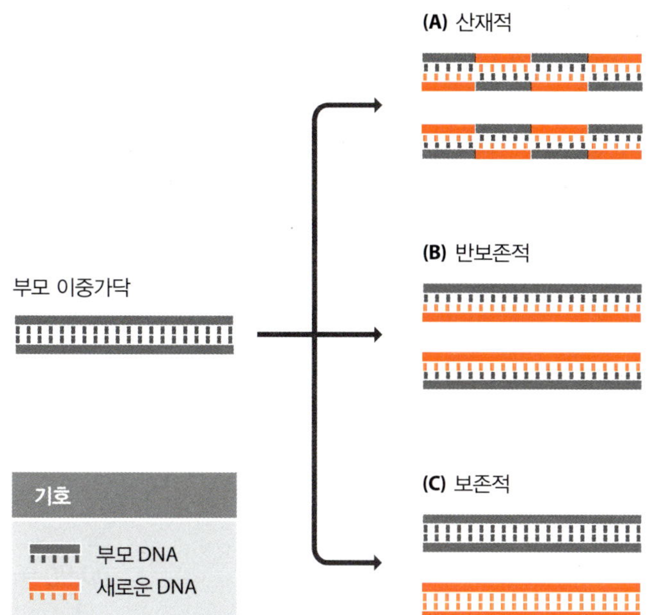

그림 15.2 **DNA 복제의 3가지 모델.** 보기 쉽도록, DNA 분자를 사다리처럼 그렸다.

려고 시도함으로써, 문제를 지나치게 복잡하게 만들었다. 이를 위해 그는 DNA 복제로 만들어진 딸 분자 폴리뉴클레오티드의 일부는 부모형 DNA이고 일부는 새롭게 만들어진 DNA라는 모델을 제시하였다. 이 **분산적(dispersive)** 복제 양식은 왓슨과 크릭의 **반보존적(semiconservative)** 양식과 상반되는 것이었다(그림 15.2). 세 번째 양식은 완전히 **보존적(consevative)**인 것으로 딸 이중나선이 하나는 완전히 새롭게 합성된 DNA로 만들어지고 다른 것은 두 부모 가닥들로 이루어진다는 것이다. 보존적 복제는, 상상이 쉽지 않지만, 부모의 나선이 풀리지 않은 상태로 복제가 이루어진다면 가능한 것이다.

메셀슨-스탈은 반보존적 모델을 실험으로 증명하였다

델부뤼크의 절단-재접합 모델은 그림 15.2에서 보여주는 세 가지 DNA 복제 양식을 실험하게 만든 중요한 사건이었다. 방사성 동위원소가 분자생물학에서 막 사용되기 시작했기에, 새롭게 합성된 DNA를 부모 폴리펩티드로부터 구별하기 위해 DNA 표식이 사용되었다. 둘 이상의 복제가 진행되면 복제 방법에 따라 새롭게 합성된 DNA는, 또한 방사성 표식은, 다르게 분포하게 된다. 새롭게 합성된 분자들의 방사성 함량을 분석하면 살아있는 세포에서 어떤 복제 양식이 작동하는지 알게 된다. 불행하게도 정확한 양의 방사성을 측정하는 것이 어려워 이 실험으로 분명한 결과는 얻지 못했다. 표식에 사용된 ^{32}P 동위원소의 분해가 빨랐던 것도 분석에 어려움을 더했다.

메셀슨과 스탈이 1958년에 방사성 표식 방법이 아닌 질소 비방사성 동위원소인 ^{15}N을 사용하여 실험을 수행함으로써, 돌파구가 마침내 마련되었다. 이것으로 복제된 이중나선을 밀도-기울기 원심분리로 분석할 수 있게 되었는데, ^{15}N으로 표식된 DNA 분자가 표식되지 않은 것보다 높은 부력 밀도를 가지기 때문이다. 메셀슨과 스탈은 $^{15}NH_4Cl$을 함유한 배지에서 배양된 *E. coli*로 실험을 시작하였다. DNA 분자는 무거운 질소를 포함하고 있었다. 이 세포들을 정상배지로 옮긴 후, 1회 그리고 2회 세포분열이 일어난 것에 해당하는 20분 그리고 40분 후에 샘플을 채취하였다. 각 샘플에서 DNA를 추출한 후 밀도기울기 원심분리로 분자를 분석하였다(그림 15.3A). DNA 복제가 1회 일어난 후, 정상 질소배지에서 합성된 딸 분자는 밀도기울기에서 단일 띠로 나타났는데, 이는 동일한 양의 새롭게 합성된 DNA와 부모 DNA가 이중나선을 이루고 있음을 보여주는 것이다. 이 결과는 곧 보존적 복제 양식을 제외시켰다. 보존적 복제였다면 복제가 1회 일어난 후, 2개의 띠가 나타날 것으로 예상되었기 때문이다(그림 15.3B). 그러나 이것으로는 델부뤼크의 분산적 모델과 왓슨과 크릭의 반보존적 양식을 구별하지는 못한다. 복제가 2회 일어난 후 DNA 분자를 조사하면 구별이 가능해진다. 실험 결과, 밀도기울기에서 2개의 DNA 띠가 생겼는데, 하나는 새롭게 합성된 DNA와 이전 DNA가 동일한 양으로 구성된 혼성체이고, 다른 것은 완전히 새로운 DNA로 만들어진 분자에 해당한다. 이 결과는 반보존적 양식을 지지하나, 왜냐하면 분산적 복제와는 모순되는 것

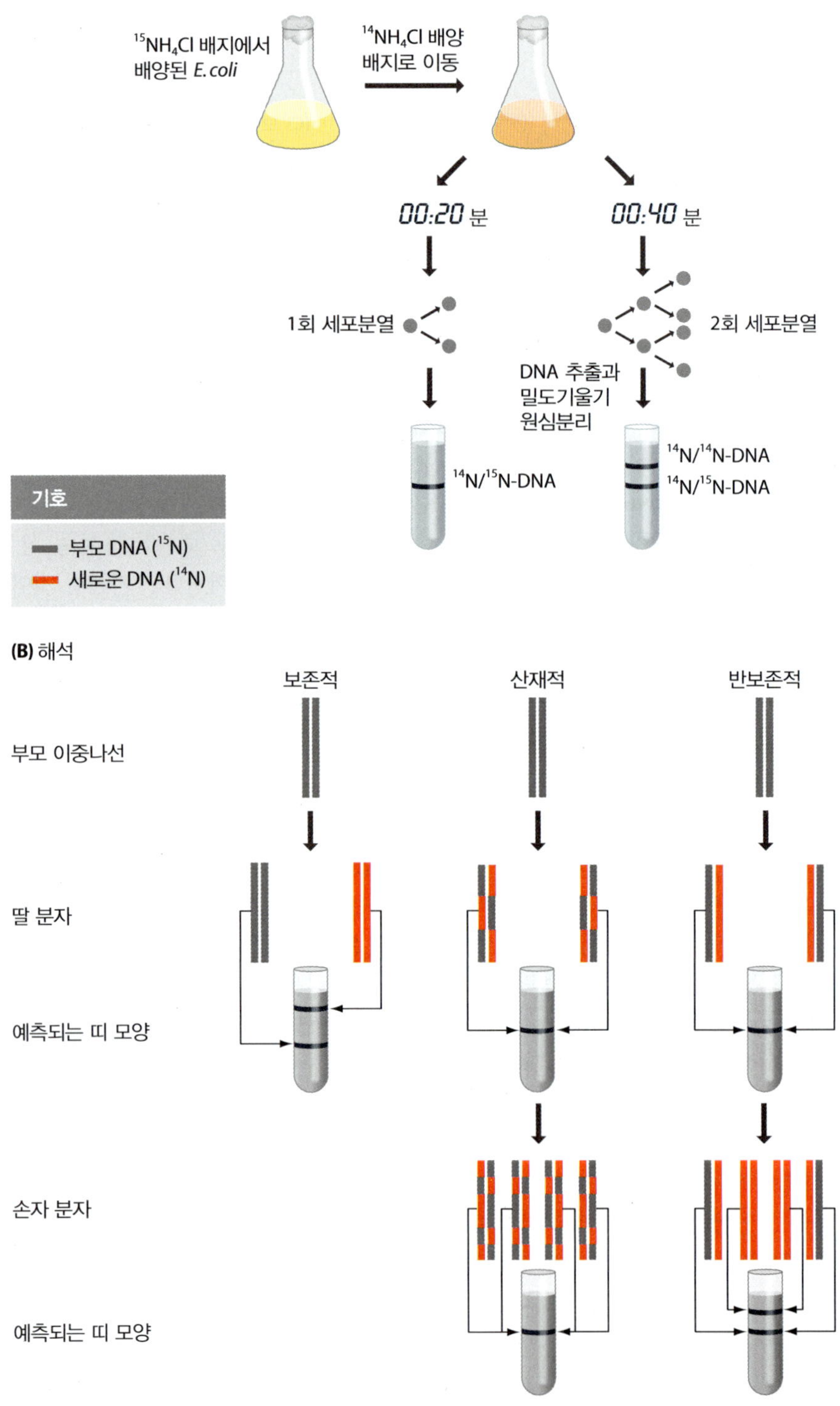

그림 15.3 메셀슨-스탈 실험. (A) 메셀슨과 스탈이 수행한 실험은 *E. coli*를 무거운 질소 동위원소를 가진 $^{15}NH_4Cl$(염화 암모늄)을 포함하는 배지에서 기르면서 시작된다. 그리고 세포는 정상배지로 ($^{14}NH_4Cl$) 옮겨지고 20분 후 (1회 세포분열) 그리고 40분 후 (2회 세포분열) 채취한다. 각 샘플에서 DNA를 추출하여 밀도기울기 원심분리로 분석한다. 20분 후, 모든 DNA는 비슷한 양의 ^{15}N와 ^{14}N를 가지고 있다. 그러나 40분 후 2개의 띠가 보이는데, 하나는 ^{15}N와 ^{14}N 혼성이고 다른 하나는 온전히 ^{14}N로 이루어진 것이다. (B) 각 3개의 DNA 복제 양식으로 예측되는 결과를 보여주고 있다. 20분 후 보여지는 띠 양상으로 보존적 복제는 제외된다. 이 양식에 의하면 1회 복제 후, 하나는 ^{15}N만 다른 하나는 ^{14}N만 포함하는, 두 가지 다른 종류의 이중나선이 생겨야 하기 때문이다. 실제로 하나의 ^{15}N와 ^{14}N 혼성 DNA 띠만 관찰된다는 것은 산재적이거나 반보존적 복제와 일치한다. 그러나 40분 후 2개의 띠가 관찰되는 것은 반보존적 복제만 일치한다. 산재적 복제라면 2회 복제 후에도 여전히 ^{15}N와 ^{14}N 혼성 분자가 생겨야 하기 때문이다. 반보존적 복제로 이 단계에서 완전히 ^{14}N DNA로만 구성된 2개의 손자 분자가 생성된다.

이었다. 분산적 복제라면, 2회 복제 후에도 모든 분자가 혼성체이어야 하기 때문이다.

DNA 위상이성질화효소는 위상학적 문제를 해결해 준다

메셀슨-스탈 실험으로, 살아있는 세포에서 DNA 복제는 왓슨과 크릭이 제안한 대로 반보존적 양식을 따른다는 것을 확인해 주었다. 이는 세포에 위상학적 문제에 대한 해법이 필요하다는 것을 의미했다. 분자생물학자들은 25년 후 **DNA 위상이성질화효소(DNA topoisomerase)**라고 불리는 효소 활성이 밝혀질 때까지 그 해답을 알지 못했다.

DNA 위상이성질화효소는 **복제분기점(replication fork)**이 진행되면서 분자에 생기는 초나선을 반대로 풀어주는 방법으로 위상학적 문제를 해결한다. 이것은 델부뤼크가 생각했던 것과 유사한 절단-재접합 반응을 수행하지만 정확하게 같지는 않다. I과 II로 불리는 두 종류의 DNA 위상이성질화효소가 밝혀졌다. I형은 이중나선의 한 가닥만 자르고, II형은 두 가닥을 모두 자른다. I형은 단일가닥 절단 후 작동하는 양식으로 다시 IA와 IB로 나뉜다(그림 15.4).

- IA형은 하나의 폴리뉴클레오티드를 절단하여 만들어진 간극을 통해 두 번째 폴리뉴클레오티드가 돌아간다. 절단된 가닥의 두 말단은 다시 재접합된다. 이 작용 양식으로 **연결 수(linking number**; 하나의 가닥이 다른 가닥을 가로지르는 수)가 하나씩 바뀐다.
- IB형은 잘려진 가닥을 잘려지지 않은 가닥을 감싸듯이 회전시켜 지나치게 감긴 나선의 뒤틀림 스트레스를 완화시키는 분자 모터처럼 작동한다. 그 결과 연결 수가 1개 이상으로 다수 감소한다.

II형 위상이성질화효소 역시 A와 B 소그룹으로 분류된다. 그러나 IIA와 IIB 모두 같은 방법으로 작동한다. 이중나선의 두 가닥을 절단하여 간극을 만들고 여기를 두 번

(A) IA형 위상이성질화효소

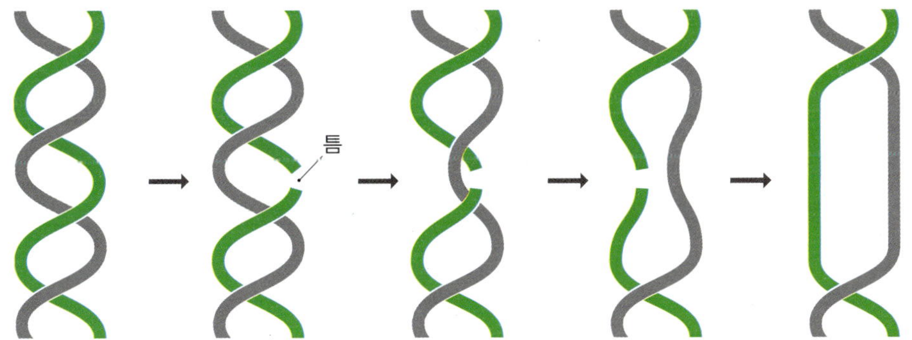

(B) IB형 위상이성질화효소

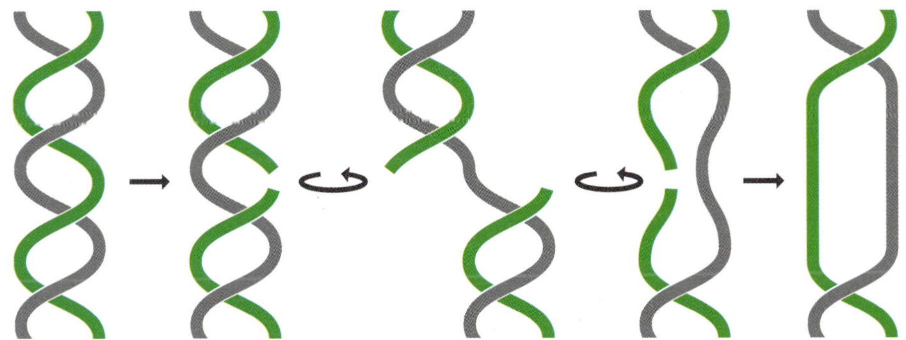

그림 15.4 I형 DNA 위상이성질화효소의 작용 양식. (A) IA형 위상이성질화효소는 DNA 분자의 한 가닥에 틈을 만든다. 두 번째 가닥이 틈을 통해 돌아간다. (B) IB형 위상이성질화효소는 DNA 분자의 한 가닥에 틈을 만든다. 잘려진 가닥이 온전한 가닥을 돌아간다.

째 나선 조각이 통과한 후 연결된다(그림 15.5). 이것은 연결 수를 2개씩 변화시킨다.

하나 또는 두 DNA 가닥의 절단은 위상학적 문제에 대한 과격한 해결법으로 보인다. 위상이성질화효소가 가닥을 접합하지 못하면 복제 과정을 방해할 수 있기 때문이다. 이 가능성은 이들 효소의 작용 방식으로 줄일 수 있다. 잘려진 폴리뉴클레오티드의 한쪽 말단이 효소 활성자리에 있는 티로신 아미노산에 공유적으로 결합되어, 다른 자유말단의 조작이 끝날 때까지 붙들려 있기 때문이다. IA와 II 효소는 절단된 폴리뉴클레오티드의 자유 5′-말단에 부착된 인산기를 폴리뉴클레오티드-티로신 연결에 사용한다. IB 효소는 연결에 3′-인산기를 사용한다.

IA, IB, IIA, IIB 4개 그룹의 위상이성질화효소는 독특한 구조를 가지고 있는 것으로 보아, 독립적으로 진화한 것으로 보인다. IA형 위상이성질화효소는 처음 *E. coli*에서 발견되었고 한 동안 원핵생물 특이적인 것으로 생각되어 왔다. 그러나 Top3으로 불리는 IA형이 최근 대부분의 진핵생물에서 존재하는 것으로 알려졌다. 그러나 진핵생물 위상이성질화효소는 주로 IB형 효소이다. 유전체 주석 달기에서 일부 고세균(archaea)이 B형 유사 위상이성질화효소를 가지는 것으로 보이지만, 현재까지 원핵생물에서는 IB형 위상이성질화효소는 발견되지 않았다. IIA형은 모든 종에서 발견되었고, IIB형은 고세균과 식물에서 발견되었다.

이중나선의 위상학적 문제가 복제 중에만 있는 것이 아니다. DNA 위상이성질화효

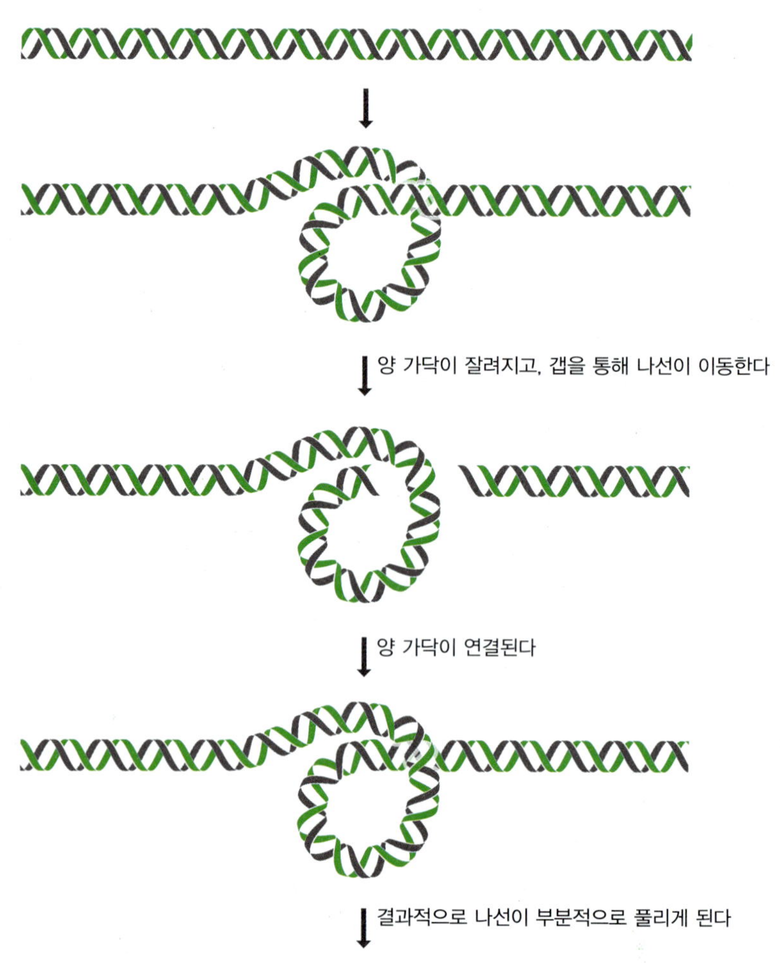

그림 15.5 II형 위상이성질화효소의 작용 양식.

소는 지나치게 많은, 또는 적은, DNA 꼬임을 가져올 수 있는 전사, 재조합 그리고 기타 과정에도 중요한 역할을 하고 있는 것이 점점 분명해 보인다. 진핵생물에서 위상이성질화효소는 염색체 분열 중 꼬일 수 있는 DNA 분자를 분리해 주는 역할을 하고 있다. 대부분의 위상이성질화효소는 지나치게 꼬인 DNA를 풀어주기만 한다. 그러나 박테리아 **DNA 자이레이즈(DNA gyrase**, IIA형 위상이성질화효소)와 고세균의 역자이레이즈(reverse gyrase, IA형 효소)같은 일부 원핵생물 효소는 DNA 분자에 초나선(supercoil)을 도입하는 역반응도 수행할 수 있다.

반보존적 원리의 변형

DNA 복제의 반보존적 양식에 예외는 없다. 그러나 기본 원칙에 대한 몇 개의 변형은 존재한다. 그림 15.1에서와 같은 복제분기점에서 DNA 복사는 진핵생물의 염색체 DNA 이든 원핵생물의 고리형 유전체이든 일반적인 시스템이다. 그러나 일부 작은 고리형 분자는 약간 다른 방식인 **대체 복제(displacement replication)** 방식을 사용한다. 이러한 분자에서, 복제는 **D-고리(D-loop)**로 표시된 지점에서 시작된다. D-고리는 한 DNA 가닥이 약 500 bp되는 RNA와 염기쌍을 이루며 이중나선이 중단된 지역이다(그림 15.6). RNA 분자는 딸 폴리뉴클레오티드 합성이 시작되는 지점 역할을 한다. 이 폴리뉴클레오티드로부터 한 가닥의 나선이 연속적으로 복사하는 되는 동안, 다른 가닥은 떨어져 나오고, 떨어져 나온 가닥은 첫 번째 딸 유전체 합성이 끝난 후 바로 복사된다. 대체 복사에 대한 많은 연구가 있어 왔는데, 사람이나 척추동물의 미토콘드리아 유전체 복제에서 이 방법이 주로 사용되는 것으로 생각되었기 때문이다.

일반적 반보존적 복제에 비해 대체 복제가 더 큰 장점을 가지는 것으로 보이지 않는다. 반면 특수한 대체 복제 과정인 **회전 고리 복제(rolling circle replication)**는 많은 사본의 환형 유전체를 합성하는 데 매우 효율적인 방법이다. 회전 고리 복제는 λ 및 다양한 박테리오파지가 사용하는 것으로, 부모 폴리뉴클레오티드의 한 가닥에 만들어지는 틈(nick)에서 시작한다. 이때 만들어진 자유 3′-말단이 연장되면서 폴리뉴클레오티드의

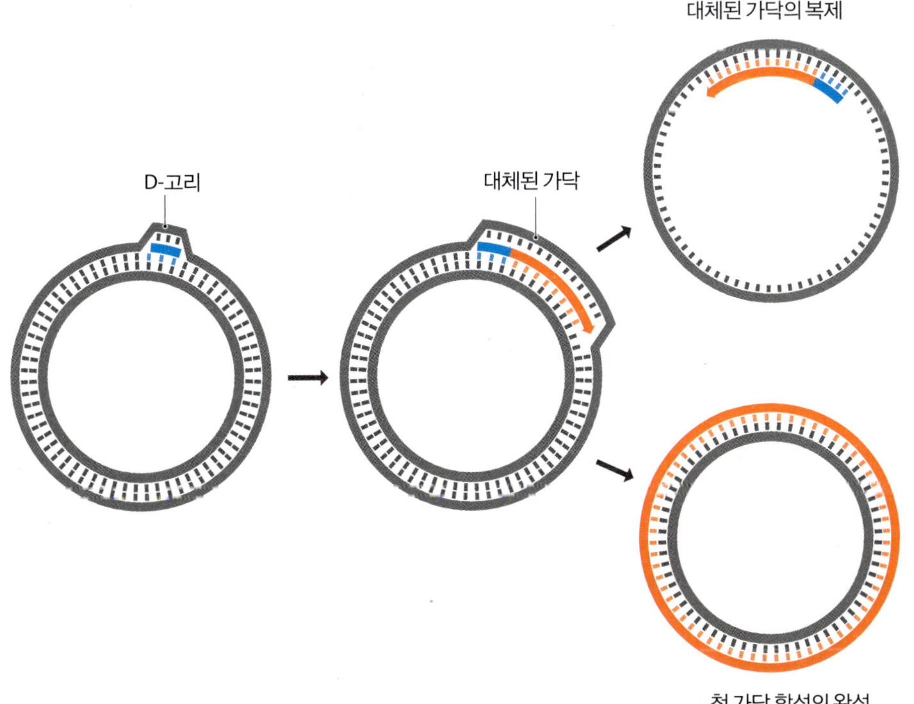

그림 15.6 **대체 복제.** D-고리에는 DNA 합성이 시작되는 RNA 프라이머가 있다. 첫 가닥 합성이 완성된 후 두 번째 RNA 프라이머는 대체된 가닥에 부착하여 복제를 시작한다. 이 그림에서 새롭게 합성된 DNA는 빨간색으로 표시되었다.

그림 15.7 회전 고리 복제.

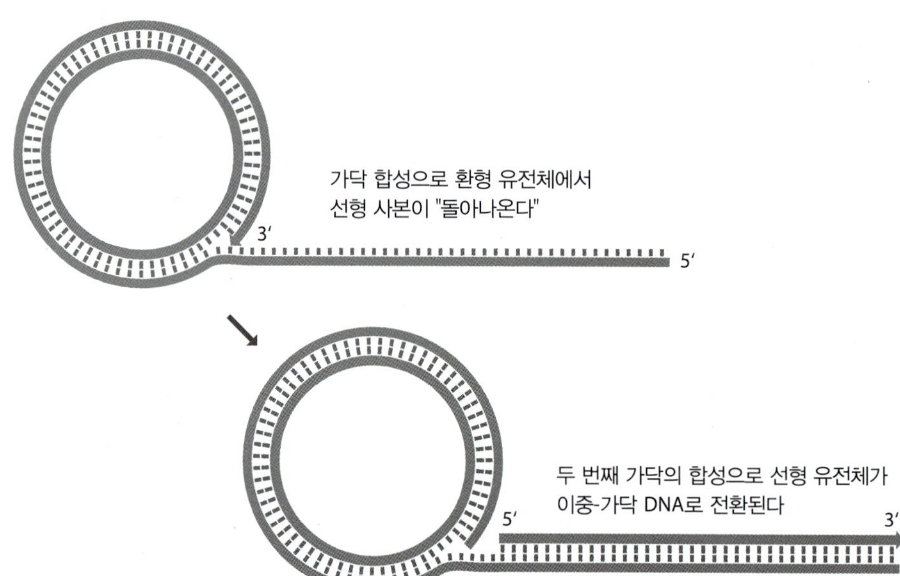

5′-말단은 떨어져 나온다. DNA 합성이 연속적으로 일어나면서 유전체의 완전한 사본이 풀려 나오듯 복사되어, 합성이 더 지속되면서 유전체의 머리와 꼬리가 연결된 형태의 연쇄적 유전체가 만들어진다(그림 15.7). 이 유전체는 단일가닥이고 선형이다. 그러나 상보적 가닥을 합성하고, 유전체 간 접촉점을 자른 후, 잘려진 조각을 둥글게 연결시키면, 이중가닥 고리형 분자로 쉽게 전환될 수 있다.

15.2 복제 개시 단계

복제를 개시하기 위해, 이중나선이 특별한 지점에서 열려지고, 복제 기구가 2개의 복제 분기점에 조립되어야 한다. 복제 개시는 무작위적인 과정이 아니다. 이것은 항상 특정 DNA 분자의 동일한 또는 유사한 위치에서 일어나며, 이 지점(들)을 **복제 원점(origin of replication)**이라 부른다. 개시가 일어나면, 원점에서 각기 반대방향의 DNA로 진행하는 2개의 복제분기점이 나타난다. 즉 대부분의 유전체에서 복제는 양방향성이다(그림 15.8). 고리형 박테리아 유전체는 하나의 복제 원점을 가지고 있다. 이는 수백만 염기쌍이 하나의 복제분기점으로부터 복사된다는 것이다. 진핵생물의 염색체는 이와 다르게 복제분기점이 좀 더 짧은 여러 개의 원점을 가지고 있다. 출아효모인 *S. cerevisiae*의 예를 보면, 이것은 15.25 kb마다 한 개씩 약 400개의 원점을 가진다. 사람은 약 30,000~50,000개 또는 65~110 kb마다 하나씩 원점이 있다.

(A) 환형 박테리아 염색체의 복제

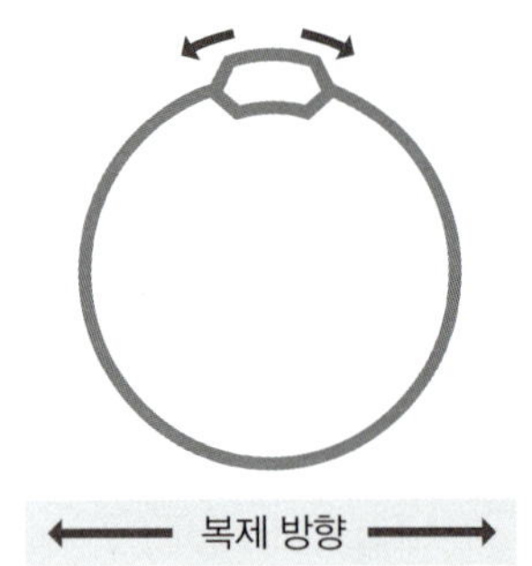

(B) 선형 진핵생물 염색체의 복제

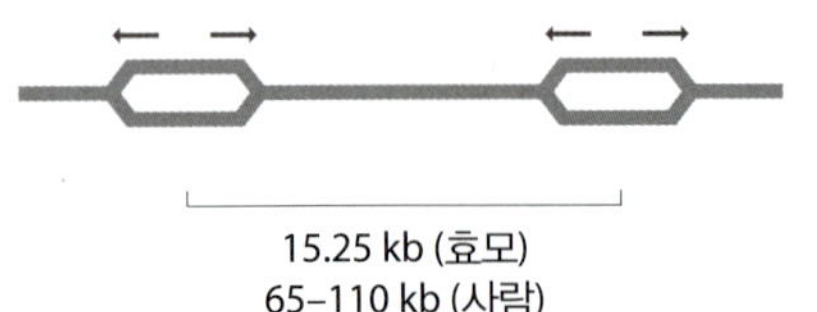

그림 15.8 양방향성 DNA 복제. (A) 환형 박테리아 염색체. (B) 선형 진핵생물 염색체.

E. coli 복제 원점의 개시

진핵생물보다 박테리아에서 복제 개시에 대해 알려진 것이 더 많다. *E. coli* 복제 원점은 *oriC*라 불린다. 자체적으로 원점이 없는 플라스미드에 *oriC* 자리를 이동시키는 방법으로, *E. coli*의 원점이 약 245 bp에 해당하는 것을 알아내었다. 일반적으로 100에서 1,000 bp인 다른 박테리아 종에 비해 *E. coli* 원점은 상대적으로 작다. 이러한 차이점에도 불구하고, 대부분의 박테리아 원점은 그 구조가 거의 유사하다. AT-풍부 **DUE(DNA unwinding element, DNA 풀림 인자)**과 DnaA로 불리는 단백질에 다양한 친화력을 가진 5~12개의 결합지역이다(그림 15.5A). *E. coli* 원점에 있는 3개의 고친화 자리에는 DnaA가 항시 결합하고 있다. 반면 다른 자리에는 복제를 시작하자마자 채워진다. 자리가 5~12개인 것으로 보아 5~12개의 DnaA가 부착할 것으로 생각할 수 있으나, 사실

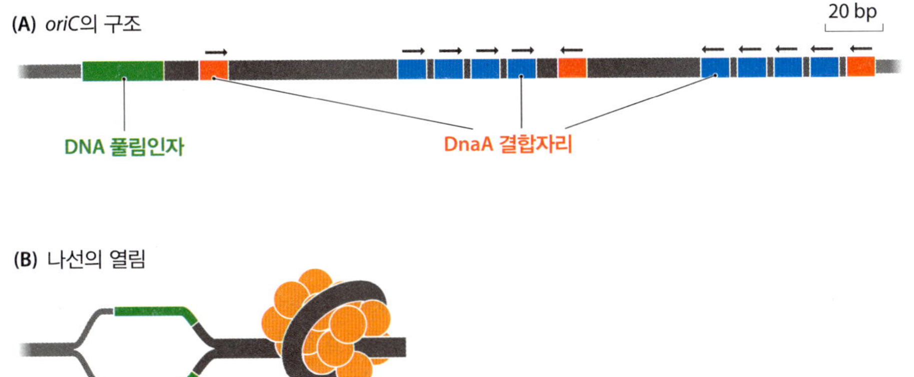

그림 15.9 ***E. coli*** **복제 원점.** (A) *E. coli* 복제 원점을 *oriC*라고 하며, 길이는 약 245 bp이다. 이것은 DUE(DNA 풀림인자)와 11개의 DnaA 단백질 결합자리를 가진다. 이들은 고친화도(붉은색)나 저친화도(파란색) 등 다양한 결합 친화도를 가진다. 맨 왼쪽과 맨 오른쪽 끝 고친화성 자리는 5′-TGTGGATAA-3′ 서열을 갖고, 중앙의 고친화성 자리는 5′-TGTGATAA-3′ 서열을 가진다. 저친화성 자리는 길이는 유사하나 더 다양한 서열을 가진다. (B) DnaA의 *oriC* 부착 모델이다. DUE 내 나선이 열리게 된다.

결합한 DnaA 단백질은 결합하지 않은 단백질과 연합하여 약 10~20개의 사본이 원점과 결합하고 있다. 이것은 정상적인 *E. coli* 염색체가 가지는 음성 초나선 상태의 DNA에만 부착한다(8.1절).

DnaA 결합의 결과로서 AT-풍부 DUE에서 이중나선이 열린다(**그림 15.9B**). 자세한 메커니즘은 잘 알려져 있지 않으나, DnaA가 염기쌍 파괴 효소 활성을 가지는 것으로 보이지 않는다. 즉, 나선이 열리는 것은 DnaA가 부착하면서 도입되는 비틀림 힘(torsional stress) 때문인 것으로 추정된다. 주목을 받는 한 모델에 의하면 DnaA가 원통형의 구조를 하고 여기에 나선이 감긴다고 생각한다. **풀림(melting)** 작업은 *E. coli* DNA 포장 단백질로 가장 많은 HU에 의해 촉진된다(8.1절).

나선이 열리면서 열린 양쪽 방향으로 미성숙 복제분기점을 만드는 일련의 사건들이 개시된다. 첫 단계로 각각에 **복제 개시 단백질 복합체(prepriming complex)**가 부착한다. 각 복제 개시 단백질 복합체는 12개의 단백질로 이루어져 있는데, 6개는 DnaB이고, 6개는 DnaC다. 그러나 DnaC는 단순히 DnaB의 부착을 도와주고, 복합체가 형성되고 나면 방출되는 일시적 역할을 할 뿐이다. DnaB는 헬리케이즈(helicase)로서, 염기쌍을 분리할 수 있다. DnaB는 원점 내 단일가닥 지역을 증가시켜 유전체 복제의 신장에 관여하는 효소 부착을 용이하게 해준다. 이 시점에서 *E. coli* 복제 개시 단계가 끝나고, DNA가 복제되기 시작하며, 복제분기점은 원점에서부터 진행하기 시작한다.

효모는 뚜렷한 복제 원점을 가진다

DNA 조각을 복제 원점이 없는 플라스미드에 이동하는 *E. coli oriC* 서열을 분석할 때 사용한 기술은 *S. cerevisiae*의 복제 원점을 알아내는 데도 매우 유용하였다. 이렇게 밝혀진 원점을 **ARS(autonomously replicating sequence, 자가 복제 서열)**로 명명하였다. 전형적 효모의 원점은 *E. coli oriC*보다 짧다. 일반적으로 길이가 200 bp 미만이다. *E. coli* 원점과 마찬가지로, 효모 서열도 소도메인(subdomain)으로 불리는 다른 기능적 역할을 가진 뚜렷한 구역을 가진다(**그림 15.10A**). 가장 중요한 것은 소도메인 A로 **ACS(autonomous consensus sequence, 자가 고정 서열)**로 불린다. 이것은 11개의 서열로 *S. cerevisiae* 유전체의 12,000개 지점에서 발견되지만, 대부분의 경우 단 400개만이 복제 원점으로 작용한다. ACS는 소도메인 B1과 함께 **ORC(origin recognition sequence, 원점 인식 서열)**을 구성하고, 원점에 부착하는 6개의 단백질 복합체인 **원점 인식 복합체(origin recognition complex, ORC)**가 총 약 40 bp에 결합한다(**그림 15.10B**). ORC는 모든 세포주기에 걸쳐 효모의 원점에 부착되어 있고, DNA 복제 개

(A) 효모 복제 원점 구조

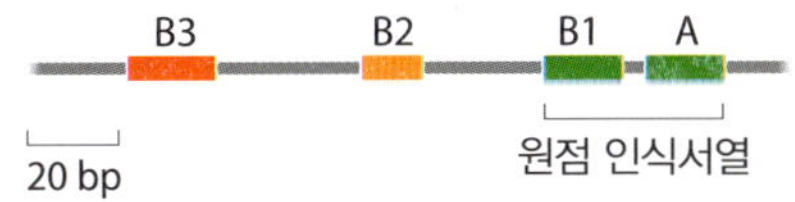

(B) 나선의 풀림

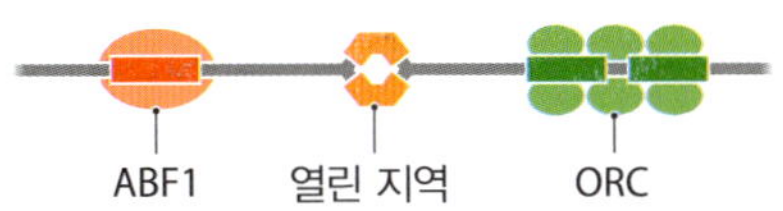

그림 15.10 효모 복제 원점의 구조. (A) *S. cerevisiae*의 복제 원점 중 하나인 전형적인 자가복제 서열인 ARS1 구조다. 기능적 서열인 A, B1, B2, B3의 위치가 표시되어 있다. (B) 소도메인 B2에서 나선의 열림은 ABF1(ARS 결합 단백질 1)의 부착으로 유발된다. ORC(원점 인식 복합체)의 단백질은 주로 A와 B1 소도메인에 부착되어 있다.

시와 세포주기를 조율하는 조절 신호와 복제 원점 사이를 매개하며 유전체 복제 조절에 관여하는 것으로 보인다(15.5절).

ORC가 직접적으로 나선을 풀어 준다는 증거는 없다. 효모의 원점에서 이 기능을 부여할 서열을 찾고자 한다면, 다른 방법을 찾아야 했다. 그 결과 전형적인 효모의 원점의 공동서열인 소도메인 B2와 B3을 분석하게 되었다(그림 15.10A). 현재, 가닥의 분리는 DNA-결합 단백질인 ABF1(ARS binding factor 1, ARS 결합인자 1)이 소도메인 B3에 부착하여 유도(그림 15.10B)되고, AT-풍부 지역이며 MCM 헬리케이즈가 결합자리인 B2 소도메인에서 나선의 두 가닥이 분리되는 것으로 생각된다. *E. coli*에서와 마찬가지로, 효모 복제 원점에서의 나선 분리 후 다른 복제효소가 DNA에 부착되면서 개시 과정은 완결되고, 복제분기점은 DNA를 따라 진행하기 시작한다.

고등 진핵생물에서 복제 원점을 찾기 쉽지 않다

사람과 다른 고등 진핵생물의 복제 원점을 찾으려는 노력은 최근까지 그다지 성공적이지 못했다. 다양한 생화학적 방법을 이용해 **개시 지역(initiation region**, 복제가 시작하는 염색체 지역)을 분석하였다. 예를 들어, 표식된 뉴클레오티드의 존재 하에 복제를 개시하고, 과정을 중단한 후, 새롭게 합성된 DNA를 분리해서, 이 미성숙 가닥이 유전체의 어디에 위치하는지 찾아내는 것이다. 이 실험으로 포유류 염색체에서 복제가 시작하는 특별한 지점이 있다는 것이 알려졌지만, 이들이 효모의 것과 상응되는 복제 원점이 아니라는 것이 바로 밝혀졌다. 다음 실험들로 포유류 복제 시점 실험의 특이성은 의문을 불러오기 시작했다. 길이가 2 kb가 넘는 다양한 포유류 DNA 조각이 들어있는 복제-결핍 플라스미드를 사람 세포에 주입하였는데 복제가 가능하였고, 그 점에서는 박테리아 DNA 조각도 단지 효과가 다소 적었을 뿐 유사하였다. 포유류의 ORC도 효모와 유사한 단백질로 이루어져 있지만 서열-특이적 DNA 결합 능력은 없고, 유전체의 다양한 부위에 결합하며, 대부분은 특정 세포주기 동안 복제 원점으로 사용되지 않는다.

최근 고등 진핵생물에서 유전체 복제 중 DNA 합성이 시작되는 지점을 알아내기 위해 전-유전체 검색을 사용하였다. 다양한 방법이 적용되었는데, 가장 성공적인 것은 다음과 같다(그림 15.11):

- **SNS 서열 분석(short nascent strand sequencing,** 짧은 새로운 가닥 서열 분석). 유전체 복제 주기 개시 직후 DNA를 추출하여 새롭게 합성된 DNA인 것으로 추

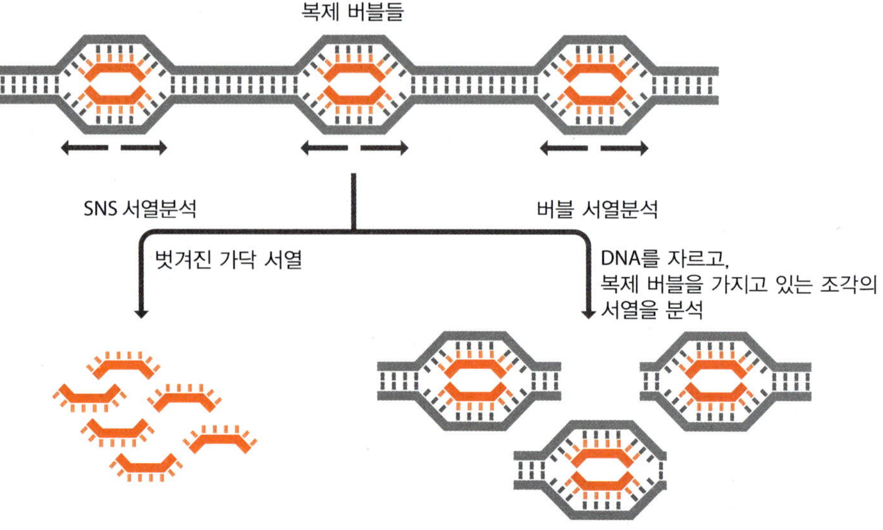

그림 15.11 복제 원점 위치 탐지를 위한 방법. (왼쪽) SNS 서열분석법은 새롭게 합성된 DNA인 짧은 가닥을 서열 분석한다. (오른쪽) 버블-서열 분석은 DNA를 제한효소로 처리하고 복제 버블을 가지는 조각을 서열 분석한다. 두 방법 모두 복제 원점 위치를 알아내기 위해 유전체 주석 달기에 위치를 표시한다.

정되는 짧은 조각을 순수 분리해서 서열 분석하는 것이다. 복제가 개시되는 지점을 알아내기 위해 이 서열들은 참고 유전체 위에 위치를 표시한다. 이 방법의 문제는 짧은 새로 합성된 조각과 DNA 추출 중 발생하는 무작위로 절단된 DNA 조각을 구별하기 쉽지 않다는 것이다.

- **버블-서열 분석(bubble-seq)**. 이 방법 역시 유전체 복제 개시 직후 DNA를 추출하지만, DNA는 제한효소를 바로 처리하여 복제분기점이 원점에서 양 방향으로 진행할 때 형성되는 복제 버블(bubble)을 추출하는 것이다. 이 버블을 서열 분석하면 복제개시점을 얻을 수 있다.

이러한 접근법으로 다양한 세포 유형에서 수천 개의 개시점을 발견하였지만, 다른 방법이 사용되어 얻어진 결과 사이에 공통점이 없다는 것이 문제가 되고 있다. SNS 서열분석과 버블 서열 분석으로 얻어진 개시점 사이에는 단지 33% 정도만이 공통점이 있는 경우도 있다. 동일한 방법으로 나온 결과 역시 불일치할 수 있다. SNS 서열분석법을 변형시킨 두 방법을 사용하여 사람의 HeLa 세포에서 발견한 개시 지역들의 단 14%만이 일치하였다. 이러한 특이성은 하나의 세포 유형도 다른 복제주기에서는 다른 개시점이 사용된다는 것으로 설명될 수 있다. 그러나 하나의 실험에서 활발한 개시 원점의 일부만 발견되기 때문일 수도 있다.

아직 이러한 대량 처리(high-throughput) 방법으로 발견된 많은 개시 지역의 연구에도 불구하고, 고등 진핵생물의 복제 원점들 사이에 어떤 뚜렷한 특징을 발견하지 못했다. 최근 이러한 종들의 복제 원점은 뚜렷이 정해질 수 없고, 복제 개시 지역이 DNA 서열이 아닌 염색질 구조에 의해 결정된다는 것이 수용되고 있다. 이 모델을 지지하는 증거로는 ORC들이 뉴클레오솜을 제거하면 음성 초나선(negative supercoil)이 만들어지는 DNA 구역을 선호한다는 것이다. 유전체 복제 특정 주기 중 활발할 수 있는 이러한 원점을 히스톤 변형으로 표지될 수도 있다.

15.3 복제 중 일어나는 사건들

유전체 복제에서 중심 역할을 하는 것은 DNA의 딸 가닥을 합성하는 DNA 중합효소이다. DNA 중합효소는 구조적 촉매적 특성으로 적어도 7개의 그룹으로 나뉠 수 있는 다양한 그룹을 가진 효소이다(**표 15.1**). 이러한 효소에는 유전체 복제와 손상된 DNA의 수선(16.2절)에 관여하는 DNA-의존적(DNA-dependent) 중합효소뿐만 아니라, RNA-의존적(RNA-dependent) DNA 중합효소인 역전사효소(reverse transcriptase), 그리고 말단 디옥시핵산 전이효소(terminal deoxynucleotidyl transferase, 2.1절)와 같은 주형-비의존적(template-independent) DNA 중합효소도 있다. 복제분기점에서 일어나는 사건들을 이해하려면, 우선 유전체 복제를 수행하는 DNA 중합효소의 특성을 이해하여야 한다.

DNA 중합효소는 DNA를 만드는 (그리고 분해하는) 분자기계이다

DNA 중합효소에 의해 촉매되는 기본적 화학반응은 5′ → 3′ DNA 폴리뉴클레오티드의 합성이다. 일부 DNA 중합효소는 이 기능과 적어도 하나의 핵산외부분해효소(exonuclease) 활성을 조합함으로써, 폴리뉴클레오티드를 합성할 뿐만 아니라 분해할 수도 있다는 것을 2.1절에서 다룬바 있다.

- 많은 박테리아와 진핵생물의 주형-의존적 DNA 중합효소가 3′ → 5′ 핵산외부분해효소 활성을 가지고 있다. 효소는 이 활성으로, 직전에 합성한 가닥의 3′ 말단

표 15.1 DNA 중합효소

그룹	예	생물	주요 기능
A	DNA 중합효소 I	박테리아	지연-가닥 합성의 완성
	DNA 중합효소 γ	진핵생물	미토콘드리아 DNA 복제
	DNA 중합효소 θ	진핵생물	이중-가닥 절단의 수선
B	DNA 중합효소 α, δ, ε	진핵생물	DNA 복제
	DNA 중합효소 II	박테리아	손상 DNA의 복제
	DNA 중합효소 ζ	진핵생물	손상 DNA의 복제
C	DNA 중합효소 III	박테리아	주요 복제효소
D	DNA 중합효소 D	고세균	DNA 복제
X	DNA 중합효소 β	진핵생물	염기 절제 수선
	DNA 중합효소 λ, μ	진핵생물	이중-가닥 절단의 수선
	terminal deoxynucleotidyl transferase	진핵생물	면역글로불린과 T 세포 수용체 유전자 재배열
Y	DNA 중합효소 IV, V	박테리아	손상된 DNA의 오류-다발적 복제
	DNA 중합효소 η, ι, κ	진핵생물	손상된 DNA의 오류-다발적 복제
RT	역전사효소	레트로인자	바이러스 복제, 레트로 인자 전위

에서, 뉴클레오티드를 제거할 수 있다. 기능으로 때때는 가닥합성 중 잘못 짝지워진 염기쌍의 오류를 수정할 수 있기 때문에, 이것을 **교정판독(proofreading)** 활성으로 본다.

- 5′→ 3′ 핵산외부분해효소 활성은 흔하지 않으나, 일부 중합효소가 가지고 있다. 복제 중 중합효소가 복사하는 주형 가닥에 이미 부착된 폴리뉴클레오티드의 일부를 제거해야 할 필요가 있기 때문이다.

DNA 합성이 유전자 복제의 열쇠라는 것을 깨달았던 1950년대 중반부터 DNA 중합효소의 탐색이 시작되었다. 박테리아는 아마도 하나의 DNA 중합효소를 가지리라 생각되었고, 콘버그(Arthur Kornberg)가 1957년 **DNA 중합효소 I(DNA polymerase I)**을 분리하였을 때 대부분의 사람들은 이것이 주된 복제효소일 것으로 추정하였다. 그러나 *E. coli* DNA 중합효소 I의 유전자인 *polA*를 불활성화하여도 세포에 치명적이지 않았다(세포는 여전히 유전체를 복제할 수 있었다). 이것은 상당한 충격이었는데, 두 번째 효소인 **DNA 중합효소 II(DNA polymerase II)**의 유전자 polB의 불활성화에서도 유사한 결과가 얻어지면서 충격은 특히 더 했다. 1972년에 이르러서야 마침내 *E. coli*의 주된 복제효소인 **DNA 중합효소 III(DNA polymerase III)**가 분리되었다. 다음 절에서 다룰 것이지만, DNA 중합효소 I과 III 모두 유전체 복제에 관여하고, 중합효소 II와 기타 박테리아 DNA 중합효소 IV와 V는 주로 손상된 DNA의 수선에 관여한다(16.2절).

DNA 중합효소 I과 II는 단일 폴리펩티드지만 DNA 중합효소 III은 주요 복제효소의 역할에 걸맞게 분자량이 약 900 kDa인 다중소단위 단백질이다. α로 불리는 소단위는 새로운 폴리뉴클레오티드를 합성하며, 다른 소단위가 복제 과정 중 부가적인 역할을 수행한다. 예를 들어, 3′→ 5′ 핵산외부분해효소 활성은 ε 소단위에 있다. β는 활주 클램프(sliding clamp)로 작용하며 중합효소 복합체를 주형과 단단하게 결합하도록 하면서도 새로운 폴리뉴클레오티드를 합성하면서 이를 따라 움직일 수 있도록 해준다.

진핵생물은 적어도 15개의 DNA 중합효소를 가지고 있다. 포유류에서 이들을 그리스 접미어(α, β, γ, δ 등)로 구별하는데, 불행이도 *E. coli* DNA 중합효소 III의 소단위와 동일하여 혼동을 일으키기도 한다. 주된 복제효소는 **DNA 중합효소 δ**와 **ε**이다. 이들은 보조 단백질인 **PCNA(proliferating cell nuclear antigen, 증식 세포핵 항원)**와 연합하여 작용한다. PCNA는 DNA에 고리형으로 둘러싸는 동형이량체로 DNA 중합효소와 기타 복제에 관여하는 단백질들이 부착할 지점을 제공해준다. **DNA 중합효소 α** 역시 유전체 복제에 중요한 역할을 한다. **DNA 중합효소 γ**는 핵 유전자에서 만들어지지만, 미토콘드리아 유전체 복제에 관여한다. 원핵생물 효소와 마찬가지로, 대부분의 다른 진핵생물의 DNA 중합효소는 손상된 DNA 수선에 관여한다.

DNA 중합효소는 유전체 복제를 어렵게 하는 문제를 안고 있다

DNA 중합효소는 두 가지 제약로 인하여 유전체 복제가 복잡해진다. 하나는 DNA 중합효소가 폴리뉴클레오티드를 5′→3′ 방향으로만 합성할 수 있다는 것으로, **선도가닥(leading strand)**으로 불리는 부모분자의 한 가닥은 연속적인 방법으로 복사될 수 있으나, **지연가닥(lagging strand)**은 불연속적으로 복제될 수밖에 없어서, 짧은 연속적인 조각이 생기고 온전한 딸가닥를 생성하기 위해서는 이들을 연결시켜야만 한다(그림 15.12). 지연가닥의 불연속적 복제는 1969년에 확인되었고, 현재 **오카자키 조각(Okazaki fragment)**라고 불리는 이 조각은 *E. coli*에서 처음 분리되었다. 박테리아에서, 오카자키 조각은 길이가 1,000~2,000 뉴클레오티드이나, 진핵생물에서 이것은 훨씬 짧아서 200 뉴클레오티드 이하로 보인다. 후자의 결과는 한 주기의 불연속적 합성이 중심입자를 감싸는 140~150 bp와 연결 DNA 50~70 bp를 더한 길이인 하나의 뉴클레오솜과 연합된 DNA 길이(7.1절)가 복제되는 것으로 생각할 수 있다는 점에서 매우 흥미롭다.

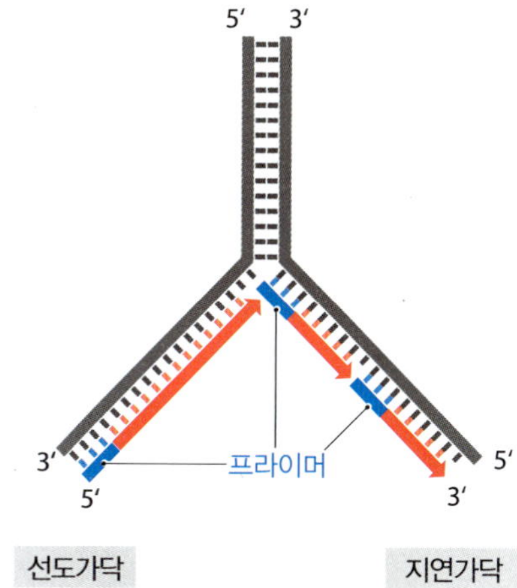

그림 15.12 DNA 복제가 안고 있는 문제. 이 중-가닥 DNA 복제 시 2개의 복잡한 문제가 해결되어야 한다. 첫 번째 문제는 선도가닥은 5′→3′으로 연속적으로 복제될 수 있지만, 지연가닥은 불연속적으로 수행되어야 한다는 것이다. 다른 문제는 DNA 합성 개시에 프라이머가 필요하다는 것이다.

DNA 중합효소의 두 번째 제약은 그림 15.12에서 보여준 것처럼 새로운 폴리뉴클레오티드의 합성을 개시할 때마다 프라이머가 필요하다는 것이다. DNA 중합효소가 단일-가닥 주형에서 새로운 합성을 시작하지 못하는 이유는 알려지지 않았지만, 복제의 정확성을 위해 필수적 기능인 이 효소의 교정판독(proofreading) 활성과 연관이 있을 수 있다. 논리는 다음과 같다. 만약 생성되는 DNA 가닥의 3′-말단에 잘못된 뉴클레오티드가 삽입되어 실수가 일어나면 5′→ 3′의 중합반응이 아니라 DNA 중합효소의 3′→5′ 핵산외부분해효소 활성으로 제거되어야 한다. 다시 말하면, 5′→3′ 중합반응은 3′-말단의 뉴클레오티드가 주형과 염기쌍을 이루었을 경우에만 활성이 있다는 것이다. 주형이 온전히 단일-가닥이라면 염기쌍을 이룬 3′-뉴클레오티드가 없고, 중합효소가 활성화되려면 뉴클레오티드를 제공할 프라이머를 필요로 한다.

이유가 무엇이든 프라이머 형성은 DNA 복제에서 필수적이지만 지나치게 큰 문제는 아니다. DNA 중합효소는 완전한 단일-가닥 주형을 사용할 수 없으나, RNA 중합효소는 이 점에 어려움이 없다. 즉, DNA 복제에 필요한 프라이머는 RNA로 이루어져 있다. 박테리아에서는 **프라이메이즈(primase)**가 프라이머를 합성한다. 이것은 전사효소와는 무관한 특수한 RNA 중합효소로, 10~12 뉴클레오티드 길이의 프라이머를 만든다. 일단 프라이머가 완성되고 나면, DNA 중합효소 III이 가닥 합성을 이어간다(그림 15.13A). 진핵생물에서 상황은 좀 더 복잡하다. 프라이메이즈는 DNA 중합효소 α와 단단히 결합하고 이 효소와 협동하여 새로운 폴리뉴클레오티드의 첫 몇 개의 뉴클레오티드를 합성한다. 이 프라이메이즈는 7~12 뉴클레오티드의 RNA 프라이머를 합성하고, 이것을 DNA 중합효소 α에 넘겨주면, 이것이 RNA 프라이머에 약 20개의 DNA 뉴클레오티드를 추가한다. 이 DNA에는 종종 몇 개의 리보뉴클레오티드가 섞여 있는데, 이것이 DNA 중합효소 α에 의한 것인지 또는 간헐적인 프라이메이즈의 활성에 의한 것인지는 분명치 않다. RNA-DNA 프라이머가 완성되면, 연속해서 복제효소인 DNA 중합효소 ε는 선도가닥을 그리고 DNA 중합효소 δ는 지연가닥 DNA를 이어받아 합성한다(그림 15.13B).

그림 15.13 (A) 박테리아와 (B) 진핵생물에서 DNA 합성을 위한 프라이머 생성. 진핵생물에서는 RNA 프라이머 합성 후 몇 개의 DNA를 더해 주는 DNA 중합효소 α와 프라이메이즈가 복합체를 형성한다.

(A) 박테리아에서 DNA 합성을 위한 프라이머 형성

DNA 주형
3' 5'
RNA 프라이머
프리마제
5'
3' 5'
새로운 DNA
5'
3' 5'
DNA 중합효소 III

(B) 진핵생물에서 DNA 합성을 위한 프라이머 형성

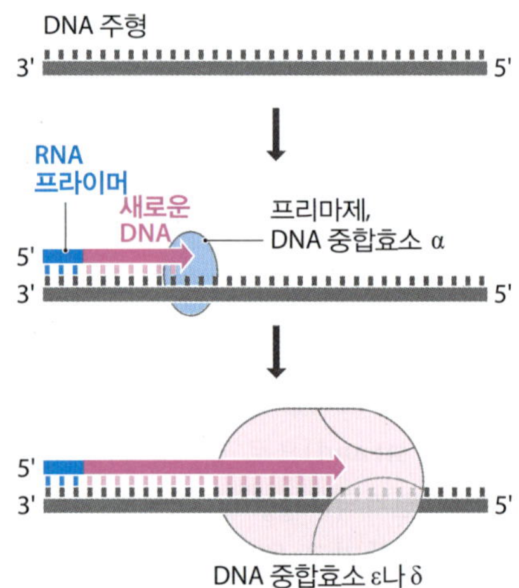

프라이머 형성은 선도가닥에서는 복제 원점 내에서 단 한 번만 일어난다. 일단 프라이머가 형성되면, 선도가닥 사본은 복제가 끝날 때까지 연속적으로 합성된다. 지연가닥에서 프라이머 형성은 새로운 오카자키 조각이 생성될 때마다 일어나야 하는 반복적 과정이다. 1,000~2,000 뉴클레오티드의 오카자키 조각을 만드는 *E. coli*는 유전체가 한 번 복제할 때마다 프라이머 형성을 약 4,000번 하게 된다. 진핵생물에서 오카자키 조각은 더 짧아서 프라이머 형성은 매우 반복적인 사건이 된다.

오카자키 조각이 연결되어야만 지연가닥의 복제가 완성된다

복제분기점에서 일어나는 많은 일들은 박테리아와 진핵생물에서 유사하다. 복제분기점이 진행은 헬리케이즈로 유지된다. 분기점에서 나선을 지나치게 열어준 결과로 생긴 비틀림 스트레스는 DNA 위상이성질화효소에 의해 해소된다. 단일가닥 DNA는 근본적으로 점착성(sticky)이 있어서 헬리케이즈에 의해 분리된 두 폴리뉴클레오티드는, 효소가 지나간 후 그대로 놔두면, 곧 염기쌍을 다시 이룬다. 단일가닥은 또한 핵산분해효소(nuclease) 공격에 매우 약하므로, 어떤 방법으로든 보호하지 않으면 분해되기 쉽다. 이를 피하기 위해, **SSB(single-strand binding protein, 단일-가닥 결합 단백질)**가 폴리뉴클레오티드에 결합하여 가닥이 재결합하거나 분해되는 것을 억제한다(**그림 15.14A**). *E. coli* SSB는 4개의 동일한 소단위로 이루어져 있으며, **RPA(Replication protein A, 복제 단백질 A)**로 불리는 진핵생물의 주요 SSB는 3개의 다른 단백질로 이루어진 이형삼량체(heterotrimer)이다. 두 단백질 모두 유사한 방법으로 작용한다. 이들은 가닥에 연속적으로 붙어서 폴리뉴클레오티드를 터널 모양으로 둘러싼다(**그림 15.14B**). 복제복합체가 단일가닥을 복사하기 위해 접근하면 두 번째 단백질군인 **RMP(replication mediator protein, 복제 중개 단백질)**들에 의해 SSB가 떨어져 나온다. *E. coli*의 DNA 합성은 서로 연결된 2개의 DNA 중합효소 III가 수행한다. 하나는 선도가닥을 다른 하

(A) SSB는 염기쌍을 이루지 않은 폴리뉴클레오티드에 부착한다.

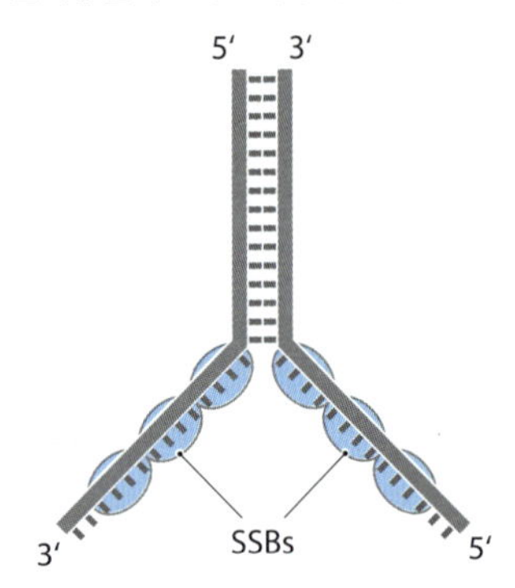

(B) 진핵생물의 SSB인 RPA의 구조

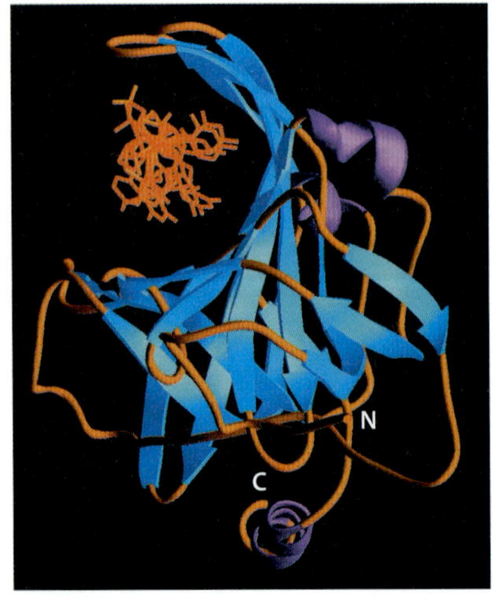

그림 15.14 DNA 복제 중 단일-가닥 결합 단백질(SSB). (A) SSB는 헬리케이즈에 의해 생성된 짝지어지지 않은 폴리뉴클레오티드에 부착하여, 가닥이 서로 다시 염기쌍을 이루거나, 단일-가닥-특이적 핵산분해효소로 분해되는 것을 억제한다. (B) RPA로 불리는 진핵생물 SSB의 구조. 단백질 β-평면 구조는 DNA(짙은 주황색, 말단에서 본 모양)가 들어있는 터널을 형성한다. (B, Bochkarev A, Pfuetzner RA, Edwards AM & Frappier L [1997] *Nature* 385:176-181에서 발췌. Macmillan Publishers Ltd의 허가를 득함.)

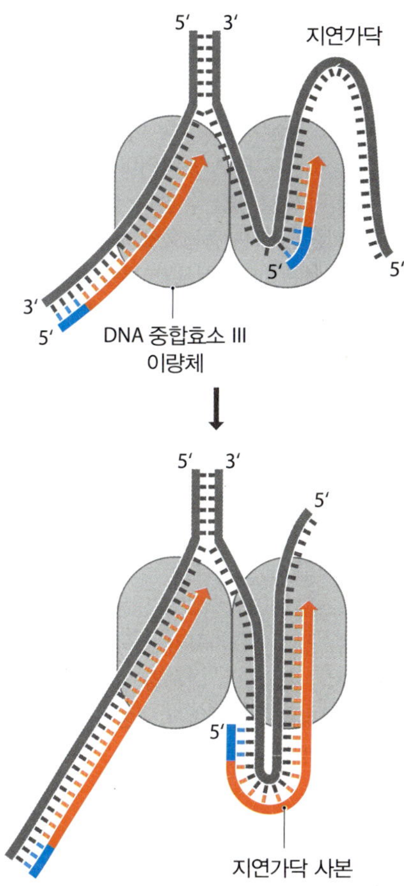

그림 15.15 **DNA 중합효소 III 이량체에 의한 선도가닥과 지연가닥의 평행적 합성 모델.** 그림에서 보여주듯이 지연가닥은 자신의 DNA 중합효소 III를 감아싸는 것으로 생각된다. 이렇게 되면복제되는 분자를 따라 이량체가 이동하면서 선도가닥과 지연가닥을 모두 복사할 수 있다. DNA 중합효소 III 이량체의 구성요소는 γ 복합체와 소단위 δ, δ′, χ, ψ의 연합체로 하나의 γ 복합체만 공유할 뿐 동일하지 않다.

나는 지연가닥을 복제하며, 하나의 **γ 복합체**가 이 둘을 도와준다(그림 15.15). γ 복합체의 주요 기능은 복합체의 각 반쪽에 있는 활주 클램프인 β 소단위와 상호작용하여, 주형에서 효소를 부착하거나 제거하는 과정을 조절한다. 이는 주로 오카자키 조각의 시작과 끝에서 효소가 부착하고 탈착해야 하는 주로 지연가닥 복제에 필요한 기능이다. 오카자키 조각의 반복적 개시에 필요한 프라이메이즈와 함께 이 두 DNA 중합효소 조합을 **레플리솜(replisome)**이라 부른다. 진핵생물에서 DNA 중합효소 ε과 δ가 각각 선도가닥과 지연가닥을 복제한다. 그러나 이 둘은 이량체를 이루지 않으며 분리되어있다. 지연가닥에서 DNA 중합효소를 붙이고 분리하는 *E. coli* DNA 중합효소의 γ 복합체에 의해 수행되는 기능은 다중소단위 보조 단백질인 **RFC(replication factor C)**가 수행한다.

유전체 복제 DNA 합성 단계를 완성하기 위해서는 단 하나의 문제가 해결되어야 한다. 지연가닥의 초기 사본은 연속적 오카자키 조각을 가지고 있다. 지연가닥 사본 최종본에서 이들 조각의 RNA 프라이머는 DNA로 대체되어야 하며, 바로 옆 조각과 연결되어야 한다. 유전체 복제에서 이 과정은 진핵생물과 박테리아가 매우 다르다.

오카자키 조작에서 RNA 프라이머는 다음 조각을 합성할 DNA 중합효소가 5′→3′ 핵산외부분해효소 활성이 있다면 가능한 일이다. 이 중합효소는 핵산외부분해효소를 사용하여 RNA 뉴클레오티드를 제거하고 그 지역을 DNA로 재복사하며, 바로 전 오카자키 조작의 5′-말단을 차지하고 있는 지역으로 지연가닥의 DNA 사본을 계속 만들어갈 수 있다. 불행히도, 박테리아에서는 지연가닥을 복제했던 DNA 중합효소 III은 5′→3′ 핵산외부분해효소 활성이 없다(표 15.2). 그 결과 DNA 중합효소 III는 다음 오카자키 조각의 5′-말단에 도달하면 지연가닥을 방출해야 한다. 이 자리는 5′→3′ 핵산외부분해효소 활성을 가지는 DNA 중합효소 I이 대체하여 일반적으로 오카자키 조각의 초기 DNA를 포함하는 프라이머를 제거하고 조각의 3′-말단에서부터 노출된 주형이 있는 부위로 합성을 진행한다(그림 15.16A). 이제 그 말단이 완전히 DNA인 2개의 오카자키 조각이 인접하게 되었다. 이제 남아있는 것은 **DNA 연결효소(DNA ligase)**가 끊어져있는 인산디에스테르 결합을 만들어 주면서 두 조각을 연결하고, 지연가닥의 이 지역의 복제를 완성하는 일이다.

진핵생물에서, 이 문제는 더 심각하다. 왜냐하면 진핵생물은 오카자키 조각의 RNA

표 15.2 박테리아와 진핵생물의 유전체 복사에 관여하는 DNA 중합효소의 핵산외부분해효소 활성

효소	핵산외부분해효소 활성	
	3′→5′	5′→3′
박테리아 DNA 중합효소		
DNA 중합효소 I	있음	있음
DNA 중합효소 III	있음	없음
진핵세포 DNA 중합효소		
DNA 중합효소 α	없음	없음
DNA 중합효소 δ	있음	없음
DNA 중합효소 ε	있음	없음

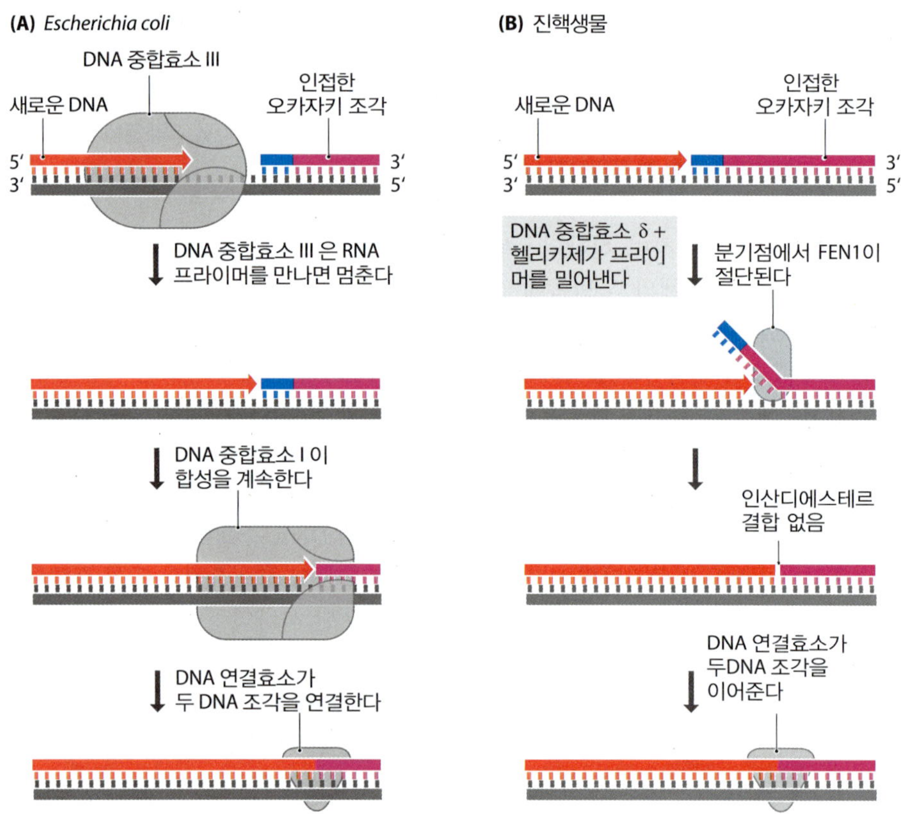

그림 15.16 *E. coli* DNA 복제 중 인접하는 오카자키 조각의 연결과 관련된 일련의 사건들. (A) DNA 중합효소 III은 5′→3′ 핵산외부분해효소 활성이 없다. 즉 이것이 다음 오카자키 조각의 RNA 프라이머에 도달하면 DNA를 더 이상 만들 수 없다. 이 시점에서, DNA 합성은 DNA 중합효소 I에 의해 계속된다. 이것은 5′→3′ 핵산외부분해효소 활성을 가지고 있어서 RNA 프라이머를 제거하고 DNA로 대체한다. DNA 중합효소 I은 일반적으로 주형에서 떨어지기 전 오카자키 조각의 DNA 일부를 대체한다. 이어지지 않은 인산디에스테르 결합은 DNA 연결효소가 합성하고, 복제 과정 중 이 단계가 완성된다. (B) 진핵생물 DNA 중합효소 δ 역시 5′→3′ 핵산외부분해효소 활성이 없다. 그러나 헬리케이즈가 이 조각의 5′-말단을 떨어지도록 하므로, 인접한 오카자키 조작의 프라이머가 차지한 지역으로 DNA를 계속 합성해간다. 결과적으로 만들어진 덜렁거리는 조각은 FEN1이 잘라낸다.

프라이머를 분해에 필요한 5′ → 3′ 핵산외부분해효소 활성을 가진 DNA 중합효소가 없기 때문이다. 이 문제의 해법은 박테리아와는 매우 다르다. 여기에 주된 역할은 **FEN1 (flap endonuclease, 플랩 핵산내부분해효소)**이 수행한다. 이 효소는 5′-말단 폴리뉴클레오티드가 주형에서 대체되면서 생기는 펄럭임(flap) 구조의 아래 분기점에 있는 인산디에스테르를 잘라 주는 매우 특이한 핵산내부분해효소 활성을 가지고 있다. DNA 중합효소 δ가 인접하는 오카자키 조각의 5′-말단에 RNA 프라이머에 접근하면 FEN1이 DNA 중합효소 δ와 연합한다. 지연가닥에 붙어 있는 프라이머 염기쌍을 헬리케이즈 효소가 풀어 주면, 중합효소가 프라이머를 제치며 인접 오카자키 조각으로 진행하면서 결과적으로 펄럭임 구조가 만들어지고, 이는 FEN1이 자를 수 있게 된다(그림 15.16B). DNA 연결효소는 인산디에스테르 결합으로 최종적으로 오카자키 조각을 연결시키게 된다. 이 모델에 의하면 RNA 프라이머와 프라이머 효소인 DNA 중합효소 α에 의해 만들어진 모든 프라이머 DNA도 제거될 가능성이 있다. 이 모델은 DNA 중합효소 α가 3′ → 5′ 교정 활성이 없어서(표 15.2 참조), 즉 DNA 합성이 비교적 오류 다발적(error-prone) 방법으로 일어나기 때문에 매우 흥미로운 모델이다. 펄럭임 구조를 가진 이 부분은 FEN1에 의해 제거되고 DNA 중합효소 δ에 의해 다시 합성된다면, DNA 중합효소 α에 의해 만들어진 오류가 딸 이중나선에 고정되는 것을 막을 수 있기 때문이다(DNA 중합효소 δ는 교정 활성을 가지고 있어서 주형의 사본을 상당히 정확하게 만든다).

15.4 복제의 종결

복제분기점은 선형 유전체를 따라, 또는 고리형을 돌아, 전사되고 있는 지역을 제외하면 대체로 방해받지 않은 채 진행한다. DNA 합성은 전사보다 약 5배나 빠르다. 즉, 복제 복합체가 RNA 중합효소를 쉽게 앞지를 수 있다. 그러나 이런 일은 벌어지지 않는 것으로 보인다. 오히려, 복제분기점은 RNA 중합효소 뒤에서 멈추고, 전사가 완결된 후에 비로소 진행한다.

복제분기점은 마침내 분자의 말단에 이르거나 반대 방향으로 진행하는 복제분기점을 만나게 된다. 유전체 복제에서 가장 잘 알려지지 않은 것이 이 다음에 일어나는 일이다.

E. coli 유전체 복제는 정해진 지역에서 종결한다

박테리아 유전체는 한 지점에서 양방향으로 복제된다(그림 15.8A 참조). 이것은 두 복제분기점이 유전체 지도에서 복제 원점의 정반대편에서 만나게 된다는 것을 의미한다. 그러나 만약 한 분기점이 전사가 활발히 일어나는 지점을 복제해야 하는 등의 이유로 지연된다면, 다른 쪽 분기점이 중간 지점을 지나 유전체의 다른 편으로 복제를 계속할 가능성이 있다(**그림 15.17**). 이것이 바람직하지 않은 이유가 눈에 띄게 분명한 것은 아니다. 딸 분자에게 별 영향이 있을 것 같지 않기 때문이다. 그러나 **종결신호(terminator sequences)**로 인하여 이러한 일은 일어나지 않는다. *E. coli* 유전체에서 이러한 서열이 10개가 발견되었고(**그림 15.18A**), 각각은 서열 특이적 DNA-결합 단백질인 **Tus(terminator utilization substance, 종결 활용 물질)**가 인식한다.

Tus의 작용 양식은 매우 특이하다. 종결 서열에 결합한 Tus는 분기점이 한 방향으로 진행하면 지나가도록 허용하며, 유전체의 반대방향으로 진행하면 차단한다. 이러한 방향성은 이중나선 위 Tus 단백질의 방향으로 결정된다(**그림 15.18B**). Tus가 이러한 영향을 어떻게 주는지는 잘 알려져 있지 않으나, Tus 단백질이 복제분기점의 진행을 책임지는 DnaB 헬리케이즈의 진행을 차단하기 때문으로 보인다. 최근 이러한 가정을 반박하고 주요 상호작용은 Tus와 복제분기점 사이라는 다른 가능성을 지지하는 연구결과가 나왔다. 레플리좀이 없는 실험방법으로 개개 복제분기점의 진행을 연구하였을 때, 이들이 없는 상태에서는 복제분기점이 DNA 이중나선을 자연적으로 이동하지 않았다. 이 실험에서 자석구슬(magnetic bead)을 폴리뉴클레로티드의 한쪽 말단에 부착하고 다른 폴리뉴클레오티드 말단은 고정판에 고정시킨 후 복제분기점을 이동시켰다. 이후 자석구슬을 **자석집게(magnetic tweezer)**로 분리하였다. 자석집게는 위치와 강도가 자석구슬과 이것이 부착한 폴리뉴클레오티드의 이동을 조종할 수 있도록 한 세트의 자석을

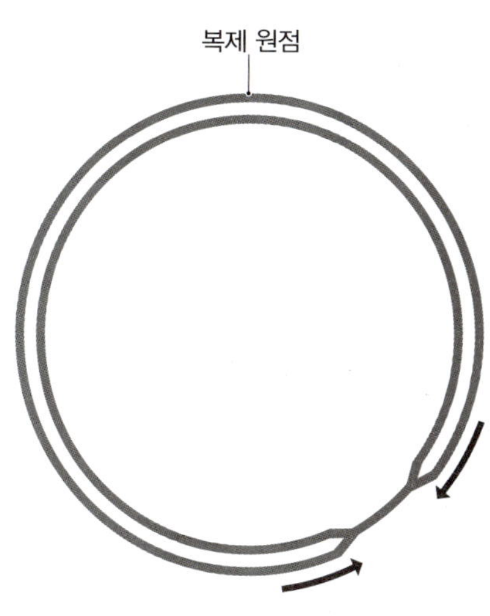

그림 15.17 이러한 일은 환형 *E. coli* 유전체 복제 중 생기지 않는다. 하나의 복제분기점은 중간 지점을 지나가 진행된 상태이다. Tus 단백질 활성으로 인해 이런 일은 *E. coli*의 DNA 복제 중 생기지 않는다.

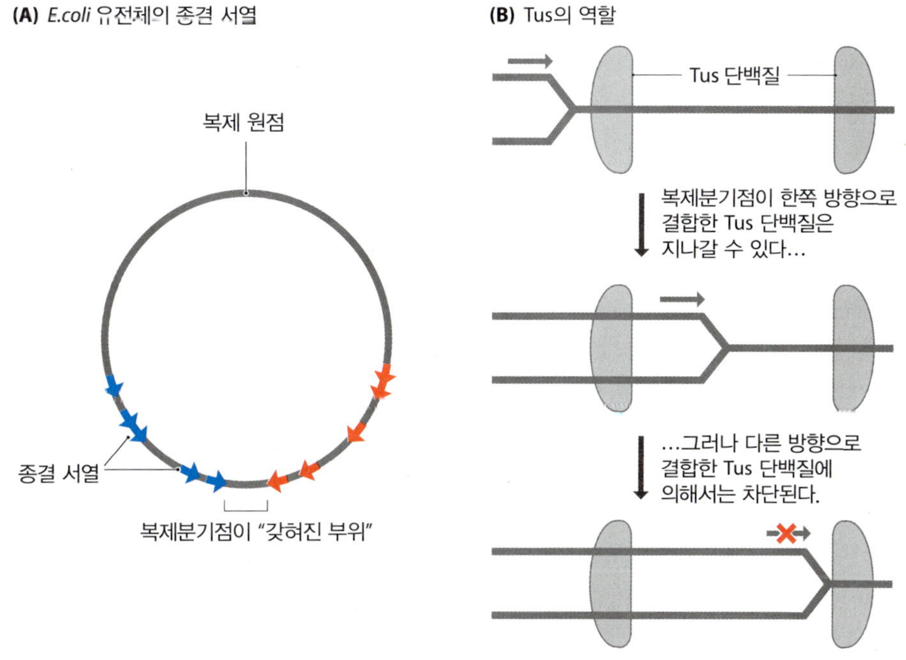

그림 15.18 *E. coli* DNA 복제 중 종결 서열의 역할. (A) *E. coli* 유전체의 6개 종결 서열의 위치가 그려져 있다. 화살표 방향은 복제분기점이 지나갈 수 있는 종결 서열의 방향이다. (B) 결합한 Tus 단백질은 복제분기점이 분기점이 한 방향으로 접근할 때는 지나가도록 해준다. 반면 다른 방향으로 접근하면 중단된다.

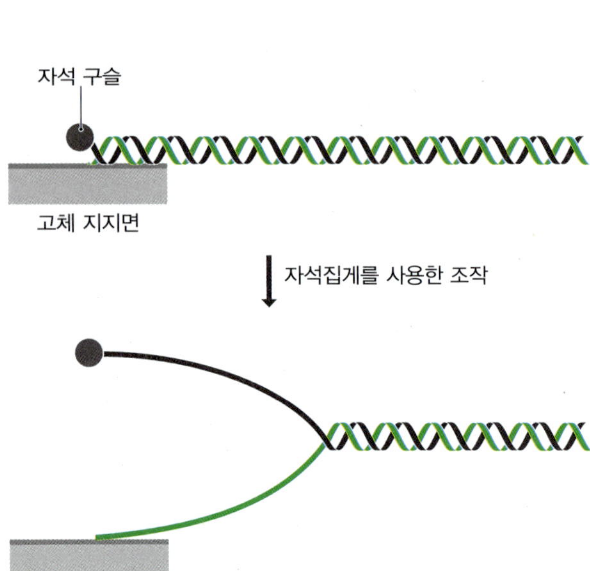

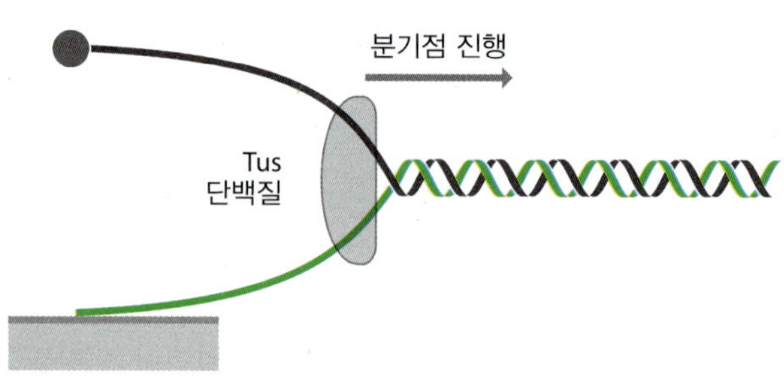

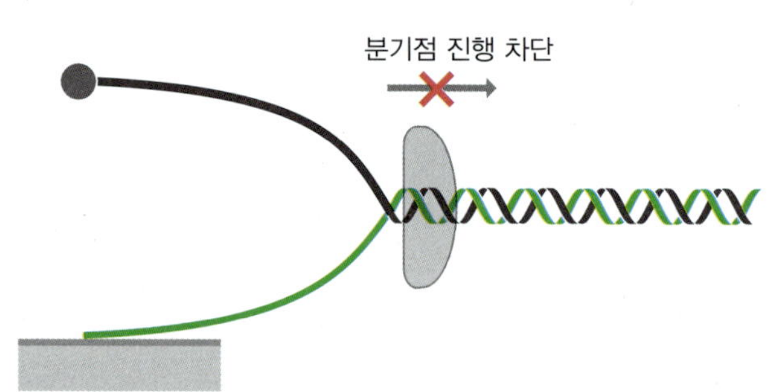

그림 15.19 자석집게로 Tus 단백질의 기능을 조사한다. (A) 자석집게는 자석구슬로 두 폴리뉴클레오티드를 떨어지게 할 수 있다. (B) 결과적으로 복제분기점은 허용 방향으로부터 접근할 때만 결합한 Tus 단백질을 통과할 수 있게 해 줄 수 있다. 레플리솜의 단백질이 전혀 존재하지 않으므로, Tus와 복제 중인 DNA의 상호작용으로 적어도 부분적으로 복제분기점의 진행을 차단하는 것은 Tus의 능력 때문인 것으로 보인다.

가지고 있다(**그림 15.19**). 이 자석구슬을 고정판에서 멀리 이동시키면, 나선이 열리고, 생성된 분기점은 두 폴리뉴클레오티드의 말단을 단순히 잡아당기는 방법으로 나선을 이동할 수 있게 된다. 이 실험에서 만약 Tus 단백질 허용 방향으로 분기점이 접근하는 방향으로 종결 서열이 되어있다면 분기점의 이동은 방해받지 않지만, 분기점이 비허용 방향으로 접근한다면 Tus에 의해 진행이 방해된다는 결과를 보여주었다. 이것이 암시하는 것은 Tus와 복제되는 DNA 사이의 상호작용으로 적어도 부분적으로는 Tus가 복제분기점의 진행을 막을 수 있는 능력이 있다는 것이다. 이 결과는 DnaB와 Tus 단백질 사이 단백질-단백질 상호작용을 배제하는 것이 아니라, 이 둘의 상호작용만이 Tus의 작용방법의 전부가 아니라는 것이다.

메커니즘이 무엇인든, *E. coli* 유전체에 있는 종결 서열의 방향과 결합된 Tus 단백질로 인하여, 원점의 반대편 지점의 비교적 짧은 지역에 양쪽 복제분기점이 갇히도록 되어있다(그림 15.18A 참조). 이것은 종결이 항상 동일 또는 지점이나 근처에서 일어나도록 해준다. 각 선도가닥은 다른 분기점의 지연가닥에 연결되고 레플리솜이 분해된다. 그 결과로 생성된 두 딸 분자가 서로 연결된 산물은 위상이성질화효소 IV에 의해 분리된다.

진핵생물의 복제 종결은 알려진 것이 거의 없다

진핵생물에서는 DNA 복제에 대해 알려진 것이 더욱 더 없다. 박테리아 종결 서열에 해당하는 복제분기점을 막아주는 서열이 효모 염색체에서 발견되었고, 상호 연결된 딸 분자를 분리하는 II형 DNA 위상이성질화효소 Top2와 연합되어있다. 일부 분기점은 이들 서열에 멈추지 않고 헬리케이즈의 도움으로 이들 서열을 통과할 수 있는 것으로 보아, 이러한 서열의 중요성은 분명하지 않다. 고등 진핵생물에서 멈추거나 붙드는 자리에 대한 증거는 거의 없다. 각 복제분기점은 다른 방향에서 오는 분기점을 만날 때까지 진행한다. 선도가닥은 서로를 지나치고 각각은 다른 분기점의 지연가닥과 연결된다.

진핵생물의 핵에서 DNA 합성은 **복제 공장(replication factory)**과 **복제점(replication foci)**에서 일어난다. 이들은 분리된 고정지역으로, DNA 사슬이 복제되면서 통과할 수 있는 모든 연관된 단백질을 가지고 있다. 하나의 공장에 최대 10개의 복제 원점이 연합되어있는 것으로 생각된다. 이러한 원점들 사이 복제된 DNA는 합성되는 대로 공장에서 고리처럼 빠져 나온다. 이 모델에 의하면, 인접한 분기점의 진행이 서로 적절한 위치에서 만나도록 하나의 공장에서 조율될 수 있기 때문에 뚜렷한 종결서열이 필요성을 그리 크지 않다는 것을 의미한다. 공장 모델은 또한 진핵생물의 핵에서 생성되는 딸 DNA 분자가 서로 엉키는 것을 막아주는 어려운 문제도 해결해준다. II형 DNA 위상이성질화효소가 절단-재결합을 통해 DNA 분자의 엉킴을 풀어 주는 능력이 있지만, 위성 이성질화효소의 촉매할 때 생기는 지나친 절단-재결합 반응을 최소화하는 방향으로 엉킴을 피하는 것으로 추정된다. 각 공장은 DNA의 단일 지역을 복제하고 딸 분자를 특정 배열로 유지하며 엉킴을 피하는 것으로 생각된다. 또한 **코헤신(cohesin)**도 중요한 역할을 한다. 이들은 다중단백질로 고리형 구조를 형성하고 복제분기점이 통과한 직후 딸 분자에 바로 결합한다. 코헤신은 이후 핵분열의 후기에 절단 단백질로 잘려서 딸 염색체로 분리될 때까지, 자매 염색분체(sister chromatid)의 정렬을 유지한다(그림 15.20).

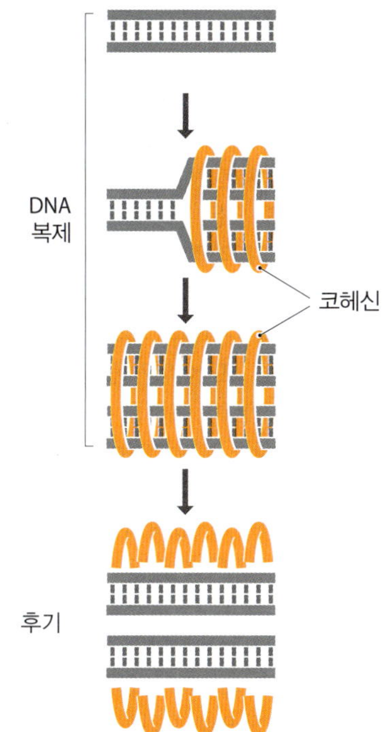

그림 15.20 코헤신. 코헤신 단백질은 복제 분기점이 지나간 바로 직후에 부착하여 후기까지 딸 분자를 붙들고 있다. 후기 동안, 코헤신이 절단되면서 복제된 염색체가 분리되게고, 딸 핵으로 분배된다.

적어도 일부 세포에서 텔로머레이즈가 염색체 DNA 분자의 복제를 완성한다

복제 과정을 마치기 전에 고려되어야 할 마지막 문제가 있다. 바로 염색체 DNA 복제가 계속되면서 이중가닥 선형 분자의 말단이 점차적으로 짧아지는 것을 막는 것이다. 짧아지는 이유에는 두 가지가 있다:

- 지연가닥의 3′-말단 맨 끝이 복제되지 않을 수 있다. 프라이머 형성 지점이 주형의 말단을 넘어선 지점으로, 오카자키 조각을 만들 프라이머가 생성되지 못하기 때문이다(그림 15.21A). 오카자키 조각의 부재는 지연가닥 사본이 주형보다 짧다는 것을 의미한다. 만약 이 길이를 가진 사본에 다음 복제가 일어나 부모형 폴리뉴클레오티드로 작용한다면, 이들의 딸 분자는 조부모보다 더 짧아질 것이다.
- 마지막 오카자키 조각을 만들 프라이머가 지연가닥의 3′-말단에서 형성된다 하여도, 여전히 작기는 하지만, 길이는 짧아진다. 마지막 RNA 프라이머가 정상적인 프라이머 제거 과정을 통해 DNA로 전환될 수 없기 때문이다(그림 15.21B). 인접한 오카자키 조각의 3′-말단에서 신장하는 방법으로 프라이머가 제거되는데, 분자의 최말단에서는 일어날 수 없기 때문이다.

이 문제가 인식된 후, 진핵생물 염색체 말단에 있는 특이한 DNA 서열인 텔로미어가 주목을 받게 되었다. 7.1절에서 다루었던 것처럼, 텔로미어 DNA는 일종의 미소부수체(minisatellite) 서열로 구성되어있다. 대부분의 고등 진핵생물에서 이것은 짧은 반복 모티프가, 5′-TTAGGG-3′, 염색체 말단에 직렬 반복으로 수백 개로 이루어져 있다. 말단-짧아짐 문제에 대한 해법은 이 텔로미어 DNA 합성방법에 있다. 대부분의 텔로미어 DNA는 DNA 복제 중 정상적인 방법으로 복사된다. 그러나 이것이 합성되는 유일한 방법은 아니다. 복제 과정의 한계를 보완하기 위해, 텔로미어는 **텔로머레이즈(telomerase)**에 의한 독립적 메커니즘으로 연장될 수 있다. 이것은 단백질과 RNA로 구성된 특이한 효소이다. 사람에서, 이 효소의 RNA는 450 뉴클레오티드이며 이것의 5′-말단 가까이에 5′-CUAACCCUAAC-3′이 존재한다. 이 서열의 중심 서열은, 사람의 텔로미어 반복 서열인, 5′-TTAGGG-3′에 역상보적(reverse complement)이다. 역상보성 텔로머레이즈 RNA는, 그림 15.22에서와 같이 복사하는 메커니즘으로, 매 연장주기마다 텔로머레이즈가 폴리뉴클레오티드 3′-말단에서 텔로미어 DNA를 연장시키는 주형으로 사용된다(그림 15.22). DNA 합성은 역전사효소인 효소의 단백질 구성원이 수행한다. 이 모델이 맞다는 것은 여러 생물의 텔로미어 반복 서열과 텔로머레이즈 RNA를 비교하여 유추할 수 있다(표 15.3): 조사한 모든 생물에서, 텔로머레이즈 RNA는 그 생물의 텔로

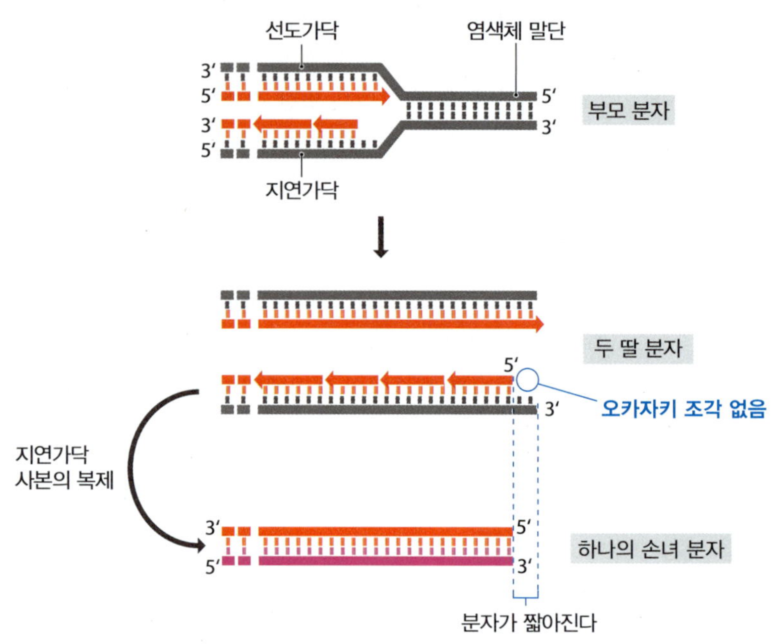

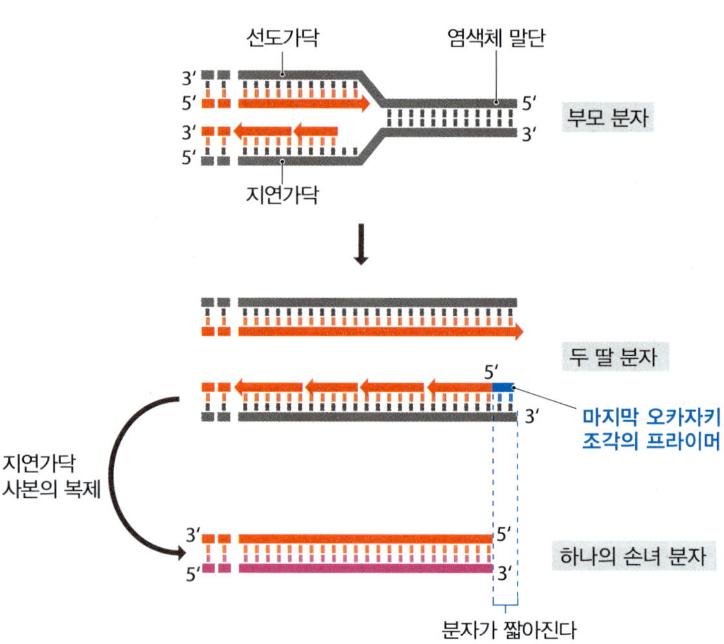

그림 15.21 선형 DNA 분자가 DNA 복제 후 짧아지는 두 가지 이유. 이 두 예에서, 부모 분자는 정상적인 방법으로 복제되었다. 선도가닥에서는 완전한 사본이 만들어졌지만, (A) 지연-가닥의 사본은 마지막 오카자키 조각이 만들어지지 않은 관계로 불완전하다. 이것은 오카자키 조각의 프라이머가 지연가닥의 매 200 bp마다 만들어지기 때문이다. 만약 지연가닥의 3′-말단에 200 bp 이하가 남아있다면, 다른 프라이머가 만들어질 수 없고, 남아있는 가닥이 복제될 수 없다. 결과적으로 딸 분자는 3′ 돌출부(overhang)를 가지게 되고, 이것이 복제되면, 손자 분자는 원 부모보다 짧아진다. (B)에서 마지막 오카자키 조각은 지연가닥 3′-말단에 자리를 잡았으나, RNA 프라이머가 DNA로 전환될 수 없다. 이것은 지연가닥 말단을 지나 상위의 다른 오카자키 조각으로부터 연장되어야 하기 때문이다. 말단 RNA 프라이머가 세포주기 내내 존재하는지, 남은 RNA 프라이머가 다음 DNA 복제에서 DNA로 복사될 수 있는지 분명하지 않다. 프라이머가 남아있지 않거나, DNA로 복사되지 않았다면, 하나의 손자 분자는 원 부모보다 짧을 것이다.

미어의 반복 모티프를 만들 수 있는 서열을 가지고 있다. 흥미로운 것은 모든 생물에서 텔로머레이즈가 합성하는 가닥에는 G 뉴클레오티드가 많으며, 이에 G-풍부(G-rich) 가닥으로 불려진다.

텔로머레이즈는 G-풍부 가닥만 합성할 수 있어서, C-풍부 가닥 폴리뉴클레오티드가 어떻게 연장되는지 분명치 않다. G-풍부 가닥이 충분히 길어지면, 프리마제-DNA 중합효소 α 복합체가 이것의 말단에 부착하여 정상적인 방법으로 상보적 DNA 합성을 개시하는 것으로 추정된다(그림 15.23). 여기에는 새로운 RNA 프라이머가 사용되어야 하

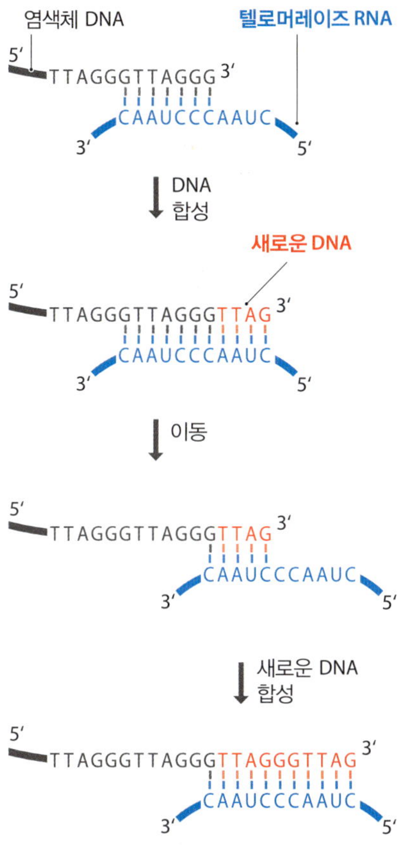

그림 15.22 텔로머레이즈에 의한 사람 염색체 말단의 연장. 사람 염색체 DNA 분자의 3′ 말단이다. 사람 텔로미어 반복 서열은 5′-TTAGGG-3′ 모티프를 가지고 있다. 텔로머레이즈 RNA는 짧게 연장된 DNA 말단과 염기쌍을 이룬다. 연장되는 길이는 텔로머레이즈 RNA에 있는 줄기-고리 구조로 결정되는 것으로 보인다. 텔로머레이즈 RNA는 다시 DNA 폴리뉴클레오티드를 따라 약간 멀리 있는 새로운 염기쌍 위치로 이동하고, 몇 개의 뉴클레오티드가 연장된다. 이 과정은 충분한 길이만큼 염색체 말단이 연장될 때가지 반복된다.

표 15.3 다양한 생물에서의 텔로미어 반복 서열과 텔로머레이즈 RNA

생물종	텔로미어 반복 서열	텔로머레이즈의 RNA 주형 서열
사람	5′-TTAGGG-3′	5′-CUAACCCUAAC-3′
Oxytricha	5′-TTTTGGGG-3′	5′-CAAAACCCCAAAACC-3′
Tetrahymena	5′-TTGGGG-3′	5′-CAACCCCAA-3′

*Oxytricha*와 *Tetrahymena*는 원생동물로 텔로미어 연구에 특히 유용하다. 이들은 특정 발달 단계에서염색체가 모두가 텔로미어를 가지고 있는 작은 조각으로 분절되기 때문이다: 즉 이들은 하나의 세포내 여러 개의 텔로미어를 가지고 있다.

므로, C-풍부 가닥은 여전히 G-풍부 가닥보다 짧을 것이다. 그러나 중요한 것은 염색체의 전체적인 DNA 길이는 줄어들지 않았다는 것이다. 포유류에서 이들이 연장된 후 텔로미어 말단이 t-고리(t-loop)을 형성할 수 잇다. 자유 3′-말단이 접혀서 이중나선을 침투하고 이의 상보적인 C-풍부 가닥에 염기쌍을 형성하는 것이다(그림 15.24). 이 반응은 텔로미어-결합 단백질 TRF2에 의해 촉진되며 더 이상의 연장이 필요 없는 염색체에 추가적인 안정화를 제공할 수 있다.

텔로머레이즈의 활성은 염색체 말단이 적절한 길이만 연장되도록 매우 섬세하게 조절되어야 한다. 이 조절 메커니즘의 일부는 텔로미어 반복 서열에 결합하여 텔로머레이즈의 활성을 저해하는 TRF1 단백질이 수행한다(7.1절). 텔로미어가 짧아지면, 결합된 TRF1 단백질 수가 줄어들고 텔로머레이즈는 염색체 말단에 부착하여 텔로미어를 연장할 수 있게 된다. 텔로미어가 연장됨에 따라, TRF1 단백질은 다시 부착하고 염색질이 이의 접혀진 구조로 되돌아가도록 유도되면, 텔로머레이즈는 다시 염색체 말단에서부터 배제된다. 이 모델의 문제점은 실험적으로 TRF1이 텔로머레이즈의 활성에 대한 작용이 보여지지 않아 세포내 텔로머레이즈 저해 능력에 의문이 제기된다는 것이다. 최근

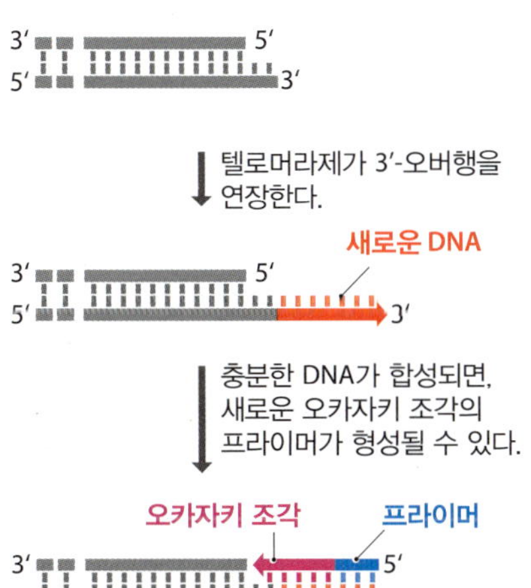

그림 15.23 염색체 말단에서 연장과정의 완결. 텔로머라제가 3′-말단을 충분히 연장하고 나면, 새로운 오카자키 조각을 위한 프라이머가 형성되고, 3′-말단을 완전한 이중-가닥 말단으로 전환된다.

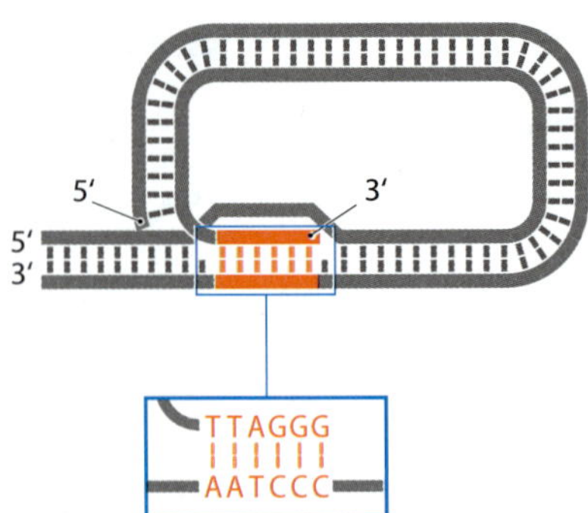

그림 15.24 **"t-고리"**. t-고리는 자유 3′-말단이 굽어 들어와 이중나선을 침투할 때 형성된다.

PinX1으로 불리는 단백질이 TRF1과 연합한다는 것이 밝혀지면서 텔로머레이즈 활성은 TRF1과 Pin/x1의 연합 작용으로 인해 조절되는 것으로 보인다. 이 반응은 사람에서는 두 번째 텔로미어-결합 단백질인 TRF2에 의해 촉매된다. 이에 따라 연장이 필요 없는 염색체 말단에 안정성을 추가적으로 제공하는 것으로 보인다.

텔로미어의 길이는 세포 노화나 암과 연관이 있어 보인다

모든 포유동물의 세포에서 텔로머레이즈 활성이 없다는 것은 놀라운 일이다. 효소는 초기 배아에서는 작동하지만, 출생 후에는 생식세포나 **줄기세포(stem cell)**에서만 활성이 있다. 줄기세포는 생물의 전 생애를 걸쳐 지속적으로 분열하는 세포인 전구체 세포(progenitor)로, 기관과 조직이 기능을 유지하도록 새로운 세포를 공급한다. 체세포는 텔로머레이즈 활성이 없으며 매 분열 시 염색체가 짧아진다. 수많은 세포분열 후 염색체 말단은 마침내 지나치게 짧아져서 필수적인 유전자가 분실될 수 있다. 그러나 텔로머레이즈 활성이 없는 세포에서 일어나는 주요 결함의 원인이 아닌 것 같다. 중요한 것은 우연한 염색체 절단으로 생성된 보호되지 않은 말단을 연결시키는 작용을 하는 DNA 수선 효소로부터 말단을 보호하기 위해 각 염색체 말단에 단백질 덮개(cap)가 유지해야 하기 때문이다(16.2절). 이 보호 덮개를 형성하는 사람의 TRF2와 같은 단백질은 텔로미어 반복을 결합 서열로 인식하므로, 텔로미어가 결손되면 부착지점을 잃게 된다. 이러한 단백질이 없게 되면, 수선효소가 짧지만 온전한 염색체 말단 사이를 부적절하게 연결시키게 되고, 이것이 아마도 텔로미어가 짧아진 결과로 인해 세포주기가 중단되는 이유일 것이다.

텔로미어가 짧아지면 특정 세포의 계보가 중단된다. 수년간, 생물학자들은 이 과정을 세포 배양에서 원래 관찰된 현상이었던 **세포 노화(cell senescence)**와 연결하였다. 모든 정상 세포의 배양은 한정된 수명을 가진다: 일정 수의 분열 후, 세포는 노화 상태로 들어가는데, 이때 세포는 살아있으나 분열할 수는 없다(그림 15.25). 일부 포유류 세포주에서, 특히 섬유아세포(fibroblast, 배양)에서, 세포가 활성이 있는 텔로머레이즈를 합성하도록 유전자 조작을 하여 노화를 지연시킬 수 있다. 이 실험은 텔로미어가 짧아지는 것과 노화 간의 상관관계를 분명하게 보여주었다. 그러나 정확한 상관관계에는 의문이 있었고, 세포의 노화와 노화하는 개체로 추정하여 적용하는 데에는 문제가 있었다.

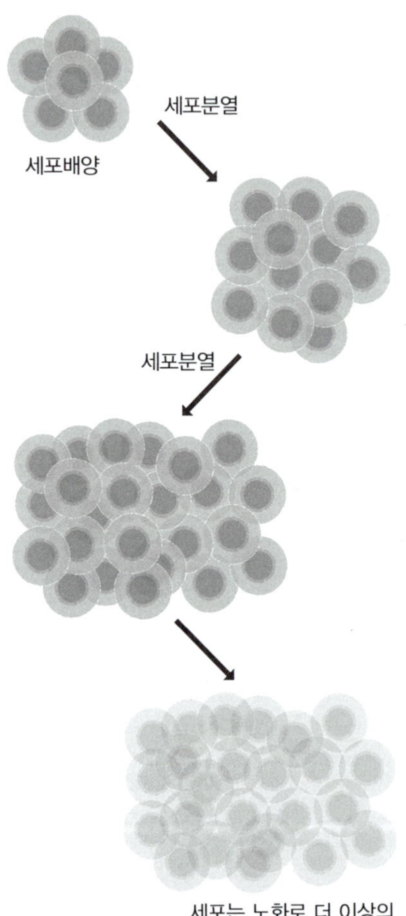

그림 15.25 **배양된 세포는 여러 회의 세포분열 후 노화된다.**

모든 세포주가 노화를 보이지는 않는다. 암세포는 배양에서 연속적으로 분열할 수 있고, 이들의 영구적인 생존은 온전한 생물에서 암의 성장과 유사하게 보인다. 여러 종류의 암에서, 노화가 없다는 것과 텔로머레이즈 활성 사이에 상관성이 있었고, 때로는 텔로미어의 길이가 여러 세포분열을 통해 유지되기도 했지만, 종종 텔로미어는 정상보다 길어졌다. 텔로머레이즈가 지나치게 활발했기 때문이다. 이 결과로 텔로머레이즈의 활성을 저해하는 약품이 암치료에 유용할 것으로 생각되었다. 텔로머레이즈를 불활성화시키기 위해 효소의 단백질과 RNA 모두를 표적으로 했다. 항체가 만나는 모든 텔로머레이즈 단백질과 결합하고 이들을 불활성화시키도록 단백질에 대한 백신을 만들었다. 임상실험에서 이 백신은 몸의 다른 부위로 순환하는 암 세포의 수를 줄였다. 백신이 기존 암의 성장을 줄일 수는 있으나 그 보다 먼저 발생하는 암을 방지할 수는 없다. 두 번째 접근법은 텔로머레이즈 RNA의 일부에 상보적인 짧은 올리고뉴클레오티드를 사용하는 것이다. 이 올리고뉴클레오티드가 RNA 분자에 결합하여 텔로머레이즈 효소를 저해하게 하려는 생각이었다(그림 15.26). 텔로머레이즈를 표적으로 하는 백신과 올리고뉴클레오티드는 암을 치료하는 여러 전략 중 가장 가망성 있는 것이다. 그러나 노화를 피하기 위해서는 적어도 일부 세포들이 자신의 텔로미어를 요구하지 않는 다른 방법으

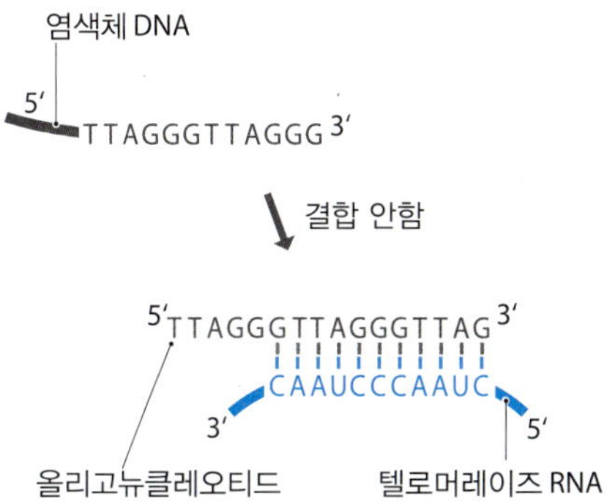

그림 15.26 텔로머레이즈 활성을 저해하기 위한 올리고뉴클레오티드의 사용. 텔로머레이즈의 RNA 구성원의 일부에 상보적인 올리고뉴클레오티드는 텔로머레이즈 RNA가 염색체 DNA에 부착하는 것을 경쟁적으로 방해한다. 즉, 텔로미어의 연장이 저해된다.

염색체 DNA
5′ TTAGGGTTAGGG 3′
결합 안함
5′ TTAGGGTTAGGGTTAG 3′
3′ CAAUCCCAAUC 5′
올리고뉴클레오티드
텔로머레이즈 RNA

로 유지할 수 있어야 한다는 것이 현재 걸림돌이 되고 있다. 이것은 지나치게 짧지 않은 길이의 DNA 분자에서 나온 텔로미어 반복을 위험 수위 가까이에 있는 다른 DNA 분자로 이동시키는 방법이다. 이 과정은 일부 암세포에서 텔로머레이즈 불활성화 효과를 상쇄시키기 위해 발생한다.

*Drophila*는 짧아지는 문제를 독특한 방법으로 해결한다

텔로머레이즈의 단백질 소단위 아미노산 서열을 다른 역전사효소와 비교한 결과, 가장 가까운 것은 레트로포존(retroposon)이라 불리는 비-LTR(non-long terminal repeat) 레트로 인자가 암호화하는 역전사효소였다(9.2절). *Drosophila*(초파리)의 텔로미어의 특이한 구조와 더불어 생각하면 이것은 매우 흥미로운 발견이다. 이 텔로미어는 대부분의 다른 생물에서 보이는 짧은 반복 서열로 이루어져 있지 않고, 6~10 kb 길이의 훨씬 더 긴 반복 서열의 직렬 배열로 이루어져 있다. 이 반복은 *HeT-A*, *TART* 및 *TAHRE*로 불리는 3개의 *Drosophila* 레트로포존의 완전-길이 또는 잘려진 사본이다. 이들은 텔로머레이즈에 의한 것과 유사한 과정으로 유지된다(그림 15.27). 주형 RNA는 텔로미어와 유사한 레트로포존의 전사로 얻어지고, 이것은 *TART*와 *TAHRE* 서열에서 만들어지는 역전사효소가 복사할 것이다(*HeT-A*에는 역전사효소 유전자가 없다).

Drosophila 텔로미어의 특이한 구조는 단순히 자연의 변덕일 수 있다. 그러나 텔로머레이즈가 레트로포존의 역전사효소와 유사하다는 것으로 미루어, 일부 생물의 텔로미어는 레트로포존의 퇴화된 것일 가능성을 배제할 수는 없다.

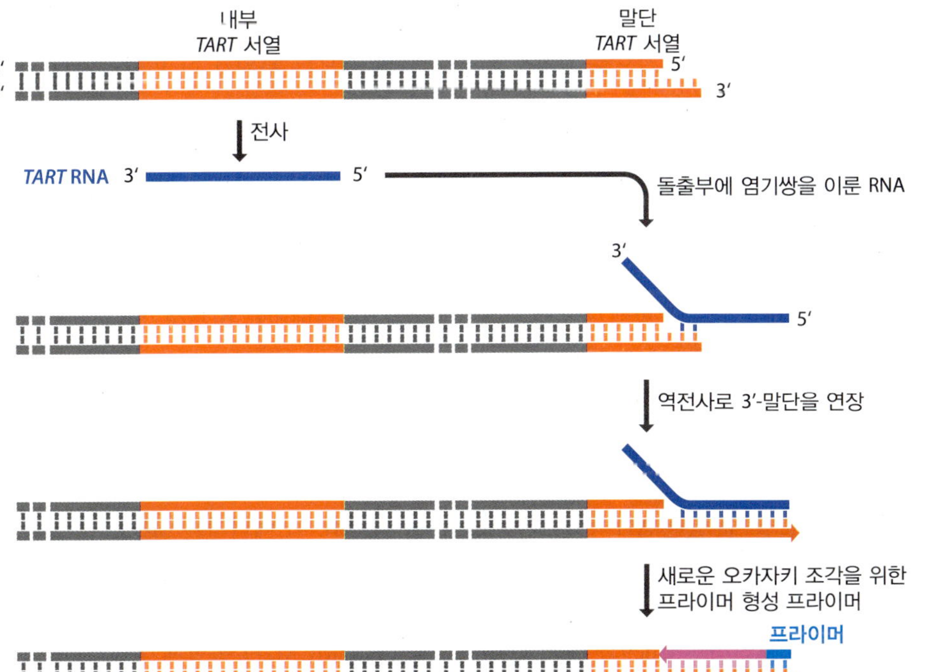

그림 15.27 *Drosophila* 텔로미어 유지 모델. 이 예에서, TART 서열이 텔로미어의 맨 끝에 위치하고 있다. DNA 복제는 전형적인 3′-돌출부를 남긴다. 이것은 텔로미어의 온전한 지역에 위치하는 TART 서열의 RNA 사본의 역전사로 연장된다. 새로운 오카자키 조각은 연장 과정을 완성하기 위해 프라이머를 형성한다.

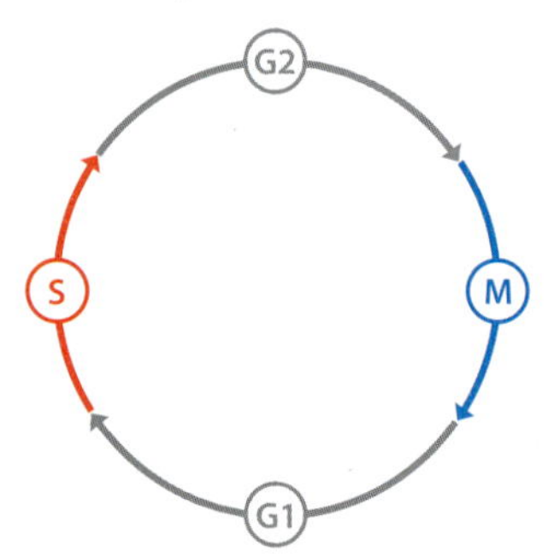

그림 15.28 **세포주기.** 다양한 세포에서 각각의 길이는 다르다. 약자: G1, G2, 갭(gap)기; M, 체세포분열; S, 합성기

15.5 진핵생물 유전체 복제 조절

유전체 복제는 세포가 실제로 분열되기 전에 완성되어야 한다. 진핵생물에서는 유전체 복제와 **세포주기**가 섬세하게 조율되어, 특정 조건에서는 복제가 중단될 수 있다. 예를 들어, 만약 DNA가 손상되면 복사가 완성되기 전에 수선되어야 한다. 이 장의 마지막에서 이러한 조절 메커니즘을 살펴보고자 한다.

유전체 복제는 세포분열과 조율되어야 한다

세포주기(cell cycle) 개념은 초기 세포생물학자들의 광학현미경 연구로부터 나왔다. 이들은 분열하는 세포는 핵과 세포분열이 일어나는 기간인 체세포분열(mitosis)(그림 3.16 참조)과 광학현미경으로는 별다른 변화가 관찰되지 않는 간기(interphase)의 주기를 반복한다는 것을 관찰하였다. 염색체는 간기 동안 복제된다. DNA가 유전 물질로 밝혀지면서 간기는 유전체 복제가 일어나는 기간으로서의 새로운 중요성을 가지게 되었다. 이 때문에 세포주기는 다음의 4-단계의 과정으로 재해석되었다(그림 15.28):

- **체세포분열(mitosis)** 또는 **M기(M phase)**. 핵과 세포가 분열하는 기간이다.
- **갭 1(Gap 1)** 또는 **G1기(G1 phase)**. 전사, 번역, 그리고 다른 일반적인 세포 활동이 일어나는 간기다.
- **합성(synthesis)** 또는 **S기(S phase)**. 유전체가 복제되는 기간이다.
- **갭 2(Gap 2)** 또는 **G2기(G2 phase)**. 두 번째 간기이다.

체세포분열이 일어나기 전에 유전체가 완전히 단 한 번만 복제되도록 S기와 M기가 조율되는 것은 분명히 중요한 일이다. 이것을 확실히 하기 위해 세포가 다음 주기로 들어갈 것인지 결정하기 전에 주요 전이 단계로 작동하는 **세포주기 검문지점(cell cycle checkpoint)**이 존재한다. 이들 중 유전체 복제와 연관하여 가장 중요한 것은 **G1-S 검문지점**이다. 이 지점을 지나면 세포는 자신의 DNA를 복제할 수 있기 때문이다. 만약 세포가 트라우마를 겪거나 유전체의 주요 유전자에 돌연변이와 같은 어떠한 이유로 손상되면, 손상이 수선되는 동안 세포주기는 이 검문지점에서 멈춘다. 세포주기의 후반에서 **G2-M 검문지점**은 세포가 체세포분열로 들어갈 준비가 되었는지를 확인한다. 중요한 것은 유전체가 정상적으로 복제되었는지, 그리고 모든 부위가 한 번만 복제되었고 여러번 복제되지 않았는지 여부이다.

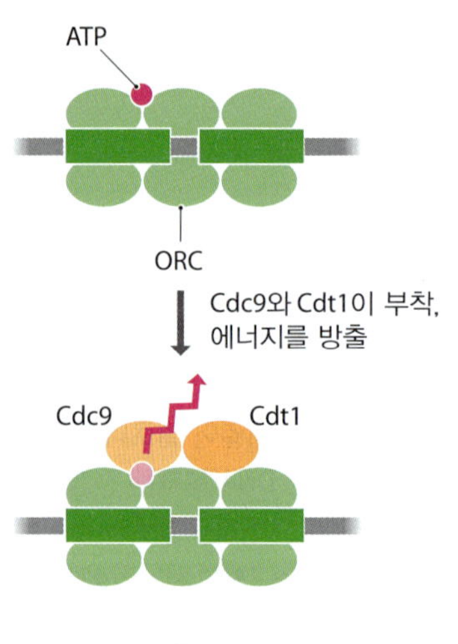

그림 15.29 **진핵생물 복제 원점의 인가.** Cdc9과 Cdt1은 ORC(원점인식복합체)에 부착하여 결합한 ATP를 가수분해하고 에너지를 방출한다. Cdc9과 Cdt1은 MCM2-7 복합체에 부착하면 떨어진다. 이후 pre-RC(전-복제 복합체) 구조만 남게 된다.

G1-S 검문지점을 지나가기 위해서는 원점 인가가 선행되어야 한다

주로 *S. cerevisiae*의 연구로 유전체 복제를 조절하기 위해 세포가 G1-S 검문지점을 통과하기 위해 준비하는 기초로서 **원점 인가(origin licensing)**를 정의하는 조절 모델이 만들어졌다. 원점 인가를 위해서는 복제 원점에 일련의 단백질로 이루어진 **pre-RC(pre-replication complex, 복제전 복합체)**가 조직되어야 한다. 각 원점은 이미 이전 세포분열이 완성된 후 바로 여러 원점에 만들어진 조립된 6개의 단백질 복합체인 ORC(origin recognition complex)가 만들어져 있다. 인가를 받기 위해서는, 원점에 추가로 Cdc9과 Cdt1 2개의 단백질을 불러 들여야 한다. Cdc9은 ORC에 존재하는 ATP 분자로부터 에너지를 방출할 수 있는 ATP 분해효소이다(그림 15.29). 이 에너지는 MCM2-7 복합체의 부착을 유도하는 데 사용된다. 6개의 단백질로 이루어진 MCM2-7 복합체는 진핵생물의 복제분기점에서 염기쌍을 분리하는 헬리케이즈의 핵심 요소를 형성한다. MCM2-7 복합체가 도착하면 Cdc9과 Cdt1은 떨어져 나간다. MCM2-7 복합체가 ORC에 부착함으로써 pre-RC의 구성이 완성된다. 이 사건들은 거의 모든 진핵생물에서 유사하게

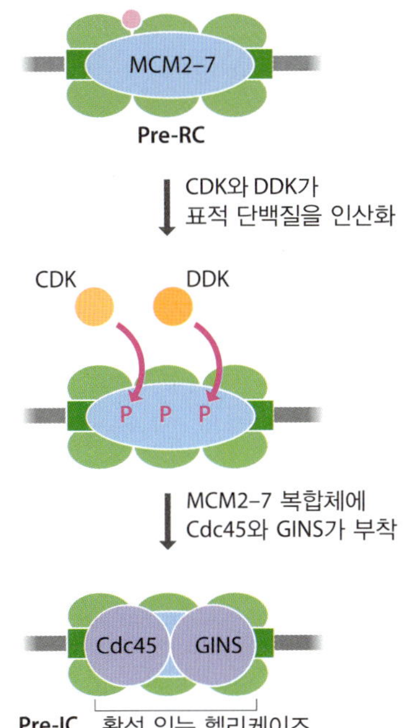

그림 15.30 **pre-RC의 활성화.** CDK(사이클린-의존 인산화효소)와 DDK(Ddf4-의존 인산화효소)는 MCM2-7 복합체를 포함하는 표적 단백질을 인산화시킨다. 이것은 Cdc45와 GINS가 pre-RC 복합체에 부착하게 해주면서, 활성이 있는 헬리케이즈의 구성이 완성되고 pre-RC를 pre-IC(개시전 복합체)로 전환해 준다.

보인다.

원점 인가로 세포는 G1-S 검문지점을 통과할 수 있으나, pre-RC는 자체적으로 비활성이며 유전체 복제 개시를 할 수 없다. 활성화되려면 pre-RC가 **pre-IC(preinitiation complex, 개시전 복합체)**로 전환되어야 한다. *S. cerevisiae*에서 이 전환은 S기 초기에 CDK(cyclin-dependent kinase)와 DDK(Dbf4-dependent kinase, Dbf4-의존 인산화효소)에 의해 시작된다. 이들은 비활성 헬리케이즈 구성원인 MCM2, MCM4, MCM6를 포함하는 표적 단백질을 함께 인산화시킨다. 연쇄 반응이 개시되면 pre-RC에 Cdc45와 GINS가 첨가된다(그림 15.30). 4개의 단백질과 Cdc45의 복합체인 GINS는 진핵생물 헬리케이즈의 최종 구성 요소이다. 이것은 이제 활성화되었고 복제 개시와 원점에서 복제분기점의 진행에 참여할 수 있게 된다.

pre-RC와 pre-IC의 구성 인자가 밝혀지면서 유전체 복제가 어떻게 개시되는지를 이해하는 데 상당한 진전을 가져왔다. 그러나 복제가 세포주기의 다른 사건들과 어떻게 조율되는지에 대해서는 여전히 의문으로 남아있다. 세포주기 조절은 복잡한 과정이다. 크게는 효소와 세포주기 중 특별한 기능을 가진 다른 단백질을 인산화로 활성화시키는 CDK 단백질에 의해 매개된다. 이러한 CDK 활성은 모든 세포주기에 걸쳐 변하며, G1 단계 초기에 가장 활성이 적고 S기 동안 급격하게 증가한다(그림 15.31). CDK 활성수준은 그 기능이 다른 단계에서 요구되는 단백질 활성에 영향을 미치는 것으로 알려져 있다. 그렇게 함으로써 세포주기가 질서 있게 진행되도록 한다. 대부분의 CDK는 모든 세포주기 동안 핵에 존재하며, 이들이 스스로 조절의 대상이 되도록 한다. 이들은 부분적으로 세포주기의 여러 단계에서 그 양이 변하는 **사이클린(cyclin)**이라고 불리는 단백질에 의해 조절된다(그림 15.32). 사이클린 양이 일부분은 CDK를 활성화시키는 다른 단백질 인산화효소에 의해, 일부분은 저해적 단백질에 의해 조절된다. 제미닌(geminin)은 주요 저해자 중 하나로 S, G2, M기 중 축적되어 복제된 지역이 다시 복제되지 않도록 막아준다. 이들은 Cdt1에 결합하여 MCM2-7 핵심 헬리케이즈가 딸 DNA 분자에 존재하는 원점에 실려지는 것을 막는다. 제미닌은 세포주기 후기에 활발한 많은 다른 단백질과 함께 체세포분열 후기에 **APC/C(anaphase-promoting complex/cyclosome)**에

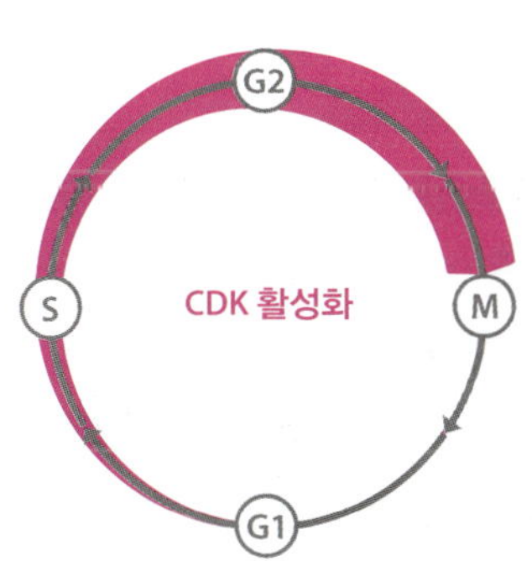

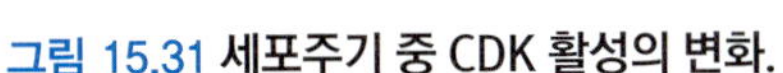
그림 15.31 **세포주기 중 CDK 활성의 변화.**

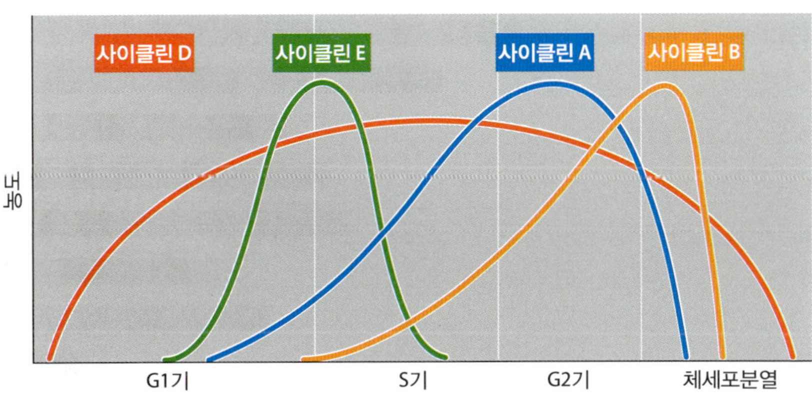

그림 15.32 **세포주기 중 포유류 사이클린 양의 변화.** 4개의 사이클린의 양은 세포주기 중 변한다. 그 결과 CDK(사이클린-의존적 인산화효소) 활성이 단계-특이적으로 변화한다.

의해 분해된다. 이것은 유비퀴틴 연결효소로 프로티아좀(13.3절)에 의해 분해 표적이 되는 단백질을 표시한다. APC/C는 세포주기가 체세포분열로 만들어지는 딸세포에서 다시 시작할 수 있도록 핵 단백질체를 리모델링한다.

복제 원점은 같은 시간에 한꺼번에 시작되지 않는다

복제 개시는 모든 복제 원점에서 동시에 일어나지 않는다. 유전체의 일부는 S기 초기에 복제되고, 일부는 후기에 복제된다. *S. cerevisiae* 연구에 의하면 세포분열마다 원점 사용 양상은 일정하다. 진정염색질 부위와 동원체는 S기 초기에 복제되며, 이질염색질과 텔로미어는 나중에 복제된다. 더 최근의 연구에 의하면 이러한 양상은 일반적으로는 맞지만, 다른 세포에서 원점 시작 시점 양상은 거의 공통성을 보이지 않는다고 한다. 이것은 시작 양상이 유전적인 것이 아님을 시사한다.

살아있는 세포에서 원점 시작을 어떻게 알아낼 수 있을까? 하나의 방법은 분열하는 세포를 표지하는 방법이다. 티민 대신에 신장되는 폴리뉴클레오티드에 삽입되는 BrdU(bromodeoxyuridine)과 같은 뉴클레오티드 유사체로 짧게 순간 표지하는 것이다. 순간 표지하는 동안 합성된 DNA는 T 뉴클레오티드뿐만 아니라 BrdU도 포함하고 있지만, 순간 표지 이전이나 이후 만들어진 것은 T만 가지고 있다. DNA를 추출하여 분자를 선형 섬유처럼 유리 슬라이드에 잘 늘어 놓는다(3.5절). 형광 표지가 된 BrdU에 특이적 항체를 처리하면, BrdU 순간 표지 기간 동안 복제된 유전체 지역을 알아낼 수 있다. S기의 다른 단계의 세포에서 유래한 분자를 비교하면, 원점 개시 패턴을 알아낼 수 있다. 이 기술을 작은 발아세포를 만드는 *S. cerevisiae*가 아닌 동일한 크기로 세포가 분열되는 분열효모(fission yeast)인 *S. ponbe*에 적용하였다. 그 결과, S기 초기에 처음 사용되는 개시점은 유전체 전체에 무작위적으로 분포한다. S기가 진행되면서, 더 많은 원점에서 개시가 시작되고, 개개 세포의 여러 지점에서 클러스터를 형성한다. 그러나 이러한 클러스터가 다른 세포에서는 다른 것으로 보아, 양상이 각각의 개시 지점에서의 DNA 서열로 결정되는 것이 아니라는 것을 말해준다(**그림 15.33**). 오히려, 클러스터는 무작위적으로 선택된 유전체 복제 시작 지점인 진정염색질 부분으로 보인다. 이 가설은 RPD3 히스톤 탈아세틸화효소 돌연변이 *S. cerevisiae* 실험으로 뒷받침되었다. 이 세포

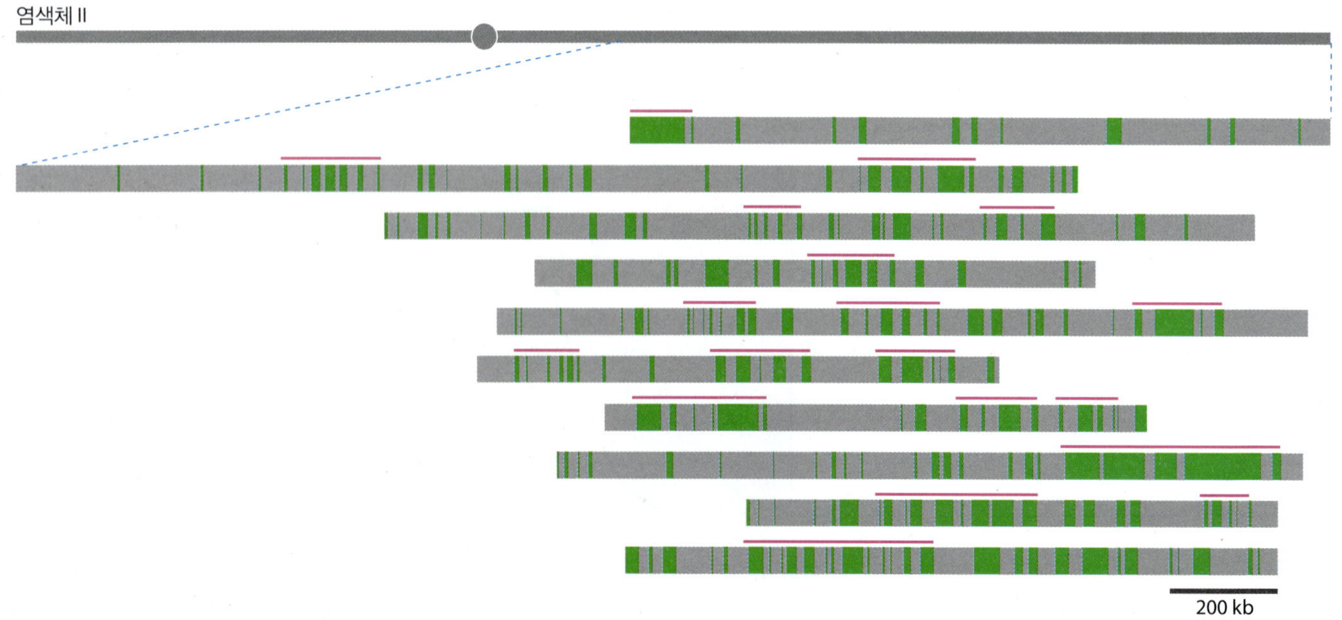

그림 15.33 다른 세포에서 복제 원점의 사용은 동일하지 않다. *S. pombe* 2번 염색체에서 10개의 중복된 분자를 보여주고 있다. BrdU(bromodeoxyruidine)로 순간 표지된 분자는 선형으로 배열하고, 표지자는 BrdU 특이적 항체로 검출하였다. 활발한 원점의 클러스터는 모든 분자에서 동일하지 않다. 이것은 원점 사용이 다른 세포에서 다르다는 것을 의미한다. 사용되는 원점의 주요 클러스터 위치는 각 DNA 분자 위에 분홍색 막대로 표시하였다. (Kaykov A & Nurse P [2015] *Genome Res*. 25:391-401에서 발췌. Cold Spring Harbor Laboratory Press via CC BY 4.0으로부터 허락을 득함.)

들은 정상보다 더 많은 아세틸화된 히스톤이 존재하므로 열려진 염색질 구조를 가지게 되면서 복제 시점 개시에 대한 조절이 약해지고, S기 후기에 이르러서야 복제되는 유전체 부분이 초기 개시 원점으로 작동할 것으로 예상하였다.

위의 BrdU 표지 실험으로 *S. pombe*에서 순간 표기 기간 동안 합성된 표지 지역의 길이로부터 복제분기점의 이동 속도가 다른 것을 유추할 수 있었다. 평균 속도는 2.8 kb/분이나, 일부 분기점은 훨씬 더 빠르게 이동하여, 가장 활발한 것의 경우 11 kb/분에 이른다(그림 15.34). 이 결과는 *S. cerevisiae*에서 측정한 것과 매우 유사하고, 사람의 경우도 유사하게 추정되지만, *E. coli*의 경우 보다는 느리다. 고영양 배지에서 세포분열 사이에 전체 유전체를 20분 내에 복제해야 하므로 1분에 116 kb를 복제하여야 하기 때문이다. 분기점 이동 속도는 여러 인자에 의해 영향을 받는다. 특히 유전자를 전사하기 위해 DNA에 결합되어 있는 RNA 중합효소의 존재나 복제하기 전에 수선되어야 하는 손상 부위를 가진 유전체와 같은 걸림돌 같은 것이다. 분기점이 이와 같은 걸림돌을 만나면, 멈칫거릴 수 있다. 걸림돌을 제거한 후 분기점은 다시 이동을 개시하거나 다른 방향에서 오는 분기점이 사이 지역의 복제를 완성하고 올 때까지 멈춰 있을 수도 있다. 때로는 양쪽의 분기점이 모두 영구적으로 멈출 수 있다. 이 경우에는 두 멈춘 분기점 사이 지역 내 다른 복제 원점을 활성화시키는 방법으로 구제가 가능하다. 이런 일이 제미닌과 같은 억제자의 존재 하에서도 가능하다. G1기 중 항시 추가적으로 원점 인가를 받을 수 있기 때문이다. 즉, 유전체는 활성화되었지만 사용되지 않은 원점을 많이 가지고 있어서 전체 유전체가 복제될 때까지 사용되지 않을 수도 있다.

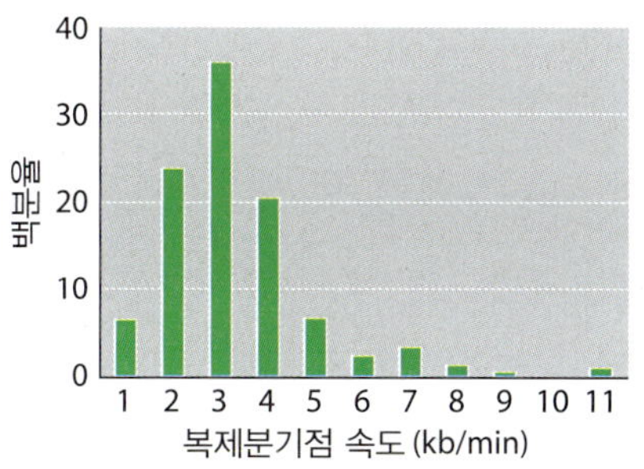

그림 15.34 ***S. pombe*의 복제분기점 속도.** (Ka ykov A & Nurse P [2015] *Genome Res*. 25:391-401에서 발췌. Cold Spring Harbor Laboratory Press via CC BY 4.0으로부터 허락을 득함.)

유전체가 손상되면 세포는 다양한 선택을 한다

세포주기 검문점은 복제 중 유전체 손상을 방지하는 데도 중요하다. 손상은 UV 조사로 바로 옆 뉴클레오티드의 이량체화(16.1절)와 단일- 또는 이중-가닥 절단과 같은 여러 형태를 가질 수 있다. 만약 손상이 검출되면, 세포주기는 DNA가 수선되는 동안 G1-S 검문 지점에서 멈출 것이다. 하나 또는 그 이상의 복제분기점이 멈추면서 유전체 복제가 정지되고 손상을 수선할 수 있도록 S기 내에도 추가로 검문 지점이 존재한나. G2-M 검문 지점은 체세포분열 전 복제 후에 손상이 수선되도록 해준다.

세포주기의 멈춤은 DNA 손상이나 복제분기점 멈춤과 같은 손상 표지자에 의해 활성화되는 신호전달 경로 활성으로 일어난다. 이러한 경로의 2 경로는 손상을 직접 인식하거나 검출 단백질에 의해 활성화되는 ATM과 ATR 단백질인산화효소에 의해 촉발된다. ATM은 주로 유전체의 이중-가닥 절단에 반응하며, ATR은 S기 중 복제분기점의 멈춤을 유발하는 단일-가닥 절단을 비롯한 다양한 유형의 손상에 반응한다. ATM 경로의 표적으로는 검문 지점 인산화효소 Chk2와, 결함이 있는 경우 유방암 민감도가 발생하는, BRCA1이 여기에 속한다. 두 번째 검문지점 인산화효소 Chk1은 ATR 경로로 활성화된다. 검문 지점 인산화효소는 G2-M 검문 지점 통과를 조절하는 Cdc25와 같은 세포주기 조절 단백질에 작용한다. Cdc25의 인산화로 분해되고, DNA 손상이 수선될 때까지 세포주기가 멈춘다.

만약 손상이 심하지 않다면, DNA 수선 과정이 활성화된다(16.2절). 또는 **세포예정사(apoptosis)**로 불리는 계획적 세포사멸 과정을 통해 세포를 제거할 수 있다. DNA가 손상된 하나의 체세포를 사멸시키는 것이 종양이나 다른 암적 성장을 가져올 수 있는 돌연변이된 DNA를 복제하는 것보다 덜 위험하다. 포유류에서 세포주기 중단과 세포예정사를 유발하는 주된 단백질은 p53이다. 이것은 종양-억제 단백질로 분류된다. 이 단백질에 결함이 생기면, 손상된 유전체를 가진 세포가 S-기 검문 지점을 피해 암으로 증식할 수 있기 때문이다. p53은 ATM과 ATR 모두의 표적 중 하나에 속한다. 일단 활성화되면, 세포주기 중단과 세포예정사에 직접적으로 관여하는 것으로 보이는 다수의 유전자의 전사를 켠다. 또한 이러한 과정을 도와주기 위해 억제되어야 할 다른 유전자 발현은 스위치를 끈다.

요약

- 지속적으로 기능을 수행하기 위해, 유전체는 세포분열시 마다 복제되어야 한다.
- 왓슨과 크릭이 DNA 구조 발견을 처음 발표하면서 지적하였듯이, 이중나선의 두 가닥을 붙드는 특이적 염기쌍 형성은 각 폴리뉴클레오티드를 정확하게 복제할 수단을 제공하고 있다. 이들은 각 부모 가닥이 상보적 딸 가닥 합성의 주형으로 작용하는 반보존적 복제 양식을 제안하였다.
- 메셀슨-스탈 실험은 이러한 해석이 옳다는 것을 보여주었다. 그러나 나선의 두 가닥이 어떻게 분리될 것인지에 대한 문제는 여전히 존재하였고, 특히 회전의 자유가 거의 없는 고리형 분자의 문제가 남아있었다.
- 하나 또는 두 폴리뉴클레오티드의 절단과 재결합으로 이중나선 가닥을 분리하는 DNA 위상이성질화효소를 발견함으로써, 이 문제가 해결되었다.
- 반보존적 복제 양식에 예외는 없으나, 특이한 형태의 대체 복제와 회전고리 복제가 알려져 있다.
- 유전체 복제 개시는 독립된 원점에서 일어난다. 이것은 박테리아와 효모에서는 잘 분석되었으나 고등 진핵생물에서는 잘 알려져 있지 않다.
- 일단 복제가 개시되면, 한 쌍의 복제분기점은 DNA를 따라 반대 방향으로 이동한다.
- DNA 중합효소는 5′→3′ 방향으로만 DNA를 합성할 수 있다. 이는 선도가닥 한 가닥은 연속적인 양상으로 복제될 수 있지만, 또 다른 가닥인 지연가닥은 짧은 조각으로 복제되어야 한다는 것을 의미한다. 짧은 조각을 오카자키 조각으로 부른다.
- DNA 합성을 위해, RNA 중합효소에 의해 프라이머가 만들어져야 한다.
- 박테리아에서 레플리솜으로 불리는 복제 복합체는 활주 클램프와 같은 부수 단백질과 더불어 DNA 중합효소로 이루어져 있다. 활주 클램프와 같은 부수 단백질은 중합효소와 DNA 간 연결을 안정화시키면서도, 중합효소는 여전히 이동할 수 있도록 해준다.
- 복제의 종결은 박테리아 염색체에서는 특수한 지역에서, 그러나 진핵생물 염색체에서는 비교적 덜 정해진 지역에서 일어난다.
- 진핵생물 염색체는 이들의 말단을 유지하기 위해 특수한 과정이 필요하다. 복제로 텔로미어가 점차 짧아지기 때문이다. 이것은 새로운 텔로미어 반복 단위의 합성 주형으로 작용하는 RNA 소단위를 가지는 텔로머레이즈에 의해 연장된다.
- 유전체 복제는 세포주기와 조율되어야 한다. 이것은 조절 단백질의 조합으로 성취되는데, 많은 단백질이 특수한 세포주기 기간에만 활성이 있다.
- 복제 원점에서의 조립은 중요한 단계로서, 유전체가 세포주기마다 단 한 번만 복제되도록 조절한다.
- 일단 복제가 시작되면, 합성기 동안 유전체 복제를 중단하거나 종결하도록 검문 지점이 DNA 손상에 반응한다.

단답형 문제

1. 메셀슨-스탈 실험 이전에는 DNA 복제가 분산적인지 반보존적인지 아니면 보존적인지 알 수 없었다. 다른 유형의 복제 결과 생성되는 딸 분자의 DNA 양의 차이를 알아내는 방법을 설명하라.
2. DNA 복제에서 DNA 위상이성질화효소의 역할을 설명하라.
3. (A) 대체적 복제와 (B) 회전고리 복제 메커니즘을 설명하라.
4. DnaA 단백질이 *E. coli* 복제 원점의 어디에 어떻게 결합하는가?
5. 진핵생물에서 복제 원점을 알아내기 위해 사용되는 방법은 무엇인가?
6. DNA 복제에 관여하는 박테리아와 진핵생물 DNA 중합효소의 주요 여러 특징을 나열하라.
7. 오카자키 조각이 (A) 박테리아와 (B) 진핵생물에서 어떻게 연결되는가?
8. *E. coli*에서 유전체 복제 종결에 대해 어떤 것이 알려져 있는가? 어떤 단백질과 서열이 이 과정에 관여하는가?
9. 진핵생물의 DNA 복제가 반복됨에 따라 선형 염색체 말단 길이가 짧아지는 이유는 무엇인가?
10. 진핵세포에서 텔로머레이즈 활성은 어떻게 조절되는가?
11. 원점 인가라는 용어의 의미는 무엇인지 설명하고 세포주기에서 인가의 역할을 설명하라.
12. 진핵생물 유전체의 다른 부위에서 복제 시기와 관련된 일반적인 양상은 무엇인가?

사고형 문제

1. 메셀슨-스탈 실험 이전부터 DNA 복제의 반보존적 양상이 더 선호된 이유는 무엇인지 설명해보라.
2. 만약 DNA 위상이성질화효소가 없다면 살아있는 세포에서 DNA 분자 복제가 가능할까?
3. *E. coli* DNA 중합효소 I 유전자인 *polA* 유전자의 불활성화가 치명적이지 않은 이유는 무엇인가?
4. 모든 DNA 중합효소가 새로운 폴리뉴클레오티드 합성을 개시하기 위해 프라이머를 필요로 하는 이유가 무엇인지 설명할 수 있는 가설을 구성해보라. 이 가설을 검증할 수 있는가?
5. 진핵생물에서 현재 우리의 지식은 복제분기점에서 일어나는 사건에 편중되어 있다. 다음 도전 과제는 복제에 대한 이해를 DNA-중심적에서 핵 내 복제의 체계화를 설명하는 모델로 전환하는 것이다. 예를 들어, 복제 공장의 역할이라든지 딸 분자의 엉킴을 피하는 데 사용되는 과정이라든지 하는 것이다. 하나 또는 그 이상의 이러한 주제를 설명하기 위한 연구 계획을 만들어보라.

Further Reading

The history of research into genome replication

Crick, F.H.C., Wang, J.C. and Bauer, W.R. (1979) Is DNA really a double helix? *J. Mol. Biol.* 129:449–461. *Crick's response to suggestions that DNA has a side-by-side rather than helical conformation.*

Holmes, F.L. (1998) The DNA replication problem, 1953–1958. *Trends Biochem. Sci.* 23:117–120.

Kornberg, A. (1989) *For the Love of Enzymes: The Odyssey of a Biochemist*. Harvard University Press, Boston, Massachusetts. *A fascinating autobiography by the discoverer of DNA polymerase.*

Meselson, M. and Stahl, F. (1958) The replication of DNA in *Escherichia coli*. *Proc. Natl Acad. Sci. USA* 44:671–682. *The Meselson–Stahl experiment.*

Okazaki, T. and Okazaki, R. (1969) Mechanism of DNA chain growth, IV. Direction of synthesis of T4 short DNA chains as revealed by exonucleolytic degradation. *Proc. Natl Acad. Sci. USA* 64:1242–1248. *The discovery of Okazaki fragments.*

Watson, J.D. and Crick, F.H.C. (1953) Genetical implications of the structure of deoxyribonucleic acid. *Nature* 171:964–967. *Describes possible processes for DNA replication, shortly after discovery of the double helix.*

DNA topoisomerases

Berger, J.M., Gamblin, S.J., Harrison, S.C. and Wang, J.C. (1996) Structure and mechanism of DNA topoisomerase II. *Nature* 379:225–232 and 380:179.

Champoux, J.J. (2001) DNA topoisomerases: structure, function, and mechanism. *Annu. Rev. Biochem.* 70:369–413.

Stewart, L., Redinbo, M.R., Qiu, X., et al. (1998) A model for the mechanism of human topoisomerase I. *Science* 279:1534–1541.

Vos, S.M., Tretter, E.M., Schmidt, B.H. and Berger, J.M. (2011) All tangled up: how cells direct, manage and exploit topoisomerase function. *Nat. Rev. Mol. Cell Biol.* 12:827–841.

Origins of replication

Diffley, J.F.X. and Cocker, J.H. (1992) Protein–DNA interactions at a yeast replication origin. *Nature* 357:169–172.

Gilbert, D.M. (2010) Evaluating genome-scale approaches to eukaryotic DNA replication. *Nat. Rev. Genet.* 11:673–684. *Genomewide scans for mapping replication origins.*

Hyrien, O. (2015) Peaks cloaked in the mist: the landscape of mammalian replication origins. *J. Cell Biol.* 208:147–160.

Krysan, P.J., Smith, J.G. and Calos, M.P. (1993) Autonomous replication in human cells of multimers of specific human and bacterial DNA sequences. *Mol. Cell. Biol.* 13:2688–2696.

Leonard, A.C. and Méchali, M. (2013) DNA replication origins. *Cold Spring Harb. Perspect. Biol.* 5:a010116.

Li, H. and Stillman, B. (2012) The origin recognition complex: a biochemical and structural view. *Subcell. Biochem.* 62:37–58.

Mott, M.L. and Berger, J.M. (2007) DNA replication initiation: mechanisms and regulation in bacteria. *Nat. Rev. Microbiol.* 5:343–354.

DNA polymerases and events at the replication fork

Bochkarev, A., Pfuetzner, R.A., Edwards, A.M. and Frappier, L. (1997) Structure of the single-stranded-DNA-binding domain of replication protein A bound to DNA. *Nature* 385:176–181.

Burgers, P.M.J. (2009) Polymerase dynamics at the eukaryotic DNA replication fork. *J. Biol. Chem.* 284:4041–4045.

Finger, L.D., Atack, J.M., Tsutakawa, S., et al. (2012) The wonders of flap endonucleases: structure, function, mechanism and regulation. *Subcell. Biochem.* 62:301–326.

Hozák, P. and Cook, P.R. (1994) Replication factories. *Trends Cell Biol.* 4:48–52.

Hübscher, U., Nasheuer, H.-P. and Syväoja, J.E. (2000) Eukaryotic DNA polymerases, a growing family. *Trends Biochem. Sci.* 25:143–147.

Johnson, A. and O'Donnell, M. (2005) Cellular DNA replicases: components and dynamics at the replication fork. *Annu. Rev. Biochem.* 74:283–315. *Details of replication in bacteria and eukaryotes.*

Pomerantz, R.T. and O'Donnell, M. (2007) Replisome mechanics: insights into a twin polymerase machine. *Trends Microbiol.* 15:156–164.

Soultanas, P. and Wigley, D.B. (2001) Unwinding the 'Gordian knot' of helicase action. *Trends Biochem. Sci.* 26:47–54.

Trakselis, M.A. and Bell, S.D. (2004) The loader of the rings. *Nature* 429:708–709. *The sliding clamp and clamp loader.*

Termination of replication and the role of telomerase

Berghuis, B.A., Dulin, D., Xu, Z.-Q., et al. (2015) Strand separation establishes a sustained lock at the Tus–*Ter* replication fork barrier. *Nat. Chem. Biol.* 11:579–585. *Using molecular tweezers to study the interaction between Tus and the replisome.*

Blackburn, E.H. (2000) Telomere states and cell fates. *Nature* 408:53–56.

Cech, T.R. (2004) Beginning to understand the end of the chromosome. *Cell* 116:273–279. *Reviews all aspects of telomerase.*

Dewar, J.M., Budzowska, M. and Walter, J.C. (2015) The mechanism of DNA replication termination in vertebrates. *Nature* 525:345–350.

Fachinetti, D., Bermejo, R., Cocito, A., et al. (2010) Replication termination at eukaryotic chromosomes is mediated by Top2 and occurs at genomic loci containing pausing elements. *Mol. Cell* 39:595–605.

Jafri, M.A., Ansari, S.A., Alqahtani, M.H. and Shay, J.W. (2016) Roles of telomeres and telomerase in cancer, and advances in telomerase-targeted therapies. *Genome Med.* 8:69.

Pardue, M.-L. and DeBaryshe, P.G. (2003) Retrotransposons

provide an evolutionarily robust non-telomerase mechanism to maintain telomeres. *Annu. Rev. Genet.* 37:485–511.

Shay, J.W. and Wright, W.E. (2006) Telomerase therapeutics for cancer: challenges and new directions. *Nat. Rev. Drug Discov.* 5:577–584. *Methods for inhibiting telomerase in order to treat cancer.*

Smogorzewska, A. and de Lange, T. (2004) Regulation of telomerase by telomeric proteins. *Annu. Rev. Biochem.* 73:177–208.

Control of genome replication

Bertoli, C., Skotheim, J.M. and de Bruin, R.A.M. (2013) Control of cell cycle transcription during G1 and S phases. *Nat. Rev. Mol. Cell Biol.* 14:518–528.

Kaykov, A. and Nurse, P. (2015) The spatial and temporal organization of origin firing during the S-phase of fission yeast. *Genome Res.* 25:391–401.

Sancar, A., Lindsey-Boltz, L.A., Ünsal-Kaçmaz, K. and Linn, S. (2004) Molecular mechanisms of mammalian DNA repair and the DNA damage checkpoints. *Annu. Rev. Biochem.* 73:39–85.

Stillman, B. (1996) Cell cycle control of DNA replication. *Science* 274:1659–1664.

Symeonidou, I.E., Taraviras, S. and Lygerou, Z. (2012) Control over DNA replication in time and space. *FEBS Lett.* 586:2803–2812.

Yekezare, M., Gómez-González, B. and Diffley, J.F.X. (2013) Controlling DNA replication origins in response to DNA damage – inhibit globally, activate locally. *J. Cell Sci.* 126:1297–1306.

Zhou, B.-B.S. and Elledge, S.J. (2000) The DNA damage response: putting checkpoints in perspective. *Nature* 408:433–439.

CHAPTER

16

돌연변이와 DNA 수선

유전체는 **돌연변이(mutation)**로 소규모의 서열 변이가 누적되면서, 장기적 시간에 걸쳐 변하는 역동적인 존재이다. 돌연변이는 유전체의 짧은 지역 내 뉴클레오티드 서열의 변화이다(그림 16.1A). 많은 돌연변이는 한 뉴클레오티드를 다른 것으로 대체하는 **점돌연변이(point mutation**, 단순돌연변이 또는 단일지점 돌연변이로도 불림)이다. 점돌연변이는 2종류로 나뉜다: 퓨린에서 퓨린으로 바뀌는 또는 피리미딘에서 피리미딘으로 바뀌는(A → G, G → A, C → T, T → C) **비교차성 염기치환(transition)**과 푸린에서 피리미딘 또는 피리미딘에서 퓨린으로 바뀌는(A → C, A → T, C → G, C → T, C → A, C → G, T → A, T → G) **교차성 염기치환(transversion)**이 있다. 그 외에 하나 또는 몇 개의 뉴클레오티드가 삽입되거나 결실되어 생기는 돌연변이도 있다.

돌연변이는 DNA 복제에서 오는 실수로 또는 DNA와 반응하여 뉴클레오티드의 구조를 변화시키는 화학물질이나 방사선 조사와 같은 **돌연변이원(mutagen)**으로 인한 손상에서 올 수 있다. 모든 세포는 돌연변이를 최소화하기 위해 **DNA 수선(DNA repair)** 효소를 가진다. 이러한 효소들은 두 가지 방법으로 작동한다. 일부는 복제 전 수선으로, 특이한 구조를 가진 뉴클레오티드를 탐색하여 복제가 일어나기 전에 대체한다. 일부는 복제 후 수선으로 새롭게 합성된 DNA에서 실수를 검색하여 교정한다(그림 16.1B). 즉 돌연변이의 다른 정의는 *DNA* **수선의 결핍**(*deficiency in DNA repair*)이라 할 수 있다.

돌연변이는 이것이 발생하는 세포에 급격한 결과를 가져올 수 있다. 돌연변이가 중요한 유전자에 발생하면 잘못된 단백질이 만들어지고, 세포의 죽음을 초래할 수 있다. 반면, 어떤 돌연변이는 세포의 표현형에 주는 영향이 크지 않고, 많은 돌연변이들은 전혀 변화를 동반하지 않는다. 제18장에서 다룰 것이지만, 치명적이지 않은 모든 사건은 유전체의 진화에 기여할 수 있다. 그러나 이것을 위해서는 개체가 번식할 때 이들이 반듯이 유전되어야 한다. 박테리아나 효모와 같은 단일세포 생물에서는 치명적이 아니거나 수정되지 않은 모든 유전체 변화가 딸세포에 유전되고, 변화가 생겼던 원 세포에서 유래하는 계보의 영구적인 특성이 된다. 다세포 생물에서는 생식세포에서 발생한 사건들만 유전체 진화에 관계한다. 체세포 유전체의 변화는 진화적 관점에서는 중요하지 않다. 그러나 개체의 건강에 영향을 주는 불리한 표현형을 가져온다면 생물학적 상관성을 가지게 된다.

이 장에서는 돌연변이의 원인에서 시작하여 돌연변이가 수선되는 방법에까지 순차적으로 다루고자 한다.

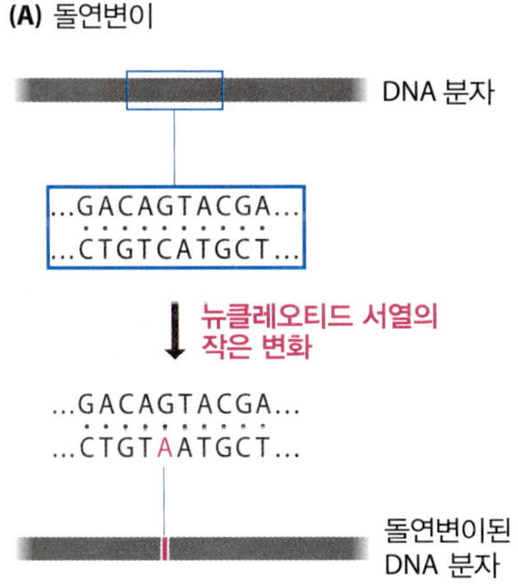

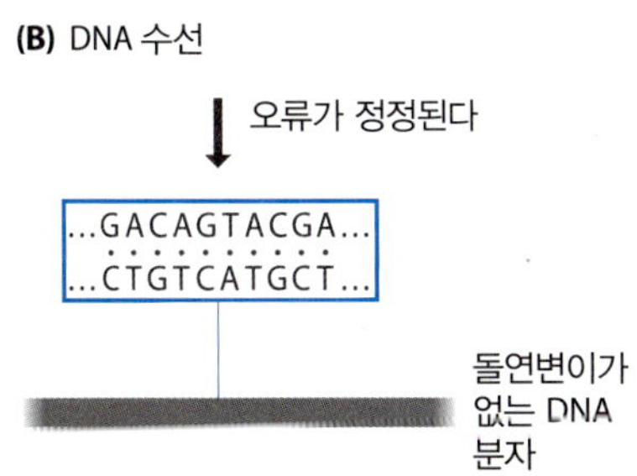

그림 16.1 돌연변이와 DNA 수선. (A) 돌연변이는 DNA 분자의 뉴클레오티드 서열에 일어난 작은 변화이다. 그림은 점돌연변이를 보이고 있다. 다른 여러 돌연변이 유형은 본문에서 설명하였다. (B) DNA 수선으로 복제 중 오류나 돌연변이원의 활성으로 일어나는 돌연변이를 교정한다.

16.1 돌연변이의 원인

돌연변이는 두 방법으로 생긴다. 일부 돌연변이는 복제 분기점에서 새로운 폴리뉴클레오티드를 합성하는 DNA 중합효소의 교정 기능을 피해 일어나는 복제 중 **우연한**

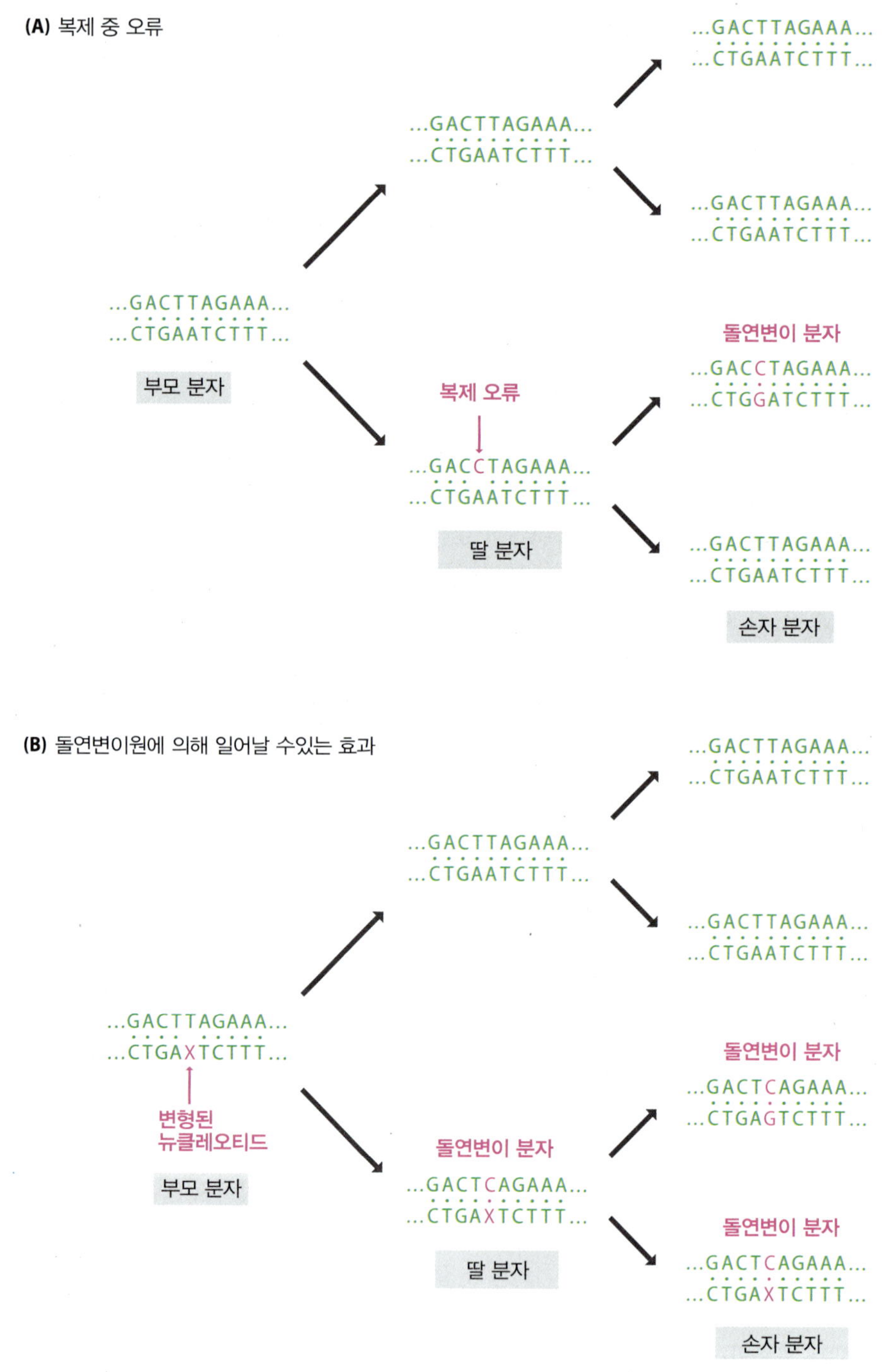

그림 16.2 돌연변이의 예. (A) 복제 중 오류로 딸 이중나선의 한 가닥에 부정합이 생겼다. 여기서는 주형의 A가 잘못 복사되어 T → C로 변하였다. 부정합 분자가 복제되면, 하나의 이중나선은 옳은 서열을, 다른 것은 돌연변이 서열을 가지게 된다. (B) 돌연변이원이 아래쪽 부모 분자 가닥의 A의 구조를 변형시켜 X 뉴클레오티드로 만들었다. X는 T와 염기쌍을 이루지 않으므로, 부정합이 만들어졌다. 부모 분자가 복제되면, X는 C와 염기쌍을 이루므로 돌연변이된 딸 분자를 만들게 된다. 이 딸 분자가 복제되면 두 손자가 돌연변이를 유전 받게 된다.

(spontaneous) 실수이다(15.3절). 이러한 돌연변이는 **부정합(mismatch)**으로 불린다. 딸 폴리뉴클레오티드에 삽입된 뉴클레오티드가 맞지 않아 주형 DNA에 있는 뉴클레오티드와 염기쌍을 이루지 못하기 때문이다(그림 16.2A). 딸 이중가닥의 부정합이 교정되지 않으면, 다음 DNA 복제로 만들어지는 손자 분자 중 하나는 영구적인 돌연변이형 이중가닥을 가지게 될 것이다.

다른 돌연변이는 돌연변이원이 부모 DNA와 반응하여 변형된 뉴클레오티드의 염기쌍 형성 능력에 영향을 주는 구조적 변화가 생겼기 때문에 일어난다. 이러한 변화는 일반적으로 부모 이중나선 중 한 가닥에만 생긴다. 즉, 한 딸 가닥만 돌연변이를 가지고 있다. 그러나 이어지는 복제에서 두 손자 분자가 돌연변이를 가질 것이다(그림 16.2B).

복제 중 실수가 점돌연변이 원인이다

화학 반응으로만 생각할 때, 상보적 염기쌍 형성은 그리 정확하지 않다. 효소의 힘을 빌리지 않고서 주형-의존적 DNA 합성을 수행한 사람은 없다. 그러나 이 과정을 단순히 시험관에서 화학 반응으로만 실행한다하여도, 100개의 염기쌍마다 5~10개의 자리에 점돌연변이가 생길 것이다. 이는 5~10% 오류빈도로, 유전체 복제에서 절대 받아들일 수 없는 수치이다. DNA 복제를 수행하는 주형-의존적 DNA 중합효소는 이보다 몇 차수 높은 정확도를 가져야 한다. 이것은 두 방법으로 가능하다:

- DNA 중합효소는 주형-의존적 DNA 합성의 정확도를 증가시키기 위해 뉴클레오티드 선별 과정을 가진다. 정확하게 어떻게 선별하는지는 알려져 있지 않으나, 중합효소의 뉴클레오티드 결합 부위의 열림과 닫힘 구조의 전환과 연관이 있다. 닫힘 구조는 선별된 뉴클레오티드를 주형에 가져와 염기쌍이 잘 되었는지를 검사한다. 쌍 형성이 부정확하다면 합성되는 폴리뉴클레오티드의 3′-말단에 부착되기 전 뉴클레오티드를 제거한다.
- DNA 중합효소가 교정 기능(15.3절)을 가질 때 DNA 합성 정확도는 더 증가한다. 중합효소는 3′→ 5′ 핵산외부분해효소 활성을 가지고 있어서 뉴클레오티드 선별 과정을 피하고 새로운 폴리뉴클레오티드 3′-말단에 부착된 부정확한 뉴클레오티드를 제거할 수 있다.

*E. coli*의 DNA 합성 오류 빈도는 $1/10^7$이다. 흥미로운 것은, 두 딸 분자의 오류 분포가 다르다는 것이다. 지연-가닥이 선도-가닥 복제보다 더 정확하게 복제된다. 그 이유는 알려져 있지 않지만, 지연가닥 복제에만 관여하는 DNA 중합효소 I(15.3절)의 염기 선별과 교정 능력이 주 복제효소인 DNA 중합효소 III 보다 더 좋기 때문이 아니라, 이 두 가닥의 실수를 수선하는 효율 때문으로 보인다.

DNA 합성 중 일어나는 모든 오류가 중합효소의 탓은 아니다. 때로는 효소가 주형과 염기쌍을 이루는 정확한 뉴클레오티드를 첨가하더라도 오류가 발생한다. 이것은 각 뉴클레오티드 염기가 두 가지 선택적 **호변이성체(tautomer)**를 가지기 때문이다. 호변이성체는 역동적으로 평형을 이루는 구조적 이성질체를 말한다. 예를 들어, 티민은 케토(keto)와 에놀(enol)형의 두 호변이성체로 존재한다. 각각은 때때로 하나의 호변이성체에서 다른 것으로 바뀐다. 평형상태에서 케토형이 훨씬 더 많다. 그러나 때때로 복제 분기점이 지나가는 그 시점에 주형 DNA에 에놀형이 있게 될 수도 있다. 에놀형 티민은 A가 아닌 G와 염기쌍을 이루기 때문에, 이것이 실수를 만들 수 있다(그림 16.3). 아데닌에게도 유사한 상황이 생길 수 있다. 드물게 나타나는 이미노(imino) 호변이성체가 C와 염기쌍을 이룬다. 구아닌의 경우 에놀형-구아닌은 티민과 염기쌍을 이룬다. 복제 후, 드물게 나타나는 호변이성체는 당연히 더 흔한 형태로 되돌아가고 딸 이중가닥에 부정합이 생긴다.

위에서 언급한 것처럼, *E. coli*의 DNA 합성 오류빈도는 $1/10^7$이다. 그러나 *E. coli* 유전체 복제의 오류빈도는 $1/10^{10}$~$1/10^{11}$에 불과하다. 중합효소의 오류빈도보다 향상된 것은 부정합 수선(mismatch repair) 시스템에 의한 것이다(16.2절). 이것은 새롭게 복제된 DNA에서 염기쌍을 이루지 못한 자리를 탐색하여 복제효소가 만든 일부 오류를 정정하는 것이다. 결과적으로 *E. coli* 유전체가 평균적으로 2,000번 복사되는 동안 정정되지 않은 복제 오류는 단 하나에 불과하다.

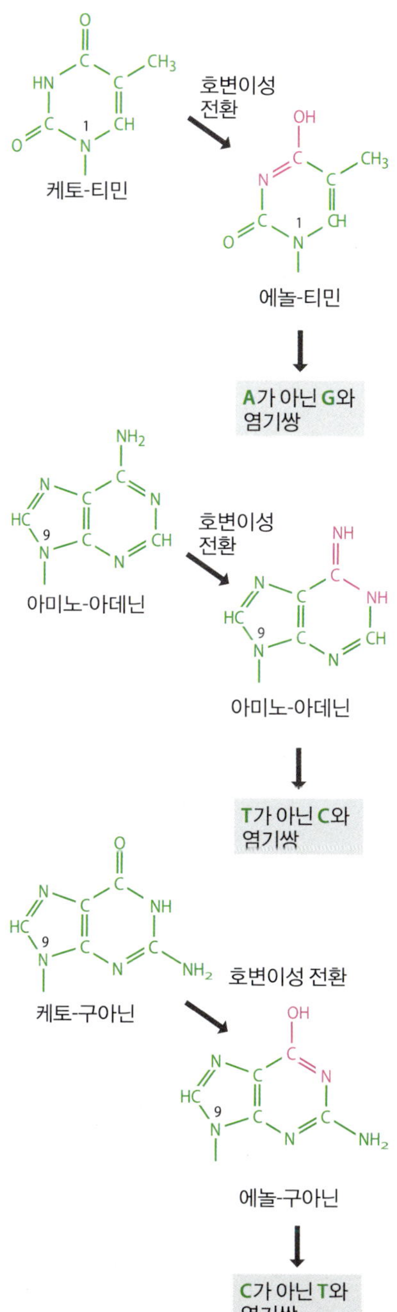

그림 16.3 호변이성화 현상이 염기쌍 형성에 미치는 효과. 3개의 예에서, 염기는 모두 2개의 다른 호변이성체를 가진다. 시토신 또한 아미노와 이미노 호변이성체를 가지지만, 둘 다 구아닌과 염기쌍을 이룬다.

복제 오류는 삽입이나 결실 돌연변이를 가져올 수 있다

모든 복제 오류가 점돌연변이는 아니다. 비정상적인 복제로 합성되고 있는 폴리뉴클레

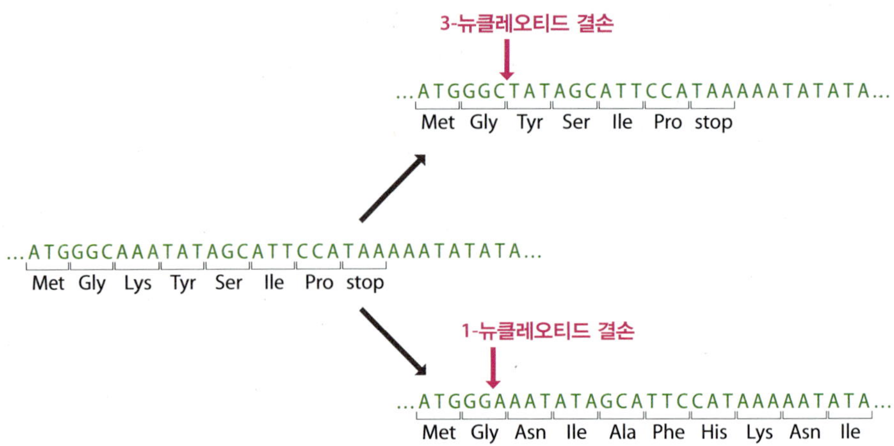

그림 16.4 틀변이 돌연변이. 그림에서 틀변이 돌연변이는 결실로 초래되었다. 위쪽 서열에서는 하나의 코돈에 해당하는 3개의 뉴클레오티드가 결실되었다. 그 결과 하나의 아미노산이 적은 단백질 산물이 만들어졌으나, 그 밖의 서열에는 영향을 주지 않는다. 아래 서열에서는, 하나의 뉴클레로티드가 결실되었다. 그 결과 틀변이가 일어났다: 그 이후 종결 코돈을 비롯하여 모든 서열의 코돈이 바뀌었다. 종결 코돈은 아미노산으로 읽혀진다. 만약 3개의 뉴클레오티드가 주변 코돈의 일부로서 결실된다면, 그 결과는 여기서 보여준 것보다 더욱 복잡해질 것이다. 예를 들어, Met-Gly-Lys-Tyr로 읽히는 ...ATGGGCAAATAT... 서열에서 GCA 3개의 뉴클레오티드 서열이 결실되면, 2개의 아미노산이 하나의 다른 것으로 대체될 것이다.

오티드에 적은 수의 뉴클레오티드가 삽입되거나, 주형에 있는 일부 뉴클레오티드가 복제되지 않을 수 있다. 삽입(insertion) 또는 결실(deletion)이 번역 부위에 일어나면 단백질 번역에 사용되는 번역틀이 바뀌는 **틀변이(frameshift)** 돌연변이가 일어날 수 있다(그림 16.4). 모든 삽입과 결실을 틀변이로 설명하는 경향이 있으나, 이는 부정확한 설명이다. 3개의 뉴클레오티드가, 또는 3의 배수, 삽입되거나 결실되면, 번역틀에는 영향을 주지 않고 하나 또는 주변의 일부 코돈을 단순히 첨가하거나 제거할 뿐이기 때문이다. 물론 많은 삽입/결실이 유전체의 열린해독틀(reading frame) 바깥인 인트론이나 유전자 사이 지역에 생길 수 있다.

삽입과 결실 돌연변이는 유전체의 모든 부위에 생길 수 있으나 미세부수체(microsatellite)에서와 같이 주형 DNA가 짧은 반복 서열을 가지는 곳에 특히 많다(3.2절). 반복 서열이 **복제 미끄러짐(replication slippage)**를 유도하여, 주형가닥과 이것의 사본 위치가 상대적으로 이동되면서 주형의 일부가 두 번 복사되거나 한 번도 복사되지 않을 수 있기 때문이다. 그 결과 새로 만들어진 폴리뉴클레오티드가 상대적으로 많은 수의 또는 적은 수의 반복 단위를 가지게 된다(그림 16.5). 이것이 미세부수체 서열의 수가 그렇게 다양한 주된 이유이다. 복제 미끄러짐으로 때로는 새로운 길이의 변이형이 만들어지고 집단 내에 이미 존재하는 대립인자의 수가 증가된다.

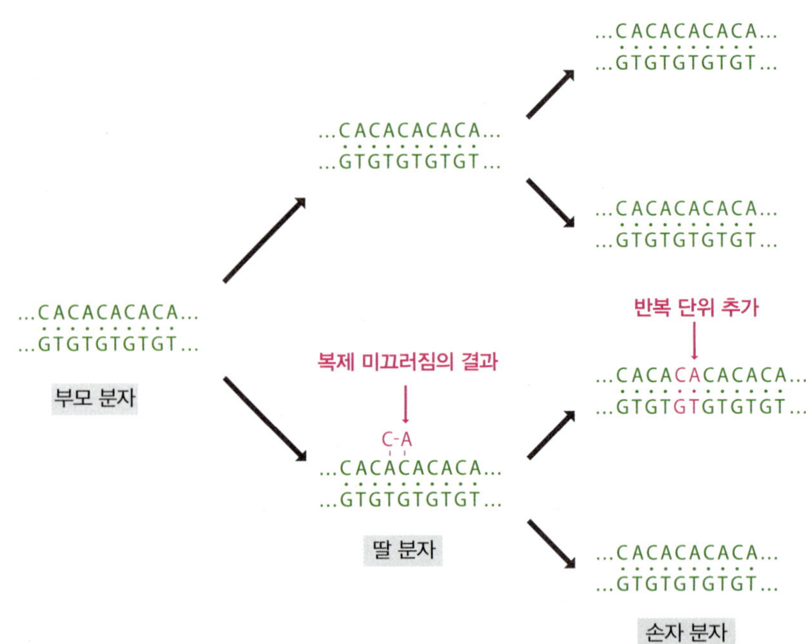

그림 16.5 복제 미끄러짐. 그림은 5개의 CA 반복 단위 미세부수체의 복제를 보여주고 있다. 부모분자의 복제 중 미끄러짐이 일어나 새롭게 합성되는 딸 분자 폴리뉴클레오티드에 하나의 반복 단위가 추가된다. 이 딸 분자가 복제되면, 손자 분자는 원 부모보다 한 단위 긴 미세부수체 반복을 가지게 된다.

복제 미끄러짐은 또한 아마도 최근 사람에서 발견된 **삼뉴클레오티드 반복 확장 질병(trinucleotide repeat expansions disease)**의 원인일 것이다. 이러한 신경퇴화성 질병은 비교적 연속적으로 짧게 나열된 3개의 뉴클레오티드 반복이 정상적 길이보다 2번 또는 그 이상 길어지면서 발생한다. 예를 들어, 사람의 *HTT* 유전자 속에는 단백질 산물에 연속적 글루타민을 암호화하는 5′-CAG-3′ 서열이 6번에서 29번 직렬로 반복된다. 헌팅턴 질병에서 이 반복은 38~180번이나 확장되는데, 다중 글루타민의 길이가 길어지면서 단백질 기능에 이상이 생기게 된다. 여러 다른 사람의 질병 역시 다중 글루타민 코돈의 확장으로 생긴다(표 16.1). 정신지체와 연관된 일부 질병은 유전자의 리더 부위에 삼뉴클레오티드 확장으로 염색체가 절단되기 쉬운 **유약자리(fragile site)**가 만들어지면서 생긴다. 그러나 염색체 절단이 질병의 원인은 아니다. 유약 S와 유약 XE는 확장으로 영향을 받은 유전자 상위 CpG 섬에 비정상적인 메틸화가 생긴다. 메틸화로 유전자 침묵이 일어나면 유전자 산물이 만들어지지 않는다. 인트론이나 트레일러(trailer)에 생기는 확장도 알려져 있다. 이러한 확장의 대부분은 유전자의 전사나 mRNA의 다듬기 과정에 영향을 준다. 한 가지 예외는 *DMPK* 유전자의 3′-비번역 부위의 확장인데, 이것은 *DMPK* 전사나 mRNA 다듬기 과정에 영향을 주지 않고 다른 RNA의 스플라이싱을 방해한다. 설명이 어렵지만, *DMPK* mRNA의 확장된 부위가 스플라이싱 단백질에 결합을 하여 자신들의 정상적인 표적 RNA에 작동하는 것을 막거나, 이러한 인자가 자신들의 표적에 부착하게 조절하는 신호전달 경로를 어떤 방법으로 방해할 수도 있다. 마지막으로 더 긴 서열의 확장으로 일어나는 질병 돌연변이도 있다. 진행성 근간성 간질(progressive myoclonus epilepsy)은 EPM1 자리의 프로모터 부위에(CCCCGCCCCG-CG)$_{2\text{-}3}$이(CCCCGCCCCGCG)$_{30+}$로 확장되면서 일어난다.

삼염기조 확장이 어떻게 생기는지에 대해 자세히 알려져 있지는 않다. 미세부수체에서 볼 수 있는 것과 같은 정상적인 복제 미끄러짐으로 일어나는 것보다 확장 크기가 훨씬 더 크다. 그리고 일단 확장으로 일정 길이에 이르면, 연이은 복제에서 더 쉽게 확장되는 것으로 보인다. 결과적으로 영향을 받은 가계에서 질병은 다음 세대에서 더 심각하게 된다. 확장은 유전체가 활발하게 복제하지 않는 세포의 세포분열 사이에서도 일어날 수 있다. 조기에 비분열 세포에서의 확장은 **이중가닥 수선(double strand break**

표 16.1 사람 삼뉴클레오티드 반복 확장의 예

좌위	반복 서열		연관 질병
	정상	돌연변이	
폴리글루타민 확장(모든 유전자의 암호화 지역)			
AR (엑손 1)	(CAG)$_{13\text{-}31}$	(CAG)$_{40}$	척수연수성 근위축증
ATN1 (엑손 5)	(CAG)$_{6\text{-}35}$	(CAG)$_{49\text{-}88}$	근간대성 간질이 동반된 무도병아데토시스
ATXN1 (엑손 8)	(CAG)$_{6\text{-}39}$	(CAG)$_{41\text{-}83}$	척수소뇌성 운동실조증 1형
ATXN3 (엑손 8)	(CAG)$_{12\text{-}40}$	(CAG)$_{52\text{-}86}$	마카도-요셉병
HTT (엑손 1)	(CAG)$_{6\text{-}29}$	(CAG)$_{38\text{-}180}$	헌팅턴병
유약자리 확장			
AFF2 (5′-UTR)	(GCC)$_{4\text{-}39}$	(GCC)$_{\text{over } 200}$	유약 XE 정신지체
FMR1 (5′-UTR)	(CGG)$_{6\text{-}50}$	(CGG)$_{200\text{-}4000}$	유약 X 증후군
기타 확장			
DMPK (3′-UTR)	(CTG)$_{5\text{-}37}$	(CTG)$_{40\text{-}50}$	근긴장성 이영양증
FXN (인트론 1)	(GAA)$_{5\text{-}30}$	(GAA)$_{70\text{-}1000}$	프리드리히 운동실조증

약자: UTR, untranslated region

repair)의 부산물로 생각되었으나, 이를 지지해 주는 증거는 없다. 최근에 이것은 돌연변이를 가지는 폴리뉴클레오티드 조각을 제거하고 이후 형성된 단일가닥 간극을 메우기 위해 DNA 재합성이 일어나는 절제 수선(excision repari) 중에 일어나는 것으로 보고 있다(16.2절). 만약 절제된 조각이 삼염기 지역의 일부분이거나 모두를 포함한다면, 수선 과정 중 DNA 합성 단계에서 미끄러짐으로 삼뉴클레오티드 확장을 만들 수 있다.

돌연변이는 또한 화학적 물리적 돌연변이원에 의해서도 생성된다

환경에서 자연적으로 존재하는 많은 화학물질이 돌연변이적 특징을 가지고 있는데, 최근 인간의 산업활동으로 인해 만들어진 다른 화학적 돌연변이원도 여기에 더해지고 있다. 방사선과 같은 물리적 물질도 돌연변이를 일으킨다. 대부분의 생물은 크든 작든 다양한 돌연변이원에 노출되어 있어서, 유전체가 손상을 입는다.

돌연변이원(mutagen)의 정의는 돌연변이를 일으키는 화학적 또는 물리적 물질이다. 이러한 정의는 돌연변이를 유발하지 않는 다른 방법으로 세포에 손상을 주는 다른 종류의 환경 인자들과 구별된다는 점에서 중요하다(표 16.2). 이 두 분류에서 중복되는 것도 있다(예를 들어, 일부 돌연변이원은 또한 암유발원이다). 그러나 각 종류의 물질은 뚜렷한 생물학적 효과를 가진다. 돌연변이원에 대한 정의는 또한 진정한 돌연변이원과 돌연변이를 가져오지 않고, 예를 들어, DNA 분자의 절단을 일으키는 등으로, DNA 손상을 입히는 다른 물질을 구별한다. 이러한 손상은 복제를 차단하여 세포가 죽게 만들 수 있다. 그러나 용어를 엄격하게 적용할 때 이는 돌연변이가 아니므로, 이를 유발하는 물질은 돌연변이원이 아니다.

돌연변이원은 세 가지 방법으로 돌연변이를 일으킨다:

- 일부는 **염기 유사체**(**base analog**)로 작용하여 복제분기점에서 새로운 DNA가 합성될 때 기질로 잘못 사용된다.
- 일부는 DNA에 직접 반응하여 구조적 변화를 가져오고, DNA가 복제될 때 주형을 잘못 복사하게 만든다. 이러한 구조적 변화는 다양하며, 개개의 돌연변이원을 다룰 때 다시 알아볼 것이다.
- 일부 돌연변이원은 DNA에 간접적으로 작용한다. 이들은 자체적으로는 DNA 구조에 영향을 주지 않는다. 반면 세포로 하여금 직접적으로 돌연변이적 효과를 주는 과산화물과 같은 화합물을 만들게 한다.

돌연변이원의 범위는 매우 광대하여 모든 것을 포함하는 분류 방식을 고안하기가 쉽지 않다. 이러한 이유로 여기에서는 보다 일반적인 유형만 다루고자 한다. 화학적 돌연변이원은 다음과 같다:

- **염기 유사체**(**base analog**)는 DNA의 표준 염기와 매우 유사한 퓨린과 피리미딘 염기로서, 세포가 뉴클레오티드를 합성할 때 뉴클레오티드 속으로 유입되는 것이다. 이렇게 만들어진 특이한 뉴클레오티드는 유전체 복제 중 DNA 합성 기질로 사용될 수 있다. 예를 들어, **5-브로모우라실**(**5-bromouracil**, **5-bU**; 그림 16.6A)은 티민과 같은 염기쌍 형성 특성을 가진다. 이 염기를 가지는 뉴클레오티드는 주형의 A 상대편 딸 폴리뉴클레오티드에 첨가될 수 있다. 돌연변이적 효과가 증가하는 것은 5-BU 호변이성체는 티민의 경우와 달리 드문 에놀형이 많기 때문이다. 다음 복제 중에 중합효소가(에놀-티민처럼) A가 아닌 G와 염기쌍을 이루는 에놀 5-BU를 만날 기회가 상대적으로 높기 때문이다(그림 16.6B). 그 결과 점돌연변이가 생긴다(그림 16.6C). **2-아**

표 16.2 살아 있는 세포에 손상을 가져오는 환경 인자의 유형

물질	살아 있는 세포에 주는 효과
암 유발원	진핵생물 세포의 암, 네오플라스틱 형질전환을 일으킴
염색체 이상 유발 물질	염색체 절단을 일으킴
돌연변이원	돌연변이를 일으킴
발암 물질	종양 형성을 유도함
기형 생성물	발생적 기형이 생김

그림 16.6 5-브로모우라실과 돌연변이 효과.

(A) 5-브로모우라실

(B) 5-브로모우라실의 염기쌍 형성

5-브로모우라실 케토형 / 아데닌

5-브로모우라실 에놀형 / 구아닌

(C) 5-브로모우라실의 돌연변이 효과

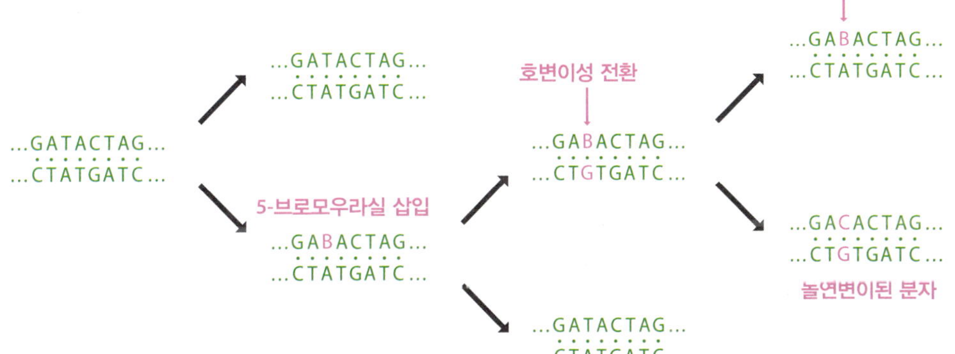

미노퓨린(**2-aminopurine**) 역시 유사한 방법으로 작동한다. 이것은 아데닌 유사체로, 아미노-호변이성체는 티민 그리고 이미노-호변이성체는 시토신과 염기쌍을 이룬다. 그러나 유사체의 이미노형은 이미노-아데닌보다 더 많이 존재하여, 2-아미노퓨린의 삽입은 T에서 C로 전이 빈도를 증가시킨다.

- **탈아미노화 물질(deaminating agent)** 또한 점돌연변이를 일으킨다. 유전체 DNA 분자에서 일정량의 자연적인 염기의 탈아미노화(deamination, 아미노기의 제거)가 일어나는데, 특정 화학물질에 의해 그 빈도가 증가할 수 있다. 예를 들어, 질산(nitrous acid)은 대기 중의 질소에서 생성되며 환기가 되지 않은 방과 같이 갇힌 공간에서는 축적될 수 있다. 질산은 아데닌, 시토신, 구아닌의 아미노기를 제거하며(티민은 아미노기가 없으므로 탈아미노화도 없다), 두 번째 탈아미노화 물실인 숭아황산나트륨(sodium bisulfite)은 시토신에만 작용한다. 구아닌의 탈아미노화는 돌연변이를 일으키지 않는다. 이로 인해 생기는 염기가 잔틴(xanthine)인데, 이것이 주형 폴리뉴클레오티드에 나타나면 복제를 차단한다. 탈아미노화된 아데닌은 하이포잔틴(hyposanthine, 그림 16.7)이 된다. 이것은 T가 아닌 C와 염기쌍을 이룬다. 탈아미노화된 시토신은 우라실이 되고, G가 아닌 A와 염기쌍을 이룬다. 이 두 염기의 탈아미노화는 주형가닥이 복사될 때 점돌연변이를 일으킨다.

아데닌

탈아미노화

하이포잔틴

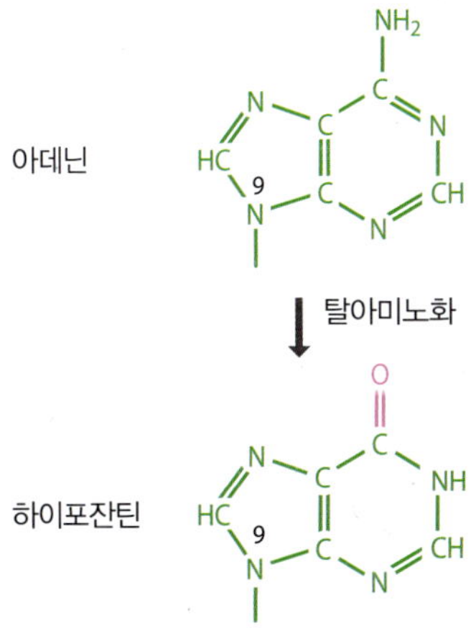

그림 16.7 하이포잔틴은 아데닌의 탈아미노화된 형이다. 하이포잔틴을 가진 뉴클레오시드를 이노신이라 한다.

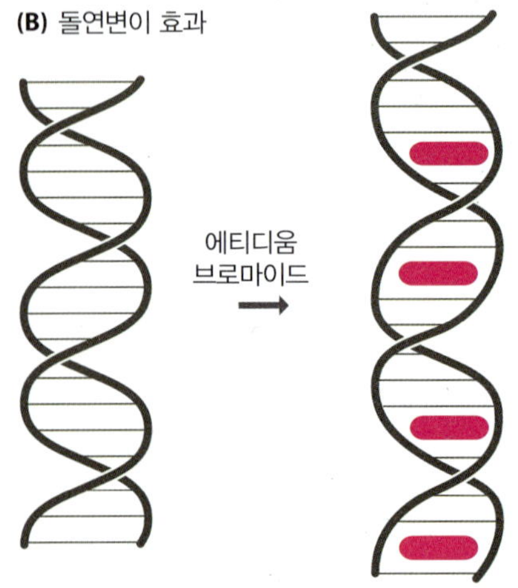

그림 16.8 에티디움 브로마이드의 돌연변이 효과. (A) 에티디움 브로마이드는 납작한 판 모양의 분자로서 이중나선의 염기쌍 사이로 미끄러져 들어갈 수 있다. (B) 에티디움 브로마이드 분자가 나선에 삽입된 모양: 분자의 옆 모양. 삽입으로 인접 염기쌍 사이 거리가 증가하는 것에 주목하라.

- **알킬화 물질(alkylating agent)**은 점돌연변이를 일으킬 수 있는 세 번째 유형의 돌연변이원이다. **에틸메탄 설폰산(ethylmethane sulfonate**, EMS)이나 디메틸니트로스아민(dimethylnitrosamine) 및 살충제로 사용되는 메틸 할라이드(methyl halide)와 같은 화학물질은 DNA 분자에 있는 뉴클레오티드에 알킬기를 첨가한다. 알킬화는 어떤 뉴클레오티드가 변형되는지 그리고 어떤 종류의 알킬기가 첨가되는지에 따라 효과가 다르다. 일부 메틸화는 뉴클레오티드의 염기쌍 형성을 변화시키지 않으므로 돌연변이를 일으키지 않는다. 예를 들어, 척추동물과 식물에서 자주 일어나는 시토신을 5-메틸시토신으로 전환하는 것은 유전자 침묵과 연관이 있다(10.3절). 다른 메틸화는 변형된 뉴클레오티드의 염기쌍 형성 특성을 바꾸면서 점돌연변이를 일으킨다. 다른 알킬화는 DNA 분자의 두 가닥을 상호-결합시키거나, 또는 단순히 레플리좀의 진행을 방해하여, 복제를 차단한다.
- **DNA 삽입 물질(intercalating agent)**은 일반적으로 삽입 돌연변이와 연관이 있다. 이 유형의 돌연변이로 가장 잘 알려진 것은 **에티디움 브로마이드(ethidium bromide)**로서, 자외선(UV) 조사로 형광을 내므로, 아가로즈 젤 전기영동 후 DNA 띠 위치를 알아내는 데 사용된다. 납작한 분자로서 이중나선의 염기쌍 사이에 끼어들 수 있는 에티디움 브로마이드와 다른 삽입 물질은 나선을 조금 풀리게 하여 인접한 염기쌍 사이 거리를 증가시킨다(그림 16.8).

가장 중요한 물리적 돌연변이원 유형은 다음과 같다:

(A) 티민 이량체

티민

티민

(B) (6–4) 광생성물

그림 16.9 UV 조사로 유도되는 광생성물. 두 티민이 인접해 있는 폴리뉴클레오티드 조각. (A) 티민 이량체가 UV-유도된 공유결합을 가지고 있다. 하나는 탄소의 6번 위치에 있고, 다른 하나는 5번 위치에 연결되어 있다. (B) (6-4) 손상은 두 인접한 뉴클레오티드의 4번과 6번 탄소 간 공유결합을 이룬다.

- 260 nm 파장의 자외선 조사는 인접한 피리미딘 염기의 이량체화를 유발하며, 특히 이들이 티민인 경우 **사이클로부틸 이량체(cyclobutyl dimer)**를 만든다. 다른 피리미딘 조합 역시 이량체를 형성하는데, 이것이 생기는 빈도는 5′-CT-3′ > 5′-TC-3′ > 5′-CC-3′ 순서다. 퓨린 이량체는 훨씬 드물다. UV-유도 이량체는 변형된 가닥이 복사될 때 일반적으로 결손 돌연변이를 일으킨다. 다른 유형의 UV-유도 **광생성물(photoproduct)**은 인접 피리미딘의 4번과 6번 탄소가 공유결합으로 연결되는 **(6-4) 손상(lesion)**이다(그림 16.9B).
- 전리선은 조사 종류와 강도에 따라 DNA에 다양한 영향을 입힌다. 점, 삽입, 그리고/또는 결손 돌연변이에서부터 더 심한 DNA 손상은 유전체 복제를 방해하기도 한다. 일부 전리선은 DNA에 직접 작용하고 다른 것은 세포내 과산화물과 같은 반응성 분자의 형성을 자극하면서 간접적으로 작용한다.
- 고온은 뉴클레오티드의 당에 염기를 부착하는 β-*N*-글리코시드 결합(β-*N*-glycosidic bond)의 물-유도(water-induced) 절단을 촉발한다(그림 16.10A). 이것은 피리미딘보다 퓨린에서 더 빈번하게 일어난다. 이것의 결과로 **AP 자리(퓨린/피리미딘 이탈 자리, apurinic/apyrimidinic site)** 또는 **무염기 자리(baseless site)**가 생긴다. 남겨진 당-인산 결합은 불안정하여 빠르게 분해되는데, DNA 분자가 이중가닥이면 그 결과 간극이 생긴다(그림 16.10B). 세포는 간극 수선에 효율적인 시스템을 가지고 있기 때문에, 이 반응은 정상적으로는 돌연변이를 일으키지 않는다(16.2절). 하루에 사람 세포 하나당 10,000의 AP 자리가 생긴다는 것을 감안하면 다행인 일이다.

(A) β-*N*-글리코시드 결합의 열-유도 가수분해

(B) 이중-가닥 DNA 상에서 가수분해의 효과

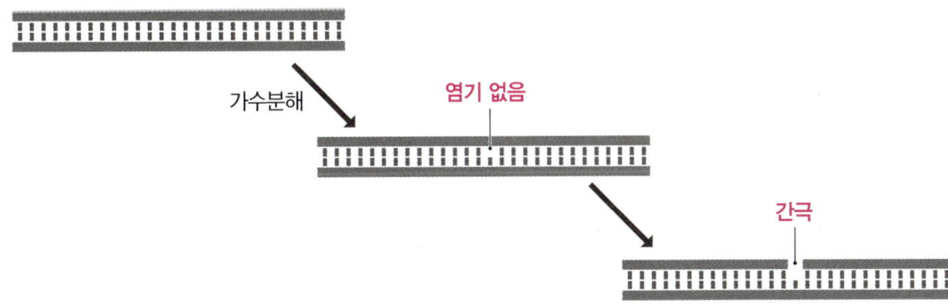

그림 16.10 고온에 의한 돌연변이 효과. (A) 열은 β-*N*-글리코시드 결합을 가수분해하여 폴리뉴클레오티드에 염기 없는 자리를 만든다. (B) 이중-가닥 DNA 분자에 열-유도 가수분해 효과를 보여주는 그림. 무염기 자리는 불안정하여 분해되고 그 가닥에 간극을 남긴다.

16.2 돌연변이와 다른 유형의 DNA 손상의 수선

유전체에 돌연변이가 일어나는 방법이 수없이 많고, 다행히 유전체가 수선되는 방법도 비슷하게 수없이 많다. 유전체 복제시 일어나는 실수와 더불어 유전체가 매일 수천의 손상을 입는다는 것을 고려하면, 세포가 효율적인 수선 체계를 갖추는 것은 필수적이다. 수선 체계가 없다면, DNA 손상으로 중요한 유전자가 불활성화되어서 유전체는 기본적인 세포 기능을 단 몇 시간 밖에는 유지할 수 없을 것이다. 마찬가지로, 세포 계보에 복제 오류가 빠른 속도로 누적되어 몇 번의 세포분열로 유전체가 기능을 잃을 것이다.

모든 세포는 4가지 유형의 다른 DNA 수선 체계를 가진다(그림 16.11).

- **직접 수선(direct repair)** 체계는 이름에서 말해 주듯이, 손상된 뉴클레오티드에 직접 작용하여 각각을 원래 구조로 바꾸어 놓는 것이다.
- **절제 수선(excision repair)** 체계는 손상 지점을 포함하는 폴리뉴클레오티드의 조각을 절제하고, DNA 중합효소에 의해 정확한 뉴클레오티드 서열을 재합성하는 것이다.
- **부정합 수선(mismatch repair)** 체계는 복제 오류를 교정하는 것이다. 이 역시 문제가 있는 뉴클레오티드를 포함하는 단일가닥 DNA 조각을 절제하고, 그 결과로 생기는 간극을 수선한다.
- **절단 수선(break repair)**은 단일- 및 이중-가닥 절단을 메꾸는 데 사용된다.

직접 수선 체계는 틈을 메우고 일부 유형의 뉴클레오티드 변형을 수정한다

화학적이나 물리적 돌연변이원에 의해 발생하는 대부분의 DNA 손상 유형은 그림 16.11B와 같이, 손상된 뉴클레오티드를 절제하고 새로운 DNA를 재합성함으로써만 수선될 수 있다. 손상된 뉴클레오티드의 단 몇 가지 유형만 직접적으로 수선될 수 있다. DNA 연결효소가 수선하는 **틈(nick)**이 여기에 속한다. 이것은 인산디에스테르 결

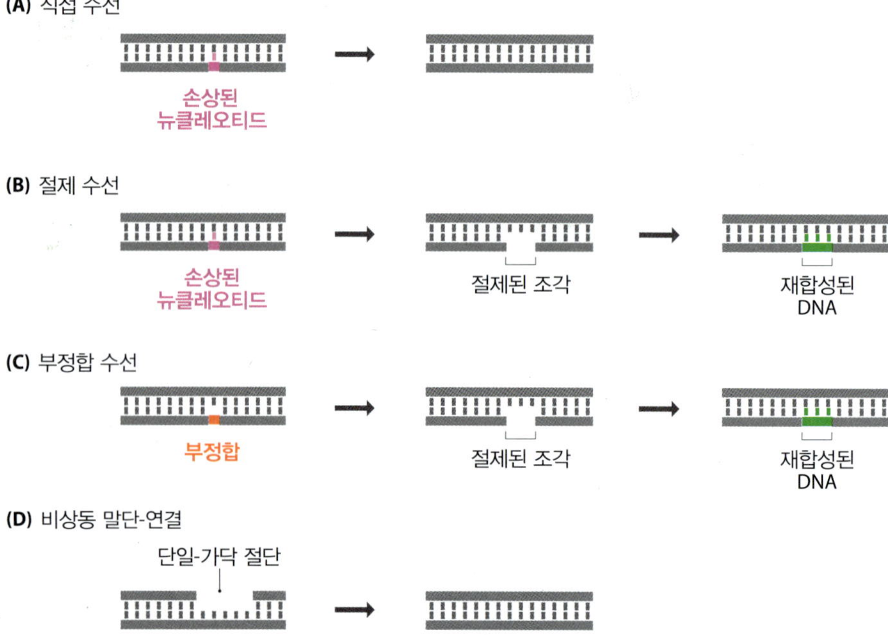

그림 16.11 DNA 수선체계의 4 유형.

합이 잘려졌을 뿐, 양쪽 뉴클레오티드의 5′-인산기와 3′-하이드록실기가 손상이 없는 경우에만 가능하다(**그림 16.12**). 전리선 조사의 결과로 종종 생기는 틈이 이러한 경우다.

일부 유형의 알킬화 손상 역시 직접적으로 가역이 가능하다. 이 유형의 손상은 뉴클레오티드에서 알킬기를 자신의 폴리펩티드 사슬로 이동시키는 효소에 의해 직접 수선된다. *E. coli*의 **Ada 효소**를 포함하여 여러 다른 생물에서 이러한 일을 할 수 있는 효소가 알려졌다. Ada 효소는 박테리아가 DNA 손상에 반응하여 활성화시킬 수 있는 적응 과정(adaptive process)에 관여하는 효소이다. Ada는 티민 4번과 구아닌 6번 산소에 부착된 알킬기를 제거할 수 있을 뿐만 아니라 알킬화된 인산디에스테르 결합도 수선할 수 있다. 이동은 비가역적이다. 즉, Ada는 자신의 생화학적 반응을 수행한 후에 비활성화되는 **자살효소(suicide enzyme)**의 한 예이다. 그러나 알킬화된 Ada는 전사 인자로 작용하여, Ada와 3개의 다른 수선단백질 유전자를 포함하는 ***Ada* 레귤론(regulon)** 유전자를 켠다(**그림 16.13**). 이러한 유전자의 활성화는 적응 반응을 일으킨다. 진핵생물 역시 알킬화 수선효소를 가지고 있다. 사람의 **MGMT(O^6-methylguanine-DNA methyltransferase)**는 그 한 예로, 이름에서 암시하듯이, 구아닌 6번 위치의 알킬기를 제거한다. 진핵생물 효소는 전사 인자로 작용하지 않는 것으로 보이며, 이들은 알킬화되면 그냥 분해된다.

직접 수선 체계의 마지막 유형은 **광재활성화(photoreactivation)**라 불리는 광-의존적 직접 수선 체계로 수선되는 시클로부틸 이량체에 대한 것이다. *E. coli*에서 이 과정은 **DNA 광분해효소(DNA photolyase)**라 부르는 효소가 관여한다. [좀 더 정확한 이름은 디옥시리보피리미딘(dioxyribopyrimidine) 광분해효소이다.] 이 효소는 300~500 nm 파장의 광에 반응하여 시클로부틸 이량체에 결합해서 이들을 원 뉴클레오티드 단량체로 전환시킨다. 두 유형의 광분해효소가 있는데, 하나는 엽산(folate)을 보조인자를 갖고,다른 것은 플라빈(flavin) 복합체를 가진다. 두 유형의 보조인자는 광에너지를 포획하여 전자를 시클로부틸 이량체에 진달하는 데 사용하며, 이량체를 단량체로 분해시킨다. 광재활성화는 널리 존재하는 수선 유형이나 일반적인 것은 아니다. 다수의 박테리아에서 존재하지만 모든 박테리아는 아니고, 일부 척추동물을 포함해서 소수의 진핵생물에 존재하지만 사람이나 다른 자궁을 가진 포유류에는 없다. 유사한 유형의 광재활성에는 **(6-4) 광생성물 광분해효소(photoproduct photolyase)**가 관여하는데, (6-4) 손상을 수선한다. *E. coli*나 사람은 이 효소가 없지만, 여러 다른 생물이 이를 가지고 있다.

염기 절제 수선은 여러 유형의 손상된 뉴클레오티드를 수선한다

직접 손상 회복 유형은 대부분 생물의 DNA 수선 메커니즘에서 매우 작은 부분을 차지하지만, 매우 중요하다. 절제 수선경로(excision repair system)는 훨씬 더 흔한 것으로 더 광범위한 돌연변이를 수정할 수 있다.

염기절제 수선(base excision repair)은 이러한 수선 체계에서 가장 덜 복잡한 것으로 많은 변형된 뉴클레오티드를 수선한다. 이러한 염기들은, 예를 들어 알킬화 물질이나 전리선에 노출되어 비교적 크지 않은 손상을 입은 것들이다. 염기절제 수선에는 여러 유형이 있는데, 주된 차이점은 짧은-패치(short-patch) 수선이냐 긴-패치(long-patch) 수선이냐 하는 것이다. 전자는 손상된 뉴클레오티드만 대체하며, 후자는 10 뉴클레오티드까지 제거하고 재합성한다. 이 경로는 뉴클레오티드의 손상된 염기와 당 사이의 β-*N*-글리코시드 결합을 자르는 **DNA 글리코실레이즈(DNA glycosylase)**로 개시된다. 이 반응은 열-유도로 만들어진 AP 자리(그림 16.10A 참조)와 같은 동일한 효과를 가지고 있다. 각 DNA 글리코실레이즈는 제한적 특이성을 가지고 있어서(**표 16.3**), 세포가 가지는 글리코실레이즈의 특이성으로 염기 절제 과정으로 수선될 수 있는 손상된 뉴클레오티드

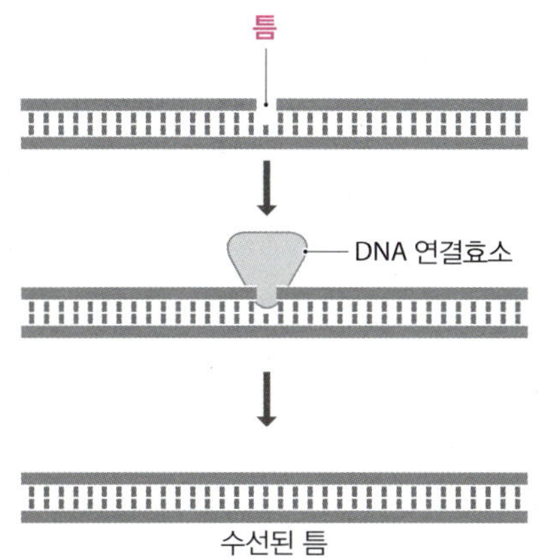

그림 16.12 DNA 연결효소에 의한 틈의 수선.

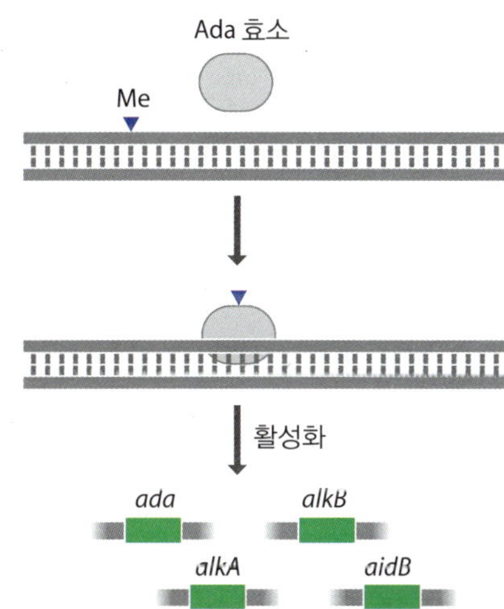

그림 16.13 *E. coli*의 Ada 효소에 의해 촉발되는 적응성 반응. 뉴클레오티드에서 알킬기가 *Ada* 효소로 이동하면 효소가 전사인자로 변환된다. 이것은 다시 *ada* 레귤론을 활성화시킨다. 레귤론은 동일 전사인자 또는 하나의 오페론에 속하지 않은 인자들에 의해 조절되는 유전자 그룹이다. *ada* 유전자는 Ada 효소를 암호화한다. 이 레귤론에 속한 다른 유전자로는, 염기절제 수선에 관여하는 DNA 글리코실레이즈를 암호화하는 *alkA*; 다양한 알킬화 수선효소 패밀리의 한 구성원을 암호화하는 *alkB*; 기능이 잘 알려지지 않은 *aidB*가 있다.

표 16.3 사람 DNA 글리코실레이즈의 예

DNA 글리코실레이즈	기질 특이성
MBD4	우라실
MPG	에타노아데닌, 하이포잔틴, 3-메틸아데닌, 7-메틸구아닌
NEIL1	티민 글리콜, 포마미도피리미딘, 3-메틸아데닌, 3-메틸구아닌, 7-메틸 구아닌
NTHL1	5-하이드록실 시토신, 5-하이드록실우라실, 포라미도피리딘, 8-목소구아닌, -하이드록실우라실, 다이하이드록시우라실
OGG1	포마미도피리미딘, 8-옥소구아닌
SMUG1	우라실
UNG	우라실, 5-히드록시우라실

의 수선 범위를 결정한다. 대부분의 생물들은 우라실(탈아미노화된 시토신)과 하이포잔틴(hypoxanthine, 탈아미노화된 아데닌)과 같은 탈아미노화된 염기를 처리할 수 있다. 그리고 5-히드록시시토신(5-hydroxycytosine)과 티민 글리콜(thymine glycol)과 같은 산화적 산물이나 3-메틸아데닌(3-methyladenine), 7-메틸구아닌(7-methylguanine)과 같은 메틸화된 염기도 처리할 수 있다. 염기 절제 수선에 관여하는 대부분의 DNA 글리코실레이즈(glycosylase)는 손상된 뉴클레오티드를 검색하기 위해 DNA 이중나선의 작은 홈을 따라 확산하는 것으로 생각되지만, 일부는 복제효소와 연합되어있는 것으로 보인다.

DNA 글리코실레이즈는 손상된 염기를 플리핑(flipping)으로 나선의 바깥쪽으로 넘긴 후 폴리뉴클레오티드에서 분리하는 방법으로 수선한다. 그 결과 AP 자리(염기 없는 자리)가 생기게 된다. 짧은-패치 수선 경로에서 AP 자리를 단일-뉴클레오티드 간극으로 전환하는 방법에는 두 가지가 있다.

- 하나는 *E. coli*의 핵산외부분해효소 III이나 핵산내부분해효소 IV 또는 사람의 APE1와 같은 **AP 핵산내부분해효소**(**AP endonuclease**)가 AP 자리의 5′-쪽에 있는 인산디에스테르 결합을 자르는 것이다(그림 16.14A). 일부 AP 핵산내부분해효소는 또한 AP 자리에서 손상된 뉴클레오티드에 남아있는 유일한 요소인 당을 제거할 수도 있다. 그러나 이 능력이 없는 다른 효소들은 리보스당(ribose)과 인산디에스테르 사이를 절단하는 **인산디에스테르분해효소**(**phosphodiesterase enzyme**)와 공동으로 작업을 해야 한다. 다른 방법은 진핵생물의 경우 리보스당은 DNA 중합효소 β가 가지고 있는 **라이에이즈**(**lyase**) 활성으로 제거될 수 있다.
- 만약 DNA 글리코실레이즈가 이중 기능을 가지고 있다면, 아마도 손상된 염기를 제거하는 것과 동시에, AP 자리의 3′-쪽을 자를 수 있다. 잘려진 후 인산디에스테르분해효소, DNA 중합효소 β, 또는 *E. coli*에서는 DNA 중합효소 I의 5′→3′ 핵

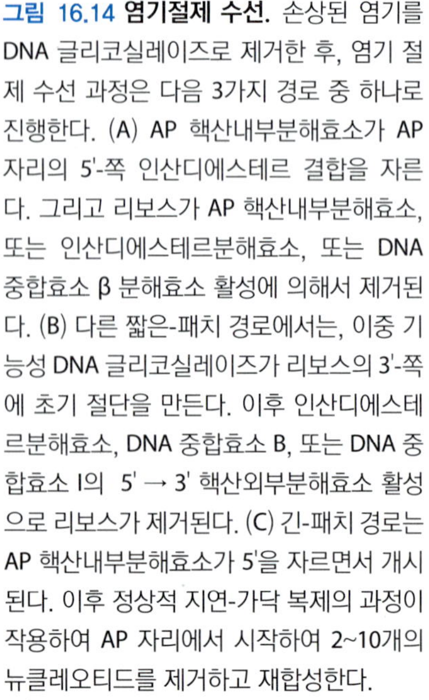
그림 16.14 **염기절제 수선.** 손상된 염기를 DNA 글리코실레이즈로 제거한 후, 염기 절제 수선 과정은 다음 3가지 경로 중 하나로 진행한다. (A) AP 핵산내부분해효소가 AP 자리의 5'-쪽 인산디에스테르 결합을 자른다. 그리고 리보스가 AP 핵산내부분해효소, 또는 인산디에스테르분해효소, 또는 DNA 중합효소 β 분해효소 활성에 의해서 제거된다. (B) 다른 짧은-패치 경로에서는, 이중 기능성 DNA 글리코실레이즈가 리보스의 3'-쪽에 초기 절단을 만든다. 이후 인산디에스테르분해효소, DNA 중합효소 B, 또는 DNA 중합효소 I의 5' → 3' 핵산외부분해효소 활성으로 리보스가 제거된다. (C) 긴-패치 경로는 AP 핵산내부분해효소가 5'을 자르면서 개시된다. 이후 정상적 지연-가닥 복제의 과정이 작용하여 AP 자리에서 시작하여 2~10개의 뉴클레오티드를 제거하고 재합성한다.

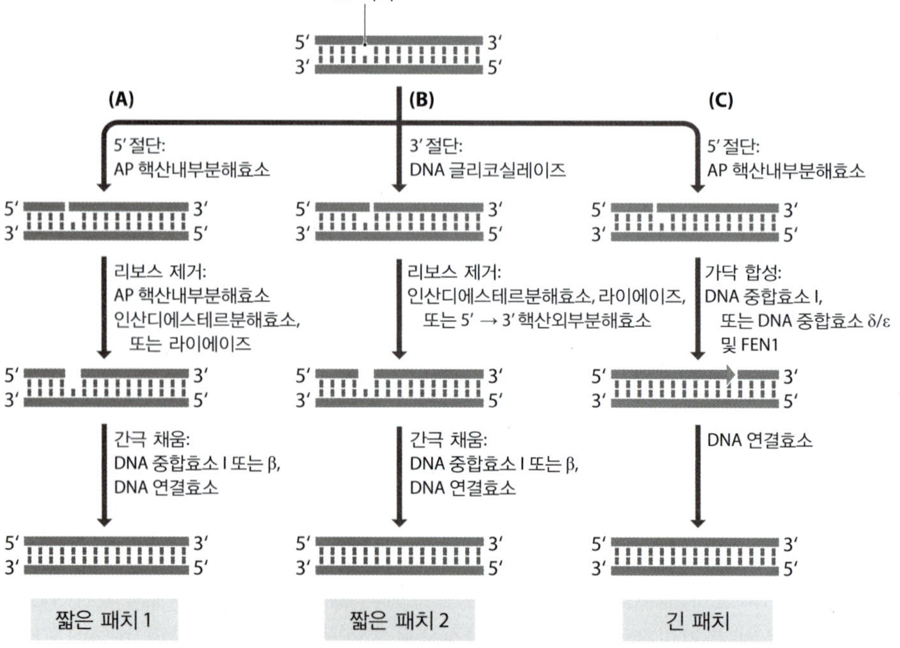

산외부분해효소 활성에 의해 리보스당이 제거된다(그림 16.14B).

어떤 방법이 사용되든, 결과적으로 만들어지는 단일-뉴클레오티드 간극은 DNA 중합효소가 메꾸어 주는데, 손상되지 않은 다른 DNA 가닥의 염기와 염기쌍을 형성하는 방법으로 정확한 뉴클레오타이드가 삽입되도록 한다. *E. coli*에서 이 간극은 DNA 중합효소 I이 메꾸며, 포유류에서 이것은 DNA 중합효소 β가 메꾼다. 간극이 메꿔지고 나면, 최종 인산디에스테르 결합은 DNA 연결효소를 연결해 준다.

긴-패치 경로에서, DNA 글리코실레이즈 활성으로 만들어진 AP 자리는 AP 핵산내부분해효소에 의해 5′-쪽이 잘리지만, 더 이상 분해는 일어나지 않는다. 대신 지연-가닥 복제와 유사한 방법(15.3절)으로 손상된 자리의 첫 뉴클레오티드를 대체하며 DNA에 2~10개의 새로운 뉴클레오티드가 합성된다(그림 16.14C). 박테리아에서, 합성은 5′ → 3′ 핵산외부분해효소 활성을 가진 DNA 중합효소 I이 대체되는 폴리뉴클레오티드를 분해하면서 수행한다. 진핵생물에서 DNA 중합효소 δ 또는 ε이 새로운 폴리뉴클레오티드가 만들어지는 동안 이 조각을 대체하고, 마지막 펄럭임은 FEN1 핵산내부분해효소가 잘라낸다. 짧은-패치 수선은 주된 염기 절제 경로로 보인다. 두 경로 중 어떤 것을 선택하는가 하는 것은 적어도 부분적으로 이 과정을 촉발하는 DNA 글리코실레이즈의 종류에 영향을 받는 것으로 보인다.

뉴클레오티드 절제 수선은 심한 손상을 수선하는 데 사용된다

뉴클레오티드 절제 수선(nucleotide excision repair)은 염기 절제 체계보다 훨씬 더 광범위한 특이성을 가지고 있으며, 가닥 간 교차 결합이나 거대한 화학기가 부착된 염기와 같은, 훨씬 더 심한 손상을 처리할 수 있다. 이는 또한 시클로부틸 이량체를 **암수선(dark repair)** 과정을 통해 수선할 수 있어서, 절제 수선 양식은 (사람과 같이) 광재활성 체계를 가지지 않은 생물들에게 이러한 유형의 손상을 수선할 수 있는 방법을 제공한다.

뉴클레오티드 절제 수선은, 손상된 뉴클레오티드(들)를 가진 단일가닥 DNA 조각을 절제한 후 새로운 DNA로 대체하는 것이다. 이 과정은 염기 절제 수선과 유사하나 선별적 염기 제거를 하지 않고, 좀 더 긴 폴리뉴클레오티드가 잘려져 나온다는 점에서 나르다. 뉴클레오티드 절제 수선에서 가장 잘 알려진 예는 *E. coli*의 짧은 패치(short patch) 경로이다. 절제되고 메꾸어지는 폴리뉴클레오티드가 보통 12개의 뉴클레오티드 정도로 비교적 짧아서 붙여진 이름이다. 불행히도 염기와 뉴클레오티드 절제 수선에서 동일한 용어가 사용되는데, 특히 짧은 패치 뉴클레오티드 절제 수선은 대체되는 조각이 긴-패치 염기 절제 수선 동안 제거되는 길이와 유사하기 때문이다.

짧은-패치 수선은 **UvrABC 핵산내부분해효소**라고 불리는 여러 효소의 복합체에 의해 개시된다. 이들은 때로 엑시뉴클리에이즈(excinuclease)로 불린다. 이 과정의 첫 단계는, 두 UvrA 단백질과 하나의 UvrB를 포함하는 삼량체가 손상된 DNA 자리에 결합하는 것이다. 이 자리가 어떻게 인식되는지는 알려져 있지 않지만, 이 과정이 광범위한 특이성을 가진다는 점에서 개개의 손상이 직접 검색되는 것이 아니라, DNA 손상으로 오는 이중나선의 뒤틀림과 같은 일반적인 특징을 검색하는 것으로 생각된다. UvrA는 복합체에서 손상된 위치를 검색하는 부위에 해당하는 것으로 보인다. 지점이 발견되면 떨어져 나오고, 수선 과정에 더 이상 관여하지 않기 때문이다. UvrA가 분리되면 UvrC가 결합할 수 있게 되고(그림 16.15), UvrBC 이량체를 이루어서 폴리뉴클레오티드 손상 부위의 양쪽을 자른다. 첫 번째 절단은 UvrB가 하는데, 손상된 뉴클레오티드의 아래쪽 5번째 인산디에스테르 결합을 자른다. 두 번째 절단은 UvrC가 하며 위쪽 8번째 인산디에스테르 결합을 자른다. 절단 지점에 약간의 변이는 있지만, 특히 UvrB의 절

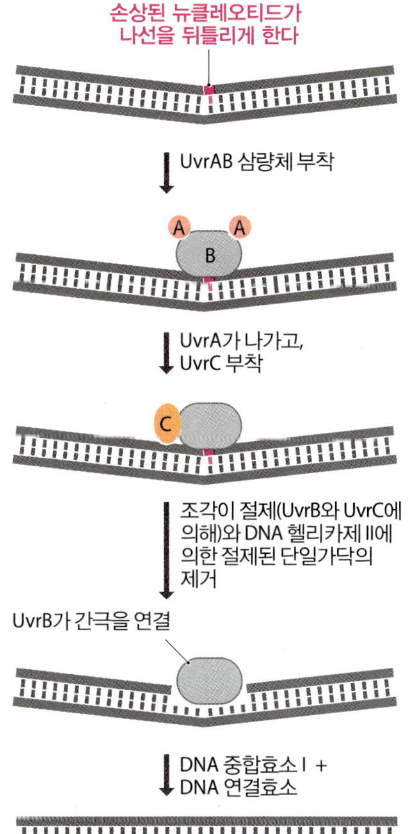

그림 16.15 *E. coli*의 짧은-패치 뉴클레오티드 절제 수선. 그림에서 손상된 뉴클레오티드는 나선을 뒤트는 것으로 그려졌다. 이것이 짧은-패치 과정을 개시하는 UvrAB 삼량체가 인식하는 신호로 보이기 때문이다. 약자: A, UvrA; B, UvrB; C, UvrC.

단 지점에, 그 결과 12개의 뉴클레오티드가 절제된다. 절제된 조각은 DNA 헬리케이즈 II(UvrD)에 의해 다른 가닥에 결합되어 있는 염기쌍을 떼어내는 방법으로, 일반적으로 온전한 올리고뉴클레오티드 형태로 제거된다. UvrC 역시 이 단계에서 떨어져 나온다. 그러나 UvrB는 그 자리에 남아서 단일-가닥 지역이 자체적으로 염기쌍을 이루는 것을 막아주는 것으로 생각된다. 그러나 UvrB 역할은 가닥의 손상을 막거나 DNA 중합효소를 수선 지점으로 유인하는 것일 수 있다. 염기 절제 수선에서와 마찬가지로, 간극은 DNA 중합효소 I이 채우고, 마지막 인산디에스테르 결합은 DNA 연결효소가 만든다. *E. coli*는 또한 긴 패치(long patch) 뉴클레오티드 절제 수선 체계도 가지고 있다. 이 역시 Uvr 단백질이 관여하나 절제되는 DNA 조각의 길이가 2 kb에 이를 수 있다는 점에서 다르다. 긴 패치 수선에 대한 연구는 비교적 많지 않고, 과정도 자세히 밝혀지지 않았다. 이것은 개개의 염기가 아니라 여러 뉴클레오티드가 그룹으로 변형되어 있는 지역과 같이 좀 더 심각한 손상에 작동하는 것으로 보인다.

진핵생물에서, 단일 뉴클레오티드 절제 수선 경로가 24~29개의 뉴클레오티드를 대체할 수 있다. 이 체계는 *E. coli*보다 좀 더 복잡하며, 관여하는 효소도 Uvr 단백질과 상동성이 없어 보인다. 사람에서 적어도 16개의 단백질이 관여하는데, 이들 일부는 복합체를 형성하여 DNA 손상을 점검한다. 손상 지점의 아래쪽은 *E. coli*와 마찬가지로 5번째 인산디에스테르에서 절제되지만, 위쪽은 약 22 뉴클레오티드 떨어진 좀 더 먼 곳에서 잘려서 좀 더 긴 절제가 일어난다. 잘려지는 자리는 다소 변이가 있어서, 대체되는 조각 길이도 다양하다. 양쪽 모두 단일가닥 DNA를 공격하는, 특히 이중가닥과 연접부위의, 핵산내부분해효소에 의해 잘려지는 것으로 봐서, 절단이 일어나기 전에 이미 손상 부위가 분리되어 있는 것으로 추정된다(**그림 16.16**). 헬리케이즈에 의한 가닥 분리는 XPB와 XPD 단백질이 제공한다. 이들은 절제 전에 만들어진 단일가닥이 안정화시키는 전사 인자 TFIIH와 연합한다. 이후 간극은 DNA 중합효소 δ나 ε으로 메꾸어진다. TFIIH는 RNA 중합효소 II의 전사개시 복합체의 한 구성원이기도 하다(12.2절). 처음에는 TFIIH가 단순히 세포에서 전사와 수선에 독립적으로 작동하며 단순히 이중적 역할을 가진 것으로 생각되었다. 그러나 지금은 이 두 과정에 더욱 직접적으로 관계하고 있는 것으로 생각된다. 이러한 견해는, 활발하게 전사되는 유전자 주형가닥의 특정 형태의 손상을 수선하는 체계인, **전사-동시 수선(transcription-coupled repair)**의 발견으로 지지를 받게 되었다. 전사-동시 수선과 전반적인 뉴클레오티드 절제 수선 경로의 유일한 차이점은 전사-동시 수선 경로로 수선되는 손상은 점검 단백질(surveillance protein)에 의해 검출되지 않는다는 것이다. 손상 부위로 접근하는 RNA 중합효소가 멈칫거림이 신호로 작용한다.

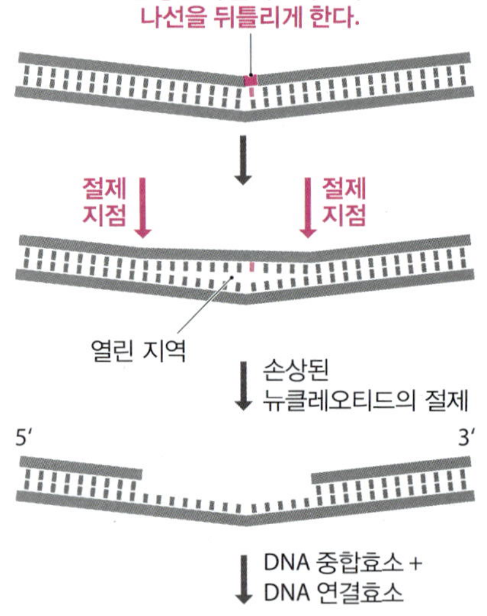

그림 16.16 진핵생물의 절제 수선 중 일어나는 사건의 요약. 손상 부위를 제거하는 핵산내부분해효소가 DNA 분자의 단일가닥과 이중가닥 연접부를 특이적으로 자른다. DNA는 그림에서와 같이, XPB와 XPD 헬리케이즈에 의해 손상된 뉴클레오티드의 양쪽이 벌려져 있는 것으로 생각된다.

부정합 수선으로 복제 오류가 수정된다

지금까지 살펴본 직접적 수선, 염기 절제 수선, 뉴클레오티드 절제 수선 등의 수선 체계들은 돌연변이원에 의해 생성된 DNA 손상을 인식하고 수선하였다. 다시 말해, 이들은 변형된 뉴클레오티드, 시클로부틸 이량체, 그리고 나선의 뒤틀림과 같은 비정상적인 화학 구조를 검색하였다. 그러나 이들은 복제 중 오류로 발생하는 부정합을 정정할 수는 없다. 부정합된 뉴클레오티드는 비정상적인 것이 아니라 잘못된 위치에 삽입된 정상적인 A, C, G, T이기 때문이다. 이들은 다른 뉴클레오티드와 모양이 정확히 동일하므로, 복제 오류를 정정하는 부정합 수선 체계는 부정합 뉴클레오티드 자체가 아니라 부모와 딸 가닥 사이의 염기쌍 부재를 검색하여야 한다. 염기쌍-부재가 발견되면, 수선 체계는 염기 또는 뉴클레오티드 절제에서와 유사한 방법으로 딸 폴리뉴클레오티드의 일

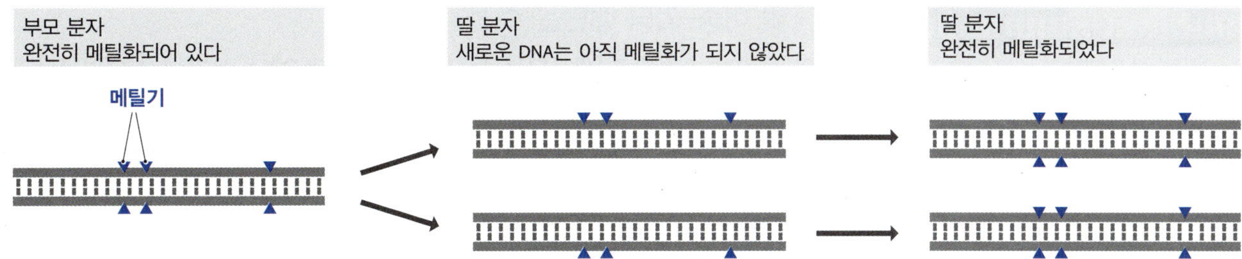

그림 16.17 ***E. coli*에서 부모와 딸 폴리뉴클레오티드의 차이.** *E. coli*에서 새롭게 합성된 DNA의 메틸화는 복제 후 즉시 일어나지 않는다. 이 시간 동안 부정합 수선 단백질이 딸 가닥을 인식하고 복제 오류를 정정할 수 있게 된다.

부를 절제하고 간극을 메운다.

위에서 설명한 방법에서 중요한 문제가 하나 생긴다. 반드시 딸 폴리뉴클레오티드가 수선되어야 한다는 것이다. 왜냐하면 오류가 일어난 곳은 새롭게 합성된 가닥이기 때문이다. 부모 폴리뉴클레오티드는 수정된 서열이다. 수선 과정이 두 가닥을 어떻게 구별하는가? *E. coli*에서의 답은 이 단계에서 딸 가닥은 과소메틸화(undermetylation)되어 있어서 완전히 메틸화된 부모 폴리뉴클레오티드와 구별될 수 있다는 것이다. *E. coli* DNA는 5′-GATC-3′ 서열의 아데닌을 6-메틸아데닌으로 바꾸는 **DNA 아데닌 메틸화효소(DNA adenine methylase, Dam)**와 5′-CCAGG-3′과 5′-CCTGG-3′ 서열의 시토신을 5-메틸시토신으로 바꾸는 **DNA 시토신 메틸화효소(Dcm)**에 의해 메틸화된다. 이러한 메틸화는 돌연변이를 만들지 않는다. 변형된 뉴클레오티드는 변형되지 않은 것과 염기쌍 형성이 동일하다. DNA 복제와 딸 가닥의 메틸화 사이에는 시간적으로 간격이 있는데, 이 시간 동안 수선 체계가 부정합을 찾아 과소메틸화된 딸 가닥을 정정하게 된다(그림 16.17).

*E. coli*는 긴 패치, 짧은 패치 그리고 매우 짧은 패치로 불리는 적어도 3개의 부정합 수선 체계를 지니고 있다. 이들 용어는 절제되고 재합성되는 DNA 조각의 상대적 길이를 나타낸다. 긴-패치 체계는 1 kb 염기 이상을 대체할 수 있고, MutH, MutL, MutS 단백질, 그리고 뉴클레오티드 절제 수선에서 보았던 DNA 헬리케이즈 II를 필요로 한다. MutS는 부정합을 인식하고, MutH는 메틸화되지 않은 5′-GATC-3′ 서열에 결합하여 두 가닥을 구별한다(그림 16.18). MutL의 역할은 다른 두 단백질의 활성을 조율하는 것으로 보인다. 즉, MutS가 인식한 부정합 지점 주변에 있는 메틸화하지 않은 5′-GATC-3′ 서열에 MutH가 결합하게 한다. 결합 후, MutH가 메틸화 서열의 G 바로 위 인산디에스테르 결합을 자르면, DNA 헬리케이스 II는 단일가닥을 분리한다. 부정합 아래쪽 가닥을 자르는 효소는 없어 보인다. 헬리케이즈가 분리한 단일가닥을 핵산외부분해효소가 따라가며 부정합 지점 이후까지 계속 분해한다. 간극은 DNA 중합효소 III과 DNA 연결효소가 채운다. 짧은 패치와 매우 짧은 패치 부정합 수선도 부정합을 인식하는 단백질의 특이성만 다를 뿐 유사한 방법으로 일어난다고 생각된다. 짧은 패치 수선은 길이가 10 뉴클레오티드 이하의 조각을 절제하고, MutY가 A-G나 A-C 부정합을 인식하며, 매우 짧은 수선 체계는 Vsr 핵산내부분해효소가 인식하는 G-T 부정합을 정정한다.

진핵생물은 *E. coli*의 MutS와 MutL 단백질과 상동적 단백질을 가지며, 이들의 부정합 수선 과정도 유사한 방법으로 작동할 것으로 보인다. 차이점은 MutH의 상동 단백질이 없다는 것이다. 이는 메틸화에 의해 부모와 딸 폴리뉴클레오티드가 구별되지 않는다는 것을 시사한다. 포유류의 부정합 수선에 메틸화가 연관된 것으로 시사된 적이 있으나, 초파리와 효모와 같은 일부 진핵생물 DNA는 심하게 메틸화되지 않는다. 그렇다면 이들 생물은 딸 가닥을 구별하기 위해 다른 방법을 사용해야 한다는 것을 의미한다. 한 가지 가능성은 수선효소가 복제 복합체와 연합하는 것이다. 부모 가닥과 딸 가닥은 딸 가닥이 합성되는 것으로 구별될 수 있다.

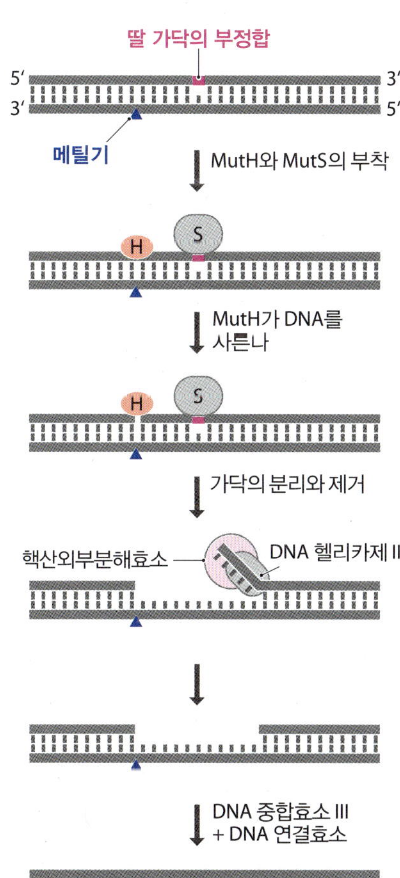

그림 16.18 ***E. coli*의 긴-패치 부정합 수선.** 그림에는 MutH와 MutS를 연계할 MutL이 포함되어있지 않다. 약자: H, MutH; S, MutS.

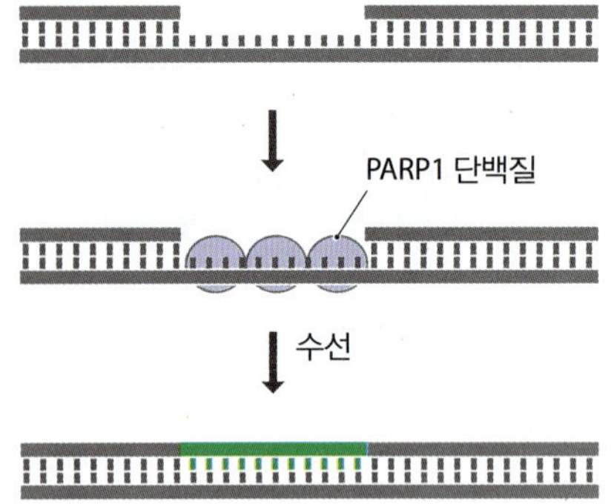

그림 16.19 **단일-가닥 절단 수선.**

단일- 및 이중-가닥 절단은 수선될 수 있다

일종의 산화적 손상으로 생성되는 등으로, 이중가닥 DNA 분자에서 단일가닥 절단은 세포에 중대한 문제가 되지 않는다. 이중나선이 전체적으로 온전하기 때문이다. PARP1 단백질은 노출된 단일가닥을 덮어 온전한 가닥이 절단되거나 원치 않는 재조합에 들어가지 않도록 한다. 절단은 절제 수선경로에 관여하는 효소가 메꾼다(그림 16.19). 단일-가닥 DNA 절단은 또한 상동성 재조합(homologous recombination)으로 복제 중에도 수선될 수 있다. 이에 대해서는 제17장 재조합 수선에서 다루고자 한다.

이중가닥 절단은 좀 더 심각하다. 두 조각으로 분리된 이중나선이 수선되려면 두 조각이 다시 만나야 하기 때문이다. 또한 두 절단된 말단은 분해되지 않도록 보호되어야 한다. 분해가 일어나면, 절단 수선 지점에 결손 돌연변이가 생길 수 있다. 수선 과정에서 정확한 말단이 서로 연결되어야 한다. 만약 핵에 2개의 잘려진 염색체가 존재하면, 정확한 말단이 서로 연결되어 원래의 구조가 복구되어야 한다. 쥐세포 실험에 의하면 이것을 성취하기란 쉽지 않고, 두 염색체가 잘려지면 잘못된 수선으로 혼성 구조가 만들어지는 일이 비교적 자주 일어난다는 것을 보여주었다. 하나의 염색체가 잘려진다해도 원 염색체 말단은 혼동되어 부정확한 수선이 만들어질 수 있다. 염색체 정상 말단을 표식하는 쉘터린(shelterin) 단백질이 존재하는 데도 불구하고 이러한 유형의 오류가 없는 것은 아니다(7.1절).

이중-가닥 절단은 전리선 조사와 일부 화학적 돌연변이원에 의해 생성되지만, DNA 복제 중에도 일어날 수 있다. 이러한 것은 **NHEJ(nonhomologous end-joining, 비상동 말단 연결)**로 불리는 체계로 수선될 수 있다. NHEJ에 대한 이해는 사람의 돌연변이 세포주 연구로 촉발되었는데, 이 과정에 관여하는 다양한 유전자 집단이 발견되었다. 이들 유전자는 절단 지점에 DNA 연결효소를 끌어오는 다중인자 단백질복합체를 만든다(그림 16.20A). 이 복합체는 각 잘려진 DNA 말단에 결합하는 2개의 Ku 단백질을 가지고 있다. Ku 단백질은 DNA 분자 내부가 아닌 절단된 말단에만 결합할 수 있다. 각

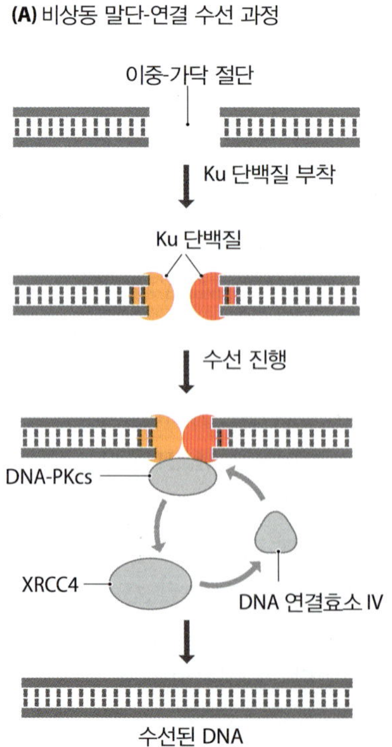

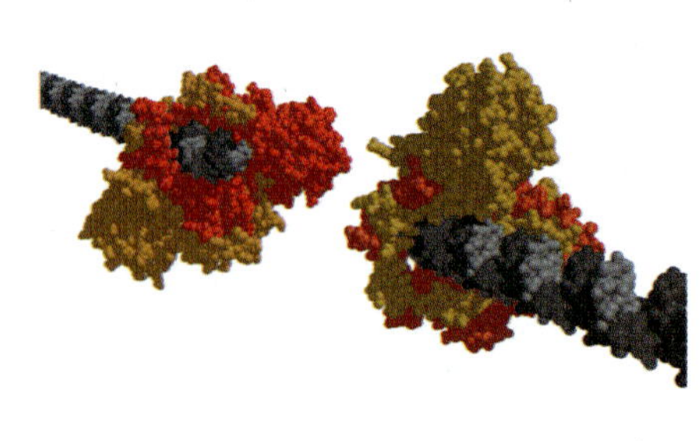

그림 16.20 **사람의 비상동 말단-연결(NHEJ).** (A) 수선 과정. (B) Ku가 DNA에 결합한 모형을 보여주는 공간-채움 모델. Ku는 Ku70(붉은색)과 Ku80(노란색) 소단위로 이루어진 이형이량체다. DNA 분자는 밝은 회색과 어두운 회색으로 보인다. (B, Jonathan Goldberg, Howard Hughes Medical Institute 제공.)

Ku 단백질을 이루는 두 소단위 사이에 만들어지는 고리에 DNA 분자가 들어가야 하기 때문이다(그림 16.20B). 개개의 Ku 단백질은 상호 친화력을 가지고 있어서, 두 절단된 DNA 분자가 가까이 모이게 된다. Ku의 DNA 결합은 DNA-PKCS 단백질 인산화효소와 연합되어 일어난다. 인산화효소는 세 번째 단백질 XRCC4를 활성화시키고 이것은 포유류 DNA 연결효소 IV와 상호작용하여 이 수선 단백질을 이중가닥 절단점으로 불러들인다. NHEJ는 원래 진핵생물에만 한정된 것으로 생각되었다. 그러나 유전체 주석달기로 포유류 Ku 단백질과 상동성이 있는 박테리아 단백질이 밝혀졌다. 연구에 의하면 이들이 박테리아 연결효소와 연합하여 이중가닥 수선 과정의 단순한 형태로 작동하는 것으로 보인다.

필요하다면 유전체 복제 중 DNA 손상을 우회할 수 있다

만약 유전체 일부의 손상이 심하면, 수선 과정이 압도당할 수가 있다. 이때 세포는 죽느냐 아니면 오류-다발적(error-prone) 수선으로 딸 분자에 돌연변이가 일어나더라도 손상된 지역의 복제를 시도하느냐의 심각한 선택에 놓이게 된다. *E. coli*가 이러한 선택에 놓이게 되면, 말할 것도 없이 두 번째 과정을 선택해서 심한 손상지역을 우회하기 위한 여러 응급처리 과정을 유도한다

가장 잘 연구된 우회처리 과정은 **SOS 반응(SOS response)** 중 일부분으로 일어난다. 이 반응은 *E. coli* 세포는 화학적 돌연변이원이나 UV 조사에 노출되어 주형 폴리뉴클레오티드에 AP 자리나, 시클로부틸 이량체나 또는 다른 광생성물이 존재해도 복제를 진행한다. 정상적이라면 복제 복합체를 차단하거나 적어도 지연시키는 상황이다. 이러한 지점들을 우회하려면 **뮤타솜(mutasome)**의 조립이 필요하다. 뮤타솜은 DNA 중합효소 V(2개의 UmuD′ 단백질과 하나의 UmuC로 이루어진 삼량체로 $UmuD'_2C$ 복합체로 불리기도 한다)와 여러 개의 **RecA 단백질**로 이루어져 있다. RecA 단백질은 주로 DNA 수선과 재조합에 많은 역할을 하는 단일가닥 결합단백질이다. 우회 체계에서, RecA는 손상된 폴리뉴클레오티드 가닥을 덮어서, DNA 중합효소 V가 DNA 중합효소 III을 분리하고 손상된 지역을 통과하여 DNA 중합효소 III이 다시 인수받을 수 있을 때까지 오류-다발적 DNA 합성을 수행하게 해준다(그림 16.21). 따라서 DNA 중합효소 V는 **손상통과 중합효소(translesion polymerase)**이다.

RecA는 뮤타솜 우회 과정을 용이하게 하는 단일가닥 결합 단백질로 작용할 뿐 아니라, 전체적인 SOS 반응의 활성자 역할도 한다. 이 단백질은 심각한 DNA 손상의 존재를 알리는 화학적 신호로 (아직 발견되지 않았음) 활성화된다. 이것에 반응하여, RecA는 UmuD를 포함하여 다수의 직·간접적으로 표적 단백질을 절단한다. UmuD가 절단되면 활성형인 UmuD′으로 전환되고 뮤타솜 수선 과정이 개시된다. RecA는 또한 LexA 억제자 단백질을 절단하여, 정상적으로 LexA에 의해 억제되는 다수의 유전자의 발현 스위치를 켜 주거나 발현을 증가시킨다. 여기에는 *recA* 자신도 포함되며(RecA 합성은 50배가 증가한다), DNA 수선 경로에 관여하는 여러 단백질의 유전자가 포함된다. RecA는 또한 λ 박테리오파지 cI 억제자를 절단한다. 유전체에 삽입된 λ 프로파지가 있다면 이것은 절제되어 나와 좌초된 배를 떠날 것이다(14.3절).

SOS 반응은 주로 자신의 DNA를 복제하여 열악한 환경에서 살아갈 수 있도록 해주는 마지막 최선의 선택으로 보여진다. 그러나 생존의 대가는 증가된 돌연변이율이다. 뮤타솜은 손상을 수선하지 않고 손상된 부위의 폴리뉴클레오티드가 단순히 복제되도록 해줄 뿐이기 때문이다. 주형의 손상된 부위를 만나면 중합효소는 다소 무작위적으로 뉴클레오티드를 선택하지만, AP 자리에 A를 선호하는 경향이 있다. 결과적으로 복

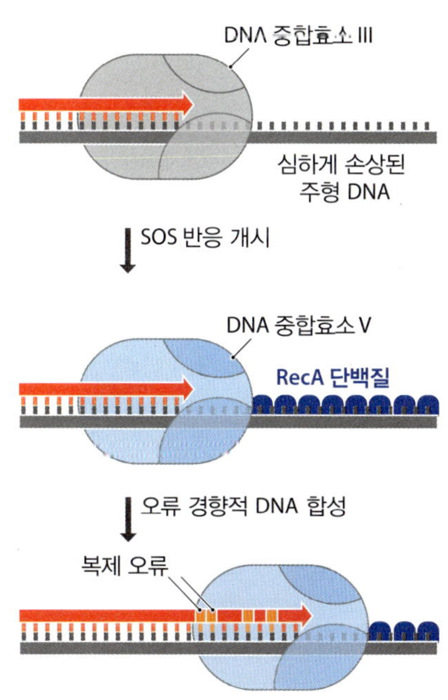

그림 16.21 *E. coli*의 SOS 반응.

제 과정 중 오류 발생률은 증가한다. 증가된 돌연변이율은 SOS 반응의 목표이라는 주장도 있다. 돌연변이는 어떤 점에서는 DNA 손상에 유리한 반응이기 때문이다. 그러나 이러한 생각에는 논쟁의 여지가 있다.

한 동안 SOS 반응이 박테리아의 유일한 손상우회 작용이라고 생각되어 왔다. 그러나 적어도 2개의 다른 *E. coli* 중합효소가, 다른 종류의 손상에 대한 것이기는 하지만, 유사한 방법으로 작용한다는 것을 알려졌다. 하나는 AP 자리나 2-아세틸아미노플로렌(acetylaminofluorene)과 같은 화학적 돌연변이원과 결합한 디옥시구아닌과 같이 돌연변이원과 결합한 뉴클레오티드를 우회하는 DNA 중합효소 II이다. 다른 하나는 DNA 중합효소 IV로서(DinB로 불리기도 한다) 두 부모 폴리뉴클레오티드가 교차-결합(cross-link)된 주형 DNA 지역을 복제할 수 있다. 손상통과 중합효소는 또한 진핵생물 세포에서도 발견되었다. 시클로부틸 이량체를 우회할 수 있는 DNA 중합효소 η과 기능이 잘 알려지지 않은 DNA 중합효소 ι와 ζ가 여기에 속한다.

DNA 수선의 결함이 암을 비롯한 사람 질병의 원인이다

DNA 수선의 중요성은 수선 과정의 결함과 연관된 사람 유전 질병의 수와 심각성으로 더욱 강조된다. 가장 잘 알려진 것이 색소성 건피증(xeroderma pigmentosum)이다. 이것은 뉴클레오티드 절제 수선에 관여하는 여러 단백질의 유전자 중 어느 하나의 돌연변이로도 발생할 수 있다. 뉴클레오티드 절제는 사람 세포가 시클로부틸 이량체와 다른 광생성물을 수선할 수 있는 유일한 방법이다. UV 조사에 대한 과민증이 색소성 건피증에 속한다는 것은 놀라운 것이 아니다. 환자가 햇빛에 노출되면 정상인보다 더 많은 돌연변이를 겪게 되고 종종 피부암으로 발전한다. 트리코티오디스트로피(trichothiodystrophy) 또한 뉴클레오티드 절제 수선의 결함으로 생긴다. 그러나 이것은 좀 더 복잡한 질병으로 암을 일으키지는 않으나 피부와 신경계에 문제를 일으킨다.

뉴클레오티드 절제 수선의 전사-동시 구성 인자의 결함과 연관된 질병도 몇 개 있다. 유방암과 난소암에 관여하는 *BRCA1* 유전자는, 적어도 간접적으로, 전사 동반 수선에 관여하는 단백질을 암호화하는 유전자로 이러한 암에 민감성을 부여한다. 코케인 증후군(Cockayne syndrome)은 성장과 신경장애 증세가 나타나는 복잡한 질병이다. 아탁시아 기능장애(Ataxia telangiectasia)는 전리선 민감성에 속하는 증후군으로 손상-검색 과정에 관여하는 *ATM* 유전자의 결함으로 생긴다. DNA 수선의 붕괴와 연관된 다른 질병으로는 블룸스(Bloom's) 그리고 워너(Werner's) 증후군이 있다. 이들은 NHEJ에 관여하는 RecQ DNA 헬리케이즈의 불활성화로 발생한다. 유전성 비용종성 대장직장암(hereditary nonpolyposis colorectal cancer)은 부정합 수선의 결함으로 발생한다. 일부 유형의 척수소뇌성 운동실조증(spinocerebellar ataxia)은 단일-가닥 절단 수선 경로의 결함으로 발생한다. 이러한 질병의 유전적 배경을 이해하는 것은 질병을 다루기 이한 치료법을 고안하기 위해서만 필요한 것은 아니다. 질병은 또한 DNA 수선의 생화학적 기초에 대한 고유의 정보를 제공한다. 예를 들어, 판코니 빈혈(Fanconi's anemia)은 1927년 처음 알려진 희귀 질병으로, 100,000명 중 1명의 빈도로 나타난다. 이 유형의 빈혈을 앓는 환자는 DNA의 교차-결합을 일으키는 화학 물질에 민감하다. 이 질병은 적어도 16개의 다른 유전자의 돌연변이 결과로서 일어날 수 있다는 것으로 이러한 유형의 DNA 손상 수선 경로가 밝혀지게 되었다.

요약

- 돌연변이는 DNA 분자의 뉴클레오티드 서열의 변화다.
- 점돌연변이는 단일 뉴클레오티드에만 영향을 미친다. 돌연변이는 또한 뉴클레오티드에 삽입 또는 결손에 의해 발생할 수 있다.
- 돌연변이는 DNA 복제 중 실수로 일어날 수 있다. DNA 중합효소가 고도의 정확성을 위해 뉴클레오티드 선별 과정과 교정 기능을 가지고 있음에도 불구하고, 호변이성체 뉴클레오티드가 주형에 존재하면 검색 작용을 피해갈 수 있다.
- 미끄러짐이라고 불리는 두 번째 유형의 복제 오류는 삽입 또는 결손 돌연변이를 가져올 수 있다.
- 돌연변이를 가져오는 여러 종류의 화학적 물리적 제재가 있다.
- 어떤 화합물은 염기 유사체로 작용하여 복제기계가 진정한 뉴클레오티드로 오인하여 돌연변이를 일으킨다.
- 탈아미노화와 알킬화 제제는 직접적으로 DNA 분자를 공격한다. 에티디움 브로마이드와 같은 삽입 인자는 염기쌍 사이에 끼어들어 나선이 복제될 때 삽입이나 결손을 일으킨다.
- UV 조사는 인접 뉴클레오티드가 서로 연결되어 이량체를 만든다. 전리선 조사와 고온은 다양한 유형의 손상을 초래한다.
- 모든 세포는 DNA 수선 과정을 가지고 있어서 많은 돌연변이를 정정할 수 있다. 직접 수선 체계는 흔하지 않다.
- 직접 수선 체계는 흔하지 않으나, UV에 의해 유도된 뉴클레오티드 이량체의 제거와 같은 일부 염기 손상을 정정하는 몇 가지가 알려져 있다.
- 절제 수선 과정은 손상 지점이 있는 폴리뉴클레오티드의 조각을 절제하고 DNA 중합효소에 의해 정확한 뉴클레오티드 서열을 재합성하는 것이다.
- 부정합 수선은 복제 오류를 정정하는 것으로, 돌연변이를 가진 단일가닥 DNA 조각을 절제해 내고, 그 결과로 생기는 간극를 수선하는 것이다.
- 비상동성 말단-연결은 이중-가닥 절단을 수선하는 데 사용된다.
- DNA 복제 중 손상을 우회하는 과정이 있다. 이들 대부분은 심하게 변형된 유전체를 구조하는 응급 체계로 작동한다.
- DNA 수선의 결함은 종종 여러 유형의 암을 비롯 질병을 유발한다.

단답형 문제

1. DNA 중합효소가 DNA 복제 중 정확성을 최대화하기 위해 어떤 작용방법을 사용하는지 설명하라.
2. 호변이성체들이 복제에 실수를 유발하는 방법을 간단히 설명하라.
3. "복제 미끄러짐"이라는 용어의 의미를 설명하라.
4. 2-아미노퓨린 염기 유사체가 어떻게 DNA에 돌연변이를 만드는가?
5. UV 조사가 DNA 구조에 미치는 영향을 설명하라.
6. 고온이 DNA 구조에 어떤 영향을 미치는가?

7. 박테리아와 진핵세포에서 알려진 직접적 돌연변이 손상 수선 경로를 설명하라.
8. 염기 절제 수선경로 중 일어나는 단계를 간단히 설명하라.
9. *E. coli*의 뉴클레오티드 절제 수선경로의 특징을 설명하라.
10. *E. coli*의 부정합 수선 과정 중 부모와 딸 가닥을 어떻게 구별하는가?
11. DNA의 이중-가닥 절단을 수선하는 비상동 말단-연결 체계 경로란 무엇인가?
12. *E. coli*의 SOS 반응에서 RecA 단백질의 역할은 무엇인가?

사고형 문제

1. 퓨린-퓨린 또는 피리미딘-피리미딘 점돌연변이는 비교차성 염기치환이라 불리고, 퓨린-피리미딘(또는 그 반대) 변화는 교차성 염기치환이라 불리는 이유를 설명하라.
2. 다수의 돌연변이에서 교차성 대 비교차성 염기치환의 비율이 어떠할 것으로 추정되는가?
3. 단백질-암호 유전자 돌연변이는 단백질 산물의 단백질 기능을 변화시키거나 비활성화 시키는 아미노산 서열의 변화를 가져올 수 있다. 부모 중 하나로부터 돌연변이 유전자를 물려 받은 사람은 유전적 질병을 앓을 수 있다. 그러나 이러한 모든 질병이 즉시 나타나지 않는다. 일부는 늦게 발병하고 일부는 노년에 발현한다. 돌연변이가 늦게 발병하는 것인지 또는 침투력이 없는 것인지를 설명할 수 있는 메커니즘을 만들어보라.
4. *Deinococcus radiodurans* 박테리아는 방사선과 기타 물리적 화학적 돌연변이원에 대하여 높은 저항력을 가진다. 이러한 *Deinococcus radiodurans*의 특징이 어떻게 유전체 서열에 기인하는 것으로 생각될 수 있는지 설명해보라.
5. DNA 수선의 결함이 종종 암으로 진행되는 이유는 무엇인가?

Further Reading

Causes of mutations

Drake, J.W., Glickman, B.W. and Ripley, L.S. (1983) Updating the theory of mutation. *Am. Sci.* 71:621–630. *A general review of mutation.*

Fijalkowska, I.J., Jonczyk, P., Tkaczyk, M.M., et al. (1998) Unequal fidelity of leading strand and lagging strand DNA replication on the *Escherichia coli* chromosome. *Proc. Natl Acad. Sci. USA* 95:10020–10025.

Kunkel, T.A. (2004) DNA replication fidelity. *J. Biol. Chem.* 279:16895–16898. *Covers the processes that ensure that the minimum number of errors are made during DNA replication.*

Trinucleotide repeat expansion diseases

Lee, D.-Y. and McMurray, C.T. (2014) Trinucleotide expansion in disease: why is there a length threshold? *Curr. Opin. Genet. Dev.* 26:131–140.

McMurray, C.T. (2010) Mechanisms of trinucleotide repeat instability during human development. *Nat. Rev. Genet.* 11:786–799.

Orr, H.T. and Zoghbi, H.Y. (2007) Trinucleotide repeat disorders. *Annu. Rev. Neurosci.* 30:575–621.

Sutherland, G.R., Baker, E. and Richards, R.I. (1998) Fragile sites still breaking. *Trends Genet.* 14:501–506.

Direct repair

Hearst, J.E. (1995) The structure of photolyase: using photon energy for DNA repair. *Science* 268:1858–1859.

Yi, C. and He, C. (2013) DNA repair by reversal of DNA damage. *Cold Spring Harb. Perspect. Biol.* 5:a012575.

Zhong, D. (2015) Electron transfer mechanisms of DNA repair by photolyase. *Annu. Rev. Phys. Chem.* 66:691–715.

Excision repair

David, S.S., O'Shea, V.L. and Kundu, S. (2007) Base-excision repair of oxidative DNA damage. *Nature* 447:941–950.

Kamileri, I., Karakasilioti, I. and Garinis, G.A. (2012) Nucleotide excision repair: new tricks with old bricks. *Trends Genet.* 28:566–573.

Krokan, H.E. and Bjørås, M. (2013) Base excision repair. *Cold Spring Harb. Perspect. Biol.* 5:a012583.

Krwawicz, J., Arczewska, K.D., Speina, E., et al. (2007) Bacterial DNA repair genes and their eukaryotic homologues: 1. Mutations in genes involved in base excision repair (BER) and DNA-end processors and their implication in mutagenesis and human disease. *Acta Biochim. Pol.* 54:413–434. *Gives details of DNA glycosylases and their substrates.*

Mismatch repair

Jiricny, J. (2013) Postreplicative mismatch repair. *Cold Spring Harb. Perspect. Biol.* 5:a012633.

Kolodner, R.D. (1995) Mismatch repair: mechanisms and relationship to cancer susceptibility. *Trends Biochem. Sci.* 20:397–401.

Kunkel, T.A. and Erie, D.A. (2015) Eukaryotic mismatch repair in relation to DNA replication. *Annu. Rev. Genet.* 49:291–313.

Li, G.-M. (2008) Mechanisms and functions of DNA mismatch repair. *Cell Res.* 18:85–98.

Repair of DNA breaks

Davis, A.J. and Chen, D.J. (2013) DNA double strand break repair via non-homologous end-joining. *Transl. Cancer Res.* 2:130–143.

Lieber, M.R. (2010) The mechanism of double-strand DNA break repair by the nonhomologous DNA end-joining pathway. *Annu. Rev. Biochem.* 79:181–211.

Walker, J.R., Corpina, R.A. and Goldberg, J. (2001) Structure of the Ku heterodimer bound to DNA and its implications for double-strand break repair. *Nature* 412:607–614.

Wilson, T.E., Topper, L.M. and Palmbos, P.L. (2003) Non-homologous end-joining: bacteria join the chromosome breakdance. *Trends Biochem. Sci.* 28:62–66. *Evidence for NHEJ in bacteria.*

Bypassing DNA damage

Goodman, M.F. and Woodgate, R. (2013) Translesion DNA polymerases. *Cold Spring Harb. Perspect. Biol.* 5:a010363.

Johnson, R.E., Prakash, S. and Prakash, L. (1999) Efficient bypass of a thymine-thymine dimer by yeast DNA polymerase, Polη. *Science* 283:1001–1004.

Sutton, M.D., Smith, B.T., Godoy, V.G. and Walker, G.C. (2000) The SOS response: recent insights into *umuDC*-dependent mutagenesis and DNA damage tolerance. *Annu. Rev. Genet.* 34:479–497.

Repair and disease

Hanawalt, P.C. (2000) The bases for Cockayne syndrome. *Nature* 405:415–416.

O'Driscoll, M. (2012) Diseases associated with defective responses to DNA damage. *Cold Spring Harb. Perspect. Biol.* 4:a012773.

Walden, H. and Deans, A.J. (2014) The Fanconi anemia DNA repair pathway: structural and functional insights into a complex disorder. *Annu. Rev. Biophys.* 43:257–278.

Wei, L., Lan, L., Yasui, A., et al. (2011) *BRCA1* contributes to transcription-coupled repair of DNA damage through polyubiquitination and degradation of Cockayne syndrome B protein. *Cancer Sci.* 102:1840–1847.

재조합과 전위

CHAPTER 17

재조합(recombination)은 원래 감수분열에서 상동 염색체의 쌍 사이에서 이루어지는 교차 반응의 결과를 설명하기 위해 유전학자들이 사용했던 용어다. 교차(crossing over)는 부모의 염색체와 다른 대립형질 조합을 갖는 딸 염색체를 만든다(3.3절). 1960년대에 교차에 기초한 분자 모델이 만들어졌다. 그에 따라 분자 재조합의 핵심은 DNA 분자의 절단과 곧 이어지는 재연결이라는 것을 알게 되었다. 지금은 폴리뉴클레오티드의 절단과 재결합에 관여하는 여러 가지 과정을 재조합이라고 부른다. 이들은 다음의 것들을 포함하고 있다:

- **상동 재조합(homologous recombination)**, **일반 재조합[general**(또는 generalized) **recombination]**이라고도 불린다. 이것은 염기 서열의 상동성이 매우 높은 DNA 분자 조각 사이에서 일어난다. 이 조각은 다른 염색체 상에 존재할 수도 있고 하나의 염색체의 서로 다른 두 부분일 수도 있다(그림 17.1A). 상동 재조합은 감수분열에서의 교차에 관여하고 원래는 이 내용으로 연구되어졌었다. 그러나 현재는 세포 내에서 상동 재조합의 일차적인 역할은 DNA 수선으로 알려졌다.
- **위치-특이적 재조합(site-specific recombination)**은 몇몇 염기쌍에 불과한 짧은 구간의 유사한 서열을 가진 DNA 조각 사이에서만 일어난다(그림 17.1B). 위치-특

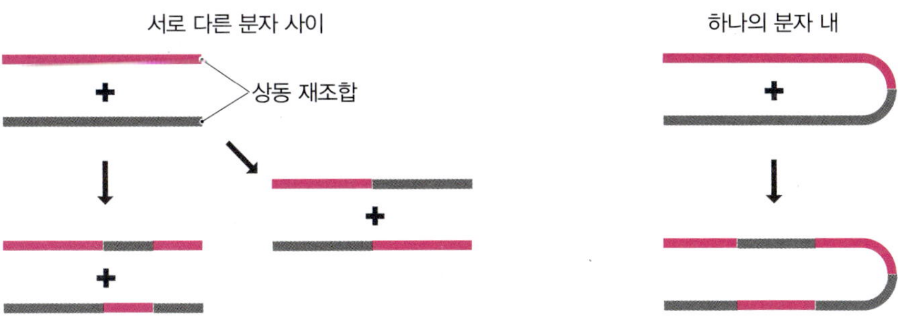

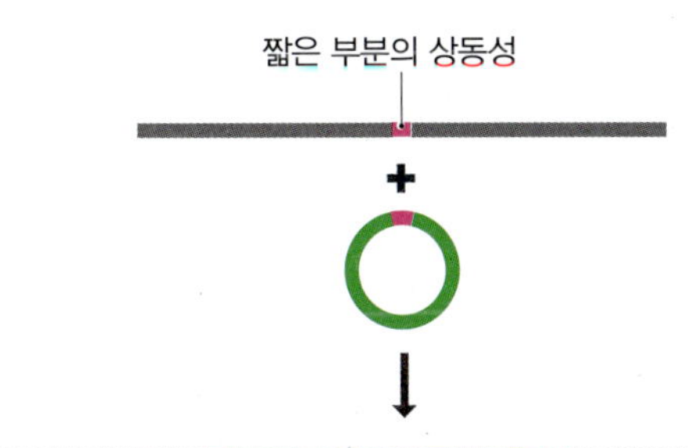

그림 17.1 2종류의 서로 다른 재조합 형태.

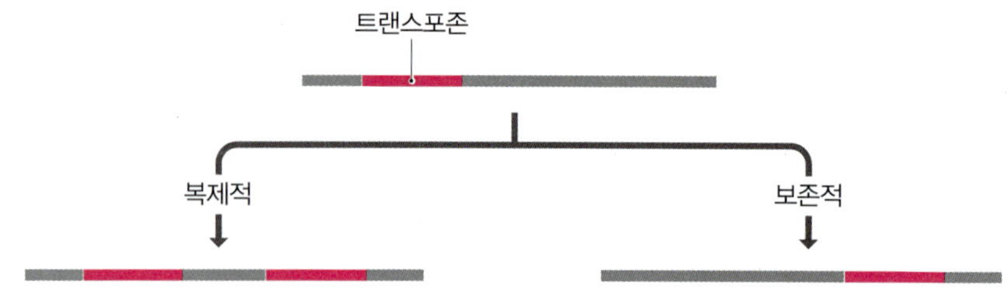

그림 17.2 **전위.** 복제적 전위로 원래의 트렌스포존은 그 자리에 있고 새로운 사본이 유전체 어딘가에 나타난다. 보존적 전위에서 트렌스포존은 새로운 자리로 이동한다.

이적 재조합은 λ와 같은 파지 유전체를 박테리아 염색체에 삽입하는 역할을 한다.

앞에서 다룬 효모에서의 교배형 전환(그림 14.16 참조) 등을 포함하여 우리가 살펴본 여러 가지 다른 사건들과 면역글로블린 유전자(그림 14.19 참조)의 구성 등도 재조합의 결과다.

전위(transposition)는 유전체의 한 위치에서 다른 위치로 DNA 조각을 운반하는 결과를 가져오며, 일반적인 재조합을 사용하지만 재조합의 한 유형은 아니다(**그림 17.2**). 재조합과 전위는 유사한 결과를 만든다. 두 가지 모두 유전체 내 DNA 조각의 재배열을 가져온다.

재조합이 없다면 유전체는 최소한의 변화만 일어나는 비교적 안정적인 구조를 유지할 것이다. 장시간에 걸친 돌연변이의 점진적인 누적으로 작은 규모의 유전체 뉴클레오티드 서열에 변화를 초래할 것이지만, 강력한 구조의 변화는 일어나지 않을 것이며, 유전체의 진화 잠재력은 더욱 위축될 것이다.

17.1 상동 재조합

상동 재조합에 대한 연구는 분자생물학자들에게 아직도 완전히 해결되지 않은 두 가지 중요한 도전 과제를 제시한다. 첫 번째 도전과제는 재조합 과정에 일어나는 폴리뉴클레오티드의 절단과 재연결을 포함하는 일련의 상호작용을 설명하는 것이다. 이 노력의 결과로 얻어진 상동 재조합의 모델은 아래에 설명되어 있다. 두 번째 도전과제는 DNA가 관여하는 다른 세포학적 과정(전사와 복제 등)들과 마찬가지로 재조합 역시 효소와 여러 단백질에 의해 수행되고 조절된다는 사실과 관련이 있다. 생화학적 연구로 일련의 연관된 재조합 경로가 밝혀졌는데, 이들 경로에 관련된 연구로 상동 재조합이 몇몇 중요한 DNA 수선에 기초가 된다는 것을 인식하게 되었다. 이 상동 재조합의 수선 능력은 염색체들 사이의 교차를 일으키는 역할보다 세포(특히 박테리아 세포)에게 더욱 중요할 것이다.

상동 재조합에 대한 홀리데이와 메젤슨-레딩 모델

1960년대와 1970년대에 로빈 홀리데이(Robin Holliday), 매튜 메젤슨(Matthew Meselson) 및 동료들이 많은 문제들을 극적으로 해결하면서 상동 재조합을 이해하게 되었다. 이들의 연구로 DNA 교차 과정에 일어나는 것으로 알려진 DNA 분자의 절단과 재연결로 염색체 조각의 교환이 어떻게 일어날 수 있는가를 보여주는 일련의 모델이 제시되었다. 그러므로 우리는 이들 모델을 검토하는 것으로 상동 재조합에 대한 공부를 시작하고자 한다.

홀리데이와 메젤슨-레딩 모델은 동일하거나 또는 거의 동일한 서열을 갖는 2개의 상동 이중가닥 분자 사이에서 일어나는 재조합을 설명한다. 이들 모델의 중심이 되는 특징은 2개의 상동 분자 사이에 폴리뉴클레오티드 조각의 교환으로 **이형이중나선(hetero-**

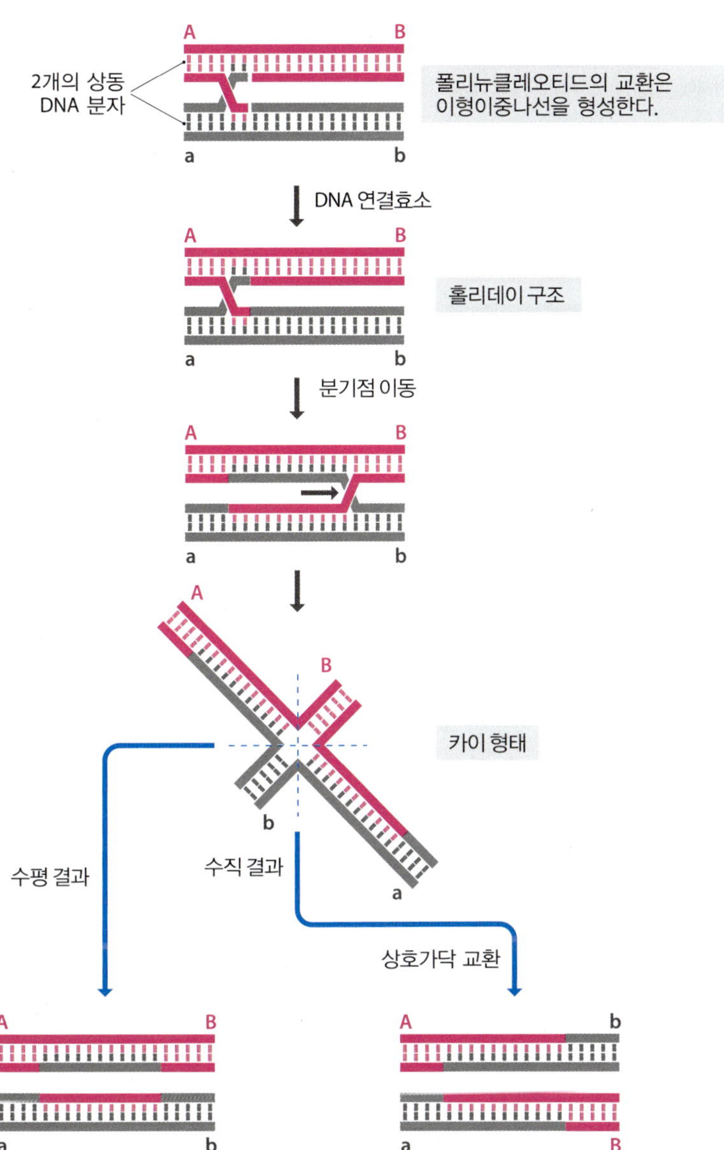

그림 17.3 상동 재조합의 홀리데이 모델.

duplex)을 형성하는 것이다(그림 17.3). 이형이중나선은 운반된 가닥과 받아들이는 폴리뉴클레오티드 분자 사이의 완전한 염기쌍 형성으로 안정화된다. 이 염기쌍 형성은 두 분자의 염기 서열이 유사하기 때문에 가능하다. 이어서 틈새가 DNA 연결효소에 의해 메워지면서 **홀리데이 구조(Holliday structure)**를 만든다. 이 구조는 역동적으로 **분기점 이동(branch migration)**을 하기 때문에 만약 2개의 나선이 동일한 방향으로 회전한다면 비교적 긴 DNA 조각의 교환이 일어난다.

홀리데이 구조의 분리 또는 **해리(resolution)**는 분기점을 가로지르는 절단으로 분리된 이중가닥 분자가 만들어진다. 절단은 두 방향 모두 가능하기 때문에 이것이 전체 과정의 열쇠가 된다. 홀리데이 구조의 3차원적 구조 또는 **카이 형태(chi form)**를 살펴보면 이것이 좀 더 명확해진다(그림 17.3 참조). 이 2개 다른 절단은 전혀 다른 결과를 가져온다. 만약 절단이 카이 형태를 가로 질러 왼쪽에서 오른쪽으로 이루어지면(그림 17.3에서 수평적 해리로 표시), 홀리데이 구조의 분기점이 이동한 거리에 따라 짧은 조각의 폴리뉴클레오티드가 두 분자 사이에서 이동하는 일만 일어난다. 반면에 아래-위 절단(그림 17.3에서 수직 해리)이 일어나면은 **상호가닥 교환(reciprocal strand exchange)**이 일어나고, 이중가닥 DNA가 두 분자 사이에서 전달되어 한 분자의 말단이

그림 17.4 상동 재조합의 개시에 관한 2가지 설명. (A) 상동 재조합의 초기 모델에서 설명하는 개시. (B) 이형이중나선의 형성에 보다 그럴듯한 일련의 사건을 제안하는 메젤슨-레딩의 변형.

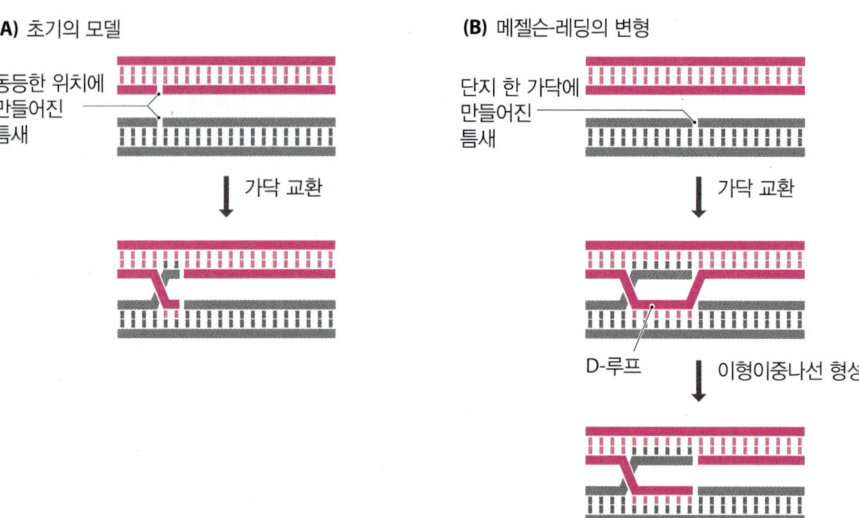

다른 분자의 말단과 교환된다. 이것이 교차에서 볼 수 있는 DNA 이동이다.

지금까지 우리는 이 모델의 한 가지 측면을 무시해 왔다. 이것은 이형이중나선을 만들기 위해 처음에 2개의 이중나선 DNA가 상호작용하는 방법이다. 홀리데이의 초기 도안에서는 두 분자가 서로 정렬한 후 각각의 나선의 동등한 위치에 단일가닥 틈이 나타난다. 그 결과 서로 교환될 수 있는 자유로운 단일가닥 말단이 생성되어, 이형이중나선을 만들게 된다(그림 17.4A). 모델의 이러한 특징은 각각의 분자에서 정확히 동일한 위치에 틈새가 만들어지게 할 수 있는 메커니즘을 설명할 수 없다는 지적을 받았었다. 메젤슨-레딩의 변형은 보다 만족스러운 설명을 제안하였다. 즉, 단일가닥 틈새가 이중나선의 하나에서만 일어나며, 이때 만들어진 자유로운 말단이 상동성 이중나선 부위에 침투(invading)하여 가닥 중의 하나를 대체하여 **D-고리(D-loop)**를 형성한다는 것이다(그림 17.4B). 곧이어 단일가닥 부위와 염기쌍을 이룬 부위 사이의 접점에서 일어나는 대체된 가닥의 절단으로 이형이중나선이 만들어진다.

상동 재조합의 이중가닥 절단 모델

상동 재조합의 홀리데이 모델이 초기 형태이거나 메젤슨과 레딩에 의해 변형된 형태이거나에 무관하게, 감수분열 과정에서 교차가 어떻게 일어나는가를 설명하기는 하였다. 그러나 부적당한 점을 가지고 있었기에 대체 모델이 만들어졌다. 특히 홀리데이 모델은 처음에는 효모와 균류에서 관찰되었지만, 이제는 많은 진핵생물에서도 일어나는 것으로 알려진 **유전자 전환(gene conversion)**을 설명할 수 없었다. 효모는 한 쌍의 배우자(gamete)가 융합한 후 접합자(zygote)가 만들어지고, 이들은 각각의 유전자형을 확인할 수 있는 4개의 반수체 포자를 갖고 있는 자낭(ascus)을 만든다(그림 14.15 참조). 만약 배우자가 특정 부위에 서로 다른 대립형질을 가지고 있다면, 정상적인 환경에서는 포자 중에 2개가 한 가지 유전자형을 갖고, 다른 2개는 다른 유전자형을 가질 것이다. 그러나 때로 예상했던 2:2 분리 패턴이 아닌 의외의 3:1 비율이 나타난다(그림 17.5). 이것을 유전자 전환이라고 부른다. 이 비율은 아마도 배우자의 융합 이후

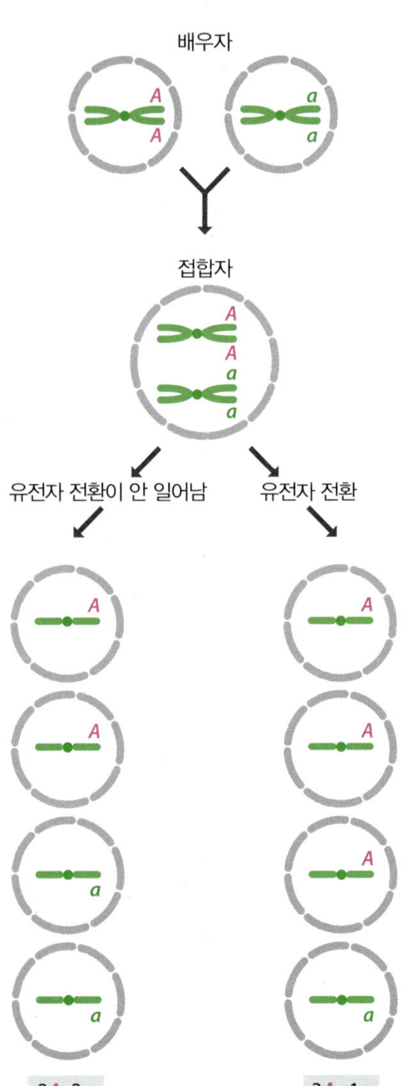

그림 17.5 유전자 전환. 하나의 배우자는 대립형질 *A*를 가지고 있고 다른 배우자는 대립형질 *a*를 가지고 있다. 이들의 융합은 4개의 반수체 포자를 갖는 하나의 자낭을 만드는 접합자를 생산한다. 정상적으로는 포자 중의 2개는 대립형질 *A*를 갖고 다른 2개는 대립형질 *a*를 갖게 된다. 그러나 유전자 전환이 일어나면 이 비율이 바뀌어 여기에서 보여주는 것처럼 3*A*:1*a*로 바뀐다.

에 일어나는 감수분열 도중에 대립형질 중의 하나가 재조합에 의해 한 가지 형에서 다른 형으로 전환되어야만 설명할 수 있다.

이중가닥 절단(DSB) 모델은 재조합 동안에 유전자 전환의 기회를 제공한다. 이 모델에 의하면 상동 재조합은 메젤슨-레딩의 개념에서와 같이 단일가닥 틈새로 시작하는 것이 아니라, 재조합 파트너 중의 하나를 두 조각으로 만드는 이중가닥 절단에 의해 시작된다(**그림 17.6**). 이중가닥 절단 후에 분자의 각 반쪽에서 한 가닥만 짧아져서 각각의 말단이 3′ 돌출 부위를 갖게 된다. 이들 돌출 부위 중의 하나가 메젤슨-레딩의 모델에서 설명한 방법과 유사한 방법으로 상동 DNA 분자로 파고들어, 홀리데이 접점을 만든다. 만약 파고들은 가닥이 DNA 중합효소에 의해 연장되면 이 접점은 이형이중나선을 따라 이동할 수 있다. 이형이중나선을 완성하기 위해서는 다른 절단된 가닥(홀리데이 접점에 관여하지 않은 가닥)도 역시 연장되어야 한다. 모든 DNA의 합성은, 절단되지 않은 파트너의 동일한 부위를 주형으로 사용하여, 이중가닥 절단이 일어난 파트너에서 가닥이 연장된다는 것에 주목할 필요가 있다. 이것이 유전자 전환의 기본 원리이다. 왜냐하면 이것은 절단된 파트너에서 제거된 폴리뉴클레오티드 조각이 절단되지 않은 파트너로부터 복제된 DNA로 대체되는 것을 의미하기 때문이다. 연결된 후에 만들어진 이형이중나선은 여러 방법으로 해리될 수 있는 한 쌍의 홀리데이 구조를 갖게 된다. 일부는 유전자 전환으로 그리고 다른 것은 기본적인 상호가닥 교환 등으로 이루어진다. 유전자 전환의 예를 그림 17.6에서 보여주고 있다

DSB가 처음에는 효모의 유전자 전환을 설명하는 메커니즘으로 제안되었지만, 현재는 모든 생물에서 상동 재조합이 일어나는 방법에 가장 가까운 것으로 생각되고 있다. 이 모델을 받아들이는 데는 2가지 이유가 있다. 첫 번째는 1989년에 감수분열 동안의 염색체에서 영양세포에서 관찰되는 것 보다 100~1,000배 정도 많은 이중가닥 절단이 이루어진다는 것이 관찰되었다. 이중가닥 절단의 형성이 감수분열의 내재적인 부분일 것이라는 점으로 DSB 모델이 확연히 선호되는 반면, 하나 또는 그 이상의 단일가닥이 잘리면서 재조합이 시작된다는 모델은 사라졌다. DSB 모델을 받아들이게 하는 두 번째 요인은 상동 재조합이 DNA 수선에 관여하며, 특히 복제 중 일어나는 비정상적인 이중가닥 절단의 수선을 책임진다는 것을 알게 된 일이다. 홀리데이와 메젤슨-레닝 모델로는 상동 재조합의 이러한 측면을 설명되지 않는다. 반면에 이중가닥 절단 수선은 DSB 모델이 분명히다. 상동 재조합의 생화학적 기초를 다룬 후 DNA 수선을 다시 다루고자 한다.

박테리아의 RecBCD는 상동 재조합에서 가장 중요한 경로이다

상동 재조합은 모든 생명체에서 일어나지만 다른 많은 분자생물학적 관점과 마찬가지로 이 과정이 어떻게 일어나는지에 대한 이해의 초기 발전은 *E. coli*를 이용하여 만들어졌다. 박테리아는 감수분열을 하지 않지만, 하나의 박테리아에서 유래한 DNA가 다른 세포로 이동하면 상동 재조합에 의한 교차가 일어나고, 그 결과 공여된 DNA가 수여된 세포의 염색체에 삽입된다(그림 3.25 참조). 상동 재조합의 생화학적 이해에 대한 첫 돌파구는 돌연변이로 다수의 *E. coli* 유전자가 발견되면서 만들어졌다. 이들 유전자가 돌연변이로 비활성화되면 재조합의 결함이 생기는 것으로 봐서 이들의 단백질 산물이 어떤 방법으로든 이 과정에 관여한다는 것을 의미하였다. 2가지 서로 다른 재조합 시스템이 발견되었다. 이들은 RecBCD, RecFOR 경로인데, 박테리아에서는 RecBCD 경로가 가장 중요하다.

RecBCD 경로에서는 재조합이 **RecBCD 복합체(RecBCD complex)**에 의해 이루어진다. 이 효소는 이름에서 알 수 있듯이, 3가지 다른 단백질로 이루어져 있다. 이들 중

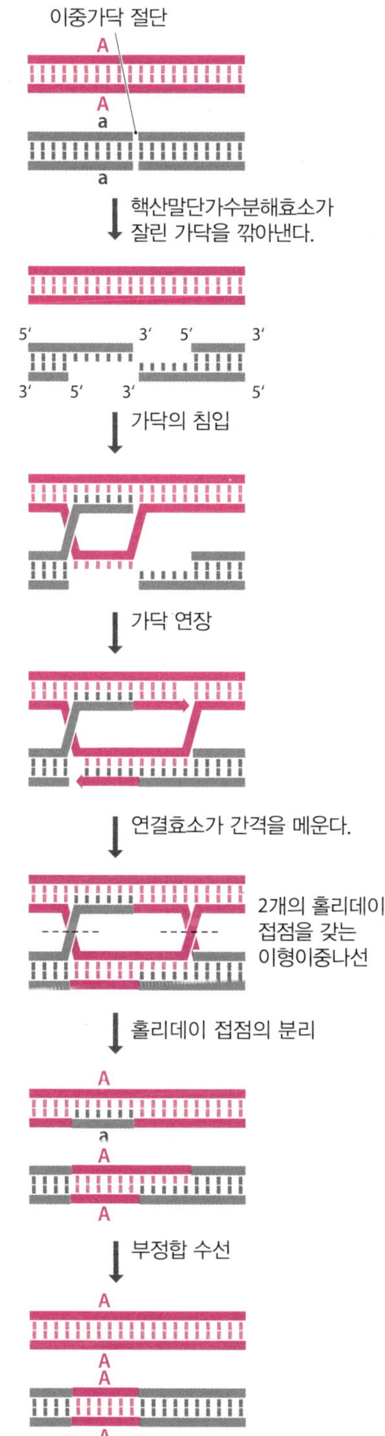

그림 17.6 상동 재조합의 이중가닥 절단 모델. 이 모델은 유전자 전환이 어떻게 일어날 수 있는 가를 보여주고 있다.

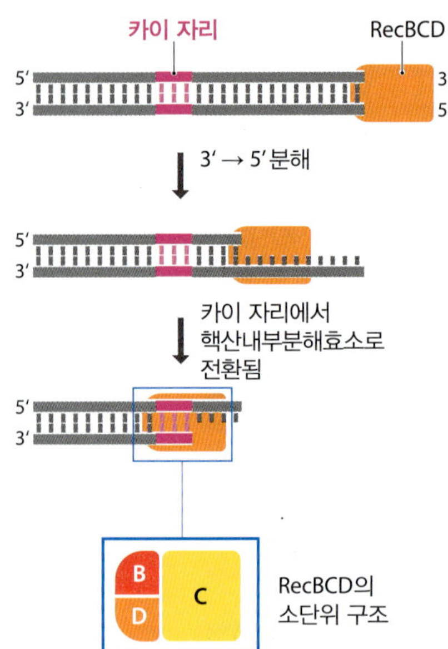

그림 17.7 *E. coli* 상동 재조합의 RecBCD 경로. DNA를 따라 RecBCD 복합체의 이동은 RecB의 핵산외분해효소 활성으로 인하여 위쪽 가닥의 3′→5′ 분해와 동반되어 일어난다. 카이 자리를 만나게 되면 핵산외분해효소 활성이 억제되고 RecB 핵산내분해효소는 아래 가닥을 자르면서 3′-돌출부를 만든다. 중간에서 보이는 것처럼, 만약 RecBCD가 일정 거리를 DNA를 따라 이동 카이 자리에 도달하면 5′-돌출부를 만들고 이것은 핵산내분해효소로 잘려 길이가 10여 개인 염기쌍보다 길지 않은 돌출부를 만든다.

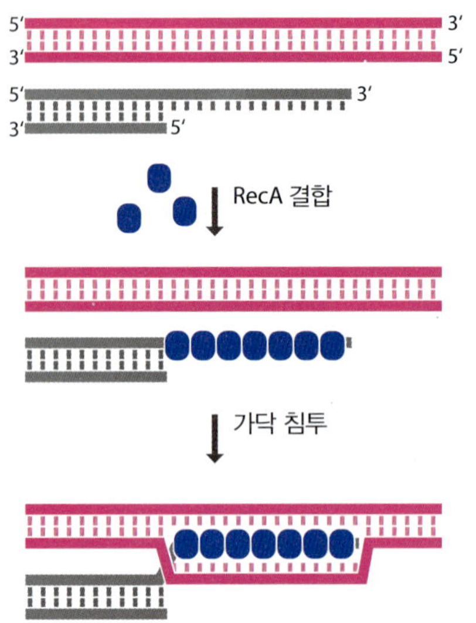

그림 17.8 *E. coli* 상동 재조합 과정에서 만들어지는 D-고리 형성에서의 RecA 단백질의 역할.

2개(RecB와 RecD)는 헬리카제이다. 상동 재조합을 시작하기 위해서는 염색체의 이중가닥 절단 부위 말단에 한 분자의 RecBCD 효소가 결합하여야 한다. DNA는 한 가닥을 따라 3′→ 5′ 방향으로 이동하는 RecB와 다른 가닥의 5′→ 3′ 방향으로 이동하는 RecD의 작용으로 풀려진다. RecB는 헬리카제이며, 동시에 3′→ 5′ 핵산말단가수분해효소의 작용도 가지고 있다. 따라서 이것이 결합하여 이동하는 자유 3′-말단을 갖고 있는 가닥을 점차적으로 분해한다(**그림 17.7**)

RecBCD는 **카이 자리**(**chi site, crossover hotspot initiator site**)라 불리며, *E. coli*에서 평균적으로 5 kb마다 나타나는 8개의 뉴클레오티드 공통서열인 5′-GCTGGTGG-3′를 만날 때까지 1초에 1 kb 속도로 DNA 분자를 따라 진행한다. 카이 자리에서 RecB-CD의 구조가 변경되면서 RecD 헬리카제가 분리되고 RecBCD 복합체의 속도는 처음 속도의 약 반 정도로 늦춰진다. 효소의 구조 변화로 RecB의 3′→ 5′ 핵산말단 가수분해효소로 활성이 현저히 낮추거나 완전히 없어진다. 그리고 이 단백질은 카이 자리 가까이에 있는 DNA 분자의 맞은편 가닥 내에 핵산내부분해효소 활성에 의한 단일 절단을 만든다(그림 17.7 참조). 결과적으로 RecBCD 효소는 DSB 모델에서 설명한 것과 같은 3′-말단이 돌출된 이중가닥 분자를 만든다(그림 17.6의 두 번째 그림 참조).

다음 단계는 이형이중나선의 형성이다. 이 단계는 RecA 단백질이 매개하는데, RecA는 온전한 이중나선에 파고들어 D-고리를 만들 수 있는 단백질이 코팅된 DNA 필라멘트를 형성할 수 있다(**그림 17.8**). D-고리 형성의 중간 형태는 파고든 폴리뉴클레오티드가 완전한 나선의 큰 홈에 자리하여 접촉하는 염기쌍과 수소 결합을 형성하는 3중 가닥 DNA 나선인 **3중** 구조(**triplex** structure)이다(그림 17.6의 세 번째 그림 참조).

분기점 이동은 3′ 돌출부가 파트너 분자 안으로 파고들어 형성된 이형이중나선의 분기점에 결합하는 RuvA와 RuvB 단백질에 의해 활성화된다. X-선 결정학 연구에 의하면 4개의 RuvA 사본이 직접 분기점에 결합하여 중심을 이루고 2개의 RuvB 고리(각각이 8개의 단백질로 이루어짐)가 양쪽 끝에 하나씩 결합하는 것으로 보인다(**그림 17.9**). 결과적으로 이 구조물은 분자 모터(molecular motor)와 같이 작용하여 나선을 원하는 방향으로 돌려서 분기점을 이동시킬 것이다. 분기점 이동은 무작위적인 과정이 아니고 5′-($^{A}/_{T}$)TT($^{G}/_{C}$)-3′ 서열에서 정지한다. $^{A}/_{T}$와 $^{G}/_{C}$는 그 지점에 둘 중의 아무 것이나 올 수 있다는 것을 의미한다. 이 서열은 *E. coli*에서 자주 발견되는 서열이기 때문에 처음 만나게 되는 모티프에서 항시 정지하지는 않을 것이다. 분기점 이동이 끝나면 2개의 RuvC가 핵심 RuvA에 결합하고, 아마도 2개의 RuvA 중 하나를 대체할 것이다. RuvC는 **해리효소**(**resolvase**)로 홀리데이 구조를 잘라 줌으로써 해리하는데, 이 절단은 인식서열의 2번째 T와 ($^{G}/_{C}$) 사이에서 만들어진다.

위의 설명에서는 RecBCD 경로에 의한 상동 재조합에서의 RecC 단백질의 자세한 역할이 빠져 있다. 최근의 X-선 결정학 연구에 의하면 RecC 단백질은 3개의 구조적 도메인으로 구성되어 있고, 이 중 2개는 헬리카제인 SF1 패밀리와 유사하고, 하나는 PD-(D/E)xK 핵산분해효소 도메인과 유사하다. [RecB는 SF1 헬리케이즈와 PD-(D/E)xK 핵산분해효소이다.] 즉, RecC 구조는 RecB와 구조적인 연관성이 있지만, 놀랍게도 RecC에는 핵심적 아미노산이 없어 RecC는 헬리케이즈도 핵산분해효소 활성도 없다. 핵산분해효소-유사 도메인은 DNA 분자와 접촉하는 능력이 있어서, RecC는 복합체를 안정화시키고 RecB와 RecD가 DNA에 적절하게 위치하도록 해준다. 또한 RecC가 스캐닝하는 능력이 있어서 카이 자리를 찾는 역할을 하고, 따라서 이형이중나선 형성으로 이어지는 RecBCD의 구조 변형을 시작하는 역할을 할 가능성이 있다.

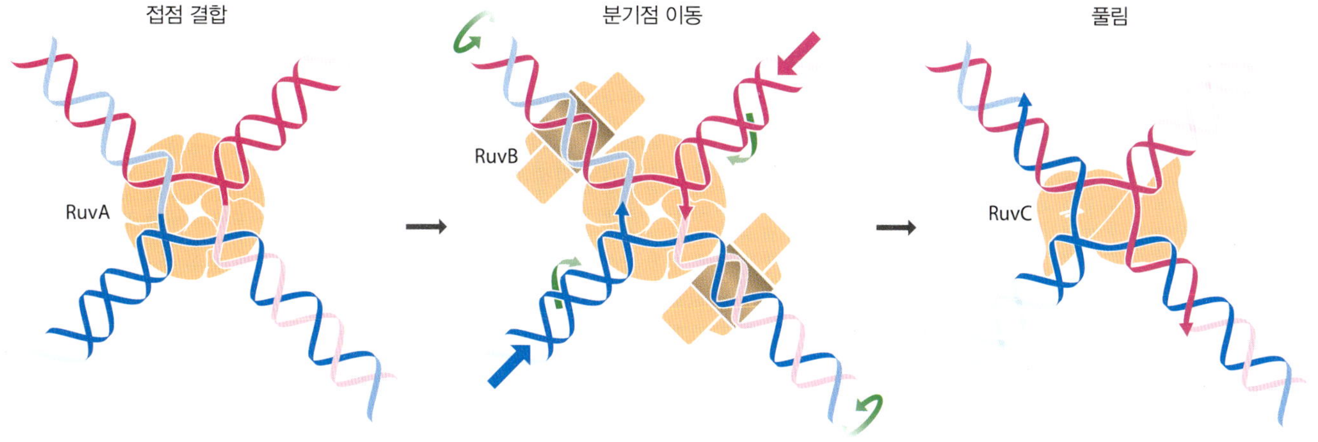

그림 17.9 ***E. coli*** **상동 재조합에서의 Ruv 단백질들의 역할.** 분기점 이동은 홀리데이 접점에 결합하는 RuvA 4 사본과 양쪽 옆에 자리하는 RuvB로 이루어진 구조에 의해 유도된다. 분기점이 이동한 후에 2개의 RuvC 단백질이 접점에 결합한다. 이 결합의 방향이 구조를 풀어주는 절단의 방향을 결정한다.

*E. coli*는 또한 RecFOR 경로를 통한 상동 재조합을 수행할 수 있다

RecBCD 시스템의 구성 인자가 없는 *E. coli* 돌연변이도 비록 낮은 효율이기는 하지만 상동 재조합을 수행할 수 있다. 이것은 박테리아가 **RecFOR**이라 불리는 다른 상동 재조합 경로를 가지고 있기 때문이다. 정상적인 *E. coli* 세포에서는 대부분의 상동 재조합이 RecBCD를 통해 이루어지지만, 이 경로가 돌연변이에 의해 비활성화되면 RecFOR 시스템이 대신 작용한다.

자세한 RecFOR 경로는 이제 알려지기 시작했고, 일반적인 메커니즘은 RecBCD와 유사한 것으로 밝혀지고 있다. RecFOR 경로의 헬리카제 활성화는 RecQ에 의해 이루어지며, 가닥의 5′-말단은 3′-돌출부를 남기고 RecJ에 의해 제거된다. 3′-돌출부는 RecF, RecQ 및 RecR의 공동작용으로 RecA 단백질에 의해 코팅된다. RecBCD와 RecFOR 경로의 구성성분 사이에는 상호교환이 잘 일어난다. 이것은 정상 경로의 하나 또는 일부 성분이 결합된 돌연변이에서 혼합 시스템이 작동하는 것으로 알 수 있다. 그러나 RecBCD 경로가 *E. coli* 유전체 전체에 산재해 있는 카이 자리에서 재조합을 시작할 수 있는 것과는 다르게 RecFOR은 한 쌍의 플라스미드 사이에서만 재조합을 시작할 수 있다. 또한 RecFOR은 심하게 파괴된 DNA의 복제에 의해 만들어진 단일가닥 간극의 재조합 수선에 관여하는 일차적인 경로이다.

*E. coli*는 이형이중나선을 형성하는 RecBCD, RecFOR 경로뿐만 아니라, 분기점 이동을 수행하는 대체 경로를 가지고 있다. RuvA나 RuvB가 없는 돌연변이도 상동 재조합을 수행할 수 있는데, 이것은 RecG라 불리는 헬리카제가 RuvAB의 기능을 대신할 수 있기 때문이다. RuvAB와 RecG가 단순히 상호 교환되는 것인지 또는 이들이 다른 재조합 시나리오에 특이적인 것인지는 아직 명확하지 않다. RuvC 돌연변이도 역시 상동 재조합을 수행할 수 있다. 이것은 *E. coli*가 홀리데이 구조를 풀 수 있는 다른 단백질을 가지고 있다는 것을 의미한다. 그러나 이 단백질(들)의 정체는 아직 알려지지 않았다.

진핵생물에서의 상동 재조합 경로

상동 재조합의 이중-가닥 절단 모델은 *E. coli*뿐만 아니라 모든 생명체에 존재하는 것으로 생각되고 있다. 이것은 처음에는 *Saccharomyces cerevisiae*에서 유전자 전환을 설명하기 위해 만들어졌다고 설명한 바 있다. 이 과정에 일어나는 생화학적 반응들은 모든 생명체에서 유사하며 몇몇 효모 단백질이 *E. coli*의 RecBCD 경로에서 일어나는 것과 동등한 기능을 수행하는 것으로 밝혀졌다. 특히 RAD51과 DMC1이라 불리는 두 종류의 단백질은 *E. coli*의 RecA와 상동성이 있다. RAD51과 DMC1의 특이적인 역할에 대해서는 아직 정확히 알려지지 않았지만 이들은 많은 상동 재조합에서 함께 또는 상호교환적으로 작용하는 것으로 생각된다. 이들 중의 하나 또는 다른 단백질이 없는 돌연변이들이 유사한 표현형을 가지며, 이 2가지 단백질은 감수분열 중인 핵 안의 동일한 위치에서 관찰되기 때문에 이러한 결론에 도달하게 되었다. RAD51과 DMC1의 상동 단백질 또한 사람을 포함하여 여러 진핵생물에서 발견되었다.

진핵생물 상동 재조합에서 한 가지 혼란스러운 점은 홀리데이 구조가 풀리는 메커니즘이다. 왜냐하면 수년간 *E. coli*에서 RuvC의 상동 단백질을 찾지 못했기 때문이다. 실제로 RuvC는 모든 박테리아에 일반적으로 존재하지 않으며, 일부 종들에서는 홀리데이 구조를 푸는 데 전혀 다른 형태의 핵산분해효소를 사용한다. 사람에서 처음 발견된 해리효소인 MUS81의 상동체를 *S. cerevisiae*와 *S. ponbe*에서도 발견하였다. 그러나 이 단백질은 RuvC와는 다르게 작동한다. MUS81이 홀리데이 구조를 해리할 수 있지만, 교차를 만들지는 않는다. 2008년 마침내 *S. cerevisiae*에서 GEN1 또는 Yen1이라 불리는 단백질이 진핵생물에서 RuvC와 기능적으로 대등하다는 것을 보여주었다. GEN1은 진핵생물의 핵산분해효소인 Rad1/XPG 패밀리에 속하는데, 지연-가닥 복제(15.3절)에 관여하는 FEN1 핵산내분해효소와 부정합 및 뉴클레오티드 절제 수선의 핵산분해효소(16.2절)도 이 패밀리에 속한다. 그러나 다른 효소는 어떤 것도 홀러데이 연접을 자를 수 없다. GEN1의 해리효소 활성은 부분적으로 **염색질 도메인(chromodomain)**으로 불리는 구조적 모티프의 존재 때문일 수 있다. 이 모티프는 다른 Rad1/XPG 핵산분해효소에서는 존재하지 않는다. 염색질 도메인은 자체적으로는 DNA-결합 능력이 없으며, GEN1 내의 염색질 도메인은 홀리데이 구조 위에 단백질이 위치하는 것을 도와주는 것으로 보인다. 그 결과 GEN1은 교차를 촉발하는 절단을 만드는 독특한 능력을 가지게 된다.

상동 재조합의 1차 기능은 DNA 수선으로 생각된다

유전학자들은 유성생식의 주요 특징을 교차로 생각하였기에, 상동 재조합의 초기 연구는 감수분열 동안 일어나는 사건에 편중되었다. 상동 재조합의 다른 역할은 RecBCD와 다른 재조합 경로의 구성성분에 결함이 있는 *E. coli*의 돌연변이체가 처음으로 조사되고 DNA 수선에 결함이 있는 것으로 밝혀지면서 분명해졌다. 오늘날 우리는 상동 재조합의 기본 기능은 대부분의 세포에서 복제후 수선(postreplicative repair)이며, 교차에서의 역할은 중요성 면에서 이차적인 것으로 믿고 있다.

상동 재조합은 복제 과정의 이상으로 딸 DNA 분자에 생긴 절단을 수선하는 과정에서 특히 중요하다. 이러한 이상의 하나는 재조합 기구가 사이클로부틸 이량체가 특히 많은 심하게 훼손된 유전체 조각을 복제하려고 할 때 발생한다. DNA 중합효소가 사이클로부틸 이량체를 만나면 주형 가닥을 더 이상 복제할 수 없게 되고 DNA 중합효소는 가장 가까운 정상 부위로 점프하여 복제 과정을 다시 시작한다. 결과적으로 딸 폴리뉴클레오티드 중의 하나는 간극을 갖게 된다(**그림 17.10**). 이 간극을 수선하는 방법 중의 하나가 두 번째 딸 이중나선에 존재하는 양친의 폴리뉴클레오티드로부터 동일한 DNA 조각을 옮겨오는 재조합 작업에 의한 것이다. 이제 두 번째 이중나선에 만들어진 간극은 이 나선에 있는 상처 받지 않은 딸 폴리뉴클레오티드를 주형으로 하여 DNA 중합효소에 의해 채워진다. *E. coli*에서 이러한 형태의 단일가닥 간극 수선은 RecFOR 재조합 경로를 이용한다.

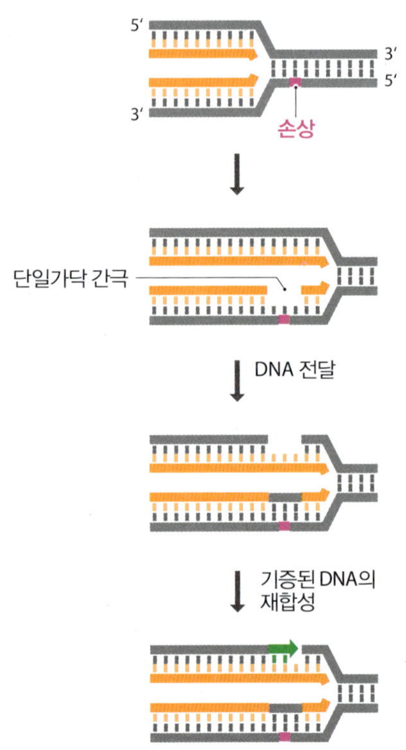

그림 17.10 ***E. coli*에서의 RecF 경로에 의한 단일가닥 간극의 수선.**

만약 손상된 간극을 뛰어넘을 수 없으면 딸 폴리뉴클레오티드는 간극을 가지고 있기보다는 차라리 종결한다(**그림 17.11**). 이 간극의 수선 방법에는 몇 가지가 있다. 한 가지 가능성은 복제분기점(replication fork)이 멈칫거리면서 짧은 거리를 되돌아가 딸 폴리뉴클레오티드 사이에 이중나선을 형성하는 것이다. 미완성의 폴리뉴클레오티드는 손

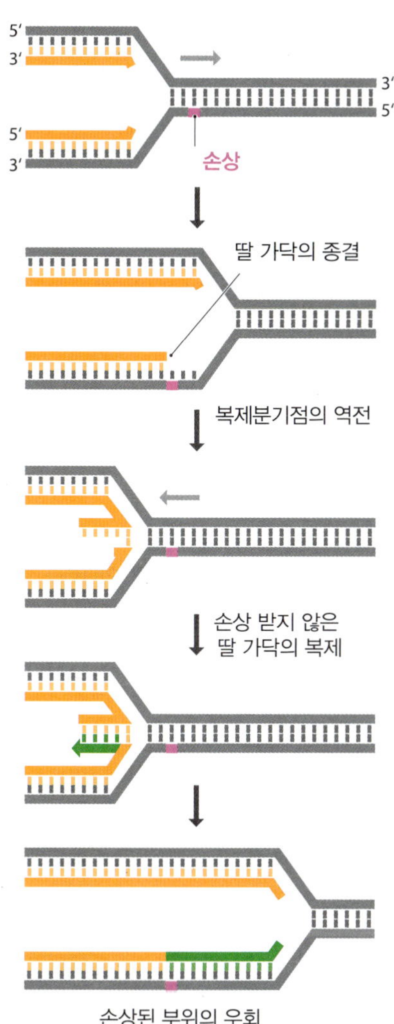

그림 17.11 종결된 딸 폴리뉴클레오티드는 복제 분기점의 역전으로 되살릴 수 있다.

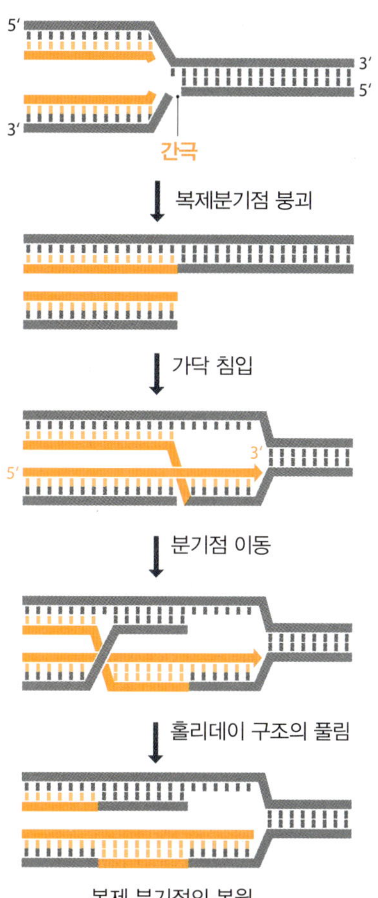

그림 17.12 상동 재조합에 의한 붕괴된 복제분기점 회복의 한 가지 메커니즘. 절단된 단일 가닥에서, 복제분기점이 멈춘다. 딸가닥 분자의 3′ 말단은 손상받지 않은 나선을 침투하며 신장된다. 분기점 이동과 홀러데이 연접의 해리로 복제분기점이 재생된다. 복제가 재개되면서, 두 딸 이중나선의 위쪽에 남아있는 간극이 다음 오카자키 조각에 의해 메꿔진다.

상 받지 않은 딸 가닥을 주형으로 하여 DNA 중합효소에 의해 연장된다. 그리고 복제분기점은 상동 재조합의 분기점 이동 단계와 동일한 과정에 의해 다시 앞으로 진행한다. 결과적으로 손상된 부위를 우회하게 되고 되어 복제가 지속된다.

만약 복제되는 부모 폴리뉴클레오티드가 단일가닥 틈새를 가지고 있다면 더욱 심각한 이상이 발생한다. 복제 과정은 딸 이중나선 중의 하나에 이중가닥 절단을 초래하게 되고 복제분기점은 소실된다(그림 17.12). 이 절단 부위는 절단된 말단과 손상되지 않은 두 번째 분자 사이의 일종의 상동 재조합에 의해 수선될 수 있다. 그림 17.12에서 이중가닥 절단 부위의 딸 폴리뉴클레오티드는 다른 부모 가닥을 주형으로 사용할 수 있게 해주는 가닥-교환(strand-exchange) 작용에 의해 연장된다. 분기점 이동과 이후 홀리데이 구조의 해리로 복제분기점이 복원된다.

17.2 위치-특이 재조합

넓은 부위의 상동성이 재조합의 필수조건은 아니다. 단지 매우 짧은 서열만을 공통으로 갖는 2개의 DNA 분자 사이에서도 재조합이 시작될 수 있다. 이것을 위치-특이 재조합이라 부르며, 박테리오파지 λ의 감염 경로에서의 역할 때문에 깊게 연구되었다.

GCTTTTTTATACTAA
CGAAAAAATATGATT

그림 17.13 박테리오파지 λ와 *E. coli* 염색체에 존재하는 *att* 부위의 핵심 서열. 빨간색 선은 파지 유전체의 삽입(integration)과 절제(excision) 동안에 각각의 *att* 부위에 만들어지는 엇갈린 절단을 나타낸다.

박테리오파지 λ는 용원 감염 경로 동안 위치-특이 재조합을 사용한다

자신의 DNA를 *E. coli* 세포에 주입한 후에 박테리오파지 λ는 두 가지 중 한 가지 감염 경로를 선택한다(14.3절). 이들 중의 하나인 용균성 경로(lytic pathway)는 λ 유전체의 복제와 더불어 λ 껍질 단백질을 빠르게 합성하고 초기 감염으로부터 45분 이내에 박테리아를 죽이며, 새로운 파지를 방출한다. 반면 파지가 용원성 경로(lysogenic pathway)를 가게 되면 바로 새로운 파지가 만들어지지는 않는다. 박테리아는 정상적으로 분열하고 여러 번의 세포분열도 가능하다. 이때 파지는 프로파지(prophage)라 불리는 정지 상태의 형태를 띠고 있다. 결과적으로는 파지는 DNA 손상이나 다른 자극에 의해 다시 활성화된다.

용원성 주기에서는 λ 유전체가 *E. coli* 염색체에 삽입된다. 따라서 이것은 *E. coli* DNA가 복제될 때마다 함께 복제되어 박테리아의 정상적인 일부분인 것처럼 딸세포에 전달된다. 삽입은 파지 유전체의 *attP*와 *E. coli* 염색체의 *attB* 사이의 부착 부위 또는 *att* 부위에서 위치-특이 재조합에 의해 일어난다. 각각의 부착 부위는 중심에 O라 불리는 15 bp의 핵심 서열을 갖고 있다(**그림 17.13**). 이것에는 박테리아의 경우 B와 B′라 불리는 서열과 파지의 경우 P와 P′이라 불리는 다양한 서열이 연결되어있다. B와 B′은 4 bp에 불과한 짧은 서열인데, 이것은 *attB*가 단지 23 bp의 DNA만을 커버한다는 것을 의미한다. 그러나 P와 P′는 훨씬 긴 DNA로 전체 *attP* 서열이 250 bp를 넘는다. 핵심 서열의 돌연변이는 항시 *att* 부위의 비활성화를 초래하기 때문에 더 이상 재조합에 관여할 수 없다. 그러나 주변 서열(flanking sequence)에 일어나는 돌연변이는 비교적 덜 심각하여 재조합의 효율만 떨어트린다. 만약 *E. coli* 유전체에서의 부착 부위인 *attB*가 비활성화되면 λ DNA가 원래의 *attB* 부위와 일부 서열이 유사한 두 번째 자리에 삽입된다. 만약 두 번째 자리가 사용되면 용원성 빈도가 급격히 줄어들어 돌연변이가 없는 *E. coli* 세포에서 관찰되는 빈도의 0.01% 이하의 낮은 빈도로 삽입이 이루어진다.

이것은 2개의 원형 분자(circular molecule) 사이의 재조합이기 때문에 결과적으로 하나의 커다란 원이 만들어진다. 다시 말하면 λ DNA가 박테리아 유전체 안으로 삽입되는 것이다(**그림 17.14**). 이 재조합 과정은 **삽입효소(integrase)**라 불리는 특수한 1형 위상이성질화효소(15.1절)에 의해 촉매 된다. 이 효소는 박테리아, 고세균 및 효모 등에 존재하는 다양한 **재조합효소(recombinase)** 패밀리에 속한다. *attP* 안에는 최소한 4개의 삽입효소 결합 부위와 두 번째 단백질인 삽입 숙주 인자(integration host factor, IHF) 결합 부위가 3개 있다. 이들 단백질들은 함께 파지 부착 부위를 덮는다. 그러면 삽

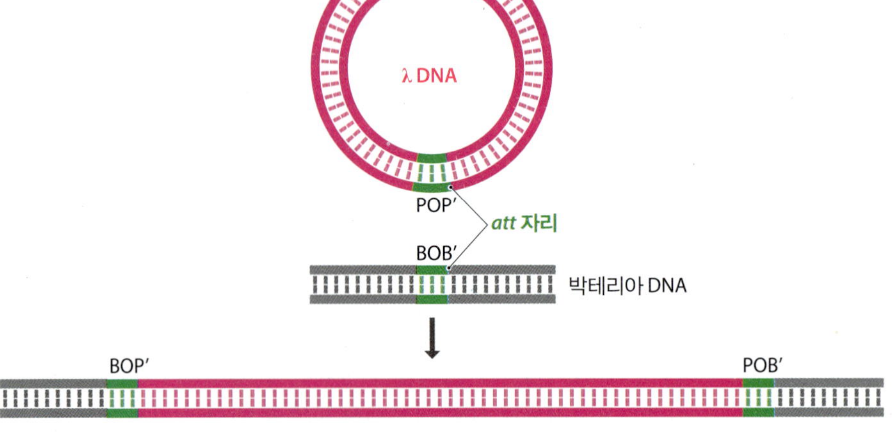

그림 17.14 박테리오파지 λ 유전체의 *E. coli* 염색체 DNA로의 삽입. λ와 *E. coli* DNA는 모두 1개 사본의 *att* 자리를 갖고 있다. 이들은 각각 "O"라 불리는 동일한 중심 서열과 연결된 P와 P′(파지 *att* 자리) 또는 B와 B′(박테리아 *att* 자리) 서열로 이루어져 있다. O 부위에서의 재조합은 λ 유전체를 박테리아 DNA에 삽입시킨다.

입효소가 박테리아 *att* 자리와 λ의 동일한 자리에 엇갈린 이중가닥 절단을 만든다. 2개의 짧은 단일가닥 돌출부는 DNA 분자 사이에서 교환되어 절단되기 전에 이형이중나선을 따라 약간의 염기를 이동하는 홀리데이 연접을 만든다. 이 절단은 홀리데이 구조가 적절한 방향으로 만들어지도록 하며 홀리데이 구조는 λ DNA가 *E. coli* 유전체 안으로 들어가는 방법을 통해 해리된다.

삽입으로 *attR*(BOP′ 구조를 갖는 것)과 *attL*(POB′ 구조를 갖는 것)이라 불리는 부착 부위의 혼성체가 만들어진다. 동일한 분자에 포함되어 있는 2개의 *att* 자리 사이에서의 2번째 위치-특이 재조합은 원래의 과정을 역으로 돌려 λ DNA를 방출한다. 이 재조합도 삽입효소에 의해 촉매되지만 IHF와 함께 하는 것이 아니라 λ *xis* 유전자에 의해 암호화되는 절제효소(excisionase)로 불리는 단백질과 함께 작용한다. 절제와 삽입에서의 Xis와 IHF의 기능은 아마도 매우 다를 것이다. 또한 이 단백질들이 두 가지 과정에서 동등한 역할을 하는 것으로 생각해서는 안 된다. 중요한 것은 삽입효소와 절제효소의 조합으로 λ 유전체를 방출하는 분자내 재조합을 시작하기 위해 *attR*과 *attL* 자리를 함께 끌어 모은다는 것이다. 절제 후에, λ 유전체는 용균성 감염으로 돌아가 새로운 파지 합성을 시작한다.

위치-특이 재조합으로 유전자 변형 식물을 만들 수 있게 된다

유전체의 삽입과 절제를 책임지는 과정은 파지가 용원성을 확립하기 위해 사용하는 대표적인 전략이지만, 일부 파지의 분자생물학적 사건들은 λ에서 볼 수 있는 것보다 훨씬 간단하기는 하다. 예를 들어, 박테리오파지 P1의 삽입과 절제는 단지 하나의 효소만을 필요로 한다. 이 효소는 Cre 재조합효소(Cre recombinase)라 불리며, *loxB*와 *loxP*라 불리는 2개의 동일한 자리의 34 bp의 결합자리를 인식한다. 이들은 B, B′ 등과 같은 주변 서열을 가지고 있지 않다.

P1 시스템의 단순성으로 인하여 이것은 위치-특이 재조합을 필요로 하는 유전자공학 과제에 유용하게 사용된다. 중요한 적용사례는 유전적으로 변형된 작물의 생산에 사용되는 기술에서 비롯되었다. 유전적으로 변형된 식물에 대한 논쟁의 주요 쟁점 중의 하나는 식물 클로닝 벡터(운반체)와 함께 사용된 표지 유전자의 유해성 여부이다. 대부분의 식물 벡터는 가나마이신(kanamycin) 저항유전자를 가지고 있어서(그림 2.33 참조) 클로닝 과정 중에 전환된 식물을 구별할 수 있게 해준다. *kan*^{R} 유전자는 박테리아에서 기원한 것으로 네오마이신 인산전달효소 II(neomycin phosphotransferase II)를 암호화한다. 이 유전자와 효소 생성물은 변형된 식물의 모든 세포에 존재한다. 네오마이신 인산전달효소가 사람에게 독소로 작용할 수 있다는 염려는 동물실험을 통해 배제되었지만, 유전적으로 변형된 음식물에 포함되어 있는 *kan*^{R} 유전자가 사람의 장에 있는 박테리아에게 전달되어 이들 박테리아를 가나마이신과 다른 연관된 항생제에 대해 내성을 지니게 만들거나 또는 *kan*^{R} 유전자가 환경의 다른 생명체에 전달되어 생태계를 교란시킬 수도 있다는 점에 대한 우려는 여전히 남아있었다.

kan^{R}를 비롯한 여러 표지유전자의 사용을 둘러싼 우려는 생명공학자들로 하여금 형질전환이 확인된 후 식물 DNA에서 이들 유전자들을 제거하는 방법을 개발하게 하는 자극제가 되었다. 이러한 전략 중의 하나가 Cre 재조합효소의 사용이다. 이 시스템을 사용하기 위해서는 식물을 두 가지 벡터로 전환시킨다. 첫 번째는 *lox* 표적 서열로 둘러싸인 *kan*^{R}에 선택 표지유전자와 함께 식물에 전달될 유전자를 갖는 벡터이고, 두 번째는 Cre 재조합효소 유전자를 지니는 벡터이다. 형질전환 후에 *Cre* 유전자의 발현으로 식물 DNA에서 *kan*^{R} 유전자가 절제되어 나온다(**그림 17.15**).

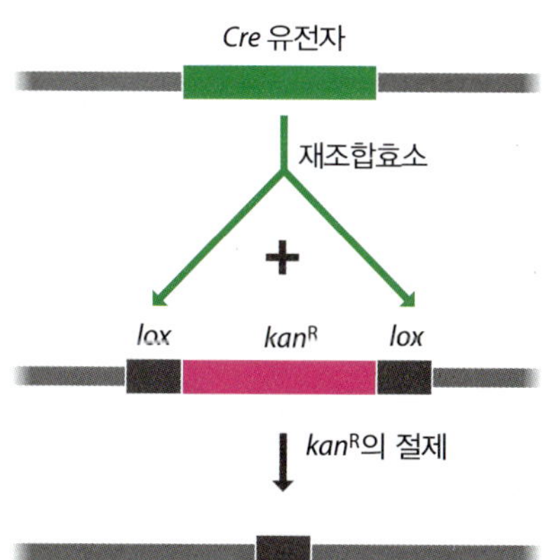

그림 17.15 식물 유전공학에서의 Cre 재조합효소의 이용. *Cre* 유전자의 발현은 식물 DNA에서 *kan*^{R} 유전자의 절제를 가져온다.

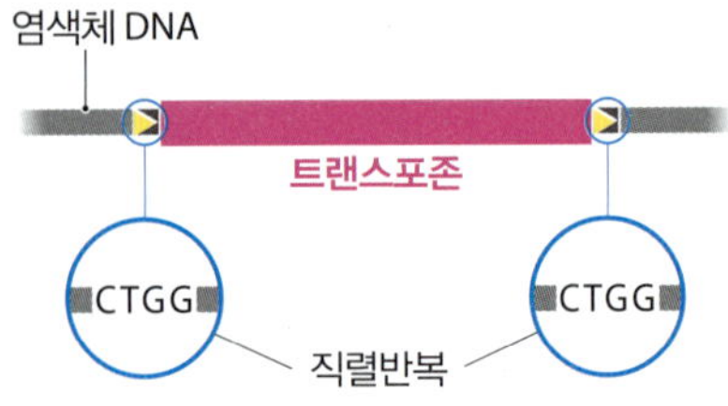

그림 17.16 삽입된 전위 인자는 짧은 직접 반복 서열에 연결되어 있다. 이 독특한 트랜스포존(transposon)은 4개의 뉴클레오티드 반복인 5′-CTGG-3′에 연결되어 있다. 다른 트랜스포존은 다른 종류의 직렬반복 서열을 갖는다.

그림 17.17 복제적과 보존적인 전위. DNA 트랜스포존은 (A) 복제적 또는 (B) 보존적 경로 중의 하나를 이용한다(일부는 양쪽을 모두 이용하기도 한다). 레트로인자는 RNA 중간체를 통해 복제적으로 이루어진다.

17.3 전위

전위(transposition)는 DNA 조각을 유전체 내의 한 위치에서 다른 위치로 이동시킨다. 전위 과정에서 표적 자리에 중복이 일어나 전위 인자(transposable element) 양쪽에 한 쌍의 짧은 반복 서열(direct repeats)이 생긴다(그림 17.16).

9.2절에서 우리는 진핵생물과 원핵생물에서 알려진 여러 가지 전위 인자에 대해 알아보았으며, 이들을 전위 메커니즘에 따라 크게 3가지 카테고리로 나눌 수 있다는 것을 발견하였다.

- 복제적으로 전위가 일어나는 DNA 트랜스포존(transposon)에서는 원래의 트랜스포존은 그 자리에 남아있고 새로 만들어진 복제가 유전체의 어딘가에 나타난다(그림 17.17A).
- 보존적으로 전위가 일어나는 DNA 트랜스포존에서는 원래의 트랜스포존이 오려내고-붙이는(cut-and-paste) 과정에 의해 다른 자리로 이동한다(그림 17.17B).
- 레트로 인자(retroelement)는 모든 트랜스포존이 RNA 중간체를 통해 복제적 전위를 한다.

이제 우리는 이들 세 가지 형태의 전위 과정 중에 일어나는 재조합 사건에 대해 공부할 것이다.

DNA 트랜스포존의 복제적 전위와 보존적 전위

DNA 트랜스포존의 복제적 전위와 보존적 전위에 대한 몇 가지 모델이 지난 몇 년간 만들어졌지만 대부분이 1979년 샤피로(Shapioro)에 의해 처음으로 만들어진 안을 변형시킨 것이다. 이 모델에 의하면 Tn3-형 트랜스포존이나 전위성 파지(transposable phage, 9.2절)와 같은 박테리아 인자의 복제적 전위는 트랜스포존의 양쪽 중의 한쪽 끝과 새로운 복제 인자가 자리하게 될 표적자리 안에 단일가닥 절단을 만드는 하나 또는 몇 개의 핵산내부분해효소에 의해 시작된다(그림 17.18). 표적 부위에서는 몇 개의 염기쌍으로 떨어져 2개의 절단이 만들어지고, 절단된 이중가닥 분자는 짧은 5′-돌출부를 가지게 된다. 이들 5′-돌출부가 트랜스포존의 둘 중 한쪽의 자유로운 3′-말단에 연결되어 잡종 분자가 만들어진다. 이것은 트랜스포존을 포함하는 DNA와 표적자리를 포함하는 DNA의 2종의 DNA가 복제분기점과 유사한 한 쌍의 구조로 전위 인자에 의해 연결되어 있는 양상이다.

이 복제분기점에서의 DNA 합성으로 전위 인자가 복제되면서, 처음의 잡종 분자를 2개의 원래의 DNA가 연결되어 있는 상태의 **공동삽입체(cointegrate)**로 만든다(그림

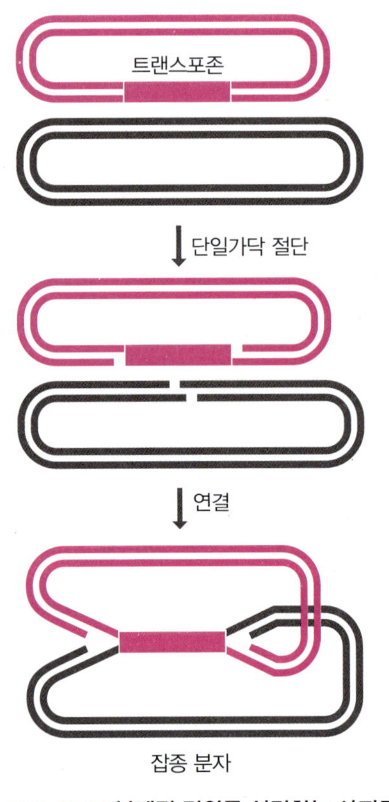

그림 17.18 복제적 전위를 설명하는 샤피로 모델의 첫 단계에서 잡종 분자의 합성.

17.19). 2개 트랜스포존의 사본 사이의 상동 재조합으로 동시 삽입체가 분리되면, 이제 트랜스포존 한 사본을 가지고 있는 표적 분자에서 원래의 DNA 분자(트랜스포존의 한 사본은 아직 제자리에 있는)가 분리된다. 따라서 복제적 전위가 일어나게 된다.

조금 전 설명한 과정의 변형으로 복제적 전위가 보존적 과정으로 바뀌게 된다(그림 17.20). DNA 합성을 수행하기보다 단순히 트랜스포존의 양쪽 중 한쪽에 단일가닥 절단을 더 만들어서 잡종 구조를 2개의 분리된 DNA 분자로 되돌려 놓는 것이다. 이것은 트랜스포존을 원래의 분자에서 잘라내어 표적 DNA로 이동시킨다.

레트로 인자는 RNA 중간산물을 통해 복제적으로 이동한다

사람의 관점에서 보면, 가장 중요한 레트로 인자는 HIV/AIDS를 일으키는 사람 면역결핍 바이러스(human immunodefinciency virus)와 다른 여러 가지 병원성 바이러스를 포함하는 레트로바이러스(retrovirus)이다. 레트로트랜스포존에 대해 우리가 알고 있는 것의 대부분은 특별히 레트로바이러스를 의미한다. *Ty1/copia*와 *Ty3/gypsy* 패밀리의 레트로트랜스포존과 같은 다른 종류의 레트로 인자들도 유사한 메커니즘으로 전위된다고 생각된다.

레트로전위의 첫 번째 단계는 삽입된 레트로 인자의 RNA 사본을 합성하는 것이다(그림 17.21). 인자의 5′-말단에 있는 LTR(long terminal repeat, 긴 말단반복)은 RNA 중합효소 II에 의한 전사의 프로모터로 작용하는 TATA 서열을 가지고 있다. 일부 레트로

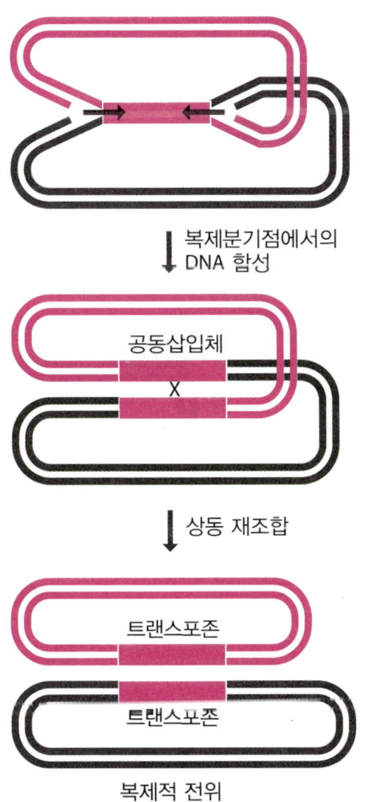

그림 17.19 복제적 전위. 교잡 분자에 존재하는 두 복제 분기점은 화살표로 표시된 것 처럼 서로를 향해 이동한다. 새로운 DNA 합성으로 공동삽입체 구조가 만들어진다. 이것은 상동 재조합에 의해 각각 하나의 트랜스포존 사본을 가진 2개의 독립적 분자로 분리된다.

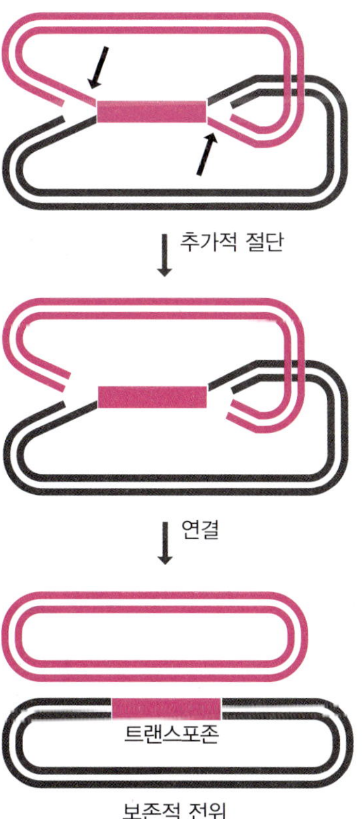

그림 17.20 보존적 전위. 화살표 표시된 위치에서 교잡 분자의 추가적 절단과 절단 말단의 연결로 트랜스포존은 두 번째 분자로 이동한다.

인자들은 전사의 양을 조절하는 것으로 생각되는 인헨서 서열도 가지고 있다. 전사는 인자 전 길이를 통과하고 3′-LTR에 있는 폴리(A)형성 서열까지 일어난다.

전사체는 이제 레트로 인자의 *pol* 유전자의 일부에 의해 암호화되는 효소인 역전사효소(reverse transcriptase)가 촉매하는 RNA-의존 DNA 합성의 주형이 된다(그림 9.15 참조). 이것은 DNA 합성이기 때문에 프라이머가 필요하고 유전체 복제에서와 같이 프라이머는 DNA가 아니라 RNA로 만들어진다. 유전체 복제 동안 프라이머는 중합효소에

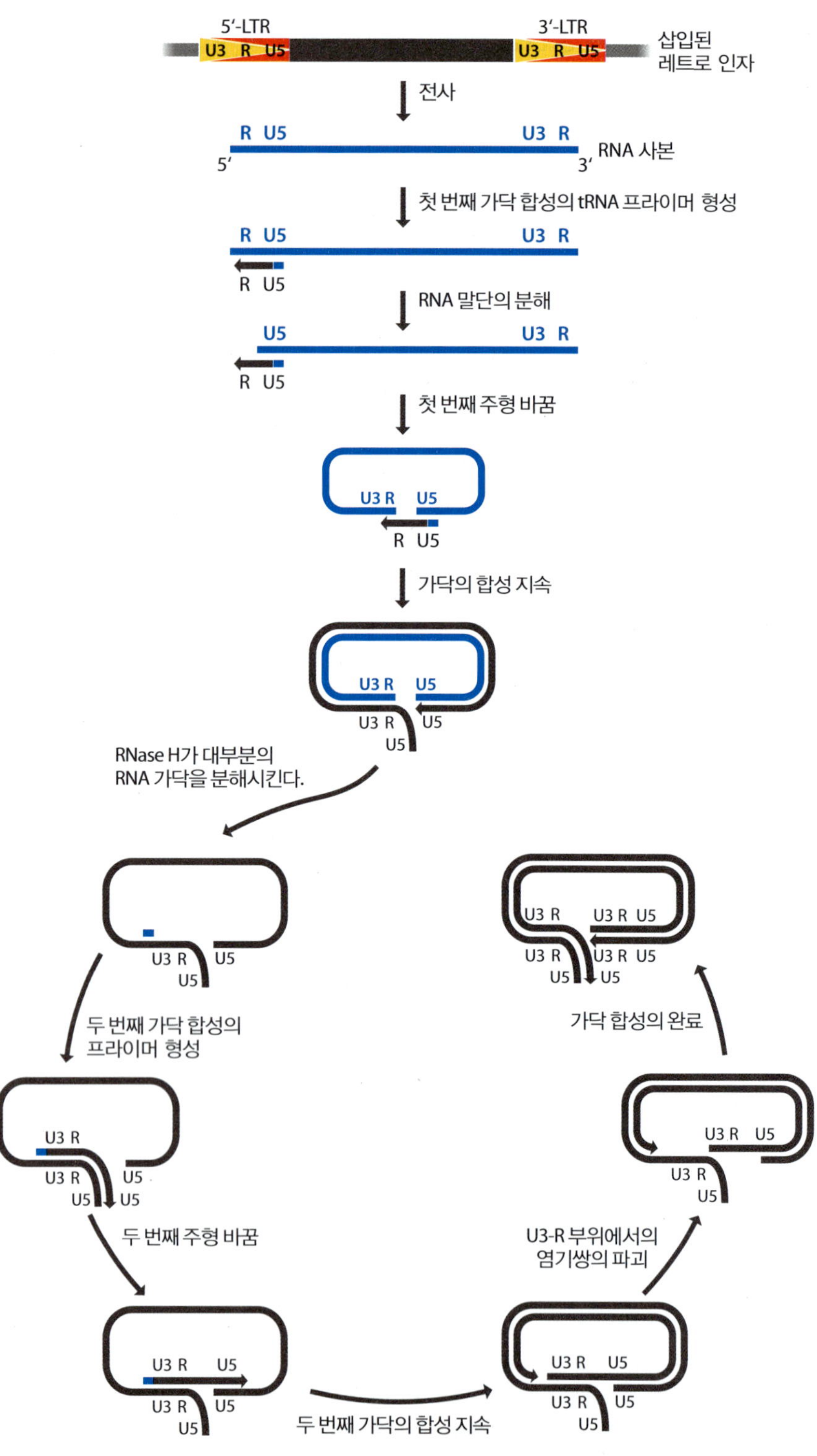

그림 17.21 레트로인자 전위에서의 RNA와 DNA의 복제. 이 그림은 삽입된 레트로인자가 어떻게 자유로운 이중가닥 DNA로 복제되는지를 보여준다. 첫 번째 단계는 RNA 복제를 합성하는 것이다. 이것은 본문에서 설명한 것과 같이 두 번의 주형 바꿈을 포함하는 일련의 과정을 통해 이중가닥 DNA로 전환된다.

의해 생합성된다(그림 15.13 참조). 그러나 레트로 인자는 RNA 중합효소를 암호화하지 않기 때문에 이 방법으로는 프라이머를 만들지 못한다. 대신에 세포의 tRNA 중 하나를 프라이머로 사용한다. 이것은 레트로 인자에 따라 다르다. *Ty1/copia* 패밀리 인자는 언제나 $tRNA^{Met}$를 이용하지만 다른 레트로 인자는 다른 tRNA를 이용한다.

tRNA 프라이머는 5′-LTR 내에 있는 자리에 연결된다(그림 17.21 참조). 처음 보면 이것은 프라이머의 위치로는 이상해 보인다. 왜냐하면 DNA 합성이 레트로 인자의 중심으로부터 바깥쪽으로 이루어지고 따라서 5′-LTR 일부의 짧은 사본만 만들어지기 때문이다. 실제로 DNA 복제가 LTR의 끝까지 이루어지면 RNA 주형의 일부가 분해되면서 DNA 돌출부가 만들어지는데, 이것이 레트로 인자의 3′-LTR에 재연결된다. 긴 말단 반복이 되는 이것이 5′-LTR과 동일한 서열을 가지고 있어서 DNA 사본과 염기쌍을 이룰 수 있기 때문이다. 이제 DNA 합성은 RNA 주형을 따라 계속된다. 결과적으로 프라이머 부위를 포함하는 전체 주형의 DNA 복제물이 만들어진다. 실제로 주형 바꿈(template switch)은 레트로 인자가 말단이 짧아지는 문제를 해결하는 전략이다. 이것은 염색체 DNA가 텔로미어 합성으로 해결하는 문제와 동일하다(15.4절).

첫 번째 DNA 가닥의 합성 완료로 DNA-RNA 잡종이 만들어진다. RNA는 *pol* 유전자의 다른 부분에 의해 암호화되는 RNase H 효소에 의해 부분적으로 분해된다. 일반적으로 3′-LTR 부근의 짧은 폴리퓨린(polypurine) 서열에 연결되어 있는 RNA 조각은 분해되지 않는다. 이 분해되지 않은 RNA는 두 번째 DNA의 합성의 프라이머가 된다. 두 번째 가닥 역시 RNA-와 DNA-의존 DNA 중합효소로 모두 작용할 수 있는 역전사효소에 의해 이루어진다. 첫 번째 DNA 합성과 같이 두 번째 가닥의 합성도 LTR DNA만 복제된다. 그러나 주형을 분자의 다른 쪽 끝으로 바꾸는 두 번째 주형 바꿈으로 전체 길이의 DNA 복제가 가능하게 된다. 첫 번째로 만들어진 DNA 가닥이 완전히 주형으로 사용됨에 따라, 만들어진 이중가닥 DNA는 완전한 레트로 인자의 내부 서열과 더불어 2개의 LTR을 포함하게 된다.

이제 마지막으로 남아있는 것은 레트로 인자의 새로운 사본을 유전체 안에 삽입하는 과정이다. 초기에는 삽입이 무작위로 이루어진다고 생각했었다. 그러나 최근에는 비록 특이적인 서열이 표적으로 사용되는 것은 아니지만 일정 부위에서 삽입이 더 잘 일어난다는 것이 알려졌다. 삽입에는 삽입효소(*pol*의 다른 부분에서 부호화되는)에 의한 이중가닥 레트로 인자의 3′-말단에 있는 2개의 뉴클레오티드를 제거하는 과정이 있다. 삽입효소는 또한 유전체 DNA에 엇갈리게 잘린 말단을 만들어 레트로 인자와 삽입 부위가 모두 5′-돌출부를 갖게 한다(그림 17.22). 이 돌출부는 상보적 서열을 갖고 있지는 않지만 특정 방법으로 상호작용할 수 있어서 레트로 인자가 유전체 DNA에 삽입되게 한다. 이 상호작용으로 레트로 인자의 돌출부가 소멸되고 남아있는 간극이 메워진다. 즉, 삽입된 레트로 인자의 양쪽 끝 삽입자리에 하나씩, 한 쌍의 직접 반복 서열이 복제된다.

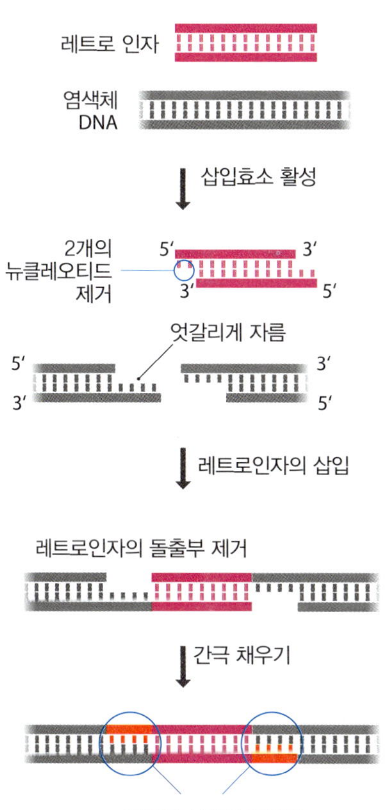

그림 17.22 이중가닥 DNA 형태 레트로인자의 숙주유전체 삽입. 레트로인자의 삽입은 삽입된 서열의 양쪽에 4개의 뉴클레오티드 직접반복을 만든다.

요약

- 재조합은 원래 감수분열에서 상동 염색체 쌍 사이에서 발생하는 교차를 설명하는 데 이용되었다. 지금도 이 과정에서 일어나는 분자수준의 사건을 의미하는 데 사용되고 있다.
- 상동 재조합은 염기 서열의 유사성이 매우 높은 DNA 분자의 조각들 사이에서 일어난다.
- 상동 재조합의 초기 모델은 이중가닥 분자의 하나 또는 둘 모두에 생긴 틈에 의해 시작된다고 생각되었었다. 그러나 지금은 두 분자 중 하나에서 이중가닥 절단이 시작점이라는 것이 알려졌다.

- 가닥 교환은 이형이중나선 구조를 유도하고 이것은 절단에 의해 풀리게 된다. 결과적으로 DNA 조각의 교환이나 유전자 전환을 일으킬 수 있다.
- *Escherichia coli*는 최소한 두 가지의 분자 경로를 통해 상동 재조합을 일으킨다. RecBCD와 RecFOR 경로이다.
- RecBCD 경로는 이중가닥 절단에 결합하여 분자를 따라 이동하는 한 쌍의 헬리카제가 재조합 파트너를 풀어준다. 카이 자리라 불리는 인식 서열에서 RecBCD 복합체가 가닥 교환을 시작한다. RecA 단백질이 침투하는 가닥을 완전한 이중나선에 전달하는 데 중심적인 역할을 한다.
- 이형이중나선에서의 분기점 이동과 구조의 풀림은 Ruv 단백질에 의해 활성화된다.
- 진핵생물의 상동 재조합 역시 조금씩 밝혀지고 있는 중이다.
- 상동 재조합은 DNA 가닥 절단의 수정에서 주된 기능을 한다.
- 위치-특이 재조합은 파트너 분자들 사이에 높은 수준의 서열 유사성을 필요로 하지 않는다. 이러한 형태의 재조합은 λ 유전체와 같은 박테리오파지 유전체를 숙주 박테리아 염색체에 삽입하는 데 중요한 역할을 한다.
- 전위는 재조합에 의해 일어난다. DNA 트랜스포존의 전위는 복제적 또는 보존적으로 될 수 있다. 두 가지 모두 1979년 샤피로가 설명한 일련의 과정을 통해 이루어진다.
- 레트로 인자는 트랜스포존으로부터 전사된 RNA 중간체를 통해 전위된다. 레트로 인자는 이중가닥 DNA로 복제된 후에 숙주 염색체에 재삽입된다.

단답형 문제

1. 유전체 진화에서 재조합의 역할은 무엇인가?
2. 홀리데이 구조의 해리로 어떻게 두 다른 결과가 만들어지는가?
3. 이중-가닥 절단 모델이 어떻게 유전자 전환을 설명할 수 있는지 서술하라.
4. *E. coli*에서 상동 재조합의 RecBCD 경로를 설명하라.
5. *E. coli* 상동 재조합의 RecFOR 경로의 특징은 무엇인가?
6. 진핵생물에서 상동 재조합의 분자적 기초에 대한 최근의 지식을 요약하라.
7. 상동 재조합이 DNA 분자의 절단을 수선하는 데 사용하는 과정을 설명하라.
8. λ DNA가 *E. coli* 유전체에 삽입을 중개하는 *attP*와 *attB*의 특징은 무엇인가?
9. λ DNA가 *E. coli* 유전체에서 들어가고 빠져 나오는 삽입과 탈출을 가져오는 과정의 차이점을 설명하라.
10. 보존적 전위의 모델을 설명하라.
11. 복제적 전위와 보존적 전위 모델의 차이점은 무엇인가?
12. 레트로 인자의 새로운 사본이 어떻게 유전체에 삽입되는가?

사고형 문제

1. RecBCD 복합체 구조는 상동 재조합의 분자 기초를 이해하는 데 핵심적인 단계로 본다. 복합체의 구조에 대한 지식이 왜 그렇게 중요하지 설명하라.

2. 재조합 플라스미드의 증식에 사용되는 일부 *E. coli* 균주는 *recA* 돌연변이를 가진다. 재조합 플라스미드로 사용 연구하는 데 *recA* 결함이 이로운 이유는 무엇인가?

3. 터미네이터(terminator) 테크놀로지로 불리는 Cre 재조합 체계는 더 논란의 여지가 있는 식물 유전공학의 기초가 된다. 이것은 농부가 곡물에서 단순히 씨앗을 모아 다음 해에 다음 세대로 씨앗을 뿌리지 못하고 매해 새로운 씨앗을 살 수밖에 없도록 하여, 투자 이익을 보호하고자 하는 유전자변형 식물을 제조하는 회사들이 가지고 있는 처리 과정 중 하나이다. 터미네이터 테크놀로지는 RIP(ribosome inactivating protein, 리보솜 비활성화 단백질) 유전자에 초점을 맞춘다. RIP는 리보솜 RNA 분자를 두 조각으로 자르는 방법으로 단백질 합성을 막는다. 즉, RIP가 활성화된 모든 세포는 즉시 사멸한다. 이러한 정보를 바탕으로, 터미네이터 테크놀로지가 어떻게 작동하는지 유추해보라.

4. 전위는 유전체에 해를 미칠 수 있다. 그 효과는 만약 전위 인자가 유전자의 암호화 부위에 새로운 자리를 차지한다면 유전자 활성이 파괴되는 것 정도에서 그치지 않는다. 일부 인자는 특히 레트로트렌스포존은 프로모터와 인헨서를 가지고 있어서 주변 유전자의 발현 양성을 변화시킬 수 있다. 전위는 때때로 이중가닥 절단을 만들기도 한다. 세포가 이러한 해로운 효과를 최소화하고자 할 때 전위를 어떻게 막을 수 있을까?

5. 세포에게 트랜스포존이 이로울 수 있는 상황이 있을까?

Further Reading

Models for homologous recombination

Holliday, R. (1964) A mechanism for gene conversion in fungi. *Genet. Res.* 5:282–304.

Meselson, M. and Radding, C.M. (1975) A general model for genetic recombination. *Proc. Natl Acad. Sci. USA* 72:358–361.

Szostak, J.W., Orr-Weaver, T.L., Rothstein, R.J. and Stahl, F.W. (1983) The double-strand-break repair model for recombination. *Cell* 33:25–35.

Molecular basis to homologous recombination

Amundsen, S.K. and Smith, G.R. (2003) Interchangeable parts of the *Escherichia coli* recombination machinery. *Cell* 112:741–744. *Hybrid pathways involving parts of the RecBCD and RecFOR systems.*

Baumann, P. and West, S.C. (1998) Role of the human RAD51 protein in homologous recombination and double-stranded-break repair. *Trends Biochem. Sci.* 23:247–251.

Bertucat, G., Lavery, R. and Prévost, C. (1999) A molecular model for RecA-promoted strand exchange via parallel triple-stranded helices. *Biophys. J.* 77:1562–1576.

Lee, S.-H., Princz, L.N., Klügel, M.F., et al. (2015) Human Holliday junction resolvase GEN1 uses a chromodomain for efficient DNA recognition and cleavage. *eLife* 4:e12256.

Masson, J.-Y. and West, S.C. (2001) The Rad51 and Dmc1 recombinases: a non-identical twin relationship. *Trends Biochem. Sci.* 26:131–136.

Persky, N.S. and Lovett, S.T. (2008) Mechanisms of recombination: lessons from *E. coli*. *Crit. Rev. Biochem. Mol. Biol.* 43:347–370.

Rafferty, J.B., Sedelnikova, S.E., Hargreaves, D., et al. (1996) Crystal structure of DNA recombination protein RuvA and a model for its binding to the Holliday junction. *Science* 274:415–421.

Rigden, D.J. (2005) An inactivated nuclease-like domain in RecC with novel function: implications for evolution. *BMC Struct. Biol.* 5:9.

Singleton, M.R., Dillingham, M.S., Gaudier, M., et al. (2004) Crystal structure of RecBCD enzyme reveals a machine for processing DNA breaks. *Nature* 432:187–193.

West, S.C. (1997) Processing of recombination intermediates by the RuvABC proteins. *Annu. Rev. Genet.* 31:213–244.

Wigley, D.B. (2013) Bacterial DNA repair: recent insights into the mechanism of RecBCD, AddAB and AdnAB. *Nat. Rev. Microbiol.* 11:9–13.

Wyatt, H.D.M. and West, S.C. (2014) Holliday junction resolvases. *Cold Spring Harb. Perspect. Biol.* 6:a023192.

Role of homologous recombination in repair of DNA strand breaks

Chapman, J.R., Taylor, M.R.G. and Boulton, S.J. (2012) Playing the end game: DNA double-strand break repair pathway choice. *Mol. Cell* 47:497–510.

Jasin, M. and Rothstein, R. (2013) Repair of strand breaks by homologous recombination. *Cold Spring Harb. Perspect. Biol.* 5:a012740.

Mehta, A. and Haber, J.E. (2014) Sources of DNA double-strand breaks and models of recombinational DNA repair. *Cold Spring Harb. Perspect. Biol.* 6:a016428.

Site-specific recombination

Kwon, H.J., Tirumalai, R., Landy, A. and Ellenberger, T. (1997) Flexibility in DNA recombination: structure of the lambda integrase catalytic core. *Science* 276:126–131.

Van Duyne, G.D. (2015) Cre recombinase. *Microbiol. Spectr.* 3: MDNA3-0014-2014.

Transposition

Bushman, F.D. (2003) Targeting survival: integration site selection by retroviruses and LTR-retrotransposons. *Cell* 115:135–138.

Derbyshire, K.M. and Grindley, N.D.F. (1986) Replicative and conservative transposition in bacteria. *Cell* 47:325–327.

Shapiro, J.A. (1979) Molecular model for the transposition and replication of bacteriophage Mu and other transposable elements. *Proc. Natl Acad. Sci. USA* 76:1933–1937.

유전체는 어떻게 진화하는가

CHAPTER

18

돌연변이와 재조합은 유전체가 진화할 수 있는 수단을 제공한다. 그러나 살아있는 세포에서 이러한 현상을 연구하는 것만으로는 유전체 진화의 역사를 이해하기란 매우 어렵다. 유전체 진화 패턴을 추정하려면, 여러 생물의 유전체를 비교하면서 돌연변이와 재조합에 대한 지식을 종합하여야 한다. 분명한 것은 이와 같은 접근법은 아주 정확한 것도 아니고 확실하지도 않다. 그러나 이것이 상당히 많은 양의 구체적인 데이터에 바탕을 두고 있기 때문에 적어도 개괄적으로는 이러한 방법으로 얻은 그림이 실제 일어난 것과 크게 다르지 않다고 어느 정도 확신할 수 있다.

이 장에서는 태초의 생화학적 체계의 기원에서부터 현재까지의 유전체 진화에 대해서 살펴보고자 한다. 그리고 첫 DNA 분자의 출현에 앞서 존재했던 **RNA 세상(RNA world)**에 관한 가설을 살펴보고, DNA 유전체가 어떻게 점진적으로 더 복잡해졌는가에 대해 살펴볼 것이다. 최근 600만 년 동안 일어났고 어떻든 간에 현재의 우리를 만든 진화적 변화를 살펴보기 위해서 사람과 침팬지의 유전체를 비교해 볼 것이다. 마지막으로 현재 집단에서 존재하는 유전체 염기 서열의 다양성이 기초연구와 **유전공학(biotechnology)**의 도구로써 어떻게 이용이 되는지를 살펴볼 것이다.

18.1 유전체: 첫 100억 년

천문학자들은 우주가 약 140억 년 전에 빅뱅이라 불리는 초대형 시원성 불덩어리의 폭발로부터 시작되었다고 믿는다. 수학적 모델에 의하면 약 40억 년 후부터 은하계는 빅뱅으로 인해 방출된 가스의 덩어리로부터 분절되기 시작하였고, 우리의 은하계에서는 약 46억 년 전에 태양계 물질이 응축되면서 태양과 그에 속하는 행성들이 형성되었다고 한다(그림 18.1). 초기 지구는 물로 둘러싸여 있었고 바로 이 행성의 바다에서 최초의 생화학적 체계가 출현하였으며, 약 35억 년 전에 육지가 나타나기 시작할 즈음에 세포성 생명체가 등장하기 시작했다(그림 18.2). 그러나 세포성 생명체는 생화학적 진화의 비교적 마지막 단계에 해당하며, 그보다 앞서 최초 유전체의 전구체라 할 수 있는 자가복제성 폴리뉴클레오티드가 먼저 존재하였다. 따라서 유전체 진화에 대한 연구는 세포 전 시스템으로부터 시작할 수밖에 없다.

최초의 생화학적 시스템은 RNA를 중심으로 이루어졌다

태초의 해양은 오늘날과 비슷한 염분 조성을 가지고 있었다고 생각된다. 그러나 지구의 대기와 해양에 녹아있는 가스는 매우 달랐다. 대기의 산소는 광합성이 등장하기 전까지는 매우 낮게 유지되었다. 초기에 가장 많은 가스는 아마도 메탄과 암모니아였을 것이다. 초기 대기의 조건하에서 일어날 수 있는 사건을 재구성하려는 최초의 시도로 1952

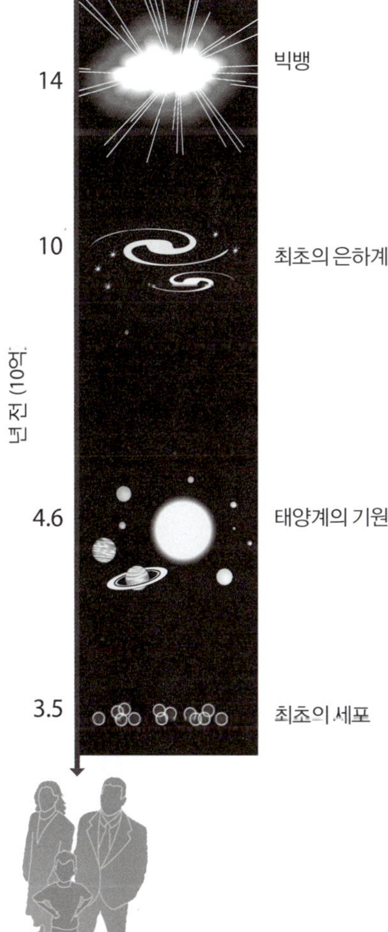

그림 18.1 **우주, 은하계, 태양계와 세포성 생물의 기원.**

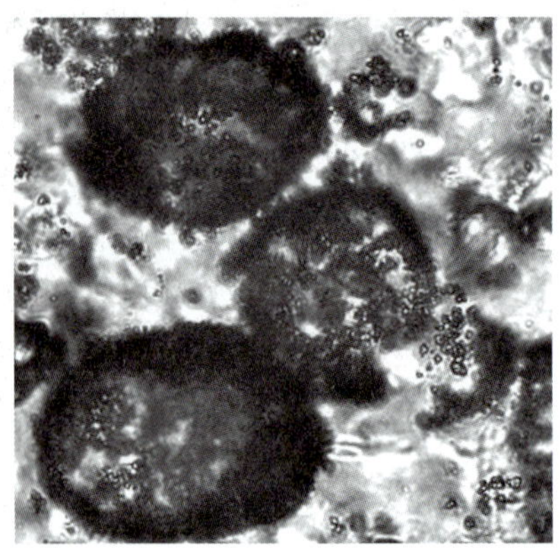

10 μm

그림 18.2 가장 오래된 것으로 알려진 화석. 오스트레일리아 서부에서 출토된 34억 년 전의 가장 오래된 원핵생물의 흔적으로 보이는 미화석(microfossils). (Wasey et al [2011] *Nature Geoscience* 4:698-702에서 발췌. Macmillian Publishing Ltd의 허락을 득함.)

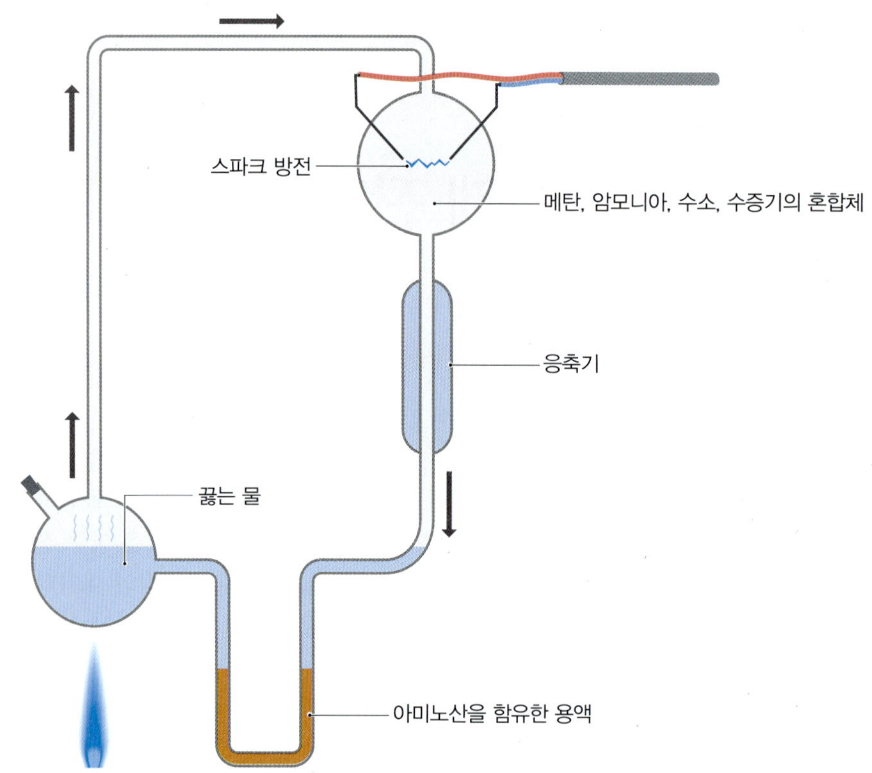

그림 18.3 초기 대기의 화학 상태로 맞춰진 실험. Stanley Miller와 Harold Urey에 의해서 수행된 이 실험에서는 메탄, 암모니아, 수소, 수증기(끓는 물로부터)의 혼합체에 번개를 흉내낸 전기 방전을 가하였다. 이 가스 물질을 응축장치에 통과시킨 후 그 산물을 수집하였다. 얻어진 산물을 분석을 분석하여 글리신과 알라닌, 즉 두 가지 아미노산이 확인되었다. 2007년에 보다 민감한 기법으로 산물을 재분석했을 때에는 20가지 이상의 아미노산이 검출되었다.

년에 메탄과 암모니아의 혼합물에 전기적 방전을 가한 결과, 알라닌, 글리신, 발린을 비롯하여 단백질에서 발견되는 다양한 아미노산이 화학적으로 합성되었다(**그림 18.3**). 리보뉴클레오티드의 형성은 좀 더 어려울 가능성이 많다고도 할 수 있다. 그 이유는 이 합성에 우선될 가능성이 있는 리보스 당과 뉴클레오티드 염기의 생성이 어떻게 가능한가의 문제때문이다. 그러나 최근 실험으로 온전한 리보뉴클레오티드의 합성이 당과 염기의 합성이 전제되지 않고 바로 합성될 수 있다는 것이 증명되었다. 예를 들면, 피리미딘 뉴클레오티드는 시안아미드(cyanamide), 시아노아세틸렌(cyanoacetylene), 글리코알데히드(glycoaldehyde), 글리세랄알데히드(glyceralaldehyde), 무기 인(inorganic phosphate)을 기초로 아라비노즈아미노옥싸졸린(arabinose amino-oxazoline)과 무수뉴클레오시드(anhydronucleoside) 중간체를 거쳐 만들어질 수 있다.

일단 리보뉴클레오티드가 만들어지면 이들이 중합되어 RNA 분자로 변화되는 것은 염기적층(base-stacking) 작용에 의해 가능할 것이다(1.1절). 이 작용은 너무 약해서 시초의 바닷물에서 뉴클레오티드들을 어느 정도의 시간 동안 붙들고 있기에는 무리였을 가능성이 높다. 그러나 진흙덩어리나 얼음의 고체 표면에서라면 그 구조를 안정하게 유지하기에 충분할 수도 있다. 또 다른 경우로 리보뉴클레오티드들이 포함되어 있는 구름 속 물방울들의 반복적인 응결과 건조 농축 과정을 거치면서 염기적층이 촉진될 수도 있다. 정확하게 어떻게 일어났는지는 관심의 대상이 아니다. 지구화학적 과정을 통해서 지금 우리가 살아있는 생명에서 보는 것과 같은 중합체 생분자의 합성이 일어날 수 있다는 가능성이 중요하며, 우리가 고심하는 것은 그 다음 단계이다. 우연의 산물인 생분자의 집합체가 어떻게 생명과 연관된 ,적어도 어느 정도의 생화학적 특성을 갖는 질서 있는 조합물로 진행되었는가 하는 것이다. 이 과정들은 결코 실험적으로 확인된 적 없으며 주로 어느 정도의 컴퓨터 시뮬레이션에 의해 다듬어진 추정에 기초하고 있다. 한 가지 문제점은 지구의 해양이 리터당 10^{10}개 이상의 생분자를 함유하고 있고, 필요한 사건이 일어나는 데 10억 년의 시간이 있기 때문에, 이와 같은 추정에 한계가 없다는 것이다. 다시 말하면 아주 가능성이 적은 시나리오라도 간단히 배제할 수 없다는 것이다.

생명의 기원에 대한 이해는 자가-복제적 생화학적 시스템을 만들기 위해서는 폴리뉴클레오티드와 폴리펩티드가 동일 공간에 갇힌 상태로 작동하여야 한다는 명백한 필요성에 대해 만족할 만한 설명 방법이 없어 별 진척을 보지 못하였다. 왜냐하면 단백질은 생화학적 반응의 촉매를 할 수 있지만 자가복제를 할 수 없고 폴리뉴클레오티드는 단백질 합성의 특성과 자가복제가 가능하지만 이 두 가지 모두 단백질 없이는 일어날 수 없다고 생각하였기 때문이다. 각 유기물은 혼자서 영속될 수 없기 때문에 필요한 생분자들이 무작위적으로 형성된 화합물 집합체에서 튀어 나와서 생분자 시스템이 만들어져야 한다. 주된 돌파구는 1980년대 중반 RNA가 촉매 활성을 가질 수 있다는 것을 발견하고부터 만들어졌다. 이것이 발견되자 곧바로 **리보자임(ribozyme)**이 아래와 같은 생화학적 반응을 촉매할 수 있다는 것이 알려졌다. 즉, 현존하는 여러 비로이드와 비루소이드 유전체에서 보여주는 것과 같은 자가-절단(self-cleavage)(그림 9.11 참조), t-RNA 전구체의 다듬기 과정에서 RNaseP가 하는 것과 같은 다른 RNA 분자의 절단, 그리고 리보솜의 rRNA에 의해 수행되는 펩티드 결합 생성(13.3절)이 그 예이다. 시험관에서는 합성된 RNA 분자가 리보뉴클레오티드를 합성하고, RNA 분자를 합성하고 복제하며, 단백질 합성시 tRNA의 역할과 유사한 방법으로 RNA에 붙어 있는 아미노산을 두 번째 아미노산으로 이동시켜 다이펩티드를 형성하는 것과 같은 생물학적인 상관성이 있는 반응들을 수행한다는 것이 밝혀졌다. 이러한 촉매적 특성의 발견과 리보스위치 riboswitch(12.2절)와 같은 방법으로 이들의 리보자임의 활성이 조절되는 현상의 발견으로 인해 초기 생화학적 시스템이 완전히 RNA를 중심으로 일어날 수 있다는 것을 보여줌으로써, 폴리뉴클레오티드-폴리펩티드 딜레마가 해결되었다.

RNA 세계에 대한 생각은 최근에 형성된 것이다. 초기 RNA 분자는 상보적인 뉴클레오티드가 결합될 수 있는 주형으로 작용하여 우연히 중합 반응이 일어나는 아주 느리고 우연한 양상으로 복제되었을 것으로 생각된다(**그림 18.4**). 이 복제는 매우 부정확해서 다양한 RNA 서열을 생성했을 것이다. 그리고 마침내 자기 서열을 좀 더 정확하게 자가-복제하는 하나 또는 몇 개의 리보자임이 만들어졌을 것이다. 이 과정에 일종의 자연 선택이 작동하여, 실험적으로 증명된 것과 같이 가장 효과적인 복제 시스템의 지배가 시작될 수 있다. 복제 정확도의 증가는 RNA가 서열의 고유성을 잃지 않고도 길이를 증가시킬 수 있게 되고, 또한 상당히 정교한 촉매 특성이 가능해지면서 현재의 rRNA과 같은 복잡한 구조까지 가능하게 되었을 것이다(그림 13.24 참조).

초기 RNA 유전체를 유전체(genome)라 부르기에 적당하지 않다. 자가 복제적이며 아주 간단한 생화학적 반응을 촉매하는 분자에 대해서는 **원유전체(protogenome)**라는 용어가 선호된다. 여기서 말하는 반응에는 ATP, GTP와 같은 리보뉴클레오티드의 인산과 인산 간의 가수분해에서 방출되는 자유에너지를 기초로 하는 에너지 대사가 포함될 수 있고, 이 반응이 최초의 세포 유사 구조인 지질 막구조로 구분되는 구조 안에

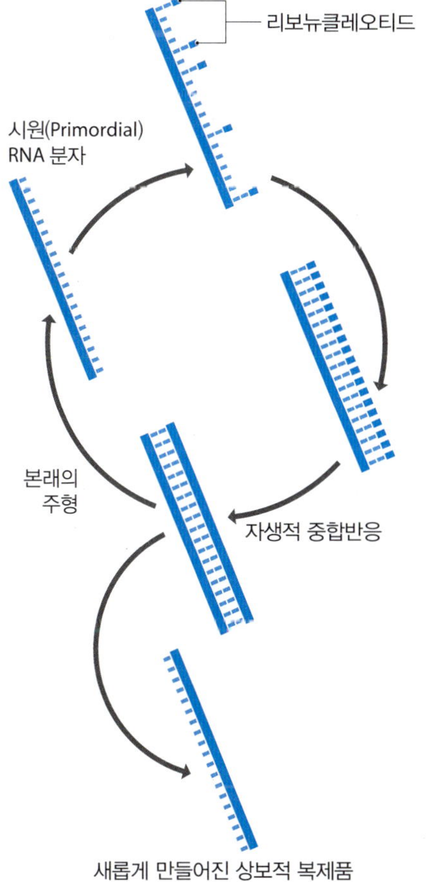

그림 18.4 초기 RNA 세계에서 복제하는 RNA 분자. RNA 중합효소의 진화가 있기 전, RNA 주형에 결합한 리보뉴클레오티드는 우연적으로 중합되었을 것이다. 이 과정은 부정확해서 여러 종류의 RNA 서열이 생겨났을 것이다.

서 일어났을 수도 있다. 긴 사슬을 갖는 가지 없는 지질이 어떻게 화학적 또는 리보자임에 의한 촉매 반응에 의해서 생성될 수 있는지는 알 수 없다. 그러나 일단 충분한 양만 생성된다면 자발적으로 막구조가 만들어지고, 하나 또는 그 이상의 원유전체를 둘러싸게 될 수 있다. 이렇게 만들어진 초기 세포에서는 리보자임의 농도가 바깥 경우보다는 높아서 이로 인한 선택적 이득으로 인해 좀 더 확대가 가능했을 것이다. 이러한 세포 내부에 구연산염(citrate)와 같은 화합물이 포함되면서, (현존하는 많은 종류의 리보자임 활성을 촉진시킬 수 있다고 알려진) 마그네슘과 같은 이온을 잡아둘 수 있는 것과 같은 이온 환경을 조절하는 최초의 단계가 가능했을 것이다. 따라서 초기의 세포에서는 좀 더 조절된 생화학적 반응이 수행될 수 있는 차단된 환경이 RNA 원유전체에게 제공하게 되었을 것이다.

최초의 DNA 유전체

RNA 세계가 어떻게 DNA 세계로 발전하게 되었을까? 첫 번째 주된 변화는 아마도 단백질 효소의 발달이었을 것이다. 이것은 처음에는 보조적인 역할을 했겠지만 결국에는 리보자임의 촉매 활성의 대부분을 대체하게 되었을 것이다. 이 단계의 생화학적 진화에서는 왜 RNA에서 단백질로의 전환이 먼저 일어났는지 등과 같은 답을 알 수 없는 여러 가지 의문점이 있다. 초기에는 20개의 아미노산으로 구성된 폴리펩티드가 4개의 리보뉴클레오티드로 구성되는 RNA에 비해 더욱 큰 화학적 다양성을 가질 수 있고, 따라서 단백질 효소가 더욱 더 광범위한 생화학적 반응을 촉매할 수 있었을 것이라고 추측하였다. 그러나 리보자임에 의한 촉매 반응이 점점 더 많이 실험적으로 보여짐에 따라서 이 설명에 대한 지지는 줄어 들게 되었다. 최근에 제시된 논리에 의하면 단백질을 매개로 한 촉매가 보다 효율적인 이유는 접혀진 구조의 폴리펩티드가 염기쌍을 이룬 좀 더 뻣뻣한 RNA에 비해 기본적으로 훨씬 더 유연하기 때문이라고 설명한다. 다른 가능성은 막으로 이루어진 소낭에 갇힌 RNA 원유전체가 최초 단백질의 진화를 촉진시켰을 수 있다는 것이다. RNA 분자가 친수성이라 세포막을 통과하거나 세포막에 묻히려면 RNA 분자 자신을 펩티드 분자와 같은 소수성 물질로 둘러싸여야 되기 때문이다.

단백질 매개 촉매로의 전환은 RNA 원유전체 기능에 큰 변화를 초래하게 되었다. 원유전체는 초기의 세포 유사 구조에서 일어나는 생화학적 반응에는 직접 관여하지 않고 촉매 단백질을 암호화하는 것이 주기능이 되었다. 리보자임 자체가 암호화 분자가 되었는지 또는 암호화 분자가 리보자임에 의해서 합성이 되었는지는 알 수 없지만 단백질 합성의 기원과 유전자 암호에 관한 가장 설득력 있는 이론에 의하면 후자가 더 타당해 보인다(**그림 18.5**). 메커니즘이 어떠하든 결과적으로 보면 RNA 원유전체는 자기가 잘할 수 있는 효소로서의 역할을 포기하고, 불안정한 RNA 인산디에스테르 결합을 감안하면 적합도가 좀 떨어진다고도 할 수 있는 암호화 기능을 맡는 역설적인 상황에 놓이게 되었다. 상대적으로 안정적인 DNA에게로의 암호화 기능의 이전은 피할 수 없는 것으로 보인다. 역전사 촉매 반응에 의한 RNA 원유전체의 복사로 리보뉴클레오티드가 환원된 데옥시리보뉴클레오티드의 중합 반응은 그리 어렵지 않았을 것이다(**그림 18.6**). 우라실의 메틸화 유도체인 티민이 대체되면서 DNA 폴리뉴클레오티드의 안정성은 더욱 증가되었고 상대 가닥을 복사하여 DNA 손상을 수선할 수 있기 때문에 DNA의 이중가닥화는 비교적 빠른 시간 내에 일어났을 것이다(16.2절).

이 시나리오에 의하면 최초의 DNA 유전체는 여러 개의 분리된 분자로 구성되었을 것이다. 각 조각이 하나의 단백질을 암호화하는, 즉 하나의 유전자에 상응할

(A) 암호화 부분을 가지고 있는 리보자임

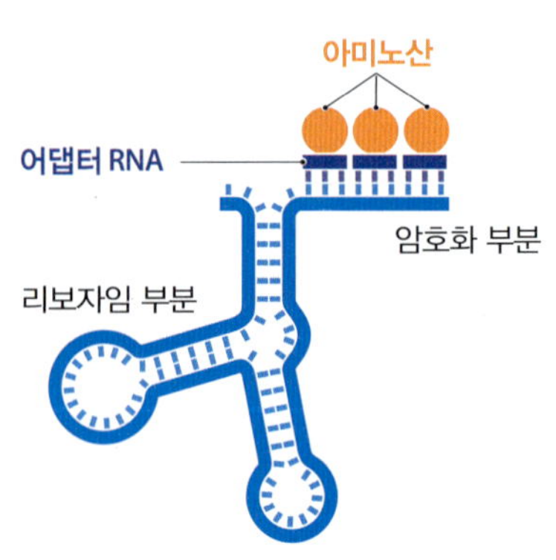

(B) 암호화 분자를 합성하는 리보자임

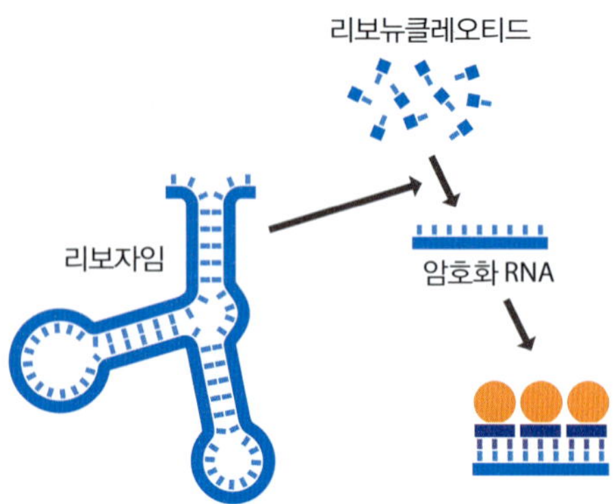

그림 18.5 첫 암호화 RNA의 진화에 대한 두 가지 시나리오. 리보자임은 촉매와 암호화 두 기능을 가지도록 진화했을 것이다(A). 또는 리보자임은 암호화 분자를 합성할 수 있었을 것이다(B). 이 두 예에서는 아미노산이, 현존 tRNA의 전구체로 생각되는, 작은 어댑터 RNA에 의해 암호화 분자에 부착된 것으로 그려져 있다.

것이다. 이러한 유전자들이 초기의 염색체로 연결되는 일은 DNA로의 전환이 일어나기 전에 일어났을 수 있고, 세포분열 시 여러 개의 분리된 유전자보다는 합해져서 개수가 적어진 염색체가 두 세포에 균등 배분되는 효율을 증가시켰을 것이다. 초기 유전체 진화의 여러 단계에서 유전자들이 어떻게 연결이 되었는지에 대한 여러 가설이 제안되었다.

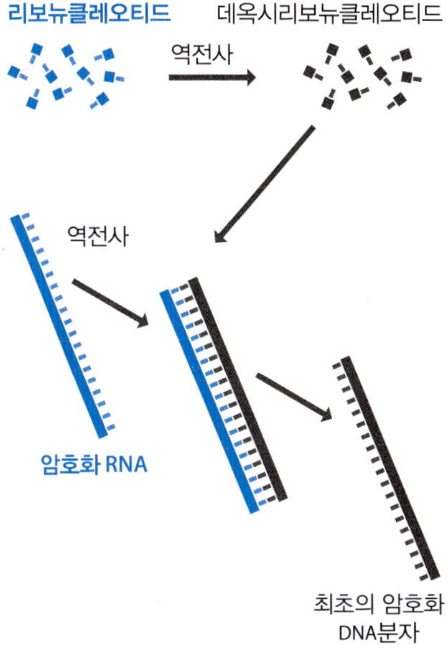

그림 18.6 첫 DNA 유전체 전구체로의 암호화 RNA 분자의 전환.

생명은 얼마나 독특한가?

만약 시뮬레이션 실험과 컴퓨터 모델이 맞다면 생화학적 진화의 초기 단계는 해양과 대기에서 동시에 여러 번 일어났을 수 있다. 즉, 현존하는 생물들이 하나의 기원에서 유래한 것처럼 보이지만, 하나 이상의 생명체(life)가 생겼을 수도 있다. 단일기원은 박테리아, 고세균 및 진핵세포의 기본적인 분자생물학적 기전과 생화학적 기전이 놀랍도록 비슷하다는 사실에 근거한다. 한 가지 예로 생물학적이나 화학적으로 특정한 삼염기조 뉴클레오티드가 특정 아미노산을 암호화할 뚜렷한 이유가 없는 데도 불구하고 유전 암호는, 완전히 보편적이지는 않지만, 지금까지 연구된 모든 생물에서 거의 동일하다. 만약에 생물들이 하나 이상의 기원에서 유래했다면 두 가지 또는 그 이상의 다른 암호가 존재할 가능성이 크다.

현재의 생물들은 하나의 기원에서 유래했지만, 만약 여러 기원이 가능했다면 특정 생화학적 시스템이 우세하게 된 것은 어느 단계였을까? 이 질문에 대해 정확한 답은 없지만 가장 가능성 있는 시나리오는 처음으로 단백질 효소를 합성하고, 따라서 DNA 유전체를 사용하게 된 시스템이 우세하게 되었을 것이다. 촉매 능력이 훨씬 높은 단백질과 훨씬 정확하게 복사되는 DNA 유전체는 여전히 RNA 원유전체 상태로 있는 것들에 비해, 상당한 장점을 세포에게 제공하였을 것이다. DNA-RNA-단백질 세포는 보다 빨리 분열하고 영양에 있어서 RNA 세포를 앞지르게 되어 얼마되지 않아 RNA 세포 자체가 이들의 영양분이 되었을 것이다.

DNA나 RNA가 아닌 다른 정보 분자를 갖는 생명체가 가능했을까? 가능성 중 한 가지는 현재의 DNA나 RNA와 염기쌍을 할 수 있는 다른 종류의 뉴클레오티드이다. 흥미 있는 예로써 Cu^{2+} 이온을 매개로 퓨린-2,6-디카르복실레이트(purine-2,6-dicarboxylate)와 3-피리딘(3-pyridine)이 쌍을 이루는 경우이다(**그림 18.7**). 많은 자연적인 DNA 중합효소는 핵산 주형 쪽에 퓨린-2,6-디카르복실레이트가 있으면 여기에 대응하여 3-피리딘을 중합반응을 할 수 있는 것으로 보아, 이 효소들이 표준적인 왓슨-크릭 염기쌍 중합반응만을 촉매하는 데 한정되지는 않는 것으로 보인다. 또 다른 가능성 중 한 가지는 DNA 또는 RNA가 아닌 과거에 만들어졌을 수도 있는 또는 외계에서 유래한 정보 분자에 기반을 둔 경우이다. 특히 초기 원유전체에게는 5탄당 대신 6탄당이 쓰여진 피라노실(pyranosyl) 핵산(**그림 18.8**)이 RNA보다 더 나은 선택이었을 것이다. 이것이 만드는 염기쌍이 더 안정하기 때문이다. 또 다른 가능성은 4탄당이 쓰여진 트레오스(threose) 핵산 또는 펩티드 핵산(peptide nucleic acid, 그림 3.32 참조)처럼 고리 구조의 당이 아니고 선형의 골격으로 구성된 글리세롤 유도 핵산의 경우이다. 위의 어떤 경우에도 자연 상태로는 알려지지 않았지만, 실험실에서는 합성이 되고, RNA와 안정적인 이중가닥 혼성체가 만들어질 수 있고, 트레오스 핵산 가닥 2개가 짝을 이루는 핵산도 가능하다. 리보뉴클레오티드의 비생물적인 합성 과정이 발견되기 전에는 이와 같은 핵산 유사체들이 RNA보다 용이하게 자생적으로 만들어지기 때문에 RNA 세계에 대한 가능성 있는 전구물질로 간주되고 있지만, 최근에는 RNA 등장이 굳이 특정 전구체를 거치지 않고서도 원시스프(prebiotic soup)에

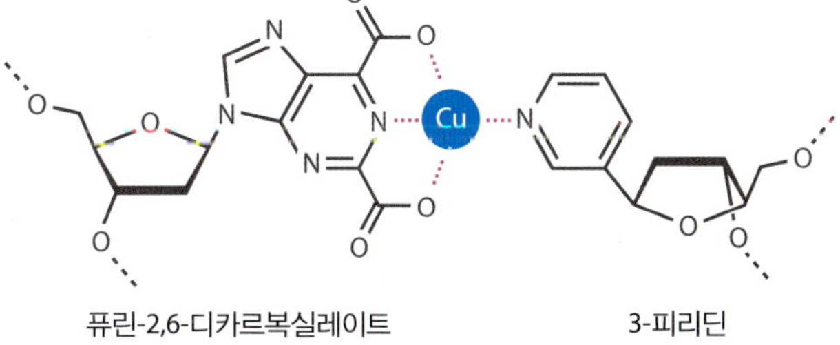

퓨린-2,6-디카르복실레이트　　3-피리딘

그림 18.7 퓨린-2,6-디카르복실레이트와 3-피리딘의 염기쌍 형성. 두 염기가 polynucleotide 가닥에 있는 2′-deoxyribose에 붙어있다. Cu^{2+} 이온을 매개로 염기쌍이 형성된다.

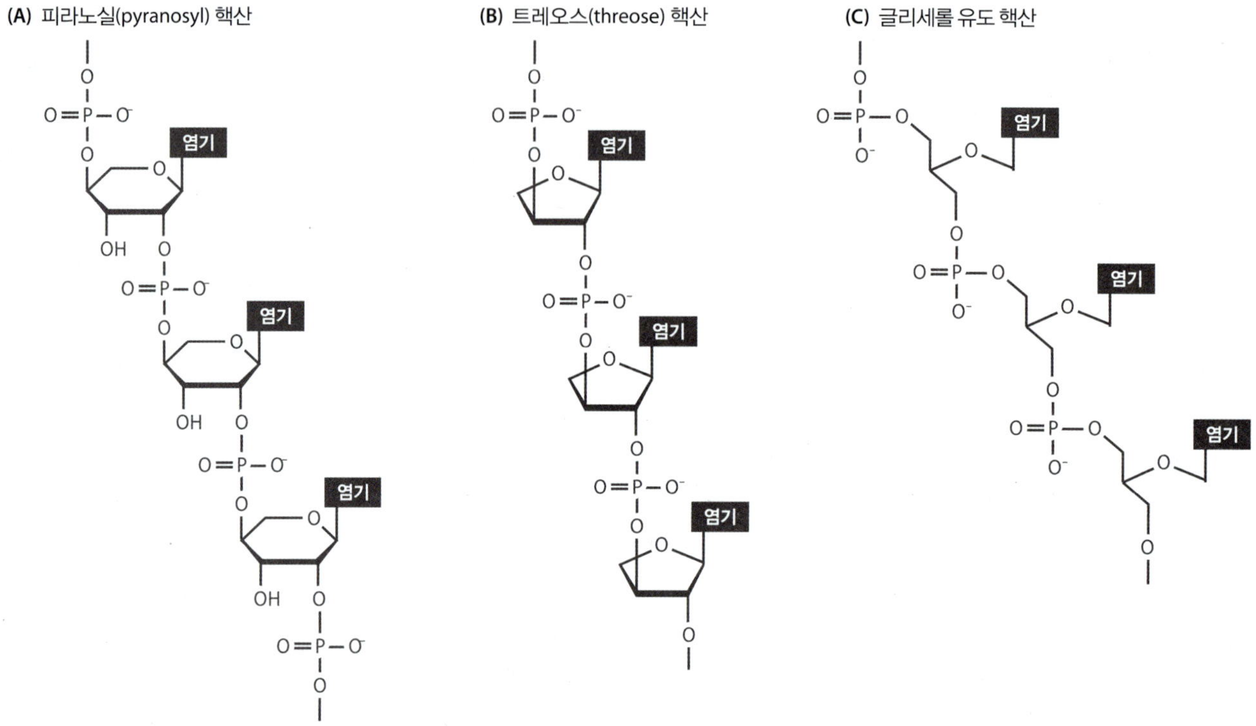

(A) 피라노실(pyranosyl) 핵산 (B) 트레오스(threose) 핵산 (C) 글리세롤 유도 핵산

그림 18.8 초기 지구나 다른 행성에서 생명의 기본이 될 수도 있는 세 가지 다른 핵산.

서 바로 만들어질 수 있다는 것이 일반적으로 받아들여지고 있는 학설이다.

18.2 점차적으로 복잡해지는 유전체로의 진화

지구의 역사를 들여다 보면 34억 년 전에 최초의 박테리아 세포가 등장했고, 스테롤 형태의 증거로 보아 27억 년 전에 진핵세포가 최초로 등장했다고 본다. 스테롤은 박테리아가 등장했을 당시에 만들어진 oil shale에서는 발견되지 않아 진핵생물의 특성으로 간주된다. 최근까지의 확인된 자료로는 12억 년 전쯤의 *Bangiomorpha*라 불리는 홍조류가 최초의 진핵세포의 화석 증거이다. *Bangiomorpha*는 다세포이며 유성생식을 한다는 것을 감안하면 분명히 상대적으로 진화된 것이어서 이보다 이전에 존재했을 것으로 추정되는 진핵세포가 가정되지만 아직 발견되지 않았다. 수수께끼 같은 동물 화석으로 보아서는, 좀 더 이를 수도 있지만, 다세포 동물은 6억 4천만 년 전에 등장하였을 것이다. 다양한 독특한 형태의 무척추동물이 번창했던 캠브리아기 폭발(Cambrian explosion)은 5억 3천만 년 전이었고, 이러한 다양한 생물들이 4억 9천 년 전에 대멸종과 함께 사라졌다. 그 이래로 꾸준히 진화가 진행되면서 다양성이 증가하였다. 최초의 육상 곤충, 동물 및 식물이 3억 5천만 년 전에 정착하였고, 공룡은 6천5백만 년 전 백악기(Cretaceous Period) 말기에 멸종하였으며, 최초의 사람족(hominins)은 4백 50만 년 전에 등장하였다.

형태적인 진화는 유전체의 진화를 동반하였다. 진화를 진보라고 표현한 것은 문제가 있지만, 진화계통수(evolutionary tree)에서 위로 올라갈수록 점점 더 복잡한 유전체를 가진다는 것은 부정할 수 없다. 이 절에서는 이와 같은 복잡성이 어떻게 진화했는지를 살펴볼 것이다.

유전체 염기 서열 분석으로 과거의 유전체 중복에 대한 많은 증거를 찾을 수 있다

이 복잡성의 한 가지 증거는 유전자의 수이다. 일부 박테리아에서는 1,000개 이하이고 사람과 같은 척추동물에서는 20,000개에 이르는 차이를 보인다. 현재의 가장 복잡한 유전체보다 최초의 유전체가 적은 수의 유전자를 가졌다고 가정하면 당연히 어떻게 유전자 수가 증가했는지를 물어야 한다.

유전체는 근본적으로 다른 두 가지 방법으로 새로운 유전자를 획득하게 된다: 유전체에 이미 존재하는 유전자들의 일부 또는 전체의 중복 또는 다른 종으로부터 유전자를 획득할 수 있다. 원핵세포가 다른 원핵세포에서 수평적 유전자 이동(lateral gene transfer)으로 새로운 유전자들을 획득하였다는 것은 이미 언급한바 있으며(8.2절), 좀 더 덜하긴 하지만 진핵세포에서의 수평적 유전자 이동도 추가적으로 살펴볼 것이다. 우선 모든 종류의 생물의 유전체 진화에서 핵심적인 역할을 한 **유전자 중복(gene duplication)**에 대해 살펴보자.

유전자 중복의 결과로 처음에는 2개의 동일한 유전자가 생길 것이다. 선택적 압력으로 그 중 한 유전자에서는 원래의 뉴클레오티드 서열이 그대로 유지되거나 또는 매우 비슷하게 유지되어 중복이 일어나기 전에 원래의 기능을 계속 제공할 것이다. 두 번째 유전자에 대해서도 동일한 선택적 압력이 작용할 수 있는데, 중복에 의해 유전자 산물의 합성 속도가 증가되는 것이 그 생물에 이익이 될 경우는 특히 그럴 것이다.(그림 18.9). 그러나 두 번째 사본이 이익을 주지 않는 경우가 더 흔하다. 따라서 동일한 선택 압력을 받지 않게 되면 두번째 사본에는 무차별적인 돌연변이가 축적될 것이다. 중복에 의해 생성된 새로운 유전자 대부분은 치명적인 돌연변이로 인해 유전자가 불활성화되어 위유전자(pseudogene)가 되는 것을 볼 수 있다. 존재하는 위유전자를 조사해보면 가장 흔한 불활성화 돌연변이는 틀변이(frameshift)와 유전자 번역 부위의 난센스(nonsense) 돌연변이이다. 그러나 때로는 돌연변이로 인해 유전자 불활성화가 일어나지 않고, 그 개체에 유익한 새로운 유전자 기능을 가져올 수도 있다(그림 18.9 참조). 그 결과 이 유전자는 살아남고, 총 유전자 수는 증가된다.

유전체의 염기서열을 훑어보는 것만으로도 중복적 사건으로 인해 많은 유전자가 생성되었다는 증거를 충분하게 얻을 수 있다. 그림 18.9는 유전자 중복으로 만들어진 유전자 산물의 양이 증가하여 개체에게 이익이 되고, 그 결과 중복이 안정화되는 첫 번째 시나리오의 중요성을 보여주고 있다. 이것은 동일한 또는 거의 동일한 서열을 갖는 유전자로 만들어진 다중유전자(multigene) 패밀리의 예에서 찾을 수 있다. 가장 대표적인 예가 rRNA 유전자이다. 이 유전자는 사본수가 수 개인 박테리아, 350여 개인 사람, 4,000개 이상인 완두에 이르기까지 다양하나, 모두 다중유전자에 해당한다. 동일한 유전자 사본을 많이 가지게 된 것은 아마도 세포주기의 특정 단계에서 rRNA를 빠르게 합성할 필요가 있었기 때문일 것이다. 이와 같은 다중유전자의 존재는 유전자 중복이 과거에 일어났을 뿐만 아니라, 긴 진화시간 동안 그 패밀리 유전자들의 서열이 동일하게 유지되는 분자적 기전이 있었다는 것을 시사한다. 이것을 **협동 진화(concerted evolution)**라 부른다. 패밀리의 한 사본이 유리한 돌연변이를 획득하면, 패밀리의 모든 유전자가 그렇게 될 때까지 패밀리 내에서의 전파가 가능하다. 이와 같은 일이 일어날 수 있는 가장 가능성 있는 방법은 유전자 전환(gene conversion)이다. 이 과정은 17.1절에 기술되어 있는데, 유전자의 특정 사본의 서열이 다른 사본의 서열 전부 혹은 일부를 대체하는 것이다. 즉, 중복적 유전자 전환으로 다중 유전자 패밀리

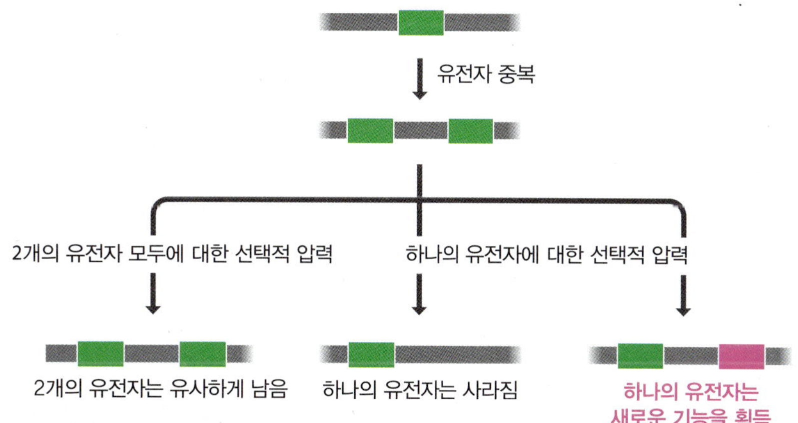

그림 18.9 **유전자 중복을 가져오는 세 가지 시나리오.**

의 개개 유전자의 염기 서열을 동일하게 유지시킬 수 있으며, 특히 그 유전자들이 직렬 반복으로 배치되어 있으면 더욱 그러하다.

그림 18.9의 세 번째 시나리오는 중복된 유전자에 돌연변이가 누적된 결과 새로운 유익한 기능이 부여된 경우이다. 마찬가지로, 이러한 사건도 과거에 흔하게 일어났음을 다중유전자 패밀리에서 찾을 수 있다. 글로빈 유전자 패밀리의 유전자 중복으로 생물 발생의 여러 단계에서 사용되는 새로운 글로빈 단백질이 생성되었다(그림 7.19 참조). α-와 β-형과 같은 모든 글로빈 유전자들은 뉴클레오티드 서열이 유사하여 하나의 수퍼패밀리를 형성한다. 여기에는 혈중의 글로빈처럼 산소 결합 능력을 가지고 있는 여러 가지 단백질의 유전자가 포함되어 있다. 다중유전자 패밀리에서 한 쌍을 대상으로 유전자 염기 서열 유사성을 비교하여 오늘날 우리가 보는 유전자를 만들어낸 유전자 중복 패턴을 유추할 수 있다. 또한 **분자시계(molecular clock)**를 적용하면 이러한 중복이 몇 백만 년 전에 일어났는지도 추정할 수 있다. 이 분석에 의하면 약 8억만 년 전에 중복에 의해 한 쌍의 조상 유전자가 생성되었고, 그 중 하나는 두뇌 단백질인 뉴로글로빈(neuroglobin)으로 진화되었으며, 다른 유전자는 수퍼패밀리의 나머지 다른 유전자들로 진화되었다(**그림 18.10**). 첫 중복 사건이 있고나서 약 2억 5천만 년 후에 혈액의 글로빈을 만드는 경로에서 두 번째 중복이 일어났다. 이 추가적인 중복으로 인해 근육에서 활성이 있는 미오글로빈(myoglobin)과 많은 세포에 존재하지만 그 기능이 잘 알려지지 않은 사이토글로빈(cytoglobin)으로 진화되었다. 원-α(proto-α)과 원-β(proto-β) 글로빈 계열은 4억 5천만 년 전에 일어난 중복에 의해 갈라졌으며, α-와 β-글로빈 유전자 패밀리 내의 중복은 최근 2억만 년 동안 일어났다. 최근 일어난 것에 한정시켜서 보면 유전자 중복 패턴뿐만 아니라, 개개의 유전자에서 일어난 보다 구체적인 변화도 유추할 수 있다. 비슷한 맥락으로 여러 포유동물에 존재하는 다양한 β-글로빈 유전자들의 생성 과정을 추정할 수 있다(**그림 18.11**).

다른 유전자 서열들도 비교해 보면 유사한 진화 양상이 발견된다. 예를 들어, 트립신과 키모트립신 유전자는 약 15억 년 전에 중복된 공통 조상 유전자에 의해 만들어졌다.

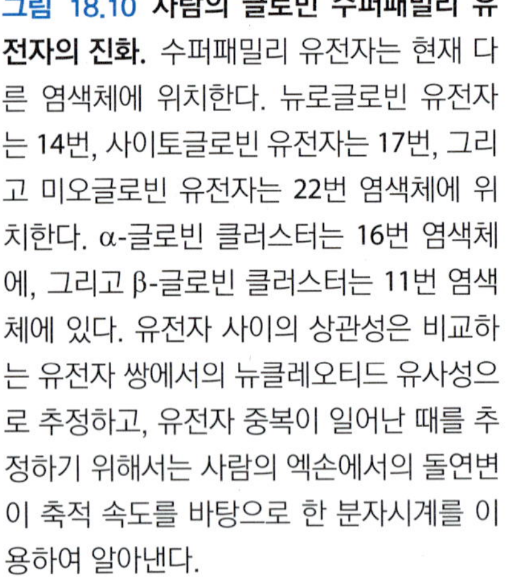

그림 18.10 사람의 글로빈 수퍼패밀리 유전자의 진화. 수퍼패밀리 유전자는 현재 다른 염색체에 위치한다. 뉴로글로빈 유전자는 14번, 사이토글로빈 유전자는 17번, 그리고 미오글로빈 유전자는 22번 염색체에 위치한다. α-글로빈 클러스터는 16번 염색체에, 그리고 β-글로빈 클러스터는 11번 염색체에 있다. 유전자 사이의 상관성은 비교하는 유전자 쌍에서의 뉴클레오티드 유사성으로 추정하고, 유전자 중복이 일어난 때를 추정하기 위해서는 사람의 엑손에서의 돌연변이 축적 속도를 바탕으로 한 분자시계를 이용하여 알아낸다.

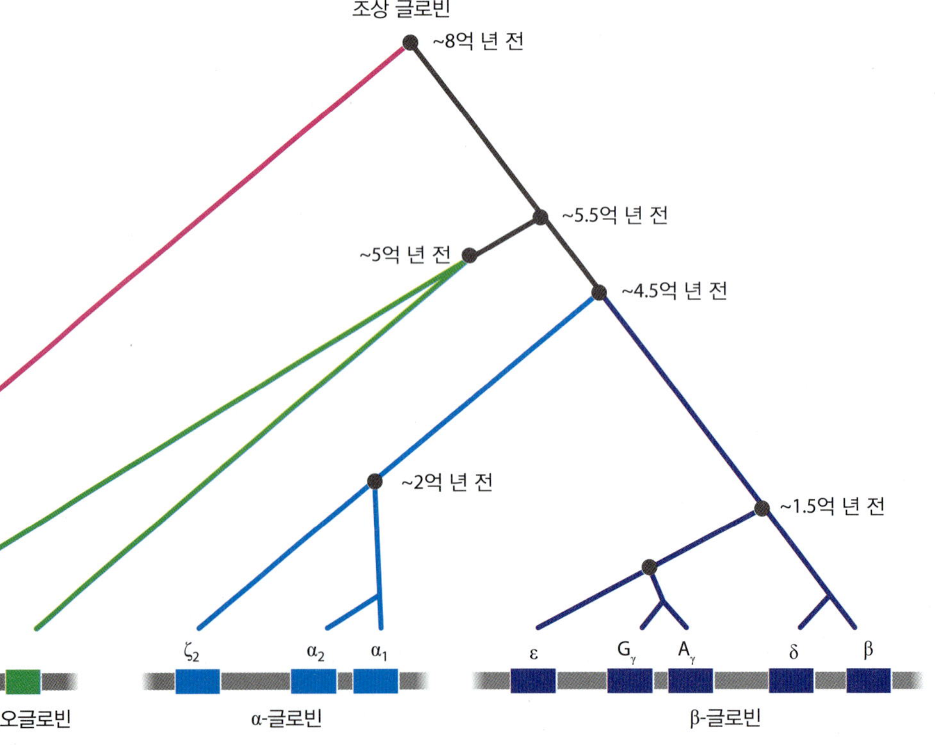

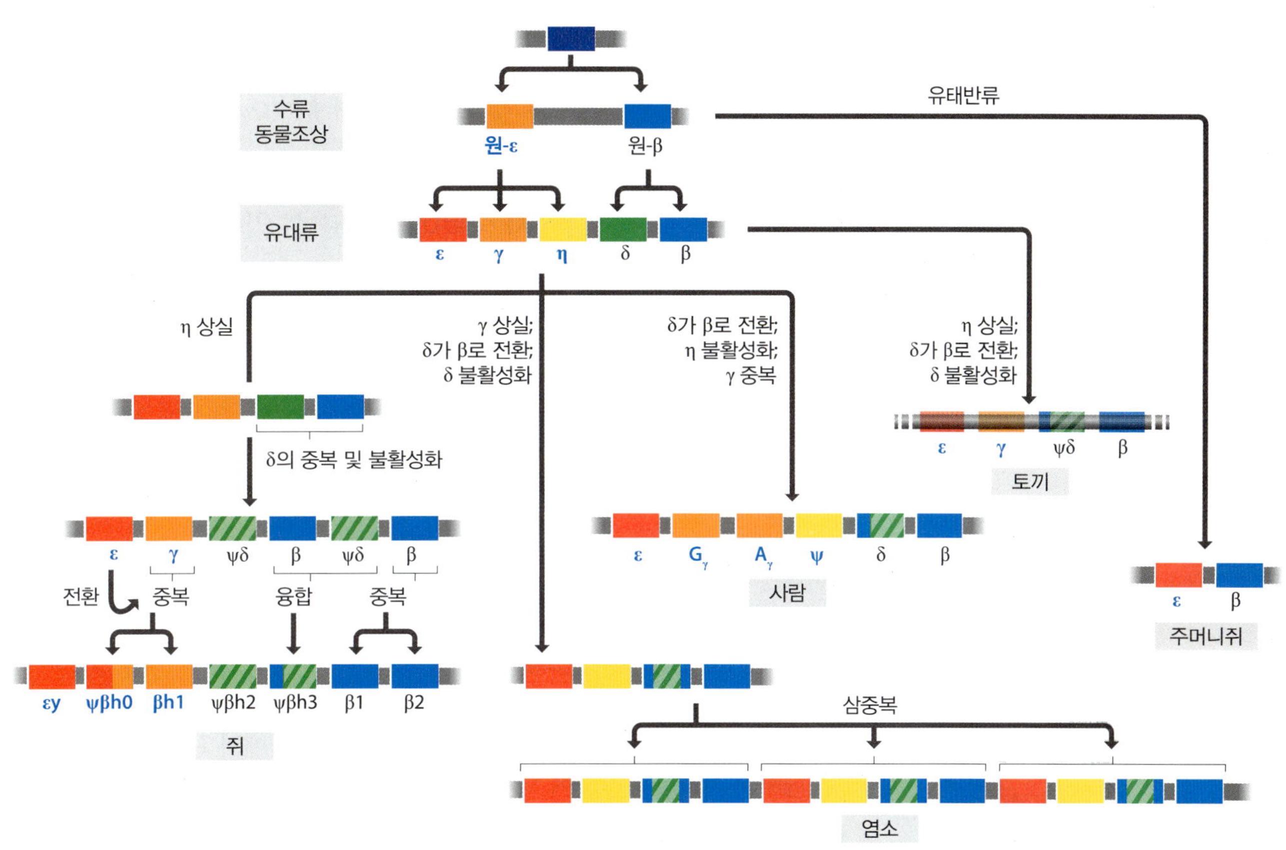

그림 18.11 포유류 β-글로빈 유전자의 진화. 이 그림은 여러 포유동물에서 보이는 다양한 β-글로빈 유전자 무리의 생성 과정으로 추정되는 사건을 보여주고 있다. (Tagle et al. [1992] *Genomics* 13:741-760에서 발췌. Elesevier의 허락을 득함.)

이들 모두 척추동물의 소화계에서 단백질 분해에 관여하는 단백질분해효소를 암호화하는 유전자인데, 트립신은 알지닌과 라이신 아미노산 자리를, 키모트립신은 페닐알라닌, 트립토판 그리고 티로신을 자른다. 유전체 진화로 원래 하나였던 기능에서 2개의 보완적 단백질 기능이 만들어진 것이다.

중복에 의한 유전자 진화에 관한 또 다른 놀라운 예는 동물의 체형을 지시하는 핵심적 발생 유전자인 호메오 선별 유전자(homeotic selector gene)에서 볼 수 있다. 14.3절에서 설명한 것처럼, *Drosophila melanogaster*는 HOM-C라 불리는 8개의 유전자로 구성된 하나의 호메오 선별 유전자 군집(cluster)을 가지고 있다(그림 14.37). 개개의 호메오 선별 유전자는 DNA-결합 모티프를 갖는 단백질을 암호화하는 호메오도메인 서열을 가진다. *Drosophila*에 있는 다른 호메오도메인 유전자와 더불어, 이 8개의 유전자는 약 10억 년 전에 존재했던 하나의 조상 유전자가 일련의 유전자 중복을 통해 만들어진 것으로 믿어진다. 초파리의 여러 체절을 각각 지정하는 현존 유전자의 기능을 통해 유전자 중복과 염기 서열 다변화가 *Drosophila* 진화 계통수에 속하는 생물들의 형태적 복잡성을 어떻게 증가시켜 왔는지 엿볼 수 있다. 진화 계통수의 좀 더 위쪽으로 이동하면, *Droshophila* 군집의 사본이라는 것이 뚜렷한 4개의 혹스(Hox) 유전자 군집을 척추동물에서 볼 수 있으며(그림 14.37 참조), 동일 위치의 유전자들 사이에 염기 서열 유사성을 가지고 있다. 이것이 암시하는 바는 척추동물 계열에서 두 번의 중복 사건이 있었는데, 이것은 혹스 유전자 하나의 중복이 아니라 전 군집의 중복이라는 것이다(그림 18.12). 중간에 해당하는 2개의 혹스 군집을 가진 생물종은 발견되지 않았으나, 4개 이상인 경우는 척추동물에서 잘 알려져 있다. 경골어류(Teleosts)는 다양한 체형을 갖는 가장 다양한 그룹의 척추동물로 생각되는 방사성 지느러미를 가진 어류의 한 종류로써 7개 또는 8개의 혹스 군집을 가지고 있다. 이는 4개 짜리에서 중복 과정을 거쳐 만들어

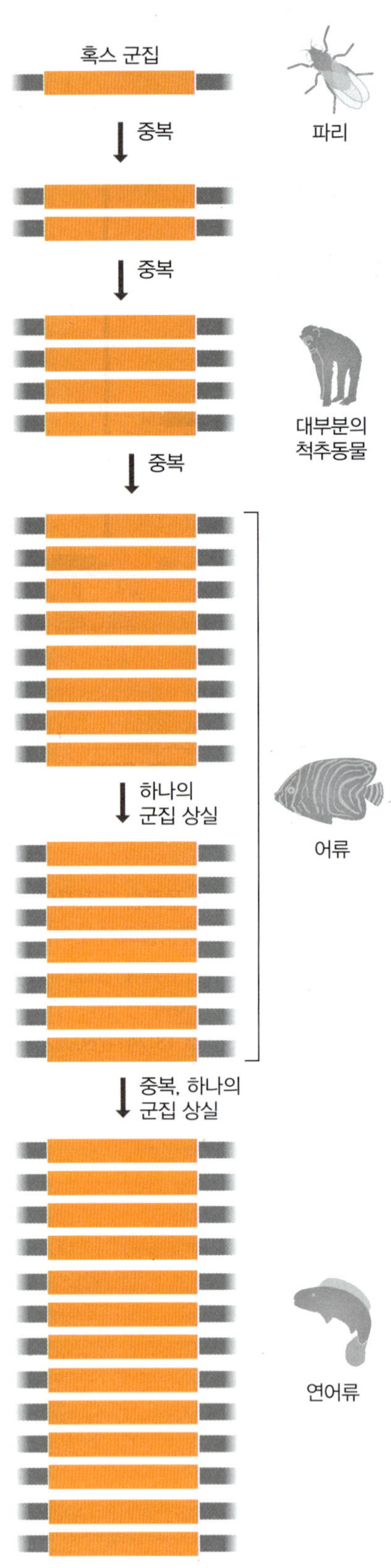

그림 18.12 **초파리에서 연어류에 이르는 Hox 유전자 군집의 진화.**

지고, 7개인 경우에는 조상에 해당하는 종에서 후속적으로 한 군집이 상실되며 만들어진 것으로 추정된다. 또 다른 방사성 지느러미를 가진 연어류에서는 추가적인 중복 등의 과정을 거쳐 대서양 연어(*Salmo salar*)와 무지개 송어(*Oncorhynchus mykiss*)경우의 13개에 혹스 군집이 생겼다.

여러 가지 과정에 의해 유전자 중복이 일어날 수 있다

유전체에 주석을 다는 과정에서 보면 과거에 유전자 중복이 일어났다는 증거를 광범위하게 볼수 있다. 이러한 중복은 어떻게 일어났을까? 아래와 같은 여러 가지 방법으로 중복될 수 있다:

- **비대칭적 교차(unequal crossing-over)**는 한 쌍의 상동 염색체의 다른 위치에 있는 유사한 뉴클레오티드 염기 서열 사이에서 일어나는 재조합이다. 그림 18.13A에서 보여주는 것과 같이 불평등 교차의 결과에 의해 재조합 산물 하나는 부분적 DNA 중복을 가질 수 있다.
- **비대칭적 자매염색분체 교환(unequal sister chromatid exchange)**은 비대칭적 교차와 동일한 메커니즘으로 일어나지만, 동일 염색체의 두 자매 염색분체 사이에서 일어나는 경우이다(그림 18.13B).
- **DNA 증폭(DNA amplification)**은 박테리아나 다른 반수체 생물에서 DNA 일부분의 중복을 설명하는 방법으로 사용된다. 복제 버블에서 2개의 딸 DNA 분자 사이에서 비대칭적 재조합에 의해 일어나는 중복이다(그림 18.13C).

위에서 언급한 세 가지 과정이 일어나면 모두 직렬 중복(tandem duplication)이 만들어지고 유전체에 2개의 중복된 조각이 서로 이웃하여 존재하게 된다. 이러한 양상은 많은 다중유전자 패밀리에서 볼 수 있다. 하지만 이 경우가 유일한 가능성은 아니다(7.3절). 동일 유전자 패밀리에 속하는 유전자들이 항상 같은 곳에 위치하지는 않는다. 예를 들어, 사람의 유전체에는 대사에 관여하는 효소인 알돌라제(aldolase)의 기능이 있는 유전자는 5개가 있는데, 이들은 각기 다른 염색체에 위치한다. 이들 각 사본은 원래는 하나의 직렬 배열로 존재했다가 대규모의 유전체 재구성 시 다른 곳으로 흩어졌을 수도 있다. 물론 멀리 떨어진 위치에 존재하는 것이 중복 과정의 결과일 수도 있다. 즉, 다듬어진 위유전자를 만드는 것으로 생각되는 과정과 유사한 방법인 레트로전위(retrotransposition)에 의해 중복이 일어났다면 그럴 수 있다(그림 7.20 참조). 다듬어진 위유전자는 특정 유전자의 mRNA 사본이 cDNA로 바뀌고, 이것이 다시 유전체로 끼어들어가면서 만들어진다. mRNA에는 프로모터가 존재하지 않기 때문에 이렇게 만들어진 구조는 프로모터가 없는 위유전자가 된다. 위유전자가 이미 존재하고 있는 유전자의 프로모터 가까이에 삽입되면 어떠한 일이 일어날 수 있을까(그림 18.14)? 삽입된 후, 프로모터를 변환시켜서 자신이 사용하게 된다면 활성을 갖게 될 수도 있다. 이와 같은 방식으로 유전자 중복이 일어나는 것을 **레트로유전자(retrogenes)**라고 한다.

유전체에 주석을 다는 과정에서 레트로 유전자를 어떻게 확인할 수 있을까? 전형적인 레트로유전자에는 원유전자에 존재하는 인트론이 없는 것이 특징이며, 이는 mRNA에는 인트론이 없다는 데서 기인한다. 한 쌍의 상동성 유전자에서 하나에는 인트론이 있고 다른 것에는 인트론이 없다면 후자의 경우가 레트로유전자라는 것을 시사한다. 그러나 여전히 원래의 프로모터에 의해 전사가 되는 비가공성(nonprocessed) 위유전자의 기능에 대해 언급할 때(7.3절), 전사와 번역이 된다하더라도 그 자체가 이 위유전자에 기능이 있다는 충분한 증거가 되지 못한다는 것을 다루었었다. 발현에 더해서, 이 유전자에 대해 자연선택의 긍정적인 역할이 있어야 한다. 그렇지 않다면 발현 자체는 우

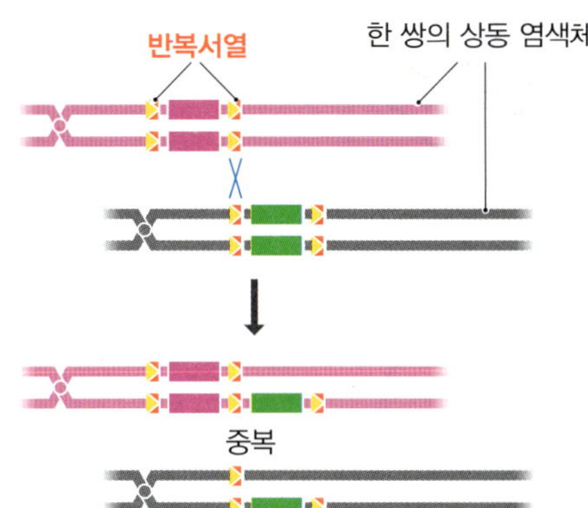

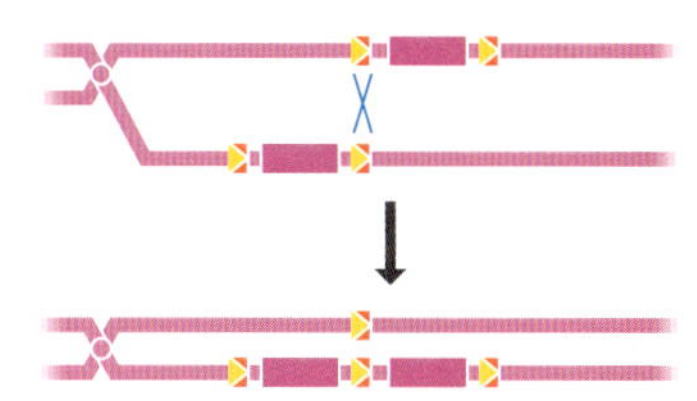

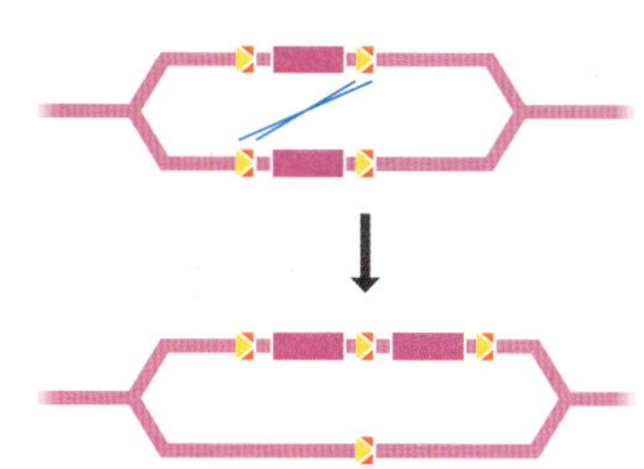

그림 18.13 유전자 중복 모델. (A) 두 상동 염색체 간 비대칭적 교차, (B) 자매염색분체 간 비대칭적 교환, 그리고 (C) 박테리아 유전체의 복제 중 'DNA 증폭'. 각 경우마다, 짧은 반복 서열을 가진 두 다른 사본 간에 재조합이 일어나고, 반복 서열 사이에 서열이 중복된다. 비대칭적 교차와 비대칭적 자매염색분체 교환은 기본적으로 동일하다. 첫 번째는 상동 염색체 쌍에서 유래한 염색분체가, 두 번째는 하나의 염색체에서 유래한 염색분체가 관여한다는 점만 다르다. 세 번째는 재조합은 DNA 복제로 막 합성된 두 딸 이중나선 사이에서 일어난다.

연히 일어난 현상이며 그 생물에 장기적인 이익이 없을 것으로 결론내릴 수 있다. 같은 논리가 위유전자에 대해서도 적용된다. 특정 프로모터 가까이에 레트로유전자가 삽입되어 발현이 된다면 해당 유전자가 기능이 있을 가능성을 시사하지만, 이에 대해 긍정적인 역할이 있는 자연선택이 작용한다는 것을 확인해야 한다. 이러한 면을 감안하면 사람의 유전체에 최적치로 600~700 레트로유전자가 있다고 추정되며, 이 중 비교적 적은 수이긴 하지만 25개의 경우에는 고아 레트로유전자(orphan retrogenes)로 보인다. 이는 원래의 유전자는 상실이 되고, 그 단백질의 기능을 레트로유전자가 유일하게 담당하는 경우이다.

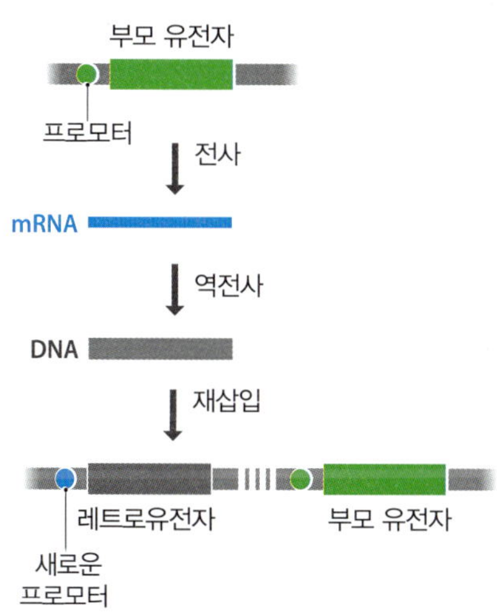

그림 18.14 레트로유전자의 생성. 부모가 되는 유전자의 mRNA 사본이 역전사되어 DNA로 바뀌고, 이것이 다시 이미 존재하고 있는 다른 유전자의 프로모터 가까이에 삽입된다. 이 프로모터가 이제 이 레트로유전자의 발현을 유도한다.

유전체 전체의 중복도 가능하다

위에서 언급한 과정은 그 길이가 수만 염기 정도에 해당하는 비교적 짧은 DNA의 중복을 만든다. 더 큰 중복도 가능할 것인가? 유전체 진화에 있어서 염색체 전체의 중복이 중요한 역할을 했을 가능성은 낮아 보인다. 왜냐하면, 사람의 염색체 1개가 중복되어 3개의 사본을 가지게 되고 나머지 다른 염색체들은 2개의 사본을 가지는 세포[이런 경우를 **삼염색체성(trisomy)**이라 한다]가 만들어지면, 이 세포는 죽게 되거나 다운증후군과 같은 유전적 질병을 초래하기 때문이다. 인위적으로 만들어낸 *Drosophila*의 삼염색체성 돌연변이에서도 유사하게 해로운 결과가 관찰되었다. 일부 유전자의 사본의 수가 다른 유전자에 비해 증가되면, 이로 인해 세포의 유전자 산물의 불균형과 생화학 반응의 교란이 일어난다.

삼염색체성이 해로운 결과를 가져온다는 것이 염색체 전 세트의 중복도 그렇다는 의미는 아니다. 감수분열 시의 오류로 인해 반수체가 아닌 이배체 배우체를 형성하는 유전체 중복이 일어날 수 있다(그림 18.15). 2개의 이배체 배우체가 융합되면 일종의 **동종배수체(autopolyploid)**가 생성된다. 이 경우 하나의 핵에 각 염색체가 4개의 사본을 가지는 사배수성 세포가 만들어진다. 동종배수체나 다른 유형의 **배수체(polyploidy)**는 식물의 경우에는 그리 드물지 않다. 동종배수체는 각 염색체의 상동 염색체 파트너가 있어서 감수분열시 쌍을 형성할 수 있기 때문에 일반적으로 살아남을 수 있다. 이러한 동종배수체는 성공적으로 복제될 수 있으나, 이들이 유래한 원래의 생물체와는 교차교배가 일어나지 않는다. 예를 들어, 사배수체와 이배수체 사이에 교배가 일어나면 삼배수체 자손이 만들어지고, 삼배수체 자손의 한 세트의 염색체는 상동 염색체가 부족하여 생식을 할 수 없게 된다(그림 18.16). 따라서 동종배수체는 종 분화의 한 기전이 될

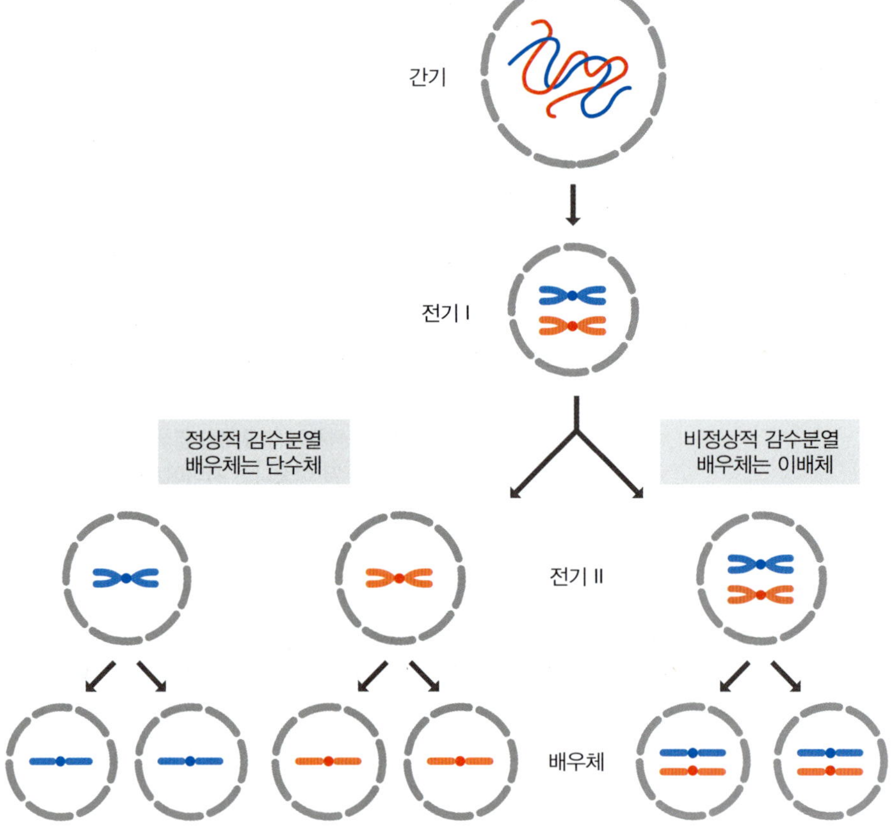

그림 18.15 동종배수체화의 원리. 감수분열 중 일어나는 정상적 사건은 간략하게 왼쪽에 그려져 있다. 오른쪽에는 제 I 전기와 제 II 전기 사이에서 일어난 이상으로 상동 염색체 쌍이 분리되지 않고 동일 핵으로 분배되었다. 결과적으로 만들어진 배우체는 반수체가 아닌 이배체가 된다.

수 있다. 일반적으로 두 생물체 간 교차교배가 불가능하면 이종으로 정의된다. 실제로 동종배수성에 의한 새로운 식물 종의 생성이 멘델 실험을 재발견한 과학자 중의 하나인 드브리(Hugo de Vries)에 의해 관찰되었다. 큰 달맞이꽃(*Oenothera lamarckiana*)의 실험에서 그는 정상적인 이배수체에서 사배수체 변이형을 분리하고, *Oenothera gigas*로 명명하였다. 동물의 경우, 특히 2개의 성이 분명한 경우에 동종배수성은 그리 흔하지 않다. 하나의 핵에 한 쌍 이상의 성염색체가 존재하면서 문제가 발생하는 것 같다.

동종배수체가 바로 유전체 복잡성(genome complexity)을 증가시키지는 않는다. 초기 산물은 새로운 유전자가 아니라 모든 경우에 하나의 유전자의 사본이 추가된 생물에 불과하다. 그러나 추가적인 유전자가 그 세포의 기능에 필수적이지 않다면, 개체의 생존을 위협하지 않고 돌연변이와 같은 변화가 일어날수 있기 때문에 복잡성이 증가할 수 있는 잠재력이 제공된다. 이를 염두에 두고 유전체 전체의 중복이 새로운 유전자들을 대규모로 획득하게 되는 중요한 예가 되는지를 살펴보자.

유전체가 시간에 따라서 변화되는 과정을 보면, 유전체 전체의 중복에 대한 증거를 얻기가 상당히 어려울 것으로 생각할 수 있다. 유전체 중복에 의한 추가적인 유전자 사

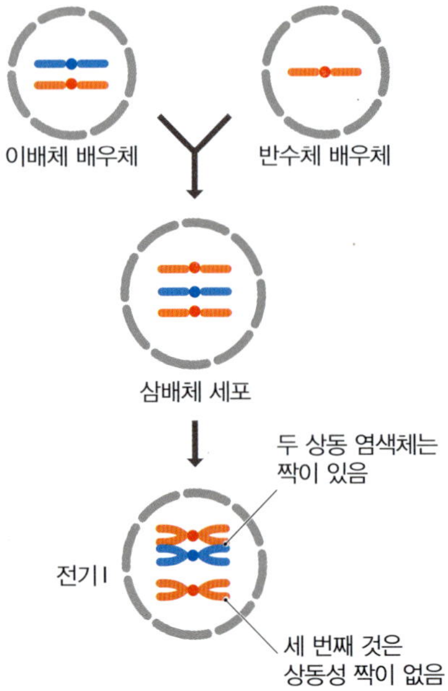

그림 18.16 동종배수체화는 자신들의 부모와는 교차결합할 수 없다. 그림 18.15에서 보여준 비정상적인 감수분열로 생성된 이배체 배우체와, 정상적 감수분열로 생성된 반수체 배우체의 융합으로 삼배체성 핵이 만들어졌다. 삼배체 핵은 각 상동 염색체가 3개의 사본을 가진다. 다음 감수분열 제 I 전기 동안, 이들 상동 염색체 중 2개는 짝을 형성하지만, 세 번째 염색체는 짝을 이루지 못한다. 이로 인해 말기에서 염색체 분배에 이상을 가져오고, 감수분열을 성공적으로 마치지 못하게 된다. 이는 배우체가 생성되지 못한다는 것을 의미하며 삼배체 개체는 생식불능이 된다. 상동 염색체는 그림에서 보여준 쌍만 아니라, 3개 중 어느 것과도 쌍을 이룰 수 있음을 주목하라.

본은 대부분 시간이 지남에 따라 DNA 염기 서열이 알아보기 힘들 정도로 사라질 것이다. 하지만 이들의 중복된 기능이 그 생물에 유익하거나 또는 새로운 기능을 만들면 사라지지 않고 남게 되므로 이를 찾아낼 수 있을 것이다. 그러나 이 유전자가 전체 유전체의 중복에 의한 것인지 혹는 보다 더 작은 규모의 중복에 의한 것인지는 구별하기 쉽지 않다. 유전체 전체의 중복으로 생겼다고 하려면 아래의 조건에 맞아야 한다.

- 분자시계 분석으로 유전체 상당한 부분에서 동시에 유전자 중복이 일어났다는 것을 보여주어야 한다.
- 중복 후에 재조합이 일어나겠지만, 거대한 중복된 세트의 유전자를 찾을 수 있어야 하고, 중복 덩어리들 사이에서 여전히 신테니(synteny: 동일 유전자 순서)가 발견되어야 한다.

진핵세포의 진화 역사에서 유전체 전체의 중복에 대한 증거는 출아효모(*Saccharomyces cerevisiae*) 유전체 프로젝트를 하면서 처음으로 알려졌다. 염기 서열들을 조합하면서 유전체에 신테니(sytenic) 지역들이 명료하게 확인되었다. 염기 서열 결정이 모두 완성된 후에는 효모의 모든 유전자에 대해서 효모의 다른 유전자와의 상동성 분석(5.1절)이 수행되었다. 중복 사건의 후손으로 인정 받으려면 두 유전자 서열로 예측되는 아미노산 서열이 적어도 25%의 상동성을 보여야 한다. 이러한 방법으로 유전자 단위로는 약 800개의 유전자 쌍이 확인되었고, 동일 순서로 3개 이상의 유전자가 존재하는 경우를 한 단위 세트로 묶게 되면 이들 중 376 쌍은 55개 중복 세트로 정리될 수 있었다. 세트 사이에 다른 유전자가 끼여 있을 수 있다고 보면, 이 중복 세트들은 유전체의 반 정도를 차지하였다. 이러한 세트는 유전체 전체의 중복이 아니라 조각의 중복으로 생겼을 수 있다. 그러나 그 경우라면, 일부 유전자가 한 번 이상 중복되었을 것으로 생각할 수 있다. 그러나 각 유전자가 3개나 4개의 사본이 아닌 단 2개의 사본만을 가지고 있다는 사실은 사본들이 유전체 전체의 중복으로 생겼다는 가설을 뒷받침한다. 다른 효모종의 유전체 서열이 완전하게 밝혀지면서 이러한 가능성이 더 확실해졌다. 특히 출아효모, 유당(lactose) 발효 효모(*Kluyveromyces lactis*), 아시비아 가시피(*Ashbya gossypii*) 유전체의 비교는 많은 정보를 주었다. 이 3종은 상동성 분석으로 유추된 유전체 중복 사건이 있기 이전인 1억 년 전에는 하나의 동일한 조상을 가지고 있었다. 만약 중복이 출아효모로 가는 계보에서 일어났다면 많은 유전자가 유당 발효 효모와 아시비아 가시피 유전체에서 단일로 존재하지만 이 종에서는 중복되어 있을 것이다. 실제로 이러한 결과가 확인되었다. 이러한 새로운 분석에 의하면 현존하는 출아효모 유전체의 약 10%가 최근 1억 년 이내에 일어난 유전체 중복에서 유래한 것으로 보여진다.

다른 유전체에 대해서도 중복 유전자들의 신테니 덩어리의 판단과 중복이 일어난 시기의 분자시계적 추정을 위해, 보다 발전된 전산방법을 적용하여 유사한 연구가 수행되었다. 이 분석에서 약 5.5억 년 내지 4.5억 년 전에 척추동물의 진화 초기에서 전 유전체의 중복이 일어났다는 것이 밝혀졌다(그림 18.17). 이어서 3억 1천만 년 전 정도에 경골어류로 나가는 중복이 일어났고, 여기에 비교적 최근인 8천만 년 내지 1억 년 전에 추가적인 중복이 일어나 연어류의 원류가 생성되었다. 이 두 번의 중복에 대한 상세한 분석을 통해서 6천 년 동안의 경골어류 진화에서 중복 유전자가 60% 정도 상실이 되었고, 결국 이 중복은 단독체(singlton)로 되어 버렸다. 그 이후에도 중복 유전자의 상실은 계속 되었지만, 보다 서서히 일어난 것으로 보인다. 유전체 전체의 중복은 식물 그룹의 진화에서도 중요하였다. 예를 들어, 애기장대(*Arabidopsis thaliana*) 유전체 서열과 다른 식물 유전체의 조각을 비교한 결과를 보면, 1억 5천만 년 전에 단자엽 식물과 갈라진 이후 적어도 세 번의 유전체 중복을 겪고서 애기장대 계열이 생성되는데, 다른 현화식

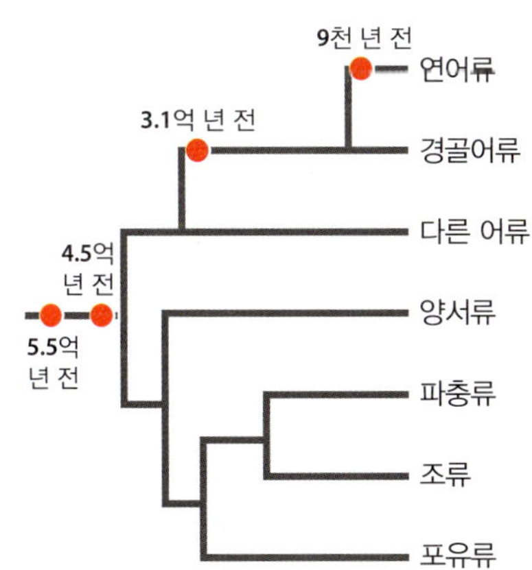

그림 18.17 척추동물 진화 계보에서의 유전체 중복. 척추동물 진화 계보에서의 일어났다고 믿어지는 4번의 유전체 중복을 보여주고 있다. 여기서의 중복 시기로 파리, 척추동물, 경골어류, 연어류에서 어떻게 서로 다른 혹스 클러스터 개수를 가지고 있는지 설명할 수 있다(그림 18.12).

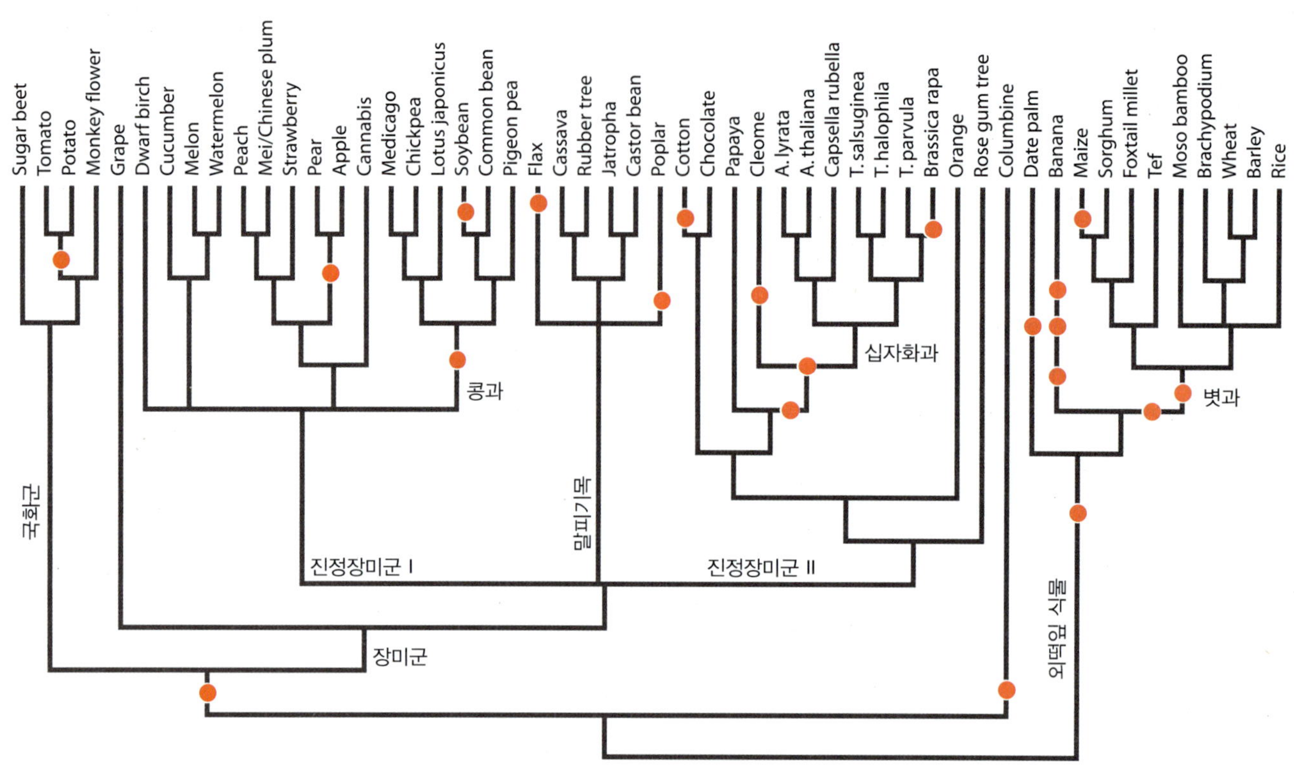

그림 18.18 현화식물 진화에서의 유전체 중복. 식물 유전체 염기 서열이 추가가 되면 또 다른 중복이 찾아질 수 있다. 약자 표시는 *Arabidopsis lyrata*, *Arabidopsis thaliana*, *Thellungiella salsuginea*, *Thellungiella halophila*, *Thellungiella parvula*를 말한다.

물 계열이 생성되는 과정에서도 몇 차례의 중복이 일어난 것으로 보인다(그림 18.18).

사람의 유전체와 다른 유전체에서 소규모의 중복도 발견된다

사람의 계보에서 가장 최근의 유전체 전체에 대한 중복이 4억 5천만 년 전에 일어났다. 그 이후에 사람 유전체에서 아무 일도 일어나지 않은 것은 아니다. 실제로는 그 반대로, 사람의 유전체 서열을 상세하게 분석하면서 알게 된 놀라운 사실은 비교적 최근에 작은 조각의 유전체 중복이 광범위하고 자주 일어났다는 것이다. 이 현상은 **조각 중복(segmental duplication)** 또는 **저사본 반복(low-copy repeats)**으로 불리며, 보통 1~400 kb의 길이에 90% 이상의 염기 서열 상동성을 가지며, 최소 2 내지 50여 번 정도의 반복을 보이는 경우이다. 경우에 따라 조각 반복 부분에 LINE이나 SINE 또는 사람의 내재성 역전사 바이러스(HERVs)와 같은 반복 서열이 보이는 경우에는 그 반복수가 상당하기 때문에 이를 조각 반복으로 분류하지는 않는다.

사람의 유전체 구조에서의 조각 중복 상황은 1번 염색체를 예로 한 그림 18.19에서 볼 수 있다. 파라미터를 5 kb 이상의 크기와 90% 이상의 상동체와 관계되어 두 번 또는 그 이상의 중복이 보인다. 만약 좀 더 세게 해서 40 kb 이상의 크기와 99% 이상의 상동성으로 조정하게 되면 11개의 다른 염색체와 관계되는 염색체간 중복뿐만 아니라 1번 염색체 자체 내에서의 중복도 여전히 여러 경우가 보인다. 중복은 중심체 근처나 텔로미어 바로 아래쪽에서 좀 더 많이 보이지만, 이 지역을 벗어나서도 여러 경우가 존재한다.

1번 염색체에서 조각 중복의 양상은 크게 보아 사람 유전체 전체에서도 볼 수 있다. 그러나 쥐의 유전체 경우에는 상당한 차이가 있다. 사람과 쥐의 조각 중복은 그 정도로 보면 유사하지만, 사람의 경우에는 대부분의 조각 중복 쌍이 같은 염색체에서 멀리 떨어져 있거나 다른 염색체에 위치하는 반면에, 쥐의 경우에는 대부분 직렬 중복의 형태이다. 이런 면은 사람이 좀 더 특이한 경우이다. 크게 보아 척추동물의 경우에는 직렬

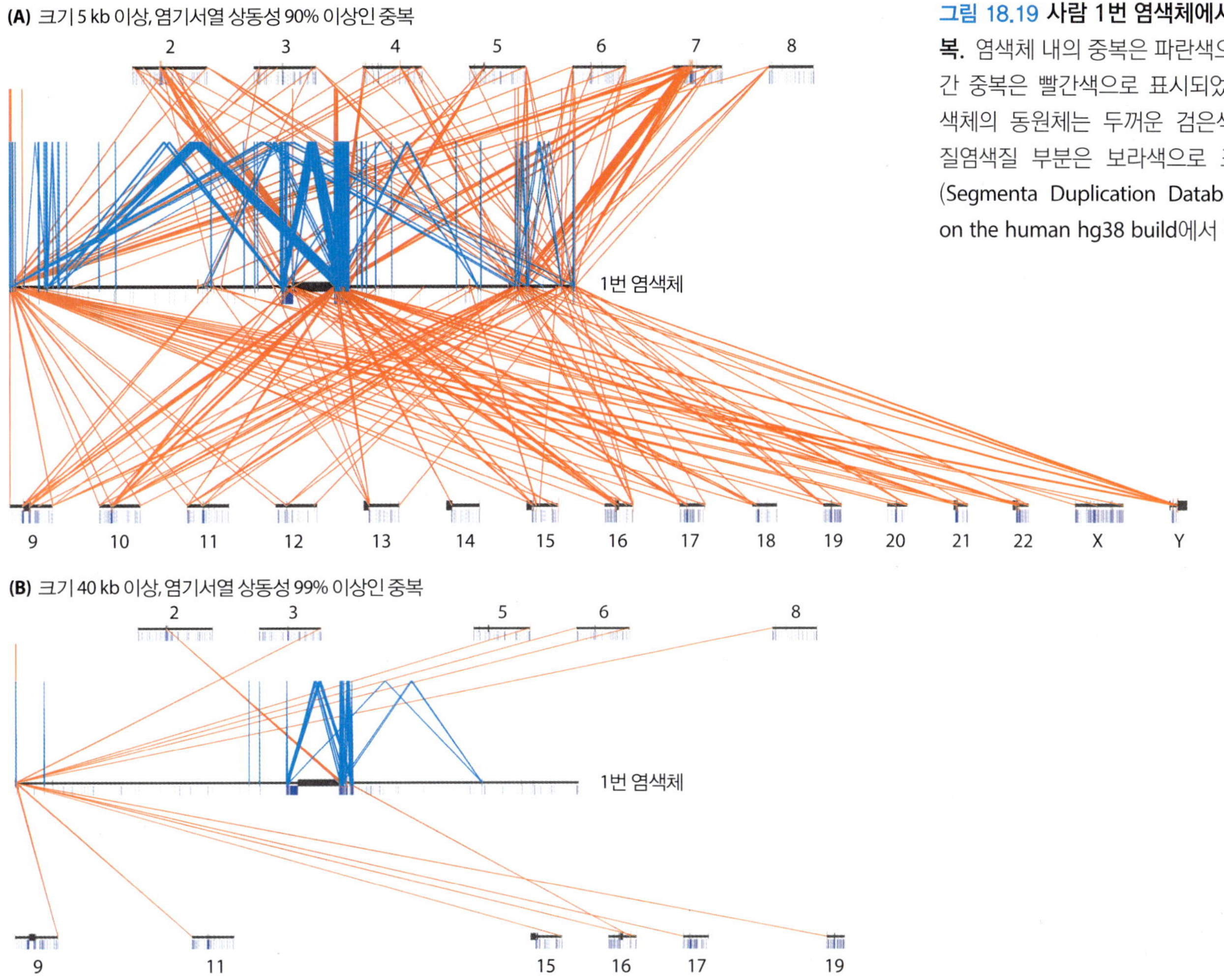

그림 18.19 사람 1번 염색체에서의 조각 중복. 염색체 내의 중복은 파란색으로, 염색체 간 중복은 빨간색으로 표시되었다. 1번 염색체의 동원체는 두꺼운 검은색 줄로, 이질염색질 부분은 보라색으로 표시되었다. (Segmenta Duplication Database, based on the human hg38 build에서 발췌.

중복이 보다 전형적인 형태이다. 또 다른 특성은 98% 이상의 염기 상동성을 보이는 조각 중복의 비율이 쥐의 경우에 비해서 사람의 경우가 높다는 것이다(그림 18.20). 이미 배운 바와 같이, 시간이 지날수록 무작위적 돌연변이의 축적에 의해서 중복된 염기 서열 쌍에서의 상동성이 감소한다. 따라서 사람의 경우에 상동성이 더 높다는 것은 사람으로의 진화 역사에서 비교적 최근에 발생한 사건이라는 것을 시사한다. 침팬지에서의 조각 중복을 고려하면, 이와 같은 주된 중복 사건은 공통 조상에서 유인원류(great apes)로 분화되기 전에 일어났고, 영장류로의 진화에 특화된 특성인 두뇌 발달과 관련된 중복이 포함된 것으로 보여진다.

한 가지 짚고 넘어갈 사항은 유전체의 조각 중복에 의해 치명적인 문제가 야기될 수도 있다는 것이다. 한 염색체 내에 존재하는 한 쌍의 조각 중복 사이에서 재조합이 일어나면 중복 서열 사이의 부분이 결손될 수 있고 이렇게 만들어진 결손으로 인해 유전적 질환이 생길 수 있다. 이와 같은 예로써 발생상의 문제와 종종 비만을 야기시키는 영양 문제와 연관이 있는 불치병인 Prader-Willi 증후군을 들 수 있다. 약 70% 경우에서 Prader-Willi 증후군은 아버지 쪽의 13번 염색체의 조각 중복 사이에서의 재조합으로 인한 결손에 의해 일어난다. 이 결손 부분에는 여러 개의 단백질 암호화 유전자와 비암호화 RNA 유전자들이 포함되어 있다. 이에 해당하는 부분이 어머니쪽의 13번 염색체에도 있지만, 이 중 일부는 어머니 쪽 유전자에서는 각인이 일어나서 발현되지 않는다. 따라서 발현이 되는 아버지 쪽 염색체에서 결손이 일어나면 기능이 상실된다. 이 질환에 직접적인 원인이 되는 유전자(들)는 알려지지는 않았지만, 현재로써는 29개의 small

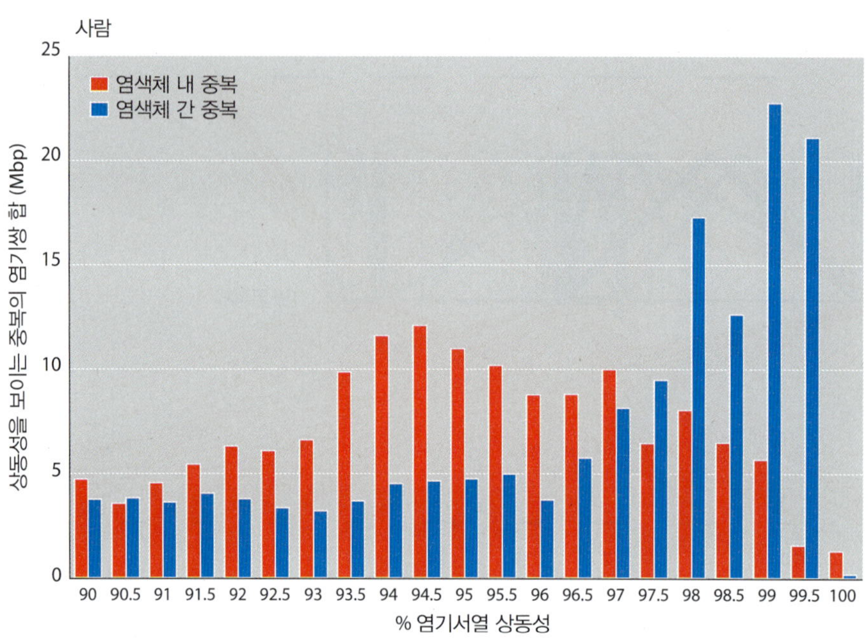

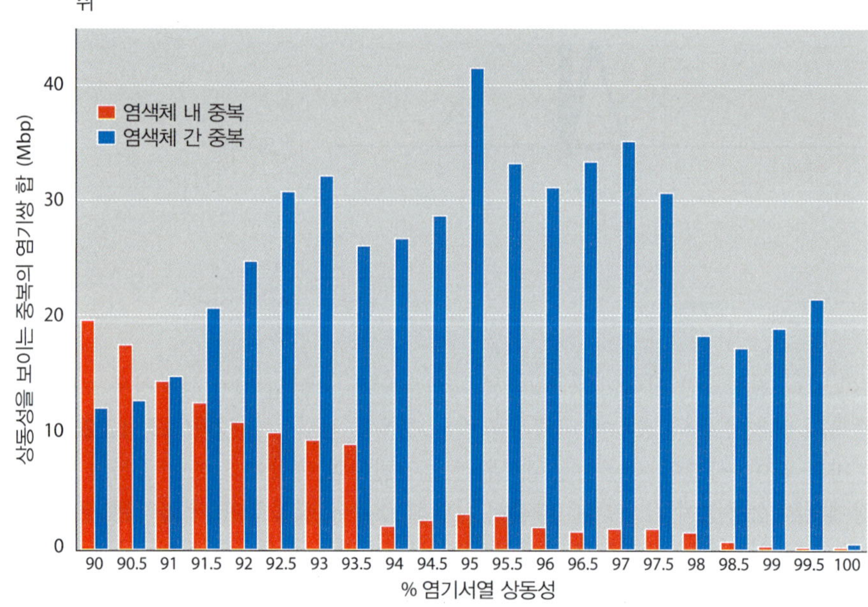

그림 18.20 사람과 쥐의 염색체에서의 조각 중복 비교. 막대 그래프는 중복 조각들의 염기서열 상동성 정도의 분포를 보여주고 있다. 이 자료에서 쥐의 경우보다 사람 유전체에서 염기서열 상동성이 높은 중복이 더 흔하다는 것을 알수 있으며, 이러한 경향은 염색체내 중복(빨간색), 염색체 간 중복(파란색)의 두 경우 모두에서 볼 수 있다.(Marques-Bonet et al [2009] *Cold Spring Harb Symp Quant Biol* 74:355-362에서 발췌. Cold Spring Harbor Laboratory Press의 허락을 득함.)

nucleolar RNA(snoRNA) 유전자 사본을 포함하는 *SNORD116* 자리(locus)일 가능성이다. 그 이유는 조각 중복 사이에서 *SNORD116* 자리에만 작은 결손이 일어난 환자의 경우에 프래디-윌리(Prader-Willi) 증후군과 여러 가지로 유사한 증상을 보이기 때문이다. 따라서 이 질환 발생에 snoRNA 유전자의 결손이 핵심적일 것으로 추정되고 있다.

다른 종으로부터 새로운 유전자의 획득

중복 사건이 유전체에 새로운 유전자가 추가되는 유일한 길은 아니다. 원핵생물, 진핵생물 모두의 경우에서 수평적 유전자 이동에 의해 다른 종의 유전자를 획득할 수 있다. 박테리아와 고세균에서 수평적 유전자 이동(lateral gene transfer)이 유전체의 진화에 주된 사건으로 나타나고, 결과적인 공통 유전자의 존재로 인해 원핵생물종의 구별이 명확하게 되지 않는다(8.2절).

원핵세포의 경우에 수평적 유전자 이동이 흔한 최소한 이유는 많은 원핵세포가 주변에서 DNA를 받아들이기 때문이다. 이 목적을 위해 많은 원핵세포에서는 특별한 세포막 단백질을 가지고 있다. 진핵세포에서는 DNA를 받아들이는 유사한 기전을 가지고 있지 않으며, 따라서 수평적 유전자 이동은 진핵세포 유전체 진화에서는 크게 중요하지 않다는 것은 그다지 이상하지 않다. 정확하게는 진핵세포에서 수평적 이동이 얼마나 중요한지는 확실하지 않다. 진핵세포 유전체에 박테리아 유전자가 포함이 되어 있다는 수차례의 보고는 진핵세포의 DNA를 준비하는 과정에서 오염된 박테리아에 기인한 오류였음이 확인되었다. 단순히 박테리아 염기 서열이 오염일 것이라고 가정하고 진핵세포 유전체 조합에서 배제를 하는 경우, 진정한 박테리아에서 진핵세포로의 수평적 유전자 이동이 실제로 있었다하더라도 확인되지 않는 역설적인 위험이 존재한다.

진핵세포 유전체에서 수평적 유전자의 사건으로 인정된 보고 중 하나로는 감자 시스트선충(cyst nematode) *Globodera pallida*의 경우와 같은 식물에 기생하는 환형동물에 관한 연구이다. 숙주식물의 당을 이용하기 위해 이 환형동물은 뿌리의 세포벽을 분해하는 효소를 합성해내고, 식물의 방어 반응을 억제한다. 이와 같은 특별한 기능을 하는 몇 가지 생화학적 특성은 선충이 뿌리 주변 생물권에 존재하는 다른 생물종으로부터 수평적 유전자 이동으로 받아들인 것으로 보인다. 예를 들어, 세포벽을 분해하는 효소 유전자는 토양 박테리아인 *Ralstonia*가 가지고 있는 유전자와 상동성이 아주 크며, 당 이용 유전자 역시 그 기원이 박테리아에서 기원한 것으로 보인다. 다른 식물 기생 선충 경우에는 셀룰라아제(cellulase) 유전자를 토양균류에서 받아들인 것으로 보인다.

보다 더 극단적인 수평적 유전자 이동의 경우는 식물에서 잘 확인되어 있다. 우리는 이미 동종 배수체화가 식물에 있어서 유전체 중복을 가져온다는 것을 보았다(그림 18.15 참조). 2개의 서로 다른 종 사이의 교배에 의해 일어나는 **이종 배수체성(allopoly-ploidy)** 역시 흔하며, 동종 배수체성과 마찬가지로 생존 가능한 잡종을 만들 수 있다. 일반적으로 이종 배수체를 형성하는 두 종은 서로 밀접한 관계가 있으며 많은 유전자가 공통적이지만, 각각은 적은 수 일지라도 고유 유전자를 가지고 있거나, 적어도 공동적 유전자에 대한 서로 다른 대립형을 가질 수 있다. 예를 들어, 빵밀인 6배체 *Triticum aestivum*은 4배체 육종 이립계 밀(emmer wheat)인 *Triticum turgidum*과 이배체 야생풀인 *Aegilops squarrosa* 사이의 이종 배수체화로 만들어졌다. 야생풀 해에는 이립계 밀에 존재하는 고분자 질량의 글루텐 유전자를 가지고 있고, 이것이 이립계 밀에 존재하는 글루티닌 대립인자와 합해지면서 빵을 만드는 데 있어서 우수한 특성을 가진 6배체 밀이 만들어진 것이다. 따라서 이종 배수체화는 유전체 중복과 종 간 유전자 이동의 조합으로 간주할 수 있다.

유전자 재배열도 유전체 진화와 관련이 있다

유전체의 유전적 내용에 변화를 주기 위해서 전체 유전자 단위로 중복이 되어야만 하는 것은 아니다. 유전자의 한 가지 또는 그 이상의 엑손을 포함하는 부분적 조각의 중복에 의해서도 원래 유전자의 암호 내용을 바꾸게 하는 결과를 초래할 수 있고, 심지어는 완전히 새로운 유전자가 만들어지게 되는 효과를 줄수 있다. 대부분의 단백질이 수 개의 구조적 도메인들로 구성되어 있고, 각 구조적 도메인은 연속적인 뉴클레오티드 서열에 의해 지시된 폴리펩티드 사슬의 조각으로 이루어져 있으므

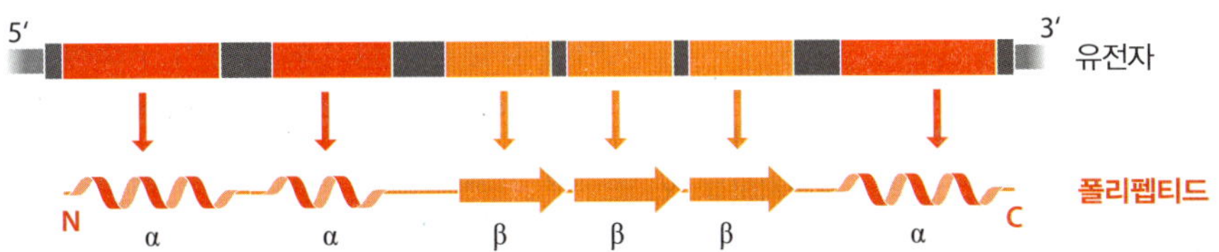

그림 18.21 각 구조적 도메인은 폴리펩티드 사슬에서 개별적인 단위이고, 연속적인 뉴클레오티드 서열에 의해 암호화된다. 이 단순화된 그림에서는, 폴리펩티드의 각각의 알파 나선(alpha-helix)와 베타 판(beta-sheet)을 하나의 개별적 구조적 도메인으로 나타내고 있다. 실제로, 대부분의 구조적 도메인은 둘 또는 그 이상의 이차구조 단위로 구성된다.

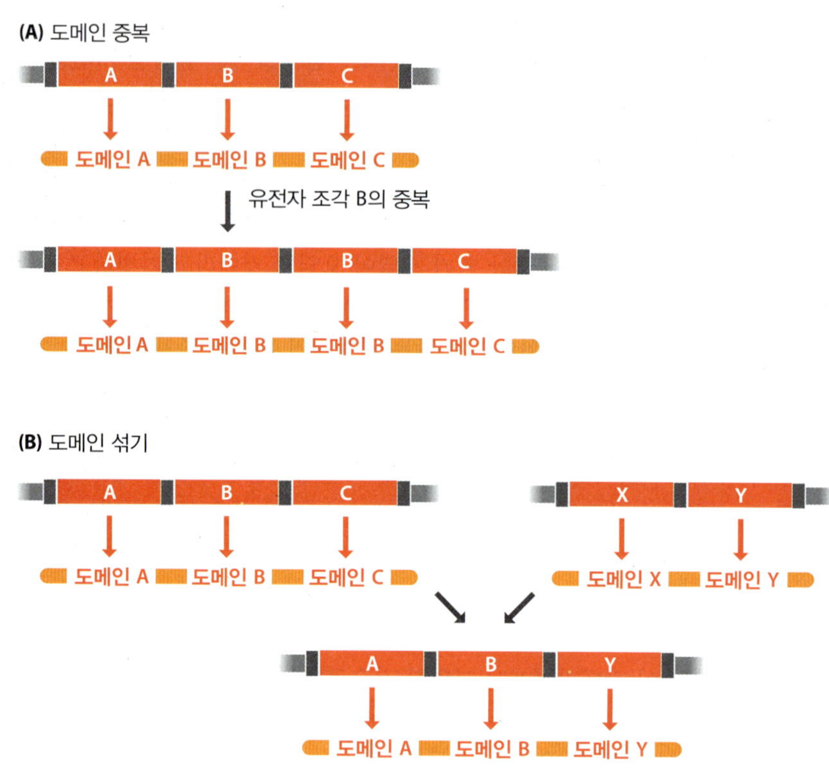

그림 18.22 (A) 도메인 중복과 (B) 도메인 섞기로 생성된 새로운 유전자.

로, 도메인을 암호화하는 유전자 조각들의 재배치로 인해 새로운 단백질 기능이 만들어질 수 있다(그림 18.21). **도메인 중복(domain duplication)**은 구조적 도메인을 암호화하는 유전자 조각이 DNA 서열의 중복과 관련이 있다고 생각되는 비대칭적 교차, 복제 미끄러짐, 또는 기타 방법에 의해 중복되는 것을 말한다(그림 18.22A). 중복으로 단백질의 구조적 도메인이 반복되는 결과를 가져올 수 있고, 이로 인해 그 단백질이 보다 안정화되는 등 유리하게 작용할 수 있다. 시간이 지나면서 중복 서열에 돌연변이가 일어나게 되면 중복된 도메인 역시 변형될 수 있고 이것이 단백질에 새로운 활성을 부여할 수 있다. 도메인 중복으로 유전자의 길이가 길어지는 점에 유의하라. 유전자의 길이 증가는 유전체 진화의 일반적인 결과로서 고등진핵생물 유전자는 평균적으로 하등생물의 것보다 길다. 위 경우와는 다르게 **도메인 섞기(domain shuffling)**는 완전히 다른 유전자로부터 구조 도메인을 암호화하는 조각이 옮겨와 붙어서 잡종 또는 모자이크된 단백질을 만드는 새로운 번역서열을 이루는 경우이다. 이렇게 만들어진 단백질은 새로운 조합의 구조적 특성을 가지게 되고 완전히 새로운 생화학적 기능을 세포에게 부여할 수도 있다(그림 18.22B).

도메인 중복과 섞기 모델에 함축되어 있는 것은 연관된 유전자 조각이 재배열되고 재조합될 수 있도록 관련된 유전자들이 분리된 구조를 가지고 있어야 한다는 것이다. 이와 같은 필요성으로 엑손이 구조적 도메인을 암호화할 것이라는 흥미로운 가설이 만들어졌다. 일부 단백질의 경우에 현재의 구조가 엑손의 중복 또는 섞기로 만들어진 것처럼 보인다. 척추동물의 I형 α2 콜라겐 유전자에서 그 예를 볼 수 있다. 이 유전자는 3개의 폴리펩티드 사슬 중 하나의 폴리펩티드를 암호화한다. 콜라겐의 3개의 폴리펩티드 각각은 글리신-X-Y의 삼펩티드(tripeptide)가 반복된 고도의 반복적 서열을 가지고 있다. 여기서 X는 일반적으로 프롤린이며, Y는 일반적으로 히드록시프롤린이다(그림 18.23). 닭의 I형 α2 콜라겐 유전자는 52개의 엑손으로 나누어져 있다. 이 중 42개는 글리신-X-Y 반복의 암호화를 담당한다. 이 지역내 각 엑손은 한 세트의 완전한 삼

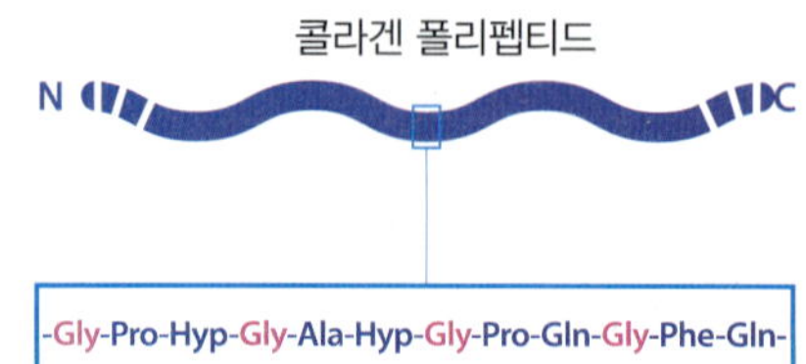

그림 18.23 I형 α2 콜라겐 폴리펩티드는 Gly-X-Y로 표시된 반복 서열을 가지고 있다. 각 세 번째 아미노산은 글리신이고, X는 종종 프롤린이며, Y는 종종 히드록시프롤린(Hyp)이다. 히드록시프롤린은 프롤린에서 번역 후 변형으로 합성된다. 콜라겐 폴리펩티드는 나선형이나, 표준적 α-나선보다는 펼쳐져 있다.

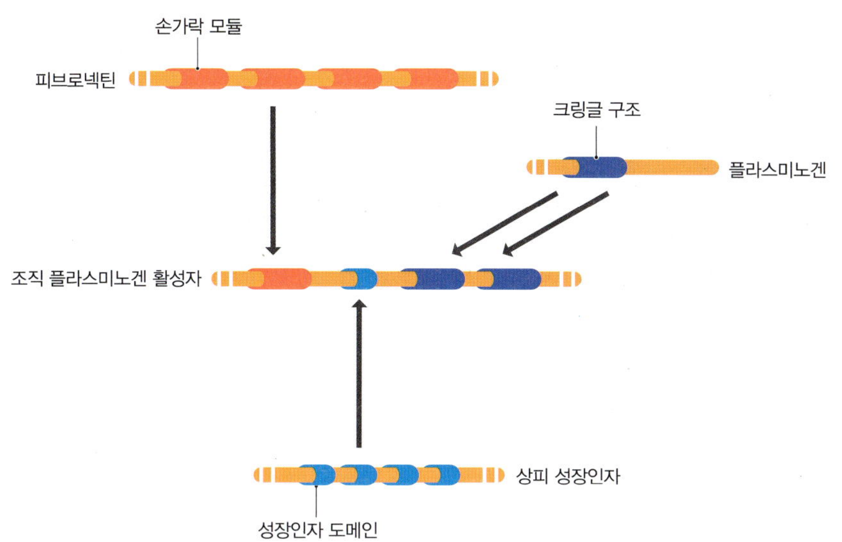

그림 18.24 조직 플라스미노겐 활성화 유전자의 모듈 구조.

펩티드 반복을 암호화한다. 엑손당 반복 정도는 다양해서 5번 반복인 엑손이 5개, 6번인 엑손이 23개, 11번인 엑손이 5개, 12번인 엑손이 8개, 그리고 18번인 엑손도 1개가 있다. 이 유전자는 구조적 도메인의 중복에 의해 반복적 구조가 만들어지도록 진화한 것이 분명해 보인다.

도메인 섞기는 조직 플라스미노겐 활성자(tissue plasminogen activator, TPA)의 경우에서 찾아볼 수 있다. 이 단백질은 척추동물의 혈액에서 발견되며 혈액 응고 반응에 관여한다. TPA 유전자는 4개의 엑손을 가지고 있는데, 각기 다른 구조적 도메인을 암호화한다(그림 18.24). 상위 엑손은 손가락(finger) 모듈을 암호화하며 TPA가 응고된 혈액에서 발견되는 섬유상 단백질로서 TPA를 활성화시키는 피브린(fibrin)에 결합할 수 있게 해준다. 이 엑손은 또 하나의 피브린 결합 단백질인 피브로넥틴(fibronectin)에서 유래한 것으로 보이며, 피브린에 의해 활성화되지 않는 관련 단백질인 유로키나제(urokinase)에는 존재하지 않는다. TPA의 두 번째 엑손은 상피 성장인자(epidermal growth factor) 유전자로부터 유래한 것이 분명하며, TPA에 의한 세포분열 촉진과 관련이 있을 것이나. 마지막 두 엑손은 TPA가 피브린 부착에 사용하는 크링글(kringle) 구조를 암호화하며, 이것은 플라스미노겐 유전자에서 유래한 것으로 보인다.

I형 콜라겐과 TPA가 유전자 진화를 보여주는 좋은 예이지만, 불행히도 구조적 도메인과 엑손 사이의 일정한 관계는 이 경우에서의 특성이며, 다른 유전자들의 경우에서는 잘 보이지 않는다. 많은 다른 유전자들도 조각의 중복과 섞기에 의해 진화된 것으로 보이지만, 이들에서의 구조적 도메인은 한 엑손 또는 그룹의 엑손과 일치하는 모양이 아닌 유전자 조각에 의해 암호화된다. 도메인 중복과 섞기는 지금도 여전히 일어나지만, 비교적 덜 정확한 방법으로 일어나기 때문에 재배열된 유전자에게 유익한 기능이 생기지 않는 것이 보통이다. 우연일지라도 이러한 과정이 분명히 일어났다는 것은 여러 예들 중 동일한 DNA-결합 모티프(motif)를 가지고 있는 여러 단백질의 경우를 보아도 알 수 있다(11.2절). 이러한 모티프 중에 상당 수는 복합적인 사건을 거치며 새롭게 만들어졌을 것이다. 그러나 모티프를 암호화하는 폴리뉴클레오티드 서열이 다양한 여러 유전자로 이동한 것은 여러 예에서 분명하게 확인된다.

유전자 조각이 유전체 내를 돌아다닐 수 있게 하는 기전 중 하나는 전위 인자와 연관이 있다. LINE-1 인자의 전위(9.2절)는 때때로 전위 인자와 더불어 주변의 작은 DNA 조각을 이동시킨다. 이 과정에서 전위 인자의 3′-말단에 위치하는 조각들이 이동하기 때

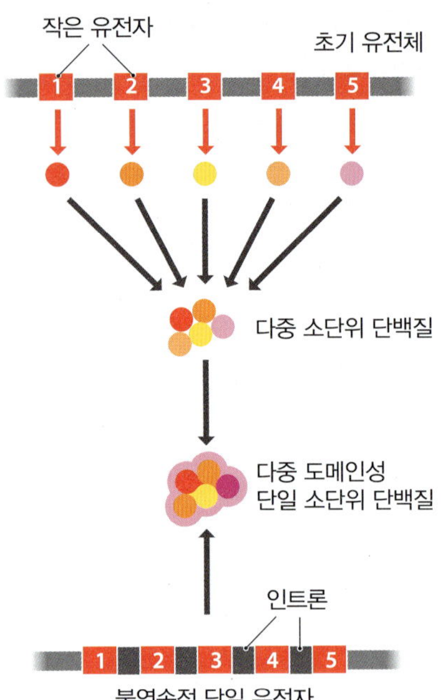

그림 18.25 유전자의 엑손 가설. 첫 유전체의 짧은 유전자는 단일-도메인 폴리펩티드를 암호화했을 것이고, 이들은 효율적인 효소를 생성하기 위해 서로 연합하여 다중 소단위 단백질을 형성하였을 것이다. 이후에 짧은 유전자를 서로 연결하여, 다중 도메인 단일-소단위 단백질을 암호화하는 하나의 유전자로 되면서, 이러한 효소의 합성이 더욱 효율적으로 이루어졌을 것이다.

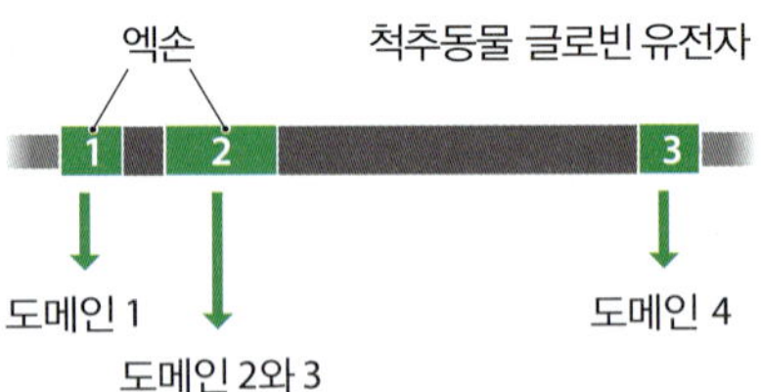

그림 18.26 척추동물의 글로빈 유전자의 3개의 엑손과 단백질의 4개의 도메인 간 상관관계. 두 번째와 세 번째 도메인을 분리시키는 인트론을 가진 글로빈 유전자가 존재할 것이라는 예측은 콩의 레그헤모글로빈(leghemoglobin) 유전자의 염기 서열이 확인되면서 옳다는 것이 확인되었다. 레그헤모글로빈은 뿌리혹에 있는 단백질이며, 질소고정 질소화효소 복합체 활성을 저해하는 산소와 결합한다.

문에 **3′-형질도입(3′-transduction)**이라 한다. LINE-1인자는 가끔 인트론에서 발견되므로, 이때 3′-형질도입으로 아래쪽 엑손이 유전체의 새로운 위치로 이동될 수 있다. 엑손 및 다른 유전자 조각의 이동은 ***Mutator*-유사 전위 인자(*Mutator*-like transposable element, MULE)**라고 불리는 DNA 전위 인자에 의해서도 생길 수 있다. MULE은 진핵생물에서 발견되는데, 특히 식물에서 흔하다. MULE은 때때로 자체 DNA 염기 서열에 숙주 유전체로부터 획득한 유전자 조각을 가지고 있다. 따라서 MULE의 전이는 획득한 유전자 조각을 새로운 위치로 이동시킬 수도 있다. MULE은 유전체를 돌아다니는 동안 여러 다른 유전자 조각을 모을 수 있고, 이 과정에서 새로운 혼성 유전자를 구성해 낼 수 있다. 따라서 MULE은 유전자 진화를 이끄는 흥미로운 수단을 제공할 수 있지만, 몇 가지 문제에 대한 답을 알 수 없기 때문에 그 영향력은 미지수이다. 특히, 얼마나 자주 유전자 조각이 MULE로부터 빠져 나갈 수 있는지가 아직은 명확하지 않다.

인트론의 기원에 관해서는 상반된 가설이 있다

1977년에 인트론이 알려지고 나서 이것의 기원에 관한 논쟁이 계속되고 있다. 초기의 여러 생각에는 RNA 세계 말기에서 DNA 유전체가 만들어지는 초기에 인트론이 만들어졌다는 **'유전자의 엑손 가설'**의 영향을 받았다. 당시의 유전체는, 매우 작은 폴리펩티드를 지정하는 하나의 번역 RNA 분자에 해당하는 작은 유전자를 가지고 있었을 것이다. 특이적이고 효율적인 촉매 작용을 할 수 있는 효소를 구성하기 위해서는, 여러 폴리펩티드가 함께 연합되어 큰 다중 도메인 단백질을 만들어야 했을 것이다(**그림 18.25**). 다중 도메인 효소의 합성을 용이하게 하기 위해, 효소의 각 폴리펩티드가 오늘날 우리가 볼 수 있는 것과 같은 하나의 단백질로 연결되는 것이 유리했을 수 있다. 이것을 이루기 위해 관련된 소형 유전자의 전사체를 스플라이싱으로 연결하였다고 상상할 수 있다. 이 과정은 다중 도메인 단백질의 여러 부위를 지정하는 소형 유전자 그룹들이 인접하도록 유전체를 재배열함으로써 용이해진다. 다시 말해, 소형 유전자는 엑손이 되었고 이들 사이 DNA 서열은 인트론이 되었다는 것이다.

유전자의 엑손 가설과 다른 **초기 인트론** 가설에 따르면, 모든 유전체는 원래 인트론을 가지고 있었다. 그러나 지금 우리가 알기로는 박테리아 유전체에는 GU-AG 인트론이 존재하지 않는다. 즉, 이 가설이 맞는다면 진화의 초기 과정에 어떠한 이유로 박테리아 조상 유전체에서 인트론이 상실됐다고 가정해야 한다. 이에 상반되는 **후반 인트론** 가설에 의하면 이 문제를 피할 수 있다. 후반 인트론 가설에 의하면, 처음에는 인트론을 가진 유전자가 없었고, 인트론 구조는 초기 진핵생물의 핵유전체에 삽입되기 시작했고, 증식을 통하여, 현재 우리가 보는 것과 같은 수로 팽창했다고 한다.

GU-AG 인트론의 기원에 관한 논란이 40년 이상 계속되어 온 이유는, 특정 가설만을 지지할 증거를 얻기가 힘들었을 뿐만 아니라, 종종 애매하였기 때문이다. 척추동물의 글로빈 유전자에 대한 연구가 이에 관한 문제점을 잘 보여주고 있다. 처음에는 척추동물의 글로빈이 4개의 구조적 도메인을 가지고 있으며, 첫 번째 도메인은 엑손 1에, 두 번째와 세 번째는 엑손 2에, 네 번째는 엑손 3에 해당된다고 결론지었다(**그림 18.26**). 이 구성은 유전자의 엑손 가설에 잘 부합한다. 두 번째와 세 번째 도메인을 분리시키는 인트론을 가진 글로빈 유전자가 존재할 것이라는 예측은 콩의 레그헤모글로빈(leghemoglobin) 유전자에서 정확히 예측된 위치에 인트론 1개가 존재하는 것이 발견되면서 힘을 받았다. 문제는 다른 생물종의 여러 글로빈 유전자 서열이 조사되고 인트론도 파악되었는데, 이들 대부분 경우에 인트론이 도메인의 경계에 위치하지 않는다는 데에 있다.

인트론의 기원에 대해서는 아직까지 결론이 나지 않았다. 그러나 많은 생물종의 염기 서열이 확인되고, 이 문제에 적용할 수 있는 많은 양의 자료가 있다. 여러 종의 생물의 상동성 유전자에서 인트론의 위치를 비교하면 유용한 정보를 얻을 수 있다. 곰팡이, 식물, 동물의 3종류 생물에서의 인트론의 위치를 비교를 해보면, 적어도 두 가지 이상에서 25% 이상의 유전자의 인트론이 같은 위치에 존재할 정도로 상당한 상관성이 있다. 중요한 것은 이 세 가지 생물종의 인트론의 위치가 일찍이 진화 초기에 진핵세포 계열에서 갈라졌고, 진핵세포의 계통수의 아주 아래쪽에 해당하는 원시적 진핵세포(basal eukaryotes)에서도 동일하다는 것이다. 이에 해당하는 예를 매독(Trichomoniasis)이라 불리는 성병의 원인이 되는 *Trichomonas vaginalis*가 속한 단세포성 편모 생물인 섭식구굴착류(excavates)에서 볼 수 있다 (그림 18.27). 섭식구굴착류 유전체에 인트론이 있고 이들 인트론의 위치는 많은 경우 다른 진핵세포에서도 동일하다. 이는 **마지막 진핵생물의 공통조상(last eukaryotic common ancestor, LECA)**의 유전체에 여러 인트론이 존재했으며, 이들의 위치가 현재의 생물에서와 같을 것이라는 것을 시사한다.

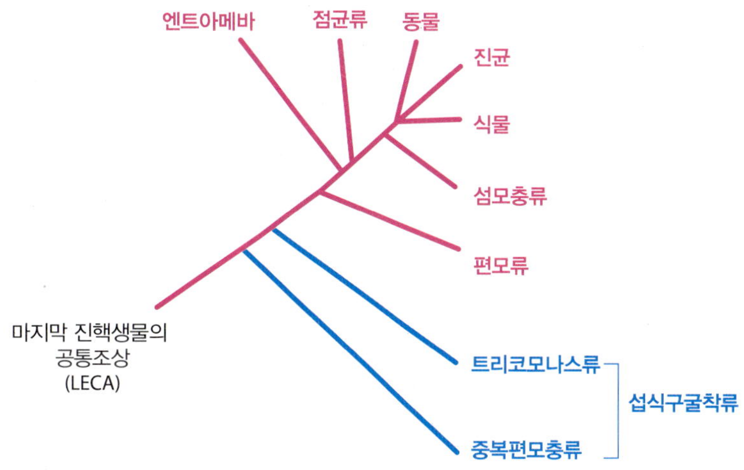

그림 18.27 엑스커베이트의 기원적 위치를 보여주는 진핵세포의 계통수.

또 하나 잘 알려진 발견은 진핵세포의 pre-mRNA(12.4절)에서 인트론을 제거하는 스플라이소솜의 구성이 서로 다른 진핵세포 사이에서도 매우 유사하다는 것이다. 이는 스플라이싱 과정이 진화 과정 초기에 만들어지고, 이후 크게 변하지 않았다는 것을 암시한다. 여러 줄기의 증거를 바탕으로 많은 학자들은 인트론의 기원이 초반도 후반도 아니라는 학설을 지지한다. 원핵세포에는 GU-AG 인트론이 존재하지 않는다는 사실은 유전자 엑손 가설에 큰 약점이며, 매우 초기에 해당하는 세포에서 이와 같은 인트론이 존재하지 않았다는 것을 시사한다. 그러나 이 초기 유전체에는 소기관 유전체와 일부 원핵세포에 존재하는 **그룹 II 인트론**이라 불리는 레트로인자의 원시적인 형태는 존재한다. 그룹 II 인트론의 스플라이싱 경로는 GU-AG 경우와 매우 유사하지만, 이들은 리보자임이고 자가 스플라이싱을 하기 때문에 스플라이소솜이 필요하지 않다. **그룹 II 인트론**의 염기 서열에 역전사 효소가 만들어지고, 이 효소가 잘려져 나온 인트론을 DNA로 바꾼 다음에, 또 다른 유전자 자리에 이를 삽입할 수 있는데, 이를 **레트로호밍(retrohoming)**이라 부른다. 현재 떠오르는 모델은 아주 초기 진핵세포(8.3절)에 내공생체 상태인 미토콘드리아와 엽록체의 기원체에 그룹 II 인트론이 존재했다는 것이다. 이들 인트론이 소기관을 빠져 나와 초기 진핵세포의 핵으로 들어가고, 여기서 레트로호밍 과정으로 그 수가 늘어날 수 있었을 것이다. 결과적으로 LECA에 많은 수의 GU-AG 인트론으로 발전하게 되었을 것이다. 실험실 조건에서 사람의 현존하는 그룹 II 인트론이 레트로호밍으로 전이가 가능하다는 사실은 초기 진핵세포의 핵 유전체에서도 이 사건이 일어날 수 있다는 것을 시사한다. 또 다른 그룹 II 인트론은 LINEs와 같은 비-LTR 레트로인자로 진화했을 것이다. 따라서 인트론의 기원은 초반도, 후반도 아니고 초기 진핵세포의 생성 과정에 그 기원이 있을 것이라고 가정한다.

후성유전체의 진화

유전체의 복잡성 진화에 관한 지금까지의 논의에서는 유전체의 염기 서열을 바탕으로 한 경우에 대해서만 다루었다. 진핵세포에서는 기능을 만들어 낼 수 있는 특정 부위에 히스톤 변형(histone modification), 뉴클레오솜 위치 조정(nucleosome positioning),

DNA 메틸화(DNA methylation)가 어떻게 되어 있느냐에 결부되어 유전체의 활성이 달라진다는 것을 상기해야 한다. 이로 인한 패턴은 유전체의 어느 부분이 RNA 중합효소가 접근 가능해서 전사 과정을 통해 RNA를 만들어낼 수 있는지를 지배하고, 또한 특정 세포나 세포 계열에서 유전체의 어느 부분이 이질염색질(heterochromatin)로 응축되고, 그 결과 발현 비활성화되는지를 지배한다. 유전체 발현 조절에 있어서 히스톤 변형, 뉴클레오솜 위치 조정, DNA 메틸화를 포함하는 과정의 조합을 일반적으로 **후성유전체(epigenome)**라 부른다. 이러한 과정을 통해 환경과 다른 자극에 의한 **표현형 모사 효과(epigenetic effects)** 같은 유전체의 반응을 만들어내는 데 그 역할이 있다. 표현형 모사 효과는 유전체의 염기 서열의 변화에 의한 것이 아니고, 유전체의 발현 과정에 대한 변화를 주어 표현형에 영향을 준다.

진화유전학자들은 후성유전체가 어떻게 진화했는지, 좀 다른 표현으로, 유전체에서 특정한 조직이나 특정한 발생 단계에서 특정 유전자를 침묵시키는 수단으로 염색질 변형(chromatin modification) 방법을 사용하며, 외적 및 내적 신호에 맞추어 반응하는 능력이 어떻게 진화했는지를 묻기 시작했다. 지금까지 이 분야의 주된 연구는 **비교 후성유전체(comparative epigenomics)**에 집중되어 있다. 여기에서는 두 가지 다른 유전체에서 동일 부위 사이에 염색질 변형의 유사 정도, 표현형 모사 효과를 주게 되는 과정이 DNA 염기 서열에 의해 프로그램되는지를 분석한다. 한 유전체 내에서 존재하는 한 쌍의 조각 중복에서는 동일한 변형 패턴을 가진다는 것이 이미 증명된 바 있다. 예를 들어, 사람의 유전자에서 CpG 무리군(CpG islands)이 포함된 부분이 조각 중복이 되었을 때, 결과적인 사본에서도 CpG 무리군 패턴은 그대로 유지되며, 설사 새로운 사본이 원래 조각으로부터 멀리 위치하더라도 CpG 무리군 패턴은 동일하게 유지된다(그림 18.28). 이와 같은 패턴은 새로 만들어진 사본 주변의 염기 서열이 변한 후에도 그대로 유지된다. 중복 조각 사이에서는 히스톤 변형, 뉴클레오솜 위치 조정 패턴도 유사하다. 이는 적어도 동일 유전체 내에서는 염색질 변형 패턴을 결정하는 데 DNA 염기 서열이 핵심적인 역할을 한다는 것을 의미한다.

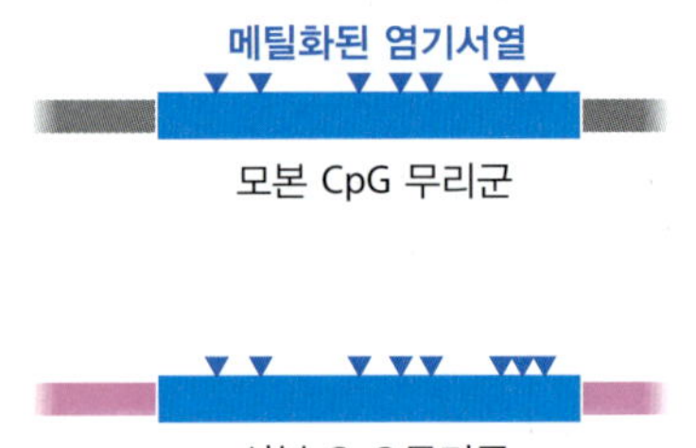

그림 18.28 복제된 CpG섬에서의 메틸화. 복제된 사본 CpG 무리군에서의 메틸화 양상은 사본 분자가 유전체에서 먼 거리에 위치하더라도 모본 경우와 같게 만들어진다.

서로 다른 생물의 유전체를 비교할 때 생물의 종류에 따라 같은 유전체 지역이 서로 상이한 기능을 가지고 있을 수 있기 때문에 분석이 좀 더 복잡하다. 사람, 침팬지, 보노보, 오랑우탄의 유전체를 비교하면, 많은 경우에 상동 유전자가 서로 다른 메틸화 패턴을 가지는데, 여기에는 생물 마다의 처해 있는 생리적 차이에 따라 메틸화 패턴이 변하는 발생 또는 신경 관련 유전자를 포함하고 있기 때문이다. 계통학적 방법을 이용한 좀 더 확장된 연구에 의하면 생물종 사이에서의 메틸화 패턴의 연관성 정도는 그 DNA 염기 서열의 연관성과 유사하다. 따라서 그 조사하는 지역이 작게 되면 그 상관성을 보는게 용이하지 않은 경우가 있지만, 유전체의 메틸화와 유전체의 염기 서열의 상관성은 확실히 존재한다.

후성유전체의 진화에 대한 이해는 쉽지 않다. 그러나 유전체의 진화와 표현형의 진화를 연결시키는 단서를 제공할 수 있기 때문에 도전할 충분한 가치가 있다. 요즘은 DNA 염기 서열을 얻기 쉬워 유전체 브라우저에서 어떤 유전자에 대해 쉽게 찾아볼 수 있다. 우리는 여전히 유전체를 여기서 보여주는 것처럼 단순히 A, C, G, T의 연결로만 간주하기 쉽다. 그러나 유전체 생물학이 다음 단계로 넘어가려면 점차 유전체를 이것을 가지고 있는 세포나 생물체의 구성의 일부로써 연관지어 연구해야 한다. 유전체에서 후성유전체가 어떻게 진화했는지를 기술하는 것은 유전체 생물학에 새롭고 보다 통합적인 첫 단계 중 하나이다.

그림 18.29 **사람 진화의 타임라인.** *Australopithecus* 속과 *Homo* 속의 멸종된 종들의 진화적 상호 관계에 대해서는 논쟁이 많다. 이 그림은 단지 각 종이 존재했던 시기를 보여주고 있을 뿐, 계보에서 유래한 *Homo sapiens*나 다른 종의 직접적인 조상을 구분하고자 하는 시도가 들어 있지 않다.

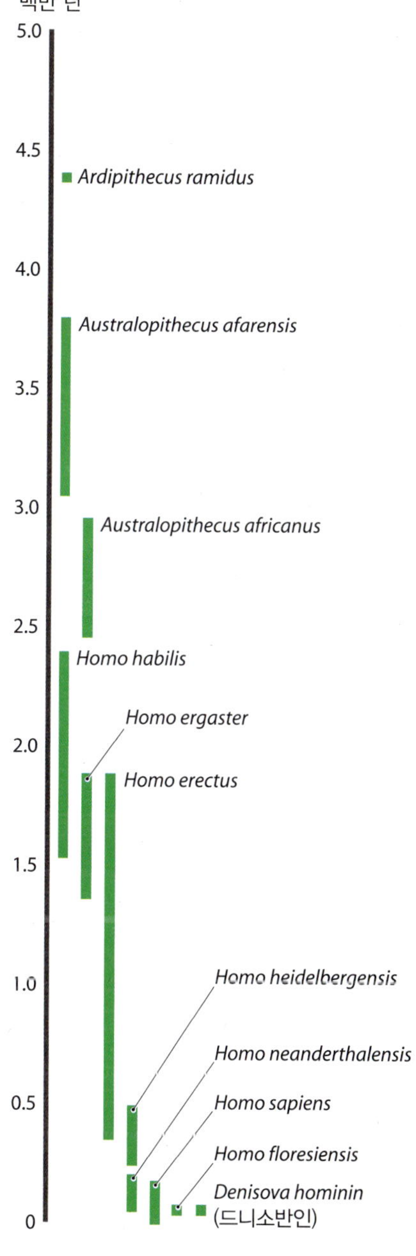

18.3 유전체: 최근 600만 년

사무엘 윌버포스(Samuel Wilberforce) 주교가 찰스 다윈(Charles Darwin)의 지지자였던 토마스 헉슬리(Thomas Huxley)에게 '당신의 원숭이 혈통이 어머니 쪽이냐 아버지 쪽이냐'란 한때 유명했던 질문을 했었다. 답은 양쪽 모두이다. 사람과 침팬지는 약 600만 년 전에 공통조상에서 기원했다. 조상으로부터 분리된 후, 사람의 계보에서는 2개의 속 *Australopithecus*와 *Homo*-와 여러 종이 나타났다. 그러나 모든 종이 *Homo sapiens*에 이르는 직접적 계보에 있지는 않다(그림 18.29). 그 결과 다른 동물과 매우 다르게 구별되는, 중요한 생물학적인 특성을 가지는 우리라는 새로운 종이 만들어졌다. 그렇다면 우리는 침팬지와 얼마나 다른가?

사람의 유전체는 침팬지의 것과 매우 유사하다

침팬지 유전체 염기 서열의 초안은 2005년에 완성되었다. 사람 유전체와의 처음 비교 결과, 두 종이 겨우 600만 년 전에 갈라졌다는 것을 보여주듯이 그 유사성이 예상대로 매우 높았다. 암호화 DNA의 뉴클레오티드 서열은 98.5% 이상 동일하고, 단백질을 암호화하는 사람 유전체 유전자의 29%는 침팬지의 것과 아미노산 서열이 동일하다. 유전자 순서도 거의 동일하며, 개략적인 염색체 모양도 매우 유사하다. 이 단계에서의 가장 큰 차이는 사람의 2번 염색체가 침팬지에서는 2개로 나뉘어 있다는 것이다(그림 18.30). 따라서 사람은 23쌍의 염색체를, 침팬지는 다른 유인원(ape)처럼 24개의 염색체를 가진다.

사람과 침팬지 유전체의 비번역 부위에서도 뉴클레오티드 동일성은 보통 97% 이상이다. 그러니 이는 염기 서열 정렬 비교 시에 **인델(indels)**의 존재를 간안하지 않은 경우의 값이므로 실제 유사성은 이 숫자보다 높게 될 것이다. 인델은 한쪽 유전체에 있는 삽입 또는 결손에 의해 두 유전체 사이에서 차이 나게 되는 부분을 말한다(그림 18.31). 이러한 인델로 인해 사람과 침팬지 유전체의 모두에서 약 1.5%는 고유 염기 서열이며 다른 종에 없는 DNA 염기 서열로 존재한다. 이들 인델은 대부분의 경우에 아주 짧고, 위치하는 유전체 부분의 기능에 있어 중요한 영향을 미치는 경향이 있다. 반복 서열의 경우에도 차이가 있다. 사람의 유전체에는 500여 가지 고유 레트로인자가, 침팬지에는 2,500여 가지 고유 레트로인자가 존재하며, 특히 Alu 삽입은 종 특이적 특성이 뚜렷하게 보인다. 이러한 차이는 반복 염기 서열의 함량 진화가 다르다는 것을 시사하고, 또 사람과 침팬지 유전체에서 상동성 재조합 사건이 서로 다르게 일어날 가능성을 암시한다. 그러나 인델 경우와 같이 레트로인자의 차이점이 사람이 왜 특별한지를 설명해 주

그림 18.30 **인간의 2번 염색체는 침팬지에서는 분리되어 있는 두 염색체가 융합한 것이다.**

인델

유전체 1 --AGCACTAGTCGATACATTGCTATATGCGGATGAATCG--
유전체 2 --AGCACTAGTCGA--------------CGGATGAATCG--

그림 18.31 인델. 인델은 한쪽 유전체에 있는 삽입 또는 결손에 의해 두 유전체 사이에 차이가 나게 되는 부분을 말한다.

는 Rosetta stone일 가능성은 별로 없다.

수년 동안 사람 유전체에서의 고유 특성에 대한 이해는 진척 속도가 상당히 느렸다. 이러한 경향은 최근에 바뀌기 시작하여, 비록 우리 유전체에서 어느 것이 사람의 특성과 관련이 있는지를 아는 데에는 한계가 있겠지만, 일련의 연구가 적극적으로 추진되고 있다. 이 중 하나는 *FOXP2* 전사인자 유전자에 관해서이다. 이 단백질에 결함이 있으면 사람이 말을 명료하게 구사하지 못하는 구어장애(dysarthria)가 생긴다. 이는 *FOXP2* 유전자가 사람의 언어 능력과 연관이 있다는 것을 시사한다. 사람과 침팬지의 *FOXP2* 유전자는 2개의 아마노산이 다르며, 이는 사람 계보에서 긍정적인 선택을 받은 유전자라는 증거가 있다. 이는 긍정적으로 선택 받는 유전자가 그 종의 최근 표현형으로의 진화에 관련이 있을 가능성이 있으므로 아주 중요한 발견 중에 하나이다. *FOXP2*의 중요성을 보여주는 또 다른 연구는 *FOXP2* 유전자를 돌연변이시켜 사람의 유전자 같이 만든 쥐의 경우에서 볼 수 있다. 이 쥐의 경우에는 사람의 말하기를 관장하는 전두엽 부분인 기저핵(basal ganglia)이 선조체(striatum)에서의 신경 생장을 증가시킨다. 쥐는 서로들 교류하는 수단으로 독특한 발성을 사용한다. 아주 흥미로운 점은 사람의 FOXP2를 가지고 있는 쥐는 다른 쥐들이 인식하지 못하는 독특한 초음파 발성을 낸다는 것이다.

또 다른 연구에서는 유전자 일부분의 중복과 유전자 전체의 중복이 사람으로의 표현형을 만드는 데 기여했다는 것을 보여준다. 특히, DUF1220라는 단백질 도메인의 경우에 사람의 유전자에서 중폭 과정을 거쳤다. 이 도메인은 65개의 아미노산 서열로 구성되며, 서로 연접해 있는 두 엑손에 의해 암호화된다. 이 엑손은 사람에서는 272개, 침팬지에서는 126개, 쥐에서는 단지 하나의 사본이 있다. DUF1220 도메인은 neuroblastoma breakpoint family(NBPF) 유전자에서 주로 발견되는데, 이들 유전자에는 사람의 경우에는 중복이 되거나 DUF1220 엑손이 유전자 내의 증폭에 의해 확장되어 있는 유전자들이 포함된다. 이 패밀리의 유전자들의 기능에 대해서는 잘 알려져 있지 않지만, 두뇌의 크기와 대뇌 피질의 신경세포 수와 관련이 있다.

조각 중복 역시 두뇌 발달과 연관이 있는 사람 특이적 유전체 특성 생성에 관련이 있다. 대뇌피질 발달과 관련이 있는 *SRGAP2* 유전자는 사람 계보에서는 모본에서 두 번의 연속적인 중복 과정을 거쳐서, 1차 사본, 2차 사본이 만들어졌다. 2차 사본에서는 절단형의 SRGAP2 단백질 산물을 만들어내며, 모본의 단백질 산물과 합쳐져서 이형이량체(heterodimer)를 만들 수 있다. 모본 SRGAP2 단백질 2개로 만들어진 동형이량체(homodimer)는 기능이 있는 반면에, 이형이량체는 기능이 없다. 따라서 이형이량체의 형성은 모본 SRGAP2 단백질을 잡게 되면 결과적으로 모본 단백질에 의한 활성을 변화시키게 된다. 조각 중복에 의한 2차 사본이 생성된 때는 *Homo* 속이 등장하기 직전인 200~300만 년 전으로(그림 18.29 참조), 사람의 두뇌 크기가 커지기 시작하는 시기에 해당한다.

DNA 염기 서열의 변형뿐만 아니라, 유전자 발현 패턴의 변형도 사람 유전체의 고유 특성의 바탕이 될 수 있다. 최소 100여 또는 그 이상의 유전자 경우에 고유의 대체(alternative) 프로모터 또는 스플라이싱 경로를 거쳐 사람 특이적 전사체를 만들어낸다. 이러저러한 유전자 발현 수준의 차이에 대한 분석은 위에서 언급한 연구에 비해 진척이 덜하다. 그러나 다가오는 몇 년 사이에는 이와 같은 연구가 사람 유전체의 종 특이적 특성을 이해하는 데 크게 기여할 것이다.

사람의 최근 진화에 대한 이해에 고유전체학(paleogenomics)이 도움이 크다

유전체 연구 분야에서 아주 최근의 진척 중에 하나는 멸종된 생물종의 뼈 등에 남아 있는 DNA 조각으로부터 염기 서열을 파악하는 능력이다. 오래된 DNA로부터 어떻게 20~30만 년 전에 유럽과 아시아에 광범위하게 분포했던 멸종된 인류종(hominins)인 네안데르탈인의 전체 유전체 염기 서열을 파악하였는지는 이미 살펴보았다(4.4절). 논란의 여지가 있지만, 네안데르탈인은 *H. sapiens*의 아종이며, 따라서 우리의 유전체와는 99.7%의 염기 서열상 유사성을 보일 만큼 거의 동일하다는 것은 놀랍지 않다. 근연관계가 높은 유전체는 사람의 유전체 진화에 대하여 어떤 정보를 줄 수 있을까?

고유전체학 분야에서 보여준 우리의 과거에 대한 가장 놀라운 성찰 중 하나는 우리의 조상이 네안데르탈인과 교배를 했었다는 것이다. 상호교배가 있었다는 증거가 네안데르탈인 유전체와 현대의 유럽인과 아프리카인의 유전체를 비교하여 얻어졌다. 만약 상호교배가 없었다면 네안데르탈인 유전체에 대한 현대 유럽인과 아프리카인의 유전체의 분기(divergence) 정도가 동일해야 한다. 그러나 실제로는 네안데르탈인과 현대 유럽인 유전체의 분기가 네안데르탈인과 현대 아프리카인의 유전체의 차이보다 적다. 이는 어느 정도의 네안데르탈인 DNA가 현대의 유럽인의 유전체에 들어 있다는 것을 의미한다. 이 발견은 유럽 지역에서 공존하던 15,000년 동안에 네안데르탈인과 *H. sapiens* 사이에 어느 정도의 상호교배가 있었다는 것을 의미한다.

오래된 DNA를 분석함으로써 네안데르탈인과의 관계처럼 아시아인과 소위 드니소반인과의 관계도 확인되었다. 드니소반인의 유전체 내용으로 보면 아시안인, 특히 오세아인의 조상과 상호교배가 있었다는 것이다. 가장 최근의 추정으로는 비아프리카인에게는 네안데르탈인의 기여가 1.5~2.1%, 현대 오세아니아인에 대해서는 드니소반인의 기여가 3.0~6.0%에 해당한다(그림 18.32). 이에 더하여 네안데르탈인과 드니소반인 사이 및 드니소반인과 잘 확인되지 않은 멸종된 인류 사이에도 상호교배가 있다는 증거도 있다.

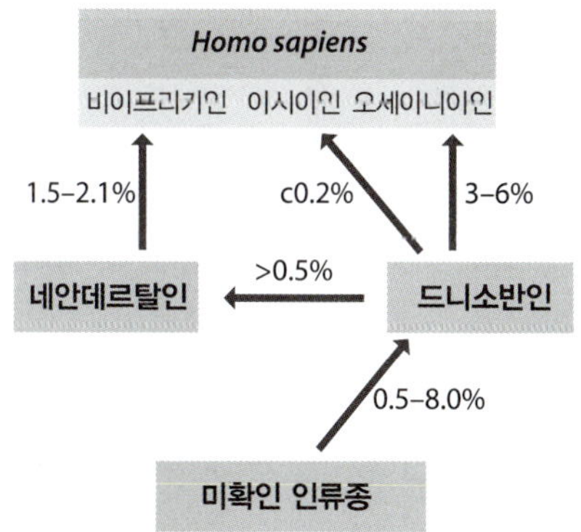

그림 18.32 멸종된 인류종과의 상호교배로 인한 *H. sapiens*에의 영향. 화살표는 유전자 흐름의 방향을, 숫자는 각 경우에 의해 수용자 쪽에서 받은 영향 정도를 백분율로 표시한 값이다.

사람 유전체에 네안데르탈인과 드니소반인의 DNA가 들어 왔다는 것이 큰 의미가 있을까? 물론 세 유전체는 동일한 유전자들을 가지고 있지만, 옛 사람 조상에는 없고 네안데르탈인과 (또는) 드니소반인만 있는 대립유전자도 있을 수 있으며, 이러한 대립유전자가 상호교배 과정을 통해 사람에게 포함되어지게 될 수도 있다. 아주 흥미로운 가능성 중 하나는 티벳 고원에서 살면서 저산소인 조건에 잘 견뎌 내는 티벳인이 가지고 있는 능력에 관한 유전자가 드니소반인 쪽에서 유래했을 경우이다. 이 가설은 티벳인에게는 흔하지만 다른 종족에서는 발견되지 않는 *EPAS1* 유전자의 대립유전자를 발견하고 나서 촉발되었다. EPAS1 단백질은 몸이 저산소 환경에서 잘 견디도록 만들어주는 단백질들의 유전자 발현을 조절하는 전사 인자이다. 비-티벳인에게는 없고 티벳인에게만 있는 이 대립유전자는 드니소반인 유전체에 존재한다. 이는 먼 옛날 드니소반인과 *H. sapiens* 사이에 상호교배가 있었으며, 이로 인해 이 유전자가 지금의 티벳인에게 존재한다는 가능성을 제시하고 있다.

18.4 우리 일상에서의 유전체 분야: 개체군 내에서의 다양성

유전체 진화에 대한 토의는 현재라고 대변되는 진화 시간에서의 예를 몇 가지를 살펴보는 것으로써 마무리하려 한다. 유전체는 돌연변이와 재조합을 통해서, 계속 새로운 염기 서열이 만들어지고 또 기존 염기 서열 사이에 새로운 배열이 만들어지는 변화를 거치며 진화한다. 이와 같은 연속 과정을 거쳐서 대부분 생물종의 유전체에서 종 내 다양성이 만들어진다. 예를 들어, 사람의 유전체는 동일한 DNA 염기 서열로 되어 있지 않고, 일란성 쌍둥이 같은 경우를 제외하고 모든 개인들은 자신 스스로의 고유한 유전체 서열을 가진다. 이 고유성은 3백만 정도의 단순 염기 서열 길이 다형성(simple sequence length polymorphism: SSLP)에서 각 경우의 반복 길이의 정도뿐만 아니고 1,000만 정도의 단일염기 다형성(single-nucleotide polymorphism: SNP) 각 부분에서의 염기 서열을 파악하여 알아낼 수 있다. 이와 같은 사람 마다의 차이점 중에 비교적 적은 수만 유전자에 위치하고, 이것이 서로 다른 사람들을 구별할 수 있게 하는 개인마다의 표현형을 만들어내는 효과를 준다. 그러나 모든 차이점은, 암호화 지역에 있든 유전자 사이에 있든, 유전체 진화의 역사적 기록이다. 이러한 차이점을 바탕으로 개인과 관계된 그룹 간의 관계를 파악할 수 있다. 이 절에서는 연구나 생명공학에서 유전체 서열의 다양성 분석이 어떻게 이용이 되는지를 아래 세 가지 경우를 통해 살펴볼 것이다; HIV/AIDS 기원, 선사시대의 *H. sapiens* 이동, 그리고 작물 식물에서의 새로운 품종의 개발.

HIV/AIDS의 기원

전 세계적인 선천성면역결핍증후군(에이즈)의 전파는 모든 사람의 생명을 위협하고 있다. 에이즈는 면역 반응과 관계되며 세포에 감염하는 역전사 바이러스(9.1절) 중 하나인 사람면역결핍바이러스(HIV-1) 감염에 의한 마지막 단계이다. 환자의 병세가 말기가 되면 면역 기능이 떨어지면서 우연적인 감염과 종양 생장의 가능성이 커지고, 이로 인해 사망에 이르게 된다.

1980년대 초 HIV-1이 에이즈의 원인이라는 것을 알려지자 곧바로 이 질병의 기원에 관한 추측을 하기 시작하였다. 추측의 주된 방향은 유사한 면역결핍바이러스가 침팬지, 수티맹가비, 만드릴 또는 여러 가지 원숭이 등의 영장류에도 존재한다는 발견에 맞춰져 있었다. 원숭이 면역결핍바이러스(SIV)는 정상적인 숙주에서는 비병원성이지만 사람에게 감염되면 이 새로운 숙주에서 질병을 야기시키고 빠른 속도로 집단 내에 전파되는 능력 등의 새로운 성질을 획득하는 것으로 생각되었다.

역전사 바이러스의 유전체는 역전사 효소 때문에 비교적 빠른 속도로 돌연변이를 축적하게 된다. 이 효소는 바이러스 입자에 포함되어 있는 RNA 유전체를 주형으로 하여 숙주 유전체로 끼어들어갈 수 있는 DNA를 만드는 효소(9.1절 참조)로써, 효율적인 교정판독 활성 기능이 결핍되어 있다. 이로 인해 RNA를 주형으로 하는 DNA 합성 과정에서 오류를 만드는 경향이 있다. 그 결과 역전사 바이러스에서 아주 최근에 분지된 유전체도 계통분류학적 분석을 수행하는 데에 충분한 뉴클레오티드 불일치를 보이게 된다.

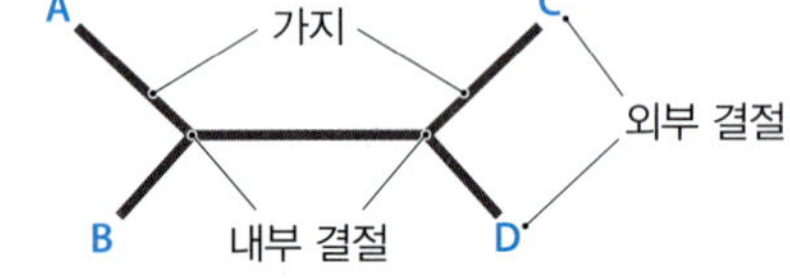

그림 18.33 간단한 계통수.

유전체 사이의 진화 관계를 유추하는 데 여러 가지 방법이 쓰여질 수 있다. 만약 유전체의 염기 서열이 레트로바이러스 경우처럼 상대적으로 짧은 편이고 재조합에 의한 재배치가 없다고 가정되면, 계통수를 만들어 볼 수 있다. 계통수는 우리가 비교하는 각 유전체의 염기 서열을 대표하는 **외부 결절(external node)**이 조상 유전자를 대표하는 **내부 결절(internal node)**과 연결되는 구조로 구성되어진다(그림 18.33). 가지의 길이는 결절로 대표되는 유전자 간 차이의 정도를 나타낸다. 검토 대상인 염기 서열들을

그림 18.34 단순 거리 행렬. 행렬은 정렬된 각 쌍 사이의 진화적 거리를 보여준다.

다중 정렬

```
1  AGGCCAAGCCATAGCTGTCC
2  AGGCAAAGACATACCTGACC
3  AGGCCAAGACATAGCTGTCC
4  AGGCAAAGACATACCTGTCC
```

거리 행렬

	1	2	3	4
1	–	0.20	0.05	0.15
2		–	0.15	0.05
3			–	0.10
4				–

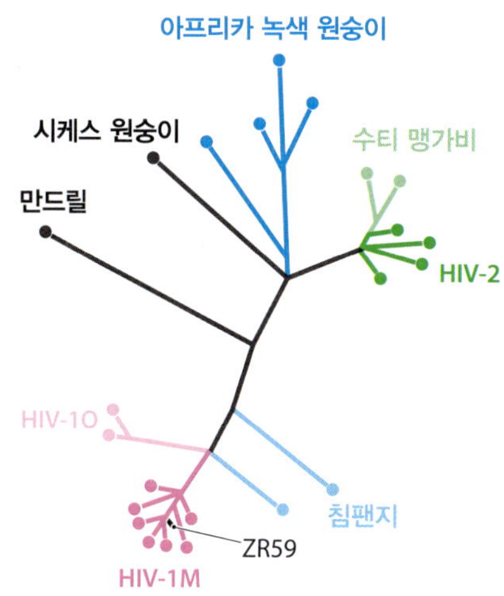

그림 18.35 HIV와 SIV의 유전체 서열로 재구성한 계통수. HIV/AIDS 전염병은 면역결핍증을 일으키는 HIV-1M 형 바이러스 때문에 발생한다. 보다 드문 HIV-1N 형(여기의 계통수에서는 보여지지 않음)은 HIV-1M과 상관성이 높으며, 이 역시 침팬지로부터 넘어온 것 같다. 카메룬(Cameroon) 경우의 2%를 차지하는 HIV-1O와 단지 한 사람 경우에만 있었던 HIV-1P(여기서는 보이지 않음)는 둘 다 고릴라의 SIV에서 기원한 것으로 보인다. 그러나 고릴라로부터 사람으로 넘어온 것인지, 침팬지로부터 사람과 고릴라 모두에게 넘어온 것인지는 밝혀지지 않았다.

정렬시키고(그림 18.34), 이 **다중 정렬(multiple alignment)** 상태를 계통수를 구성하는 데 필요한 수치 자료로 바꾸게 되면 계통수를 만들어낼 수 있다. 가장 단순한 접근법은 서열 정보를 **거리 행렬(distance matrix)**로 전환시키는 것으로, 자료에 있는 모든 서열 쌍 사이 진화적 거리를 간단히 표로 보여주게 된다. 이 행렬을 바탕으로 계통수 구성에 필요한 염기 서열들의 연결 가지의 길이를 계산하는 전산 프로그램을 사용하여 계통수를 만든다.

계통분류학적 분석을 HIV와 SIV의 유전체 서열에 적용해서 어떤 정보를 알아내었을까? 결과적인 계통수는 몇 가지 재미있는 특성을 보여주고 있다(그림 18.35). 첫째, 여러 가지 HIV 시료는 약간씩 다른 염기 서열을 가지고 있으며, 전체적으로 무근계통수의 한 끝으로부터 방사선으로 펼쳐지는 별 모양의 하나의 빽빽한 군집을 형성하는 것이다. 이 별과 같은 모양은 전 세계적인 에이즈 전염이 매우 작은 수의 바이러스, 아마도 하나의 바이러스로 시작되었고 이것이 전파된 후 사람의 집단에 들어가서 다양해졌다는 것을 시사한다. 영장류의 HIV-1에 가장 가까운 것이 침팬지의 SIV이라는 것은 이 바이러스가 침팬지와 사람 사이의 종의 장벽을 넘어갔으며, 여기서 에이즈 전염병이 시작했음을 시사한다. 그러나 이 전염병은 곧바로 시작되지는 않았던 것 같다. HIV-1의 방사선의 중심과 SIV 염기 서열로 이어지는 내부 결절의 연결이 상대적으로 길고 단절되지 않았다는 것은 HIV가 사람에게 전파된 이후 전 세계의 여러 지역으로 빠르게 전파하기 전에 아마 아프리카에서 일부의 집단에서만 제한되어 있었던 잠복기를 거쳤다는 것을 의미한다. 다른 영장류의 SIV는 HIV는 관련성이 높지 않으나, 수티맹가비로부터 온 SIV는 또 하나의 사람 면역결핍 바이러스인 HIV-2와 연결되어 있다. HIV-2는 HIV-1과는 독립적으로 사람의 집단에 전파되었던 것 같고, 다른 원숭이 숙주로부터 전파된 것 같다. HIV-2 역시 에이즈를 야기시킬 수 있는데, 아직까지 전 세계적인 전염병으로 발전되지는 않았다.

1998년에 HIV와 SIV 계통수에 추가된 흥미로운 사실은 1959년에 채취한 한 아프리카 남성의 혈액 시료로부터 분리한 HIV-1의 RNA 염기 서열 분석에서 나왔다. 이 RNA는 심하게 조각나 있어서 아주 짧은 DNA 염기 서열만 얻을 수밖에 없었지만, 이 정도로도 이 염기 서열의 계통수에서의 위치를 결정하는 데에는 충분하였다(그림 18.35). ZR59라 불리는 이 염기 서열은 HIV-1의 방사선 모양의 중심에 가까이 위치하는 짧은 분지로 계통수에 연결되어 있다. 위치로 보아 ZR59 염기서열은 비교적 초기 HIV-1 형태에 해당되어, HIV의 전 세계적인 전파가 이미 1959년에 진행되고 있었다는 것을 시사한다. HIV-1에 대한 이후의 보다 많은 광범위한 분석 결과에서 보면, 전파가 1915년과 1941년 사이에, 가장 그럴듯한 추측으로는 1931년에 시작되었다는 것을 암시한다. 이런 식으로 시기를 지목하게 되면 전염병학자들이 에이즈 전염병의 시작과 관련되어 있는 역사적, 사회적인 여건을 조사하는 좋은 시작점이 된다.

사람의 아프리카로부터의 최초 이동

이제 우리의 관심을 종 내의 연구(intraspecies study)를 통하여 *H. sapiens*가 진화적 고향인 아프리카로부터 현재처럼 지구상의 전반에 퍼지게 된 선사시대의 이동에 관하여 살펴보도록 한다. 인류고고학자들은 현재의 사람과 멸종된 인류의 조상 간의 정확한 진화적 관계에 대한 논쟁을 비껴가는 용어로써 우리 종을 **해부학적 현대인(anatomically modern humans)**이라 부른다. 해부학적 현대인에 속하는 가장 오래된 화석은 에티오피아 Omo에서 발견되었으며, 시기는 19.5만 년 전 것으로 추정한다. 다른 초기 화석은 에티오피아의 Herto에서의 16만 년 전 것, 탄자니아의 Laetoli에서 발견된 12만 년 전 것, 남아프리카의 Border Cave에서 발견된 11만 년 전 것이다. 아프리카를 벗어나서 발견된 가장 오래된 화석은 현재 이스라엘의 Nazareth 근처의 Qafzeh 동굴과 Skhul 동굴에서 발견된 것이다. 이 화석은 9만~10만 년 전 것으로 보이나 여기 살았던 사람들은 유라시아로 진출한 최초의 대표적인 이주에 해당되지는 않는 것 같다. 이 동굴은 후에 네안데르탈인에게 장악되었으며, 그 이후에는 오랫동안 현대인이 발견되지 않았다. 이들은 정착에 실패한 경우이거나 온난기에 아시아까지 뻗어 나온 아프리카 집단의 확장으로 보인다.

아프리카를 벗어나는 인류의 초기 이주에 대한 초기 연구에서는 미토콘드리아 DNA를 이용했다. 사람과 같은 포유동물에서는 미토콘드리아 분자시계가 핵의 경우보다 빠르다. 미토콘드리아에서는 핵에서 작동하는 DNA 수선 체계가 여러 가지 없어서, 돌연변이가 남게 되고, 이렇게 남은 돌연변이가 서열을 영구히 바꾸게 되는 **치환(substitution)**의 결과를 가져다 준다. 이로 인해서 사람의 집단 내에 다양한 염기 서열이 존재하게 되었으며, 공통적인 치환을 기초로 했을 때 약 275개의 **하플로그룹(haplogroups)**으로 나눌 수 있다. 각 하플로그룹은 공통적인 것 외의 추가적인 치환 종류를 감안해서 **하플로타입(haplotype)**으로 보다 세부적으로 분류할 수 있다. 하플로그룹이 기원한 시기는 **합체 시간(coalescence time)**을 추정하여 유추하는데, 이에 대한 논거로는 하플로그룹 내의 하플로타입의 다양성이 크다면, 이것이 만들어지기 위해 더욱 많은 돌연변이가 있었어야 하고, 따라서 합체 시간이 더 오래 전이라고 판단한다.

미토콘드리아 DNA 분석 결과는 아프리카를 벗어나는 최초 인류의 이주는 아프리카와 아시아를 물리적으로 연결하는 현재의 수에즈 지역보다 훨씬 남쪽인 에티오피아에서 출발했을 것으로 추정된다. 이 가설에 대한 논거는 아래와 같다. 현대 인류의 집단 내의 모든 미토콘드리아 DNA 하플로그룹들은 이들의 염기서열의 관계를 보여주는 계통수에서 서로 연결된다. 이 계통수 내에서 현재의 아프리카인에 흔한 모든 하플로그룹이 속하며, 이 안에 아프리카 쪽의 L3과 연결, 또 비아프리카 쪽의 M과 N 사이가 연결되는 두 가지 하부 연결이 있다. 합체 시간을 감안하면 M과 N 하플로그룹이 6~7만 년 전에 기원한 것으로 추정된다. 당시에는 L3 하플로그룹은 주로 동아프리카에 있고,

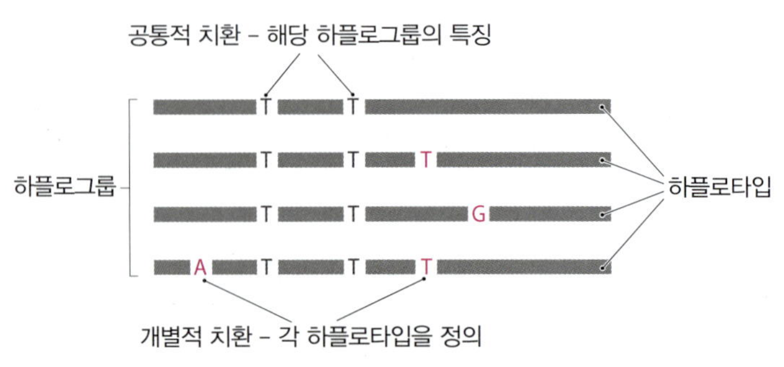

그림 18.36 **하플로그룹(haplogroups)과 하플로타입(haplotypes).** 각 하플로그룹은 다른 하플로그룹과 차별성을 주는 뉴클레오티드 치환 세트를 가지고 있는 게 특징이다. 하플로타입의 경우에는 여기에 더해 추가적인 개별적 치환을 가지는 경우이다.

동아프리카 및 아시아와 가장 가까운 경로인 홍해의 초입에 해당하는 Bab-el-Mandeb 해협을 지나 아라비아의 남부해안으로 들어갔다고 추정된다(그림 18.37). 따라서 아프리카를 벗어나는 최초의 인류 이주는 에티오피아에서 남부 아라비아로의 경로이고, 약 6~7만 년 전일 것으로 추정된다.

결과적으로 미토콘드리아 DNA 연구는 아프리카를 벗어난 최초의 인류 이동에 대한 가설의 바탕이 되었는데, 이 방법이 과연 과거에 대해 얼마나 확실한 정보를 줄 수 있을까? 미토콘드리아 유전체는 사람 유전체 중 아주 일부에 해당하고, 단지 모계 유전을 하며, 유성생식을 하는 과정에서도 부모 DNA 사이에 재조합이 일어나지 않고서 유전되므로 그 진화 양상이 독특하다. 오랫동안 미토콘드리아 DNA을 기반으로 하는 가설은 종이나 집단의 진화적 역사를 추정하는 데에 정확한 답을 줄 수도, 주지 않을 수도 있다고 비판받아 왔다. 과연 사람의 전체 유전체 정보를 사용하면 미토콘드리아 DNA가 주는 정보와 같을까 아님 상반될까? 전 세계 여러 지역의 점점 많은 개인에 대한 유전체 염기 서열 정보가 쌓이고, 이를 분석하는 방법이 더욱 발전함에 따라 이를 이용한 연구는 아주 빠른 속도로 발전하고 있다. 자료나 방법이 여전히 완전하지는 않으므로 연구 과제에 따라 상충된 결론이 만들어질 수 있다. 그러나 점점 더 미토콘드리아 DNA 분석에 의한 약 6~7만 년 전에 아프리카를 벗어나 이주를 시작했음을 지지하는 연구 증거가 만들어지고 있다. 최근에 오스트레일리아인, 아프리카인, 유럽인, 동아시아인의 유전체에서의 4백만이 넘는 수의 단일염기 다형성(SNP)에 대한 분석 과제가 진행되었다. 영장류가 더 오래된 것으로 볼 수 있기 때문에, 영장류 유전체의 정보를 이용하면 각 단일염기 다형성에 대해서 어느 것이 **조상(ancestral)**이고, 어느 것이 **유도**된 대립유전자(derived allelles)인지를 확인할 수 있다. 각 단일염기 다형성의 경우에 유도된 **대립유전자의 빈도**를 계산하고, 이들을 합쳐서 모든 단일염기 다형성에 대한 자료를 만들어 서로 다른 집단 사이와 네안데르탈인과 드니소반인의 유전체 염기 서열에 적용하였다. 결론적으로, 비아프리카인은 7만 2천 년 전에 아프리카를 떠난 집단에서 기원했고, 약 5만 9천 년 전에 토착 오스트레일리아인과 유라시인인으로 분지되있으며, 약 4만 2천 년 전에 유라시인이 다시 유럽인과 동아시아인으로 분지된 것으로 판단되었다(그림 18.38). 일찍이 오스트레일리아인과 그 외의 인류가 분지되었다는 가설은, 거의 최근 10만 년의 대부분 기간에 오스트레일리아인 Tasmania, New Guinea가 하나로 연결된 대륙이었던 Sahul이 5만 5천 년 전 아프리카를 벗어난 최초의 정착지였을 것이라는 고고학적인 자료와 잘 맞아 떨어진다.

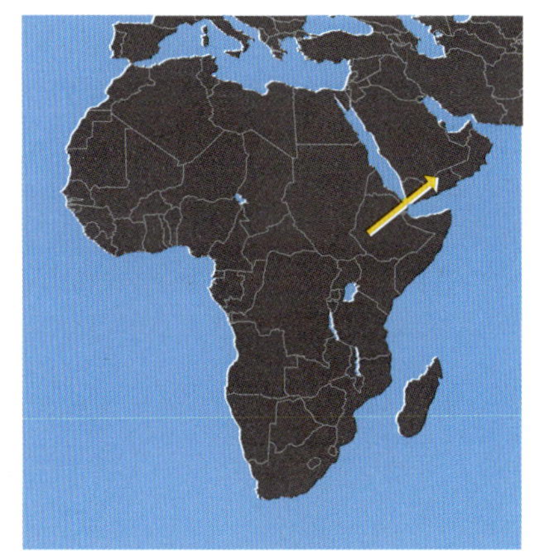

그림 18.37 에티오피아로부터 남부 아라비아로의 경로. 아프리카로부터 아시아로의 *H. sapiens*의 최초 이주 경로로 추정됨.

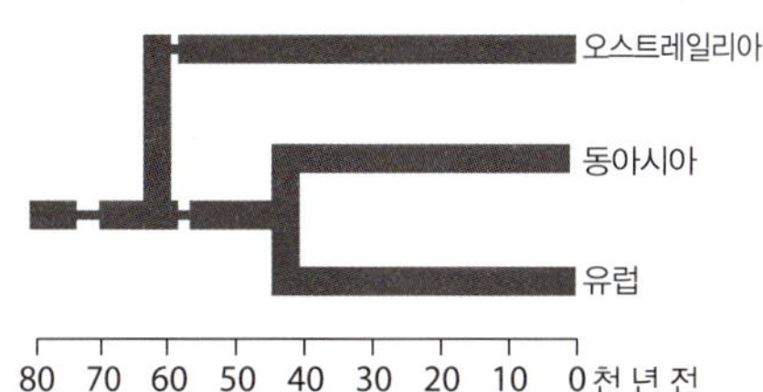

그림 18.38 단일염기 다형성(SNP) 분석으로 추론한 인류 개체군 간의 관계. 이 분석은 비아프리카인은 7.2만 년 전에 아프리카를 떠난 하나의 집단에서 기원했고, 약 5.9만 년 전에 토착 오스트레일리아인과 유라시안인으로 분지되고, 약 4.2만 년 전에 유라시아인이 다시 유럽인과 동아시아인으로 분지되었다는 것을 시사한다. 가는 선 부분은 개체군 **병목 현상**을 의미한다.

식물 유전체의 다양성을 이용한 작물 육종

식물종 유전체 역시 종내 다양성을 보인다. 유전학자들은 이러한 다양성을 이용해서 빙하기 동안에 **빙하기 생명피난처(glacial refugia)**에서 살아남았던 식물종들이 퍼져 나갔는지를 연구를 했다. 빙하기의 낮은 온도 조건에서 상대적으로 온화한 조건을 가진 빙하기 생명피난처 지역의 식물, 곤충, 동물들이 기후가 나아지면서 주위로 점차 퍼져 나갔다. 유럽에서는 이베리아, 이태리, 발칸이 생명피난처 지역이었고, 북아메리카에서는 알래스카와 브리티시 콜롬비아의 해안지역이었을 것이다.

집단 유전체학은 작물 식물의 연구에 있어서 특별히 중요하다는 것을 보여준다. 농업은 약 1만 년 전 거의 동시에 중아메리카, 남서아시아, 남동아시아 등 세 지역 이상에서 독립적으로 시작되었다. 남서아시아 지역의 **비옥한 초생달 지역(Fertile Crescent)**에서는 보리, 외알밀(einkorn), 엠머밀(emmer wheat), 렌틸콩(lentils), 완두콩(peas), 병아리콩(chickpeas), 비터벳치콩(bitter vetch)이 경작되었다. 보리, 밀 경작은 약 9천 년 전에 남동 유럽으로 전파되었고, 그 이후 두 가지 주요 경로를 통해 3천 년에 걸쳐 유럽 대륙 전체로 퍼져 나갔다. 하나의 경로는 다뉴브와 라인 골짜기를 따라 중유럽과 북유럽 평원으로, 또 하나는 이태리, 이베리아 해안 경로를 따라 북서유럽으로 전파되었다. 약 6천 년 전이 되어서는 거의 북유럽에까지 농업이 전파되었다. 이와 같은 사람에 의한 농업의 전파는 남서아시아와는 여러 가지로 다른 자연 환경을 포함하고 있게 되므로, 원래의 작물 종들은 여러 다양한 환경에 노출되게 되었다. 이 환경 조건은 기후 변화뿐만 아니고, 새로운 곤충, 곰팡이병에의 노출, 새로운 토질에의 생장을 포함한다. 보리, 밀 유전체는 재배되는 각 지역의 환경에 적응되도록 진화하였고, 결과적으로 식물학자들이 말하는 그 지역에 적응된 각 작물 식물의 집단인 **토종(landrace)**이 되었다. 이는 20세기까지 유지되다가, 점차 새로운 육종 품종에 의해 대체되었다. 그러나 대륙을 찾아 헤매었던 열성적인 수집가들 덕분에 토종이 모두 사라지진 않았다. 이렇게 수집된 종자는 생식질 수집소(germplasm collection)에서 유지되고 있으므로, 오늘날에도 이러한 시료들을 확보할 수 있다.

토종이 가지고 있는 각 지역 적응 특성은 현재 품종을 기후 변화에 더 잘 견딜 수 있도록 향상시키는 육종 연구에 이용할 수 있다. 이와 같은 육종 연구에서는 내건성 또는 내병성과 같이 원하는 특성에 관련된 유전자가 확인되어 있지 않은 게 일반적이므로, 관심 있는 유전자를 이 식물에서 저 식물로 옮기기 위한 방법으로 DNA cloning 기술을 사용할 수 없다는 문제점이 있다. 따라서 이러한 작물의 개선에서는 여전히 전통적인 육종 방법에 의존하게 된다. 전통적인 육종은 서로 다른 특성을 가지고 있는 두 식물을 교배하여 얻은 후손 식물 중에 각 부모가 가지고 있는 개별 특성을 둘 다 가지고 있는 것이 존재할 것이라는 것에 기반을 둔다. 이 방법은 분명히 가능은 하지만 아주 긴 과정이다. 수천 가지의 후보 식물을 식물의 특성이 나타날 때(보통 성체)까지 키우고, 이들 각각에 대해서 일정한 생리적, 생화학적 확인 과정을 거쳐야 한다. 그러나 이제는 유전체학의 분자 마커를 이용한 선발(marker-associated selection)이라 불리는 방법을 사용하여 이 과정을 빠르게 진행할 수 있다. 설사 목적하는 유전자가 알려져 있지 않더라도,

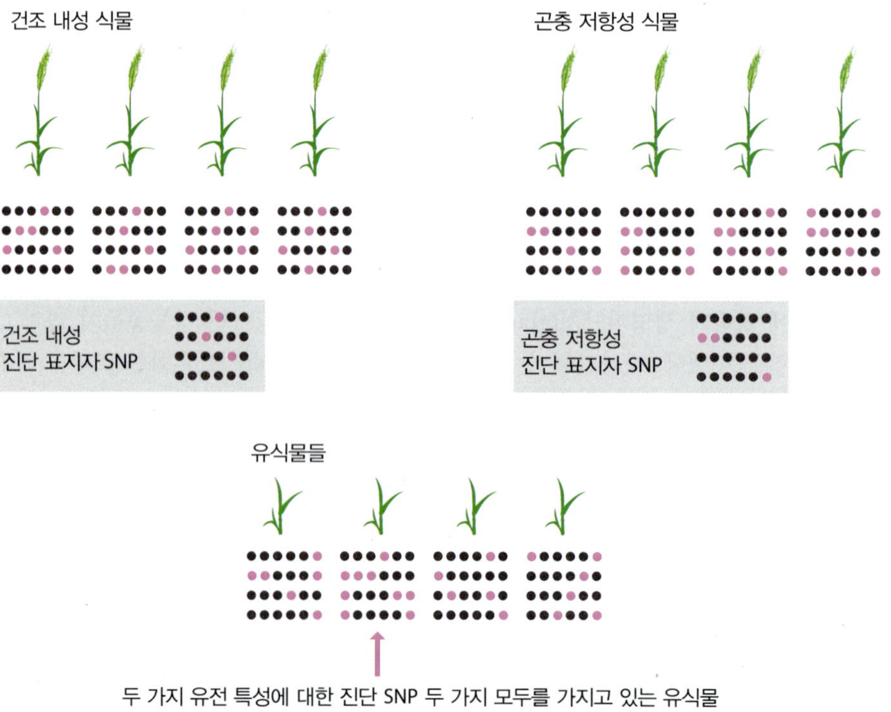

그림 18.39 간단한 연관성 조사(association study)의 예. 건조 내성이 있는 일련의 식물을 가지고 표지자 SNP 대립형질을 찾는다. 그림의 예에서는 마이크로어레이 자료에서 3가지 SNP 대립형질을 찾고, 곤충 저항성 식물 경우에도 동일하게 시행하여 3가지 SNP 대립형질을 찾은 것이다. 이제는 건조 내성 식물과 곤충 저항성 식물 교배를 시행하여 확보한 유식물을 조사한다. 하나의 유식물에서 두 가지 유전 특성에 대한 진단 표지에 해당하는 6가지 SNP을 모두 가지고 있다면, 이 유식물 경우에만 추가적인 연구를 수행하고, 나머지는 폐기한다.

원하는 특성을 가지고 있는 식물들에서 예외 없이 존재하는 SNP 대립형질을 찾는 연관성 조사(association study)를 통해서, 해당 유전자에 가까이 존재하는 표지자 SNP를 찾아 낼 수 있다(그림 18.39). 다른 식물과 교배되는 경우에도 목적 유전자 가까이에 존재하므로 목적 유전자와 같이 분리(segregate)될 것이다. 즉, 분자 마커를 이용한 선발 방법으로 찾은 SNP 대립형질을 목적 유전자에 존재 가능성을 시사하는 표지자로 사용할 수 있다. 교배를 시행하여 종자를 확보하고, 이를 키워 얻은 유식물에서 잎을 채취하여 DNA를 추출하고, DNA 칩 기술이나 적당한 다른 종류의 고출력(high-throughput) 방법을 사용하여 SNP에 대한 진단과 분석을 한다(3.2절). 이 과정에서 두 부모 식물에서의 특정 특성과 연관성이 있는 SNP 대립형질을 둘 다 가지고 있는 식물은 남겨두고, 나머지는 폐기한다. 오래 걸리는 키우고 확인하는 과정은 가능성이 높다고 판단되는 남겨진 시료 경우에만 수행한다.

요약

- 수억 년 전에 생겨난 첫 폴리뉴클레오티드는 DNA가 아니라 RNA이었다고 추측된다.
- 이 RNA 분자는 효소적 활성과 자가복제 능력을 같이 가지고 있었으며, 이들이 단순히 지질막에 둘러싸이면서 최초의 세포가 만들어졌을 수 있다.
- 아마도 DNA는 RNA 원유전체보다 안정된 형태로 생겨났을 것이다.
- DNA와 RNA가 아닌 다른 종류의 암호성 분자를 기반으로 한 생명체도 있을 가능성이 있지만 알려진 것은 없다.
- 유전자 중복은 새로운 유전자를 획득하는 데 중요한 사건이라고 알려져 있다. 글로빈 수퍼패밀리 유전자들은 수차례의 유전자 중복에 의해서 만들어졌으며, 중복의 양상과 시기는 현재 존재하는 글로빈 유전자의 염기 서열을 비교함으로써 추정할 수 있다.
- 중복은 진핵세포의 체형을 지정하는 호메오 선별유전자의 진화에서도 중요한 역할을 하였다. 이 경우의 중복은 오래전에 일어났던 유전체 전체의 중복과 관련이 있다.
- 1~400 kb 정도의 작은 크기의 중복 역시 사람 유전체의 최근 진화 단계에서 주기적으로 일어났다.
- 수평적 유전자 이동으로 다른 종에 있는 유전자를 획득하게 되었다. 이와 같은 사건은 원핵생물 유전체 진화에서는 흔하게 보이지만, 진핵세포에서는 그리 흔하지는 않다. 예외적인 상황은 식물에서 관련된 종의 배우체끼리 융합되어 새로운 배수체를 형성하는 경우이다.
- 유전자 조각의 중복과 재조합 결과로 새로운 엑손 조합이 일어났다. 엑손은 또한 전위 인자에 붙어서 유전체 내를 옮겨 다닐 수 있다.
- 인트론의 기원은 명확하지 않다. 현재는 첫 진핵세포의 등장 직후에 인트론이 핵 유전체에서 증가하기 시작했다는 증거가 있다.
- 후성유전체도 시간이 지남에 따라 진화하였다. 그러나 이 과정에 대한 이해는 이제 겨우 시작일 뿐이다.
- 사람과 침팬지는 600만 년 전에 분지되었다. 사람과 침팬지의 유전체는 여전히 상당한 정도의 뉴클레오티드 서열 상동성을 보여주며, 대다수의 유전자가 동일하고, 같은 단백질이 만들어진다. 핵심 유전자에의 점돌연변이, 조각 중복, 발현 양상의 변화 등이 사람을 사람답게 만드는 인간 유전체 특성의 바탕이라고 추측되고 있다.
- 잘 보존된 화석에서 확보한 오래된 DNA의 염기 서열을 파악한 결과, *H. sapiens*가 네안데

르탈인과 드니소반인 사이에 상호교배가 있었다는 것이 밝혀졌다.

- 종내 유전체의 염기 서열의 다양성은 최근의 진화 역사를 추론하는 데 유용하다. HIV와 SIV 유전체 염기 서열을 계통학적으로 분석하여 HIV/AIDS 기원을 추정하였다.
- 현대 사람의 유전체 염기 서열의 다양성을 분석함으로써 선사시대 인류의 이동 경로를 추정할 수 있다.
- 식물 육종가들은, 예를 들어 기후 변화에 보다 잘 견디며 수확량이 많은 작물을 만들기 위해, 토종에서 지니고 있는 적응 특성을 목적 작물에 더해 주는 연구를 하고 있다.

단답형 문제

1. 생명이 생기기 전에 아미노산, 뉴클레오티드, 당이 어떻게 만들어졌을까?
2. 지구의 생성부터 최초의 사람족의 등장에 이르기까지 생물의 진화에 대한 타임라인을 제시하라.
3. 사람 유전체의 내용이 과거에 있었던 유전자 중복 사건으로부터 영향을 받았다는 증거를 제시하라.
4. 유전자 중복이 어떻게 일어났는지 그 기전에 대해 설명하라.
5. 사람 유전체의 내용이 과거에 있었던 전 유전체 중복 사건으로부터 영향을 받았다는 증거를 제시하라.
6. 유전자 조각 중복이 영장류의 유전체에 어떠한 영향을 미쳤는가?
7. 식물에서의 다배수체화에 대한 예를 들라.
8. 이미 존재하는 유전자의 재배열에 의해 새로운 유전자가 어떻게 만들어지는지를 설명하라.
9. 유전자의 엑손 가설이란? 이 가설을 인트론의 기원에 관한 최근의 이론과 비교하여 설명하라.
10. 사람과 침팬지 사이에서 유전체의 주요 차이점은 무엇인가?
11. 고고학적 DNA 염기 서열 분석에 의해 알게 된 *H. sapiens*와 멸종된 인류 사이의 관계에 대해 밝혀진 것은 무엇인가?
12. 유전체의 염기 서열 분석으로 어떻게 HIV/AIDS 기원에 대해 추정하였는지를 설명하라.

사고형 문제

1. 445-448쪽에 제시된 도메인 중복과 도메인 섞기의 예는 특별한 경우인가? 아니면 유전체 진화에 있어서의 일반적인 경우에 해당하는가?
2. 사람의 유전체 염기 서열에 대한 초기 간행물 중 한 논문(International Human Genome Sequencing Consortium [2001] Initial sequencing and analysis of the human geneome. *Nature* 409: 860-921)에서 사람의 113~223개 유전자는 수평적 유전자 이동에 의해 박테리아에서 유래한 것 같다고 하였다. 그러나 그 후에 이와 같은 설명은 잘못된 것이었으며, 이 유전자들은 박테리아 기원이 아니라고 결론지었다. 이 유전자들이 수평적 이동 사건에 기인했다고 할 때의 증거는 무엇이며, 이 증거는 왜 후에 폐기되었는가?

3. 사람과 다른 영장류의 유전체 염기 서열 비교로 사람을 사람답게 만드는 유전학적 바탕을 파악할 수 있다는 것에 대하여 어느 정도 믿음이 있는가?
4. 분자시계는 얼마나 신빙성이 있는가?
5. 인류의 진화 연구에서 고고학적 DNA의 가치는 무엇인가?

Further Reading

The RNA world and the origins of genomes

Forterre, P. (2005) The two ages of the RNA world, and the transition to the DNA world: a story of viruses and cells. *Biochimie* 87:793–803.

Higgs, P.G. and Lehman, N. (2015) The RNA World: molecular cooperation at the origins of life. *Nat. Rev. Genet.* 16:7–17.

Joyce, G.F. (2002) The antiquity of RNA-based evolution. *Nature* 418:214–221.

Lohse, P.A. and Szostak, J.W. (1996) Ribozyme-catalysed amino-acid transfer reactions. *Nature* 381:442–444.

Miller, S.L. (1953) A production of amino acids under possible primitive Earth conditions. *Science* 117:528–529.

Orgel, L.E. (2000) A simpler nucleic acid. *Science* 290:1306–1307. *Pyranosyl nucleic acid.*

Powner, M.W., Gerland, B. and Sutherland, J.D. (2009) Synthesis of activated pyrimidine ribonucleotides in prebiotically plausible conditions. *Nature* 459:239–242.

Robertson, M.P. and Ellington, A.D. (1998) How to make a nucleotide. *Nature* 395:223–225.

Unrau, P.J. and Bartel, D.P. (1998) RNA-catalysed nucleotide synthesis. *Nature* 395:260–263.

Gene, genome, and segmental duplications

Baertsch, R., Diekhans, M., Kent, W.J., et al. (2008) Retrocopy contributions to the evolution of the human genome. *BMC Genomics* 9:466.

Ciomborowska, J., Rosikiewicz, W., Szklarczyk, D., et al. (2012) "Orphan" retrogenes in the human genome. *Mol. Biol. Evol.* 30:384–396.

Goffeau, A. (2004) Seeing double. *Nature* 430:25–26. *Comparisons between different yeast species indicate a genome duplication in the Saccharomyces cerevisiae lineage.*

Hardison, R.C. (2012) Evolution of hemoglobin and its genes. *Cold Spring Harb. Perspect. Med.* 2:a011627.

Marques-Bonet, T. and Eichler, E.E. (2009) The evolution of human segmental duplications and the core duplicon hypothesis. *Cold Spring Harb. Symp. Quant. Biol.* 74:355–362.

Pascual-Anaya, J., D'Aniello, S., Kuratani, S. and Garcia-Fernàndez, J. (2013) Evolution of *Hox* gene clusters in deuterostomes. *BMC Dev. Biol.* 13:26.

Vision, T.J., Brown, D.G. and Tanksley, S.D. (2000) The origins of genomic duplications in *Arabidopsis*. *Science* 290:2114–2117.

Wolfe, K.H. and Shields, D.C. (1997) Molecular evidence for an ancient duplication of the entire yeast genome. *Nature* 387:708–713.

Gene rearrangements

Jiang, N., Bao, Z., Zhang, X., et al. (2004) Pack-MULE transposable elements mediate gene evolution in plants. *Nature* 431:569–573.

Kazazian, H.H. (2000) L1 retrotransposons shape the mammalian genome. *Science* 289:1152–1153.

Lateral gene transfer and allopolyploidization

Danchin, E.G.J. (2016) Lateral gene transfer in eukaryotes: tip of the iceberg or of the ice cube? *BMC Biol.* 14:101.

Danchin, E.G.J., Guzeeva, E.A., Mantelin, S., et al. (2016) Horizontal gene transfer from bacteria has enabled the plant-parasitic nematode *Globodera pallida* to feed on host-derived sucrose. *Mol. Biol. Evol.* 33:1571–1579.

Danchin, E.G.J., Rosso, M.-N., Vieira, P., et al. (2010) Multiple lateral gene transfers and duplications have promoted plant parasitism ability in nematodes. *Proc. Natl Acad. Sci. USA* 107:17651–17656.

Feldman, M. and Levy, A.A. (2012) Genome evolution due to allopolyploidization in wheat. *Genetics* 192:763–774.

Origins of introns

de Souza, S.J., Long, M., Schoenbach, L., et al. (1996) Intron positions correlate with module boundaries in ancient proteins. *Proc. Natl Acad. Sci. USA* 93:14632–14636.

Doolittle, W.F. (2014) The trouble with (group II) introns. *Proc. Natl Acad. Sci. USA* 111:6536–6537.

Fedorov, A., Merican, A.F. and Gilbert, W. (2002) Large-scale comparison of intron positions among animal, plant, and fungal genes. *Proc. Natl Acad. Sci. USA* 99:16128–16133.

Gilbert, W. (1987) The exon theory of genes. *Cold Spring Harb. Symp. Quant. Biol.* 52:901–905.

Irimia, M. and Roy, S.W. (2014) Origin of spliceosomal introns and alternative splicing. *Cold Spring Harb. Perspect. Biol.* 6:a016071.

Rogozin, I.B., Carmel, L., Csuros, M. and Koonin, E.V. (2012) Origin and evolution of spliceosomal introns. *Biol. Direct* 7:11.

Roy, S.W. (2003) Recent evidence for the exon theory of genes. *Genetica* 118:251–266.

Truong, D.M., Hewitt, F. C., Hanson, J.H., et al. (2015) Retrohoming of a mobile group II intron in human cells suggests how eukaryotes limit group II intron proliferation. *PLoS Genet.* 11:e1005422.

Evolution of the epigenome

Hernando-Herraez, I., Prado-Martinez, J., Garg, P., et al. (2013) Dynamics of DNA methylation in recent human and great ape evolution. *PLoS Genet.* 9:e1003763.

Lowdon, R.F., Jang, H.S. and Wang, T. (2016) Evolution of epigenetic regulation in vertebrate genomes. *Trends Genet.* 32:269–283.

O'Bleness, M.S., Dickens, C.M., Dumas, L.J., et al. (2012) Evolutionary history and genome organization of DUF1220 protein domains. *Genes Genomes Genet.* 2:977–986.

Prendergast, J.G.D., Chambers, E.V. and Semple, C.A.M. (2014) Sequence-level mechanisms of human epigenome evolution. *Genome Biol. Evol.* 6:1758–1771.

Humans and other primates

Enard, W., Gehre, S., Hammerschmidt, K., et al. (2009) A humanized version of Foxp2 affects cortico-basal ganglia circuits in mice. *Cell*:137:961–971.

Li, W.H. and Saunders, M.A. (2005) The chimpanzee and us. *Nature* 437:50–51. *Describes the key differences between the human and chimpanzee genomes.*

O'Bleness, M.O., Searles, V., Varki, A., et al. (2012) Evolution of genetic and genomic features unique to the human lineage. *Nat. Rev. Genet.* 13:853–866.

Rogers, J. and Gibbs, R.A. (2014) Comparative primate genomics: emerging patterns of genome content and dynamics. *Nat. Rev. Genet.* 15:347–359.

Paleogenomics and past human migrations

Llamas, B., Willerslev, E. and Orlando, L. (2017) Human evolution: a tale from ancient genomes. *Philos. Trans. R. Soc. Lond. B Biol. Sci.* 372:20150484.

Malaspinas, A.S., Westaway, M.C., Muller, C., et al. (2016) A genomic history of Aboriginal Australia. *Nature* 538:207–214. *Deductions regarding the first human migrations out of Africa.*

Mellars, P. (2006) Going East: new genetic and archaeological perspectives on the modern human colonization of Eurasia. *Science* 313:796–800.

Racimo, F., Sankararaman, S., Nielson, R. and Huerta-Sánchez, E. (2015) Evidence for archaic adaptive introgression in humans. *Nat. Rev. Genet.* 16:359–371.

Origins of HIV/AIDS

Sharp. P.M. and Hahn, B.H. (2010) The evolution of HIV-1 and the origin of AIDS. *Philos. Trans. R. Soc. Lond. B Biol. Sci.* 365:2487–2494.

Zhu, T., Korber, B.T., Nahmias, A.J., et al. (1998) An African HIV-1 sequence from 1959 and implications for the origin of the epidemic. *Nature* 391:594–597.

용어해설

2-aminopurine 2-아미노퓨린 DNA의 아데닌을 대체하여 돌연변이를 가져올 수 있는 염기 유사체.

2'-deoxyribose 2'-디옥시리보오스 디옥시리보뉴클레오티드의 당 부위.

2 μm plasmid 2 μm 플라스미드 효모 *Saccharomyces cerevisiae*에 있는 플라스미드로 일련의 클로닝 벡터의 근간으로 이용된다.

–25 box –25 상자 박테리아 프로모터의 구성 요소.

3'-OH terminus 3'-OH 말단 당의 3'-탄소에 결합한 수산기로 끝나는 폴리뉴클레오티드 말단.

3'-transduction 3'-OH 형질도입 LINE 인자의 이동으로 유전체 DNA 조각이 한 장소에서 다른 장소로 이동하는 것.

3'-untranslated region 3'-OH 비번역 부위 mRNA 종결코돈 하위의 비번역 부위.

3' → 5' exonuclease 3' → 5' 핵산말단분해효소 폴리뉴클레오티드의 3'-말단으로부터 차례로 뉴클레오티드를 제거할 수는 핵산말단분헤효소.

30 nm fiber 30 nm 섬유 반지름이 약 30 nm 인 섬유에 나선형으로 배열된 뉴클레오솜으로 구성된 비교적 풀어진 염색질의 형태.

454 sequencing 454 염기서열 결정법 피로 염기서열 결정법을 이용한 차세대 염기서열 결정법.

5-bromouracll 5-브로모우라실 DNA 분자의 티민을 대체하여 돌연변이를 가져오는 염기유사체.

5'-P terminus 5'-P 말단 당의 5'-탄소에 결합한 1-, 2-, 3 인산으로 끝나는 폴리뉴클레오티드 말단.

5'-untranslated legion 5'-비번역 부위 개시코돈 상위에 있는 mRNA의 비번역 부위.

5' → 3' exonuclease 5' → 3' 핵산말단분해효소 폴리뉴클레오티드의 5'-말단으로부터 차례로 뉴클레오티드를 제거할 수는 핵산말단분해효소.

(6-4) lesion (6-4) 손상 자외선 조사로 형성되는 폴리뉴클레오티드내의 두 피리미딘 염기간 이량체.

(6-4) photoproduct photolyase (6-4) 광생성물 광분해효소 광활성화 수선에 관련된 효소.

7SK RNA 전사 신장 조절에 간접적으로 관여하는 단백질-RNA 복합체의 성분.

7SL RNA 진핵세포의 신호 인식 입자의 성분.

A-DNA 세포 내 DNA에 존재하지만 흔하지 않은 이중나선의 구조.

***Ab initio* gene prediction 초기 유전자 예측** DNA 염기서열에서 ORF를 탐색하여 유전자를 찾는 방법의 한 유형.

ABC model ABC 모델 꽃의 윤생체(whorls)의 정체성 결정에 관한 유전적 조절 모델.

Ac/Ds transposon Ac/Ds **트랜스포존** 옥수수의 DNA 트랜스포존의 한 가지.

Acceptor arm 수용팔 tRNA 분자 구조의 일부.

Acceptor slte 수용자리 인트론의 3'-말단에 있는 스플라이스 자리.

Accessory genome 부수 유전체 박테리아 유전체에서 핵심 유전체에 속하지 않는 나머지 유전자들 부분.

Acridine dye 아크리딘 염료 이중나선의 인접 염기쌍 사이에 끼어들어감으로써 틀변이 돌연변이를 일으키는 화학물질.

Acylation 아실화 폴리펩티드에 지질 부속 가지를 부착하는 것.

Ada enzyme Ada 효소 *Escherichia coli* (대장균) 효소로 알킬화 돌연변이의 직접적 수선에 관여한다.

***ada* regulon Ada 레귤론** 알킬화된 돌연변이를 직접적으로 수선하는 데 관여하는 대장균의 효소.

Adaptor 어댑터 분자의 뭉툭한 말단에 점착성 말단을 부착하기위해 사용되는 이중가닥 합성 올리고뉴클레오티드.

Adenine 아데닌 DNA와 RNA에서 발견되는 퓨린 염기.

Adenosine deaminase acting on RNA (ADAR) RNA에 작용하는 아데노신 탈아미노기 효소 아데노신을 이노신으로 바꾸는 탈아미노화로 다양한 진핵세포성 mRNA를 편집하는 효소.

Adenylate cyclase 아데닐산 고리화효소 ATP를 고리형 AMP로 변환시켜 주는 효소.

Affnity chromatography 친화성 크로마토그라피 정제하

려는 단백질과 결합할 수 있는 리간드를 이용한 관 크로마토그래피 방법.

Agarose gel electrophoresis 아가로스 겔 전기영동 아가로스 겔에서 수행하는 전기영동, 50~100 bp 정도 길이의 DNA 분자를 분리하는 데 이용된다.

Alarmone 알라몬 긴축 반응 활성자, ppGppp and pppGpp의 한 종류.

Alkaline phosphatase 염기성 탈인산효소 DNA 분자의 5′-말단으로부터 인산기를 제거하는 효소.

Alkylating agent 알킬화제제 뉴클레오티드 염기에 알킬기를 부착하는 돌연변이원.

Allele 대립유전자 둘 이상의 대체 유전자 중 하나.

Allele frequency 대립인자 빈도 집단 내 대립인자 빈도.

Allele-specific oligonucleotide (ASO) hybridization 대립유전자 특이적 올리고뉴클레오티드 혼성법 2개의 대체 뉴클레오티드 서열 중 어느 것이 DNA 분자에 있는지 결정하기 위해 올리고뉴클레오티드 탐침을 이용하는 것.

Allopolyploid 이종배수성 다른 종의 배우자 사이의 융합으로부터 나온 배수성의 핵.

Alphoid DNA 알파형 DNA 인간 염색체의 동원체 부위에 존재하는 직렬 반복서열.

Alternative exons 선택적 엑손 선택적 스플라이싱 과정에서 mRNA가 한 쌍의 엑손에서 둘 중 하나만 가지며 동시에 둘 다 가지지는 않는 방식의 엑손.

Alternative polyadenylation 대체 폴리(A) 형성 mRNA의 폴리(A) 형성에 둘 또는 이상의 서로 다른 부위를 사용하는 것.

Alternative promoter 선택적 프로모터 동일한 유전자에 작용하는 둘 또는 그 이상의 서로 다른 프로모터.

Alternative site selection 선택적 자리 선별 스플라이싱 과정에서 일반적인 공여 또는 수용자리가 무시되고 대신 두 번째 자리가 사용되는 것.

Alternative splicing 선택적 스플라이싱 하나의 mRNA 전구체에서 엑손의 서로 다른 조합으로 둘 또는 그 이상의 mRNA를 생산하는 것.

Alu 사람과 연관된 포유동물의 유전체에서 발견되는 SINE의 한 유형.

Alu-PCR 클론된 DNA 조각에 있는 Alu 서열의 상대적 위치를 PCR을 이용하여 알아내는 클론 유전자 지문법.

Amino acid 아미노산 단백질 분자의 단량체 단위의 하나.

Amino-terminus 아미노 말단 유리 아미노기를 가지는 폴리펩티드의 말단.

Aminoacyl or A site 아미노아실 또는 A 자리 번역 동안 아미노아실-tRNA가 차지하는 리보솜의 부위.

Aminoacylation 아미노아실화 tRNA의 수용팔에 아미노산을 부착하는 것.

Aminoacyl-tRNA synthetase 아미노아실-tRNA 합성 효소 하나 또는 그 이상의 tRNA의 아미노아실화를 촉매하는 효소.

Amplification refraction mutation system (ARMS test) 증폭 저항 돌연변이 시스템 SNP 유형 분석 기술로 PCR을 할 때 프라이머 쌍 중 1개를 SNP 위치에 붙는 프라이머로 사용한다.

Analytical protein array 분석적 단백질 어레이 단백질 프로파일링에 사용되는 단백질 어레이의 한 가지 유형.

Anaphase-promoting complex/cyclosome (APC/C) 유비퀴틴 연결효소로 세포주기 후반에 활성이 높아져 분해 표적이 되는 단백질을 표지하여, 체세포분열로 만들어지는 딸세포에서 이 단백질들이 포함되지 않도록 리모델링한다.

Anatomically modern humans 해부학적 현대인 멸종된 인류의 조상.

Ancestral allele 조상 대립유전자 특정 그룹의 생물의 먼 공통조상이 가졌을 대립유전자 형태.

Ancient DNA 고시대적 DNA 고시대적 생물 물질에 보존된 DNA.

Annealing 어닐링 올리고뉴클레오티드 프라이머를 DNA나 RNA 주형에 부착.

Antibody array 항체 어레이 일련의 항체들로 구성된 단백질 어레이.

Anticodon 안티코돈 tRNA 분자의 34~36번에 위치하는 3개의 뉴클레오티드로 mRNA 분자의 코돈과 염기쌍을 이룬다.

Anticodon arm 안티코돈 팔 tRNA 분자 구조의 일부.

Antigen 항원 면역반응을 일으키는 물질.

Antitermination 항 종결 세균의 전사 종결을 일으키는 메커니즘.

Antiterminator protein 항 종결 단백질 세균 DNA에 결합하여 항 종결을 중재하는 단백질.

AP (apurinic/apyimidinic) site 퓨린/피리미딘 이탈 자리 DNA 분자에서 뉴클레오티드의 염기 성분이 없는 위치.

AP endonuclease AP 핵산내부분해효소 염기 절제 수선에 관여하는 효소.

Apoptosis 세포예정사 세포 안에 프로그램되어 있는 세포의 사멸.

Archaea 고세균 원핵생물의 두 주요 그룹 가운데 하나로 극한 환경에서 주로 발견된다.

Artificial gene synthesis 인공유전자 합성 일련의 중복 올리고뉴클레오티드로부터 인공 유전자를 구성하는 것.

Ascospore 자낭포자 효모와 같은 자낭균 감수분열의 반수체 생성물 중 하나.

Ascus 자낭 효모의 단일 감수분열의 생성물로 4개의 자낭포자를 가지는 구조물.

Attenuation 전사약화 조절 일부 세균에서 세포 내 아미노산의 농도에 따라 아미노산 생합성 오페론의 발현을 조절하는 데 사용되는 과정.

AU-AC intron AU-AC 인트론 진핵생물 핵 유전자에서 발견되는 인트론 형태로 인트론의 처음 2개의 뉴클레오티드가 5′-AU-3′이고 마지막 2개는 5′-AC-3′이다.

Autonomous consensus sequence (ACS) 효모의 복제 원점인 ORS 서열에 있는 11 bp 소도메인.

Autonomously replicating sequence (ARS) 자가 복제 서열 복제가 안 되는 플라스미드에 복제 능력을 주는, 특히 효모로부터 유래된 DNA 서열.

Autopolyploid 동종배수성 반수체가 아닌 2개의 동일종의 배우체가 융합하여 만들어진 다배체 핵.

Autoradiography 방사선 자동사진법 X-선에 민감한 사진 필름에 노출시켜 방사선이 표지된 분자를 검출하는 방법.

Autosome 상염색체 성 염색체가 아닌 염색체.

Auxotroph 영양요구주 야생형에서는 요구되지 않는 영양분을 공급하였을 때에만 성장하는 돌연변이 미생물.

Avidin 아비딘 달걀흰자에서 분리한 것으로 비오틴과 강하게 결합하는 단백질.

B chromosome B 염색체 집단 구성원의 모두에게는 없으나 일부 구성원에만 존재하는 염색체.

B-DNA 살아 있는 세포에서 DNA 이중나선의 가장 일반적인 구조.

Backtracking 되돌아가기 RNA 중합효소가 DNA 주형가닥을 따라 짧은 거리를 되돌아가는 것.

Bacteria 박테리아 원핵생물의 2가지 주요 그룹 중 하나.

Bacterial artificial chromosome (BAC) 박테리아 인공염색체 (BACs) *Escherichia coli*의 F 플라스미드에 근거한 고-수용성 클로닝 벡터.

Bacteriophage 박테리오파지 세균에 감염되는 바이러스.

Bacteriophage P1 vector 박테리오파지 P1 벡터 박테리오파지 P1에 근거한 고수용성 클로닝 벡터.

Bait 미끼 표적 농축 과정에서 특정 DNA 절편을 포획하기 위해 사용되는 올리고뉴클레오티드 세트의 각 멤버.

Barcode deletion strategy 바코드 결손 전략 *Saccharomyces cerevisiae*의 결손 돌연변이를 대규모로 선별하기 위하여 발달된 방법.

Barr body 바소체 비활성화된 X 염색체가 고도로 응축되어 있는 구조.

Basal promoter 기본 프로모터 개시복합체가 조립되는 진핵생물 프로모터 부위.

Basal promoter element 기본 프로모터 인자 진핵생물의 프로모터에 존재하며 전사 개시의 기본 수준을 결정하는 서열 모티프.

Basal rate of transcription 기본 수준 전사 단위시간에 특정 프로모터에서 일어나는 생산적인 전사 개시의 수.

Base analog 염기유사체 돌연변이원으로 작용할 수 있는 DNA 염기와 유사한 구조.

Base excision repair 염기 절제 수선 비정상적 염기의 절제와 대체에 관여하는 DNA 수선 과정.

Base pair 염기쌍 2개의 상보적 뉴클레오티드에 의해 형성되는 수소결합된 구조. 약자로 bp로 나타낼 때는 이중가닥 DNA 분자의 길이를 나타내는 가장 짧은 단위.

Base pairing 염기쌍 형성 1개의 폴리뉴클레오티드가 다른 뉴클레오티드와 염기쌍으로 결합하거나, 같은 폴리뉴클레오티드 중 어느 한 부분이 다른 부분과 염기쌍으로 결합하는 것.

Base ratio 염기 비율 이중가닥 DNA 분자 안에서 T에 대한 A, 또는 C에 대한 G의 비율.

Base stacking 염기 중첩 이중가닥 DNA 분자에서 인접한 염기쌍 사이에서 일어나는 소수성 상호작용.

Baseless site 염기 결핍자리 DNA 분자에서 뉴클레오티드의 염기 성분이 없는 위치.

Basic helix–loop–helix 염기성 나선–고리–나선 도메인 DNA-결합 도메인의 한 유형.

Beads-on-a-string 염주 구조 DNA 줄에 뉴클레오솜 구슬로 구성된 풀어진 형태의 염색질.

Biobank 생체은행 환자와 자원자에게 정보를 제공하고 동의를 받은 후 이들로부터 얻은 혈액 시료 같은 생체 물질을 모아 놓은 것으로, 종종 유전성 질병의 유전적 바탕을 연구하기 위해 사용된다.

Biochemical profiling 생화학적 양상 대사체 연구.

Bioinformatlcs 생물정보학 유전체 연구에 컴퓨터를 이용하는 방법.

Biolistics 생물 탄환 DNA로 코팅된 고속의 미세 추진체의 발사를 포함하는 세포 내로 DNA를 도입하는 수단.

Biological information 생물학적 정보 생물체의 발생과 유지를 지령하는 생물체의 유전체에 담겨 있는 정보.

Biotechnology 생명공학 살아 있는 생명체를 산업 공정에 이용하는 것. 이때 언제나는 아니지만 흔히 미생물을 이용한다.

Biotin 비오틴 dUTP에 붙일 수 있는 분자로써 DNA 탐침을 비동위원소 표지할 때 쓰인다.

Biotinylation 비오틴화 DNA나 RNA 분자에 비오틴 표식을 하는 것.

Bivalent 2가 염색체 한 쌍의 상동 염색체가 감수분열 동안 정렬하여 형성되는 구조.

BLAST 상동성 탐색에 많이 사용되는 연산법.

Blunt end 비점착성 말단 단일가닥의 돌출부 없이 양 가닥 모두 동일한 뉴클레오티드 위치에서 끝나는 이중가닥 DNA 분자의 말단.

Bootstrap analysis 부트스트랩 분석법 계통수에서 분기점에 할당하는 신뢰의 정도를 추정하는 방법.

Bootstrap value 부트스트랩 값 부트스트랩 분석으로 얻어진 통계적 값.

Bottleneck 병목 집단 크기의 일시적인 감소.

Bottom-up proteomics 아래-위 단백질체학 트립신과 같은 단백질분해효소를 처리하여 단백질을 펩티드로 자른 후 질량분석법을 적용하는 단백질체학 유형.

Branch 가지 계통수의 구성요소 중 하나.

Branch migration 분지점 이동 상동재조합의 홀리데이 모델의 한 단계로 재조합하는 이중가닥 DNA 분자 쌍 사이의 폴리뉴클레오티드의 교환을 수반한다.

Break repair 절단 수선 DNA 분자의 단일- 또는 이중-가닥 절단을 수선하는 과정.

Bubble-seq 버블-서열 분석 진핵세포에서의 복제 개시점을 찾기 위해 사용되는 방법.

Buoyant density 부유 밀도 특정 분자 또는 입자를 수용성 염분이나 설탕 용액에 현탁시켰을 때 갖는 밀도.

Buoyant density centrification 부유 밀도 원심분리법 부유 밀도를 차이를 기반으로 분자 또는 구조를 분리하는 원심분리법.

C-terminal domain (CTD) C-말단 도메인 RNA 중합효소 II의 가장 큰 소단위의 일부로써 중합효소의 활성화에 중요한 부위임.

C-terminus C-말단 유리 카르복시기를 가지는 폴리펩티드의 말단.

C-value paradox C-값 역설 일부 진핵생물을 비교하였을 때 유전자의 수가 많은 생물의 유전체 크기가 이에 비례하여 크지 않은 현상.

Cajal body 카잘체 snRNA와 snoRNA 합성에 관계하는 것으로 보이는 구조.

Candidate gene 후보유전자 실험적 방법으로 찾아낸 질병이나 질병 감수성에 관련된 유전자.

Cap analysis gene expression 유전자 발현 캡 분석 RNA-seq 데이터를 좀 더 빠르게 획득하기 위해 사용하는 방법.

Cap binding complex 캡 결합 복합체 진핵세포의 번역시 검색이 시작되는 5′-말단 캡에 최초 부착되는 단백질 복합체.

CAP site CAP 자리 이화물질 활성화 단백질의 DNA 결합자리.

Cap structure 캡 구조 대부분 진핵 세포 mRNA 분자의 5′-말단에서의 화학적 변형.

Capillary electrophoresis 모세관 전기영동 가는 모세관에서 수행되는 폴리아크릴아마이드 겔 전기영동으로, 고분해능을 제공함.

Capping 캡 씌우기 진핵생물 mRNA의 5′-말단에 캡을 씌우는 것.

Capsid 캡시드 바이러스의 DNA 또는 RNA 유전체를 둘러싸고 있는 단백질 껍질.

Carboxyl terminus 카복시 말단 유리 카르복시기를 가지는 폴리펩티드의 말단.

Cas9 endonuclease Cas9 핵산내부분해효소 뉴클레오티드 20개로 된 안내 RNA에 의해 지정된 표적 부위에 작용하는 핵산내부분해효소로 유전공학에 활용 가능.

Cascade 연쇄 반응 세포 표면으로부터 세포 내의 유전자와 다른 표적으로의 신호전달에 참여하는 일련의 단백질 또는 다른 분자로 구성되는 신호전달 경로.

Catabolite activator protein 이화대사물 활성화 단백질 세균 유전체의 다양한 부위에 결합하여 하위 프로모터의 전사 개시를 활성화시키는 조절 단백질.

Catabolite repression 이화대사물억제 세포외 포도당 수준이 박테리아의 당 사용을 위한 유전자의 작동 여부를 지시하는 수단.

cDNA 상보적 DNA mRNA 분자의 이중가닥 DNA 사본.

cDNA capture or cDNA selection cDNA 포획 또는 cDNA 선별 특정한 염기서열의 작은 집단을 얻기 위하여 cDNA 풀에 대해 반복적으로 혼성화 탐침을 수행하는 것.

Cell cycle 세포주기 세포분열 사이 세포에서 일어나는 일련의 사건들.

Cell cycle checkpoint 세포주기 점검지점 세포주기 중 S와 M기로 들어가기 전 시기로서 조절이 일어나는 중요 지점.

Cell senescence 세포 노화 세포주에서 살아 있지만 더 이상 분열하지 못하는 기간.

Cell transformation 세포 형질전환 동물세포가 종양바이러스에 감염되었을 때 나타나는 형태 및 생화학적 변화.

Cell-free protein synthesizing system 무세포 단백질 합성체계 단백질 합성에 필요한 모든 성분을 포함하고 있어 첨가된 mRNA 분자를 번역시킬 수 있는 세포 추출물.

centiMorgan 센티모건 한 염색체상의 두 유전자 사이의 거리를 표시하는 단위로써, 1 cM은 한 번의 감수분열에서 두 유전자가 1%의 빈도로 재조합할 수 있는 거리이다.

Centromere 동원체 염색체에서 잘록하게 들어간 부분으로 염색체 쌍이 서로 부착되어 있는 부분이다.

Chain termination method 사슬종결법 효소에 의해 합성되는 DNA 사슬을 특정한 뉴클레오티드 위치에서 종결되도록 하는 방법.

Chaperonin 샤프로닌 다른 단백질의 접힘을 돕는 구조를 이루는 다중소단위 단백질.

Chemical degradation sequencing 화학분해 염기서열결정법 DNA를 특정 뉴클레오티드 위치에서 자르는 화학물을 이용한 DNA 염기 서열 결정법.

Chemical shift 화학 시프트(이동) 핵의 순환 방향을 변화시키는 것으로 NMR의 원리가 된다.

Chemiluminescent marker 화학발광 표지자 화학발광 화합물을 특정 분자에 들어가게 하거나 부착시켜서, 생화학 반응 과정을 통해 이 분자로부터 나오는 화학발광을 탐지하여 이 분자를 추적하는 데 쓰이는 화학발광 화합물 유형.

Chi (crossover hotspot initiation) site 카이 자리 *E. coli* 유전체에서 반복되는 뉴클레오티드 서열로 상동재조합의 시작에 관여한다.

Chi (χ form) 카이 구조 DNA 분자 사이의 재조합에서 관찰되는 중간 생성물 구조.

Chimera 키메라 2개 이상의 유전적으로 다른 세포로 구성된 생물체.

ChIP-on-chip or ChIP-chip ChIP-on-chip 또는 ChIP-chip 염색질 면역침전 서열 분석 과정에 서열 분석 대신 마이크로어레이를 사용하여 수행.

Chloroplast 엽록체 진핵세포에서 광합성 기능을 하는 소기관.

Chloroplast genome 엽록체 유전체 광합성 진핵생물의 엽록체에 있는 유전체.

Chromatid 염색분체 염색체의 팔.

Chromatln 염색질 염색체에 존재하는 DNA와 히스톤 단백질의 복합체.

Chromatin immunoprecipitation sequencing (ChIP seq) 염색질 면역침전 서열분석법 유전체 전체에서 DNA 부착 단백질 결합자리를 알아내는 방법.

Chromatosome 크로마토솜 뉴클레오솜 핵심 8량체가 DNA 및 연결 히스톤과 결합하여 형성하는 염색질의 하부 요소.

Chromid 크로미드 플라스미드의 특성을 가지지만, 필수적인 유전자를 포함한 박테리아 DNA 분자.

Chromodomain 염색질 도메인 자체적으로는 DNA-결합 능력이 없지만 DNA-결합능이 있는 단백질에서 종종 발견되는 단백질 구조 도메인.

Chromosome 염색체 진핵생물의 핵 유전체 일부를 포함하는 DNA-단백질 복합체 구조. 정확한 표현은 아니지만 원핵생물의 유전체도 염색체라 부른다.

Chromosome conformation capture (3C) 염색체 구조 포획법 핵 내부에서 서로 가까이 존재하는 염색체 부분을 파악하는 방법.

Chromosome painting 염색체 페인팅 형광 제자리 혼성화의 한 가지로 혼성화 탐침으로 DNA 분자의 혼합물을 써서 단일 염색체의 서로 다른 부위를 특이적인 형광물질로 염색하는 방법.

Chromosome theory 염색체설 1903년 서튼(Sutton)에 의해 제기된, 염색체 상에 유전자가 존재한다는 설.

Chromosome walking 염색체 더듬기 클론된 DNA 중 중복된 조각을 확인함으로써 클론 콘티그를 구축할 수 있는 기술.

***Cis*-displacement** 뉴클레오솜이 같은 DNA 분자의 새로운 위치로 옮겨가는 현상.

Class switching 클래스 전환 B 림프구가 합성하는 면역글로불린의 유형을 완전히 바꾸는 경로.

Cleavage and polyadenylation specificity factor (CPSF) 절단 및 폴리(A) 형성 특이 인자 진핵생물 mRNA의 폴리(A) 형성 과정에 보조 역할을 하는 단백질.

Cleavage stimulation factor (CstF) 절단 자극 인자 진핵생물 mRNA의 폴리(A) 형성 과정에 보조 역할을 하는 단백질.

Clone 클론 동일한 재조합 DNA 분자를 가지고 있는 세포 그룹.

Clone contig 클론 콘티그 중복되는 DNA 조각을 가지고 있는 클론의 모임.

Clone contigs approach 클론 콘티그 접근법 분자를 다루기 쉬운 크기인 몇 백 kb나 몇 Mb의 절편으로 자른 후 개별적으로 염기 서열 결정을 하는 유전체 염기 서열 결정 전략.

Clone fingerprinting 클론 유전자지문법 중복되는 DNA를 확인하기 위해 클론된 DNA 절편을 비교하는 몇 가지 방법 중 하나.

Clone library 클론 라이브러리 관심 있는 개별 클론으로부터 가능한 전체 유전체를 대표하는 클론을 수집한 것.

Cloning vector 클로닝 벡터 숙주세포 내에서 복제가 가능하므로 다른 DNA 절편을 클로닝하는 데 사용될 수 있는 DNA 분자.

Closed promoter complex 닫힌 프로모터 복합체 전사개시 복합체 조립의 초기 단계에 만들어지는 구조. 닫힌 프로모터 복합체는 RNA 중합효소와 (또는) 염기쌍 해체로 인해 DNA가 열리기 전에 프로모터에 결합하는 보조 단백질로 이루어진다.

Cloverleaf 클로버 잎 2차원으로 나타낸 tRNA 분자의 구조.

Clustered regularly interspaced short palindromic repeats (CRISPRs) 반복 서열 한 쌍이 고유한 서열로 된 층간재(spacer)에 의해 분리되는 모양으로 20~50 bp 염기서열이 직렬 배열 구조를 가지는 박테리아 반복 서열 유형.

Coalescence time 합체 시간 하플로 그룹 내의 하플로 타입의 다양성 정도를 바탕으로 하여 하플로 그룹이 기원한 시기를 유추하는 방법.

Coding RNA 암호화 RNA 단백질을 암호화하는 유전자의 전사체 mRNA.

Co-dominance 공동우성 두 대립 유전자 모두 이형접합체의 표현형에 기여하는 한 쌍의 대립 유전자 사이의 관계.

Codon 코돈 하나의 아미노산을 암호화하는 3 뉴클레오티드.

Codon bias 코돈 사용 빈도 편향 모든 코돈이 특정 생물체의 유전자에서 같은 빈도로 사용되지 않는 것을 말한다.

Codon-anticodon recognition 코돈-안티코돈 인식 mRNA 분자에 있는 코돈과 tRNA에 있는 상응하는 안티코돈 사이의 상호 반응.

Cohesin 코헤신 단백질 유전체 복제와 핵분열 사이의 시기 동안 자매 염색분체를 붙들고 있는 단백질.

Cohesive end 점착성 말단 단일 가닥의 돌출부를 가지는 이중 가닥 DNA 분자의 말단.

Co-immunoprecipitatlon 공동 면역침전법 단백질 복합체의 구성성분 중 단지 하나의 단백질에 특이한 항체를 이용하여 단백질 복합체의 모든 구성성분을 분리하는 방법.

Cointegrate 동시삽입체 복제적 전위를 만드는 경로의 중간 생성물.

Column chromatography 관 크로마토그래피 관에 채운 고형 매질을 이용하여 단백질을 분리하는 방법.

Comorbidity 동반 질병 하나의 질병으로 인해 고통 받는 환자가 다른 질병과 연관된 증세를 나타내는 경향.

Comparative epigenomics 비교 후성 유전체학 2가지 다른 유전체에서 동일 부위 사이에 염색질 변형의 유사 정도를 비교 연구.

Comparative genomics 비교 유전체학 하나의 유전체에서 얻은 정보를 두 번째 유전체에 있는 유전자의 기능과 위치 결정을 유추하기 위하여 이용하는 연구 전략.

Competent 수용성 박테리아 배양액을 염화칼슘에 담그는 것과 같은 방법으로 처리하여 박테리아가 DNA 분자를 받아들이는 능력을 향상시키는 것을 말한다.

Complementary 상보적 서로 염기쌍을 형성할 수 있는 2개의 뉴클레오티드나 뉴클레오티드 서열.

Complementary DNA (cDNA) 상보적 DNA mRNA 분자의 이중가닥 DNA 사본.

Complex A 복합체 A 전-스플라이시오솜 복합체(prespliceosome complex).

Complex B 복합체 B 전-촉매적 스플라이시오솜(precatalytic spliceosome).

Complex E 복합체 E GU-AG 인트론 스플라이싱 과정에서 형성되는 첫 번째 단백질 RNA 복합체.

Composite transposon 복합 트랜스포존 대개 1개 이상의 유전자가 있는 DNA 조각 안에 끼어 있는 삽입 서열 쌍으로 구성된 DNA 트랜스포존.

Concatamer 연쇄체 머리와 꼬리가 연결된 선형 유전체나 다른 DNA 단위로 구성된 DNA 분자.

Concerted evolution 협동 진화 동일하거나 유사한 서열을 가지고 있는 다중유전자 패밀리 일원을 만드는 진화적 과정.

Conjugation 접합 서로 물리적으로 접촉을 통한 두 박테리아 사이에서의 DNA 전달.

Conjugation mapping 접합 지도 작성 접합 동안 각각의 유전자가 전달되는 데 걸리는 시간을 결정하여 박테리아 유전자의 지도를 작성하는 기술.

Consensus sequence 공통 서열 서로 비슷하지만 동일하지 않은 여러 개의 서열에서 공통적으로 나타나는 뉴클레오티드 서열.

Conservative replication 보존적 복제 한 딸 이중나선은 두 부모 폴리뉴클레오티드로, 다른 것은 새롭게 합성된 폴리뉴클레오티드로 이루어진다는 DNA 복제 양상의 한 가설.

Conservative transposition 보존적 전위 전위 인자를 새로 복제하지 않고 자리 바꿈으로 일어나는 전위 현상.

Constitutive heterochromatin 항구적 이질염색질 항상 응축된 형태로 존재하는 염색질.

Context-dependent codon reassignment 문맥-의존성 코돈 재지정 코돈 주위의 DNA 염기서열이 그 코돈의 의미를 변화시키는 상황을 언급.

Contour clamped homogeneous electric fields (CHEF) 등고선 찝기식 균일전기장 크기가 큰 DNA 분자를 구분하기 위한 전기영동법.

Conventional pseudogene 전통적인 위유전자 돌연변이가 축적되어 비활성화된 유전자.

COOH-terminus 카르복시 말단 폴리펩티드의 자유 카르복시 말단.

Core genome 핵심 유전체 박테리아 범유전체 구성 중 그 종 모두에서 가지고 있는 유전자 모음에 해당하는 유전체 부분.

Core octamer 핵심 8량체 히스톤 H2A, H2B, H3, H4 소단위 각각 2개씩이 모여 형성된 뉴클레오솜의 핵심 성분으로 이 주위를 DNA가 감싸고 있다.

Core promoter 핵심 프로모터 개시복합체가 조립되는 진핵생물 프로모터 부위.

***cos* site *cos* 자리** 어떤 λ 파지의 DNA 분자의 말단에 존재하는 한 가닥이 돌출된 점착성 말단의 하나.

Cosmid 코스미드 λ *cos* 자리가 플라스미드에 삽입된 대용량 클로닝 벡터.

Co-transduction 공동-형질도입 한 세균에서 또 다른 세균으로 형질도입 파지를 통해 둘 이상의 유전자가 전달되는 현상.

Co-transformation 공동-형질전환 하나의 DNA 분자에 2개 이상의 유전자가 포함되어 있어 형질전환되면서 함께 전달되는 현상.

CpG island CpG 무리군 인간 유전체에 있는 유전자의 약 56%의 상위에 위치한 GC가 풍부한 DNA 부위.

Crossing-over 교차 감수분열에서 염색체 사이의 DNA 교환.

Cryptic splice site 잠재적 스플라이싱 자리 서열이 원래의 스플라이싱 부위와 유사하여 비정상적인 스플라이싱 동안에 원래의 자리를 대신하여 선택되는 부위.

Cryptic splice site 잠재적 스플라이싱 자리 비정상 스플라이싱이 일어날 때 전형적인 스플라이싱 자리 대신 선택이 될 수 있는 유사 스플라이싱 서열 자리.

Cyanelle 시아넬 세포 내로 획득한 시아노박테리아와 유사한 광합성 소기관.

Cyclic AMP (cAMP) 고리형 AMP 분자 내 인산다이에스테르 결합이 5′와 3′-탄소를 연결하는 변형 AMP.

Cyclic AMP response element (CRE) CREB 단백질 인식자리.

Cyclic AMP response element binding (CREB) protein cAMP 수준이 올라가면 CRE에 결합하여 작용하는 전사 인자.

Cyclin 사이클린 세포주기 중 양이 변하는 조절단백질로 세포-주기-특이적 방식으로 생화학적 사건을 조절한다.

Cyclobutyl dimer 싸이클로부틸 이량체 폴리뉴클레오티드내 두 인접하는 피리미딘 염기 사이 자외선 조사로 형성된 이량체.

Cys_2His_2 finger Cys_2His_2 손가락 아연손가락 DNA 결합 단백질 도메인의 한 종류.

Cytochemlstry 세포화학 현미경과 특수한 염색기법을 이용하여 세포내 구조의 생화학적 성분을 연구하는 학문.

Cytosine 시토신 DNA와 RNA에서 발견되는 피리미딘 염기 중의 하나.

D arm D 팔 tRNA 분자 구조의 일부.

D-loop D-루프 상동재조합의 메셀슨-라딩 모델에서 만들어지는 중간 구조이다. 또한 DNA 가닥 중의 하나와 염기쌍을 이루는 RNA 분자의 존재로 이중나선이 파괴된 약 500 bp 정도의 부위로 대체 복제 모드의 시작점으로 작용한다.

Dark repair 암수선 시클로부틸 이량체를 수정하는 일종의 뉴클레오티드 절제 수선.

De Bruijn graph De Bruijn 그래프 염기서열 조립 방법으로, 부호 문자열 사이의 중복을 규명하는 수학적 개념을 기반으로 한 전산적 접근법.

***De novo* methylation 신생 메틸화** 특정 DNA 분자의 새로운 위치에 메틸기가 첨가되는 현상.

***De novo* sequencing 새로운 염기 서열 결정** 개별적으로 읽은 염기 서열 사이의 중복 서열을 찾는 방법으로 유전체의 염기 서열을 조립하는 전략.

Deadenylation-dependent decapplng 탈아데닐화 의존 탈캡핑 폴리(A) 꼬리를 제거하는 것으로 시작되는 진핵생물의 mRNA 분해 과정.

Deaminating agent 탈아미노제제 뉴클레오티드 염기로부터 아미노기를 제거하는 돌연변이원.

Defective retrovirus 결함 레트로바이러스 레트로바이러스 유전자의 일부 또는 전부가 숙주세포 유전자로 대치되어 다른 레트로바이러스 단백질의 도움이 없이는 복제를 할 수 없는 레트로바이러스.

Degeneracy 중첩 아미노산의 코돈을 하나 이상 가지고 있는 사실을 언급함.

Degradosome 디그레이도솜 세균 mRNA 분해에 관여하는 다효소 복합체.

Delayed-onset mutation 지연성 돌연변이 돌연변이 생물의 생애 중 비교적 늦게 돌연변이 효과가 보이는 돌연변이.

Deletion mutation 결손 돌연변이 DNA 서열에서 하나 또는 그 이상의 뉴클레오티드의 결손에 의한 돌연변이.

Denaturation 변성 핵산과 단백질의 2차 이상의 구조를 유지시키는 수소 결합과 같은 비공유 결합을 화학적 혹은 물리적 수단에 의해 파괴함.

Dendrogram 수지도 예를 들어, 전사체 그룹 사이의 관계를 표시하기 위해 그리는 계통도.

Density gradient centrifugation 밀도기울기 원심분리법 밀도의 기울기 형성된 용액에 세포추출액을 원심분리하여 개별 구성성분을 분리하는 기법.

Deoxyribonuclease 디옥시리보핵산 가수분해효소 DNA 분자에서 인산다이에스테르 결합을 절단하는 효소.

Derived allele 유도된 대립유전자 존재하는 대립유전자에 돌연변이가 생겨서 만들어진 신생 대립유전자.

Development 발생 세포나 생물체의 일생 중 일어나는 일련의 일시적이거나 영구적인 변화.

Diauxie 이원 영양생장 박테리아가 혼합당을 제공받았을 때 두 번째 당의 대사를 시작하기 전 하나의 당을 우선 먼저 쓰는 현상.

Dicer 다이서 RNA 간섭에서 중요한 역할을 하는 RNA 분해효소.

Dideoxynucleotide 다이디옥시뉴클레오티드 3′-수산기가 없는 변형된 뉴클레오티드이기 때문에 폴리뉴클레오티드로 삽입될 때 가닥 합성을 종결시킨다.

Differential centrifugation 차등 원심분리법 서로 다른 속도에서 세포추출액을 원심분리하여 세포의 구성성분을 분리하는 기법.

Differentiation 분화 세포가 특수화된 생화학적 그리고(또는) 생리적인 역할을 채택하는 것.

Dihybrid cross 양성잡종교배 두 쌍의 대립 유전자의 유전을 살펴보는 유성 교배.

Dimer 이량체 2개의 소단위로 이루어진 단백질 또는 다른 구조물.

Diol 다이올 2개의 수산기를 가지는 화합물.

Diploid 이배체 각 염색체 두 사본을 가지고 있는 핵.

Direct readout 직접 인식 이중 나선의 바깥 부분과 접촉하는 결합 단백질에 의한 DNA 서열의 인식.

Direct repair 직접 수선 하자 있는 뉴클레오티드에 직접 작용하는 DNA 수선 방식.

Direct repeat 직렬 반복 DNA 분자에서 두 번 이상 반복되는 뉴클레오티드 서열.

Directed acyclic graph (DAG) 방향성 비순환 그래프 분자 기능을 계층적으로 분류하는 정보 처리 방법.

Discontinuous gene 불연속 유전자 엑손과 인트론으로 나뉘어 있는 유전자.

Disease module 질병 모듈 결함이 생기면 동일한 질병을 만들어내는 단백질 세트를 말하며, 종종 단백질 상호작용 지도에서 같은 네트워크 내에 위치한다.

Dispersive replication 분산적 복제 딸 이중나선의 두 가닥이 부분적으로는 부모 DNA로, 부분적으로는 새롭게 합성된 DNA로 만들어진다는 복제 양상의 한 가설.

Displacement replication 대체 복제 나선의 한 가닥은 연속적으로 복사되고, 다른 가닥은 첫 딸 가닥의 합성이 완성된 후 제거되고 곧 이어 복사되는 복제 양상.

Distance matrix 거리 행렬 데이터 내 모든 뉴클레오티드 쌍 사이 진화적 거리를 보여주는 표.

Disulfide bridge 이황화 연결 다른 폴리펩티드 사이 또는 하나의 폴리펩티드 내의 두 지점 사이의 시스테인 아미노산 간의 공유 결합.

DNA 세포에 있는 2가지 종류의 핵산 중 하나인 디옥시리보핵산으로 모든 세포 생물체와 많은 바이러스의 유전 물질.

DNA adenine methylase (Dam) DNA 아데닌 메틸화효소 *E. coli*의 DNA 메틸화에 관여하는 효소 중 한 유형.

DNA bending DNA 꺾임 결합한 단백질에 의해 발생한 DNA의 구조적 변화 중 한 유형.

DNA chip DNA 칩 대량 혼성화 분석에 사용되는 DNA 분자의 고밀도 집적.

DNA cloning DNA 클로닝 DNA 절편을 클로닝 벡터로 삽입한 후 숙주 생물체에서 재조합 DNA 분자를 증식시킴.

DNA cytosine methylase (Dcm) DNA 시토신 메틸화효소 *E. coli* DNA의 메틸화에 관여하는 효소 중 한 유형.

DNA glycosylase DNA 글리코실라제 염기 절제와 부정

합 수선 과정의 일부로 뉴클레오티드의 염기와 당 사이 β-*N*-글리코시딕 결합을 절단하는 효소. 이 이름은 잘못된 것으로 DNA 글리코라제로 불리어야 하나, 잘못된 사용이 현재는 고정되었다.

DNA gyrase DNA 자이라제 대장균의 TypeII 위상이성질화 효소.

DNA labelling DNA 표지 DNA 분자에 방사성 또는 형광 또는 다른 표지를 부착시킴.

DNA ligase DNA 연결효소 DNA 복제, 수선 및 재조합 과정에서처럼 인산다이에스테르 결합을 형성하는 효소.

DNA marker DNA 표식자 둘 또는 그 이상의 쉽게 분별할 수 있는 이형으로 존재하는 DNA 서열로써 유전적, 물리적, 또는 통합 유전체 지도에 지도위치 표시에 사용될 수 있는 DNA 서열.

DNA methylation DNA 메틸화 DNA에 메틸기가 부착되어 화학적으로 변형되는 것.

DNA methyltransferase DNA 메틸기전달효소 DNA 분자에 메틸기를 부착하는 효소.

DNA photolyase DNA 광분해효소 광재활성화 수선에 관여하는 박테리아의 효소.

DNA polymerase DNA 중합효소 DNA를 합성하는 효소.

DNA polymerase I DNA 중합효소 I 유전체의 복제 중 오카자키 절편들의 합성을 완성시키는 박테리아 효소.

DNA polymerase II DNA 중합효소 II DNA 수선에 관여하는 박테리아 DNA 중합효소.

DNA polymerase III DNA 중합효소 III 박테리아의 주 DNA 복제효소.

DNA polymerase α DNA 중합효소 α 진핵생물에서 DNA 복제시 프라이머를 만드는 효소.

DNA polymerase γ DNA 중합효소 γ 미토콘드리아 유전체 복제를 하는 효소.

DNA polymerase δ DNA 중합효소 δ 주된 진핵생물 지연가닥 DNA 복제효소.

DNA polymerase ε DNA 중합효소 ε 주된 진핵생물 선도가닥 DNA 복제효소.

DNA repair DNA 수선 복제 오류와 돌연변이 물질로 인해 일어나는 돌연변이를 정정하는 생화학적 과정.

DNA replication DNA 복제 유전체의 새로운 사본의 합성.

DNA sequencing DNA 염기 서열 결정 DNA 분자내 뉴클레오티드 순서를 결정하는 기술.

DNA topoisomerase DNA 위상이성질화효소 폴리뉴클레오티드 하나 또는 양쪽을 절단한 다음 다시 붙이면서 꼬임을 만들거나 제거하는 효소.

DNA transposon DNA 트랜스포존 RNA 중간 단계를 거치지 않는 전위 인자.

DNA tumor virus DNA 종양 바이러스 동물세포를 감염시킨 다음 암을 일으킬 수 있는 DNA 바이러스.

DNA unwinding element (DUE) 박테리아 복제 원점의 AT-풍부 부분으로 이중나선이 열리게 되는 위치.

DNA-binding motif DNA-결합 모티프 이중나선 DNA에 결합하는 데 사용되는 단백질의 DNA 결합 영역.

DNA-binding protein DNA-결합 단백질 DNA 분자에 결합하는 단백질.

DNA-dependent DNA polymerase DNA-의존성 DNA 중합효소 DNA를 주형으로 DNA 사본을 만드는 효소.

DNA-dependent RNA polymerase DNA-의존성 RNA 중합효소 DNA를 주형으로 RNA 사본을 만드는 효소.

DNase I hypersensitive site DNase I 초민감 부위 디옥시리보 핵산 가수분해효소 1에 의해 비교적 쉽게 절단되는 진핵생물 DNA의 짧은 부위로 뉴클레오솜이 없는 부위와 일치할 가능성이 높다.

Domain 도메인 다른 부분과 독립적으로 접히는 폴리펩티드의 한 부분 또는 이 부분을 암호화하는 유전자 조각.

Domain duplication 도메인 중복 단백질 산물의 구조적 도메인에 해당하는 유전자 조각의 중복.

Domain shuffling 도메인 섞기 하나 또는 그 이상의 유전자에서 기원한 유전자 조각들의 재배열로 새로운 유전자 생성. 각 유전자 조각은 유전자 산물의 구조적 도메인을 암호화.

Dominant 우성 이형접합체에서 발현되는 대립 인자.

Donor site 공여자 자리 인트론 5′-말단의 스플라이싱 부위.

Double helix 이중나선 세포에서 DNA의 자연상태의 형태인, 염기쌍을 이룬 이중가닥 구조.

Double heterozygote 이중 이형접합자 두 유전자에 대해 이형접합인 핵.

Double homozygote 이중 동형접합자 두 유전자에 대해 동형접합인 핵.

Double restriction 이중 제한효소 절단 DNA를 두 제한효소로 동시에 절단함.

Double stranded 이중가닥의 염기쌍으로 서로 결합한 2개의 폴리뉴클레오티드로 구성되어 있다.

Double-strand break repair 이중가닥 절단 수선 DNA 이

중가닥 절단을 고치는 수선 과정.

Double-stranded RNA-binding domain (dsRBD) 이중 가닥 RNA-결합 도메인 RNA-결합 도메인의 공통적인 형태.

Downstream 하위 폴리뉴클레오티드의 3′-쪽 말단 쪽.

Draft sequence 초안 염기 서열 오류 비율이 높고 간극도 더 많으며, 일부 콘티그의 순서와/또는 방향조차도 애매할 가능성이 있는 불완전한 상태의 염색체 또는 유전체 염기 서열.

Duplicated pseudogene 중복 위유전자 중복 유전자 중 하나가 돌연변이에 의해 불활성화되면서 만들어진 비가공성 위유전자.

E or exit site E 자리 박테리아 리보솜에서 tRNA가 탈아실화 후 이동하는 자리.

EC number 효소 번호 국제 생화학 분자생물학회에서 합의된 효소의 분류 체계로써 효소의 활성을 기술하는 4부분으로 된 고유 번호.

Edge 경계 단백질 상호작용 지도에서 상호작용하는 단백질 쌍을 연결하는 선.

Electroendosmosis 전기삼투 전기장에 의해 유도되는 젤 속의 완충액 같은 액체의 움직임.

Electron density map 전자밀도 지도 X-선 회절 패턴으로부터 유추되는 한 분자 내에서 각 위치에서의 전자밀도를 표시한 지도.

Electron microscopy 전자현미경 시료에 전자 빔을 주사하여 상을 얻는 현미경 방법.

Electrophoresis 전기영동 분자를 그들의 순전하에 근거하여 분리.

Electrospray ionization 전자분무 이온화 질량 분석 과정에서 용액에 고압을 걸어주어 전하를 띤 물방울 에어졸이 생성되게 하는 이온화 방법.

Electrostatic interactions 정전기적 상호작용 전하를 띤 화학기 사이에서 형성된 이온 결합.

Elution 용출 크로마토그래피 컬럼으로부터 분자를 분리시킴.

Embryonic stem (ES) cell 배아줄기세포 생쥐나 다른 생물의 배아로부터 유래된 분화 전능 세포.

End-labeling 말단 표지 방사성 표지나 혹은 다른 표지를 DNA나 RNA 분자의 한쪽 끝에 부착시킴.

End-modification 말단 변형 DNA나 RNA 분자 말단의 화학적 변형.

End-modification enzyme 말단 변형 효소 재조합 DNA 기술에서 DNA 분자의 한쪽 말단의 화학적 구조를 변화시키는 데 이용되는 효소.

Endogenous retrovirus (ERV) 내재성 레트로바이러스 숙주 염색체에 삽입되어 있는 활성을 지니거나 비활성인 역전사 바이러스 유전체.

Endonuclease 핵산내부분해효소 핵산 분자에서 인산다이에스테르 결합을 파괴하는 효소.

Endosymbiont theory 내부공생설 진핵세포의 미토콘드리아와 엽록체가 내부에 공생한 원핵생물에서 유래되었다는 가설.

Enhancer 인핸서 양쪽 방향으로 조금 떨어진 위치에 자리하여 유전자나 유전자들의 전사속도를 높이는 조절 서열.

Ensembl 온라인 유전체 브라우저의 한 유형.

Epigenetic effects 표현형 모사 효과 유전체 발현 조절에 있어서 히스톤 변형, 뉴클레오솜 위치 조정, DNA 메틸화를 포함하는 과정의 조합에 의해 유전체의 염기서열의 변화 없이 유전체의 발현 과정에 대한 변화를 주어 표현형을 변화시키는 효과.

Epigenome 후성유전체 유전체 발현 조절에 있어서 히스톤 변형, 뉴클레오솜 위치 조정, DNA 메틸화를 포함하는 과정의 조합.

Episome 에피솜 숙주 세포의 유전체에 삽입될 수 있는 플라스미드.

Episome transfer 에피솜 전달 플라스미드로의 통합에 의해 일부 혹은 모든 박테리아의 염색체의 이동.

Ethidium bromide 에티디움 브로마이드 이중가닥 DNA 분자의 인접한 염기쌍 사이로 삽입하여 돌연변이를 일으키는 삽입성 물질의 한 종류.

Ethylmethane sulfonate (EMS) 에틸메탄설폰산염 뉴클레오티드 염기에 알킬기를 첨가하는 돌연변이원.

Euchromatin 진정염색체 비교적 덜 응축된 진핵 염색체 부위로 활성이 있는 유전자를 가지고 있을 것으로 생각된다.

Eukaryote 진핵생물 막으로 둘러싸인 핵을 지니는 세포로 이루어진 생물.

Eulerian pathway 오일러 경로 반복 서열 DNA를 포함하는 유전체 조각의 올바른 연결을 위해 염기서열 조립기에서 사용하는 원리로 그래프 전체를 통해 연결점을 한 번만 경유하게 되는 경로.

Excision repair 절제 수선 폴리뉴클레오티드의 특정 부분을 절제 및 재합성함으로써 여러 종류의 DNA 손상을 수정하는 DNA 수선 방식.

Exome 엑손체 유전체에서 모든 엑손의 염기 서열.

Exon 엑손 불연속 유전자 안에 있는 암호화 부위.

Exon skipping 엑손 뛰어넘기 스플라이싱된 RNA에서 하나 또는 그 이상의 엑손이 제거된 비정상적인 스플라이싱.

Exon theory of genes 유전자 엑손 가설 DNA 유전체가 만들어질 때 초기 인트론도 형성되었다는 인트론 초기 가설.

Exon trapping 엑손 포획 클로닝으로 DNA 서열에서 엑손의 위치를 확인하기 위한 방법.

Exon-intron boundary 엑손-인트론 경계 엑손과 인트론 사이 연접 부위에 있는 뉴클레오티드 서열.

Exonic splicing enhancer (ESE) 엑손 스플라이싱 인핸서 GU-AG 인트론의 스플라이싱 동안에 양성 조절 역할을 하는 뉴클레오티드 서열.

Exonic splicing silencer (ESS) 엑손 스플라이싱 사일런서 GU- AG 인트론의 스플라이싱 동안에 음성 조절 역할을 하는 뉴클레오티드 서열.

Exonuclease 핵산말단가수분해효소 핵산 분자의 말단으로부터 뉴클레오티드를 제거하는 효소.

Exosome 엑소솜 진핵생물에서 mRNA의 분해에 관여하는 다중 단백질 복합체.

Expressed sequence tag (EST) 발현서열 꼬리표 유전체의 유전자에 빠르게 접근하기 위하여 서열이 결정된 cDNA.

Expression proteomics 발현 단백질체학 단백질체에 있는 단백질을 확인하기 위해 이용되는 방법.

External node 외부 결절 연구 대상의 생물이나 DNA 서열 중 하나를 나타내는 계통수 내 가지의 말단.

Extrachromosomal gene 염색체 외부 유전자 미토콘드리아 또는 엽록체 유전체에 존재하는 유전자.

Extremophile 극한 친화 보통 생물에게는 물리적, 화학적으로 극한인 환경에서 살 수 있는 생물.

F plasmid F 플라스미드 박테리아 사이에서 접합에 의한 DNA의 전달을 하게 하는 번식성 플라스미드.

Facultatlve heterochromatin 조건부 이질염색질 일부 세포에서 또는 세포주기 상의 일부 기간 동안에만 응축된 상태로 존재하는 염색질.

FEN1 진핵생물의 지연가닥 복제에 관여하는 플랩 핵산내부분해효소.

Fertile Crescent 비옥한 초생달 지역 보리와 밀이 경작되었다고 생각되는 남서아시아 지역.

Fiber-FISH 섬유-FISH 높은 표지자의 해상능을 가능하게 하는 특별한 FISH 형태.

Field inversion gel electrophoresis (FIGE) 장 역전 겔 전기영동 큰 DNA 분자를 분리하는 데 사용되는 전기영동 방법의 한 유형.

Filamentous 섬유형 대장균 파지나 바이러스의 capsid 구조 중 한 가지.

Finished sequence 완성 염기 서열 사람 염색체에서 최소한 95%의 염색질을 10^4개 뉴클레오티드당 하나 이하의 오류로 염기 서열을 거의 완성한 염색체.

Flap endonuclease (FEN1) 진핵생물의 지연가닥 복제에 관여하는 효소.

Flow cytometry 유세포분석법 염색체를 분리하는 방법 중 한 유형.

Fluorescence recovery after photobleaching (FRAP) 광탈색후 형광회복 핵 단백질의 이동성을 관찰하는 데 사용되는 기법.

Fluorescent *in situ* hybridization (FISH) 제자리 형광 혼성화 염색체 상에서 형광 표지의 혼성화 위치를 관찰함으로써 표지자의 위치를 찾는 기법.

Fluorescent marker 형광표지자 특정 분자에 첨가하거나 부착시켜 이로부터 나오는 형광 방출을 검출하거나 생화학 반응에서 이 분자를 추적하는 데 사용하는 형광성 화학 물질.

Flush end 비점착성 말단 단일가닥의 돌출부 없이 양 가닥 모두 동일한 뉴클레오티드 위치에서 끝나는 이중가닥 DNA 분자의 말단.

fMet *N*-포밀메티오닌으로 박테리아의 번역 개시에 사용되는 tRNA가 가지고 있는 변형된 아미노산.

Folding pathway 접힘 경로 부분적으로 접힌 중간산물을 만드는 연속적 사건으로, 이 과정을 거쳐 펴져 있던 단백질이 정확한 3차 구조를 가지게 된다.

Footprintlng DNA 발자국법 DNA 분자에 결합한 단백질의 위치와 범위를 알 수 있는 방법.

Förster resonance energy transfer(FRET) 형광공명에너지전이 형광색소에 소광자 탐침이 바로 옆에 위치하면 두 분자 사이에 에너지 전이가 일어나서 형광신호가 억제됨.

Forward genetics 순유전학 표현형에서 시작하여 그 표현형이 나타나게 하는 유전자 또는 유전자들을 찾는 전통 유전학 시도.

Forward sequence 정방향 염기서열 이중가닥 DNA의 염기서열에 있어서 두 방향 중 한 방향.

Fosmid 포스미드 F 플라스미드의 복제 원점과 λ *cos* 자리를 가지는 대용량 벡터.

Fourier transform ion cyclotron resonance (FT-ICR) mass analyer 푸리에 변환 이온 사이클로트론 공명 질량분석기 질량분석기는 이온 트랩을 적용하여 개개의 이온을 포획하고, 사이클로트론 안의 바깥 나선을 따라서 가속화함으로써 더욱 들뜨게 하는 과정을 사용하며, 이 나선 함수로 m/z 비율을 알아낸다.

Fourth-generation sequencing 4세대 염기서열 결정법 어떤 방법으로도 DNA 분자를 복사하지 않고 직접 염기 서열을 읽는 DNA 염기 서열 결정 방법.

Fragile site 유약 지점 삼뉴클레오티드 반복서열 확장능을 가지고 있어서 절단되기 쉬운 염색체 위치.

Fragment ion 조각 이온 질량분석법의 이온화 과정에서 원 분자가 조각나서 생성되는 이온.

Frameshift mutation 틀변이 돌연변이 3의 배수가 아닌 수의 뉴클레오티드의 삽입이나 결손에 의해, 번역틀의 변화가 생기는 돌연변이.

Functional domain 기능적 도메인 유사한 발현 양상을 주게 되는 유전자군을 포함하는 진핵세포의 염색체 DNA의 일부로서 이 발현 양상은 도메인에 존재하는 조절 서열의 정체성에 의해 결정된다.

Functional RNA 기능적 RNA 세포에서 기능적 역할을 수행하는 RNA; 즉 mRNA 이외의 RNA.

Fusion protein 융합 단백질 정상적으로는 2가지 독립적 유전자가 암호화하는 두 폴리펩티드나 폴리펩티드 부분들이 융합되어 만들어진 단백질.

G-protein G-단백질 GDP 또는 GTP와 결합하는 작은 단백질의 한 유형으로 GDP가 GTP로 대체되면 활성화된다.

G1-S checkpoint G1-S 검문지점 세포가 DNA 복제 전에 반드시 통과하여야 하는 세포주기 검문지점.

G2-M check point G2-S 검문지점 세포가 체세포분열로 들어갈 준비가 되었을 때에만 통과할 수 있는 세포주기 검문지점.

Gamete 배우자 보통 반수체의 생식세포로, 유성생식 동안 다른 배우자와 융합하여 새로운 세포를 생산한다.

Gap 1 or G1 phase G1기 세포주기에서 세포분열기 사이의 첫 단계.

Gap 2 or G2 phase G2기 세포주기의 두 번째 갭 시기.

Gap genes 갭 유전자 초파리 배아 내에서 위치정보를 확립하는 발생 유전자.

Gap period 갭 시기 세포주기 내 두 가지 중간기 중 하나.

GATA zinc finger GATA 아연손가락 아연손가락 DNA 결합 도메인 중 한 유형.

GC content GC 함량 한 유전체에서 G와 C 뉴클레오티드의 비율.

Gel electrophoresis 겔 전기영동 유사한 전하를 띤 분자가 같은 크기로 분리될 수 있는 겔에서 수행된 전기영동.

Gel retardation analysis 겔 지연 분석법 겔 전기영동에서 DNA에 결합한 단백질이 DNA 조각의 이동성에 영향을 미친다는 사실에 의해 DNA 분자 상의 단백질 결합 부위를 확인하는 방법.

Gel stretching 겔 늘리기법 광학적 지도 작성을 위해 제한효소로 잘려진 DNA 분자를 준비하는 기법.

GenBank DNA 서열 온라인 저장소 중 하나.

Gene 유전자 생물학적 정보를 포함하는 DNA 조각으로 RNA나 폴리펩티드 분자를 암호화한다.

Gene cloning 유전자 클로닝 유전자를 포함하는 DNA 절편을 클로닝 벡터에 삽입한 후 숙주 생물체에서 재조합 DNA 분자를 증식시킴.

Gene conversion 유전자 전환 감수분열의 산물인 4개의 반수체에 특이한 분열 양상을 가져오는 경로.

Gene desert 유전자 사막 유전자 밀도가 매우 낮은 유전체 지역.

Gene duplication 유전자 중복 유전자 중복의 결과로 처음에는 2개의 동일한 유전자가 생기지만 돌연변이에 의해 점점 염기서열이 변할 것이다.

Gene expression 유전자 발현 유전자가 지니는 생물학적 정보가 세포에서 활성화된 형태로 나타나는 일련의 과정.

Gene flow 유전자 흐름 한 개체에서 다른 개체로 유전자가 전달되는 현상.

Gene fragment 유전자 조각 유전자에서 분리된 짧은 부분으로 이루어진 유전자 일부분.

Gene ontology (GO) 유전자 온톨로지 유전자 기능을 설명하기 위한 전략의 한 유형.

Gene space 유전자 공간 반복 서열이 대단히 많은 보리 유전체의 현재 버전으로 보리 유전자 염기 서열 대부분이 자세한 유전체 지도에 포함되어 있는 상태.

Gene superfamily 유전자 슈퍼패밀리 진화상으로 연관된 유전자 패밀리가 2개 이상 포함된 그룹.

Gene therapy 유전자 치료 하나의 유전자나 혹은 다른 DNA 서열이 질병을 치료하기 위하여 사용되는 임상 과정.

General recombination 일반 재조합 2개의 상동 이중가닥 DNA 분자 사이의 재조합.

General transcription factor (GTF) 일반 전사 인자 진핵생물 전사 동안 형성되는 개시복합체의 일시적 또는 영구적인 구성성분으로 단백질 또는 단백질 복합체.

Genes-within-genes 유전자-속-유전자 인트론 속에 또 다른 유전자를 가지는 유전자.

Genetic code 유전암호 단백질 합성 동안 어떤 3개의 염기조가 어떤 아미노산을 암호화하는지를 결정하는 법칙.

Genetic linkage 유전적 연관 동일한 염색체 상에 위치한 두 유전자 사이의 물리적 연관.

Genetic mapping 유전자 지도 작성 유전적 기법을 사용하여 작성한 유전체 지도.

Genetic marker 유전적 표지자 유전 교배 동안 이들의 유전이 일어나서 결정하고자 하는 유전자의 위치를 파악할 수 있는 데 사용하기 좋은 2 혹은 그 이상의 쉽게 구별되는 대립유전자로 존재하는 유전자.

Genetic profile 유전적 프로파일 특정 범위의 극미소부수체 유전자 좌위에 대한 PCR 산물을 전기영동한 이후 나타나는 띠 패턴.

Genetic redundancy 유전자 반복성 같은 유전체에 있는 2개의 유전자가 같은 기능을 수행하는 상황.

Genetics 유전학 유전자에 대해 연구하는 생물학 분야.

Genome 유전체 살아 있는 생물의 완전한 유전적 조성.

Genome annotation 유전체 주석 달기 유전체 서열 안에서 유전자를 찾아내고, 조절 서열과 다른 흥미로운 특징을 파악하는 과정.

Genome browser 유전체 브라우저 주석 달린 유전체 서열 정보를 보여주는 소프트웨어 패키지.

Genome expression 유전체 발현 유전자가 지니는 생물학적 정보가 세포에서 활성화된 형태로 나타나는 일련의 과정.

Genome map 유전체 지도 유전체에서의 유전적, 물리적 표지자의 위치를 표시한 지도.

Genome resequencing 유전체 서열 재결정 한 종 내 또는 종 내의 특정 집단의 여러 개체의 염기 서열의 다양성을 파악하기 위해 이미 확보된 유전체에 더해서 추가적으로 여러 유전체 염기 서열을 결정.

Genomewide association study (GWAS) 전장유전체 연관분석 유전체 전체에 걸쳐 질병과 연관된 모든 마커를 확인하려는 시도.

Genomewide repeat 유전체 전역에 걸친 반복서열 유전체 안에서 수많은 분산된 부분에서 반복되는 염기서열.

Genomic imprinting 유전체 각인 상동염색체 쌍의 하나에 존재하는 특정 유전자를 메틸화시켜 비활성화하는 현상.

Genotype 유전자형 개체가 가지고 있는 유전적 조성.

Gigabase pair 기가베이스 쌍 1,000,000 kb: 1,000,000,000 bp.

Gigabase pair 10억 염기쌍 1,000,000,000개의 염기쌍.

Glacial refugia 생명피난처 빙하기의 낮은 온도 조건에서 상대적으로 온화한 조건을 가진 지역으로, 이 곳의 종들이 살아남아 기후가 나아지면서 주위로 점차 퍼져 나가게 되었다.

Glycan 글리칸 당화 단백질에서의 한 위치의 올리고당.

Glycosylatlon 당화 폴리펩티드에 당이 부착되는 현상.

Greedy algorithm 탐욕 알고리즘 염기 서열 조립 프로그램의 한 유형으로 반복 과정의 각 단계에서 가장 논리적인 선택을 사용한다는 원리에 바탕을 둔다.

Green fluorescent protein 녹색형광단백질 특정한 단백질을 암호화하는 유전자를 표지 유전자로 사용할 때 이를 표지하는 데 쓰는 단백질.

Group I intron 그룹 I 인트론 주로 소기관 유전자에서 발견되는 인트론의 한 가지 형태.

Group II Intron 그룹 II 인트론 소기관 유전자에서 발견되는 인트론의 한 가지 형태.

Group III Intron 그룹 III 인트론 소기관 유전자에서 발견되는 인트론의 한 가지 형태.

GTPase activating protein (GAP) GTP 분해효소 활성화 단백질 GTP를 GDP로의 전환을 촉진하여 G-단백질을 불활성시키는 단백질.

GU-AG intron GU-AG 인트론 진핵생물 핵 유전자에 있는 가장 흔한 타입의 인트론. 인트론의 첫 두 뉴클레오티드는 5′- GU-3′이고 마지막 2개는 5′-AG-3′이다.

Guanine 구아닌 DNA와 RNA에서 발견되는 퓨린 염기 중의 하나.

Guanine methyltransferase 구아닌 메틸전이효소 캡 씌우기 과정 중에 진핵생물 mRNA의 5′-말단에 메틸기를 부착시키는 효소.

Guanine nucleotlde exchange factor (GEF) 구아닌 뉴클레오티드 교환 단백질 GDP를 GTP로의 교환을 촉진하여 G-단백질을 활성화시키는 단백질.

Guanylyl transferase 구아닐 전이효소 캡 씌우기 과정이 시작할 때 진핵생물 mRNA의 5′-말단에 GTP를 부착시키는 효소.

Guide RNA 안내 RNA 광범위한 편집에 의해 짧아진 RNA에 하나 또는 그 이상의 뉴클레오티드를 삽입하는 위치를 결정하는 짧은 RNA.

Hairpin 머리핀 염기쌍을 이루는 기둥과 염기쌍을 이루지 않은 고리로 이루어진 기둥-고리 구조로 역반복 서열을 갖는 단일가닥 폴리뉴클레오티드에서 만들어질 수 있다.

Half-life 반감기 시료의 원자나 분자가 반으로 붕괴되거나 분해되는 데 걸리는 시간.

Hammerhead 망치머리 일부 바이러스에서 발견되는 리보자임 활성을 지니는 RNA 구조.

Haplogroup 반수체 집단 인간의 집단에서 미토콘드리아 DNA의 주된 서열 그룹 중 하나.

Haploid 반수체 각 염색체 한 사본만을 가지고 있는 핵.

Haploinsufficiency 반수 불충분 한 쌍의 상동염색체 중 하나에 위치하는 유전자의 비활성화로 돌연변이 생물의 표현형에 변화를 가져오는 상태.

Haplotype 반수체 개개의 미토콘드리아 DNA 서열.

Head-and-tail 머리-꼬리형 박테리오파지의 캡시드 구조의 한 유형.

Helicase 헬리카제 이중나선 DNA 분자의 염기쌍을 열어내는 효소.

Helix-turn-helix motif 나선-꺽임-나선 모티프 DNA에 결합하는 단백질의 공통적인 구조 모티프.

Heterochromatin 이질염색질 비교적 응축되어 있고, 전사가 진행되고 있지 않는 DNA를 포함하고 있는 부분이라고 생각되는 염색질.

Heteroduplex 이형이중나선 DNA-DNA 또는 DNA-RNA 잡종.

Heteroduplex analysis 이형이중나선 분석 S1과 같은 단일가닥 특이적 핵산분해효소를 이용한 DNA-RNA 잡종 분석에 의한 전사물의 지도 작성.

Heterogenous nuclear ribonucleoproteins (hnRNPs) 이질핵 리보핵산단백질 핵 속에서 다양한 기능을 하는 RNA-단백질 복합체의 광범위한 집단으로, 대부분 RNA에 결합하여 작용.

Heterogenous nuclear RNA (hnRNA) 이질핵 RNA RNA 중합효소 II에 의해 합성되어 가공되기 전 단계로 핵 내에 존재하는 RNA 분획.

Heterozygosity 이형접합성 집단으로부터 무작위로 뽑은 한 개인이 특정 표지자에 대해 이형접합일 확률.

Heterozygous 이형접합의 특정 유전자의 2개의 서로 다른 대립유전자를 포함하는 이배체 핵.

Hexaploid 6배체 동종 배수성 또는 이종배수성으로 3개의 이배체 유전체를 가지는 경우.

Hibernation promotion factor 동면 촉진 인자 대장균에서 넘쳐나는 리보솜을 비활성 상태로 만드는 단백질 중 한 유형.

Hierarchical clustering 계층적 클러스터링 짝지어진 유전자의 발현 수준을 비교하여 전사체를 분석하는 기술.

Hierarchical shotgun sequencing 계층적 샷건 염기 서열 결정법 염기 서열 결정법 중 하나로 유전체를 큰 조각 상태로 클로닝하여 전-염기 서열 결정(pre-sequencing) 단계를 거친 다음, 이를 샷건법으로 염기 서열을 결정한다.

High mobility group (HMG) box DNA-결합 단백질의 한 가지 형태.

High-performance liquid chromatography (HPLC) 고효율 액체 크로마토그래피 생화학에서 널리 응용되는 관 크로마토그래피의 일종.

Histone 히스톤 뉴클레오솜에 존재하는 염기성 단백질.

Histone acetylation 히스톤 아세틸화 핵심 히스톤에 아세틸기를 부착하여 염색질 구조를 변화시키는 과정.

Histone acetyltransferase (HAT) 히스톤 아세틸기 전달효소 핵심 히스톤에 아세틸기를 부착하는 효소.

Histone code 히스톤 암호 히스톤 단백질에 화학적 변형이 이루어진 양식에 따라 여러 가지 세포의 활성이 달라진다는 가설.

Histone deacetylase (HDAC) 히스톤 탈아세틸화 효소 핵심 히스톤에서 아세틸기를 제거하는 효소.

Histone-like nucleoid structuring protein (H-NS) 히스톤성 핵양체 구조단백질 박테리아 염색체에서의 초나선 고리의 경계 부분에 흔히 존재한다고 알려진 AT-rich 특이적으로 붙는 핵양체 단백질 중의 하나.

Holliday structure 홀리데이 구조 두 DNA 분자 사이 재조합으로 형성되는 중간산물 구조.

Holocentric chromosome 전부 염색체 염색체 여러 군데에 여러 개의 키네토코어가 퍼져 있는 염색체.

Homeodomain 호메오도메인 발달 과정에서의 유전자 발현의 조절에 관여하는 다양한 단백질에서 발견되는 DNA 결합 모티프.

Homeotic mutation 호메오 돌연변이 어느 몸의 일부가 다른 것으로 변형되는 결과를 가져오는 돌연변이.

Homeotic selector gene 호메오 선별 유전자 초파리 배아의 체절과 같은 특정 몸의 부위를 확정하는 유전자.

Homologous chromosomes 상동염색체 하나의 핵 내에 존재하는 둘 혹은 그 이상의 동일한 염색체.

Homologous recombination 상동재조합 뉴클레오티드 서열이 아주 유사한 이중가닥 DNA와 같이 상동 이중가닥 DNA 사이의 재조합.

Homologous sequences 상동 서열 하나의 공통조상에서 유래한 DNA 염기서열.

Homology searching 상동성 검색 미확인 유전자의 기능을 알아보기 위해 미확인 유전자와 비슷한 염기서열을 가지는 유전자를 찾는 기술.

Homopolymer tailing 동형중합체 꼬리달기 핵산 분자의 말단에 동일한 뉴클레오티드 서열(예, AAAAA)을 부착함. 보통 이중가닥 DNA 분자의 말단에 단일가닥 동형중합체를 합성하는 것을 의미.

Homozygous 동형접합의 특정 유전자의 2개의 동일한 대립유전자를 포함하는 이배체 핵.

Hoogsteen base pairs 후그스틴 염기쌍 왓슨-크릭 염기쌍과 동일한 조합(A-T와 G-C)을 포함하지만 염기쌍을 형성하는 수소결합은 다른 기를 포함하는 염기쌍.

Horizontal gene transfer 수평적 유전자 전달 한 종에서 다른 종으로 유전자가 전달되는 현상.

Hormone response element 호르몬 반응 인자 스테로이드 호르몬의 조절 작용을 매개하는 유전자의 상위 뉴클레오티드 염기 서열.

Housekeeping protein 지속발현 단백질 다세포 생물에서 모든 세포나 혹은 최소한 많은 세포에서 연속적으로 발현되는 단백질.

Hsp70 chaperones Hsp70 샤프론 무리 접힘을 돕기 위해 다른 단백질의 소수성 부위에 결합하는 단백질 패밀리.

Hu family Hu 패밀리 아미노산 서열이 진핵세포의 H2B 히스톤과 유사한 핵양체 단백질 패밀리 중 하나.

Hub 허브 단백질 상호작용 지도 안에서 상호작용을 많이 하고 있는 단백질.

Human Genome Project 인간 유전체 사업 인간 유전체의 염기 서열을 결정하고 유전자의 기능을 연구하는 공공사업.

Hybrid dysgenesis 삽종악세 노랑초파리의 임깃 실험실 균주와 야생형 수컷을 교배하였을 때 염색체 이상을 비롯한 여러 유전적 이상을 보이는 자손이 태어나는 현상.

Hybridization 혼성화 염기쌍 형성에 의하여 두 상보적 폴리뉴클레오티드 중 하나를 부착시킴.

Hybridation probe 혼성화 탐침 상보적인 또는 상동 분자를 찾아내기 위해 탐침으로 사용하는 표지된 핵산 분자.

Hybridize 혼성화 서열이 완전히 상보적인 또는 상보성이 높은 핵산 분자끼리 염기쌍 형성.

Hydrogen bond 수소결합 산소나 질소와 같은 전기 음성 원자와 두 번째 전기 음성 원자에 부착된 수소원자 사이의 약한 정전기 인력.

Hydrophobic effects 소수성 효과 소수성 그룹을 단백질의 안쪽에 묻히게 하는 화학적 작용.

Illumina sequencing 일루미나 염기 서열 결정법 슬라이드에 붙인 DNA 조각을 대상으로 가역적 종결자 염기서열 결정법에 적용하는 차세대 염기 서열 결정법 중 하나.

Immobilized metal ion affinity chromatography 고정상 금속이온 친화성 크로마토그래피 인산화된 단백질을 정제하는 크로마토그래피법 중에 한 가지.

Immunocytochemistry 면역세포화학 단백질의 조직 내 위치를 결정하기 위해 이를 탐지하는 항체를 이용하는 기술.

Immunoelectron microscopy 면역전자현미경 리보솜과 같은 구조의 표면 위 특정 단백질의 위치를 알아내기 위해 항체표지를 사용하는 현미경 기술.

Immunofluorescence microscopy 면역형광현미경 세포 내의 특정 단백질의 위치를 파악하기 위해 형광표지한 항체를 사용하는 현미경 방법.

Immunoglobulin fold 면역글로불린 원통형으로 배열된 β-평면(β-sheet)에서 빠져나온 3개의 고리로 이루어져 있는 DNA 결합 도메인.

Immunoscreening 면역스크린 클로닝된 유전자에 의해 합성된 폴리펩티드를 검색하기 위한 항체 탐침의 이용.

Imprint control element 각인 조절인자 각인된 유전자 무리의 수 kb 이내에 존재하는 DNA 서열로 각인된 부분의 메틸화를 매개한다.

***In vitro* mutagenesis 생체외 돌연변이** DNA 분자의 미리 정해진 위치에 특정한 돌연변이가 생기도록 하는 기술.

***In vitro* packaging 생체외 포장** λ 단백질과 λ DNA 분자의 연쇄체로부터 감염성 있는 λ 파지의 합성.

Incomplete dominance 불완전 우성 한 쌍의 대립 유전자 어느 것도 우성을 보이지 않아 이형접합체의 표현형이 두 동형 접합체 표현형의 중간을 보이는 경우.

Indel 인델 두 DNA 서열 정렬에서 삽입과 결실이 일어난 지점

Inducer 유도자 억제자 단백질에 결합해서 억제자가 작동자에 결합하는 것을 방지하여 유전자나 오페론의 발현을 유도하는 단백질.

Inducible operon 유도성 오페론 유도 물질에 의해 발현이 유도되는 오페론.

Induction 유도 (1) 유전자에서: 어떤 화합물이나 다른 자극에 의해 유전자 또는 유전자 그룹의 발현이 시작됨. (2) λ 파지에서: 어떤 화합물이나 다른 자극에 의해 삽입된 λ가 절제되어 빠져 나와 용균 모드로 전환이 시작됨.

Informational problem 정보 관련 문제 유전 암호의 특성에 관하여 초기의 분자 생물학자들이 부딪힌 문제.

Inherited disease 유전 질병 유전자에 있는 결함의 결과로 나타나는 질병.

Initiation codon 개시코돈 유전자의 번역 부위의 시작에서 발견되는 코돈. 모두는 아니지만 보통 5′-AUG-3′이다.

Initiation complex 개시복합체 전사를 시작하는 단백질

복합체. 또한 번역을 시작하는 복합체.

Initiation factor 개시 인자 번역 개시 중 보조적 역할을 하는 단백질.

Initiation of transcription 전사 개시 유전자 상위에 조립된 단백질 복합체가 곧이어 유전자를 RNA로 복사하는 것.

Initiation region 개시 지역 진핵생물 염색체 DNA에서 복제가 개시되는 지역으로 그 위치가 명확하지는 않다.

Initiator (Inr) sequence 개시(Inr) 서열 RNA 중합효소 II 핵심 프로모터의 구성성분.

Initiator tRNA 개시 tRNA 단백질 합성 중 개시코돈을 인식하는 tRNA로서, 진핵생물에서는 메티오닌으로 박테리아에서는 포밀메티오닌으로 아미노아실화되어 있다.

Inosine 이노신 아데노신의 변형된 형태로 안티코돈의 워블 위치에서 발견된다.

Insertion mutation 삽입 돌연변이 DNA 서열에 하나 혹은 그 이상의 뉴클레오티드가 삽입하여 생기는 돌연변이.

Insertion sequence 삽입서열 세균에서 발견되는 전위 가능한 짧은 서열.

Insertion vector 삽입 벡터(운반체) 비필수 지역을 제거하여 제작된 λ 벡터.

Insertional inactivation 삽입 비활성화 새로운 조각의 DNA를 벡터에 삽입시켜 그 벡터에 의해 운반되는 유전자를 불활성시키는 클로닝 전략.

Insulator 완충 서열 2개의 기능적 도메인 사이에 경계 지점으로 작용하는 DNA 조각.

Integrase 삽입 효소 람다 파지의 유전체를 대장균 DNA에 삽입시키는 과정을 촉매하는 제1형 위상이성질화효소.

Integron 인테그론 플라스미드가 박테리오파지나 다른 플라스미드에서 유전자를 획득할 수 있게 하는 유전자 또는 DNA 서열군.

Interactome 상호작용체 세포 내에서의 분자간 상호관계의 총합.

Intercalating agent 삽입성 물질 이중나선 DNA 분자의 염기쌍 사이 공간에 들어갈 수 있는 물질로 종종 돌연변이를 일으킨다.

Interferon 인터페론 사이토카인 중 한 가지.

Interferon γ-stimulated gene response (GAS) element GAS 인자 STAT 이량체의 DNA 결합자리 중 한 유형.

Interferon-stimulated response element (ISRE) STAT 이량체의 DNA 결합자리 중 한 유형.

Intergenic region 유전자 사이 부위 유전자를 가지고 있지 않은 유전체 부위.

Internal node 내부결절 연구 대상의 조상에 해당하는 생물이나 DNA 서열을 나타내는 계통수 내 분기점.

Internal ribosome entry site (IRES) 내부 리보솜 결합자리 일부 진핵생물 mRNA 내부에 리보솜이 조립되도록 해주는 뉴클레오티드 서열.

Interphase 간기 세포 분열 사이의 기간.

Interphase chromosome 간기 염색체 세포 분열 기간 동안 세포에 존재하는 염색체로 비교적 응축되지 않은 염색질 구조를 가진다.

Interspersed repeat 산재된 반복서열 유전체 여러 곳에 산재되어 나타나는 반복서열.

Interspersed repeat element PCR(IRE-PCR) 산재된 반복서열 PCR PCR을 이용하여 클론된 DNA 조각에 있는 유전체 전반 반복서열의 상대적 위치를 확인하는 클론 유전자 지문 기술.

Intramolecular base pairing 분자 내 염기쌍 형성 동일한 DNA나 RNA 폴리뉴클레오티드의 두 부분 사이에 이루어지는 염기쌍.

Intrinsic terminator 내재성 종결자 Rho가 관여하지 않는 전사 종결이 일어나는 세균 DNA 부위.

Intron 인트론 비연속 유전자에서 암호화되지 않는 부위.

Intron retention 인트론 보유 일반적으로 mRNA 전구체에서 제거되는 인트론이 최종 mRNA에 남아 있게 되는 선택적 스플라이싱 경우.

Intronic splicing enhancer (ISE) 인트론 스플라이싱 인핸서 GU-AG 인트론의 스플라이싱 동안에 양성 조절 역할을 하는 뉴클레오티드 서열.

Intronic splicing silencer (ISS) 인트론 스플라이싱 사일런서 GU-AG 인트론의 스플라이싱 동안에 음성 조절 역할을 하는 뉴클레오티드 서열.

Introns early 초기 인트론 진핵생물 유전체에서 인트론이 비교적 초기에 진화되어 점차 소실되어 간다는 가설.

Introns late 후기 인트론 진핵생물 유전체에서 인트론이 비교적 후기에 진화되어 점차 축적되어 간다는 가설.

Inverted repeat 역반복 DNA 분자에서 서로 반대 방향으로 2개의 동일한 뉴클레오티드 서열이 반복되어 있는 상태.

Ion exchange chromatography 이온교환 크로마토그래피 크로마토그래피 기질 안에 존재하는 전하를 띤 입자에 얼마나 강하게 결합하는가에 따라 분자를 분리하는 방법.

Ion torrent sequencing 이온 격류 염기 서열 결정법 신장되는 가닥에 뉴클레오티드가 삽입될 때마다 방출되는 수소이온을 검출하여 염기 서열을 읽어내는 차세대 염기 서열 결정법.

Ion-sensitive field effect transistor (ISFET) 감이온 전장효과 트랜지스터 가닥 신장 때에 방출되는 수소이온을 감지하는 이온 격류 염기 서열 결정기의 부품.

IRES trans-acting factors (ITAFs) IRES의 사용을 조절하는 단백질.

Iron-response element 철-반응 인자 일종의 반응 모듈.

Isoaccepting tRNAs 동종인수 tRNA 동일 아미노산이 실려지는 2개 이상의 tRNA.

Isobaric labeling 동중 표식 분석 시료를 준비할 때는 표식이 동일한 분자량을 가지도록 하나, 질량 분석 중에 표식이 잘려져서 표식마다 다른 질량을 가지도록 하는 표지법.

Isochore model 등부피선 모델 진핵세포의 유전체가 염기 조성이 서로 다르지만 한 덩어리에서는 균일한 염기 조성을 가지는 DNA 조각들의 모자이크 형상이라는 모델.

Isoelectric focusing 등전위 초점법 pH 기울기가 형성된 겔에 전장을 걸어 단백질을 하전된 양에 따라 분리하는 기법.

Isoelectric point 등전점 pH 기울기에서 단백질의 순전하가 0이 되는 지점.

Isoforms 동위형 하나의 유전자에서 선택적 스플라이싱이 되어 생성되는 산물들.

Isopycnic centrifugation 등밀도 원심분리 부유 밀도를 기반으로 물질이나 구조를 분리하는 원심분리법.

Isotope 동위원소 동일 원자번호를 가지지만 다른 원자질량을 가지는 2개 이상의 원자.

Isotope coded affinity tag (ICAT) 동위원소 표지된 친화 꼬리표 정상 수소원자와 중수소원자를 포함하는 표지자로 개별 난백질체를 표지하는 데 이용.

JAK/STAT pathway JAK/STAT 경로 많은 척추동물에서 발견되는 신호전달 경로로 비교적 단순한 유형이다.

Janus kinase (JAK) 야누스 인산화효소 전사 신호 전달자 및 활성자와 관련된 특정 종류의 신호전달에 매개자 역할을 하는 인산화효소의 한 종류.

Junk DNA 쓰레기 DNA 유전체에서 유전자 사이의 DNA를 일컫는 표현.

K homology (KH) domain K 상동 도메인 RNA-결합 도메인의 한 가시 형태.

Karyogram 핵형 사진 세포분열 중기에 나타나는 염색체 전체를 나타낸 사진.

Kilobase pair (kb) 킬로 염기쌍 1,000개의 염기쌍.

Kinase receptor 인산화효소 수용체 인산화 효소 활성을 가지고 있는 세포표면 수용체 유형.

Kinase-associated receptors 인산화효소-연관 수용체 인산화 효소 활성을 가지고 있는 단백질과 연합하여 작동하는 세포 표면 수용체 유형.

Kinetochore 키네토코어 동원체에서 방추사가 부착하는 부위.

Klenow polymerase 크리나우 중합효소 대장균 DNA 중합효소 I의 화학적 변형에 의해 얻어진 DNA 중합효소로 주로 사슬종결 DNA 염기서열 결정법에 사용됨.

k-mers 길이 *k* 만큼의 염기 서열 읽기.

Knockout mouse 유전자 제거 생쥐 불할성화된 유전자를 가지도록 조작된 생쥐.

Kornberg polymerase 콘버그 중합효소 대장균 DNA 중합효소 I.

Lac selection 젖당 선별 *lacZ'* 유전자를 포함하는 벡터를 이용해서 재조합 박테리아를 선별하는 방법으로, 갈락토오스 분해효소 활성이 존재하면 푸른색 생성물로 변환시키는 젖당 유도체를 포함한 배지에 도말한다.

Lactose operon 젖당 오페론 대장균에서 젖당을 활용하는 데 사용되는 3종류의 효소를 암호화하는 유전자군.

Lactose repressor 락토스 억제자 주변 환경에 락토스가 존재하는가 존재하지 않는가에 반응하여 락토스 오페론의 전사를 조절하는 조절 단백질.

Lagging strand 지연가닥 유전체 복제 중 비연속적 양상으로 복제되는 이중나선의 가닥.

Lambda (λ) λ 파지 대장균에 감염되는 박테리오파지 중 하나로 이를 변형하여 클로닝 벡터로 사용한다.

Landrace 토종 그 지역에 적응된 각 작물 식물의 집단으로, 20세기까지 유지되다가 농부들에 의해 새로운 육종 품종에 의해 대체되었다.

Lariat 올가미 GU-AG 인트론의 스플라이싱으로 만들어지는 올가미 모양의 인트로 mRNA를 말한다.

Last eukaryotic common ancestor (LECA) 마지막 진핵생물 현재의 모든 진핵세포의 조상이 되는 고생명체.

Latent period 잠복기 파지 유전체가 박테리아 세포를 감염한 다음 세포가 파괴될 때까지의 시기.

Lateral gene transfer 수평적 유전자 전달 한 종에서 다른 종으로 유전자가 전달되는 현상.

Leader segment 리더 부위 시작 코돈의 상위에 존재하는 mRNA 부위로 전사되지 않는 부위.

Leading strand 선도가닥 유전체 복제 중 연속적 양상으로 복제되는 이중나선의 가닥.

Lectin 렉틴 특이적 당-결합 특성을 가진 식물이나 동물 단백질.

Leucine zipper 류신 지퍼 DNA 결합 단백질에서 공통적으로 관찰되는 이량체화 도메인의 한 유형.

Ligase 연결효소 DNA 복제, 수선 및 재조합 과정에서처럼 인산다이에스테르 결합을 합성하는 효소.

LINE (long interspersed nuclear element) 유전체 전반에 걸친 반복서열로 전위 활성을 지니기도 한다.

LINE-1 인간 LINE 서열의 일종.

Linkage 연관 동일한 염색체 상에 위치한 두 유전자 사이의 물리적 연관.

Linkage analysis 연관분석 유전 교배에 의해 유전자의 지도 위치를 결정하는 데 사용되는 과정.

Linkage disequilibrium 연관 불균형 서로 연관된 특정 조합의 두 대립 유전자가 집단 내에서 예상보다 빈도가 보다 높거나 낮게 되는 상황.

Linkage group 연관군 연관성을 보이는 유전자 그룹으로써, 진핵세포에서는 보통 한 연관군은 한 염색체에 상응한다.

Linker 연결자 비점착성 말단을 점착성 말단으로 변환시키는 합성 이중가닥 올리고뉴클레오티드.

Linker DNA 연결 DNA 뉴클레오솜을 연결하는 DNA로 염색질 구조를 설명하는 구슬목걸이 모델에서 구슬 사이를 연결하는 줄에 해당한다.

Linker histone 연결 히스톤 H1과 같이 핵심 8량체 히스톤 외부에 존재하는 히스톤 분자.

Linking number 연결 수 환형의 분자에서 하나의 가닥이 다른 가닥을 가로지르는 횟수.

Lod score Lod 값 가계도 분석에 의해 나타나는 연관의 통계적 측정치.

Long intergenic noncoding RNA (lincRNA) 긴 유전자 사이 비암호화 RNA 온전히 유전자와 유전자 사이 공간에서 전사된 긴 비암호화 RNA.

Long nocoding RNA (lncRNA) 긴 비암호화 RNA 유전자 내의 염기서열을 주형으로 만들어진 길이 200 뉴클레오티드보다 큰 비암호화 RNA.

Long terminal repeat (LTR) 긴 말단 반복 서열 많은 레트로 인자의 말단 부분에서 발견되는 반복 DNA 서열.

Low-copy repeat 저사본 반복 보통 1~400 kb의 길이에 90% 이상의 염기서열 상동성을 가지며, 최소 2 내지 50여 번 정도의 반복을 보이는 경우.

LTR element LTR 인자 긴 말단 반복서열이 존재하는 것이 특징인 유전체 전반에 걸친 반복서열.

Lyase 분해효소 산화환원과 가수분해 이외의 과정으로 화학 결합을 끊는 효소.

Lysis 용해 용균성 박테리오파지의 감염 주기의 마지막 부분에서 일어나는 라이소자임에 의한 박테리아 세포의 파괴.

Lysogenic infection cycle 용원성 감염주기 파지 유전체가 숙주 DNA 분자에 삽입되는 과정을 포함하는 박테리오파지 감염의 한 종류.

Lysozyme 라이소자임 DNA를 분리하기에 앞서 박테리아 세포벽을 분해하는 사용하는 단백질.

Lytic infection cycle 용균성 감염주기 초기 감염 직후 숙주 세포를 파괴하고 자손을 만들어 내는 박테리오파지 감염의 한 종류로 파지 DNA 분자가 숙주 유전체에 삽입되는 과정을 거치지 않는다.

M13 bacteriophage M13 파지 대장균에 감염되는 박테리오파지 중 하나로 이를 변형하여 클로닝 벡터로 사용한다.

Macrochromosome 대형 염색체 닭을 비롯한 여러 다양한 종에서 유전자가 많지 않은 상당히 큰 염색체.

MADS box MADS 상자 식물 발생에 관여하는 여러 전사인자에서 발견되는 DNA-결합 도메인.

Magnetic tweezer 자석집게 위치와 강도가 자석 구슬과 이것이 부착한 생분자의 기계적 특성을 연구할 때에 이동을 조종할 수 있도록 한 자석 세트.

Maintenance methylation 유지 메틸화 부모 가닥의 메틸화 위치에 따라 새로 합성된 DNA 가닥의 동일한 위치에 메틸기를 첨가하는 과정.

Major groove 큰 홈 B-형 DNA의 표면을 나선으로 감싸는 2개의 홈 중에서 큰 것.

MAP (mitogen-activated protein) kinase 또는 MAPK/ERK pathway MAP 인산화효소계 많은 생물체에서 존재하는 중요 신호전달 경로 중 하나.

Map unit 지도 단위 한 염색체에 있는 두 유전자 사이의 거리를 표시하는 단위로서 centiMorgan을 주로 사용한다.

Mapping reagent 지도 작성 재료 하나의 염색체 혹은 전 유전체에 걸쳐 있는 DNA 절편의 집합.

Mass analyzer 질량분석기 이온의 m/z(mass-to-charge ratio, 질량/전하 비율)를 측정하는 질량 분석 장치의 부속.

Mass spectrometry 질량분석법 질량당 전하의 비율을 이용하여 이온을 구분하는 분석 기술.

Mass-to-charge ratio 질량/전하 비율 질량분석법에서 이온 분리의 바탕이 되는 특성.

Massively parallel 대량 평행 한 번의 실험으로 동시에 많은 개별 염기 서열을 결정하는 고출력 염기 서열 결정 전략.

Massively parallel array 대량 평행 어레이 차세대 염기서열 결정법을 적용하기 위한 형상으로 고정화시킨 DNA 조각

어레이.

Maternal-effect gene 모계-영향 유전자 부모에서 발현되며, 이것의 mRNA는 곧 난자로 주입되어 배아의 발생에 영향을 주는 초파리 유전자.

Mating type 교배형 진핵생물성 미생물의 암컷과 수컷에 상응하는 교배 형질.

Mating-type switching 교배형 전환 효모세포가 a 교배형에서 α 교배형으로 또는 그 반대로 유전자 전환하는 능력.

Matrix-assisted laser desorption ionization time-of-flight (MALDI-TOF) 메트릭스-보조 레이저 탈착 이온화 비행시간 단백질체학에서 이용되는 질량분석법의 한 유형.

Matrix-associated region (MAR) 기질 연관 부위 핵 기질에 부착하는 지점으로 작용하는 진핵생물 유전체의 AT-풍부 서열.

Mediator 매개체 여러 가지 활성자와 RNA 중합효소 II의 가장 큰 소단위의 C-말단 사이의 접촉을 형성하는 단백질 복합체.

Megabase pair (Mb) 메가염기쌍 1000 kb : 1,000,000 bp.

Meiosis 감수분열 두 번의 핵분열에 의해 이배체 핵이 반수체 배우자로 변환되는 일련의 사건.

Melting 변성 이중나선 DNA 분자의 변성.

Melting temperature (T_m) 변성온도 이중가닥 핵산 분자의 두 가닥이나 염기쌍을 이룬 교잡체가 수소결합이 완전히 단절되면서 떨어지게 되는 온도.

Meselson-Stahl experiment 메셀슨-스탈 실험 세포 DNA 복제가 반보존적으로 일어난다는 것을 보여준 실험.

Messenger RNA (mRNA) 전령 RNA 단백질을 암호화하는 유전자의 전사물.

Metabolic engineering 대사공학 미리 고안된 방법으로 세포의 생화학에 영향을 미치도록 돌연변이나 재조합 DNA 기술로 유전체에 변화를 주고자 하는 접근법.

Metabolic flux 대사 흐름 분석 세포 생화학을 구성하는 네트워크 경로를 통해 흐르는 대사물의 정도를 분석.

Metabolic labeling 대사 표지법 세포 배양에 표지자 영양물질을 제공하여 표지하는 방법.

Metabolome 대사체 특정 조건하 세포나 조직내 존재하는 완전한 대사물의 집합.

Metabolomics 대사체학 대사체 연구.

Metagenomics 메타유전체학 특정한 서식처에 존재하는 유전체 혼합물을 연구하는 학문.

Metaphase chromosome 중기 염색체 밴드 형태가 관찰될 수 있도록 염색질이 가장 응축된 형태로 되는 세포분열 중기의 염색체.

Methyl-CpG-binding protein (MeCP) 메틸-CpG-결합 단백질 메틸화된 CpG 무리군에 결합하는 단백질로 근처 존재하는 히스톤의 아세틸화에 영향을 준다.

MGMT (O^6-methylguanine-DNA methyltransferase) MGMT (O^6-메틸구아닌-DNA 메틸전이효소) 알킬화 돌연변이의 직접적 수선에 관여하는 효소.

Microarray 마이크로어레이 대량 혼성화 분석에 사용되는 DNA 분자의 저밀도 집적.

Microbiome 마이크로바이옴 사람의 신체 표면이나 내부에 살고 있는 미생물들.

Microchromosome 소형 염색체 닭과 여러 다른 종의 핵에 있는 비교적 길이가 짧으나 유전자가 풍부한 염색체.

Microsatellite 미세부수체 대개 2개에서 4개 뉴클레오티드의 반복 단위가 나란히 존재하여 단순한 서열 길이의 다형성을 보이는 부분으로 순직렬반복(simple tandem repeat, STR)이라고도 한다.

Miniature inverted repeat transposable element (MITE) 소형 역반복 전위인자 DNA 트랜스포존의 축소형(truncated)의 일반 용어.

Minigene 소형유전자 엑손 포획(exon-trapping) 과정에서 이용되도록 한 클로닝 벡터에 의해 외부에서 전달되는 엑손 쌍에 붙여진 이름.

Minisatellite 미소부수체 10개 정도 길이의 뉴클레오티드가 여러 개 직렬 반복되어 구성된 단순한 서열 길이 다형성의 한 종류로 VNTR(variable number of tandem repeat)이라고도 한다.

Minor groove 작은 홈 B-형 DNA의 표면을 나선으로 감싸는 2개의 홈 중에서 작은 것.

Miscoding lesion 암호 해독 오류 손상 고고학적 DNA 분자가 부분적으로 망가지면서 생긴 화학 변화의 결과로 염기서열 결정 실험 동안 뉴클레오티드가 틀리게 읽혀지는 것을 말한다.

Mismatch 부정합 비상보적인 뉴클레오티드로 인하여 이중가닥 DNA 분자의 염기쌍이 형성되지 않은 위치. 특히 복제 오류로 인해 염기쌍 형성되지 않은 자리.

Mismatch repair 부정합 수선 딸 폴리뉴클레오티드의 잘못된 뉴클레오티드를 대체하는 방법으로 부정합 뉴클레오티드 쌍을 교정하는 DNA 수선 과정.

Mitochondrial genome 미토콘드리아 유전체 진핵세포의 미토콘드리아에 존재하는 유전체.

Mitochondrion 미토콘드리아 진핵세포에서 에너지를 생성하는 소기관.

Mitosis 체세포분열 핵분열을 일으키는 일련의 과정.

Mitosis 또는 M phase M기 체세포분열 또는 감수분열 때 핵과 세포가 분열하는 기간.

Mobile phase 이동상 크로마토그래피에서 시료가 녹을 수 있는 액체 또는 시료가 증발할 수 있는 가스로서 시료를 이동시킨다.

Model organism 모델 생물체 비교적 쉽게 연구할 수 있는 생물로 보다 연구하기 어려운 다른 생물체의 생물학적 정보를 얻는 데 쓰인다.

Modification assay 변형 분석 DNA에 결합한 단백질의 위치를 확인하기 위해 사용되는 방법 중의 한 가지.

Modification interference 변형 간섭 DNA-결합 단백질과 작용하는 뉴클레오티드를 확인하는 방법의 한 유형.

Modification protection 변형 보호 DNA-결합 단백질과 작용하는 뉴클레오티드를 확인하는 방법의 한 유형

Molecular beacon 분자 신호등 SNP 분석에 있어 염료 소광 기술에 바탕을 둔 방법.

Molecular biologist 분자생물학자 분자생물학을 연구하는 사람.

Molecular chaperone 분자 샤페론 다른 단백질 접힘을 돕는 단백질.

Molecular clock 분자시계 추론적 돌연변이 속도를 토대로 유전자 계통수 분기점 시기 추정할 수 있게 해주는 방법.

Molecular combing 분자 빗질 광학적 지도 작성을 위해 제한효소로 잘려진 DNA 분자를 준비하는 기법.

Molecular evolution 분자 진화 돌연변이의 누적이나 재조합과 전위에 의한 구조적 재배열과 같은 유전체에서의 긴 시간에 걸쳐 점진적으로 일어나는 변화.

Molecular ion 분자 이온 펩티드 질량 지문법 과정에서의 이온: M이 펩티드일 때 $[M + H]^+$와 $[M - H]^-$.

Molecular life sciences 분자생명과학 분자 생물학, 생화학과 세포생물학뿐만 아니라 유전학과 생리학 일부로 이루어진 연구 분야.

Molten globule 쭈그러진 공 단백질 접힘이 일어날 때에 생성되는 중간체로써, 폴리펩티드가 빠르게 최종 단백질 구조보다는 좀 더 부피가 큰, 조밀한 구조로 접힌 구조.

Monogenic 단일유전자성 하나의 유전자에 의해 나타나는 특성.

Monohybrid cross 단성 잡종교배 한 쌍의 대립 유전자의 유전을 따라가는 유성 교배.

Multicopy 다중사본 하나의 세포에 여러 개의 사본이 있는 유전자, 클로닝벡터 또는 다른 유전 인자.

Multicysteine zinc finger 다중 시스테인 아연손가락 아연손가락 DNA 결합단백질 도메인의 한 종류.

Multidimensional protein identification technique(MudPIT) 다차원 단백질 동정 단백질 복합체를 분리하기 위하여 여러 가지 크로마토그래피 방법을 복합적으로 사용하는 기법.

Multigene family 다유전자군 밀집되어 있거나 분산되어 있는 연관된 뉴클레오티드 서열을 가진 유전자 그룹.

Multiple alignment 다중정렬 3개나 그 이상의 뉴클레오티드 서열의 정렬.

Multiple alleles 복대립 인자 2개 이상의 대립 유전자를 가지는 다른 형태의 유전자.

Mutagen 돌연변이원 DNA 분자에서 돌연변이를 일으키는 화학적 물리적 물질.

Mutagenesis 돌연변이 유발 돌연변이를 유도하는 방법으로 세포 그룹이나 생물에 돌연변이원을 처리하는 것.

Mutant 돌연변이체 돌연변이를 가지는 생물이나 세포.

Mutasome 뮤타솜 *E. coli*의 SOS 반응 중 만들어지는 단백질 복합체.

Mutation 돌연변이 DNA 분자 속 뉴클레오티드 서열의 변형.

Mutator-like transposable element (MULE) Mutator-유사 전위 인자 엑손 및 다른 유전자 조각을 획득할 수 있는 DNA 전위 인자 중 한 유형.

N50 size N50 크기 유전체 염기 서열 완성도의 척도.

***N*-linked glycosylatlon *N*-연결 당화** 폴리펩티드에서 아스파라긴 잔기에 탄수화물기가 부착된 것.

N-terminus N-말단 유리 아미노기를 가지는 폴리펩티드의 말단.

Nanopore sequencing 나노 구멍 염기 서열 결정법 4세대 염기 서열 결정법 중 한 유형.

Next-generation sequencing 차세대 염기 서열 결정법 대량 평행 전략을 적용하는 염기 서열 결정법의 총칭.

NG50 size NG50 크기 유전체 염기 서열 완성도의 척도.

NH2-terminus 아미노 말단 유리 아미노기를 가지는 폴리펩티드의 말단.

Nick 틈새 인산디에스테르 결합의 결손으로 하나의 폴리뉴클레오티드 중 하나가 잘린 이중나선 DNA 자리.

Nitrogenous base 질소 염기 뉴클레오티드의 분자 구조의 일부를 형성하는 퓨린 혹은 피리미딘 중 하나.

Nonhomologous end-joining (NHEJ) 비상동 말단-연결 이중가닥 절단 수선의 또 다른 이름.

Node 마디 단백질 상호작용 지도에서 단백질 표시 부분.

Nonchromatin region 비염색질 부위 핵 내에서 염색체 고유 영역 사이의 공간.

Noncoding RNA 비번역 RNA 단백질을 암호화하지 않는 RNA 분자.

Nonpenetrance 비침투성 돌연변이체의 생애 중 돌연변이의 영향이 절대 나타나지 않는 상태.

Nonpolar 비극성 소수성(물을 싫어하는) 화학 작용기.

Nonprocessed pseudogene 비가공성 위유전자 돌연변이가 쌓이게 되어 불활성화된 유전자.

Northern blotting 노던 블로팅 노던 혼성법을 하기 전에 전기영동 겔로부터 막으로 RNA를 전달하는 과정.

Northern hybridization 노던 혼성법 많은 다른 RNA 분자가 있는 상태에서 특정한 RNA 분자를 검출하는 데 이용하는 기술.

Nuclear genome 핵 유전체 진핵세포의 핵에 존재하는 DNA 분자.

Nuclear lamina 핵 라미나 핵막의 안쪽에 네트워크 구조의 필라멘트.

Nuclear magnetic resonance (NMR) spectroscopy 핵자기 공명 분광학 큰 분자의 3차 구조를 결정하는 기술.

Nuclear matrix 핵 기질 세포의 핵에 퍼져 단백질성 골격을 이루는 망상 구조.

Nuclear receptor superfamily 핵 수용체 슈퍼패밀리 유전체 활성을 조절하는 과정에 호르몬과 결합하는 수용체 단백질 패밀리.

Nuclease 리보핵산가수분해효소(리보뉴클레아제) 핵산 분자를 분해시키는 효소.

Nuclease protection experiment 핵산 보호 실험 핵산분해효소를 처리하여 DNA 또는 RNA 분자에 결합한 단백질의 위치를 결정하는 실험기법.

Nucleic acid 핵산 진핵세포의 핵으로부터 분리된 산성 화학 물질을 언급하는 데 처음 사용된 용어. 지금은 특히 DNA나 RNA와 같이 뉴클레오티드 단량체로 이루어진 중합 분자를 언급하는 데 사용.

Nucleic acid hybridization 핵산 혼성화 상보적인 폴리뉴클레오티드 사이에서 염기쌍 형성에 의한 이중가닥 혼성체의 형성.

Nucleoid 핵양체 원핵세포에서 DNA를 포함하는 부분.

Nucleoid-associated proteins 핵양체 연관 단백질 박테리아 핵양체를 이루는 주요 단백질 성분.

Nucleolus 인 진핵세포 핵에서 rRNA 전사가 일어나는 부위.

Nucleoside 뉴클레오시드 5탄당에 부착된 퓨린 혹은 피리미딘 염기.

Nucleosome 뉴클레오솜 염색질에서 기본 구조 단위인 히스톤과 DNA의 복합체.

Nucleosome remodeling 염색체 재배열 뉴클레오솜 배열의 변화로 이에 따라 뉴클레오솜이 형성된 DNA에 단백질이 접근할 수 있는 정도가 달라진다.

Nucleotide 뉴클레오티드 5탄당에 부착된 피리미딘이나 퓨린 염기가 부착되어 있고, 여기에 1-, 2-, 3- 인산이 부착된 것이다. DNA나 RNA의 단량체 단위이다.

Nucleotide excision repair 뉴클레오티드 절제 수선 폴리뉴클레오티드의 특정 부분을 절제 및 재합성함으로써 여러 종류의 DNA 손상을 수정하는 DNA 수선 방식.

Nucleus 핵 진핵세포에서 염색체가 들어 있으며, 막으로 둘러싸인 구조.

***O*-linked glycosylation *O*-연결 당화** 폴리펩티드의 세린이나 트레오닌에 당을 부착하는 것.

Okazaki fragment 오카자키 조각 이중나선의 지연가닥의 복제 중 RNA-프라이머로 합성된 짧은 DNA 조각.

Oligonucleotide 올리고뉴클레오티드 짧은 합성된 단일가닥 DNA 분자.

Oligonucleotide hybridization analysis 올리고뉴클레오티드 혼성화 분석 올리고뉴클레오티드를 혼성화 탐침으로 사용.

Oligonucleotide-ligation assay (OLA) 올리고뉴클레오티드 연결 분석법 SNP 위치를 지정하는 하나의 올리고뉴클레오티드에, 추가로 넣은 구별용 올리고뉴클레오티드 중 어느 것이 연결되느냐를 보고 판단하는 SNP 타이핑 기법.

Oligonucleotide-directed mutagenesis 올리고뉴클레오티드 유도 돌연변이 합성된 올리고뉴클레오티드를 사용하여 특정 유전자를 미리 결정된 염기서열로 돌연변이 시키는 생체외 돌연변이 기법.

Oncogene 암유전자 결함이 생기면 암을 유발하는 유전자.

One-step growth curve 1단계 증식 곡선 용원성 박테리오파지의 감염 1 사이클.

Oocyte 난자세포 수정되지 않은 암컷 난자 세포.

Open promoter complex 열린 프로모터 복합체 전사개시 복합체 조립 단계에 만들어지는 구조로 RNA 중합효소와(또는) 염기쌍 파열로 DNA가 열린 후에 프로모터에 결합하는 보조 단백질로 이루어진다.

Open reading frame (ORF) 열린번역틀 개시코돈으로 시작하는 연속적인 일련의 코돈으로 종결코돈으로 끝난다. 단백질로 전사되는 단백질-암호화 유전자 부분.

Operator 오퍼레이터 유전자 또는 오페론의 전사를 억제하기 위해 억제자 단백질이 결합하는 뉴클레오티드 서열.

Operon 오페론 세균 유전체에서 인접해 있는 유전자 무리로 동일한 프로모터에서 전사되어 같은 방식으로 전사조절을 받는다.

Optical mapping 광학적 지도 작성 제한효소로 잘려진 DNA 분자를 광학적으로 관찰하는 기법.

ORF scanning ORF 탐색 유전자의 위치를 결정하기 위하여 DNA 염기서열에서 열린번역틀을 탐색하는 것.

Origin licensing 원점 인가 복제 원점에서의 복제 전 복합체 구축.

Origin of replication 복제 원점 복제가 시작되는 DNA 분자 위의 위치.

Origin recognition complex (ORC) 원점 인식 복합체 원점 인식 서열에 결합하는 일련의 단백질.

Origin recognition sequence 원점 인식 서열 진핵생물의 복제 원점의 한 요소.

Orphan retrogene 고아 레트로유전자 레트로유전자의 한 유형으로써 원래의 유전자는 상실된 경우.

Orthogonal field alternation gel electrophoresis (OFAGE) 직각장 교번 겔 전기영동 전기장이 전극쌍 사이를 45° 각도로 교차하는 전기영동 시스템으로, 큰 DNA 분자를 분리하는데 이용된다.

Orthologous 이종상동 다른 생물의 유전체에 위치한 상동 유전자를 말한다.

Overlap graph 중복 그래프 중복 여부를 분석하여 읽은 염기 서열들을 연결하는 염기 서열 조립 프로그램의 결과물.

Overlapping genes 중복 유전자 겹치는 부분이 있는 2개의 유전자.

P element P 인자 노랑초파리의 DNA 트랜스포존.

P1-derived artificial chromosome (PAC) P1 유래 인공 염색체 박테리오파지 P1 벡터와 BAC의 특징을 합친 고수용 벡터.

P300/CBP 히스톤 단백질을 변형시켜 염색질 구조와 뉴클레오솜 배치에 영향을 주는 단백질 복합체.

PacBio sequencing PacBio 염기 서열 결정법 단일 분자 실시간 염기 서열 결정법 중 한 유형.

Pair-rule genes 쌍지배 유전자 초파리 배아에서 기본적 체절 양상을 확립시키는 발생 유전자.

Paired-end reads 양끝 염기서열 클론된 조각 하나의 양쪽 말단으로부터 유래된 소규모 염기 서열.

Paleogenomics 고유전체학 멸종된 생물의 유전체를 연구하는 학문.

Pan-genome concept 범유전체 개념 원핵생물 종에서 특정 종의 유전체를 핵심 유전체와 부수 유전체의 2가지 구성으로 구분하는 개념.

Paralogous 동종상동 같은 유전체에 위치한 2개 이상의 상동 유전자를 말한다.

Paranemic 파라네믹 구조가 풀리지 않고 분리될 수 있는 나선을 일컬음.

Pararetrovirus 파라레트로바이러스 DNA로 이루어진 유전체가 캡시드로 싸인 바이러스성 레트로 인자.

Parental genotype 부모 유전자형 유전 교배에서 하나 혹은 두 부모가 가지는 유전자형.

Partial linkage 부분 연관 동일한 염색체 상에 존재하는 한 쌍의 유전자 혹은 물리적 표지자가 그들 사이의 재조합 가능성 때문에 항상 같이 유전되지 않는 연관 형태.

Partial restriction 부분 제한효소 절단 DNA를 제한된 조건하에서 제한효소로 동시에 절단하여 모든 제한효소 자리가 절단되지 않도록 함.

Pedigree 가계도 인간 가족 구성원 간의 유전적 관계를 보여주는 도표.

Pedigree analysis 가계도 분석 인간 가족에서 유전자 혹은 DNA 표지자의 유전을 분석하기 위해 가계도를 이용하는 것.

Pentose 펜토스 5탄당의 일종.

Peptide bond 펩티드 결합 폴리펩티드에서 인접한 아미노기 사이의 화학 결합.

Peptide mass fingerprinting 펩티드 질량 지문법 서열 특이적 단백질 분해효소 처리로 만들어진 펩티드를 질량분석법을 적용하여 단백질을 확인.

Peptide nucleic acid (PNA) 펩티드핵산 당-인산 골격이 아미드 결합으로 대체된 폴리뉴클레오티드 유사체.

Peptidyl 또는 P site P 자리 단백질이 번역될 때 길이가 길어지는 폴리펩티드가 부착된 tRNA의 리보솜 내에서의 자리.

Peptidyl transferase 페티딜 전달효소 단백질이 번역될 때 펩티드 결합을 연결하는 효소 활성.

Personalized medicine 개인별 맞춤 의료 인간 개개인의 유전체 염기 서열을 이용하여 개인별로 발생 위험이 있는 질병을 정확하게 진단하고, 개인별 유전 특성을 이용한 효과적인 치료 방법 및 제도를 만들려는 의료 시도.

Phage 파지 박테리아를 감염하는 바이러스.

Phage display 파지 디스플레이 서로 상호작용하는 단백질을 규명하기 위한 기술의 한 유형.

Phage display library 파지 디스플레이 라이브러리 다른 DNA 조각을 전달하는 클론의 총합으로 파지 디스플레이에 이용된다.

Phenotype 표현형 세포나 생물이 나타내는 관찰 가능한 특징.

Philadelphia chromosome 필라델피아 염색체 인간의 9번 염색체와 22번 염색체 사이에 전좌가 일어나서 형성되는 비정상적 염색체로 이 염색체가 생기면 보통 만성골수백혈병에 걸린다.

Phosphate group 인산기 뉴클레오티드 구성성분 중 하나.

Phosphodiester bond 인산디에스테르 결합 폴리뉴클레오티드에서 인접한 뉴클레오티드 사이의 화학 결합.

Phosphodiesterase 인산디에스테르 가수분해효소 인산디에스테르 결합을 파괴할 수 있는 효소 종류.

Phosphorylase 가인산분해효소 무기 인산기를 다른 분자에 부가하는 반응을 매개하는 효소.

Photobleachlng 광탈색 핵에서의 단백질 이동을 연구하는 FRAP 기법에서의 과정 중 하나.

Photolithography 광석판 인쇄기법 빛에 의해서 활성화된 기질로부터 올리고뉴클레오티드를 제작하는 데 빛의 파동을 이용하는 기술.

Photolyase 광분해효소 광 재활성화 수선에 관여하는 *E. coli* 효소.

Photoproduct 광산물 DNA의 자외선 조사로 만들어지는 변형된 뉴클레오티드.

Photoreactivation 광 재활성화 시클로부틸 이량체와 (6-4) 광산물이 광-활성화 효소에 의해 수정되는 DNA 수선 과정.

Phylogenetic tree 계통수 DNA 서열, 생물종, 분류군 간의 진화적 상관관계를 보여주는 나무 모양의 표시법.

Physical mapping 물리적 지도 작성 분자생물학 기법을 사용한 유전자 지도 작성.

Pilus 섬모 접합 동안 한 쌍의 박테리아를 서로 결합시키는 구조: DNA가 이동하는 통로로 추정됨.

Piwi protein piwi 단백질 piRNA와 결합하여 여러 가지 발생 과정 동안 유전자 발현을 조절하는 복합체를 형성하는 단백질.

Piwi-interacting RNA (piRNA) piwi-결합 RNA 25~30 뉴클레오티드 크기로 piwi 단백질과 결합하는 snRNA의 한 유형.

Plant GDB 식물 GDB 온라인 유전체 브라우저.

Plaque 플라크 감염성 박테리오파지에 의한 세포의 용해에 의해 꽉 찬 박테리아 세포층에 만들어진 투명한 부분.

Plasmid 플라스미드 박테리아나 다른 세포 종류에서 발견되는 보통 원형인 DNA 조각.

Plectonemic 연사형 나선 풀림에 의해서만 분리될 수 있는 나선을 일컬음.

Point centromere 점 동원체 출아효모(*Saccharomyces cereveisia*)의 동원체처럼 반복 서열은 포함되어 있지 않고, 단일 서열로 구성되는 동원체.

Point mutation 점 돌연변이 DNA 분자 속 하나의 뉴클레오티드 변화로 인한 돌연변이.

Polar 극성 친수성(물을 좋아하는) 화학 작용기.

Poly(A) polymerase 폴리(A) 중합효소 폴리(A) 꼬리를 진핵생물 mRNA의 3′-말단에 부착시키는 효소.

Poly(A) tail 폴리(A) 꼬리 진핵세포 mRNA의 3′-말단에 부착된 일련의 A 뉴클레오티드.

Polyacrylamide gel electrophoresis 폴리아크릴아마이드 겔 전기영동 폴리아크릴아마이드 겔에서 수행하는 전기영동으로 길이가 50~1500 bp 사이의 DNA 분자를 구분하는 데 이용된다.

Polyadenylate-binding protein 폴리아데닐-결합 단백질 진핵생물 mRNA의 폴리(A) 형성 과정에서 폴리(A) 중합효소를 도와주는 단백질로, 합성이 끝난 후에 꼬리를 유지하는 데도 관여한다.

Polyadenylation 폴리(A) 형성 진핵생물 mRNA의 3′-말단에 일련의 A를 첨가하는 것.

Polycomb group (PcG) 폴리콤 그룹 DNA 서열에 부분적으로 이질염색질(heterochromatin)의 형성을 촉발하는 단백질 그룹.

Polycomb response element 폴리콤 반응인자 폴리콤 단백질의 DNA 인식 서열.

Polymer 중합체 동일하거나 또는 유사한 단위의 긴 사슬로 이루어진 혼합물.

Polymerase chain reaction(PCR) 중합효소 연쇄반응 DNA 분자의 한 부분을 기하급수적으로 증폭시키는 기술.

Polymorphic 다형성 전체적으로 개체군에서 많은 다른 대립유전자 혹은 반수체형에 의해 나타내는 유전자 좌위를 일컬음.

Polynucleotide 폴리뉴클레오티드 단일가닥의 DNA 혹은 RNA 분자.

Polynucleotide kinase 폴리뉴클레오티드 인산화효소 DNA 분자의 5′-말단으로부터 인산기를 첨가하는 효소.

Polypeptide 폴리펩티드 아미노산의 중합체.

Polyploidy 다배수체 2개 또는 그 이상의 배수체 유전체를 가지는 상태.

Polyprotein 다중단백질 여러 개의 단백질이 연결된 채로 합성된 다음 단백질 가수분해효소에 의해 잘려서 성숙한 단백질이 방출되는 형태.

Polypyrimidine tract 폴리피리미딘 부위 GU-AG 인트론의 3′-말단 가까이 존재하는 피리미딘이 많은 지역.

Polysome 폴리솜 둘 이상의 리보솜에 의해 동시에 번역되고 있는 mRNA 분자.

Positional effect 위치 효과 진핵세포 유전체에서 서로 다른 위치에 삽입되었을 때 발현되는 수준이 달라지는 효과.

Post-spliceosome complex 후-스플라이시오솜 복합체 GU-AG 인트론의 스플라이싱 과정에서 스플라이싱 반응의 초기 산물은 스플라이싱된 mRNA와 인트론 올가미가 분리된 후의 중간 복합체이다.

POU domain POU 도메인 다양한 단백질에서 발견되는 DNA 결합 모티프.

Precatalytic spliceosome 전-스플라이시오솜 복합체 GU-AG 인트론의 스플라이싱 과정에서 스플라이싱 반응이 일어나기 바로 전의 복합체.

Pre-mRNA mRNA 전구체 단백질을 암호화하는 유전자의 일차 전사물.

Prereplication complex (pre-RC) 복제 전 복합체 진핵생물의 복제 원점에서 구성되는 단백질 복합체로 복제 개시가 일어날 수 있도록 해준다.

Pre-RNA 전구체 RNA 한 유전자나 유전자 무리 전사의 초기 생성물로, 이어서 성숙한 전사물로 다듬어진다.

Pre-rRNA rRNA 전구체 rRNA 분자를 만드는 유전자 또는 유전자 그룹의 일차 전사물.

Pre-tRNA tRNA 전구체 tRNA 분자를 만드는 유전자 또는 유전자 그룹의 일차 전사물.

Preinitiation complex 개시 전 복합체 단백질 합성 과정에 mRNA와 초기 결합을 형성하는 리보솜의 작은 소단위와 시작 tRNA 및 보조 인자들로 이루어진 구조.

Prepriming complex 복제 개시 단백질 복합체 박테리아에서 복제 개시 중 형성되는 단백질 복합체.

Prespliceosome complex 전-스플라이시오좀 복합체 GU-AG 인트론의 스플라이싱 경로의 중간물질.

Pribnow box 프리나우 상자 세균 프로모터의 구성성분.

Primary structure 일차 구조 폴리뉴클레오티드에서 아미노산의 서열.

Primary transcript 일차 전사체 유전자 또는 유전자 그룹 전사의 초기 생성물로 바로 처리되어 성숙한 전사물(mRNA)이 된다.

Primase 프리마제 박테리아 DNA 복제 중 RNA 프라이머를 합성하는 RNA 중합효소.

Primer 프라이머 가닥의 합성의 시작점을 제공하기 위해 단일가닥 DNA 분자에 부착되는 짧은 올리고뉴클레오티드.

Primosome 프리모솜 유전체 복제에 관여하는 단백질 복합체.

Prion 프리온 단백질로만 이루어진 흔하지 않은 감염 인자.

Processed pseudogene 다듬어진 위유전자 mRNA를 역전사하여 유전체에 삽입된 결과로서 만들어진 위유전자.

Processivity 진행도 DNA 중합효소가 주형에서 떨어져 나오기 전에 합성하는 DNA의 양.

Programmable nuclease 프로그램 가능 핵산분해효소 유전체의 특정 부위로 유도될 수 있도록 프로그램할 수 있는 핵산분해효소.

Prokaryote 원핵생물 뚜렷한 핵 구조가 없는 세포로 이루어진 생물.

Proliferating cell nuclear antigen (PCNA) 증식세포 핵 항원 진핵생물에서 유전체 복제에 관여하는 보조 단백질.

Promiscuous DNA 혼합 DNA 한 소기관 유전체에서 다른 소기관으로 전달된 DNA.

Promoter 프로모터 유전자 상위의 뉴클레오티드 서열로 전사 개시를 위해 RNA 중합효소가 결합하는 부위.

Promoter clearance 프로모터 정리 성공적인 전사 개시의 마무리로 RNA 중합효소가 프로모터 서열로부터 이동할 때 일어난다.

Promoter escape 프로모터 이탈 중합효소가 프로모터 부위에서 멀어지면서 전사물을 만들기 시작하는 전사의 한 단계.

Proofreading 교정 판독 잘못 삽입된 뉴클레오티드를 대체할 수 있도록 몇몇 DNA 중합효소가 가지는 3′→ 5′ 핵산말단가수 분해효소 활동.

Prophase 프로파지 용원성 박테리오파지의 유전체가 숙주유전체에 삽입된 형태.

PROSITE 온라인 단백질 구조 데이터베이스.

Protease 단백질 분해효소 단백질을 분해하는 효소.

Proteasome 프로테아좀 다른 단백질의 분해에 관여하는 다중 소단위 단백질 구조물.

Protein 단백질 아미노산 단량체로 이루어진 중합체.

Protein array 단백질 어레이 고정화된 많은 단백질로 구성된 어레이.

Protein engineering 단백질 공학 단백질 분자에 의도된 변화를 가하는 여러 가지 기술로, 대개 산업공정에서 이용되는 효소의 기능을 향상시키는 데 이용된다.

Protein folding 단백질 접힘 폴리펩티드가 접힌 구조를 이루는 것.

Protein interaction map 단백질 상호작용 지도 단백질체에 있는 모든 또는 몇몇 단백질 사이의 상호관계를 보여주는 지도.

Protein profiling 단백질 발현 양상 단백질체에 있는 단백질을 파악하기 위한 방법론.

Protein-protein cross-linking 단백질-단백질 교차결합 리보솜과 같은 구조에서 서로 가까이 위치하는 단백질을 알아내기 위해 가까운 단백질을 서로 연결하는 기술.

Proteome 단백질체 살아있는 세포에서 합성되는 기능적 단백질의 집합.

Proteomics 단백질체학 단백질체를 연구하는 데 이용되는 다양한 기술.

Protogenome 원유전체 RNA 세계 동안 존재하였던 RNA 유전체.

Protomer 프로토머 박테리오파지나 바이러스 캡시드의 단백질 소단위체.

Protoplast 원형질체 세포벽이 완전히 제거된 세포.

Pseudogene 위유전자 비활성화되어 기능을 상실한 유전자의 사본.

PSI-BLAST 더욱 강력해진 변형된 BLAST 연산법의 형태.

Pulse labeling 순간표지법 실험 과정 중에 특정한 시간에 짧은 시간 동안에만 표지자에 노출시키는 방법.

Punctuation codon 종결 혹은 개시코돈 유전자에서 번역을 시작하고 끝낼지를 지시하는 유전 암호.

Purine 퓨린 뉴클레오티드에서 발견되는 질소 염기의 2가지 형태 중 하나.

Pyrimidine 피리미딘 뉴클레오티드에서 발견되는 질소 염기의 2가지 형태 중 하나.

Pyrosequencing 파이로 염기 서열 결정법 신장하는 폴리뉴클레오티드 말단에 뉴클레오티드가 첨가되면서 피로인산이 방출되고 이로 인해 화학발광이 생성되는 것을 검출함으로써 삽입된 염기서열을 확인하는 새로운 염기 서열 결정법.

Quadrupole mass analyzer 4극자 질량분석기 이온이 지나가야 하는 중앙 통로를 둘러싸고 서로 평행인 4개의 자석 막대를 가진 질량 분석 장치.

Quantitative PCR 정량적 PCR 시료 내 DNA 분자의 수를 추정하게 해주는 PCR 방법.

Quantitative trait locus (QTL) 양적 형질 유전좌 특정 변이 형질을 조절하는 유전자들의 유전체에서의 자리.

Quaternary structure 4차 구조 2개 혹은 그 이상의 폴리펩티드의 결합 결과로서 생성되는 구조.

Radiation hybrid 방사능 혼성체 다른 종의 염색체의 절편들을 포함하는 설치류 세포주의 집합으로, 방사능 조사 기술에 의해 제작되며, 인간 유전체를 연구에 있어서는 지도 작성의 기초 재료로 사용된다.

Radioactive marker 방사능 표지자 분자 내에 삽입된 방사능 원자로서 이것의 방사능 방출을 관측함으로써 생화학 반응 중에서의 해당 분자를 검출하고 추적하는 데 사용됨.

Radiolabeling 방사능 표지 방사성 원자를 분자에 부착시키는 기술.

Random genomic sequences 무작위 유전체 서열 클로닝된 유전체 DNA의 무작위 조각의 염기 서열 결정으로 얻어진 STS.

RACE (rapid amplification of CDNA ends) cDNA 말단의 빠른 증폭 PCR을 이용하여 RNA 분자 말단의 지도 작성을 하는 기술.

Read 읽어낸 개별 염기(또는 출력 염기 서열) 차세대 염기 서열 결정법으로 얻어진 개별 염기 서열.

Reading frame 번역틀 DNA 염기 서열에 있는 연속된 일련의 3 염기조 코돈.

Real-time PCR 실시간-PCR PCR 반응이 진행함에 따라 얼마나 많은 양의 산물이 합성되는지를 실시간으로 측정할 수 있도록 표준 기술을 변형한 PCR 방법.

RecA 상동재조합에 관여하는 대장균 단백질.

RecBCD complex RecBCD 복합체 *E. coli*에서 상동재조합에 관여하는 효소 복합체.

Recessive 열성 이형접합체에서 발현되지 않는 대립인자.

RecFOR pathway RecFOR 경로 대장균의 상동재조합 경로 중 한 유형.

Reciprocal strand exchange 상호 가닥 교환 2개의 이중가닥 분자 사이에서의 DNA 교환으로 재조합의 결과 발생하며 한 분자의 말단이 다른 분자의 말단과 교환된다.

Recognition helix 인식 나선 DNA 결합 단백질의 α-나선으로 표적 뉴클레오티드 서열의 인식에 관여한다.

Recombinant 재조합형 부모의 대립유전자의 조합을 가지지 않은 자손.

Recombinant DNA molecule 재조합 DNA 분자 정상적으로는 함께 연결되지 않는 DNA 조각을 연결하여 시험관 내에서 생성된 DNA 분자.

Recombinant DNA technology DNA 재조합 기술 재조합 DNA 분자의 제작, 연구 및 이용과 관련된 기술.

Recombinant genotype 재조합 유전자형 유전적 교차 결과 중에서 부모 유전자형이 아닌 유전자형.

Recombinant plasmid 재조합 플라스미드 새로운 삽입 DNA 조각을 포함하고 있은 플라스미드.

Recombinase 재조합효소 위치 특이 재조합을 촉매하는 다양한 효소의 무리.

Recombination 재조합 DNA 분자의 대규모 재배열.

Recombination frequency 재조합 빈도 유전 교배로부터 생기는 재조합 자손의 비율.

Recombination hotspot 재조합 빈발지역 교차가 염색체의 전체적인 평균보다 더 높은 빈도로 일어나는 염색체 부위.

Recombination repair 재조합 수선 이중가닥 절단을 고치는 DNA 수선 과정.

Reference genome 참고 유전체 차세대 염기서열 결정법으로 얻은 유전체의 염기 서열을 조립할 때에, 이를 용이하게 하기 위해 참고로 사용하는 관련된 종의 기존 염기 서열.

Reflectron 리플랙트론 특정 질량 분석 장치에서 사용하는 이온 거울 또는 이온 거울을 사용하는 질량 분석 장치를 일컬음.

Regional centromere 지역 동원체 반복 서열 DNA 지역을 가지고 있는 전형적인 진핵생물 동원체.

Renaturation 변형 변성되었던 분자가 자신의 원 상태로 복원되는 것.

Repetitive DNA 반복 DNA DNA 분자나 유전체에서 두 번 이상 반복되는 DNA 서열.

Repetitive DNA fingerprinting 반복 DNA 유전자 지문법 클론된 DNA 조각에서 유전체 전반에 걸쳐 있는 반복서열의 위치를 결정하는 클론 유전자 지문 기술.

Repetitive DNA PCR 반복 DNA PCR 클론된 DNA 조각에서 유전체 전반에 걸쳐 있는 반복서열의 상대적 위치를 검출하기 위해 PCR을 이용하는 클론 유전자 지문 기술.

Repetitive extragenic palindromic (REP) sequences REP 서열 대부분의 경우에 20~35 bp 크기이며 단독 또는 연쇄적으로 존재는 박테리아 반복 서열의 한 유형.

Replacement vector 대체 벡터 λDNA 분자의 비필수 지역의 일부를 대체함에 의해 새로운 DNA를 삽입할 수 있도록 고안된 λ 벡터.

Replication factor C (RFC) 복제 인자 C 진핵생물 유전체 복제에 관여하는 다중 소단위 보조 단백질.

Replication factory 복제공장 이들은 분리된 고정지역으로, DNA 복제를 위한 모든 연관된 단백질을 가지고 있으며, 복제되면서 DNA 사슬이 이곳을 통과한다.

Replication foci 복제점 이들은 분리된 고정지역으로, DNA 복제를 위한 모든 연관된 단백질을 가지고 있으며, 복제되면서 DNA 사슬이 이곳을 통과한다.

Replication fork 복제 분기점 DNA 복제가 일어나도록 이중-가닥 DNA 분자가 열려지는 지역.

Replication mediator protein (RMP) 복제 중개 단백질 유전체 복제 중 단일가닥 단백질(SSB)을 떼어내는 단백질.

Replication origin 복제 원점 복제가 개시되는 DNA 분자의 위치.

Replication protein A (RPA) 복제 단백질 A DNA 복제에 관여하는 주된 진핵생물 단일가닥 결합 단백질(SSB).

Replication slippage 복제 미끄러짐 미세부수체와 같은 직렬반복의 반복수의 확장이나 감소를 가져오는 복제 오류.

Replicative transposition 복제적 전위 전위 인자를 복제한 다음 다른 위치로 전위되는 현상.

Replisome 레플리솜 유전체 복제에 관여하는 단백질 복합체.

Reporter gene 리포터 유전자 표현형을 분석할 수 있는 유전자로 조절 DNA 서열의 기능을 파악하는 데 이용된다.

Reporter probe 리포터 탐침 목표물과 혼성화되면 형광신호를 내는 짧은 올리고뉴클레오티드.

Repressible operon 억제성 오페론 보조 억제자 분자에 의해 억제되는 오페론.

Resin 수지 크로마토그래피 기질.

Resolution 분해능 재조합된 이중가닥 DNA 분자의 분리.

Resolvase 해리효소 홀리데이 구조를 잘라 주는 효소.

Resonance frequency 공명 진동수 특정 핵의 α 회전과 β 회전의 에너지 차이.

Restriction endonuclease 제한 핵산내부가수분해효소 DNA 분자의 특정 뉴클레오티드 서열에서만 자르는 효소.

Restriction fragment length polymorphism (RFLP) 제한효소 절편 길이 다형성 한쪽 또는 양쪽 말단에 있는 제한효소 자리의 다형성으로 인해 만들어지는 제한효소 단편 길이의 다변성.

Restriction mapping 제한지도 작성 제한효소 조각의 크기를 분석하여 DNA 분자 상에 위치한 제한효소의 자리를 알아내기.

Restriction pattern 제한효소 패턴 DNA 분자를 특정 제한효소로 처리한 후 아가로스 젤 전기영동으로 분리하여 얻을 수 있는 띠의 패턴.

Retroelement 레트로 인자 RNA 중간물질을 경유하여 전위되는 유전 인자.

Retrogene 레트로 유전자 위유전자가 제3의 유전자의 프로모터 근처에 삽입한 결과로서 등장하게 된 중복 유전자.

Retrohoming 레트로호밍 단일가닥 RNA로 이루어진 잘린 인트론이 이중가닥 DNA로 복제되기 전에 소기관 유전체로 직접 삽입되는 과정.

Retron 레트론 박테리아 레트로 인자 중 가장 흔한 유형.

Retroposon 레트로포존 LTR을 지니지 않는 레트로 인자.

Retrotransposition 역전위 RNA 중간 단계를 거치는 전위 현상.

Retrotransposon 레트로트랜스포존 유전체 전반에 걸친 서열의 반복으로, 삽입된 레트로바이러스 유전체 서열과 유사하며 레트로 전이 활성을 가질 수도 있다.

Retrovirus 레트로바이러스 숙주 세포의 유전체 속으로 통합되는 RNA 유전체를 가진 바이러스.

Reverse genetics 역유전학 목표 유전자를 돌연변이시키고 표현형의 변화를 조사함으로써 그 기능을 규명하려는 시도.

Reverse-phase liquid chromatography (RPLC) 역상-액체 크로마토그래피 표면의 소수성 정도에 따라 단백질을 분리하고자 하는 관 크로마토그래피의 한 유형.

Reverse sequencing 역방향 염기 서열 이중가닥 DNA의 염기 서열에 있어서 두 방향 중 한 방향.

Reverse transcriptase 역전사효소 RNA 주형에서 DNA를 합성하는 중합효소.

Reverse transcriptase PCR (RT-PCR) 역전사 PCR 첫 단계가 역전사효소에 의해 수행되는 PCR로서 RNA를 초기 물질로 사용할 수 있다.

Reversible terminator sequencing 가역종결자 염기 서열 결정법 사슬이 복제되는 과정에서 각 뉴클레오티드가 첨가되었을 때 방출되는 형광 표지를 검출하여 염기 서열 결정하는 방법 중 하나.

Rho 로우 단백질 일부 세균 유전자의 전사 종결에 관여하는 단백질.

Rho-dependent terminator Rho-의존성 종결 Rho가 관여하는 전사 종결이 일어나는 세균 DNA 부위.

Ribbon-helix-helix motif 리본-나선-나선 모티브 DNA-결합 단백질의 한 종류.

Ribonuclease 리보뉴클레아제 RNA를 분해하는 효소.

Ribose 리보오스 리보뉴클레오티드의 당 성분.

Ribosomal protein 리보솜 단백질 리보솜을 구성하는 하나의 단백질.

Ribosomal RNA (rRNA) 리보솜 RNA 리보솜 구성 인자인 RNA 분자.

Ribosome 리보솜 번역이 일어나는 단백질-RNA 조립체

Ribosome binding site 리보솜 결합자리 박테리아에서 번역 개시 중 리보솜의 작은 소단위의 부착 지점으로 작용하는 뉴클레오티드 서열.

Ribosome modulation factor 리보솜 조정 인자 대장균에서 과잉 리보솜을 비활성시키는 데 관련되는 단백질의 일종.

Riboswitch 리보스위치 작은 분자의 결합으로 그 mRNA 번역이나 가공을 조절하게 하는 mRNA 부분.

Ribozyme 리보자임 촉매 활성을 가지고 있는 RNA 분자.

RNA 세포에 있는 2가지 종류의 핵산 중 하나인 리보핵산: 일부 바이러스의 유전 물질.

RNA editing RNA 편집 유전자에 의해 암호화되지 않은 뉴클레오티드가 전사 후에 RNA의 특정 부위에 삽입되는 과정.

RNA interference (RNAi) RNA 간섭 진핵생물의 RNA 분해 과정 중 한 유형.

RNA polymerase RNA 중합효소 DNA 또는 RNA 주형에서 RNA를 합성하는 효소.

RNA polymerase I RNA 중합효소 I 리보솜 RNA 유전자를 전사하는 진핵생물 RNA 중합효소.

RNA polymerase II RNA 중합효소 II 난백질 임호화 유전자와 snRNA 유전자를 전사하는 진핵생물 RNA 중합효소.

RNA polymerase III RNA 중합효소 III tRNA와 다른 짧은 유전자를 전사하는 진핵생물 RNA 중합효소.

RNA recognition domain RNA 인식 도메인 RNA 결합 도메인.

RNA sequencing (RNA-seq) RNA 서열 결정 RNA를 대상으로 한 차세대 염기 서열 결정법.

RNA silencing RNA 침묵 진핵생물의 RNA 분해 과정.

RNA transcript RNA 전사물 유전자의 RNA 복사본.

RNA world RNA 세계 모든 생물학적 반응이 RNA를 중심으로 하여 이루어진 진화의 초기 단계.

RNA-dependent DNA polymerase RNA-의존성 DNA 중합효소 RNA 주형으로부터 DNA 복제본을 만드는 효소 역전사효소.

RNA-dependent RNA polymerase RNA-의존성 RNA 중합효소 RNA를 주형으로 RNA 사본을 만드는 효소.

RNA induced silencing complex (RISC) RNA 유도 침묵 복합체 RNA 간섭 과정의 일부로 mRNA를 절단하여 침묵

시키는 단백질 복합체.

Rolling circle replication 회전 고리 복제 고리형 주형 분자에서 폴리뉴클레오티드가 돌아 나오듯이 지속적으로 합성되는 복제 과정.

S phase S기 DNA 합성이 일어나는 세포주기 단계.

S value S값 침강계수에 사용되는 측정 단위.

S1 nuclease S1 뉴클레아제 단일가닥 DNA 또는 RNA 분자를 분해하는 효소를 말하며, 이중가닥 분자의 단일가닥 부위도 절단한다.

Satellite DNA 부수체 DNA 밀도기울기 원심분리에서 따로 밴드를 형성하는 반복 서열 DNA.

Scaffold 뼈대 간극이 없이 연결된 일련의 서열 콘티그.

Scaffold/matrix attachment regions (S/MARs) 뼈대/기질 부착 부위 핵기질 단백질이 부착하는 지점으로 작용하는 진핵생물 염색체의 서열.

Scanning 탐색 진핵생물의 번역개시 동안 이용되는 시스템, 개시 전 복합체가 mRNA의 5′-말단 캡 구조와 결합한 다음 개시코돈에 다다를 때까지 mRNA 분자 서열을 탐색한다.

Second messenger 2차 전령 어떤 종류의 신호전달 경로에서의 중간물질.

Secondary structure 2차 구조 α-나선과 β-평면 구조와 같이 폴리펩티드에서 생성된 구조.

Sedimentation analysis 침강 분석 분자나 구조의 침강 계수를 측정하기 위해 사용되는 원심분리 기술.

Sedimentation coefficient 침강계수 분자나 구조가 진한 용액에서 원심분리될 때 침전되는 속도를 표현하기 위해 사용되는 값.

Segment polarity genes 체절극성 유전자 쌍-지배 유전자의 작용에 의해 구축되는 초파리 배 발생의 큰 차원에서의 체절 양상을 지정하는 발생 유전자들.

Segmental duplication 조각 중복 보통 1~400 kb의 길이에 90% 이상의 염기 서열 상동성을 가지며, 50여 회 정도까지의 반복을 보이는 중복.

Segmented genome 분절 유전체 2개 이상의 분자로 나눠진 바이러스 유전체.

Selectable marker 선별 표지자 벡터에 의해서 운반되는 유전자로, 그 벡터나 혹은 그 벡터로부터 유래된 재조합 DNA 분자를 포함하고 있는 세포를 인식할 수 있는 특징을 제공함.

Selfish DNA 이기적 DNA 기능이 없는 것으로 보이는 DNA로서 이것이 존재하는 세포에 전혀 기여하는 바가 없는 것으로 보인다.

Semiconservative replication 반보존적 복제 딸 이중나선이 하나는 부모 폴리뉴클레오티드에서 다른 것은 새롭게 합성된 폴리뉴클레오티드로 이루어진다는 DNA 복제 양상의 한 가설.

Sequence assembler 염기 서열 조립 프로그램 읽은 염기 서열을 콘티그로 전환시키는 소프트웨어 팩.

Sequence assembly 염기 서열 조립 차세대 염기서열 결정법에 의해 얻어진 수많은 짧은 염기 서열을 연속적으로 이어진 서열로 맞추어 내기.

Sequence contig 염기 서열 콘티그 유전체 서열 사업에서 중간 단계에 얻어지는 연속성 DNA 서열.

Sequence coverage 또는 sequence depth 염기 서열 범위 또는 깊이 차세대 염기서열 결정법에 의해 얻어진 DNA 서열에서 각각의 뉴클레오티드 위치를 감당하기 위해 필요한 평균 읽은 횟수(the average number of reads).

Sequence-tagged site (STS) 서열-표식 지점 유전체에서 유일하게 있는 DNA 염기 서열.

Sequence-tagged site (STS) content mapping STS 내용 지도 작성 클론 유전자지문법의 한 유형.

Sequencing by oligonucleotide ligation and detection (SOLiD) 올리고뉴클레오티드 연결과 검출에 의한 염기 서열 결정법 차세대 염기 서열 결정 기술의 한 유형으로 주형 서열에 상보적 서열을 가진 일련의 올리고뉴클레오티드를 혼성화시키는 방법을 통해 염기 서열을 알아낸다.

Sequencing library 염기 서열 결정 라이브러리 수많은 염기 서열 결정 반응을 나란히 수행할 수 있도록, 대량 평행 어레이 방식으로 단단한 지지체에 고정시킨 DNA 절편 모음.

Serial analysis of gene expression (SAGE) 순차적 유전자 발현 분석 전사체의 구성성분을 연구하는 방법의 한 유형.

Serine-threonine kinase receptors 세린-트레오닌 인산화 수용체 세린-트레오닌 인산화 활성을 가지고 있는 세포 표면 수용체의 한 유형.

Sex cell 성세포 생식세포 감수분열에 의해 분열하는 세포.

Sex chromosome 성 염색체 성 결정에 관련하는 염색체.

Shelterin 쉘터린 텔로미어 부착 단백질과 함께 형성한 구조. 이 구조는 핵산가수분해효소에 의한 분해로부터 텔로미어를 보호하고, DNA 복제 시에 각 텔로미어의 길이를 유지하는 효소 활성을 매개한다.

Shine-Dalgarno sequence 샤인-달가노 염기서열 *Escherichia coli* 유전자의 상위에 있는 리보솜 결합지점.

Short interfering RNA (siRNA) 짧은 간섭 RNA RNA 간섭 경로의 중간물질.

Short nascent strand (SNS) sequencing SNS 서열 분석 또는 짧은 새로운 가닥 서열 분석 진핵생물에서 유전체 복제가 시작되는 지점을 알아내기 위해 방법.

Short noncoding RNA (sncRNA) 짧은 비암호화 RNA 보통 길이가 200 뉴클레오티드 이하인 비암호화 RNA.

Short tandem repeat (STR) 짧은 직렬 반복 보통 2-, 3-혹은 4 뉴클레오티드의 반복 단위의 직렬 반복으로 이루어진 단순 염기 서열 길이 다형성의 한 종류. 미세부수체라고도 불림.

Shotgun method 샷건법 염기 서열을 결정하려는 분자를 임의로 자른 다음 개별적으로 서열을 결정하는 유전체 염기 서열 결정 기술.

Shotgun proteomics 샷건 단백질체학 단백질 혼합물 상태에서 펩티드로 조각내어 분석하는 단백질체학 접근법.

Shuttle vector 셔틀 벡터 한 종류의 이상의 생물체 세포(예, 대장균과 효모)에서 복제할 수 있는 벡터.

Signal peptide 신호 펩티드 단백질의 막 통과를 유도하는 일부 단백질의 N-말단의 짧은 서열.

Signal transduction 신호전달 외부 신호에 반응하는 세포-표면 수용체를 통하여 일어나는 유전체 발현 조절과 같은 세포 활성의 조절.

Silencer 사일런스 양쪽 방향으로 조금 떨어진 위치에 자리하여 유선사나 유진자들의 전사 속도를 낮추는 조절 서열.

Simple sequence length polymorphism (SSLP) 단순 염기 서열 길이 다형성 길이 변이를 보이는 반복 서열의 배열.

SINE (short interspersed nuclear element) 짧은 산재성 핵 반복인자 인간 유전체에서 발견되는 Alu 서열이 대표적인, 유전체 전반에 걸친 반복 유형.

Single-copy DNA 단일 사본 DNA 유전제에서 사본이 단 하나뿐인 DNA 서열.

Single-molecule real-time sequencing 단일 분자 실시간 염기 서열 결정법 3세대 염기 서열 결정법 중 한 가지로 정밀 광학시스템 사용하여 신장 가닥에서의 개별 뉴클레오티드 첨가를 검출한다.

Single nucleotide polymorphism (SNP) 단일 뉴클레오티드 다형성 개체군에서 한 개인에 의해 운반되는 섬 돌연변이.

Single orphan 단일 고아(유전자) 기능이 알려지지 않고 상동 유전자도 없는 하나의 유전자.

Single-strand binding protein (SSB) 단일가닥 결합 단백질 복제 분기점 지역에서 단일가닥 DNA에 부착된 단백질 중 하나로 두 부모 가닥이 복사되기 전 염기쌍을 이루는 것을 방지한다.

Single stranded 단일가닥 하나의 폴리뉴클레오티드로 이루어진 DNA 혹은 RNA 분자.

Site-directed hydroxyl radical probing 위치-지정 하이드록시 라디컬 탐색법 리보솜과 같은 단백질-RNA 복합체 내의 단백질 위치를 알아내기 위한 기술로, 주변의 RNA 인산디에스테르 결합을 절단하는, 하이드록시 라디컬을 생성할 수 있는 Fe(II) 이온을 이용하는 방법이다.

Site-directed mutagenesis 위치-지정 돌연변이 DNA 분자의 미리 정해진 위치에 특정한 돌연변이가 생기도록 하는 기술.

Site-specific recombination 위치-특이적 재조합 단지 짧은 부위의 뉴클레오티드 서열 유사성을 갖는 2개의 이중가닥 DNA 사이의 재조합.

Small Cajal body-specific RNA (scaRNA) scaRNA 또는 작은 카잘체 특이적 RNA 카잘체와 연관되어 있는 snoRNA.

Small nuclear ribonucleoprotein (snRNP) 작은 핵 리보핵산 단백질 GU-AG와 AU-AC 인트론의 스플라이싱과 다른 RNA 처리 과정에 관여하는 구조로 하나 또는 2개의 snRNA 분자와 단백질의 복합체로 이루어져 있다.

Small nuclear RNA (snRNA) 작은 핵 RNA GU-AG와 AU-AC 인트론의 스플라이싱과 다른 RNA 처리 과정에 관여하는 짧은 진핵생물 RNA 분자의 한 종류.

Small nucleolar RNA (snoRNA) 작은 인 RNA rRNA의 화학적 처리에 관여하는 짧은 신핵생물 RNA 분자의 한 종류.

SOLiD 올리고뉴클레오티드 연결과 검출에 의한 염기 서열 결정법 차세대 염기 서열 결정 기술의 한 유형으로 주형 서열에 상보적 서열을 가진 일련의 올리고뉴클레오티드를 혼성화시키는 방법을 통해 염기 서열을 알아낸다.

Solid phase 고체상 크로마토그래피 시스템에서의 고정상(immobilized phase).

Solution hybridization 용액 혼성화 기법 핵산 분자 사이의 혼성화를 용액 상에서 수행.

Somatic cell 체세포 비생식세포: 체세포분열에 의해 분열하는 세포.

Sonication 초음파 파쇄 DNA 분자를 임의로 끊기 위해 초음파를 이용하는 과정.

Sorting sequence 분류 서열 단백질을 핵이나 미토콘드리아 같은 소기관으로 인도하거나 세포 밖으로 분비되도록 지정하는 아미노산 서열.

SOS response SOS 반응 *E. coli*에서 유전자의 손상이나 다른 자극에 반응하여 일어나는 연속적 생화학적 변화.

Southern hybridization 서던 혼성법 수많은 제한절편 중에서 특정 제한절편을 탐색하기 위해 사용되는 기술.

Speckle 반점 mRNA 스플라이싱과 관련된 핵의 구조.

Spliceosome 스플라이시오좀 GU-AG와 AU-AC 인트론의 스플라이싱에 관여하는 단백질-RNA 복합체.

Splicing 스플라이싱 비연속 유전자의 일차 전사물에서 인트론을 제거하는 것.

Splicing code 스플라이싱 코드 인헨서, 사일런서 및 결합 단백질 사이에서 일어날 수 있는 다양한 상호작용과 연관된 스플라이싱 경로를 조절한다고 생각되는 가설 코드.

Splicing pathway 스플라이싱 경로 비연속적 mRNA 전구체를 기능적인 mRNA로 전환시키는 일련의 사건.

Spm element Spm 인자 옥수수 트랜스포존의 한 유형.

Spontaneous mutation 자연 돌연변이 복제 중 오류로 일어나는 돌연변이.

SR protein SR 단백질 GU-AG 인트론의 스플라이싱 동안에 스플라이싱 부위 선택 역할을 하는 단백질.

SR-like CTD-associated factor (SCAF) SR-유사 CTD-연관 인자 GU-AG 인트론의 스플라이싱 동안에 조절 역할을 할 것으로 생각되는 단백질.

STAT (signal transducer and activator of transcription) 전사 신호 전달자 및 활성자 세포표면 수용체에 세포외 신호물질이 결합하는 것에 반응해 전사 인자를 활성화 시키는 단백질의 한 종류.

Stem cell 줄기세포 생물체의 전생애에 걸쳐 지속적으로 분열하는 전구체 세포.

Stem-loop structure 줄기-고리 구조 염기쌍으로 된 줄기와 염기쌍이 없는 고리로 구성된 구조, 역반복을 가지고 있는 단일가닥 폴리뉴클레오티드에서 형성될 수 있다.

Steroid hormone 스테로이드 호르몬 세포 밖에서의 신호전달 물질의 한 종류.

Steroid receptor 스테로이드 수용체 스테로이드 호르몬이 유전체 활동을 조절하는 과정의 중간 단계로 스테로이드 호르몬 이 세포에 들어온 후 결합하는 단백질.

Sticky end 점착성 말단 단일가닥의 돌출부를 가지는 이중가닥 DNA 분자의 말단.

Streptavidin 스트렙트아비딘 박테리아 *Streptomyces avidinii*에서 분리한 단백질로 비오틴과 강하게 결합한다.

Stringent response 긴축 반응 *E. coli*와 같은 세균에서 필수 아미노산의 부족과 같은 열악한 성장 환경을 만났을 때 시작되는 생화학적, 유전적 반응.

Strong promoter 강한 프로모터 단위시간에 비교적 많은 수의 생산적 전사 개시를 시작하는 프로모터.

STS mapping 서열 표식 지점 지도 작성 유전체에서 서열 표식 지점의 위치를 알아내는 물리적 지도 작성 과정.

Stuffer fragment 채움 조각 클로닝하려는 DNA에 의해 대체된 λ 벡터 내에 포함된 DNA 절편.

Substitution 치환 돌연변이 DNA 수선 체계가 미치지 못해 돌연변이가 DNA 서열을 영구히 바꾸게 되는 점 돌연변이.

Sugar pucker 당주름 당의 선택적 고리 구조 모양.

Suicide enzyme 자살효소 자신의 생화학적 반응을 수행한 후에 비활성화되는 효소.

SUMO 단백질 분해에 관련된 단백질의 한 유형.

Supercoiling 초나선 (상태) 이중나선이 너무 많이 꼬였거나 적게 꼬여 있는 상태.

Surveillance mechanism 감시 메커니즘 mRNA 종결코돈이 없거나, 예상치 못한 자리에 종결코돈이 있는 경우와 같은 분해시켜 버려야 하는 문제점을 검출하는 과정.

Syncytium 다핵세포체 하나의 세포질에 여러 개의 핵을 가지는 세포-유사 구조.

Synteny 신테니 적어도 몇 개의 유전자가 지도상의 비슷한 위치에 있는 한 쌍의 유전체를 말함.

Synthesis 또는 S phase S기 세포주기에서 DNA가 복제되는 기간.

Systems biology 시스템 생물학 대사경로와 세포 이하의 과정을 유전체 발현과 연결시키고자 하는 생물학적 접근법.

T-DNA 식물 DNA로 전달되는 Ti 플라스미드의 부분.

T4 polynucleotide kinase T4 폴리뉴클레오티드 인산화효소 DNA 분자의 5′-말단으로부터 인산기를 첨가하는 효소.

TAF and initiator-dependent cofactor (TIC) TAF 및 개시 의존 보조인자 RNA 중합효소 II에 의한 전사 개시에 관여하는 단백질의 한 종류.

Tandem-affinity purificatlon (TAP) 직렬-친화 정제법 칼모듈린과 결합하는 C-말단 연장 부분을 가지고 있는 시료 단백질을 이용하여 단백질 복합체를 분리하는 방법.

Tandem mass spectrometry 연속 질량 분석법 2개 또는 그 이상의 질량분석기는 연속적으로 연결하여 사용하는 질량분석기 유형.

Tandem repeat 직렬 반복 서로 옆이 붙어 있는 직렬 반복.

Tandemly repeated DNA 직렬 반복 DNA 머리에서 꼬리로 이어져서 반복되는 DNA 염기 서열 부분.

Target enrichment 표적 농축 관심 있는 특정 유전자로부터 유래한 조각을 농축한 차세대 염기 서열 결정법의 서열 결정 라이브러리로 제작하기.

TATA box TATA 상자 RNA 중합효소 II 핵심 프로모터의 구성성분.

TATA-binding protein (TBP) TATA-결합 단백질 일반 전사인자 TFIID 구성성분 중의 하나로 RNA 중합효소 II 프로모터의 TATA 상자를 인식한다.

Tautomeric shift 호변이성체적 전환 하나의 구조적 이성질체가 다른 것으로 자연적으로 변하는 현상.

Tautomers 호변이성체 역동적인 평형을 이루고 있는 구조적 이성체.

TBP-associated factor (TAF) TBP-연관 인자 일반 전사인자 TFIID 구성성분 중의 하나로 TATA 상자의 인식에 보조 역할을 한다.

Telomerase 텔로머라제 텔로머 반복서열을 합성하여 진핵생물 염색체 말단을 유지하는 효소.

Telomere 텔로미어 진핵세포 염색체의 말단.

Telomere binding protein (TBP) 텔로미어 결합 단백질 텔로미어에 결합하고 이의 길이를 조절하는 단백질.

Temperate bacteriophage 온건성 박테리오파지 용원성 감염 주기를 따를 수 있는 박테리오파지.

Template 주형 DNA나 RNA 중합효소에 의해 촉매되는 가닥 합성 반응 동안 복제되는 폴리뉴클레오티드.

Template-dependent DNA polymerase 주형-의존적 DNA 중합효소 주형 서열에 따라서 DNA를 합성하는 효소.

Template-dependent DNA synthesis 주형-의존적 DNA 합성 DNA나 RNA를 주형으로 DNA 분자의 합성.

Template-dependent RNA polymerase 주형-의존적 RNA 중합효소 주형 서열에 따라서 RNA를 합성하는 효소.

Template-dependent RNA synthesis 주형-의존적 RNA 합성 DNA나 RNA를 주형으로 RNA 분자의 합성.

Template-independent DNA polymerase 주형-비의존적 DNA 중합효소 주형을 사용하지 않고 DNA를 합성하는 효소.

Template-independent RNA polymerase 주형-비의존적 RNA 중합효소 주형을 사용하지 않고 RNA를 합성하는 효소.

Terminal deoxynucleotidyl transferase 말단 디옥시뉴클레오티드 전달효소 DNA 분자의 3′-말단에 하나 혹은 그 이상의 뉴클레오티드를 더하는 효소.

Termination codon 종결코돈 mRNA의 번역이 끝나는 위치를 표시하는 코돈으로 3가지가 있다.

Terminator sequence 종결서열 유전체 복제의 종결에 관련된 박테리아 유전체에 존재하는 여러 서열 중 하나.

Territory (염색체) 고유영역 단일 염색체가 차지하는 핵내에서의 위치.

Tertiary structure 3차 구조 폴리펩티드의 2차 구조 단위의 접힘 결과 생성되는 구조.

Test cross 검정교배 이중 이형접합자와 이중 동형접합자 사이의 유전 교배.

Thermal cycle sequencing 열순환 염기 서열 결정법 사슬이 종결된 폴리뉴클레오티드를 생성하는 PCR을 이용하여 DNA 염기 서열을 결정하는 방법.

Thermostable 열안정성 고온에 견딜 수 있는.

Third generation sequencing 3세대 염기 서열 결정법 실시간 염기 서열 결정법.

Thymine 티민 DNA에서 발견되는 피리미딘 염기의 하나.

Ti plasmid Ti 플라스미드 애그로박테리아 세포가 어떤 식물 종에서 근두암종을 일으키게 하는 애그로박테리움에서 발견되는 거대 플라스미드.

Tiling array 타일링 어레이 올리고뉴클레오티드 탐침의 집합으로 각 탐침은 염색체 전반 또는 염색체 일부에서 특정 위치를 대변하는 역할을 한다.

T_m 변성 온도.

Tn3-type transposon Tn3-형 트랜스포존 양쪽 말단에 삽입 서열을 지니지 않는 DNA 트랜스포존의 일종.

Top-down proteomics 위-아래 단백질체학 단백질을 질량 분석법으로 직접 조사하는 단백질체학 방법.

Topological problem 위상학적 문제 DNA 복제를 위해서는 이중나선이 풀려야 하고, 이때의 DNA 분자의 회전은 용이하지 않다는 문제.

Topologically associated domain (TAD) 위상학적 공동체 도메인 염색질 부분이 코일과 고리 구조로 접힌 모양으로 하나의 연속적으로 연결되는 구조.

Topology 위상학 계통수의 가지 형성 패턴.

Totipotent (분화) 전능 1개 분화 경로로만 들어가지 않기 때문에 모든 유형의 분화 세포를 만들 수 있는 세포를 말한다.

Trailer segment 트레일러 조각 종결코돈의 하위에 있는 비번역 mRNA 부위.

***Trans*-displacement** 한 DNA 분자에서 다른 분자로 뉴클레오솜이 옮겨가는 현상.

Transcript 전사물 유전자의 RNA 사본.

Transcript-specific regulation 전사-특이적 조절 연관된

단백질을 암호화하고 있는 단일 전사물이나 적은 그룹의 전사물에 작용하여, 단백질 합성을 조절하는 조절 메커니즘.

Transcription 전사 유전자의 RNA 사본의 합성.

Transcription factor 전사 인자 전사의 개시를 촉진하거나 억제하는 단백질.

Transcription initiation 전사 개시 유전자의 상위에 단백질 복합체가 조립되어 그 결과, 유전자가 RNA로 복제되는 것.

Transcription-coupled repair 전사-동시 수선 유전자의 주형가닥의 수선을 가져오는 뉴클레오티드 절제 수선 과정.

Transcriptome 전사체 세포 안에 있는 전체 mRNA.

Transduction 형질도입 파지 입자의 조립에 의해 한 세포로부터 다른 세포로의 박테리아 유전자의 이동.

Transduction mapping 형질도입 지도 작성 박테리아 유전체에서 유전자의 상대적인 위치의 지도를 작성하기 위해 형질전환을 이용.

Transfection 형질주입 분리된 파지 DNA 분자를 박테리아 세포로 도입하는 것.

Transfer RNA (tRNA) 운반 RNA 번역시 어댑터로 작동하는 작은 RNA 분자이며 유전자 암호를 해독한다.

Transfer-messenger RNA (tmRNA) 이동-전령 RNA 단백질 분해에 관계하는 박테리아 RNA.

Transformant 형질전환체 노출된 DNA를 흡수하여 형질전환된 세포.

Transformation 형질전환 노출된 DNA를 흡수하여 새로운 유전자를 획득한 세포.

Transformation mapping 형질전환 지도 작성 박테리아 유전체에서 유전자의 상대적인 위치를 형질전환을 이용하여 지도를 작성함.

Transforming principle 형질전환 주역 비병원성의 폐렴쌍구균을 병원성 폐렴쌍구균으로 형질전환시킨 미지의 물질을 말하며, 지금은 DNA로 알려진 화합물.

Transgenic mouse 형질전환 쥐 클론된 유전자를 가지고 있는 생쥐.

Transition 비교차성 점 돌연변이 퓨린이 다른 퓨린으로 또는 피리미딘이 다른 피리미딘으로 대체되는 점 돌연변이.

Translation 번역 유전자 암호 법칙에 따라 mRNA 뉴클레오티드 서열에 의해 결정되는 아미노산 서열로 이루어진 폴리펩티드를 합성하는 것.

Translational efficiency 번역 효율 mRNA에서 단백질로의 합성 속도.

Translesion polymerase 손상통과 중합효소 손상된 지역을 복제하며 오류-다발적 DNA 합성을 수행하는 DNA 중합효소 유형.

Translocation 전좌 (1) 한 염색체의 일부가 다른 염색체에 부착되는 현상. (2) 단백질이 번역될 때 mRNA가 리보솜에서 이동하는 현상.

Transposable element 전위 인자 DNA 분자에서 한 위치로부터 다른 위치로 이동할 수 있는 유전 인자.

Transposable phage 전위성 파지 감염주기의 한 부분으로 전위 과정을 포함하는 박테리오파지.

Transposase 전위효소 전위성 유전인자의 전위를 촉매하는 효소.

Transposition 전위 하나의 DNA 분자 내에서 유전 인자의 이동.

Transposon 트랜스포존 DNA 분자의 한 위치에서 다른 위치로 이동할 수 있는 유전 인자.

Transposon tagging 트랜스포존 꼬리달기 트랜스포존을 암호화 서열로 운반함으로써 유전자를 불활성화시키고, 이어 트랜스포존-특이 탐침을 이용하여 클론 라이브러리에서 꼬리표가 달린 유전자의 사본을 분리하는 유전자 분리 기술.

Transversion 교차성 점돌연변이 퓨린이 다른 피리미딘으로 또는 그 반대로 대체되는 점돌연변이.

Treble cleft finger 높은음자리 손가락 아연손가락의 한 유형.

Trinucleotide repeat expansion disease 삼뉴클레오티드 반복 확장병 유전자 내 또는 주변의 삼뉴클레오티드 반복서열 확장에 의한 질병.

Triplex 삼중 3개의 폴리뉴클레오티드로 이루어진 DNA 구조.

Trisomy 삼염색체성 핵의 다른 염색체는 이배체이나 하나의 상동 염색체에는 3개의 사본이 존재하는 것.

Trithorax group (trxG) 트라이토락스 그룹 또는 trxG 활성 유전자 지역에 열린 염색질 상태를 유지하는 단백질 그룹.

Truncated gene 절단된 유전자 원래의 완전한 유전자의 한 쪽 끝부분이 결핍된 유전자 조각.

Tudor domain 튜더 도메인 약 60개 아미노산 서열로 암호화되는 5가닥의 β-평판 구조. 튜더 도메인은 다른 단백질에 있는 메틸화된 아르기닌 과/또는 리신 아미노산에 결합한다.

Tus (terminator utilization substance) protein Tus 단백질 박테리아 종결 서열에 결합하여 유전체 복제 종결을 매개하는 단백질.

Two-dimensional gel electrophoresis 2차원 젤 전기영동법 단백질체 연구에서 특별히 이용되는 단백질 분리 방법.

Type 0 cap 0형 캡 mRNA의 5′-말단에 결합한 7-메틸구아노신으로 이루어진 기본적인 캡 구조.

Type 1 cap 1형 캡 기본적인 5′-말단의 캡과 더불어 두 번째 뉴클레오티드 리보스의 메틸화로 이루어진 캡 구조.

Type 2 cap 2형 캡 기본적인 5′-말단의 캡과 더불어 두 번째와 세 번째 뉴클레오티드 리보스의 메틸화로 이루어진 캡 구조.

Tyrosine kinase receptor 티로신 인산화효소 티로신 인산화 활성이 있는 세포 표면 수용체의 한 유형.

Tyrosine kinase-associated receptor 티로신 인산화효소-연관 수용체 티로신 인산화 활성이 있는 단백질과 연합하여 작용하는 세포표면 수용체의 한 유형.

TψC arm TψC 팔 tRNA 분자 구조의 일부.

U-RNA snRNA와 snoRNA를 포함하는 우라실이 풍부한 핵 RNA 분자.

Ubiquitin 유비퀴틴 76개의 아미노산으로 이루어진 단백질로 다른 단백질에 부착하면 그 단백질의 분해를 유도하는 표식으로 작용한다.

Ubiquitin-receptor protein 유비퀴틴-수용체 단백질 유비퀴틴이 붙은 단백질을 프로테아솜 안으로 유도하는 단백질.

Ubiquitination 유비퀴틴화 단백질에 유비퀴틴 붙이기.

UCSC genome browser UCSC 유전체 브라우저 온라인 유전제 브라우저 중 하나.

Unequal crossing-over 비대칭적 교차 DNA 조각이 중복되는 재조합의 한 유형.

Unequal sister chromatid exchange 비대칭적 자매염색분체 교환 DNA 조각이 중복되는 재조합 사건의 한 유형.

Unit factor 단위 인자 유전자에 대한 멘델의 용어.

Unit transposon 단위 트랜스포존 Tn3형 트랜스포존.

Unitary pseudogene 단일 위유전자 유전자 패밀리의 구성 유전자가 아닌 유전자가 돌연변이에 의해 불활성화되면서 만들어지는 비가공성 위유전자의 한 유형.

Universal primer 공통 프라이머 새로운 DNA가 연결된 지점 바로 옆에 있는 벡터 DNA 부분과 상보적인 염기 서열 결정용 프라이머

Untranslated region (UTR) 비번역 부위 단백질 암호화 부분이 아닌 ORF의 상부와 하부에 해당하는 mRNA의 부분.

Upstream 상위 폴리뉴클레오티드의 5′-쪽 말단 쪽.

Upstream control element 상위 조절 인자 RNA 중합효소 I 프로모터의 구성성분.

Upstream promoter element 상위 프로모터 인자 개시 복합체가 조립되는 부위의 상위에 자리하는 진핵생물 프로모터의 구성 인자.

Upstream regulatory sequence 상부 조절 염기 서열 유전자 위쪽 부위에 위치하는 유전자 발현 조절 서열로써, 보통 전사 인자의 결합자리.

Uracil 우라실 RNA에서 발견되는 피리미딘 염기 중 하나.

UvrABC endonuclease UvrABC 핵산내부분해효소 *E. coli*의 짧은 패치 수선에 관여하는 다중효소 복합체.

V loop V 고리 tRNA 분자 구조의 일부.

van der Waals forces 반데르발스 힘 당기거나 밀치는 비공유 결합의 한 유형.

Variable number of tandem repeats (VNTR) 가변적 수의 직렬 반복(서열) 보통 수십 뉴클레오티드의 반복 단위의 직렬 반복으로 이루어진 단순 염기 서열 길이 다형성의 한 종류. 미소부수체라고도 불림.

Vault RNA 볼트 RNA 볼트로 불리는 단백질-RNA 복합체에서 발견되는 snRNA의 한 유형으로, 이들은 대부분의 진핵세포에서 발견되지만 그 기능은 알려져 있지 않다.

Vegetative cell 영양세포 비발생적 세포: 체세포분열로 분열하는 세포.

Viral retroelement 바이러스성 레트로 인자 역전사 과정을 통해 유전자를 복제하는 바이러스.

Viroid 비로이드 240~375 뉴클레오티드 길이의 RNA 분자로 유전자를 포함하지도 않고 캡시드에 둘러싸이는 경우도 없이 핵산의 형태로 한 세포에서 다른 세포로 선파된다.

Virulent bacteriophage 독성 박테리오파지 용균성 감염주기를 지니는 박테리오파지.

Virus 바이러스 단백질과 핵산으로 이루어진 감염 입자. 복제를 위해 숙주세포에 반드시 기생하여야 함.

Virusoid 비루소이드 길이가 320~400개의 뉴클레오티드로 이루어진 RNA 분자로 자신의 캡시드 단백질을 암호화하지 않고 대신 도우미 바이러스에 껴들어서 다른 세포로 이동한다.

Wave of advance 점진 파급 유럽으로의 농업 전파가 광범위한 인류 집단의 이동과 함께 일어났다는 가설.

Weak promoter 약한 프로모터 단위시간당 생산적 개시가 비교적 적은 프로모터.

Wild type 야생형 대표적인 표현형과 (또는) 유전체형을 나타내어 표준형으로 인식되는 유전자, 세포 또는 개체.

Winged helix-turn-helix 가지달린 나선-꺽임-나선 DNA 결합 단백질의 한 종류.

X inactivation X 비활성화 여성의 핵에서 X 염색체 사본 하나의 대부분 유전자가 메틸화되어 활성을 보이지 않는 현상.

X-ray crystallography X-선 결정학 큰 분자의 3차 구조를 결정하는 기술.

X-ray diffraction X-선 회절 결정체를 통과하는 동안에 생기는 X-선 회절.

X-ray diffraction pattern X-선 회절 패턴 결정체를 통과하는 X-선의 회절 후 얻어지는 양상.

Yeast two-hybrid system 효모 이중 하이브리드 시스템 서로 상호작용하는 단백질을 규명하기 위한 기술.

Z-DNA 2 폴리뉴클레오티드가 왼쪽 나선으로 꼬인 DNA 구조.

Zero-mode waveguide 제로-모드 도파관 개별 분자를 관찰할 수 있는 정밀 광학 나노 구조체의 한 유형.

Zinc finger 아연손가락 DAN에 결합하는 단백질에 공통적인 구조 모티프의 한 유형.

Zoo blotting 동물원 블로팅 어떤 DNA 조각을 연관종의 DNA 시료와 혼성화함으로써 그 DNA 조각이 유전자를 가지고 있는지 결정하려는 기술. 연관종에 비슷한 염기 서열이 있는 유전자는 양성 혼성화 신호를 내는 반면 비슷하지 않은 유전자 사이에서는 혼성화가 일어나지 않는다는 사실에 근거한다.

Zygote 접합자 감수분열 동안 배우체의 융합으로 만들어지는 세포.

α-helix α-나선 폴리펩티드의 조각이 흔히 가지는 2차 구조의 한 형태.

β-*N*-glycosidic bond β-*N*-글리코시드 결합 뉴클레오티드의 염기와 당 사이의 결합.

β-sheet β-평면 폴리펩티드에서의 한 부분에 의해 생성되는 가장 일반적인 2차 구조의 하나.

β-turn β-꺽임 4개 아미노산의 서열로 두 번째는 일반적으로 폴리펩티드의 방향을 바꾸는 글리신이 위치한다.

γ-complex γ-복합체 δ, δ′, χ와 ψ와 연합되어 있는 γ 소단위를 포함하는 DNA polymerase III의 구성요소.

π-π interactions π-π 상호작용 이중가닥 DNA 분자에서 인접한 염기쌍 사이에서 일어나는 소수성 상호작용 폴리펩티드 아미노산의 중합체.

찾아보기

S